CÁLCULO

GEORGE B. THOMAS

CÁLCULO

GEORGE B. THOMAS

11ª EDIÇÃO

VOLUME 2

Maurice D. Weir
Naval Postgraduate School

Joel Hass
University of California, Davis

Frank R. Giordano
Naval Postgraduate School

Tradução

Luciana do Amaral Teixeira

Leila Maria Vasconcellos Figueiredo
Instituto de Matemática e Estatística da Universidade de São Paulo

Revisão técnica

Claudio Hirofume Asano
Instituto de Matemática e Estatística da Universidade de São Paulo

PEARSON

São Paulo

Brasil Argentina Colômbia Costa Rica Chile Espanha Guatemala México Peru Porto Rico Venezuela

Tradução autorizada a partir da edição original em inglês Thomas' Calculus — Early Transcendentals, 11th ed., publicada pela Pearson Education Inc., sob o selo Addison Wesley.

Diretor editorial: Roger Trimer
Gerente editorial: Sabrina Cairo
Supervisor de produção editorial: Marcelo Françozo
Editor: Henrique Zanardi de Sá
Preparação: Maria Alice da Costa
Revisão: Carmem S. da Costa e Maria Aiko Nishijima
Capa: Rafael Mazzo (sobre o projeto original de © Benjamin Mendlowitz)
Projeto gráfico: ERJ Composição Editorial e Artes Gráficas Ltda.
Produção gráfica e diagramação: Globaltec Artes Gráficas Ltda.

Dados Internacionais de Catalogação na Publicação (CIP)
(Câmara Brasileira do Livro, SP, Brasil)

Weir, Maurice D.
Cálculo (George B. Thomas Jr.), volume II / Maurice D. Weir, Joel Hass, Frank R. Giordano ; tradução Luciana do Amaral Teixeira, Leila Maria Vasconcellos Figueiredo ; revisão técnica Cláudio Hirofume Asano. — São Paulo : Addison Wesley, 2009.

Título original: Cauculus.
11. ed. americana.
ISBN 978-85-88639-36-2

1. Cálculo I. Hass, Joel. II. Giordano, Frank R.. III. Asano, Cláudio Hirofume. IV. Título.

08-07461 CDD-515

Índices para catálogo sistemático:
1. Cálculo : Matemática 515

2ª reimpressão – outubro 2011
Direitos exclusivos para a língua portuguesa cedidos
à Pearson Education do Brasil Ltda.,
uma empresa do grupo Pearson Education.
Rua Nelson Francisco, 26, Limão
CEP: 021712-100 – São Paulo – SP
Tel.: (11) 2178-8686 – Fax: (11) 2178-8688
e-mail: vendas@pearson.com

Sumário

10 Seções cônicas e coordenadas polares 1

11 Seqüências e séries infinitas 63

12 Vetores e a geometria do espaço 164

13 Funções vetoriais e movimento no espaço 228

14 Derivadas parciais 287

15 Integrais múltiplas 391

16 Integração em campos vetoriais 468

Apêndice A 554

Apêndice B 577

Respostas selecionadas 601

Índice remissivo 633

Breve tabela de integrais 642

Prefácio

Ao preparar a décima primeira edição de *Cálculo*, buscamos captar o estilo e os pontos fortes das edições anteriores. Nosso objetivo era recuperar as melhores características das clássicas edições da obra e, ao mesmo tempo, ouvir cuidadosamente as sugestões de nossos inúmeros usuários e revisores. Com esses padrões elevados em mente, reelaboramos os exercícios e esclarecemos alguns tópicos difíceis. Nas palavras de George Thomas, "tentamos escrever o livro da maneira mais clara e precisa possível". Além disso, reestruturamos o conteúdo, para que se tornasse mais lógico e adequado ao currículo universitário padrão. A experiência nos ensinou muitas coisas que nos ajudaram a criar um livro útil e atraente para os estudantes.

Esta edição foi estruturada de maneira que a maioria das funções transcendentes é apresentada no Capítulo 1, Volume I. Essas funções são esmiuçadas ao longo dos demais capítulos na forma de exemplos e exercícios. Essa abordagem dá aos alunos a oportunidade de trabalhar com funções transcendentes e, ao mesmo tempo, com as polinomiais e racionais, à medida que estudam limites, derivadas e integrais.

Ao terminar este livro, os alunos estarão familiarizados com a linguagem matemática — o suficiente para aplicar os conceitos de cálculo em inúmeros problemas da ciência e da engenharia. Estarão, também, bem preparados para cursos de equações diferenciais, álgebra linear ou cálculo avançado.

Inovações da décima primeira edição

EXERCÍCIOS Exercícios e exemplos desempenham papel crucial no aprendizado de cálculo. Nesta nova edição, incluímos muitos dos exercícios que constavam de edições anteriores — e que constituíam um de seus grandes trunfos. Ao final de cada seção, organizamos e agrupamos os exercícios por tópicos, progredindo de problemas de cálculo até problemas teóricos e aplicados. Essa estrutura permite aos alunos ganhar desenvoltura no uso dos métodos de cálculo, bem como aprofundar seu entendimento sobre suas aplicações e estrutura matemática correspondente.

Exercícios avaçados

A edição brasileira inclui, ao final de cada capítulo, a Seção "Exercícios avançados", a qual contempla uma série de questões que além de tornarem a obra ainda mais desafiadora, oferecem aos alunos mais uma oportunidade de aprimorarem sua compreensão das teorias e aplicações abordadas no capítulo. O conteúdo dessas seções foram desenvolvidos pelas professoras Helena Maria Ávila de Castro e Sônia Regina Leite Garcia, e suas respostas estão disponíveis no Companion Website do livro **(www.aw.com/thomas_br)** — exclusivamente para professores.

RIGOR O nível de rigor, quando comparado ao das edições anteriores, é mais consistente ao longo de toda a obra. Oferecemos explicações formais e informais, deixando clara a diferença entre as duas, e incluímos definições precisas e provas acessíveis aos estudantes. O livro é organizado de modo que o conteúdo possa ser visto informalmente, dando ao professor certo grau de flexibilidade. Por exemplo, embora não provemos que uma função contínua em um intervalo limitado e fechado possua um máximo, enunciamos esse teorema cuidadosamente e o utilizamos para provar vários resultados subseqüentes. Além disso, o capítulo sobre limites foi substancialmente reorganizado, dando-se atenção bem maior à clareza e à precisão. Como nas edições anteriores, o conceito de limite ainda é impulsionado pela importante idéia de obter o coeficiente angular da reta tangente à curva em determinado ponto.

CONTEÚDO Durante a preparação desta edição, prestamos muita atenção às sugestões e comentários de leitores das edições anteriores e de nossos revisores. Isso resultou em extensas revisões e mudanças em vários capítulos.

- **Funções** O Capítulo 1, no Volume I, discute o conceito de função, assim como sua aplicação em operações e transformações. As funções exponenciais são apresentadas algebricamente, e os logaritmos, como suas inversas. As funções trigonométricas inversas são apresentadas rapidamente. Funções lineares e as seis funções trigonométricas básicas são discutidas no Apêndice B. O logaritmo natural, definido como uma integral, e a função exponencial como sua inversa são, depois, explanados no Capítulo 7, com base em nossa abordagem algébrica inicial.
- **Limites** O Capítulo 2 inclui definições épsilon-delta, provas de muitos teoremas, limites ao infinito e limites infinitos (e sua relação com as assíntotas de um gráfico).
- **Derivadas** Nos capítulos 3 e 4, apresentamos a derivada e suas importantes aplicações. A derivada da função exponencial é feita junto com a das funções polinomiais e racionais, permitindo seu uso imediato com todas essas funções. Derivadas de funções inversas, de logaritmos e das funções trigonométricas inversas aparecem algumas seções depois. O Capítulo 4 encerra o assunto com o conceito de primitiva, preparando o terreno para a integração.
- **Integração** Depois de discutir vários exemplos de somas finitas, introduzimos, no Capítulo 5, a integral definida no contexto tradicional da área sob uma curva. Após discutir o teorema fundamental do cálculo, traçamos uma ponte entre derivadas e primitivas para apresentar a

integral indefinida, assim como a regra de substituição para integração. O tradicional capítulo sobre aplicações das integrais definidas vem a seguir.

- **Técnicas de integração** As principais técnicas de integração, inclusive a numérica, são apresentadas no Capítulo 8. Antes disso, está a abordagem formal das funções transcendentes, na qual definimos o logaritmo natural como uma integral e a função exponencial como sua inversa.
- **Equações diferenciais** A maior parte do conteúdo sobre resolução de equações diferenciais básicas está agora organizada em um único capítulo, o 9, ainda no Volume I, essa organização dá maior flexibilidade ao professor na abordagem desses tópicos.
- **Seções cônicas** A pedido de inúmeros leitores, o Capítulo 10, já neste volume, sobre seções cônicas, foi inteiramente recuperado. Esse capítulo completa o material sobre equações paramétricas, fornecendo parametrizações de parábolas, hipérboles e ciclóides.
- **Séries** No Capítulo 11, recuperamos a explicação mais completa dos testes de convergência para séries. Incluímos, também, uma breve seção apresentando a série de Fourier no fim do capítulo.
- **Vetores** Para evitar repetição das idéias algébricas e geométricas básicas, combinamos a discussão sobre vetores bi e tridimensionais em um único capítulo, o 12. Segue-se a essa explanação um capítulo sobre funções com valores vetoriais no plano e no espaço.
- **Os números reais** Preparamos um novo e conciso apêndice sobre a teoria dos números reais aplicada ao cálculo.

PROJETO GRÁFICO Percebemos que figuras e ilustrações são um componente crítico para o aprendizado do cálculo, por isso passamos a ver com outros olhos a parte gráfica do livro. Ao revisar as figuras preexistentes e criar novas, buscamos aumentar a clareza com que ilustram os conceitos a elas associados. Isso fica especialmente evidente no caso dos gráficos tridimensionais, em que conseguimos indicar melhor a profundidade, a sobreposição de camadas e a rotação (veja as figuras a seguir).

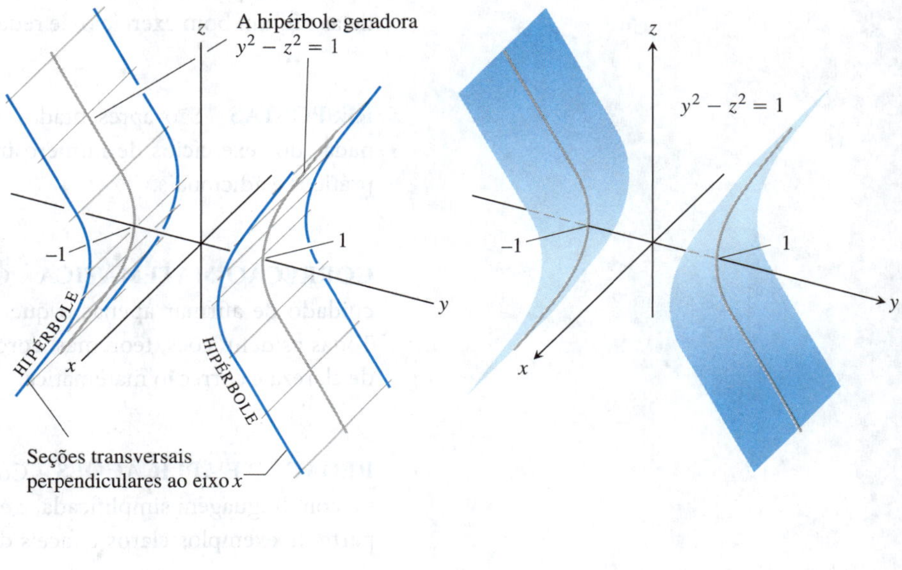

FIGURA 12.47 O cilindro hiperbólico $y^2 - z^2 = 1$ é formado por retas paralelas ao eixo x e que passam pela hipérbole $y^2 - z^2 = 1$ no plano yz. As seções transversais do cilindro em planos perpendiculares ao eixo x são hipérboles congruentes à hipérbole geradora.

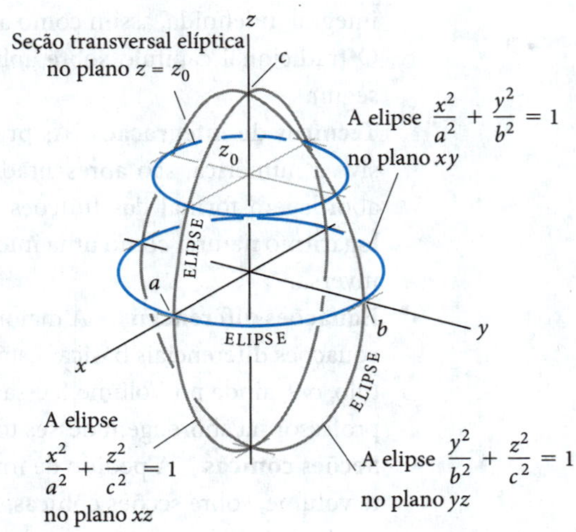

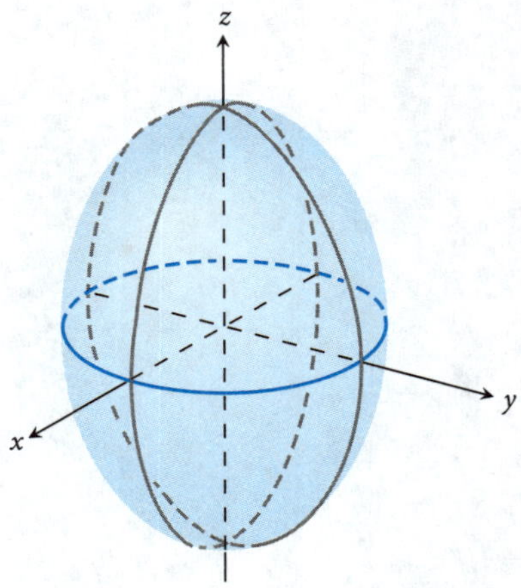

FIGURA 12.48 O elipsóide

Características preservadas

PROJETOS E REVISÕES NO FIM DOS CAPÍTULOS Além dos problemas apresentados no fim das seções, cada capítulo se encerra com questões de revisão, exercícios práticos, abrangendo todo o conteúdo abordado e uma série de exercícios adicionais, que incluem problemas que sintetizam vários tópicos. A maioria dos capítulos também inclui sugestões de projetos que podem ser desenvolvidos pelos alunos, individualmente ou em grupo. Esses projetos exigem o uso de computador e material extra, que está disponível (em inglês) no Companion Website do livro (**www.aw.com/thomas_br**).

QUESTÕES DISCURSIVAS Ao longo de todo o livro, questões discursivas pedem aos alunos que explorem e expliquem uma série de conceitos e aplicações de cálculo. Além disso, no fim de cada capítulo consta uma lista de questões para os alunos revisarem e resumirem o que aprenderam. Muitas delas são um bom exercício de redação.

RESPOSTAS São apresentadas, quando apropriado, as respostas selecionadas dos exercícios de número ímpar do final das seções e dos exercícios práticos e adicionais.

CORREÇÃO MATEMÁTICA Como nas edições anteriores, tomamos o cuidado de afirmar apenas o que é verdadeira e matematicamente correto. Todas as definições, teoremas, corolários e provas foram revistos em termos de clareza e correção matemática.

REDAÇÃO E APLICAÇÕES Como sempre, este livro apresenta fácil leitura, com linguagem simplificada, e é matematicamente rico. Cada novo tópico parte de exemplos claros e fáceis de entender, sendo, em seguida, reforçado por sua aplicação em problemas do mundo real, que interessam de imediato aos estudantes. Uma inovação da obra é a aplicação do cálculo à ciência e à engenharia. Nas últimas edições, esses problemas aplicados foram atualizados, aprimorados e tiveram seu número continuamente ampliado.

TECNOLOGIA Em um curso que adota este livro, a tecnologia pode ser incorporada ao gosto do professor. Todas as seções trazem exercícios que exigem o uso de tecnologia, que são apontados por um **T**, quando adequados ao uso de uma calculadora ou de um computador. Para os exercícios constantes da Seção "Usando o computador", um sistema de álgebra por computador (SAC, como o Maple ou o Mathematica) é necessário. Embora continuemos a dar apoio ao uso da tecnologia, diminuímos sua visibilidade dentro dos capítulos que vieram da décima edição.

Material adicional

Companion Website

No Companion Website deste livro (**www.aw.com/thomas_br**), professores e estudantes têm acesso a diversos materiais adicionais que facilitam tanto a exposição das aulas como o processo de aprendizagem.

Para o professor

Manual de soluções (em inglês): material que contém soluções para a maioria dos exercícios do livro.

Apresentação em PowerPoint: material que contém as principais ilustrações do livro e estão disponíveis em português.

Esses materiais são de uso exclusivo dos professores e são protegidos por senha. Para ter acesso a eles, os professores que adotam o livro devem entrar em contato com um representante Pearson ou diretamente com a Pearson Education do Brasil.

Para o aluno

Biografias históricas: informações históricas e ensaios relacionados à matemática. (Ícones na lateral do livro indicam os textos a serem consultados no site.)

Exercícios adicionais: exercícios de múltipla escolha que são corrigidos automaticamente. Quando necessário, os professores podem receber as respostas por e-mail.

Equações diferenciais de segunda ordem: apêndice sobre este tema e desenvolvido pelo professor Marivaldo P. Matos, com o qual os alunos podem aprofundar e complementar seus estudos.

Outros recursos

Manuais de tecnologia: módulos para o uso com o Mathematica e com o Maple, em inglês, foram cuidadosamente planejados para ajudar os alunos a desenvolver sua intuição geométrica e aprofundar sua compreensão dos conceitos e métodos estudados. Baseados em aplicações reais, eles ajudam o aluno a visualizar o cálculo e descobrir sua importância no cotidiano. É necessário o uso do Mathematica ou do Maple para acessar esses módulos.

Agradecimentos

Gostaríamos de expressar nosso agradecimento às pessoas que fizeram inúmeras contribuições valiosas para esta edição em todas as etapas de seu desenvolvimento:

Editores de desenvolvimento
Elka Block
David Chelton
Frank Purcell

Revisores de cálculos
William Ardis
Karl Kattchee
Douglas B. Meade
Robert Pierce
Frank Purcell
Marie Vanisko
Thomas Wegleitner

Supervisores
Harry Allen, *Ohio State University*
Rebecca Goldin, *George Mason University*
Christopher Heil, *Georgia Institute of Technology*
Dominic Naughton, *Purdue University*
Maria Terrell, *Cornell University*
Clifford Weil, *Michigan State University*

Revisores
Robert Andersen, University of Wisconsin–Eau Claire
Charles Ashley, Villanova University
David Bachman, California Polytechnic State University
Elizabeth Bator, University of North Texas
William Bogley, Oregon State University
Kaddour Boukaabar, California University of Pennsylvania
Deborah Brandon, Carnegie Mellon University
Mark Bridger, Northeastern University
Sean Cleary, City College of New York
Edward Crotty, University of Pennsylvania
Mark Davidson, Louisiana State University
Richard Davitt, University ofLouisville
Elias Deeba, University of Houston, Downtown Campus
Anne Dougherty, University of Colorado lege
Tim Flood, Pittsburg State University
Robert Gardner, East Tennessee State University
John Gilbert, University of Texas at Austin
Ian Gladwell, Southern Methodist University
Mark Hanisch, Calvin College
Zahid Hasan, California State University, San Bernardino
Jo W. Heath, Auburn University
Ken Holladay, University of New Orleans
Hugh Howards, Wake Forest University
Dwayne Jennings, Union University
Matthias Kawaski, Arizona State University
Bill Kincaid, Wilmington College
Mark M. Maxwell, Robert Morris University
Jack Mealy, Austin College
Richard Mercer, Wright State University
Victor Nistor, Pennsylvania State University
Michael O'Leary, Towson University
Bogdan Oporowski, Louisiana State University
Erik Plahte, Agricultural University of Norway
Troy Riggs, Union University
Ferdinand Rivera, San Jose State University
Mohammed Saleem, San Jose State University
Paul Seeburger, Monroe Community College
Tatiana Shubin, San Jose State University
Alex Smith, University of Wisconsin-Eau Claire
Donald Solomon, University of Wisconsin–Milwaukee
Chia Chi Tung, Minnesota State University
William L. Van Alstine, Aiken Technical College
Bobby Winters, Pittsburg State University
Dennis Wortman, University of Massachusetts at Boston

Participantes de pesquisas
Omar Adawi, *Parkland College*
Siham Alfred, *Raritan Valley Community College*
Donna J. Bailey, *Truman State University*
Rajesh K. Barnwal, *Middle Tennessee State University*
Robert C. Brigham, *University of Central Florida*
Thomas A. Carnevale, *Valdosta State University*
Leonard Chastkofsky, *University of Georgia*
Richard Dalrymple, *Minnesota West Community & Technical College*
W. Lloyd Davis, *College of San Mateo*
Will-Matthis Dunn III, *Montgomery College*
George F. Feissner, *SUNY College at Cortland*
Bruno Harris, *Brown University*
Celeste Hernandez, *Richland College*
Wei-Min Huang, *Lehigh University*
Herbert E. Kasube, *Bradley University*
Frederick W. Keene, *Pasadena City College*
Michael Kent, *Borough of Manhattan Community College*
Robert Levine, *Community College of Allegheny County, Boyce Campus*
John Martin, *Santa Rosa Junior College*
Michael Scott McClendon, *University of Central Oklahoma*
Ching-Tsuan Pan, *Northern Illinois University*
Emma Previato, *Boston University*
S.S. Ravindran, *University of Alabama*
Dan Rothe, *Alpena Community College*
John T. Saccoman, *Seton Hall University*
Mansour Samimi, *Winston-Salem State University*
Ned W. Schillow, *Lehigh Carbon Community College*
W.R. Schrank, *Angelina College*
Mark R. Woodard, *Furman University*

10 Seções cônicas e coordenadas polares

RESUMO Neste capítulo, definimos geometricamente parábolas, elipses e hipérboles e deduzimos suas equações-padrão. Essas curvas são chamadas *seções cônicas* ou *cônicas* e modelam as trajetórias descritas por planetas, satélites e outros corpos cujos movimentos são regidos por forças que satisfazem a lei do inverso do quadrado. No Capítulo 13, veremos que, uma vez que saibamos que a trajetória do movimento de um corpo é descrita por uma cônica, temos imediatamente informações sobre sua velocidade e sobre a força que o move. Com o auxílio de coordenadas polares, pode-se descrever melhor os movimentos planetários, portanto, também investigaremos curvas, derivadas e integrais nesse novo sistema de coordenadas.

10.1 Seções cônicas e equações quadráticas

No Capítulo 1, Volume I, definimos um **círculo** como o conjunto dos pontos em um plano cuja distância a um ponto fixo, que é o centro, é sempre uma constante, que é o raio do círculo. Se o centro é (h, k) e o raio é a, a equação-padrão do círculo é $(x - h)^2 + (y - k)^2 = a^2$. Esse é um exemplo de uma das seções cônicas, que são as curvas formadas cortando um cone duplo por um plano (Figura 10.1); daí o nome *seção cônica*.

Descrevemos agora parábolas, elipses e hipérboles como gráficos de equações quadráticas no plano coordenado.

Parábolas

Definições **Parábola, foco, diretriz**
Um conjunto que consiste em todos os pontos eqüidistantes de um ponto fixo e de uma reta fixa no plano é uma **parábola**. O ponto fixo é o **foco** da parábola. A reta fixa é a **diretriz**.

Se o foco F está sobre a diretriz L, a parábola é uma reta que passa por F e é perpendicular a L. Consideramos esse como um caso degenerado e assumimos, de agora em diante, que o ponto F não está na reta L.

A parábola tem sua equação mais simples quando o foco está em um dos eixos coordenados e a diretriz é paralela ao outro eixo. Por exemplo, suponha que o foco seja o ponto $F(0, p)$ no eixo y positivo e a diretriz, a reta $y = -p$ (Figura 10.2).

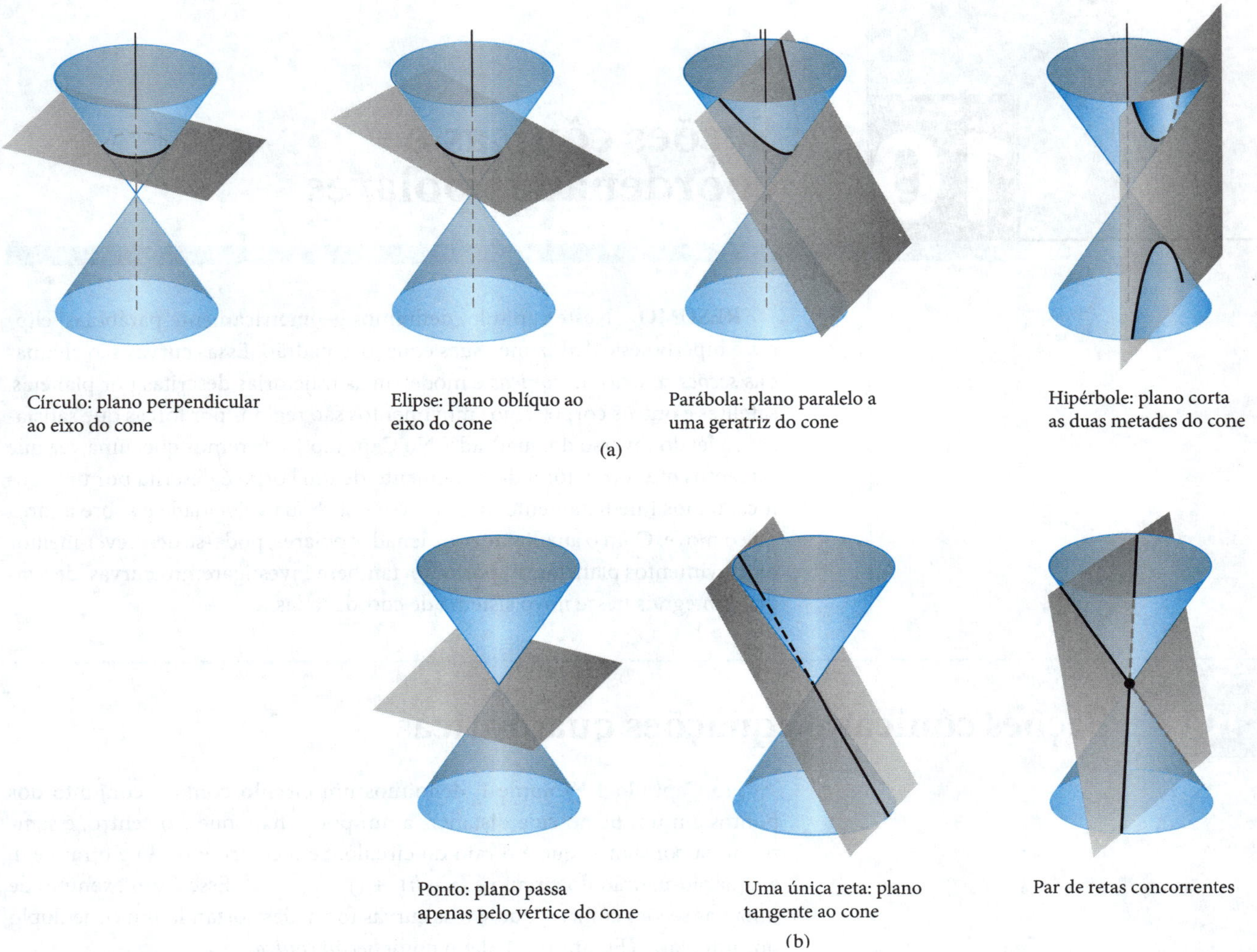

FIGURA 10.1 As seções cônicas padrão (a) são as curvas em que um plano corta um cone duplo. As hipérboles vêm em duas partes, chamadas *ramos*. O ponto e as retas obtidos passando o plano pelo vértice do cone são as seções cônicas *degeneradas*.

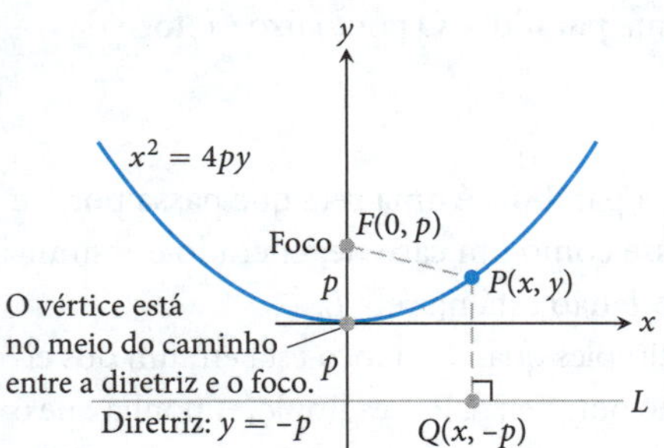

FIGURA 10.2 A forma-padrão da parábola $x^2 = 4py$, $p > 0$.

Na notação da figura, um ponto $P(x, y)$ está na parábola se e somente se $PF = PQ$. Da fórmula da distância,

$$PF = \sqrt{(x-0)^2 + (y-p)^2} = \sqrt{x^2 + (y-p)^2}$$
$$PQ = \sqrt{(x-x)^2 + (y-(-p))^2} = \sqrt{(y+p)^2}$$

Quando igualamos essas expressões, elevamos ao quadrado e simplificamos, obtemos

$$y = \frac{x^2}{4p} \quad \text{ou} \quad x^2 = 4py \qquad \text{Forma-padrão.} \tag{1}$$

Essas equações revelam a simetria da parábola em relação ao eixo y. Chamamos o eixo y de **eixo** da parábola (apelido para "eixo de simetria").

O ponto em que a parábola cruza seu eixo é o **vértice**. O vértice da parábola $x^2 = 4py$ está na origem (Figura 10.2). O número positivo p é o **comprimento focal** da parábola.

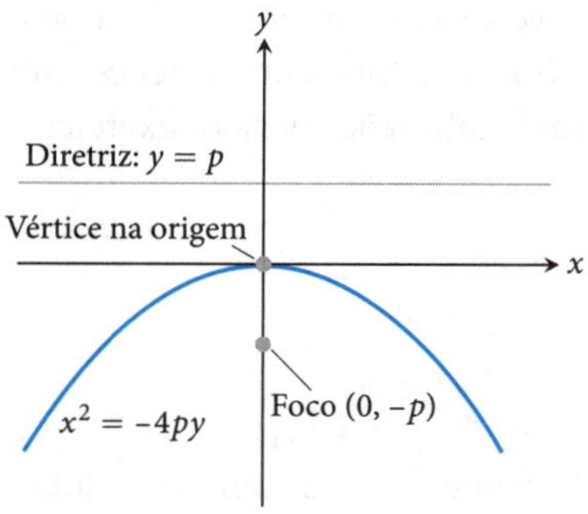

FIGURA 10.3 A parábola $x^2 = -4py$, $p > 0$.

Se a parábola se abre para baixo, com foco em $(0, -p)$ e sua diretriz é a reta $y = p$, então a Equação (1) fica

$$y = -\frac{x^2}{4p} \qquad \text{e} \qquad x^2 = -4py$$

(Figura 10.3). Obtemos equações análogas para parábolas que se abrem para a direita ou para a esquerda (Figura 10.4 e Tabela 10.1).

TABELA 10.1 Forma-padrão para parábolas com vértices na origem ($p > 0$)

Equação	Foco	Diretriz	Eixo	Abertura
$x^2 = 4py$	$(0, p)$	$y = -p$	eixo y	para cima
$x^2 = -4py$	$(0, -p)$	$y = p$	eixo y	para baixo
$y^2 = 4px$	$(p, 0)$	$x = -p$	eixo x	para a direita
$y^2 = -4px$	$(-p, 0)$	$x = p$	eixo x	para a esquerda

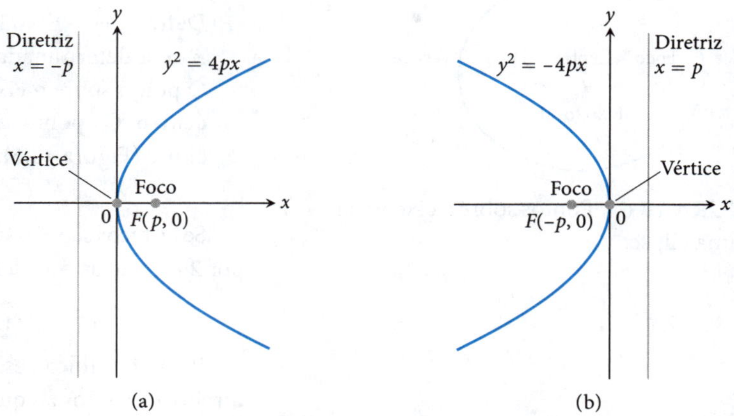

FIGURA 10.4 (a) A parábola $y^2 = 4px$. (b) A parábola $y^2 = -4px$.

EXEMPLO 1 Determine o foco e a diretriz da parábola $y^2 = 10x$

SOLUÇÃO Determinamos o valor de p na equação-padrão $y^2 = 4px$:

$$4p = 10, \qquad \text{portanto} \quad p = \frac{10}{4} = \frac{5}{2}$$

Determinamos, então, o foco e a diretriz para esse valor de p:

Foco: $(p, 0) = \left(\frac{5}{2}, 0\right)$

Diretriz: $x = -p$ ou $x = -\frac{5}{2}$

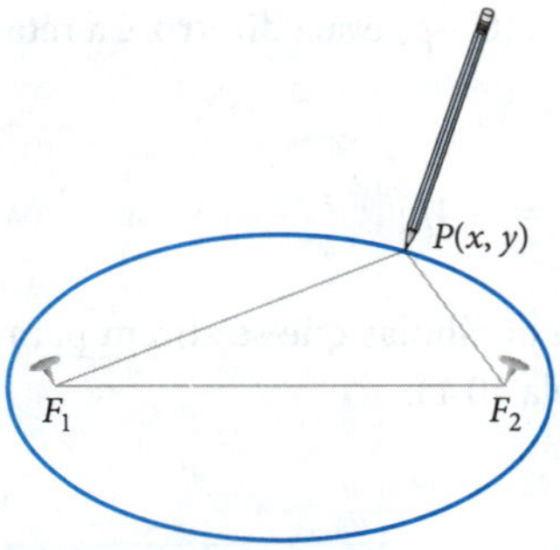

FIGURA 10.5 Uma maneira de desenhar uma elipse usa duas tachinhas e um laço de barbante para dirigir o lápis.

As fórmulas para translações horizontal e vertical, na Seção 1.3, Volume I, podem ser aplicadas às equações na Tabela 10.1, para fornecer equações para uma grande variedade de parábolas em outras localizações (veja os exercícios 39, 40 e 45–48).

Elipses

Definições Elipse, focos

Uma **elipse** é o conjunto dos pontos do plano cujas distâncias a dois pontos fixos do plano têm soma constante. Os dois pontos fixos são os **focos** da elipse.

A maneira mais rápida de construir uma elipse usa a definição. Coloque um laço de barbante em torno de duas tachinhas F_1 e F_2, puxe o barbante esticado com a ponta P de um lápis e mova o lápis em torno das tachinhas para traçar uma curva fechada (Figura 10.5). A curva é uma elipse, pois a soma $PF_1 + PF_2$, sendo o comprimento do barbante menos a distância entre as tachinhas, permanece constante. Os focos da elipse estão em F_1 e F_2.

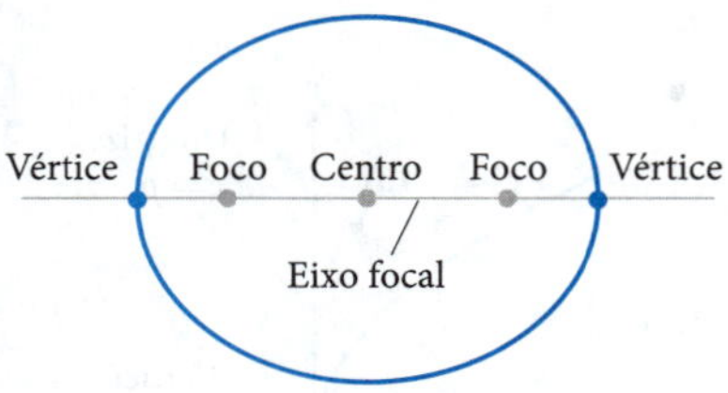

FIGURA 10.6 Pontos sobre o eixo focal de uma elipse.

Definições Eixo focal, centro, vértices

A reta determinada pelos focos de uma elipse é o **eixo focal** da elipse. O ponto sobre o eixo que está na metade do caminho entre os focos é o **centro**. Os pontos em que a elipse corta o eixo focal são os **vértices** da elipse (Figura 10.6).

Se os focos são $F_1(-c, 0)$ e $F_2(c, 0)$ (Figura 10.7) e a soma $PF_1 + PF_2$ é denotada por $2a$, então as coordenadas de um ponto P na elipse satisfazem a equação

$$\sqrt{(x + c)^2 + y^2} + \sqrt{(x - c)^2 + y^2} = 2a$$

Para simplificar essa equação, movemos o segundo radical para o lado direito, elevamos ao quadrado, isolamos o radical que ainda permanece e elevamos ao quadrado novamente, obtendo

$$\frac{x^2}{a^2} + \frac{y^2}{a^2 - c^2} = 1 \tag{2}$$

Como $PF_1 + PF_2$ é maior que o comprimento de F_1F_2 (desigualdade triangular para o triângulo PF_1F_2), o número $2a$ é maior que $2c$. Assim, $a > c$ e o número $a^2 - c^2$ na Equação (2) é positivo.

Os passos algébricos que levaram à Equação (2) podem ser invertidos para mostrar que todos os pontos P, cujas coordenadas satisfazem uma equação dessa forma com $0 < a < c$, também satisfazem a equação $PF_1 + PF_2 = 2a$. Portanto, um ponto P está sobre a elipse se e somente se suas coordenadas satisfazem a Equação (2).

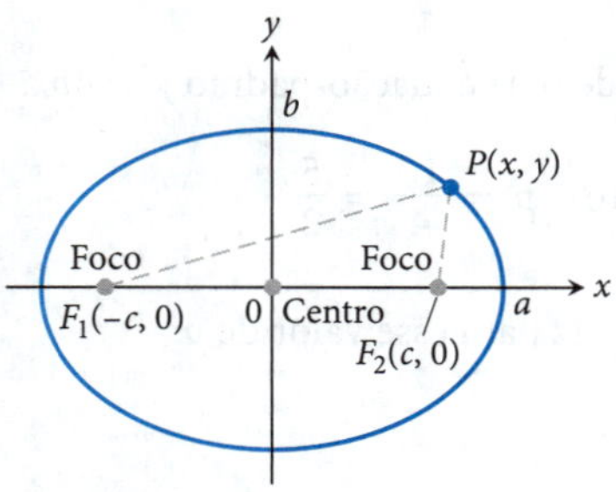

FIGURA 10.7 A elipse definida pela equação $PF_1 + PF_2 = 2a$ é o gráfico da equação $(x^2/a^2) + (y^2/b^2) = 1$, onde $a^2 - c^2 = b^2$.

Se

$$b = \sqrt{a^2 - c^2} \tag{3}$$

então $a^2 - c^2 = b^2$ e a Equação (2) adquire a forma

$$\frac{x^2}{a^2} + \frac{y^2}{b^2} = 1 \tag{4}$$

A Equação (4) revela que essa elipse é simétrica em relação à origem e aos dois eixos coordenados. Ela está dentro do retângulo delimitado pelas retas $x = \pm a$ e $y = \pm b$. Ela corta os eixos nos pontos $(\pm a, 0)$ e $(0, \pm b)$. As tangentes nesses pontos são perpendiculares aos eixos, pois

$$\frac{dy}{dx} = -\frac{b^2x}{a^2y}$$ Obtida da Equação (4) por derivação implícita.

é zero se $x = 0$ e tende a infinito quando y tende a zero.

O **eixo maior** (ou principal) da elipse na Equação (4) é o segmento de reta de comprimento $2a$ que une os pontos $(\pm a, 0)$. O **eixo menor** (ou secundário) é o segmento de reta de comprimento $2b$ unindo os pontos $(0, \pm b)$. O número a é o **eixo semimaior** e o número b é o **eixo semimenor**. O número c determinado pela Equação (3) como

$$c = \sqrt{a^2 - b^2}$$

é a **semidistância focal** da elipse.

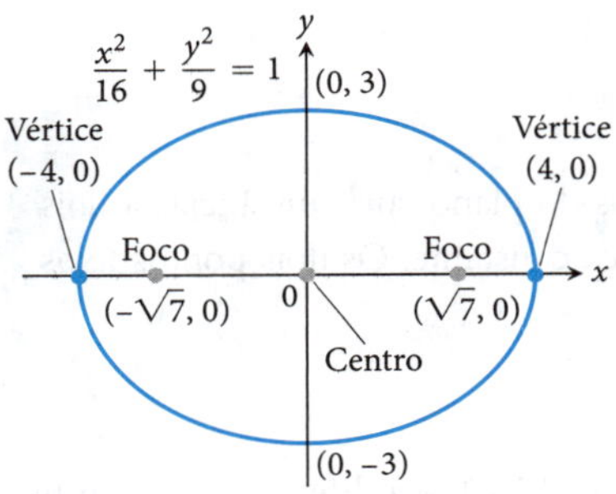

FIGURA 10.8 Uma elipse com seu eixo maior horizontal (Exemplo 2).

EXEMPLO 2 Eixo maior horizontal

A elipse

$$\frac{x^2}{16} + \frac{y^2}{9} = 1 \tag{5}$$

(Figura 10.8) tem

Eixo semimaior: $a = \sqrt{16} = 4$, Eixo semimenor: $b = \sqrt{9} = 3$

Semidistância focal: $c = \sqrt{16 - 9} = \sqrt{7}$

Focos: $(\pm c, 0) = (\pm\sqrt{7}, 0)$

Vértices: $(\pm a, 0) = (\pm 4, 0)$

Centro: $(0, 0)$

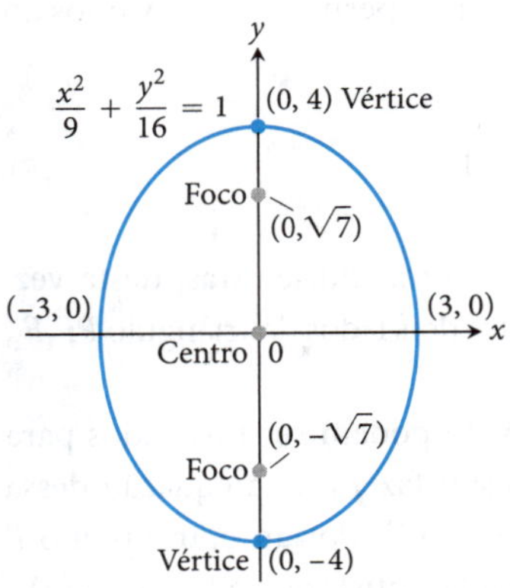

FIGURA 10.9 Uma elipse com seu eixo maior vertical (Exemplo 3).

EXEMPLO 3 Eixo maior vertical

A elipse

$$\frac{x^2}{9} + \frac{y^2}{16} = 1 \tag{6}$$

obtida trocando x e y na Equação (5) tem seu eixo maior vertical em vez de horizontal (Figura 10.9). Com a^2 ainda igual a 16 e $b^2 = 9$, temos

Eixo semimaior: $a = \sqrt{16} = 4$, Eixo semimenor: $b = \sqrt{9} = 3$

Semidistância focal: $c = \sqrt{16 - 9} = \sqrt{7}$

Focos: $(0, \pm c) = (0, \pm\sqrt{7})$

Vértices: $(0, \pm a) = (0, \pm 4)$

Centro: $(0, 0)$

Não há razão para confusão na análise das equações (5) e (6). Simplesmente, determinamos os pontos de interseção nos eixos coordenados; sabemos então qual é o eixo maior, porque ele é o mais longo dos dois eixos. O centro está sempre na origem e os focos e vértices estão sobre o eixo maior.

Equações na forma-padrão para elipses centradas na origem

Focos sobre o eixo x: $\dfrac{x^2}{a^2} + \dfrac{y^2}{b^2} = 1 \quad (a > b)$

Semidistância focal: $c = \sqrt{a^2 - b^2}$

Focos: $(\pm c, 0)$

Vértices: $(\pm a, 0)$

Focos sobre o eixo y: $\dfrac{x^2}{b^2} + \dfrac{y^2}{a^2} = 1 \quad (a > b)$

Semidistância focal: $c = \sqrt{a^2 - b^2}$

Focos: $(0, \pm c)$

Vértices: $(0, \pm a)$

Em cada um dos casos, a é o eixo semimaior e b é o eixo semimenor.

Hipérboles

Definições **Hipérbole, focos**

Uma **hipérbole** é o conjunto dos pontos do plano cujas distâncias a dois pontos fixos do plano têm uma diferença constante. Os dois pontos fixos são os **focos** da hipérbole.

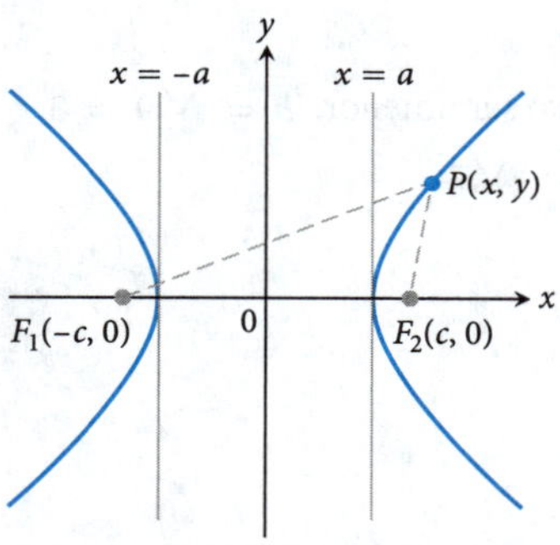

FIGURA 10.10 As hipérboles têm dois ramos. Para pontos no ramo do lado direito mostrado aqui, $PF_1 - PF_2 = 2a$. Para pontos no ramo do lado esquerdo, $PF_2 - PF_1 = 2a$. Fazemos então $b = \sqrt{c^2 - a^2}$.

Se os focos são $F_1(-c, 0)$ e $F_2(c, 0)$ (Figura 10.10) e a diferença constante é $2a$, então um ponto (x, y) está na hipérbole se, e somente se,

$$\sqrt{(x + c)^2 + y^2} - \sqrt{(x - c)^2 + y^2} = \pm 2a \tag{7}$$

Para simplificar essa equação, movemos o segundo radical para o lado direito, elevamos ao quadrado, isolamos o radical que ainda permanece, elevamos ao quadrado novamente e obtemos

$$\frac{x^2}{a^2} + \frac{y^2}{a^2 - c^2} = 1 \tag{8}$$

Até agora, essa equação se parece com a de uma elipse. Mas, desta vez, $a^2 - c^2$ é negativo, já que $2a$, sendo a diferença entre dois lados do triângulo PF_1F_2, é menor que $2c$, o terceiro lado.

Os passos algébricos que levam à Equação (8) podem ser invertidos para mostrar que todo ponto P, cujas coordenadas satisfazem uma equação dessa forma com $0 < a < c$, também satisfaz a Equação (7). Portanto, um ponto P está na hipérbole se, e somente se, suas coordenadas satisfazem a Equação (8).

Se denotarmos por b a raiz quadrada positiva de $c^2 - a^2$,

$$b = \sqrt{c^2 - a^2} \tag{9}$$

então $a^2 - c^2 = -b^2$ e a Equação (8) adquire a forma mais compacta

$$\frac{x^2}{a^2} - \frac{y^2}{b^2} = 1 \tag{10}$$

As diferenças entre a Equação (10) e a equação para uma elipse estão no sinal negativo e na nova relação

$$c^2 = a^2 + b^2 \quad \text{Da Equação (9)}$$

Assim como a elipse, a hipérbole é simétrica em relação à origem e aos eixos coordenados. Ela cruza o eixo x nos pontos $(\pm a, 0)$. As tangentes nesses pontos são verticais porque

$$\frac{dy}{dx} = \frac{b^2 x}{a^2 y} \quad \text{Obtida da Equação (10) por derivação implícita}$$

e tende a infinito quando y tende a zero. A hipérbole não tem pontos de interseção com o eixo y; na verdade, nenhuma parte da curva está entre as retas $x = a$ e $x = -a$.

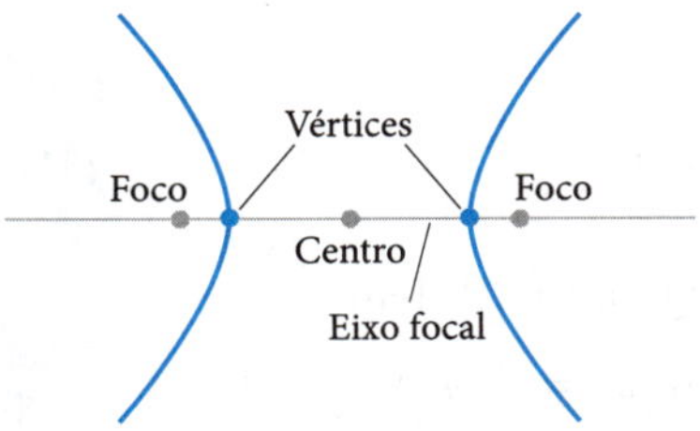

FIGURA 10.11 Pontos sobre o eixo focal de uma hipérbole.

Definições Eixo focal, centro, vértices
A reta determinada pelos focos da hipérbole é o **eixo focal**. O ponto que está na metade do caminho entre os focos é o **centro** da hipérbole. Os pontos de interseção da hipérbole com o eixo focal são os **vértices** (Figura 10.11).

Assíntotas de hipérboles e gráficos

Quando resolvemos y na Equação (10), obtemos

$$y^2 = b^2\left(\frac{x^2}{a^2} - 1\right)$$
$$= \frac{b^2}{a^2}x^2\left(1 - \frac{a^2}{x^2}\right)$$

ou, extraindo as raízes quadradas,

$$y = \pm\frac{b}{a}x\sqrt{1 - \frac{a^2}{x^2}}$$

Conforme $x \to \pm\infty$, o fator $\sqrt{1 - a^2/x^2}$ se aproxima de 1, e o fator $\pm(b/a)x$ é dominante. Assim as retas

$$y = \pm\frac{b}{a}x$$

são as duas **assíntotas** da hipérbole definida pela Equação (10). As assíntotas fornecem uma orientação de que precisamos para desenhar hipérboles rapidamente. O modo mais rápido de determinar as equações das assíntotas é substituir o 1 na Equação (10) por 0 e resolver y na nova equação:

$$\underbrace{\frac{x^2}{a^2} - \frac{y^2}{b^2} = 1}_{\text{hipérbole}} \to \underbrace{\frac{x^2}{a^2} - \frac{y^2}{b^2} = 0}_{\text{1 por 0}} \to \underbrace{y = \pm\frac{b}{a}x}_{\text{assíntotas}}$$

Equações na forma-padrão para hipérboles centradas na origem

Focos sobre o eixo x: $\dfrac{x^2}{a^2} - \dfrac{y^2}{b^2} = 1$	*Focos sobre o eixo y:* $\dfrac{y^2}{a^2} - \dfrac{x^2}{b^2} = 1$
Semidistância focal: $c = \sqrt{a^2 + b^2}$	**Semidistância focal:** $c = \sqrt{a^2 + b^2}$
Focos: $(\pm c, 0)$	Focos: $(0, \pm c)$
Vértices: $(\pm a, 0)$	Vértices: $(0, \pm a)$
Assíntotas: $\dfrac{x^2}{a^2} - \dfrac{y^2}{b^2} = 0$ ou $y = \pm \dfrac{b}{a} x$	Assíntotas: $\dfrac{y^2}{a^2} - \dfrac{x^2}{b^2} = 0$ ou $y = \pm \dfrac{a}{b} x$

Observe a diferença nas equações das assíntotas (b/a na primeira e a/b na segunda).

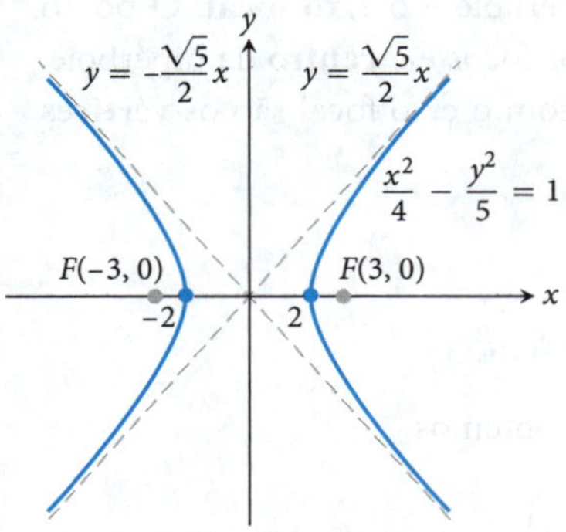

FIGURA 10.12 A hipérbole do Exemplo 4 e suas assíntotas.

EXEMPLO 4 Focos sobre o eixo x

A equação

$$\frac{x^2}{4} - \frac{y^2}{5} = 1 \qquad (11)$$

é a Equação (10) com $a^2 = 4$ e $b^2 = 5$ (Figura 10.12). Temos

Semidistância focal: $c = \sqrt{a^2 + b^2} = \sqrt{4 + 5} = 3$

Focos: $(\pm c, 0) = (\pm 3, 0)$, Vértices: $(\pm a, 0) = (\pm 2, 0)$

Centro: $(0, 0)$

Assíntotas: $\dfrac{x^2}{4} - \dfrac{y^2}{5} = 0$ ou $y = \pm \dfrac{\sqrt{5}}{2} x$

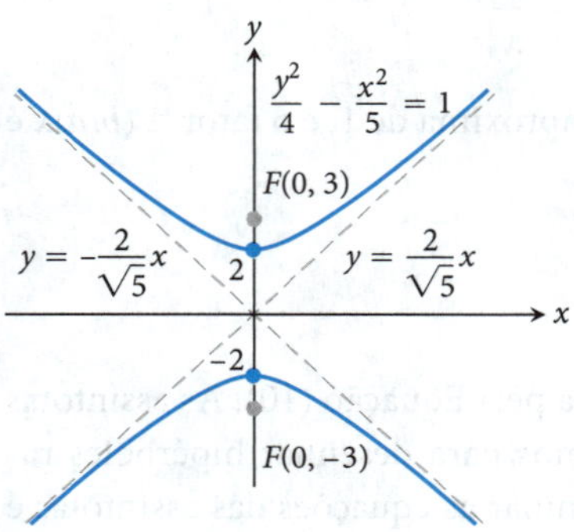

FIGURA 10.13 A hipérbole do Exemplo 5 e suas assíntotas.

EXEMPLO 5 Focos sobre o eixo y

A hipérbole

$$\frac{y^2}{4} - \frac{x^2}{5} = 1$$

obtida trocando x e y na Equação (11), tem seus vértices sobre o eixo y em vez do eixo x (Figura 10.13). Com $a^2 = 4$ e $b^2 = 5$, temos

Semidistância focal: $c = \sqrt{a^2 + b^2} = \sqrt{4 + 5} = 3$

Focos: $(0, \pm c) = (0, \pm 3)$, Vértices: $(0, \pm a) = (0, \pm 2)$

Centro: $(0, 0)$

Assíntotas: $\dfrac{y^2}{4} - \dfrac{x^2}{5} = 0$ ou $y = \pm \dfrac{2}{\sqrt{5}} x$

Propriedades reflexivas

As aplicações principais de parábolas envolvem o uso delas como refletores de luz e ondas de rádio. Os raios que se originam do foco de uma parábola são refletidos para fora dela paralelamente ao eixo da parábola (Figura 10.14 e Exercício 90). Além disso, o tempo que qualquer raio leva do foco até uma reta paralela à diretriz da parábola (portanto, perpendicular ao seu eixo) é o mesmo para cada um dos raios. Essas propriedades são usadas por refletores de holofotes e faróis e por antenas de radiodifusão de microondas.

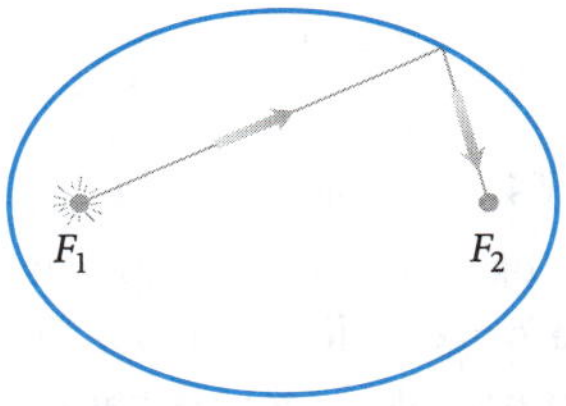

FIGURA 10.15 Um espelho elíptico (aqui mostrado de perfil) reflete luz de um foco para o outro.

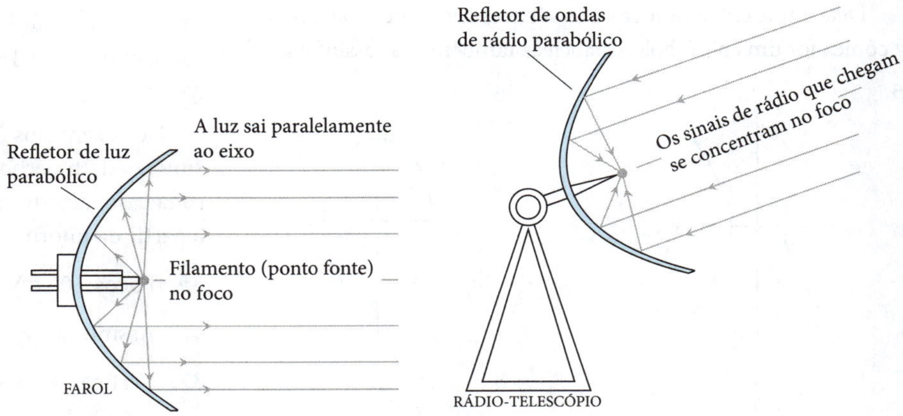

FIGURA 10.14 Refletores parabólicos podem gerar um feixe de luz paralelo ao eixo a partir de uma fonte no foco; ou eles podem receber raios paralelos ao eixo e concentrá-los no foco.

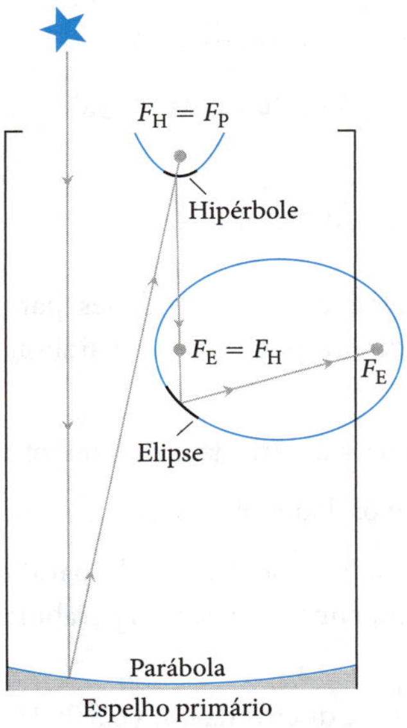

FIGURA 10.16 Desenho esquemático de um telescópio refletor.

Quando uma elipse gira em torno de seu eixo maior, gera uma superfície (a superfície é chamada *elipsóide*); se o interior for prateado para produzir um espelho, a luz a partir de um foco será refletida no outro foco (Figura 10.15). Os elipsóides refletem o som da mesma maneira, e essa propriedade é usada para construir *galerias de sussurros*, salas nas quais uma pessoa que está em um foco pode ouvir um sussurro dos outros focos. (O Hall de Esculturas no prédio do Capitólio dos Estados Unidos é uma galeria de sussurros.)

A luz dirigida a um dos focos de um espelho hiperbólico é refletida na direção do outro foco. Essa propriedade de hipérboles é combinada com as propriedades reflexivas de parábolas e elipses para projetar alguns telescópios modernos. Na Figura 10.16, a luz da estrela chega a um espelho parabólico primário e é refletida na direção de seu foco F_P. Ela é então refletida por um pequeno espelho hiperbólico, cujo foco é $F_H = F_P$, em direção ao segundo foco da hipérbole, $F_E = F_H$. Como esses focos são também de uma elipse, a luz é refletida pelo espelho elíptico para o segundo foco da elipse para ser vista por um observador.

Exercícios 10.1

Identificando gráficos

Combine as parábolas nos exercícios 1–4 com as seguintes equações:

$$x^2 = 2y, \quad x^2 = -6y, \quad y^2 = 8x, \quad y^2 = -4x$$

Determine então o foco e a diretriz da parábola.

1.

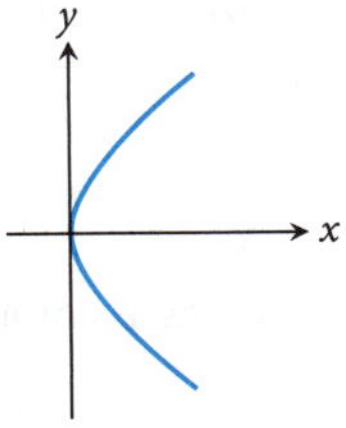

2.

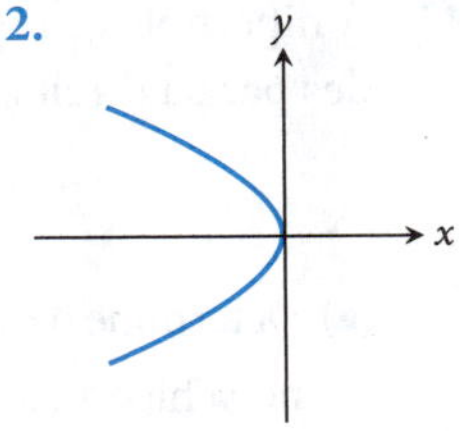

3.

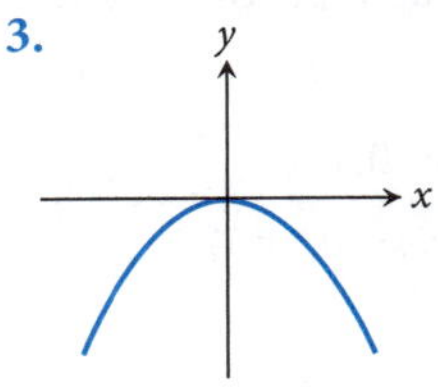

4.

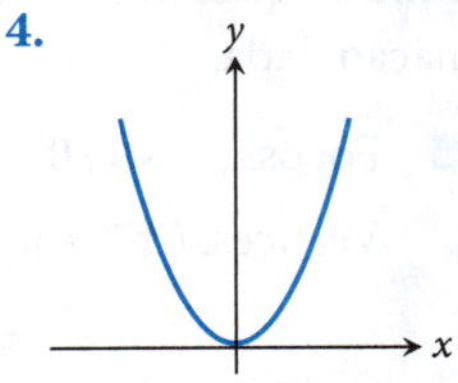

Nos exercícios 5–8 combine cada cônica com uma das seguintes equações:

$$\frac{x^2}{4} + \frac{y^2}{9} = 1, \quad \frac{x^2}{2} + y^2 = 1$$

$$\frac{y^2}{4} - x^2 = 1, \quad \frac{x^2}{4} - \frac{y^2}{9} = 1$$

Determine então os focos e os vértices das seções cônicas. Se a cônica for uma hipérbole, estabeleça também suas assíntotas.

5.

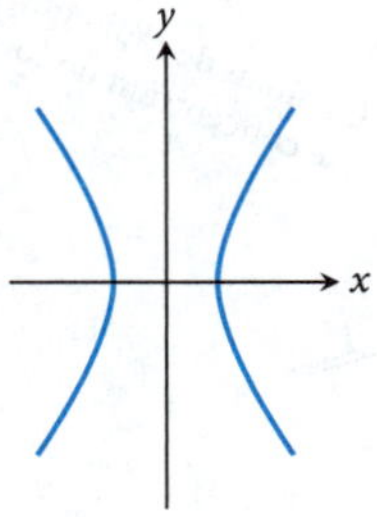

6.

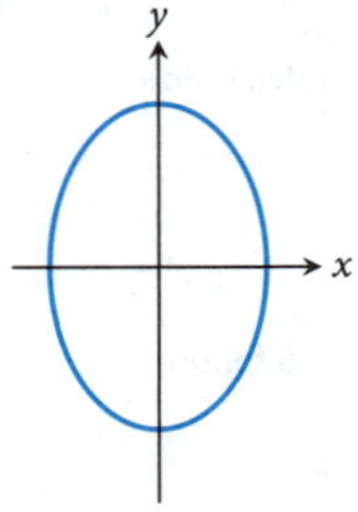

7.

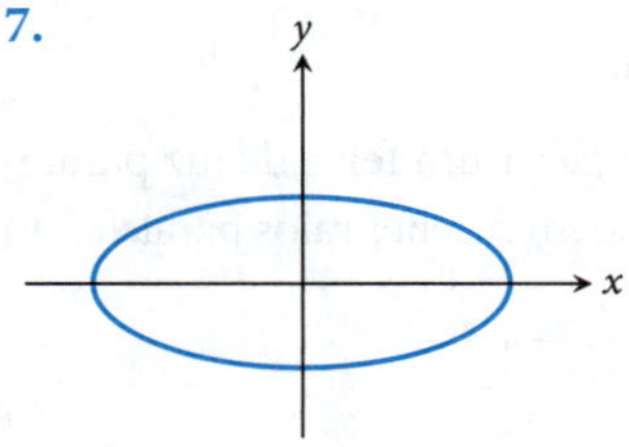

8.

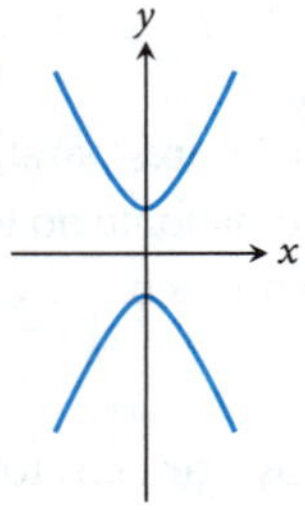

Parábolas

Nos exercícios 9–16 são dadas equações de parábolas. Determine o foco e a diretriz de cada parábola. Esboce cada uma das parábolas. Inclua o foco e a diretriz em seu desenho.

9. $y^2 = 12x$ **10.** $x^2 = 6y$ **11.** $x^2 = -8y$

12. $y^2 = -2x$ **13.** $y = 4x^2$ **14.** $y = -8x^2$

15. $x = -3y^2$ **16.** $x = 2y^2$

Elipses

Nos exercícios 17–24 são dadas equações de elipses. Coloque cada equação na forma-padrão. Esboce então cada uma das elipses. Inclua os focos em seu desenho.

17. $16x^2 + 25y^2 = 400$ **18.** $7x^2 + 16y^2 = 112$

19. $2x^2 + y^2 = 2$ **20.** $2x^2 + y^2 = 4$

21. $3x^2 + 2y^2 = 6$ **22.** $9x^2 + 10y^2 = 90$

23. $6x^2 + 9y^2 = 54$ **24.** $169x^2 + 25y^2 = 4.225$

Nos exercícios 25–26 são dados os focos e os vértices de elipses centradas na origem do plano *xy*. Em cada caso, determine a equação da elipse na forma-padrão a partir da informação dada.

25. Focos: $(\pm\sqrt{2}, 0)$
Vértices: $(\pm 2, 0)$

26. Focos: $(0, \pm 4)$
Vértices: $(0, \pm 5)$

Hipérboles

Nos exercícios 27–34 são dadas equações de hipérboles. Coloque cada equação na forma-padrão e determine as assíntotas da hipérbole. Esboce então a hipérbole. Inclua as assíntotas e os focos em seu desenho.

27. $x^2 - y^2 = 1$ **28.** $9x^2 - 16y^2 = 144$

29. $y^2 - x^2 = 8$ **30.** $y^2 - x^2 = 4$

31. $8x^2 - 2y^2 = 16$ **32.** $y^2 - 3x^2 = 3$

33. $8y^2 - 2x^2 = 16$ **34.** $64x^2 - 36y^2 = 2.304$

Nos exercícios 35–38 são dados os focos, os vértices e assíntotas de hipérboles centradas na origem do plano *xy*. Em cada caso, determine a equação da hipérbole na forma-padrão a partir da informação dada.

35. Focos: $(0, \pm\sqrt{2})$
Assíntotas: $y = \pm x$

36. Focos: $(\pm 2, 0)$
Assíntotas: $y = \pm\frac{1}{\sqrt{3}}x$

37. Vértices: $(\pm 3, 0)$
Assíntotas: $y = \pm\frac{4}{3}x$

38. Vértices: $(0, \pm 2)$
Assíntotas: $y = \pm\frac{1}{2}x$

Transladando seções cônicas

39. A parábola $y^2 = 8x$ é transladada de 2 unidades para baixo e 1 unidade para a direita para gerar a parábola $(y + 2)^2 = 8(x - 1)$.

(a) Determine o vértice, o foco e a diretriz da nova parábola.

(b) Esboce a parábola, usando os dados obtidos no item **(a)**.

40. A parábola $x^2 = -4y$ é transladada de 1 unidade para a esquerda e de 3 unidades para cima para gerar a parábola $(x + 1)^2 = -4(y - 3)$.

(a) Determine o vértice, o foco e a diretriz da nova parábola.

(b) Esboce a parábola, usando os dados obtidos no item **(a)**.

41. A elipse $(x^2/16) + (y^2/9) = 1$ é transladada de 4 unidades para a direita e de 3 unidades para cima para gerar a elipse

$$\frac{(x-4)^2}{16} + \frac{(y-3)^2}{9} = 1$$

(a) Determine os focos, o vértice e o centro da nova elipse.

(b) Esboce a nova elipse, usando os dados obtidos no item **(a)**.

42. A elipse $(x^2/9) + (y^2/25) = 1$ é transladada de 3 unidades para a esquerda e de 2 unidades para baixo para gerar a elipse

$$\frac{(x+3)^2}{9} + \frac{(y+2)^2}{25} = 1$$

(a) Determine os focos, o vértice e o centro da nova elipse.

(b) Esboce a nova elipse, usando os dados obtidos no item **(a)**.

43. A hipérbole $(x^2/16) - (y^2/9) = 1$ é transladada de 2 unidades para a direita para gerar a hipérbole

$$\frac{(x-2)^2}{16} - \frac{y^2}{9} = 1$$

(a) Determine o centro, os focos, o vértice e as assíntotas da nova hipérbole.

(b) Esboce a nova hipérbole, usando os dados obtidos no item (a).

44. A hipérbole $(y^2/4) - (x^2/5) = 1$ é transladada de 2 unidades para baixo para gerar a hipérbole

$$\frac{(y+2)^2}{4} - \frac{x^2}{5} = 1$$

(a) Determine o centro, os focos, o vértice e as assíntotas da nova hipérbole.

(b) Esboce a nova hipérbole usando os dados obtidos no item (a).

Nos exercícios 45–48 são dadas equações de parábolas e é dito em quantas unidades para cima ou para baixo e para a direita ou para a esquerda cada parábola é transladada. Determine a equação da nova parábola e determine o novo vértice, foco e diretriz.

45. $y^2 = 4x$, para a esquerda 2, para baixo 3
46. $y^2 = -12x$, para a direita 4, para cima 3
47. $x^2 = 8y$, para a direita 1, para baixo 7
48. $x^2 = 6y$, para a esquerda 3, para baixo 2

Nos exercícios 49–52 são dadas equações de elipses e é dito de quantas unidades para cima ou para baixo e para a direita ou para a esquerda cada elipse é transladada. Determine a equação da nova elipse e determine os novos vértices, focos e centro.

49. $\frac{x^2}{6} + \frac{y^2}{9} = 1$, para a esquerda 2, para baixo 1
50. $\frac{x^2}{2} + y^2 = 1$, para a direita 3, para cima 4
51. $\frac{x^2}{3} + \frac{y^2}{2} = 1$, para a direita 2, para cima 3
52. $\frac{x^2}{16} + \frac{y^2}{25} = 1$, para a esquerda 4, para baixo 5

Nos exercícios 53–56 são dadas equações de hipérboles e é dito em quantas unidades para cima ou para baixo e para a direita ou para a esquerda cada hipérbole é transladada. Determine a equação da nova hipérbole e estipule os novos vértices, focos, assíntotas e centro.

53. $\frac{x^2}{4} - \frac{y^2}{5} = 1$, para a direita 2, para cima 2
54. $\frac{x^2}{16} - \frac{y^2}{9} = 1$, para a esquerda 2, para baixo 1
55. $y^2 - x^2 = 1$, para a esquerda 1, para baixo 1
56. $\frac{y^2}{3} - x^2 = 1$, para a direita 1, para cima 3

Determine o centro, focos, vértices e raio, conforme adequado, das seções cônicas dos exercícios 57–68.

57. $x^2 + 4x + y^2 = 12$
58. $2x^2 + 2y^2 - 28x + 12y + 114 = 0$
59. $x^2 + 2x + 4y - 3 = 0$
60. $y^2 - 4y - 8x - 12 = 0$
61. $x^2 + 5y^2 + 4x = 1$
62. $9x^2 + 6y^2 + 36y = 0$
63. $x^2 + 2y^2 - 2x - 4y = -1$
64. $4x^2 + y^2 + 8x - 2y = -1$
65. $x^2 - y^2 - 2x + 4y = 4$
66. $x^2 - y^2 + 4x - 6y = 6$
67. $2x^2 - y^2 + 6y = 3$
68. $y^2 - 4x^2 + 16x = 24$

Desigualdades

Esboce as regiões do plano xy cujas coordenadas satisfazem a desigualdade ou par de desigualdades nos exercícios 69–74.

69. $9x^2 + 16y^2 \leq 144$
70. $x^2 + y^2 \geq 1$ e $4x^2 + y^2 \leq 4$
71. $x^2 + 4y^2 \geq 4$ e $4x^2 + 9y^2 \leq 36$
72. $(x^2 + y^2 - 4)(x^2 + 9y^2 - 9) \leq 0$
73. $4y^2 - x^2 \geq 4$
74. $|x^2 - y^2| \leq 1$

Teoria e exemplos

75. **Fórmula de Arquimedes para o volume de um sólido parabólico** A região delimitada pela parábola $y = (4h/b^2)x^2$ e a reta $y = h$ é girada em torno do eixo y para gerar o sólido exibido aqui. Mostre que o volume do sólido é igual a 3/2 do volume do cone correspondente.

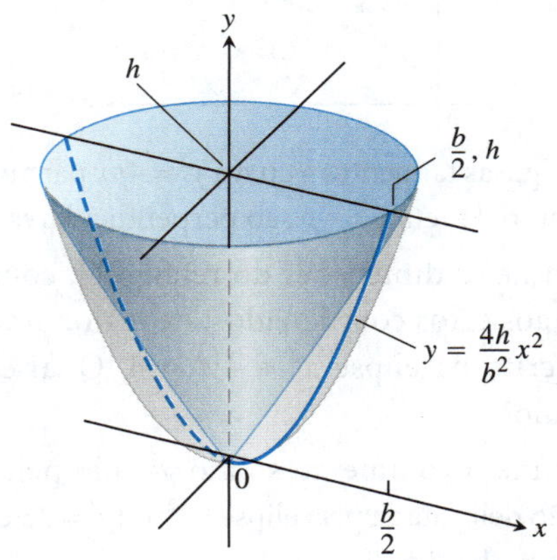

76. **Cabos de suspensão de pontes formam parábolas** O cabo de suspensão da ponte exibida aqui sustenta uma carga de w libras por pé horizontal. Pode ser demonstrado que se H é a tensão horizontal do cabo na origem, então a curva do cabo satisfaz a equação

$$\frac{dy}{dx} = \frac{w}{H}x$$

Mostre que o cabo é suspenso na forma de uma parábola resolvendo essa equação diferencial com a condição inicial que $y = 0$ quando $x = 0$.

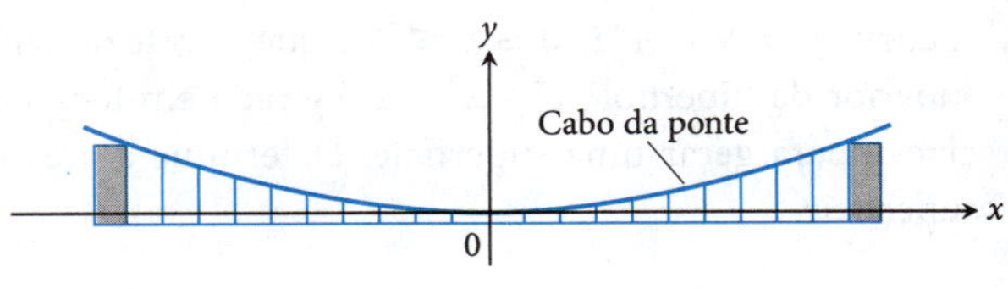

77. Determine uma equação para o círculo que contém os pontos (1, 0), (0, 1) e (2, 2).

78. Determine uma equação para o círculo que contém os pontos (2, 3), (3, 2) e (–4, 3).

79. Determine uma equação para o círculo com centro no ponto (–2, 1) e que passa pelo ponto (1, 3). O ponto (1,1; 2,8) está dentro, fora ou sobre o círculo?

80. Determine equações das retas tangentes ao círculo $(x - 2)^2 + (y - 1)^2 = 5$ nos pontos em que o círculo corta os eixos coordenados. (*Sugestão*: Use derivação implícita.)

81. Se retas são desenhadas paralelamente aos eixos coordenados por um ponto P sobre a parábola $y^2 = kx$, $k > 0$, a parábola divide a região retangular delimitada por essas retas e os eixos coordenados em duas regiões menores, A e B.

(a) Se as duas regiões giram em torno do eixo y, mostre que elas geram sólidos cujos volumes têm razão 4:1.

(b) Qual é a razão entre os volumes dos sólidos gerados pela revolução das regiões em torno do eixo x?

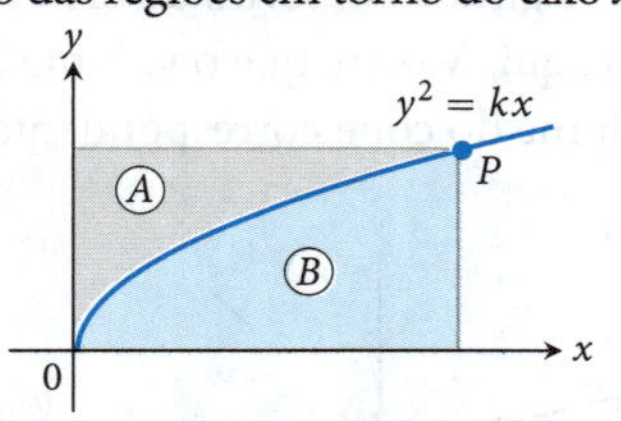

82. Mostre que as tangentes à curva $y^2 = 4px$ partindo de qualquer ponto da reta $y = -p$ são perpendiculares.

83. Determine as dimensões do retângulo, com lados paralelos aos eixos coordenados, de maior área que pode ser inscrito na elipse $x^2 + 4y^2 = 4$. Qual é a área do retângulo?

84. Determine o volume do sólido gerado pela revolução da região delimitada pela elipse $9x^2 + 4y^2 = 36$ em torno de **(a)** eixo x, **(b)** eixo y.

85. A região "triangular" no primeiro quadrante, delimitada pelo eixo x, pela reta $x = 4$ e pela hipérbole $9x^2 - 4y^2 = 36$ é girada em torno do eixo x para gerar um sólido. Determine o volume do sólido.

86. A região delimitada à esquerda pelo eixo y, à direita pela hipérbole $x^2 - y^2 = 1$ e superior e inferiormente pelas retas $y = \pm 3$, é girada em torno do eixo y para gerar um sólido. Determine o volume do sólido.

87. Determine o centróide da região que é delimitada inferiormente pelo eixo x e superiormente pela elipse $(x^2/9) + (y^2/16) = 1$.

88. A curva $y = \sqrt{x^2 + 1}$, $0 \le x \le \sqrt{2}$ que é parte do ramo superior da hipérbole $y^2 - x^2 = 1$ é girada em torno do eixo x para gerar uma superfície. Determine a área da superfície.

89. As ondas circulares na fotografia foram feitas tocando a superfície de um tanque de ondas, primeiro em A e depois em B. Conforme as ondas se expandem, seus pontos de interseção aparentam descrever uma hipérbole. Isso acontece realmente? Para descobrir, podemos modelar as ondas como círculos centrados em A e em B.

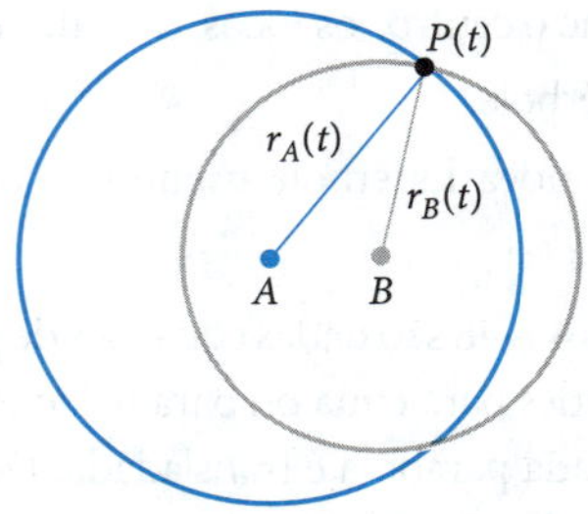

No instante t, o ponto P está a $r_A(t)$ unidades de A e a $r_B(t)$ unidades de B. Como os raios dos círculos crescem a uma taxa constante, a taxa à qual as ondas estão se movendo é

$$\frac{dr_A}{dt} = \frac{dr_B}{dt}$$

Conclua dessa equação que $r_A - r_B$ é constante de modo que P tem de estar em uma hipérbole cujos focos são A e B.

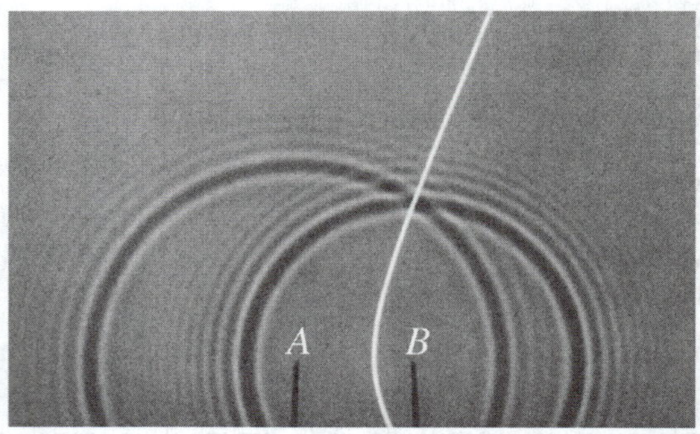

90. A propriedade reflexiva de parábolas A figura aqui mostra um ponto típico $P(x_0, y_0)$ sobre a parábola $y^2 = 4px$. A reta L é tangente à parábola em P. O foco da parábola está em $F(p, 0)$. O raio L' estendido a partir de P para a direita é paralelo ao eixo x. Vamos mostrar que a luz que sai de F e vai até P é refletida ao longo de L' provando que β é igual a α. Estabeleça essa igualdade verificando os passos a seguir:

(a) Mostre que $\operatorname{tg} \beta = 2p/y_0$.

(b) Mostre que $\operatorname{tg} \phi = y_0/(x_0 - p)$.

(c) Use a identidade

$$\operatorname{tg} \alpha = \frac{\operatorname{tg} \phi - \operatorname{tg} \beta}{1 + \operatorname{tg} \phi \operatorname{tg} \beta}$$

para mostrar que $\alpha = 2p/y_0$.

Como α e β são ambos agudos e tg α = tg β então $\alpha = \beta$.

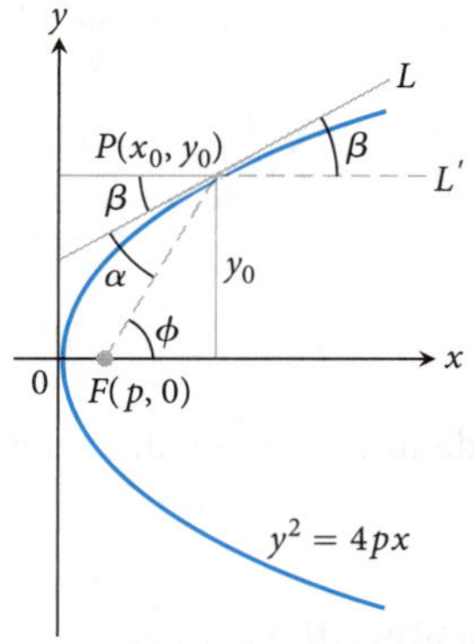

91. Como o astrônomo Kepler usou um barbante para desenhar parábolas O método de Kepler para desenhar parábolas (com ferramentas mais modernas) precisa de um barbante do comprimento de uma régua T e de uma mesa cuja borda possa servir como diretriz da parábola. Prenda uma ponta do barbante em um ponto onde você quer que seja o foco e a outra ponta na ponta superior da régua T. Então, segurando com um lápis o barbante esticado contra a régua T, deslize a régua T ao longo da borda da mesa. Conforme a régua T se move, o lápis vai desenhar uma parábola. Por quê?

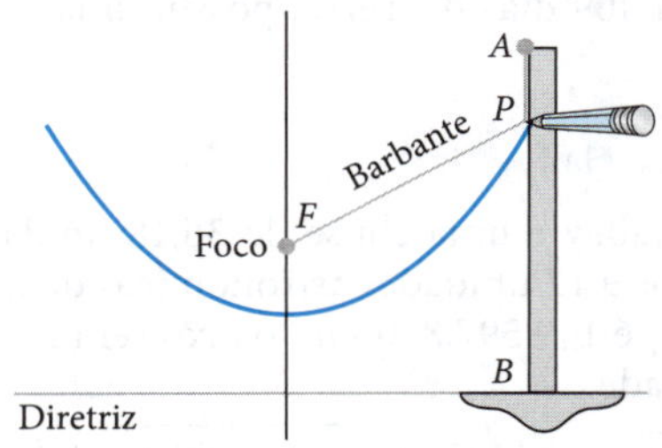

92. Construção de uma hipérbole Os diagramas a seguir apareceram (sem legenda) no artigo de Ernest J. Eckert, "Constructions without words", *Mathematics Magazine*, v. 66, n. 2, abr. 1993, p. 113. Explique as construções determinando as coordenadas do ponto *P*.

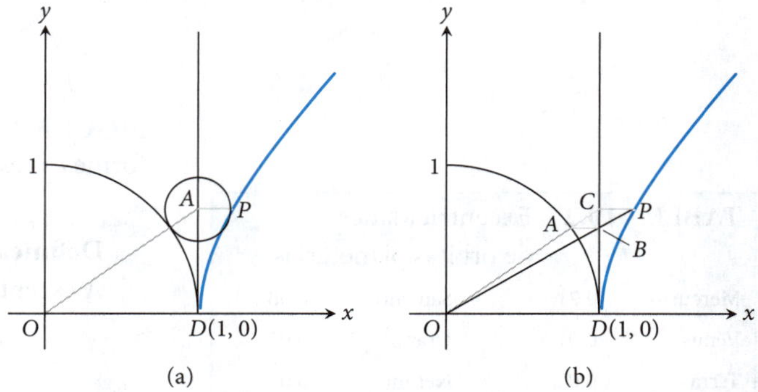

93. A largura de uma parábola no foco Mostre que o número $4p$ é a *largura* da parábola $x^2 = 4py$, $(p > 0)$ no foco mostrando que $y = p$ corta a parábola em pontos que estão afastados de $4p$ unidades.

94. As assíntotas de $(x^2/a^2) - (y^2/b^2) = 1$ Mostre que a distância vertical entre a reta $y = (b/a)x$ e a metade superior do ramo direito de $y = (b/a)\sqrt{x^2 - a^2}$ da hipérbole $(x^2/a^2) - (y^2/b^2) = 1$ tende a 0 mostrando que

$$\lim_{x\to\infty}\left(\frac{b}{a}x - \frac{b}{a}\sqrt{x^2 - a^2}\right) = \frac{b}{a}\lim_{x\to\infty}\left(x - \sqrt{x^2 - a^2}\right) = 0$$

Resultados análogos valem para as outras porções da hipérbole e as retas $y = \pm(b/a)x$.

10.2 Classificando seções cônicas pela excentricidade

Vamos agora mostrar como associar a cada seção cônica um número chamado excentricidade da seção cônica. A excentricidade revela o tipo da cônica (círculo, elipse, parábola ou hipérbole) e, no caso de elipses e hipérboles, descreve as proporções gerais da seção cônica.

Excentricidade

Embora a semidistância focal c não apareça na equação

$$\frac{x^2}{a^2} + \frac{y^2}{b^2} = 1 \qquad (a > b)$$

da elipse, podemos ainda determinar c pela equação $c = \sqrt{a^2 - b^2}$. Se fixarmos a, e c variar no intervalo $0 \leq c \leq a$, a forma das elipses resultantes vão variar (Figura 10.17). Elas são círculos se $c = 0$ (de modo que $a = b$) e se achatam conforme c cresce. Se $c = a$, o foco e os vértices se sobrepõem e a elipse se degenera em um segmento de reta.

Usamos a razão de c por a para descrever as várias formas que a elipse pode ter. Chamamos essa razão de excentricidade da elipse.

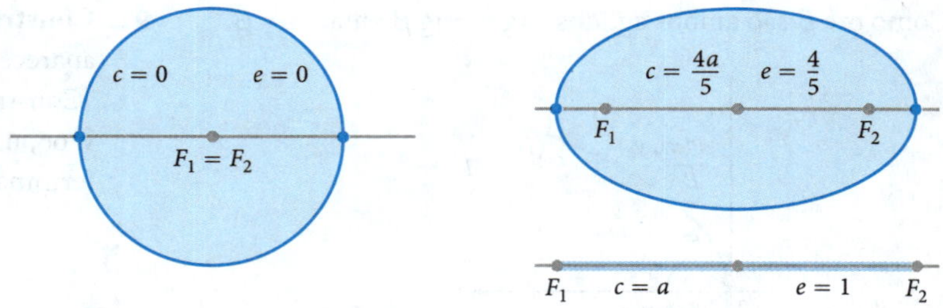

FIGURA 10.17 A elipse muda de um círculo a um segmento de reta conforme c cresce de 0 até a.

TABELA 10.2 Excentricidades de órbitas planetárias			
Mercúrio	0,21	Saturno	0,06
Vênus	0,01	Urano	0,05
Terra	0,02	Netuno	0,01
Marte	0,09	Plutão	0,25
Júpiter	0,05		

Definição Excentricidade de uma elipse

A **excentricidade** da elipse $(x^2/a^2) + (y^2/b^2) = 1$ $(a > b)$ é

$$e = \frac{c}{a} = \frac{\sqrt{a^2 - b^2}}{a}$$

Os planetas no sistema solar giram em torno do Sol em órbitas (aproximadamente) elípticas com o Sol em um dos focos. A maioria das órbitas é quase circular, como pode ser visto por suas excentricidades na Tabela 10.2. Plutão tem uma órbita razoavelmente excêntrica com $e = 0{,}25$, assim como Mercúrio, com $e = 0{,}21$. Outros elementos do sistema solar têm órbitas que são até mais excêntricas. Ícaro, um asteróide com cerca de 1 milha de largura que dá uma volta em torno do Sol a cada 409 dias da Terra, possui uma excentricidade orbital de 0,83 (Figura 10.18).

Companion Website
Biografia histórica*
Edmund Halley
(1656-1742)

EXEMPLO 1 Cometa Halley

A órbita do cometa Halley é uma elipse de 36,18 unidades astronômicas de comprimento por 9,12 unidades astronômicas de largura. (Uma *unidade astronômica* [UA] é 149.597.870 km, o eixo semimaior da órbita da Terra.) Sua excentricidade é

$$e = \frac{\sqrt{a^2 - b^2}}{a} = \frac{\sqrt{(36{,}18/2)^2 - (9{,}12/2)^2}}{(1/2)(36{,}18)}$$

$$= \frac{\sqrt{(18{,}09)^2 - (4{,}56)^2}}{18{,}09} \approx 0{,}97$$

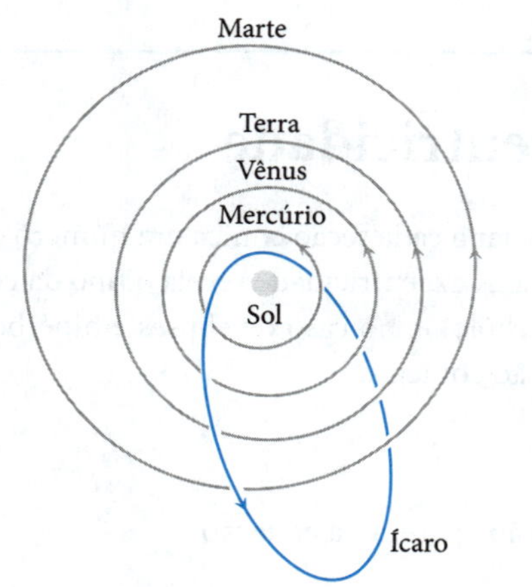

FIGURA 10.18 A órbita do asteróide Ícaro é altamente excêntrica. A órbita da Terra é quase tão circular que seus focos estão dentro do Sol.

Enquanto uma parábola tem um foco e uma diretriz, cada **elipse** possui dois focos e duas **diretrizes**. Essas são as retas perpendiculares ao eixo maior a distâncias de $\pm a/e$ do centro. A parábola tem a propriedade que

$$PF = 1 \cdot PD \tag{1}$$

para todo ponto P sobre ela, onde F é o foco e D é o ponto mais próximo de P sobre a diretriz. Para uma elipse, pode ser demonstrado que as equações que substituem a Equação (1) são

$$PF_1 = e \cdot PD_1, \qquad PF_2 = e \cdot PD_2 \tag{2}$$

Aqui, e é a excentricidade, P é um ponto sobre a elipse, F_1 e F_2 são os focos e D_1 e D_2 são os pontos sobre as diretrizes mais próximos de P (Figura 10.19).

Nas duas equações (2) a diretriz e o foco têm de corresponder, isto é, se usarmos a distância de P a F_1, também devemos usar a distância de P à diretriz no lado correspondente da elipse. A diretriz $x = -a/e$ corresponde a $F_1(-c, 0)$ e a diretriz $x = a/e$ corresponde a $F_2(c, 0)$.

A excentricidade de uma hipérbole também é $e = c/a$, apenas que, nesse caso, c é igual a $\sqrt{a^2 + b^2}$ em vez de $\sqrt{a^2 - b^2}$. Ao contrário da excentricidade de uma elipse, a excentricidade de uma hipérbole é sempre maior que 1.

* Para saber mais sobre as figuras históricas e o desenvolvimento dos principais elementos e tópicos do cálculo, visite **www.aw.com/thomas_br**

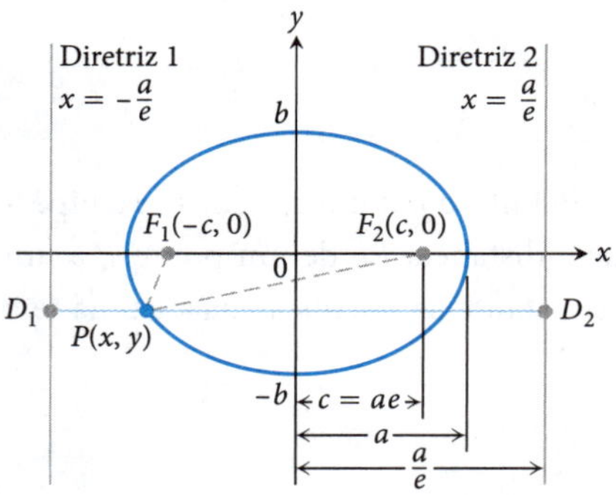

FIGURA 10.19 Os focos e as diretrizes da elipse $(x^2/a^2) + (y^2/b^2) = 1$. A diretriz 1 corresponde ao foco F_1 e a diretriz 2 corresponde ao foco F_2.

Definição Excentricidade de uma hipérbole

A **excentricidade** da hipérbole $(x^2/a^2) - (y^2/b^2) = 1$ é

$$e = \frac{c}{a} = \frac{\sqrt{a^2 + b^2}}{a}$$

Tanto para a elipse como para a hipérbole, a excentricidade é a razão da distância entre os focos pela distância entre os vértices (pois $c/a = 2c/2a$).

$$\text{Excentricidade} = \frac{\text{distância entre os focos}}{\text{distância entre os vértices}}$$

Em uma elipse, a distância entre os focos é menor que entre os vértices e a razão é menor que 1. Em uma hipérbole, ao contrário, são os focos que estão mais distantes um do outro do que os vértices e a razão é maior que 1.

EXEMPLO 2 Determinando os vértices de uma elipse

Localize os vértices de uma elipse de excentricidade 0,8 cujos focos são os pontos $(0, \pm 7)$.

SOLUÇÃO Como $e = c/a$, os vértices são os pontos $(0, \pm a)$ onde

$$a = \frac{c}{e} = \frac{7}{0{,}8} = 8{,}75$$

ou $(0, \pm 8{,}75)$.

EXEMPLO 3 Excentricidade de uma hipérbole

Determine a excentricidade da hipérbole $9x^2 - 16y^2 = 144$.

SOLUÇÃO Dividimos os dois lados da equação da hipérbole por 144 para colocá-la na forma-padrão, obtendo

$$\frac{9x^2}{144} - \frac{16y^2}{144} = 1 \quad \text{e} \quad \frac{x^2}{16} - \frac{y^2}{9} = 1$$

Com $a^2 = 16$ e $b^2 = 9$, determinamos $c = \sqrt{a^2 + b^2} = \sqrt{16 + 9} = 5$, de modo que

$$e = \frac{a}{c} = \frac{5}{4}$$

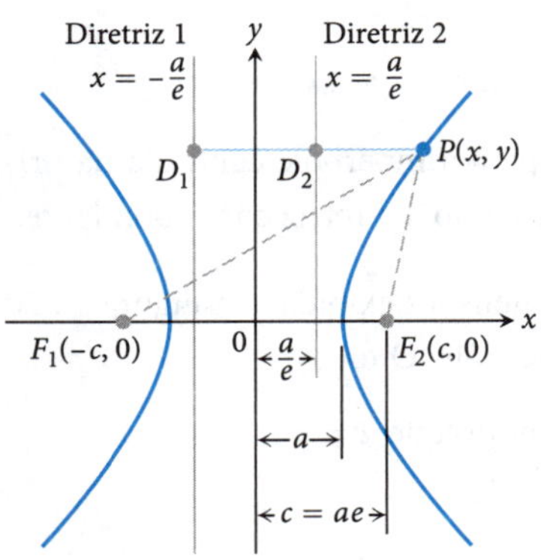

FIGURA 10.20 Os focos e as diretrizes da hipérbole $(x^2/a^2) - (y^2/b^2) = 1$. Seja qual for o lugar em que o ponto P se encontra na hipérbole, $PF_1 = e \cdot PD_1$ e $PF_2 = e \cdot PD_2$.

Como para a elipse, pode-se mostrar que as retas $x = \pm a/e$ agem como **diretrizes** da **hipérbole** e que

$$PF_1 = e \cdot PD_1 \quad \text{e} \quad PF_2 = e \cdot PD_2 \tag{3}$$

Aqui P é um ponto na hipérbole, F_1 e F_2 são os focos e D_1 e D_2 são os pontos sobre as diretrizes, mais próximos de P (Figura 10.20).

Para completar a ilustração, definimos a excentricidade da parábola por $e = 1$. As equações (1) e (3) têm, então, a mesma forma $PF = e \cdot PD$.

Definição Excentricidade de uma parábola
A **excentricidade** de uma parábola é $e = 1$.

A equação "foco–diretriz" $PF = e \cdot PD$ une a parábola, a elipse e a hipérbole no seguinte sentido. Suponha que a distância PF de um ponto P a um ponto fixo F (o foco) seja um múltiplo constante de sua distância até uma reta fixa (a diretriz). Isto é, suponha

$$PF = e \cdot PD \tag{4}$$

onde e é a constante de proporcionalidade. Então a trajetória descrita por P é

(a) uma *parábola* se $e = 1$,

(b) uma *elipse* de excentricidade e se $e < 1$ e

(c) uma *hipérbole* de excentricidade e se $e > 1$.

Não há coordenadas na Equação (4) e quando tentamos traduzi-la na forma de coordenadas, ela se traduz de maneiras diferentes, dependendo do tamanho de e. Pelo menos, isso é o que acontece em coordenadas cartesianas. Entretanto, em coordenadas polares, como veremos na Seção 10.8, a equação $PF = e \cdot PD$ se traduz em uma única equação independentemente do valor de e, uma equação tão simples que foi a equação escolhida pelos astrônomos e cientistas espaciais há mais de 300 anos.

Dados o foco e a diretriz correspondentes de uma hipérbole centrada na origem e com os focos no eixo x, podemos usar as dimensões exibidas na Figura 10.20 para determinar e. Sabendo e, podemos deduzir uma equação cartesiana para a hipérbole a partir da equação $PF = e \cdot PD$, como no próximo exemplo. De modo análogo, podemos determinar equações de elipses centradas na origem com focos no eixo x, usando as dimensões exibidas na Figura 10.19.

EXEMPLO 4 Equação cartesiana de uma hipérbole

Determine uma equação cartesiana para a hipérbole centrada na origem com um foco em $(3, 0)$ e a reta $x = 1$ como a diretriz correspondente.

SOLUÇÃO Primeiro, usamos as dimensões exibidas na Figura 10.20 para determinar a excentricidade da hipérbole. O foco é

$$(c, 0) = (3, 0), \text{ de modo que } c = 3$$

A diretriz é a reta

$$x = \frac{a}{e} = 1, \text{ de modo que } a = e$$

Quando combinada com a equação $e = c/a$ que define a excentricidade, esses resultados fornecem

$$e = \frac{c}{a} = \frac{3}{e}, \quad \text{de modo que} \quad e^2 = 3 \quad \text{e} \quad e = \sqrt{3}$$

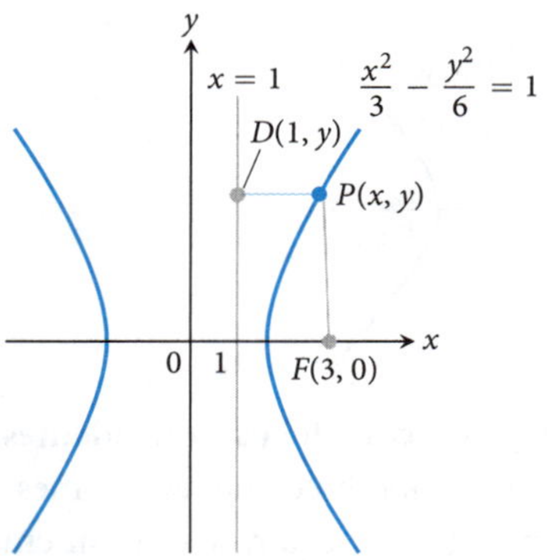

FIGURA 10.21 A hipérbole e a diretriz no Exemplo 4.

Conhecendo e, podemos agora deduzir a equação que queremos da equação $PF = e \cdot PD$. Na notação da Figura 10.21, temos

$$PF = e \cdot PD \quad \text{Equation (4)}$$
$$\sqrt{(x-3)^2 + (y-0)^2} = \sqrt{3}\,|x-1| \quad e = \sqrt{3}$$
$$x^2 - 6x + 9 + y^2 = 3(x^2 - 2x + 1)$$
$$2x^2 - y^2 = 6$$
$$\frac{x^2}{3} - \frac{y^2}{6} = 1$$

Exercícios 10.2

Elipses

Nos exercícios 1–8, estabeleça a excentricidade da elipse. Determine, então, os focos e as diretrizes da elipse e desenhe-a.

1. $16x^2 + 25y^2 = 400$
2. $7x^2 + 16y^2 = 112$
3. $2x^2 + y^2 = 2$
4. $2x^2 + y^2 = 4$
5. $3x^2 + 2y^2 = 6$
6. $9x^2 + 10y^2 = 90$
7. $6x^2 + 9y^2 = 54$
8. $169x^2 + 25y^2 = 4.225$

Os exercícios 9–12 fornecem os focos ou vértices e as excentricidades de elipses com centro na origem do plano xy. Em cada caso, determine a equação da elipse na forma-padrão.

9. Focos: $(0, \pm 3)$
   Excentricidade: 0,5
10. Focos: $(\pm 8, 0)$
   Excentricidade: 0,2
11. Vértices: $(0, \pm 70)$
   Excentricidade: 0,1
12. Vértices: $(\pm 10, 0)$
   Excentricidade: 0,24

Os exercícios 13–16 fornecem os focos e as diretrizes correspondentes de elipses centradas na origem do plano xy. Em cada caso, use as dimensões na Figura 10.19 para estabelecer a excentricidade da elipse. Determine, então, a equação da elipse na forma-padrão.

13. Foco: $(\sqrt{5}, 0)$
   Diretriz: $x = \frac{9}{\sqrt{5}}$
14. Foco: $(4, 0)$
   Diretriz: $x = \frac{16}{3}$
15. Foco: $(-4, 0)$
   Diretriz: $x = -16$
16. Foco: $(-\sqrt{2}, 0)$
   Diretriz: $x = -2\sqrt{2}$
17. Desenhe uma elipse de excentricidade 4/5. Explique o seu procedimento.
18. Desenhe a órbita de Plutão (excentricidade 0,95) em escala. Explique o seu procedimento.
19. As extremidades dos eixos maior e menor de uma elipse são (1, 1), (3, 4), (1, 7) e (–1, 4). Esboce a elipse, dê a sua equação na forma-padrão e determine seus focos, excentricidade e diretrizes.
20. Determine uma equação da elipse de excentricidade 2/3 que tem por diretriz a reta $x = 9$ e o ponto (4, 0) como o foco correspondente.
21. Para que valores de a, b e c a elipse
   $$4x^2 + y^2 + ax + by + c = 0$$
   é tangente ao eixo x na origem e passa pelo ponto (–1, 2)? Qual é a excentricidade dessa elipse?
22. **A propriedade reflexiva de elipses** Uma elipse gira em torno de seu eixo maior para gerar um elipsóide. A superfície interna do elipsóide é prateada para fazer um espelho. Mostre que qualquer raio que emana de um foco será refletido no outro foco. Ondas sonoras também seguem essas trajetórias e essa propriedade é usada na construção de "galerias de sussurros". (*Sugestão*: Coloque a elipse na posição-padrão no plano xy e mostre que as retas de um ponto P da elipse aos dois focos formam ângulos congruentes com a tangente da elipse em P.)

Hipérboles

Nos exercícios 23–30, determine a excentricidade da hipérbole. Determine então os focos e as diretrizes da hipérbole e desenhe-a.

23. $x^2 - y^2 = 1$
24. $9x^2 - 16y^2 = 144$
25. $y^2 - x^2 = 8$
26. $y^2 - x^2 = 4$
27. $8x^2 - 2y^2 = 16$
28. $y^2 - 3x^2 = 3$
29. $8y^2 - 2x^2 = 16$
30. $64x^2 - 36y^2 = 2.304$

Os exercícios 31–34 fornecem os focos ou vértices e as excentricidades de hipérboles com centro na origem do plano xy. Em cada caso, determine a equação da hipérbole na forma-padrão.

31. Excentricidade: 3
   Vértices: $(0, \pm 1)$
32. Excentricidade: 2
   Vértices: $(\pm 2, 0)$
33. Excentricidade: 3
   Focos: $(\pm 3, 0)$
34. Excentricidade: 1,25
   Focos: $(0, \pm 5)$

Os exercícios 35–38 fornecem os focos e as diretrizes correspondentes de hipérboles centradas na origem do plano xy. Em cada caso, estabeleça a excentricidade da hipérbole. Determine, então, a equação da hipérbole na forma-padrão.

35. Foco: $(4, 0)$
Diretriz: $x = 2$

36. Foco: $(\sqrt{10}, 0)$
Diretriz: $x = \sqrt{2}$

37. Foco: $(-2, 0)$
Diretriz: $x = -\frac{1}{2}$

38. Foco: $(-6, 0)$
Diretriz: $x = -2$

39. A hipérbole de excentricidade 3/2 tem um foco em $(1, -3)$. A diretriz correspondente é a reta $y = 2$. Determine uma equação da hipérbole.

40. O efeito da excentricidade na forma da hipérbole O que acontece com o gráfico da hipérbole quando a excentricidade aumenta? Para descobrir, reescreva a equação $(x^2/a^2) - (y^2/b^2) = 1$ em termos de a e e, em vez de a e b. Desenhe a hipérbole para vários valores de e e descreva o que você descobriu.

41. A propriedade reflexiva de hipérboles Prove que qualquer raio de luz que incide diretamente em um foco de um espelho hiperbólico, como na figura a seguir, é refletido na direção do outro foco. (*Sugestão*: Mostre que a tangente à hipérbole em P é bissetriz do ângulo formado pelos segmentos PF_1 e PF_2.)

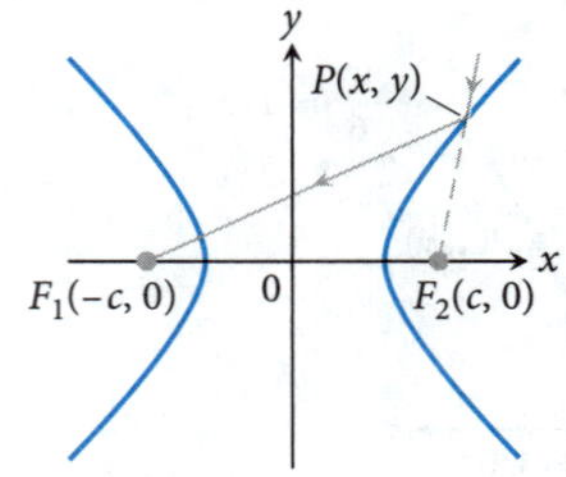

42. Uma elipse e uma hipérbole com focos coincidentes Mostre que uma elipse e uma hipérbole que têm os mesmos focos A e B, como na figura a seguir, se cruzam em ângulos retos em seus pontos de interseção. (*Sugestão*: Um raio de luz que parte do foco A e que encontra a hipérbole no ponto P seria refletido pela hipérbole como se viesse diretamente de B (Exercício 41). O mesmo raio seria refletido pela elipse para passar por B (Exercício 22).)

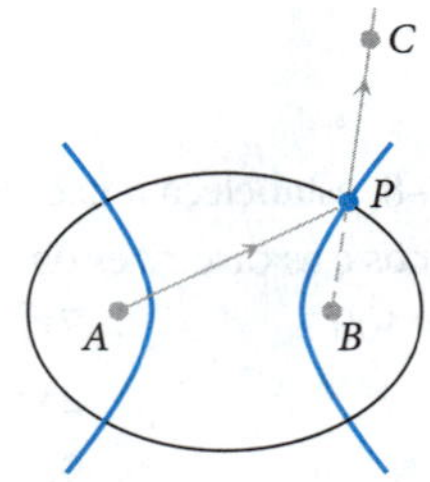

10.3 Equações quadráticas e rotações

Nesta seção, examinamos o gráfico de uma equação

$$Ax^2 + Bxy + Cy^2 + Dx + Ey + F = 0 \tag{1}$$

em que A, B e C não são todos nulos, e mostramos que ela é quase sempre uma seção cônica. As exceções são os casos nos quais não há gráfico ou o gráfico consiste em duas retas paralelas. É convenção chamar todos os gráficos da Equação (1), curvos ou não, de **curvas quadráticas**.

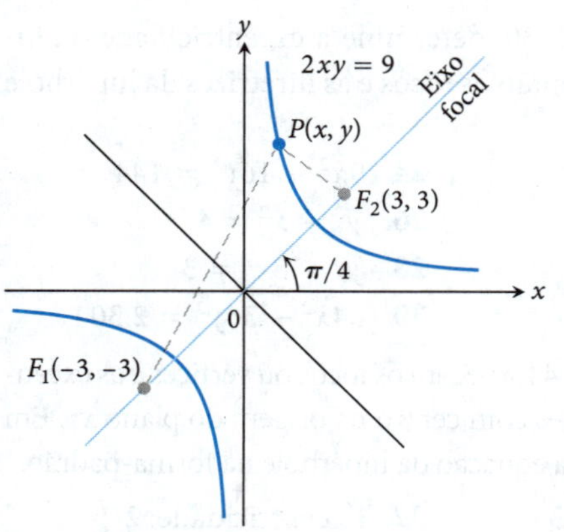

FIGURA 10.22 O eixo focal da hipérbole $2xy = 9$ forma um ângulo de /4 radianos com o eixo x positivo.

O termo misto

Você deve ter observado que o termo Bxy não aparece nas equações de seções cônicas na Seção 10.1. Isso aconteceu porque os eixos das seções cônicas são paralelos (na verdade, coincidentes) com os eixos coordenados.

Para ver o que acontece quando o paralelismo é ausente, vamos escrever a equação de uma hipérbole com $a = 3$ e focos em $F_1(-3, -3)$ e $F_2(3, 3)$ (Figura 10.22). A equação $|PF_1 - PF_2| = 2a$ torna-se $|PF_1 - PF_2| = 2(3) = 6$ e

$$\sqrt{(x + 3)^2 + (y + 3)^2} - \sqrt{(x - 3)^2 + (y - 3)^2} = \pm 6$$

Quando transpomos um radical, elevamos ao quadrado, isolamos o radical que ainda permanece e elevamos ao quadrado novamente e a equação se reduz a

$$2xy = 9 \tag{2}$$

um caso da Equação (1) no qual o termo misto está presente. As assíntotas da hipérbole da Equação (2) são os eixos x e y, e o eixo focal forma um ângulo de $\pi/4$ radianos com o eixo x positivo.

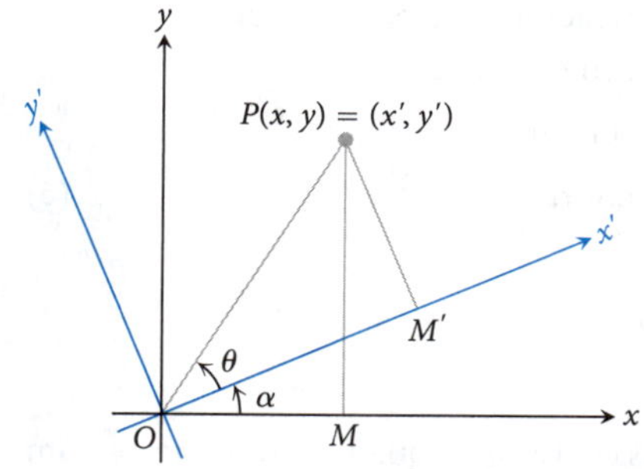

FIGURA 10.23 Uma rotação de ângulo α em torno da origem no sentido anti-horário.

Como nesse exemplo, o termo misto está presente na Equação (1) somente quando os eixos das cônicas são inclinados.

Para eliminar o termo em xy da equação de uma cônica, giramos os eixos coordenados para eliminar a "inclinação" nos eixos da cônica. As equações das rotações que usamos são deduzidas do seguinte modo. Na notação da Figura 10.23, que mostra uma rotação de um ângulo α no sentido anti-horário em torno da origem,

$$x = OM = OP\cos(\theta+\alpha) = OP\cos\theta\cos\alpha - OP\,\text{sen}\,\theta\,\text{sen}\,\alpha$$

$$y = MP = OP\,\text{sen}(\theta+\alpha) = OP\cos\theta\,\text{sen}\,\alpha + OP\,\text{sen}\,\theta\cos\alpha \quad (3)$$

Como

$$OP\cos\theta = OM' = x'$$

e

$$OP\,\text{sen}\,\theta = M'P = y'$$

a Equação (3) se reduz ao seguinte.

Equações para rotações dos eixos coordenados

$$x = x'\cos\alpha - y'\,\text{sen}\,\alpha$$
$$y = x'\,\text{sen}\,\alpha + y'\cos\alpha \quad (4)$$

EXEMPLO 1 Determinando uma equação de uma hipérbole

Os eixos x e y são rodados em torno da origem de um ângulo de $\pi/4$ radianos. Determine uma equação para a hipérbole $2xy = 9$ nas novas coordenadas.

SOLUÇÃO Como $\cos\pi/4 = \text{sen}\,\pi/4 = 1/\sqrt{2}$, substituímos

$$x = \frac{x'-y'}{\sqrt{2}}, \qquad y = \frac{x'+y'}{\sqrt{2}}$$

das equações (4) na equação $2xy = 9$ e obtemos

$$2\left(\frac{x'-y'}{\sqrt{2}}\right)\left(\frac{x'+y'}{\sqrt{2}}\right) = 9$$

$$x'^2 - y'^2 = 9$$

$$\frac{x'^2}{9} - \frac{y'^2}{9} = 1$$

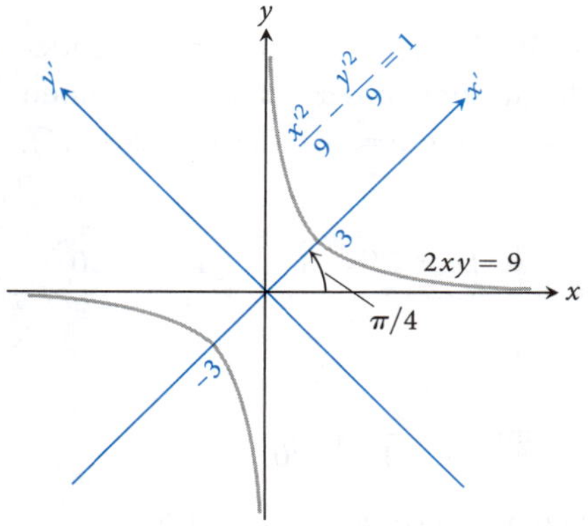

FIGURA 10.24 A hipérbole do Exemplo 1 (x' e y' são as coordenadas).

Veja a Figura 10.24.

Quando aplicamos as equações (4) à equação quadrática (1), obtemos uma nova equação quadrática

$$A'x'^2 + B'x'y' + C'y'^2 + D'x' + E'y' + F' = 0 \quad (5)$$

Os novos e velhos coeficientes estão relacionados pelas equações

$$\begin{aligned}
A' &= A\cos^2\alpha + B\cos\alpha\,\text{sen}\,\alpha + C\,\text{sen}^2\alpha \\
B' &= B\cos 2\alpha + (C - A)\,\text{sen}\,2\alpha \\
C' &= A\,\text{sen}^2\alpha - B\,\text{sen}\,\alpha\cos\alpha + C\cos^2\alpha \\
D' &= D\cos\alpha + E\,\text{sen}\,\alpha \\
E' &= -D\,\text{sen}\,\alpha + E\cos\alpha \\
F' &= F
\end{aligned} \tag{6}$$

Essas equações mostram, entre outras coisas, que, quando começamos com uma equação de uma curva na qual o termo misto está presente ($B \neq 0$), podemos determinar um ângulo de rotação α que produz uma equação na qual nenhum termo misto aparece ($B' = 0$). Para determinar α, fazemos $B' = 0$ na segunda equação em (6) e resolvemos a equação resultante

$$B\cos 2\alpha + (C - A)\,\text{sen}\,2\alpha = 0,$$

para determinar α. Na prática, isso significa determinar α de uma das duas equações a seguir

Ângulo de rotação

$$\text{cotg}\,2\alpha = \frac{A - C}{B} \qquad \text{ou} \qquad \text{tg}\,2\alpha = \frac{B}{A - C} \tag{7}$$

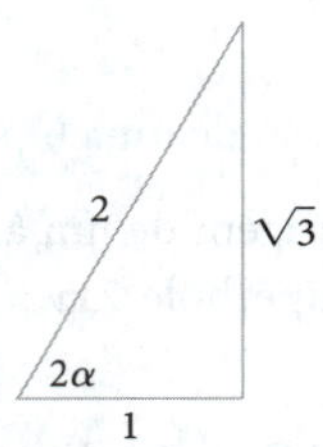

FIGURA 10.25 Este triângulo identifica 2 = cotg$^{-1}(1/\sqrt{3})$ como /3 (Exemplo 2).

EXEMPLO 2 Determinando o ângulo de rotação

Os eixos coordenados têm de ser rodados de um ângulo α para produzir uma equação da curva

$$2x^2 + \sqrt{3}\,xy + y^2 - 10 = 0$$

sem o termo misto. Determine α e a nova equação. Identifique a curva.

SOLUÇÃO A equação $2x^2 + \sqrt{3}\,xy + y^2 - 10 = 0$ tem $A = 2$, $B = \sqrt{3}$ e $C = 1$. Substituímos esses valores na Equação (7) para determinar α:

$$\text{cotg}\,2\alpha = \frac{A - C}{B} = \frac{2 - 1}{\sqrt{3}} = \frac{1}{\sqrt{3}}$$

Do triângulo retângulo da Figura 10.25, vemos que uma escolha adequada do ângulo é $2\alpha = \pi/3$, de modo que tomamos $\alpha = \pi/6$. Substituindo $\alpha = \pi/6$, $A = 2$, $B = \sqrt{3}$, $C = 1$, $D = E = 0$ e $F = -10$ nas equações (6), obtemos

$$A' = \frac{5}{2}, \qquad B' = 0, \qquad C' = \frac{1}{2}, \qquad D' = E' = 0, \qquad F' = -10$$

A Equação (5) fornece então

$$\frac{5}{2}x'^2 + \frac{1}{2}y'^2 - 10 = 0, \qquad \text{ou} \qquad \frac{x'^2}{4} + \frac{y'^2}{20} = 1$$

A curva é uma elipse com focos no novo eixo y' (Figura 10.26).

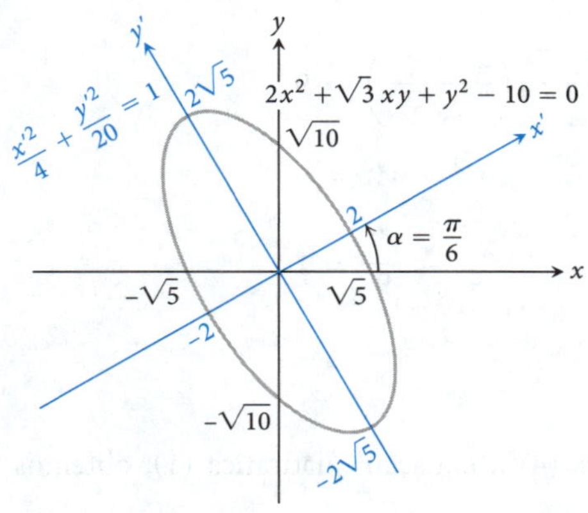

FIGURA 10.26 A seção cônica do Exemplo 2.

Gráficos possíveis de equações quadráticas

Retornamos agora aos gráficos das equações quadráticas gerais.

Como os eixos podem ser sempre rodados para eliminar o termo misto, então não há perda de generalidade em supor que isso foi feito e nossa equação tem a forma

$$Ax^2 + Cy^2 + Dx + Ey + F = 0 \tag{8}$$

A Equação (8) representa

(a) um *círculo* se $A = C \neq 0$ (casos especiais: o gráfico é um ponto ou não há gráfico);

(b) uma *parábola* se a Equação (8) é quadrática em uma variável e linear na outra;

(c) uma *elipse* se A e C são ambos positivos ou ambos negativos (casos especiais: círculo, um único ponto ou não há gráfico);

(d) uma *hipérbole* se A e C têm sinais opostos (casos especiais: um par de retas concorrentes);

(e) uma *reta* se A e C são nulos e pelo menos um entre D e E é diferente de zero;

(f) *uma ou duas retas* se o lado esquerdo da Equação (8) puder ser decomposto como um produto de dois fatores lineares.

Veja a Tabela 10.3 para exemplos.

TABELA 10.3 Exemplos de curvas quadráticas $Ax^2 + Bxy + Cy^2 + Dx + Ey + F = 0$

	A	B	C	D	E	F	Equação	Observação
Círculo	1		1			−4	$x^2 + y^2 = 4$	$A = C$; $F < 0$
Parábola			1	−9			$y^2 = 9x$	Quadrática em y, linear em x
Elipse	4		9			−36	$4x^2 + 9y^2 = 36$	A, C têm mesmos sinais, $A \neq C$; $F < 0$
Hipérbole	1		−1			−1	$x^2 - y^2 = 1$	A, C têm sinais opostos
Uma reta (ainda uma seção cônica)	1						$x^2 = 0$	eixo y
Duas retas concorrentes (ainda uma seção cônica)		1		1	−1	−1	$xy + x - y - 1 = 0$	Fatora-se em $(x - 1)(y + 1) = 0$, de modo que $x = 1$, $y = -1$
Retas paralelas (não é uma seção cônica)	1			−3		2	$x^2 - 3x + 2 = 0$	Fatora-se em $(x - 1)(x - 2) = 0$, de modo que $x = 1$, $x = 2$
Ponto	1		1				$x^2 + y^2 = 0$	A origem
Nenhum gráfico	1					1	$x^2 = -1$	Nenhum gráfico

O teste do discriminante

Não precisamos eliminar o termo em xy da equação

$$Ax^2 + Bxy + Cy^2 + Dx + Ey + F = 0 \tag{9}$$

para dizer que tipo de seção cônica a equação representa. Se é essa a única informação que queremos, podemos aplicar, em vez disso, o teste a seguir.

Como vimos, se $B \neq 0$, então rodando os eixos coordenados de um ângulo α que satisfaz a equação

$$\operatorname{cotg} 2\alpha = \frac{A - C}{B} \tag{10}$$

mudará a Equação (9) para a forma equivalente

$$A'x'^2 + C'y'^2 + D'x' + E'y' + F' = 0 \tag{11}$$

que não tem o termo misto.

Agora, o gráfico da Equação (11) é uma (verdadeira ou degenerada)

(a) *parábola* se A' ou $C' = 0$; isto é, $A'C' = 0$;
(b) *elipse* se A' e C' têm o mesmo sinal; isto é, se $A'C' > 0$;
(c) *hipérbole* se A' e C' têm sinais opostos; isto é, se $A'C' < 0$.

Pode ser verificado que as equações (6) implicam que para toda rotação de eixos

$$B^2 - 4AC = B'^2 - 4A'C' \tag{12}$$

Isso significa que a quantidade $B^2 - 4AC$ é invariante por uma rotação. Mas quando rodamos de um ângulo α dado pela Equação (10), B' torna-se nulo e

$$B^2 - 4AC = -4A'C'$$

Como a curva é uma parábola se $A'C' = 0$, uma elipse se $A'C' > 0$ e uma hipérbole se $A'C' < 0$, a curva tem de ser uma parábola se $B^2 - 4AC = 0$, uma elipse se $B^2 - 4AC < 0$ e uma hipérbole se $B^2 - 4AC > 0$. O número $B^2 - 4AC$ é chamado o **discriminante** da Equação (9).

O teste do discriminante

Entendendo que casos degenerados ocasionais podem ocorrer, a curva quadrática $Ax^2 + Bxy + Cy^2 + Dx + Ey + F = 0$ é

(a) uma **parábola** se $B^2 - 4AC = 0$,
(b) uma **elipse** se $B^2 - 4AC < 0$,
(c) uma **hipérbole** se $B^2 - 4AC > 0$.

EXEMPLO 3 Aplicando o teste do discriminante

(a) $3x^2 - 6xy + 3y^2 + 2x - 7 = 0$ representa uma parábola, porque

$$B^2 - 4AC = (-6)^2 - 4 \cdot 3 \cdot 3 = 36 - 36 = 0$$

(b) $x^2 + xy + y^2 - 1 = 0$ representa uma elipse, pois

$$B^2 - 4AC = (1)^2 - 4 \cdot 1 \cdot 1 = -3 < 0$$

(c) $xy - y^2 - 5y + 1 = 0$ representa uma hipérbole, uma vez que

$$B^2 - 4AC = (1)^2 - 4(0)(-1) = 1 > 0$$

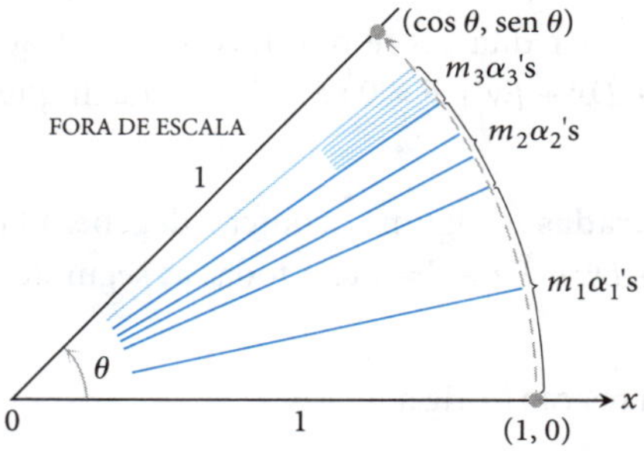

FIGURA 10.27 Para calcular o seno e o cosseno de um ângulo θ entre 0 e 2π, a calculadora roda o ponto (1, 0) para um local adequado no círculo unitário e mostra as coordenadas resultantes.

Usando a tecnologia: como calculadoras usam rotações para calcular senos e cossenos

Algumas calculadoras usam rotações para calcular senos e cossenos de ângulos arbitrários. O procedimento é algo como vamos descrever:

A calculadora tem armazenado

1. mais ou menos uns 10 ângulos, digamos

$$\alpha_1 = \operatorname{arcsen}(10^{-1}), \quad \alpha_2 = \operatorname{arcsen}(10^{-2}), \quad ..., \quad \alpha_{10} = \operatorname{arcsen}(10^{-10}),$$

e

2. vinte números, os senos e cossenos dos ângulos $\alpha_1, \alpha_2, ..., \alpha_{10}$.

Para calcular o seno e o cosseno de um ângulo arbitrário θ, entramos θ (em radianos) na calculadora. A calculadora subtrai ou soma múltiplos de 2π a θ para substituir θ por um ângulo entre 0 e 2π que tem o mesmo seno e o mesmo cosseno que θ (continuamos a chamar o ângulo de θ). A calculadora "escreve" θ como uma soma de múltiplos de α_1 (quanto for possível, sem exceder) mais múltiplos de α_2 (novamente, quanto possível) e assim por diante, até α_{10}. Isso fornece

$$\theta \approx m_1\alpha_1 + m_2\alpha_2 + ... + m_{10}\alpha_{10}.$$

A calculadora então roda o ponto (1, 0) de m_1 cópias de α_1 (de α_1, m_1 vezes sucessivamente, mais m_2 cópias de α_2 e assim por diante, terminando com m_{10} cópias de α_{10} (Figura 10.27). As coordenadas da posição final de (1, 0) no círculo unitário são os valores que a calculadora fornece para (cos θ, sen θ).

Exercícios 10.3

Usando o discriminante

Use o discriminante $B^2 - 4AC$ para decidir se as equações nos exercícios 1–16 representam parábolas, elipses ou hipérboles.

1. $x^2 - 3xy + y^2 - x = 0$
2. $3x^2 - 18xy + 27y^2 - 5x + 7y = -4$
3. $3x^2 - 7xy + \sqrt{17}y^2 = 1$
4. $2x^2 - \sqrt{15}xy + 2y^2 + x + y = 0$
5. $x^2 + 2xy + y^2 + 2x - y + 2 = 0$
6. $2x^2 - y^2 + 4xy - 2x + 3y = 6$
7. $x^2 + 4xy + 4y^2 - 3x = 6$
8. $x^2 + y^2 + 3x - 2y = 10$
9. $xy + y^2 - 3x = 5$
10. $3x^2 + 6xy + 3y^2 - 4x + 5y = 12$
11. $3x^2 - 5xy + 2y^2 - 7x - 14y = -1$
12. $2x^2 - 4{,}9xy + 3y^2 - 4x = 7$
13. $x^2 - 3xy + 3y^2 + 6y = 7$
14. $25x^2 + 21xy + 4y^2 - 350x = 0$
15. $6x^2 + 3xy + 2y^2 + 17y + 2 = 0$
16. $3x^2 + 12xy + 12y^2 + 435x - 9y + 72 = 0$

Rodando os eixos coordenados

Nos exercícios 17–26, rode os eixos coordenados para mudar a equação dada para uma equação sem termo misto (xy). Identifique então o gráfico da equação. (As novas equações vão variar com o tamanho e a direção da rotação que você usar.)

17. $xy = 2$
18. $x^2 + xy + y^2 = 1$
19. $3x^2 + 2\sqrt{3}xy + y^2 - 8x + 8\sqrt{3}y = 0$
20. $x^2 - \sqrt{3}xy + 2y^2 = 1$
21. $x^2 - 2xy + y^2 = 2$
22. $3x^2 - 2\sqrt{3}xy + y^2 = 1$
23. $\sqrt{2}x^2 + 2\sqrt{2}xy + \sqrt{2}y^2 - 8x + 8y = 0$
24. $xy - y - x + 1 = 0$
25. $3x^2 + 2xy + 3y^2 = 19$
26. $3x^2 + 4\sqrt{3}xy - y^2 = 7$

27. Determine o seno e o cosseno do ângulo, no primeiro quadrante, do qual os eixos coordenados têm de ser rodados para eliminar o termo misto da equação

$$14x^2 + 16xy + 2y^2 - 10x + 26.370y - 17 = 0.$$

Não faça a rotação.

28. Determine o seno e o cosseno do ângulo, no segundo quadrante, do qual os eixos coordenados têm de ser rodados para eliminar o termo misto da equação

$$4x^2 - 4xy + y^2 - 8\sqrt{5}x - 16\sqrt{5}y = 0$$

Não faça a rotação.

T As cônicas nos exercícios 17–26 foram escolhidas por terem ângulos de rotação "bons" no sentido em que uma vez conhecida a cotg 2α ou a tg 2α poderemos identificar 2α e determinar sen α e cos α a partir de triângulos familiares.

Nos exercícios 29–34, use uma calculadora para determinar o ângulo α do qual os eixos coordenados devem ser rodados para mudar a equação para uma equação quadrática sem termo misto. Determine então sen α e cos α até duas casas decimais e use as equações (6) para determinar os coeficientes da nova equação até a primeira casa decimal mais próxima. Em cada caso, diga se a seção cônica é uma elipse, uma hipérbole ou uma parábola.

29. $x^2 - xy + 3y^2 + x - y - 3 = 0$

30. $2x^2 + xy - 3y^2 + 3x - 7 = 0$

31. $x^2 - 4xy + 4y^2 - 5 = 0$

32. $2x^2 - 12xy + 18y^2 - 49 = 0$

33. $3x^2 + 5xy + 2y^2 - 8y - 1 = 0$

34. $2x^2 + 7xy + 9y^2 + 20x - 86 = 0$

Teoria e exemplos

35. Que efeito uma rotação de 90° em torno da origem tem nas equações das seguintes seções cônicas? Dê a nova equação em cada caso.

(a) A elipse $(x^2/a^2) + (y^2/b^2) = 1$ $(a > b)$

(b) A hipérbole $(x^2/a^2) - (y^2/b^2) = 1$

(c) O círculo $x^2 + y^2 = a^2$

(d) A reta $y = mx$ (e) A reta $y = mx + b$

36. Que efeito uma rotação de 180° em torno da origem tem nas equações das seguintes seções cônicas? Dê a nova equação em cada caso.

(a) A elipse $(x^2/a^2) + (y^2/b^2) = 1$ $(a > b)$

(b) A hipérbole $(x^2/a^2) = (y^2/b^2) = 1$

(c) O círculo $x^2 + y^2 = a^2$

(d) A reta $y = mx$ (e) A reta $y = mx + b$

37. A hipérbole $xy = a$ A hipérbole $xy = 1$ é uma das muitas hipérboles da forma $xy = a$ que aparece em ciências e matemática.

(a) Rode os eixos coordenados de um ângulo de 45° para mudar a equação $xy = 1$ para uma equação sem o termo xy. Qual é a nova equação?

(b) Faça o mesmo para a equação $xy = a$.

38. Determine a excentricidade da hipérbole $xy = 2$.

39. Pode alguma coisa ser dita sobre o gráfico da equação $Ax^2 + Bxy + Cy^2 + Dx + Ey + F = 0$ se $AC < 0$? Justifique sua resposta.

40. Cônicas degeneradas Alguma cônica degenerada $Ax^2 + Bxy + Cy^2 + Dx + Ey + F = 0$ tem todas as seguintes propriedades?

(a) É simétrica em relação à origem.

(b) Passa pelo ponto (1, 0).

(c) É tangente à reta $y = 1$ no ponto (–2, 1).

Justifique a sua resposta.

41. Mostre que a equação $x^2 + y^2 = a^2$ muda para $x'^2 + y'^2 = a^2$ para toda escolha do ângulo de rotação α.

42. Mostre que a rotação de eixos de um ângulo de $\pi/4$ radianos eliminará o termo xy sempre que $A = C$ na Equação (1).

43. (a) Decida se a equação

$$x^2 + 4xy + 4y^2 + 6x + 12y + 9 = 0$$

representa uma elipse, uma parábola ou uma hipérbole.

(b) Mostre que o gráfico da equação do item (a) é a reta $2y = -x - 3$.

44. (a) Decida se a seção cônica de equação

$$9x^2 + 6xy + y^2 - 12x - 4y + 4 = 0$$

representa uma elipse, uma parábola ou uma hipérbole.

(b) Mostre que o gráfico da equação do item (a) é a reta $y = -3x + 2$.

45. (a) Que tipo de seção cônica é a curva $xy + 2x - y = 0$?

(b) Isole o y na equação $xy + 2x - y = 0$ e esboce a curva como o gráfico de uma função racional de x.

(c) Determine as equações das retas paralelas à reta $y = -2x$ que são normais à curva. Adicione essas retas ao seu desenho.

46. Prove ou encontre contra-exemplos para as seguintes afirmações sobre o gráfico de $Ax^2 + Bxy + Cy^2 + Dx + Ey + F = 0$.

(a) Se $AC > 0$ então o gráfico é uma elipse.

(b) Se $AC > 0$ então o gráfico é uma hipérbole.

(c) Se $AC < 0$ então o gráfico é uma hipérbole.

47. Uma fórmula interessante para elipse Quando $B^2 - 4AC$ é negativo, a equação

$$Ax^2 + Bxy + Cy^2 = 1$$

representa uma elipse. Se os semi-eixos da elipse são a e b, então sua área é πab (uma fórmula-padrão). Mostre que a área também é dada pela fórmula $2\pi/\sqrt{4AC - B^2}$. (*Sugestão*: Rode os eixos coordenados para eliminar o termo em xy e aplique a Equação (12) à nova equação.)

48. **Outros invariantes** Descrevemos o fato de $B'^2 - 4A'C'$ ser igual a $B^2 - 4AC$ após uma rotação em torno da origem dizendo que o discriminante de uma equação quadrática é um *invariante* da equação. Use as equações (6) para mostrar que os números (a) $A + C$ e (b) $D^2 + E^2$ também são invariantes no sentido em que

$$A' + C' = A + C \quad \text{e} \quad D'^2 + E'^2 = D^2 + E^2$$

Podemos usar essas igualdades para checar se não cometemos erros numéricos quando rodamos os eixos.

49. **Uma demonstração de que $B'^2 - 4A'C' = B^2 - 4AC$** Use as equações (6) para mostrar que $B'^2 - 4A'C' = B^2 - 4AC$ para toda rotação de eixos em torno da origem.

10.4 Cônicas e equações paramétricas; a ciclóide

Curvas no plano cartesiano definidas por equações paramétricas e o cálculo de suas derivadas foram apresentados na Seção 3.5, Volume I. Lá, estudamos parametrizações de retas, círculos e elipses. Nesta seção, discutimos parametrizações de parábolas, hipérboles, ciclóides, braquistócronas e tautócronas.

Parábolas e hipérboles

Na Seção 3.5, Volume I, usamos a parametrização

$$x = \sqrt{t}, \qquad y = t, \qquad t > 0$$

para descrever o movimento de uma partícula que se move ao longo do ramo direito da parábola $y = x^2$. No exemplo a seguir, obtemos uma parametrização de uma parábola inteira, não apenas do ramo direito.

EXEMPLO 1 Uma parábola inteira

A posição $P(x, y)$ de uma partícula que se move no plano xy é dada pelas equações paramétricas e pelo intervalo de variação do parâmetro

$$x = t, \quad y = t^2, \quad -\infty < t < \infty$$

Identifique a trajetória da partícula e descreva o seu movimento.

SOLUÇÃO Identificamos a trajetória eliminando t, com as equações $x = t$ e $y = t^2$, obtendo

$$y = (t)^2 = x^2$$

As coordenadas da posição da partícula satisfazem a equação $y = x^2$, de modo que a partícula se move ao longo dessa curva.

Ao contrário do Exemplo 11 da Seção 3.5, Volume I, a partícula agora percorre a parábola inteira. Conforme t cresce de $-\infty$ a ∞, a partícula desce desde o lado esquerdo, passa pela origem e sobe para o lado direito (Figura 10.28).

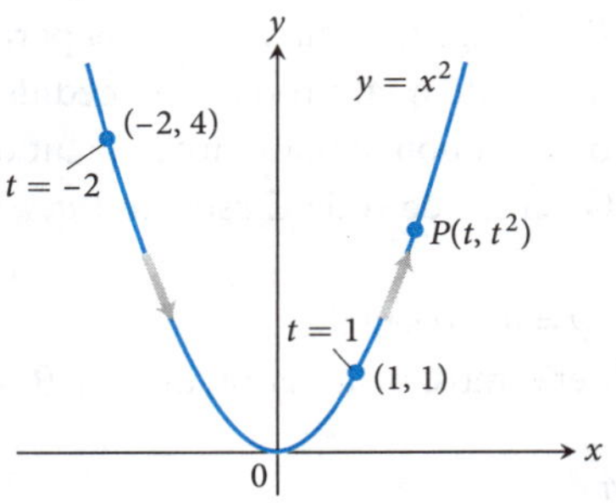

FIGURA 10.28 A trajetória definida por $x = t, y = t^2, -\infty < t < \infty$ é a parábola $y = x^2$ inteira (Exemplo 1).

Como o Exemplo 1 ilustra, qualquer curva $y = f(x)$ tem uma parametrização $x = t, y = f(t)$. Isso é tão simples que, em geral, não usamos, mas o ponto de vista é útil às vezes.

EXEMPLO 2 Uma parametrização do ramo direito da hipérbole $x^2 - y^2 = 1$

Descreva o movimento da partícula cuja posição $P(x, y)$ no instante t é dada por

$$x = \sec t, \qquad y = \operatorname{tg} t, \qquad -\frac{\pi}{2} < t < \frac{\pi}{2}$$

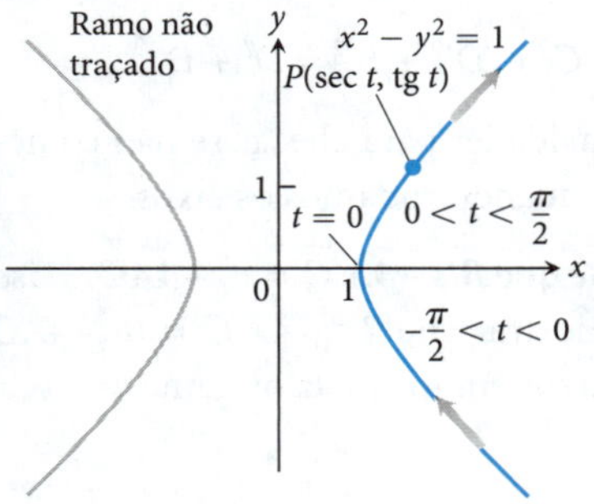

FIGURA 10.29 As equações $x = \sec t$, $y = \operatorname{tg} t$ e o intervalo $-/2 < t < /2$ descrevem o ramo direito da hipérbole $x^2 - y^2 = 1$ (Exemplo 2).

SOLUÇÃO Determinamos a equação cartesiana para as coordenadas de P eliminando t das equações

$$\sec t = x, \quad \operatorname{tg} t = y$$

Combinamos isso com a identidade $\sec^2 t - \operatorname{tg}^2 t = 1$, o que implica que

$$x^2 - y^2 = 1$$

Como as coordenadas (x, y) da partícula satisfazem a equação $x^2 - y^2 = 1$, o movimento ocorre em algum lugar da hipérbole. Conforme t varia entre $-\pi/2$ e $\pi/2$, $x = \sec t$ continua positiva e $y = \operatorname{tg} t$ varia entre $-\infty$ e ∞, de modo que P descreve todo o ramo direito da hipérbole. A partícula vem saindo da metade inferior do ramo conforme $t \to 0^-$, atinge o ponto $(1, 0)$ em $t = 0$ e move-se dentro do primeiro quadrante conforme t cresce em direção a $\pi/2$ (Figura 10.29).

Ciclóides

O problema de um relógio com pêndulo, cujo pêndulo oscila em um arco circular é que a freqüência da oscilação depende da amplitude da oscilação. Quanto mais larga a oscilação, mais tempo o pêndulo leva para retornar ao centro (sua posição mais baixa).

Isso não aconteceria se fosse possível fazer o pêndulo oscilar em uma *ciclóide*. Em 1673, Christiaan Huygens projetou um relógio com pêndulo cujo pêndulo oscila em uma ciclóide, uma curva que definiremos no Exemplo 3. Ele pendurou o pêndulo em um fio fino restrito por anteparos que o fizeram descrever a ciclóide, conforme ele oscilava a partir do centro (Figura 10.30).

Companion Website
Biografia histórica
Christiaan Huygens (1629-1695)

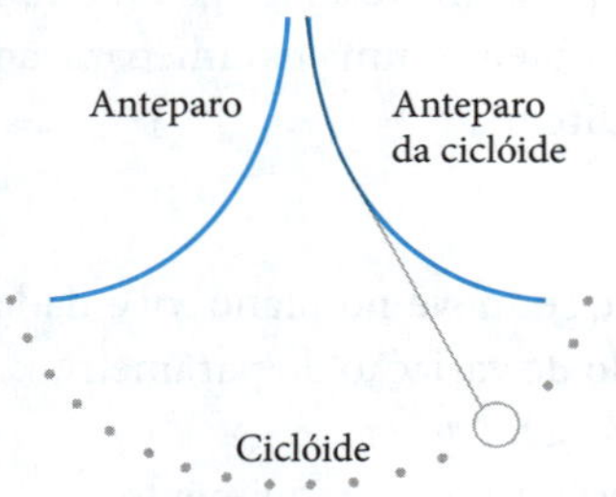

FIGURA 10.30 No relógio de pêndulo de Huygens, o pêndulo oscila em uma ciclóide, de modo que a freqüência é independente da amplitude.

EXEMPLO 3 Parametrizando uma ciclóide

Uma roda de raio a rola ao longo de uma linha reta. Determine equações paramétricas para a trajetória traçada por um ponto P na roda. A trajetória é chamada uma **ciclóide**.

SOLUÇÃO Fazemos o eixo x coincidir com a reta, marcamos o ponto P na roda, começamos com o ponto P na origem e rolamos a roda para a direita. Como parâmetro, usamos o ângulo t do qual a roda gira, medido em radianos. A Figura 10.31 mostra a roda um pouco mais tarde, quando sua base está a at unidades da origem. O centro da roda C está em (at, a) e as coordenadas de P são

$$x = at + a\cos\theta, \quad y = a + a \operatorname{sen} \theta$$

Para expressar θ em termos de t, observamos, pela figura, que $t + \theta = 3\pi/2$, de modo que

$$\theta = \frac{3\pi}{2} - t$$

Isso faz que

$$\cos\theta = \cos\left(\frac{3\pi}{2} - t\right) = -\operatorname{sen} t, \qquad \operatorname{sen}\theta = \operatorname{sen}\left(\frac{3\pi}{2} - t\right) = -\cos t$$

As equações que procuramos são

$$x = at - a \operatorname{sen} t, \quad y = a - a\cos t$$

Elas, geralmente, são escritas com o a fatorado:

$$x = a(t - \operatorname{sen} t), \quad y = a(1 - \cos t) \tag{1}$$

A Figura 10.32 mostra o primeiro arco da ciclóide e parte do seguinte.

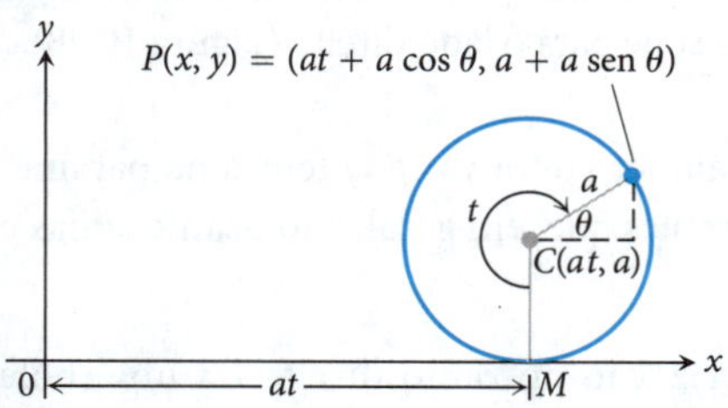

FIGURA 10.31 A posição $P(x, y)$ na roda rolada de um ângulo t (Exemplo 3).

Braquistócronas e tautócronas

Quando viramos a Figura 10.32 de cabeça para baixo, as equações (1) ainda se aplicam e a curva resultante (Figura 10.33) tem duas propriedades interessantes. A primeira relaciona a origem O e o ponto B na parte mais baixa do primeiro arco. Entre todas as curvas lisas juntando esses dois pontos, a ciclóide é a curva ao longo da qual uma bolinha sem atrito, sujeita apenas à força de gravidade, deslizará de O até B mais rapidamente. Essa propriedade faz da ciclóide uma **braquistócrona**, ou a curva de tempo mais curto entre esses dois pontos. A segunda propriedade é que se você colocar a bolinha em qualquer lugar da curva em direção a B, ela sempre levará o mesmo tempo para chegar até B. Essa propriedade faz da ciclóide uma **tautócrona**, ou a curva de mesmo tempo para O e B.

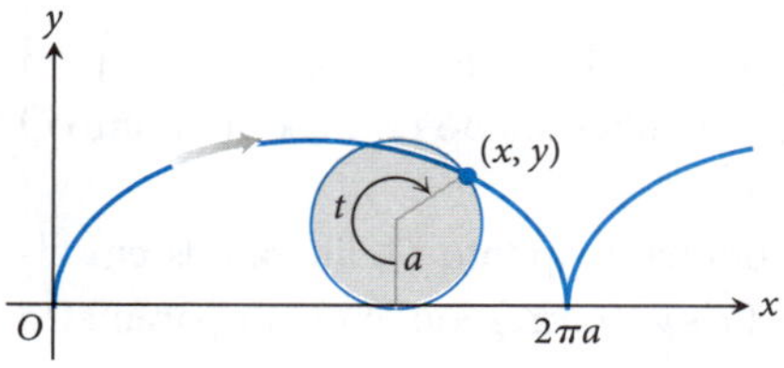

FIGURA 10.32 A ciclóide $x = a(t - \text{sen } t)$, $y = a(1 - \cos t)$ para $t \geqslant 0$.

Existem outras braquistócronas de O até B ou a ciclóide é a única? Podemos formular essa questão matemática do seguinte modo. No início, a energia cinética da bolinha é zero, pois sua velocidade é zero. O trabalho realizado pela força da gravidade para mover a bolinha de (0, 0) para qualquer outro ponto (x, y) no plano é mgy, e tem de ser igual à variação de energia cinética. Isto é,

$$mgy = \frac{1}{2}mv^2 - \frac{1}{2}m(0)^2$$

Portanto, a velocidade da bolinha quando ela atinge (x, y) tem de ser

$$v = \sqrt{2gy}$$

Isto é,

$$\frac{ds}{dt} = \sqrt{2gy}$$

ds é a diferencial de comprimento de arco ao longo da trajetória da bolinha.

Ou

$$dt = \frac{ds}{\sqrt{2gy}} = \frac{\sqrt{1 + (dy/dx)^2}\,dx}{\sqrt{2gy}}$$

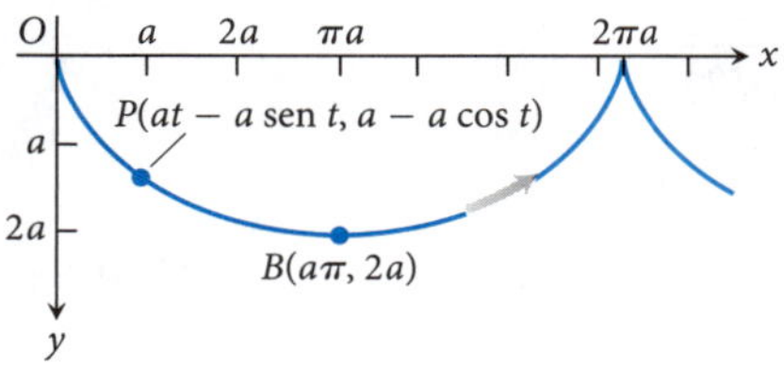

FIGURA 10.33 Para estudar o movimento ao longo de uma ciclóide de cabeça para baixo sob a influência da gravidade, viramos a Figura 10.32 de cabeça para baixo. Isso faz que o eixo y aponte na direção da força da gravidade e as coordenadas y sejam positivas. As equações e intervalo de parâmetro para a ciclóide são ainda

$$x = a(t - \text{sen } t),$$
$$y = a(1 - \cos t), \quad t \geq 0$$

A seta indica a direção de crescimento de t.

O tempo T_f que a bolinha leva para deslizar ao longo de uma trajetória particular $y = f(x)$ de O até $B(a\pi, 2a)$ é

$$T_f = \int_{x=0}^{x=a\pi} \sqrt{\frac{1 + (dy/dx)^2}{2gy}}\,dx \qquad (2)$$

Que curvas $y = f(x)$ minimizam o valor da integral?

À primeira vista, poderíamos pensar que o segmento de reta que une O e B daria o menor tempo, mas talvez não. Pode haver alguma vantagem se a bolinha cair verticalmente no início para adquirir velocidade mais depressa. Com uma velocidade mais alta, a bolinha poderia, mesmo percorrendo uma trajetória maior, ainda assim atingir B antes. De fato, essa é a idéia correta. A solução, de um ramo da matemática conhecido por *cálculo de variações*, é que a ciclóide originada de O até B é o único braquistócrono entre O e B.

Enquanto a solução de problema braquistócrono está além de nosso alcance agora, podemos ainda mostrar que a ciclóide é uma tautócrona. Para a ciclóide, a Equação (2) fica na forma

$$T_{\text{ciclóide}} = \int_{x=0}^{x=a\pi} \sqrt{\frac{dx^2 + dy^2}{2gy}}$$

$$= \int_{t=0}^{t=\pi} \sqrt{\frac{a^2(2 - 2\cos t)}{2ga(1 - \cos t)}}\, dt$$

Das equações (1), $dx = a(1 - \cos t)dt$, $dy = a \operatorname{sen} t\, dt$ e $y = a(1 - \cos t)$

$$= \int_0^{\pi} \sqrt{\frac{a}{g}}\, dt = \pi \sqrt{\frac{a}{g}}$$

Portanto, a quantidade de tempo que uma bolinha sem atrito leva para deslizar na ciclóide até o ponto B tendo sido liberada do repouso no ponto O é $\pi\sqrt{a/g}$.

Suponha que em vez de liberar a bolinha no ponto O, liberamos em algum ponto mais abaixo, em um ponto (x_0, y_0) correspondente ao parâmetro $t_0 > 0$. Então a velocidade da bolinha em um ponto posterior (x, y) da ciclóide é

$$v = \sqrt{2g(y - y_0)} = \sqrt{2ga(\cos t_0 - \cos t)} \qquad y = a(1 - \cos t)$$

Assim, o tempo necessário para a bolinha deslizar de (x_0, y_0) até B é

$$T = \int_{t_0}^{\pi} \sqrt{\frac{a^2(2 - 2\cos t)}{2ga(\cos t_0 - \cos t)}}\, dt = \sqrt{\frac{a}{g}} \int_{t_0}^{\pi} \sqrt{\frac{1 - \cos t}{\cos t_0 - \cos t}}\, dt$$

$$= \sqrt{\frac{a}{g}} \int_{t_0}^{\pi} \sqrt{\frac{2\operatorname{sen}^2(t/2)}{(2\cos^2(t_0/2) - 1) - (2\cos^2(t/2) - 1)}}\, dt$$

$$= \sqrt{\frac{a}{g}} \int_{t_0}^{\pi} \frac{\operatorname{sen}(t/2)\, dt}{\sqrt{\cos^2(t_0/2) - \cos^2(t/2)}}$$

$$= \sqrt{\frac{a}{g}} \int_{t=t_0}^{t=\pi} \frac{-2\, du}{\sqrt{a^2 - u^2}}$$

$u = \cos(t/2)$
$-2\, du = \operatorname{sen}(t/2)\, dt$
$c = \cos(t_0/2)$

$$= 2\sqrt{\frac{a}{g}} \left[-\operatorname{sen}^{-1} \frac{u}{c} \right]_{t=t_0}^{t=\pi}$$

$$= 2\sqrt{\frac{a}{g}} \left[-\operatorname{sen}^{-1} \frac{\cos(t/2)}{\cos(t_0/2)} \right]_{t_0}^{\pi}$$

$$= 2\sqrt{\frac{a}{g}} (-\operatorname{sen}^{-1} 0 + \operatorname{sen}^{-1} 1) = \pi\sqrt{\frac{a}{g}}$$

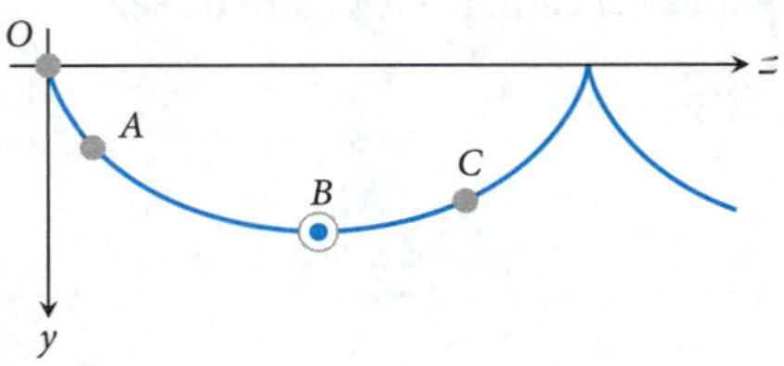

FIGURA 10.34 Bolinhas liberadas simultaneamente de O, A e C atingirão B no mesmo instante.

Esse é exatamente o tempo que a bolinha leva para deslizar de O até B. Ela leva a mesma quantidade de tempo para atingir B de qualquer lugar que ela parta. Bolinhas partindo simultaneamente de O, A e C na Figura 10.34, por exemplo, atingirão B no mesmo instante. Essa é a razão de o relógio de pêndulo de Huygens ser independente da amplitude da oscilação.

Exercícios 10.4

Equações paramétricas para seções cônicas

Nos exercícios 1–12, são dadas equações paramétricas e intervalos de parâmetro para o movimento de uma partícula no plano xy. Identifique a trajetória da partícula determinando uma equação cartesiana para ela. (Os gráficos vão variar com a equação usada.) Indique a parte do gráfico descrita pela partícula e a direção do movimento.

1. $x = \cos t, \quad y = \operatorname{sen} t, \quad 0 \leq t \leq \pi$
2. $x = \operatorname{sen}(2\pi(1 - t)), \quad y = \cos(2\pi(1 - t)); \quad 0 \leq t \leq 1$
3. $x = 4\cos t, \quad y = 5\operatorname{sen} t; \quad 0 \leq t \leq \pi$
4. $x = 4\operatorname{sen} t, \quad y = 5\cos t; \quad 0 \leq t \leq 2\pi$
5. $x = t, \quad y = \sqrt{t}; \quad t \geq 0$
6. $x = \sec^2 t - 1, \quad y = \operatorname{tg} t; \quad -\pi/2 < t < \pi/2$
7. $x = -\sec t, \quad y = \operatorname{tg} t; \quad -\pi/2 < t < \pi/2$
8. $x = \operatorname{cossec} t, \quad y = \operatorname{cotg} t; \quad 0 < t < \pi$
9. $x = t, \quad y = \sqrt{4 - t^2}; \quad 0 \leq t \leq 2$
10. $x = t^2, \quad y = \sqrt{t^4 + 1}; \quad t \geq 0$
11. $x = -\cosh t, \quad y = \operatorname{senh} t; \quad -\infty < t < \infty$
12. $x = 2\operatorname{senh} t, \quad y = 2\cosh t; \quad -\infty < t < \infty$

13. **Hipociclóides** Quando um círculo rola dentro de outro círculo fixo, um ponto P qualquer no círculo que rola descreve uma *hipociclóide*. Seja $x^2 + y^2 = a^2$ o círculo fixo, e suponha que o raio do círculo rolante seja b e a posição inicial do ponto P seja $A(a, 0)$. Determine as equações paramétricas da hipociclóide usando como parâmetro do ângulo θ, a partir do eixo x positivo até a reta que une os centros dos círculos. Em particular, se $b = a/4$, como na figura a seguir, mostre que a hipociclóide é a astróide

$$x = a\cos^3\theta, \quad y = a\operatorname{sen}^3\theta$$

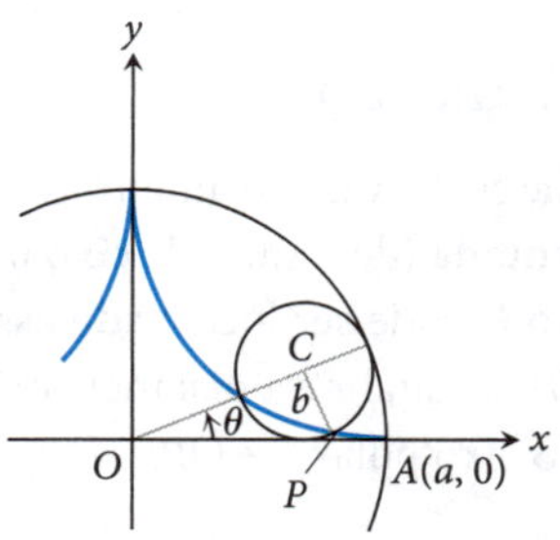

14. **Mais sobre hipociclóides** A figura a seguir mostra um círculo de raio a tangente internamente a um círculo de raio $2a$. O ponto P, exibido como o ponto de tangência na figura, está no círculo menor. Que trajetória o ponto P descreve conforme o círculo menor rola ao redor do interior do círculo maior?

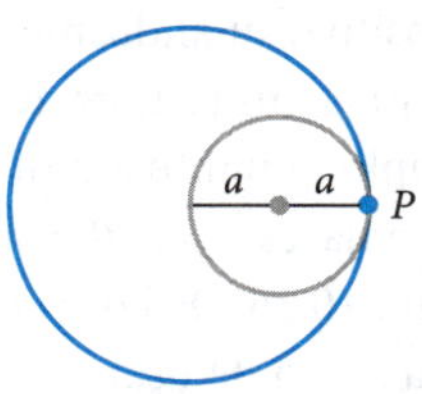

15. Conforme o ponto N se move ao longo da reta $y = a$ na figura a seguir, P se move de modo que $OP = MN$. Determine equações paramétricas para as coordenadas de P como função do ângulo t que a reta ON forma com o eixo y positivo.

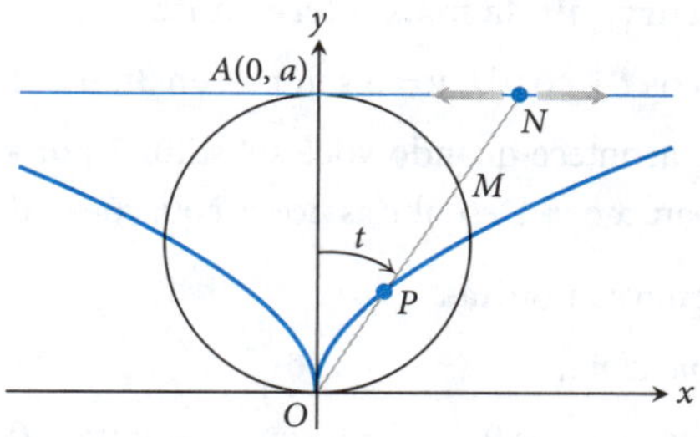

16. **Trocóides** Uma roda de raio a rola ao longo de uma reta horizontal sem deslizar. Determine equações paramétricas para a curva descrita pelo ponto P em um raio da roda a b unidades de seu centro. Como parâmetro, use o ângulo θ do qual a roda vira. A curva é chamada *trocóide*, que é uma ciclóide quando $b = a$.

Distância usando equações paramétricas

17. Determine o ponto sobre a parábola $x = t, y = t^2, -\infty < t < \infty$, mais próximo do ponto $(2, 1/2)$. (*Sugestão*: Minimize o quadrado da distância em função de t.)

18. Determine o ponto da elipse $x = 2\cos t, y = \operatorname{sen} t, 0 \leq t \leq 2\pi$ mais próximo do ponto $(3/4, 0)$. (*Sugestão*: Minimize o quadrado da distância em função de t.)

T Explorações com ferramentas gráficas

Se você possui uma ferramenta gráfica que esboça gráficos de equações paramétricas, desenhe as seguintes equações nos intervalos dados.

19. **Elipse** $x = 4\cos t, \quad y = 2\operatorname{sen} t$, no intervalo

(a) $0 \leq t \leq 2\pi$ (b) $0 \leq t \leq \pi$

(c) $-\pi/2 \leq t \leq \pi/2$

20. **Ramo de hipérbole** $x = \sec t$ (entre como $1/\cos(t)$), $y = \operatorname{tg} t$ (entre como $\operatorname{sen}(t)/\cos(t)$), no intervalo

(a) $-1{,}5 \leq t \leq 1{,}5$ (b) $-0{,}5 \leq t \leq 0{,}5$

(c) $-0{,}1 \leq t \leq 0{,}1$

21. **Parábola** $x = 2t + 3, \quad y = t^2 - 1, \quad -2 \leq t \leq 2.$

22. **Ciclóide** $x = t - \operatorname{sen} t, \quad y = 1 - \cos t$, no intervalo

(a) $0 \leq t \leq 2\pi$ (b) $0 \leq t \leq 4\pi$

(c) $-\pi \leq t \leq 3\pi$

23. **Uma curva interessante (uma deltóide)**

$x = 2\cos t + \cos 2t, \quad y = 2\operatorname{sen} t - \operatorname{sen} 2t; \quad 0 \leq t \leq 2\pi$

O que acontece quando você substitui 2 por -2 nas equações para x e y? Desenhe as novas equações e descubra.

24. Uma curva ainda mais interessante

$x = 3\cos t + \cos 3t,\ y = 3\,\text{sen}\, t - \text{sen}\, 3t;\ 0 \leq t \leq 2\pi$

O que acontece quando você substitui 3 por –3 nas equações para x e y? Desenhe as novas equações e descubra.

25. Três curvas bonitas

(a) *Epiciclóide*

$x = 9\cos t + \cos 9t, \quad y = 9\,\text{sen}\, t - \text{sen}\, 9t; \quad 0 \leq t \leq 2\pi$

(b) *Hipociclóide*

$x = 8\cos t + 2\cos 4t, \quad y = 8\,\text{sen}\, t - 2\,\text{sen}\, 4t; \quad 0 \leq t \leq 2\pi$

(c) *Hipotrocóide*

$x = \cos t + 5\cos 3t,\ y = 6\cos t - 5\,\text{sen}\, 3t;\ 0 \leq t \leq 2\pi$

26. Mais curvas bonitas

(a) $x = 6\cos t + 5\cos 3t,\ y = 6\,\text{sen}\, t - 5\,\text{sen}\, 3t;\ 0 \leq t \leq 2\pi$

(b) $x = 6\cos 2t + 5\cos 6t,\ y = 6\,\text{sen}\, 2t - 5\,\text{sen}\, 6t;\ 0 \leq t \leq \pi$

(c) $x = 6\cos t + 5\cos 3t,\ y = 6\,\text{sen}\, 2t - 5\,\text{sen}\, 3t;\ 0 \leq t \leq 2\pi$

(d) $x = 6\cos 2t + 5\cos 6t,\ y = 6\,\text{sen}\, 4t - 5\,\text{sen}\, 6t;\ 0 \leq t \leq \pi$

10.5 Coordenadas polares

Nesta seção, estudamos as coordenadas polares e sua relação com coordenadas cartesianas. Enquanto um ponto no plano tem apenas um par de coordenadas cartesianas, ele tem infinitos pares de coordenadas polares. Isso tem conseqüências interessantes no esboço de gráficos, como veremos na próxima seção.

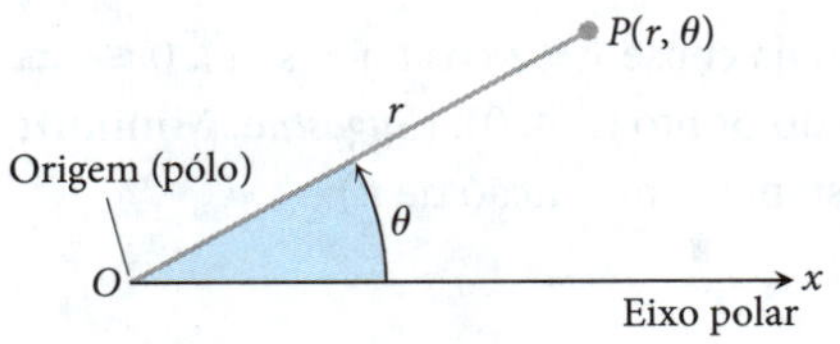

FIGURA 10.35 Para definir coordenadas polares no plano, começamos com uma origem, chamada pólo, e uma semi-reta orientada, o eixo polar.

Definição de coordenadas polares

Para definir coordenadas polares, fixamos primeiro uma **origem** O (chamada **pólo**) e uma **semi-reta orientada** (denominada **eixo polar**) a partir de O (Figura 10.35). Então, cada ponto P pode ser localizado associando a ele um par de **coordenadas polares** (r, θ) no qual r é a distância orientada de O a P e θ é o ângulo orientado a partir do eixo polar até OP.

Coordenadas polares

$P(r, \theta)$

Distância orientada de O a P — Ângulo orientado do eixo polar até OP

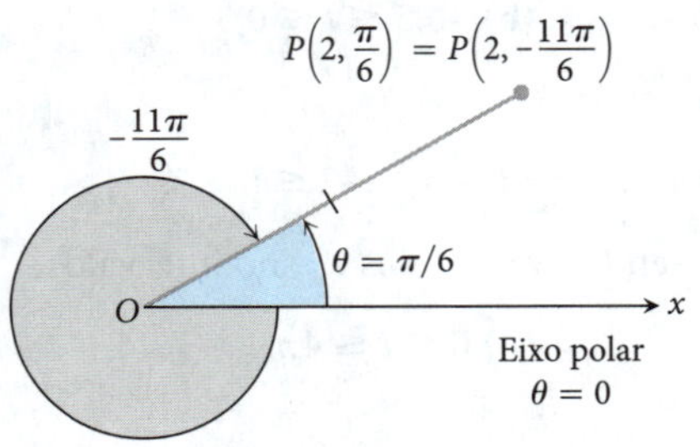

FIGURA 10.36 As coordenadas polares não são únicas.

Como em trigonometria, θ é positivo quando medido no sentido anti-horário e negativo quando medido no sentido horário. O ângulo associado a dado ponto não é único. Por exemplo, o ponto a 2 unidades da origem, na semi-reta $\theta = \pi/6$ tem coordenadas polares $r = 2$, $\theta = \pi/6$, mas também tem coordenadas $r = 2$, $\theta = -11\pi/6$ (Figura 10.36). Há ocasiões em que desejamos permitir que r seja negativo. Essa é a razão de usarmos a distância orientada na definição de $P(r, \theta)$. O ponto $P(2, 7\pi/6)$ pode ser alcançado rodando $7\pi/6$ radianos no sentido anti-horário a partir do raio inicial e indo 2 unidades em frente (Figura 10.37). Ele também pode ser alcançado rodando $\pi/6$ radianos no sentido anti-horário e *voltando* 2 unidades. Então o ponto tem também as coordenadas polares $r = -2$, $\theta = \pi/6$.

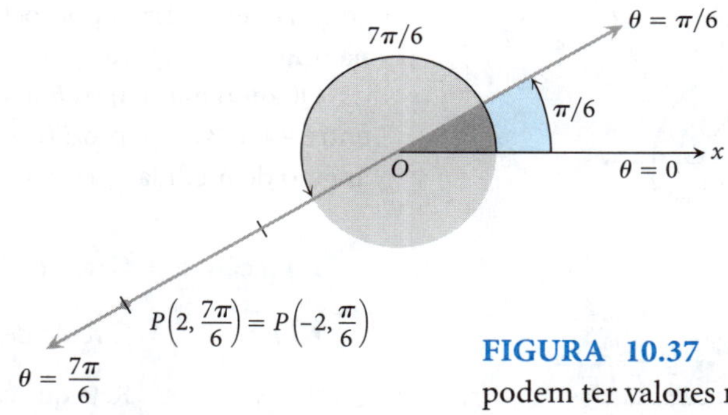

FIGURA 10.37 Coordenadas polares podem ter valores negativos de r.

EXEMPLO 1 Determinando coordenadas polares

Determine todas as coordenadas polares do ponto $P(2, \pi/6)$.

SOLUÇÃO Esboçamos o eixo polar do sistema de coordenadas, desenhamos a semi-reta a partir da origem que forma um ângulo de $\pi/6$ radianos com o raio inicial e marcamos o ponto $(2, \pi/6)$(Figura 10.38). Determinamos então os ângulos para os outros pares de coordenadas polares para o ponto P nos quais $r = 2$ ou $r = -2$.

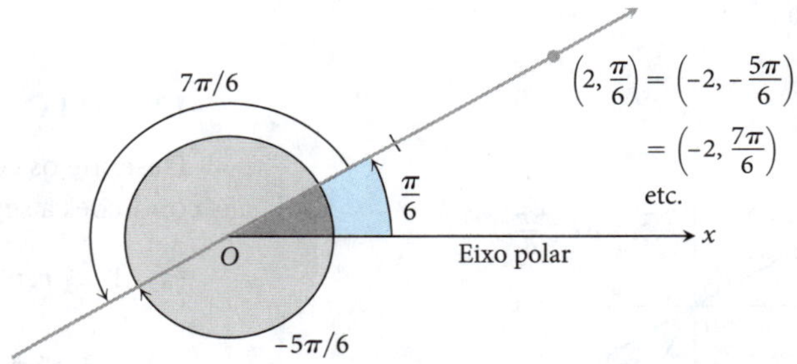

FIGURA 10.38 O ponto $P(2, \pi/6)$ tem infinitos pares de coordenadas polares (Exemplo 1).

Para $r = 2$, a lista completa de ângulos é θ

$$\frac{\pi}{6}, \quad \frac{\pi}{6} \pm 2\pi, \quad \frac{\pi}{6} \pm 4\pi, \quad \frac{\pi}{6} \pm 6\pi, \ \ldots$$

Para $r = -2$, os ângulos são

$$-\frac{5\pi}{6}, \quad -\frac{5\pi}{6} \pm 2\pi, \quad -\frac{5\pi}{6} \pm 4\pi, \quad -\frac{5\pi}{6} \pm 6\pi, \ \ldots$$

Os pares correspondentes de coordenadas polares de P são então

$$\left(2, \frac{\pi}{6} + 2n\pi\right), \qquad n = 0, \pm 1, \pm 2, \ldots$$

e

$$\left(-2, -\frac{5\pi}{6} + 2n\pi\right), \qquad n = 0, \pm 1, \pm 2, \ldots$$

Quando $n = 0$, as fórmulas fornecem $(2, \pi/6)$ e $(-2, -5\pi/6)$. Quando $n = 1$, elas fornecem $(2, 13\pi/6)$ e $(-2, 7\pi/6)$, e assim por diante.

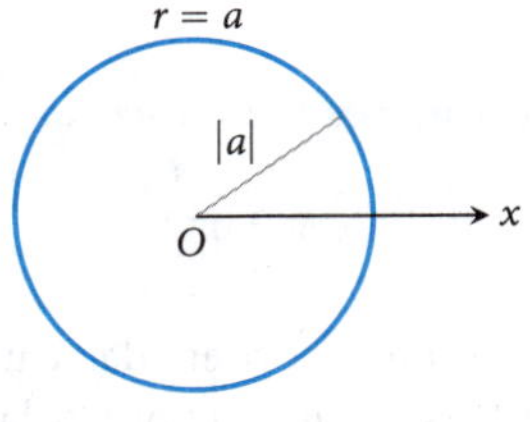

FIGURA 10.39 A equação polar para um círculo é $r = a$.

Equações e gráficos polares

Se mantivermos r fixo em um valor constante $r = a \neq 0$, o ponto $P(r, \theta)$ estará a $|a|$ unidades da origem O. Conforme θ varia em qualquer intervalo de

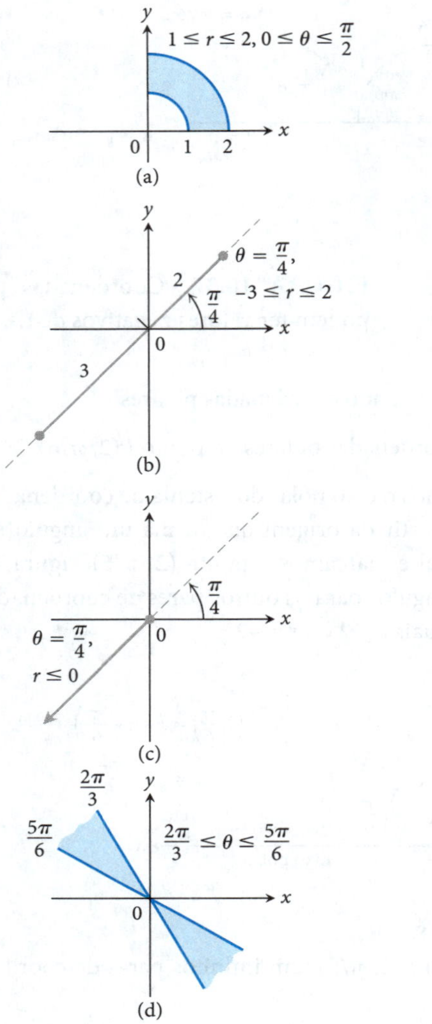

FIGURA 10.40 Os gráficos de desigualdades típicas em r e θ (Exemplo 3).

comprimento 2π, o ponto P então descreve um círculo de raio $|a|$ centrado na origem O (Figura 10.39).

Quando mantemos θ fixo em um valor constante $\theta = \theta_0$ e fazemos r variar entre $-\infty$ e ∞, o ponto $P(r, \theta)$ traça a reta que passa pela origem e forma um ângulo de medida θ_0 com o eixo polar.

Equação	Gráfico
$r = a$	Círculo de raio $\lvert a \rvert$ centrado em O.
$\theta = \theta_0$	Reta que contém O e que forma ângulo θ_0 com o eixo polar.

EXEMPLO 2 Determinando equações polares para gráficos

(a) $r = 1$ e $r = -1$ são equações para o círculo de raio 1 centrado em O.

(b) $\theta = \pi/6$, $\theta = 7\pi/6$ e $\theta = -5\pi/6$ são equações da reta da Figura 10.38.

As equações da forma $r = a$ e $\theta = \theta_0$ podem ser combinadas para definir regiões, segmentos e semi-retas.

EXEMPLO 3 Identificando gráficos

Desenhe os conjuntos de pontos cujas coordenadas polares satisfazem as condições a seguir.

(a) $1 \le r \le 2$ e $0 \le \theta \le \frac{\pi}{2}$

(b) $-3 \le r \le 2$ e $\theta = \frac{\pi}{4}$

(c) $r \le 0$ e $\theta = \frac{\pi}{4}$

(d) $\frac{2\pi}{3} \le \theta \le \frac{5\pi}{6}$ (sem restrição em r)

SOLUÇÃO Os gráficos estão exibidos na Figura 10.40.

Relacionando coordenadas polares e cartesianas

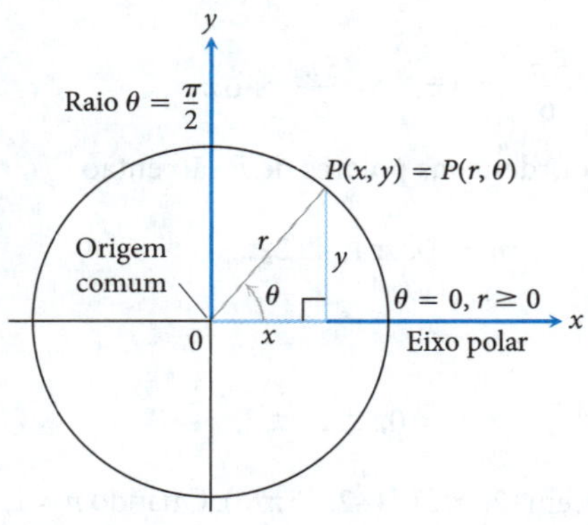

FIGURA 10.41 A maneira usual de relacionar coordenadas polares e cartesianas.

Quando usamos coordenadas polares e cartesianas em um plano, colocamos as duas origens juntas e fazemos o eixo polar coincidir com o eixo x positivo. A semi-reta $\theta = \pi/2$, $r > 0$, fica sendo então o eixo y positivo (Figura 10.41). Os dois sistemas de coordenadas estão, portanto, relacionados pelas equações a seguir.

Equações relacionando coordenadas polares e cartesianas

$$x = r\cos\theta, \quad y = r\,\text{sen}\,\theta, \quad x^2 + y^2 = r^2$$

As duas primeiras equações determinam as coordenadas cartesianas x e y quando são dadas as coordenadas polares r e θ. Por outro lado, quando x e y são dadas, a terceira equação fornece duas escolhas possíveis de r (um valor positivo e um negativo). Para cada seleção, existe um único $\theta \in [0, 2\pi)$

satisfazendo as duas primeiras equações, cada uma fornecendo então uma representação em coordenadas polares do ponto cartesiano (x, y). As outras representações do ponto em coordenadas polares podem ser obtidas a partir dessas duas como no Exemplo 1.

EXEMPLO 4 Equações equivalentes

Equação polar	Equação cartesiana equivalente
$r \cos \theta = 2$	$x = 2$
$r^2 \cos \theta \text{ sen } \theta = 4$	$xy = 4$
$r^2 \cos^2\theta - r^2 \text{sen}^2\theta = 1$	$x^2 - y^2 = 1$
$r = 1 + 2r \cos \theta$	$y^2 - 3x^2 - 4x - 1 = 0$
$r = 1 - \cos \theta$	$x^4 + y^4 + 2x^2y^2 + 2x^3 + 2xy^2 - y^2 = 0$

Algumas curvas são mais tratáveis em coordenadas polares; outras não.

EXEMPLO 5 Convertendo coordenadas cartesianas a polares

Determine uma equação polar do círculo $x^2 + (y - 3)^2 = 9$ (Figura 10.42).

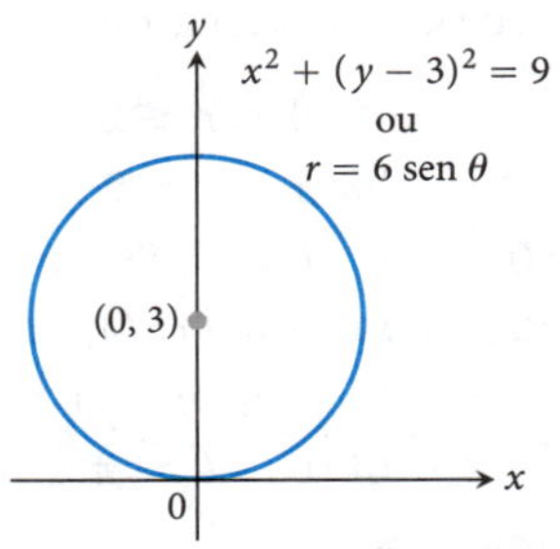

FIGURA 10.42 O círculo no Exemplo 5.

SOLUÇÃO

$$x^2 + y^2 - 6x + 9 = 9 \qquad \text{Expanda } (y-3)^2$$
$$x^2 + y^2 - 6x = 0 \qquad \text{O 9 se cancela}$$
$$r^2 - 6r \text{ sen } \theta = 0 \qquad x^2 + y^2 = r^2$$
$$r = 0 \text{ ou } r - 6 \text{ sen } \theta = 0$$
$$r = \text{sen } \theta \qquad \text{Inclui as duas possibilidades.}$$

Discutiremos mais sobre equações polares de cônicas na Seção 10.8.

EXEMPLO 6 Convertendo coordenadas polares a cartesianas

Substitua as equações polares a seguir por equações cartesianas equivalentes e identifique os gráficos correspondentes.

(a) $r \cos \theta = -4$

(b) $r^2 = 4r \cos \theta$

(c) $r = \dfrac{4}{2 \cos \theta - \text{sen } \theta}$

SOLUÇÃO Usamos as substituições $x = r \cos \theta$, $y = r \text{ sen } \theta$, $x^2 + y^2 = r^2$.

(a) $r \cos \theta = -4$

A equação cartesiana : $r \cos \theta = -4$

$$x = -4$$

O gráfico: Reta vertical que passa por $x = -4$ no eixo x.

(b) $r^2 = 4r \cos \theta$

A equação cartesiana: $r^2 = 4r \cos \theta$

$$x^2 + y^2 = 4x$$
$$x^2 - 4x + y^2 = 0$$
$$x^2 - 4x + 4 + y^2 = 4 \qquad \text{Completando o quadrado.}$$
$$(x - 2)^2 + y^2 = 4$$

O gráfico: Círculo, raio 2, centro $(h, k) = (2, 0)$

(c) $r = \dfrac{4}{2\cos\theta - \operatorname{sen}\theta}$

A equação cartesiana:

$$r(2\cos\theta - \operatorname{sen}\theta) = 4$$
$$2r\cos\theta - r\operatorname{sen}\theta = 4$$
$$2x - y = 4$$
$$y = 2x - 4$$

O gráfico: Reta, coeficiente angular $m = 2$, interseção com o eixo y em $b = -4$

Exercícios 10.5

Pares de coordenadas polares

1. Quais pares de coordenadas polares representam o mesmo ponto?
   (a) $(3, 0)$ (b) $(-3, 0)$ (c) $(2, 2\pi/3)$
   (d) $(2, 7\pi/3)$ (e) $(-3, \pi)$ (f) $(2, \pi/3)$
   (g) $(-3, 2\pi)$ (h) $(-2, -\pi/3)$

2. Quais pares de coordenadas polares representam o mesmo ponto?
   (a) $(-2, \pi/3)$ (b) $(2, -\pi/3)$ (c) (r, θ)
   (d) $(r, \theta + \pi)$ (e) $(-r, \theta)$ (f) $(2, -2\pi/3)$
   (g) $(-r, \theta + \pi)$ (h) $(-2, 2\pi/3)$

3. Represente graficamente cada um dos seguintes pontos (dados em coordenadas polares). Depois, determine todas as coordenadas polares de cada ponto.
   (a) $(2, \pi/2)$ (b) $(2, 0)$
   (c) $(-2, \pi/2)$ (d) $(-2, 0)$

4. Represente graficamente cada um dos seguintes pontos (dados em coordenadas polares). Depois, determine todas as coordenadas polares de cada ponto.
   (a) $(3, \pi/4)$ (b) $(-3, \pi/4)$
   (c) $(3, -\pi/4)$ (d) $(-3, -\pi/4)$

Coordenadas polares para coordenadas cartesianas

5. Determine as coordenadas cartesianas dos pontos do Exercício 1.

6. Determine as coordenadas cartesianas dos seguintes pontos (dados em coordenadas polares).
   (a) $(\sqrt{2}, \pi/4)$ (b) $(1, 0)$
   (c) $(0, \pi/2)$ (d) $(-\sqrt{2}, \pi/4)$
   (e) $(-3, 5\pi/6)$ (f) $(5, \operatorname{tg}^{-1}(4/3))$
   (g) $(-1, 7\pi)$ (h) $(2\sqrt{3}, 2\pi/3)$

Desenhando gráficos de equações e inequações

Desenhe os conjuntos dos pontos cujas coordenadas polares satisfazem as equações e inequações nos exercícios 7–22.

7. $r = 2$
8. $0 \le r \le 2$
9. $r \ge 1$
10. $1 \le r \le 2$
11. $0 \le \theta \le \pi/6, \quad r \ge 0$
12. $\theta = 2\pi/3, \quad r \le -2$
13. $\theta = \pi/3, \quad -1 \le r \le 3$
14. $\theta = 11\pi/4, \quad r \ge -1$
15. $\theta = \pi/2, \quad r \ge 0$
16. $\theta = \pi/2, \quad r \le 0$
17. $0 \le \theta \le \pi, \quad r = 1$
18. $0 \le \theta \le \pi, \quad r = -1$
19. $\pi/4 \le \theta \le 3\pi/4, \quad 0 \le r \le 1$
20. $-\pi/4 \le \theta \le \pi/4, \quad -1 \le r \le 1$
21. $-\pi/2 \le \theta \le \pi/2, \quad 1 \le r \le 2$
22. $0 \le \theta \le \pi/2, \quad 1 \le |r| \le 2$

Equações polares para equações cartesianas

Substitua as equações polares nos exercícios 23–48 pela equação cartesiana equivalente. Depois descreva ou identifique o gráfico.

23. $r\cos\theta = 2$
24. $r\operatorname{sen}\theta = -1$
25. $r\operatorname{sen}\theta = 0$
26. $r\cos\theta = 0$
27. $r = 4\operatorname{cossec}\theta$
28. $r = -3\sec\theta$
29. $r\cos\theta + r\operatorname{sen}\theta = 1$
30. $r\operatorname{sen}\theta = r\cos\theta$
31. $r^2 = 1$
32. $r^2 = 4r\operatorname{sen}\theta$
33. $r = \dfrac{5}{\operatorname{sen}\theta - 2\cos\theta}$
34. $r^2\operatorname{sen}2\theta = 2$
35. $r = \operatorname{cotg}\theta\operatorname{cossec}\theta$
36. $r = 4\operatorname{tg}\theta\sec\theta$
37. $r = \operatorname{cossec}\theta\, e^{r\cos\theta}$
38. $r\operatorname{sen}\theta = \ln r + \ln\cos\theta$
39. $r^2 + 2r^2\cos\theta\operatorname{sen}\theta = 1$
40. $\cos^2\theta = \operatorname{sen}^2\theta$
41. $r^2 = -4r\cos\theta$
42. $r^2 = -6r\operatorname{sen}\theta$
43. $r = 8\operatorname{sen}\theta$
44. $r = 3\cos\theta$
45. $r = 2\cos\theta + 2\operatorname{sen}\theta$
46. $r = 2\cos\theta - \operatorname{sen}\theta$
47. $r\operatorname{sen}\left(\theta + \dfrac{\pi}{6}\right) = 2$
48. $r\operatorname{sen}\left(\dfrac{2\pi}{3} - \theta\right) = 5$

Equações cartesianas para equações polares

Substitua as equações cartesianas nos exercícios 49–62 pela equação polar equivalente.

49. $x = 7$
50. $y = 1$
51. $x = y$
52. $x - y = 3$
53. $x^2 + y^2 = 4$
54. $x^2 - y^2 = 1$
55. $\frac{x^2}{9} + \frac{y^2}{4} = 1$
56. $xy = 2$
57. $y^2 = 4x$
58. $x^2 + xy + y^2 = 1$
59. $x^2 + (y - 2)^2 = 4$
60. $(x - 5)^2 + y^2 = 25$
61. $(x - 3)^2 + (y + 1)^2 = 4$
62. $(x + 2)^2 + (y - 5)^2 = 16$

Teoria e exemplos

63. Determine todas as coordenadas polares da origem.

64. **Retas verticais e horizontais**

(a) Mostre que toda reta vertical do plano xy tem uma equação polar da forma $r = a \sec \theta$.

(b) Determine a equação polar análoga para retas horizontais do plano xy.

10.6 Desenhando gráficos em coordenadas polares

Esta seção descreve técnicas para desenhar gráficos de equações em coordenadas polares.

Simetria

A Figura 10.43 ilustra os testes de simetria padrão em coordenadas polares.

FIGURA 10.43 Três testes de simetria em coordenadas polares.

Testes de simetria para gráficos polares

1. *Simetria em relação ao eixo x:* Se o ponto (r, θ) está no gráfico, então o ponto $(r, -\theta)$ ou $(-r, \pi - \theta)$ também pertence ao gráfico (Figura 10.43a).
2. *Simetria em relação ao eixo y:* Se o ponto (r, θ) está no gráfico, então o ponto $(r, \pi - \theta)$ ou $(-r, -\theta)$ também pertence ao gráfico (Figura 10.43b).
3. *Simetria em relação à origem:* Se o ponto (r, θ) está no gráfico, então o ponto $(-r, \theta)$ ou $(r, \theta + \pi)$ também pertence ao gráfico (Figura 10.43c).

Coeficiente angular

O coeficiente angular da curva polar $r = f(\theta)$ é dado por dy/dx e não por $r' = df/d\theta$. Para ver por que, pense no gráfico de f como o gráfico das equações paramétricas

$$x = r \cos \theta = f(\theta) \cos \theta, \quad y = r \operatorname{sen} \theta = f(\theta) \operatorname{sen} \theta$$

Se f é uma função de θ derivável, então x e y também são, e quando $dx/d\theta \neq 0$, podemos calcular dy/dx usando a fórmula paramétrica

$$\frac{dy}{dx} = \frac{dy/d\theta}{dx/d\theta} \qquad \text{Seção 3.5, Volume I, Equação (2) com } t = 0$$

$$= \frac{\dfrac{d}{d\theta}(f(\theta) \cdot \operatorname{sen}\theta)}{\dfrac{d}{d\theta}(f(\theta) \cdot \cos\theta)}$$

$$= \frac{\dfrac{df}{d\theta}\operatorname{sen}\theta + f(\theta)\cos\theta}{\dfrac{df}{d\theta}\cos\theta - f(\theta)\operatorname{sen}\theta} \qquad \text{Regra do produto para derivadas.}$$

Coeficiente angular da curva $r = f(\theta)$

$$\left.\frac{dy}{dx}\right|_{(r,\,\theta)} = \frac{f'(\theta)\operatorname{sen}\theta + f(\theta)\cos\theta}{f'(\theta)\cos\theta - f(\theta)\operatorname{sen}\theta}$$

desde que $dx/d\theta \neq 0$ em (r, θ).

Se a curva $r = f(\theta)$ passa pela origem em $\theta = \theta_0$, então $f(\theta_0) = 0$, e a equação do coeficiente angular fornece

$$\left.\frac{dy}{dx}\right|_{(0,\,\theta_0)} = \frac{f'(\theta_0)\operatorname{sen}\theta_0}{f'(\theta_0)\cos\theta_0} = \operatorname{tg}\theta_0$$

Se o gráfico de $r = f(\theta)$ passa pela origem no valor $\theta = \theta_0$, então o coeficiente angular da curva nesse ponto é tg θ_0. A razão de dizermos "coeficiente angular em $(0, \theta_0)$" e não apenas "coeficiente angular na origem" é que a curva polar pode passar na origem (ou em qualquer ponto) mais de uma vez, com coeficientes angulares diferentes em valores diferentes de θ. Entretanto, não é isso que ocorre em nosso primeiro exemplo.

EXEMPLO 1 Uma cardióide

Desenhe a curva $r = 1 - \cos\theta$.

SOLUÇÃO A curva é simétrica em relação ao eixo x, pois,

$$\begin{aligned}(r, \theta) \text{ está no gráfico } &\Rightarrow r = 1 - \cos\theta \\ &\Rightarrow r = 1 - \cos(-\theta) \qquad \cos\theta = \cos(-\theta) \\ &\Rightarrow (r, -\theta) \text{ está no gráfico}\end{aligned}$$

Conforme θ cresce de 0 a π, cos θ decresce de 1 até –1, e $r = 1 - \cos\theta$ cresce desde o valor mínimo 0 ao valor máximo 2. Quando θ varia de π a 2π, cos θ cresce de –1 a 1 e r decresce de 2 até 0 novamente. A curva começa a se repetir quando $\theta = 2\pi$, porque o cosseno tem período 2π.

A curva parte da origem com coeficiente angular tg(0) = 0 e retorna à origem com tg$(2\pi) = 0$.

Fazemos uma tabela de valores de $\theta = 0$ a $\theta = \pi$, marcamos os pontos e desenhamos uma curva lisa que passa por eles e com tangente horizontal na origem; refletimos a curva em relação ao eixo x e completamos o gráfico (Figura 10.44). A curva é chamada *cardióide* porque tem a forma de um coração. Formas de cardióides aparecem nos cames, dispositivos de máquinas que dirigem o assentamento uniforme de linhas em bobinas e carretéis, e no padrão de sinal de certas antenas de rádio.

θ	$r = 1 - \cos\theta$
0	0
$\frac{\pi}{3}$	$\frac{1}{2}$
$\frac{\pi}{2}$	1
$\frac{2\pi}{3}$	$\frac{3}{2}$
π	2

(a)

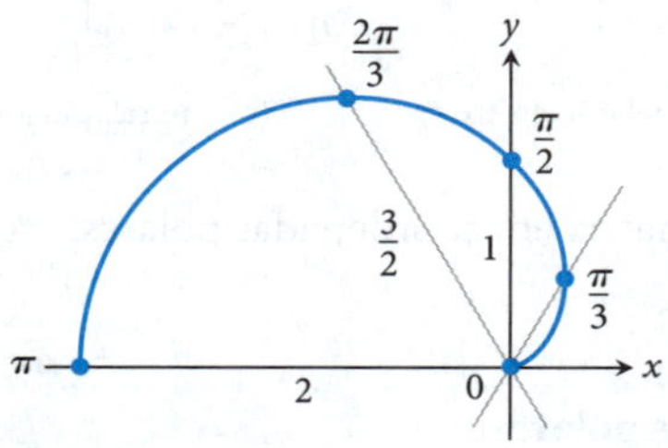

(b)

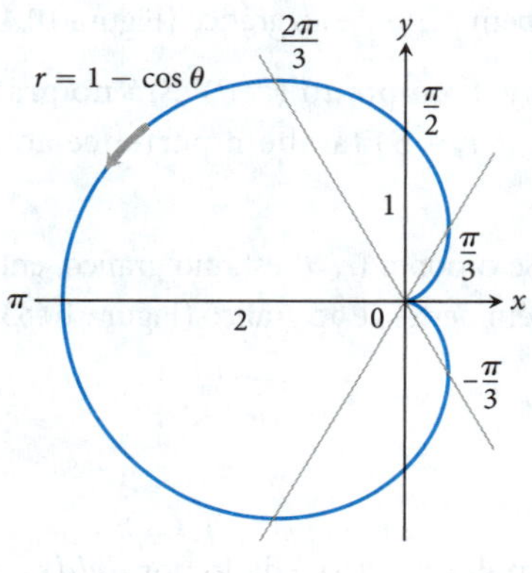

(c)

FIGURA 10.44 Os passos para desenhar a cardióide $r = 1 - \cos$ (Exemplo 1). A seta indica a direção de crescimento de .

EXEMPLO 2 Desenhe a curva $r^2 = 4 \cos \theta$

SOLUÇÃO A equação $r^2 = 4 \cos \theta$ requer $\cos \theta \geq 0$, de modo que obtemos todo o gráfico fazendo θ variar entre $-\pi/2$ e $\pi/2$. A curva é simétrica em relação ao eixo x, pois

$$\begin{aligned} (r, \theta) \text{ está no gráfico } &\Rightarrow r^2 = 4 \cos \theta \\ &\Rightarrow r^2 = 4 \cos(-\theta) \qquad \cos \theta = \cos(-\theta) \\ &\Rightarrow (r, -\theta) \text{ está no gráfico} \end{aligned}$$

A curva também é simétrica em relação à origem, pois

$$\begin{aligned} (r, \theta) \text{ está no gráfico } &\Rightarrow r^2 = 4 \cos \theta \\ &\Rightarrow (-r)^2 = 4 \cos \theta \\ &\Rightarrow (-r, \theta) \text{ está no gráfico} \end{aligned}$$

Juntas, essas duas simetrias implicam a simetria em relação ao eixo y.

A curva passa pela origem quando $\theta = -\pi/2$ e $\pi/2$. Ela tem uma tangente vertical nas duas vezes, pois tg θ tende a infinito.

Para cada valor de θ no intervalo entre $-\pi/2$ e $\pi/2$, a fórmula $r^2 = 4 \cos \theta$ fornece dois valores de r:

$$r = \pm 2\sqrt{\cos \theta}$$

Fazemos uma tabela de valores, marcamos os pontos correspondentes e usamos a informação a respeito da simetria e tangentes para nos guiar para conectar os pontos formando uma curva lisa (Figura 10.45).

θ	$\cos \theta$	$r = \pm 2\sqrt{\cos \theta}$
0	1	± 2
$\pm \frac{\pi}{6}$	$\frac{\sqrt{3}}{2}$	$\approx \pm 1{,}9$
$\pm \frac{\pi}{4}$	$\frac{1}{\sqrt{2}}$	$\approx \pm 1{,}7$
$\pm \frac{\pi}{3}$	$\frac{1}{2}$	$\approx \pm 1{,}4$
$\pm \frac{\pi}{2}$	0	0

(a)

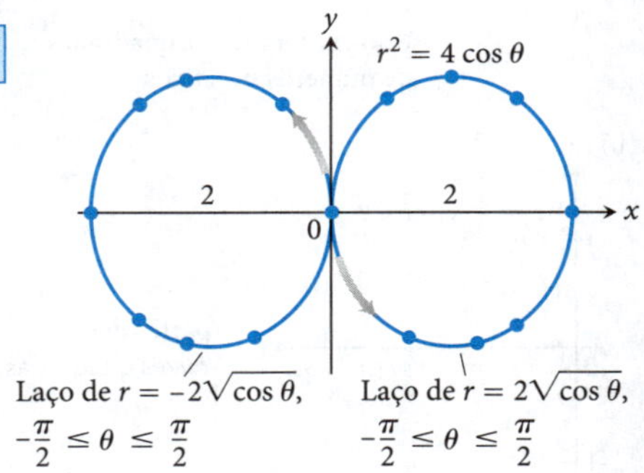

(b)

FIGURA 10.45 O gráfico de $r^2 = 4 \cos \theta$. As setas indicam a direção de crescimento de θ. Os valores de r na tabela estão arredondados (Exemplo 2).

Uma técnica para desenhar gráficos

Um modo de desenhar o gráfico de uma equação polar $r = f(\theta)$ é fazer uma tabela de valores (r, θ), depois marcar os pontos correspondentes e conectá-los na ordem de crescimento de θ. Isso pode funcionar bem se for marcado um número suficiente de pontos para revelar todos os laços e reentrâncias do gráfico. Outro método de desenhar o gráfico, que é geralmente mais rápido e confiável, é

1. primeiro esboçar o gráfico de $r = f(\theta)$ no plano cartesiano $r\theta$,
2. usar então o gráfico cartesiano como uma "tabela" para guiar o esboço do gráfico em coordenadas polares.

Esse método é melhor do que simplesmente marcar pontos, pois o primeiro gráfico cartesiano, mesmo quando desenhado apressadamente, mostra em um relance onde r é positivo, negativo, onde não está definido e também onde r é crescente e decrescente. Aqui está um exemplo.

EXEMPLO 3 Uma lemniscata

Desenhe a curva

$$r^2 = \text{sen}\, 2\theta$$

SOLUÇÃO Começamos esboçando o gráfico de r^2 (e não r) como uma função de θ no plano cartesiano $r^2\theta$. Veja a Figura 10.46a. Passamos deste para o gráfico de $r = \pm\sqrt{\text{sen}\, 2\theta}$ no plano $r\theta$ (Figura 10.46b), e então desenhamos o gráfico polar (Figura 10.46c). O gráfico da Figura 10.46b "cobre" o gráfico polar final da Figura 10.46c duas vezes. Poderíamos ter lidado com apenas um dos laços, com as duas metades superiores ou com as duas metades inferiores. Não há, entretanto, prejuízo em resolver o problema como fizemos. Na verdade, aprendemos um pouco mais sobre o comportamento da função desse modo.

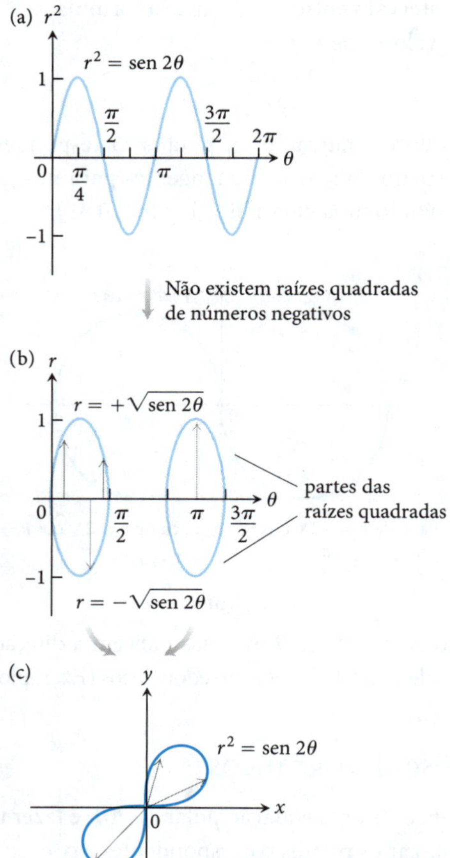

FIGURA 10.46 Para esboçar o gráfico de $r = f(\theta)$ no plano $r\theta$ em (b), primeiro esboçamos o gráfico de $r^2 = \text{sen}\, 2\theta$ no plano $r^2\theta$ em (a) e então ignoramos os valores de θ para os quais sen 2θ é negativo. Os raios do esboço em (b) cobrem a lemniscata em (c) duas vezes (Exemplo 3).

Determinando interseções de gráficos polares

O fato de podermos representar um ponto de diversas maneiras em coordenadas polares faz que seja necessário tomar um cuidado extra para decidir quando um ponto está no gráfico de uma equação polar e em determinar os pontos em que gráficos polares se interceptam. O problema é que o ponto de interseção pode satisfazer a equação de uma curva com coordenadas polares que são diferentes daquelas com as quais ele satisfaz a equação de outra curva. Portanto, resolver as equações das duas curvas ao mesmo tempo pode não identificar todos os pontos de interseção. Um modo seguro para identificar todos os pontos de interseção é desenhar os gráficos das equações.

EXEMPLO 4 Coordenadas polares enganosas

Mostre que o ponto $(2, \pi/2)$ está na curva $r = 2\cos 2\theta$.

SOLUÇÃO Pode parecer que o ponto $(2, \pi/2)$ não pertence à curva, pois substituindo suas coordenadas na equação, obtemos

$$2 = 2\cos 2\left(\frac{\pi}{2}\right) = 2\cos\pi = -2$$

que não é uma igualdade verdadeira. A magnitude está correta, mas o sinal está errado. Isso sugere que procuremos um par de coordenadas para o mesmo ponto, mas com r negativo, por exemplo $(-2, -(\pi/2))$. Quando substituímos esse ponto na equação $r = 2\cos 2\theta$, vemos que

$$-2 = 2\cos 2\left(-\frac{\pi}{2}\right) = 2(-1) = -2$$

e a equação é satisfeita. O ponto $(2, \pi/2)$ está realmente na curva.

EXEMPLO 5 Pontos de interseção enganosos

Determine os pontos de interseção das curvas

$$r^2 = 4\cos\theta \quad \text{e} \quad r = 1 - \cos\theta$$

Companion Website
Biografia histórica

Johannes Kepler
(1571-1630)

SOLUÇÃO Em coordenadas cartesianas, podemos sempre determinar onde duas curvas se cruzam resolvendo suas equações simultaneamente. Em coordenadas polares a história é diferente. Resolução simultânea pode revelar alguns pontos de interseção, mas não todos. Nesse exemplo, a resolução simultânea revela somente dois dos quatro pontos de interseção. Os outros são determinados esboçando o gráfico. (Veja também o Exercício 49.)

Se substituirmos cos u $= r^2/4$ na equação $r = 1 - \cos\theta$, obtemos

$$r = 1 - \cos\theta = 1 - \frac{r^2}{4}$$

$$4r = 4 - r^2$$

$$r^2 + 4r - 4 = 0$$

$$r = -2 \pm 2\sqrt{2} \qquad \text{Fórmula quadrática.}$$

O valor $r = -2 + 2\sqrt{2}$ tem um valor absoluto muito grande para pertencer a alguma das curvas. Os valores de θ correspondentes a $r = -2 + 2\sqrt{2}$ são

$$\theta = \cos^{-1}(1 - r) \qquad \text{De } r = 1 - \cos\theta$$

$$= \cos^{-1}\left(1 - \left(2\sqrt{2} - 2\right)\right) \qquad \text{Conjunto } r = 2\sqrt{2} - 2$$

$$= \cos^{-1}\left(3 - 2\sqrt{2}\right)$$

$$= \pm 80° \qquad \text{Aproximado para o grau mais próximo.}$$

Identificamos então dois pontos de interseção: $(r, \theta) = (2\sqrt{2} - 2, \pm 80°)$.

Quando esboçamos os gráficos das equações $r^2 = 4\cos\theta$ e $r = 1 - \cos\theta$ juntas (Figura 10.47), como podemos fazer agora, juntando os gráficos das Figuras 10.44 e 10.45, vemos que essas curvas também se interceptam no ponto $(2, \pi)$ e na origem. Por que esses valores de r não foram revelados na resolução simultânea? A resposta é que os pontos $(0, 0)$ e $(2, \pi)$ não estão nas duas curvas "simultaneamente". Eles não são atingidos no mesmo valor de θ. Na curva $r = 1 - \cos\theta$, o ponto $(2, \pi)$ é atingido quando $\theta = \pi$. Na curva $r^2 = 4\cos\theta$, ele é atingido quando $\theta = 0$, em que ele não é identificado pelas coordenadas $(2, \pi)$, que não satisfazem a equação, mas pelas coordenadas $(-2, 0)$, que satisfazem. Analogamente, a cardióide atinge a origem quando $\theta = 0$, mas a curva $r^2 = 4\cos\theta$ atinge a origem quando $\theta = \pi/2$.

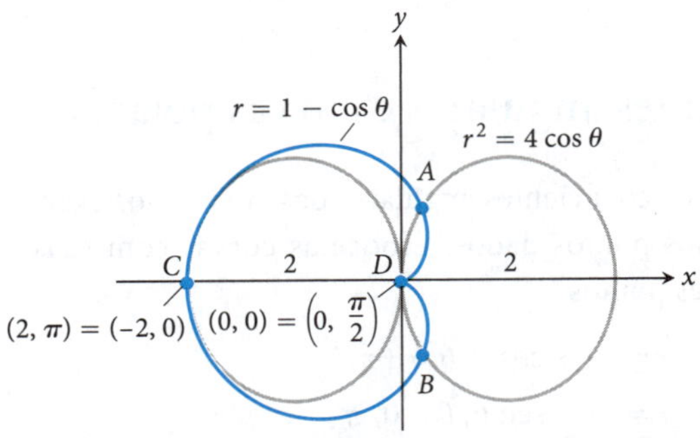

FIGURA 10.47 Os quatro pontos de interseção das curvas $r = 1 - \cos\theta$ e $r^2 = 4\cos\theta$ (Exemplo 5). Somente A e B foram determinados por meio da resolução simultânea. Os outros dois foram descobertos pelo desenho.

Usando a tecnologia: desenhando gráficos de curvas polares parametricamente

Para curvas polares complicadas, podemos, talvez, precisar usar uma calculadora ou um computador para desenhar a curva. Caso não seja possível inserir as equações polares diretamente na ferramenta gráfica, podemos converter $r = f(\theta)$ na forma paramétrica usando as equações

$$x = r\cos\theta = f(\theta)\cos\theta, \quad y = r \operatorname{sen}\theta = f(\theta)\operatorname{sen}\theta$$

Usamos então essa ferramenta para desenhar a curva no plano cartesiano xy. Pode ser necessário usar o parâmetro t em vez de u na ferramenta gráfica.

Exercícios 10.6

Simetrias e gráficos polares

Identifique as simetrias nas curvas nos exercícios 1–12. Depois, esboce as curvas.

1. $r = 1 + \cos\theta$
2. $r = 2 - 2\cos\theta$
3. $r = 1 - \operatorname{sen}\theta$
4. $r = 1 + \operatorname{sen}\theta$
5. $r = 2 + \operatorname{sen}\theta$
6. $r = 1 + 2\operatorname{sen}\theta$
7. $r = \operatorname{sen}(\theta/2)$
8. $r = \cos(\theta/2)$
9. $r^2 = \cos\theta$
10. $r^2 = \operatorname{sen}\theta$
11. $r^2 = -\operatorname{sen}\theta$
12. $r^2 = -\cos\theta$

Desenhe as lemniscatas nos exercícios 13–16. Que simetrias essas curvas têm?

13. $r^2 = 4\cos 2\theta$
14. $r^2 = 4\operatorname{sen} 2\theta$
15. $r^2 = -\operatorname{sen} 2\theta$
16. $r^2 = -\cos 2\theta$

Coeficientes angulares e curvas polares

Determine os coeficientes angulares das curvas nos exercícios 17–20 nos pontos dados. Esboce as curvas com suas tangentes nesses pontos.

17. **Cardióide** $r = -1 + \cos\theta$; $\theta = \pm\pi/2$
18. **Cardióide** $r = -1 + \operatorname{sen}\theta$; $\theta = 0, \pi$
19. **Rosácea de quatro pétalas** $r = \operatorname{sen} 2\theta$; $\theta = \pm\pi/4, \pm 3\pi/4$
20. **Rosácea de quatro pétalas** $r = \cos 2\theta$; $\theta = 0, \pm\pi/2, \pi$

Limaçons

Desenhe as limaçons nos exercícios 21–24. Limaçon é uma palavra francesa antiga para "caracol". Você entenderá o nome depois de desenhar as limaçons no Exercício 21. Equações de limaçons têm a forma $r = a \pm b\cos\theta$ ou $r = a \pm b\operatorname{sen}\theta$. Há quatro formas básicas.

21. **Limaçons com um laço interno**
    (a) $r = \dfrac{1}{2} + \cos\theta$ (b) $r = \dfrac{1}{2} + \operatorname{sen}\theta$
22. **Cardióides**
    (a) $r = 1 - \cos\theta$ (b) $r = -1 + \operatorname{sen}\theta$
23. **Limaçons com reentrâncias**
    (a) $r = \dfrac{3}{2} + \cos\theta$ (b) $r = \dfrac{3}{2} - \operatorname{sen}\theta$
24. **Limaçons ovais**
    (a) $r = 2 + \cos\theta$ (b) $r = -2 + \operatorname{sen}\theta$

Esboçando desigualdades polares

25. Esboce as regiões definidas pelas desigualdades $-1 \le r \le 2$ e $-\pi/2 \le \theta \le \pi/2$.

26. Esboce as regiões definidas pelas desigualdades $0 \le r \le 2\sec\theta$ e $-\pi/4 \le \theta \le \pi/4$.

Nos exercícios 27–28, esboce a região definida pela desigualdade.

27. $0 \le r \le 2 - 2\cos\theta$
28. $0 \le r^2 \le \cos\theta$

Interseções

29. Mostre que o ponto $(2, 3\pi/4)$ está na curva $r = 2\operatorname{sen} 2\theta$.

30. Mostre que $(1/2, 3\pi/2)$ está na curva $r = -\operatorname{sen}(\theta/3)$.

Determine os pontos de intersecção dos pares de curvas nos Exercícios 31-38.

31. $r = 1 + \cos\theta, \quad r = 1 - \cos\theta$

32. $r = 1 + \text{sen}\,\theta, \quad r = 1 - \text{sen}\,\theta$

33. $r = 2\,\text{sen}\,\theta, \quad r = 2\,\text{sen}\,2\theta$

34. $r = \cos\theta, \quad r = 1 - \cos\theta$

35. $r = \sqrt{2}, \quad r^2 = 4\,\text{sen}\,\theta$

36. $r^2 = \sqrt{2}\,\text{sen}\,\theta, \quad r^2 = \sqrt{2}\cos\theta$

37. $r = 1, \quad r^2 = 2\,\text{sen}\,2\theta$

38. $r^2 = \sqrt{2}\cos 2\theta, \quad r^2 = \sqrt{2}\,\text{sen}\,2\theta$

T Determine os pontos de interseção dos pares de curvas nos exercícios 39–42.

39. $r^2 = \text{sen}\,2\theta, \quad r^2 = \cos 2\theta$

40. $r = 1 + \cos\frac{\theta}{2}, \quad r = 1 - \text{sen}\frac{\theta}{2}$

41. $r = 1, \quad r = 2\,\text{sen}\,2\theta$

42. $r = 1, \quad r^2 = 2\,\text{sen}\,2\theta$

T Explorações com ferramentas gráficas

43. Quais das curvas a seguir têm o mesmo gráfico que $r = 1 - \cos\theta$?

(a) $r = -1 - \cos\theta$ (b) $r = 1 + \cos\theta$

Confirme sua resposta com cálculos algébricos.

44. Quais das curvas a seguir têm o mesmo gráfico que $r = \cos 2\theta$?

(a) $r = -\text{sen}\,(2\theta + \pi/2)$ (b) $r = -\cos(\theta/2)$

Confirme sua resposta com cálculos algébricos.

45. Uma rosa com uma rosa Desenhe o gráfico da equação $r = 1 - 2\,\text{sen}\,3\theta$.

46. A nefróide de Freeth Desenhe o gráfico da nefróide de Freeth:

$$r = 1 + 2\,\text{sen}\,\frac{\theta}{2}$$

47. Rosáceas Desenhe as rosáceas $r = \cos m\theta$ para $m = 1/3$, 2, 3 e 7.

48. Espirais As coordenadas polares são perfeitas para definir espirais.

Desenhe as espirais a seguir.

(a) $r = \theta$ (b) $r = -\theta$

(c) *Uma espiral logarítmica:* $r = e^{\theta/10}$

(d) *Uma espiral hiperbólica:* $r = 8/\theta$

(e) *Uma espiral eqüilátera:* $r = \pm 10/\sqrt{\theta}$

(Use cores diferentes para cada um dos dois ramos.)

Teoria e exemplos

49. (*Continuação do Exemplo 5.*) A resolução simultânea das equações

$$r^2 = 4\cos\theta \qquad (1)$$

$$r = 1 - \cos\theta \qquad (2)$$

no texto não revelou os pontos (0, 0) e $(2, \pi)$ nos quais os gráficos se interceptam.

(a) Poderíamos ter determinado o ponto $(2, \pi)$ pela substituição de (r, θ) na Equação (1) pelo equivalente $(-r, \theta + \pi)$ e assim obter

$$r^2 = 4\cos\theta$$

$$(-r)^2 = 4\cos(\theta + \pi) \qquad (3)$$

$$r^2 = -4\cos\theta$$

Resolva as equações (2) e (3) simultaneamente para mostrar que $(2, \pi)$ é uma solução comum. (Isso não revela que os gráficos se interceptam em (0, 0).)

(b) A origem é ainda um caso especial. (Ela em geral o é.) Aqui está um modo de lidar com ela: Faça $r = 0$ nas equações (1) e (2) e resolva cada equação para um valor correspondente de θ. Como $(0, \theta)$ é a origem para *qualquer* θ, isso mostrará que as duas curvas passam pela origem, embora para valores diferentes de θ.

50. Se uma curva tem duas das simetrias listadas no início da seção, pode alguma coisa ser dita a respeito da terceira simetria? Justifique a sua resposta.

51. Determine a largura máxima da pétala da rosácea de quatro pétalas $r = \cos 2\theta$, que está ao longo do eixo x.

52. Determine a altura máxima acima do eixo x da cardióide $r = 2(1 + \cos\theta)$.

10.7 Áreas em coordenadas polares

Esta seção mostra como calcular áreas de regiões planas, comprimentos de curvas e áreas de superfícies de revolução em coordenadas polares.

Área no plano

A região OTS na Figura 10.48 é delimitada pelas semi-retas $\theta = \alpha$ e $\theta = \beta$ e a curva $r = f(\theta)$. Aproximamos a região por n setores circulares na forma de um leque, que não se sobrepõem e relativos a uma partição P do ângulo TOS. O setor típico tem raio $r_k = f(\theta_k)$ e ângulo central de $\Delta\theta_k$ radianos. Sua área é $\Delta\theta_k/2\pi$ vezes a área do círculo de raio r_k, ou

$$A_k = \frac{1}{2} r_k^2 \, \Delta\theta_k = \frac{1}{2} \left(f(\theta_k)\right)^2 \, \Delta\theta_k$$

A área da região OTS é aproximadamente

$$\sum_{k=1}^{n} A_k = \sum_{k=1}^{n} \frac{1}{2} \left(f(\theta_k)\right)^2 \, \Delta\theta_k$$

Se f é contínua, as aproximações melhoram conforme a norma da partição $\|P\| \to 0$, e obtemos a seguinte fórmula para a área da região:

$$A = \lim_{\|P\|\to 0} \sum_{k=1}^{n} \frac{1}{2} \left(f(\theta_k)\right)^2 \, \Delta\theta_k = \int_{\alpha}^{\beta} \frac{1}{2} \left(f(\theta)\right)^2 d\theta$$

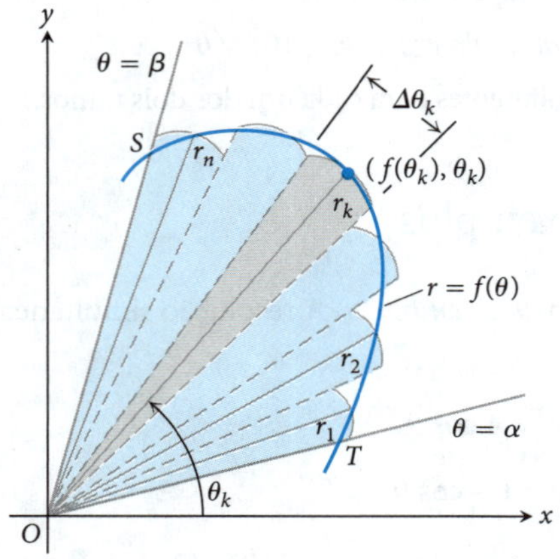

FIGURA 10.48 Para deduzir a fórmula para calcular a área da região OTS, aproximamos a região por setores circulares na forma de um leque.

Área da região entre a origem e a curva $r = f(\theta)$, $\alpha \le \theta \le \beta$

$$A = \int_{\alpha}^{\beta} \frac{1}{2} r^2 \, d\theta$$

Esta é a integral da **diferencial de área** (Figura 10.49)

$$dA = \frac{1}{2} r^2 \, d\theta = \frac{1}{2} \left(f(\theta)\right)^2 d\theta$$

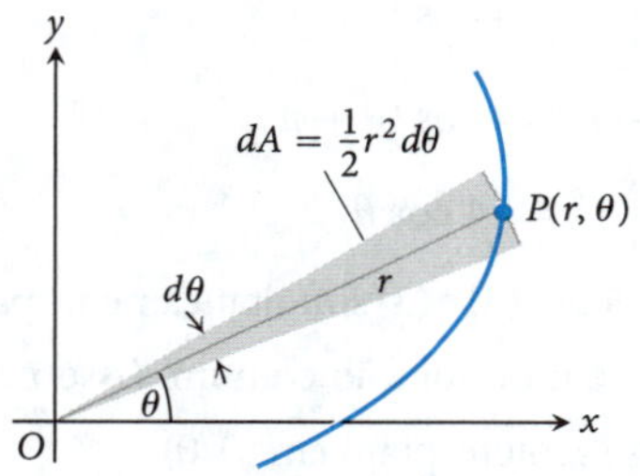

FIGURA 10.49 A diferencial de área dA para a curva $r = f()$.

EXEMPLO 1 Calculando área

Calcule a área da região do plano delimitada pela cardióide $r = 2(1 + \cos\theta)$.

SOLUÇÃO Desenhamos a cardióide (Figura 10.50) e determinamos o raio OP que percorre a região apenas uma vez conforme θ vai de 0 a 2π. A área é então

$$\begin{aligned}
\int_{\theta=0}^{\theta=2\pi} \frac{1}{2} r^2 \, d\theta &= \int_0^{2\pi} \frac{1}{2} \cdot 4(1 + \cos\theta)^2 \, d\theta \\
&= \int_0^{2\pi} 2(1 + 2\cos\theta + \cos^2\theta) \, d\theta \\
&= \int_0^{2\pi} \left(2 + 4\cos\theta + 2\frac{1 + \cos 2\theta}{2}\right) d\theta \\
&= \int_0^{2\pi} (3 + 4\cos\theta + \cos 2\theta) \, d\theta \\
&= \left[3\theta + 4\,\text{sen}\,\theta + \frac{\text{sen}\,2\theta}{2}\right]_0^{2\pi} = 6\pi - 0 = 6\pi
\end{aligned}$$

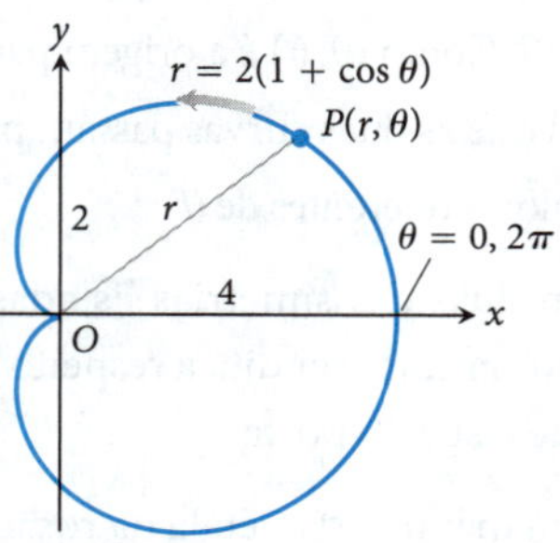

FIGURA 10.50 A cardióide do Exemplo 1.

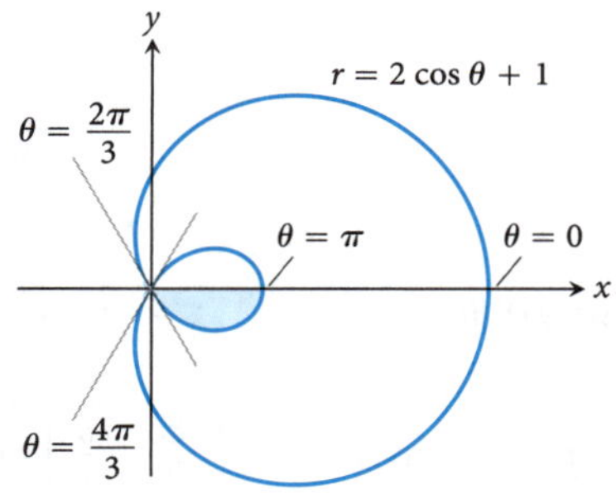

FIGURA 10.51 O limaçon do Exemplo 2. Limaçon é uma antiga palavra francesa para *caracol*.

EXEMPLO 2 Calculando área

Calcule a área da região de dentro do laço menor do limaçon

$$r = 2\cos\theta + 1$$

SOLUÇÃO Após esboçarmos a curva (Figura 10.51), observamos que o laço menor é traçado pelo ponto (r, θ) conforme θ varia de $\theta = 2\pi/3$ a $\theta = 4\pi/3$. Como a curva é simétrica em relação ao eixo x (a equação permanece inalterada quando substituímos θ por $-\theta$), podemos calcular a área da metade sombreada do laço interno integrando $\theta = 2\pi/3$ a $\pi = \pi$. A área que procuramos é duas vezes a integral resultante:

$$A = 2\int_{2\pi/3}^{\pi} \frac{1}{2} r^2\, d\theta = \int_{2\pi/3}^{\pi} r^2\, d\theta$$

Como

$$\begin{aligned} r^2 &= (2\cos\theta + 1)^2 = 4\cos^2\theta + 4\cos\theta + 1 \\ &= 4\cdot\frac{1+\cos 2\theta}{2} + 4\cos\theta + 1 \\ &= 2 + 2\cos 2\theta + 4\cos\theta + 1 \\ &= 3 + 2\cos 2\theta + 4\cos\theta \end{aligned}$$

temos

$$\begin{aligned} A &= \int_{2\pi/3}^{\pi} (3 + 2\cos 2\theta + 4\cos\theta)\, d\theta \\ &= \Big[3\theta + \operatorname{sen} 2\theta + 4\operatorname{sen}\theta\Big]_{2\pi/3}^{\pi} \\ &= (3\pi) - \left(2\pi - \frac{\sqrt{3}}{2} + 4\cdot\frac{\sqrt{3}}{2}\right) \\ &= \pi - \frac{3\sqrt{3}}{2} \end{aligned}$$

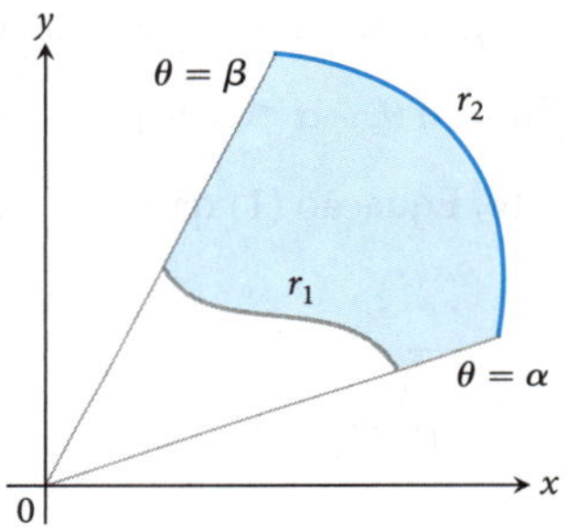

FIGURA 10.52 A área da região sombreada é calculada subtraindo a área da região entre r_1 e a origem da área da região entre r_2 e a origem.

Para determinar a área de uma região como a da Figura 10.52, que está entre duas curvas polares $r_1 = r_1(\theta)$ e $r_2 = r_2(\theta)$ de $\theta = \alpha$ a $\theta = \beta$, subtraímos a integral de $(1/2)r_1^2 d\theta$ da integral de $(1/2)r_2^2\, d\theta$. Isso leva à fórmula a seguir.

Área da região $0 \le r_1(\theta) \le r \le r_2(\theta)$, $\alpha \le \theta \le \beta$

$$A = \int_{\alpha}^{\beta} \frac{1}{2} r_2^2\, d\theta - \int_{\alpha}^{\beta} \frac{1}{2} r_1^2\, d\theta = \int_{\alpha}^{\beta} \frac{1}{2}\left(r_2^2 - r_1^2\right) d\theta \qquad (1)$$

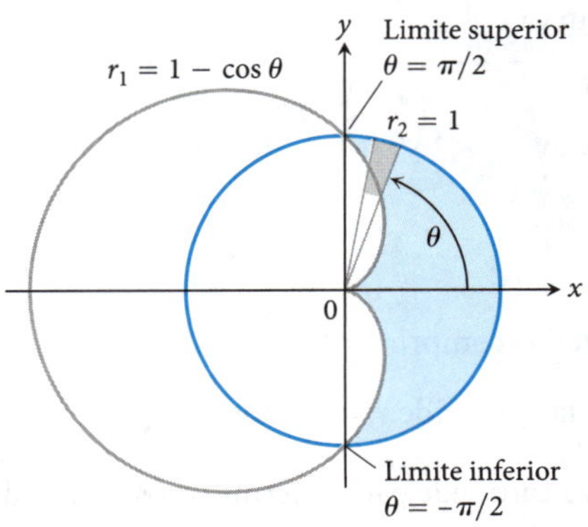

FIGURA 10.53 A região e os limites de integração do Exemplo 3.

EXEMPLO 3 Calculando a área entre curvas polares

Calcule a área da região que está entre o círculo $r = 1$ e a cardióide $r = 1 - \cos\theta$.

SOLUÇÃO Esboçamos a região para determinar suas fronteiras e determinar os limites de integração (Figura 10.53). A curva externa é $r_2 = 1$, a curva interna é $r_1 = 1 - \cos\theta$ e θ varia de $-\pi/2$ a $\pi/2$. Da Equação (1), a área é

$$\begin{aligned}
A &= \int_{-\pi/2}^{\pi/2} \frac{1}{2}\left(r_2^2 - r_1^2\right) d\theta \\
&= 2\int_0^{\pi/2} \frac{1}{2}\left(r_2^2 - r_1^2\right) d\theta \qquad \text{Simetria} \\
&= \int_0^{\pi/2} \left(1 - \left(1 - 2\cos\theta + \cos^2\theta\right)\right) d\theta \\
&= \int_0^{\pi/2} \left(2\cos\theta - \cos^2\theta\right) d\theta = \int_0^{\pi/2}\left(2\cos\theta - \frac{1+\cos 2\theta}{2}\right) d\theta \\
&= \left[2\,\text{sen}\,\theta - \frac{\theta}{2} - \frac{\text{sen}\,2\theta}{4}\right]_0^{\pi/2} = 2 - \frac{\pi}{4}
\end{aligned}$$

Comprimento de uma curva polar

Podemos obter uma fórmula em coordenadas polares para calcular o comprimento de uma curva $r = f(\theta)$, $\alpha \leq \theta \leq \beta$, parametrizando a curva por

$$x = r\cos\theta = f(\theta)\cos\theta, \quad y = r\,\text{sen}\,\theta = f(\theta)\,\text{sen}\,\theta, \quad \alpha \leq \theta \leq \beta \qquad (2)$$

A fórmula paramétrica para comprimento, Equação (1) da Seção 6.3, Volume I, fornece o comprimento como

$$L = \int_\alpha^\beta \sqrt{\left(\frac{dx}{d\theta}\right)^2 + \left(\frac{dy}{d\theta}\right)^2}\, d\theta$$

Essa equação fica

$$L = \int_\alpha^\beta \sqrt{r^2 + \left(\frac{dr}{d\theta}\right)^2}\, d\theta$$

quando substituímos x e y usando as equações (2) (Exercício 33).

Comprimento de uma curva polar

Se $r = f(\theta)$ tem a primeira derivada contínua em $\alpha \leq \theta \leq \beta$ e se o ponto $P(r, \theta)$ percorre a curva $r = f(\theta)$ exatamente uma vez quando θ varia de α até β, o comprimento da curva é

$$L = \int_\alpha^\beta \sqrt{r^2 + \left(\frac{dr}{d\theta}\right)^2}\, d\theta \qquad (3)$$

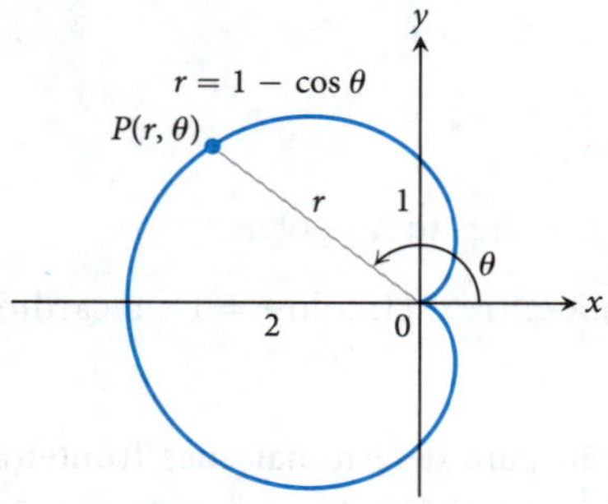

FIGURA 10.54 Calculando o comprimento da cardióide (Exemplo 4).

EXEMPLO 4 Calculando o comprimento da cardióide

Calcule o comprimento da cardióide $r = 1 - \cos\theta$.

SOLUÇÃO Esboçamos a cardióide para determinar os limites de integração (Figura 10.54). O ponto $P(r, \theta)$ percorre a curva uma vez no sentido anti-horário conforme θ vai de 0 a 2π, logo, são esses os valores de α e β.

Com

$$r = 1 - \cos\theta, \qquad \frac{dr}{d\theta} = \text{sen}\,\theta$$

temos que

$$r^2 + \left(\frac{dr}{d\theta}\right)^2 = (1 - \cos\theta)^2 + (\operatorname{sen}\theta)^2$$

$$= 1 - 2\cos\theta + \underbrace{\cos^2\theta + \operatorname{sen}^2\theta}_{1} = 2 - 2\cos\theta$$

e

$$L = \int_{\alpha}^{\beta} \sqrt{r^2 + \left(\frac{dr}{d\theta}\right)^2}\, d\theta = \int_0^{2\pi} \sqrt{2 - 2\cos\theta}\, d\theta$$

$$= \int_0^{2\pi} \sqrt{4\operatorname{sen}^2\frac{\theta}{2}}\, d\theta \qquad 1 - \cos\theta = 2\operatorname{sen}^2\frac{\theta}{2}$$

$$= \int_0^{2\pi} 2\left|\operatorname{sen}\frac{\theta}{2}\right| d\theta$$

$$= \int_0^{2\pi} 2\operatorname{sen}\frac{\theta}{2}\, d\theta \qquad \operatorname{sen}\frac{\theta}{2} \geq 0 \quad \text{para } 0 \leq \theta \leq 2\pi$$

$$= \left[-4\cos\frac{\theta}{2}\right]_0^{2\pi} = 4 + 4 = 8$$

Área de uma superfície de revolução

Para deduzir fórmulas em coordenadas polares para a área de uma superfície de revolução, parametrizamos a curva $r = f(\theta)$, $\alpha \leq \theta \leq \beta$ pelas equações (2) e aplicamos a fórmula para área de superfícies para curvas parametrizadas da Seção 6.5, Volume I.

Área de uma superfície de revolução de uma curva polar

Se $r = f(\theta)$ tem a primeira derivada contínua em $\alpha \leq \theta \leq \beta$ e se o ponto $P(r, \theta)$ percorre a curva $r = f(\theta)$ exatamente uma vez quando θ varia de α até β, então as áreas das superfícies de revolução geradas pela rotação da curva em torno dos eixos x e y são dadas pelas seguintes fórmulas:

1. Rotação em torno do eixo x ($y \geq 0$):

$$S = \int_{\alpha}^{\beta} 2\pi r \operatorname{sen}\theta \sqrt{r^2 + \left(\frac{dr}{d\theta}\right)^2}\, d\theta \tag{4}$$

2. Rotação em torno do eixo y ($x \geq 0$):

$$S = \int_{\alpha}^{\beta} 2\pi r \cos\theta \sqrt{r^2 + \left(\frac{dr}{d\theta}\right)^2}\, d\theta \tag{5}$$

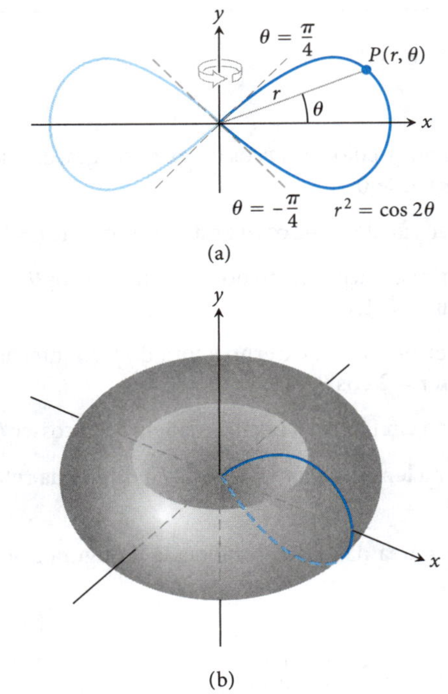

FIGURA 10.55 A metade direita da lemniscata (a) é girada em torno do eixo y para gerar a superfície (b) cuja área é calculada no Exemplo 5.

EXEMPLO 5 Calculando a área de uma superfície

Calcule a área da superfície gerada pela rotação do laço direito da lemniscata $r^2 = \cos 2\theta$ em torno do eixo y.

SOLUÇÃO Esboçamos o laço para determinar os limites de integração (Figura 10.55a). O ponto $P(r, \theta)$ percorre a curva uma vez, no sentido anti-horário quando θ vai de $-\pi/4$ a $\pi/4$, de modo que esses são os valores que tomamos para α e β.

Calculamos o integrando da fórmula para a área, dada pela Equação (5), em estágios. Primeiro,

$$2\pi r\cos\theta\sqrt{r^2 + \left(\frac{dr}{d\theta}\right)^2} = 2\pi\cos\theta\sqrt{r^4 + \left(r\frac{dr}{d\theta}\right)^2} \tag{6}$$

A seguir, $r^2 = \cos 2\theta$, de modo que

$$2r\frac{dr}{d\theta} = -2\,\text{sen}\,2\theta$$

$$r\frac{dr}{d\theta} = -\text{sen}\,2\theta$$

$$\left(r\frac{dr}{d\theta}\right)^2 = \text{sen}^2\,2\theta$$

Por fim, $r^4 = (r^2)^2 = \cos^2 2\theta$, de modo que a raiz quadrada no lado direito da Equação (6) se simplifica para

$$\sqrt{r^4 + \left(r\frac{dr}{d\theta}\right)^2} = \sqrt{\cos^2 2\theta + \text{sen}^2\,2\theta} = 1$$

Juntando tudo, temos

$$\begin{aligned} S &= \int_{\alpha}^{\beta} 2\pi r\cos\theta\sqrt{r^2 + \left(\frac{dr}{d\theta}\right)^2}\,d\theta \qquad \text{Equação (5)} \\ &= \int_{-\pi/4}^{\pi/4} 2\pi\cos\theta\cdot(1)\,d\theta \\ &= 2\pi\Big[\text{sen}\,\theta\Big]_{-\pi/4}^{\pi/4} \\ &= 2\pi\left[\frac{\sqrt{2}}{2} + \frac{\sqrt{2}}{2}\right] = 2\pi\sqrt{2} \end{aligned}$$

Exercícios 10.7

Áreas interiores a curvas polares

Determine as áreas das regiões nos exercícios 1–6.

1. Interior do limaçon oval $r = 4 + 2\cos\theta$
2. Interior da cardióide $r = a(1 + \cos\theta)$, $a > 0$
3. Interior de uma pétala da rosácea de quatro pétalas $r = \cos 2\theta$
4. Interior da lemniscata $r^2 = 2a^2\cos 2\theta$, $a > 0$
5. Interior de um laço da lemniscata $r^2 = 4\,\text{sen}\,2\theta$
6. Interior da rosácea de seis pétalas $r^2 = 2\,\text{sen}\,3\theta$

Áreas delimitadas por curvas polares

Determine as áreas das regiões nos exercícios 7–16.

7. Região comum aos círculos $r = 2\cos\theta$ e $r = 2\,\text{sen}\,\theta$
8. Região comum aos círculos $r = 1$ e $r = 2\,\text{sen}\,\theta$
9. Região comum ao círculo $r = 2$ e à cardióide $r = 2(1 - \cos\theta)$
10. Região comum às cardióides $r = 2(1 + \cos\theta)$ e $r = 2(1 - \cos\theta)$
11. Região interior à lemniscata $r^2 = 6\cos 2\theta$ e exterior ao círculo $r = \sqrt{3}$
12. Região interior ao círculo $r = 3a\cos\theta$ e exterior à cardióide $r = a(1 + \cos\theta)$, $a > 0$
13. Região interior ao círculo $r = -2\cos\theta$ e exterior ao círculo $r = 1$
14. **(a)** Região interior ao laço externo do limaçon $r = 2\cos\theta + 1$ (Veja a Figura 10.51.)

    (b) Região interior ao laço externo e fora do laço interno do limaçon $r = 2\cos\theta + 1$
15. Região interior ao círculo $r = 6$ e acima da reta $r = 3\,\text{cossec}\,\theta$
16. Região interior à lemniscata $r^2 = 6\cos 2\theta$ à direita da reta $r = (3/2)\sec\theta$
17. **(a)** Determine a área da região sombreada da figura a seguir.

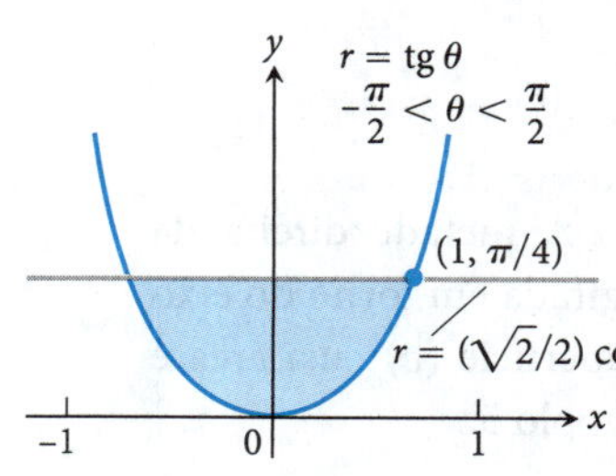

(b) Parece que o gráfico de $r = \operatorname{tg}\theta$, $-\pi/2 < \theta < \pi/2$ poderia ser assintótico às retas $x = 1$ e $x = -1$. É verdade? Justifique sua resposta.

18. A área da região que está dentro da curva cardióide $r = \cos\theta + 1$ e fora do círculo $r = \cos\theta$ não é

$$\frac{1}{2}\int_0^{2\pi} [(\cos\theta + 1)^2 - \cos^2\theta]\, d\theta = \pi$$

Por que não? Qual é a área? Justifique sua resposta.

Comprimento de curvas polares

Determine os comprimentos das curvas nos exercícios 19–27.

19. A espiral $r = \theta^2$, $0 \le \theta \le \sqrt{5}$

20. A espiral $r = e^{\theta}/\sqrt{2}$, $0 \le \theta \le \pi$

21. A cardióide $r = 1 + \cos\theta$

22. A curva $r = a\,\text{sen}^2(\theta/2)$, $0 \le \theta \le \pi$, $a > 0$

23. O segmento parabólico $r = 6/(1 + \cos\theta)$, $0 \le \theta \le \pi/2$

24. O segmento parabólico $r = 2/(1 - \cos\theta)$, $\pi/2 \le \theta \le \pi$

25. A curva $r = \cos^3(\theta/3)$, $0 \le \theta \le \pi/4$

26. A curva $r = \sqrt{1 + \text{sen}\, 2\theta}$, $0 \le \theta \le \pi\sqrt{2}$

27. A curva $r = \sqrt{1 + \cos 2\theta}$, $0 \le \theta \le \pi\sqrt{2}$

28. Comprimentos de círculos Como é usual, diante de uma nova fórmula, é uma boa idéia testá-la em objetos familiares para ter a certeza de que ela fornece resultados consistentes com a experiência do passado. Use a fórmula de comprimento da Equação (3) para calcular os comprimentos dos seguintes círculos ($a > 0$):

(a) $r = a$ **(b)** $r = a\cos\theta$ **(c)** $r = a\,\text{sen}\,\theta$

Área de superfícies

Determine as áreas das superfícies geradas pela revolução das curvas nos exercícios 29–32 em torno do eixo indicado.

29. $r = \sqrt{\cos 2\theta}$, $0 \le \theta \le \pi/4$, eixo y

30. $r = \sqrt{2}e^{\theta/2}$, $0 \le \theta \le \pi/2$, eixo x

31. $r^2 = \cos 2\theta$, eixo x

32. $r = 2a\cos\theta$, $a > 0$, eixo y

Teoria e exemplos

33. O comprimento da curva $r = f(\theta)$, $\alpha \le \theta \le \beta$ Admitindo que as derivadas necessárias são contínuas, mostre que as substituições

$$x = f(\theta)\cos\theta, \quad y = f(\theta)\,\text{sen}\,\theta$$

(equações (2) no texto) transformam

$$L = \int_\alpha^\beta \sqrt{\left(\frac{dx}{d\theta}\right)^2 + \left(\frac{dy}{d\theta}\right)^2}\, d\theta$$

em

$$L = \int_\alpha^\beta \sqrt{r^2 + \left(\frac{dr}{d\theta}\right)^2}\, d\theta$$

34. Valor médio Se f é contínua, o valor médio da coordenada polar r sobre a curva $r = f(\theta)$, $\alpha \le \theta \le \beta$, em relação a θ é dado pela fórmula

$$r_M = \frac{1}{\beta - \alpha}\int_\alpha^\beta f(\theta)\, d\theta$$

Use essa fórmula para determinar o valor médio r em relação a θ, sobre as curvas a seguir ($a > 0$).

(a) A cardióide $r = a(1 - \cos\theta)$

(b) O círculo $r = a$

(c) O círculo $r = a\cos\theta$, $-\pi/2 \le \theta \le \pi/2$

35. *r* = *f*(θ) *contra r* = 2*f*(θ) Pode alguma coisa ser dita sobre a relação entre os comprimentos das curvas $r = f(\theta)$, $\alpha \le \theta \le \beta$ e $r = 2f(\theta)$, $\alpha \le \theta \le \beta$? Justifique a sua resposta.

36. *r* = *f*(θ) *contra r* = 2*f*(θ) As curvas $r = f(\theta)$, $\alpha \le \theta \le \beta$ e $r = 2f(\theta)$, $\alpha \le \theta \le \beta$ foram rodadas em torno do eixo x para gerar superfícies. Pode alguma coisa ser dita sobre a relação entre suas áreas? Justifique a sua resposta.

Centróides de regiões na forma de um leque

Assim como o centróide de um triângulo é localizado em cada mediana a dois terços do caminho entre o vértice e a base oposta, o braço de alavanca para o momento em relação ao eixo x da região triangular fina da figura a seguir é aproximadamente $(2/3)r\,\text{sen}\,\theta$. Analogamente, o braço de alavanca para o momento em relação ao eixo y é aproximadamente $(2/3)r\cos\theta$. Essas aproximações melhoram conforme $\Delta\theta \to 0$ e levam às seguintes fórmulas para as coordenadas do centróide da região AOB:

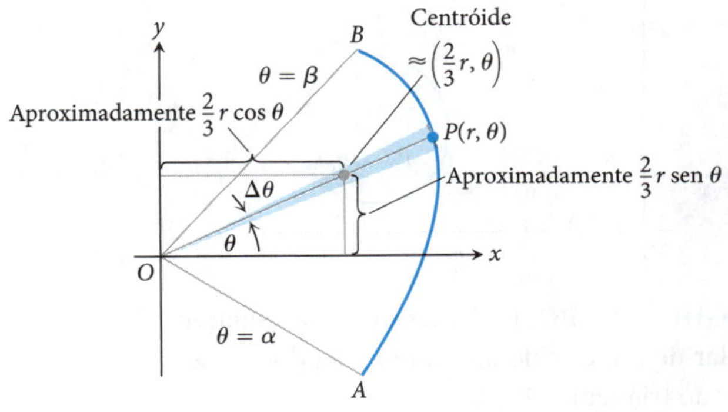

$$\bar{x} = \frac{\int \frac{2}{3} r \cos\theta \cdot \frac{1}{2} r^2 \, d\theta}{\int \frac{1}{2} r^2 \, d\theta} = \frac{\frac{2}{3}\int r^3 \cos\theta \, d\theta}{\int r^2 \, d\theta}$$

$$\bar{y} = \frac{\int \frac{2}{3} r \operatorname{sen}\theta \cdot \frac{1}{2} r^2 \, d\theta}{\int \frac{1}{2} r^2 \, d\theta} = \frac{\frac{2}{3}\int r^3 \operatorname{sen}\theta \, d\theta}{\int r^2 \, d\theta}$$

com limites de integração $\theta = \alpha$ e $\theta = \beta$ em todas as integrais.

37. Determine o centróide da região delimitada pela cardióide $r = a(1 + \cos\theta)$.

38. Determine o centróide da região semicircular $0 \leq r \leq a$, $0 \leq \theta \leq \pi$.

10.8 Seções cônicas em coordenadas polares

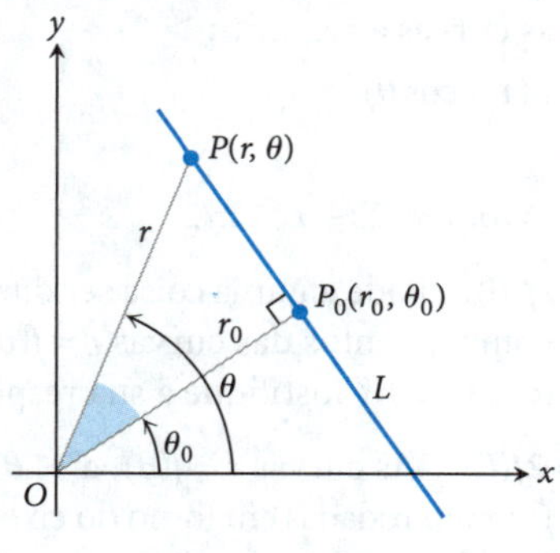

FIGURA 10.56 Podemos obter uma equação polar para a reta L obtendo a relação $r_0 = r\cos(\theta - \theta_0)$ do triângulo retângulo OP_0P.

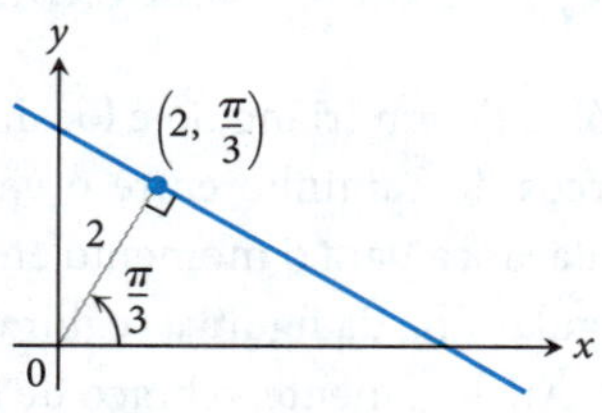

FIGURA 10.57 A equação polar padrão dessa reta se converte à equação cartesiana $x + \sqrt{3}y = 4$ (Exemplo 1).

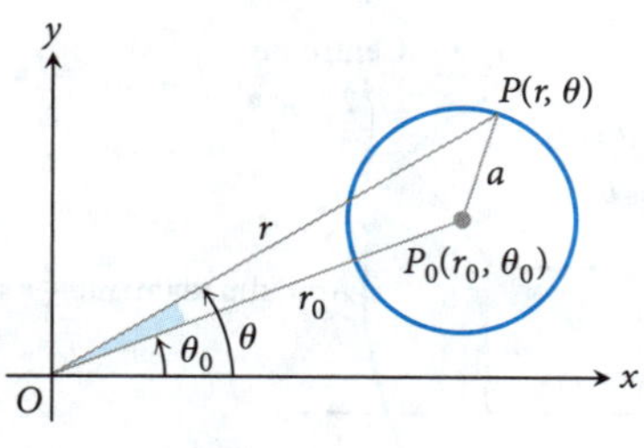

FIGURA 10.58 Podemos obter a equação polar de um círculo aplicando a lei dos cossenos ao triângulo OP_0P.

As coordenadas polares são importantes em astronomia e em engenharia astronáutica, já que planetas, satélites, luas e cometas se movem descrevendo aproximadamente elipses, parábolas e hipérboles e essas curvas podem ser expressas por uma única e relativamente simples equação polar. Desenvolvemos essa equação aqui.

Retas

Suponha que a perpendicular à reta L que contém a origem encontre a reta L no ponto $P_0(r_0, \theta_0)$, com $r_0 \geq 0$ (Figura 10.56). Se $P(r, \theta)$ é outro ponto sobre a reta L, então os pontos P, P_0 e O são vértices de um triângulo retângulo do qual podemos obter a relação

$$r_0 = r\cos(\theta - \theta_0).$$

A equação polar padrão para retas

Se o ponto $P_0(r_0, \theta_0)$ é o pé da perpendicular a partir da origem até a reta L e $r_0 \geq 0$ então uma equação para a reta L é

$$r\cos(\theta - \theta_0) = r_0 \qquad (1)$$

EXEMPLO 1 Convertendo a equação polar de uma reta para a forma cartesiana

Use a identidade $\cos(A - B) = \cos A \cos B + \operatorname{sen} A \operatorname{sen} B$ para determinar a equação cartesiana da reta da Figura 10.57.

SOLUÇÃO

$$r\cos\left(\theta - \frac{\pi}{3}\right) = 2$$

$$r\left(\cos\theta\cos\frac{\pi}{3} + \operatorname{sen}\theta\operatorname{sen}\frac{\pi}{3}\right) = 2$$

$$\frac{1}{2}r\cos\theta + \frac{\sqrt{3}}{2}r\operatorname{sen}\theta = 2$$

$$\frac{1}{2}x + \frac{\sqrt{3}}{2}y = 2$$

$$x + \sqrt{3}y = 4$$

Círculos

Para determinar uma equação polar de um círculo de raio a centrado em um ponto $P_0(r_0, \theta_0)$, consideramos $P(r, \theta)$ um ponto do círculo e aplicamos a lei dos cossenos ao triângulo OP_0P (Figura 10.58). Esta fornece

$$a^2 + r_0^2 + r^2 - 2r_0 r \cos(\theta - \theta_0)$$

Se o círculo passa pela origem, então $r_0 = a$ e essa equação se simplifica a

$$a^2 = a^2 + r^2 - 2ar\cos(\theta - \theta_0)$$

$$r^2 = 2ar\cos(\theta - \theta_0)$$

$$r = 2a\cos(\theta - \theta_0)$$

Quando o centro do círculo está no eixo x positivo, $\theta_0 = 0$ e obtemos mais uma simplificação

$$r = 2a\cos\theta$$

(veja a Figura 10.59a).

Quando o centro do círculo está no eixo y positivo, $\theta = \pi/2$, $\cos(\theta - \pi/2) = \operatorname{sen}\theta$ e a equação $r = 2a\cos(\theta - \theta_0)$ fica

$$r = 2a \operatorname{sen}\theta$$

(veja a Figura 10.59b).

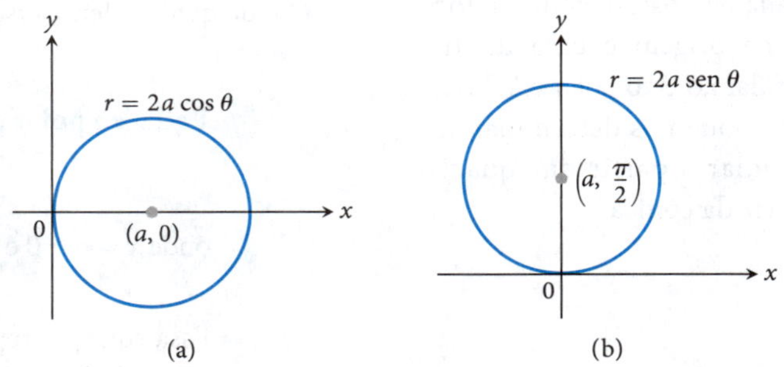

FIGURA 10.59 Equação polar de um círculo de raio a, que contém a origem e com centro (a) no eixo x positivo e (b) no eixo y positivo.

Equações de círculos que contêm a origem e centrados no eixos x ou y negativos podem ser obtidas substituindo r por $-r$ nas equações anteriores (Figura 10.60).

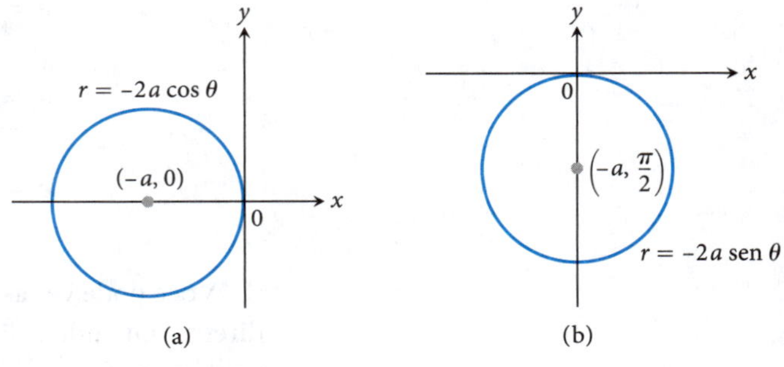

FIGURA 10.60 Equação polar de um círculo de raio a, que contém a origem e com centro (a) no eixo x negativo e (b) no eixo y negativo.

EXEMPLO 2 Círculos que contêm a origem

Raio	Centro (coordenadas polares)	Equação polar
3	(3, 0)	$r = 6 \cos \theta$
2	$(2, \pi/2)$	$r = 4 \operatorname{sen} \theta$
1/2	(–1/2, 0)	$r = -\cos \theta$
1	$(-1, \pi/2)$	$r = -2 \operatorname{sen} \theta$

Elipses, parábolas e hipérboles

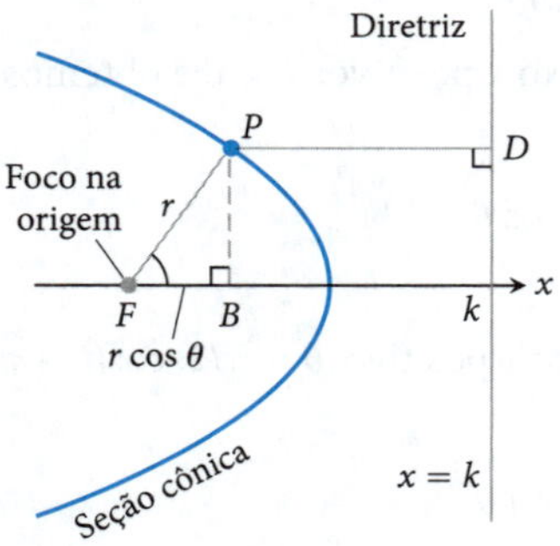

FIGURA 10.61 Se a seção cônica for colocada na posição com seu foco centrado na origem e uma diretriz perpendicular ao eixo polar e à direita da origem, podemos determinar sua equação polar a partir da equação foco-diretriz da cônica.

Para determinar equações para elipses, parábolas e hipérboles, colocamos o foco na origem e a diretriz correspondente à direita da origem ao longo da reta vertical $x = k$ (Figura 10.61). Isso faz que

$$PF = r$$

e

$$PD = k - FB = k - r \cos \theta$$

A equação foco-diretriz da cônica, $PF = e \cdot PD$, fica então

$$r = e(k - r \cos \theta)$$

da qual podemos isolar r para obter

Equação polar para uma cônica de excentricidade *e*

$$r = \frac{ke}{1 + e \cos \theta} \tag{2}$$

onde $x = k > 0$ é a diretriz vertical.

Essa equação representa uma elipse se $0 < e < 1$, uma parábola se $e = 1$ e uma hipérbole se $e > 1$. Isto é, elipses, parábolas e hipérboles todas têm a mesma equação básica em termos da excentricidade e da localização da diretriz.

EXEMPLO 3 Equações polares de algumas cônicas

$e = \frac{1}{2}$: elipse $\qquad r = \frac{k}{2 + \cos \theta}$

$e = 1$: parábola $\qquad r = \frac{k}{1 + \cos \theta}$

$e = 2$: hipérbole $\qquad r = \frac{2k}{1 + 2 \cos \theta}$

Você pode ver as variações da Equação (2) dependendo da localização da diretriz. Quando a diretriz está na reta $x = -k$, à esquerda da origem (a origem ainda é um foco), substituímos a Equação (2) por

$$r = \frac{ke}{1 - e \cos \theta}$$

O denominador tem um sinal de (–) em vez de (+). Se a diretriz for uma das retas $y = k$ ou $y = -k$, as equações envolvem senos em vez de cossenos, como é exibido na Figura 10.62.

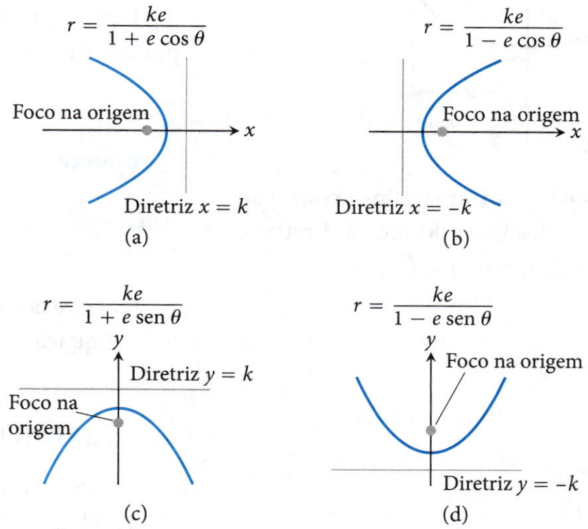

FIGURA 10.62 Equações para seções cônicas com excentricidade $e > 0$, mas com diretrizes em localizações diferentes. Os gráficos aqui exibidos mostram uma parábola, portanto $e = 1$.

EXEMPLO 4 Equação polar de uma hipérbole

Determine uma equação da hipérbole com excentricidade 3/2 e diretriz $x = 2$.

SOLUÇÃO Usamos a Equação (2) com $k = 2$ e $e = 3/2$:

$$r = \frac{2(3/2)}{1 + (3/2)\cos\theta} \quad \text{ou} \quad r = \frac{6}{2 + 3\cos\theta}$$

EXEMPLO 5 Determinando a diretriz

Determine a diretriz da parábola

$$r = \frac{25}{10 + 10\cos\theta}$$

SOLUÇÃO Dividimos o numerador e o denominador por 10 para colocar a equação na forma-padrão:

$$r = \frac{5/2}{1 + \cos\theta}$$

Esta é a equação

$$r = \frac{ke}{1 + e\cos\theta}$$

com $k = 5/2$ e $e = 1$. A equação da diretriz é $x = 5/2$.

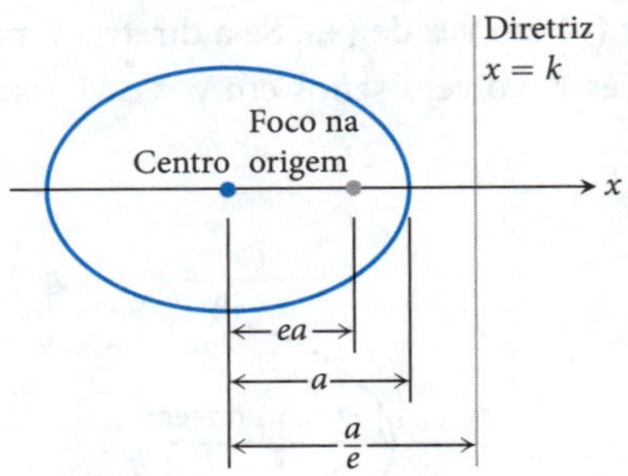

FIGURA 10.63 Em uma elipse com eixo semimaior a, a distância do foco à diretriz é $k = (a/e) - ea$, de modo que $ke = a(1 - e^2)$.

Do diagrama da elipse na Figura 10.63, vemos que k está relacionado com a excentricidade e e com o eixo semimaior a através da equação

$$k = \frac{a}{e} - ea$$

Dessa equação, temos que $ke = a(1 - e^2)$. A substituição de ke na Equação (2) por $a(1 - e^2)$ fornece a equação polar padrão de uma elipse.

Equação polar de uma elipse de excentricidade e e semi-eixo maior a

$$r = \frac{a(1 - e^2)}{1 + e\cos\theta} \qquad (3)$$

Observe que quando $e = 0$, a Equação (3) fica $r = a$, que representa um círculo. A Equação (3) é o ponto inicial para calcular órbitas planetárias.

EXEMPLO 6 A órbita de Plutão

Determine uma equação polar para uma elipse cujo eixo semimaior é 39,44 UA (unidades astronômicas) e excentricidade 0,25. Esse é o tamanho aproximado da órbita de Plutão em torno do Sol.

SOLUÇÃO Usamos a Equação (3) com $a = 39{,}44$ e $e = 0{,}25$ para determinar

$$r = \frac{39{,}44(1 - (0{,}25)^2)}{1 + 0{,}25\cos\theta} = \frac{147{,}9}{4 + \cos\theta}$$

Em seu ponto mais próximo do Sol (periélio) onde $\theta = 0$, Plutão está a

$$r = \frac{147{,}9}{4 + 1} = 29{,}58 \text{ UA}$$

do Sol. Em seu ponto mais distante do Sol (afélio) onde $\theta = \pi$, Plutão está a do

$$r = \frac{147{,}9}{4 - 1} = 49{,}3 \text{ UA}$$

Sol (Figura 10.64).

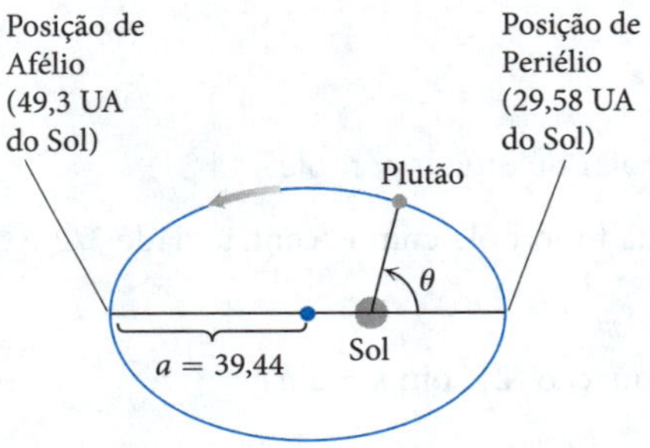

FIGURA 10.64 A órbita de Plutão (Exemplo 6).

Exercícios 10.8

Retas

Determine equações polares e cartesianas para as retas nos exercícios 1–4.

1.

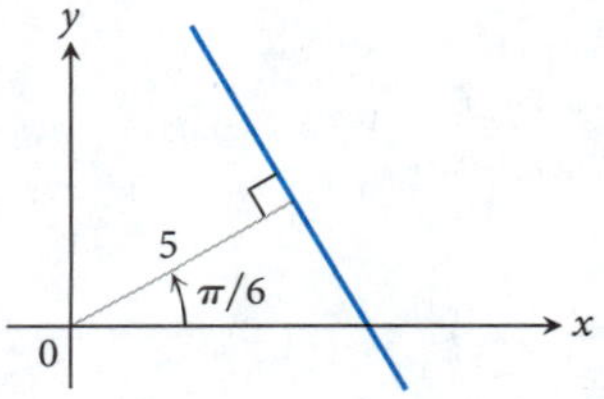

2.

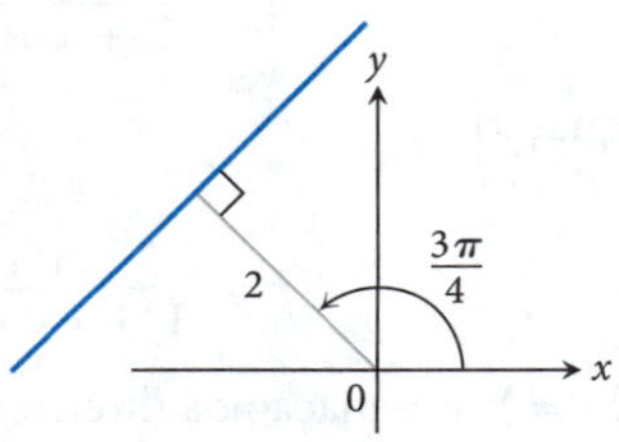

3.

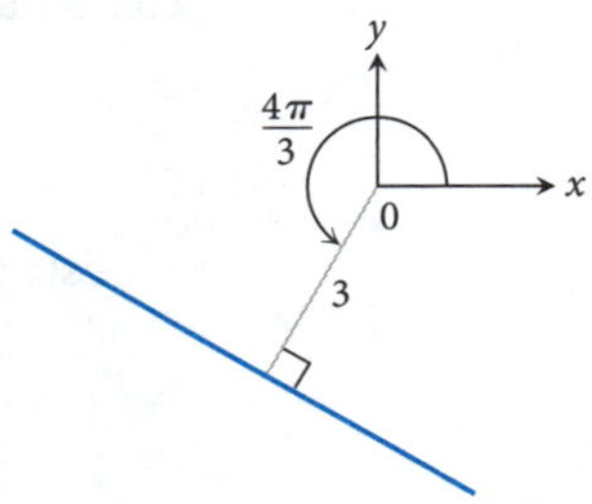

4.

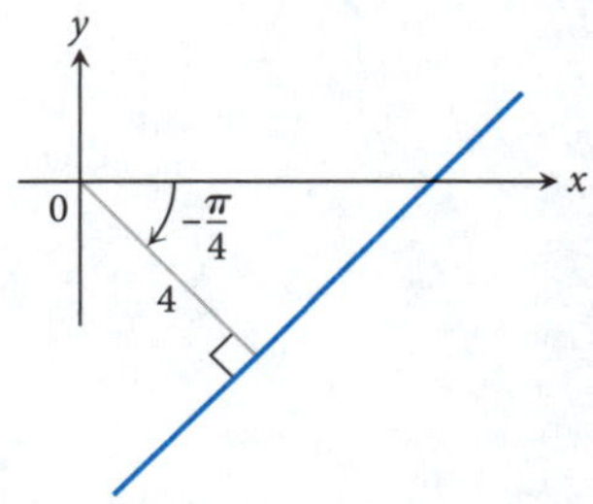

Esboce as retas nos exercícios 5–8 e determine suas equações cartesianas.

5. $r\cos\left(\theta - \frac{\pi}{4}\right) = \sqrt{2}$

6. $r\cos\left(\theta + \frac{3\pi}{4}\right) = 1$

7. $r\cos\left(\theta - \frac{2\pi}{3}\right) = 3$

8. $r\cos\left(\theta + \frac{\pi}{3}\right) = 2$

Determine a equação polar da forma $r\cos(\theta - \theta_0) = r_0$ para cada uma das retas nos exercícios 9–12.

9. $\sqrt{2}x + \sqrt{2}y = 6$

10. $\sqrt{3}x - y = 1$

11. $y = -5$

12. $x = -4$

Círculos

Determine as equações dos círculos nos exercícios 13–16.

13.

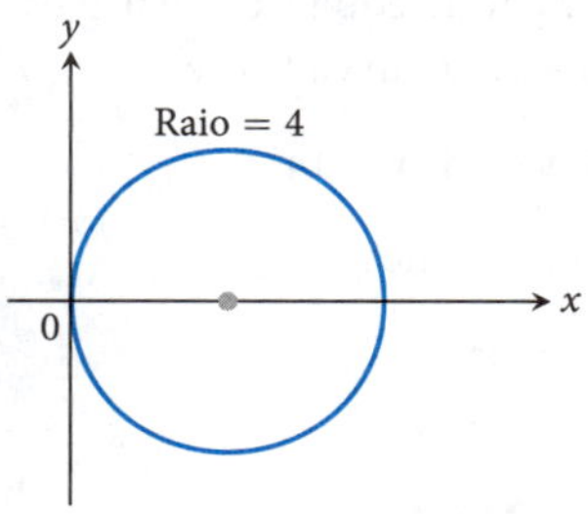

14.

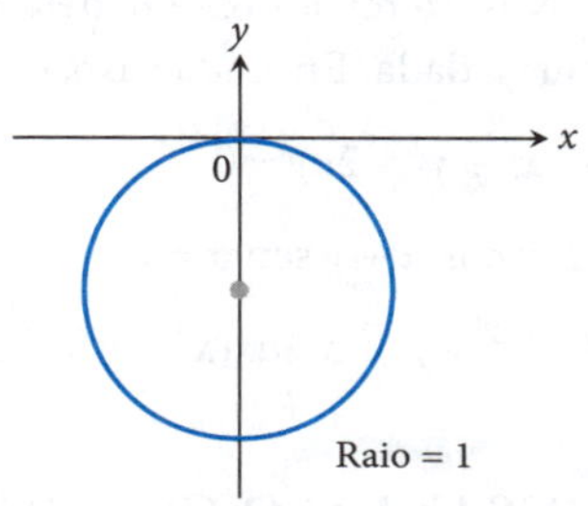

15.

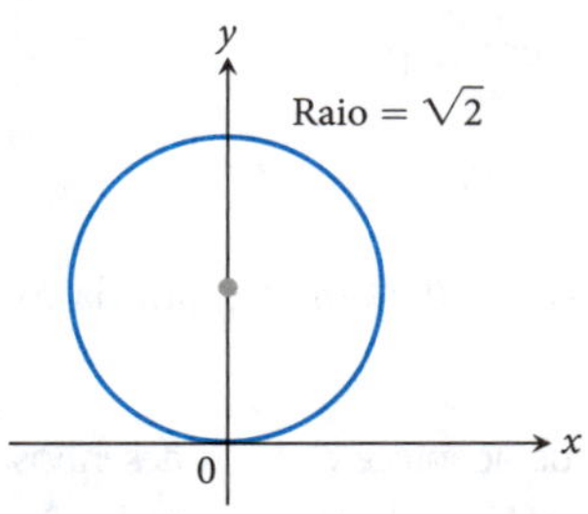

16.

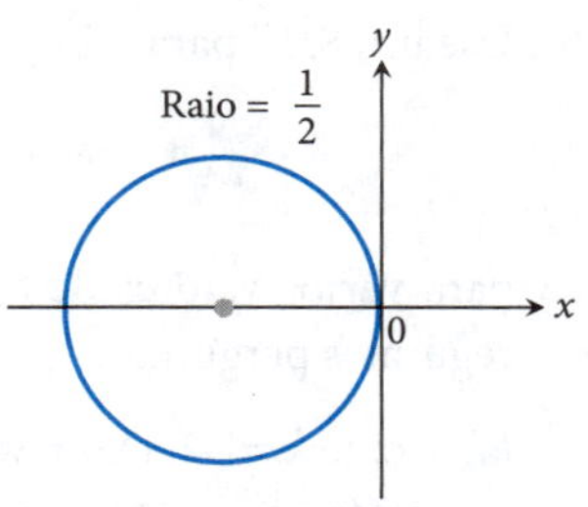

Esboce os círculos nos exercícios 17–20. Dê as coordenadas polares de seus centros e identifique seus raios.

17. $r = 4\cos\theta$

18. $r = 6\,\text{sen}\,\theta$

19. $r = -2\cos\theta$

20. $r = -8\,\text{sen}\,\theta$

Determine as equações polares dos círculos nos exercícios 21–28. Esboce cada círculo no plano coordenado e rotule-os com suas equações polares e cartesianas.

21. $(x - 6)^2 + y^2 = 36$

22. $(x + 2)^2 + y^2 = 4$

23. $x^2 + (y - 5)^2 = 25$

24. $x^2 + (y + 7)^2 = 49$

25. $x^2 + 2x + y^2 = 0$

26. $x^2 - 16x + y^2 = 0$

27. $x^2 + y^2 + y = 0$

28. $x^2 + y^2 - \frac{4}{3}y = 0$

Seções cônicas por excentricidades e diretrizes

Nos exercícios 29–36 são dadas as excentricidades das seções cônicas com um foco na origem, juntamente com a diretriz correspondente a esse foco. Determine a equação polar da seção cônica.

29. $e = 1, \quad x = 2$

30. $e = 1, \quad y = 2$

31. $e = 5, \quad y = -6$

32. $e = 2, \quad x = 4$

33. $e = 1/2, \quad x = 1$

34. $e = 1/4, \quad x = -2$

35. $e = 1/5, \quad y = -10$

36. $e = 1/3, \quad y = 6$

Parábolas e elipses

Esboce as parábolas e elipses nos exercícios 37–44. Inclua a diretriz que corresponde ao foco na origem. Rotule os vértices, com coordenadas polares adequadas. Rotule também os centros das elipses.

37. $r = \dfrac{1}{1 + \cos\theta}$

38. $r = \dfrac{6}{2 + \cos\theta}$

39. $r = \dfrac{25}{10 - 5\cos\theta}$

40. $r = \dfrac{4}{2 - 2\cos\theta}$

41. $r = \dfrac{400}{16 + 8\,\text{sen}\,\theta}$

42. $r = \dfrac{12}{3 + 3\,\text{sen}\,\theta}$

43. $r = \dfrac{8}{2 - 2\,\text{sen}\,\theta}$

44. $r = \dfrac{4}{2 - \text{sen}\,\theta}$

Desenhando regiões dadas por desigualdades

Esboce as regiões definidas pelas desigualdades nos exercícios 45 e 46.

45. $0 \le r \le 2\cos\theta$

46. $-3\cos\theta \le r \le 0$

T Explorações com ferramentas gráficas

Desenhe as seções cônicas e retas nos exercícios 47–56.

47. $r = 3\sec(\theta - \pi/3)$

48. $r = 4\sec(\theta + \pi/6)$

49. $r = 4\,\text{sen}\,\theta$

50. $r = -2\cos\theta$

51. $r = 8/(4 + \cos\theta)$

52. $r = 8/(4 + \text{sen}\,\theta)$

53. $r = 1/(1 - \text{sen}\,\theta)$

54. $r = 1/(1 + \cos\theta)$

55. $r = 1/(1 + 2\,\text{sen}\,\theta)$

56. $r = 1/(1 + 2\cos\theta)$

Teoria e exemplos

57. **Periélio e afélio** Um planeta dá uma volta em torno do Sol em uma órbita elíptica cujo eixo semimaior tem comprimento a. (Veja a figura a seguir.)

(a) Mostre que $r = a(1 - e)$ quando o planeta está mais próximo do Sol e que $r = a(1 + e)$ quando o planeta está mais distante do Sol.

(b) Use os dados da tabela do Exercício 58 para determinar a maior e a menor distância de cada planeta do nosso sistema solar ao Sol.

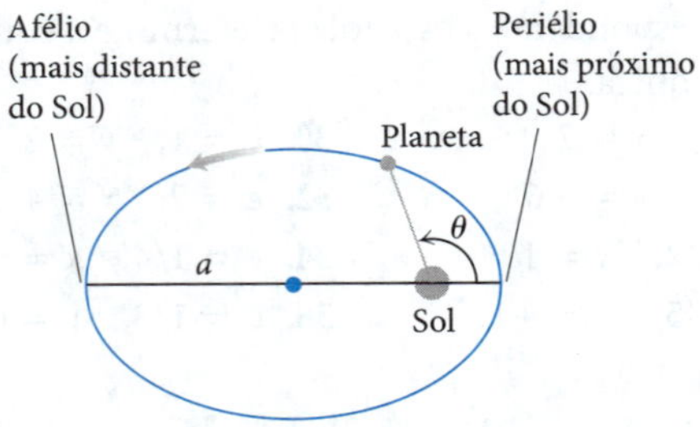

58. Órbitas planetárias No Exemplo 6, determinamos uma equação polar para a órbita de Plutão. Use os dados da tabela a seguir para determinar equações polares para as órbitas de outros planetas.

Planeta	Eixo semi-maior (unidades astronômicas)	Excentricidade
Mercúrio	0,3871	0,2056
Vênus	0,7233	0,0068
Terra	1,000	0,0167
Marte	1,524	0,0934
Júpiter	5,203	0,0484
Saturno	9,539	0,0543
Urano	19,18	0,0460
Netuno	30,06	0,0082
Plutão	39,44	0,2481

59. (a) Determine equações cartesianas para as curvas $r = 4 \operatorname{sen} \theta$ e $r = \sqrt{3} \sec \theta$.

(b) Esboce as curvas juntas e marque seus pontos de interseção nos sistemas de coordenadas cartesiano e polar.

60. Repita o Exercício 59 para $r = 8 \cos \theta$ e $r = 2 \sec \theta$.

61. Determine uma equação polar para a parábola com foco em (0, 0) e diretriz $r \cos \theta = 4$.

62. Determine uma equação polar para a parábola com foco em (0, 0) e diretriz $r \cos(\theta - \pi/2) = 2$.

63. (a) **A fórmula do engenheiro espacial para a excentricidade** A fórmula do engenheiro espacial para a excentricidade de uma órbita elíptica é

$$e = \frac{r_{max} - r_{min}}{r_{max} + r_{min}}$$

onde r é a distância do veículo espacial ao foco de atração da elipse ao longo da qual ele viaja. Por que a fórmula está correta?

(b) **Desenhando elipses com um barbante** Você tem um barbante com um nó em cada ponta que pode ser pregado em uma lousa. O barbante tem uma distância de 10 polegadas do centro de um nó ao centro do outro. Qual deve ser distância de uma tachinha até a outra para usar o método ilustrado na Figura 10.5 (Seção 10.1) e desenhar uma elipse de excentricidade 0,2? A elipse resultante se assemelha à órbita de Mercúrio.

64. Cometa Halley (Veja a Seção 10.2, Exemplo 1.)

(a) Escreva uma equação para a órbita do cometa Halley em um sistema de coordenadas no qual o Sol está na origem e o outro foco está no eixo x negativo, em uma escala em unidades astronômicas.

(b) Qual é a menor distância do cometa ao Sol em unidades astronômicas? E em quilômetros?

(c) Qual é a maior distância do cometa ao Sol em unidades astronômicas? E em quilômetros?

Nos exercícios 65–68, determine uma equação polar para a curva dada. Em cada caso, esboce uma curva típica.

65. $x^2 + y^2 - 2ay = 0$ **66.** $y^2 = 4ax + 4a^2$

67. $x \cos \alpha + y \operatorname{sen} \alpha = p$ (α e p constantes)

68. $(x^2 + y^2)^2 + 2ax(x^2 + y^2) - a^2y^2 = 0$

USANDO O COMPUTADOR

69. Use um SAC para esboçar a equação polar

$$r = \frac{ke}{1 + e \cos \theta}$$

para vários valores de k, e, $-\pi \leq \theta \leq \pi$. Responda às seguintes perguntas.

(a) Tome $k = -2$. Descreva o que acontece com os desenhos conforme você toma e como 3/4, 1 e 5/4. Repita para $k = 2$.

(b) Tome $k = -1$. Descreva o que acontece com os desenhos conforme você toma e como 7/6, 5/4, 4/3, 3/2, 2, 3, 5, 10 e 20. Repita para e = 1/2, 1/3, 1/4, 1/10 e 1/20.

(c) Mantenha agora $e > 0$ fixo e descreva o que ocorre conforme você toma k como –1, –2, –3, –4 e –5. Tenha certeza de olhar os gráficos de parábolas, elipses e hipérboles.

70. Use um SAC para esboçar a elipse polar

$$r = \frac{a(1 - e^2)}{1 + e \cos \theta}$$

para vários valores de $a > 0$ e $0 < e < 1$, $-\pi \leq \theta \leq \pi$.

(a) Tome $e = 9/10$. Descreva o que acontece com os desenhos conforme você faz a = 1, 3/2, 2, 3, 5 e 10. Repita com $e = 1/4$.

(b) Tome $a = 2$. Descreva o que acontece conforme você faz e = 9/10, 8/10, 7/10,..., 1/10, 1/20 e 1/50.

Questões de revisão

1. O que é uma parábola? Quais são as equações cartesianas para parábolas cujos vértices estão na origem e cujos focos estão nos eixos coordenados? Como você pode determinar o foco e a diretriz de tal parábola a partir de sua equação?
2. O que é uma elipse? Quais são as equações cartesianas para elipses centradas na origem e cujos focos estão em um dos eixos coordenados? Como você pode determinar os focos, vértices e diretrizes de tal elipse a partir de sua equação?
3. O que é uma hipérbole? Quais são as equações cartesianas para hipérboles centradas na origem e cujos focos estão em um dos eixos coordenados? Como você pode determinar os focos, vértices e diretrizes de tal hipérbole a partir de sua equação?
4. O que é a excentricidade de uma seção cônica? Como você pode classificar seções cônicas pela excentricidade? Como a forma de uma elipse está relacionada com sua excentricidade?
5. Explique a equação $PF = e \cdot PD$.
6. O que é uma curva quadrática no plano xy? Dê exemplos de curvas quadráticas degeneradas e não-degeneradas.
7. Como você determina um sistema de coordenadas cartesianas no qual a nova equação de uma seção cônica no plano não apresenta o termo em xy? Dê um exemplo.
8. Como você pode dizer que tipo de gráfico esperar a partir de uma equação quadrática em x e y?
9. Quais são algumas parametrizações típicas de seções cônicas?
10. O que é uma ciclóide? Quais são as equações paramétricas típicas para ciclóides? Quais são as propriedades físicas responsáveis pela importância das ciclóides?
11. O que são coordenadas polares? Quais são as equações que relacionam coordenadas polares e cartesianas? Por que você pode querer mudar de um sistema de coordenadas para outro?
12. Que conseqüências a falta de unicidade das coordenadas polares têm para o esboço de gráficos? Dê um exemplo.
13. Como você desenha equações dadas em coordenadas polares? Inclua em sua discussão simetria, coeficiente angular, comportamento na origem e o uso de gráficos cartesianos. Dê exemplos.
14. Como você determina a área da região $0 \leq r_1(\theta) \leq r \leq r_2(\theta)$, $\alpha \leq \theta \leq \beta$ em coordenadas polares? Dê exemplos.
15. Sob que condições você pode determinar o comprimento de uma curva $r = f(\theta)$, $\alpha \leq \theta \leq \beta$ em coordenadas polares no plano? Dê um exemplo de um cálculo típico.
16. Sob que condições você pode determinar a área da superfície gerada pela revolução da curva $r = f(\theta)$, $\alpha \leq \theta \leq \beta$ em torno do eixo x? E do eixo y? Dê exemplos.
17. Quais são as equações-padrão de retas e seções cônicas em coordenadas polares? Dê exemplos.

Exercícios práticos

Construindo gráficos de seções cônicas

Esboce as parábolas nos exercícios 1–4. Inclua o foco e a diretriz em cada esboço.

1. $x^2 = -4y$
2. $x^2 = 2y$
3. $y^2 = 3x$
4. $y^2 = -(8/3)x$

Determine as excentricidades das elipses e hipérboles nos exercícios 5–8. Esboce cada seção cônica. Inclua no seu desenho focos, vértices e assíntotas (quando adequado).

5. $16x^2 + 7y^2 = 112$
6. $x^2 + 2y^2 = 4$
7. $3x^2 - y^2 = 3$
8. $5y^2 - 4x^2 = 20$

Transladando seções cônicas

Os exercícios 9–14 fornecem equações para seções cônicas e dizem de quantas unidades para cima ou para baixo e à direita ou à esquerda é para cada curva ser transladada. Determine uma equação para a nova seção cônica e determine os novos focos, vértices, centros e assíntotas, conforme seja adequado. Quando a curva for uma parábola, determine também a nova diretriz.

9. $x^2 = -12y$, à direita 2, para cima 3
10. $y^2 = 10x$, à esquerda 1/2, para baixo 1
11. $\dfrac{x^2}{9} + \dfrac{y^2}{25} = 1$, à esquerda 3, para baixo 5

12. $\dfrac{x^2}{169} + \dfrac{y^2}{144} = 1$, à direita 5, para cima 12

13. $\dfrac{y^2}{8} - \dfrac{x^2}{2} = 1$, à direita 2, para cima $2\sqrt{2}$.

14. $\dfrac{x^2}{36} - \dfrac{y^2}{64} = 1$, à esquerda 10, para baixo 3

Identificando seções cônicas

Identifique as seções cônicas nos exercícios 15–22 e determine os focos, vértices, centros e assíntotas (se apropriado). Quando a curva for uma parábola, determine também a sua diretriz.

15. $x^2 - 4x - 4y^2 = 0$ **16.** $4x^2 - y^2 + 4y = 8$

17. $y^2 - 2y + 16x = -49$ **18.** $x^2 - 2x + 8y = -17$

19. $9x^2 + 16y^2 + 54x - 64y = -1$

20. $25x^2 + 9y^2 - 100x + 54y = 44$

21. $x^2 + y^2 - 2x - 2y = 0$ **22.** $x^2 + y^2 + 4x + 2y = 1$

Usando o discriminante

Que seções cônicas ou casos degenerados as equações nos exercícios 23–28 representam? Justifique a sua resposta em cada caso.

23. $x^2 + xy + y^2 + x + y + 1 = 0$

24. $x^2 + 4xy + 4y^2 + x + y + 1 = 0$

25. $x^2 + 3xy + 2y^2 + x + y + 1 = 0$

26. $x^2 + 2xy - 2y^2 + x + y + 1 = 0$

27. $x^2 - 2xy + y^2 = 0$ **28.** $x^2 - 3xy + 4y^2 = 0$

Girando seções cônicas

Identifique a seção cônica nos exercícios 29–32. Então gire os eixos coordenados para determinar uma nova equação para a seção cônica sem o termo misto. (As novas equações vão variar dependendo do tamanho e a direção da rotação usada.)

29. $2x^2 + xy + 2y^2 - 15 = 0$ **30.** $3x^2 + 2xy + 3y^2 = 19$

31. $x^2 + 2\sqrt{3}xy - y^2 + 4 = 0$ **32.** $x^2 - 3xy + y^2 = 5$

Identificando equações paramétricas no plano

Nos exercícios 33–36 dê as equações paramétricas e os intervalos de parâmetro para o movimento da partícula no plano xy. Identifique a trajetória da partícula determinando as equações cartesianas que ela satisfaz. Desenhe o gráfico da equação cartesiana e indique a direção do movimento e o trecho percorrido pela partícula.

33. $x = (1/2)\ \mathrm{tg}\ t,\quad y = (1/2)\sec t;\quad -\pi/2 < t < \pi/2$

34. $x = -2\cos t,\quad y = 2\ \mathrm{sen}\ t;\quad 0 \le t \le \pi$

35. $x = -\cos t,\quad y = \cos^2 t;\quad 0 \le t \le \pi$

36. $x = 4\cos t,\quad y = 9\ \mathrm{sen}\ t;\quad 0 \le t \le 2\pi$

Gráficos no plano polar

Esboce as regiões definidas pelas desigualdades em coordenadas polares nos exercícios 37 e 38.

37. $0 \le r \le 6\cos\theta$ **38.** $-4\ \mathrm{sen}\ \theta \le r \le 0$

Combine cada gráfico nos exercícios 39–46 com suas equações (a)–(l). Há mais equações do que gráficos, portanto algumas equações não têm gráfico correspondente.

(a) $r = \cos 2\theta$ **(b)** $r\cos\theta = 1$

(c) $r = \dfrac{6}{1 - 2\cos\theta}$ **(d)** $r = \mathrm{sen}\ 2\theta$

(e) $r = \theta$ **(f)** $r^2 = \cos 2\theta$

(g) $r = 1 + \cos\theta$ **(h)** $r = 1 - \mathrm{sen}\ \theta$

(i) $r = \dfrac{2}{1 - \cos\theta}$ **(j)** $r^2 = \mathrm{sen}\ 2\theta$

(k) $r = -\mathrm{sen}\ \theta$ **(l)** $r = 2\cos\theta + 1$

39. Rosácea de quatro pétalas

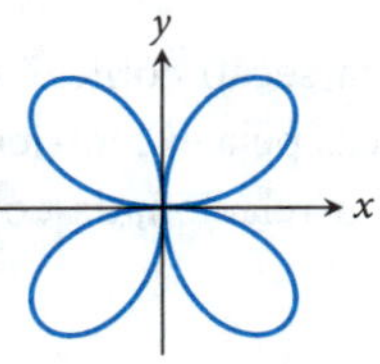

40. Espiral

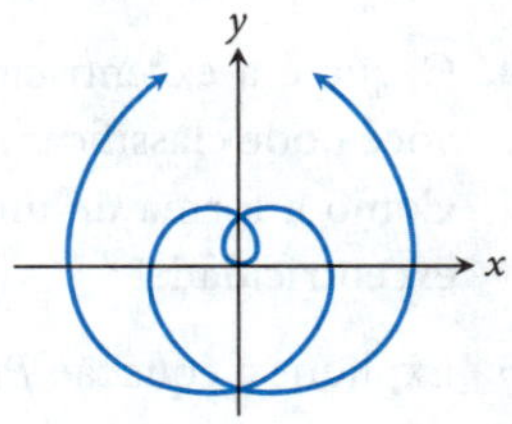

41. Limaçon

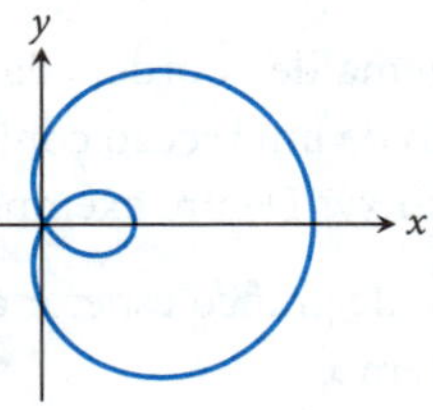

42. Lemniscata

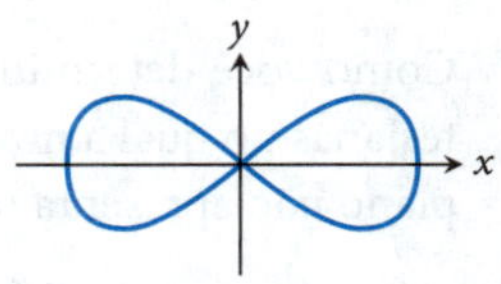

43. Círculo

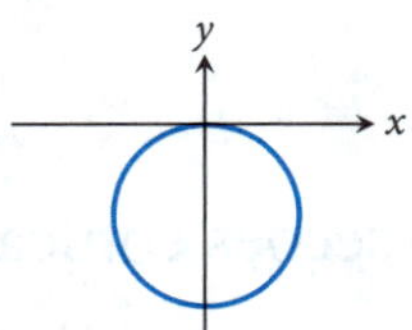

44. Cardióide

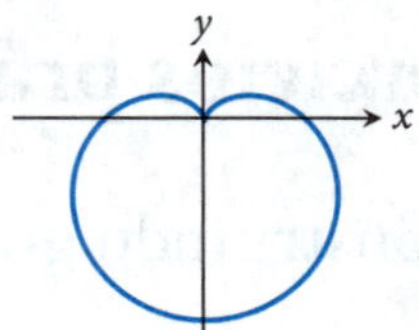

45. Parábola

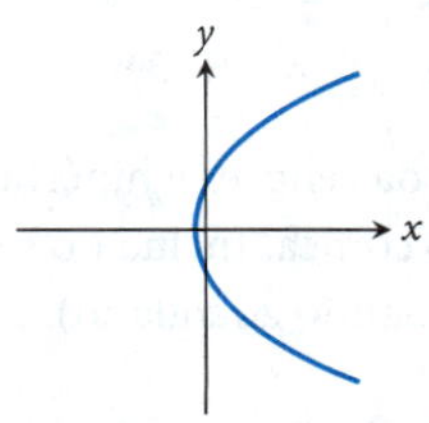

46. Lemniscata

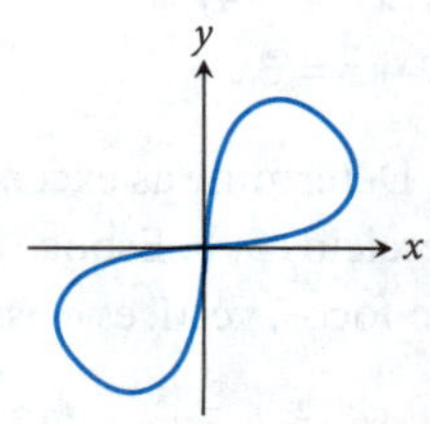

Interseções de gráficos no plano polar

Determine os pontos de interseção das curvas dadas pelas equações em coordenadas polares nos exercícios 47–54.

47. $r = \text{sen}\,\theta$, $r = 1 + \text{sen}\,\theta$ **48.** $r = \cos\theta$, $r = 1 - \cos\theta$

49. $r = 1 + \cos\theta$, $r = 1 - \cos\theta$

50. $r = 1 + \text{sen}\,\theta$, $r = 1 - \text{sen}\,\theta$

51. $r = 1 + \text{sen}\,\theta$, $r = -1 + \text{sen}\,\theta$

52. $r = 1 + \cos\theta$, $r = -1 + \cos\theta$

53. $r = \sec\theta$, $r = 2\,\text{sen}\,\theta$ **54.** $r = -2\,\text{cossec}\,\theta$, $r = -4\cos\theta$

Equações polares para equações cartesianas

Esboce as retas nos exercícios 55–60. Determine também a equação cartesiana de cada reta.

55. $r\cos\left(\theta + \frac{\pi}{3}\right) = 2\sqrt{3}$ **56.** $r\cos\left(\theta - \frac{3\pi}{4}\right) = \frac{\sqrt{2}}{2}$

57. $r = 2\sec\theta$ **58.** $r = -\sqrt{2}\sec\theta$

59. $r = -(3/2)\text{cossec}\,\theta$ **60.** $r = (3\sqrt{3})\,\text{cossec}\,\theta$

Determine as equações cartesianas dos círculos nos exercícios 61–64. Esboce cada círculo no plano coordenado e rotule-o com as duas equações, cartesiana e polar.

61. $r = -4\,\text{sen}\,\theta$ **62.** $r = 3\sqrt{3}\,\text{sen}\,\theta$

63. $r = 2\sqrt{2}\cos\theta$ **64.** $r = -6\cos\theta$

Equações polares para equações cartesianas

Determine as equações polares para os círculos nos exercícios 65–68. Esboce cada círculo no plano coordenado e rotule-o com as duas equações, cartesiana e polar.

65. $x^2 + y^2 + 5y = 0$ **66.** $x^2 + y^2 - 2y = 0$

67. $x^2 + y^2 - 3x = 0$ **68.** $x^2 + y^2 + 4x = 0$

Seções cônicas em coordenadas polares

Esboce as seções cônicas cujas equações polares são dadas nos exercícios 69–72. Dê as coordenadas polares dos vértices e no caso das elipses determine também os centros.

69. $r = \dfrac{2}{1 + \cos\theta}$ **70.** $r = \dfrac{8}{2 + \cos\theta}$

71. $r = \dfrac{6}{1 - 2\cos\theta}$ **72.** $r = \dfrac{12}{3 + \text{sen}\,\theta}$

Nos exercícios 73–76 são dadas as excentricidades das seções cônicas com um foco na origem do sistema de coordenadas polares do plano e com a diretriz correspondente a esse foco. Determine a equação polar de cada cônica.

73. $e = 2$, $r\cos\theta = 2$ **74.** $e = 1$, $r\cos\theta = -4$

75. $e = 1/2$, $r\,\text{sen}\,\theta = 2$ **76.** $e = 1/3$, $r\,\text{sen}\,\theta = -6$

Área, comprimento e área de superfície no plano polar

Determine as áreas das regiões do plano coordenado polar descritas nos exercícios 77–80.

77. Delimitada pelo limaçon $r = 2 - \cos\theta$.

78. Delimitada por uma pétala da rosácea de três folhas $r = \text{sen}\,3\theta$.

79. Dentro da "figura oito" $r = 1 + \cos 2\theta$ e fora do círculo $r = 1$.

80. Dentro da cardióide $r = 2(1 + \text{sen}\,\theta)$ e fora do círculo $r = 2\,\text{sen}\,\theta$.

Determine os comprimentos das curvas dadas pelas equações polares nos exercícios 81–84.

81. $r = -1 + \cos\theta$

82. $r = 2\,\text{sen}\,\theta + 2\cos\theta$, $0 \le \theta \le \pi/2$

83. $r = 8\,\text{sen}^3(\theta/3)$, $0 \le \theta \le \pi/4$

84. $r = \sqrt{1 + \cos 2\theta}$, $-\pi/2 \le \theta \le \pi/2$

Determine as áreas das superfícies geradas pela revolução das curvas em coordenadas polares nos exercícios 85 e 86 em torno dos eixos indicados.

85. $r = \sqrt{\cos 2\theta}$, $0 \le \theta \le \pi/4$, eixo x

86. $r^2 = \text{sen}\,2\theta$, eixo y

Teoria e exemplos

87. Determine o volume do sólido gerado pela revolução da região delimitada pela elipse $9x^2 + 4y^2 = 36$ em torno do **(a)** eixo x, **(b)** eixo y.

88. A região "triangular" no primeiro quadrante, delimitada pelo eixo x, pela reta $x = 4$ e pela hipérbole $9x^2 - 4y^2 = 36$ é girada em torno do eixo x para gerar um sólido. Determine o volume do sólido.

89. Um tanque de ondas é feito entortando uma faixa de lata em torno do perímetro de uma elipse para ser a parede do tanque e soldando um fundo plano nela. Um pouco de água é colocado no tanque e você derruba uma pedra nele, diretamente no foco da elipse. As ondas se irradiam pela água na direção da borda do tanque e a partir daí se refletem; alguns segundos mais tarde uma gota de água espirra para cima no segundo foco. Por quê?

90. **LORAN** Um sinal de rádio foi enviado simultaneamente por duas torres A e B, distantes uma da outra centenas de milhas no litoral norte da Califórnia. Um navio recebeu o sinal da torre A 1400 microssegundos antes de receber o sinal de B. Admitindo que os sinais movimentaram-se a uma taxa de 980 pés/microssegundos, o que pode ser dito da localização do navio em relação às duas torres?

91. Sobre um plano nivelado, no mesmo instante, você pode ouvir o som de um rifle e da bala atingindo o alvo. O que pode ser dito sobre a sua localização em relação ao rifle e ao alvo?

92. Espirais de Arquimedes O gráfico de uma equação da forma $r = a\theta$, em que a é uma constante não nula, é chamado *espiral de Arquimedes*. Há alguma coisa especial a respeito das larguras entre as voltas sucessivas de uma dessas espirais?

93. (a) Mostre que as equações $x = r\cos\theta$ e $y = r \operatorname{sen}\theta$ transformam a equação polar

$$r = \frac{k}{1 + e\cos\theta}$$

na equação cartesiana

$$(1 - e^2)x^2 + y^2 + 2kex - k^2 = 0$$

(b) Aplique agora o critério da Seção 10.3 para mostrar que

$$\begin{aligned} e = 0 &\Rightarrow \text{círculo} \\ 0 < e < 1 &\Rightarrow \text{elipse} \\ e = 1 &\Rightarrow \text{parábola} \\ e > 1 &\Rightarrow \text{hipérbole} \end{aligned}$$

94. A órbita de um satélite Um satélite está em uma órbita que passa sobre os Pólos Norte e Sul da Terra. Quando está sobre o Pólo Sul, ele está no ponto mais alto da órbita, 1.000 milhas acima da superfície da Terra. Sobre o Pólo Norte, ele está no ponto mais baixo da órbita, a 300 milhas da superfície da Terra.

(a) Admitido que a órbita do satélite é uma elipse com um foco no centro da Terra, determine a sua excentricidade. (Tome o diâmetro da Terra como 8.000 milhas.)

(b) Usando os eixos Norte-Sul da Terra como o eixo x e o centro da Terra como a origem, determine uma equação polar da órbita.

Exercícios adicionais

Determinando seções cônicas

1. Determine uma equação para a parábola com foco (4, 0) e diretriz $x = 3$. Esboce a parábola juntamente com seu vértice, foco e diretriz.

2. Determine o vértice, foco e diretriz da parábola

$$x^2 - 6x - 12y + 9 = 0$$

3. Determine uma equação para a curva descrita pelo ponto $P(x, y)$ se a distância de P ao vértice da parábola $x^2 = 4y$ é duas vezes a distância de P ao foco. Identifique a curva.

4. Um segmento de reta de comprimento $a + b$ vai do eixo x ao eixo y. O ponto P sobre o segmento está a a unidades de uma extremidade e a b unidades da outra. Mostre que P descreve uma elipse conforme as extremidades do segmento deslizam ao longo dos eixos.

5. Os vértices de uma elipse de excentricidade 0,5 estão nos pontos $(0, \pm 2)$. Onde estão localizados os focos?

6. Determine uma equação para a elipse de excentricidade 2/3 sabendo que a reta $x = 2$ é uma diretriz e o ponto (4, 0) é o foco correspondente.

7. Um foco de uma hipérbole localiza-se no ponto (0, –7) e a diretriz correspondente é a reta $y = -1$. Determine uma equação para essa hipérbole se a excentricidade for (a) 2, (b) 5.

8. Determine uma equação para a hipérbole com focos (0, –2) e (0, 2) que passa pelo ponto (12, 7).

9. (a) Mostre que a reta

$$b^2xx_1 + a^2yy_1 - a^2b^2 = 0$$

é tangente à elipse $b^2x^2 + a^2y^2 - a^2b^2 = 0$ no ponto (x_1, y_1) da elipse.

(b) Mostre que a reta

$$b^2xx_1 - a^2yy_1 - a^2b^2 = 0$$

é tangente à hipérbole $b^2x^2 - a^2y^2 - a^2b^2 = 0$ no ponto (x_1, y_1) da hipérbole.

10. Mostre que a reta tangente à seção cônica

$$Ax^2 + Bxy + Cy^2 + Dx + Ey + F = 0$$

no ponto (x_1, y_1) da cônica tem uma equação que pode ser escrita na forma

$$Axx_1 + B\left(\frac{x_1y + xy_1}{2}\right) + Cyy_1 + D\left(\frac{x + x_1}{2}\right) + E\left(\frac{y + y_1}{2}\right) + F = 0$$

Equações e desigualdades

Quais pontos do plano xy satisfazem as equações e desigualdades nos exercícios 11–18? Desenhe uma figura para cada exercício.

11. $(x^2 - y^2 - 1)(x^2 + y^2 - 25)(x^2 + 4y^2 - 4) = 0$

12. $(x + y)(x^2 + y^2 - 1) = 0$

13. $(x^2/9) + (y^2/16) \leq 1$

14. $(x^2/9) - (y^2/16) \leq 1$

15. $(9x^2 + 4y^2 - 36)(4x^2 + 9y^2 - 16) \leq 0$

16. $(9x^2 + 4y^2 - 36)(4x^2 + 9y^2 - 16) > 0$

17. $x^4 - (y^2 - 9)^2 = 0$

18. $x^2 + xy + y^2 < 3$

Equações paramétricas e ciclóides

19. **Epiciclóides** Quando um círculo rola externamente ao longo de outro círculo fixo, um ponto P no círculo que rola descreve uma *epiciclóide*, como exibido aqui. Suponha que o centro do círculo fixo seja a origem O e que ele tem raio a.

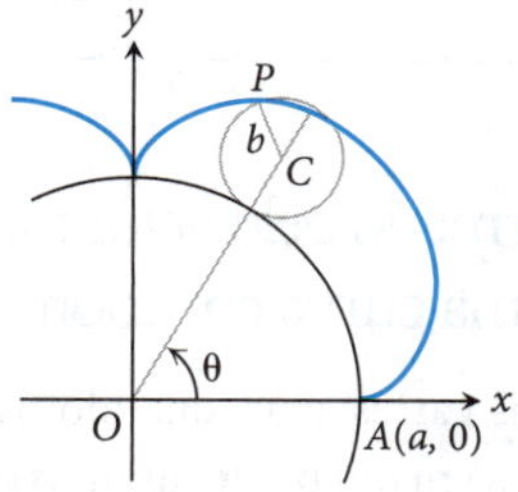

Seja b o raio do círculo que rola e suponha que a posição inicial do ponto P seja $A(a, 0)$. Determine as equações paramétricas da epiciclóide usando como parâmetro o ângulo θ a partir do eixo x positivo até a reta que une os centros dos dois círculos.

20. **(a)** Determine o centróide da região delimitada pelo eixo x e pelo arco da ciclóide

$$x = a(t - \text{sen } t), \quad y = a(1 - \cos t); \quad 0 \leq t \leq 2\pi$$

(b) Determine os primeiros momentos em relação aos eixos coordenados da curva

$$x = (2/3)t^{3/2}, \quad y = 2\sqrt{t}; \quad 0 \leq t \leq \sqrt{3}$$

Coordenadas polares

21. **(a)** Determine uma equação em coordenadas polares para a curva

$$x = e^{2t}\cos t, \quad y = e^{2t}\,\text{sen } t; \quad -\infty < t < \infty$$

(b) Determine o comprimento da curva de $t = 0$ a $t = 2\pi$.

22. Determine o comprimento da curva $r = 2\,\text{sen}^3(\theta/3)$, $0 \leq \theta \leq 3\pi$, no plano de coordenadas polares.

23. Determine a área da superfície gerada pela revolução da região no primeiro quadrante delimitada pela cardióide $r = 1 + \cos\theta$ em torno do eixo x. (*Sugestão*: Use as identidades $1 + \cos\theta = 2\cos^2(\theta/2)$ e $\text{sen }\theta = 2\,\text{sen}(\theta/2)\cos(\theta/2)$ para simplificar a integral.)

24. Esboce as regiões delimitadas pelas curvas $r = 2a\cos^2(\theta/2)$ e $r = 2a\,\text{sen}^2(\theta/2)$, $a > 0$ no plano coordenado polar e determine a área da região do plano que elas têm em comum.

Nos exercícios 25–28 são fornecidas as excentricidades das seções cônicas com um foco na origem do plano coordenado polar, juntamente com a diretriz correspondente a esse foco. Determine uma equação polar de cada seção cônica.

25. $e = 2, \quad r\cos\theta = 2$

26. $e = 1, \quad r\cos\theta = -4$

27. $e = 1/2, \quad r\,\text{sen }\theta = 2$

28. $e = 1/3, \quad r\,\text{sen }\theta = -6$

Teoria e exemplos

29. Uma corda, com um anel em uma das extremidades, é colocada em volta de dois pinos que estão em uma reta horizontal. Após a extremidade livre passar por dentro do anel, é preso a ela um peso, para fazer que a corda fique esticada. Se a corda deslizar livremente sobre os pinos e através do anel, o peso descerá tão longe quanto possível. Admita que o comprimento da corda seja no mínimo quatro vezes maior que a distância entre os pinos e que a configuração da corda seja simétrica em relação à reta da parte vertical da corda.

(a) Determine o ângulo A formado pela parte inferior do laço na figura a seguir.

(b) Mostre que para cada posição fixa do anel na corda as localizações possíveis do anel no espaço descrevem uma elipse com focos nos pinos.

(c) Justifique a hipótese original de simetria combinando o resultado do item **(b)** com a hipótese de que a corda e o peso terão uma posição de repouso com energia potencial mínima.

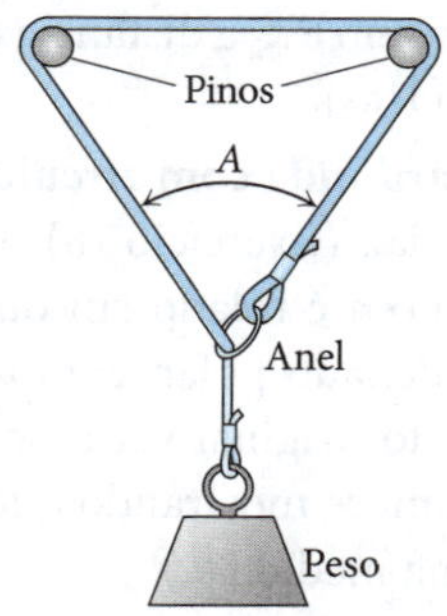

30. Duas estações de radar localizam-se a 20 km uma da outra ao longo de uma reta leste-oeste. Um avião que voa baixo viaja de oeste para leste a uma velocidade de v_0 km/s. Em $t = 0$, um sinal é enviado da estação a $(-10, 0)$, é refletido pelo avião e é recebido em $(10, 0)$ em um instante $30/c$ segundos mais tarde (c é a velocidade do sinal). Quando $t = 10/v_0$, outro sinal é enviado da estação em $(-10, 0)$, é refletido pelo avião e mais uma vez é recebido $30/c$ segundos mais tarde pela outra estação. Determine a posição do avião quando ele reflete o segundo sinal sob a hipótese de que v_0 é muito menor que c.

31. Um cometa move-se descrevendo uma órbita parabólica com o Sol no foco. Quando o cometa está a 4×10^7 milhas do Sol, a reta que vai do cometa ao Sol forma um ângulo de 60° com o eixo da órbita, conforme exibido na figura a seguir. Quão próximo ao Sol o planeta chega?

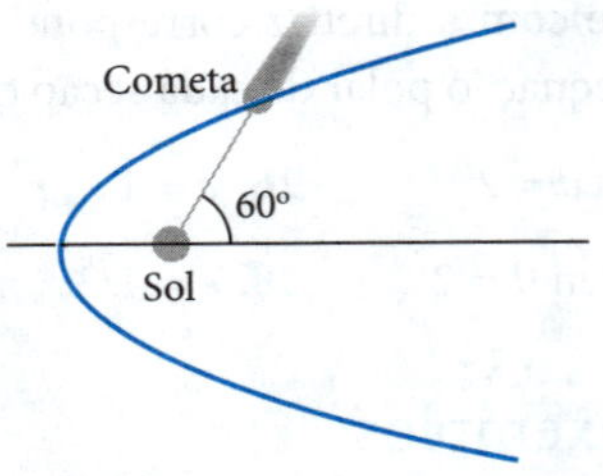

32. Determine os pontos sobre a parábola $x = 2t$, $y = t^2$, $-\infty < t < \infty$, mais próximos do ponto (0, 3).

33. Determine a excentricidade da elipse $x^2 + xy + y^2 = 1$ até o centésimo mais próximo.

34. Determine a excentricidade da hipérbole $xy = 1$.

35. É a curva $\sqrt{x} + \sqrt{y} = 1$ parte de alguma seção cônica? Caso seja, de que tipo de seção cônica? Caso não seja, por que não é?

36. Mostre que a curva $2xy - \sqrt{2}\,y + 2 = 0$ é uma hipérbole. Determine o centro da hipérbole, os vértices, os focos, os eixos e as assíntotas.

37. Determine uma equação polar para
(a) a parábola com foco na origem e vértice em $(a, \pi/4)$;
(b) a elipse com focos na origem e em (2, 0) e um vértice em (4, 0);
(c) a hipérbole com um foco na origem, centro em $(2, \pi/2)$ e vértice em $(1, \pi/2)$.

38. Uma reta que contém a origem vai interceptar a elipse $r = 3/(2 + \cos\theta)$ em dois pontos, P_1 e P_2. Seja d_1 a distância entre P_1 e a origem e d_2 a distância entre P_2 e a origem. Calcule $(1/d_1) + (1/d_2)$.

39. Gerando uma cardióide com círculos Cardióides são epiciclóides especiais (Exercício 18). Mostre que, quando um círculo de raio a é rolado em outro círculo de raio a no plano coordenado polar, como na figura a seguir, o ponto de contato original vai descrever uma cardióide. (*Sugestão*: Comece mostrando que os ângulos *OBC* e *PAD* têm a mesma medida θ.)

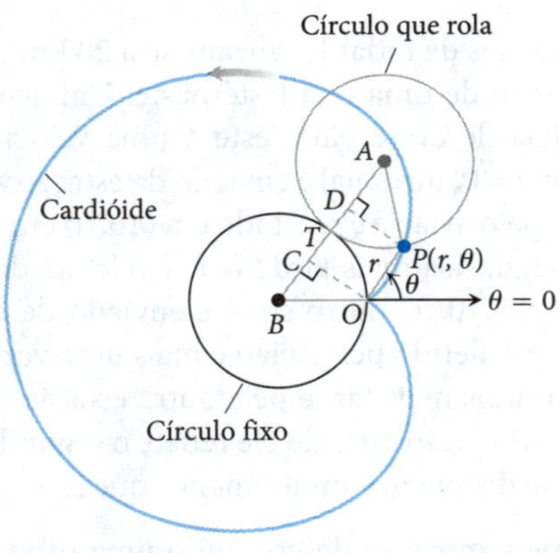

40. Porta de um armário Uma porta de armário consiste em dois painéis de um pé de largura cada um, unidos por uma dobradiça no ponto P. O canto externo inferior de um dos painéis se apóia em um pivô O (veja a figura a seguir). O canto inferior externo do outro painel, denotado por Q, desliza sobre uma trilha reta, exibida na figura como um trecho do eixo x. Admita que conforme Q se move de um lado para outro, a parte inferior da porta raspa um tapete grosso. Que curva a porta vai descrever na superfície do tapete?

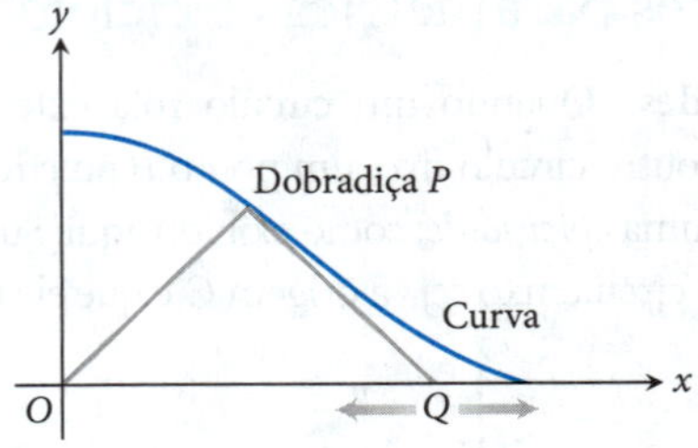

O ângulo formado pelo vetor radial e a reta tangente a uma curva em coordenadas polares

Em coordenadas cartesianas, quando queremos discutir a direção de uma curva em um ponto, usamos o ângulo ϕ, medido no sentido anti-horário, a partir do eixo x positivo até a reta tangente. Em coordenadas polares, é mais conveniente calcular o ângulo ψ do *vetor radial* até a reta tangente (veja a figura a seguir). O ângulo ϕ pode ser calculado a partir da relação

$$\phi = \theta + \psi \qquad (1)$$

que vem da aplicação do teorema do ângulo externo ao triângulo da figura a seguir.

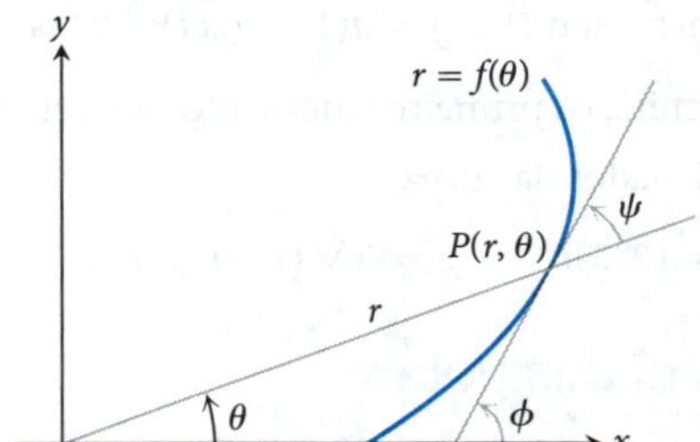

Suponha que a equação da curva é dada na forma $r = f(\theta)$, onde f é uma função derivável de θ. Então

$$x = r\cos\theta \quad \text{e} \quad y = r\,\text{sen}\,\theta \qquad (2)$$

são funções deriváveis de θ com

$$\frac{dx}{d\theta} = -r\,\text{sen}\,\theta + \cos\theta\frac{dr}{d\theta}$$
$$\frac{dy}{d\theta} = r\cos\theta + \text{sen}\,\theta\frac{dr}{d\theta} \qquad (3)$$

Como, de (1), tem-se que $\psi = \phi - \theta$

$$\text{tg}\,\psi = \text{tg}\,(\phi - \theta) = \frac{\text{tg}\,\phi - \text{tg}\,\theta}{1 + \text{tg}\,\phi\,\text{tg}\,\theta}$$

Além disso,

$$\text{tg}\,\phi = \frac{dy}{dx} = \frac{dy/d\theta}{dx/d\theta}$$

pois tg ϕ é o coeficiente angular da curva em P. Também,

$$\text{tg } \theta = \frac{y}{x}$$

Logo,

$$\text{tg } \psi = \frac{\dfrac{dy/d\theta}{dx/d\theta} - \dfrac{y}{x}}{1 + \dfrac{y}{x}\dfrac{dy/d\theta}{dx/d\theta}} = \frac{x\dfrac{dy}{d\theta} - y\dfrac{dx}{d\theta}}{x\dfrac{dx}{d\theta} + y\dfrac{dy}{d\theta}} \qquad (4)$$

O numerador da última expressão na Equação (4) é determinado a partir das equações (2) e (3) como

$$x\frac{dy}{d\theta} - y\frac{dx}{d\theta} = r^2$$

Analogamente, o denominador é

$$x\frac{dx}{d\theta} + y\frac{dy}{d\theta} = r\frac{dr}{d\theta}$$

Quando os substituímos na Equação (4), obtemos

$$\text{tg } \psi = \frac{r}{dr/d\theta} \qquad (5)$$

Esta é a equação que utilizamos para determinar ψ como uma função de θ.

41. Mostre, referindo-se a uma figura, que o ângulo β entre as tangentes a duas curvas em um ponto de interseção pode ser determinado pela fórmula

$$\text{tg } \beta = \frac{\text{tg } \psi_2 - \text{tg } \psi_1}{1 + \text{tg } \psi_2 \text{ tg } \psi_1} \qquad (6)$$

Em que situação as curvas se encontram formando um ângulo reto?

42. Determine os valores de tg ψ para a curva $r = \text{sen}^4 (\theta/4)$.

43. Determine o ângulo entre o vetor radial da curva $r = 2a \text{ sen } 3\theta$ e sua tangente quando $\theta = \pi/6$

T **44.** **(a)** Desenhe a espiral hiperbólica $r\theta = 1$. O que parece acontecer com ψ conforme a espiral dá voltas em torno da origem?

(b) Confirme analiticamente o que você determinou no item **(a)**.

45. Os círculos $r = \sqrt{3} \cos \theta$ e $r = \text{sen } \theta$ se interceptam no ponto $(\sqrt{3}/2, \pi/3)$. Mostre que suas tangentes são perpendiculares nesse ponto.

46. Esboce a cardióide $r = a(1 + \cos \theta)$ e o círculo $r = 3a \cos \theta$ no mesmo diagrama e determine o ângulo entre suas tangentes no ponto de interseção que se localiza no primeiro quadrante.

47. Determine os pontos de interseção das parábolas

$$r = \frac{1}{1 - \cos \theta} \quad \text{e} \quad r = \frac{3}{1 + \cos \theta}$$

e os ângulos entre suas tangentes nesses pontos.

48. Determine os pontos sobre a cardióide $r = a(1 + \cos \theta)$ em que a reta tangente é **(a)** horizontal, **(b)** vertical.

49. Mostre que as parábolas $r = a/(1 + \cos \theta)$ e $r = b/(1 - \cos \theta)$ são ortogonais em cada ponto de interseção ($ab \neq 0$).

50. Determine o ângulo no qual a cardióide $r = a(1 - \cos \theta)$ cruza a semi-reta $\theta = \pi/2$.

51. Determine o ângulo entre a reta $r = 3 \sec \theta$ e a cardióide $r = 4(1 + \cos \theta)$, em um ponto de sua interseção.

52. Determine o coeficiente angular da reta tangente à curva $r = a \text{ tg } (\theta/2)$ no ponto $\theta = \pi/2$.

53. Determine o ângulo no qual as parábolas $r = 1/(1 - \cos \theta)$ e $r = 1/(1 - \text{sen } \theta)$ se interceptam no primeiro quadrante.

54. A equação $r^2 = 2 \text{ cossec } 2\theta$ representa uma curva em coordenadas polares.

(a) Esboce a curva.

(b) Determine uma equação cartesiana equivalente para a curva.

(c) Determine o ângulo no qual a curva intercepta a semi-reta $\theta = \pi/4$.

55. Suponha que o ângulo ψ entre o vetor radial e a reta tangente à curva $r = f(\theta)$ tem valor constante igual a α.

(a) Mostre que a área delimitada pela curva e pelas semi-retas $\theta = \theta_1$ e $\theta = \theta_2$ é proporcional a $r_2^2 - r_1^2$, onde (r_1, θ_1) e (r_2, θ_2) são as coordenadas polares das extremidades do arco de curva entre essas semi-retas. Determine o fator de proporcionalidade.

(b) Mostre que o comprimento de arco da curva do item **(a)** é proporcional a $r_2 - r_1$ e determine a constante de proporcionalidade.

56. Seja P o ponto da hipérbole $r^2 \text{ sen } 2\theta = 2a^2$. Mostre que o triângulo formado por OP, pela reta tangente em P e pelo eixo polar é isósceles.

Exercícios avançados

1. Uma barra rígida de comprimento $r + s$ tem extremidades A e P. O ponto B sobre a barra dista r de A e s de P. O ponto A permanece sobre o eixo x, podendo se mover sobre ele, e o ponto B permanece sobre o eixo y, podendo se mover sobre ele. Mostre que o ponto P descreve uma elipse. Determine seus semi-eixos, focos e excentricidade.

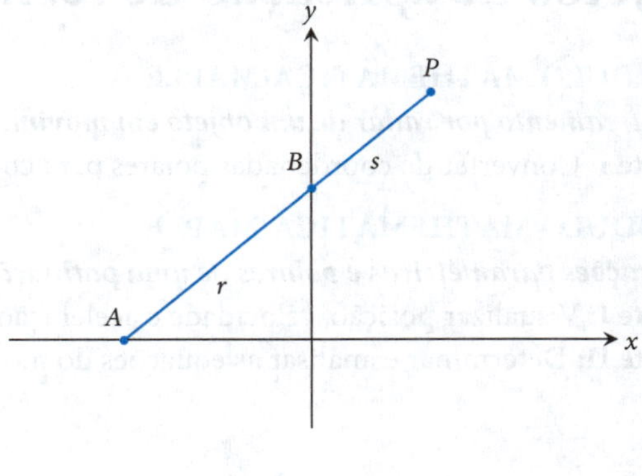

2. Dados cinco pontos $P_j = (x_j, y_j)$, $j = 1, 2, 3, 4, 5$ de uma cônica, para encontrar uma equação $Ax^2 + Bxy + Cy^2 + Dx + Ey + F = 0$ dessa cônica, basta tomar

$$det \begin{pmatrix} x^2 & xy & y^2 & x & y & 1 \\ x_1^2 & x_1y_1 & y_1^2 & x_1 & y_1 & 1 \\ x_2^2 & x_2y_2 & y_2^2 & x_2 & y_2 & 1 \\ x_1^2 & x_3y_3 & y_3^2 & x_3 & y_3 & 1 \\ x_4^2 & x_4y_4 & y_4^2 & x_4 & y_4 & 1 \\ x_5^2 & x_5y_5 & y_5^2 & x_5 & y_5 & 1 \end{pmatrix} = 0$$

(a) Demonstre a afirmação anterior.

(b) Ache a equação da cônica que passa por (0, 1), (1, 1), (0,–1), (1/2, 1/2), (0, 0).

3. Uma elipse de equação $6x^2 + Bxy + 4y^2 + F = 0$ está inscrita no retângulo $[-2, 2] \times [-1, 1]$ e tangencia os quatro lados deste. Se um dos pontos de tangência for $(a, 1)$ e outro, $(2, b)$, quais são os valores de a e de b? Quais são os valores possíveis de B?

4. Considere a hipérbole de equação $\frac{y^2}{4} - x^2 = 1$. Encontre a elipse de centro (1, 0) com eixos paralelos aos eixos coordenados, que passa pela origem e tangencia essa hipérbole.

Para uma função f definida no plano xy a valores em **R**, chama-se curva de nível de f ao subconjunto do plano formado pelos pontos nos quais $f(x, y) = c$, em que c é uma constante real.

5. Mostre que se $c > 0$, a curva de nível $f(x, y) = c$ de $f(x, y) = 3x^2 + 5xy + 4y^2$ é uma elipse. O que ocorre quando c = 0? E quando c < 0?

6. A curva de nível $f(x, y) = 0$ da função $f(x, y) = (x^2 + 4y^2 - 1)(x^2 - 3y + 4)$ é uma cônica? Contém uma cônica? Qual(is)? Esboce essa curva de nível.

7. Determine, em função de b, que tipo de cônica é a curva de nível $f(x, y) = 0$ de $f(x, y) = 3x^2 + bxy + 4y^2 - 1$.

8. Represente no plano xy os seguintes conjuntos descritos em coordenadas polares:

(a) $r^2 = 2 + r \operatorname{sen} \theta$ (b) $4r^2 \cos^2 \theta - r \operatorname{sen} \theta + 1 = 0$

(c) $x = r \cos \theta,\ y = 2r \operatorname{sen} \theta,\quad 1 \le r \le 2$

9. A segunda lei de Kepler afirma que, quando um planeta orbita em uma elipse em volta de uma estrela que está em um de seus focos F, a área delimitada pelo arco de elipse percorrido em dado intervalo de tempo e pelas semi-retas com origem em F que passam pelos extremos desse arco não depende da extremidade inicial do arco considerado. Se um planeta percorre a elipse $\frac{x^2}{4} + y^2 = 1$ no sentido anti-horário, com a estrela ocupando o foco no semi-eixo $x < 0$, e gasta um tempo T para ir de $A = (2, 0)$ até $B = (0, 1)$, qual será o período da órbita do planeta?

10. Uma sala elíptica, como na figura, internamente tem a parte da parede que está em $y \ge 0$ espelhada, e o restante é opaco. Uma parede divisória, opaca, foi construída sobre o eixo menor da elipse (de C até D na figura), deixando aberto um espaço ligando os dois ambientes. Um laser encontra-se na posição do foco F da elipse. Qual região da sala pode ser atingida pelo laser?

11. Use coordenadas polares para calcular a área da região do plano xy que se encontra no primeiro quadrante e é limitada pelas retas $y = \frac{x}{2}$, $y = \frac{\sqrt{3}x}{2}$, e pelo gráfico da hipérbole $xy = 1$.

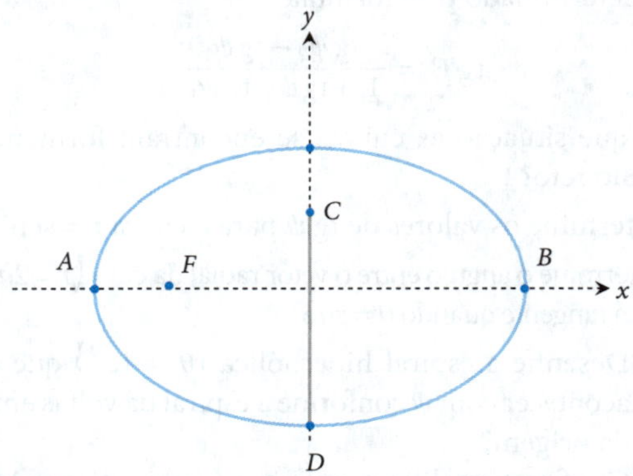

12. Resolva a equação dada em coordenadas polares por $\frac{dr}{d\theta} = r \cos \theta$ e represente no plano xy a curva solução que satizfaz $r(0) = 1$.

Projetos de aplicação de tecnologia

MÓDULO MATHEMATICA/MAPLE

Rastreamento por radar de um objeto em movimento

Parte I: Converter de coordenadas polares para coordenadas cartesianas.

MÓDULO MATHEMATICA/MAPLE

Equações paramétricas e polares de uma patinação sincronizada

Parte I: Visualizar posição, velocidade e aceleração para analisar o movimento definido por equações paramétricas.

Parte II: Determinar e analisar as equações do movimento de um patinador descrevendo uma curva polar.

11 Seqüências e séries infinitas

RESUMO Embora todos saibam como somar dois ou mais números, a soma infinita de números não é uma operação trivial. Neste capítulo, estudaremos essa operação, que é o tema principal da teoria das séries infinitas. Algumas vezes uma soma infinita de termos resulta em um número, como em

$$\frac{1}{2} + \frac{1}{4} + \frac{1}{8} + \frac{1}{16} + \cdots = 1$$

Conforme mostra a figura a seguir, essa soma é representada geometricamente pelas áreas indicadas no quadrado unitário "infinitamente dividido ao meio". Somando-se a área dos retângulos menores é possível descobrir a área do quadrado unitário que eles ocupam. Quanto mais termos forem somados, mais perto chegaremos do valor total.

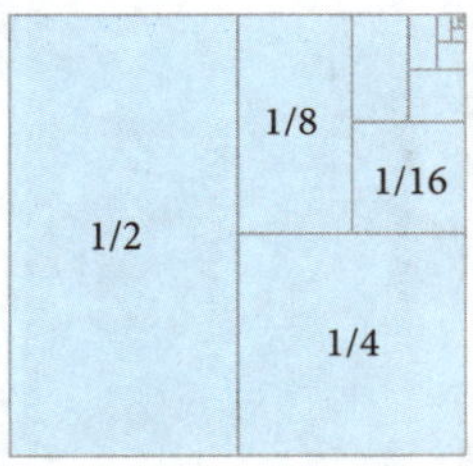

Outras vezes é impossível chegar ao resultado de uma soma infinita, como em

$$1 + 2 + 3 + 4 + 5 + \ldots$$

A adição dos primeiros termos vai aumentando à medida que somamos os termos seguintes e o resultado desse procedimento acaba sendo maior que qualquer constante predefinida.

Com algumas séries infinitas, como as séries harmônicas, por exemplo,

$$1 + \frac{1}{2} + \frac{1}{3} + \frac{1}{4} + \frac{1}{5} + \frac{1}{6} + \cdots$$

não fica tão claro se é possível chegar a um resultado. Não há como saber se chegamos cada vez mais perto do resultado à medida que somamos mais termos ou se estamos em um processo de somatório infinito.

Conforme desenvolvemos uma teoria sobre seqüências e séries infinitas, uma aplicação importante nos fornece um método de representar uma função derivável $f(x)$ como o somatório infinito de potências de x. Com esse método, aprofundamos nosso conhecimento sobre como avaliar, diferenciar e integrar polinômios a uma classe de funções muito mais geral que a dos polinômios. Investigamos também um método para representar uma função como a soma infinita de funções seno e cosseno — uma ferramenta poderosa no estudo de funções.

11.1 Seqüências

Companion Website
Ensaio histórico
Seqüências e séries

Uma seqüência é uma lista de números

$$a_1, a_2, a_3, \ldots, a_n, \ldots$$

em determinada ordem. Cada a representa um número denominado **termo** da seqüência. Na seqüência

$$2, 4, 6, 8, 10, 12, \ldots, 2n, \ldots$$

por exemplo, o primeiro termo $a_1 = 2$, o segundo termo $a_2 = 4$ e o n-ésimo termo $a_n = 2n$. O inteiro n é denominado **índice** de a_n e indica em que posição da lista n ocorre. Podemos considerar a seqüência

$$a_1, a_2, a_3, \ldots, a_n, \ldots$$

como uma função que associa 1 a a_1, 2 a a_2, 3 a a_3, e, de maneira mais geral, associa o inteiro positivo n ao n-ésimo termo a_n. Esse pensamento nos remete à definição de seqüência.

Definição **Seqüência infinita**
Uma **seqüência infinita** de números é uma função cujo domínio é o conjunto dos inteiros positivos.

A função associada à seqüência

$$2, 4, 6, 8, 10, 12, \ldots, 2n, \ldots$$

atribui 1 a $a_1 = 2$, 2 a $a_2 = 4$ e assim por diante. O comportamento geral dessa função é descrito pela fórmula

$$a_n = 2n$$

Podemos também fazer com que o domínio seja o conjunto dos inteiros maiores que um número n_0 dado, e permitimos que seqüências deste tipo também possam existir.

A seqüência

$$12, 14, 16, 18, 20, 22, \ldots$$

é descrita pela fórmula $a_n = 10 + 2n$. É possível também descrevê-la por meio de uma fórmula mais simples: $b_n = 2n$, na qual o índice n começa em 6 e vai aumentando. Para chegar à fórmula mais simples, atribuímos qualquer inteiro ao primeiro índice da seqüência. Na seqüência anterior, $\{a_n\}$ começa com a_1, enquanto a seqüência $\{b_n\}$ começa com b_6. A ordem é importante. A seqüência 1, 2, 3, 4. . . não é igual à seqüência 2, 1, 3, 4. . .

As seqüências podem ser descritas por meio de regras que especifiquem seus termos, tais como

$$a_n = \sqrt{n}$$

$$b_n = (-1)^{n+1}\frac{1}{n}$$

$$c_n = \frac{n-1}{n}$$

$$d_n = (-1)^{n+1}$$

ou por meio da listagem de seus termos:

$$\{a_n\} = \left\{\sqrt{1}, \sqrt{2}, \sqrt{3}, \ldots, \sqrt{n}, \ldots\right\}$$

$$\{b_n\} = \left\{1, -\frac{1}{2}, \frac{1}{3}, -\frac{1}{4}, \ldots, (-1)^{n+1}\frac{1}{n}, \ldots\right\}$$

$$\{c_n\} = \left\{0, \frac{1}{2}, \frac{2}{3}, \frac{3}{4}, \frac{4}{5}, \ldots, \frac{n-1}{n}, \ldots\right\}$$

$$\{d_n\} = \{1, -1, 1, -1, 1, -1, \ldots, (-1)^{n+1}, \ldots\}$$

Algumas vezes, escrevemos também

$$\{a_n\} = \left\{\sqrt{n}\right\}_{n=1}^{\infty}$$

A Figura 11.1 apresenta duas maneiras de representar graficamente as seqüências. A primeira marca os pontos iniciais de $a_1, a_2, a_3, \ldots, a_n, \ldots$ no eixo real. O segundo método apresenta o gráfico da função que define a seqüência. A função é definida somente sobre inteiros e o gráfico é formado por alguns pontos no plano xy localizados em $(1, a_1), (2, a_2), \ldots, (n, a_n), \ldots$

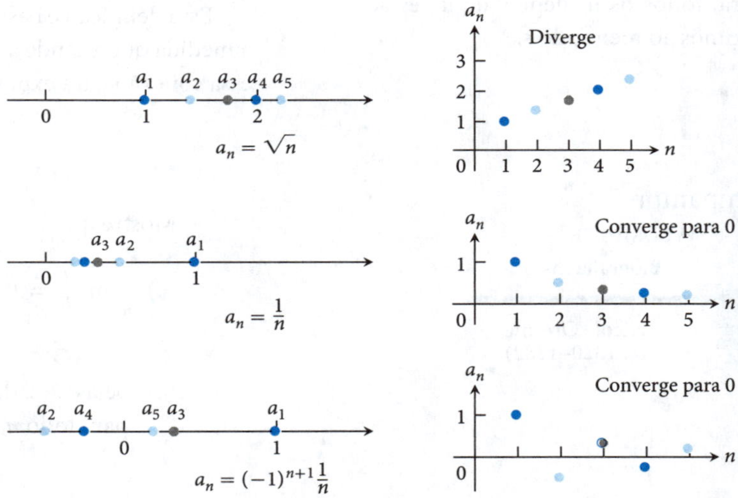

FIGURA 11.1 As seqüências podem ser representadas por pontos marcados no próprio eixo ou por pontos no plano sobre o qual o eixo horizontal n é o índice do termo e o eixo vertical a_n é o seu valor.

Convergência e divergência

Algumas vezes, os números na seqüência se aproximam de um valor único à medida que o índice n aumenta. É o que acontece na seqüência

$$\left\{1, \frac{1}{2}, \frac{1}{3}, \frac{1}{4}, \ldots, \frac{1}{n}, \ldots\right\}$$

cujos termos se aproximam de 0 conforme n aumenta, e na seqüência

$$\left\{0, \frac{1}{2}, \frac{2}{3}, \frac{3}{4}, \frac{4}{5}, \ldots, 1 - \frac{1}{n}, \ldots\right\}$$

na qual os termos se aproximam de 1. Por outro lado, seqüências do tipo

$$\{\sqrt{1}, \sqrt{2}, \sqrt{3}, \ldots, \sqrt{n}, \ldots\}$$

possuem termos que ficam maiores que qualquer outro número à medida que n aumenta; e seqüências como

$$\{1, -1, 1, -1, 1, -1, \ldots, (-1)^{n+1}, \ldots\}$$

oscilam entre 1 e –1, e nunca convergem a um único valor. A definição a seguir apresenta a definição para uma seqüência que converge para um valor-limite. Ela nos diz que, se avançamos o suficiente na seqüência e fazemos que o índice n seja maior que qualquer valor N, a diferença entre a_n e o limite da seqüência se torna menor que qualquer número predefinido $\epsilon > 0$.

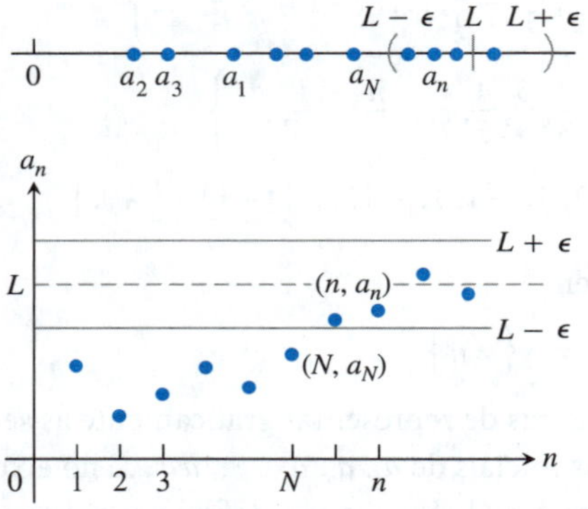

FIGURA 11.2 Se $y = L$ é uma assíntota horizontal da seqüência de pontos $\{(n, a_n)\}$, então $a_n \to L$. Nesta figura, todos os a_n depois de a_N estão próximos ao menor de ϵ.

Definições Convergência, divergência, limite

A seqüência $\{a_n\}$ **converge** para o número L se para todo número positivo ϵ existe um inteiro N tal que para todo n

$$n > N \quad \Rightarrow \quad |a_n - L| < \epsilon$$

Se esse número L não existe, dizemos que $\{a_n\}$ **diverge**.

Se $\{a_n\}$ converge para L, escrevemos $\lim_{n\to\infty} a_n = L$, ou simplesmente $a_n \to L$, e chamamos L de **limite** da seqüência (Figura 11.2).

Essa definição é bastante parecida com a que define o limite da função $f(x)$ à medida que x tende a ∞ ($\lim_{x\to\infty} f(x)$ na Seção 2.4, Volume I). Exploraremos essa conexão para explorar limites de seqüências.

Companion Website
Biografia histórica
Nicole Oresme
(c. 1320–1382)

EXEMPLO 1 Aplicando a definição

Mostre que

(a) $\lim_{n\to\infty} \frac{1}{n} = 0$ (b) $\lim_{n\to\infty} k = k$ (para toda constante k)

SOLUÇÃO

(a) Seja $\epsilon > 0$ dado. Devemos mostrar que existe um inteiro N tal que para todo n,

$$n > N \quad \Rightarrow \quad \left|\frac{1}{n} - 0\right| < \epsilon$$

Essa implicação é verdadeira se $(1/n) < \epsilon$ ou $n > 1/\epsilon$. Se N for um inteiro maior que $1/\epsilon$, a implicação será verdadeira para todo $n > N$. Isso prova que $\lim_{n\to\infty} (1/n) = 0$.

(b) Seja $\epsilon > 0$ dado. Devemos mostrar que existe um inteiro N tal que para todo n,

$$n > N \quad \Rightarrow \quad |k - k| < \epsilon$$

Como $k - k = 0$, podemos usar qualquer inteiro positivo para N e a implicação será verdadeira. Isso prova que $\lim_{n\to\infty} k = k$ para toda constante k.

EXEMPLO 2 Uma seqüência divergente

Mostre que a seqüência $\{1, -1, 1, -1, 1, -1, \ldots, (-1)^{n+1}, \ldots\}$ diverge.

SOLUÇÃO Suponha que a seqüência convirja para algum número L. Selecionando $\epsilon = 1/2$ na definição do limite, todos os termos a_n da seqüência com índice n maior que N devem estar a menos de $\epsilon = 1/2$ de L.

Como o número 1 aparece repetidas vezes na seqüência, temos que ele está a uma distância de menos de $\epsilon = 1/2$ de L. Portanto, $|L - 1| < 1/2$ ou, de maneira equivalente, $1/2 < L < 3/2$. De maneira análoga, o número -1 aparece repetidas vezes na seqüência com um índice arbitrariamente alto. Devemos, então, considerar que $|L - (-1)| < 1/2$ ou, de maneira equivalente, $-1/2 < L < -3/2$. Mas o número L não pode estar ao mesmo tempo nos intervalos $(1/2, 3/2)$ e $(-3/2, -1/2)$ porque eles não se sobrepõem. Assim sendo, o limite L não existe e a seqüência diverge.

Observe que o mesmo argumento é válido para qualquer número positivo ϵ menor que 1, não somente para 1/2.

A seqüência $\{\sqrt{n}\}$ também diverge, mas por uma razão diferente. Conforme n aumenta, os seus termos ficam maiores que qualquer número predefinido. Descrevemos o comportamento dessa seqüência da seguinte maneira:

$$\lim_{n\to\infty} \sqrt{n} = \infty$$

Quando escrevemos que o limite da função é o infinito, não estamos dizendo que as diferenças entre os termos a_n e ∞ diminuem à medida que n aumenta. Tampouco estamos afirmando que existe algum infinito numérico do qual a seqüência se aproxima. Estamos simplesmente fazendo uso de uma notação que traduza a idéia de que a_n pode finalmente alcançar um número maior que qualquer outro predefinido à medida que n aumenta.

Definição **Divergência para o infinito**
A seqüência $\{a_n\}$ **diverge para o infinito** se para todo número positivo M existe um inteiro N tal que para todo n maior que N, $a_n > M$. Se essa condição for verdadeira, temos que

$$\lim_{n\to\infty} a_n = \infty \qquad \text{ou} \qquad a_n \to \infty$$

Analogamente, se para todo número m existe um inteiro N tal que para todo $n > N$ temos $a_n < m$, dizemos que $\{a_n\}$ **diverge para o menos infinito** e escrevemos que

$$\lim_{n\to\infty} a_n = -\infty \qquad \text{ou} \qquad a_n \to -\infty$$

Mas não é somente para o infinito ou para o menos infinito que uma seqüência pode divergir. Vimos isso no Exemplo 2 e também temos a mesma situação nas seqüências $\{1, -2, 3, -4, 5, -6, 7, -8, \ldots\}$ e $\{1, 0, 2, 0, 3, 0, \ldots\}$.

Calculando limites de seqüências

Se precisássemos sempre utilizar a definição formal do limite de uma seqüência, por meio de ϵ e N, o cálculo dos limites das seqüências seria uma tarefa descomunal. Felizmente, podemos derivar alguns exemplos básicos e utilizá-los para analisar de maneira mais rápida os limites de muitas outras seqüências desde que consigamos compreender de que maneira elas são combinadas e comparadas. Como seqüências são funções cujo domínio está restrito aos inteiros positivos, você não ficará surpreso em saber que os teoremas para limites de funções apresentados no Capítulo 2, Volume I, também têm suas versões para seqüências.

Teorema 1
Sejam $\{a_n\}$ e $\{b_n\}$ seqüências de números reais e sejam A e B números reais. As regras a seguir são verdadeiras se $\lim_{n\to\infty} a_n = A$ e $\lim_{n\to\infty} b_n = B$.

1. *Regra da soma:* $\lim_{n\to\infty} (a_n + b_n) = A + B$
2. *Regra da diferença:* $\lim_{n\to\infty} (a_n - b_n) = A - B$
3. *Regra do produto:* $\lim_{n\to\infty} (a_n \cdot b_n) = A \cdot B$
4. *Regra da multiplicação por constante:* $\lim_{n\to\infty} (k \cdot b_n) = k \cdot B$ (para todo número k)
5. *Regra do quociente:* $\lim_{n\to\infty} \frac{a_n}{b_n} = \frac{A}{B}$ se $B \neq 0$

A prova é semelhante à do Teorema 1 da Seção 2.2, Volume I, e, portanto, não será apresentada.

EXEMPLO 3 Aplicando o Teorema 1

Combinando o Teorema 1 com os resultados do limite no Exemplo 1, temos

(a) $\lim_{n\to\infty}\left(-\frac{1}{n}\right) = -1 \cdot \lim_{n\to\infty} \frac{1}{n} = -1 \cdot 0 = 0$ — Regra da multiplicação por constante e Exemplo 1a.

(b) $\lim_{n\to\infty}\left(\frac{n-1}{n}\right) = \lim_{n\to\infty}\left(1 - \frac{1}{n}\right) = \lim_{n\to\infty} 1 - \lim_{n\to\infty} \frac{1}{n} = 1 - 0 = 1$ — Regra da diferença e Exemplo 1a.

(c) $\lim_{n\to\infty} \frac{5}{n^2} = 5 \cdot \lim_{n\to\infty} \frac{1}{n} \cdot \lim_{n\to\infty} \frac{1}{n} = 5 \cdot 0 \cdot 0 = 0$ — Regra do produto.

(d) $\lim_{n\to\infty} \frac{4 - 7n^6}{n^6 + 3} = \lim_{n\to\infty} \frac{(4/n^6) - 7}{1 + (3/n^6)} = \frac{0 - 7}{1 + 0} = -7$ — Regra da soma e regra do quociente.

Tenha cuidado ao aplicar o Teorema 1. Ele não diz, por exemplo, que cada uma das seqüências $\{a_n\}$ e $\{b_n\}$ terá um limite se a soma de ambas $\{a_n + b_n\}$ tiver um limite. As seqüências $\{a_n\} = \{1, 2, 3, \ldots\}$ e $\{b_n\} = \{-1, -2, -3, \ldots\}$ divergem, mas o somatório destas $\{a_n + b_n\} = \{0, 0, 0, \ldots\}$ claramente converge para 0.

Uma das conseqüências do Teorema 1 é que todo múltiplo não-nulo de uma seqüência divergente $\{a_n\}$ também diverge. Suponha, em vez disso, que $\{ca_n\}$ convirja para algum número $c \neq 0$. Então, tomando $k = 1/c$ na regra da multiplicação por constante no Teorema 1, vemos que a seqüência

$$\left\{\frac{1}{c} \cdot ca_n\right\} = \{a_n\}$$

converge. Assim, $\{ca_n\}$ não pode convergir a menos que $\{a_n\}$ também convirja. Se $\{a_n\}$ não convergir, então $\{ca_n\}$ não convergirá.

O próximo teorema foi obtido a partir do teorema do confronto apresentado na Seção 2.2, Volume I. Será pedido que você o prove no Exercício 95.

Teorema 2 **Teorema do confronto para seqüências**
Sejam $\{a_n\}$, $\{b_n\}$ e $\{c_n\}$ seqüências de números reais. Se $a_n \leq b_n \leq c_n$ for verdadeira para todo n além de algum índice N e se $\lim_{n\to\infty} a_n = \lim_{n\to\infty} c_n = L$, então $\lim_{n\to\infty} b_n = L$ também.

Uma conseqüência imediata do Teorema 2 é que, se $|b_n| \leq c_n$ e $c_n \to 0$, então $b_n \to 0$ porque $-c_n \leq b_n \leq c_n$. Usaremos esse fato no próximo exemplo.

EXEMPLO 4 Aplicando o teorema do confronto

Como $1/n \to 0$, sabemos que

(a) $\dfrac{\cos n}{n} \to 0$ porque $-\dfrac{1}{n} \leq \dfrac{\cos n}{n} \leq \dfrac{1}{n}$

(b) $\dfrac{1}{2^n} \to 0$ porque $0 \leq \dfrac{1}{2^n} \leq \dfrac{1}{n}$

(c) $(-1)^n \dfrac{1}{n} \to 0$ porque $-\dfrac{1}{n} \leq (-1)^n \dfrac{1}{n} \leq \dfrac{1}{n}$

A aplicação dos teoremas 1 e 2 é ampliada por um teorema que afirma que, se aplicarmos uma função contínua a uma seqüência convergente, produziremos uma seqüência convergente. Enunciamos o teorema sem prova (Exercício 96).

Teorema 3 **O teorema da função contínua para seqüências**
Seja $\{a_n\}$ uma seqüência de números reais. Se $a_n \to L$ e se f for uma função contínua em L e definida para todo a_n, então $f(a_n) \to f(L)$.

EXEMPLO 5 Aplicando o Teorema 3

Mostre que $\sqrt{(n+1)/n} \to 1$.

SOLUÇÃO Sabemos que $(n + 1)/n \to 1$. Tomando $f(x) = \sqrt{x}$ e $L = 1$ no Teorema 3, temos $\sqrt{(n+1)/n} \to \sqrt{1} = 1$.

EXEMPLO 6 A seqüência $\{2^{1/n}\}$

A seqüência $\{1/n\}$ converge para 0. Tomando $a_n = 1/n$, $f(x) = 2^x$ e $L = 0$ no Teorema 3, vemos que $2^{1/n} = f(1/n) \to f(L) = 2^0 = 1$. A seqüência $\{2^{1/n}\}$ converge para 1 (Figura 11.3).

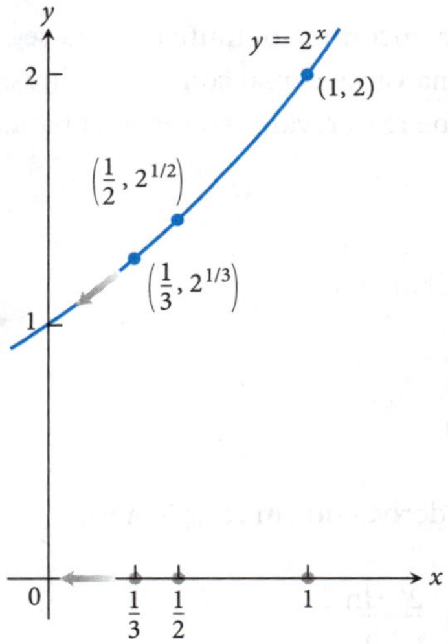

FIGURA 11.3 Quando $n \to \infty$, $1/n \to 0$ e $2^{1/n} = 2^0$ (Exemplo 6).

Usando a regra de L'Hôpital

O próximo teorema nos permite usar a regra de L'Hôpital para encontrar o limite de algumas seqüências. Ele formaliza a relação entre $\lim_{n\to\infty} a_n$ e $\lim_{x\to\infty} f(x)$.

Teorema 4
Suponha que $f(x)$ seja uma função definida para todo $x \geq n_0$ e que $\{a_n\}$ seja uma seqüência de números reais tal que $a_n = f(n)$ para $n \geq n_0$. Então,

$$\lim_{x\to\infty} f(x) = L \quad \Rightarrow \quad \lim_{x\to\infty} a_n = L$$

PROVA Suponha que $\lim_{n\to\infty} f(x) = L$. Então, para cada número positivo ϵ existe um número M tal que para todo x,

$$x > M \qquad \Rightarrow \qquad |f(x) - L| < \epsilon$$

Seja N um inteiro maior que M e maior ou igual a n_0. Então,

$$n > N \quad \Rightarrow \quad a_n = f(n) \text{ e } |a_n - L| = |f(n) - L| < \epsilon$$

EXEMPLO 7 Aplicando a regra de L'Hôpital

Mostre que

$$\lim_{n\to\infty} \frac{\ln n}{n} = 0$$

SOLUÇÃO A função $(\ln x)/x$ é definida para todo $x \geq 1$ e coincide com a seqüência dada em inteiros positivos. Portanto, pelo Teorema 4, $\lim_{n\to\infty} (\ln n)/n$ será igual a $\lim_{x\to\infty} (\ln x)/x$ se esse último existir. Uma simples aplicação da regra de L'Hôpital mostra que

$$\lim_{n\to\infty} \frac{\ln x}{x} = \lim_{x\to\infty} \frac{1/x}{1} = \frac{0}{1} = 0$$

Concluímos que $\lim_{n\to\infty} (\ln n)/n = 0$.

Quando usamos a regra de L'Hôpital para encontrar o limite de uma seqüência, freqüentemente tratamos n como uma variável real contínua e diretamente derivável em relação a n. Isso evita que reescrevamos a fórmula para a_n, como fizemos no Exemplo 7.

EXEMPLO 8 Aplicando a regra de L'Hôpital

Encontre

$$\lim_{n\to\infty} \frac{2^n}{5n}$$

SOLUÇÃO Pela regra de L'Hôpital (derivando em relação a n),

$$\lim_{n\to\infty} \frac{2^n}{5n} = \lim_{n\to\infty} \frac{2^n \cdot \ln 2}{5}$$
$$= \infty$$

EXEMPLO 9 Aplicando a regra de L'Hôpital para determinar a convergência

A seqüência cujo n-ésimo termo é

$$a_n = \left(\frac{n+1}{n-1}\right)^n$$

converge? Em caso afirmativo, encontre $\lim_{n\to\infty} a_n$.

SOLUÇÃO O limite nos leva à forma indeterminada 1^∞. Poderemos aplicar a regra de L'Hôpital se primeiro mudarmos essa forma para $\infty \cdot 0$ tomando o logaritmo natural de a_n:

$$\ln a_n = \ln\left(\frac{n+1}{n-1}\right)^n$$
$$= n \ln\left(\frac{n+1}{n-1}\right)$$

Então,

$$\lim_{n\to\infty} \ln a_n = \lim_{n\to\infty} n \ln\left(\frac{n+1}{n-1}\right) \qquad \infty \cdot 0$$

$$= \lim_{n\to\infty} \frac{\ln\left(\frac{n+1}{n-1}\right)}{1/n} \qquad \frac{0}{0}$$

$$= \lim_{n\to\infty} \frac{-2/(n^2-1)}{-1/n^2} \qquad \text{Regra de L'Hôpital}$$

$$= \lim_{n\to\infty} \frac{2n^2}{n^2-1} = 2$$

Como $\ln a_n \to 2$ e $f(x) = e^x$ é contínua, o Teorema 4 nos diz que

$$a_n = e^{\ln a_n} \to e^2$$

A seqüência $\{a_n\}$ converge para e^2.

Limites que aparecem com freqüência

O próximo teorema apresenta limites que aparecem com freqüência.

Teorema 5
As seis seqüências a seguir convergem para os limites listados:

1. $\lim\limits_{n\to\infty} \frac{\ln n}{n} = 0$
2. $\lim\limits_{n\to\infty} \sqrt[n]{n} = 1$
3. $\lim\limits_{n\to\infty} x^{1/n} = 1 \qquad (x > 0)$
4. $\lim\limits_{n\to\infty} x^n = 0 \qquad (|x| < 1)$
5. $\lim\limits_{n\to\infty} \left(1 + \frac{x}{n}\right)^n = e^x \qquad (\text{todo } x)$
6. $\lim\limits_{n\to\infty} \frac{x^n}{n!} = 0 \qquad (\text{todo } x)$

Nas fórmulas 3 – 6, o valor de x se mantém fixo enquanto $n \to \infty$.

Notação fatorial
A notação $n!$ ("n fatorial") representa o produto $1 \cdot 2 \cdot 3 \cdots n$ de inteiros de 1 a n. Note que $(n+1)! = (n+1) \cdot n!$ Então, $4! = 1 \cdot 2 \cdot 3 \cdot 4 = 24$ e $5! = 1 \cdot 2 \cdot 3 \cdot 4 \cdot 5 = 5 \cdot 4! = 120$. Definimos $0!$ como 1. Os fatoriais crescem ainda mais rapidamente que as exponenciais, como a tabela a seguir sugere.

n	e^n (arredondado)	$n!$
1	3	1
5	148	120
10	22.026	3.628.800
20	$4{,}9 \times 10^8$	$2{,}4 \times 10^{18}$

PROVA O primeiro limite é o do Exemplo 7. Os dois seguintes podem ser provados tomando-se os logaritmos e aplicando-se o Teorema 4 (exercícios 93 e 94). As demais provas podem ser encontradas no Apêndice A.3.

EXEMPLO 10 Aplicando o Teorema 5

(a) $\frac{\ln(n^2)}{n} = \frac{2\ln n}{n} \to 2 \cdot 0 = 0$ — Fórmula 1

(b) $\sqrt[n]{n^2} = n^{2/n} = (n^{1/n})^2 \to (1)^2 = 1$ — Fórmula 2

(c) $\sqrt[n]{3n} = 3^{1/n}(n^{1/n}) \to 1 \cdot 1 = 1$ — Fórmula 3 com $x = 3$ e Fórmula 2

(d) $\left(-\frac{1}{2}\right)^n \to 0$ Fórmula 4 com $x = -(1/2)$

(e) $\left(\frac{n-2}{n}\right)^n = \left(1 + \frac{-2}{n}\right)^n \to e^{-2}$ Fórmula 5 com $x = -2$

(f) $\frac{100^n}{n!} \to 0$ Fórmula 6 com $x = 100$

Seqüências definidas recursivamente

Até aqui, nas seqüências que temos estudado, cada a_n foi calculado diretamente a partir do valor de n. As seqüências, contudo, são, com freqüência, definidas **recursivamente**, dando

1. O(s) valor(es) do termo iniciais e
2. Uma regra, chamada **fórmula recursiva**, para calcular qualquer termo posterior a partir de termos que o precedem.

EXEMPLO 11 Seqüências construídas recursivamente

(a) As sentenças $a_1 = 1$ e $a_n = a_{n-1} + 1$ definem a seqüência 1, 2, 3, . . . , n, . . . de inteiros positivos. Com $a_1 = 1$, temos $a_2 = a_1 + 1 = 2$, $a_3 = a_2 + 1 = 3$ e assim por diante.

(b) As sentenças $a_1 = 1$ e $a_n = n \cdot a_{n-1}$ definem a seqüência de fatoriais 1, 2, 6, 24, . . . , $n!$, . . . Com $a_1 = 1$, temos $a_2 = 2 \cdot a_1 = 2$, $a_3 = 3 \cdot a_2 = 6$, $a_4 = 4 \cdot a_3 = 24$ e assim por diante.

(c) As sentenças $a_1 = 1$, $a_2 = 1$ e $a_{n+1} = a_n + a_{n-1}$ definem a seqüência de **números de Fibonacci** 1, 1, 2, 3, 5, . . . Com $a_1 = 1$ e $a_2 = 1$, temos $a_3 = 1 + 1 = 2$, $a_4 = 2 + 1 = 3$, $a_5 = 3 + 2 = 5$ e assim por diante.

(d) Como podemos ver na aplicação do método de Newton, as afirmações $x_0 = 1$ e $x_{n+1} = x_n - [(\operatorname{sen} x_n - x_n^2)/(\cos x_n - 2x_n)]$ definem uma seqüência que converge para uma solução da equação $\operatorname{sen}(x) - x^2 = 0$.

Seqüências crescentes limitadas

Os termos de uma seqüência podem ser limitados, às vezes aumentando e às vezes diminuindo. Um tipo especial de seqüência é aquele no qual cada termo é, pelo menos, tão grande quanto seu antecedente.

Definição Seqüência crescente
Uma seqüência $\{a_n\}$ com a propriedade de que $a_n \leq a_{n+1}$ para todo n é chamada **seqüência crescente**.

EXEMPLO 12 Seqüências crescentes

(a) A seqüência 1, 2, 3, . . . , n, . . . de números naturais

(b) A seqüência $\frac{1}{2}, \frac{2}{3}, \frac{3}{4}, \ldots, \frac{n}{n+1}, \ldots$

(c) A seqüência constante $\{3\}$

Existem dois tipos de seqüências crescentes: aquelas nas quais os termos aumentam mais que qualquer limitante finito e aquelas nas quais isso não ocorre.

Definição **Limitada, limitante superior, menor limitante superior**
Uma seqüência $\{a_n\}$ é **limitada superiormente** se existe um número M tal que $a_n \leq M$ para todo n. O número M é um **limitante superior** para $\{a_n\}$. Se M é um limitante superior para $\{a_n\}$, mas nenhum número menor que M é um limitante superior para $\{a_n\}$, então, M é o **menor limitante superior** para $\{a_n\}$.

EXEMPLO 13 Aplicando a definição de seqüência limitada

(a) A seqüência 1, 2, 3, . . . , n, . . . não tem limitante superior.

(b) A seqüência $\frac{1}{2}, \frac{2}{3}, \frac{3}{4}, \ldots, \frac{n}{n+1}, \ldots$ é limitada superiormente por $M = 1$.

Nenhum número menor que 1 é limitante superior para a seqüência; portanto, 1 é o menor limitante superior (Exercício 113).

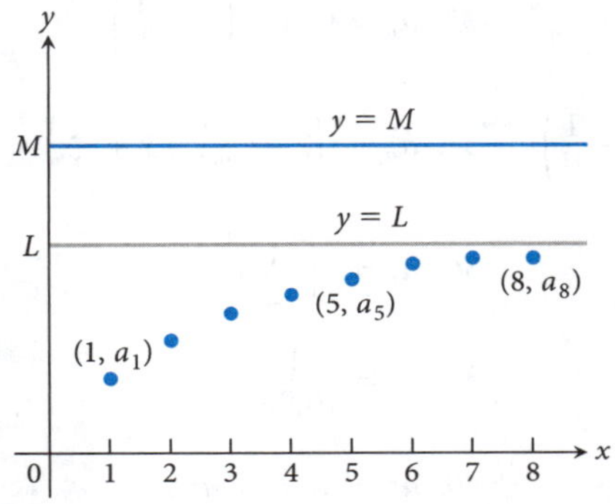

FIGURA 11.4 Se os termos de uma seqüência crescente possuem um limitante superior M, eles têm um limite $L \leq M$.

Uma seqüência crescente limitada superiormente sempre tem um limitante superior. Esta é a propriedade de completude discutida no Apêndice A.4. Provaremos que se L é o menor limitante superior, então a seqüência converge para L.

Imagine que tracemos os pontos $(1, a_1), (2, a_2), \ldots, (n, a_n), \ldots$ no plano xy. Se M é um limitante superior da seqüência, todos esses pontos estarão sobre ou abaixo da reta $y = M$ (Figura 11.4), já que ela é a reta mais baixa. Nenhum dos pontos (n, a_n) está acima de $y = L$, mas alguns certamente estarão acima de qualquer reta inferior $y = L - \epsilon$, se ϵ for um número positivo. A seqüência converge para L porque

(a) $a_n \leq L$ para *todos* os valores de n e

(b) dado qualquer $\epsilon > 0$, existe pelo menos um inteiro N para o qual $a_N > L - \epsilon$.

O fato de $\{a_n\}$ ser crescente também nos diz que

$$a_n \geq a_n > L - \epsilon \qquad \text{para todo } n \geq N$$

Assim, *todos* os números a_n acima do N-ésimo número estão próximos de L a menos de ϵ. É exatamente essa a condição para que L seja o limite da seqüência $\{a_n\}$.

As características das seqüências crescentes estão resumidas no próximo teorema. Um resultado semelhante também é verdadeiro para seqüência decrescentes (Exercício 107).

Teorema 6 **Teorema da seqüência crescente**
Uma seqüência crescente de números reais converge se, e somente se, é limitada superiormente. Se uma seqüência crescente converge, ela o faz para o seu menor limitante superior.

O Teorema 6 implica que uma seqüência crescente converge quando possui um limitante superior. Caso contrário, ela diverge para o infinito.

Exercícios 11.1

Encontrando termos de uma seqüência

Cada um dos exercícios 1-6 dá uma fórmula para o n-ésimo termo a_n de uma seqüência $\{a_n\}$. Encontre os valores de a_1, a_2, a_3 e a_4.

1. $a_n = \dfrac{1-n}{n^2}$ **2.** $a_n = \dfrac{1}{n!}$

3. $a_n = \dfrac{(-1)^{n+1}}{2n-1}$ **4.** $a_n = 2 + (-1)^n$

5. $a_n = \dfrac{2^n}{2^{n+1}}$ **6.** $a_n = \dfrac{2^n - 1}{2^n}$

Cada um dos exercícios 7–12 dá o primeiro ou os dois primeiros termos de uma seqüência, bem como uma fórmula de recursão para os termos seguintes. Escreva os dez termos iniciais de cada seqüência.

7. $a_1 = 1, \quad a_{n+1} = a_n + (1/2^n)$

8. $a_1 = 1, \quad a_{n+1} = a_n/(n+1)$

9. $a_1 = 2, \quad a_{n+1} = (-1)^{n+1} a_n/2$

10. $a_1 = -2, \quad a_{n+1} = na_n/(n+1)$

11. $a_1 = a_2 = 1, \quad a_{n+2} = a_{n+1} + a_n$

12. $a_1 = 2, \quad a_2 = -1, \quad a_{n+2} = a_{n+1}/a_n$

Encontrando fórmulas para seqüências

Nos exercícios 13–22, encontre uma fórmula para o n-ésimo termo da seqüência.

13. A seqüência 1, –1, 1, –1, 1, . . . Números 1 com os sinais alternados.

14. A seqüência –1, 1, –1, 1, –1, . . . Números 1 com os sinais alternados.

15. A seqüência 1, –4, 9, –16, 25, . . . Quadrados dos inteiros positivos com os sinais alternados.

16. A seqüência $1, -\frac{1}{4}, \frac{1}{9}, -\frac{1}{16}, \frac{1}{25}, \ldots$ Recíprocos dos quadrados dos inteiros positivos com sinais alternados.

17. A seqüência 0, 3, 8, 15, 24, . . . Quadrados dos inteiros positivos menos 1.

18. A seqüência –3, –2, –1, 0, 1, . . . Inteiros começando com –3.

19. A seqüência 1, 5, 9, 13, 17, . . . Um ímpar sim, um ímpar não.

20. A seqüência 2, 6, 10, 14, 18, . . . Um par sim, um par não.

21. A seqüência 1, 0, 1, 0, 1, . . . Alternando 1 e 0.

22. A seqüência 0, 1, 1, 2, 2, 3, 3, 4, . . . Cada inteiro positivo repetido uma vez.

Encontrando limites

Quais das seqüências $\{a_n\}$ nos exercícios 23–84 convergem e quais divergem? Encontre o limite de cada seqüência convergente.

23. $a_n = 2 + (0{,}1)^n$ **24.** $a_n = \dfrac{n + (-1)^n}{n}$

25. $a_n = \dfrac{1-2n}{1+2n}$ **26.** $a_n = \dfrac{2n+1}{1-3\sqrt{n}}$

27. $a_n = \dfrac{1-5n^4}{n^4+8n^3}$ **28.** $a_n = \dfrac{n+3}{n^2+5n+6}$

29. $a_n = \dfrac{n^2-2n+1}{n-1}$ **30.** $a_n = \dfrac{1-n^3}{70-4n^2}$

31. $a_n = 1 + (-1)^n$ **32.** $a_n = (-1)^n\left(1 - \dfrac{1}{n}\right)$

33. $a_n = \left(\dfrac{n+1}{2n}\right)\left(1 - \dfrac{1}{n}\right)$ **34.** $a_n = \left(2 - \dfrac{1}{2^n}\right)\left(3 + \dfrac{1}{2^n}\right)$

35. $a_n = \dfrac{(-1)^{n+1}}{2n-1}$ **36.** $a_n = \left(-\dfrac{1}{2}\right)^n$

37. $a_n = \sqrt{\dfrac{2n}{n+1}}$ **38.** $a_n = \dfrac{1}{(0{,}9)^n}$

39. $a_n = \operatorname{sen}\left(\dfrac{\pi}{2} + \dfrac{1}{n}\right)$ **40.** $a_n = n\pi\cos(n\pi)$

41. $a_n = \dfrac{\operatorname{sen} n}{n}$ **42.** $a_n = \dfrac{\operatorname{sen}^2 n}{2^n}$

43. $a_n = \dfrac{n}{2^n}$ **44.** $a_n = \dfrac{3^n}{n^3}$

45. $a_n = \dfrac{\ln(n+1)}{\sqrt{n}}$ **46.** $a_n = \dfrac{\ln n}{\ln 2n}$

47. $a_n = 8^{1/n}$ **48.** $a_n = (0{,}03)^{1/n}$

49. $a_n = \left(1 + \dfrac{7}{n}\right)^n$ **50.** $a_n = \left(1 - \dfrac{1}{n}\right)^n$

51. $a_n = \sqrt[n]{10n}$ **52.** $a_n = \sqrt[n]{n^2}$

53. $a_n = \left(\dfrac{3}{n}\right)^{1/n}$ **54.** $a_n = (n+4)^{1/(n+4)}$

55. $a_n = \dfrac{\ln n}{n^{1/n}}$ **56.** $a_n = \ln n - \ln(n+1)$

57. $a_n = \sqrt[n]{4^n n}$ **58.** $a_n = \sqrt[n]{3^{2n+1}}$

59. $a_n = \dfrac{n!}{n^n}$ (*Sugestão*: Compare com $1/n$.)

60. $a_n = \dfrac{(-4)^n}{n!}$ **61.** $a_n = \dfrac{n!}{10^{6n}}$

62. $a_n = \dfrac{n!}{2^n \cdot 3^n}$ **63.** $a_n = \left(\dfrac{1}{n}\right)^{1/(\ln n)}$

64. $a_n = \ln\left(1 + \dfrac{1}{n}\right)^n$ **65.** $a_n = \left(\dfrac{3n+1}{3n-1}\right)^n$

66. $a_n = \left(\dfrac{n}{n+1}\right)^n$

67. $a_n = \left(\dfrac{x^n}{2n+1}\right)^{1/n}, \quad x > 0$

68. $a_n = \left(1 - \dfrac{1}{n^2}\right)^n$

69. $a_n = \dfrac{3^n \cdot 6^n}{2^{-n} \cdot n!}$

70. $a_n = \dfrac{(10/11)^n}{(9/10)^n + (11/12)^n}$

71. $a_n = \operatorname{tgh} n$

72. $a_n = \operatorname{senh}(\ln n)$

73. $a_n = \dfrac{n^2}{2n-1} \operatorname{sen} \dfrac{1}{n}$

74. $a_n = n\left(1 - \cos \dfrac{1}{n}\right)$

75. $a_n = \operatorname{tg}^{-1} n$

76. $a_n = \dfrac{1}{\sqrt{n}} \operatorname{tg}^{-1} n$

77. $a_n = \left(\dfrac{1}{3}\right)^n + \dfrac{1}{\sqrt{2^n}}$

78. $a_n = \sqrt[n]{n^2 + n}$

79. $a_n = \dfrac{(\ln n)^{200}}{n}$

80. $a_n = \dfrac{(\ln n)^5}{\sqrt{n}}$

81. $a_n = n - \sqrt{n^2 - n}$

82. $a_n = \dfrac{1}{\sqrt{n^2 - 1} - \sqrt{n^2 + n}}$

83. $a_n = \dfrac{1}{n} \displaystyle\int_1^n \dfrac{1}{x}\, dx$

84. $a_n = \displaystyle\int_1^n \dfrac{1}{x^p}\, dx, \quad p > 1$

Teoria e exemplos

85. O primeiro termo de uma seqüência é $x_1 = 1$. Cada um dos termos seguintes é a soma de todos os seus antecedentes:

$$x_{n+1} = x_1 + x_2 + \ldots + x_n$$

Escreva os primeiros termos até que seja capaz de deduzir uma fórmula geral para x_n que seja verdadeira para $n \geq 2$.

86. Uma seqüência de números racionais é descrita a seguir:

$$\frac{1}{1}, \frac{3}{2}, \frac{7}{5}, \frac{17}{12}, \ldots, \frac{a}{b}, \frac{a+2b}{a+b}, \ldots$$

Aqui os numeradores formam uma seqüência, os denominadores formam uma segunda seqüência e suas razões formam uma terceira seqüência. Sejam x_n e y_n, respectivamente, o numerador e o denominador da n-ésima fração $r_n = x_n / y_n$.

(a) Prove que $x_1^2 - 2y_1^2 = -1$, $x_2^2 - 2y_2^2 = +1$ e, mais genericamente, que se $a^2 - 2b^2 = -1$ ou $+1$, então

$$(a + 2b)^2 - 2(a + b)^2 = +1 \text{ ou } -1$$

respectivamente.

(b) As frações $r_n = x_n/y_n$ se aproximam de um limite à medida que n aumenta. Qual é esse limite? (*Sugestão*: Use o item **(a)** para mostrar que $r_n^2 - 2 = \pm(1/y_n)^2$ e que y_n não é menor que n).

87. **Método de Newton** As seqüências a seguir vêm da fórmula recursiva para o método de Newton.

$$x_{n+1} = x_n - \frac{f(x_n)}{f'(x_n)}$$

As seqüências convergem? Em caso afirmativo, para qual valor? Em cada caso, comece identificando a função f que gera a seqüência.

(a) $x_0 = 1, \quad x_{n+1} = x_n - \dfrac{x_n^2 - 2}{2x_n} = \dfrac{x_n}{2} + \dfrac{1}{x_n}$

(b) $x_0 = 1, \quad x_{n+1} = x_n - \dfrac{\operatorname{tg} x_n - 1}{\sec^2 x_n}$

(c) $x_0 = 1, \quad x_{n+1} = x_n - 1$

88. **(a)** Suponha que $f(x)$ seja derivável para todo x em $[0, 1]$ e que $f(0) = 0$. Defina a seqüência $\{a_n\}$ pela regra $a_n = nf(1/n)$. Mostre que $\lim_{n\to\infty} a_n = f'(0)$.

Use o resultado do item **(a)** para encontrar os limites das seqüências $\{a_n\}$ a seguir.

(b) $a_n = n \operatorname{tg}^{-1} \dfrac{1}{n}$

(c) $a_n = n(e^{1/n} - 1)$

(d) $a_n = n \ln\left(1 + \dfrac{2}{n}\right)$

89. **Ternas pitagóricas** Uma terna de inteiros positivos a, b e c é chamada **terna pitagórica** se $a^2 + b^2 = c^2$. Seja a um inteiro positivo ímpar e sejam

$$b = \left\lfloor \frac{a^2}{2} \right\rfloor \quad \text{e} \quad c = \left\lceil \frac{a^2}{2} \right\rceil$$

respectivamente, o maior inteiro contido e o maior inteiro contendo $a^2/2$. (O piso inteiro e o teto inteiro de $a^2/2$.)

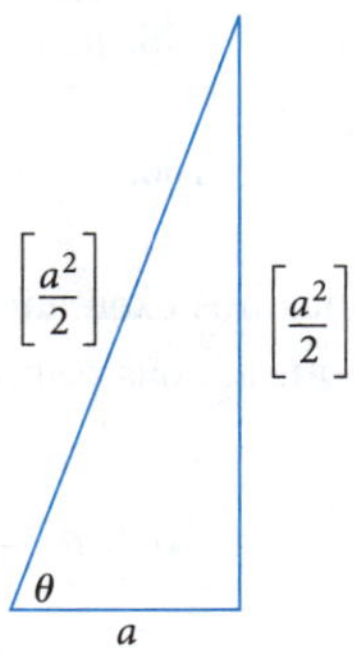

(a) Mostre que $a^2 + b^2 = c^2$. (*Sugestão*: Considere que $a = 2n + 1$ e expresse b e c em termos de n.)

(b) Por cálculo direto ou utilizando a figura, encontre

$$\lim_{a\to\infty} \frac{\left\lfloor \frac{a^2}{2} \right\rfloor}{\left\lceil \frac{a^2}{2} \right\rceil}$$

90. A raiz *n*-ésima de *n*!

(a) Mostre que $\lim_{n\to\infty} (2n\pi)^{1/(2n)} = 1$ e, portanto, usando a aproximação de Stirling (Capítulo 8, Volume I, Exercício adicional 50, item (a)), que

$$\sqrt[n]{n!} \approx \frac{n}{e} \text{ para valores grandes de } n.$$

T (b) Teste a aproximação no item (a) para $n = 40, 50, 60, \ldots$, até onde sua calculadora permitir.

91. (a) Presumindo que $\lim_{n\to\infty} (1/n^c) = 0$ se c for qualquer constante positiva, mostre que

$$\lim_{n\to\infty} \frac{\ln n}{n^c} = 0$$

se c for qualquer constante positiva.

(b) Prove que $\lim_{n\to\infty} (1/n^c) = 0$ se c for qualquer constante positiva. (*Sugestão*: Se $\epsilon = 0{,}001$ e $c = 0{,}04$, de quanto deve ser N para assegurar que $|1/n^c - 0| < \epsilon$ se $n > N$?)

92. O teorema da seqüência intercalada Prove o teorema da seqüência intercalada para seqüências: se tanto $\{a_n\}$ quanto $\{b_n\}$ convergem para L, então a seqüência

$$a_1, b_1, a_2, b_2, \ldots, a_n, b_n \ldots$$

converge para L.

93. Prove que $\lim_{n\to\infty} \sqrt[n]{n} = 1$.

94. Prove que $\lim_{n\to\infty} x^{1/n} = 1, (x > 0)$.

95. Prove o Teorema 2.

96. Prove o Teorema 3.

Nos exercícios 97–100, determine se a seqüência é crescente e se possui um limitante superior.

97. $a_n = \dfrac{3n+1}{n+1}$

98. $a_n = \dfrac{(2n+3)!}{(n+1)!}$

99. $a_n = \dfrac{2^n 3^n}{n!}$

100. $a_n = 2 - \dfrac{2}{n} - \dfrac{1}{2^n}$

Quais das seqüências nos exercícios 101–106 convergem? Quais divergem? Justifique as suas respostas.

101. $a_n = 1 - \dfrac{1}{n}$

102. $a_n = n - \dfrac{1}{n}$

103. $a_n = \dfrac{2^n - 1}{2^n}$

104. $a_n = \dfrac{2^n - 1}{3^n}$

105. $a_n = ((-1)^n + 1)\left(\dfrac{n+1}{n}\right)$

106. O primeiro termo de uma seqüência é $x_1 = \cos(1)$. Os termos seguintes são $x_2 = x_1$ ou $\cos(2)$, o que for maior; e $x_3 = x_2$ ou $\cos(3)$, o que for maior (mais à direita). Em geral,

$$x_{n+1} = \max\{x_n, \cos(n+1)\}$$

107. Seqüências decrescentes Uma seqüência de números $\{a_n\}$ na qual $a_n \geq a_{n+1}$ para todo n é chamada **seqüência decrescente**. Uma seqüência $\{a_n\}$ é **limitada inferiormente** se existe um número M tal que $M \leq a_n$ para todo n. O número M é um **limitante inferior** para a seqüência. A partir do Teorema 6, prove que uma seqüência decrescente limitada inferiormente converge e que uma seqüência decrescente que não é limitada inferiormente diverge.

(Continuação do Exercício 107) Utilizando a conclusão do Exercício 107, determine quais das seqüências nos exercícios 108–112 convergem e quais divergem.

108. $a_n = \dfrac{n+1}{n}$

109. $a_n = \dfrac{1+\sqrt{2n}}{\sqrt{n}}$

110. $a_n = \dfrac{1-4^n}{2^n}$

111. $a_n = \dfrac{4^{n+1}+3^n}{4^n}$

112. $a_1 = 1, \quad a_{n+1} = 2a_n - 3$

113. A seqüência $\{n/(n+1)\}$ tem menor limitante superior igual a 1 Mostre que se M é um número menor que 1, então os termos de $\{n/(n+1)\}$ podem acabar excedendo o valor de M. Portanto, se $M < 1$ existe um inteiro N tal que $n/(n+1) > M$ para todo $n > N$. Como $n/(n+1) < 1$ para todo n, isso prova que 1 é o menor limitante superior para $\{n/(n+1)\}$.

114. Unicidade dos menores limitantes superiores Prove que se M_1 e M_2 são os menores limitantes superiores para a seqüência $\{a_n\}$, então $M_1 = M_2$. Sendo assim, uma seqüência não pode ter dois limitantes superiores diferentes.

115. É verdade que uma seqüência $\{a_n\}$ de números positivos limitada superiormente deve convergir? Justifique sua resposta.

116. Prove que, se $\{a_n\}$ é uma seqüência convergente, então para cada número positivo ϵ corresponde um inteiro N tal que para todo m e n

$$m > N \quad e \quad n > N \quad \Rightarrow \quad |a_m - a_n| < \epsilon.$$

117. Unicidade de limites Prove que limites de seqüências são únicos. Ou seja, mostre que, se L_1 e L_2 forem números tais que $a_n \to L_1$ e $a_n \to L_2$, então $L_1 = L_2$.

118. Limites e subseqüências Se os termos de uma seqüência aparecem em outra seqüência na ordem dada, chamamos a primeira seqüência de **subseqüência** da segunda. Prove que, se duas subseqüências de uma seqüência $\{a_n\}$ possuem limites diferentes $L_1 \neq L_2$, então $\{a_n\}$ divergirá.

119. Para uma seqüência $\{a_n\}$, os termos de índices pares são denotados como a_{2k} e os termos de índices ímpares, como a_{2k+1}. Prove que, se $a_{2k} \to L$ e $a_{2k+1} \to L$, então $a_n \to L$.

120. Prove que uma seqüência $\{a_n\}$ converge para 0 se e somente se a seqüência de valores absolutos $\{|a_n|\}$ converge para 0.

T Usando a calculadora para explorações de limites

Nos exercícios 121–124, tente encontrar, com o auxílio de uma calculadora, um valor de N que tornará a desigualdade verdadeira para todo $n > N$. Presumindo que a desigualdade seja aquela da definição formal do limite de uma seqüência, qual seqüência está sendo considerada em cada caso e qual é seu limite?

121. $|\sqrt[n]{0,5} - 1| < 10^{-3}$ **122.** $|\sqrt[n]{n} - 1| < 10^{-3}$

123. $(0,9)^n < 10^{-3}$ **124.** $2^n/n! < 10^{-7}$

125. Seqüências geradas pelo método de Newton O método de Newton, aplicado a uma função derivável $f(x)$, começa com um valor inicial x_0 e constrói a partir daí uma seqüência de números $\{x_n\}$ que, sob condições favoráveis, converge para um zero de f. A fórmula recursiva para a seqüência é

$$x_{n+1} = x_n - \frac{f(x_n)}{f'(x_n)}$$

(a) Mostre que uma fórmula recursiva para $f(x) = x^2 - a$, $a > 0$, pode ser escrita como $x_{n+1} = (x_n + a/x_n)/2$.

(b) Começando com $x_0 = 1$ e $a = 3$, calcule termos sucessivos da seqüência até que o resultado no visor começar a repetir. Que número está sendo aproximado? Explique.

126. *(Continuação do Exercício 125.)* Repita o item (b) do Exercício 125 com $a = 2$ no lugar de $a = 3$.

127. Uma definição recursiva de $\pi/2$ Se você começar com $x_1 = 1$ e definir os termos subseqüentes de $\{x_n\}$ pela regra $x_n = x_{n-1} + \cos x_{n-1}$, gerará uma seqüência que converge rapidamente para $\pi/2$. (a) Tente isso. (b) Use a figura a seguir para explicar por que a convergência é tão rápida.

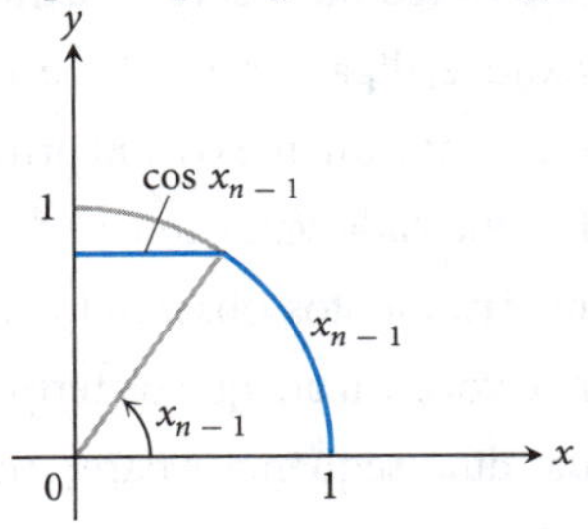

128. De acordo com um artigo publicado em 15 de dezembro de 1992 no *Wall Street Journal*, a Ford Motor Company agora usa cerca de $7\frac{1}{4}$ horas de trabalho para produzir a carroceria de um veículo médio, menos do que as 15 horas estimadas em 1980. Os japoneses precisam apenas de cerca de $3\frac{1}{2}$ horas.

A melhora da Ford desde 1980 representa uma redução média de 6% por ano. Caso essa taxa se mantenha e considerando o ano de 1992, a Ford levará n anos para usar

$$S_n = 7,25(0,94)^n$$

horas de trabalho para produzir carrocerias para veículos médios. Presumindo que os japoneses continuem a gastar $3\frac{1}{2}$ horas por veículo, quantos anos mais a Ford levará para alcançá-los? Adote duas maneiras:

(a) Encontre o primeiro termo da seqüência $\{S_n\}$ que é menor ou igual a 3,5.

T (b) Esboce o gráfico de $f(x) = 7,25(0,94)^x$ e use o comando Trace para determinar onde o gráfico cruza a reta $y = 3,5$.

USANDO O COMPUTADOR

Use um sistema de álgebra por computador (SAC) para seguir os passos indicados para as seqüências dos exercícios 129–140.

(a) Calcule e então represente graficamente os 25 primeiros termos da seqüência. A seqüência parece ser limitada superior ou inferiormente? Parece convergir ou divergir? Se ela convergir, qual será o limite L?

(b) Se a seqüência convergir, encontre um inteiro N tal que $|a_n - L| \le 0,01$ para $n \ge N$. Quão longe na seqüência você deve chegar para que os termos estejam a menos de 0,0001 de L?

129. $a_n = \sqrt[n]{n}$ **130.** $a_n = \left(1 + \frac{0,5}{n}\right)^n$

131. $a_1 = 1, \quad a_{n+1} = a_n + \frac{1}{5^n}$

132. $a_1 = 1, \quad a_{n+1} = a_n + (-2)^n$

133. $a_n = \operatorname{sen} n$ **134.** $a_n = n \operatorname{sen} \frac{1}{n}$

135. $a_n = \frac{\operatorname{sen} n}{n}$ **136.** $a_n = \frac{\ln n}{n}$

137. $a_n = (0,9999)^n$ **138.** $a_n = 123456^{1/n}$

139. $a_n = \frac{8^n}{n!}$ **140.** $a_n = \frac{n^{41}}{19^n}$

141. Juros compostos, depósitos e retiradas Se você investir uma quantia de dinheiro A_0 a uma taxa de juros anual fixa r composta m vezes por ano e se uma quantia constante b for adicionada à conta ao final de cada período de composição (ou retirada da conta se $b < 0$), então a quantia que você terá após $n + 1$ períodos de composição será

$$A_{n+1} = \left(1 + \frac{r}{m}\right)A_n + b \qquad (1)$$

(a) Se $A_0 = 1.000$, $r = 0,02015$, $m = 12$ e $b = 50$, calcule e represente graficamente os cem primeiros pontos (n, A_n). Quanto dinheiro haverá na sua conta após cinco anos? $\{A_n\}$ converge? $\{A_n\}$ é limitada?

(b) Repita o item (a) com $A_0 = 5.000$, $r = 0,0589$, $m = 12$ e $b = -50$.

(c) Se você investir 5.000 dólares em um fundo que paga 4,5% por ano, composto trimestralmente, e se não fizer outros investimentos nesse fundo, aproximadamente quantos anos levará para você ter 20.000 dólares? E se o fundo render 6,25%?

(d) É possível mostrar que para qualquer $k \geq 0$ a seqüência definida recursivamente pela Equação (1) satisfaz a relação

$$A_k = \left(1 + \frac{r}{m}\right)^k \left(A_0 + \frac{mb}{r}\right) - \frac{mb}{r} \qquad (2)$$

Para os valores das constantes A_0, r, m e b dados no item (a), confirme essa afirmação comparando os valores dos 50 primeiros termos de ambas as seqüências. Então, mostre por substituição direta que os termos na Equação (2) satisfazem a fórmula recursiva (1).

142. **Equação de diferenças logística** A relação recursiva

$$a_{n+1} = ra_n(1 - a_n)$$

é chamada *equação de diferenças logística* e, quando o valor inicial a_0 é dado, a equação define a *seqüência logística* $\{a_n\}$. Neste exercício, escolheremos a_0 no intervalo $0 < a_0 < 1$, digamos $a_0 = 0,3$.

(a) Escolha $r = 3/4$. Calcule e represente graficamente os pontos (n, a_n) para os cem primeiros termos da seqüência. Esta parece convergir? Qual você acha que é o limite? O limite parece depender da sua escolha de a_0?

(b) Escolha diversos valores de r no intervalo $1 < r < 3$ e repita o procedimento do item (a). Certifique-se de ter escolhido alguns pontos próximos aos extremos do intervalo. Descreva o comportamento das seqüências que você observa nos seus gráficos.

(c) Agora, examine o comportamento da seqüência para valores de r próximos aos extremos do intervalo $3 < r < 3,45$. O valor de transição $r = 3$ é chamado **valor de bifurcação**, e o novo comportamento da seqüência no intervalo é denominado **2-ciclo atrator**. Explique por que isso descreve razoavelmente esse comportamento.

(d) Em seguida, explore o comportamento para valores de ou $< r$ próximos aos extremos de cada um dos intervalos $3,45 < r < 3,54$ e $3,54 < r < 3,55$. Represente graficamente os 200 primeiros termos das seqüências. Descreva com as próprias palavras o comportamento observado nos seus gráficos para cada intervalo. Entre quantos valores a seqüência parece oscilar para cada intervalo? Os valores $r = 3,45$ e $r = 3,54$ (arredondados para duas casas decimais) também são chamados valores de bifurcação porque o comportamento da seqüência muda quando r passa por esses valores.

(e) A situação se torna ainda mais interessante. Na verdade, existe uma seqüência crescente de valores de bifurcação $3 < 3,45 < 3,54 < \ldots < c_n < c_{n+1} \ldots$ tais que para $c_n < r < c_{n+1}$, a seqüência logística $\{a_n\}$ acaba oscilando regularmente ao redor dos valores 2^n, chamado **2^n-ciclo atrator**. Além disso, a seqüência de bifurcação $\{c_n\}$ é limitada superiormente por 3,57 (assim ela converge). Se você escolher um valor de $r < 3,57$, observará um 2^n-ciclo de algum tipo. Escolha $r = 3,5695$ e represente graficamente 300 pontos.

(f) Vejamos o que acontece quando $r > 3,57$. Escolha $r = 3,65$ e calcule e represente graficamente os 300 primeiros termos de $\{a_n\}$. Observe como os termos variam de maneira imprevisível e caótica. Você não pode predizer o valor de a_{n+1} a partir de termos anteriores.

(g) Para $r = 3,65$, escolha dois valores iniciais de a_0 que estejam próximos, digamos $a_0 = 0,3$ e $a_0 = 0,301$. Calcule e represente graficamente os 300 primeiros valores das seqüências que cada valor inicial determina. Compare os comportamentos observados nos seus gráficos. Quão longe você vai até que os termos correspondentes das suas duas seqüências pareçam se distanciar entre si? Repita a exploração para $r = 3,75$. Você pode ver como os gráficos parecem diferentes dependendo da sua escolha de a_0? Dizemos que a seqüência logística é **sensível à condição inicial a_0**.

11.2 Séries infinitas

Uma *seqüência infinita* é a soma de uma seqüência infinita de números

$$a_1 + a_2 + a_3 + \ldots + a_n + \ldots$$

O objetivo desta seção é compreender o significado de tal soma infinita e desenvolver métodos para calculá-las. Como há um número infinito de termos a serem somados em seqüências infinitas, não podemos simplesmente somar repetidamente para ver o que acontece. Em vez disso, observamos a que resultado chegamos com a soma dos n primeiros termos da seqüência e paramos. A soma dos n primeiros termos de

$$s_n = a_1 + a_2 + a_3 + \ldots + a_n$$

é um número comum e pode ser obtido por meio do processo normal de adição. Ele é denominado *n-ésima soma parcial.* À medida que n aumenta, esperamos que a soma parcial se aproxime cada vez mais de um valor-limite da mesma maneira que os valores de uma seqüência se aproximam de um limite, conforme discutimos na Seção 11.1.

Para atribuirmos significado, por exemplo, para uma expressão do tipo

$$1 + \frac{1}{2} + \frac{1}{4} + \frac{1}{8} + \frac{1}{16} + \cdots$$

somamos os termos um a um a partir do início e buscamos um padrão para como a soma parcial cresce.

Soma parcial		**Expressão sugerida para soma parcial**	**Valor**
Primeira:	$s_1 = 1$	$2 - 1$	1
Segunda:	$s_2 = 1 + \frac{1}{2}$	$2 - \frac{1}{2}$	$\frac{3}{2}$
Terceira:	$s_3 = 1 + \frac{1}{2} + \frac{1}{4}$	$2 - \frac{1}{4}$	$\frac{7}{4}$
⋮	⋮	⋮	⋮
n-ésima:	$s_n = 1 + \frac{1}{2} + \frac{1}{4} + \cdots + \frac{1}{2^{n-1}}$	$2 - \frac{1}{2^{n-1}}$	$\frac{2^n - 1}{2^{n-1}}$

Realmente existe um padrão. A soma parcial forma uma seqüência cujo n-ésimo termo é

$$s_n = 2 - \frac{1}{2^{n-1}}$$

Essa seqüência converge para 2 porque $\lim_{n\to\infty} (1/2^n) = 0$. Dizemos:

"a soma da série infinita $1 + \frac{1}{2} + \frac{1}{4} + \cdots + \frac{1}{2^{n-1}} + \cdots$ é igual a 2".

A soma de qualquer número finito de termos nessa série é igual a 2? Não. Podemos realmente adicionar um número infinito de termos um a um? Não. Contudo, podemos ainda definir sua soma como o limite da seqüência de somas parciais quando $n \to \infty$, nesse caso 2 (Figura 11.5). Nosso conhecimento de seqüências e limites permite que nos libertemos das limitações das somas finitas para definir esse conceito inteiramente novo.

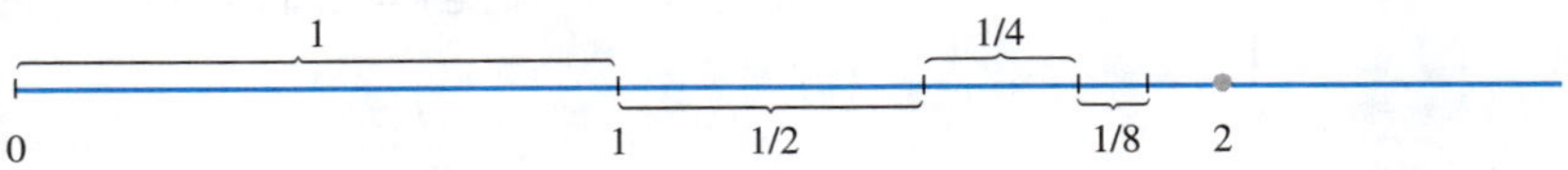

FIGURA 11.5 Quando os comprimentos 1, $1/2$, $1/4$, $1/8$, …, são adicionados um a um, a soma se aproxima de 2.

Companion Website
Biografia histórica

Blaise Pascal
(1623 – 1662)

Definição **Séries infinitas, *n*-ésimo termo, soma parcial, soma**
Dada uma seqüência de números $\{a_n\}$, uma expressão da forma

$$a_1 + a_2 + a_3 + \cdots + a_n + \cdots$$

é uma **série infinita**. O número a_n é o ***n*-ésimo termo** da série. A seqüência $\{s_n\}$ definida por

$$s_1 = a_1$$
$$s_2 = a_1 + a_2$$
$$\vdots$$
$$s_n = a_1 + a_2 + \cdots + a_n = \sum_{k=1}^{n} a_k$$
$$\vdots$$

é a **seqüência de somas parciais** da série na qual o número s_n é a ***n*-ésima soma parcial**. Se a seqüência de somas parciais convergir para um limite *L*, dizemos que a série **converge** e que sua **soma** *é L*. Nesse caso, também escrevemos

$$a_1 + a_2 + \cdots + a_n + \cdots = \sum_{n=1}^{\infty} a_n = L$$

Se a seqüência de somas parciais da série não converge, dizemos que a série **diverge**.

Quando começamos a estudar dada série $a_1 + a_2 + \cdots + a_n + \cdots$, talvez não saibamos se ela converge ou diverge. Em ambos os casos, é conveniente usar a notação sigma para escrever a série como

$$\sum_{n=1}^{\infty} a_n, \qquad \sum_{k=1}^{\infty} a_k, \qquad \text{ou} \qquad \sum a_n$$

Uma notação útil quando se compreende o somatório de 1 a ∞.

Série geométrica

Séries geométricas são séries da forma

$$a + ar + ar^2 + \cdots + ar^{n-1} + \cdots = \sum_{n=1}^{\infty} ar^{n-1}$$

onde *a* e *r* são números reais fixos e $a \neq 0$. A série também pode ser escrita como $\sum_{n=0}^{\infty} ar^n$. A **razão** *r* pode ser positiva, como em

$$1 + \frac{1}{2} + \frac{1}{4} + \cdots + \left(\frac{1}{2}\right)^{n-1} + \cdots$$

ou negativa, como em

$$1 - \frac{1}{3} + \frac{1}{9} - \cdots + \left(-\frac{1}{3}\right)^{n-1} + \cdots$$

Se $r = 1$, a *n*-ésima soma parcial da série geométrica é

$$s_n = a + a(1) + a(1)^2 + \cdots + a(1)^{n-1} = na$$

e a série diverge porque $\lim_{n\to\infty} s_n = \pm\infty$, dependendo do sinal de a. Se $r = -1$, a série diverge porque a n-ésima soma parcial oscila entre a e 0. Se $|r| \neq 1$, podemos determinar a convergência ou a divergência da série da seguinte maneira:

$$\begin{aligned} s_n &= a + ar + ar^2 + \cdots + ar^{n-1} \\ rs_n &= ar + ar^2 + \cdots + ar^{n-1} + ar^n \\ s_n - rs_n &= a - ar^n \\ s_n(1 - r) &= a(1 - r^n) \\ s_n &= \frac{a(1 - r^n)}{1 - r}, \qquad (r \neq 1) \end{aligned}$$

Multiplique s_n por r.
Subtraia rs_n de s_n. A maioria dos termos à direita é cancelada.
Fatore.

Podemos resolver s_n se $r \neq 1$.

Se $|r| < 1$, então $r^n \to 0$ quando $n \to \infty$ (conforme vimos na Seção 11.1) e $s_n \to a/(1 - r)$. Se $|r| > 1$, então $|r^n| \to \infty$ e a série diverge.

Se $|r| < 1$, a série geométrica $a + ar + ar^2 + \ldots + ar^{n-1} + \ldots$ converge para $a/(1 - r)$:

$$\sum_{n=1}^{\infty} ar^{n-1} = \frac{a}{1 - r}, \qquad |r| < 1$$

Se $|r| \geq 1$, a série diverge.

Já determinamos quando uma série converge ou diverge e para qual valor. Como veremos nas próximas seções, geralmente podemos determinar que uma série converge sem saber o valor para o qual ela converge. A fórmula $a/(1 - r)$ para a soma das séries geométricas somente se aplica quando o índice da soma começa com $n = 1$ na expressão $\sum_{n=1}^{\infty} ar^{n-1}$ (ou com o índice $n = 0$ se escrevemos a série como $\sum_{n=0}^{\infty} ar^n$).

EXEMPLO 1 O índice se inicia com $n = 1$

A série geométrica com $a = 1/9$ e $r = 1/3$ é

$$\frac{1}{9} + \frac{1}{27} + \frac{1}{81} + \cdots = \sum_{n=1}^{\infty} \frac{1}{9}\left(\frac{1}{3}\right)^{n-1} = \frac{1/9}{1 - (1/3)} = \frac{1}{6}$$

EXEMPLO 2 O índice se inicia com $n = 0$

A série

$$\sum_{n=0}^{\infty} \frac{(-1)^n 5}{4^n} = 5 - \frac{5}{4} + \frac{5}{16} - \frac{5}{64} + \cdots$$

é uma série geométrica com $a = 5$ e $r = -1/4$. Ela converge para

$$\frac{a}{1 - r} = \frac{5}{1 + (1/4)} = 4$$

EXEMPLO 3 Uma bola quicando

Você joga uma bola de uma altura de a metros sobre uma superfície plana. Cada vez que a bola atinge a superfície depois de cair de uma distância h, ela rebate a uma distância rh, onde r é positivo, mas menor que 1. Encontre a distância vertical total percorrida pela bola quicando para cima e para baixo (Figura 11.6).

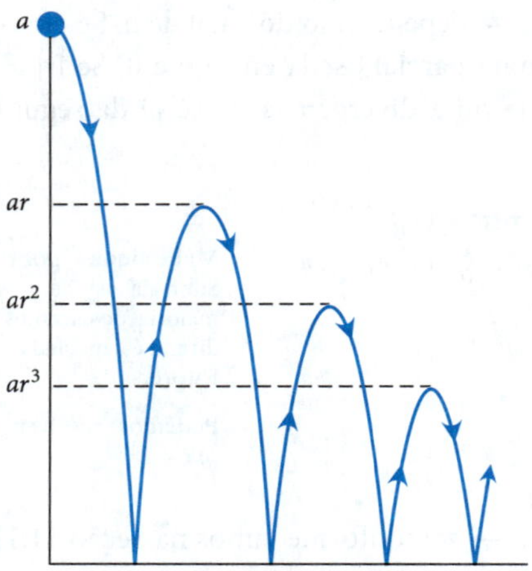

(a)

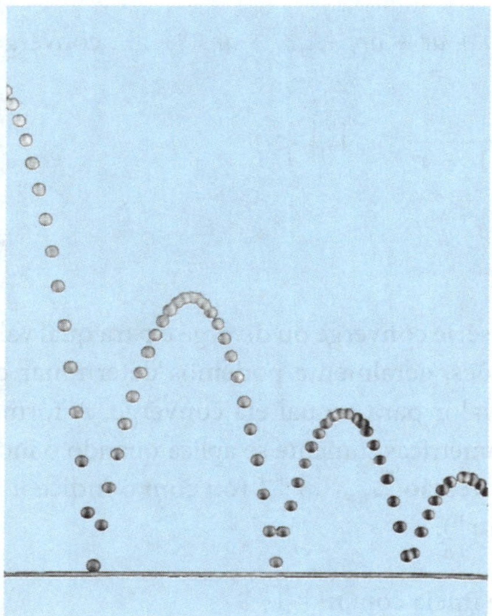

(b)

FIGURA 11.6 (a) O Exemplo 3 mostra como usar uma série geométrica para calcular a distância vertical total percorrida por uma bola quicando quando a altura de cada rebatida é diminuída pelo fator r. (b) Uma fotografia estroboscópica de uma bola quicando.

SOLUÇÃO A distância total é

$$s = a + \underbrace{2ar + 2ar^2 + 2ar^3 + \cdots}_{\text{Esta soma é } 2ar/(1-r)} = a + \frac{2ar}{1-r} = a\frac{1+r}{1-r}$$

Se $a = 6$ m e $r = 2/3$, por exemplo, a distância é

$$s = 6\frac{1 + (2/3)}{1 - (2/3)} = 6\left(\frac{5/3}{1/3}\right) = 30 \text{ m}$$

EXEMPLO 4 Dízima periódica

Expresse a dízima periódica 5, 232323. . . como a razão de dois inteiros.

SOLUÇÃO

$$\begin{aligned} 5{,}232323\ldots &= 5 + \frac{23}{100} + \frac{23}{(100)^2} + \frac{23}{(100)^3} + \cdots \\ &= 5 + \frac{23}{100}\underbrace{\left(1 + \frac{1}{100} + \left(\frac{1}{100}\right)^2 + \cdots\right)}_{1/(1-0{,}01)} \qquad a = 1,\ r = 1/100 \\ &= 5 + \frac{23}{100}\left(\frac{1}{0{,}99}\right) = 5 + \frac{23}{99} = \frac{518}{99} \end{aligned}$$

Infelizmente, fórmulas como esta para a soma de uma série geométrica convergente são raras e, de modo geral, temos de nos contentar com uma estimativa da soma de uma série (falaremos mais sobre isso posteriormente). O próximo exemplo, contudo, é outro caso no qual podemos encontrar a soma exata.

EXEMPLO 5 Uma série não geométrica, mas telescópica

Encontre a soma da série $\displaystyle\sum_{n=1}^{\infty} \frac{1}{n(n+1)}$

SOLUÇÃO Procuramos um padrão na seqüência de somas parciais que possa levar a uma fórmula para s_k. A chave são frações parciais. A observação nos permite escrever a soma parcial como

$$\frac{1}{n(n+1)} = \frac{1}{n} - \frac{1}{n+1}$$

$$\sum_{n=1}^{k} \frac{1}{n(n+1)} = \sum_{n=1}^{k} \left(\frac{1}{n} - \frac{1}{n+1}\right)$$

$$s_k = \left(\frac{1}{1} - \frac{1}{2}\right) + \left(\frac{1}{2} - \frac{1}{3}\right) + \left(\frac{1}{3} - \frac{1}{4}\right) + \cdots + \left(\frac{1}{k} - \frac{1}{k+1}\right)$$

A remoção dos parênteses e o cancelamento dos termos de sinais opostos reduzem a soma para

$$s_k = 1 - \frac{1}{k+1}$$

Agora, vemos que $s_k \to 1$ quando $k \to \infty$. A série converge, e sua soma é 1:

$$\sum_{n=1}^{\infty} \frac{1}{n(n+1)} = 1$$

Séries divergentes

Uma das razões que pode fazer que uma série não convirja é o fato de seus termos não ficarem pequenos.

EXEMPLO 6 Somas parciais ultrapassam qualquer número

(a) A série

$$\sum_{n=1}^{\infty} n^2 = 1 + 4 + 9 + \cdots + n^2 + \cdots$$

diverge porque as somas parciais crescem além de qualquer número L. Depois de $n = 1$, a soma parcial $s_n = 1 + 4 + 9 + \ldots + n^2$ é maior que n^2.

(b) A série

$$\sum_{n=1}^{\infty} \frac{n+1}{n} = \frac{2}{1} + \frac{3}{2} + \frac{4}{3} + \cdots + \frac{n+1}{n} + \cdots$$

diverge porque as somas parciais acabam ultrapassando qualquer número anteriormente definido. Cada um dos termos é maior que 1 e, portanto, a soma de n termos é maior que n.

Teste do n-ésimo termo para divergência

Observe que $\lim_{n\to\infty} a_n$ deverá ser igual a zero se a série $\sum_{n=1}^{\infty} a_n$ convergir. Para saber por que, faça S representar a soma da série e $s_n = a_1 + a_2 + \ldots + a_n$ representar a n-ésima soma parcial. Quando n é grande, tanto s_n como s_{n-1} estão perto de S, assim a diferença delas, a_n, está próxima de zero. Mais formalmente,

$$a_n = s_n - s_{n-1} \to S - S = 0$$

Regra da diferença para seqüências.

Isso estabelece o seguinte teorema:

Atenção
O Teorema 7 *não diz* que $\sum_{n=1}^{\infty} a_n$ converge se $a_n \to 0$. É possível uma série divergir quando $a_n \to 0$.

Teorema 7

Se $\sum_{n=1}^{\infty} a_n$ converge, então $a_n \to 0$.

O Teorema 7 nos leva a um teste para a detecção do tipo de divergência que ocorreu no Exemplo 6.

Teste do n-ésimo termo para divergência

$\sum_{n=1}^{\infty} a_n$ diverge se $\lim_{n\to\infty} a_n$ não existe ou é diferente de zero.

EXEMPLO 7 Aplicando o teste do n-ésimo termo

(a) $\sum_{n=1}^{\infty} n^2$ diverge porque $n^2 \to \infty$

(b) $\sum_{n=1}^{\infty} \frac{n+1}{n}$ diverge porque $\frac{n+1}{n} \to 1$

(c) $\sum_{n=1}^{\infty} (-1)^{n+1}$ diverge porque $\lim_{n\to\infty} (-1)^{n+1}$ não existe

(d) $\sum_{n=1}^{\infty} \frac{-n}{2n+5}$ diverge porque $\lim_{n\to\infty} \frac{-n}{2n+5} = -\frac{1}{2} \neq 0$

EXEMPLO 8 $a_n \to 0$, mas a série diverge

A série

$$1 + \underbrace{\frac{1}{2} + \frac{1}{2}}_{2 \text{ termos}} + \underbrace{\frac{1}{4} + \frac{1}{4} + \frac{1}{4} + \frac{1}{4}}_{4 \text{ termos}} + \cdots + \underbrace{\frac{1}{2^n} + \frac{1}{2^n} + \cdots + \frac{1}{2^n}}_{2^n \text{ termos}} + \cdots$$

diverge porque seus termos estão agrupados em blocos que somam 1 e, por isso, as somas parciais aumentam sem limitações. Entretanto, os termos da série formam uma seqüência que converge para 0. O Exemplo 1 da Seção 11.3 mostra que a série harmônica também se comporta dessa maneira.

Combinando séries

Sempre que tivermos duas séries convergentes, poderemos adicioná-las termo a termo, subtraí-las termo a termo ou multiplicá-las por constantes para obter novas séries convergentes.

Teorema 8

Se $\sum a_n = A$ e $\sum b_n = B$ forem séries convergentes, então

1. *Regra da soma*: $\sum (a_n + b_n) = \sum a_n + \sum b_n = A + B$
2. *Regra da diferença*: $\sum (a_n - b_n) = \sum a_n - \sum b_n = A - B$
3. *Regra da multiplicação por constante*: $\sum ka_n = k\sum a_n = kA$ (para todo número k).

PROVA As três regras para séries seguem-se das regras análogas para seqüências no Teorema 1, Seção 11.1. Para provar a regra da soma para séries, faça

$$A_n = a_1 + a_2 + \cdots + a_n, \qquad B_n = b_1 + b_2 + \cdots + b_n$$

Então, as somas parciais de $\sum (a_n + b_n)$ são

$$\begin{aligned} s_n &= (a_1 + b_1) + (a_2 + b_2) + \cdots + (a_n + b_n) \\ &= (a_1 + \cdots + a_n) + (b_1 + \cdots + b_n) \\ &= A_n + B_n \end{aligned}$$

Como $A_n \to A$ e $B_n \to B$, temos $s_n \to A + B$ pela regra da soma para seqüências. A prova da regra da diferença é similar.

Para provar a regra da multiplicação por constante para séries, observe que as somas parciais $\sum ka_n$ formam a seqüência

$$s_n = ka_1 + ka_2 + \cdots + ka_n = k(a_1 + a_2 + \cdots + a_n) = kA_n$$

a qual converge para kA pela regra da multiplicação por constante para seqüências.

Como corolários do Teorema 8, temos que:

1. Quando multiplicamos uma série divergente por uma constante diferente de zero, obtemos uma série também divergente.
2. Se $\sum a_n$ converge e $\sum b_n$ diverge, então tanto $\sum(a_n + b_n)$ como $\sum(a_n - b_n)$ divergem.

Nós omitimos as provas.

CUIDADO Lembre-se de que $\sum(a_n + b_n)$ pode convergir quando tanto $\sum a_n$ quanto $\sum b_n$ divergem. Por exemplo, $\sum a_n = 1 + 1 + 1 + \ldots$ e $\sum b_n = (-1) + (-1) + (-1) + \ldots$ divergem, enquanto $\Sigma(a_n + b_n) = 0 + 0 + 0 + \ldots$ converge para 0.

EXEMPLO 9 Calcule a soma das seguintes séries

(a)
$$\begin{aligned}\sum_{n=1}^{\infty} \frac{3^{n-1} - 1}{6^{n-1}} &= \sum_{n=1}^{\infty} \left(\frac{1}{2^{n-1}} - \frac{1}{6^{n-1}}\right) \\ &= \sum_{n=1}^{\infty} \frac{1}{2^{n-1}} - \sum_{n=1}^{\infty} \frac{1}{6^{n-1}} && \text{Regra da diferença.} \\ &= \frac{1}{1 - (1/2)} - \frac{1}{1 - (1/6)} && \text{Série geométrica com } a = 1 \text{ e } r = 1/2, 1/6 \\ &= 2 - \frac{6}{5} \\ &= \frac{4}{5}\end{aligned}$$

(b)
$$\begin{aligned}\sum_{n=0}^{\infty} \frac{4}{2^n} &= 4\sum_{n=0}^{\infty} \frac{1}{2^n} && \text{Regra da multiplicação por constante.} \\ &= 4\left(\frac{1}{1 - (1/2)}\right) && \text{Série geométrica com } a = 1, r = 1/2 \\ &= 8\end{aligned}$$

Adicionando ou retirando termos

Podemos sempre adicionar um número finito de termos a uma série ou retirar um número finito de termos sem alterar a convergência ou a divergência da série, embora no caso da convergência isso geralmente mude a soma. Se $\sum_{n=1}^{\infty} a_n$ converge, então $\sum_{n=k}^{\infty} a_n$ converge para qualquer $k > 1$ e

$$\sum_{n=1}^{\infty} a_n = a_1 + a_2 + \cdots + a_{k-1} + \sum_{n=k}^{\infty} a_n$$

Inversamente, se $\sum_{n=k}^{\infty} a_n$ converge para qualquer $k > 1$, então $\sum_{n=1}^{\infty} a_n$ converge. Dessa maneira,

$$\sum_{n=1}^{\infty} \frac{1}{5^n} = \frac{1}{5} + \frac{1}{25} + \frac{1}{125} + \sum_{n=4}^{\infty} \frac{1}{5^n}$$

e
$$\sum_{n=4}^{\infty} \frac{1}{5^n} = \left(\sum_{n=1}^{\infty} \frac{1}{5^n}\right) - \frac{1}{5} - \frac{1}{25} - \frac{1}{125}$$

Companion Website
Biografia histórica
Richard Dedekind (1831–1916)

Reindexação

Uma vez que preservemos a ordem de seus termos, podemos reindexar qualquer série sem alterar sua convergência. Para aumentar o valor inicial do índice em h unidades, substitua o n na fórmula para a_n por $n - h$:

$$\sum_{n=1}^{\infty} a_n = \sum_{n=1+h}^{\infty} a_{n-h} = a_1 + a_2 + a_3 + \cdots$$

Para diminuir o valor inicial do índice em h unidades, substitua o n na fórmula para a_n por $n + h$:

$$\sum_{n=1}^{\infty} a_n = \sum_{n=1-h}^{\infty} a_{n+h} = a_1 + a_2 + a_3 + \cdots$$

Isso funciona como um deslocamento horizontal. Vimos isso acontecer quando iniciamos uma série geométrica com o índice $n = 0$, em vez do índice $n = 1$, mas podemos usar qualquer outro valor inicial como índice. Geralmente damos preferência às indexações que levam a expressões simples.

EXEMPLO 10 Reindexando uma série geométrica

Podemos escrever a série geométrica

$$\sum_{n=1}^{\infty} \frac{1}{2^{n-1}} = 1 + \frac{1}{2} + \frac{1}{4} + \cdots$$

como

$$\sum_{n=0}^{\infty} \frac{1}{2^n}, \quad \sum_{n=5}^{\infty} \frac{1}{2^{n-5}}, \text{ ou até mesmo } \sum_{n=-4}^{\infty} \frac{1}{2^{n+4}}$$

As somas parciais permanecem as mesmas, não importando qual indexação escolhamos.

Exercícios 11.2

Encontrando as n-ésimas somas parciais

Nos exercícios 1–6, encontre uma fórmula para a n-ésima soma parcial de cada série e use-a para encontrar a soma da série se ela convergir.

1. $2 + \frac{2}{3} + \frac{2}{9} + \frac{2}{27} + \cdots + \frac{2}{3^{n-1}} + \cdots$
2. $\frac{9}{100} + \frac{9}{100^2} + \frac{9}{100^3} + \cdots + \frac{9}{100^n} + \cdots$
3. $1 - \frac{1}{2} + \frac{1}{4} - \frac{1}{8} + \cdots + (-1)^{n-1}\frac{1}{2^{n-1}} + \cdots$
4. $1 - 2 + 4 - 8 + \cdots + (-1)^{n-1}2^{n-1} + \cdots$
5. $\frac{1}{2\cdot 3} + \frac{1}{3\cdot 4} + \frac{1}{4\cdot 5} + \cdots + \frac{1}{(n+1)(n+2)} + \cdots$
6. $\frac{5}{1\cdot 2} + \frac{5}{2\cdot 3} + \frac{5}{3\cdot 4} + \cdots + \frac{5}{n(n+1)} + \cdots$

Séries com termos geométricos

Nos exercícios 7–14, escreva os primeiros termos de cada série para mostrar como a série começa. Então, calcule sua soma.

7. $\sum_{n=0}^{\infty} \frac{(-1)^n}{4^n}$

8. $\sum_{n=2}^{\infty} \frac{1}{4^n}$

9. $\sum_{n=1}^{\infty} \frac{7}{4^n}$

10. $\sum_{n=0}^{\infty} (-1)^n \frac{5}{4^n}$

11. $\sum_{n=0}^{\infty} \left(\frac{5}{2^n} + \frac{1}{3^n}\right)$

12. $\sum_{n=0}^{\infty} \left(\frac{5}{2^n} - \frac{1}{3^n}\right)$

13. $\sum_{n=0}^{\infty} \left(\frac{1}{2^n} + \frac{(-1)^n}{5^n}\right)$

14. $\sum_{n=0}^{\infty} \left(\frac{2^{n+1}}{5^n}\right)$

Séries telescópicas

Use frações parciais para encontrar a soma de cada série nos exercícios 15–22.

15. $\sum_{n=1}^{\infty} \frac{4}{(4n-3)(4n+1)}$

16. $\sum_{n=1}^{\infty} \frac{6}{(2n-1)(2n+1)}$

17. $\sum_{n=1}^{\infty} \frac{40n}{(2n-1)^2(2n+1)^2}$

18. $\sum_{n=1}^{\infty} \frac{2n+1}{n^2(n+1)^2}$

19. $\sum_{n=1}^{\infty} \left(\frac{1}{\sqrt{n}} - \frac{1}{\sqrt{n+1}}\right)$

20. $\sum_{n=1}^{\infty} \left(\frac{1}{2^{1/n}} - \frac{1}{2^{1/(n+1)}}\right)$

21. $\sum_{n=1}^{\infty} \left(\frac{1}{\ln(n+2)} - \frac{1}{\ln(n+1)}\right)$

22. $\sum_{n=1}^{\infty} (\mathrm{tg}^{-1}(n) - \mathrm{tg}^{-1}(n+1))$

Convergência ou divergência

Quais séries nos exercícios 23–40 convergem e quais divergem? Justifique as suas respostas. Se uma série convergir, calcule sua soma.

23. $\sum_{n=0}^{\infty} \left(\frac{1}{\sqrt{2}}\right)^n$

24. $\sum_{n=0}^{\infty} (\sqrt{2})^n$

25. $\sum_{n=1}^{\infty} (-1)^{n+1} \frac{3}{2^n}$

26. $\sum_{n=1}^{\infty} (-1)^{n+1} n$

27. $\sum_{n=0}^{\infty} \cos n\pi$

28. $\sum_{n=0}^{\infty} \frac{\cos n\pi}{5^n}$

29. $\sum_{n=0}^{\infty} e^{-2n}$

30. $\sum_{n=1}^{\infty} \ln\frac{1}{n}$

31. $\sum_{n=1}^{\infty} \frac{2}{10^n}$

32. $\sum_{n=0}^{\infty} \frac{1}{x^n}, \quad |x| > 1$

33. $\sum_{n=0}^{\infty} \frac{2^n - 1}{3^n}$

34. $\sum_{n=1}^{\infty} \left(1 - \frac{1}{n}\right)^n$

35. $\sum_{n=0}^{\infty} \frac{n!}{1.000^n}$

36. $\sum_{n=1}^{\infty} \frac{n^n}{n!}$

37. $\sum_{n=1}^{\infty} \ln\left(\frac{n}{n+1}\right)$

38. $\sum_{n=1}^{\infty} \ln\left(\frac{n}{2n+1}\right)$

39. $\sum_{n=0}^{\infty} \left(\frac{e}{\pi}\right)^n$

40. $\sum_{n=0}^{\infty} \frac{e^{n\pi}}{\pi^{ne}}$

Séries geométricas

Em cada uma das séries geométricas nos exercícios 41–44, escreva seus primeiros termos para encontrar *a* e *r* e calcule a soma das séries. A seguir, expresse a desigualdade $|r| < 1$ em termos de x e encontre os valores de x para os quais a desigualdade é válida e a série converge.

41. $\sum_{n=0}^{\infty} (-1)^n x^n$

42. $\sum_{n=0}^{\infty} (-1)^n x^{2n}$

43. $\sum_{n=0}^{\infty} 3\left(\frac{x-1}{2}\right)^n$

44. $\sum_{n=0}^{\infty} \frac{(-1)^n}{2} \left(\frac{1}{3 + \mathrm{sen}\, x}\right)^n$

Nos exercícios 45–50, encontre os valores de x para os quais a série geométrica dada converge. Encontre também a soma das séries (como uma função de x) para esses valores de x.

45. $\sum_{n=0}^{\infty} 2^n x^n$

46. $\sum_{n=0}^{\infty} (-1)^n x^{-2n}$

47. $\sum_{n=0}^{\infty} (-1)^n (x+1)^n$

48. $\sum_{n=0}^{\infty} \left(-\frac{1}{2}\right)^n (x-3)^n$

49. $\sum_{n=0}^{\infty} \mathrm{sen}^n x$

50. $\sum_{n=0}^{\infty} (\ln x)^n$

Dízimas periódicas

Expresse cada um dos números nos exercícios 51–58 como a razão de dois inteiros.

51. $0,\overline{23} = 0,23\ 23\ 23\ldots$

52. $0,\overline{234} = 0,234\ 234\ 234\ldots$

53. $0,\overline{7} = 0,7777\ldots$

54. $0,\overline{d} = 0,dddd\ldots$, onde d é um dígito

55. $0,0\overline{6} = 0,06666\ldots$

56. $1,\overline{414} = 1,414\ 414\ 414\ldots$

57. $1,24\overline{123} = 1,24\ 123\ 123\ 123\ldots$

58. $3,\overline{142857} = 3,142857\ 142857\ldots$

Teoria e exemplos

59. No Exercício 5, as séries também podem ser escritas como

$$\sum_{n=1}^{\infty} \frac{1}{(n+1)(n+2)} \quad \text{e} \quad \sum_{n=-1}^{\infty} \frac{1}{(n+3)(n+4)}$$

Escreva-a como uma soma começando em **(a)** $n = -2$, **(b)** $n = 0$, **(c)** $n = 5$.

60. No Exercício 6, as séries podem ser escritas como

$$\sum_{n=1}^{\infty} \frac{5}{n(n+1)} \quad \text{e} \quad \sum_{n=0}^{\infty} \frac{5}{(n+1)(n+2)}$$

Escreva-a como uma soma começando em **(a)** $n = -1$, **(b)** $n = 3$, **(c)** $n = 20$.

61. Componha uma série infinita de termos diferentes de zero cuja soma seja
(a) 1 **(b)** -3 **(c)** 0

62. *(Continuação do Exercício 61.)* Você é capaz de fazer uma série infinita de termos diferentes de zero que convirja para qualquer número que quiser? Explique.

63. Mostre que $\Sigma(a_n/b_n)$ pode divergir mesmo quando Σa_n e Σb_n convergem e nenhum b_n se iguala a 0.

64. Encontre séries geométricas $A = \Sigma a_n$ e $B = \Sigma b_n$ que ilustrem que $\Sigma a_n b_n$ pode convergir sem que seja igual a AB.

65. Mostre que $\Sigma(a_n/b_n)$ pode convergir para algum número diferente de A/B mesmo que $A = \Sigma a_n$, $B = \Sigma b_n \neq 0$ e nenhum b_n seja igual a zero.

66. Se Σa_n converge e $a_n > 0$ para todo n, pode-se dizer algo a respeito de $\Sigma(1/a_n)$? Justifique a sua resposta.

67. O que acontece se você acrescentar um número finito de termos a uma série divergente ou retirar um número finito de termos de uma série divergente? Justifique a sua resposta.

68. Se Σa_n converge e Σb_n diverge, pode-se dizer algo sobre o somatório termo a termo $\Sigma(a_n + b_n)$? Justifique a sua resposta.

69. Crie uma série geométrica Σar^{n-1} que convirja para o número 5 se

(a) $a = 2$ **(b)** $a = 13/2$

70. Encontre o valor de b para o qual

$$1 + e^b + e^{2b} + e^{3b} + \ldots = 9$$

71. Para quais valores de r a série infinita

$$1 + 2r + r^2 + 2r^3 + r^4 + 2r^5 + r^6 + \ldots$$

converge? Encontre a soma da série quando ela converge.

72. Mostre que o erro $(L - s_n)$ obtido substituindo-se uma série geométrica convergente por uma das suas somas parciais s_n é $ar^n/(1 - r)$.

73. Uma bola é largada de uma altura de 4 m. Cada vez que ela atinge o solo depois de ter caído de uma altura de h metros, é rebatida a uma altura de 0,75h m. Calcule a distância vertical total que a bola percorre para cima e para baixo.

74. *(Continuação do Exercício 73.)* Calcule o número total de segundos que a bola do Exercício 73 fica pulando. (*Sugestão*: A fórmula $s = 4{,}9t^2$ fornece $t = \sqrt{s/4{,}9}$.

75. A figura a seguir mostra os primeiros cinco quadrados de uma seqüência. O quadrado externo tem área de 4 m². Cada um dos outros quadrados é obtido ligando-se os pontos médios dos lados do quadrado anterior. Calcule a soma das áreas de todos os quadrados.

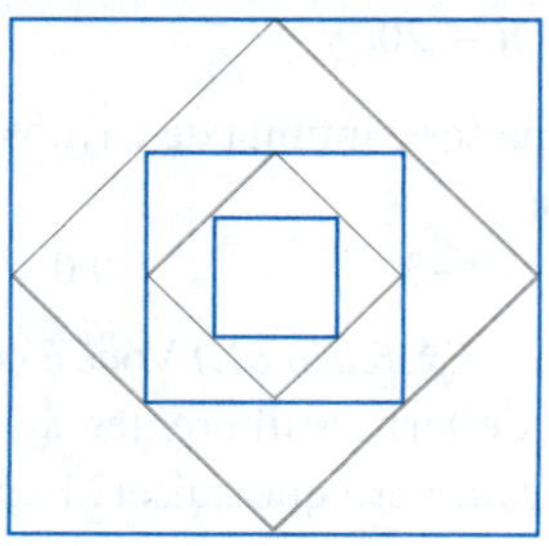

76. A figura a seguir mostra as primeiras três fileiras e parte da quarta de uma seqüência de fileiras de semicírculos. Há 2^n semicírculos na n-ésima fileira, cada um com raio $1/2^n$. Encontre a soma das áreas de todos os semicírculos.

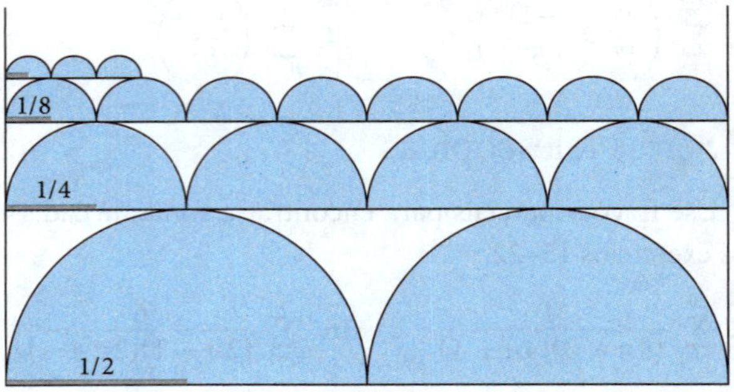

77. Curva do floco de neve de Helga von Koch A curva do floco de neve de Helga von Koch é uma curva de comprimento infinito que engloba uma região de área finita. Para entender a razão disso, imagine que a curva é gerada a partir de um triângulo eqüilátero cujos lados têm comprimento igual a 1.

(a) Encontre o comprimento L_n da n-ésima curva C_n e mostre que $\lim_{n\to\infty} L_n = \infty$.

(b) Encontre a área A_n da região circundada por C_n e calcule $\lim_{n\to\infty} A_n$.

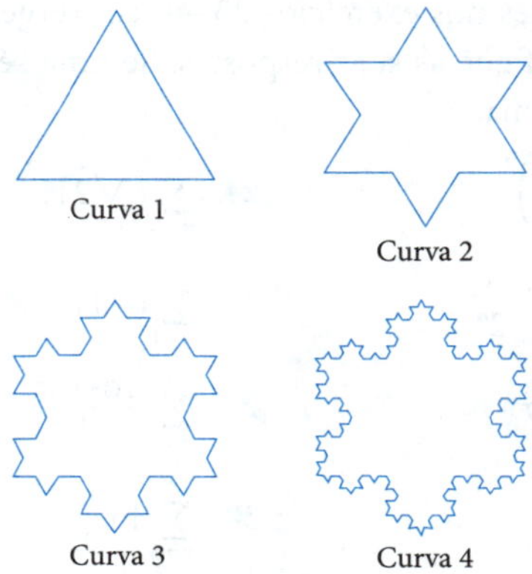

78. A figura a seguir fornece uma prova informal de que $\sum_{n=1}^{\infty} (1/n^2)$ é menor que 2. Explique o que está acontecendo. (*Fonte*: "Convergence with pictures", de P. J. Rippon, *American Mathematical Monthly*, v. 93, n. 6, 1986, p. 476-478.)

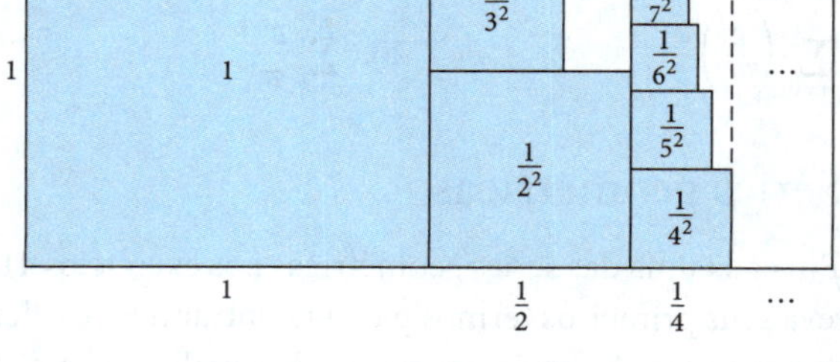

11.3 Teste da integral

Dada uma série $\sum a_n$, temos duas perguntas:

1. A série converge?

2. Se ela converge, qual é sua soma?

A maior parte do restante do capítulo se volta para a primeira pergunta, que é respondida nesta seção por meio de uma conexão com a convergência da integral imprópria $\int_1^\infty f(x)\,dx$. Entretanto, como questão prática, a segunda pergunta também é importante e retornaremos a ela mais tarde.

Nesta e nas próximas duas seções, estudaremos séries que não possuem termos negativos. A razão para essa restrição é que as somas parciais dessas séries formam seqüências crescentes; e seqüências crescentes limitadas superiormente sempre convergem (Teorema 6, Seção 11.1). Para mostrar que uma série sem termos negativos converge, precisamos simplesmente mostrar que suas somas parciais são limitadas superiormente.

Em um primeiro instante, pode parecer um retrocesso que essa abordagem estabeleça o fato da convergência sem produzir a soma da série em questão. Certamente seria melhor calcularmos as somas das séries diretamente a partir de fórmulas para suas somas parciais. Mas, na maioria dos casos, essas fórmulas não estão disponíveis e, na sua ausência, precisamos recorrer a um processo de duas etapas: primeiro, estabelecemos a convergência e, depois, aproximamos a soma.

Somas parciais crescentes

Imagine que $\sum_{n=1}^{\infty} a_n$ é uma série infinita com $a_n \geq 0$ para todo n. Então, cada uma das somas parciais é maior ou igual que seu predecessor porque $s_{n+1} = s_n + a_n$:

$$s_1 \leq s_2 \leq s_3 \leq \ldots \leq s_n \leq s_{n+1} \leq \ldots$$

Como as somas parciais formam uma seqüência crescente, o teorema da seqüência crescente (Teorema 6, Seção 11.1) nos diz que a série convergirá se e somente se as somas parciais forem limitadas superiormente.

Corolário do Teorema 6

Uma série $\sum_{n=1}^{\infty} a_n$ de termos não negativos converge se e somente se suas somas parciais são limitadas superiormente.

Companion Website
Biografia histórica
Nicole Oresme (1320–1382)

EXEMPLO 1 A série harmônica

As séries

$$\sum_{n=1}^{\infty} \frac{1}{n} = 1 + \frac{1}{2} + \frac{1}{3} + \cdots + \frac{1}{n} + \cdots$$

é chamada **série harmônica**. A série harmônica é divergente, mas isso não segue o teste do n-ésimo termo. O n-ésimo termo $1/n$ tende a zero, mas, ainda assim, a série diverge. Isso ocorre porque não há limitante superior para as suas somas parciais. Para compreender a razão disso, agrupe os termos da série da seguinte maneira:

$$1 + \frac{1}{2} + \underbrace{\left(\frac{1}{3} + \frac{1}{4}\right)}_{>\frac{2}{4}=\frac{1}{2}} + \underbrace{\left(\frac{1}{5} + \frac{1}{6} + \frac{1}{7} + \frac{1}{8}\right)}_{>\frac{4}{8}=\frac{1}{2}} + \underbrace{\left(\frac{1}{9} + \frac{1}{10} + \cdots + \frac{1}{16}\right)}_{>\frac{8}{16}=\frac{1}{2}} + \cdots$$

A soma dos dois primeiros termos é 1,5. A soma dos dois termos seguintes é 1/3 + 1/4, que é maior que 1/4 + 1/4 = 1/2. A soma dos quatro próximos termos é 1/5 + 1/6 + 1/7 + 1/8, que é maior que 1/8 + 1/8 + 1/8 + 1/8 = 1/2. A soma dos oito termos seguintes 1/9 + 1/10 + 1/11 + 1/12 + 1/13 + 1/14 + 1/15 + 1/16, que é maior que 8/16 = 1/2. A soma dos próximos dezesseis termos é maior que 16/32 = 1/2 e assim por diante. De maneira geral, a soma dos 2^n termos terminados em $1/2^{n+1}$ é maior do que $2^n/2^{n+1} = 1/2$. A seqüência de somas parciais não é limitada superiormente. Se $n = 2^k$, a soma parcial s_n é maior que $k/2$. A série harmônica diverge.

O teste da integral

Apresentamos o teste da integral com uma série relacionada à série harmônica, mas cujo n-ésimo termo é $1/n^2$ em vez de $1/n$.

EXEMPLO 2 A série a seguir converge?

$$\sum_{n=1}^{\infty} \frac{1}{n^2} = 1 + \frac{1}{4} + \frac{1}{9} + \frac{1}{16} + \cdots + \frac{1}{n^2} + \cdots$$

SOLUÇÃO Determinamos a convergência de $\sum_{n=1}^{\infty} (1/n^2)$ pela comparação com $\int_1^{\infty} (1/x^2)\, dx$. Para efetuarmos a comparação, pensamos nos termos da série como valores da função $f(x) = 1/x^2$ e interpretamos esses valores como as áreas de retângulos sob a curva $y = 1/x^2$.

Como a Figura 11.7 mostra,

$$\begin{aligned} s_n &= \frac{1}{1^2} + \frac{1}{2^2} + \frac{1}{3^2} + \cdots + \frac{1}{n^2} \\ &= f(1) + f(2) + f(3) + \cdots + f(n) \\ &< f(1) + \int_1^n \frac{1}{x^2}\, dx \\ &< 1 + \int_1^{\infty} \frac{1}{x^2}\, dx \\ &< 1 + 1 = 2 \end{aligned}$$

Como na Seção 8.8, Exemplo 3, $\int_1^{\infty} (1/x^2)\, dx = 1$

Então, as somas parciais de $\sum_{n=1}^{\infty} 1/n^2$ são limitadas superiormente (por 2) e a série converge. Sabe-se que a soma da série é igual a $\pi^2/6 \approx 1{,}64493$. (Veja o Exercício 16 na Seção 11.11.)

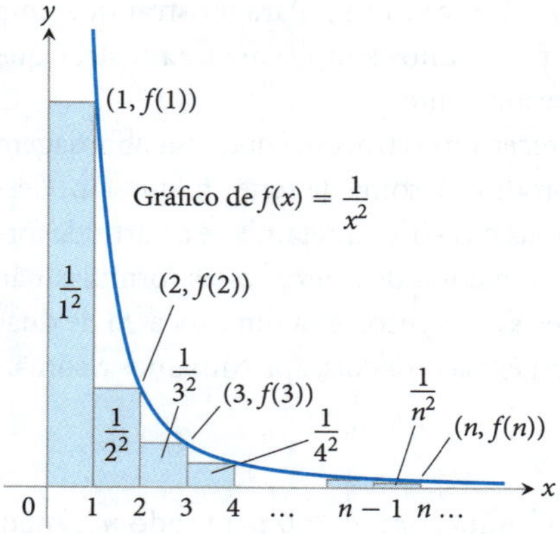

FIGURA 11.7 A soma das áreas dos retângulos abaixo do gráfico de $f(x) = 1/x^2$ é menor que a área abaixo do gráfico (Exemplo 2).

Atenção

A série e a integral não precisam ter o mesmo valor no caso convergente. Como vimos no Exemplo 2, $\sum_{n=1}^{\infty} (1/n^2) = \pi^2/6$, enquanto $\int_1^{\infty} (1/x^2)\, dx = 1$.

Teorema 9 **O teste da integral**

Seja $\{a_n\}$ uma seqüência de termos positivos. Suponha que $a_n = f(n)$, onde f é uma função de x contínua, positiva e decrescente para todo $x \geq N$ (N é um inteiro positivo). Então, tanto a série $\sum_{n=N}^{\infty} a_n$ quanto a integral $\int_1^{\infty} f(x)\, dx$ convergem ou tanto uma quanto a outra divergem.

PROVA Estabelecemos o teste para o caso de $N = 1$. A prova para o caso de N geral é similar.

Começamos com a premissa de que f seja uma função decrescente com $f(n) = a_n$ para todo n. Isso nos leva a observar que os retângulos na Figura 11.8a, os quais têm área $a_1, a_2, \ldots, a_n$, englobam coletivamente uma área maior

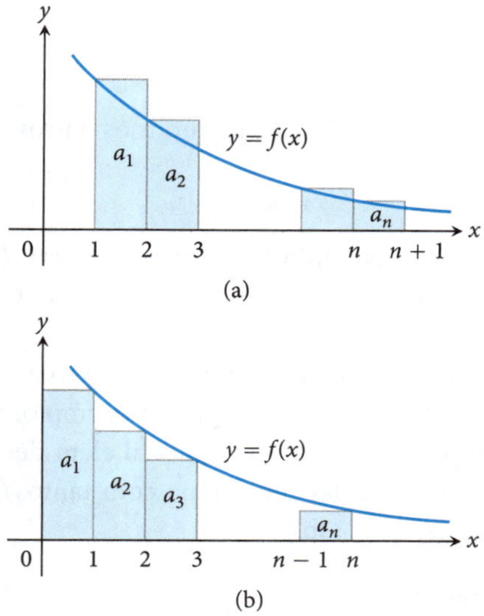

FIGURA 11.8 Sob as condições do teste da integral, tanto a série $\Sigma_{n=1}^{\infty} a_n$ quanto a integral $\int_1^{\infty} f(x)\, dx$ convergem ou tanto uma quanto a outra divergem.

do que aquela sob a curva $y = f(x)$ de $x = 1$ a $x = n + 1$. Isto é,

$$\int_1^{n+1} f(x)\, dx \leq a_1 + a_2 + \cdots + a_n$$

Na Figura 11.8b, os retângulos foram virados para a esquerda em vez de para a direita. Se por um momento desconsideramos o primeiro retângulo, de área a_1, vemos que

$$a_2 + a_3 + \cdots + a_n \leq \int_1^n f(x)\, dx$$

Se incluímos a_1, temos

$$a_1 + a_2 + \cdots + a_n \leq a_1 + \int_1^n f(x)\, dx$$

Combinando esses resultados, temos

$$\int_1^{n+1} f(x)\, dx \leq a_1 + a_2 + \cdots + a_n \leq a_1 + \int_1^n f(x)\, dx$$

Essas desigualdades são verdadeiras para todo n e se mantêm verdadeiras à medida que $n \to \infty$.

Se $\int_1^{\infty} f(x)\, dx$ é finita, o lado direito da desigualdade mostra que Σa_n é finita. Se $\int_1^{\infty} f(x)\, dx$ é infinita, o lado esquerdo da desigualdade mostra que Σa_n é infinita. Conseqüentemente, a série e a integral são ambas finitas ou ambas infinitas.

EXEMPLO 3 As *p*-séries

Mostre que a ***p*-série**

$$\sum_{n=1}^{\infty} \frac{1}{n^p} = \frac{1}{1^p} + \frac{1}{2^p} + \frac{1}{3^p} + \cdots + \frac{1}{n^p} + \cdots$$

(sendo p uma constante real) converge se $p > 1$ e diverge se $p \leq 1$.

SOLUÇÃO Se $p > 1$, então $f(x) = 1/x^p$ é uma função decrescente positiva de x. Como

$$\int_1^{\infty} \frac{1}{x^p}\, dx = \int_1^{\infty} x^{-p}\, dx = \lim_{b\to\infty} \left[\frac{x^{-p+1}}{-p+1}\right]_1^b$$

$$= \frac{1}{1-p} \lim_{b\to\infty} \left(\frac{1}{b^{p-1}} - 1\right)$$

$b^{p-1} \to \infty$ quando $b \to \infty$ porque $p - 1 > 0$.

$$= \frac{1}{1-p}(0 - 1) = \frac{1}{p-1}$$

a série converge pelo teste da integral. Ressaltamos que a soma da *p*-série *não* é $1/(p - 1)$. A série converge, mas não sabemos para que valor.

Se $p < 1$, então $1 - p > 0$ e

$$\int_1^{\infty} \frac{1}{x^p}\, dx = \frac{1}{1-p} \lim_{b\to\infty} (b^{1-p} - 1) = \infty$$

Pelo teste da integral, a série diverge.

Se $p = 1$, temos a série harmônica (divergente)

$$1 + \frac{1}{2} + \frac{1}{3} + \cdots + \frac{1}{n} + \cdots$$

Temos convergência para $p > 1$, mas divergência para todos os outros valores de p.

A p-série com $p = 1$ é a **série harmônica** (Exemplo 1). O teste da p-série mostra que a série harmônica é divergente *por um triz*; se aumentamos p para 1,000000001, por exemplo, a série converge!

A lentidão com a qual as somas parciais da série harmônica se aproximam do infinito é muito impressionante. Seriam necessários, por exemplo, 178.482.301 termos da série harmônica para mover a soma parcial além de 20. Várias semanas seriam necessárias para calcular uma soma com tantos termos na calculadora. (Veja também o Exercício 33b.)

EXEMPLO 4 Uma série convergente

A série

$$\sum_{n=1}^{\infty} \frac{1}{n^2 + 1}$$

converge pelo teste da integral. A função $f(x) = 1/(x^2 + 1)$ é positiva, contínua e decrescente para $x \geq 1$ e

$$\begin{aligned}\int_1^{\infty} \frac{1}{x^2 + 1}\,dx &= \lim_{b\to\infty} \left[\operatorname{arctg} x\right]_1^b \\ &= \lim_{b\to\infty} [\operatorname{arctg} b - \operatorname{arctg} 1] \\ &= \frac{\pi}{2} - \frac{\pi}{4} = \frac{\pi}{4}\end{aligned}$$

Novamente, ressaltamos que $\pi/4$ *não* é a soma da série. A série converge, mas não sabemos o valor de sua soma.

A convergência da soma no Exemplo 4 também pode ser vista por meio da comparação com a série $\Sigma 1/n^2$. Os testes de comparação são estudados na próxima seção.

Exercícios 11.3

Determinando a convergência ou a divergência

Quais das séries nos exercícios 1–30 convergem e quais divergem? Justifique suas respostas. (Quando estiver checando suas respostas, lembre-se de que pode existir mais de uma maneira de determinar a convergência ou a divergência de uma série.)

1. $\sum_{n=1}^{\infty} \frac{1}{10^n}$

2. $\sum_{n=1}^{\infty} e^{-n}$

3. $\sum_{n=1}^{\infty} \frac{n}{n+1}$

4. $\sum_{n=1}^{\infty} \frac{5}{n+1}$

5. $\sum_{n=1}^{\infty} \frac{3}{\sqrt{n}}$

6. $\sum_{n=1}^{\infty} \frac{-2}{n\sqrt{n}}$

7. $\sum_{n=1}^{\infty} -\frac{1}{8^n}$

8. $\sum_{n=1}^{\infty} \frac{-8}{n}$

9. $\sum_{n=2}^{\infty} \frac{\ln n}{n}$

10. $\sum_{n=2}^{\infty} \frac{\ln n}{\sqrt{n}}$

11. $\sum_{n=1}^{\infty} \frac{2^n}{3^n}$

12. $\sum_{n=1}^{\infty} \frac{5^n}{4^n + 3}$

13. $\sum_{n=0}^{\infty} \frac{-2}{n+1}$

14. $\sum_{n=1}^{\infty} \frac{1}{2n-1}$

15. $\sum_{n=1}^{\infty} \frac{2^n}{n+1}$

16. $\sum_{n=1}^{\infty} \frac{1}{\sqrt{n}(\sqrt{n}+1)}$

17. $\sum_{n=2}^{\infty} \frac{\sqrt{n}}{\ln n}$

18. $\sum_{n=1}^{\infty} \left(1 + \frac{1}{n}\right)^n$

19. $\sum_{n=1}^{\infty} \frac{1}{(\ln 2)^n}$

20. $\sum_{n=1}^{\infty} \frac{1}{(\ln 3)^n}$

21. $\sum_{n=3}^{\infty} \frac{(1/n)}{(\ln n)\sqrt{\ln^2 n - 1}}$

22. $\sum_{n=1}^{\infty} \frac{1}{n(1 + \ln^2 n)}$

23. $\sum_{n=1}^{\infty} n \operatorname{sen} \frac{1}{n}$

24. $\sum_{n=1}^{\infty} n \operatorname{tg} \frac{1}{n}$

25. $\sum_{n=1}^{\infty} \frac{e^n}{1 + e^{2n}}$ **26.** $\sum_{n=1}^{\infty} \frac{2}{1 + e^n}$

27. $\sum_{n=1}^{\infty} \frac{8 \operatorname{tg}^{-1} n}{1 + n^2}$ **28.** $\sum_{n=1}^{\infty} \frac{n}{n^2 + 1}$

29. $\sum_{n=1}^{\infty} \operatorname{sech} n$ **30.** $\sum_{n=1}^{\infty} \operatorname{sech}^2 n$

Teoria e exemplos

Para quais valores de a as séries nos exercícios 31 e 32 convergem (se é que isso acontece)?

31. $\sum_{n=1}^{\infty} \left(\frac{a}{n+2} - \frac{1}{n+4}\right)$ **32.** $\sum_{n=3}^{\infty} \left(\frac{1}{n-1} - \frac{2a}{n+1}\right)$

33. **(a)** Esboce gráficos como os das figuras 11.7 e 11.8 para mostrar que as somas parciais das séries harmônicas satisfazem as desigualdades

$$\ln(n+1) = \int_1^{n+1} \frac{1}{x}\,dx \leq 1 + \frac{1}{2} + \cdots + \frac{1}{n}$$

$$\leq 1 + \int_1^{n} \frac{1}{x}\,dx = 1 + \ln n$$

T **(b)** Ainda que saibamos que ela diverge, não existe evidência empírica para a divergência da série harmônica. As somas parciais simplesmente aumentam muito lentamente. Para compreender o que estamos dizendo, imagine que tenha começado com $s_1 = 1$ no dia em que o universo foi criado, há 13 bilhões de anos, e adicionou um novo termo a cada *segundo*. Considerando-se que um ano tem 365 dias, aproximadamente quanto seria a soma s_n hoje em dia?

34. Existe algum valor de x para o qual $\sum_{n=1}^{\infty}(1/(nx))$ converge? Justifique a sua resposta.

35. É verdade que se $\sum_{n=1}^{\infty} a_n$ é uma série divergente de números positivos também existe uma série divergente $\sum_{n=1}^{\infty} b_n$ de números positivos com $b_n < a_n$ para todo valor de n? Existe uma "menor" série divergente de números positivos? Justifique sua resposta.

36. (*Continuação do Exercício 35.*) Existe uma "maior" série convergente de números positivos? Explique.

37. **Teste da condensação de Cauchy** O teste da condensação de Cauchy diz: Seja $\{a_n\}$ uma seqüência decrescente ($a_n \geq a_{n+1}$ para todo n) de termos positivos que converge para 0. Então, $\sum a_n$ converge se, e somente se, $\sum 2^n a_{2^n}$ converge. Por exemplo, $\sum(1/n)$ diverge porque $\sum 2^n \cdot (1/2^n) = \sum 1$ diverge. Mostre por que esse teste funciona.

38. Use o teste da condensação de Cauchy do Exercício 37 para mostrar que

(a) $\sum_{n=2}^{\infty} \frac{1}{n \ln n}$ diverge;

(b) $\sum_{n=1}^{\infty} \frac{1}{n^p}$ converge se $p > 1$ e diverge se $p \leq 1$

39. ***p*-série logarítmica**

(a) Mostre que

$$\int_2^{\infty} \frac{dx}{x(\ln x)^p} \quad \text{(sendo } p \text{ uma constante positiva)}$$

converge se e somente se $p > 1$.

(b) Que implicações o fato do item **(a)** tem sobre a convergência da série

$$\sum_{n=2}^{\infty} \frac{1}{n(\ln n)^p}\ ?$$

Justifique a sua resposta.

40. *(Continuação do Exercício 39.)* Use o resultado do Exercício 39 para determinar quais das séries a seguir convergem e quais divergem. Justifique a sua resposta em cada caso.

(a) $\sum_{n=2}^{\infty} \frac{1}{n(\ln n)}$ **(b)** $\sum_{n=2}^{\infty} \frac{1}{n(\ln n)^{1,01}}$

(c) $\sum_{n=2}^{\infty} \frac{1}{n \ln(n^3)}$ **(d)** $\sum_{n=2}^{\infty} \frac{1}{n(\ln n)^3}$

41. **Constante de Euler** Gráficos como aqueles na Figura 11.8 sugerem que, quando n aumenta, existe pouca mudança na diferença entre a soma

$$1 + \frac{1}{2} + \cdots + \frac{1}{n}$$

e a integral

$$\ln n = \int_1^n \frac{1}{x}\,dx$$

Para explorar essa idéia, siga os passos indicados.

(a) Tomando $f(x) = 1/x$ na prova do Teorema 9, mostre que

$$\ln(n+1) \leq 1 + \frac{1}{2} + \cdots + \frac{1}{n} \leq 1 + \ln n$$

ou

$$0 < \ln(n+1) - \ln n \leq 1 + \frac{1}{2} + \cdots + \frac{1}{n} - \ln n \leq 1$$

Portanto, a seqüência

$$a_n = 1 + \frac{1}{2} + \cdots + \frac{1}{n} - \ln n$$

é limitada inferior e superiormente.

(b) Mostre que

$$\frac{1}{n+1} < \int_n^{n+1} \frac{1}{x}\,dx = \ln(n+1) - \ln n$$

e use esse resultado para mostrar que a seqüência $\{a_n\}$ no item **(a)** é decrescente.

Como uma seqüência decrescente limitada inferiormente converge (Exercício 107 da Seção 11.1), os números a_n definidos no item (a) convergem:

$$1 + \frac{1}{2} + \cdots + \frac{1}{n} - \ln n \to \gamma$$

O número γ, cujo valor é 0,5772. . ., é chamado *constante de Euler*. Diferentemente do que ocorre com outros números especiais como π e e, nenhuma outra expressão com uma lei de formulação simples jamais foi encontrada para γ.

42. Use o teste da integral para mostrar que

$$\sum_{n=0}^{\infty} e^{-n^2}$$

converge.

11.4 Testes de comparação

Companion Website
Biografia histórica
Alberto da Saxônia
(1316–1390)

Vimos como determinar a convergência de séries geométricas, p-séries, e de algumas outras séries. Podemos testar a convergência de muitas outras séries por meio da comparação de seus termos com os termos de uma série que já se sabe convergente.

Teorema 10 Teste da comparação
Seja Σa_n uma série com termos não-negativos.

(a) Σa_n converge se existe uma série convergente Σc_n com $a_n \leq c_n$ para todo $n > N$, para algum inteiro N.

(b) Σa_n diverge se existe uma série divergente de termos não-negativos Σd_n com $a_n \geq d_n$ para todo $n > N$, para algum inteiro N.

PROVA No item (a), as somas parciais de Σa_n são limitadas superiormente por

$$M = a_1 + a_2 + \cdots + a_N + \sum_{n=N+1}^{\infty} c_n$$

Portanto, elas formam uma seqüência crescente com um limite $L \leq M$.

No item (b), as somas parciais de Σa_n não são limitadas superiormente. Se fossem, as somas parciais para Σd_n seriam limitadas por

$$M^* = d_1 + d_2 + \cdots + d_N + \sum_{n=N+1}^{\infty} a_n$$

e Σd_n convergiria em vez de divergir.

EXEMPLO 1 Aplicando o teste de comparação

(a) A série

$$\sum_{n=1}^{\infty} \frac{5}{5n-1}$$

diverge porque seu n-ésimo termo

$$\frac{5}{5n-1} = \frac{1}{n - \frac{1}{5}} > \frac{1}{n}$$

é maior que o n-ésimo termo da série harmônica divergente.

(b) A série

$$\sum_{n=0}^{\infty} \frac{1}{n!} = 1 + \frac{1}{1!} + \frac{1}{2!} + \frac{1}{3!} + \cdots$$

converge porque todos os seus termos são positivos e menores ou iguais aos termos correspondentes de

$$1 + \sum_{n=0}^{\infty} \frac{1}{2^n} = 1 + 1 + \frac{1}{2} + \frac{1}{2^2} + \cdots$$

A série geométrica à esquerda converge e temos

$$1 + \sum_{n=0}^{\infty} \frac{1}{2^n} = 1 + \frac{1}{1 - (1/2)} = 3$$

O fato de 3 ser o limitante superior das somas parciais de $\sum_{n=0}^{\infty} (1/n!)$ não significa que a série converge para 3. Como veremos na Seção 11.9, a série converge para e.

(c) A série

$$5 + \frac{2}{3} + \frac{1}{7} + 1 + \frac{1}{2 + \sqrt{1}} + \frac{1}{4 + \sqrt{2}} + \frac{1}{8 + \sqrt{3}} + \cdots + \frac{1}{2^n + \sqrt{n}} + \cdots$$

converge. Para isso, ignoramos os três primeiros termos e comparamos os termos restantes com aqueles da série geométrica convergente $\sum_{n=0}^{\infty} (1/2^n)$. O termo $1/(2^n + \sqrt{n})$ da seqüência truncada é menor do que o termo correspondente $1/2^n$ da série geométrica. Vemos que, termo a termo, temos a comparação

$$1 + \frac{1}{2 + \sqrt{1}} + \frac{1}{4 + \sqrt{2}} + \frac{1}{8 + \sqrt{3}} + \cdots \leq 1 + \frac{1}{2} + \frac{1}{4} + \frac{1}{8} + \cdots$$

Assim, a série truncada e a série original convergem por conta da aplicação do teste de comparação.

O teste de comparação no limite

Passaremos agora ao teste de comparação, que é particularmente útil para séries nas quais a_n é uma função racional de n.

Teorema 11 Teste de comparação no limite
Suponha que $a_n > 0$ e $b_n > 0$ para todo $n \geq N$ (sendo N um inteiro positivo).

1. Se $\lim_{n \to \infty} \frac{a_n}{b_n} = c > 0$, então ambos Σa_n e Σb_n convergem ou divergem.
2. Se $\lim_{n \to \infty} \frac{a_n}{b_n} = 0$, e Σb_n converge, então Σa_n converge.
3. Se $\lim_{n \to \infty} \frac{a_n}{b_n} = \infty$, e Σb_n diverge, então Σa_n diverge.

PROVA Provaremos a parte (1). As partes (2) e (3) foram deixadas para o Exercício 37. Como $c/2 > 0$, existe um inteiro N tal que para todo n

$$n > N \Rightarrow \left|\frac{a_n}{b_n} - c\right| < \frac{c}{2}$$

Definição do limite com $\epsilon = c/2$, $L = c$ e a_n substituído por a_n/b_n

Então, para $n > N$,

$$-\frac{c}{2} < \frac{a_n}{b_n} - c < \frac{c}{2}$$

$$\frac{c}{2} < \frac{a_n}{b_n} < \frac{3c}{2}$$

$$\left(\frac{c}{2}\right)b_n < a_n < \left(\frac{3c}{2}\right)b_n$$

Se Σb_n converge, então $\Sigma(3c/2)b_n$ converge e Σa_n converge pelo teste de comparação direta. Se Σb_n diverge, então $\Sigma(c/2)b_n$ diverge e Σa_n diverge pelo teste de comparação direta.

EXEMPLO 2 Usando o teste de comparação no limite

Quais das séries a seguir convergem? E quais divergem?

(a) $\frac{3}{4} + \frac{5}{9} + \frac{7}{16} + \frac{9}{25} + \cdots = \sum_{n=1}^{\infty} \frac{2n+1}{(n+1)^2} = \sum_{n=1}^{\infty} \frac{2n+1}{n^2+2n+1}$

(b) $\frac{1}{1} + \frac{1}{3} + \frac{1}{7} + \frac{1}{15} + \cdots = \sum_{n=1}^{\infty} \frac{1}{2^n - 1}$

(c) $\frac{1+2\ln 2}{9} + \frac{1+3\ln 3}{14} + \frac{1+4\ln 4}{21} + \cdots = \sum_{n=2}^{\infty} \frac{1+n\ln n}{n^2+5}$

SOLUÇÃO

(a) Seja $a_n = (2n+1)/(n^2+2n+1)$. Para n grande, esperamos que a_n se comporte como $2n/n^2 = 2/n$, já que os termos principais dominam para n grande; assim tomamos $b_n = 1/n$. Como

$$\sum_{n=1}^{\infty} b_n = \sum_{n=1}^{\infty} \frac{1}{n} \text{ diverge}$$

e

$$\lim_{n\to\infty} \frac{a_n}{b_n} = \lim_{n\to\infty} \frac{2n^2+n}{n^2+2n+1} = 2$$

Σa_n diverge pela Parte 1 do teste de comparação no limite. Poderíamos também ter tomado $b_n = 2/n$, mas $1/n$ é mais simples.

(b) Seja $a_n = 1/(2^n - 1)$. Para n grande, esperamos que a_n se comporte como $1/2^n$; assim tomamos $b_n = 1/2^n$. Como

$$\sum_{n=1}^{\infty} b_n = \sum_{n=1}^{\infty} \frac{1}{2^n} \text{ converge}$$

e

$$\lim_{n\to\infty} \frac{a_n}{b_n} = \lim_{n\to\infty} \frac{2^n}{2^n - 1} = \lim_{n\to\infty} \frac{1}{1 - (1/2^n)} = 1$$

Σa_n converge pela Parte 1 do teste de comparação no limite.

(c) Seja $a_n = (1 + n \ln n)/(n^2 + 5)$. Para n grande, esperamos que a_n se comporte como $(n \ln n)/n^2 = (\ln n)/n$ que é maior que $1/n$ para $n \geq 3$; assim tomamos $b_n = 1/n$. Como

$$\sum_{n=2}^{\infty} b_n = \sum_{n=2}^{\infty} \frac{1}{n} \text{ diverge}$$

e

$$\lim_{n\to\infty} \frac{a_n}{b_n} = \lim_{n\to\infty} \frac{n + n^2 \ln n}{n^2 + 5} = \infty$$

Σa_n diverge pela Parte 3 do teste de comparação no limite.

EXEMPLO 3 $\displaystyle\sum_{n=1}^{\infty} \frac{\ln n}{n^{3/2}}$ converge?

SOLUÇÃO Como $\ln n$ cresce mais lentamente que n^c para qualquer constante positiva c (Seção 11.1, Exercício 91), deveríamos esperar ter

$$\frac{\ln n}{n^{3/2}} < \frac{n^{1/4}}{n^{3/2}} = \frac{1}{n^{5/4}}$$

para n suficientemente grande. De fato, tomando $a_n = (\ln n)/n^{3/2}$ e $b_n = 1/n^{5/4}$, temos

$$\lim_{n\to\infty} \frac{a_n}{b_n} = \lim_{n\to\infty} \frac{\ln n}{n^{1/4}}$$

$$= \lim_{n\to\infty} \frac{1/n}{(1/4)n^{-3/4}} \qquad \text{Regra de L'Hôpital}$$

$$= \lim_{n\to\infty} \frac{4}{n^{1/4}} = 0$$

Como $\Sigma b_n = \Sigma (1/n^{5/4})$ (uma p-série com $p > 1$) converge, Σa_n converge pelo item 2 do teste de comparação no limite.

Exercícios 11.4

Determinando convergência ou divergência

Quais das séries nos exercícios 1–36 convergem e quais divergem? Justifique as suas respostas.

1. $\sum_{n=1}^{\infty} \frac{1}{2\sqrt{n} + \sqrt[3]{n}}$
2. $\sum_{n=1}^{\infty} \frac{3}{n + \sqrt{n}}$
3. $\sum_{n=1}^{\infty} \frac{\operatorname{sen}^2 n}{2^n}$
4. $\sum_{n=1}^{\infty} \frac{1 + \cos n}{n^2}$
5. $\sum_{n=1}^{\infty} \frac{2n}{3n - 1}$
6. $\sum_{n=1}^{\infty} \frac{n + 1}{n^2\sqrt{n}}$
7. $\sum_{n=1}^{\infty} \left(\frac{n}{3n + 1}\right)^n$
8. $\sum_{n=1}^{\infty} \frac{1}{\sqrt{n^3 + 2}}$
9. $\sum_{n=3}^{\infty} \frac{1}{\ln(\ln n)}$
10. $\sum_{n=2}^{\infty} \frac{1}{(\ln n)^2}$
11. $\sum_{n=1}^{\infty} \frac{(\ln n)^2}{n^3}$
12. $\sum_{n=1}^{\infty} \frac{(\ln n)^3}{n^3}$
13. $\sum_{n=2}^{\infty} \frac{1}{\sqrt{n} \ln n}$
14. $\sum_{n=1}^{\infty} \frac{(\ln n)^2}{n^{3/2}}$
15. $\sum_{n=1}^{\infty} \frac{1}{1 + \ln n}$
16. $\sum_{n=1}^{\infty} \frac{1}{(1 + \ln n)^2}$
17. $\sum_{n=2}^{\infty} \frac{\ln(n + 1)}{n + 1}$
18. $\sum_{n=1}^{\infty} \frac{1}{(1 + \ln^2 n)}$
19. $\sum_{n=2}^{\infty} \frac{1}{n\sqrt{n^2 - 1}}$
20. $\sum_{n=1}^{\infty} \frac{\sqrt{n}}{n^2 + 1}$
21. $\sum_{n=1}^{\infty} \frac{1 - n}{n2^n}$
22. $\sum_{n=1}^{\infty} \frac{n + 2^n}{n^2 2^n}$
23. $\sum_{n=1}^{\infty} \frac{1}{3^{n-1} + 1}$
24. $\sum_{n=1}^{\infty} \frac{3^{n-1} + 1}{3^n}$
25. $\sum_{n=1}^{\infty} \operatorname{sen} \frac{1}{n}$
26. $\sum_{n=1}^{\infty} \operatorname{tg} \frac{1}{n}$
27. $\sum_{n=1}^{\infty} \frac{10n + 1}{n(n + 1)(n + 2)}$
28. $\sum_{n=3}^{\infty} \frac{5n^3 - 3n}{n^2(n - 2)(n^2 + 5)}$
29. $\sum_{n=1}^{\infty} \frac{\operatorname{tg}^{-1} n}{n^{1,1}}$
30. $\sum_{n=1}^{\infty} \frac{\sec^{-1} n}{n^{1,3}}$
31. $\sum_{n=1}^{\infty} \frac{\coth n}{n^2}$
32. $\sum_{n=1}^{\infty} \frac{\operatorname{tgh} n}{n^2}$
33. $\sum_{n=1}^{\infty} \frac{1}{n\sqrt[n]{n}}$
34. $\sum_{n=1}^{\infty} \frac{\sqrt[n]{n}}{n^2}$
35. $\sum_{n=1}^{\infty} \frac{1}{1 + 2 + 3 + \cdots + n}$
36. $\sum_{n=1}^{\infty} \frac{1}{1 + 2^2 + 3^2 + \cdots + n^2}$

Teoria e exemplos

37. Com relação ao teste de comparação no limite, prove (a) da Parte 2 e (b) da Parte 3.

38. Se $\sum_{n=1}^{\infty} a_n$ é uma série convergente de termos não negativos, pode-se dizer algo sobre $\sum_{n=1}^{\infty} (a_n/n)$? Explique.

39. Suponha que $a_n > 0$ e $b_n > 0$ para $n \geq N$ (sendo N um inteiro). Se $\lim_{n\to\infty} (a_n/b_n) = \infty$ e Σa_n converge, pode-se dizer algo sobre Σb_n? Justifique a sua resposta.

40. Prove que se $\Sigma\, a_n$ é uma série convergente de termos não negativos, então $\Sigma\, a_n^{\,2}$ converge.

USANDO O COMPUTADOR

41. Não se sabe ainda se a série

$$\sum_{n=1}^{\infty} \frac{1}{n^3 \operatorname{sen}^2 n}$$

converge ou diverge. Use um SAC para explorar o comportamento da série seguindo os passos indicados:

(a) Defina a seqüência de somas parciais

$$s_k = \sum_{n=1}^{k} \frac{1}{n^3 \operatorname{sen}^2 n}$$

O que acontece quando você tenta encontrar o limite de s_k quando $k \to \infty$? Seu SAC encontra uma resposta na forma fechada para esse limite?

(b) Represente graficamente os cem primeiros pontos (k, s_k) para a seqüência de somas parciais. Eles parecem convergir? Qual seria sua estimativa do limite?

(c) Em seguida, represente graficamente os 200 primeiros pontos (k, s_k). Discuta o comportamento com suas palavras.

(d) Represente graficamente os 400 primeiros pontos (k, s_k). O que acontece quando $k = 355$? Calcule o número 355/113. Explique a partir de seus cálculos o que acontece quando $k = 355$. Para quais valores de k você acha que esse comportamento poderá ocorrer novamente?

Você encontrará uma discussão interessante sobre essa série no Capítulo 72 de *Mazes for the mind*, de Clifford A. Pickover, Nova York: St. Martin's Press, 1992.

11.5 Testes da razão e da raiz

O teste da razão mede a taxa de crescimento (ou decrescimento) de uma série examinando-se a razão a_{n+1}/a_n. Para uma série geométrica Σar^n, essa taxa é uma constante $((ar^{n+1})/(ar^n) = r)$ e a série converge se e somente se sua razão for menor que 1 em valor absoluto. O teste da razão é uma regra poderosa que estende esse resultado. Nós o provamos a seguir por meio do teste de comparação.

Teorema 12 **O teste da razão**

Seja Σa_n uma série com termos positivos e suponha que

$$\lim_{n\to\infty} \frac{a_{n+1}}{a_n} = \rho$$

Então,

(a) a série *converge* se $\rho < 1$,

(b) a série *diverge* se $\rho > 1$ ou ρ for infinito,

(c) o teste é *inconcludente* se $\rho = 1$.

PROVA

(a) $\boldsymbol{\rho < 1}$. Seja r um número entre ρ e 1. Então, o número $\epsilon = r - \rho$ é positivo. Como

$$\frac{a_{n+1}}{a_n} \to \rho$$

a_{n+1}/a_n deve estar a menos de ϵ de ρ quando n é grande o suficiente, digamos para todo $n \geq N$. Em particular,

$$\frac{a_{n+1}}{a_n} < \rho + \epsilon = r, \quad \text{quando } n \geq N.$$

Ou seja,

$$\begin{aligned} a_{N+1} &< ra_N, \\ a_{N+2} &< ra_{N+1} < r^2 a_N \\ a_{N+3} &< ra_{N+2} < r^3 a_N \\ &\vdots \\ a_{N+m} &< ra_{N+m-1} < r^m a_N \end{aligned}$$

Essas desigualdades mostram que os termos da nossa série, depois do n-ésimo termo, se aproximam de zero mais rapidamente do que os termos em uma série geométrica com razão $r < 1$. Mais precisamente, considere a série Σc_n, onde $c_n = a_n$ para $n = 1, 2, \ldots, N$ e $c_{N+1} = ra_N$, $c_{N+2} = r^2 a_N, \ldots, c_{N+m} = r^m a_N, \ldots$ Agora $a_n \leq c_n$ para todo n.

$$\begin{aligned} \sum_{n=1}^{\infty} c_n &= a_1 + a_2 + \cdots + a_{N-1} + a_N + ra_N + r^2 a_N + \cdots \\ &= a_1 + a_2 + \cdots + a_{N-1} + a_N(1 + r + r^2 + \cdots). \end{aligned}$$

A série geométrica $1 + r + r^2 + \cdots$ converge porque $|r| < 1$, então Σc_n converge. Como $a_n \leq c_n$, Σa_n também converge.

(b) $\boldsymbol{1 < \rho \leq \infty}$. A partir de algum índice M,

$$\frac{a_{n+1}}{a_n} > 1 \qquad \text{e} \qquad a_M < a_{M+1} < a_{M+2} < \cdots$$

Os termos da série não se aproximam de zero quando n se aproxima do infinito, e a série diverge pelo teste do n-ésimo termo.

(c) $\rho = 1$. As duas séries

$$\sum_{n=1}^{\infty} \frac{1}{n} \quad \text{e} \quad \sum_{n=1}^{\infty} \frac{1}{n^2}$$

mostram que algum outro teste para convergência deve ser usado quando $\rho = 1$.

$$\text{Para } \sum_{n=1}^{\infty} \frac{1}{n}: \quad \frac{a_{n+1}}{a_n} = \frac{1/(n+1)}{1/n} = \frac{n}{n+1} \to 1$$

$$\text{Para } \sum_{n=1}^{\infty} \frac{1}{n^2}: \quad \frac{a_{n+1}}{a_n} = \frac{1/(n+1)^2}{1/n^2} = \left(\frac{n}{n+1}\right)^2 \to 1^2 = 1$$

Em ambos os casos, $\rho = 1$, mas a primeira série diverge, enquanto a segunda converge.

O teste da razão freqüentemente é eficaz quando os termos de uma série contêm fatoriais de expressões que envolvem n ou expressões elevadas a uma potência que envolva n.

EXEMPLO 1 Aplicando o teste da razão

Investigue a convergência das séries a seguir.

(a) $\displaystyle\sum_{n=0}^{\infty} \frac{2^n + 5}{3^n}$ **(b)** $\displaystyle\sum_{n=1}^{\infty} \frac{(2n)!}{n!n!}$ **(c)** $\displaystyle\sum_{n=1}^{\infty} \frac{4^n n! n!}{(2n)!}$

SOLUÇÃO

(a) Para a série $\sum_{n=0}^{\infty} (2^n + 5)/3^n$

$$\frac{a_{n+1}}{a_n} = \frac{(2^{n+1} + 5)/3^{n+1}}{(2^n + 5)/3^n} = \frac{1}{3} \cdot \frac{2^{n+1} + 5}{2^n + 5} = \frac{1}{3} \cdot \left(\frac{2 + 5 \cdot 2^{-n}}{1 + 5 \cdot 2^{-n}}\right) \to \frac{1}{3} \cdot \frac{2}{1} = \frac{2}{3}$$

A série converge porque $\rho = 2/3$ é menor que 1. Isso *não* significa que a soma da série seja igual a 2/3. Na verdade,

$$\sum_{n=0}^{\infty} \frac{2^n + 5}{3^n} = \sum_{n=0}^{\infty} \left(\frac{2}{3}\right)^n + \sum_{n=0}^{\infty} \frac{5}{3^n} = \frac{1}{1 - (2/3)} + \frac{5}{1 - (1/3)} = \frac{21}{2}$$

(b) Se $a_n = \dfrac{(2n)!}{n!n!}$, então $a_{n+1} = \dfrac{(2n+2)!}{(n+1)!(n+1)!}$ e

$$\frac{a_{n+1}}{a_n} = \frac{n!n!(2n+2)(2n+1)(2n)!}{(n+1)!(n+1)!(2n)!}$$

$$= \frac{(2n+2)(2n+1)}{(n+1)(n+1)} = \frac{4n+2}{n+1} \to 4$$

A série diverge porque $\rho = 4$ é maior que 1.

(c) Se $a_n = 4^n n!n!/(2n)!$, então

$$\frac{a_{n+1}}{a_n} = \frac{4^{n+1}(n+1)!(n+1)!}{(2n+2)(2n+1)(2n)!} \cdot \frac{(2n)!}{4^n n! n!}$$

$$= \frac{4(n+1)(n+1)}{(2n+2)(2n+1)} = \frac{2(n+1)}{2n+1} \to 1$$

Como o limite é $\rho = 1$, não podemos decidir a partir do teste da razão se a série converge. Quando notamos que $a_{n+1}/a_n = (2n + 2)/(2n + 1)$, concluímos que a_{n+1} é sempre maior que a_n porque $(2n + 2)/(2n + 1)$ é sempre maior que 1. Portanto, todos os termos são maiores ou iguais a $a_1 = 2$ e o n-ésimo termo não se aproxima de zero quando $n \to \infty$. A série diverge.

O teste da raiz

Os testes de convergência vistos até agora para Σa_n funcionam melhor quando a fórmula para a_n é relativamente simples. Mas considere os exemplos a seguir.

EXEMPLO 2 Seja $a_n \begin{cases} n/2^n, & n \text{ ímpar} \\ 1/2^n, & n \text{ par} \end{cases}$ Σa_n converge?

SOLUÇÃO Escrevemos diversos termos da série:

$$\sum_{n=1}^{\infty} a_n = \frac{1}{2^1} + \frac{1}{2^2} + \frac{3}{2^3} + \frac{1}{2^4} + \frac{5}{2^5} + \frac{1}{2^6} + \frac{7}{2^7} + \cdots$$

$$= \frac{1}{2} + \frac{1}{4} + \frac{3}{8} + \frac{1}{16} + \frac{5}{32} + \frac{1}{64} + \frac{7}{128} + \cdots$$

Está claro que esta não é uma seqüência geométrica. O n-ésimo termo se aproxima de zero à medida que $n \to \infty$, então não sabemos se a série diverge. O teste da integral não parece muito promissor. O teste da raiz nos dá

$$\frac{a_{n+1}}{a_n} = \begin{cases} \dfrac{1}{2n}, & n \text{ par} \\[2mm] \dfrac{n+1}{2}, & n \text{ ímpar} \end{cases}$$

À medida que $n \to \infty$, a raiz se alterna entre grande e pequena e não possui limite.

O teste que vai nos dizer se a série converge é o teste da raiz.

Teorema 13 O teste da raiz
Seja Σa_n uma série com $a_n \geq 0$ para $n \geq N$ e suponha que

$$\lim_{n\to\infty} \sqrt[n]{a_n} = \rho.$$

Então
(a) a série *converge* se $\rho < 1$,
(b) a série *diverge* se $\rho > 1$ ou se ρ é infinita
(c) o teste é *inconcludente* se $\rho = 1$.

PROVA
(a) $\boldsymbol{\rho < 1}$. Selecione um $\epsilon > 0$ pequeno o suficiente para que $\rho + \epsilon < 1$. Como $\sqrt[n]{a_n} \to \rho$, os termos $\sqrt[n]{a_n}$ acabam se aproximando de ρ a menos de ϵ. Em outras palavras, existe um índice $M \geq N$ tal que

$$\sqrt[n]{a_n} < \rho + \qquad \text{quando } n \geq M.$$

Portanto, também é verdade que

$$a_n < (\rho + \epsilon)^n \qquad \text{para } n \geq M$$

Agora, $\sum_{n=M}^{\infty} (\rho + \epsilon)^n$, uma série geométrica com razão $(\rho + \epsilon) < 1$, converge. Por comparação, $\sum_{n=M}^{\infty} a_n$ converge; o que nos leva a concluir que

$$\sum_{n=1}^{\infty} a_n = a_1 + \cdots + a_{M-1} + \sum_{n=M}^{\infty} a_n$$

converge.

(b) $1 < \rho \leq \infty$. Para todos os índices além de algum inteiro M, temos $\sqrt[n]{a_n} > 1$, de modo que $a_n > 1$ para $n > M$. Os termos da série não convergem para 0. A série diverge pelo teste n-ésimo termo.

(c) $\rho = 1$. As séries $\sum_{n=1}^{\infty} (1/n)$ e $\sum_{n=1}^{\infty} (1/n^2)$ mostram que o teste não é conclusivo quando $\rho = 1$. A primeira série diverge e a segunda converge, mas em ambos os casos $\sqrt[n]{a_n} \to 1$.

EXEMPLO 3 Aplicando o teste da raiz

Quais das séries a seguir convergem e quais divergem?

$$\text{(a)} \sum_{n=1}^{\infty} \frac{n^2}{2^n} \qquad \text{(b)} \sum_{n=1}^{\infty} \frac{2^n}{n^2} \qquad \text{(c)} \sum_{n=1}^{\infty} \left(\frac{1}{1+n}\right)^n$$

SOLUÇÃO

(a) $\sum_{n=1}^{\infty} \frac{n^2}{2^n}$ converge porque $\sqrt[n]{\frac{n^2}{2^n}} = \frac{\sqrt[n]{n^2}}{\sqrt[n]{2^n}} = \frac{\left(\sqrt[n]{n}\right)^2}{2} \to \frac{1}{2} < 1$

(b) $\sum_{n=1}^{\infty} \frac{2^n}{n^2}$ diverge porque $\sqrt[n]{\frac{2^n}{n^2}} = \frac{2}{\left(\sqrt[n]{n}\right)^2} \to \frac{2}{1} > 1$

(c) $\sum_{n=1}^{\infty} \left(\frac{1}{1+n}\right)^n$ converge porque $\sqrt[n]{\left(\frac{1}{1+n}\right)^n} = \frac{1}{1+n} \to 0 < 1$

EXEMPLO 2 Revisitado

Seja $a_n = \begin{cases} n/2^n, & n \text{ ímpar} \\ 1/2^n, & n \text{ par.} \end{cases}$ Σa_n converge?

SOLUÇÃO Aplicando o teste da raiz, descobrimos que

$$\sqrt[n]{a_n} = \begin{cases} \sqrt[n]{n}/2, & n \text{ par} \\ 1/2, & n \text{ ímpar} \end{cases}$$

Portanto,

$$\frac{1}{2} \leq \sqrt[n]{a_n} \leq \frac{\sqrt[n]{n}}{2}$$

Como $\sqrt[n]{n} \to 1$ (Seção 11.1, Teorema 5), temos $\lim_{n\to\infty} \sqrt[n]{a_n} = 1/2$ pelo teorema do confronto. O limite é menor que 1, então a série converge pelo teste da raiz.

Exercícios 11.5

Determinando convergência ou divergência

Quais séries nos exercícios 1–26 convergem e quais divergem? Justifique as suas respostas. (Quando estiver verificando as suas respostas, lembre-se de que existe mais de uma maneira de determinar a convergência ou a divergência de uma série.)

1. $\sum_{n=1}^{\infty} \frac{n^{\sqrt{2}}}{2^n}$

2. $\sum_{n=1}^{\infty} n^2 e^{-n}$

3. $\sum_{n=1}^{\infty} n! e^{-n}$

4. $\sum_{n=1}^{\infty} \frac{n!}{10^n}$

5. $\sum_{n=1}^{\infty} \frac{n^{10}}{10^n}$

6. $\sum_{n=1}^{\infty} \left(\frac{n-2}{n}\right)^n$

7. $\sum_{n=1}^{\infty} \frac{2+(-1)^n}{1{,}25^n}$

8. $\sum_{n=1}^{\infty} \frac{(-2)^n}{3^n}$

9. $\sum_{n=1}^{\infty} \left(1-\frac{3}{n}\right)^n$

10. $\sum_{n=1}^{\infty} \left(1-\frac{1}{3n}\right)^n$

11. $\sum_{n=1}^{\infty} \frac{\ln n}{n^3}$

12. $\sum_{n=1}^{\infty} \frac{(\ln n)^n}{n^n}$

13. $\sum_{n=1}^{\infty} \left(\frac{1}{n}-\frac{1}{n^2}\right)$

14. $\sum_{n=1}^{\infty} \left(\frac{1}{n}-\frac{1}{n^2}\right)^n$

15. $\sum_{n=1}^{\infty} \frac{\ln n}{n}$

16. $\sum_{n=1}^{\infty} \frac{n \ln n}{2^n}$

17. $\sum_{n=1}^{\infty} \frac{(n+1)(n+2)}{n!}$

18. $\sum_{n=1}^{\infty} e^{-n}(n^3)$

19. $\sum_{n=1}^{\infty} \frac{(n+3)!}{3!n!3^n}$

20. $\sum_{n=1}^{\infty} \frac{n2^n(n+1)!}{3^n n!}$

21. $\sum_{n=1}^{\infty} \frac{n!}{(2n+1)!}$

22. $\sum_{n=1}^{\infty} \frac{n!}{n^n}$

23. $\sum_{n=2}^{\infty} \frac{n}{(\ln n)^n}$

24. $\sum_{n=2}^{\infty} \frac{n}{(\ln n)^{(n/2)}}$

25. $\sum_{n=1}^{\infty} \frac{n! \ln n}{n(n+2)!}$

26. $\sum_{n=1}^{\infty} \frac{3^n}{n^3 2^n}$

Quais séries $\sum_{n=1}^{\infty} a_n$ definidas pelas fórmulas nos exercícios 27–38 convergem e quais divergem? Justifique sua resposta.

27. $a_1 = 2, \quad a_{n+1} = \frac{1+\operatorname{sen} n}{n} a_n$

28. $a_1 = 1, \quad a_{n+1} = \frac{1+\operatorname{tg}^{-1} n}{n} a_n$

29. $a_1 = \frac{1}{3}, \quad a_{n+1} = \frac{3n-1}{2n+5} a_n$

30. $a_1 = 3, \quad a_{n+1} = \frac{n}{n+1} a_n$

31. $a_1 = 2, \quad a_{n+1} = \frac{2}{n} a_n$

32. $a_1 = 5, \quad a_{n+1} = \frac{\sqrt[n]{n}}{2} a_n$

33. $a_1 = 1, \quad a_{n+1} = \frac{1+\ln n}{n} a_n$

34. $a_1 = \frac{1}{2}, \quad a_{n+1} = \frac{n+\ln n}{n+10} a_n$

35. $a_1 = \frac{1}{3}, \quad a_{n+1} = \sqrt[n]{a_n}$

36. $a_1 = \frac{1}{2}, \quad a_{n+1} = (a_n)^{n+1}$

37. $a_n = \frac{2^n n! n!}{(2n)!}$

38. $a_n = \frac{(3n)!}{n!(n+1)!(n+2)!}$

Quais séries nos exercícios 39–44 convergem e quais divergem? Justifique as suas respostas.

39. $\sum_{n=1}^{\infty} \frac{(n!)^n}{(n^n)^2}$

40. $\sum_{n=1}^{\infty} \frac{(n!)^n}{n^{(n^2)}}$

41. $\sum_{n=1}^{\infty} \frac{n^n}{2^{(n^2)}}$

42. $\sum_{n=1}^{\infty} \frac{n^n}{(2^n)^2}$

43. $\sum_{n=1}^{\infty} \frac{1 \cdot 3 \cdot \cdots \cdot (2n-1)}{4^n 2^n n!}$

44. $\sum_{n=1}^{\infty} \frac{1 \cdot 3 \cdot \cdots \cdot (2n-1)}{[2 \cdot 4 \cdot \cdots \cdot (2n)](3^n+1)}$

Teoria e exemplos

45. Nem o teste da razão nem o teste da raiz ajudam muito quando lidamos com p-séries. Experimente-os em

$$\sum_{n=1}^{\infty} \frac{1}{n^p}$$

e mostre que nenhum dos dois nos dá informações sobre a convergência da série.

46. Mostre que nem o teste da razão nem o teste da raiz fornecem informações a respeito da convergência de

$$\sum_{n=2}^{\infty} \frac{1}{(\ln n)^p} \qquad (p \text{ constante})$$

47. Seja $a_n = \begin{cases} n/2^n, & \text{se } n \text{ é um número primo} \\ 1/2^n, & \text{caso contrário.} \end{cases}$

$\sum a_n$ converge? Justifique a sua resposta.

11.6 Séries alternadas, convergência absoluta e condicional

Uma série na qual os termos são alternadamente positivos e negativos é uma **série alternada**. Aqui estão três exemplos:

$$1 - \frac{1}{2} + \frac{1}{3} - \frac{1}{4} + \frac{1}{5} - \cdots + \frac{(-1)^{n+1}}{n} + \cdots \qquad (1)$$

$$-2 + 1 - \frac{1}{2} + \frac{1}{4} - \frac{1}{8} + \cdots + \frac{(-1)^{n}4}{2^{n}} + \cdots \qquad (2)$$

$$1 - 2 + 3 - 4 + 5 - 6 + \cdots + (-1)^{n+1}n + \cdots \qquad (3)$$

A série (1), chamada **série harmônica alternada**, converge, como veremos em breve. A série (2), uma série geométrica com razão $r = -1/2$, converge para $-2/[1 + (1/2)] = -4/3$. A série (3) diverge porque o n-ésimo termo não se aproxima de zero.

Provamos a convergência da série harmônica alternada aplicando o teste a seguir.

Teorema 14 **O teste da série alternada (teorema de Leibniz)**
A série

$$\sum_{n=1}^{\infty} (-1)^{n+1} u_n = u_1 - u_2 + u_3 - u_4 + \cdots$$

convergirá se todas as três condições a seguir forem satisfeitas:

1. Os u_n forem todos positivos.
2. $u_n \geq u_{n+1}$ para todo $n \geq N$, para algum N inteiro.
3. $u_n \to 0$.

PROVA Se n é um inteiro par, digamos $n = 2m$, então a soma dos n primeiros termos é

$$\begin{aligned} s_{2m} &= (u_1 - u_2) + (u_3 - u_4) + \cdots + (u_{2m-1} - u_{2m}) \\ &= u_1 - (u_2 - u_3) - (u_4 - u_5) - \cdots - (u_{2m-2} - u_{2m-1}) - u_{2m} \end{aligned}$$

A primeira igualdade mostra que s_{2m} é a soma de m termos não negativos, uma vez que cada termo entre parênteses é positivo ou zero. Conseqüentemente, $s_{2m+2} \geq s_{2m}$ e a seqüência $\{s_{2m}\}$ é crescente. A segunda igualdade mostra que $s_{2m} \leq u_1$. Como $\{s_{2m}\}$ é crescente e limitada superiormente, tem um limite:

$$\lim_{m\to\infty} s_{2m} = L \qquad (4)$$

Se n é um inteiro ímpar, digamos $n = 2m + 1$, então a soma dos n primeiros termos é $s_{2m+1} = s_{2m} + u_{2m+1}$. Como $u_n \to 0$,

$$\lim_{m\to\infty} u_{2m+1} = 0$$

e, como $m \to \infty$,

$$s_{2m+1} = s_{2m} + u_{2m+1} \to L + 0 = L \qquad (5)$$

Combinando os resultados das equações (4) e (5), temos $\lim_{n\to\infty} s_n = L$ (Seção 11.1, Exercício 119).

EXEMPLO 1 A série harmônica alternada

$$\sum_{n=1}^{\infty} (-1)^{n+1} \frac{1}{n} = 1 - \frac{1}{2} + \frac{1}{3} - \frac{1}{4} + \cdots$$

satisfaz os três requisitos do Teorema 14 com $N = 1$ e, portanto, converge.

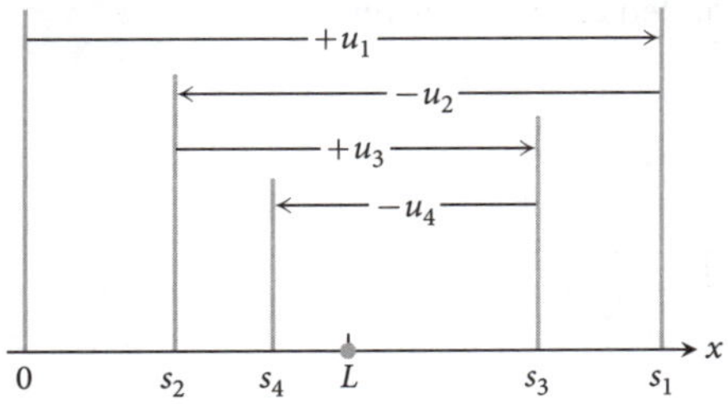

FIGURA 11.1 As somas parciais de uma série alternada que satisfazem as hipóteses do Teorema 14 para $N = 1$ cercam o limite desde o início.

A representação gráfica das somas parciais (Figura 11.9) nos mostra como uma série alternada converge para o seu limite L quando as três condições do Teorema 14 são satisfeitas com $N = 1$. (O Exercício 63 pede que você represente o caso de $N > 1$.) Iniciando na origem do eixo x, assinalamos a distância positiva $s_1 = u_1$. Para encontrar o ponto correspondente a $s_2 = u_1 - u_2$, recuamos uma distância correspondente a u_2. Como $u_2 \leq u_1$, não recuamos além da origem. Continuamos nesse mesmo processo, de recuar ou avançar enquanto os sinais da série exigirem. Mas para $n \geq N$, cada passo à frente ou cada recuo é mais curto que o passo anterior (ou pelo menos do mesmo comprimento dele), porque $u_{n+1} \leq u_n$. Como o n-ésimo termo se aproxima de zero à medida que n aumenta, a largura do passo que damos para a frente ou para trás vai ficando cada vez menor. Oscilamos em torno do limite L e a amplitude dessa oscilação se aproxima de zero. O limite L está entre quaisquer duas somas sucessivas s_n e s_{n+1} e, portanto, difere de s_n por um valor menor que u_{n+1}.

Como

$$|L - s_n| < u_{n+1} \qquad \text{para } n \geq N$$

podemos fazer estimativas úteis sobre as somas de séries altenadas convergentes.

Teorema 15 O teorema da estimativa de séries alternadas
Se a série alternada $\sum_{n=1}^{\infty} (-1)^{n+1} u_n$ satisfaz as três condições do Teorema 14, então, para $n \geq N$,

$$S_n = u_1 - u_2 + \ldots + (-1)^{n+1} u_n$$

se aproxima da soma L da série com um erro cujo valor absoluto é menor que u_{n+1}, que é o valor numérico do primeiro termo não utilizado. Além disso, o resto possui o mesmo sinal que o primeiro termo não utilizado.

Deixamos a verificação do sinal do resto para o Exercício 53.

EXEMPLO 2 Testaremos o Teorema 15 em uma série cuja soma conhecemos:

$$\sum_{n=0}^{\infty} (-1)^n \frac{1}{2^n} = 1 - \frac{1}{2} + \frac{1}{4} - \frac{1}{8} + \frac{1}{16} - \frac{1}{32} + \frac{1}{64} - \frac{1}{128} \;\vdots + \frac{1}{256} - \cdots$$

O teorema nos diz que se truncarmos a série depois do oitavo termo, descartaremos um total que é positivo e menor que 1/256. A soma dos oito primeiros termos é 0,6640625. A soma da série é

$$\frac{1}{1 - (-1/2)} = \frac{1}{3/2} = \frac{2}{3}$$

A diferença, $(2/3) - 0{,}6640625 = 0{,}0026041666\ldots$, é positiva e menor que $(1/256) = 0{,}00390625$.

Convergências absoluta e condicional

Definição Convergência absoluta
Uma série Σa_n **converge absolutamente** (é **absolutamente convergente**) se a série de valores absolutos correspondente, $\Sigma |a_n|$, converge.

A série geométrica

$$1 - \frac{1}{2} + \frac{1}{4} - \frac{1}{8} + \cdots$$

converge absolutamente porque a série de valores absolutos correspondente

$$1 + \frac{1}{2} + \frac{1}{4} + \frac{1}{8} + \cdots$$

converge. A série harmônica alternada não converge absolutamente. A série de valores absolutos correspondente é a série harmônica (divergente).

Definição Convergência condicional
Uma série que converge, mas não converge absolutamente, **converge condicionalmente.**

A série harmônica alternada converge condicionalmente.

A convergência absoluta é importante por dois motivos. Primeiro, temos bons testes para a convergência de séries de termos positivos. Segundo, se uma série converge absolutamente, então ela converge. Este é o assunto do próximo teorema.

Teorema 16 Teste da convergência absoluta
Se $\sum_{n=1}^{\infty} |a_n|$ converge, então $\sum_{n=1}^{\infty} a_n$ converge

PROVA Para cada n,

$$-|a_n| \leq a_n \leq |a_n|, \qquad \text{assim} \qquad 0 \leq a_n + |a_n| \leq 2|a_n|$$

Se $\Sigma_{n=1}^{\infty} |a_n|$ converge, então $\Sigma_{n=1}^{\infty} 2|a_n|$ converge e, pelo teste de comparação, a série não negativa $\Sigma_{n=1}^{\infty} (a_n + |a_n|)$ converge. A igualdade $a_n = (a_n + |a_n|) - |a_n|$ agora nos deixa expressar $\Sigma_{n=1}^{\infty} a_n$ como a diferença de duas séries convergentes:

$$\sum_{n=1}^{\infty} a_n = \sum_{n=1}^{\infty} (a_n + |a_n| - |a_n|) = \sum_{n=1}^{\infty} (a_n + |a_n|) - \sum_{n=1}^{\infty} |a_n|$$

Portanto, $\Sigma_{n=1}^{\infty} a_n$ converge.

CUIDADO Podemos reescrever o Teorema 16 de modo a dizer que toda série absolutamente convergente vá convergir. Entretanto, a afirmação contrária não é verdadeira: muitas séries convergentes não convergem absolutamente (como a série harmônica alternada no Exemplo 1).

EXEMPLO 3 Aplicando o teste da convergência absoluta

(a) Para $\sum_{n=1}^{\infty} (-1)^{n+1} \frac{1}{n^2} = 1 - \frac{1}{4} + \frac{1}{9} - \frac{1}{16} + \cdots$, a série de valores absolutos correspondente é a série convergente

$$\sum_{n=1}^{\infty} \frac{1}{n^2} = 1 + \frac{1}{4} + \frac{1}{9} + \frac{1}{16} + \cdots$$

A série original é convergente porque converge absolutamente.

(b) Para $\sum_{n=1}^{\infty} \frac{\operatorname{sen} n}{n^2} = \frac{\operatorname{sen} 1}{1} + \frac{\operatorname{sen} 2}{4} + \frac{\operatorname{sen} 3}{9} + \cdots$, a série de valores absolutos correspondente é

$$\sum_{n=1}^{\infty} \left| \frac{\operatorname{sen} n}{n^2} \right| = \frac{|\operatorname{sen} 1|}{1} + \frac{|\operatorname{sen} 2|}{4} + \cdots$$

que converge por comparação com $\Sigma_{n=1}^{\infty} (1/n^2)$ porque $|\operatorname{sen} n| \leq 1$ para todo n. A série original converge absolutamente; portanto, é convergente.

EXEMPLO 4 p-séries alternadas

Se p é uma constante positiva, a seqüência $\{1/n^p\}$ é uma seqüência decrescente com limite zero. Por essa razão, a p-série alternada

$$\sum_{n=1}^{\infty} \frac{(-1)^{n-1}}{n^p} = 1 - \frac{1}{2^p} + \frac{1}{3^p} - \frac{1}{4^p} + \cdots, \qquad p > 0$$

converge.

Se $p > 1$, a série converge absolutamente. Se $0 < p \leq 1$, a série converge condicionalmente.

Convergência condicional: $1 - \frac{1}{\sqrt{2}} + \frac{1}{\sqrt{3}} - \frac{1}{\sqrt{4}} + \cdots$

Convergência absoluta: $1 - \frac{1}{2^{3/2}} + \frac{1}{3^{3/2}} - \frac{1}{4^{3/2}} + \cdots$

Séries rearranjadas

Teorema 17 **O teorema do rearranjo para séries absolutamente convergentes**

Se $\Sigma_{n=1}^{\infty} a_n$ converge absolutamente e $b_1, b_2, \ldots, b_n, \ldots$ é qualquer rearranjo da seqüência $\{a_n\}$, então Σb_n converge absolutamente e

$$\sum_{n=1}^{\infty} b_n = \sum_{n=1}^{\infty} a_n$$

(Para um resumo da prova, veja o Exercício 60.)

EXEMPLO 5 Aplicando o teorema do rearranjo

Como vimos no Exemplo 3, a série

$$1 - \frac{1}{4} + \frac{1}{9} - \frac{1}{16} + \cdots + (-1)^{n-1}\frac{1}{n^2} + \cdots$$

converge absolutamente. Um possível rearranjo dos termos da série pode começar com um termo positivo, vindo em seguida dois termos negativos, três termos positivos, quatro termos negativos e assim por diante: depois de k termos de um sinal, tomamos $k + 1$ termos de sinal oposto. Os primeiros dez termos de uma série desse tipo são:

$$1 - \frac{1}{4} - \frac{1}{16} + \frac{1}{9} + \frac{1}{25} + \frac{1}{49} - \frac{1}{36} - \frac{1}{64} - \frac{1}{100} - \frac{1}{144} + \cdots$$

O teorema do rearranjo diz que ambas as séries convergem para o mesmo valor. Nesse exemplo, se tivéssemos começado pela segunda série, provavelmente ficaríamos contentes em trocá-la pela primeira, se soubéssemos que poderíamos fazê-lo. Podemos fazer ainda melhor: a soma de qualquer uma das duas séries é igual a

$$\sum_{n=1}^{\infty} \frac{1}{(2n-1)^2} - \sum_{n=1}^{\infty} \frac{1}{(2n)^2}$$

(Veja o Exercício 61.)

Se rearranjarmos infinitos termos de uma série condicionalmente convergente, poderemos obter resultados muito diferentes da soma da série original.

EXEMPLO 6 Rearranjando a série harmônica alternada

A série harmônica alternada

$$\frac{1}{1} - \frac{1}{2} + \frac{1}{3} - \frac{1}{4} + \frac{1}{5} - \frac{1}{6} + \frac{1}{7} - \frac{1}{8} + \frac{1}{9} - \frac{1}{10} + \frac{1}{11} - \cdots$$

pode ser rearranjada para divergir ou para atingir qualquer soma predeterminada.

(a) *Rearranjando* $\sum_{n=1}^{\infty}(-1)^{n+1}/n$ *para divergir.* A série de termos $\Sigma[1/(2n-1)]$ diverge para $+\infty$, e a série de termos $(-1/2n)$ diverge para $-\infty$. Não importa quão longe na seqüência de termos de ordem ímpar comecemos, sempre poderemos adicionar termos positivos suficientes para obtermos uma soma arbitrariamente grande. Similarmente com os termos negativos, não importa quão longe comecemos, poderemos adicionar termos de ordem par consecutivos para obter uma soma negativa arbitrariamente grande em valor absoluto. Se desejássemos fazer isso, poderíamos começar adicionando termos de ordem ímpar até obtermos, digamos, uma soma maior que +3, e depois prosseguir com termos consecutivos negativos suficientes para obter um novo total menor que –4. Poderíamos então adicionar termos positivos suficientes para obter um total maior que +5 e seguir com termos negativos consecutivos não utilizados para obter um novo total menor que –6 e assim por diante. Dessa maneira, poderíamos fazer que as oscilações fossem arbitrariamente grandes em qualquer uma das direções.

(b) *Rearranjando* $\sum_{n=1}^{\infty}(-1)^{n+1}/n$ *para convergir para* 1. Outra possibilidade é focalizar um limite em particular. Suponha que tentemos obter somas que convirjam para 1. Comecemos com o primeiro termo, 1/1, e então subtraímos 1/2. Em seguida adicionamos 1/3 e 1/5, o que leva o total de volta para 1 ou mais. Então adicionamos termos negativos consecutivos até que o total seja menor que 1. Continuamos desta maneira: quando a soma for menor que 1, adicionamos termos positivos até que o total seja 1 ou mais; então subtraímos termos (adicionamos termos negativos) até que o total seja novamente menor que 1. Esse processo pode continuar indefinidamente. Como tanto os termos de ordem par quanto os de ordem ímpar da série original se aproximam de zero quando $n \to \infty$, também se aproxima de zero a quantidade na qual nossas somas parciais excedem 1 ou ficam abaixo desse valor. Dessa maneira, a nova série converge para 1. A série rearranjada começa assim:

$$\frac{1}{1} - \frac{1}{2} + \frac{1}{3} + \frac{1}{5} - \frac{1}{4} + \frac{1}{7} + \frac{1}{9} - \frac{1}{6} + \frac{1}{11} + \frac{1}{13} - \frac{1}{8} + \frac{1}{15} +$$
$$\frac{1}{17} - \frac{1}{10} + \frac{1}{19} + \frac{1}{21} - \frac{1}{12} + \frac{1}{23} + \frac{1}{25} - \frac{1}{14} + \frac{1}{27} - \frac{1}{16} + \cdots$$

O tipo de comportamento ilustrado pela série no Exemplo 6 é típico do que pode acontecer com qualquer série condicionalmente convergente. Assim sendo, devemos sempre somar os termos de uma série condicionalmente convergente na ordem em que são dados.

Desenvolvemos vários tipos de testes para convergência e divergência de séries. Em resumo,

1. **Teste do *n*-ésimo termo:** A menos que $a_n \to 0$, a série diverge.
2. **Séries geométricas:** $\sum ar^n$ converge se $|r| < 1$; caso contrário, diverge.
3. ***p*-séries:** $\sum 1/n^p$ converge se $p > 1$; caso contrário, diverge.
4. **Séries com termos não negativos:** Experimente o teste da integral, o teste da razão ou o teste da raiz. Tente comparar a uma série conhecida por meio do teste de comparação.
5. **Série com alguns termos negativos:** $\sum |a_n|$ converge? Caso afirmativo, $\sum a_n$ também converge; já que a convergência absoluta implica a convergência.
6. **Séries alternadas:** $\sum a_n$ converge se a série satisfaz as três condições do teste da série alternada.

Exercícios 11.6

Determinando a convergência ou a divergência

Quais das séries alternadas nos exercícios 1–10 convergem e quais divergem? Justifique suas respostas.

1. $\sum_{n=1}^{\infty} (-1)^{n+1} \frac{1}{n^2}$
2. $\sum_{n=1}^{\infty} (-1)^{n+1} \frac{1}{n^{3/2}}$
3. $\sum_{n=1}^{\infty} (-1)^{n+1} \left(\frac{n}{10}\right)^n$
4. $\sum_{n=1}^{\infty} (-1)^{n+1} \frac{10^n}{n^{10}}$
5. $\sum_{n=2}^{\infty} (-1)^{n+1} \frac{1}{\ln n}$
6. $\sum_{n=1}^{\infty} (-1)^{n+1} \frac{\ln n}{n}$
7. $\sum_{n=2}^{\infty} (-1)^{n+1} \frac{\ln n}{\ln n^2}$
8. $\sum_{n=1}^{\infty} (-1)^{n} \ln\left(1 + \frac{1}{n}\right)$
9. $\sum_{n=1}^{\infty} (-1)^{n+1} \frac{\sqrt{n} + 1}{n + 1}$
10. $\sum_{n=1}^{\infty} (-1)^{n+1} \frac{3\sqrt{n + 1}}{\sqrt{n} + 1}$

Convergência absoluta

Quais das séries nos exercícios 11– 44 convergem absolutamente, quais convergem e quais divergem? Justifique as suas respostas.

11. $\sum_{n=1}^{\infty} (-1)^{n+1} (0,1)^n$
12. $\sum_{n=1}^{\infty} (-1)^{n+1} \frac{(0,1)^n}{n}$
13. $\sum_{n=1}^{\infty} (-1)^{n} \frac{1}{\sqrt{n}}$
14. $\sum_{n=1}^{\infty} \frac{(-1)^n}{1 + \sqrt{n}}$
15. $\sum_{n=1}^{\infty} (-1)^{n+1} \frac{n}{n^3 + 1}$
16. $\sum_{n=1}^{\infty} (-1)^{n+1} \frac{n!}{2^n}$
17. $\sum_{n=1}^{\infty} (-1)^{n} \frac{1}{n + 3}$
18. $\sum_{n=1}^{\infty} (-1)^{n} \frac{\operatorname{sen} n}{n^2}$
19. $\sum_{n=1}^{\infty} (-1)^{n+1} \frac{3 + n}{5 + n}$
20. $\sum_{n=2}^{\infty} (-1)^{n} \frac{1}{\ln(n^3)}$
21. $\sum_{n=1}^{\infty} (-1)^{n+1} \frac{1 + n}{n^2}$
22. $\sum_{n=1}^{\infty} \frac{(-2)^{n+1}}{n + 5^n}$
23. $\sum_{n=1}^{\infty} (-1)^{n} n^2 (2/3)^n$
24. $\sum_{n=1}^{\infty} (-1)^{n+1} \left(\sqrt[n]{10}\right)$
25. $\sum_{n=1}^{\infty} (-1)^{n} \frac{\operatorname{tg}^{-1} n}{n^2 + 1}$
26. $\sum_{n=2}^{\infty} (-1)^{n+1} \frac{1}{n \ln n}$

27. $\sum_{n=1}^{\infty} (-1)^n \frac{n}{n+1}$

28. $\sum_{n=1}^{\infty} (-1)^n \frac{\ln n}{n - \ln n}$

29. $\sum_{n=1}^{\infty} \frac{(-100)^n}{n!}$

30. $\sum_{n=1}^{\infty} (-5)^{-n}$

31. $\sum_{n=1}^{\infty} \frac{(-1)^{n-1}}{n^2 + 2n + 1}$

32. $\sum_{n=2}^{\infty} (-1)^n \left(\frac{\ln n}{\ln n^2}\right)^n$

33. $\sum_{n=1}^{\infty} \frac{\cos n\pi}{n\sqrt{n}}$

34. $\sum_{n=1}^{\infty} \frac{\cos n\pi}{n}$

35. $\sum_{n=1}^{\infty} \frac{(-1)^n (n+1)^n}{(2n)^n}$

36. $\sum_{n=1}^{\infty} \frac{(-1)^{n+1} (n!)^2}{(2n)!}$

37. $\sum_{n=1}^{\infty} (-1)^n \frac{(2n)!}{2^n n! n}$

38. $\sum_{n=1}^{\infty} (-1)^n \frac{(n!)^2 3^n}{(2n+1)!}$

39. $\sum_{n=1}^{\infty} (-1)^n \left(\sqrt{n+1} - \sqrt{n}\right)$

40. $\sum_{n=1}^{\infty} (-1)^n \left(\sqrt{n^2 + n} - n\right)$

41. $\sum_{n=1}^{\infty} (-1)^n \left(\sqrt{n + \sqrt{n}} - \sqrt{n}\right)$

42. $\sum_{n=1}^{\infty} \frac{(-1)^n}{\sqrt{n} + \sqrt{n+1}}$

43. $\sum_{n=1}^{\infty} (-1)^n \operatorname{sech} n$

44. $\sum_{n=1}^{\infty} (-1)^n \operatorname{csch} n$

Estimativa do erro

Nos exercícios 45–48, estime a magnitude do erro envolvido ao se usar a soma dos quatro primeiros termos para aproximar a soma da série inteira.

45. $\sum_{n=1}^{\infty} (-1)^{n+1} \frac{1}{n}$ É possível mostrar que a soma é ln 2.

46. $\sum_{n=1}^{\infty} (-1)^{n+1} \frac{1}{10^n}$

47. $\sum_{n=1}^{\infty} (-1)^{n+1} \frac{(0{,}01)^n}{n}$ Como veremos na Seção 11.7, a soma é ln (1,01).

48. $\frac{1}{1+t} = \sum_{n=0}^{\infty} (-1)^n t^n, \quad 0 < t < 1$

T Aproxime as somas nos exercícios 49 e 50 com um erro menor que 5×10^{-6}.

49. $\sum_{n=0}^{\infty} (-1)^n \frac{1}{(2n)!}$ Como veremos na Seção 11.9, a soma é cos 1, o cosseno de 1 radiano.

50. $\sum_{n=0}^{\infty} (-1)^n \frac{1}{n!}$ Como veremos na Seção 11.9, a soma é e^{-1}.

Teoria e exemplos

51. **(a)** A série

$$\frac{1}{3} - \frac{1}{2} + \frac{1}{9} - \frac{1}{4} + \frac{1}{27} - \frac{1}{8} + \cdots + \frac{1}{3^n} - \frac{1}{2^n} + \cdots$$

não satisfaz uma das condições do Teorema 14. Qual delas?

(b) Encontre a soma da série no item (a).

52. T O limite L de uma série alternada que satisfaz as condições do Teorema 14 está entre os valores de quaisquer duas somas parciais consecutivas. Isso nos sugere o uso da média

$$\frac{s_n + s_{n+1}}{2} = s_n + \frac{1}{2}(-1)^{n+2} a_{n+1}$$

para estimar L. Calcule

$$s_{20} + \frac{1}{2} \cdot \frac{1}{21}$$

como uma aproximação da soma da série harmônica alternada. A soma exata é ln 2 = 0,6931. . .

53. **O sinal do resto de uma série alternada que satisfaz as condições do Teorema 14** Prove a afirmação do Teorema 15 de que sempre que uma série alternada que satisfaça as condições do Teorema 14 se aproximar de uma das suas somas parciais, então o resto (soma dos termos não usados) tem o mesmo sinal que o primeiro termo não usado. (*Sugestão*: Agrupe os termos do resto em pares consecutivos.)

54. Mostre que a soma dos $2n$ primeiros termos da série

$$1 - \frac{1}{2} + \frac{1}{2} - \frac{1}{3} + \frac{1}{3} - \frac{1}{4} + \frac{1}{4} - \frac{1}{5} + \frac{1}{5} - \frac{1}{6} + \cdots$$

é a mesma que a soma dos n primeiros termos da série

$$\frac{1}{1 \cdot 2} + \frac{1}{2 \cdot 3} + \frac{1}{3 \cdot 4} + \frac{1}{4 \cdot 5} + \frac{1}{5 \cdot 6} + \cdots$$

Essas séries convergem? Qual é a soma dos primeiros $2n + 1$ termos da primeira série? Se a série converge, qual é sua soma?

55. Mostre que, se $\sum_{n=1}^{\infty} a_n$ diverge, então $\sum_{n=1}^{\infty} |a_n|$ diverge.

56. Mostre que, se $\sum_{n=1}^{\infty} a_n$ converge absolutamente, então

$$\left|\sum_{n=1}^{\infty} a_n\right| \leq \sum_{n=1}^{\infty} |a_n|$$

57. Mostre que se tanto $\sum_{n=1}^{\infty} a_n$ quanto $\sum_{n=1}^{\infty} b_n$ convergem absolutamente, isso também acontece com

(a) $\sum_{n=1}^{\infty} (a_n + b_n)$ **(b)** $\sum_{n=1}^{\infty} (a_n - b_n)$

(c) $\sum_{n=1}^{\infty} k a_n$ (para qualquer valor de k)

58. Mostre com exemplo que $\sum_{n=1}^{\infty} a_n b_n$ pode divergir mesmo que tanto $\sum_{n=1}^{\infty} a_n$ quanto $\sum_{n=1}^{\infty} b_n$ convirjam.

59. T No Exemplo 6, suponha que o objetivo seja arranjar os termos para obter uma nova série que convirja para −1/2. Comece o novo arranjo com o primeiro termo negativo, o qual é −1/2. Sempre que você tiver uma soma que seja menor ou igual a −1/2, comece a introduzir termos positivos, tomados na ordem, até que o novo total seja maior do que –1/2. Então adicione termos negativos até o total ser menor ou igual a –1/2 novamente. Continue esse processo até suas somas parciais estarem acima do alvo pelo menos três vezes e termine aí ou abaixo disso. Se s_n for uma soma dos primeiros n termos da sua nova série, marque os pontos (n, s_n) para ilustrar como as somas estão se comportando.

60. Resumo da prova do teorema do rearranjo (Teorema 17)

(a) Seja ϵ um número real positivo, seja $L = \sum_{n=1}^{\infty} a_n$, e seja $s_k = \sum_{n=1}^{k} a_n$. Mostre que, para algum índice N_1 e para algum índice $N_2 \geq N_1$,

$$\sum_{n=N_1}^{\infty} |a_n| < \frac{\epsilon}{2} \quad \text{e} \quad |s_{N_2} - L| < \frac{\epsilon}{2}$$

Como todos os termos $a_1, a_2, \ldots, a_{N_2}$ aparecem em algum lugar da seqüência $\{b_n\}$, existe um índice $N_3 \geq N_2$ tal que, se $n \geq N_3$, então $\left(\sum_{k=1}^{n} b_k\right) - s_{N_2}$ é no máximo uma soma dos termos a_m com $m \geq N_1$. Portanto, se $n \geq N_3$,

$$\begin{aligned} \left|\sum_{k=1}^{n} b_k - L\right| &\leq \left|\sum_{k=1}^{n} b_k - s_{N_2}\right| + |s_{N_2} - L| \\ &\leq \sum_{k=N_1}^{\infty} |a_k| + |s_{N_2} - L| < \epsilon \end{aligned}$$

(b) O argumento no item (a) mostra que, se $\sum_{n=1}^{\infty} a_n$ converge absolutamente, então $\sum_{n=1}^{\infty} b_n$ converge e $\sum_{n=1}^{\infty} b_n = \sum_{n=1}^{\infty} a_n$. Agora mostre que, como $\sum_{n=1}^{\infty} |a_n|$ converge, $\sum_{n=1}^{\infty} |b_n|$ converge para $\sum_{n=1}^{\infty} |a_n|$.

61. Desdobrando séries absolutamente convergentes

(a) Mostre que, se $\sum_{n=1}^{\infty} |a_n|$ converge e

$$b_n = \begin{cases} a_n, & \text{se } a_n \geq 0 \\ 0, & \text{se } a_n < 0 \end{cases}$$

então $\sum_{n=1}^{\infty} b_n$ converge.

(b) Use os resultados do item (a) para mostrar da mesma maneira que, se $\sum_{n=1}^{\infty} |a_n|$ converge e

$$c_n = \begin{cases} 0, & \text{se } a_n \geq 0 \\ a_n, & \text{se } a_n < 0, \end{cases}$$

então $\sum_{n=1}^{\infty} c_n$ converge.

Em outras palavras, se uma série converge absolutamente, seus termos positivos formam uma série convergente e seus termos negativos também. Além disso,

$$\sum_{n=1}^{\infty} a_n = \sum_{n=1}^{\infty} b_n + \sum_{n=1}^{\infty} c_n$$

porque $b_n = (a_n + |a_n|)/2$ e $c_n = (a_n - |a_n|)/2$.

62. O que está errado aqui?

Multiplique ambos os lados da série harmônica alternada

$$S = 1 - \frac{1}{2} + \frac{1}{3} - \frac{1}{4} + \frac{1}{5} - \frac{1}{6} + \frac{1}{7} - \frac{1}{8} + \frac{1}{9} - \frac{1}{10} + \frac{1}{11} - \frac{1}{12} + \cdots$$

por 2 para obter

$$2S = 2 - 1 + \frac{2}{3} - \frac{1}{2} + \frac{2}{5} - \frac{1}{3} + \frac{2}{7} - \frac{1}{4} + \frac{2}{9} - \frac{1}{5} + \frac{2}{11} - \frac{1}{6} + \cdots$$

Reúna termos com o mesmo denominador, como as setas indicam, para chegar a

$$2S = 1 - \frac{1}{2} + \frac{1}{3} - \frac{1}{4} + \frac{1}{5} - \frac{1}{6} + \cdots$$

A série do lado direito da equação é aquela com a qual começamos. Portanto, $2S = S$ e, dividindo por S, obtemos $2 = 1$. (*Fonte*: "Riemann's Rearrangement Theorem", de Stewart Galanor, *Mathematics Teacher*, 1987, v. 80, n. 8, p. 675–681.)

63. Desenhe uma figura similar à Figura 11.9 para ilustrar a convergência da série no Teorema 14 quando $N > 1$.

11.7 Séries de potências

Agora que podemos testar a convergência de séries infinitas, podemos estudar os polinômios infinitos mencionados no início do capítulo. Chamamos esses polinômios de séries de potências porque eles são definidos como séries infinitas de potências de alguma variável – no nosso caso, x. Assim como os polinômios, séries de potências podem ser somadas, subtraídas, multiplicadas, diferenciadas e integradas de forma a resultar em novas séries de potência.

Séries de potências e convergência

Começamos com a definição formal.

Definição Série de potências, centro, coeficientes
Uma **série de potências centrada em $x = 0$** é uma série da forma

$$\sum_{n=0}^{\infty} c_n x^n = c_0 + c_1 x + c_2 x^2 + \cdots + c_n x^n + \cdots \tag{1}$$

Uma **série de potências centrada em $x = a$** é uma série da forma

$$\sum_{n=0}^{\infty} c_n (x-a)^n = c_0 + c_1(x-a) + c_2(x-a)^2 + \cdots + c_n(x-a)^n + \cdots \tag{2}$$

na qual o **centro** a e os **coeficientes** $c_0, c_1, c_2, \ldots, c_n, \ldots$ são constantes.

A Equação (1) é um caso especial obtido tomando-se $a = 0$ na Equação (2).

EXEMPLO 1 Uma série geométrica

Tomando-se todos os coeficientes como 1 na Equação (1) nos faz chegar à série de potências geométrica

$$\sum_{n=0}^{\infty} x^n = 1 + x + x^2 + \cdots + x^n + \cdots$$

Esta é a série geométrica com primeiro termo igual a 1 e razão x. Ela converge para $1/(1 - x)$ para $|x| < 1$. Expressamos isso escrevendo

$$\frac{1}{1-x} = 1 + x + x^2 + \cdots + x^n + \cdots, \qquad -1 < x < 1 \tag{3}$$

Até aqui, usamos a Equação (3) como uma fórmula para a soma da série à direita. Agora, mudamos de foco: pensamos nas somas parciais da série à direita como polinômios $P_n(x)$ que aproximam a função à esquerda. Para valores de x próximos a 0, precisamos tomar somente alguns termos da série para conseguir uma boa aproximação. Conforme movemos em direção a $x = 1$ ou -1, precisamos tomar mais termos. A Figura 11.10 apresenta os gráficos de $f(x) = 1/(1 - x)$ e os polinômios aproximadores $y_n = P_n(x)$ para $n = 0, 1, 2$ e 8. A função $f(x) = 1/(1 - x)$ não é contínua nos intervalos contendo $x = 1$, onde há uma assíntota vertical. A aproximação não se aplica quando $x \geq 1$.

EXEMPLO 2 Uma série geométrica

A série de potências

$$1 - \frac{1}{2}(x-2) + \frac{1}{4}(x-2)^2 + \cdots + \left(-\frac{1}{2}\right)^n (x-2)^n + \cdots \tag{4}$$

combina com a Equação (2) com $a = 2$, $c_0 = 1$, $c_1 = -1/2$, $c_2 = 1/4, \ldots,$ $c_n = (-1/2)^n$. Esta é uma série geométrica com primeiro termo 1 e razão $r = -\dfrac{x-2}{2}$. A série converge para

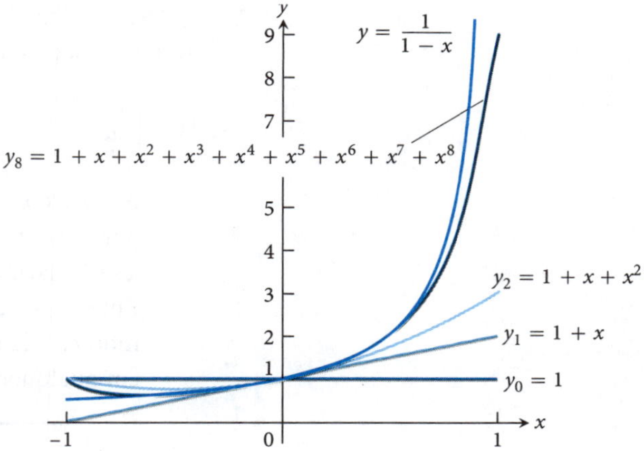

FIGURA 11.10 Os gráficos de $f(x) = 1/(1 - x)$ e quatro de seus polinômios aproximadores (Exemplo 1).

$\left|\frac{x-2}{2}\right| < 1$ ou $0 < x < 4$. A soma é

$$\frac{1}{1-r} = \frac{1}{1 + \frac{x-2}{2}} = \frac{2}{x}$$

assim

$$\frac{2}{x} = 1 - \frac{(x-2)}{2} + \frac{(x-2)^2}{4} - \cdots + \left(-\frac{1}{2}\right)^n (x-2)^n + \cdots, \qquad 0 < x < 4$$

A série (4) gera aproximações polinomiais úteis de $f(x) = 2/x$ para valores de x próximos de 2:

$$P_0(x) = 1$$

$$P_1(x) = 1 - \frac{1}{2}(x-2) = 2 - \frac{x}{2}$$

$$P_2(x) = 1 - \frac{1}{2}(x-2) + \frac{1}{4}(x-2)^2 = 3 - \frac{3x}{2} + \frac{x^2}{4}$$

e assim por diante (Figura 11.11).

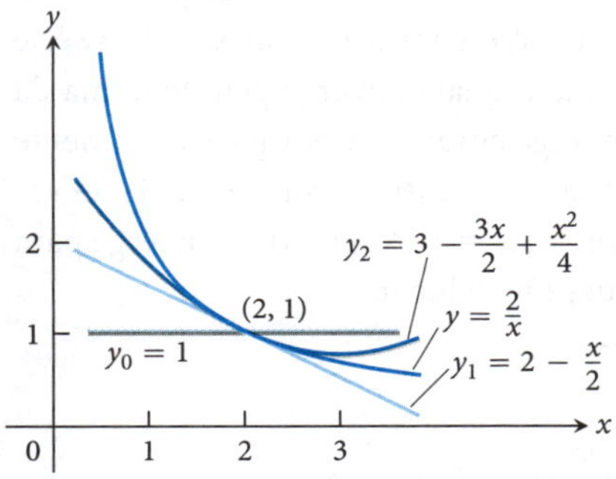

FIGURA 11.11 Os gráficos de $f(x) = 2/x$ e suas três primeiras aproximações polinomiais (Exemplo 2).

EXEMPLO 3 Teste da convergência utilizando o teste da razão

Para quais valores de x as séries de potências a seguir convergem?

(a) $\sum_{n=1}^{\infty} (-1)^{n-1} \frac{x^n}{n} = x - \frac{x^2}{2} + \frac{x^3}{3} - \cdots$

(b) $\sum_{n=1}^{\infty} (-1)^{n-1} \frac{x^{2n-1}}{2n-1} = x - \frac{x^3}{3} + \frac{x^5}{5} - \cdots$

(c) $\sum_{n=0}^{\infty} \frac{x^n}{n!} = 1 + x + \frac{x^2}{2!} + \frac{x^3}{3!} + \cdots$

(d) $\sum_{n=0}^{\infty} n!x^n = 1 + x + 2!x^2 + 3!x^3 + \cdots$

SOLUÇÃO Aplique o teste da razão à série $\Sigma|u_n|$, onde u_n é o n-ésimo termo da série em questão.

(a) $$\left|\frac{u_{n+1}}{u_n}\right| = \frac{n}{n+1}|x| \to |x|$$

A série converge absolutamente para $|x| < 1$. Ela diverge se $|x| > 1$ porque o n-ésimo termo não converge para zero. Em $x = 1$, obtemos a série harmônica alternada $1 - 1/2 + 1/3 - 1/4 + \ldots$, a qual converge. Em $x = -1$, obtemos $-1 - 1/2 - 1/3 - 1/4 - \ldots$, o oposto da série harmônica; ela diverge. A série (a) converge para $-1 < x \leq 1$ e diverge em qualquer outro lugar.

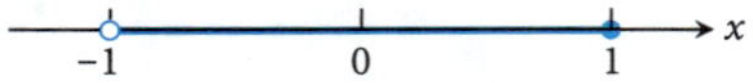

(b) $$\left|\frac{u_{n+1}}{u_n}\right| = \frac{2n-1}{2n+1}x^2 \to x^2$$

A série converge absolutamente para $x^2 < 1$. Ela diverge para $x^2 > 1$ porque o n-ésimo termo não converge para zero. Em $x = 1$, a série torna-se $1 - 1/3 + 1/5 - 1/7 + \ldots$, a qual converge pelo teorema da série alternada. Ela também converge em $x = -1$ porque é novamente uma série alternada que satisfaz as condições de convergência. O valor em $x = -1$ é o oposto do valor em $x = 1$. A série (b) converge para $-1 \leq x \leq 1$ e diverge em qualquer outro lugar.

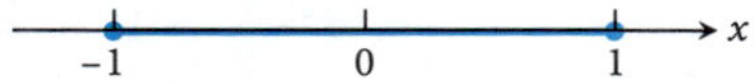

(c) $$\left|\frac{u_{n+1}}{u_n}\right| = \left|\frac{x^{n+1}}{(n+1)!}\cdot\frac{n!}{x^n}\right| = \frac{|x|}{n+1} \to 0 \text{ para todo } x.$$

A série converge absolutamente para todo x.

(d) $$\left|\frac{u_{n+1}}{u_n}\right| = \left|\frac{(n+1)!x^{n+1}}{n!x^n}\right| = (n+1)|x| \to \infty \text{ a menos que } x = 0.$$

A série diverge para todos os valores de x, exceto $x = 0$.

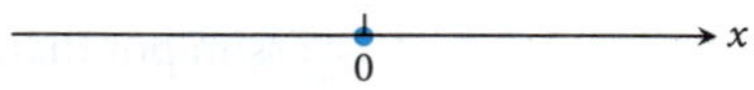

O Exemplo 3 ilustra como costumamos testar a convergência de uma série de potências e os resultados possíveis.

Teorema 18 **Teorema da convergência para séries de potências**

Se a série de potências $\sum_{n=0}^{\infty} a_n x^n = a_0 + a_1 x + a_2 x^2 + \cdots$ convergir para $x = c \neq 0$, então ela convergirá absolutamente para todo x com $|x| < |c|$. Se a série divergir para $x = d$, então ela divergirá para todo x com $|x| > |d|$.

PROVA Suponha que $\sum_{n=0}^{\infty} a_n c^n$ converge. Então, $\lim_{n\to\infty} a_n c^n = 0$. Por conseguinte, existe um inteiro N tal que $|a_n c^n| < 1$ para todo $n \geq N$. Ou seja,

$$|a_n| < \frac{1}{|c|^n} \quad \text{para } n \geq N. \tag{5}$$

Agora tome qualquer x tal que $|x| < |c|$ e considere

$$|a_0| + |a_1 x| + \ldots + |a_{N-1}x^{N-1}| + |a_N x^N| + |a_{N+1}x^{N+1}| + \ldots .$$

Existe somente um número finito de termos que antecedem $|a_N x^N|$ e a soma desses termos é finita. Começando de $|a_N x^N|$ em diante, os termos são menores que

$$\left|\frac{x}{c}\right|^N + \left|\frac{x}{c}\right|^{N+1} + \left|\frac{x}{c}\right|^{N+2} + \cdots \quad (6)$$

por conta de desigualdade (5). A série (6) é geométrica com razão $r = |x/c|$, que é menor que 1, já que $|x| < |c|$. Assim sendo, a série (6) converge e, portanto, a série original converge absolutamente. Isso prova a primeira metade do teorema.

A segunda metade do teorema segue da primeira. Se a série diverge em $x = d$ e converge em um valor x_0 com $|x_0| > |d|$, podemos tomar $c = x_0$ na primeira metade do teorema e concluir que a série converge absolutamente em d. A série, entretanto, não pode convergir absolutamente e divergir ao mesmo tempo. Diante disso, se ela divergir em d, divergirá também para todo x com $|x| > |d|$.

Para simplificar a notação, o Teorema 18 trata da convergência de séries da forma $\Sigma a_n x^n$. Para séries da forma $\Sigma a_n (x - a)^n$, podemos substituir $x - a$ por x' e aplicar os resultados à série $\Sigma a_n (x')^n$.

O raio da convergência para séries de potências

O teorema que acabamos de provar e os exemplos que estudamos nos levam a concluir que uma série de potências $\Sigma c_n (x - a)^n$ se comporta de uma dentre três maneiras possíveis. Ela pode convergir somente em $x = a$, convergir em todos os pontos ou convergir em algum intervalo de raio R centrado em $x = a$. Provamos isso no corolário do Teorema 18.

Corolário do Teorema 18

A convergência de séries $\Sigma c_n (x - a)^n$ é descrita por uma das três possibilidades a seguir:

1. Existe um número positivo R tal que a série diverge para x com $|x - a| > R$, mas converge absolutamente para x com $|x - a| < R$. A série pode ou não convergir em uma das extremidades $x = a - R$ e $x = a + R$.
2. A série converge absolutamente para todo x ($R = \infty$).
3. A série converge em $x = a$ e diverge em todos os outros pontos ($R = 0$).

PROVA Primeiro, assumimos que $a = 0$, para que a série de potências esteja centrada em 0. Se a série convergir em toda parte, estamos no Caso 2. Se ela convergir somente em $x = 0$, estamos no Caso 3. Em outras situações, existe um número d diferente de zero tal que $\Sigma c_n d^n$ diverge. O conjunto S de valores de x para o qual a série $\Sigma c_n x^n$ converge não é um conjunto vazio; já que contém 0 e também um número positivo p. Pelo Teorema 18, a série diverge para todo x com $|x| > |d|$, então $|x| \leq |d|$ para todo $x \in S$, e S é um conjunto limitado. Pela propriedade da completude de números reais (veja o Apêndice A.4), um conjunto limitado que não seja vazio possui menor limitante superior R. (O menor limitante superior é o menor número com a propriedade de que os elementos

$x \in S$ satisfazem $x \leq R$.) Se $|x| > R \geq p$, então $x \in S$ e, então, a série $\Sigma c_n x^n$ diverge. Se $|x| < R$, então $|x|$ não é um limitante superior para S (porque é menor que o menor limitante superior) e, portanto, existe um número $b \in S$ tal que $b > |x|$. Como $b \in S$, a série $\Sigma c_n b^n$ converge e então a série $\Sigma c_n |x|^n$ converge pelo Teorema 18. Isso prova o corolário para séries de potências centradas em $a = 0$.

Para uma série de potências centrada em $a \neq 0$, definimos $x' = (x - a)$ e repetimos o argumento com x'. Como $x' = 0$ quando $x = a$, um intervalo de convergência de raio R para $\Sigma c_n (x')^n$ centrado em $x' = 0$ é o mesmo intervalo de convergência de raio R para $\Sigma c_n (x - a)^n$ centrado em $x = a$. Isso estabelece o corolário para o caso geral.

R é denominado o **raio da convergência** da série de potências e o intervalo de raio R centrado em $x = a$ é chamado **intervalo de convergência**. O intervalo de convergência pode ser aberto, fechado ou meio aberto, dependendo da série em particular. Nos pontos x com $|x - a| < R$, a série converge absolutamente. Se a série converge para todos os valores de x, dizemos que seu raio de convergência é infinito. Se ela converge somente em $x = a$, dizemos que seu raio de convergência é zero.

Como testar a convergência de uma série de potências

1. *Use o teste da razão (ou o teste da raiz para o n-ésimo termo) para encontrar o intervalo onde a série converge absolutamente.* Geralmente, esse intervalo é aberto.

$$|x - a| < R \qquad \text{ou} \qquad a - R < x < a + R$$

2. *Se o intervalo de convergência absoluta for finito, teste a convergência ou a divergência em cada extremidade*, como nos exemplos 3(a) e (b). Use o teste de comparação, o teste da integral ou o teste da série alternada.
3. *Se o intervalo de convergência absoluta for $a - R < x < a + R$, a série diverge para $|x - a| > R$* (ela nem mesmo converge condicionalmente), pois o n-ésimo termo não se aproxima de zero para esses valores de x.

Derivação termo a termo

Um teorema de cálculo avançado diz que uma série de potências pode ser derivada termo a termo em cada ponto interior de seu intervalo de convergência.

Teorema 19 O teorema da derivação termo a termo
Se $\Sigma c_n (x - a)^n$ converge para $a - R < x < a + R$ para algum $R > 0$, isso define uma função f:

$$f(x) = \sum_{n=0}^{\infty} c_n (x - a)^n, \qquad a - R < x < a + R$$

Tal função f tem derivadas de todas as ordens dentro do intervalo de convergência. As derivadas podem ser obtidas por meio da derivação da série original termo a termo:

$$f'(x) = \sum_{n=1}^{\infty} n c_n (x - a)^{n-1}$$

$$f''(x) = \sum_{n=2}^{\infty} n(n-1) c_n (x - a)^{n-2},$$

e assim por diante. Cada uma dessas séries derivadas converge em todo ponto interior do intervalo de convergência da série original.

EXEMPLO 4 Aplicando a derivação termo a termo

Encontre as séries para $f'(x)$ e $f''(x)$ se

$$f(x) = \frac{1}{1-x} = 1 + x + x^2 + x^3 + x^4 + \cdots + x^n + \cdots$$

$$= \sum_{n=0}^{\infty} x^n, \qquad -1 < x < 1$$

SOLUÇÃO

$$f'(x) = \frac{1}{(1-x)^2} = 1 + 2x + 3x^2 + 4x^3 + \cdots + nx^{n-1} + \cdots$$

$$= \sum_{n=1}^{\infty} nx^{n-1}, \qquad -1 < x < 1$$

$$f''(x) = \frac{2}{(1-x)^3} = 2 + 6x + 12x^2 + \cdots + n(n-1)x^{n-2} + \cdots$$

$$= \sum_{n=2}^{\infty} n(n-1)x^{n-2}, \qquad -1 < x < 1$$

CUIDADO A derivação termo a termo pode não funcionar para outros tipos de série. Por exemplo, a série trigonométrica,

$$\sum_{n=1}^{\infty} \frac{\operatorname{sen}(n!x)}{n^2}$$

converge para todo x. Mas se derivarmos termo a termo, chegamos à série

$$\sum_{n=1}^{\infty} \frac{n! \cos(n!x)}{n^2}$$

que diverge para todo x. Esta não é uma série de potências, já que não é a soma das potências positivas inteiras de x.

Integração termo a termo

De acordo com outro teorema de cálculo avançado, uma série de potências pode ser integrada termo a termo dentro do seu intervalo de convergência.

Teorema 20 **Teorema da integração termo a termo**
Suponha que

$$f(x) = \sum_{n=0}^{\infty} c_n (x-a)^n$$

convirja para $a - R < x < a + R$ $(R > 0)$. Então,

$$\sum_{n=0}^{\infty} c_n \frac{(x-a)^{n+1}}{n+1}$$

converge para $a - R < x < a + R$ e

$$\int f(x)\,dx = \sum_{n=0}^{\infty} c_n \frac{(x-a)^{n+1}}{n+1} + C$$

para $a - R < x < a + R$.

EXEMPLO 5 Uma série para $\text{tg}^{-1} x$, $-1 \leq x \leq 1$

Identifique a função

$$f(x) = x - \frac{x^3}{3} + \frac{x^5}{5} - \cdots, \qquad -1 \leq x \leq 1$$

SOLUÇÃO Derivamos a série original termo a termo e obtemos

$$f'(x) = 1 - x^2 + x^4 + x^6 - \ldots, \qquad -1 < x < 1$$

Esta é uma série geométrica com primeiro termo 1 e razão $-x^2$, assim

$$f'(x) = \frac{1}{1 - (-x^2)} = \frac{1}{1 + x^2}$$

Agora podemos integrar $f'(x) = 1/(1 + x^2)$ para obter

$$\int f'(x)\, dx = \int \frac{dx}{1 + x^2} = \text{tg}^{-1} x + C$$

A série para $f(x)$ é zero quando $x = 0$, assim $C = 0$. Por essa razão,

$$f(x) = x - \frac{x^3}{3} + \frac{x^5}{5} - \frac{x^7}{7} + \cdots = \text{tg}^{-1} x, \qquad -1 < x < 1 \qquad (7)$$

Na Seção 11.10, veremos que a série também converge para $\text{tg}^{-1} x$ em $x = \pm 1$.

Observe que a série original no Exemplo 5 converge em ambas as extremidades do intervalo original de convergência, mas o Teorema 20 pode garantir a convergência da série diferenciada apenas no interior do intervalo.

EXEMPLO 6 Uma série para $\ln(1 + x)$, $-1 < x \leq 1$

A série

$$\frac{1}{1 + t} = 1 - t + t^2 - t^3 + \cdots$$

converge no intervalo aberto $-1 < t < 1$. Conseqüentemente,

$$\ln(1 + x) = \int_0^x \frac{1}{1 + t}\, dt = t - \frac{t^2}{2} + \frac{t^3}{3} - \frac{t^4}{4} + \cdots \Big]_0^x \qquad \text{Teorema 20}$$

$$= x - \frac{x^2}{2} + \frac{x^3}{3} - \frac{x^4}{4} + \cdots, \qquad -1 < x < 1$$

Também se pode mostrar que a série converge em $x = 1$ para o número ln 2, mas isso não é garantido pelo teorema.

Usando a tecnologia: o estudo das séries

As séries são, em vários aspectos, análogas às integrais. Comparado à quantidade de funções integráveis, o número de funções com antiderivadas explícitas em termos de funções elementares é pequeno. O mesmo acontece com o número de séries de potências em x que concordam com funções elementares explícitas em intervalos de x; que é pequeno comparado ao número de séries de potências que convergem em algum intervalo de x. Os aplicativos gráficos podem ajudar no estudo dessas séries tanto quanto os recursos numéricos de integração ajudam no estudo de integrais definidas. A possibilidade de estudar séries de potências para valores específicos de x está presente na maioria dos Sistemas de Álgebra por Computador (SAC).

Se uma série convergir rápido o suficiente, a exploração pelo SAC pode nos dar uma idéia da soma. No cálculo das primeiras somas parciais da série $\sum_{k=1}^{\infty} [1/(2^{k-1})]$ (Seção 11.4, Exemplo 2b) por exemplo, o Maple retorna $S_n =$ 1,6066 95152 para $31 \leq n \leq 200$. Isso sugere que a soma da série é 1,6066 95152 para 10 dígitos. Na verdade,

$$\sum_{k=201}^{\infty} \frac{1}{2^k - 1} = \sum_{k=201}^{\infty} \frac{1}{2^{k-1}(2 - (1/2^{k-1}))} < \sum_{k=201}^{\infty} \frac{1}{2^{k-1}}$$

$$= \frac{1}{2^{199}} < 1{,}25 \times 10^{-60}$$

O resto depois de 200 termos é negligenciável.

Entretanto, as explorações feitas via SAC ou calculadora não nos ajudam muito se a série converge ou diverge muito lentamente e podem acabar sendo totalmente equivocadas. Tente, por exemplo, calcular as somas parciais da série $\sum_{k=1}^{\infty} [1/(10^{10}k)]$. Os termos são muito pequenos se comparados aos números com os quais costumamos trabalhar, e suas somas parciais, mesmo para centenas de números, são minúsculas. Podemos ser levados a acreditar que a série converge. A série de fato diverge, como podemos ver escrevendo-a como $(1/10^{10}) \sum_{k=1}^{\infty} (1/k)$, uma constante multiplicada pela série harmônica.

Veremos melhor como interpretar os resultados numéricos depois de estudarmos estimativas de erro na Seção 11.9.

Multiplicação de séries de potências

Ainda de acordo com outro teorema do cálculo avançado, séries de potências absolutamente convergentes podem ser multiplicadas da maneira pela qual multiplicamos polinômios. Omitimos a prova.

Teorema 21 O teorema da multiplicação de séries de potências

Se $A(x) = \sum_{n=0}^{\infty} a_n x^n$ e $B(x) = \sum_{n=0}^{\infty} b_n x^n$ converge absolutamente para $|x| < R$, e

$$c_n = a_0 b_n + a_1 b_{n-1} + a_2 b_{n-2} + \cdots + a_{n-1} b_1 + a_n b_0 = \sum_{k=0}^{n} a_k b_{n-k}$$

então $\sum_{n=0}^{\infty} c_n x^n$ converge absolutamente para $A(x)\,B(x)$ para $|x| < R$:

$$\left(\sum_{n=0}^{\infty} a_n x^n\right) \cdot \left(\sum_{n=0}^{\infty} b_n x^n\right) = \sum_{n=0}^{\infty} c_n x^n$$

EXEMPLO 7 Multiplique a série geométrica

$$\sum_{n=0}^{\infty} x^n = 1 + x + x^2 + \cdots + x^n + \cdots = \frac{1}{1 - x}, \quad \text{para } |x| < 1$$

por ela mesma para obter uma série de potências para $1/(1 - x)^2$, para $|x| < 1$.

SOLUÇÃO Sejam

$$A(x) = \sum_{n=0}^{\infty} a_n x^n = 1 + x + x^2 + \cdots + x^n + \cdots = 1/(1 - x)$$

$$B(x) = \sum_{n=0}^{\infty} b_n x^n = 1 + x + x^2 + \cdots + x^n + \cdots = 1/(1 - x)$$

e

$$c_n = \underbrace{a_0 b_n + a_1 b_{n-1} + \cdots + a_k b_{n-k} + \cdots + a_n b_0}_{n\,+\,1\text{ termos}}$$

$$= \underbrace{1 + 1 + \cdots + 1}_{n\,+\,1\text{ unidades}} = n + 1$$

Então, pelo teorema da multiplicação de séries,

$$A(x) \cdot B(x) = \sum_{n=0}^{\infty} c_n x^n = \sum_{n=0}^{\infty} (n + 1)x^n$$

$$= 1 + 2x + 3x^2 + 4x^3 + \cdots + (n + 1)x^n + \cdots$$

é a série para $1/(1 - x)^2$. A série toda converge absolutamente para $|x| < 1$. O Exemplo 4 dá a mesma resposta porque

$$\frac{d}{dx}\left(\frac{1}{1 - x}\right) = \frac{1}{(1 - x)^2}$$

Exercícios 11.7

Intervalos de convergência

Nos exercícios 1–32, (a) determine o raio e o intervalo de convergência da série. Para quais valores de x a série converge (b) absolutamente e (c) condicionalmente?

1. $\sum_{n=0}^{\infty} x^n$

2. $\sum_{n=0}^{\infty} (x + 5)^n$

3. $\sum_{n=0}^{\infty} (-1)^n(4x + 1)^n$

4. $\sum_{n=1}^{\infty} \frac{(3x - 2)^n}{n}$

5. $\sum_{n=0}^{\infty} \frac{(x - 2)^n}{10^n}$

6. $\sum_{n=0}^{\infty} (2x)^n$

7. $\sum_{n=0}^{\infty} \frac{nx^n}{n + 2}$

8. $\sum_{n=1}^{\infty} \frac{(-1)^n(x + 2)^n}{n}$

9. $\sum_{n=1}^{\infty} \frac{x^n}{n\sqrt{n}\,3^n}$

10. $\sum_{n=1}^{\infty} \frac{(x - 1)^n}{\sqrt{n}}$

11. $\sum_{n=0}^{\infty} \frac{(-1)^n x^n}{n!}$

12. $\sum_{n=0}^{\infty} \frac{3^n x^n}{n!}$

13. $\sum_{n=0}^{\infty} \frac{x^{2n+1}}{n!}$

14. $\sum_{n=0}^{\infty} \frac{(2x + 3)^{2n+1}}{n!}$

15. $\sum_{n=0}^{\infty} \frac{x^n}{\sqrt{n^2 + 3}}$

16. $\sum_{n=0}^{\infty} \frac{(-1)^n x^n}{\sqrt{n^2 + 3}}$

17. $\sum_{n=0}^{\infty} \frac{n(x + 3)^n}{5^n}$

18. $\sum_{n=0}^{\infty} \frac{nx^n}{4^n(n^2 + 1)}$

19. $\sum_{n=0}^{\infty} \frac{\sqrt{n}x^n}{3^n}$

20. $\sum_{n=1}^{\infty} \sqrt[n]{n}(2x + 5)^n$

21. $\sum_{n=1}^{\infty} \left(1 + \frac{1}{n}\right)^n x^n$

22. $\sum_{n=1}^{\infty} (\ln n)x^n$

23. $\sum_{n=1}^{\infty} n^n x^n$

24. $\sum_{n=0}^{\infty} n!(x - 4)^n$

25. $\sum_{n=1}^{\infty} \frac{(-1)^{n+1}(x + 2)^n}{n2^n}$

26. $\sum_{n=0}^{\infty} (-2)^n(n + 1)(x - 1)^n$

27. $\sum_{n=2}^{\infty} \frac{x^n}{n(\ln n)^2}$ — Pegue as informações sobre $\sum 1/(n(\ln n)^2)$ no Exercício 39 da Seção 11.3.

28. $\sum_{n=2}^{\infty} \frac{x^n}{n \ln n}$ — Pegue as informações sobre $\sum 1/(n \ln n)$ no Exercício 38 da Seção 11.3.

29. $\sum_{n=1}^{\infty} \frac{(4x - 5)^{2n+1}}{n^{3/2}}$

30. $\sum_{n=1}^{\infty} \frac{(3x + 1)^{n+1}}{2n + 2}$

31. $\sum_{n=1}^{\infty} \frac{(x + \pi)^n}{\sqrt{n}}$

32. $\sum_{n=0}^{\infty} \frac{(x - \sqrt{2})^{2n+1}}{2^n}$

Nos exercícios 33–38, determine o intervalo de convergência da série e, dentro desse intervalo, a soma da série como uma função de x.

33. $\sum_{n=0}^{\infty} \frac{(x-1)^{2n}}{4n}$

34. $\sum_{n=0}^{\infty} \frac{(x+1)^{2n}}{9^n}$

35. $\sum_{n=0}^{\infty} \left(\frac{\sqrt{x}}{2} - 1\right)^n$

36. $\sum_{n=0}^{\infty} (\ln x)^n$

37. $\sum_{n=0}^{\infty} \left(\frac{x^2+1}{3}\right)^n$

38. $\sum_{n=0}^{\infty} \left(\frac{x^2-1}{2}\right)^n$

Teoria e exemplos

39. Para quais valores de x a série

$$1 - \frac{1}{2}(x-3) + \frac{1}{4}(x-3)^2 + \cdots + \left(-\frac{1}{2}\right)^n (x-3)^n + \cdots$$

converge? Qual é sua soma? Qual série você obtém se derivar a série dada termo a termo? Para quais valores de x a nova série converge? Qual é sua soma?

40. Se você integrar termo a termo a série do Exercício 39, qual nova série você obtém? Para quais valores de x a nova série converge e que outro nome há para sua soma?

41. A série

$$\operatorname{sen} x = x - \frac{x^3}{3!} + \frac{x^5}{5!} - \frac{x^7}{7!} + \frac{x^9}{9!} - \frac{x^{11}}{11!} + \cdots$$

converge para sen x para todo x.

(a) Encontre os seis primeiros termos de uma série para cos x. Para quais valores de x a série deve convergir?

(b) Substituindo x por $2x$ na série para sen x, encontre uma série que convirja para sen $2x$ para todo x.

(c) Usando o resultado do item **(a)** e a multiplicação de séries, calcule os seis primeiros termos de uma série para 2 sen x cos x. Compare sua resposta com a resposta do item **(b)**.

42. A série

$$e^x = 1 + x + \frac{x^2}{2!} + \frac{x^3}{3!} + \frac{x^4}{4!} + \frac{x^5}{5!} + \cdots$$

converge para e^x para todo x.

(a) Encontre uma série para $(d/dx)e^x$. Você obtém a série para e^x? Explique a sua resposta.

(b) Encontre uma série para $\int e^x\,dx$. Você obtém a série para e^x? Explique a sua resposta.

(c) Substitua x por $-x$ na série para e^x para encontrar uma série que convirja para e^{-x} para todo x. Então, multiplique a série para e^x e e^{-x} para encontrar os seis primeiros termos de uma série para $e^{-x} \cdot e^x$.

43. A série

$$\operatorname{tg} x = x + \frac{x^3}{3} + \frac{2x^5}{15} + \frac{17x^7}{315} + \frac{62x^9}{2.835} + \cdots$$

converge para tg x para $-\pi/2 < x < \pi/2$.

(a) Encontre os cinco primeiros termos da série para $\ln|\sec x|$. Para quais valores de x a série deve convergir?

(b) Encontre os cinco primeiros termos da série para $\sec^2 x$. Para quais valores de x essa série deve convergir?

(c) Confira seu resultado no item **(b)** elevando ao quadrado a série dada para sec x no Exercício 44.

44. A série para

$$\sec x = 1 + \frac{x^2}{2} + \frac{5}{24}x^4 + \frac{61}{720}x^6 + \frac{277}{8.064}x^8 + \cdots$$

converge para sec x para $-\pi/2 < x < \pi/2$.

(a) Encontre os cinco primeiros termos de uma série de potências para a função $\ln|\sec x + \operatorname{tg} x|$. Para quais valores de x a série deve convergir?

(b) Encontre os quatro primeiros termos de uma série para sec x tg x. Para quais valores de x a série deve convergir?

(c) Confira o seu resultado no item (b) multiplicando a série para sec x pela série dada para tg x no Exercício 43.

45. A unicidade da série de potências convergente

(a) Mostre que, se duas séries de potências $\sum_{n=0}^{\infty} a_n x^n$ e $\sum_{n=0}^{\infty} b_n x^n$ são convergentes e iguais para todos os valores de x em um intervalo aberto $(-c, c)$, então $a_n = b_n$ para todo n. (*Sugestão*: Seja $f(x) = \sum_{n=0}^{\infty} a_n x^n = \sum_{n=0}^{\infty} b_n x^n$. Derive termo a termo para mostrar que tanto a_n quanto b_n são iguais a $f^{(n)}(0)/(n!)$.)

(b) Mostre que se $\sum_{n=0}^{\infty} a_n x^n = 0$ para todo x em um intervalo aberto $(-c, c)$, então $a_n = 0$ para todo n.

46. A soma da série $\sum_{n=0}^{\infty}(n^2/2^n)$ Para encontrar a soma dessa série, expresse $1/(1-x)$ como uma série geométrica, derive ambos os lados da equação resultante em relação a x, multiplique ambos os lados do resultado por x, derive novamente, multiplique por x novamente e faça x igual a 1/2. O que você obtém? (*Fonte*: Carta de David E. Dobbs ao editor, *Illinois Mathematics Teacher*, v. 33, n. 4, 1982, p. 27.)

47. Convergência nas extremidades Mostre com exemplos que a convergência de uma série de potências na extremidade de seu intervalo de convergência pode ser condicional ou absoluta.

48. Componha uma série de potências cujo intervalo de convergência seja

(a) $(-3, 3)$ **(b)** $(-2, 0)$ **(c)** $(1, 5)$

11.8 Séries de Taylor e de Maclaurin

Esta seção mostra como funções infinitamente deriváveis geram séries de potências chamadas séries de Taylor. Em muitos casos, essas séries podem fornecer aproximações polinomiais úteis das funções geradoras.

Representações das séries

O Teorema 19 nos diz que, dentro de seu intervalo de convergência, a soma de uma série de potências é uma função contínua com derivadas de todas as ordens. Mas e quanto ao oposto? Se uma função $f(x)$ tiver derivadas de todas as ordens em um intervalo I, ela poderá ser expressa como uma série de potências em I? Se puder, quais serão seus coeficientes?

Podemos responder à última questão prontamente se consideramos que $f(x)$ é a soma de uma série de potências

$$\begin{aligned} f(x) &= \sum_{n=0}^{\infty} a_n(x-a)^n \\ &= a_0 + a_1(x-a) + a_2(x-a)^2 + \cdots + a_n(x-a)^n + \cdots \end{aligned}$$

com um raio de convergência positivo. Repetindo a derivação termo a termo dentro do intervalo de convergência I, obtemos

$$\begin{aligned} f'(x) &= a_1 + 2a_2(x-a) + 3a_3(x-a)^2 + \cdots + na_n(x-a)^{n-1} + \cdots \\ f''(x) &= 1\cdot 2a_2 + 2\cdot 3a_3(x-a) + 3\cdot 4a_4(x-a)^2 + \cdots \\ f'''(x) &= 1\cdot 2\cdot 3a_3 + 2\cdot 3\cdot 4a_4(x-a) + 3\cdot 4\cdot 5a_5(x-a)^2 + \cdots \end{aligned}$$

com a n-ésima derivada, para todo n, sendo

$$f^{(n)}(x) = n!a_n + \text{uma soma de termos com } (x-a) \text{ como um fator.}$$

Como essas equações são válidas em $x = a$, temos

$$\begin{aligned} f'(a) &= a_1 \\ f''(a) &= 1\cdot 2a_2 \\ f'''(a) &= 1\cdot 2\cdot 3a_3 \end{aligned}$$

e, em geral,

$$f^{(n)}(a) = n!a_n$$

Essas fórmulas revelam um padrão nos coeficientes de qualquer série de potências $\sum_{n=0}^{\infty} a_n(x-a)^n$ que convirja para os valores de f em I (dizemos, "representa f em I"). Se *existir* essa série (ainda uma questão em aberto), então haverá somente uma série desse tipo e seu n-ésimo coeficiente será

$$a_n = \frac{f^{(n)}(a)}{n!}$$

Se f tiver uma representação em série, então a série deverá ser

$$\begin{aligned} f(x) = f(a) + f'(a)(x-a) + \frac{f''(a)}{2!}(x-a)^2 \\ + \cdots + \frac{f^{(n)}(a)}{n!}(x-a)^n + \cdots \end{aligned} \qquad (1)$$

Contudo, se começarmos com uma função arbitrária que é infinitamente derivável em um intervalo I centrado em $x = a$ e a usarmos para gerar a série na Equação (1), será que a série então convergirá para $f(x)$ para cada x no interior de I? A resposta é talvez; para algumas funções, isso ocorrerá, mas para outras funções não, como veremos.

Séries de Taylor e de Maclaurin

Companion Website
Biografia histórica

Brook Taylor
(1685–1731)
Colin Maclaurin
(1698–1746)

Definições **Séries de Taylor e de Maclaurin**
Seja f uma função com derivadas de todas as ordens em algum intervalo contendo a como um ponto interior. Então, a **série de Taylor gerada por f em $x = a$ é**

$$\sum_{k=0}^{\infty} \frac{f^{(k)}(a)}{k!}(x-a)^k = f(a) + f'(a)(x-a) + \frac{f''(a)}{2!}(x-a)^2 + \cdots + \frac{f^{(n)}(a)}{n!}(x-a)^n + \cdots$$

A **série de Maclaurin gerada por f** é

$$\sum_{k=0}^{\infty} \frac{f^{(k)}(0)}{k!}x^k = f(0) + f'(0)x + \frac{f''(0)}{2!}x^2 + \cdots + \frac{f^{(n)}(0)}{n!}x^n + \cdots$$

a série de Taylor gerada por f em $x = 0$.

A série de Maclaurin gerada por f costuma ser simplesmente chamada série de Taylor de f.

EXEMPLO 1 Encontrando uma série de Taylor

Encontre a série de Taylor gerada por $f(x) = 1/x$ em $a = 2$. Se a série converge para $1/x$, onde isso ocorre?

SOLUÇÃO Precisamos encontrar $f(2), f'(2), f''(2), \ldots$ Derivando, obtemos

$$f(x) = x^{-1} \qquad f(2) = 2^{-1} = \frac{1}{2}$$

$$f'(x) = -x^{-2} \qquad f'(2) = -\frac{1}{2^2}$$

$$f''(x) = 2!x^{-3} \qquad \frac{f''(2)}{2!} = 2^{-3} = \frac{1}{2^3}$$

$$f'''(x) = -3!x^{-4} \qquad \frac{f'''(2)}{3!} = -\frac{1}{2^4}$$

$$\vdots \qquad \vdots$$

$$f^{(n)}(x) = (-1)^n n! x^{-(n+1)} \qquad \frac{f^{(n)}(2)}{n!} = \frac{(-1)^n}{2^{n+1}}$$

A série de Taylor é

$$f(2) + f'(2)(x - 2) + \frac{f''(2)}{2!}(x - 2)^2 + \cdots + \frac{f^{(n)}(2)}{n!}(x - 2)^n + \cdots$$

$$= \frac{1}{2} - \frac{(x - 2)}{2^2} + \frac{(x - 2)^2}{2^3} - \cdots + (-1)^n \frac{(x - 2)^n}{2^{n+1}} + \cdots$$

Esta é uma série geométrica com primeiro termo 1/2 e razão $r = -(x - 2)/2$. Ela converge absolutamente para $|x - 2| < 2$, e sua soma é

$$\frac{1/2}{1 + (x - 2)/2} = \frac{1}{2 + (x - 2)} = \frac{1}{x}$$

Nesse exemplo, a série de Taylor gerada por $f(x) = 1/x$ em $a = 2$ converge para $1/x$ para $|x - 2| < 2$ ou $0 < x < 4$.

Polinômios de Taylor

A linearização de uma função derivável f em um ponto a é o polinômio de grau um dado por

$$P_1(x) = f(a) + f'(a)(x - a)$$

Na Seção 3.8, Volume I, usamos essa linearização para aproximar $f(x)$ em valores de x próximos de a. Se f tiver derivadas de maior ordem em a, então ela também terá aproximações polinomiais de ordem mais alta, uma para cada derivada disponível. Esses polinômios são chamados de polinômios de Taylor de f.

Definição **Polinômio de Taylor de ordem *n***
Seja f uma função com derivadas de ordem k para $k = 1, 2, \ldots, N$ em algum intervalo contendo a como um ponto interior. Então, para qualquer inteiro n de 0 a N, o **polinômio de Taylor de ordem *n*** gerado por f em $x = a$ é o polinômio

$$P_n(x) = f(a) + f'(a)(x - a) + \frac{f''(a)}{2!}(x - a)^2 + \cdots + \frac{f^{(k)}(a)}{k!}(x - a)^k + \cdots + \frac{f^{(n)}(a)}{n!}(x - a)^n$$

Falamos de um polinômio de Taylor de *ordem n* em vez de *grau n* porque $f^{(n)}(a)$ pode ser zero. Os dois primeiros polinômios de Taylor de $f(x) = \cos x$ em $x = 0$, por exemplo, são $P_0(x) = 1$ e $P_1(x) = 1$. O polinômio de primeira ordem tem grau zero, e não um.

Assim como a linearização de f em $x = a$ fornece a melhor aproximação linear de f ao redor de a, os polinômios de Taylor de maior ordem fornecem as melhores aproximações polinomiais dos seus respectivos graus. (Veja o Exercício 32.)

EXEMPLO 2 Encontrando polinômios de Taylor para e^x

Encontre a série de Taylor e os polinômios de Taylor gerados por $f(x) = e^x$ em $x = 0$.

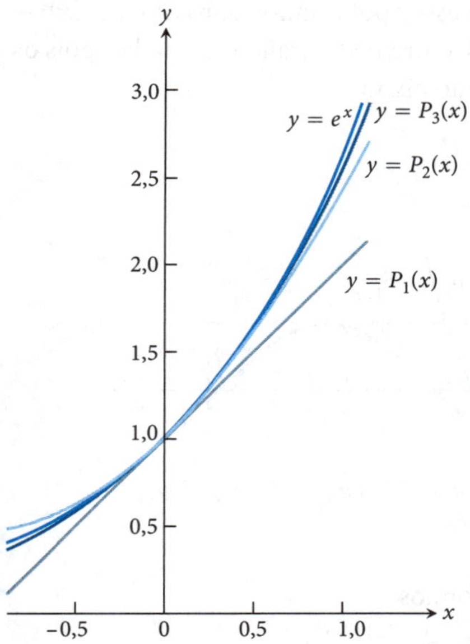

FIGURA 11.12 O gráfico de $f(x) = e^x$ e seus polinômios de Taylor
$P_1(x) = 1 + x$
$P_2(x) = 1 + x + (x^2/\ 2!)$
$P_3(x) = 1 + x + (x^2/\ 2!) + (x^3/\ 3!)$
Note a proximidade dos gráficos perto do centro $x = 0$ (Exemplo 2).

SOLUÇÃO Como

$$f(x) = e^x, \quad f'(x) = e^x, \quad \ldots, \quad f^{(n)}(x) = e^x, \quad \ldots$$

temos

$$f(0) = e^0 = 1, \quad f'(0) = 1, \quad \ldots, \quad f^{(n)}(0) = 1, \ldots$$

A série de Taylor gerada por f em $x = 0$ é

$$f(0) + f'(0)x + \frac{f''(0)}{2!}x^2 + \cdots + \frac{f^{(n)}(0)}{n!}x^n + \cdots$$

$$= 1 + x + \frac{x^2}{2} + \cdots + \frac{x^n}{n!} + \cdots$$

$$= \sum_{k=0}^{\infty} \frac{x^k}{k!}$$

Pela definição, essa também é a série de Maclaurin para e^x. Na Seção 11.9, veremos que a série converge para e^x para todo x.

O polinômio de Taylor de ordem n em $x = 0$ é

$$P_n(x) = 1 + x + \frac{x^2}{2} + \cdots + \frac{x^n}{n!}$$

Veja a Figura 11.12.

EXEMPLO 3 Encontrando polinômios de Taylor para cos x

Encontre a série e os polinômios de Taylor gerados por $f(x) = \cos x$ em $x = 0$.

SOLUÇÃO O cosseno e suas derivadas são

$$\begin{aligned} f(x) &= \cos x, & f'(x) &= -\text{sen}\, x \\ f''(x) &= -\cos x & f^{(3)}(x) &= \text{sen}\, x \\ &\vdots & &\vdots \\ f^{(2n)}(x) &= (-1)^n \cos x & f^{(2n+1)}(x) &= (-1)^{n+1} \text{sen}\, x \end{aligned}$$

Em $x = 0$, os cossenos são 1 e os senos, 0, assim

$$f^{(2n)}(0) = (-1)^n, \qquad f^{(2n+1)}(0) = 0$$

A série de Taylor gerada por f em 0 é

$$f(0) + f'(0)x + \frac{f''(0)}{2!}x^2 + \frac{f'''(0)}{3!}x^3 + \cdots + \frac{f^{(n)}(0)}{n!}x^n + \cdots$$

$$= 1 + 0 \cdot x - \frac{x^2}{2!} + 0 \cdot x^3 + \frac{x^4}{4!} + \cdots + (-1)^n \frac{x^{2n}}{(2n)!} + \cdots$$

$$= \sum_{k=0}^{\infty} \frac{(-1)^k x^{2k}}{(2k)!}$$

Pela definição, essa também é a série de Maclaurin para cos x. Na Seção 11.9, veremos que a série converge para cos x para todo x.

Como $f^{(2n+1)}(0) = 0$, os polinômios de Taylor de ordem $2n$ e $2n + 1$ são idênticos:

$$P_{2n}(x) = P_{2n+1}(x) = 1 - \frac{x^2}{2!} + \frac{x^4}{4!} - \cdots + (-1)^n \frac{x^{2n}}{(2n)!}$$

A Figura 11.13 mostra quão bem esses polinômios aproximam $f(x) = \cos x$ perto $x = 0$. Apenas as partes à direita do gráfico são dadas, pois os gráficos são simétricos em relação ao eixo y.

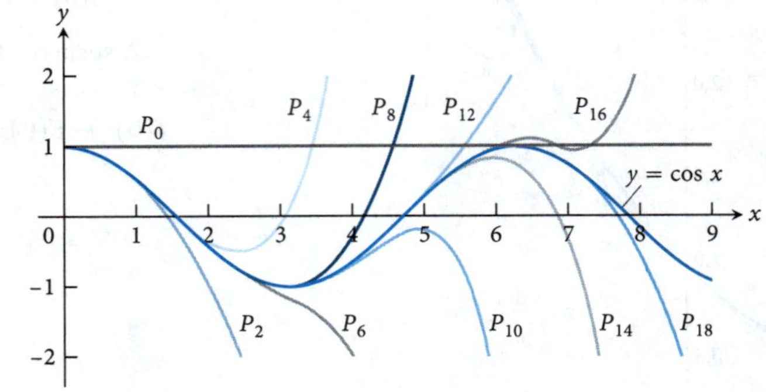

FIGURA 11.13 Os polinômios

$$P_{2n}(x) = \sum_{k=0}^{n} \frac{(-1)^k x^{2k}}{(2k)!}$$

convergem para $\cos x$ quando $n \to \infty$. Podemos deduzir o comportamento arbitrariamente distante de $\cos x$ conhecendo somente os valores do cosseno e suas derivadas em $x = 0$ (Exemplo 3).

EXEMPLO 4 Uma função f cuja série de Taylor converge para todo x, mas converge para $f(x)$ apenas em $x = 0$

Pode-se mostrar (embora não facilmente) que

$$f(x) = \begin{cases} 0, & x = 0 \\ e^{-1/x^2}, & x \neq 0 \end{cases}$$

A (Figura 11.14) tem derivadas de todas as ordens em $x = 0$ e que $f^{(n)}(0) = 0$ para todo n. Conseqüentemente, a série de Taylor gerada por f em $x = 0$ é

$$\begin{aligned} f(0) + f'(0)x + \frac{f''(0)}{2!}x^2 + \cdots + \frac{f^{(n)}(0)}{n!}x^n + \cdots \\ = 0 + 0 \cdot x + 0 \cdot x^2 + \cdots + 0 \cdot x^n + \cdots \\ = 0 + 0 + \cdots + 0 + \cdots \end{aligned}$$

A série converge para todo x (sua soma é 0), mas converge para $f(x)$ apenas em $x = 0$.

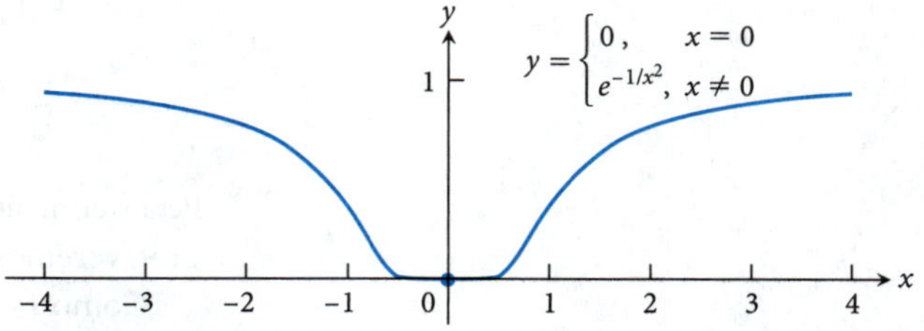

FIGURA 11.14 O gráfico da extensão contínua de $y = e^{-1/x^2}$ é tão plano na origem que todas as suas derivadas nesse ponto são zero (Exemplo 4).

Duas questões ainda permanecem:

1. Para quais valores de x podemos normalmente esperar que uma série de Taylor convirja para sua função geradora?
2. Com que precisão o polinômio de Taylor de uma função se aproxima da função em dado intervalo?

As respostas serão dadas pelo teorema de Taylor na próxima seção.

Exercícios 11.8

Encontrando polinômios de Taylor

Nos exercícios 1–8, encontre os polinômios de Taylor de ordens 0, 1, 2 e 3 gerados por f em a.

1. $f(x) = \ln x, \quad a = 1$
2. $f(x) = \ln(1 + x), \quad a = 0$
3. $f(x) = 1/x, \quad a = 2$
4. $f(x) = 1/(x + 2), \quad a = 0$
5. $f(x) = \operatorname{sen} x, \quad a = \pi/4$
6. $f(x) = \cos x, \quad a = \pi/4$
7. $f(x) = \sqrt{x}, \quad a = 4$
8. $f(x) = \sqrt{x + 4}, \quad a = 0$

Encontrando séries de Taylor em $x = 0$ (séries de Maclaurin)

Encontre a série de Maclaurin para as funções nos exercícios 9–20.

9. e^{-x}
10. $e^{x/2}$
11. $\dfrac{1}{1 + x}$
12. $\dfrac{1}{1 - x}$
13. $\operatorname{sen} 3x$
14. $\operatorname{sen}\dfrac{x}{2}$
15. $7 \cos(-x)$
16. $5 \cos \pi x$
17. $\cosh x = \dfrac{e^x + e^{-x}}{2}$
18. $\operatorname{senh} x = \dfrac{e^x - e^{-x}}{2}$
19. $x^4 - 2x^3 - 5x + 4$
20. $(x + 1)^2$

Encontrando séries de Taylor

Nos exercícios 21–28, encontre a série de Taylor gerada por f em $x = a$.

21. $f(x) = x^3 - 2x + 4, a = 2$
22. $f(x) = 2x^3 + x^2 + 3x - 8, a = 1$
23. $f(x) = x^4 + x^2 + 1, a = -2$
24. $f(x) = 3x^5 - x^4 + 2x^3 + x^2 - 2, a = -1$
25. $f(x) = 1/x^2, a = 1$
26. $f(x) = x/(1 - x), a = 0$
27. $f(x) = e^x, a = 2$
28. $f(x) = 2^x, a = 1$

Teoria e exemplos

29. Use a série de Taylor gerada por e^x em $x = a$ para mostrar que

$$e^x = e^a\left[1 + (x - a) + \frac{(x - a)^2}{2!} + \cdots\right]$$

30. (*Continuação do Exercício 29.*) Encontre a série de Taylor gerada por e^x em $x = 1$. Compare sua resposta com a fórmula do Exercício 29.

31. Imagine que $f(x)$ possui derivadas de ordem n em $x = a$. Mostre que o polinômio de Taylor de ordem n e suas primeiras n derivadas têm os mesmos valores que f e suas primeiras n derivadas em $x = a$.

32. **Dentre todos os polinômios de grau $\leq n$, o polinômio de Taylor de ordem n dá a melhor aproximação** Suponha que $f(x)$ seja derivável em um intervalo centrado em $x = a$ e que $g(x) = b_0 + b_1(x - a) + \ldots + b_n(x - a)^n$ seja um polinômio de grau n com coeficientes constantes $b_0, \ldots, b_n$. Seja $E(x) = f(x) - g(x)$. Mostre que, se impusermos para g as condições

(a) $E(a) = 0$ — O erro de aproximação é zero em $x = a$.

(b) $\lim\limits_{x \to a} \dfrac{E(x)}{(x - a)^n} = 0$ — O erro é desprezível quando comparado a $(x - a)^n$.

então

$$g(x) = f(a) + f'(a)(x - a) + \frac{f''(a)}{2!}(x - a)^2 + \cdots + \frac{f^{(n)}(a)}{n!}(x - a)^n$$

Portanto, o polinômio de Taylor $P_n(x)$ é o único polinômio de grau menor ou igual a n cujo erro é zero em $x = a$ e desprezível quando comparado com $(x - a)^n$.

Aproximações quadráticas

O polinômio de Taylor de ordem 2 gerado por uma função $f(x)$ duas vezes derivável em $x = a$ é chamada **aproximação quadrática** de f em $x = a$. Nos exercícios 33–38, encontre

(a) a linearização (polinômio de Taylor de ordem 1) em $x = 0$;
(b) a aproximação quadrática de f em $x = 0$.

33. $f(x) = \ln(\cos x)$
34. $f(x) = e^{\operatorname{sen} x}$
35. $f(x) = 1/\sqrt{1 - x^2}$
36. $f(x) = \cosh x$
37. $f(x) = \operatorname{sen} x$
38. $f(x) = \operatorname{tg} x$

11.9 Convergência de séries de Taylor; estimativas de erro

Nesta seção, trataremos das duas questões que ficaram sem resposta na Seção 11.8:

1. Quando uma série de Taylor converge para sua função geradora?
2. Com que precisão um polinômio de Taylor de uma função se aproxima da função em dado intervalo?

Teorema de Taylor

Respondemos a essas duas questões com o próximo teorema.

Teorema 22 Teorema de Taylor
Se f e suas primeiras n derivadas $f', f'', \ldots, f^{(n)}$ são contínuas no intervalo fechado entre a e b, e $f^{(n)}$ for derivável no intervalo aberto entre a e b, então existe um número c entre a e b tal que

$$f(b) = f(a) + f'(a)(b - a) + \frac{f''(a)}{2!}(b - a)^2 + \cdots$$
$$+ \frac{f^{(n)}(a)}{n!}(b - a)^n + \frac{f^{(n+1)}(c)}{(n + 1)!}(b - a)^{n+1}$$

O teorema de Taylor é uma generalização do teorema do valor médio (Exercício 39). Há uma prova para o teorema de Taylor no final deste capítulo.

Quando aplicamos o teorema de Taylor, normalmente desejamos manter o valor de a fixo e tratar b como uma variável independente. A fórmula de Taylor é mais fácil de ser empregada em situações como estas se trocarmos b por x. A seguir apresentamos uma versão do teorema com essas modificações.

Fórmula de Taylor
Se f tem derivadas de todas as ordens em um intervalo aberto I contendo a, então, para cada inteiro positivo n e para cada x em I

$$f(x) = f(a) + f'(a)(x - a) + \frac{f''(a)}{2!}(x - a)^2 + \cdots$$
$$+ \frac{f^{(n)}(a)}{n!}(x - a)^n + R_n(x) \qquad (1)$$

onde

$$R_n(x) = \frac{f^{(n+1)}(c)}{(n + 1)!}(x - a)^{n+1} \qquad \text{para algum } c \text{ entre } a \text{ e } x. \qquad (2)$$

Quando enunciamos o teorema de Taylor dessa forma, ele nos diz que para cada $x \in I$,

$$f(x) = P_n(x) + R_n(x)$$

A função $R_n(x)$ é determinada pela derivada $f^{(n+1)}$ de ordem $(n + 1)$ em um ponto c que depende tanto de a quanto de x, e que está em algum ponto entre eles. Para qualquer valor de n que quisermos, a equação nos fornece tanto uma aproximação polinomial de f daquela ordem quanto uma fórmula para o erro envolvido na utilização daquela aproximação sobre o intervalo I.

A Equação (1) é denominada **fórmula de Taylor**. A função $R_n(x)$ é chamada **resto de ordem *n*** ou **termo do erro** para a aproximação de f por $P_n(x)$ sobre I. Se $R_n(x) \to 0$ quando $n \to \infty$ para todo $x \in I$, dizemos que a série de Taylor gerada por f em $x = a$ **converge** para f em I, e escrevemos

$$f(x) = \sum_{k=0}^{\infty} \frac{f^{(k)}(a)}{k!}(x - a)^k$$

É sempre possível estimar o valor de R_n sem saber o valor de c, conforme ilustra o exemplo a seguir.

EXEMPLO 1 A série de Taylor para e^x revista

Mostre que a série de Taylor gerada por $f(x) = e^x$ em $x = 0$ converge para $f(x)$ para todo valor real de x.

SOLUÇÃO A função tem derivadas de todas as ordens no intervalo $I = (-\infty, \infty)$. As equações (1) e (2) com $f(x) = e^x$ e $a = 0$ resultam em

$$e^x = 1 + x + \frac{x^2}{2!} + \cdots + \frac{x^n}{n!} + R_n(x)$$ Polinômio do Exemplo 2, Seção 11.8.

e

$$R_n(x) = \frac{e^c}{(n+1)!}x^{n+1} \qquad \text{para algum } c \text{ entre 0 e } x.$$

Como e^x é uma função crescente de x, e^c está entre $e^0 = 1$ e e^x. Quando x é negativo, c também é e $e^c < 1$. Quando x é zero, $e^x = 1$ e $R_n(x) = 0$. Quando x é positivo, c também é e $e^c < e^x$. Assim,

$$|R_n(x)| \le \frac{|x|^{n+1}}{(n+1)!} \qquad \text{quando } x \le 0,$$

e

$$|R_n(x)| < e^x \frac{x^{n+1}}{(n+1)!} \qquad \text{quando } x > 0.$$

Por fim, como

$$\lim_{n\to\infty} \frac{x^{n+1}}{(n+1)!} = 0 \qquad \text{para todo } x,$$ Seção 11.1

$\lim_{n\to\infty} R_n(x) = 0$, e a série converge para e^x para todo x. Assim,

$$e^x = \sum_{k=0}^{\infty} \frac{x^k}{k!} = 1 + x + \frac{x^2}{2!} + \cdots + \frac{x^k}{k!} + \cdots \qquad (3)$$

Estimando o resto

Freqüentemente é possível estimar o resto $R_n(x)$ como fizemos no Exemplo 1. Esse método de estimativa é tão conveniente que o consideramos um teorema para referência futura.

Teorema 23 Teorema da estimativa do resto

Se existe uma constante positiva M tal que $|f^{(n+1)}(t)| \leq M$ para todo t entre a e x, inclusive, então o resto $R_n(x)$ no teorema de Taylor satisfará a desigualdade

$$|R_n(x)| \leq M \frac{|x-a|^{n+1}}{(n+1)!}$$

Se essas condições forem válidas para todo n e todas as outras condições do teorema de Taylor forem satisfeitas por f, então a série convergirá para $f(x)$.

Agora estamos preparados para analisar alguns exemplos de como o teorema da estimativa do resto e o teorema de Taylor podem ser usados juntos para decidir questões de convergência. Como você verá, eles também podem ser usados para determinar a precisão com a qual uma função é aproximada por um dos seus polinômios de Taylor.

EXEMPLO 2 A série de Taylor para sen x e $x = 0$

Mostre que a série de Taylor para sen x em $x = 0$ converge para todo x.

SOLUÇÃO A função e suas derivadas são

$$\begin{array}{llll} f(x) = & \operatorname{sen} x & f'(x) = & \cos x \\ f''(x) = & -\operatorname{sen} x & f'''(x) = & -\cos x \\ \vdots & & \vdots & \\ f^{(2k)}(x) = & (-1)^k \operatorname{sen} x, & f^{(2k+1)}(x) = & (-1)^k \cos x \end{array}$$

portanto

$$f^{(2k)}(0) = 0 \quad \text{e} \quad f^{(2k+1)}(0) = (-1)^k$$

A série tem apenas termos de ordem ímpar e, para $n = 2k + 1$, o teorema de Taylor dá

$$\operatorname{sen} x = x - \frac{x^3}{3!} + \frac{x^5}{5!} - \cdots + \frac{(-1)^k x^{2k+1}}{(2k+1)!} + R_{2k+1}(x)$$

Todas as derivadas de sen x têm valores absolutos menores ou iguais a 1, assim podemos aplicar o teorema da estimativa do resto com $M = 1$ para obter

$$|R_{2k+1}(x)| \leq 1 \cdot \frac{|x|^{2k+2}}{(2k+2)!}$$

Como $(|x|^{2k+2}/(2k+2)!) \to 0$ quando $k \to \infty$ para qualquer que seja o valor de x, $R_{2k+1}(x) \to 0$ e a série de Maclaurin para sen x converge para sen x para todo x. Assim,

$$\operatorname{sen} x = \sum_{k=0}^{\infty} \frac{(-1)^k x^{2k+1}}{(2k+1)!} = x - \frac{x^3}{3!} + \frac{x^5}{5!} - \frac{x^7}{7!} + \cdots \qquad (4)$$

EXEMPLO 3 A série de Taylor para $\cos x$ em $x = 0$ revista

Mostre que a série de Taylor para $\cos x$ em $x = 0$ converge para $\cos x$ para todo valor de x.

SOLUÇÃO Adicionamos o resto ao polinômio de Taylor para $\cos x$ no (Exemplo 3 da Seção 11.8) para obter a fórmula de Taylor para $\cos x$ com $n = 2k$:

$$\cos x = 1 - \frac{x^2}{2!} + \frac{x^4}{4!} - \cdots + (-1)^k \frac{x^{2k}}{(2k)!} + R_{2k}(x)$$

Como as derivadas do cosseno têm valor absoluto menor ou igual a 1, o teorema da estimativa do resto com $M = 1$ dá

$$|R_{2k}(x)| \le 1 \cdot \frac{|x|^{2k+1}}{(2k+1)!}$$

Para cada valor de x, $R_{2k} \to 0$ quando $k \to \infty$. Portanto, a série converge para $\cos x$ para todo valor de x. Assim,

$$\cos x = \sum_{k=0}^{\infty} \frac{(-1)^k x^{2k}}{(2k)!} = 1 - \frac{x^2}{2!} + \frac{x^4}{4!} - \frac{x^6}{6!} + \cdots \qquad (5)$$

EXEMPLO 4 Encontrando uma série de Taylor por substituição

Encontre a série de Taylor para $\cos 2x$ em $x = 0$.

SOLUÇÃO Podemos encontrar a série de Taylor para $\cos 2x$ pela substituição de $2x$ por x na série de Taylor para $\cos x$:

$$\cos 2x = \sum_{k=0}^{\infty} \frac{(-1)^k (2x)^{2k}}{(2k)!} = 1 - \frac{(2x)^2}{2!} + \frac{(2x)^4}{4!} - \frac{(2x)^6}{6!} + \cdots$$

$$= 1 - \frac{2^2x^2}{2!} + \frac{2^4x^4}{4!} - \frac{2^6x^6}{6!} + \cdots$$

Equação (5) com $2x$ no lugar de x.

$$= \sum_{k=0}^{\infty} (-1)^k \frac{2^{2k}x^{2k}}{(2k)!}$$

A Equação (5) é válida para $-\infty < x < \infty$, implicando que é válida para $-\infty < 2x < \infty$, assim a série recém-criada converge para todo x. O Exercício 45 explica por que a série é, na verdade, a série de Taylor para $\cos 2x$.

EXEMPLO 5 Encontrando uma série de Taylor por multiplicação

Encontre a série de Taylor para $x \operatorname{sen} x$ em $x = 0$.

SOLUÇÃO Podemos encontrar a série de Taylor para $x \operatorname{sen} x$ pela multiplicação da série de Taylor de $\operatorname{sen} x$ (Equação (4)) por x:

$$x \operatorname{sen} x = x\left(x - \frac{x^3}{3!} + \frac{x^5}{5!} - \frac{x^7}{7!} + \cdots\right)$$

$$= x^2 - \frac{x^4}{3!} + \frac{x^6}{5!} - \frac{x^8}{7!} + \cdots$$

A nova série converge para todo x porque a série para $\operatorname{sen} x$ converge para todo x. O Exercício 45 explica por que a série é a série de Taylor para $x \operatorname{sen} x$.

Erro de truncamento

A série de Taylor para e^x em $x = 0$ converge para e^x para todo x, mas ainda precisamos decidir quantos termos usar para aproximar e^x de dado grau de precisão. Obtemos essa informação do teorema da estimativa do resto.

EXEMPLO 6 Calculando o número e com um erro menor que 10^{-6}

SOLUÇÃO Podemos usar o resultado do Exemplo 1 com $x = 1$ para escrever

$$e = 1 + 1 + \frac{1}{2!} + \cdots + \frac{1}{n!} + R_n(1)$$

com

$$R_n(1) = e^c \frac{1}{(n+1)!} \qquad \text{para algum } c \text{ entre 0 e 1.}$$

Para o propósito deste exemplo, consideramos que sabemos que $e < 3$. Conseqüentemente, estamos certos de que

$$\frac{1}{(n+1)!} < R_n(1) < \frac{3}{(n+1)!}$$

porque $1 < e^c < 3$ para $0 < c < 1$.

Pela experimentação, descobrimos que $1/9! > 10^{-6}$, ao passo que $3/10! < 10^{-6}$. Desse modo, devemos tomar $(n + 1)$ como no mínimo 10 ou n como no mínimo 9. Com um erro menor que 10^{-6},

$$e = 1 + 1 + \frac{1}{2} + \frac{1}{3!} + \cdots + \frac{1}{9!} \approx 2{,}718282$$

EXEMPLO 7 Para quais valores de x podemos substituir sen x por $x - (x^3/3!)$ com um erro que não ultrapasse 3×10^{-4}?

SOLUÇÃO Aqui podemos tirar vantagem do fato de a série de Taylor para sen x ser uma série alternada para todo valor de x diferente de zero. De acordo com o teorema da estimativa das séries alternadas (Seção 11.6), o erro no truncamento

$$\operatorname{sen} x = x - \frac{x^3}{3!} \;\Big\vert\; + \frac{x^5}{5!} - \cdots$$

depois de $(x^3/3!)$ não é maior que

$$\left|\frac{x^5}{5!}\right| = \frac{|x|^5}{120}$$

Portanto, o erro será menor ou igual a 3×10^{-4} se

$$\frac{|x|^5}{120} < 3 \times 10^{-4} \quad \text{ou} \quad |x| < \sqrt[5]{360 \times 10^{-4}} \approx 0{,}514 \qquad \text{Arredondado para menos por segurança}$$

O teorema da estimativa de séries alternadas nos diz algo que o teorema da estimativa do resto não diz: que a estimativa $x - (x^3/3!)$ para sen x é uma subestimativa quando x é positivo porque então $x^5/120$ é positivo.

A Figura 11.15 mostra o gráfico de sen x, juntamente com os gráficos de alguns de seus polinômios aproximadores de Taylor. O gráfico de $P_3(x) = x - (x^3/3!)$ é quase indistinguível do gráfico da curva seno quando $-1 \leq x \leq 1$.

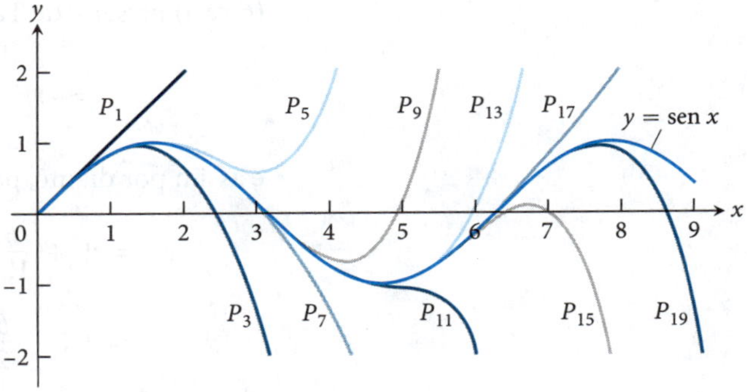

FIGURA 11.15 Os polinômios

$$P_{2n+1}(x) = \sum_{k=0}^{n} \frac{(-1)^k x^{2k+1}}{(2k+1)!}$$

convergem para sen x quando $n \to \infty$. Observe quão próximo $P_3(x)$ chega da curva seno para $x < 1$ (Exemplo 7).

Você pode estar se perguntando como a estimativa dada pelo teorema da estimativa do resto se compara ao que acabamos de obter com o teorema de estimativa de séries alternadas. Se escrevemos

$$\text{sen}\, x = x - \frac{x^3}{3!} + R_3$$

então o teorema da estimativa do erro nos dá

$$|R_3| \leq 1 \cdot \frac{|x|^4}{4!} = \frac{|x|^4}{24}$$

que não é tão bom. Mas se reconhecemos que $x - (x^3/3!) = 0 + x + 0x^2 - (x^3/3!) + 0x^4$ é o polinômio de Taylor tanto de ordem 4 quanto de ordem 3, então

$$\text{sen}\, x = x - \frac{x^3}{3!} + 0 + R_4$$

e o teorema da estimativa do resto com $M = 1$ nos dá

$$|R_4| \leq 1 \cdot \frac{|x|^5}{5!} = \frac{|x|^5}{120}$$

Foi isso que conseguimos com a teoria das estimativas das séries alternadas.

Combinando séries de Taylor

Na interseção dos seus intervalos de convergência, as séries de Taylor podem ser somadas, subtraídas e multiplicadas por constantes e potências de x, e os resultados são novamente séries de Taylor. A série de Taylor para $f(x) + g(x)$ é a soma da série de Taylor para $f(x)$ e a série de Taylor para $g(x)$ porque a n-ésima derivada de $f + g$ é $f^{(n)} + g^{(n)}$ e assim por diante. Podemos obter a série de Taylor para $(1 + \cos 2x)/2$ adicionando 1 à série de Taylor para $\cos 2x$ e dividindo os resultados combinados por 2, e a série de Taylor para sen $x + \cos x$ é a soma termo a termo da série de Taylor para sen x e $\cos x$.

Identidade de Euler

Como você deve se lembrar, um número complexo é um número na forma $a + bi$, onde a e b são números reais e $i = \sqrt{-1}$. Se substituirmos $x = i\theta$ (θ real) na série de Taylor para e^x e utilizarmos as relações

$$i^2 = -1, \qquad i^3 = i^2 i = -i, \qquad i^4 = i^2 i^2 = 1, \qquad i^5 = i^4 i = i$$

e assim por diante, para simplificar o resultado, temos:

$$\begin{aligned} e^{i\theta} &= 1 + \frac{i\theta}{1!} + \frac{i^2\theta^2}{2!} + \frac{i^3\theta^3}{3!} + \frac{i^4\theta^4}{4!} + \frac{i^5\theta^5}{5!} + \frac{i^6\theta^6}{6!} + \cdots \\ &= \left(1 - \frac{\theta^2}{2!} + \frac{\theta^4}{4!} - \frac{\theta^6}{6!} + \cdots\right) + i\left(\theta - \frac{\theta^3}{3!} + \frac{\theta^5}{5!} - \cdots\right) \\ &= \cos\theta + i \operatorname{sen}\theta \end{aligned}$$

Isso não *prova* que $e^{i\theta} = \cos\theta + i \operatorname{sen}\theta$, já que ainda não definimos o que significa elevar e a uma potência imaginária. O que acabamos de ver nos diz como definir $e^{i\theta}$ de forma a manter a consistência com as outras coisas que já sabemos.

Definição
Para qualquer número real θ, $e^{i\theta} = \cos\theta + i \operatorname{sen}\theta$. (6)

A Equação (6), chamada **identidade de Euler**, nos permite definir e^{a+bi} como $e^a \cdot e^{bi}$ para qualquer número complexo $a + bi$. Uma das conseqüências da identidade dessa equação é

$$e^{i\pi} = -1$$

Quando escrita na forma $e^{i\pi} + 1 = 0$, essa equação combina cinco das mais importantes constantes da matemática.

Uma prova do teorema de Taylor

Provamos o teorema de Taylor assumindo que $a < b$. A prova para $a > b$ é quase a mesma.

O polinômio de Taylor

$$P_n(x) = f(a) + f'(a)(x - a) + \frac{f''(a)}{2!}(x - a)^2 + \cdots + \frac{f^{(n)}(a)}{n!}(x - a)^n$$

e suas n primeiras derivadas combinam com a função f e suas n primeiras derivadas em $x = a$. Não alteramos essa combinação se acrescentarmos outro termo na forma $K(x - a)^{n+1}$, onde K é qualquer constante; já que tanto esse termo quanto suas n derivadas iniciais são iguais a 0 em $x = a$. A nova função

$$\phi_n(x) = P_n(x) + K(x - a)^{n+1}$$

e suas n derivadas iniciais ainda concordam com f e suas primeiras n derivadas em $x = a$.

Agora, escolhemos o valor específico de K que faz a curva $y = \phi_n(x)$ combinar com a curva original $y = f(x)$ em $x = b$. Simbolizando,

$$f(b) = P_n(b) + K(b - a)^{n+1} \qquad \text{ou} \qquad K = \frac{f(b) - P_n(b)}{(b - a)^{n+1}} \qquad (7)$$

Com K definido pela Equação (7), a função

$$F(x) = f(x) - \phi_n(x)$$

mede a diferença entre a função original f e a função aproximadora ϕ_n para cada x em $[a, b]$.

Agora, usamos o teorema de Rolle (Seção 4.2, Volume I). Primeiro, como $F(a) = F(b) = 0$ e ambas F e F' são contínuas em $[a, b]$, sabemos que

$$F'(c_1) = 0 \quad \text{para algum } c_1 \text{ em } (a, b)$$

Em seguida, como $F'(a) = F'(c_1) = 0$ e tanto F' quanto F'' são contínuas em $[a, c_1]$, sabemos que

$$F''(c_2) = 0 \quad \text{para algum } c_2 \text{ em } (a, c_1)$$

O Teorema de Rolle, aplicado sucessivamente a F'' e F''',. . ., $F^{(n-1)}$ implica a existência de

$$\begin{array}{lll} c_3 & \text{em } (a, c_2) & \text{tal que } F'''(c_3) = 0 \\ c_4 & \text{em } (a, c_3) & \text{tal que } F^{(4)}(c_4) = 0 \\ & \vdots & \\ c_n & \text{em } (a, c_{n-1}) & \text{tal que } F^{(n)}(c_n) = 0 \end{array}$$

Por fim, como $F^{(n)}$ é contínua em $[a, c_n]$ e derivável em (a, c_n), e $F^{(n)}(a) = F^{(n)}(c_n) = 0$, o teorema de Rolle implica que existe um número c_{n+1} em (a, c_n) tal que

$$F^{(n+1)}(c_{n+1}) = 0 \tag{8}$$

Se derivarmos $F(x) = f(x) - P_n(x) - K(x-a)^{n+1}$ um total de $n + 1$ vezes, obtemos

$$F^{(n+1)}(x) = f^{(n+1)}(x) - 0 - (n+1)!K \tag{9}$$

Juntas, as equações (8) e (9) nos dão

$$K = \frac{f^{(n+1)}(c)}{(n+1)!} \quad \text{para algum número } c = c_{n+1} \text{ em } (a, b) \tag{10}$$

As equações (7) e (10) nos dão

$$f(b) = P_n(b) + \frac{f^{(n+1)}(c)}{(n+1)!}(b-a)^{n+1}$$

Com isso, concluímos a prova.

Exercícios 11.9

Séries de Taylor por substituição

Use substituição (como no Exemplo 4) para encontrar a série de Taylor em $x = 0$ das funções nos exercícios 1–6.

1. e^{-5x} **2.** $e^{-x/2}$ **3.** $5\,\text{sen}(-x)$

4. $\text{sen}\left(\frac{\pi x}{2}\right)$ **5.** $\cos\sqrt{x+1}$ **6.** $\cos\left(x^{3/2}/\sqrt{2}\right)$

Mais séries de Taylor

Encontre as séries de Taylor em $x = 0$ para as funções dos exercícios 7–18.

7. xe^x **8.** $x^2\,\text{sen}\,x$ **9.** $\frac{x^2}{2} - 1 + \cos x$

10. $\text{sen}\,x - x + \frac{x^3}{3!}$ **11.** $x\cos \pi x$ **12.** $x^2\cos(x^2)$

13. $\cos^2 x$ (*Sugestão*: $\cos^2 x = (1 + \cos 2x)/2$.)

14. $\operatorname{sen}^2 x$ **15.** $\dfrac{x^2}{1 - 2x}$ **16.** $x \ln(1 + 2x)$

17. $\dfrac{1}{(1 - x)^2}$ **18.** $\dfrac{2}{(1 - x)^3}$

Estimativas de erros

19. Aproximadamente, para quais valores de x você pode substituir sen x por $x - (x^3/6)$ com um erro cuja magnitude não seja superior a 5×10^{-4}? Justifique a sua resposta.

20. Se cos x for substituído por $1 - (x^2/2)$ e $|x| < 0{,}5$, qual estimativa poderá ser feita do erro? $1 - (x^2/2)$ tende a ser muito grande ou muito pequeno? Justifique a sua resposta.

21. Quão precisa é a aproximação sen $x = x$ quando $|x| < 10^{-3}$? Para quais desses valores de x ocorrerá de $x <$ sen x?

22. A estimativa $\sqrt{1 + x} = 1 + (x/2)$ é usada quando x é pequeno. Estime o erro quando $|x| < 0{,}01$.

23. A aproximação $e^x = 1 + x + (x^2/2)$ é usada quando x é pequeno. Use o teorema da estimativa do resto para estimar o erro quando $|x| < 0{,}1$.

24. (*Continuação do Exercício 23.*) Quando $x < 0$, a série para e^x é uma série alternada. Use o teorema da estimativa de séries alternadas para estimar o erro que resulta da substituição de e^x por $1 + x + (x^2/2)$ quando $-0{,}1 < x < 0$. Compare a sua estimativa com a que você obteve no Exercício 23.

25. Estime o erro na aproximação senh $x = x + (x^3/3!)$ quando $|x| < 0{,}5$. (*Sugestão*: Use R_4, não R_3.)

26. Quando $0 \le h \le 0{,}01$, mostre que e^h pode ser substituído por $1 + h$ com um erro cuja magnitude não ultrapassa 0,6% de h. Use $e^{0{,}01} = 1{,}01$.

27. Para quais valores positivos de x você pode substituir $\ln(1 + x)$ por x com um erro que não ultrapasse 1% do valor de x?

28. Você planeja estimar $\pi/4$ pela determinação da série de Maclaurin para $\operatorname{tg}^{-1} x$ em $x = 1$. Use o teorema da estimativa de séries alternadas para determinar quantos termos da série você tem de adicionar para ter certeza de que a estimativa tem precisão de duas casas decimais.

29. **(a)** Use a série de Taylor para sen x e o teorema da estimativa de séries alternadas para mostrar que

$$1 - \frac{x^2}{6} < \frac{\operatorname{sen} x}{x} < 1, \quad x \neq 0$$

(b) T Faça o gráfico de $f(x) = (\operatorname{sen} x)/x$ juntamente com o das funções $y = 1 - (x^2/6)$ e $y = 1$ para $-5 \le x \le 5$. Comente a relação entre os dois gráficos.

30. **(a)** Use a série de Taylor para cos x e o teorema da estimativa de séries alternadas para mostrar que

$$\frac{1}{2} - \frac{x^2}{24} < \frac{1 - \cos x}{x^2} < \frac{1}{2}, \quad x \neq 0$$

(Esta é a desigualdade do Exercício 52, Seção 2.2, Volume I.)

(b) T Faça o gráfico de $f(x) = (1 - \cos x)/x^2$ juntamente com o das funções $y = (1/2) - (x^2/24)$ e $y = 1/2$ para $-9 \le x \le 9$. Comente a relação entre os dois gráficos.

Encontrando e identificando séries de Maclaurin

Lembre-se de que série de Maclaurin é simplesmente outro nome para a série de Taylor em $x = 0$. Cada uma das séries nos exercícios 31–34 representa o valor da série de Maclaurin da função $f(x)$ em algum ponto. Qual é a função e qual é o ponto? Qual é a soma da série?

31. $(0{,}1) - \dfrac{(0{,}1)^3}{3!} + \dfrac{(0{,}1)^5}{5!} - \cdots + \dfrac{(-1)^k(0{,}1)^{2k+1}}{(2k+1)!} + \cdots$

32. $1 - \dfrac{\pi^2}{4^2 \cdot 2!} + \dfrac{\pi^4}{4^4 \cdot 4!} - \cdots + \dfrac{(-1)^k(\pi)^{2k}}{4^{2k} \cdot (2k!)} + \cdots$

33. $\dfrac{\pi}{3} - \dfrac{\pi^3}{3^3 \cdot 3} + \dfrac{\pi^5}{3^5 \cdot 5} - \cdots + \dfrac{(-1)^k \pi^{2k+1}}{3^{2k+1}(2k+1)} + \cdots$

34. $\pi - \dfrac{\pi^2}{2} + \dfrac{\pi^3}{3} - \cdots + (-1)^{k-1}\dfrac{\pi^k}{k} + \cdots$

35. Multiplique a série de Maclaurin para e^x e sen x junto para encontrar os cinco primeiros termos de Maclaurin diferentes de zero para e^x sen x.

36. Multiplique a série de Maclaurin para e^x e cos x junto para encontrar os cinco primeiros termos de Maclaurin diferentes de zero para e^x cos x.

37. Use a identidade $\operatorname{sen}^2 x = (1 - \cos 2x)/2$ para obter a série de Maclaurin para $\operatorname{sen}^2 x$. Então, derive a série para chegar à série de Maclaurin para 2 sen x cos x. Verifique se esta é a série para sen $2x$.

38. (*Continuação do Exercício 37.*) Use a identidade $\cos^2 x = \cos 2x + \operatorname{sen}^2 x$ para obter a série de potências para $\cos^2 x$.

Teoria e exemplos

39. **Teorema de Taylor e teorema do valor médio** Explique como o teorema do valor médio (Seção 4.2, Teorema 4) é um caso especial do teorema de Taylor.

40. **Linearizações nos pontos de inflexão** Mostre que, se o gráfico de uma função $f(x)$ duas vezes derivável tem um ponto de inflexão em $x = a$, então a linearização de f em $x = a$ também é a aproximação quadrática de f em $x = a$.

Isso explica por que retas tangentes se ajustam tão bem nos pontos de inflexão.

41. O (segundo) teste da derivada segunda Use a equação

$$f(x) = f(a) + f'(a)(x - a) + \frac{f''(c_2)}{2}(x - a)^2$$

para provar o teste a seguir.

Seja f uma função com derivadas primeira e segunda contínuas e suponha que $f'(a) = 0$. Então,

(a) f tem um máximo local em a se $f'' \leq 0$ em um intervalo cujo interior contém a;

(b) f tem um mínimo local em a se $f'' \geq 0$ em um intervalo cujo interior contém a.

$$f(x) = f(a) + f'(a)(x - a) + \frac{f''(c_2)}{2}(x - a)^2$$

42. Uma aproximação cúbica Use a fórmula de Taylor com $a = 0$ e $n = 3$ para encontrar a aproximação cúbica padrão de $f(x) = 1/(1 - x)$ em $x = 0$. Dê um limitante superior para o erro na aproximação quando $|x| \leq 0{,}1$.

43. (a) Use a fórmula de Taylor com $n = 2$ para encontrar a aproximação quadrática de $f(x) = (1 + x)^k$ em $x = 0$ (k é constante).

(b) Se $k = 3$, para aproximadamente quais valores de x no intervalo [0, 1] o erro da aproximação quadrática será menor que 1/100?

44. Aperfeiçoando aproximações para π

(a) Seja P uma aproximação de π precisa até n casas decimais. Mostre que P + sen P dá uma aproximação correta até $3n$ casas decimais. (*Sugestão*: Considere que $P = \pi + x$.)

T (b) Tente fazer isso com uma calculadora.

45. A série de Maclaurin gerada por $f(x) = \sum_{n=0}^{\infty} a_n x^n$ é $\sum_{n=0}^{\infty} a_n x^n$ Uma função definida pela série de potências $\sum_{n=0}^{\infty} a_n x^n$ com raio de convergência $c > 0$ possui uma série de Taylor que converge para a função em todos os pontos de $(-c, c)$. Mostre que isso é verdade demonstrando que a série de Taylor gerada pela função $f(x) = \sum_{n=0}^{\infty} a_n x^n$ é a própria série $\sum_{n=0}^{\infty} a_n x^n$.

Uma conseqüência imediata disso é que séries como

$$x \operatorname{sen} x = x^2 - \frac{x^4}{3!} + \frac{x^6}{5!} - \frac{x^8}{7!} + \cdots$$

e

$$x^2 e^x = x^2 + x^3 + \frac{x^4}{2!} + \frac{x^5}{3!} + \cdots$$

obtidas pela multiplicação de séries de Taylor por potências de x, assim como séries obtidas pela integração e derivação de séries de potências convergentes, são as próprias séries de Taylor geradas pelas funções que elas representam.

46. Séries de Taylor para funções pares e funções ímpares (*Continuação do Exercício 45 da Seção 11.7.*) Suponha que $f(x) \sum_{n=0}^{\infty} a_n x^n$ convirja para todo x em um intervalo aberto $(-c, c)$.

(a) Mostre que, se f é par, então $a_1 = a_3 = a_5 = \ldots = 0$; isto é, a série para f em $x = 0$ contém somente potências pares de x.

(b) Mostre que, se f é ímpar, então $a_0 = a_2 = a_4 = \ldots 0$; isto é, a série para f em $x = 0$ contém somente potências ímpares de x.

47. Polinômios de Taylor de funções periódicas

(a) Mostre que toda função periódica contínua $f(x)$, $-\infty < x < \infty$, é de magnitude limitada provando que existe uma constante positiva M tal que $|f(x)| \leq M$ para todo x.

(b) Mostre que o gráfico de todo polinômio de Taylor de grau positivo gerado por $f(x) = \cos x$ se afasta do gráfico de $\cos x$ à medida que $|x|$ aumenta. Você pode ver isso na Figura 11.13. Os polinômios de Taylor de sen x se comportam de maneira similar (Figura 11.15).

T. (a) Faça o gráfico das curvas $y = (1/3) - (x^2)/5$ e $y = (x - \text{tg}^{-1} x)/x^3$ juntamente com o da reta $y = 1/3$.

(b) Use uma série de Maclaurin para explicar o que você vê. Qual é

$$\lim_{x \to 0} \frac{x - \text{tg}^{-1} x}{x^3} ?$$

Identidade de Euler

49. Use a Equação (6) para escrever as potências de e a seguir na forma $a + bi$.

(a) $e^{-i\pi}$ (b) $e^{i\pi/4}$ (c) $e^{-i\pi/2}$

50. Use a Equação (6) para mostrar que

$$\cos\theta = \frac{e^{i\theta} + e^{-i\theta}}{2} \quad \text{e} \quad \operatorname{sen}\theta = \frac{e^{i\theta} - e^{-i\theta}}{2i}$$

51. Defina as equações do Exercício 50 por meio da combinação da série formal de Taylor para $e^{i\theta}$ e $e^{-i\theta}$.

52. Mostre que

(a) $\cosh i\theta = \cos\theta$ (b) $\operatorname{senh} i\theta = i \operatorname{sen}\theta$

53. Multiplicando a série de Taylor para e^x e sen x, encontre os termos dessas séries até x^5. Essa é a parte imaginária da série para

$$e^x \cdot e^{ix} = e^{(1+i)x}$$

Use essa informação para verificar sua resposta. Para quais valores de x a série para e^x sen x deveria convergir?

54. Quando a e b são reais, definimos $e^{(a+ib)x}$ com a equação

$$e^{(a+ib)x} = e^{ax} \cdot e^{ibx} = e^{ax}(\cos bx + i \operatorname{sen} bx)$$

Derive o lado direito da equação para mostrar que

$$\frac{d}{dx} e^{(a+ib)x} = (a + ib)e^{(a+ib)x}$$

Assim, a já conhecida regra $(d/dx)e^{kx} = ke^{kx}$ será verdadeira tanto para k complexo quanto para k real.

55. Use a definição de $e^{i\theta}$ para mostrar que para quaisquer números reais θ, θ_1 e θ_2,

(a) $e^{i\theta_1}e^{i\theta_2} = e^{i(\theta_1+\theta_2)}$, (b) $e^{-i\theta} = 1/e^{i\theta}$

56. Dois números complexos $a + ib$ e $c + id$ são iguais se e somente se $a = c$ e $b = d$. Com base nisso, determine

$$\int e^{ax} \cos bx\, dx \quad \text{e} \quad \int e^{ax} \operatorname{sen} bx\, dx$$

a partir de

$$\int e^{(a+ib)x}\, dx = \frac{a - ib}{a^2 + b^2} e^{(a+ib)x} + C$$

onde $C = C_1 + iC_2$ é uma constante de integração complexa.

USANDO O COMPUTADOR

Aproximações lineares, quadráticas e cúbicas

A fórmula de Taylor com $n = 1$ e $a = 0$ fornece a linearização de uma função em $x = 0$. Com $n = 2$ e $n = 3$, obtemos as aproximações quadráticas e cúbicas padrão. Nesses exercícios, exploraremos os erros associados com essas aproximações. Procuramos por respostas para duas perguntas:

(a) Para quais valores de x a função pode ser substituída por aproximação com um erro menor que 10^{-2}?

(b) Qual é o erro máximo que poderemos esperar se trocarmos a função por aproximação no intervalo especificado?

Usando um SAC, execute os seguintes passos para ajudar nas respostas dos itens (a) e (b) para as funções e os intervalos nos exercícios 57–62.

Passo 1: Faça o gráfico da função no intervalo especificado.

Passo 2: Encontre os polinômios de Taylor $P_1(x)$, $P_2(x)$ e $P_3(x)$ em $x = 0$.

Passo 3: Calcule a derivada $f^{(n+1)}(c)$ de ordem $(n + 1)$ associada ao resto para cada polinômio de Taylor. Faça o gráfico da derivada como uma função de c no intervalo especificado e estime seu máximo valor absoluto M.

Passo 4: Calcule o resto $R_n(x)$ para cada polinômio. Usando o M estimado no passo 3 no lugar de $f^{(n+1)}(c)$, represente graficamente $R_n(x)$ no intervalo especificado. Então estime os valores de x que respondem à questão (a).

Passo 5: Compare seu erro estimado com o erro real $E_n(x) = |f(x) - P_n(x)|$ representando graficamente $E_n(x)$ no intervalo especificado. Isso ajudará a responder à questão (b).

Passo 6: Faça os gráficos da função e de suas três aproximações de Taylor juntos. Discuta os gráficos em relação às informações obtidas nos passos 4 e 5.

57. $f(x) = \dfrac{1}{\sqrt{1+x}}, \quad |x| \le \dfrac{3}{4}$

58. $f(x) = (1 + x)^{3/2}, \; -\dfrac{1}{2} \le x \le 2$

59. $f(x) = \dfrac{x}{x^2 + 1}, \quad |x| \le 2$

60. $f(x) = (\cos x)(\operatorname{sen} 2x), \quad |x| \le 2$

61. $f(x) = e^{-x} \cos 2x, \quad |x| \le 1$

62. $f(x) = e^{x/3} \operatorname{sen} 2x, \quad |x| \le 2$

11.10 Aplicações das séries de potências

Esta seção apresenta a série binomial para estimativa de potências e raízes e mostra como as séries podem ser eventualmente utilizadas para aproximar a solução de um problema de valor inicial, para avaliar integrais não-elementares e limites que levam a formas indeterminadas. Apresentamos uma derivação completa das séries de Taylor para $\operatorname{tg}^{-1} x$ e concluímos com uma tabela de referência das séries mais freqüentes.

Séries binomiais para potências e raízes

A série de Taylor gerada por $f(x) = (1 + x)^m$, quando m é constante, é

$$1 + mx + \frac{m(m-1)}{2!}x^2 + \frac{m(m-1)(m-2)}{3!}x^3 + \cdots + \frac{m(m-1)(m-2)\cdots(m-k+1)}{k!}x^k + \cdots. \quad (1)$$

Essa série, chamada **série binomial**, converge absolutamente para $|x| < 1$. Para derivarmos a série, primeiro listamos a função e suas derivadas:

$$
\begin{aligned}
f(x) &= (1 + x)^m \\
f'(x) &= m(1 + x)^{m-1} \\
f''(x) &= m(m - 1)(1 + x)^{m-2} \\
f'''(x) &= m(m-1)(m-2)(1+x)^{m-3} \\
&\vdots \\
f^{(k)}(x) &= m(m - 1)(m - 2) \cdots (m - k + 1)(1 + x)^{m-k}
\end{aligned}
$$

Então as determinamos em $x = 0$ e substituímos esses valores na fórmula da série de Taylor para obter a série binomial (1).

Se m é um inteiro maior ou igual a zero, a série pára depois de $(m + 1)$ termos, porque os coeficientes a partir de $k = m + 1$ são zero.

Se m não é um inteiro positivo ou zero, a série é infinita e converge para $|x| < 1$. Para saber por que, considere u_k o termo envolvendo x^k. Então aplique o teste da razão para convergência absoluta para ver que

$$\left|\frac{u_{k+1}}{u_k}\right| = \left|\frac{m - k}{k + 1}x\right| \to |x| \quad \text{à medida que } k \to \infty.$$

Nossa dedução da fórmula para a série binomial mostra apenas que ela é gerada por $(1 + x)^m$ e converge para $|x| < 1$. A dedução não mostra que a série converge para $(1 + x)^m$. Ela o faz, mas vamos presumir isso sem prova.

Série binomial

Para $-1 < x < 1$,

$$(1 + x)^m = 1 + \sum_{k=1}^{\infty} \binom{m}{k} x^k$$

onde definimos

$$\binom{m}{1} = m, \qquad \binom{m}{2} = \frac{m(m - 1)}{2!}$$

e

$$\binom{m}{k} = \frac{m(m - 1)(m - 2) \cdots (m - k + 1)}{k!} \quad \text{para } k \geq 3$$

EXEMPLO 1 Usando a série binomial

Se $m = -1$,

$$\binom{-1}{1} = -1, \qquad \binom{-1}{2} = \frac{-1(-2)}{2!} = 1,$$

e

$$\binom{-1}{k} = \frac{-1(-2)(-3) \cdots (-1 - k + 1)}{k!} = (-1)^k \left(\frac{k!}{k!}\right) = (-1)^k$$

Com esses valores para os coeficientes e substituindo x por $-x$, a fórmula da série binomial fornece a conhecida série geométrica

$$
\begin{aligned}
(1 + x)^{-1} &= 1 + \sum_{k=1}^{\infty} (-1)^k x^k \\
&= 1 - x + x^2 - x^3 + \cdots + (-1)^k x^k + \cdots
\end{aligned}
$$

EXEMPLO 2 Usando a série binominal

Pela Seção 3.10, Volume I, Exemplo 1, sabemos que $\sqrt{1+x} \approx 1 + (x/2)$ para $|x|$ pequeno. Com $m = 1/2$, a série binomial dá aproximações quadráticas e de maior ordem, juntamente com estimativas de erro obtidas com o teorema da estimativa de séries alternadas:

$$(1+x)^{1/2} = 1 + \frac{x}{2} + \frac{\left(\frac{1}{2}\right)\left(-\frac{1}{2}\right)}{2!}x^2 + \frac{\left(\frac{1}{2}\right)\left(-\frac{1}{2}\right)\left(-\frac{3}{2}\right)}{3!}x^3$$

$$+ \frac{\left(\frac{1}{2}\right)\left(-\frac{1}{2}\right)\left(-\frac{3}{2}\right)\left(-\frac{5}{2}\right)}{4!}x^4 + \cdots$$

$$= 1 + \frac{x}{2} - \frac{x^2}{8} + \frac{x^3}{16} - \frac{5x^4}{128} + \cdots$$

A substituição de x dá ainda outras aproximações. Por exemplo,

$$\sqrt{1-x^2} \approx 1 - \frac{x^2}{2} - \frac{x^4}{8} \text{ para } |x^2| \text{ pequeno}$$

$$\sqrt{1-\frac{1}{x}} \approx 1 - \frac{1}{2x} - \frac{1}{8x^2} \text{ para } \left|\frac{1}{x}\right| \text{ pequeno, isto é, } |x| \text{ grande.}$$

Soluções na forma de séries para equações diferenciais e problemas de valor inicial

Quando não conseguimos encontrar uma expressão relativamente simples para a solução de um problema de valor inicial ou equação diferencial, tentamos obter informações sobre a solução de outras maneiras. Uma delas é tentar encontrar uma representação de séries de potências para a solução. Se conseguimos, temos imediatamente uma fonte de aproximações polinomiais da solução, que pode ser tudo de que realmente precisamos. O primeiro exemplo (Exemplo 3) trata de uma equação diferencial linear de primeira ordem que poderia ser resolvida com os métodos da Seção 9.2, Volume I. O exemplo mostra como, sem saber disso, podemos resolver a equação com séries de potências. O segundo exemplo (Exemplo 4) trata de uma equação que não pode ser resolvida analiticamente com os métodos anteriores.

EXEMPLO 3 Solução na forma de série para um problema de valor inicial

Resolva o problema de valor inicial

$$y' - y = x, \qquad y(0) = 1$$

SOLUÇÃO Presumimos que exista uma solução da forma

$$y = a_0 + a_1 x + a_2 x^2 + \cdots + a_{n-1}x^{n-1} + a_n x^n + \cdots \tag{2}$$

Nosso objetivo é encontrar valores para os coeficientes a_k que façam que a série e sua derivada primeira

$$y' = a_1 + 2a_2 x + 3a_3 x^2 + \cdots + n a_n x^{n-1} + \cdots \tag{3}$$

satisfaçam a equação diferencial dada e a condição inicial. A série $y' - y$ é a diferença entre as séries nas equações (1) e (2):

$$y' - y = (a_1 - a_0) + (2a_2 - a_1)x + (3a_3 - a_2)x^2 + \cdots + (na_n - a_{n-1})x^{n-1} + \cdots. \quad (4)$$

Se y satisfaz a equação $y' - y = x$, a série na Equação (4) deve ser igual a x. Uma vez que as representações de séries de potências são únicas (Exercício 45 na Seção 11.7), os coeficientes na Equação (4) devem satisfazer as equações

$$\begin{aligned} a_1 - a_0 &= 0 && \text{Termos constantes.}\\ 2a_2 - a_1 &= 1 && \text{Coeficientes de } x.\\ 3a_3 - a_2 &= 0 && \text{Coeficientes de } x^2.\\ &\vdots && \vdots\\ a_n - a_{n-1} &= 0 && \text{Coeficientes de } x^{n-1}.\\ &\vdots && \vdots \end{aligned}$$

Também podemos verificar, pela Equação (2), que $y = a_0$ quando $x = 0$, de modo que $a_0 = 1$ (sendo esta a condição inicial). Juntando tudo isso, temos

$$a_0 = 1, \quad a_1 = a_0 = 1, \quad a_2 = \frac{1 + a_1}{2} = \frac{1 + 1}{2} = \frac{2}{2}$$

$$a_3 = \frac{a_2}{3} = \frac{2}{3 \cdot 2} = \frac{2}{3!}, \ldots, \quad a_n = \frac{a_{n-1}}{n} = \frac{2}{n!}, \ldots$$

Fazendo a substituição por esses valores de coeficientes na equação para y (Equação (2)), temos

$$y = 1 + x + 2 \cdot \frac{x^2}{2!} + 2 \cdot \frac{x^3}{3!} + \cdots + 2 \cdot \frac{x^n}{n!} + \cdots$$

$$= 1 + x + 2 \underbrace{\left(\frac{x^2}{2!} + \frac{x^3}{3!} + \cdots + \frac{x^n}{n!} + \cdots \right)}_{\text{série de Taylor para } e^x - 1 - x}$$

$$= 1 + x + 2(e^x - 1 - x) = 2e^x - 1 - x$$

A solução do problema de valor inicial é $y = 2e^x - 1 - x$.

Verificando, temos que

$$y(0) = 2e^0 - 1 - 0 = 2 - 1 = 1$$

e

$$y' - y = (2e^x - 1) - (2e^x - 1 - x) = x$$

EXEMPLO 4 Resolvendo uma equação diferencial

Encontre uma solução na forma de série de potências para

$$y'' + x^2y = 0 \quad (5)$$

SOLUÇÃO Consideramos que existe uma solução na forma

$$y = a_0 + a_1x + a_2x^2 \cdots + a_nx^n + \cdots \quad (6)$$

e descobrimos quais devem ser os coeficientes a_k para fazer que a série e sua derivada segunda

$$y'' = 2a_2 + 3 \cdot 2a_3x + \cdots + n(n - 1)a_nx^{n-2} + \cdots \quad (7)$$

satisfaçam a Equação (5). A série para x^2y é x^2 multiplicada pelo lado direito da Equação (6):

$$x^2y = a_0x^2 + a_1x^3 + a_2x^4 + \cdots + a_nx^{n+2} + \cdots \tag{8}$$

A série para $y'' + x^2y$ é a soma das séries nas equações (7) e (8):

$$\begin{aligned} y'' + x^2y &= 2a_2 + 6a_3x + (12a_4 + a_0)x^2 + (20a_5 + a_1)x^3 \\ &+ \cdots + (n(n-1)a_n + a_{n-4})x^{n-2} + \cdots. \end{aligned} \tag{9}$$

Observe que o coeficiente de x^{n-2} na Equação (8) é a_{n-4}. Se y e sua derivada segunda y'' satisfazem a Equação (5), os coeficientes das potências individuais de x no lado direito da Equação (9) devem ser todos zero:

$$2a_2 = 0, \quad 6a_3 = 0, \quad 12a_4 + a_0 = 0, \quad 20a_5 + a_1 = 0 \tag{10}$$

e para todo $n \geq 4$,

$$n(n-1)a_n + a_{n-4} = 0 \tag{11}$$

Podemos verificar pela Equação (6) que

$$a_0 = y(0), \qquad a_1 = y'(0)$$

Em outras palavras, os dois primeiros coeficientes da série são os valores de y e y' em $x = 0$. As equações (10) e a fórmula recursiva na Equação (11) nos permitem determinar todos os outros coeficientes em termos de a_0 e a_1.

As duas primeiras das equações de (10) dão

$$a_2 = 0, \qquad a_3 = 0$$

A Equação (11) mostra que, se $a_{n-4} = 0$, então $a_n = 0$; assim concluímos que

$$a_6 = 0, \quad a_7 = 0, \quad a_{10} = 0, \quad a_{11} = 0$$

e, sempre que $n = 4k + 2$ ou $4k + 3$, a_n é zero. Para os outros coeficientes, temos

$$a_n = \frac{-a_{n-4}}{n(n-1)}$$

de modo que

$$a_4 = \frac{-a_0}{4 \cdot 3}, \qquad a_8 = \frac{-a_4}{8 \cdot 7} = \frac{a_0}{3 \cdot 4 \cdot 7 \cdot 8}$$

$$a_{12} = \frac{-a_8}{11 \cdot 12} = \frac{-a_0}{3 \cdot 4 \cdot 7 \cdot 8 \cdot 11 \cdot 12}$$

e

$$a_5 = \frac{-a_1}{5 \cdot 4}, \qquad a_9 = \frac{-a_5}{9 \cdot 8} = \frac{a_1}{4 \cdot 5 \cdot 8 \cdot 9}$$

$$a_{13} = \frac{-a_9}{12 \cdot 13} = \frac{-a_1}{4 \cdot 5 \cdot 8 \cdot 9 \cdot 12 \cdot 13}$$

A resposta é mais bem expressa como a soma de duas séries separadas, uma multiplicada por a_0 e a outra por a_1:

$$\begin{aligned} y &= a_0\left(1 - \frac{x^4}{3 \cdot 4} + \frac{x^8}{3 \cdot 4 \cdot 7 \cdot 8} - \frac{x^{12}}{3 \cdot 4 \cdot 7 \cdot 8 \cdot 11 \cdot 12} + \cdots\right) \\ &+ a_1\left(x - \frac{x^5}{4 \cdot 5} + \frac{x^9}{4 \cdot 5 \cdot 8 \cdot 9} - \frac{x^{13}}{4 \cdot 5 \cdot 8 \cdot 9 \cdot 12 \cdot 13} + \cdots\right) \end{aligned}$$

Ambas as séries convergem absolutamente para todo x, como é visto principalmente com o teste da razão.

Calculando integrais não-elementares

As séries de Taylor podem ser usadas para expressar integrais não-elementares em termos de séries. Integrais como $\int \operatorname{sen} x^2\, dx$ aparecem no estudo da difração da luz.

EXEMPLO 5 Expresse $\int \operatorname{sen} x^2\, dx$ como uma série de potências

SOLUÇÃO A partir da série para sen x obtemos

$$\operatorname{sen} x^2 = x^2 - \frac{x^6}{3!} + \frac{x^{10}}{5!} - \frac{x^{14}}{7!} + \frac{x^{18}}{9!} - \cdots$$

Portanto,

$$\int \operatorname{sen} x^2\, dx = C + \frac{x^3}{3} - \frac{x^7}{7 \cdot 3!} + \frac{x^{11}}{11 \cdot 5!} - \frac{x^{15}}{15 \cdot 7!} + \frac{x^{10}}{19 \cdot 9!} - \cdots$$

EXEMPLO 6 Estimando uma integral definida

Calcule $\int_0^1 \operatorname{sen} x^2\, dx$ com um erro menor que 0,001.

SOLUÇÃO A partir da integral indefinida do Exemplo 5,

$$\int_0^1 \operatorname{sen} x^2\, dx = \frac{1}{3} - \frac{1}{7 \cdot 3!} + \frac{1}{11 \cdot 5!} - \frac{1}{15 \cdot 7!} + \frac{1}{19 \cdot 9!} - \cdots$$

A série se alterna e, por testes, descobrimos que

$$\frac{1}{11 \cdot 5!} \approx 0{,}00076$$

é o primeiro termo numericamente inferior a 0,001. A soma dos dois termos antecedentes nos dá

$$\int_0^1 \operatorname{sen} x^2\, dx \approx \frac{1}{3} - \frac{1}{42} \approx 0{,}310$$

Com mais dois termos podemos estimar

$$\int_0^1 \operatorname{sen} x^2\, dx \approx 0{,}310268$$

com um erro menor que 10^{-6}. Com somente mais um termo além desses, temos

$$\int_0^1 \operatorname{sen} x^2\, dx \approx \frac{1}{3} - \frac{1}{42} + \frac{1}{1.320} - \frac{1}{75.600} + \frac{1}{6.894.720} \approx 0{,}310268303$$

com um erro de aproximadamente $1{,}08 \times 10^{-9}$. Garantir essa precisão com a fórmula de erro para a regra trapezoidal exigiria que cerca de 8.000 subintervalos fossem utilizados.

Arco tangentes

No Exemplo 5 da Seção 11.7, encontramos uma série para $\operatorname{tg}^{-1} x$ pela derivação e chegamos a

$$\frac{d}{dx}\operatorname{tg}^{-1} x = \frac{1}{1 + x^2} = 1 - x^2 + x^4 - x^6 + \cdots$$

Pela integração, obtivemos

$$\text{tg}^{-1} x = x - \frac{x^3}{3} + \frac{x^5}{5} - \frac{x^7}{7} + \cdots$$

Contudo, não provamos o teorema da integração termo a termo do qual depende essa conclusão. Agora, derivaremos a série novamente integrando ambos os lados da fórmula finita

$$\frac{1}{1 + t^2} = 1 - t^2 + t^4 - t^6 + \cdots + (-1)^n t^{2n} + \frac{(-1)^{n+1}\, t^{2n+2}}{1 + t^2} \tag{12}$$

na qual o último termo surge da adição dos termos restantes como uma série geométrica cujo primeiro termo é $a = (-1)^{n+1}t^{2n+2}$ e raio $r = -t^2$. Integrando ambos os lados da Equação (12) de $t = 0$ a $t = x$ nos dá

$$\text{tg}^{-1} x = x - \frac{x^3}{3} + \frac{x^5}{5} - \frac{x^7}{7} + \cdots + (-1)^n \frac{x^{2n+1}}{2n + 1} + R_n(x)$$

onde

$$R_n(x) = \int_0^x \frac{(-1)^{n+1}\, t^{2n+2}}{1 + t^2}\, dt$$

O denominador do integrando é maior ou igual 1; portanto,

$$R_n(x) \le \int_0^x t^{2n+2}\, dt = \frac{x^{\,2n+3}}{2n + 3}$$

Se $|x| \le 1$, o lado direito dessa desigualdade se aproxima de zero à medida que $n \to \infty$. Assim sendo, $\lim_{n\to\infty} R_n(x) = 0$ se $|x| \le 1$ e

$$\text{tg}^{-1} x = \sum_{n=0}^{\infty} \frac{(-1)^n x^{2n+1}}{2n + 1}, \qquad x \le 1$$

$$\text{tg}^{-1} x = x - \frac{x^3}{3} + \frac{x^5}{5} - \frac{x^7}{7} + \cdots, \qquad x \le 1 \tag{13}$$

Tomamos esse caminho, em vez de encontrar diretamente a série de Taylor, porque as fórmulas para derivadas de ordem mais alta de $\text{tg}^{-1} x$ são intratáveis. Quando igualamos x a 1 na Equação (13), chegamos à **fórmula de Leibniz**:

$$\frac{\pi}{4} = 1 - \frac{1}{3} + \frac{1}{5} - \frac{1}{7} + \frac{1}{9} - \cdots + \frac{(-1)^n}{2n + 1} + \cdots$$

Como a série converge muito lentamente, ela não é usada na aproximação de π a com muitas casas decimais. A série para $\text{tg}^{-1} x$ converge muito mais rapidamente quando x está próximo de zero. Por essa razão, as pessoas que usam a série para $\text{tg}^{-1} x$ para calcular π empregam diversas identidades trigonométricas.

Por exemplo, se

$$\alpha = \text{tg}^{-1}\frac{1}{2} \quad \text{e} \quad \beta = \text{tg}^{-1}\frac{1}{3}$$

então,

$$\text{tg}\,(\alpha + \beta) = \frac{\text{tg}\,\alpha + \text{tg}\,\beta}{1 - \text{tg}\,\alpha\ \text{tg}\,\beta} = \frac{\frac{1}{2} + \frac{1}{3}}{1 - \frac{1}{6}} = 1 = \text{tg}\,\frac{\pi}{4}$$

e

$$\frac{\pi}{4} = \alpha + \beta = \text{tg}^{-1}\frac{1}{2} + \text{tg}^{-1}\frac{1}{3}$$

Agora a Equação (13) pode ser usada com $x = 1/2$ para calcular $\text{tg}^{-1}(1/2)$ e com $x = 1/3$ para se chegar a $\text{tg}^{-1}(1/3)$. A soma desses resultados multiplicada por 4 nos dá π.

Calculando formas indeterminadas

Algumas vezes, podemos calcular limites de formas indeterminadas expressando as funções envolvidas como séries de Taylor.

EXEMPLO 7 Limites usando séries de potências

Calcule

$$\lim_{x\to 1} \frac{\ln x}{x - 1}$$

SOLUÇÃO Representamos ln x como uma série de Taylor de potências de $x - 1$. Podemos conseguir isso calculando diretamente a série de Taylor gerada por ln x em $x = 1$, ou substituindo x por $x - 1$ na série para ln $(1 + x)$ no Exemplo 6 da Seção 11.7. As duas formas nos farão chegar a

$$\ln x = (x - 1) - \frac{1}{2}(x - 1)^2 + \cdots$$

que nos permite concluir que

$$\lim_{x\to 1} \frac{\ln x}{x - 1} = \lim_{x\to 1}\left(1 - \frac{1}{2}(x - 1) + \cdots\right) = 1$$

EXEMPLO 8 Limites usando séries de potências

Calcule

$$\lim_{x\to 0} \frac{\operatorname{sen} x - \operatorname{tg} x}{x^3}$$

SOLUÇÃO As séries de Taylor para sen x e tg x, em termos de x^5, são

$$\operatorname{sen} x = x - \frac{x^3}{3!} + \frac{x^5}{5!} - \cdots, \qquad \operatorname{tg} x = x + \frac{x^3}{3} + \frac{2x^5}{15} + \cdots$$

Portanto,

$$\operatorname{sen} x - \operatorname{tg} x = -\frac{x^3}{2} - \frac{x^5}{8} - \cdots = x^3\left(-\frac{1}{2} - \frac{x^2}{8} - \cdots\right)$$

e

$$\lim_{x\to 0} \frac{\operatorname{sen} x - \operatorname{tg} x}{x^3} = \lim_{x\to 0}\left(-\frac{1}{2} - \frac{x^2}{8} - \cdots\right)$$

$$= -\frac{1}{2}$$

Se aplicamos séries para calcular $\lim_{x\to 0}((1/\operatorname{sen} x) - (1/x))$, não apenas encontramos o limite com sucesso, mas também descobrimos uma fórmula de aproximação para cosec x.

EXEMPLO 9 Fórmula de aproximação para cosec x

Encontre $\lim_{x\to 0}\left(\frac{1}{\operatorname{sen} x} - \frac{1}{x}\right)$

SOLUÇÃO

$$\frac{1}{\operatorname{sen} x} - \frac{1}{x} = \frac{x - \operatorname{sen} x}{x \operatorname{sen} x} = \frac{x - \left(x - \frac{x^3}{3!} + \frac{x^5}{5!} - \cdots\right)}{x \cdot \left(x - \frac{x^3}{3!} + \frac{x^5}{5!} - \cdots\right)}$$

$$= \frac{x^3\left(\frac{1}{3!} - \frac{x^2}{5!} + \cdots\right)}{x^2\left(1 - \frac{x^2}{3!} + \cdots\right)} = x\frac{\frac{1}{3!} - \frac{x^2}{5!} + \cdots}{1 - \frac{x^2}{3!} + \cdots}$$

Portanto,

$$\lim_{x\to 0}\left(\frac{1}{\operatorname{sen} x} - \frac{1}{x}\right) = \lim_{x\to 0}\left(x\frac{\frac{1}{3!} - \frac{x^2}{5!} + \cdots}{1 - \frac{x^2}{3!} + \cdots}\right) = 0$$

A partir do quociente à direita, percebemos que se $|x|$ é pequeno, então

$$\frac{1}{\operatorname{sen} x} - \frac{1}{x} \approx x \cdot \frac{1}{3!} = \frac{x}{6} \quad \text{ou} \quad \operatorname{cosec} x \approx \frac{1}{x} + \frac{x}{6}$$

TABELA 11.1 Séries de Taylor freqüentes

$$\frac{1}{1-x} = 1 + x + x^2 + \cdots + x^n + \cdots = \sum_{n=0}^{\infty} x^n, \qquad |x| < 1$$

$$\frac{1}{1+x} = 1 - x + x^2 - \cdots + (-x)^n + \cdots = \sum_{n=0}^{\infty} (-1)^n x^n, \qquad |x| < 1$$

$$e^x = 1 + x + \frac{x^2}{2!} + \cdots + \frac{x^n}{n!} + \cdots = \sum_{n=0}^{\infty} \frac{x^n}{n!}, \qquad |x| < \infty$$

$$\sin x = x - \frac{x^3}{3!} + \frac{x^5}{5!} - \cdots + (-1)^n \frac{x^{2n+1}}{(2n+1)!} + \cdots = \sum_{n=0}^{\infty} \frac{(-1)^n x^{2n+1}}{(2n+1)!}, \qquad |x| < \infty$$

$$\cos x = 1 - \frac{x^2}{2!} + \frac{x^4}{4!} - \cdots + (-1)^n \frac{x^{2n}}{(2n)!} + \cdots = \sum_{n=0}^{\infty} \frac{(-1)^n x^{2n}}{(2n)!}, \qquad |x| < \infty$$

$$\ln(1+x) = x - \frac{x^2}{2} + \frac{x^3}{3} - \cdots + (-1)^{n-1}\frac{x^n}{n} + \cdots = \sum_{n=1}^{\infty} \frac{(-1)^{n-1} x^n}{n}, \qquad -1 < x \leq 1$$

$$\ln\frac{1+x}{1-x} = 2\,\operatorname{tgh}^{-1} x = 2\left(x + \frac{x^3}{3} + \frac{x^5}{5} + \cdots + \frac{x^{2n+1}}{2n+1} + \cdots\right) = 2\sum_{n=0}^{\infty} \frac{x^{2n+1}}{2n+1}, \qquad |x| < 1$$

$$\operatorname{tg}^{-1} x = x - \frac{x^3}{3} + \frac{x^5}{5} - \cdots + (-1)^n \frac{x^{2n+1}}{2n+1} + \cdots = \sum_{n=0}^{\infty} \frac{(-1)^n x^{2n+1}}{2n+1}, \qquad |x| \leq 1$$

Séries binomiais

$$(1+x)^m = 1 + mx + \frac{m(m-1)x^2}{2!} + \frac{m(m-1)(m-2)x^3}{3!} + \cdots + \frac{m(m-1)(m-2)\cdots(m-k+1)x^k}{k!} + \cdots$$

$$= 1 + \sum_{k=1}^{\infty} \binom{m}{k} x^k, \qquad |x| < 1$$

onde,

$$\binom{m}{1} = m, \qquad \binom{m}{2} = \frac{m(m-1)}{2!}, \qquad \binom{m}{k} = \frac{m(m-1)\cdots(m-k+1)}{k!} \quad \text{para } k \geq 3.$$

Observação: Para escrever a série binomial de maneira compacta, é comum definir $\binom{m}{0}$ como 1 e tomar $x^0 = 1$ (mesmo no caso normalmente excluído onde $x = 0$); o que nos dá $(1+x)^m = \sum_{k=0}^{\infty} \binom{m}{k} x^k$. Se m é um *inteiro positivo*, a série termina em x^m e o resultado converge para todo x.

Exercícios 11.10

Série binomial

Encontre os quatro primeiros termos da série binomial para as funções nos exercícios 1–10.

1. $(1 + x)^{1/2}$
2. $(1 + x)^{1/3}$
3. $(1 - x)^{-1/2}$
4. $(1 - 2x)^{1/2}$
5. $\left(1 + \frac{x}{2}\right)^{-2}$
6. $\left(1 - \frac{x}{2}\right)^{-2}$
7. $(1 + x^3)^{-1/2}$
8. $(1 + x^2)^{-1/3}$
9. $\left(1 + \frac{1}{x}\right)^{1/2}$
10. $\left(1 - \frac{2}{x}\right)^{1/3}$

Encontre a série binomial para as funções nos exercícios 11–14.

11. $(1 + x)^4$
12. $(1 + x^2)^3$
13. $(1 - 2x)^3$
14. $\left(1 - \frac{x}{2}\right)^4$

Problemas de valor inicial

Encontre soluções na forma de séries para os problemas de valor inicial nos exercícios 15–32.

15. $y' + y = 0, \quad y(0) = 1$
16. $y' - 2y = 0, \quad y(0) = 1$
17. $y' - y = 1, \quad y(0) = 0$
18. $y' + y = 1, \quad y(0) = 2$
19. $y' - y = x, \quad y(0) = 0$
20. $y' + y = 2x, \quad y(0) = -1$
21. $y' - xy = 0, \quad y(0) = 1$
22. $y' - x^2y = 0, \quad y(0) = 1$
23. $(1 - x)\, y' - y = 0, \quad y(0) = 2$
24. $(1 + x^2)\, y' + 2xy = 0, \quad y(0) = 3$
25. $y'' - y = 0, \quad y'(0) = 1$ e $y(0) = 0$
26. $y'' + y = 0, \quad y'(0) = 0$ e $y(0) = 1$
27. $y'' + y = x, \quad y'(0) = 1$ e $y(0) = 2$
28. $y'' - y = x, \quad y'(0) = 2$ e $y(0) = -1$
29. $y'' - y = -x, \quad y'(2) = -2$ e $y(2) = 0$
30. $y'' - x^2y = 0, \quad y'(0) = b$ e $y(0) = a$
31. $y'' + x^2y = x, \quad y'(0) = b$ e $y(0) = a$
32. $y'' - 2y' + y = 0, \quad y'(0) = 1$ e $y(0) = 0$

Aproximações e integrais não-elementares

Nos exercícios 33–36, use séries para estimar o valor das integrais com um erro menor que 10^{-3}. (A seção de respostas apresenta o valor das integrais arredondado para cinco casas decimais.)

33. $\int_0^{0,2} \operatorname{sen} x^2\, dx$
34. $\int_0^{0,2} \frac{e^{-x} - 1}{x}\, dx$
35. $\int_0^{0,1} \frac{1}{\sqrt{1 + x^4}}\, dx$
36. $\int_0^{0,25} \sqrt[3]{1 + x^2}\, dx$

T Use séries para aproximar os valores das integrais nos exercícios 37– 40 com um erro menor do que 10^{-8}.

37. $\int_0^{0,1} \frac{\operatorname{sen} x}{x}\, dx$
38. $\int_0^{0,1} e^{-x^2}\, dx$
39. $\int_0^{0,1} \sqrt{1 + x^4}\, dx$
40. $\int_0^{1} \frac{1 - \cos x}{x^2}\, dx$

41. Estime o erro se $\cos t^2$ é aproximado por $1 - \frac{t^4}{2} + \frac{t^8}{4!}$ na integral $\int_0^1 \cos t^2\, dt$.

42. Estime o erro se $\cos \sqrt{t}$ é aproximado por $1 - \frac{t}{2} + \frac{t^2}{4!} - \frac{t^3}{6!}$ na integral $\int_0^1 \cos \sqrt{t}\, dt$.

Nos exercícios 43–46, encontre um polinômio que aproximará $F(x)$ ao longo do intervalo dado com um erro menor que 10^{-3}.

43. $F(x) = \int_0^x \operatorname{sen} t^2\, dt, \quad [0, 1]$

44. $F(x) = \int_0^x t^2 e^{-t^2}\, dt, \quad [0, 1]$

45. $F(x) = \int_0^x \operatorname{tg}^{-1} t\, dt$, **(a)** $[0; 0,5]$ **(b)** $[0, 1]$

46. $F(x) = \int_0^x \frac{\ln(1 + t)}{t}\, dt$, **(a)** $[0; 0,5]$ **(b)** $[0, 1]$

Formas indeterminadas

Use séries para calcular os limites nos exercícios 47–56.

47. $\lim_{x \to 0} \frac{e^x - (1 + x)}{x^2}$
48. $\lim_{x \to 0} \frac{e^x - e^{-x}}{x}$
49. $\lim_{t \to 0} \frac{1 - \cos t - (t^2/2)}{t^4}$
50. $\lim_{\theta \to 0} \frac{\operatorname{sen} \theta - \theta + (\theta^3/6)}{\theta^5}$
51. $\lim_{y \to 0} \frac{y - \operatorname{tg}^{-1} y}{y^3}$
52. $\lim_{y \to 0} \frac{\operatorname{tg}^{-1} y - \operatorname{sen} y}{y^3 \cos y}$
53. $\lim_{x \to \infty} x^2(e^{-1/x^2} - 1)$
54. $\lim_{x \to \infty} (x + 1) \operatorname{sen} \frac{1}{x + 1}$
55. $\lim_{x \to 0} \frac{\ln(1 + x^2)}{1 - \cos x}$
56. $\lim_{x \to 2} \frac{x^2 - 4}{\ln(x - 1)}$

Teoria e exemplos

57. Substitua x por $-x$ na série de Taylor para $\ln(1 + x)$ para obter uma série para $\ln(1 - x)$. Então a subtraia da série de Taylor para $\ln(1 + x)$ para mostrar que para $|x| < 1$,

$$\ln \frac{1 + x}{1 - x} = 2\left(x + \frac{x^3}{3} + \frac{x^5}{5} + \cdots\right)$$

58. Quantos termos da série de Taylor para $\ln(1 + x)$ você deve adicionar para ter certeza de que está calculando $\ln(1,1)$ com um erro menor que 10^{-8}? Justifique a sua resposta.

59. De acordo com o teorema da estimativa de séries alternadas, quantos termos da série de Maclaurin para $\text{tg}^{-1} 1$ você teria de adicionar para ter certeza de que encontrou $\pi/4$ com um erro menor que 10^{-3}? Justifique a sua resposta.

60. Mostre que a série de Taylor para $f(x) = \text{tg}^{-1} x$ diverge para $|x| > 1$.

61. Estimando Pi Cerca de quantos termos da série de **T** Taylor para $\text{tg}^{-1} x$ você precisaria usar para calcular cada termo do lado direito da equação

$$\pi = 48\,\text{tg}^{-1}\frac{1}{18} + 32\,\text{tg}^{-1}\frac{1}{57} - 20\,\text{tg}^{-1}\frac{1}{239}$$

com um erro menor que 10^{-6}? Em contrapartida, a convergência de $\sum_{n=1}^{\infty}(1/n^2)$ para $\pi^2/6$ é tão lenta que nem 50 termos conseguirão nos dar a precisão de duas casas.

62. Integre os três primeiros termos diferentes de zero da série de Taylor para $\text{tg}\, t$ de 0 a x para obter os três primeiros termos diferentes de zero da série de Taylor para $\ln \sec x$.

63. **(a)** Use a série binomial e o fato de que

$$\frac{d}{dx}\,\text{sen}^{-1} x = (1 - x^2)^{-1/2}$$

para gerar os quatro primeiros termos diferentes de zero da série de Taylor para $\text{sen}^{-1} x$. Qual é o raio de convergência?

(b) Série para $\cos^{-1} x$ Use o resultado do item **(a)** para encontrar os cinco primeiros termos não-nulos da série de Taylor para $\cos^{-1} x$.

64. **(a) Série para $\text{senh}^{-1} x$** Encontre os quatro primeiros termos diferentes de zero para a série de Taylor para

$$\text{senh}^{-1} x = \int_0^x \frac{dt}{\sqrt{1 + t^2}}$$

(b) Use os *três* primeiros termos da série do item **(a)** **T** para estimar $\text{senh}^{-1}\, 0,25$. Forneça um limitante superior para a magnitude da estimativa do erro.

65. Calcule a série de Taylor para $1/(1 + x)^2$ a partir da série para $-1/(1 + x)$.

66. Use a série de Taylor para $1/(1 - x^2)$ para obter uma série para $2x/(1 - x^2)^2$.

67. Estimando Pi O matemático inglês Wallis descobriu a **T** fórmula

$$\frac{\pi}{4} = \frac{2 \cdot 4 \cdot 4 \cdot 6 \cdot 6 \cdot 8 \cdot \cdots}{3 \cdot 3 \cdot 5 \cdot 5 \cdot 7 \cdot 7 \cdot \cdots}$$

A partir dela, encontre o valor de π com duas casas decimais.

68. Construa uma tabela de logaritmos naturais $\ln n$ para $n = 1, 2, 3, \ldots, 10$ usando a fórmula do Exercício 57, mas, para economizar o trabalho de ter de calcular muitos logaritmos por série, aproveite as relações $\ln 4 = 2 \ln 2$, $\ln 6 = \ln 2 + \ln 3$, $\ln 8 = 3 \ln 2$, $\ln 9 = 2 \ln 3$ e $\ln 10 = \ln 2 + \ln 5$. No Exercício 57, comece utilizando os seguintes valores para x:

$$\frac{1}{3},\ \frac{1}{5},\ \frac{1}{9},\ \frac{1}{13}$$

69. Série para $\text{sen}^{-1} x$ Integre a série binomial para $(1 - x^2)^{-1/2}$ para mostrar que para $|x| < 1$,

$$\text{sen}^{-1} x = x + \sum_{n=1}^{\infty} \frac{1 \cdot 3 \cdot 5 \cdot \cdots \cdot (2n - 1)}{2 \cdot 4 \cdot 6 \cdot \cdots \times (2n)} \frac{x^{2n+1}}{2n + 1}$$

70. Série para $\text{tg}^{-1} x$ para $|x| > 1$ Derive a série

$$\text{tg}^{-1} x = \frac{\pi}{2} - \frac{1}{x} + \frac{1}{3x^3} - \frac{1}{5x^5} + \cdots, \quad x > 1$$

$$\text{tg}^{-1} x = -\frac{\pi}{2} - \frac{1}{x} + \frac{1}{3x^3} - \frac{1}{5x^5} + \cdots, \quad x < -1,$$

por meio da integração da série

$$\frac{1}{1 + t^2} = \frac{1}{t^2} \cdot \frac{1}{1 + (1/t^2)} = \frac{1}{t^2} - \frac{1}{t^4} + \frac{1}{t^6} - \frac{1}{t^8} + \cdots$$

No primeiro caso, faça de x a ∞ e no segundo caso, de $-\infty$ a x.

71. O valor de $\sum_{n=1}^{\infty} \text{tg}^{-1}(2/n^2)$

(a) Use a fórmula para tangente da diferença entre dois ângulos para mostrar que

$$\text{tg}\,(\text{tg}^{-1}(n + 1) - \text{tg}^{-1}(n - 1)) = \frac{2}{n^2}$$

(b) Mostre que

$$\sum_{n=1}^{N} \text{tg}^{-1}\frac{2}{n^2} = \text{tg}^{-1}(N + 1) + \text{tg}^{-1} N - \frac{\pi}{4}$$

(c) Encontre o valor de $\sum_{n=1}^{\infty} \text{tg}^{-1}\dfrac{2}{n^2}$

11.11 Séries de Fourier

Por meio de polinômios, vimos como uma série de Taylor pode ser utilizada para aproximar uma função f. Os polinômios de Taylor fazem f chegar bem próxima de um ponto particular $x = a$, mas o erro na aproximação

Companion Website
Biografia histórica

Jean-Baptiste Joseph Fourier (1768–1830)

pode ser grande em pontos muito distantes. Existe outro método que sempre gera boas aproximações em intervalos largos e que sempre funciona com as funções descontínuas das quais os polinômios de Taylor não dão conta. Criado por Joseph Fourier, esse método aproxima funções por meio da soma de funções seno e cosseno. Ele serve muito bem à análise de funções periódicas, como sinais de rádio e corrente alternada, na solução de problemas de transferência de calor e em muitos outros problemas da ciência e da engenharia.

Imagine que desejamos aproximar uma função f no intervalo $[0, 2\pi]$ de uma soma de funções seno e cosseno,

$$f_n(x) = a_0 + (a_1 \cos x + b_1 \operatorname{sen} x) + (a_2 \cos 2x + b_2 \operatorname{sen} 2x) + \cdots + (a_n \cos nx + b_n \operatorname{sen} nx)$$

ou, em notação sigma,

$$f_n(x) = a_0 + \sum_{k=1}^{n} (a_k \cos kx + b_k \operatorname{sen} kx) \tag{1}$$

Gostaríamos de escolher valores para as constantes $a_0, a_1, a_2, \ldots a_n$ e $b_1, b_2, \ldots, b_n$ que façam de $f_n(x)$ a "melhor aproximação possível" para $f(x)$. A noção de "melhor possível" é definida a seguir:

1. $f_n(x)$ e $f(x)$ resultam no mesmo valor quando integradas de 0 a 2π.
2. $f_n(x) \cos kx$ e $f(x) \cos kx$ resultam no mesmo valor quando integradas de 0 a 2π ($k = 1, \ldots, n$).
3. $f_n(x) \operatorname{sen} kx$ e $f(x) \operatorname{sen} kx$ resultam no mesmo valor quando integradas de 0 a 2π ($k = 1, \ldots, n$).

De maneira geral, impomos $2n + 1$ condições a f_n:

$$\int_0^{2\pi} f_n(x)\, dx = \int_0^{2\pi} f(x)\, dx$$

$$\int_0^{2\pi} f_n(x) \cos kx\, dx = \int_0^{2\pi} f(x) \cos kx\, dx, \qquad k = 1, \ldots, n$$

$$\int_0^{2\pi} f_n(x) \operatorname{sen} kx\, dx = \int_0^{2\pi} f(x) \operatorname{sen} kx\, dx, \qquad k = 1, \ldots, n$$

É possível selecionar $a_0, a_1, a_2, \ldots a_n$ e $b_1, b_2, \ldots b_n$ de modo a satisfazer todas essas condições por meio do seguinte processo: Integre ambos os lados da Equação (1) de 0 a 2π para obter

$$\int_0^{2\pi} f_n(x)\, dx = 2\pi a_0$$

já que a integral ao longo de $[0, 2\pi]$ de $\cos kx$ é igual a zero quando $k \geq 1$, assim como a integral de $\operatorname{sen} kx$. Somente o termo constante a_0 contribui para a integral f_n ao longo de $[0, 2\pi]$. Um cálculo semelhante se aplica a cada um dos outros termos. Se multiplicarmos ambos os lados da Equação (1) por $\cos x$ e integrarmos de 0 a 2π, obteremos

$$\int_0^{2\pi} f_n(x) \cos x\, dx = \pi a_1$$

Isso se deve ao fato de

$$\int_0^{2\pi} \cos px \cos px\, dx = \pi$$

e

$$\int_0^{2\pi} \cos px \cos qx\, dx = \int_0^{2\pi} \cos px \operatorname{sen} mx\, dx = \int_0^{2\pi} \operatorname{sen} px \operatorname{sen} qx\, dx = 0$$

sempre que p, q e m forem inteiros e p não for igual a q (exercícios 9–13). Se multiplicarmos a Equação (1) por sen x e integrarmos de 0 a 2π, obtemos

$$\int_0^{2\pi} f_n(x) \operatorname{sen} x \, dx = \pi b_1$$

Procedendo de maneira semelhante com

$$\cos 2x, \operatorname{sen} 2x, \ldots, \cos nx, \operatorname{sen} nx$$

obtemos somente um termo diferente de zero de cada vez, aquele com seno ou cosseno ao quadrado. Em resumo,

$$\int_0^{2\pi} f_n(x) \, dx = 2\pi a_0$$

$$\int_0^{2\pi} f_n(x) \cos kx \, dx = \pi a_k, \qquad k = 1, \ldots, n$$

$$\int_0^{2\pi} f_n(x) \operatorname{sen} kx \, dx = \pi b_k, \qquad k = 1, \ldots, n$$

Escolhemos f_n de maneira que as integrais à esquerda se mantenham as mesmas quando f_n for substituída por f e então podermos usar essas equações para encontrar $a_0, a_1, a_2, \ldots a_n$ e $b_1, b_2, \ldots b_n$ a partir de f:

$$a_0 = \frac{1}{2\pi} \int_0^{2\pi} f(x) \, dx \tag{2}$$

$$a_k = \frac{1}{\pi} \int_0^{2\pi} f(x) \cos kx \, dx, \qquad k = 1, \ldots, n \tag{3}$$

$$b_k = \frac{1}{\pi} \int_0^{2\pi} f(x) \operatorname{sen} kx \, dx, \qquad k = 1, \ldots, n \tag{4}$$

A única condição necessária para que se encontrem esses coeficientes é que a integral anterior exista. Se considerarmos $n \to \infty$ e empregarmos essas regras para obter os coeficientes de uma série infinita, então a soma resultante será chamada **série de Fourier para $f(x)$.**

$$a_0 + \sum_{k=1}^{\infty} (a_k \cos kx + b_k \operatorname{sen} kx) \tag{5}$$

EXEMPLO 1 Encontrando uma expansão em série de Fourier

As séries de Fourier podem ser usadas para representar algumas funções que não podem ser representadas pelas séries de Taylor, por exemplo, a função degrau mostrada na Figura 11.16(a).

$$f(x) = \begin{cases} 1, & \text{se } 0 \leq x \leq \pi \\ 2, & \text{se } \pi < x \leq 2\pi \end{cases}$$

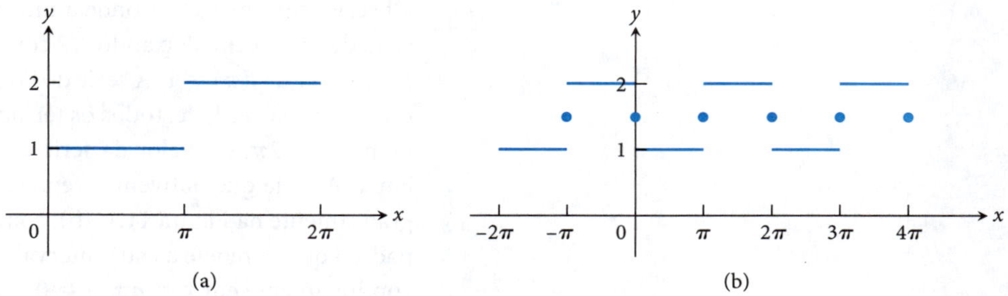

FIGURA 11.16 (a) A função degrau

$$f(x) = \begin{cases} 1, & 0 \leq x \leq \pi \\ 2, & \pi < x \leq 2\pi \end{cases}$$

(b) O gráfico da série de Fourier para f é periódico e tem valor 3/2 em cada ponto de descontinuidade (Exemplo 1).

Os coeficientes da série de Fourier para f são calculados utilizando as equações (2), (3) e (4).

$$\begin{aligned} a_0 &= \frac{1}{2\pi}\int_0^{2\pi} f(x)\,dx \\ &= \frac{1}{2\pi}\left(\int_0^{\pi} 1\,dx + \int_{\pi}^{2\pi} 2\,dx\right) = \frac{3}{2} \end{aligned}$$

$$\begin{aligned} a_k &= \frac{1}{\pi}\int_0^{2\pi} f(x)\cos kx\,dx \\ &= \frac{1}{\pi}\left(\int_0^{\pi} \cos kx\,dx + \int_{\pi}^{2\pi} 2\cos kx\,dx\right) \\ &= \frac{1}{\pi}\left(\left[\frac{\operatorname{sen} kx}{k}\right]_0^{\pi} + \left[\frac{2\operatorname{sen} kx}{k}\right]_{\pi}^{2\pi}\right) = 0, \qquad k \geq 1 \end{aligned}$$

$$\begin{aligned} b_k &= \frac{1}{\pi}\int_0^{2\pi} f(x)\operatorname{sen} kx\,dx \\ &= \frac{1}{\pi}\left(\int_0^{\pi} \operatorname{sen} kx\,dx + \int_{\pi}^{2\pi} 2\operatorname{sen} kx\,dx\right) \\ &= \frac{1}{\pi}\left(\left[-\frac{\cos kx}{k}\right]_0^{\pi} + \left[-\frac{2\cos kx}{k}\right]_{\pi}^{2\pi}\right) \\ &= \frac{\cos k\pi - 1}{k\pi} = \frac{(-1)^k - 1}{k\pi} \end{aligned}$$

Portanto,

$$a_0 = \frac{3}{2}, \quad a_1 = a_2 = \cdots = 0$$

e

$$b_1 = -\frac{2}{\pi}, \quad b_2 = 0, \quad b_3 = -\frac{2}{3\pi}, \quad b_4 = 0, \quad b_5 = -\frac{2}{5\pi}, \quad b_6 = 0, \ldots$$

A série de Fourier é

$$\frac{3}{2} - \frac{2}{\pi}\left(\operatorname{sen} x + \frac{\operatorname{sen} 3x}{3} + \frac{\operatorname{sen} 5x}{5} + \cdots\right)$$

Observe que em $x = \pi$, onde a função salta de 1 para 2, todos os termos seno desaparecem, deixando 3/2 como valor da série. Este não é o valor de f em π, já que $f(\pi) = 1$. A série de Fourier também se soma a 3/2 em $x = 0$ e $x = 2\pi$. Na verdade, todos os termos na série de Fourier são periódicos, de período 2π, e o valor da série em $x + 2\pi$ é o mesmo que o seu valor em x. A série que obtivemos representa a função periódica representada graficamente na Figura 11.16(b), com domínio sobre toda a reta real e um padrão que se repete a cada intervalo de tamanho 2π. A função salta descontinuamente em $x = n\pi$, $n = 0, \pm 1, \pm 2, \ldots$ e, nesses pontos, tem valor 3/2, que é o valor médio dos limites laterais de cada lado. A convergência da série de Fourier de f é apresentada na Figura 11.17.

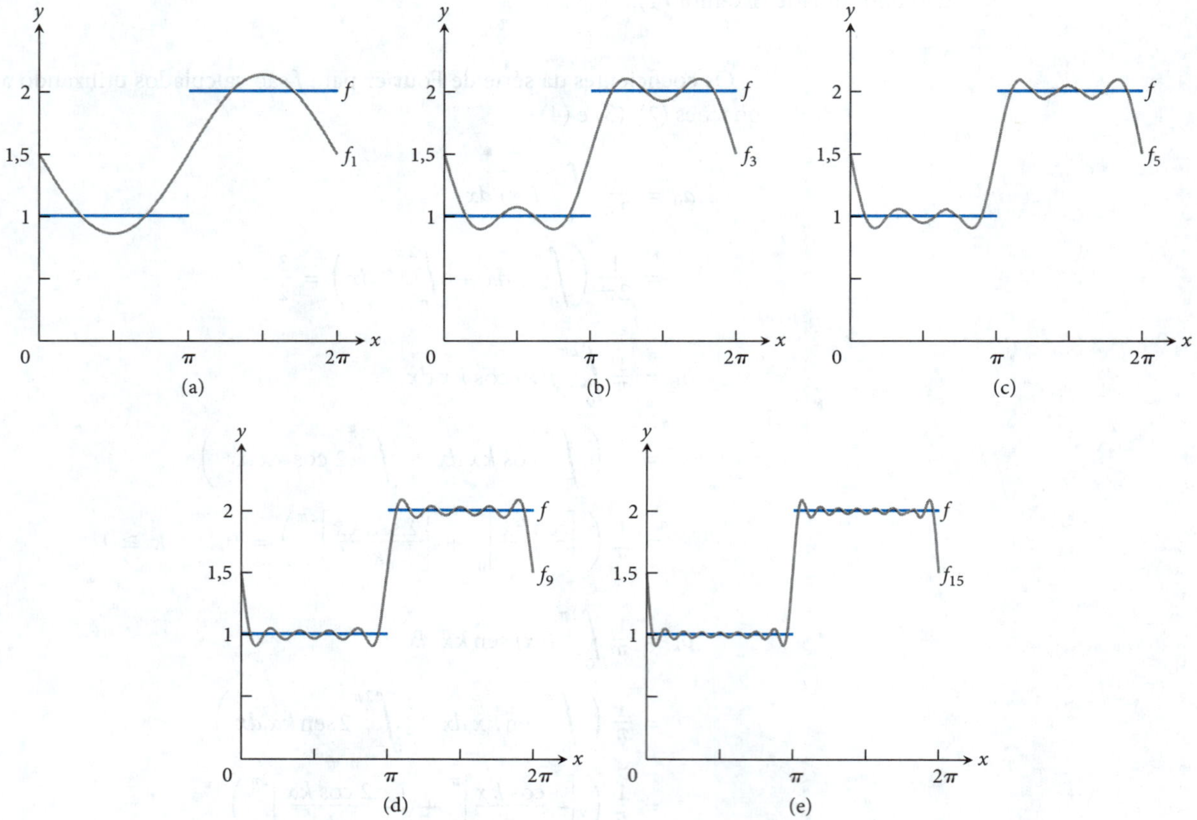

FIGURA 11.17 As funções de aproximação de Fourier f_1, f_3, f_5, f_9 e f_{15} da função $f(x) = \begin{cases} 1, & 0 \leq x \leq \pi \\ 2, & \pi < x \leq 2\pi \end{cases}$ no Exemplo 1.

Convergência de séries de Fourier

As séries de Taylor são calculadas a partir do valor de uma função e suas derivadas em determinado ponto $x = a$, e não conseguem refletir o comportamento de uma função descontínua como a função f do Exemplo 1. O que nos permite usar a série de Fourier para representar tais funções é que ela depende da existência de certas *integrais*; enquanto a série de Taylor depende de derivadas de uma função próximas a determinado ponto. Uma função pode ser "áspera", até mesmo descontínua, e, ainda assim, ser integrável.

Os coeficientes utilizados na construção de séries de Fourier são exatamente aqueles que devem ser escolhidos para minimizar a integral do quadrado do erro no processo de aproximação de f de f_n. Ou seja,

$$\int_0^{2\pi} [f(x) - f_n(x)]^2\, dx$$

é minimizada quando escolhemos $a_0, a_1, a_2, \ldots a_n$ e $b_1, b_2, \ldots b_n$ da forma que fizemos. Enquanto as séries de Taylor são úteis na aproximação de uma função e suas derivadas de um ponto, as séries de Fourier minimizam um erro que esteja distribuído ao longo de um intervalo.

Apresentamos sem prova um resultado referente à convergência de séries de Fourier. Uma função é **contínua por partes** em um intervalo I se tiver um número finito de descontinuidades em seu intervalo e se essas descontinuidades possuírem limites laterais de ambos os lados. (Veja o Capítulo 5, Volume I, exercícios adicionais 11–18.)

Teorema 24

Seja $f(x)$ uma função tal que f e f' são contínuas por partes no intervalo $[0, 2\pi]$. Então, f é igual à sua série de Fourier em todos os pontos de continuidade. Em um ponto c onde um salto de descontinuidade ocorre em f, a série de Fourier converge para

$$\frac{f(c^+) + f(c^-)}{2}$$

onde $f(c^+)$ e $f(c^-)$ denotam os limites à direita e à esquerda de f em c, respectivamente.

Exercícios 11.11

Encontrando séries de Fourier

Nos exercícios 1–8, encontre as séries de Fourier das funções nos intervalos especificados. Esboce cada função.

1. $f(x) = 1 \quad 0 \le x \le 2\pi$

2. $f(x) = \begin{cases} 1, & 0 \le x \le \pi \\ -1, & \pi < x \le 2\pi \end{cases}$

3. $f(x) = \begin{cases} x, & 0 \le x \le \pi \\ x - 2\pi, & \pi < x \le 2\pi \end{cases}$

4. $f(x) = \begin{cases} x^2, & 0 \le x \le \pi \\ 0, & \pi < x \le 2\pi \end{cases}$

5. $f(x) = e^x \quad 0 \le x \le 2\pi$

6. $f(x) = \begin{cases} e^x, & 0 \le x \le \pi \\ 0, & \pi < x \le 2\pi \end{cases}$

7. $f(x) = \begin{cases} \cos x, & 0 \le x \le \pi \\ 0, & \pi < x \le 2\pi \end{cases}$

8. $f(x) = \begin{cases} 2, & 0 \le x \le \pi \\ -x, & \pi < x \le 2\pi \end{cases}$

Teoria e exemplos

Nos exercícios 9–13, encontre os resultados considerando que p e q são inteiros positivos.

9. $\int_0^{2\pi} \cos px\, dx = 0$ para todo p

10. $\int_0^{2\pi} \operatorname{sen} px\, dx = 0$ para todo p

11. $\int_0^{2\pi} \cos px \cos qx\, dx = \begin{cases} 0, & \text{se } p \ne q \\ \pi, & \text{se } p = q \end{cases}$

(*Sugestão*: $\cos A \cos B = (1/2)\,[\cos (A + B) + \cos (A - B)]$.)

12. $\int_0^{2\pi} \operatorname{sen} px \operatorname{sen} qx\, dx = \begin{cases} 0, & \text{se } p \ne q \\ \pi, & \text{se } p = q \end{cases}$

(*Sugestão*: $\operatorname{sen} A \operatorname{sen} B = (1/2)\,[\cos (A - B) - \cos (A + B)]$.)

13. $\int_0^{2\pi} \operatorname{sen} px \cos qx\, dx =$ para todo p e q

(*Sugestão*: $\operatorname{sen} A \cos B = (1/2)\,[\operatorname{sen} (A + B) + \operatorname{sen} (A - B)]$.)

14. **Séries de Fourier de somas de funções** Se tanto $f(x)$ quanto $g(x)$ satisfazem as condições do Teorema 24, a série de Fourier de $f + g$ em $[0, 2\pi]$ é a soma das séries de Fourier de f e g no intervalo? Justifique a sua resposta.

15. **Derivação termo a termo**
    (a) Use o Teorema 24 para verificar que a série de Fourier para $f(x) = x$ no Exercício 3 converge para $f(x)$ para $0 < x < 2\pi$.
    (b) Embora $f'(x) = 1$, mostre que a série obtida por derivação termo a termo da série de Fourier no item (a) diverge.

16. Use o Teorema 24 para encontrar o valor da série de Fourier determinada no Exercício 4 e mostre que $\frac{\pi^2}{6} = \sum_{n=1}^{\infty} \frac{1}{n^2}$.

Questões de revisão

1. O que é uma seqüência infinita? O que significa a convergência dessa seqüência? E a divergência? Dê exemplos.
2. O que é uma seqüência crescente? Em quais circunstâncias esse tipo de seqüência tem um limite? Exemplifique.
3. Quais teoremas estão disponíveis para calcular limites de seqüências? Dê exemplos.
4. Qual teorema às vezes nos permite usar a regra de L'Hôpital para calcular o limite de uma seqüência? Dê um exemplo.
5. Quais são os seis limites de seqüências que provavelmente aparecerão quando você trabalhar com seqüências e séries?
6. O que é uma série infinita? O que significa a convergência dessa série? E a divergência? Dê exemplos.
7. O que é uma série geométrica? Quando esse tipo de série converge? Quando diverge? Quando ela converge, qual é a sua soma? Exemplifique.
8. Além de séries geométricas, que outra série convergente e divergente você conhece?
9. O que é o teste do n-ésimo termo para divergência? Qual é a idéia por trás desse teste?
10. O que pode ser dito sobre somas e diferenças termo a termo de séries convergentes? E sobre multiplicação por constantes de séries convergentes e divergentes?
11. O que acontece se você adiciona um número finito de termos a uma série convergente? E a uma série divergente? O que acontece se você retira um número finito de termos de uma série convergente? E de uma série divergente?
12. Como se reindexa uma série? Por que você pode querer fazer isso?
13. Sob quais circunstâncias uma série infinita de termos não negativos convergirá? E sob quais circunstâncias divergirá? Por que estudar séries de termos não negativos?
14. O que é o teste da integral? Qual é o raciocínio que ele contém? Dê um exemplo de sua aplicação.
15. Quando uma p-série converge? E quando diverge? Como você sabe? Dê exemplos de p-séries convergentes e divergentes.
16. O que são os testes de comparação e de comparação no limite? Qual é o raciocínio que esses testes contêm? Dê exemplos da aplicação dos dois.
17. O que são os testes da razão e da raiz? Eles sempre fornecem as informações de que você precisa para determinar a convergência ou a divergência? Dê exemplos.
18. O que é uma série alternada? Qual teorema está disponível para determinar a convergência de tal série?
19. Como você pode estimar o erro envolvido na aproximação da soma de uma série alternada com uma das somas parciais da série? Qual é o raciocínio por trás da estimativa?
20. O que é convergência absoluta? E convergência condicional? Como as duas estão relacionadas?
21. O que você sabe sobre rearranjo de termos de uma seqüência absolutamente convergente? E de uma série condicionalmente convergente? Dê exemplos.
22. O que é uma série de potências? Como você testa a convergência de uma série de potências? Quais são os possíveis resultados?
23. Quais são os fatos básicos sobre:
    (a) diferenciação termo a termo de séries de potências?
    (b) integração termo a termo de séries de potências?
    (c) multiplicação de séries de potências? Dê exemplos.
24. O que é a série de Taylor gerada por uma função $f(x)$ em um ponto $x = a$? De qual informação você precisa sobre f para construir a série? Dê um exemplo.
25. O que é uma série de Maclaurin?

26. Uma série de Taylor sempre converge para sua função geradora? Explique.
27. O que são polinômios de Taylor? Qual é a aplicação deles?
28. Qual é a fórmula de Taylor? O que ela diz sobre os erros envolvidos no uso dos polinômios de Taylor para aproximar funções? Em particular, o que a fórmula de Taylor diz sobre o erro em uma linearização? E em uma aproximação quadrática?
29. O que é a série binomial? Em que intervalo essa série converge? Como ela é usada?
30. Como eventualmente é possível utilizar séries de potências para resolver problemas de valor inicial?
31. Como eventualmente é possível utilizar séries de potências para estimar os valores de integrais definidas não-elementares?
32. Quais são as séries de Taylor para $1/(1 - x)$, $1/(1 + x)$, e^x, sen x, cos x, ln $(1 + x)$, ln $[(a + x)/(1 - x)]$ e $\text{tg}^{-1}\, x$? Como você estima os erros envolvidos na substituição dessas séries por suas somas parciais?
33. O que é uma série de Fourier? Como você calcula os coeficientes de Fourier $a_0, a_1, a_2, \ldots$ e $b_1, b_2, \ldots$ para uma função $f(x)$ definida no intervalo $[0, 2\pi]$?
34. Enuncie o teorema sobre convergência da série de Fourier para $f(x)$ quando f e f' são contínuas por partes em $[0, 2\pi]$.

Exercícios práticos

Seqüências convergentes ou divergentes

Quais das seqüências cujo n-ésimo termo aparece nos exercícios 1–18 convergem e quais divergem? Encontre o limite de cada seqüência convergente.

1. $a_n = 1 + \dfrac{(-1)^n}{n}$
2. $a_n = \dfrac{1 - (-1)^n}{\sqrt{n}}$
3. $a_n = \dfrac{1 - 2^n}{2^n}$
4. $a_n = 1 + (0{,}9)^n$
5. $a_n = \text{sen}\,\dfrac{n\pi}{2}$
6. $a_n = \text{sen}\, n\pi$
7. $a_n = \dfrac{\ln(n^2)}{n}$
8. $a_n = \dfrac{\ln(2n + 1)}{n}$
9. $a_n = \dfrac{n + \ln n}{n}$
10. $a_n = \dfrac{\ln(2n^3 + 1)}{n}$
11. $a_n = \left(\dfrac{n - 5}{n}\right)^n$
12. $a_n = \left(1 + \dfrac{1}{n}\right)^{-n}$
13. $a_n = \sqrt[n]{\dfrac{3^n}{n}}$
14. $a_n = \left(\dfrac{3}{n}\right)^{1/n}$
15. $a_n = n(2^{1/n} - 1)$
16. $a_n = \sqrt[n]{2n + 1}$
17. $a_n = \dfrac{(n + 1)!}{n!}$
18. $a_n = \dfrac{(-4)^n}{n!}$

Séries convergentes

Encontre as somas das séries nos exercícios 19–24.

19. $\displaystyle\sum_{n=3}^{\infty} \frac{1}{(2n - 3)(2n - 1)}$
20. $\displaystyle\sum_{n=2}^{\infty} \frac{-2}{n(n + 1)}$
21. $\displaystyle\sum_{n=1}^{\infty} \frac{9}{(3n - 1)(3n + 2)}$
22. $\displaystyle\sum_{n=3}^{\infty} \frac{-8}{(4n - 3)(4n + 1)}$
23. $\displaystyle\sum_{n=0}^{\infty} e^{-n}$
24. $\displaystyle\sum_{n=1}^{\infty} (-1)^n \frac{3}{4^n}$

Séries convergentes ou divergentes

Quais das séries nos exercícios 25–40 convergem absolutamente, quais convergem condicionalmente e quais divergem? Justifique as suas respostas.

25. $\displaystyle\sum_{n=1}^{\infty} \frac{1}{\sqrt{n}}$
26. $\displaystyle\sum_{n=1}^{\infty} \frac{-5}{n}$
27. $\displaystyle\sum_{n=1}^{\infty} \frac{(-1)^n}{\sqrt{n}}$
28. $\displaystyle\sum_{n=1}^{\infty} \frac{1}{2n^3}$
29. $\displaystyle\sum_{n=1}^{\infty} \frac{(-1)^n}{\ln(n + 1)}$
30. $\displaystyle\sum_{n=2}^{\infty} \frac{1}{n(\ln n)^2}$
31. $\displaystyle\sum_{n=1}^{\infty} \frac{\ln n}{n^3}$
32. $\displaystyle\sum_{n=3}^{\infty} \frac{\ln n}{\ln(\ln n)}$
33. $\displaystyle\sum_{n=1}^{\infty} \frac{(-1)^n}{n\sqrt{n^2 + 1}}$
34. $\displaystyle\sum_{n=1}^{\infty} \frac{(-1)^n 3n^2}{n^3 + 1}$
35. $\displaystyle\sum_{n=1}^{\infty} \frac{n + 1}{n!}$
36. $\displaystyle\sum_{n=1}^{\infty} \frac{(-1)^n(n^2 + 1)}{2n^2 + n - 1}$
37. $\displaystyle\sum_{n=1}^{\infty} \frac{(-3)^n}{n!}$
38. $\displaystyle\sum_{n=1}^{\infty} \frac{2^n 3^n}{n^n}$
39. $\displaystyle\sum_{n=1}^{\infty} \frac{1}{\sqrt{n(n + 1)(n + 2)}}$
40. $\displaystyle\sum_{n=2}^{\infty} \frac{1}{n\sqrt{n^2 - 1}}$

Séries de potências

Nos exercícios 41–50, (a) encontre o raio e o intervalo de convergência da série. Então, identifique os valores de x para os quais a série converge (b) absolutamente e (c) condicionalmente.

41. $\displaystyle\sum_{n=1}^{\infty} \frac{(x + 4)^n}{n3^n}$
42. $\displaystyle\sum_{n=1}^{\infty} \frac{(x - 1)^{2n-2}}{(2n - 1)!}$
43. $\displaystyle\sum_{n=1}^{\infty} \frac{(-1)^{n-1}(3x - 1)^n}{n^2}$
44. $\displaystyle\sum_{n=0}^{\infty} \frac{(n + 1)(2x + 1)^n}{(2n + 1)2^n}$
45. $\displaystyle\sum_{n=1}^{\infty} \frac{x^n}{n^n}$
46. $\displaystyle\sum_{n=1}^{\infty} \frac{x^n}{\sqrt{n}}$

47. $\sum_{n=0}^{\infty} \frac{(n+1)x^{2n-1}}{3^n}$ **48.** $\sum_{n=0}^{\infty} \frac{(-1)^n(x-1)^{2n+1}}{2n+1}$

49. $\sum_{n=1}^{\infty} (\text{cosech } n)x^n$ **50.** $\sum_{n=1}^{\infty} (\text{cotgh } n)x^n$

Séries de Maclaurin

Cada uma das séries nos exercícios 51–56 é o valor da série de Taylor em $x = 0$ de uma função $f(x)$ em determinado ponto. Qual função e em qual ponto? Qual é a soma da série?

51. $1 - \frac{1}{4} + \frac{1}{16} - \cdots + (-1)^n \frac{1}{4^n} + \cdots$

52. $\frac{2}{3} - \frac{4}{18} + \frac{8}{81} - \cdots + (-1)^{n-1}\frac{2^n}{n3^n} + \cdots$

53. $\pi - \frac{\pi^3}{3!} + \frac{\pi^5}{5!} - \cdots + (-1)^n \frac{\pi^{2n+1}}{(2n+1)!} + \cdots$

54. $1 - \frac{\pi^2}{9 \cdot 2!} + \frac{\pi^4}{81 \cdot 4!} - \cdots + (-1)^n \frac{\pi^{2n}}{3^{2n}(2n)!} + \cdots$

55. $1 + \ln 2 + \frac{(\ln 2)^2}{2!} + \cdots + \frac{(\ln 2)^n}{n!} + \cdots$

56. $\frac{1}{\sqrt{3}} - \frac{1}{9\sqrt{3}} + \frac{1}{45\sqrt{3}} - \cdots + (-1)^{n-1}\frac{1}{(2n-1)(\sqrt{3})^{2n-1}} + \cdots$

Encontre a série de Taylor em $x = 0$ para as funções nos exercícios 57–64.

57. $\frac{1}{1-2x}$ **58.** $\frac{1}{1+x^3}$

59. $\text{sen } \pi x$ **60.** $\text{sen } \frac{2x}{3}$

61. $\cos(x^{5/2})$ **62.** $\cos \sqrt{5x}$

63. $e^{(\pi x/2)}$ **64.** e^{-x^2}

Séries de Taylor

Nos exercícios 65–68, encontre os quatro primeiros termos diferentes de zero da série de Taylor gerada por f em $x = a$.

65. $f(x) = \sqrt{3 + x^2}$ em $x = -1$

66. $f(x) = 1/(1 - x)$ em $x = 2$

67. $f(x) = 1/(x + 1)$ em $x = 3$

68. $f(x) = 1/x$ em $x = a > 0$

Problemas de valor inicial

Use séries de potências para resolver os problemas de valor inicial nos exercícios 69–76.

69. $y' + y = 0, \quad y(0) = -1$ **70.** $y' - y = 0, \quad y(0) = -3$

71. $y' + 2y = 0, \quad y(0) = 3$ **72.** $y' + y = 1, \quad y(0) = 0$

73. $y' - y = 3x, \quad y(0) = -1$ **74.** $y' + y = x, \quad y(0) = 0$

75. $y' - y = x, \quad y(0) = 1$ **76.** $y' - y = -x, \quad y(0) = 2$

Integrais não elementares

Use séries para aproximar os valores das integrais nos exercícios 77–80 com um erro menor do que 10^{-8}. (A seção de respostas apresenta o valor das integrais arredondado para 10 casas decimais.)

77. $\int_0^{1/2} e^{-x^3}\, dx$ **78.** $\int_0^1 x \,\text{sen}(x^3)\, dx$

79. $\int_0^{1/2} \frac{\text{tg}^{-1} x}{x}\, dx$ **80.** $\int_0^{1/64} \frac{\text{tg}^{-1} x}{\sqrt{x}}\, dx$

Formas indeterminadas

Nos exercícios 81–86:

(a) Use séries de potências para determinar o limite.

(b) Então use um gráfico para provar seus cálculos.

T

81. $\lim_{x\to 0} \frac{7 \,\text{sen} x}{e^{2x} - 1}$ **82.** $\lim_{\theta\to 0} \frac{e^\theta - e^{-\theta} - 2\theta}{\theta - \text{sen}\,\theta}$

83. $\lim_{t\to 0} \left(\frac{1}{2 - 2\cos t} - \frac{1}{t^2}\right)$ **84.** $\lim_{h\to 0} \frac{(\text{sen}\, h)/h - \cos h}{h^2}$

85. $\lim_{z\to 0} \frac{1 - \cos^2 z}{\ln(1 - z) + \text{sen}\, z}$ **86.** $\lim_{y\to 0} \frac{y^2}{\cos y - \cosh y}$

87. Use uma representação na forma de série de sen $3x$ para encontrar valores de r e s para os quais

$$\lim_{x\to 0} \left(\frac{\text{sen } 3x}{x^3} + \frac{r}{x^2} + s\right) = 0$$

88. **(a)** Mostre que a aproximação cosec $x \approx 1/x + x/6$ na Seção 11.10, Exemplo 9, leva à aproximação sen $x \approx 6x/(6 + x^2)$.

(b) Compare as precisões das aproximações sen $x \approx x$ e sen $x \approx 6x/(6 + x^2)$ comparando os gráficos de $f(x) = \text{sen } x - x$ e $g(x) = \text{sen } x - (6x/(6 + x^2))$. Descreva o que você encontrou.

Teoria e exemplos

89. **(a)** Mostre que a série

$$\sum_{n=1}^{\infty} \left(\text{sen}\frac{1}{2n} - \text{sen}\frac{1}{2n+1}\right)$$

converge.

(b) Estime o erro envolvido no uso da soma de senos até $n = 20$ para aproximar a soma da série. A aproximação é muito grande ou muito pequena? Justifique a sua resposta. **T**

90. **(a)** Mostre que a série $\sum_{n=1}^{\infty} \left(\text{tg}\frac{1}{2n} - \text{tg}\frac{1}{2n+1}\right)$ converge.

(b) Estime o erro ao usar a soma de tangentes até $-\text{tg}(1/41)$ para aproximar a soma da série. A aproximação é muito grande ou muito pequena? Justifique sua resposta. **T**

91. Encontre o raio de convergência da série

$$\sum_{n=1}^{\infty} \frac{2 \cdot 5 \cdot 8 \cdot \cdots \cdot (3n-1)}{2 \cdot 4 \cdot 6 \cdot \cdots \cdot (2n)} x^n$$

92. Encontre o raio de convergência da série

$$\sum_{n=1}^{\infty} \frac{3 \cdot 5 \times 7 \cdot \cdots \cdot (2n+1)}{4 \cdot 9 \times 14 \cdot \cdots \cdot (5n-1)} (x-1)^n$$

93. Encontre uma fórmula para a n-ésima soma parcial da série $\sum_{n=2}^{\infty} \ln(1 - (1/n^2))$ e use-a para determinar a convergência ou a divergência da série.

94. Calcule $\sum_{k=2}^{\infty} (1/(k^2 - 1))$ encontrando os limites quando $n \to \infty$ da n-ésima soma parcial da série.

95. **(a)** Encontre o intervalo de convergência da série

$$y = 1 + \frac{1}{6}x^3 + \frac{1}{180}x^6 + \cdots + \frac{1 \cdot 4 \cdot 7 \cdot \cdots \cdot (3n-2)}{(3n)!} x^{3n} + \cdots$$

(b) Mostre que a função definida pela série satisfaz uma equação diferencial da forma

$$\frac{d^2y}{dx^2} = x^a y + b$$

e encontre os valores das constantes a e b.

96. **(a)** Encontre a série de Maclaurin para a função $x^2/(1 + x)$.

(b) A série converge em $x = 1$? Explique.

97. Se $\sum_{n=1}^{\infty} a_n$ e $\sum_{n=1}^{\infty} b_n$ são séries convergentes de números não negativos, pode-se dizer algo sobre $\sum_{n=1}^{\infty} a_n b_n$? Justifique sua resposta.

98. Se $\sum_{n=1}^{\infty} a_n$ e $\sum_{n=1}^{\infty} b_n$ são séries divergentes de números não negativos, pode-se dizer algo sobre $\sum_{n=1}^{\infty} a_n b_n$? Justifique sua resposta.

99. Prove que a seqüência $\{x_n\}$ e a série $\sum_{k=1}^{\infty} (x_{k+1} - x_k)$ ou convergem ambas ou divergem ambas.

100. Prove que $\sum_{n=1}^{\infty} (a_n/(1 + a_n))$ converge se $a_n > 0$ para todo n e $\sum_{n=1}^{\infty} a_n$ converge.

101. (*Continuação do Exercício 27, Seção 4.7, Volume I*) Se você fez o Exercício 27 da Seção 4.7, viu que, na prática, o método de Newton parava distante demais da raiz de $f(x) = (x - 1)^{40}$ para dar uma estimativa útil de seu valor, $x = 1$. Prove que, ainda assim, para qualquer valor inicial $x_0 \neq 1$, a seqüência $x_0, x_1, x_2, \ldots, x_n, \ldots$ de aproximações geradas pelo método de Newton acaba convergindo para 1.

102. Suponha que $a_1, a_2, a_3, \ldots, a_n$ sejam números positivos que satisfaçam as condições a seguir:

i. $a_1 \geq a_2 \geq a_3 \cdots$;

ii. a série $a_2 + a_4 + a_8 + a_{16} + \ldots$ diverge.

Mostre que a série

$$\frac{a_1}{1} + \frac{a_2}{2} + \frac{a_3}{3} + \cdots$$

diverge.

103. Use o resultado do Exercício 102 para mostrar que

$$1 + \sum_{n=2}^{\infty} \frac{1}{n \ln n}$$

diverge.

104. Suponha que você deseje obter uma rápida estimativa do valor de $\int_0^1 x^2 e^x \, dx$. Existem várias maneiras de fazer isso.

(a) Use a regra do trapézio com $n = 2$ para estimar $\int_0^1 x^2 e^x \, dx$.

(b) Escreva os três primeiros termos não-nulos da série de Taylor em $x = 0$ para $x^2 e^x$ para obter o quarto polinômio de Taylor $P(x)$ para $x^2 e^x$. Use $\int_0^1 P(x)\, dx$ para obter outra estimativa para $\int_0^1 x^2 e^x \, dx$.

(c) A derivada segunda de $f(x) = x^2 e^x$ é positiva para todo $x > 0$. Explique por que isso permite que você conclua que a estimativa da regra do trapézio obtida no item **(a)** é muito grande. (*Sugestão*: O que a segunda derivada diz sobre o gráfico da função? Como isso se relaciona à aproximação trapezoidal da área abaixo do gráfico?)

(d) Todas as derivadas de $f(x) = x^2 e^x$ são positivas para $x > 0$. Explique por que isso permite que você conclua que todas as aproximações polinomiais de Taylor para $f(x)$ para x em $[0, 1]$ são muito pequenas. (*Sugestão*: $f(x) = P_n(x) + R_n(x)$.)

(e) Use a integração por partes para calcular $\int_0^1 x^2 e^x \, dx$.

Séries de Fourier

Encontre as séries de Fourier para as funções nos exercícios 105–108. Esboce cada função.

105. $f(x) = \begin{cases} 0, & 0 \leq x \leq \pi \\ 1, & \pi < x \leq 2\pi \end{cases}$

106. $f(x) = \begin{cases} x, & 0 \leq x \leq \pi \\ 1, & \pi < x \leq 2\pi \end{cases}$

107. $f(x) = \begin{cases} \pi - x, & 0 \leq x \leq \pi \\ x - 2\pi, & \pi < x \leq 2\pi \end{cases}$

108. $f(x) = |\text{sen}\, x|, \quad 0 \leq x \leq 2\pi$

Exercícios adicionais

Convergência ou divergência

Quais das séries $\sum_{n=1}^{\infty} a_n$ definidas pelas fórmulas nos exercícios 1–4 convergem e quais divergem? Justifique as suas respostas.

1. $\sum_{n=1}^{\infty} \frac{1}{(3n-2)^{n+(1/2)}}$
2. $\sum_{n=1}^{\infty} \frac{(\text{tg}^{-1} n)^2}{n^2+1}$
3. $\sum_{n=1}^{\infty} (-1)^n \tanh n$
4. $\sum_{n=2}^{\infty} \frac{\log_n(n!)}{n^3}$

Quais das séries $\sum_{n=1}^{\infty} a_n$ definidas pelas fórmulas nos exercícios 5–8 convergem e quais divergem? Justifique suas respostas.

5. $a_1 = 1, \quad a_{n+1} = \frac{n(n+1)}{(n+2)(n+3)} a_n$

   (*Sugestão*: Escreva vários termos, veja quais fatores cancelam e então generalize.)
6. $a_1 = a_2 = 7, \quad a_{n+1} = \frac{n}{(n-1)(n+1)} a_n \quad$ se $n \geq 2$
7. $a_1 = a_2 = 1, \quad a_{n+1} = \frac{1}{1+a_n} \quad$ se $n \geq 2$
8. $a_n = 1/3^n$ se n é impar $\quad a_n = n/3^n$ se n é par

Escolhendo centros para a série de Taylor

A fórmula de Taylor

$$f(x) = f(a) + f'(a)(x-a) + \frac{f''(a)}{2!}(x-a)^2 + \cdots + \frac{f^{(n)}(a)}{n!}(x-a)^n + \frac{f^{(n+1)}(c)}{(n+1)!}(x-a)^{n+1}$$

expressa o valor de f em x em termos de valores de f e suas derivadas em $x = a$. Por essa razão, em cálculos numéricos precisamos que a seja um ponto em que conheçamos os valores de f e suas derivadas. Precisamos também que a esteja suficientemente próximo dos valores de f que desejamos calcular para que $(x-a)^{n+1}$ seja tão pequeno que possamos desprezar o resto.

Nos exercícios 9–14, qual série de Taylor você escolheria para representar a função próximo do valor de x dado? (Pode existir mais de uma boa resposta.) Escreva os quatro primeiros termos não-nulos da série que você escolher.

9. $\cos x$ próximo de $x = 1$
10. $\text{sen}\, x$ próximo de $x = 6{,}3$
11. e^x próximo de $x = 0{,}4$
12. $\ln x$ próximo de $x = 1{,}3$
13. $\cos x$ próximo de $x = 69$
14. $\text{tg}^{-1} x$ próximo de $x = 2$

Teoria e exemplos

15. Sejam a e b constantes com $0 < a < b$. A seqüência $\{(a^n + b^n)^{1/n}\}$ converge? Se converge, qual é seu limite?

16. Encontre a soma da série infinita

$$1 + \frac{2}{10} + \frac{3}{10^2} + \frac{7}{10^3} + \frac{2}{10^4} + \frac{3}{10^5} + \frac{7}{10^6} + \frac{2}{10^7} + \frac{3}{10^8} + \frac{7}{10^9} + \cdots$$

17. Determine

$$\sum_{n=0}^{\infty} \int_n^{n+1} \frac{1}{1+x^2}\, dx$$

18. Encontre todos os valores de x para os quais

$$\sum_{n=1}^{\infty} \frac{nx^n}{(n+1)(2x+1)^n}$$

converge absolutamente.

19. **Generalizando a constante de Euler** A figura a seguir apresenta o gráfico de uma função f decrescente, positiva e duas vezes derivável cuja derivada segunda é positiva em $(0, \infty)$. Para cada n, o número A_n é a área da região lunar entre a curva e o segmento de reta que une os pontos $(n, f(n))$ e $(n+1, f(n+1))$.

   (a) Use o gráfico para mostrar que $\sum_{n=1}^{\infty} A_n < (1/2)(f(1) - f(2))$.

   (b) Em seguida, mostre a existência de

$$\lim_{n\to\infty} \left[\sum_{k=1}^{n} f(k) - \frac{1}{2}(f(1) + f(n)) - \int_1^n f(x)\, dx \right]$$

   (c) Por fim, mostre a existência de

$$\lim_{n\to\infty} \left[\sum_{k=1}^{n} f(k) - \int_1^n f(x)\, dx \right]$$

Se $f(x) = 1/x$, o limite na parte (c) é a constante de Euler (Exercício 41, Seção 11.3). (*Fonte*: "Convergence with pictures", de P. J. Rippon, *American Mathematical Monthly*, v. 93, n. 6, 1986, p. 476-478.)

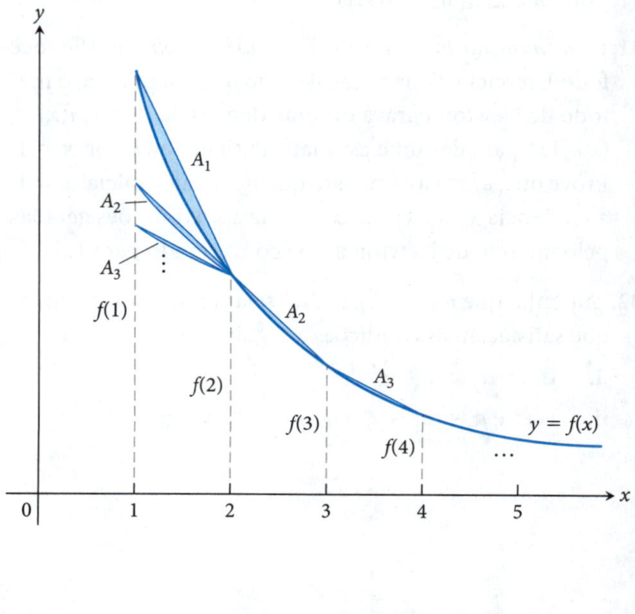

20. Este exercício se refere ao triângulo eqüilátero "de cabeça para cima" com lados de comprimento $2b$ na figura a seguir. Triângulos eqüiláteros "de cabeça para baixo" são retirados do triângulo original como a seqüência de desenhos sugere. A soma das áreas removidas do triângulo original forma uma série infinita.

(a) Encontre essa série infinita.

(b) Encontre a soma dessa série infinita e, assim, a área total removida do triângulo original.

(c) Todos os pontos do triângulo original foram removidos? Explique.

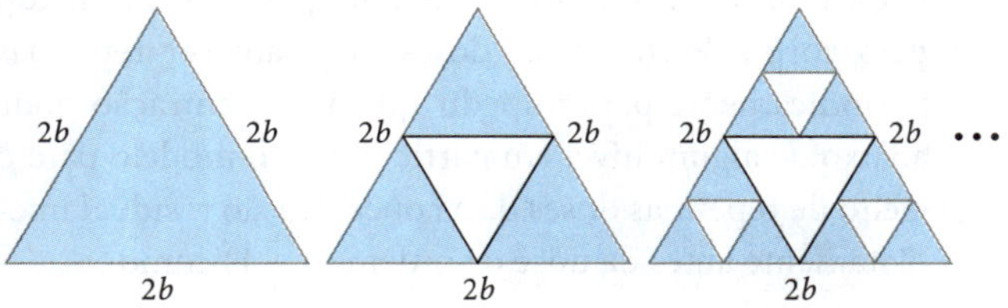

21. (a) O valor de

$$\lim_{n\to\infty}\left(1 - \frac{\cos(a/n)}{n}\right)^n, \text{ a constante,}$$

parece depender do valor de a? Se parece, como depende?

(b) O valor de

$$\lim_{n\to\infty}\left(1 - \frac{\cos(a/n)}{bn}\right)^n, \quad a \text{ e } b \text{ constantes, } b \neq 0,$$

parece depender do valor de b? Se parece, como depende?

(c) Use o cálculo para confirmar suas respostas nos itens (a) e (b).

22. Mostre que, se $\sum_{n=1}^{\infty} a_n$ converge, então

$$\sum_{n=1}^{\infty}\left(\frac{1 + \operatorname{sen}(a_n)}{2}\right)^n$$

converge.

23. Encontre um valor para a constante b que fará que o raio de convergência da série de potências

$$\sum_{n=2}^{\infty}\frac{b^n x^n}{\ln n}$$

seja igual a 5.

24. Como você sabe que as funções sen x, ln x e e^x não são polinômios? Justifique a sua resposta.

25. Encontre o valor de a para o qual o limite

$$\lim_{x\to 0}\frac{\operatorname{sen}(ax) - \operatorname{sen} x - x}{x^3}$$

é finito e calcule esse limite.

26. Encontre o valor de a e b para os quais

$$\lim_{x\to 0}\frac{\cos(ax) - b}{2x^2} = -1$$

27. Teste de Raabe (ou Gauss) O teste a seguir, o qual apresentaremos sem prova, é uma extensão do teste da razão. *Teste de Raabe*: Se $\sum_{n=1}^{\infty} u_n$ é uma série de constantes positivas e existem constantes C, K e N tais que

$$\frac{u_n}{u_{n+1}} = 1 + \frac{C}{n} + \frac{f(n)}{n^2} \qquad (1)$$

onde $|f(n)| < K$ para $n \geq N$, então $\sum_{n=1}^{\infty} u_n$ converge se $C > 1$ e diverge se $C \leq 1$.

Mostre que os resultados do teste de Raabe estão de acordo com o que você sabe sobre as séries $\sum_{n=1}^{\infty}(1/n^2)$ e $\sum_{n=1}^{\infty}(1/n)$.

28. *(Continuação do Exercício 27.)* Suponha que os termos de $\sum_{n=1}^{\infty} u_n$ sejam definidos recursivamente pelas fórmulas

$$u_1 = 1, \quad u_{n+1} = \frac{(2n-1)^2}{(2n)(2n+1)}u_n$$

Aplique o teste de Raabe para determinar se a série converge.

29. Considere que $\sum_{n=1}^{\infty} a_n$ converge, $a_n \neq 1$, e $a_n > 0$ para todo n.

(a) Mostre que $\sum_{n=1}^{\infty} a_n^2$ converge.

(b) $\sum_{n=1}^{\infty} a_n/(1 - a_n)$ converge? Explique.

30. *(Continuação do Exercício 29.)* Se $\sum_{n=1}^{\infty} a_n$ converge e se $1 > a_n > 0$ para todo n, mostre que $\sum_{n=1}^{\infty}\ln(1 - a_n)$ converge. (*Sugestão*: Primeiro mostre que $|\ln(1 - a_n)| \leq a_n/(1 - a_n)$.)

31. Teorema de Nicole Oresme Prove o teorema de Nicole Oresme que

$$1 + \frac{1}{2}\cdot 2 + \frac{1}{4}\cdot 3 + \cdots + \frac{n}{2^{n-1}} + \cdots = 4$$

(*Sugestão*: Derive ambos os lados da equação $1/(1 - x) = 1 + \sum_{n=1}^{\infty} x^n$.

32. (a) Mostre que

$$\sum_{n=1}^{\infty}\frac{n(n+1)}{x^n} = \frac{2x^2}{(x-1)^3}$$

para $|x| > 1$ derivando a identidade

$$\sum_{n=1}^{\infty} x^{n+1} = \frac{x^2}{1-x}$$

duas vezes, multiplicando o resultado por x e então substituindo x por $1/x$.

(b) Use o item (a) para encontrar a solução real maior que 1 da equação

$$x = \sum_{n=1}^{\infty}\frac{n(n+1)}{x^n}$$

33. Uma estimativa rápida de $\pi/2$ Se você fez o Exercício 127, da Seção 11.11, viu que a seqüência gerada quando iniciamos com $x_0 = 1$ e aplicamos a fórmula de recursão $x_{n+1} = x_n + \cos x_n$ converge rapidamente para $\pi/2$.

Para explicar a velocidade da convergência, considere $\epsilon_n = (\pi/2) - x_n$. (Observe o gráfico a seguir.) Assim sendo,

$$\begin{aligned}\epsilon_{n+1} &= \frac{\pi}{2} - x_n - \cos x_n \\ &= \epsilon_n - \cos\left(\frac{\pi}{2} - \epsilon_n\right) \\ &= \epsilon_n - \operatorname{sen} \epsilon_n \\ &= \frac{1}{3!}(\epsilon_n)^3 - \frac{1}{5!}(\epsilon_n)^5 + \cdots\end{aligned}$$

Use esta igualdade para mostrar que

$$0 < \epsilon_{n+1} < \frac{1}{6}(\epsilon_n)^3$$

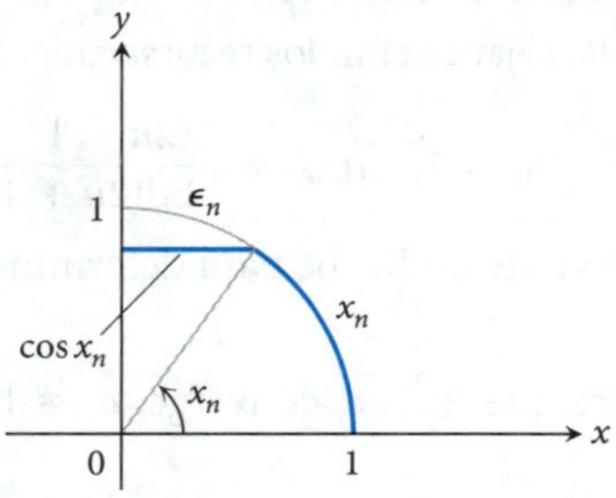

34. Se $\sum_{n=1}^{\infty} a_n$ é uma série convergente de termos positivos, pode-se dizer algo sobre a convergência de $\sum_{n=1}^{\infty} \ln(1 + a_n)$? Justifique a sua resposta.

35. Controle de qualidade

(a) Derive a série

$$\frac{1}{1-x} = 1 + x + x^2 + \cdots + x^n + \cdots$$

para obter uma série para $1/(1-x)^2$.

(b) Jogando-se dois dados de uma vez, a probabilidade de se obter 7 é $p = 1/6$. Se você jogar os dados repetidamente, a probabilidade de que um 7 apareça pela primeira vez na n-ésima jogada é $q^{n-1}p$, onde $q = 1 - p = 5/6$. O número esperado de jogadas até que um 7 apareça é $\sum_{n=1}^{\infty} np^{n-1}q$. Encontre a soma dessa série

(c) Como um engenheiro aplicando controle estatístico em uma operação industrial, você inspeciona itens tomados ao acaso da linha de montagem. Você classifica cada item da amostra como "bom" ou "ruim". Se a probabilidade de um item ser bom for p e de um item ser ruim for $q = 1 - p$, a probabilidade de que o primeiro item ruim encontrado seja o n-ésimo inspecionado será $p^{n-1}q$. O número médio inspecionado incluindo o primeiro item ruim encontrado é $\sum_{n=1}^{\infty} np^{n-1}q$. Calcule essa soma, considerando que $0 < p < 1$.

36. Valor esperado Suponha que uma variável aleatória X possa assumir os valores 1, 2, 3, . . . , com probabilidades $p_1, p_2, p_3, \ldots$, onde p_k é a probabilidade de X ser igual a k ($k = 1, 2, 3, \ldots$). Suponha também que $p_k \geq 0$ e $\sum_{k=1}^{\infty} p_k = 1$. O **valor esperado** de X, denotado por $E(X)$, é o número $\sum_{k=1}^{\infty} kp_k$, contanto que a série convirja. Em cada um dos casos a seguir, mostre que $\sum_{k=1}^{\infty} p_k = 1$ e encontre $E(X)$ se este existir. (*Sugestão*: Veja o Exercício 35.)

(a) $p_k = 2^{-k}$ (b) $p_k = \dfrac{5^{k-1}}{6^k}$

(c) $p_k = \dfrac{1}{k(k+1)} = \dfrac{1}{k} - \dfrac{1}{k+1}$

37. Dosagem segura e eficaz A concentração no sangue resultante da dose única de um medicamento normalmente diminui com o tempo à medida que ele é eliminado pelo corpo. Portanto, as doses precisam ser repetidas periodicamente para impedir que a concentração fique abaixo de algum nível em particular. Um modelo para o efeito de repetidas doses dá a concentração residual imediatamente antes da dose de ordem $(n + 1)$ como

$$R_n = C_0e^{-kt_0} + C_0e^{-2kt_0} + \cdots + C_0e^{-nkt_0}$$

onde C_0 = a mudança na concentração provocada por uma única dose (miligramas por mililitros), k = a *constante de eliminação* (h^{-1}) e t_0 = tempo entre as doses (horas). Veja a figura a seguir.

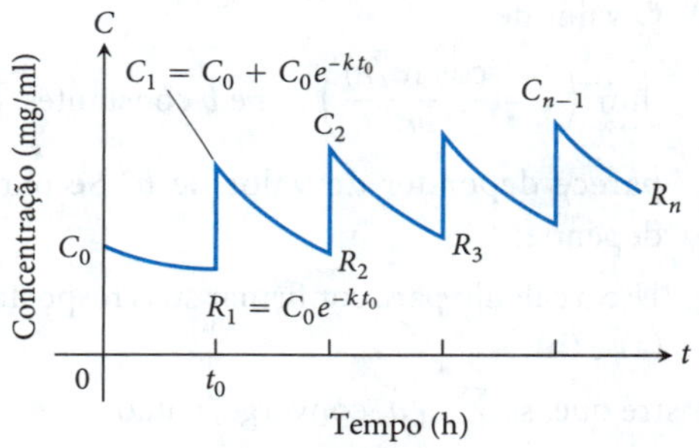

(a) Escreva R_n na forma fechada como uma única fração e encontre $R = \lim_{n\to\infty} R_n$.

(b) Calcule R_1 e R_{10} para $C_0 = 1$ mg/ml, $k = 0{,}1\ h^{-1}$ e $t_0 = 10$ h. Até que ponto a estimativa de R tomando R_{10} é boa?

(c) Se $k = 0{,}01\ h^{-1}$ e $t_0 = 10$ h, encontre o menor n tal que $R_n > (1/2)R$.

(*Fonte*: *Prescribing safe and effective dosage*, de B. Horelick e S. Koont. Lexington, MA: Comap, Inc., 1979.)

38. Tempo entre doses de medicamentos *(Continuação do Exercício 37.)* Se um medicamento é conhecido como ineficaz abaixo de uma concentração C_L e nocivo acima de alguma concentração C_H mais alta, precisam-se encontrar valores de C_0 e t_0 que produzam uma concentração que seja segura (não acima de C_H), mas eficaz (não abaixo de C_L). Veja a figura a seguir.

$$R = C_L \quad \text{e} \quad C_0 + R = C_H$$

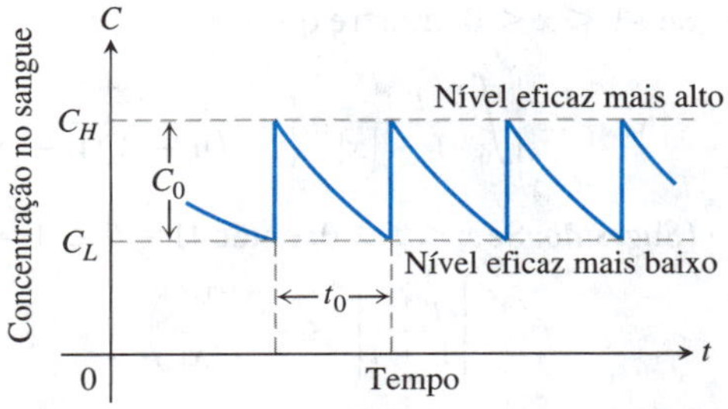

Assim, $C_0 = C_H - C_L$. Quando esses valores são substituídos na equação para R obtida no item **(a)** do Exercício 37, a equação resultante fica simplificada como

$$t_0 = \frac{1}{k}\ln\frac{C_H}{C_L}$$

Para alcançar um nível eficaz rapidamente, pode-se ministrar uma dose alta que produzirá uma concentração de C_H miligramas por mililitro. Isso pode ser seguido a cada t_0 horas por uma dose que aumenta a concentração em

$$C_0 = C_H - C_L \text{ miligramas por mililitro.}$$

(a) Verifique a equação anterior para t_0.

(b) Se $k = 0{,}05\ \mathrm{h}^{-1}$ e a concentração segura mais alta for e vezes a concentração eficaz mais baixa, encontre o período entre as doses que assegurará concentrações seguras e eficazes.

(c) Dados $C_H = 2$ mg/ml, $C_L = 0{,}5$ mg/ml e $k = 0{,}02\ \mathrm{h}^{-1}$, determine um esquema para se ministrar o medicamento.

(d) Suponha que $k = 0{,}2\ \mathrm{h}^{-1}$ e que a menor concentração eficaz seja 0,03 mg/ml. Uma única dose que produz uma concentração de 0,1 mg/ml é ministrada. Por quanto tempo o medicamento permanecerá eficaz?

39. Diz-se que o produto infinito

$$\prod_{n=1}^{\infty}(1 + a_n) = (1 + a_1)(1 + a_2)(1 + a_3)\cdots$$

converge se a série

$$\sum_{n=1}^{\infty}\ln(1 + a_n)$$

obtida tomando-se o logaritmo natural do produto, também converge. Prove que o produto converge se $a_n > -1$ para todo n e se $\sum_{n=1}^{\infty}|a_n|$ converge. (*Sugestão*: Mostre que

$$|\ln(1 + a_n)| \le \frac{|a_n|}{1 - |a_n|} \le 2|a_n|$$

quando $|a_n| < 1/2$.)

40. Se p for uma constante, mostre que a série

$$1 + \sum_{n=3}^{\infty}\frac{1}{n\cdot\ln n\cdot[\ln(\ln n)]^p}$$

(a) converge se $p > 1$, **(b)** diverge se $p \le 1$. Em geral, se $f_1(x) = x$, $f_{n+1}(x) = \ln(f_n(x))$ e n toma os valores de 1, 2, 3, ..., temos que $f_2(x) = \ln x$, $f_3(x) = \ln(\ln x)$ e assim por diante. Se $f_n(a) > 1$, então

$$\int_a^{\infty}\frac{dx}{f_1(x)f_2(x)\cdots f_n(x)(f_{n+1}(x))^p}$$

converge se $p > 1$ e diverge se $p \le 1$.

41. (a) Prove o seguinte teorema: Se $\{c_n\}$ é uma seqüência de números tal que cada soma $t_n = \sum_{k=1}^{n} c_k$ é limitada, então a série $\sum_{n=1}^{\infty} c_n/n$ converge e é igual a $\sum_{n=1}^{\infty} t_n/(n(n+1))$.

Descrição da prova: Substitua c_1 por t_1 e c_n por $t_n - t_{n-1}$ para $n \ge 2$. Se $s_{2n+1} = \sum_{k=1}^{2n+1} c_k/k$, mostre que

$$\begin{aligned}
s_{2n+1} &= t_1\left(1 - \frac{1}{2}\right) + t_2\left(\frac{1}{2} - \frac{1}{3}\right) \\
&\quad + \cdots + t_{2n}\left(\frac{1}{2n} - \frac{1}{2n+1}\right) + \frac{t_{2n+1}}{2n+1} \\
&= \sum_{k=1}^{2n}\frac{t_k}{k(k+1)} + \frac{t_{2n+1}}{2n+1}
\end{aligned}$$

Como $|t_k| < M$ para alguma constante M, a série

$$\sum_{k=1}^{\infty}\frac{t_k}{k(k+1)}$$

converge absolutamente e s_{2n+1} tem um limite quando $n \to \infty$. Por fim, se $s_{2n} = \sum_{k=1}^{2n} c_k/k$, então $s_{2n+1} - s_{2n} = c_{2n+1}/(2n+1)$ se aproxima de zero à medida que $n \to \infty$ porque $|c_{2n+1}| = |t_{2n+1} - t_{2n}| < 2M$. Assim sendo, a seqüência de somas parciais da série $\sum c_k/k$ converge e seu limite é $\sum_{k=1}^{\infty} t_k/(k(k+1))$.

(b) Mostre como o teorema em questão se aplica à série harmônica alternada

$$1 - \frac{1}{2} + \frac{1}{3} - \frac{1}{4} + \frac{1}{5} - \frac{1}{6} + \cdots$$

(c) Mostre que a série

$$1 - \frac{1}{2} - \frac{1}{3} + \frac{1}{4} + \frac{1}{5} - \frac{1}{6} - \frac{1}{7} + \cdots$$

converge. (Depois do primeiro termo, começam a aparecer dois sinais negativos, dois sinais positivos, dois negativos, dois positivos e assim por diante.)

42. A convergência de $\sum_{n=1}^{\infty}[(-1)^{n-1}x^n]/n$ para $\ln(1 + x)$ quando $-1 < x \le 1$

(a) Mostre pela divisão longa ou qualquer outro modo que

$$\frac{1}{1+t} = 1 - t + t^2 - t^3 + \cdots + (-1)^n t^n + \frac{(-1)^{n+1}t^{n+1}}{1+t}.$$

(b) Por meio da integração da equação da parte **(a)** com relação a t de 0 a x, mostre que

$$\begin{aligned}
\ln(1 + x) &= x - \frac{x^2}{2} + \frac{x^3}{3} - \frac{x^4}{4} + \cdots \\
&\quad + (-1)^n\frac{x^{n+1}}{n+1} + R_{n+1}
\end{aligned}$$

onde

$$R_{n+1} = (-1)^{n+1}\int_0^x \frac{t^{n+1}}{1+t}\,dt$$

(c) Se $x \geq 0$, mostre que

$$|R_{n+1}| \leq \int_0^x t^{n+1}\,dt = \frac{x^{n+2}}{n+2}$$

(*Sugestão*: Como t varia de 0 a x, $1 + t \geq 1$ e $t^{n+1}/(1+t) \leq t^{n+1}$ e

$$\left|\int_0^x f(t)\,dt\right| \leq \int_0^x |f(t)|\,dt\Big)$$

(d) Se $-1 < x < 0$, mostre que

$$|R_{n+1}| \leq \left|\int_0^x \frac{t^{n+1}}{1-|x|}\,dt\right| = \frac{|x|^{n+2}}{(n+2)(1-|x|)}$$

(*Sugestão*: Se $x < t \leq 0$, então $|1+t| \geq 1 - |x|$ e

$$\left|\frac{t^{n+1}}{1+t}\right| \leq \frac{|t|^{n+1}}{1-|x|}\Big)$$

(e) Utilize os resultados obtidos até aqui para provar que a série

$$x - \frac{x^2}{2} + \frac{x^3}{3} - \frac{x^4}{4} + \cdots + \frac{(-1)^n x^{n+1}}{n+1} + \cdots$$

converge para $\ln(1+x)$ para $-1 < x \leq 1$.

Exercícios avançados

1. Considere a seqüência definida por $x_0 = a$, $0 < a < 1$ e $x_{n+1} = \dfrac{x_n + \sqrt{x_n}}{2}$.

(a) Mostre que $x_n < x_{n+1} < 1$.

(b) Mostre que a seqüência converge.

(c) Calcule seu limite.

2. Considere a seqüência $x_0 = \sqrt{a}$, $x_{n+1} = \sqrt{a + x_n}$, em que $a > 0$.

(a) Mostre que x_n é crescente e limitada. (*Sugestão*: Mostre que $x_{n+1} - x_n = \dfrac{x_n - x_{n-1}}{x_{n+1} + x_n}$).

(b) Mostre que a seqüência converge.

(c) Calcule seu limite.

3. Mostre que a seqüência $a_n = n^4 \ln\left(1 + \operatorname{sen}\dfrac{1}{n^2}\right) - n^2$, $n \geq 1$, converge e calcule seu limite.

4. No triângulo retângulo ABC com $AB = 1$ e $\hat{A} = \theta$, traçamos segmentos de reta sucessivos perpendiculares aos lados $\overline{AC}$ e $\overline{BC}$, como mostra a figura. Calcule $Ba_1 + a_1b_1 + b_1a_2 + a_2b_2 + \ldots$.

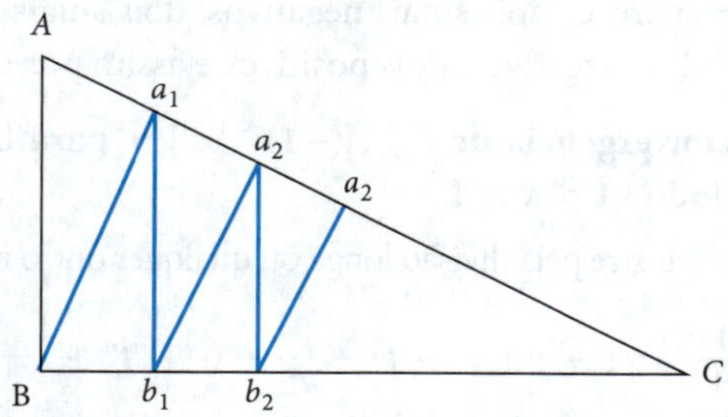

5. Sejam $\sum_{n=1}^{\infty} b_n$ uma série convergente de termos positivos, $A_n = \sum_{i=1}^{n} a_i$ suas somas parciais e A sua soma. Sejam $r_0 = A$, $r_n = A - A_n$ e $b_n = \sqrt{r_{n-1}} - \sqrt{r_n}$, para $n \geq 1$. Mostre que $\sum_{n=1}^{\infty} b_n$ converge e que $\lim_{n\to\infty} \dfrac{a_n}{b_n} = 0$, o que significa que $\sum_{n=1}^{\infty} b_n$ converge mais lentamente que $\sum_{i=1}^{n} a_i$. Para qual valor $\sum_{n=1}^{\infty} b_n$ converge?

6. Decida se as séries a seguir são convergentes. Justifique sua resposta.

(a) $\displaystyle\sum_{n=1}^{\infty} \frac{1}{n^{\frac{n+1}{n}}}$, **(b)** $\displaystyle\sum_{n=1}^{\infty} \left(\cos\frac{1}{n} - e^{\frac{-1}{2n^2}}\right) n^{\frac{5}{2}}$

7. Para quais valores inteiros positivos de k a série $\sum_{n=1}^{\infty} \dfrac{(n!)^2}{(kn)!}$ converge? Justifique sua resposta.

8. Seja $f(x) = \dfrac{1}{(x-2)(x-3)}$. Encontre

(a) A série de MacLaurin de f.

(b) A série de Taylor de f em torno de $x = 1$.

Quais os raios de convergência dessas séries?

9. Para quais valores de x as séries a seguir convergem absolutamente? Convergem condicionalmente? Divergem?

(a) $\displaystyle\sum_{n=1}^{\infty} \frac{2^n \operatorname{sen}^n x}{n^2}$, **(b)** $\displaystyle\sum_{n=1}^{\infty} \frac{1}{x^n \ln(n+1)}$

(c) $\displaystyle\sum_{n=1}^{\infty} \frac{n^2}{n^2+2}\left(-\frac{x}{2}\right)^n$

10. As afirmações a seguir são verdadeiras ou falsas? Justifique sua resposta.

(a) Se $\sum_{n=0}^{\infty} a_n x^n$ converge em $x = 1$, então converge em $x = -1$.

(b) Se $\sum_{n=0}^{\infty} a_n x^n$ converge em $x = 2$, então converge em $x = -1$.

(c) Se o raio de convergência de $\sum_{n=0}^{\infty} a_n x^n$ é R, então o raio de convergência de $\sum_{n=0}^{\infty} a_n x^{2n}$ é $\sqrt{R}$.

11. Determine a derivada de ordem 21 de $x\operatorname{tg}x^4$, em $x = 0$.

12. A equação de Bessel de ordem zero é a equação diferencial $x^2y'' + xy' + x^2y = 0$. Use séries de potências para obter a solução dessa equação que satisfaz $y(0) = 1$ e $y'(0) = 0$. Mostre que a série obtida converge para todo $x \in \mathbf{R}$.

Projetos de aplicação de tecnologia

MÓDULO MATHEMATICA/MAPLE

Bola quicando

O modelo prevê a altura de uma bola quicando e o tempo que ela levará para parar.

Aproximações polinomiais de Taylor de uma função

Uma animação gráfica mostra a convergência dos polinômios de Taylor para funções com derivadas de todas as ordens ao longo de um intervalo em seus domínios.

12 Vetores e a geometria do espaço

RESUMO Para aplicar o cálculo nas situações do mundo real e na matemática avançada, precisamos de uma descrição matemática de espaços tridimensionais. Neste capítulo, apresentamos sistemas de coordenadas e vetores tridimensionais. Com base no que já sabemos sobre coordenadas no plano *xy*, estabelecemos coordenadas no espaço por meio da adição de um novo eixo que mede a distância acima e abaixo do plano *xy*. Os vetores são utilizados no estudo da geometria analítica; já que fornecem maneiras simples de descrever retas, planos, superfícies e curvas no espaço. Essas idéias geométricas são utilizadas ao longo do restante do livro para estudar o movimento no espaço e calcular funções de várias variáveis e suas importantes aplicações na ciência, engenharia, economia e na matemática avançada.

12.1 Sistema de coordenadas tridimensional

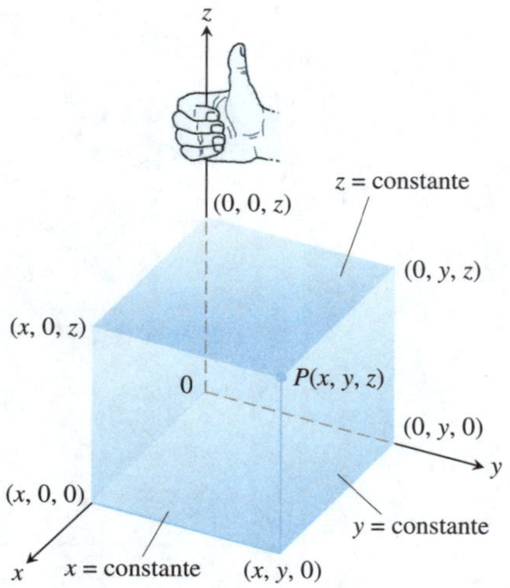

FIGURA 12.1 O sistema de coordenadas cartesianas é destro.

Para localizar um ponto no espaço, utilizamos três eixos coordenados perpendiculares entre si, organizados como na Figura 12.1. Os eixos mostrados na imagem formam um sistema de coordenadas *positivo*. Se você posicionar sua mão direita de forma que seus dedos se dobrem a partir do eixo positivo *x* em direção ao eixo positivo *y*, o seu polegar apontará na direção do eixo positivo *z*. Assim, quando da posição positiva do eixo *z*, você olha para baixo no plano *xy*, os ângulos positivos no plano são medidos em sentido anti-horário a partir do eixo *x* ao redor do eixo *z*. (Em um sistema de coordenadas *negativo*, o eixo *z* apontaria para baixo na Figura 12.1 e os ângulos no plano seriam positivos quando medidos no sentido horário a partir do eixo *x*. Esta não é a convenção que empregamos para medir ângulos no plano *xy*. Os sistemas de coordenadas positivos e negativos não são equivalentes.)

As coordenadas cartesianas (x, y, z) de um ponto *P* no espaço são os números nos quais os planos através de *P* perpendiculares aos eixos interceptam os eixos. As coordenadas cartesianas também são chamadas **coordenadas retangulares**, já que os eixos que as definem se encontram em ângulos retos. Os pontos no eixo *x* têm coordenadas *x* e *z* iguais a zero. Ou seja, eles possuem coordenadas no formato $(x, 0, 0)$. De modo semelhante, os pontos no eixo *y* possuem coordenadas no formato $(0, y, 0)$, e os pontos no eixo *z* têm coordenadas no formato $(0, 0, z)$.

Os planos definidos pelo eixo das coordenadas formam os **planos *xy***, cuja equação-padrão é $z = 0$; ***yz***, com equação-padrão $x = 0$; e ***xz***, cuja equação-padrão é $y = 0$. Eles se encontram na **origem** (0, 0, 0) (Figura 12.2), que também é identificada simplesmente por 0 ou, algumas vezes, pela letra *O*.

Os três **planos coordenados** $x = 0$, $y = 0$ e $y = 0$ dividem o espaço em oito células chamadas **octantes**. O octante no qual todos os pontos coordenados são positivos é denominado **primeiro octante**. Não há convenção de numeração para os outros octantes.

Todos os pontos em um plano perpendicular ao eixo x têm a mesma coordenada x, sendo este o número no qual o plano corta o eixo x. As coordenadas y e z podem ser quaisquer números. Os pontos em um plano perpendicular ao eixo y possuem uma coordenada y comum, enquanto os pontos em um plano perpendicular ao eixo z possuem uma coordenada z comum. Para escrever equações para esses planos, nomeamos o valor comum das coordenadas. O plano $x = 2$ é perpendicular ao eixo x em $x = 2$. O plano $y = 3$ é perpendicular ao eixo y em $y = 3$. O plano $z = 5$ é perpendicular ao eixo z em $z = 5$. A Figura 12.3 mostra os planos $x = 2$, $y = 3$ e $z = 5$ e seu ponto de interseção (2, 3, 5).

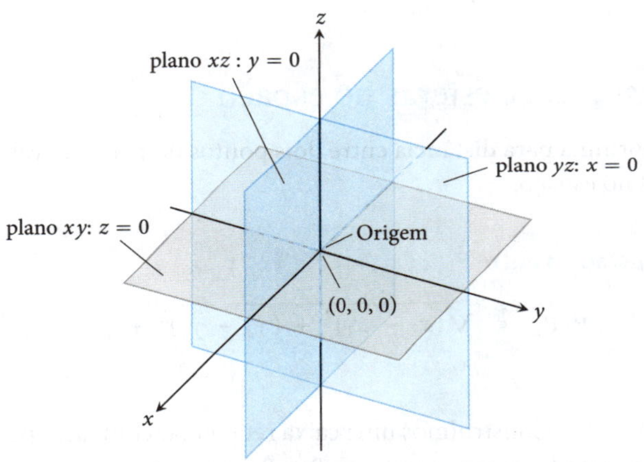

FIGURA 12.2 Os planos $x = 0$, $y = 0$ e $z = 0$ dividem o espaço em oito octantes.

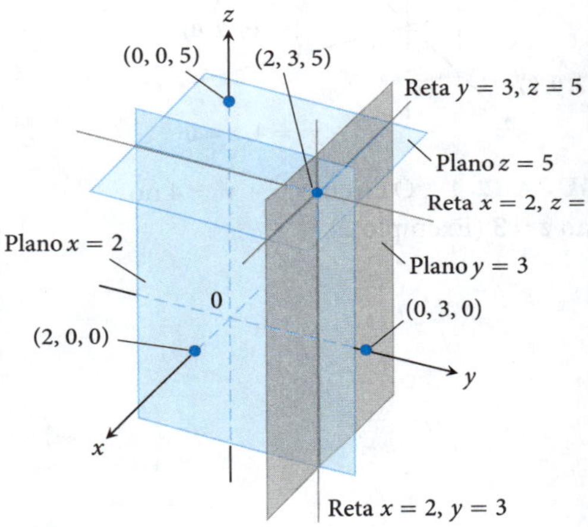

FIGURA 12.3 Os planos $x = 2$, $y = 3$ e $z = 5$ formam três retas passando pelo ponto (2, 3, 5).

Na Figura 12.3, os planos $x = 2$ e $y = 3$ se encontram em uma reta paralela ao eixo z. Esta reta é descrita pelo *par* de equações $x = 2$, $y = 3$. Um ponto (x, y, z) está sobre a reta se e somente se $x = 2$ e $y = 3$. Analogamente, a reta de interseção dos planos $y = 3$ e $z = 5$ é descrita pelo par de equações $y = 3$, $z = 5$. Esta reta corre paralela ao eixo x. A reta de interseção dos planos $x = 2$ e $z = 5$, paralela ao eixo y, é descrita pelo par de equações $x = 2$, $z = 5$.

Nos exemplos a seguir, associamos equações coordenadas e desigualdades com os conjuntos de pontos que elas definem no espaço.

EXEMPLO 1 interpretando equações e desigualdades geometricamente

(a) $z \geq 0$ — O semi-espaço formado pelos pontos sobre e acima do plano *xy*.

(b) $x = -3$ — O plano perpendicular ao eixo x em $x = -3$, que corre paralelo ao plano *yz* e está 3 unidades atrás dele.

(c) $z = 0, x \leq 0, y \geq 0$ O segundo quadrante do plano xy.

(d) $x \geq 0, y \geq 0, z \geq 0$ O primeiro octante.

(e) $-1 \leq y \leq 1$ A fatia entre os planos $y = -1$ e $y = 1$ (inclusive).

(f) $y = -2, z = 2$ A reta na qual os planos $y = -2$ e $z = 2$ se encontram. Também pode ser a reta que passa pelo ponto $(0, -2, 2)$ e é paralela ao eixo x.

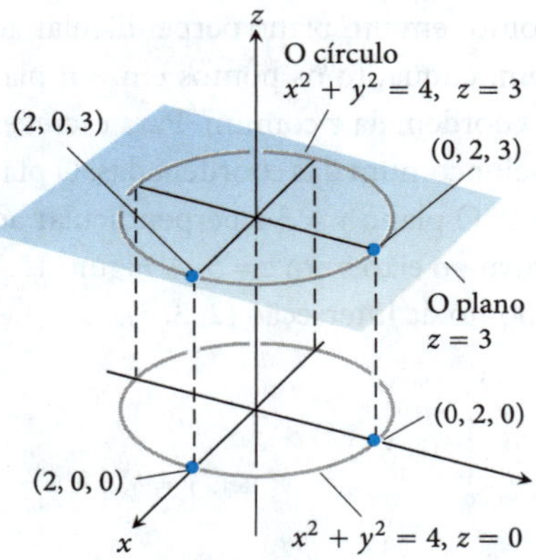

FIGURA 12.4 O círculo $x^2 + y^2 = 4$ no plano $z = 3$ (Exemplo 2).

EXEMPLO 2 Esboçando graficamente as equações

Quais pontos $P(x, y, z)$ satisfazem a equação

$$x^2 + y^2 = 4 \quad \text{e} \quad z = 3?$$

SOLUÇÃO Os pontos estão no plano horizontal $z = 3$ e, nele, formam o círculo $x^2 + y^2 = 4$. Chamamos esse conjunto de pontos de "círculo $x^2 + y^2 = 4$ no plano $z = 3$" ou, simplesmente, "círculo $x^2 + y^2 = 4$, $z = 3$" (Figura 12.4).

Distância e esferas no espaço

A fórmula para distância entre dois pontos no plano xy vale também para pontos no espaço.

A distância entre $P_1(x_1, y_1, z_1)$ e $P_2(x_2, y_2, z_2)$ é

$$|P_1P_2| = \sqrt{(x_2 - x_1)^2 + (y_2 - y_1)^2 + (z_2 - z_1)^2}$$

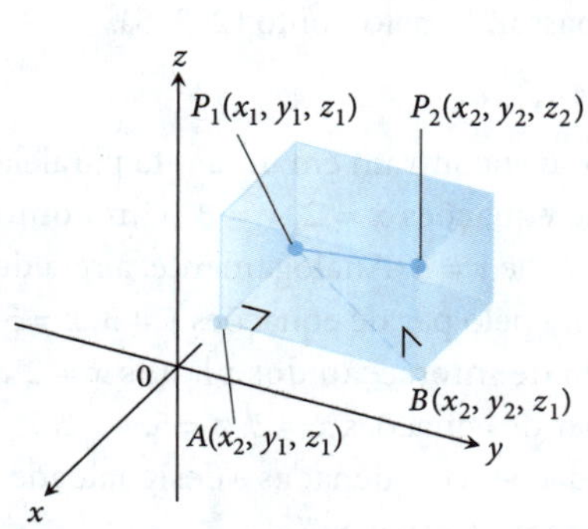

FIGURA 12.5 Encontramos a distância entre P_1 e P_2 por meio da aplicação do teorema de Pitágoras aos ângulos retos P_1AB e P_1BP_2.

PROVA Construímos uma caixa retangular com faces paralelas aos planos coordenados e com os pontos P_1 e P_2 nos cantos opostos da caixa (Figura 12.5). Se $A(x_2, y_1, z_1)$ e $B(x_2, y_2, z_1)$ são os vértices da caixa representada na figura, então os pontos P_1A, AB e BP_2 têm comprimento

$$|P_1A| = |x_2 - x_1|, \qquad |AB| = |y_2 - y_1|, \qquad |BP_2| = |z_2 - z_1|$$

Como ambos os triângulos P_1BP_2 e P_1AB são retângulos, duas aplicações do teorema de Pitágoras nos dão

$$|P_1P_2|^2 = |P_1B|^2 + |BP_2|^2 \qquad \text{e} \qquad |P_1B|^2 = |P_1A|^2 + |AB|^2$$

(veja a Figura 12.5).

Portanto,

$$\begin{aligned} |P_1P_2|^2 &= |P_1B|^2 + |BP_2|^2 \\ &= |P_1A|^2 + |AB|^2 + |BP_2|^2 \qquad \text{Substituir } |P_1B|^2 = |P_1A|^2 + |AB|^2 \\ &= |x_2 - x_1|^2 + |y_2 - y_1|^2 + |z_2 - z_1|^2 \\ &= (x_2 - x_1)^2 + (y_2 - y_1)^2 + (z_2 - z_1)^2 \end{aligned}$$

Assim sendo,

$$|P_1P_2| = \sqrt{(x_2 - x_1)^2 + (y_2 - y_1)^2 + (z_2 - z_1)^2}$$

EXEMPLO 3 Encontrando a distância entre dois pontos

A distância entre $P_1(2, 1, 5)$ e $P_2(-2, 3, 0)$ é

$$\begin{aligned} |P_1P_2| &= \sqrt{(-2-2)^2 + (3-1)^2 +} \\ &= \sqrt{16 + 4 + 25} \\ &= \sqrt{45} \approx 6{,}708 \end{aligned}$$

Podemos usar a fórmula da distância para escrever equações para esferas no espaço (Figura 12.6). Um ponto $P(x, y, z)$ está sobre uma esfera de raio a centrada em $P(x_0, y_0, z_0)$ precisamente quando $|P_0P| = a$ ou

$$(x - x_0)^2 + (y - y_0)^2 + (z - z_0)^2 = a^2$$

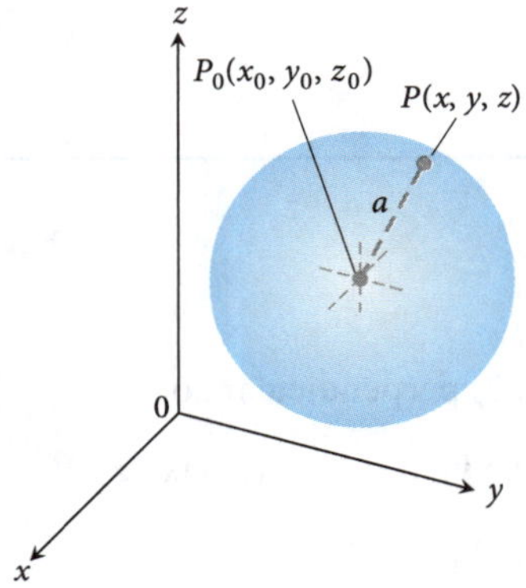

FIGURA 12.6 A equação-padrão da esfera de raio a centrada no ponto (x_0, y_0, z_0) é

$(x - x_0)^2 + (y - y_0)^2 + (z - z_0)^2 = a^2$

A equação-padrão para a esfera de raio a e centro (x_0, y_0, z_0)

$$(x - x_0)^2 + (y - y_0)^2 + (z - z_0)^2 = a^2$$

EXEMPLO 4 Encontrando o centro e o raio de uma esfera

Encontre o centro e o raio da esfera

$$x^2 + y^2 + z^2 + 3x - 4z + 1 = 0$$

SOLUÇÃO Encontramos o centro e o raio de uma esfera da mesma maneira que encontramos o centro e o raio de um círculo: complete os quadrados nos termos x, y e z conforme necessário e escreva cada equação quadrática como uma expressão linear ao quadrado. Então, a partir da equação na forma-padrão, descubra o centro e o raio. Para a esfera, temos

$$x^2 + y^2 + z^2 + 3x - 4z + 1 = 0$$

$$(x^2 + 3x) + y^2 + (z^2 - 4z) = -1$$

$$\left(x^2 + 3x + \left(\frac{3}{2}\right)^2\right) + y^2 + \left(z^2 - 4z + \left(\frac{-4}{2}\right)^2\right) =$$

$$-1 + \left(\frac{3}{2}\right)^2 + \left(\frac{-4}{2}\right)^2$$

$$\left(x + \frac{3}{2}\right)^2 + y^2 + (z - 2)^2 = -1 + \frac{9}{4} + 4 = \frac{21}{4}$$

A partir dessa forma-padrão, vemos que $x_0 = -3/2$, $y_0 = 0$, $z_0 = 2$ e $a = \sqrt{21}/2$. O centro é $(-3/2, 0, 2)$. O raio é $\sqrt{21}/2$.

EXEMPLO 5 Interpretando equações e desigualdades

(a) $x^2 + y^2 + z^2 < 4$ O interior da esfera $x^2 + y^2 + z^2 = 4$.

(b) $x^2 + y^2 + z^2 \leq 4$ A bola sólida delimitada pela esfera $x^2 + y^2 + z^2 = 4$. Alternativamente, a esfera $x^2 + y^2 + z^2 = 4$ juntamente com seu interior.

(c) $x^2 + y^2 + z^2 > 4$ — O exterior da esfera $x^2 + y^2 + z^2 = 4$.

(d) $x^2 + y^2 + z^2 = 4$, $z \leq 0$ — O hemisfério inferior da esfera $x^2 + y^2 + z^2 = 4$ sobre o plano xy ($z = 0$).

Assim como as coordenadas polares nos oferecem outra forma de localizar pontos no plano xy (Seção 10.5), existem sistemas de coordenadas alternativos para o espaço tridimensional, que diferem do sistema cartesiano de coordenadas que desenvolvemos aqui. Dois desses sistemas são examinados na Seção 15.6.

Exercícios 12.1

Conjuntos, equações e desigualdades

Nos exercícios 1–12, forneça uma descrição geométrica do conjunto de pontos no espaço cujas coordenadas satisfazem os pares de equações dados.

1. $x = 2, \quad y = 3$

2. $x = -1, \quad z = 0$

3. $y = 0, \quad z = 0$

4. $x = 1, \quad y = 0$

5. $x^2 + y^2 = 4, \quad z = 0$

6. $x^2 + y^2 = 4, \quad z = -2$

7. $x^2 + z^2 = 4, \quad y = 0$

8. $y^2 + z^2 = 1, \quad x = 0$

9. $x^2 + y^2 + z^2 = 1, \quad x = 0$

10. $x^2 + y^2 + z^2 = 25, \quad y = -4$

11. $x^2 + y^2 + (z + 3)^2 = 25, \quad z = 0$

12. $x^2 + (y - 1)^2 + z^2 = 4, \quad y = 0$

Nos exercícios 13–18, descreva os conjuntos de pontos no espaço cujas coordenadas satisfazem as desigualdades ou as combinações de equações e desigualdades dadas.

13. (a) $x \geq 0, \quad y \geq 0, \quad z = 0$ (b) $x \geq 0, \quad y \leq 0, \quad z = 0$

14. (a) $0 \leq x \leq 1$ (b) $0 \leq x \leq 1, \quad 0 \leq y \leq 1$
(c) $0 \leq x \leq 1, \quad 0 \leq y \leq 1, \quad 0 \leq z \leq 1$

15. (a) $x^2 + y^2 + z^2 \leq 1$ (b) $x^2 + y^2 + z^2 > 1$

16. (a) $x^2 + y^2 \leq 1, \quad z = 0$ (b) $x^2 + y^2 \leq 1, \quad z = 3$
(c) $x^2 + y^2 \leq 1$, nenhuma restrição para z

17. (a) $x^2 + y^2 + z^2 = 1, \quad z \geq 0$
(b) $x^2 + y^2 + z^2 \leq 1, \quad z \geq 0$

18. (a) $x = y, \quad z = 0$ (b) $x = y$, nenhuma restrição para z

Nos exercícios 19–28, descreva o conjunto dado com uma única equação ou com um par de equações.

19. O plano perpendicular ao
(a) eixo x em $(3, 0, 0)$ (b) eixo y em $(0, -1, 0)$
(c) eixo z em $(0, 0, -2)$

20. O plano pelo ponto $(3, -1, 2)$ perpendicular ao
(a) eixo x (b) eixo y (c) eixo z

21. O plano pelo ponto $(3, -1, 1)$ paralelo ao
(a) plano xy (b) plano yz (c) plano xz

22. O círculo de raio 2 centrado em $(0, 0, 0)$ e posicionado sobre o
(a) plano xy (b) plano yz (c) plano xz

23. O círculo de raio 2 centrado em $(0, 2, 0)$ e posicionado sobre o
(a) plano xy (b) plano yz (c) plano $y = 2$

24. O círculo de raio 1 centrado em $(-3, 4, 1)$ e posicionado sobre um plano paralelo ao
(a) plano xy (b) plano yz (c) plano xz

25. A reta pelo ponto $(1, 3, -1)$ paralela ao
(a) eixo x (b) eixo y (c) eixo z

26. O conjunto de pontos no espaço eqüidistante da origem e do ponto $(0, 2, 0)$.

27. O círculo no qual o plano que passa pelo ponto $(1, 1, 3)$ perpendicular ao eixo z encontra a esfera de raio 5 centrada na origem.

28. O conjunto de pontos no espaço que está a duas unidades do ponto $(0, 0, 1)$ e, ao mesmo tempo, a duas unidades do ponto $(0, 0, -1)$.

Escreva desigualdades que descrevam os conjuntos nos exercícios 29–34.

29. A fatia limitada pelos planos $z = 0$ e $z = 1$ (inclusive).

30. O cubo sólido no primeiro octante definido pelos planos das coordenadas e pelos planos $x = 2$, $y = 2$ e $z = 2$.

31. O semi-espaço formado pelos pontos sobre o plano xy e abaixo dele.

32. O hemisfério superior da esfera de raio 1 centrada na origem.

33. **(a)** O interior e **(b)** o exterior da esfera de raio 1 centrada no ponto (1, 1, 1).

34. A região fechada delimitada pelas esferas de raios 1 e 2 centradas na origem. (*Fechada* significa que as esferas devem ser incluídas. Se quiséssemos deixá-las de fora, teríamos pedido a região *aberta* delimitada pelas esferas. Essa maneira é análoga à que usamos *aberto* e *fechado* para descrever intervalos: *fechado* significa que as extremidades estão incluídas, *aberto* significa que elas devem ser deixadas de fora. Os conjuntos fechados incluem suas fronteiras; os abertos não as incluem.)

Distância

Nos exercícios 35–40, encontre a distância entre os pontos P_1 e P_2.

35. $P_1(1, 1, 1)$, $P_2(3, 3, 0)$

36. $P_1(-1, 1, 5)$, $P_2(2, 5, 0)$

37. $P_1(1, 4, 5)$, $P_2(4, -2, 7)$

38. $P_1(3, 4, 5)$, $P_2(2, 3, 4)$

39. $P_1(0, 0, 0)$, $P_2(2, -2, -2)$

40. $P_1(5, 3, -2)$, $P_2(0, 0, 0)$

Esferas

Encontre os centros e os raios das esferas nos exercícios 41–44.

41. $(x + 2)^2 + y^2 + (z - 2)^2 = 8$

42. $\left(x + \frac{1}{2}\right)^2 + \left(y + \frac{1}{2}\right)^2 + \left(z + \frac{1}{2}\right)^2 = \frac{21}{4}$

43. $\left(x - \sqrt{2}\right)^2 + \left(y - \sqrt{2}\right)^2 + \left(z + \sqrt{2}\right)^2 = 2$

44. $x^2 + \left(y + \frac{1}{3}\right)^2 + \left(z - \frac{1}{3}\right)^2 = \frac{29}{9}$

Encontre as equações para as esferas cujos centros e raios são fornecidos nos exercícios 45–48.

	Centro	Raio
45.	(1, 2, 3)	$\sqrt{14}$
46.	(0, −1, 5)	2
47.	(−2, 0, 0)	$\sqrt{3}$
48.	(0, −7, 0)	7

Encontre os centros e os raios das esferas nos exercícios 49–52.

49. $x^2 + y^2 + z^2 + 4x - 4z = 0$

50. $x^2 + y^2 + z^2 - 6y + 8z = 0$

51. $2x^2 + 2y^2 + 2z^2 + x + y + z = 9$

52. $3x^2 + 3y^2 + 3z^2 + 2y - 2z = 9$

Teoria e exemplos

53. Encontre uma fórmula para a distância do ponto $P(x, y, z)$ ao

(a) eixo x **(b)** eixo y **(c)** eixo z

54. Encontre uma fórmula para a distância do ponto $P(x, y, z)$ ao

(a) plano xy **(b)** plano yz **(c)** plano xz

55. Encontre o perímetro do triângulo com vértices $A(-1, 2, 1)$, $B(1, -1, 3)$ e $C(3, 4, 5)$.

56. Mostre que o ponto $P(3, 1, 2)$ é eqüidistante aos pontos $A(2, -1, 3)$ e $B(4, 3, 1)$.

12.2 Vetores

Algumas das coisas que medimos são determinadas simplesmente por sua magnitude. Para registrar a massa, o comprimento ou o tempo, por exemplo, precisamos apenas escrever um número e especificar uma unidade de medida apropriada. Precisamos de mais informações para descrever uma força, um deslocamento ou uma velocidade. Para descrevermos uma força, precisamos registrar a direção e o sentido nos quais ela atua, bem como seu tamanho. Para descrevermos o deslocamento de um corpo, temos de dizer em qual direção e sentido ele se moveu, assim como a distância percorrida. Para descrevermos a velocidade de um corpo, temos de saber aonde o corpo está indo, como também qual é a rapidez do movimento.

Componentes de um vetor

Uma quantidade como a força, o deslocamento ou a velocidade é denominada vetor e é representada por um **segmento de reta orientado** (Figura 12.7). A seta aponta a direção e o sentido da ação, e seu comprimento fornece a magnitude da ação em termos de uma unidade adequada escolhida. Por exemplo, um vetor força aponta na direção na qual ela é aplicada e seu comprimento é uma medida da sua intensidade; um vetor velocidade aponta na direção e no sentido do movimento e seu comprimento é a velocidade do objeto que se move. A Figura 12.8 mostra o vetor velocidade **v** em determinada posição para uma partícula movendo-se por um percurso no plano ou no espaço. (A aplicação desses vetores é estudada no Capítulo 13.)

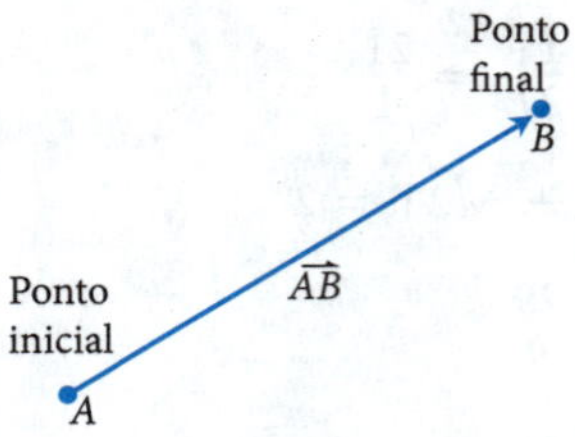

FIGURA 12.7 O segmento de reta orientado $\overrightarrow{AB}$.

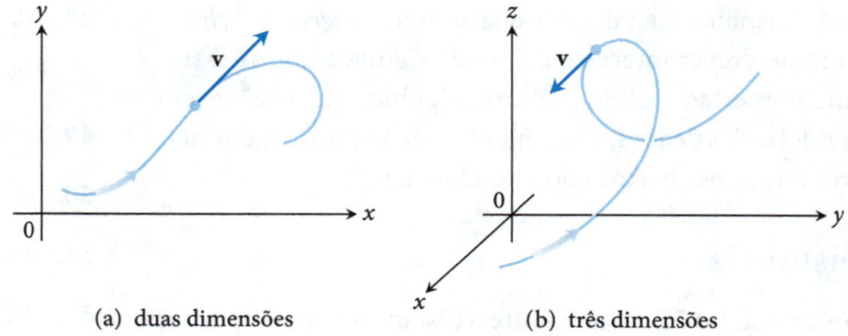

FIGURA 12.8 O vetor velocidade de uma partícula movendo-se por um percurso (a) no plano e (b) no espaço. A ponta da seta indica a direção do movimento da partícula.

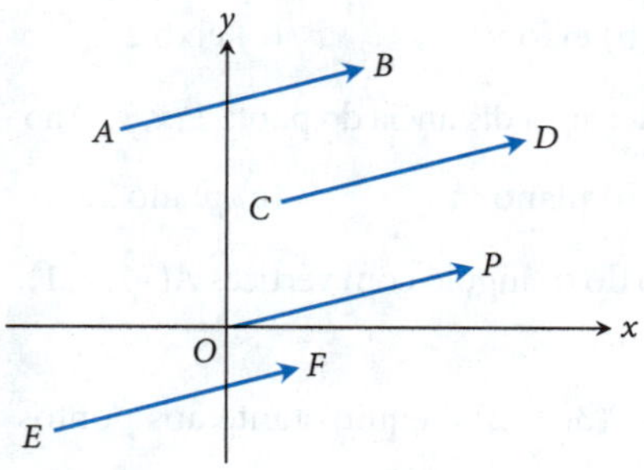

FIGURA 12.9 As quatro setas (segmentos de reta orientados) mostradas aqui têm o mesmo comprimento e a mesma direção. Portanto, elas representam o mesmo vetor e escrevemos $\overrightarrow{AB} = \overrightarrow{CD} = \overrightarrow{OP} = \overrightarrow{EF}$.

> **Definições** Vetor, pontos inicial e final, comprimento
>
> Um **vetor** no plano é um segmento de reta orientado. O segmento de reta orientado $\overrightarrow{AB}$ tem **ponto inicial**, ou **origem**, A e **ponto final**, ou **extremidade**, B; seu **comprimento** é denotado por $|\overrightarrow{AB}|$. Dois vetores são **iguais** se têm o mesmo comprimento e a mesma direção e sentido.

As setas que usamos quando desenhamos vetores representam o mesmo vetor se têm o mesmo comprimento, são paralelas e apontam para o mesmo sentido (Figura 12.9) independentemente do ponto inicial.

Nos livros, os vetores são geralmente escritos com letras minúsculas e em negrito, por exemplo, **u**, **v** e **w**. Algumas vezes usam-se letras maiúsculas em negrito, por exemplo, **F**, para denotar o vetor força. Na forma manuscrita, é costume desenhar pequenas setas sobre as letras, por exemplo, $\vec{v}$, $\vec{w}$ e $\vec{F}$.

Precisamos de uma nova maneira para representar vetores algebricamente para que possamos ser mais precisos com relação à direção do vetor.

Seja $\mathbf{v} = \overrightarrow{PQ}$. Existe um segmento de reta orientado equivalente a $\overrightarrow{PQ}$ cujo ponto inicial é a origem do sistema de coordenadas (Figura 12.10). Ele representa **v** na **posição-padrão** e é o vetor que normalmente usamos para representar **v**. Podemos especificá-lo escrevendo as coordenadas do seu ponto final (v_1, v_2, v_3) quando **v** está na posição-padrão. Se **v** é um vetor no plano, seus pontos finais (v_1, v_2) têm duas coordenadas.

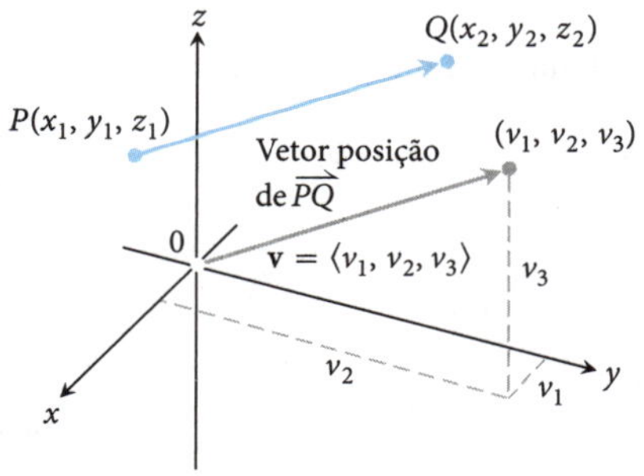

FIGURA 12.10 Um vetor $\overrightarrow{PQ}$ em posição-padrão tem seu ponto inicial na origem. Os segmentos de reta orientados $\overrightarrow{PQ}$ e $\mathbf{v}$ são paralelos e têm o mesmo comprimento.

Definições Representação em componentes de um vetor

Se $\mathbf{v}$ é um vetor **bidimensional** no plano igual ao vetor com ponto inicial na origem e ponto final (v_1, v_2), então a **representação em componentes** de $\mathbf{v}$ é

$$\mathbf{v} = \langle v_1, v_2\rangle$$

Se $\mathbf{v}$ é um vetor **tridimensional** no plano igual ao vetor com ponto inicial na origem e ponto final (v_1, v_2, v_3), então a **representação em componentes** de $\mathbf{v}$ é

$$\mathbf{v} = \langle v_1, v_2, v_3\rangle$$

Assim, um vetor bidimensional é um par ordenado $\mathbf{v} = \langle v_1, v_2\rangle$ de números reais, e um vetor tridimensional é um trio ordenado $\mathbf{v} = \langle v_1, v_2, v_3\rangle$ de números reais. Os números v_1, v_2 e v_3 são as **componentes** de $\mathbf{v}$.

Observe que, se $\mathbf{v} = \langle v_1, v_2, v_3\rangle$ for representado pelo segmento de reta orientado $\overrightarrow{PQ}$, onde o ponto inicial é $P(x_1, y_1, z_1)$ e o ponto final é $Q(x_2, y_2, z_2)$, então $x_1 + v_1 = x_2, y_1 + v_2 = y_2$ e $z_1 + v_3 = z_2$ (Figura 12.10). Assim, $v_1 = x_2 - x_1$, $v_2 = y_2 - y_1$ e $v_3 = z_2 - z_1$ são as componentes de $\overrightarrow{PQ}$.

Em resumo, dados os pontos $P(x_1, y_1, z_1)$ e $Q(x_2, y_2, z_2)$, o vetor posição-padrão $\mathbf{v} = \langle v_1, v_2, v_3\rangle$ igual a $\overrightarrow{PQ}$ é

$$\mathbf{v} = \langle x_2 - x_1, y_2 - y_1, z_2 - z_1\rangle$$

Se $\mathbf{v}$ é bidimensional com $P(x_1, y_1)$ e $Q(x_2, y_2)$ como pontos no plano, então $\mathbf{v} = \langle x_2 - x_1, y_2 - y_1\rangle$. Não existe uma terceira componente para vetores planos. Dito isso, vamos desenvolver a álgebra para vetores tridimensionais e simplesmente excluir a terceira componente quando o vetor for bidimensional.

Dois vetores são iguais se, e somente se, seus vetores em posição-padrão são idênticos. Assim sendo, $\langle u_1, u_2, u_3\rangle$ e $\langle v_1, v_2, v_3\rangle$ são iguais se e somente se $u_1 = v_1$, $u_2 = v_2$ e $u_3 = v_3$.

A **magnitude** ou **comprimento** do vetor $\overrightarrow{PQ}$ é o comprimento de qualquer uma das representações equivalentes de seus segmentos de reta orientados. Em particular, se $\mathbf{v} = \langle x_2 - x_1, y_2 - y_1, z_2 - z_1\rangle$ é o vetor posição para $\overrightarrow{PQ}$, então a fórmula da distância dá a magnitude ou comprimento de $\mathbf{v}$, denotada pelo símbolo $|\mathbf{v}|$ ou $||\mathbf{v}||$.

A **magnitude ou comprimento** do vetor $\mathbf{v} = \overrightarrow{PQ}$ é o número não negativo

$$|\mathbf{v}| = \sqrt{v_1^2 + v_2^2 + v_3^2} = \sqrt{(x_2 - x_1)^2 + (y_2 - y_1)^2 + (z_2 - z_1)^2}$$

(Veja a Figura 12.10).

O único vetor com comprimento 0 é o **vetor nulo** $\mathbf{0} = \langle 0, 0\rangle$ ou $\mathbf{0} = \langle 0, 0, 0\rangle$. Esse vetor também é o único sem direção específica.

EXEMPLO 1 Encontrando as componentes e o comprimento de um vetor

Encontre **(a)** as componentes e **(b)** o comprimento do vetor com ponto inicial $P = (-3, 4, 1)$ e ponto final $Q = (-5, 2, 2)$.

SOLUÇÃO

(a) O vetor posição **v** que representa $\overrightarrow{PQ}$ tem componentes

$$v_1 = x_2 - x_1 = (-5) - (-3) = -2 \quad \text{e} \quad v_2 = y_2 - y_1 = 2 - 4 = -2$$

e

$$v_3 = z_2 - z_1 = 2 - 1 = 1$$

A representação em componentes de $\overrightarrow{PQ}$ é

$$\mathbf{v} = \langle -2, -2, 1 \rangle$$

(b) O comprimento de $\mathbf{v} = \overrightarrow{PQ}$ é

$$|\mathbf{v}| = \sqrt{(-2)^2 + (-2)^2 + (1)^2} = \sqrt{9} = 3$$

EXEMPLO 2 Uma força que move um carrinho

Um carrinho é puxado ao longo de uma superfície horizontal lisa com uma força **F** de 20 lb que forma um ângulo de 45° com a superfície (Figura 12.11). Qual é a força efetiva que move o carrinho para a frente?

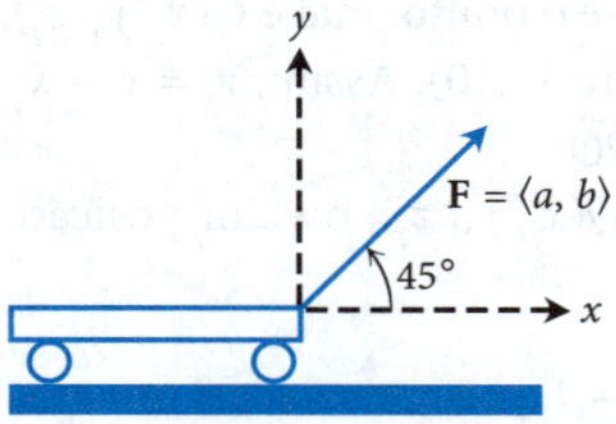

FIGURA 12.11 A força que puxa o carrinho para a frente é representada pelo vetor **F** de magnitude 20 (libras) formando um ângulo de 45° com a superfície horizontal (eixo x positivo) (Exemplo 2).

SOLUÇÃO A força efetiva é a componente horizontal de $\mathbf{F} = \langle a, b \rangle$ dada por

$$a = |\mathbf{F}| \cos 45° = (20)\left(\frac{\sqrt{2}}{2}\right) \approx 14{,}14 \text{ lb}$$

Observe que **F** é um vetor bidimensional.

Operações algébricas com vetores

Duas operações principais que envolvem vetores são a *adição de vetores* e a *multiplicação por escalar*. Um **escalar** é simplesmente um número real, e tem esse nome porque queremos chamar a atenção para a diferença entre eles e os vetores. Escalares podem ser positivos, negativos ou nulos.

> **Definições** Adição de vetores e multiplicação de um vetor por um escalar
>
> Sejam $\mathbf{u} = \langle u_1, u_2, u_3 \rangle$ e $\mathbf{v} = \langle v_1, v_2, v_3 \rangle$ vetores e k um escalar (número real).
>
> **Adição:** $\mathbf{u} + \mathbf{v} = \langle u_1 + v_1, u_2 + v_2, u_3 + v_3 \rangle$
> **Multiplicação por escalar:** $k\mathbf{u} = \langle ku_1, ku_2, ku_3 \rangle$

Somamos vetores por meio da adição das componentes correspondentes dos vetores. A multiplicação de um vetor por um escalar ocorre quando multiplicamos cada um de seus componentes pelo escalar. Essa definição se aplica a vetores planos e a exceção acontece quando há somente dois componentes $\langle u_1, u_2 \rangle$ e $\langle v_1, v_2 \rangle$.

A definição de adição de vetores é ilustrada geometricamente para vetores planos na Figura 12.12(a), onde o ponto inicial de um vetor é colocado no ponto final do outro. Outra interpretação é mostrada na Figura 12.12(b) (chamada **regra do paralelogramo** da adição), onde a soma, denominada **vetor resultante**, é a diagonal do paralelogramo. Em física, forças são somadas vetorialmente, assim como velocidades, acelerações etc. Assim sendo, a força atuando sobre uma partícula sujeita a forças elétricas e gravitacionais é obtida por meio da soma dos dois vetores força.

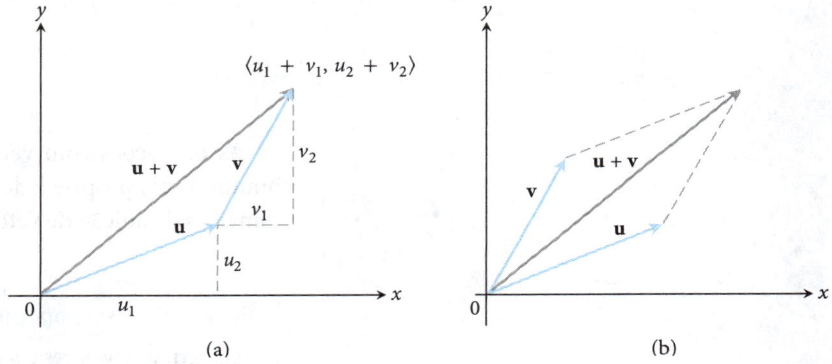

FIGURA 12.12 (a) Interpretação geométrica do vetor soma. (b) A regra do paralelogramo da adição de vetores.

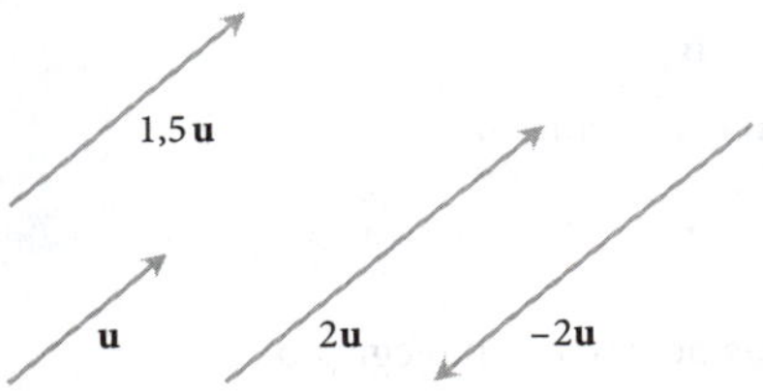

FIGURA 12.13 Múltiplos escalares de **u**.

A Figura 12.13 apresenta uma interpretação geométrica do produto $k\mathbf{u}$ do escalar k e do vetor **u**. Se $k > 0$, então $k\mathbf{u}$ tem a mesma direção e o mesmo sentido de **u**; se $k < 0$, então o sentido de $k\mathbf{u}$ é oposto ao sentido de **u**. Comparando os comprimentos de **u** e $k\mathbf{u}$, vemos que

$$\begin{aligned} |k\mathbf{u}| &= \sqrt{(ku_1)^2 + (ku_2)^2 + (ku_3)^2} = \sqrt{k^2(u_1^2 + u_2^2 + u_3^2)} \\ &= \sqrt{k^2}\sqrt{u_1^2 + u_2^2 + u_3^2} = |k|\,|\mathbf{u}| \end{aligned}$$

O comprimento de $k\mathbf{u}$ é o valor absoluto do escalar k vezes o comprimento de **u**. O vetor $(-1)\,\mathbf{u} = -\mathbf{u}$ tem o mesmo comprimento que **u**, mas aponta para o sentido oposto.

Chamamos **diferença u - v** de dois vetores a soma

$$\mathbf{u} - \mathbf{v} = \mathbf{u} + (-\mathbf{v})$$

Se $\mathbf{u} = \langle u_1, u_2, u_3 \rangle$ e $\mathbf{v} = \langle v_1, v_2, v_3 \rangle$, então

$$\mathbf{u} - \mathbf{v} = \langle u_1 - v_1, u_2 - v_2, u_3 - v_3 \rangle$$

Observe que $(\mathbf{u} - \mathbf{v}) + \mathbf{v} = \mathbf{u}$, então a soma do vetor $(\mathbf{u} - \mathbf{v})$ e **v** dá **u** (Figura 12.14(a)). A Figura 12.14(b) mostra a diferença $\mathbf{u} - \mathbf{v}$ como a soma $\mathbf{u} + (-\mathbf{v})$.

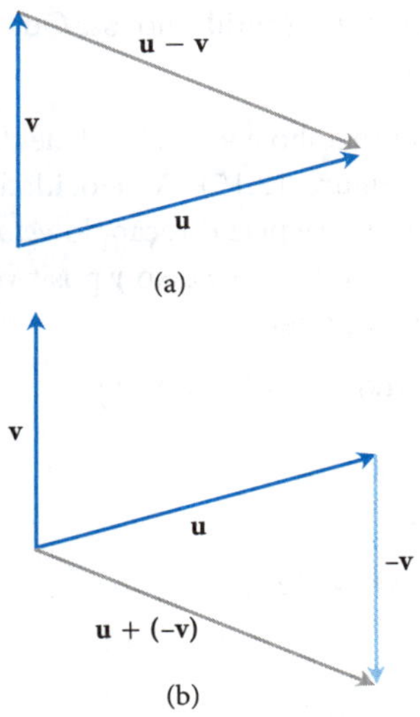

FIGURA 12.14 (a) O vetor **u** - **v**, quando somado a **v**, dá **u**. (b) **u** - **v** = **u** + (-**v**).

EXEMPLO 3 Executando operações com vetores

Sejam $\mathbf{u} = \langle -1, 3, 1 \rangle$ e $\mathbf{v} = \langle 4, 7, 0 \rangle$. Encontre

(a) $2\mathbf{u} + 3\mathbf{v}$ **(b)** $\mathbf{u} - \mathbf{v}$ **(c)** $\left|\frac{1}{2}\mathbf{u}\right|$

SOLUÇÃO

(a) $2\mathbf{u} + 3\mathbf{v} = 2\langle -1, 3, 1\rangle + 3\langle 4, 7, 0\rangle = \langle -2, 6, 2\rangle + \langle 12, 21, 0\rangle = \langle 10, 27, 2\rangle$

(b) $\mathbf{u} - \mathbf{v} = \langle -1, 3, 1\rangle - \langle 4, 7, 0\rangle = \langle -1 - 4, 3 - 7, 1 - 0\rangle = \langle -5, -4, 1\rangle$

(c) $\left|\frac{1}{2}\mathbf{u}\right| = \left|\left\langle -\frac{1}{2}, \frac{3}{2}, \frac{1}{2}\right\rangle\right| = \sqrt{\left(-\frac{1}{2}\right)^2 + \left(\frac{3}{2}\right)^2 + \left(\frac{1}{2}\right)^2} = \frac{1}{2}\sqrt{11}$

As operações com vetores têm muitas das propriedades da aritmética comum. Essas propriedades podem ser verificadas de imediato usando-se as definições de adição de vetores e multiplicação por um escalar.

Propriedades de operações com vetores

Sejam **u**, **v**, **w** vetores e a e b escalares.

1. $\mathbf{u} + \mathbf{v} = \mathbf{v} + \mathbf{u}$
2. $(\mathbf{u} + \mathbf{v}) + \mathbf{w} = \mathbf{u} + (\mathbf{v} + \mathbf{w})$
3. $\mathbf{u} + \mathbf{0} = \mathbf{u}$
4. $\mathbf{u} + (-\mathbf{u}) = \mathbf{0}$
5. $0\mathbf{u} = \mathbf{0}$
6. $1\mathbf{u} = \mathbf{u}$
7. $a(b\mathbf{u}) = (ab)\mathbf{u}$
8. $a(\mathbf{u} + \mathbf{v}) = a\mathbf{u} + a\mathbf{v}$
9. $(a + b)\mathbf{u} = a\mathbf{u} + b\mathbf{u}$

Uma aplicação importante de vetores ocorre em navegação.

EXEMPLO 4 Encontrando a velocidade em relação ao solo

Um Boeing® 727®, voando para leste a 500 mi/h sem vento, encontra um vento de popa de 70 mi/h atuando no sentido 60º nordeste. O avião mantém-se seguindo rumo ao leste, mas, devido ao vento, adquire uma velocidade em relação ao solo e uma direção e um sentido novos. Quais são eles?

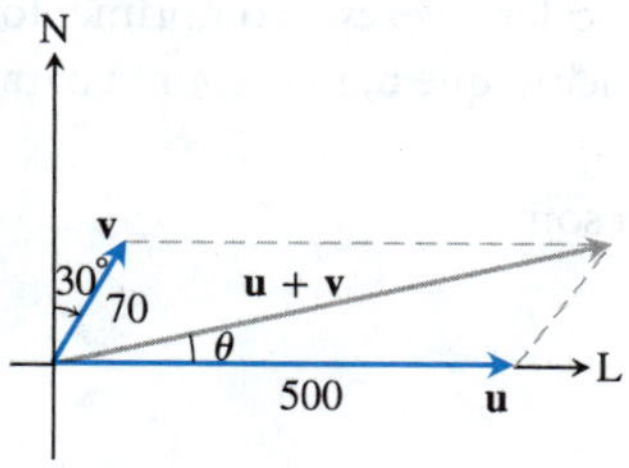

FIGURA 12.15 Vetores representando as velocidades do avião **u** e do vento de popa **v** do Exemplo 4.

SOLUÇÃO Se **u** = a velocidade do avião sozinho e **v** = velocidade do vento de popa, então $|\mathbf{u}| = 500$ e $|\mathbf{v}| = 70$ (Figura 12.15). A velocidade do avião em relação ao solo é dada pela magnitude e pela direção do *vetor resultante* **u** + **v**. Se o eixo x positivo representar o leste e o eixo y positivo representar o norte, então as componentes de **u** e **v** serão

$$\mathbf{u} = \langle 500, 0\rangle \quad \text{e} \quad \mathbf{v} = \langle 70 \cos 60°, 70 \operatorname{sen} 60°\rangle = \langle 35, 35\sqrt{3}\rangle$$

Portanto,

$$\mathbf{u} + \mathbf{v} = \langle 535, 35\sqrt{3}\rangle$$

$$|\mathbf{u} + \mathbf{v}| = \sqrt{535^2 + (35\sqrt{3})^2} \approx 538{,}4$$

e

$$\theta = \operatorname{tg}^{-1}\frac{35\sqrt{3}}{535} \approx 6{,}5° \qquad \text{Figura 12.15}$$

A nova velocidade no solo do avião é aproximadamente 538,4 mi/h e sua nova direção é 6,5º nordeste.

Vetores unitários

Um vetor **v** de comprimento 1 é chamado **vetor unitário**. Os **vetores unitários padrão** são

$$\mathbf{i} = \langle 1, 0, 0\rangle \qquad \mathbf{j} = \langle 0, 1, 0\rangle \qquad \text{e} \qquad \mathbf{k} = \langle 0, 0, 1\rangle$$

Qualquer vetor $\mathbf{v} = \langle v_1, v_2, v_3\rangle$ pode ser escrito como uma *combinação linear* dos vetores unitários padrão da seguinte maneira:

$$\begin{aligned}\mathbf{v} &= \langle v_1, v_2, v_3\rangle = \langle v_1, 0, 0\rangle + \langle 0, v_2, 0\rangle + \langle 0, 0, v_3\rangle \\ &= v_1\langle 1, 0, 0\rangle + v_2\langle 0, 1, 0\rangle + v_3\langle 0, 0, 1\rangle \\ &= v_1\mathbf{i} + v_2\mathbf{j} + v_3\mathbf{k}\end{aligned}$$

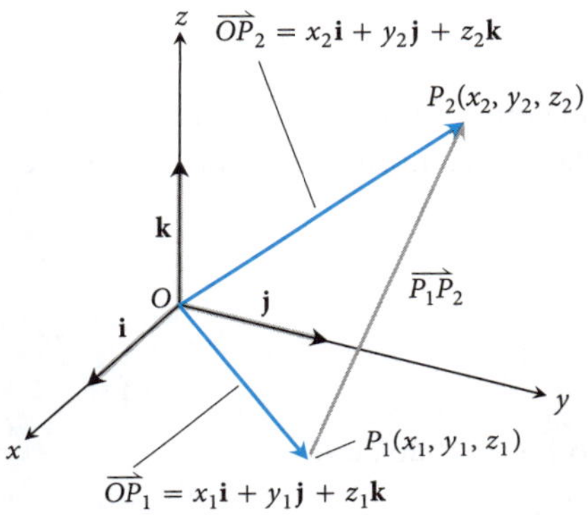

FIGURA 12.16 O vetor de P_1 a P_2 é $\overrightarrow{P_1P_2} = (x_2 - x_1)\mathbf{i} + (y_2 - y_1)\mathbf{j} + (z_2 - z_1)\mathbf{k}$.

Chamamos o escalar (ou número) v_1 de **componente i** do vetor **v**, v_2 é a **componente j** e v_3 é a **componente k**. Na forma componente, o vetor de $P_1(x_1, y_1, z_1)$ a $P_2(x_2, y_2, z_2)$ é

$$\overrightarrow{P_1P_2} = (x_2 - x_1)\mathbf{i} + (y_2 - y_1)\mathbf{j} + (z_2 - z_1)\mathbf{k}$$

(Figura 12.16)

Sempre que $\mathbf{v} \neq \mathbf{0}$, o seu comprimento $|\mathbf{v}|$ não é zero e

$$\left|\frac{1}{|\mathbf{v}|}\mathbf{v}\right| = \frac{1}{|\mathbf{v}|}|\mathbf{v}| = 1$$

Ou seja, $\mathbf{v}/|\mathbf{v}|$ é um vetor unitário na direção de **v** chamado **direção** ou versor do vetor não-nulo **v**.

EXEMPLO 5 Encontrando a direção de um vetor

Encontre um vetor unitário **u** na direção do vetor de $P_1(1, 0, 1)$ a $P_2(3, 2, 0)$.

SOLUÇÃO Dividimos $\overrightarrow{P_1P_2}$ por seu comprimento:

$$\overrightarrow{P_1P_2} = (3 - 1)\mathbf{i} + (2 - 0)\mathbf{j} + (0 - 1)\mathbf{k} = 2\mathbf{i} + 2\mathbf{j} - \mathbf{k}$$

$$|\overrightarrow{P_1P_2}| = \sqrt{(2)^2 + (2)^2 + (-1)^2} = \sqrt{4 + 4 + 1} = \sqrt{9} = 3$$

$$\mathbf{u} = \frac{\overrightarrow{P_1P_2}}{|\overrightarrow{P_1P_2}|} = \frac{2\mathbf{i} + 2\mathbf{j} - \mathbf{k}}{3} = \frac{2}{3}\mathbf{i} + \frac{2}{3}\mathbf{j} - \frac{1}{3}\mathbf{k}$$

O vetor unitário **u** é a direção de $\overrightarrow{P_1P_2}$.

Companion Website
Biografia histórica
Hermann Grassmann (1809-1877)

EXEMPLO 6 Expressando a velocidade como velocidade vezes direção

Se $\mathbf{v} = 3\mathbf{i} - 4\mathbf{j}$ for um vetor velocidade, expresse **v** como um produto de sua velocidade vezes um vetor unitário na direção e no sentido do movimento.

SOLUÇÃO O módulo da velocidade é a magnitude (comprimento) de **v**:

$$|\mathbf{v}| = \sqrt{(3)^2 + (-4)^2} = \sqrt{9 + 16} = 5$$

O vetor $\mathbf{v}/|\mathbf{v}|$ tem a mesma direção de **v**:

$$\frac{\mathbf{v}}{|\mathbf{v}|} = \frac{3\mathbf{i} - 4\mathbf{j}}{5} = \frac{3}{5}\mathbf{i} - \frac{4}{5}\mathbf{j}$$

Portanto,

$$\mathbf{v} = 3\mathbf{i} - 4\mathbf{j} = \underbrace{5}_{\text{comprimento (velocidade)}}\underbrace{\left(\frac{3}{5}\mathbf{i} - \frac{4}{5}\mathbf{j}\right)}_{\text{Direção do movimento}}$$

Em resumo, podemos expressar qualquer vetor **v** que não seja nulo em termos de duas características importantes, comprimento e direção, escrevendo $\mathbf{v} = |\mathbf{v}|\dfrac{\mathbf{v}}{|\mathbf{v}|}$.

Se $\mathbf{v} \neq \mathbf{0}$, então

1. $\dfrac{\mathbf{v}}{|\mathbf{v}|}$ é um vetor unitário na direção e no sentido de **v**;

2. a equação $\mathbf{v} = |\mathbf{v}|\dfrac{\mathbf{v}}{|\mathbf{v}|}$ expressa **v** em termos do seu comprimento e direção.

EXEMPLO 7 Um vetor força

Uma força de 6 N (newtons) é aplicada na direção do vetor $\mathbf{v} = 2\mathbf{i} + 2\mathbf{j} - \mathbf{k}$. Expresse a força **F** como produto de sua magnitude e direção.

SOLUÇÃO O vetor força tem magnitude 6 e direção $\dfrac{\mathbf{v}}{|\mathbf{v}|}$, portanto

$$\mathbf{F} = 6\frac{\mathbf{v}}{|\mathbf{v}|} = 6\frac{2\mathbf{i} + 2\mathbf{j} - \mathbf{k}}{\sqrt{2^2 + 2^2 + (-1)^2}} = 6\frac{2\mathbf{i} + 2\mathbf{j} - \mathbf{k}}{3}$$

$$= 6\left(\frac{2}{3}\mathbf{i} + \frac{2}{3}\mathbf{j} - \frac{1}{3}\mathbf{k}\right)$$

Ponto médio de um segmento de reta

Os vetores são sempre úteis na geometria. As coordenadas do ponto médio de um segmento de reta, por exemplo, são encontradas tirando-se a média.

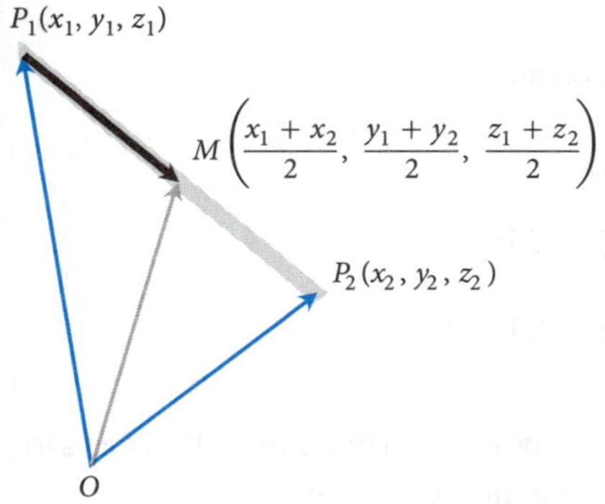

FIGURA 12.17 As coordenadas do ponto médio são as médias das coordenadas de P_1 e P_2.

O **ponto médio** M do segmento de reta que liga os pontos $P_1(x_1, y_1, z_1)$ e $P_2(x_2, y_2, z_2)$ é o ponto

$$\left(\frac{x_1 + x_2}{2}, \frac{y_1 + y_2}{2}, \frac{z_1 + z_2}{2}\right)$$

Para saber por que, observe (Figura 12.17) que

$$\begin{aligned}\overrightarrow{OM} &= \overrightarrow{OP_1} + \frac{1}{2}(\overrightarrow{P_1P_2}) = \overrightarrow{OP_1} + \frac{1}{2}(\overrightarrow{OP_2} - \overrightarrow{OP_1})\\ &= \frac{1}{2}(\overrightarrow{OP_1} + \overrightarrow{OP_2})\\ &= \frac{x_1 + x_2}{2}\mathbf{i} + \frac{y_1 + y_2}{2}\mathbf{j} + \frac{z_1 + z_2}{2}\mathbf{k}\end{aligned}$$

EXEMPLO 8 Encontrando pontos médios

O ponto médio do segmento que liga $P_1(3, -2, 0)$ e $P_2(7, 4, 4)$ é

$$\left(\frac{3 + 7}{2}, \frac{-2 + 4}{2}, \frac{0 + 4}{2}\right) = (5, 1, 2)$$

Exercícios 12.2

Vetores no plano

Nos exercícios 1–8, sejam $\mathbf{u} = \langle 3, -2\rangle$ e $\mathbf{v} = \langle -2, 5\rangle$. Encontre **(a)** as componentes e **(b)** a norma (comprimento) do vetor.

1. $3\mathbf{u}$

2. $-2\mathbf{v}$

3. $\mathbf{u} + \mathbf{v}$

4. $\mathbf{u} - \mathbf{v}$

5. $2\mathbf{u} - 3\mathbf{v}$

6. $-2\mathbf{u} + 5\mathbf{v}$

7. $\frac{3}{5}\mathbf{u} + \frac{4}{5}\mathbf{v}$

8. $-\frac{5}{13}\mathbf{u} + \frac{12}{13}\mathbf{v}$

Nos exercícios 9–16, encontre a componente do vetor.

9. O vetor $\overrightarrow{PQ}$, onde $P = (1, 3)$ e $Q = (2, -1)$.

10. O vetor $\overrightarrow{OP}$, onde O é a origem e P é o ponto médio do segmento RS, sendo $R = (2, -1)$ e $S = (-4, 3)$.

11. O vetor a partir do ponto $A = (2, 3)$ até a origem.

12. A soma de $\overrightarrow{AB}$ e $\overrightarrow{CD}$, onde $A = (1, -1)$, $B = (2, 0)$, $C = (-1, 3)$ e $D = (-2, 2)$.

13. O vetor unitário que forma um ângulo $\theta = 2\pi/3$ com o eixo x positivo.

14. O vetor unitário que forma um ângulo $\theta = -3\pi/4$ com o eixo x positivo.

15. O vetor unitário obtido com a rotação do vetor $\langle 0, 1\rangle$ 120° no sentido anti-horário ao redor da origem.

16. O vetor unitário obtido com a rotação do vetor $\langle 1, 0\rangle$ 135° no sentido anti-horário ao redor da origem.

Vetores no espaço

Nos exercícios 17–22, expresse cada vetor na forma $\mathbf{v} = v_1\mathbf{i} + v_2\mathbf{j} + v_3\mathbf{k}$.

17. $\overrightarrow{P_1P_2}$ se P_1 for o ponto $(5, 7, -1)$ e P_2 for o ponto $(2, 9, -2)$.

18. $\overrightarrow{P_1P_2}$ se P_1 for o ponto (1, 2, 0) e P_2 for o ponto (−3, 0, 5).

19. $\overrightarrow{AB}$ se A for o ponto (−7, −8, 1) e B for o ponto (−10, 8, 1).

20. $\overrightarrow{AB}$ se A for o ponto (1, 0, 3) e B for o ponto (−1, 4, 5).

21. $5\mathbf{u} - \mathbf{v}$ se $\mathbf{u} = \langle 1, 1, -1 \rangle$ e $\mathbf{v} = \langle 2, 0, 3 \rangle$.

22. $-2\mathbf{u} + 3\mathbf{v}$ se $\mathbf{u} = \langle -1, 0, 2 \rangle$ e $\mathbf{v} = \langle 1, 1, 1 \rangle$.

Geometria e cálculo

Nos exercícios 23 e 24, copie dos vetores **u**, **v** e **w** o que for necessário para esboçar o vetor indicado.

23.

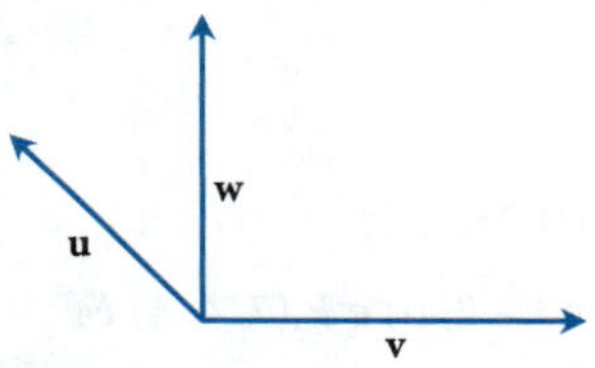

(a) $\mathbf{u} + \mathbf{v}$ (b) $\mathbf{u} + \mathbf{v} + \mathbf{w}$
(c) $\mathbf{u} - \mathbf{v}$ (d) $\mathbf{u} - \mathbf{w}$

24.

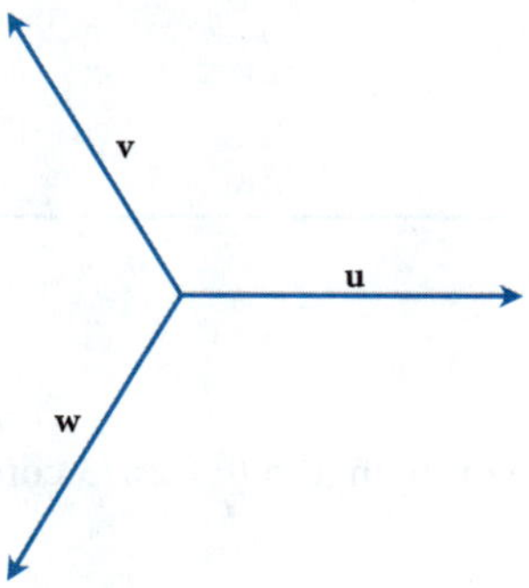

(a) $\mathbf{u} - \mathbf{v}$ (b) $\mathbf{u} - \mathbf{v} + \mathbf{w}$
(c) $2\mathbf{u} - \mathbf{v}$ (d) $\mathbf{u} + \mathbf{v} + \mathbf{w}$

Comprimento e direção

Nos exercícios 25–30, expresse cada vetor como um produto de seu comprimento e sua direção.

25. $2\mathbf{i} + \mathbf{j} - 2\mathbf{k}$

26. $9\mathbf{i} - 2\mathbf{j} + 6\mathbf{k}$

27. $5\mathbf{k}$

28. $\frac{3}{5}\mathbf{i} + \frac{4}{5}\mathbf{k}$

29. $\frac{1}{\sqrt{6}}\mathbf{i} - \frac{1}{\sqrt{6}}\mathbf{j} - \frac{1}{\sqrt{6}}\mathbf{k}$

30. $\frac{\mathbf{i}}{\sqrt{3}} + \frac{\mathbf{j}}{\sqrt{3}} + \frac{\mathbf{k}}{\sqrt{3}}$

31. Encontre os vetores cujos comprimentos e direções são dados. Tente fazer o cálculo sem escrever.

Comprimento	Direção
(a) 2	$\mathbf{i}$
(b) $\sqrt{3}$	$-\mathbf{k}$
(c) $\frac{1}{2}$	$\frac{3}{5}\mathbf{j} + \frac{4}{5}\mathbf{k}$
(d) 7	$\frac{6}{7}\mathbf{i} - \frac{2}{7}\mathbf{j} + \frac{3}{7}\mathbf{k}$

32. Encontre os vetores cujos comprimentos e direções são dados. Tente fazer o cálculo sem escrever.

Comprimento	Direção
(a) 7	$-\mathbf{j}$
(b) $\sqrt{2}$	$-\frac{3}{5}\mathbf{i} - \frac{4}{5}\mathbf{k}$
(c) $\frac{13}{12}$	$\frac{3}{13}\mathbf{i} - \frac{4}{13}\mathbf{j} - \frac{12}{13}\mathbf{k}$
(d) $a > 0$	$\frac{1}{\sqrt{2}}\mathbf{i} + \frac{1}{\sqrt{3}}\mathbf{j} - \frac{1}{\sqrt{6}}\mathbf{k}$

33. Encontre um vetor de magnitude 7 na direção de $\mathbf{v} = 12\mathbf{i} - 5\mathbf{k}$.

34. Encontre um vetor de magnitude 3 na direção oposta a de $\mathbf{v} = (1/2)\mathbf{i} - (1/2)\mathbf{j} - (1/2)\mathbf{k}$.

Vetores determinados por pontos; pontos médios

Nos exercícios 35–38, encontre (a) a direção de $\overrightarrow{P_1P_2}$ e (b) o ponto médio do segmento de reta P_1P_2.

35. $P_1(-1, 1, 5)$ $P_2\,(2, 5, 0)$

36. $P_1(1, 4, 5)$ $P_2\,(4, -2, 7)$

37. $P_1(3, 4, 5)$ $P_2\,(2, 3, 4)$

38. $P_1(0, 0, 0)$ $P_2\,(2, -2, -2)$

39. Se $\overrightarrow{AB} = \mathbf{i} + 4\mathbf{j} - 2\mathbf{k}$ e B é o ponto (5, 1, 3), encontre A.

40. Se $\overrightarrow{AB} = -7\mathbf{i} + 3\mathbf{j} + 8\mathbf{k}$ e A é o ponto (−2, −3, 6), encontre B.

Teoria e aplicações

41. **Combinação linear** Sejam $\mathbf{u} = 2\mathbf{i} + \mathbf{j}$, $\mathbf{v} = \mathbf{i} + \mathbf{j}$ e $\mathbf{w} = \mathbf{i} - \mathbf{j}$. Encontre escalares a e b, tais que $\mathbf{u} = a\mathbf{v} + b\mathbf{w}$.

42. **Combinação linear** Sejam $\mathbf{u} = \mathbf{i} - 2\mathbf{j}$, $\mathbf{v} = 2\mathbf{i} + 3\mathbf{j}$ e $\mathbf{w} = \mathbf{i} + \mathbf{j}$. Escreva $\mathbf{u} = \mathbf{u}_1 + \mathbf{u}_2$, onde $\mathbf{u}_1$ é paralelo a **v** e $\mathbf{u}_2$ é paralelo a **w**. (Veja o Exercício 41.)

43. Vetor força Você está puxando uma mala com uma força $\mathbf{F}$ (mostrada a seguir) cuja magnitude é $|\mathbf{F}| = 10$ lb. Encontre as componentes $\mathbf{i}$ e $\mathbf{j}$ de $\mathbf{F}$.

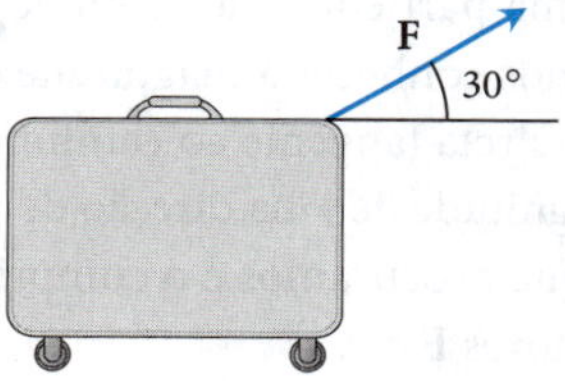

44. Vetor força Uma linha exerce uma tração de 12 lb ($|\mathbf{F}| = 12$) sobre uma pipa e forma um ângulo de 45° com a horizontal. Encontre as componentes horizontal e vertical de $\mathbf{F}$.

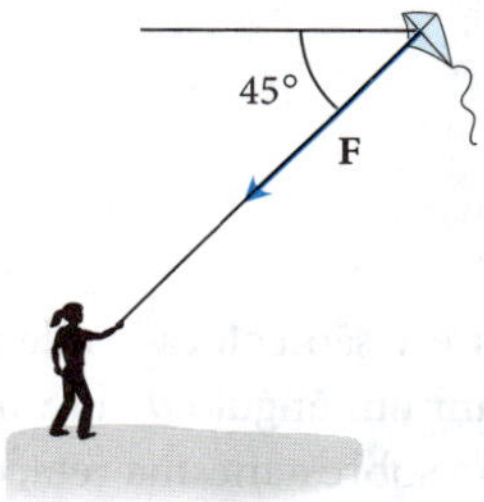

45. Velocidade Um avião está voando a 25° oeste de norte a 800 km/h. Encontre a forma componente da velocidade do avião, considerando que o eixo x positivo representa o sentido leste e o eixo y positivo, o sentido norte.

46. Velocidade Um avião está voando a 10° leste de sul a 600 km/h. Encontre a forma componente da velocidade do avião, considerando que o eixo x positivo representa o sentido leste e o eixo y positivo, o sentido norte.

47. Localização Um pássaro voa do seu ninho 5 km a 60° norte de leste, onde pousa em uma árvore para descansar. Então, ele voa 10 km no sentido sudeste e pousa em um poste telefônico. Estabeleça um sistema de coordenadas xy de tal maneira que a origem seja o ninho do pássaro, o eixo x aponte para o leste e o eixo y aponte para o norte.

(a) Em que ponto está localizada a árvore?

(b) Em que ponto está localizado o poste telefônico?

48. Use triângulos semelhantes para encontrar as coordenadas do ponto Q que divide o segmento de $P_1(x_1, y_1, z_1)$ a $P_2(x_2, y_2, z_2)$ em dois comprimentos cuja razão é $p/q = r$.

49. Medianas de um triângulo Suponha que A, B e C sejam os vértices da placa triangular fina de densidade constante mostrada na figura a seguir.

(a) Encontre o vetor com origem em C e ponto final no ponto médio M do lado AB.

(b) Encontre o vetor com origem em C e ponto final no ponto que está localizado na distância de dois terços entre C e M na mediana CM.

(c) Encontre as coordenadas do ponto no qual as medianas do ΔABC se cruzam. De acordo com o Exercício 33, Seção 6.4, Volume I, esse ponto é o centro de massa da placa.

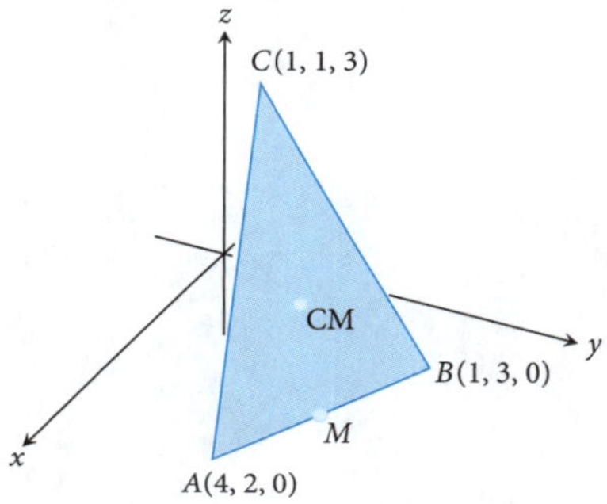

50. Encontre o vetor com ponto inicial na origem e ponto final no ponto de interseção das medianas do triângulo cujos vértices são

$$A(1, -1, 2), \quad B(2, 1, 3), \quad \text{e} \quad C(-1, 2, -1)$$

51. Seja $ABCD$ um quadrilátero qualquer, não necessariamente plano, no espaço. Mostre que os dois segmentos ligando os pontos médios dos lados opostos de $ABCD$ se cortam ao meio. (Sugestão: Mostre que os segmentos têm o mesmo ponto médio.)

52. Vetores são desenhados a partir do centro de um polígono regular de n lados no plano até os vértices do polígono. Mostre que a soma dos vetores é zero. (Sugestão: O que acontece com a soma se giramos o polígono ao redor de seu centro?)

53. Suponha que A, B e C sejam os vértices de um triângulo e que a, b e c sejam, respectivamente, os pontos médios dos lados opostos. Mostre que $\overrightarrow{Aa} + \overrightarrow{Bb} + \overrightarrow{Cc} = 0$.

54. Vetores unitários no plano Mostre que um vetor unitário no plano pode ser representado por $\mathbf{u} = (\cos\theta)\mathbf{i} + (\text{sen}\,\theta)\mathbf{j}$ obtido com a rotação i em um ângulo θ no sentido anti-horário. Explique por que essa forma nos dá *cada um* dos vetores unitários no plano.

12.3 Produto escalar

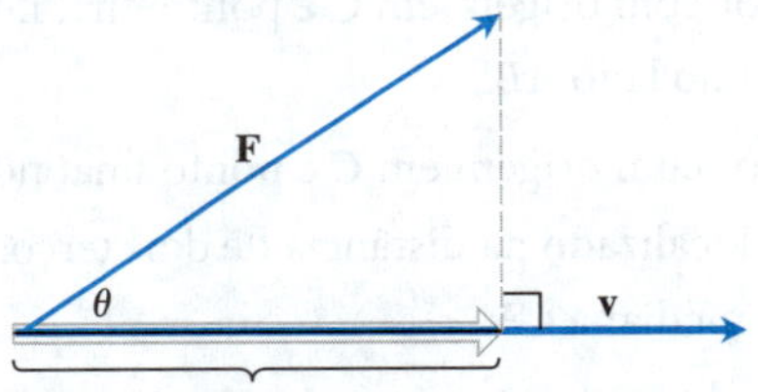

FIGURA 12.18 A magnitude de força **F** na direção do vetor **v** é o comprimento $|\mathbf{F}| \cos \theta$ da projeção de **F** em **v**.

Se uma força **F** é aplicada a uma partícula que se move ao longo de um caminho, freqüentemente precisamos conhecer a magnitude de força na direção do movimento. Se **v** é paralelo à reta tangente ao caminho no ponto onde **F** é aplicada, então queremos a magnitude de **F** na direção de **v**. A Figura 12.18 mostra que a quantidade escalar que procuramos é o comprimento $|\mathbf{F}| \cos \theta$, onde θ é o ângulo entre os dois vetores **F** e **v**.

Nesta seção, você aprenderá a calcular facilmente o ângulo entre dois vetores diretamente a partir de seus componentes. Uma parte importante do cálculo é uma expressão chamada *produto escalar*; que é assim denominada porque o cálculo resulta em um escalar, e não em um vetor. Depois de investigarmos o produto escalar, nós o aplicamos para encontrar a projeção de um vetor em outro (como mostrado na Figura 12.18) e para encontrar o trabalho realizado por uma força constante que age durante um deslocamento.

Ângulo entre vetores

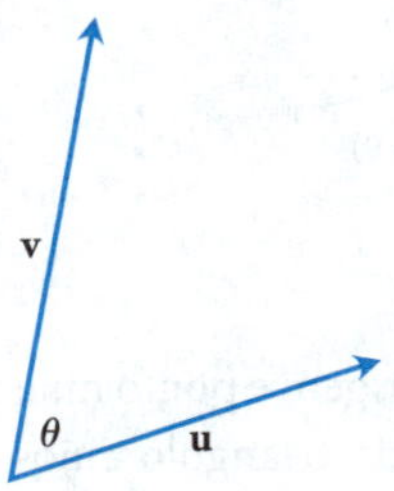

FIGURA 12.19 O ângulo entre **u** e **v**.

Quando dois vetores não-nulos **u** e **v** são colocados de tal modo que seus pontos iniciais coincidam, eles formam um ângulo θ com medida $0 \leq \theta \leq \pi$ (Figura 12.19). Se os vetores não estão sobre a mesma reta, o ângulo θ é medido no plano que contém os dois. Se eles estiverem sobre a mesma reta, o ângulo entre eles é 0 se ambos apontam para o mesmo sentido, e π se apontarem em sentidos opostos. O ângulo θ é o **ângulo entre u** e **v**. O Teorema 1 dá uma fórmula para determinar esse ângulo.

Teorema 1 Ângulo entre dois vetores
O ângulo θ entre dois vetores não-nulos $\mathbf{u} = \langle u_1, u_2, u_3 \rangle$ e $\mathbf{v} = \langle v_1, v_2, v_3 \rangle$ é dado por

$$\theta = \cos^{-1}\left(\frac{u_1 v_1 + u_2 v_2 + u_3 v_3}{|\mathbf{u}||\mathbf{v}|}\right)$$

Antes de provarmos o Teorema 1 (que é uma conseqüência da lei dos cossenos), vamos concentrar nossa atenção na expressão $u_1 v_1 + u_2 v_2 + u_3 v_3$ no cálculo de θ.

Definição Produto escalar
O **produto escalar** $\mathbf{u} \cdot \mathbf{v}$ ("**u** escalar **v**") dos vetores $\mathbf{u} = \langle u_1, u_2, u_3 \rangle$ e $\mathbf{v} = \langle v_1, v_2, v_3 \rangle$ é o número

$$\mathbf{u} \cdot \mathbf{v} = u_1 v_1 + u_2 v_2 + u_3 v_3$$

EXEMPLO 1 Encontrando produtos escalares

(a) $\langle 1, -2, -1\rangle \cdot \langle -6, 2, -3\rangle = (1)(-6) + (-2)(2) + (-1)(-3)$
$= -6 - 4 + 3 = -7$

(b) $\left(\frac{1}{2}\mathbf{i} + 3\mathbf{j} + \mathbf{k}\right) \cdot (4\mathbf{i} - \mathbf{j} + 2\mathbf{k}) = \left(\frac{1}{2}\right)(4) + (3)(-1) + (1)(2) = 1$

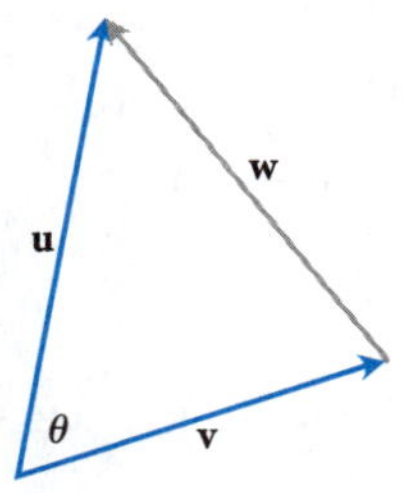

FIGURA 12.20 A lei do paralelogramo de adição de vetores dá $\mathbf{w} = \mathbf{u} - \mathbf{v}$.

O produto escalar de um par de vetores bidimensionais é definido de maneira semelhante:

$$\langle u_1, u_2\rangle \cdot \langle v_1, v_2\rangle = u_1v_1 + u_2v_2$$

PROVA DO TEOREMA 1 Aplicando a lei dos cossenos (Equação (6), Apêndice B.3) ao triângulo da Figura 12.20, encontramos

$$|\mathbf{w}|^2 = |\mathbf{u}|^2 + |\mathbf{v}|^2 - 2|\mathbf{u}||\mathbf{v}|\cos\theta \quad \text{Lei dos cossenos}$$

$$2|\mathbf{u}||\mathbf{v}|\cos\theta = |\mathbf{u}|^2 + |\mathbf{v}|^2 - |\mathbf{w}|^2$$

Uma vez que $\mathbf{w} = \mathbf{u} - \mathbf{v}$, a forma componente de $\mathbf{w}$ é $\langle u_1 - v_1, u_2 - v_2, u_3 - v_3\rangle$. Assim,

$$\begin{aligned}
|\mathbf{u}|^2 &= \left(\sqrt{u_1^2 + u_2^2 + u_3^2}\right)^2 = u_1^2 + u_2^2 + u_3^2 \\
|\mathbf{v}|^2 &= \left(\sqrt{v_1^2 + v_2^2 + v_3^2}\right)^2 = v_1^2 + v_2^2 + v_3^2 \\
|\mathbf{w}|^2 &= \left(\sqrt{(u_1 - v_1)^2 + (u_2 - v_2)^2 + (u_3 - v_3)^2}\right)^2 \\
&= (u_1 - v_1)^2 + (u_2 - v_2)^2 + (u_3 - v_3)^2 \\
&= u_1^2 - 2u_1v_1 + v_1^2 + u_2^2 - 2u_2v_2 + v_2^2 + u_3^2 - 2u_3v_3 + v_3^2
\end{aligned}$$

e

$$|\mathbf{u}|^2 + |\mathbf{v}|^2 - |\mathbf{w}|^2 = 2(u_1v_1 + u_2v_2 + u_3v_3).$$

Portanto,

$$\begin{aligned}
2|\mathbf{u}||\mathbf{v}|\cos\theta &= |\mathbf{u}|^2 + |\mathbf{v}|^2 - |\mathbf{w}|^2 = 2(u_1v_1 + u_2v_2 + u_3v_3) \\
|\mathbf{u}||\mathbf{v}|\cos\theta &= u_1v_1 + u_2v_2 + u_3v_3 \\
\cos\theta &= \frac{u_1v_1 + u_2v_2 + u_3v_3}{|\mathbf{u}||\mathbf{v}|}
\end{aligned}$$

Assim,

$$\theta = \cos^{-1}\left(\frac{u_1v_1 + u_2v_2 + u_3v_3}{|\mathbf{u}||\mathbf{v}|}\right)$$

Com a notação do produto escalar, o ângulo entre dois vetores **u** e **v** pode ser escrito como

$$\theta = \cos^{-1}\left(\frac{\mathbf{u} \cdot \mathbf{v}}{|\mathbf{u}||\mathbf{v}|}\right)$$

EXEMPLO 2 Encontrando o ângulo entre dois vetores no espaço

Encontre o ângulo entre $\mathbf{u} = \mathbf{i} - 2\mathbf{j} - 2\mathbf{k}$ e $\mathbf{v} = 6\mathbf{i} + 3\mathbf{j} + 2\mathbf{k}$.

SOLUÇÃO Usamos a fórmula dada anteriormente:

$$\mathbf{u} \cdot \mathbf{v} = (1)(6) + (-2)(3) + (-2)(2) = 6 - 6 - 4 = -4$$

$$|\mathbf{u}| = \sqrt{(1)^2 + (-2)^2 + (-2)^2} = \sqrt{9} = 3$$

$$|\mathbf{v}| = \sqrt{(6)^2 + (3)^2 + (2)^2} = \sqrt{49} = 7$$

$$\theta = \cos^{-1}\left(\frac{\mathbf{u} \cdot \mathbf{v}}{|\mathbf{u}|\,|\mathbf{v}|}\right)$$

$$= \cos^{-1}\left(\frac{-4}{(3)(7)}\right) \approx 1{,}76 \text{ radianos}$$

A fórmula do ângulo também se aplica a vetores bidimensionais.

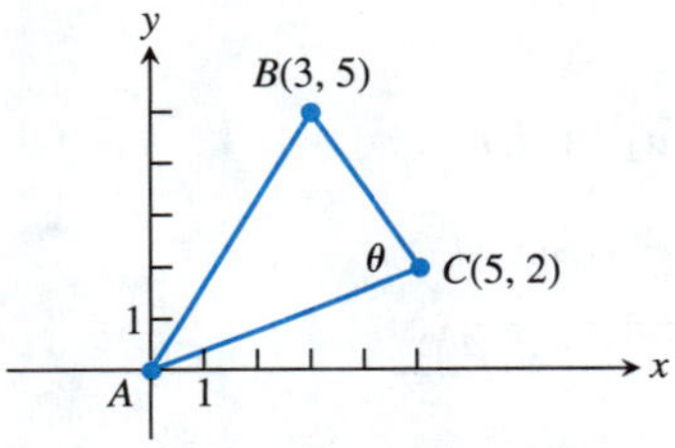

FIGURA 12.21 O triângulo do Exemplo 3.

EXEMPLO 3 Encontrando um ângulo de um triângulo

Encontre o ângulo θ no triângulo ABC determinado pelos vértices $A = (0, 0)$, $B = (3, 5)$ e $C = (5, 2)$ (Figura 12.21).

SOLUÇÃO O ângulo θ é o ângulo entre os vetores $\overrightarrow{CA}$ e $\overrightarrow{CB}$. As formas componentes desses dois vetores são

$$\overrightarrow{CA} = \langle -5, -2 \rangle \quad \text{e} \quad \overrightarrow{CB} = \langle -2, 3 \rangle$$

Primeiro calculamos o produto escalar e a magnitude desses dois vetores.

$$\overrightarrow{CA} \cdot \overrightarrow{CB} = (-5)(-2) + (-2)(3) = 4$$

$$|\overrightarrow{CA}| = \sqrt{(-5)^2 + (-2)^2} = \sqrt{29}$$

$$|\overrightarrow{CB}| = \sqrt{(-2)^2 + (3)^2} = \sqrt{13}$$

Então, aplicando a fórmula do ângulo, temos

$$\theta = \cos^{-1}\left(\frac{\overrightarrow{CA} \cdot \overrightarrow{CB}}{|\overrightarrow{CA}|\,|\overrightarrow{CB}|}\right)$$

$$= \cos^{-1}\left(\frac{4}{\left(\sqrt{29}\right)\left(\sqrt{13}\right)}\right)$$

$$\approx 78{,}1° \qquad \text{ou} \qquad 1{,}36 \text{ radianos}$$

Vetores perpendiculares (ortogonais)

Dois vetores não-nulos **u** e **v** são perpendiculares ou **ortogonais** se o ângulo entre eles é $\pi/2$. Para tais vetores, temos automaticamente $\mathbf{u} \cdot \mathbf{v} = 0$ porque $\cos(\pi/2) = 0$. O inverso também é verdadeiro. Se **u** e **v** são vetores não-nulos com $\mathbf{u} \cdot \mathbf{v} = |\mathbf{u}|\,|\mathbf{v}| \cos\theta = 0$, então $\cos\theta = 0$ e $\theta = \cos^{-1} 0 = \pi/2$.

Definição Vetores ortogonais

Os vetores **u** e **v** são **ortogonais (perpendiculares)** se e somente se $\mathbf{u} \cdot \mathbf{v} = 0$.

EXEMPLO 4 Aplicando a definição de ortogonalidade

(a) $\mathbf{u} = \langle 3, -2 \rangle$ e $\mathbf{v} = \langle 4, 6 \rangle$ são ortogonais porque $\mathbf{u} \cdot \mathbf{v} = (3)(4) + (-2)(6) = 0$.

(b) $\mathbf{u} = 3\mathbf{i} - 2\mathbf{j} + \mathbf{k}$ é ortogonal a $\mathbf{v} = 2\mathbf{j} + 4\mathbf{k}$ porque $\mathbf{u} \cdot \mathbf{v} = (3)(0) + (-2)(2) + (1)(4) = 0$.

(c) **0** é ortogonal a todo vetor **u**, uma vez que

$$\begin{aligned} \mathbf{0} \cdot \mathbf{u} &= \langle 0, 0, 0 \rangle \cdot \langle u_1, u_2, u_3 \rangle \\ &= (0)(u_1) + (0)(u_2) + (0)(u_3) \\ &= 0 \end{aligned}$$

Propriedades do produto escalar e projeções ortogonais

O produto escalar obedece a muitas das leis que valem para os produtos de números reais (escalares).

Propriedades do produto escalar

Se **u**, **v** e **w** forem quaisquer vetores e c for um escalar, então

1. $\mathbf{u} \cdot \mathbf{v} = \mathbf{v} \cdot \mathbf{u}$
2. $(c\mathbf{u}) \cdot \mathbf{v} = \mathbf{u} \cdot (c\mathbf{v}) = c(\mathbf{u} \cdot \mathbf{v})$
3. $\mathbf{u} \cdot (\mathbf{v} + \mathbf{w}) = \mathbf{u} \cdot \mathbf{v} + \mathbf{u} \cdot \mathbf{w}$
4. $\mathbf{u} \cdot \mathbf{u} = |\mathbf{u}|^2$
5. $\mathbf{0} \cdot \mathbf{u} = 0$

Companion Website
Biografia histórica

Carl Friedrich Gauss
(1777–1855)

PROVA DAS PROPRIEDADES 1 E 3 As propriedades são facilmente provadas usando-se a definição. Por exemplo, eis aqui as provas das propriedades 1 e 3.

1. $\mathbf{u} \cdot \mathbf{v} = u_1 v_1 + u_2 v_2 + u_3 v_3 = v_1 u_1 + v_2 u_2 + v_3 u_3 = \mathbf{v} \cdot \mathbf{u}$
3. $\begin{aligned}[t] \mathbf{u} \cdot (\mathbf{v} + \mathbf{w}) &= \langle u_1, u_2, u_3 \rangle \cdot \langle v_1 + w_1, v_2 + w_2, v_3 + w_3 \rangle \\ &= u_1(v_1 + w_1) + u_2(v_2 + w_2) + u_3(v_3 + w_3) \\ &= u_1 v_1 + u_1 w_1 + u_2 v_2 + u_2 w_2 + u_3 v_3 + u_3 w_3 \\ &= (u_1 v_1 + u_2 v_2 + u_3 v_3) + (u_1 w_1 + u_2 w_2 + u_3 w_3) \\ &= \mathbf{u} \cdot \mathbf{v} + \mathbf{u} \cdot \mathbf{w} \end{aligned}$

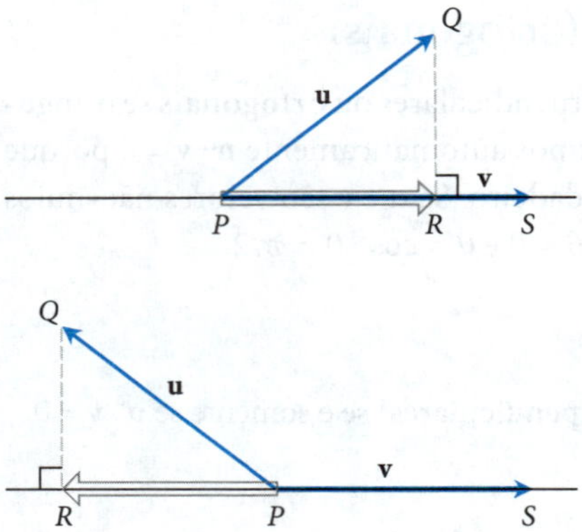

FIGURA 12.22 A projeção ortogonal de **u** em **v**.

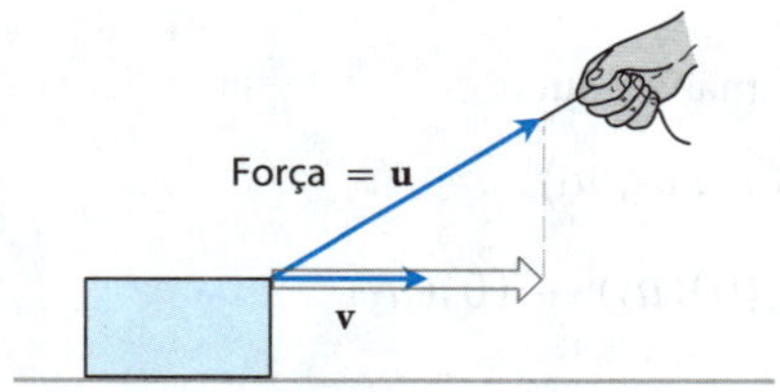

FIGURA 12.23 Se puxamos uma caixa com uma força **u**, a força efetiva que move a caixa para a frente na direção **v** é a projeção de **u** em **v**.

Agora, retornaremos ao problema da projeção de um vetor em outro, proposto no início desta seção. A **projeção ortogonal** de $\mathbf{u} = \overrightarrow{PQ}$ em um vetor não-nulo $\mathbf{v} = \overrightarrow{PS}$ (Figura 12.22) é o vetor $\overrightarrow{PR}$ determinado ao se traçar uma perpendicular de Q até a reta PS. A notação para esse vetor é

$$\text{proj}_{\mathbf{v}}\,\mathbf{u} \qquad (\text{"a projeção ortogonal de } \mathbf{u} \text{ em } \mathbf{v}\text{"})$$

Se **u** representa uma força, então $\text{proj}_{\mathbf{v}}\,\mathbf{u}$ representa a força efetiva na direção de **v** (Figura 12.23).

Se o ângulo θ entre **u** e **v** é agudo, $\text{proj}_{\mathbf{v}}\,\mathbf{u}$ tem comprimento $|\mathbf{u}|\cos\theta$ e direção $\mathbf{v}/|\mathbf{v}|$ (Figura 12.24). Se θ é obtuso, $\cos\theta < 0$ e $\text{proj}_{\mathbf{v}}\,\mathbf{u}$ tem comprimento $-|\mathbf{u}|\cos\theta$ e direção $-\mathbf{v}/|\mathbf{v}|$. De qualquer modo,

$$\begin{aligned}\text{proj}_{\mathbf{v}}\,\mathbf{u} &= (|\mathbf{u}|\cos\theta)\frac{\mathbf{v}}{|\mathbf{v}|}\\ &= \left(\frac{\mathbf{u}\cdot\mathbf{v}}{|\mathbf{v}|}\right)\frac{\mathbf{v}}{|\mathbf{v}|} \qquad\qquad |\mathbf{u}|\cos\theta = \frac{|\mathbf{u}|\,|\mathbf{v}|\cos\theta}{|\mathbf{v}|} = \frac{\mathbf{u}\cdot\mathbf{v}}{|\mathbf{v}|}\\ &= \left(\frac{\mathbf{u}\cdot\mathbf{v}}{|\mathbf{v}|^2}\right)\mathbf{v}.\end{aligned}$$

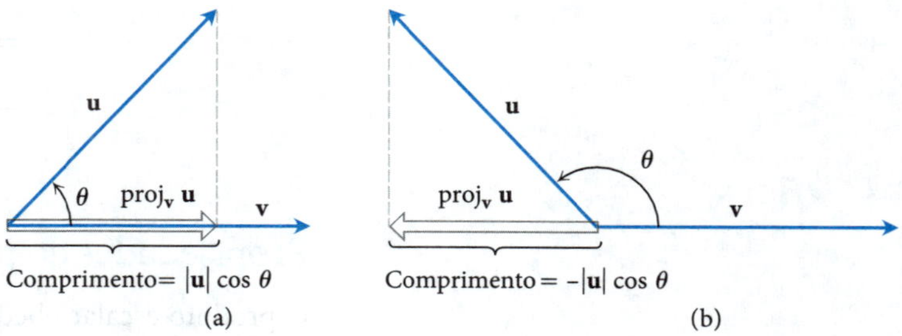

FIGURA 12.24 O comprimento de $\text{proj}_{\mathbf{v}}\,\mathbf{u}$ é (a) $|\mathbf{u}|\cos\theta$ se $\cos\theta \geq 0$ e (b) $-|\mathbf{u}|\cos\theta$ se $\cos\theta < 0$.

O número $|\mathbf{u}|\cos\theta$ é chamado **componente escalar de u na direção de v**. Em resumo,

A projeção ortogonal de **u** em **v**:

$$\text{proj}_{\mathbf{v}}\mathbf{u} = \left(\frac{\mathbf{u}\cdot\mathbf{v}}{|\mathbf{v}|^2}\right)\mathbf{v} \qquad (1)$$

A componente escalar de **u** na direção de **v**:

$$|\mathbf{u}|\cos\theta = \frac{\mathbf{u}\cdot\mathbf{v}}{|\mathbf{v}|} = \mathbf{u}\cdot\frac{\mathbf{v}}{|\mathbf{v}|} \qquad (2)$$

Observe que tanto a projeção ortogonal de **u** em **v** quanto o produto escalar de **u** em **v** dependem somente da direção do vetor **v**, e não de seu comprimento (já que multiplicamos escarlamente **u** com $\mathbf{v}/|\mathbf{v}|$, que é a direção de **v**).

EXEMPLO 5 Encontrando projeções ortogonais

Encontre a projeção ortogonal de $\mathbf{u} = 6\mathbf{i} + 3\mathbf{j} + 2\mathbf{k}$ em $\mathbf{v} = \mathbf{i} - 2\mathbf{j} - 2\mathbf{k}$ e a componente escalar de **u** na direção de **v**.

SOLUÇÃO Encontramos $\text{proj}_{\mathbf{v}}\,\mathbf{u}$ a partir da Equação (1):

$$\text{proj}_{\mathbf{v}}\,\mathbf{u} = \frac{\mathbf{u}\cdot\mathbf{v}}{\mathbf{v}\cdot\mathbf{v}}\mathbf{v} = \frac{6-6-4}{1+4+4}(\mathbf{i}-2\mathbf{j}-2\mathbf{k})$$

$$= -\frac{4}{9}(\mathbf{i}-2\mathbf{j}-2\mathbf{k}) = -\frac{4}{9}\mathbf{i} + \frac{8}{9}\mathbf{j} + \frac{8}{9}\mathbf{k}$$

Encontramos a componente escalar de **u** na direção de **v** a partir da Equação (2):

$$|\mathbf{u}|\cos\theta = \mathbf{u}\cdot\frac{\mathbf{v}}{|\mathbf{v}|} = (6\mathbf{i}+3\mathbf{j}+2\mathbf{k})\cdot\left(\frac{1}{3}\mathbf{i} - \frac{2}{3}\mathbf{j} - \frac{2}{3}\mathbf{k}\right)$$

$$= 2 - 2 - \frac{4}{3} = -\frac{4}{3}$$

As equações (1) e (2) também se aplicam a vetores bidimensionais.

EXEMPLO 6 Encontrando projeções ortogonais e componentes escalares

Encontre a projeção ortogonal de uma força $\mathbf{F} = 5\mathbf{i} + 2\mathbf{j}$ em $\mathbf{v} = \mathbf{i} - 3\mathbf{j}$ e a componente escalar de **F** na direção de **v**.

SOLUÇÃO A projeção ortogonal é

$$\text{proj}_{\mathbf{v}}\,\mathbf{F} = \left(\frac{\mathbf{F}\cdot\mathbf{v}}{|\mathbf{v}|^2}\right)\mathbf{v}$$

$$= \frac{5-6}{1+9}(\mathbf{i}-3\mathbf{j}) = -\frac{1}{10}(\mathbf{i}-3\mathbf{j})$$

$$= -\frac{1}{10}\mathbf{i} + \frac{3}{10}\mathbf{j}$$

A componente escalar de **F** na direção de **v** é

$$|\mathbf{F}|\cos\theta = \frac{\mathbf{F}\cdot\mathbf{v}}{|\mathbf{v}|} = \frac{5-6}{\sqrt{1+9}} = -\frac{1}{\sqrt{10}}$$

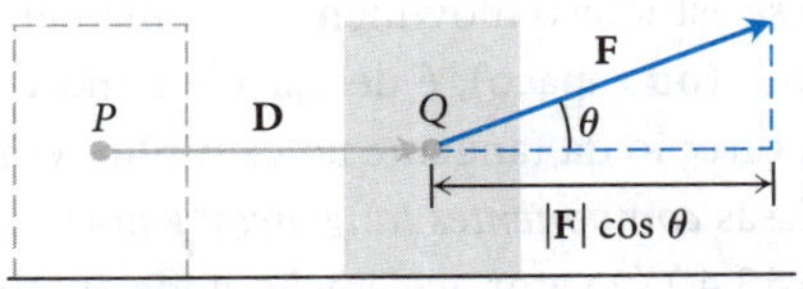

FIGURA 12.25 O trabalho realizado por uma força constante **F** durante um deslocamento **D** é $(|\mathbf{F}|\cos\theta)\,|\mathbf{D}|$.

Trabalho

No Capítulo 6, Volume I, calculamos o trabalho realizado por uma constante magnitude de força F ao mover um objeto ao longo de uma distância d por $W = Fd$. Aquela fórmula é verdadeira somente se a força é direcionada ao longo da reta de movimento. Se uma força **F** que move um objeto ao longo de um deslocamento $\mathbf{D} = \overrightarrow{PQ}$ tem alguma outra direção, o trabalho é realizado pela componente de **F** na direção de **D**. Se θ é o ângulo entre **F** e **D** (Figura 12.25), então

$$\text{Trabalho} = \begin{pmatrix}\text{Componente escalar de } \mathbf{F} \\ \text{na direção de } \mathbf{D}\end{pmatrix}(\text{comprimento de } \mathbf{D})$$
$$= (|\mathbf{F}| \cos\theta)|\mathbf{D}|$$
$$= \mathbf{F}\cdot\mathbf{D}$$

Definição Trabalho realizado por uma força constante
O **trabalho** realizado por uma força constante **F** que atua em um deslocamento $\mathbf{D} = \overrightarrow{PQ}$ é

$$W = \mathbf{F}\cdot\mathbf{D} = |\mathrm{F}|\,|\mathbf{D}|\cos\theta$$

onde q é o ângulo entre **F** e **D**.

EXEMPLO 7 Aplicando a definição de trabalho

Se $|\mathbf{F}|= 40$ N (newtons), $|\mathbf{D}|= 3$ m e $\theta = 60°$, o trabalho realizado por **F** que atua de P a Q é

$$\begin{aligned}\text{Trabalho} &= |\mathbf{F}|\,|\mathbf{D}|\cos\theta && \text{Definição}\\ &= (40)(3)\cos 60° && \text{Valores dados}\\ &= (120)(1/2)\\ &= 60 \text{ J (joules)}\end{aligned}$$

Descobriremos problemas mais interessantes sobre trabalho no Capítulo 16, quando aprenderemos a encontrar o trabalho realizado por uma força variável ao longo de um *caminho* no espaço.

Escrevendo um vetor como uma soma de vetores ortogonais

Conhecemos uma maneira de escrever um vetor $\mathbf{u} = \langle u_1, u_2,\rangle$ ou $\mathbf{u} = \langle u_1, u_2, u_3\rangle$ como uma soma de vetores ortogonais:

$$\mathbf{u} = u_1\mathbf{i} + u_2\mathbf{j} \quad \text{ou} \quad \mathbf{u} = u_1\mathbf{i} + (u_2\mathbf{j} + u_3\mathbf{k})$$

(uma vez que $\mathbf{i}\cdot\mathbf{j} = \mathbf{i}\cdot\mathbf{k} = \mathbf{j}\cdot\mathbf{k} = 0$).

Algumas vezes, contudo, é mais instrutivo expressar **u** como uma soma diferente. Em mecânica, por exemplo, freqüentemente precisamos escrever um vetor **u** como uma soma de um vetor paralelo a um vetor **v** dado e um vetor ortogonal a **v**. Como exemplo, ao se estudar o movimento de uma partícula ao longo de um caminho no plano (ou espaço), é desejável conhecer as componentes do vetor aceleração na direção da tangente ao caminho (em um ponto) e da normal ao caminho. (Essas *componentes tangencial e normal* da aceleração serão estudadas na Seção 13.4.) O vetor aceleração pode então ser expresso como a soma das componentes (vetoriais) tangencial e normal (as quais refletem propriedades geométricas importantes sobre a natureza do próprio caminho, tal como a *curvatura*). Vetores velocidade e aceleração serão estudados no próximo capítulo.

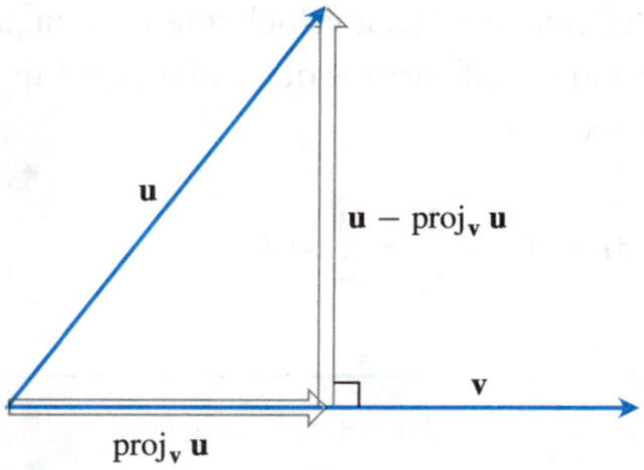

FIGURA 12.26 Escrevendo **u** como a soma de vetores paralelos e ortogonais a **v**.

Em geral, para vetores **u** e **v**, é fácil ver na Figura 12.26 que o vetor

$$\mathbf{u} - \text{proj}_{\mathbf{v}}\mathbf{u}$$

é ortogonal à projeção ortogonal $\text{proj}_{\mathbf{v}}\mathbf{u}$ (a qual tem a mesma direção de **v**). O cálculo a seguir comprova essa observação:

$$(\mathbf{u} - \text{proj}_{\mathbf{v}}\mathbf{u}) \cdot \text{proj}_{\mathbf{v}}\mathbf{u} = \left(\mathbf{u} - \left(\frac{\mathbf{u}\cdot\mathbf{v}}{|\mathbf{v}|^2}\right)\mathbf{v}\right) \cdot \left(\frac{\mathbf{u}\cdot\mathbf{v}}{|\mathbf{v}|^2}\right)\mathbf{v}$$

Equação 1

$$= \left(\frac{\mathbf{u}\cdot\mathbf{v}}{|\mathbf{v}|^2}\right)(\mathbf{u}\cdot\mathbf{v}) - \left(\frac{\mathbf{u}\cdot\mathbf{v}}{|\mathbf{v}|^2}\right)^2(\mathbf{v}\cdot\mathbf{v})$$

Propriedades 2 e 3 do produto escalar

$$= \frac{(\mathbf{u}\cdot\mathbf{v})^2}{|\mathbf{v}|^2} - \frac{(\mathbf{u}\cdot\mathbf{v})^2}{|\mathbf{v}|^2}$$

$\mathbf{v}\cdot\mathbf{v} = |\mathbf{v}|^2$ cancelada

$$= 0$$

Assim,

$$\mathbf{u} = \text{proj}_{\mathbf{v}}\mathbf{u} + (\mathbf{u} - \text{proj}_{\mathbf{v}}\mathbf{u})$$

expressa **u** como uma soma de vetores ortogonais.

Como escrever u como um vetor paralelo a v mais um vetor ortogonal a v

$$\mathbf{u} = \text{proj}_{\mathbf{v}}\mathbf{u} + (\mathbf{u} - \text{proj}_{\mathbf{v}}\mathbf{u})$$

$$= \underbrace{\left(\frac{\mathbf{u}\cdot\mathbf{v}}{|\mathbf{v}|^2}\right)\mathbf{v}}_{\text{Paralelo a } \mathbf{v}} + \underbrace{\left(\mathbf{u} - \left(\frac{\mathbf{u}\cdot\mathbf{v}}{|\mathbf{v}|^2}\right)\mathbf{v}\right)}_{\text{Ortogonal a } \mathbf{v}}$$

EXEMPLO 8 Força sobre uma espaçonave

Uma força $\mathbf{F} = 2\mathbf{i} + \mathbf{j} - 3\mathbf{k}$ é aplicada a uma espaçonave com velocidade vetorial $\mathbf{v} = 3\mathbf{i} - \mathbf{j}$. Expresse **F** como uma soma de um vetor paralelo a **v** e um vetor ortogonal a **v**.

SOLUÇÃO

$$\mathbf{F} = \text{proj}_{\mathbf{v}}\mathbf{F} + (\mathbf{F} - \text{proj}_{\mathbf{v}}\mathbf{F})$$

$$= \frac{\mathbf{F}\cdot\mathbf{v}}{\mathbf{v}\cdot\mathbf{v}}\mathbf{v} + \left(\mathbf{F} - \frac{\mathbf{F}\cdot\mathbf{v}}{\mathbf{v}\cdot\mathbf{v}}\mathbf{v}\right)$$

$$= \left(\frac{6-1}{9+1}\right)\mathbf{v} + \left(\mathbf{F} - \left(\frac{6-1}{9+1}\right)\mathbf{v}\right)$$

$$= \frac{5}{10}(3\mathbf{i} - \mathbf{j}) + \left(2\mathbf{i} + \mathbf{j} - 3\mathbf{k} - \frac{5}{10}(3\mathbf{i} - \mathbf{j})\right)$$

$$= \left(\frac{3}{2}\mathbf{i} - \frac{1}{2}\mathbf{j}\right) + \left(\frac{1}{2}\mathbf{i} + \frac{3}{2}\mathbf{j} - 3\mathbf{k}\right)$$

A força $(3/2)\mathbf{i} - (1/2)\mathbf{j}$ é a força efetiva paralela à velocidade **v**. A força $(1/2)\mathbf{i} + (3/2)\mathbf{j} - 3\mathbf{k}$ é ortogonal a **v**. Para verificarmos que esse vetor é ortogonal a **v**, encontramos o produto escalar:

$$\left(\frac{1}{2}\mathbf{i} + \frac{3}{2}\mathbf{j} - 3\mathbf{k}\right) \cdot (3\mathbf{i} - \mathbf{j}) = \frac{3}{2} - \frac{3}{2} = 0$$

Exercícios 12.3

Projeções e produtos escalares

Nos exercícios 1–8, encontre:

(a) $\mathbf{v} \cdot \mathbf{u}$, $|\mathbf{v}|$, $|\mathbf{u}|$;

(b) o cosseno do ângulo entre **v** e **u**;

(c) a componente escalar de **u** na direção de **v**;

(d) o vetor $\text{proj}_{\mathbf{v}}\, \mathbf{u}$.

1. $\mathbf{v} = 2\mathbf{i} - 4\mathbf{j} + \sqrt{5}\mathbf{k}, \quad \mathbf{u} = -2\mathbf{i} + 4\mathbf{j} - \sqrt{5}\mathbf{k}$
2. $\mathbf{v} = (3/5)\mathbf{i} + (4/5)\mathbf{k}, \quad \mathbf{u} = 5\mathbf{i} + 12\mathbf{j}$
3. $\mathbf{v} = 10\mathbf{i} + 11\mathbf{j} - 2\mathbf{k}, \quad \mathbf{u} = 3\mathbf{j} + 4\mathbf{k}$
4. $\mathbf{v} = 2\mathbf{i} + 10\mathbf{j} - 11\mathbf{k}, \quad \mathbf{u} = 2\mathbf{i} + 2\mathbf{j} + \mathbf{k}$
5. $\mathbf{v} = 5\mathbf{j} - 3\mathbf{k}, \quad \mathbf{u} = \mathbf{i} + \mathbf{j} + \mathbf{k}$
6. $\mathbf{v} = -\mathbf{i} + \mathbf{j}, \quad \mathbf{u} = \sqrt{2}\mathbf{i} + \sqrt{3}\mathbf{j} + 2\mathbf{k}$
7. $\mathbf{v} = 5\mathbf{i} + \mathbf{j}, \quad \mathbf{u} = 2\mathbf{i} + \sqrt{17}\mathbf{j}$
8. $\mathbf{v} = \left\langle \frac{1}{\sqrt{2}}, \frac{1}{\sqrt{3}} \right\rangle, \quad \mathbf{u} = \left\langle \frac{1}{\sqrt{2}}, -\frac{1}{\sqrt{3}} \right\rangle$

T Ângulos entre vetores

Encontre os ângulos entre vetores nos exercícios 9–12 com precisão de um centésimo de radiano.

9. $\mathbf{u} = 2\mathbf{i} + \mathbf{j}, \quad \mathbf{v} = \mathbf{i} + 2\mathbf{j} - \mathbf{k}$
10. $\mathbf{u} = 2\mathbf{i} - 2\mathbf{j} + \mathbf{k}, \quad \mathbf{v} = 3\mathbf{i} + 4\mathbf{k}$
11. $\mathbf{u} = \sqrt{3}\mathbf{i} - 7\mathbf{j}, \quad \mathbf{v} = \sqrt{3}\mathbf{i} + \mathbf{j} - 2\mathbf{k}$
12. $\mathbf{u} = \mathbf{i} + \sqrt{2}\mathbf{j} - \sqrt{2}\mathbf{k}, \quad \mathbf{v} = -\mathbf{i} + \mathbf{j} + \mathbf{k}$

13. **Triângulo** Encontre a medida dos ângulos do triângulo cujos vértices são $A = (-1, 0)$, $B = (2, 1)$ e $C = (1, -2)$.

14. **Retângulo** Encontre a medida dos ângulos entre as diagonais do retângulo cujos vértices são $A = (1, 0)$, $B = (0, 3)$, $C = (3, 4)$ e $D = (4, 1)$.

15. **Ângulos diretores e cossenos diretores** Os *ângulos diretores* α, β e γ de um vetor $\mathbf{v} = a\mathbf{i} + b\mathbf{j} + c\mathbf{k}$ são definidos da seguinte maneira:

α é o ângulo entre **v** e o eixo x positivo $(0 \leq \alpha \leq \pi)$.

β é o ângulo entre **v** e o eixo y positivo $(0 \leq \beta \leq \pi)$.

γ é o ângulo entre **v** e o eixo z positivo $(0 \leq \gamma \leq \pi)$.

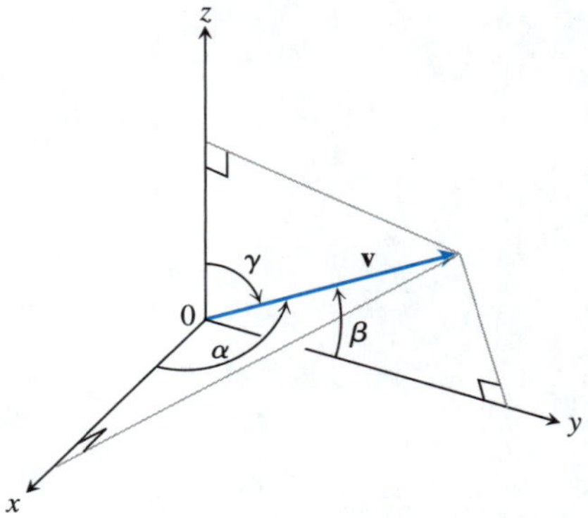

(a) Mostre que

$$\cos\alpha = \frac{a}{|\mathbf{v}|}, \qquad \cos\beta = \frac{b}{|\mathbf{v}|}, \qquad \cos\gamma = \frac{c}{|\mathbf{v}|}$$

e $\cos^2\alpha + \cos^2\beta + \cos^2\gamma = 1$. Esses cossenos são chamados *cossenos diretores* de **v**.

(b) **Vetores unitários são construídos a partir de cossenos diretores** Mostre que, se $\mathbf{v} = a\mathbf{i} + b\mathbf{j} + c\mathbf{k}$ é um vetor unitário, então a, b e c são cossenos diretores de **v**.

16. **Construção de tubulação de água** Uma tubulação de água será construída com um desnível de 20% na direção norte e um desnível de 10% na direção leste. Determine o ângulo θ necessário na tubulação no cotovelo de norte para leste.

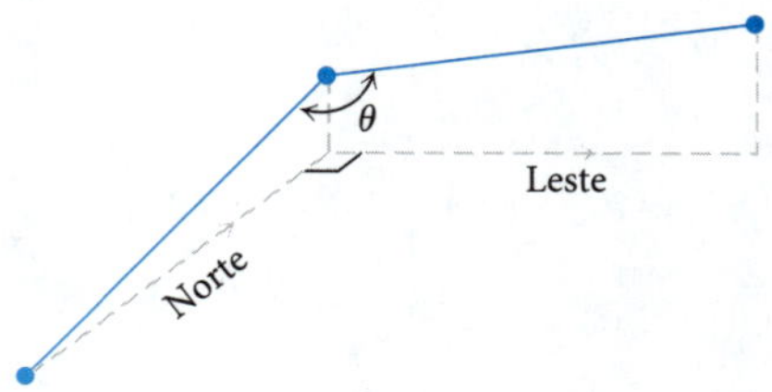

Decompondo vetores

Nos exercícios 17–19, escreva **u** como a soma de um vetor paralelo a **v** e um vetor ortogonal a **v**.

17. $\mathbf{u} = 3\mathbf{j} + 4\mathbf{k}, \quad \mathbf{v} = \mathbf{i} + \mathbf{j}$

18. $\mathbf{u} = \mathbf{j} + \mathbf{k}, \quad \mathbf{v} = \mathbf{i} + \mathbf{j}$

19. $\mathbf{u} = 8\mathbf{i} + 4\mathbf{j} - 12\mathbf{k}, \quad \mathbf{v} = \mathbf{i} + 2\mathbf{j} - \mathbf{k}$

20. Soma de vetores $\mathbf{u} = \mathbf{i} + (\mathbf{j} + \mathbf{k})$ já é a soma de um vetor paralelo a **i** e um vetor ortogonal a **i**. Se você usar $\mathbf{v} = \mathbf{i}$ na decomposição $\mathbf{u} = \text{proj}_{\mathbf{v}}\mathbf{u} + (\mathbf{u} - \text{proj}_{\mathbf{v}}\mathbf{u})$, obterá $\text{proj}_{\mathbf{v}}\mathbf{u} = \mathbf{i}$ e $(\mathbf{u} - \text{proj}_{\mathbf{v}}\mathbf{u}) = \mathbf{j} + \mathbf{k}$? Tente fazer isso e descubra.

Geometria e exemplos

21. Somas e diferenças Na figura a seguir parece que $\mathbf{v}_1 + \mathbf{v}_2$ e $\mathbf{v}_1 - \mathbf{v}_2$ são ortogonais. É mera coincidência ou existem circunstâncias nas quais podemos esperar que a soma de dois vetores seja ortogonal à sua diferença? Justifique sua resposta.

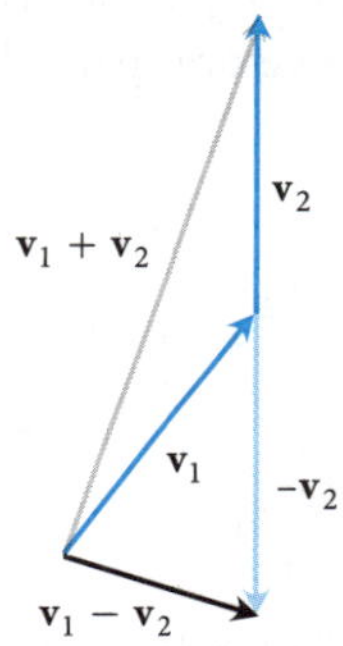

22. Ortogonalidade sobre um círculo Suponha que AB seja o diâmetro de um círculo com centro O e que C seja um ponto sobre um dos dois arcos que ligam A e B. Mostre que $\overrightarrow{CA}$ e $\overrightarrow{CB}$ são ortogonais.

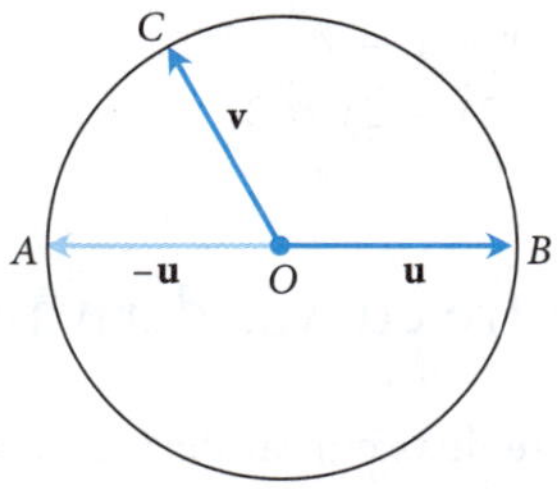

23. Diagonais de um rombo (losango) Mostre que as diagonais de um rombo (paralelogramo com lados de comprimentos iguais) são perpendiculares.

24. Diagonais perpendiculares Mostre que os quadrados são os únicos retângulos com diagonais perpendiculares.

25. Quando paralelogramos são retângulos Prove que um paralelogramo é um retângulo se e somente se suas diagonais tiverem comprimentos iguais. (Esse fato é explorado com freqüência por carpinteiros.)

26. Diagonal do paralelogramo Mostre que a diagonal indicada do paralelogramo determinado pelos vetores **u** e **v** é bissetriz do ângulo entre **u** e **v** se $|\mathbf{u}| = |\mathbf{v}|$.

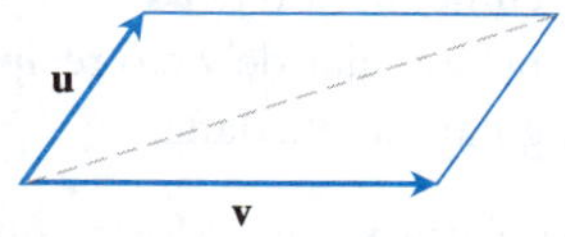

27. Movimento de um projétil Uma arma com velocidade de saída de 1.200 pés/s é disparada a um ângulo de 8° acima da horizontal. Encontre as componentes horizontal e vertical da velocidade.

28. Plano inclinado Suponha uma caixa esteja sendo erguida sobre um plano inclinado como mostrado na figura. Encontre a força **w** necessária para fazer que a componente da força paralela ao plano inclinado seja igual a 2,5 lb.

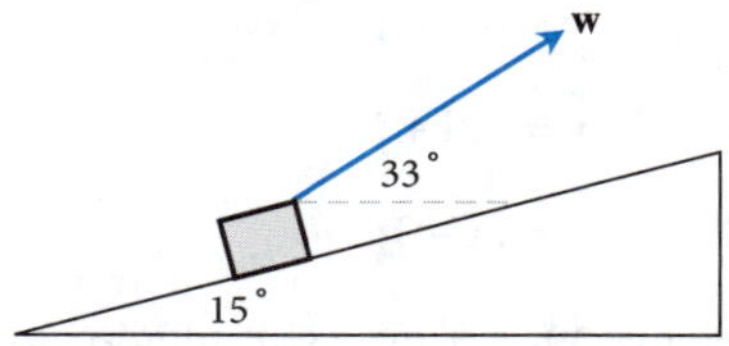

Teoria e exemplos

29. (a) Desigualdade de Cauchy-Schwartz Use o fato de que $\mathbf{u} \cdot \mathbf{v} = |\mathbf{u}|\,|\mathbf{v}| \cos\theta$ para mostrar que a desigualdade $|\mathbf{u} \cdot \mathbf{v}| \leq |\mathbf{u}|\,|\mathbf{v}|$ é verdadeira para quaisquer vetores **u** e **v**.

(b) Sob quais circunstâncias, se existirem, $|\mathbf{u} \cdot \mathbf{v}|$ é igual a $|\mathbf{u}|\,|\mathbf{v}|$? Justifique a sua resposta.

30. Copie os eixos e o vetor mostrados aqui. Então, sombreie os pontos (x, y) para os quais $(x\mathbf{i} + y\mathbf{j}) \cdot \mathbf{v} \leq 0$. Justifique sua resposta.

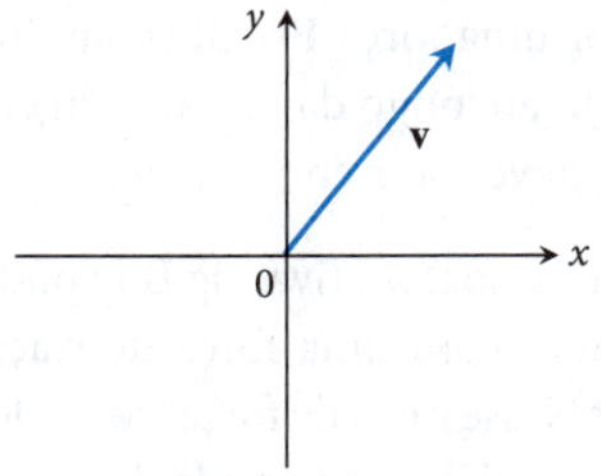

31. Vetores unitários ortogonais Se $\mathbf{u}_1$ e $\mathbf{u}_2$ forem vetores unitários ortogonais e $\mathbf{v} = a\mathbf{u}_1 + b\mathbf{u}_2$, encontre $\mathbf{v} \cdot \mathbf{u}_1$.

32. Cancelamento em produtos escalares Na multiplicação de números reais, se $uv_1 = uv_2$ e $u \neq 0$, podemos cancelar u e concluir que $v_1 = v_2$. A mesma regra se aplica ao produto escalar: Se $\mathbf{u} \cdot \mathbf{v}_1 = \mathbf{u} \cdot \mathbf{v}_2$ e $\mathbf{u} \neq \mathbf{0}$, pode-se concluir que $\mathbf{v}_1 = \mathbf{v}_2$? Justifique sua resposta.

Equações para retas no plano

33. **Reta perpendicular a um vetor** Mostre que o vetor $\mathbf{v} = a\mathbf{i} + b\mathbf{j}$ é perpendicular à reta $ax + by = c$ estabelecendo que o coeficiente angular de **v** é o recíproco negativo do coeficiente angular da reta dada.

34. **Reta paralela a um vetor** Mostre que o vetor $\mathbf{v} = a\mathbf{i} + b\mathbf{j}$ é paralelo à reta $bx - ay = c$ estabelecendo que o coeficiente angular do segmento de reta representando **v** é o mesmo que o coeficiente angular da reta dada.

Nos exercícios 35–38, use o resultado do Exercício 33 para encontrar uma equação para a reta que passa por P perpendicularmente a **v**. A seguir, esboce a reta. Inclua **v** em seu esboço como *um vetor com ponto inicial na origem*.

35. $P(2, 1)$, $\mathbf{v} = \mathbf{i} + 2\mathbf{j}$

36. $P(-1, 2)$, $\mathbf{v} = -2\mathbf{i} - \mathbf{j}$

37. $P(-2, -7)$, $\mathbf{v} = -2\mathbf{i} + \mathbf{j}$

38. $P(11, 10)$, $\mathbf{v} = 2\mathbf{i} - 3\mathbf{j}$

Nos exercícios 39–42, use o resultado do Exercício 34 para encontrar uma equação para a reta que passa por P paralelamente a **v**. A seguir esboce a reta. Inclua **v** em seu esboço como *um vetor com ponto inicial na origem*.

39. $P(-2, 1)$, $\mathbf{v} = \mathbf{i} - \mathbf{j}$

40. $P(0, -2)$, $\mathbf{v} = 2\mathbf{i} + 3\mathbf{j}$

41. $P(1, 2)$, $\mathbf{v} = -\mathbf{i} - 2\mathbf{j}$

42. $P(1, 3)$, $\mathbf{v} = 3\mathbf{i} - 2\mathbf{j}$

Trabalho

43. **Trabalho ao longo de uma reta** Encontre o trabalho realizado por uma força $\mathbf{F} = 5\mathbf{i}$ (magnitude 5 N) ao mover um objeto ao longo da reta da origem ao ponto (1, 1) (a distância deve estar em metros).

44. **Locomotiva** A locomotiva Big Boy podia puxar trens de 6.000 toneladas com uma força de tração de 602.148 N (135.375 lb). Nesse nível de força, cerca de quanto trabalho a locomotiva realizou na jornada de 605 km (aproximadamente em linha reta) de São Francisco a Los Angeles?

45. **Plano inclinado** Quanto trabalho é necessário para deslizar um engradado 20 m ao longo de um cais puxando-o com uma força de 200 N em um ângulo de 30º com a horizontal?

46. **Barco a vela** O vento passando sobre a vela de um barco exerce uma magnitude de força **F** 1.000 lb como mostrado aqui. Quanto trabalho é realizado pelo vento para mover o barco para a frente 1 milha? Dê a resposta em pés-libras.

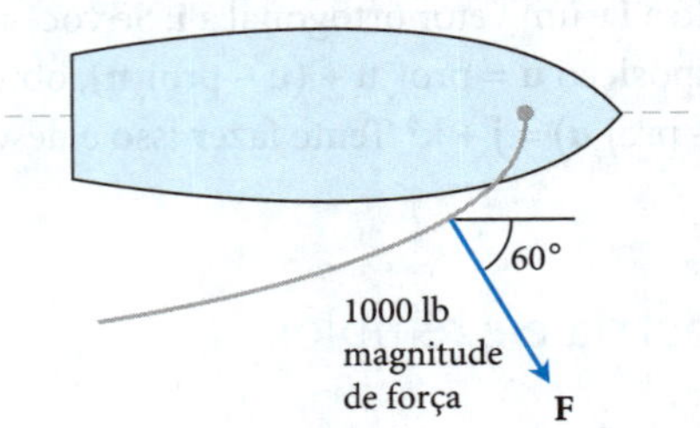

Ângulos entre retas no plano

O ângulo agudo entre retas que se cruzam a um ângulo não reto é o mesmo que o ângulo determinado pelos vetores normais às retas ou pelos vetores paralelos a estas.

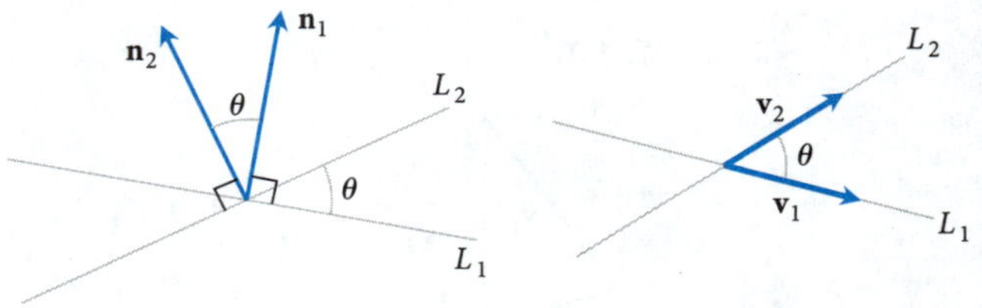

Use esse fato e os resultados dos exercícios 33 ou 34 para encontrar os ângulos agudos entre as retas nos exercícios 47–52.

47. $3x + y = 5,\quad 2x - y = 4$

48. $y = \sqrt{3}x - 1,\quad y = -\sqrt{3}x + 2$

49. $\sqrt{3}x - y = -2,\quad x - \sqrt{3}y = 1$

50. $x + \sqrt{3}y = 1,\quad \left(1 - \sqrt{3}\right)x + \left(1 + \sqrt{3}\right)y = 8$

51. $3x - 4y = 3,\quad x - y = 7$

52. $12x + 5y = 1,\quad 2x - 2y = 3$

Ângulos entre curvas deriváveis

Os ângulos entre duas curvas deriváveis em um ponto de interseção são os ângulos entre as retas tangentes às curvas nesses pontos. Encontre os ângulos entre as curvas nos exercícios 53–56. Observe que se $\mathbf{v} = a\mathbf{i} + b\mathbf{j}$ é um vetor no plano, então o vetor possui um coeficiente angular b/a quando $a \neq 0$.

53. $y = (3/2) - x^2,\quad y = x^2$ (dois pontos de interseção)

54. $x = (3/4) - y^2,\quad x = y^2 - (3/4)$ (dois pontos de interseção)

55. $y = x^3,\quad x = y^2$ (dois pontos de interseção)

56. $y = -x^2,\quad y = \sqrt{x}$ (dois pontos de interseção)

12.4 Produto vetorial

No estudo de retas no plano, quando precisávamos descrever a inclinação de uma reta, usávamos as noções de coeficiente angular e ângulo de inclinação. No espaço, queremos uma maneira de descrever como um *plano* está inclinado. Conseguimos tal descrição por meio da multiplicação de dois vetores no plano para chegar a um terceiro vetor perpendicular ao plano. A direção desse terceiro vetor nos diz a "inclinação" do plano. O produto que usamos para multiplicar os vetores é o *produto vetorial*, o segundo dos dois métodos de multiplicação de vetores que estudamos em cálculo.

Os produtos vetoriais são amplamente utilizados para descrever o efeito das forças em estudos de eletricidade, magnetismo, fluxo de fluidos e mecânica orbital. Esta seção apresenta as propriedades matemáticas que se aplicam ao uso de produtos vetoriais nesses campos.

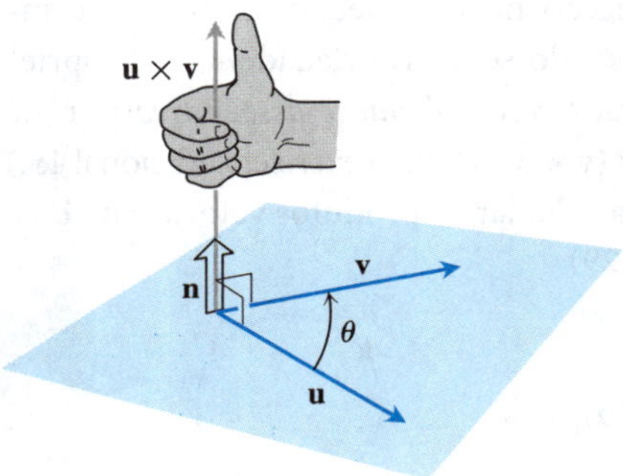

FIGURA 12.27 A construção de $\mathbf{u} \times \mathbf{v}$.

O produto vetorial de dois vetores no espaço

Começamos com dois vetores não-nulos **u** e **v** no espaço. Se **u** e **v** não são paralelos, eles determinam um plano. Selecionamos um vetor unitário **n** perpendicular ao plano pela **regra da mão direita**. Isso significa que escolhemos **n** como sendo o vetor unitário (normal) que aponta no mesmo sentido que nosso polegar direito quando os dedos se fecham através do ângulo θ de **u** a **v** (Figura 12.27). Então o **produto vetorial** $\mathbf{u} \times \mathbf{v}$ ("**u** vetorial **v**") é o *vetor* definido a seguir.

Definição Produto vetorial

$$\mathbf{u} \times \mathbf{v} = (|\mathbf{u}|\,|\mathbf{v}| \operatorname{sen} \theta)\, \mathbf{n}$$

Ao contrário do produto escalar, o produto vetorial é um vetor. Por essa razão, ele é chamado **produto vetorial** de **u** e **v** e se aplica *somente* a vetores no espaço. O vetor $\mathbf{u} \times \mathbf{v}$ é ortogonal tanto a **u** quanto a **v** porque é um múltiplo escalar de **n**.

Como os senos de 0 e π são ambos zero, faz sentido definir o produto vetorial de dois vetores paralelos não-nulos como **0**. Se **u**, **v** ou ambos forem zero, também definimos $\mathbf{u} \times \mathbf{v}$ como zero. Dessa maneira, o produto vetorial de dois vetores **u** e **v** será zero se e somente se **u** e **v** forem paralelos ou um deles ou ambos forem zero.

Vetores paralelos

Vetores não-nulos **u** e **v** são paralelos se e somente se $\mathbf{u} \times \mathbf{v} = \mathbf{0}$.

O produto vetorial obedece às regras a seguir.

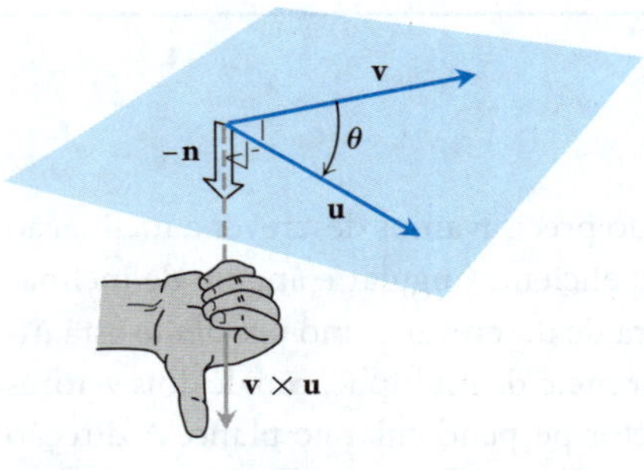

FIGURA 12.28 A construção de $\mathbf{v} \times \mathbf{u}$.

Propriedades do produto Vetorial

Se **u**, **v** e **w** forem quaisquer vetores e r e s forem escalares, então

1. $(r\mathbf{u}) \times (s\mathbf{v}) = (rs) \times (\mathbf{u} \times \mathbf{v})$
2. $\mathbf{u} \times (\mathbf{v} + \mathbf{w}) = \mathbf{u} \times \mathbf{v} + \mathbf{u} \times \mathbf{w}$
3. $(\mathbf{v} + \mathbf{w}) \times \mathbf{u} = \mathbf{v} \times \mathbf{u} + \mathbf{w} \times \mathbf{u}$
4. $\mathbf{v} \times \mathbf{u} = -(\mathbf{u} \times \mathbf{v})$
5. $\mathbf{0} \times \mathbf{u} = \mathbf{0}$

Para visualizarmos a Propriedade 4, por exemplo, notamos que, quando os dedos da nossa mão direita se fecham através do ângulo θ de **v** a **u**, nosso polegar aponta para o sentido oposto e o vetor unitário que escolhemos ao formar $\mathbf{v} \times \mathbf{u}$ é o oposto daquele que escolhemos ao formar $\mathbf{u} \times \mathbf{v}$ (Figura 12.28).

A Propriedade 1 pode ser verificada aplicando-se a definição de produto vetorial a ambos os lados da equação e comparando-se os resultados. A Propriedade 2 é provada no Apêndice A.6. A Propriedade 3 segue multiplicando-se ambos os lados da equação na Propriedade 2 por −1 e invertendo-se a ordem dos produtos usando-se a Propriedade 4. A Propriedade 5 vem da definição. Como regra, o vetorial *não é associativo* porque $(\mathbf{u} \times \mathbf{v}) \times \mathbf{w}$ geralmente não é igual a $\mathbf{u} \times (\mathbf{v} \times \mathbf{w})$. (Veja o exercício adicional 15.)

Quando aplicamos a definição para calcular os produtos vetoriais de **i**, **j** e **k** dois a dois, encontramos (Figura 12.29)

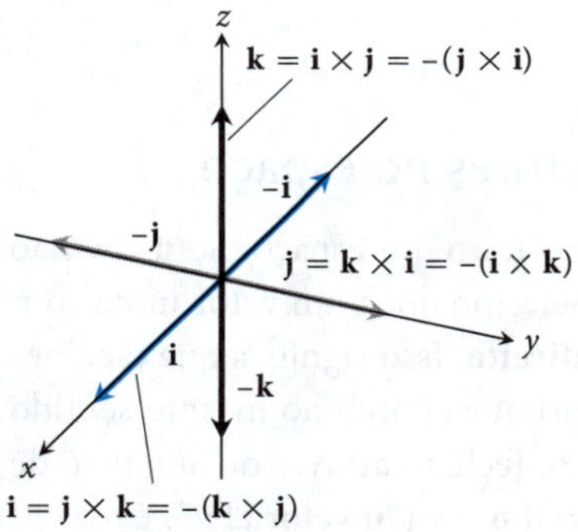

FIGURA 12.29 Os produtos vetoriais de **i**, **j** e **k** dois a dois.

$$\mathbf{i} \times \mathbf{j} = -(\mathbf{j} \times \mathbf{i}) = \mathbf{k}$$
$$\mathbf{j} \times \mathbf{k} = -(\mathbf{k} \times \mathbf{j}) = \mathbf{i}$$
$$\mathbf{k} \times \mathbf{i} = -(\mathbf{i} \times \mathbf{k}) = \mathbf{j}$$

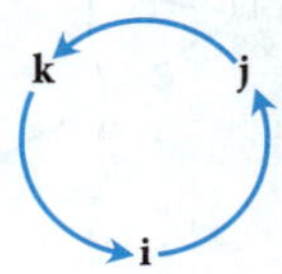

Diagrama para lembrar desses produtos.

e

$$\mathbf{i} \times \mathbf{i} = \mathbf{j} \times \mathbf{j} = \mathbf{k} \times \mathbf{k} = \mathbf{0}$$

$|\mathbf{u} \times \mathbf{v}|$ é a área de um paralelogramo

Como **n** é um vetor unitário, a norma de $\mathbf{u} \times \mathbf{v}$ é

$$|\mathbf{u} \times \mathbf{v}| = |\mathbf{u}||\mathbf{v}||\operatorname{sen}\theta||\mathbf{n}| = |\mathbf{u}||\mathbf{v}|\operatorname{sen}\theta.$$

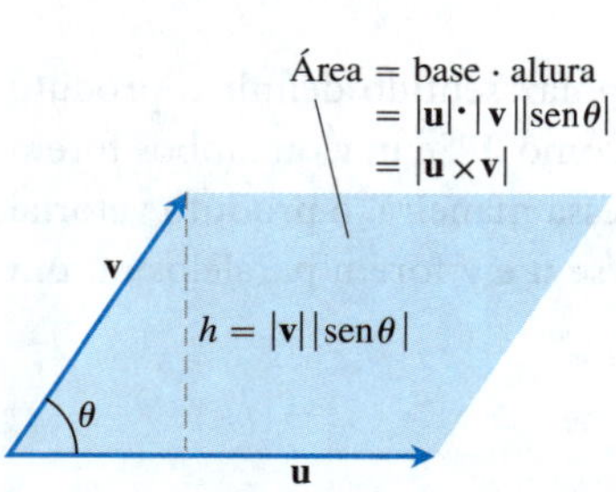

FIGURA 12.30 O paralelogram determinado por **u** e **v**.

Esta é a área do paralelogramo determinado por **u** e **v** (Figura 12.30), sendo $|\mathbf{u}|$ a base do paralelogramo e $|\mathbf{v}|\,|\operatorname{sen}\theta|$ a altura.

Fórmula do determinante para u × v

Nosso próximo objetivo é calcular $\mathbf{u} \times \mathbf{v}$ a partir das componentes de **u** e **v** relativas ao sistema de coordenadas cartesianas.

Suponha que

$$\mathbf{u} = u_1\mathbf{i} + u_2\mathbf{j} + u_3\mathbf{k}, \qquad \mathbf{v} = v_1\mathbf{i} + v_2\mathbf{j} + v_3\mathbf{k}$$

Determinantes

Os determinantes de matrizes 2×2 e 3×3 são calculados da seguinte forma:

$$\begin{vmatrix} a & b \\ c & d \end{vmatrix} = ad - bc$$

EXEMPLO

$$\begin{vmatrix} 2 & 1 \\ -4 & 3 \end{vmatrix} = (2)(3) - (1)(-4) = 6 + 4 = 10$$

$$\begin{vmatrix} a_1 & a_2 & a_3 \\ b_1 & b_2 & b_3 \\ c_1 & c_2 & c_3 \end{vmatrix} = a_1 \begin{vmatrix} b_2 & b_3 \\ c_2 & c_3 \end{vmatrix} - a_2 \begin{vmatrix} b_1 & b_3 \\ c_1 & c_3 \end{vmatrix} + a_3 \begin{vmatrix} b_1 & b_2 \\ c_1 & c_2 \end{vmatrix}$$

EXEMPLO

$$\begin{vmatrix} -5 & 3 & 1 \\ 2 & 1 & 1 \\ -4 & 3 & 1 \end{vmatrix} = (-5)\begin{vmatrix} 1 & 1 \\ 3 & 1 \end{vmatrix} - (3)\begin{vmatrix} 2 & 1 \\ -4 & 1 \end{vmatrix} + (1)\begin{vmatrix} 2 & 1 \\ -4 & 3 \end{vmatrix}$$

$$= -5(1 - 3) - 3(2 + 4) + 1(6 + 4) = 10 - 18 + 10 = 2$$

Então as leis distributivas e as regras para multiplicação de **i**, **j** e **k** nos dizem que

$$\begin{aligned} \mathbf{u} \times \mathbf{v} &= (u_1\mathbf{i} + u_2\mathbf{j} + u_3\mathbf{k}) \times (v_1\mathbf{i} + v_2\mathbf{j} + v_3\mathbf{k}) \\ &= u_1v_1\mathbf{i} \times \mathbf{i} + u_1v_2\mathbf{i} \times \mathbf{j} + u_1v_3\mathbf{i} \times \mathbf{k} \\ &\quad + u_2v_1\mathbf{j} \times \mathbf{i} + u_2v_2\mathbf{j} \times \mathbf{j} + u_2v_3\mathbf{j} \times \mathbf{k} \\ &\quad + u_3v_1\mathbf{k} \times \mathbf{i} + u_3v_2\mathbf{j} \times \mathbf{j} + u_3v_3\mathbf{k} \times \mathbf{k} \\ &= (u_2v_3 - u_3v_2)\mathbf{i} - (u_1v_3 - u_3v_1)\mathbf{j} + (u_1v_2 - u_2v_1)\mathbf{k} \end{aligned}$$

Os termos na última linha são os mesmos que os termos na expansão do determinante simbólico

$$\begin{vmatrix} \mathbf{i} & \mathbf{j} & \mathbf{k} \\ u_1 & u_2 & u_3 \\ v_1 & v_2 & v_3 \end{vmatrix}$$

Portanto, temos a regra a seguir.

Calculando produtos vetoriais usando determinantes

Se $\mathbf{u} = u_1\mathbf{i} + u_2\mathbf{j} + u_3\mathbf{k}$ e $\mathbf{v} = v_1\mathbf{i} + v_2\mathbf{j} + v_3\mathbf{k}$, então

$$\mathbf{u} \times \mathbf{v} = \begin{vmatrix} \mathbf{i} & \mathbf{j} & \mathbf{k} \\ u_1 & u_2 & u_3 \\ v_1 & v_2 & v_3 \end{vmatrix}$$

EXEMPLO 1 Calculando produtos vetoriais com determinantes

Encontre $\mathbf{u} \times \mathbf{v}$ e $\mathbf{v} \times \mathbf{u}$ se $\mathbf{u} = 2\mathbf{i} + \mathbf{j} + \mathbf{k}$ e $\mathbf{v} = -4\mathbf{i} + 3\mathbf{j} + \mathbf{k}$.

SOLUÇÃO

$$\mathbf{u} \times \mathbf{v} = \begin{vmatrix} \mathbf{i} & \mathbf{j} & \mathbf{k} \\ 2 & 1 & 1 \\ -4 & 3 & 1 \end{vmatrix} = \begin{vmatrix} 1 & 1 \\ 3 & 1 \end{vmatrix}\mathbf{i} - \begin{vmatrix} 2 & 1 \\ -4 & 1 \end{vmatrix}\mathbf{j} + \begin{vmatrix} 2 & 1 \\ -4 & 3 \end{vmatrix}\mathbf{k}$$

$$= -2\mathbf{i} - 6\mathbf{j} + 10\mathbf{k}$$

$$\mathbf{v} \times \mathbf{u} = -(\mathbf{u} \times \mathbf{v}) = 2\mathbf{i} + 6\mathbf{j} - 10\mathbf{k}$$

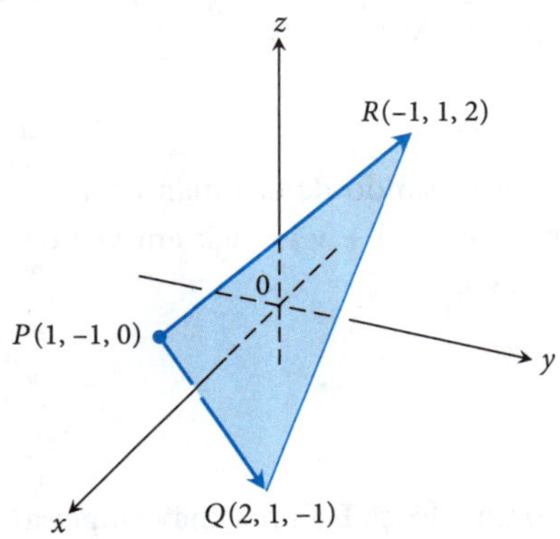

FIGURA 12.31 A área do triângulo PQR é metade de $|\overrightarrow{PQ} \times \overrightarrow{PR}|$ (Exemplo 2).

EXEMPLO 2 Encontrando vetores perpendiculares a um plano

Encontre um vetor perpendicular ao plano de $P(-1, 1, 0)$, $Q(2, 1, -1)$ e $R(-1, 1, 2)$ (Figura 12.31).

SOLUÇÃO O vetor $\overrightarrow{PQ} \times \overrightarrow{PR}$ é perpendicular ao plano porque é perpendicular a ambos os vetores. Em termos de componentes,

$$\overrightarrow{PQ} = (2-1)\mathbf{i} + (1+1)\mathbf{j} + (-1-0)\mathbf{k} = \mathbf{i} + 2\mathbf{j} - \mathbf{k}$$

$$\overrightarrow{PR} = (-1-1)\mathbf{i} + (1+1)\mathbf{j} + (2-0)\mathbf{k} = -2\mathbf{i} + 2\mathbf{j} + 2\mathbf{k}$$

$$\overrightarrow{PQ} \times \overrightarrow{PR} = \begin{vmatrix} \mathbf{i} & \mathbf{j} & \mathbf{k} \\ 1 & 2 & -1 \\ -2 & 2 & 2 \end{vmatrix} = \begin{vmatrix} 2 & -1 \\ 2 & 2 \end{vmatrix}\mathbf{i} - \begin{vmatrix} 1 & -1 \\ -2 & 2 \end{vmatrix}\mathbf{j} + \begin{vmatrix} 1 & 2 \\ -2 & 2 \end{vmatrix}\mathbf{k}$$

$$= 6\mathbf{i} + 6\mathbf{k}$$

EXEMPLO 3 Encontrando a área de um triângulo

Encontre a área do triângulo com vértices $P(1, -1, 0)$, $Q(2, 1, -1)$ e $R(-1, 1, 2)$ (Figura 12.31).

SOLUÇÃO A área do paralelogramo determinado por P, Q e R é

$$|\overrightarrow{PQ} \times \overrightarrow{PR}| = |6\mathbf{i} + 6\mathbf{k}| \qquad \text{Valores do Exemplo 2.}$$

$$= \sqrt{(6)^2 + (6)^2} = \sqrt{2 \cdot 36} = 6\sqrt{2}$$

A área do triângulo é metade desta, ou $3\sqrt{2}$.

EXEMPLO 4 Encontrando um vetor unitário normal a um plano

Encontre um vetor unitário perpendicular ao plano de $P(1, -1, 0)$, $Q(2, 1, -1)$ e $R(-1, 1, 2)$.

SOLUÇÃO Como $\overrightarrow{PQ} \times \overrightarrow{PR}$ é perpendicular ao plano, sua direção $\mathbf{n}$ é um vetor unitário perpendicular ao plano. Tomando valores dos exemplos 2 e 3, temos

$$\mathbf{n} = \frac{\overrightarrow{PQ} \times \overrightarrow{PR}}{|\overrightarrow{PQ} \times \overrightarrow{PR}|} = \frac{6\mathbf{i} + 6\mathbf{k}}{6\sqrt{2}} = \frac{1}{\sqrt{2}}\mathbf{i} + \frac{1}{\sqrt{2}}\mathbf{k}$$

Para facilitar o cálculo do produto vetorial usando determinantes, normalmente escrevemos os vetores no formato $\mathbf{v} = v_1\mathbf{i} + v_2\mathbf{j} + v_3\mathbf{k}$ em vez de escrevê-lo como um trio ordenado $\mathbf{v} = \langle v_1, v_2, v_3 \rangle$.

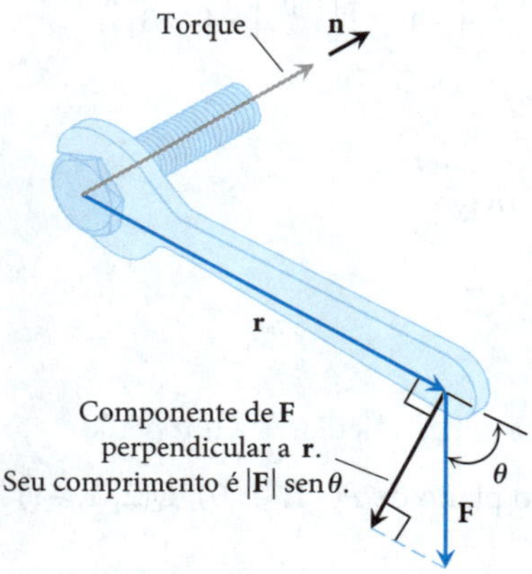

FIGURA 12.32 O vetor torque descreve a tendência da força **F** para girar o parafuso para a frente.

Torque

Quando giramos um parafuso aplicando uma força **F** a uma chave inglesa (Figura 12.32), o torque que produzimos age ao longo do eixo do parafuso para girá-lo para a frente. A magnitude do torque depende da distância entre o eixo do parafuso e o ponto sobre a chave inglesa no qual a força é aplicada e de quanto da força é perpendicular à chave no ponto de aplicação. O número que usamos para medir a norma do torque é o produto do comprimento do braço da alavanca **r** e da componente escalar de **F** perpendicular a **r**. Na notação da Figura 12.32,

$$\text{Magnitude do vetor torque} = |\mathbf{r}|\,|\mathbf{F}|\,\text{sen}\,\theta,$$

ou $|\mathbf{r}\times\mathbf{F}|$. Se **n** é um vetor unitário ao longo do eixo do parafuso na direção do torque, então uma descrição completa do vetor torque é $\mathbf{r}\times\mathbf{F}$, ou

$$\text{Vetor torque} = (|\mathbf{r}|\,|\mathbf{F}|\,\text{sen}\,\theta)\,\mathbf{n}$$

Lembre-se de que definimos $\mathbf{u}\times\mathbf{v}$ como **0** quando **u** e **v** são paralelos. Isso também é condizente com a interpretação do torque. Se a força **F** na Figura 12.32 é paralela à chave inglesa, significando que estamos tentando girar o parafuso empurrando ou puxando ao longo da reta do cabo da chave inglesa, o torque produzido é zero.

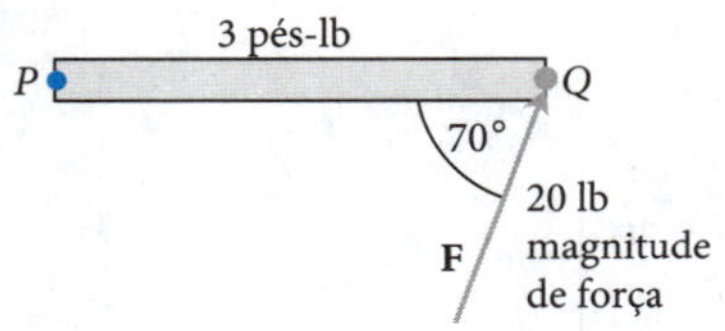

FIGURA 12.33 A norma do torque exercido por **F** em P é de cerca de 56,4 pés-lb (Exemplo 5).

EXEMPLO 5 Encontrando a magnitude de um torque

A magnitude do torque gerado pela força **F** no ponto pivô P na Figura 12.33 é

$$\begin{aligned}|\overrightarrow{PQ}\times\mathbf{F}| &= |\overrightarrow{PQ}|\;\mathbf{F}\;\text{sen}\,70^\circ\\ &\approx (3)(20)(0{,}94)\\ &\approx 56{,}4\text{ pés-lb}\end{aligned}$$

Produto escalar triplo ou produto misto

O produto $(\mathbf{u}\times\mathbf{v})\cdot\mathbf{w}$ é chamado **produto escalar triplo** de **u**, **v** e **w** (nessa ordem). Como pode ser visto com a fórmula

$$|(\mathbf{u}\times\mathbf{v})\cdot\mathbf{w}| = |\mathbf{u}\times\mathbf{v}|\,|\mathbf{w}|\,|\cos\theta|$$

o valor absoluto do produto misto é o volume do paralelepípedo (caixa com lados em forma de paralelogramos) determinado por **u**, **v** e **w** (Figura 12.34). O número $|\mathbf{u}\times\mathbf{v}|$ é a área da base do paralelogramo. O número $|\mathbf{w}|\,|\cos\theta|$ é a altura do paralelepípedo. $(\mathbf{u}\times\mathbf{v})\cdot\mathbf{w}$ também é chamado **produto misto** de **u**, **v** e **w**.

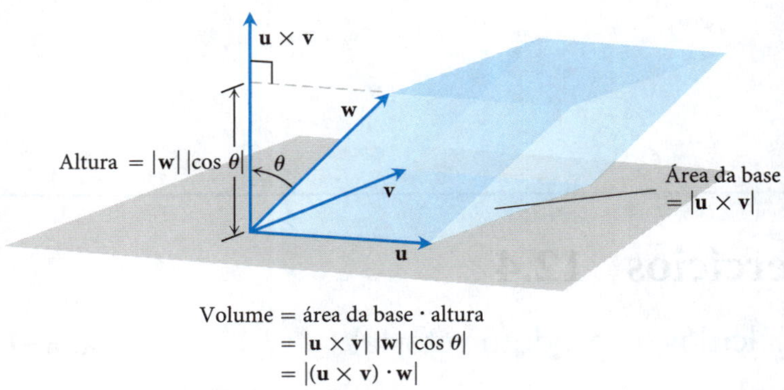

FIGURA 12.34 O número $|(\mathbf{u}\times\mathbf{v})\cdot\mathbf{w}|$ é o volume de um paralelepípedo.

O ponto e o sinal de vezes podem ser substituídos um pelo outro em um produto escalar triplo sem que seu valor seja alterado.

Tratando os planos de **v** e **w** e de **w** e **u** como os planos da base do paralelepípedo determinado por **u**, **v** e **w**, vemos que

$$(\mathbf{u}\times\mathbf{v})\cdot\mathbf{w} = (\mathbf{v}\times\mathbf{w})\cdot\mathbf{u} = (\mathbf{w}\times\mathbf{u})\cdot\mathbf{v}$$

Como o produto escalar é comutativo, também temos

$$(\mathbf{u} \times \mathbf{v}) \cdot \mathbf{w} = \mathbf{u} \cdot (\mathbf{v} \times \mathbf{w})$$

O produto misto pode ser calculado como um determinante:

$$\begin{aligned}(\mathbf{u} \times \mathbf{v}) \cdot \mathbf{w} &= \left[\begin{vmatrix} u_2 & u_3 \\ v_2 & v_3 \end{vmatrix}\mathbf{i} - \begin{vmatrix} u_1 & u_3 \\ v_1 & v_3 \end{vmatrix}\mathbf{j} + \begin{vmatrix} u_1 & u_2 \\ v_1 & v_2 \end{vmatrix}\mathbf{k}\right] \cdot \mathbf{w} \\ &= w_1\begin{vmatrix} u_2 & u_3 \\ v_2 & v_3 \end{vmatrix} - w_2\begin{vmatrix} u_1 & u_3 \\ v_1 & v_3 \end{vmatrix} + w_3\begin{vmatrix} u_1 & u_2 \\ v_1 & v_2 \end{vmatrix} \\ &= \begin{vmatrix} u_1 & u_2 & u_3 \\ v_1 & v_2 & v_3 \\ w_1 & w_2 & w_3 \end{vmatrix}\end{aligned}$$

Calculando o produto escalar triplo

$$(\mathbf{u} \times \mathbf{v}) \cdot \mathbf{w} = \begin{vmatrix} u_1 & u_2 & u_3 \\ v_1 & v_2 & v_3 \\ w_1 & w_2 & w_3 \end{vmatrix}$$

EXEMPLO 6 Encontrando o volume de um paralelepípedo

Encontre o volume da caixa (paralelepípedo) determinada por **u** = **i** + 2**j** – **k**, **v** = –2**i** + 3**k** e **w** = 7**j** – 4**k**.

SOLUÇÃO Usando uma calculadora, encontramos

$$(\mathbf{u} \times \mathbf{v}) \cdot \mathbf{w} = \begin{vmatrix} 1 & 2 & -1 \\ -2 & 0 & 3 \\ 0 & 7 & -4 \end{vmatrix} = -23$$

O volume é $|(\mathbf{u} \times \mathbf{v}) \cdot \mathbf{w}| = 23$ unidades cúbicas.

Exercícios 12.4

Cálculos de produto vetorial

Nos exercícios 1–8, encontre o comprimento e a direção (quando definida) de **u** × **v** e **v** × **u**.

1. $\mathbf{u} = 2\mathbf{i} - 2\mathbf{j} - \mathbf{k}, \quad \mathbf{v} = \mathbf{i} - \mathbf{k}$
2. $\mathbf{u} = 2\mathbf{i} + 3\mathbf{j}, \quad \mathbf{v} = -\mathbf{i} + \mathbf{j}$
3. $\mathbf{u} = 2\mathbf{i} - 2\mathbf{j} + 4\mathbf{k}, \quad \mathbf{v} = -\mathbf{i} + \mathbf{j} - 2\mathbf{k}$
4. $\mathbf{u} = \mathbf{i} + \mathbf{j} - \mathbf{k}, \quad \mathbf{v} = 0$
5. $\mathbf{u} = 2\mathbf{i}, \quad \mathbf{v} = -3\mathbf{j}$
6. $\mathbf{u} = \mathbf{i} \times \mathbf{j}, \quad \mathbf{v} = \mathbf{j} \times \mathbf{k}$
7. $\mathbf{u} = -8\mathbf{i} - 2\mathbf{j} - 4\mathbf{k}, \quad \mathbf{v} = 2\mathbf{i} + 2\mathbf{j} + \mathbf{k}$
8. $\mathbf{u} = \frac{3}{2}\mathbf{i} - \frac{1}{2}\mathbf{j} + \mathbf{k}, \quad \mathbf{v} = \mathbf{i} + \mathbf{j} + 2\mathbf{k}$

Nos exercícios 9–14, esboce os eixos das coordenadas e inclua os vetores **u**, **v** e **w** e $\mathbf{u} \times \mathbf{v}$ como vetores com início na origem.

9. $\mathbf{u} = \mathbf{i}, \quad \mathbf{v} = \mathbf{j}$

10. $\mathbf{u} = \mathbf{i} - \mathbf{k}, \quad \mathbf{v} = \mathbf{j}$

11. $\mathbf{u} = \mathbf{i} - \mathbf{k}, \quad \mathbf{v} = \mathbf{j} + \mathbf{k}$

12. $\mathbf{u} = 2\mathbf{i} - \mathbf{j}, \quad \mathbf{v} = \mathbf{i} + 2\mathbf{j}$

13. $\mathbf{u} = \mathbf{i} + \mathbf{j}, \quad \mathbf{v} = \mathbf{i} - \mathbf{j}$

14. $\mathbf{u} = \mathbf{j} + 2\mathbf{k}, \quad \mathbf{v} = \mathbf{i}$

Triângulos no espaço

Nos exercícios 15–18,

(a) Encontre a área do triângulo determinado pelos pontos P, Q e R.

(b) Encontre o vetor unitário perpendicular ao plano PQR.

15. $P(1, -1, 2), \quad Q(2, 0, -1), \quad R(0, 2, 1)$

16. $P(1, 1, 1), \quad Q(2, 1, 3), \quad R(3, -1, 1)$

17. $P(2, -2, 1), \quad Q(3, -1, 2), \quad R(3, -1, 1)$

18. $P(-2, 2, 0), \quad Q(0, 1, -1), \quad R(-1, 2, -2)$

Produtos escalares triplos

Nos exercícios 19–22, verifique que $(\mathbf{u} \times \mathbf{v}) \cdot \mathbf{w} = (\mathbf{v} \times \mathbf{w}) \cdot \mathbf{u} = (\mathbf{w} \times \mathbf{u}) \cdot \mathbf{v}$ e encontre o volume da caixa (paralelepípedo) determinada por **u**, **v** e **w**.

	u	v	w
19.	$2\mathbf{i}$	$2\mathbf{j}$	$2\mathbf{k}$
20.	$\mathbf{i} - \mathbf{j} + \mathbf{k}$	$2\mathbf{i} + \mathbf{j} - 2\mathbf{k}$	$-\mathbf{i} + 2\mathbf{j} - \mathbf{k}$
21.	$2\mathbf{i} + \mathbf{j}$	$2\mathbf{i} - \mathbf{j} + \mathbf{k}$	$\mathbf{i} + 2\mathbf{k}$
22.	$\mathbf{i} + \mathbf{j} - 2\mathbf{k}$	$-\mathbf{i} - \mathbf{k}$	$2\mathbf{i} + 4\mathbf{j} - 2\mathbf{k}$

Teoria e exemplos

23. **Vetores paralelos e perpendiculares** Sejam $\mathbf{u} = 5\mathbf{i} - \mathbf{j} + \mathbf{k}$, $\mathbf{v} = \mathbf{j} - 5\mathbf{k}$, $\mathbf{w} = -15\mathbf{i} + 3\mathbf{j} - 3\mathbf{k}$. Quais vetores, se é que existem, são (a) perpendiculares? (b) Paralelos? Justifique suas respostas.

24. **Vetores paralelos e perpendiculares** Sejam $\mathbf{u} = \mathbf{i} + 2\mathbf{j} - \mathbf{k}$, $\mathbf{v} = -\mathbf{i} + \mathbf{j} + \mathbf{k}$, $\mathbf{w} = \mathbf{i} + \mathbf{k}$, $\mathbf{r} = -(\pi/2)\mathbf{i} - \pi\mathbf{j} + (\pi/2)\mathbf{k}$. Quais vetores, se é que existem, são (a) perpendiculares? (b) Paralelos? Justifique as suas respostas.

Nos exercícios 25 e 26, encontre a magnitude do torque exercido por **F** sobre o parafuso em P se $|\overrightarrow{PQ}| = 8''$ e $|\mathbf{F}| = 30$ libras. Dê a resposta em pés/libras.

25.

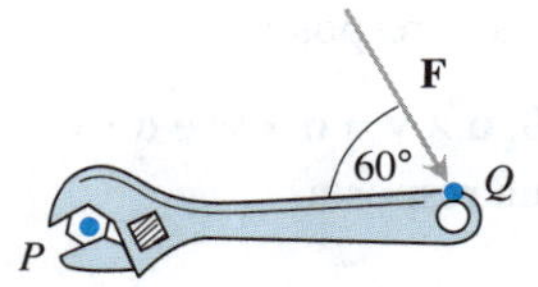

26.

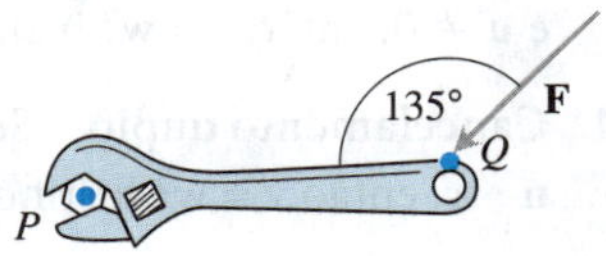

27. Quais das igualdades a seguir são *sempre verdadeiras*? Quais *nem sempre são verdadeiras*? Justifique a sua resposta.

(a) $|\mathbf{u}| = \sqrt{\mathbf{u} \cdot \mathbf{u}}$ (b) $\mathbf{u} \cdot \mathbf{u} = |\mathbf{u}|$

(c) $\mathbf{u} \times \mathbf{0} = \mathbf{0} \times \mathbf{u} = \mathbf{0}$ (d) $\mathbf{u} \times (-\mathbf{u}) = \mathbf{0}$

(e) $\mathbf{u} \times \mathbf{v} = \mathbf{v} \times \mathbf{u}$

(f) $\mathbf{u} \times (\mathbf{v} + \mathbf{w}) = \mathbf{u} \times \mathbf{v} + \mathbf{u} \times \mathbf{w}$

(g) $(\mathbf{u} \times \mathbf{v}) \cdot \mathbf{v} = 0$

(h) $(\mathbf{u} \times \mathbf{v}) \cdot \mathbf{w} = \mathbf{u} \cdot (\mathbf{v} \times \mathbf{w})$

28. Quais das igualdades a seguir são *sempre verdadeiras*? Quais *nem sempre são verdadeiras*? Justifique a sua resposta.

(a) $\mathbf{u} \cdot \mathbf{v} = \mathbf{v} \cdot \mathbf{u}$ (b) $\mathbf{u} \times \mathbf{v} = -(\mathbf{v} \times \mathbf{u})$

(c) $(-\mathbf{u}) \times \mathbf{v} = -(\mathbf{u} \times \mathbf{v})$

(d) $(c\mathbf{u}) \cdot \mathbf{v} = \mathbf{u} \cdot (c\mathbf{v}) = c(\mathbf{u} \cdot \mathbf{v})$ (qualquer número c)

(e) $c(\mathbf{u} \times \mathbf{v}) = (c\mathbf{u}) \times \mathbf{v} = \mathbf{u} \times (c\mathbf{v})$ (qualquer número c)

(f) $\mathbf{u} \cdot \mathbf{u} = |\mathbf{u}|^2$ (g) $(\mathbf{u} \times \mathbf{u}) \cdot \mathbf{u} = 0$

(h) $(\mathbf{u} \times \mathbf{v}) \cdot \mathbf{u} = \mathbf{v} \cdot (\mathbf{u} \times \mathbf{v})$

29. Dados os vetores não-nulos **u**, **v** e **w**, use as notações do produto escalar e do produto vetorial, conforme seja apropriado, para descrever:

(a) a projeção vetorial de **u** em **v**;

(b) um vetor ortogonal a **u** e **v**;

(c) um vetor ortogonal a $\mathbf{u} \times \mathbf{v}$ e **w**;

(d) o volume do paralelepípedo determinado por **u**, **v** e **w**.

30. Dados os vetores não-nulos **u**, **v** e **w**, use as notações do produto escalar e do produto vetorial, conforme seja apropriado, para descrever:

(a) um vetor ortogonal a $\mathbf{u} \times \mathbf{v}$ e $\mathbf{u} \times \mathbf{w}$;

(b) um vetor ortogonal a $\mathbf{u} + \mathbf{v}$ e $\mathbf{u} - \mathbf{v}$;

(c) um vetor de comprimento $|\mathbf{u}|$ na direção de **v**;

(d) o volume do paralelogramo determinado por **u** e **w**.

31. Sejam **u**, **v** e **w** vetores. Quais dos itens a seguir fazem sentido e quais não fazem? Justifique sua resposta.

(a) $(\mathbf{u} \times \mathbf{v}) \cdot \mathbf{w}$ (b) $\mathbf{u} \times (\mathbf{v} \cdot \mathbf{w})$

(c) $\mathbf{u} \times (\mathbf{v} \times \mathbf{w})$ (d) $\mathbf{u} \cdot (\mathbf{v} \cdot \mathbf{w})$

32. **Produto vetorial de três vetores** Mostre que, exceto em casos degenerados, $(\mathbf{u} \times \mathbf{v}) \times \mathbf{w}$ está no plano de **u** e **v**, enquanto $\mathbf{u} \times (\mathbf{v} \times \mathbf{w})$ está no plano de **v** e **w**. Quais são os casos degenerados?

33. Cancelamento em produtos vetoriais Se $\mathbf{u} \times \mathbf{v} = \mathbf{u} \times \mathbf{w}$ e $\mathbf{u} \neq 0$, então $\mathbf{v} = \mathbf{w}$? Justifique a sua resposta.

34. Cancelamento duplo Se $\mathbf{u} \neq 0$, $\mathbf{u} \times \mathbf{v} = \mathbf{u} \times \mathbf{w}$ e $\mathbf{u} \cdot \mathbf{v} = \mathbf{u} \cdot \mathbf{w}$, então $\mathbf{v} = \mathbf{w}$? Justifique a sua resposta.

Área no plano

Encontre a área dos paralelogramos cujos vértices são dados nos exercícios 35–38.

35. $A(1, 0)$, $B(0, 1)$, $C(-1, 0)$, $D(0, -1)$

36. $A(0, 0)$, $B(7, 3)$, $C(9, 8)$, $D(2, 5)$

37. $A(-1, 2)$, $B(2, 0)$, $C(7, 1)$, $D(4, 3)$

38. $A(-6, 0)$, $B(1, -4)$, $C(3, 1)$, $D(-4, 5)$

Encontre a área dos triângulos cujos vértices são dados nos exercícios 39–42.

39. $A(0, 0)$, $B(-2, 3)$, $C(3, 1)$

40. $A(-1, -1)$, $B(3, 3)$, $C(2, 1)$

41. $A(-5, 3)$, $B(1, -2)$, $C(6, -2)$

42. $A(-6, 0)$, $B(10, -5)$, $C(-2, 4)$

43. Área do triângulo Encontre uma fórmula para a área do triângulo no plano xy com vértices em $(0, 0)$, (a_1, a_2) e (b_1, b_2). Explique seu trabalho.

44. Área do triângulo Encontre uma fórmula concisa para a área de um triângulo com vértices (a_1, a_2), (b_1, b_2) e (c_1, c_2).

12.5 Retas e planos no espaço

No cálculo de funções de uma única variável, começamos com retas e usamos nosso conhecimento para estudar curvas no plano. Estudamos tangentes e descobrimos que, quando muito ampliadas, as curvas diferenciáveis são efetivamente lineares.

Para estudarmos o cálculo de funções de mais de uma variável no próximo capítulo, começaremos com planos e usaremos nosso conhecimento sobre estes para estudar as superfícies que são gráficos de funções no espaço.

Nesta seção, mostraremos como usar produtos escalares e vetoriais para escrever equações para retas, segmentos de reta e planos no espaço.

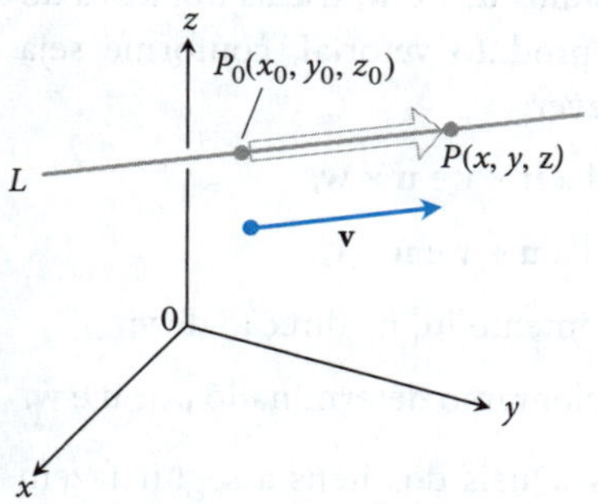

FIGURA 12.35 Um ponto P está sobre L passando por P_0 paralelamente a $\mathbf{v}$ se e somente se $\overrightarrow{P_0P}$ for um múltiplo escalar de $\mathbf{v}$.

Retas e segmentos de reta no espaço

No plano, uma reta é determinada por um ponto e um número dando o seu coeficiente angular. No espaço, uma reta é determinada por um ponto e um *vetor* dando a direção da reta.

Suponha que L seja uma reta no espaço passando por um ponto $P_0(x_0, y_0, z_0)$ paralela a um vetor $\mathbf{v} = v_1\mathbf{i} + v_2\mathbf{j} + v_3\mathbf{k}$. Então L é o conjunto de todos os pontos $P(x, y, z)$ para os quais $\overrightarrow{P_0P}$ é paralelo a $\mathbf{v}$ (Figura 12.35). Assim, $\overrightarrow{P_0P} = t\mathbf{v}$ para algum parâmetro escalar t. O valor de t depende da localização do ponto P ao longo da reta, e o domínio de t é $(-\infty, \infty)$. A forma expandida da equação $\overrightarrow{P_0P} = t\mathbf{v}$ é

$$(x - x_0)\mathbf{i} + (y - y_0)\mathbf{j} + (z - z_0)\mathbf{k} = t(v\mathbf{i} + v_2\mathbf{j} + v_3\mathbf{k})$$

que pode ser reescrita como

$$x\mathbf{i} + y\mathbf{j} + z\mathbf{k} = x_0\mathbf{i} + y_0\mathbf{j} + z_0\mathbf{k} + t(v_1\mathbf{i} + v_2\mathbf{j} + v_3\mathbf{k}) \quad (1)$$

Se $\mathbf{r}(t)$ é o vetor posição de um ponto $P(x, y, z)$ sobre a reta e $\mathbf{r}_0$ é o vetor posição do ponto $P_0(x_0, y_0, z_0)$, então a Equação (1) dá a seguinte forma vetorial para a equação de uma reta no espaço.

Equação vetorial para uma reta

Uma **equação vetorial para a reta L que passa por $P_0(x_0, y_0, z_0)$ e é paralela a v** é

$$\mathbf{r}(t) = \mathbf{r}_0 + t\mathbf{v}, \qquad -\infty < t < \infty \tag{2}$$

onde **r** é o vetor posição de um ponto $P(x, y, z)$ sobre L e $\mathbf{r}_0$ é o vetor posição de $P_0(x_0, y_0, z_0)$.

Igualando as componentes correspondentes dos dois lados da Equação (1) temos três equações escalares envolvendo o parâmetro t:

$$x = x_0 + tv_1 \qquad y = y_0 + tv_2 \qquad z = z_0 + tv_3$$

Essas equações nos dão a parametrização-padrão da reta para o intervalo do parâmetro $-\infty < t < \infty$.

Equações paramétricas para uma reta

A parametrização-padrão da reta que passa por $P_0(x_0, y_0, z_0)$ e é paralela a $\mathbf{v} = v_1\mathbf{i} + v_2\mathbf{j} + v_3\mathbf{k}$ é

$$x = x_0 + tv_1, \quad y = y_0 + tv_2, \quad z = z_0 + tv_3, \quad -\infty < t < \infty \tag{3}$$

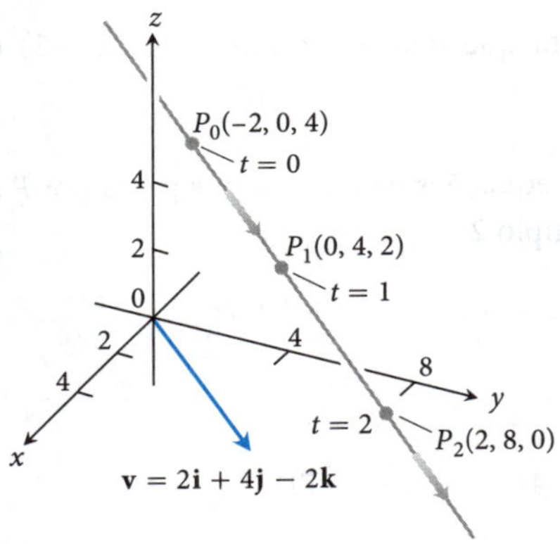

FIGURA 12.36 Pontos selecionados e valores paramétricos sobre a reta $x = -2 + 2t$, $y = 4t$, $z = 4 - 2t$. As setas mostram a direção e o sentido de t conforme este aumenta (Exemplo 1).

EXEMPLO 1 Parametrizando uma reta que passa por um ponto e é paralela a um vetor

Encontre equações paramétricas para a reta que passa por $(-2, 0, 4)$ e é paralela a $\mathbf{v} = 2\mathbf{i} + 4\mathbf{j} - 2\mathbf{k}$ (Figura 12.36).

SOLUÇÃO Com $P_0(x_0, y_0, z_0)$ igual a $(-2, 0, 4)$ e $v_1\mathbf{i} + v_2\mathbf{j} + v_3\mathbf{k}$ igual a $2\mathbf{i} + 4\mathbf{j} - 2\mathbf{k}$, as equações (3) tornam-se

$$x = -2 + 2t \qquad y = 4t \qquad z = 4 - 2t$$

EXEMPLO 2 Parametrizando uma reta que passa por dois pontos

Encontre equações paramétricas para a reta que passa por $P(-3, 2, -3)$ e $Q(1, -1, 4)$.

SOLUÇÃO O vetor

$$\begin{aligned}\overrightarrow{PQ} &= (1 - (-3))\mathbf{i} + (-1 - 2)\mathbf{j} + (4 - (-3))\mathbf{k} \\ &= 4\mathbf{i} - 3\mathbf{j} + 7\mathbf{k}\end{aligned}$$

é paralelo à reta, e as equações (3) com $(x_0, y_0, z_0) = (-3, 2, -3)$ dão

$$x = -3 + 4t, \qquad y = 2 - 3t, \qquad z = -3 + 7t$$

Poderíamos ter escolhido $Q(1, -1, 4)$ como "ponto-base" e escrito

$$x = 1 + 4t, \qquad y = -1 - 3t, \qquad z = 4 + 7t$$

Essas equações nos servem tão bem quanto a primeira. O que elas fazem é nos posicionar em um ponto diferente da reta para determinado valor de t.

Observe que as parametrizações não são únicas. Não só o "ponto-base" pode mudar, mas também o parâmetro. As equações $x = -3 + 4t^3$, $y = 2 - 3t^3$, e $z = -3 + 7t^3$ também parametrizam a reta no Exemplo 2.

Para parametrizarmos um segmento de reta ligando dois pontos, primeiro parametrizamos a reta que passa pelos pontos. A seguir, encontramos valores de t para as extremidades e restringimos t ao intervalo fechado limitado por esses valores. As equações da reta juntamente com essa restrição adicional parametrizam o segmento.

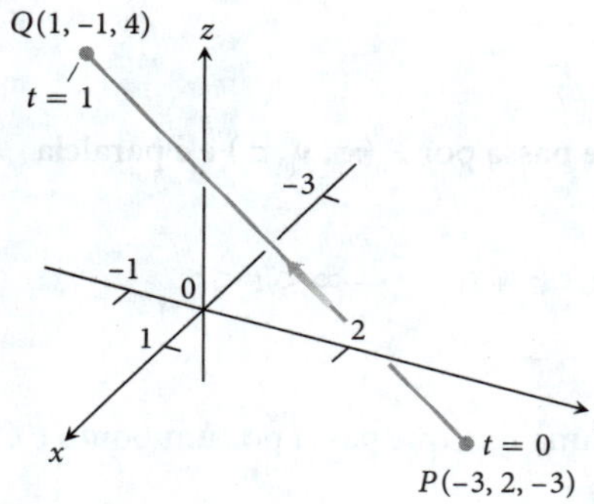

FIGURA 12.37 O Exemplo 3 deduz uma parametrização do segmento de reta PQ. A seta mostra a direção e o sentido de t conforme este aumenta.

EXEMPLO 3 Parametrizando um segmento de reta

Parametrize o segmento de reta que liga os pontos $P(-3, 2, -3)$ e $Q(1, -1, 4)$ (Figura 12.37).

SOLUÇÃO Começamos com equações para a reta que passa por P e Q, tomando-as, nesse caso, do Exemplo 2:

$$x = -3 + 4t, \qquad y = 2 - 3t, \qquad z = -3 + 7t$$

Observamos que o ponto

$$(x, y, z) = (-3 + 4t, 2 - 3t, -3 + 7t)$$

passa por $P(-3, 2, -3)$ em $t = 0$ e $Q(1, -1, 4)$ em $t = 1$. Adicionamos a restrição $0 \le t \le 1$ para parametrizar o segmento:

$$x = -3 + 4t, \qquad y = 2 - 3t, \qquad z = -3 + 7t, \qquad 0 \le t \le 1$$

A forma vetorial (Equação (2)) para uma reta no espaço é mais reveladora se pensarmos em uma reta como a trajetória de uma partícula saindo da posição $P_0(x_0, y_0, z_0)$ e movendo-se na direção e no sentido do vetor $\mathbf{v}$. Reescrevendo a Equação (2), temos

$$\begin{aligned} \mathbf{r}(t) &= \mathbf{r}_0 + t\mathbf{v} \\ &= \mathbf{r}_0 + t|\mathbf{v}| \frac{\mathbf{v}}{|\mathbf{v}|} \end{aligned} \qquad (4)$$

Posição inicial ($\mathbf{r}_0$), Tempo (t), Velocidade ($|\mathbf{v}|$), Direção ($\mathbf{v}/|\mathbf{v}|$)

Em outras palavras, a posição de uma partícula no instante t é sua posição inicial mais sua distância percorrida (velocidade × tempo) na direção e sentido de $\mathbf{v}/|\mathbf{v}|$ de seu movimento em linha reta.

EXEMPLO 4 Vôo de um helicóptero

Um helicóptero voará diretamente de um heliporto na origem em direção ao ponto (1, 1, 1) com um módulo de velocidade de 60 pés/s. Qual é a posição do helicóptero depois de 10 s?

SOLUÇÃO Colocamos a origem na posição inicial (heliporto) do helicóptero. Então o vetor unitário

$$\mathbf{u} = \frac{1}{\sqrt{3}}\mathbf{i} + \frac{1}{\sqrt{3}}\mathbf{j} + \frac{1}{\sqrt{3}}\mathbf{k}$$

dá a direção de vôo do helicóptero. Pela Equação (4), a posição do helicóptero em qualquer instante t é

$$\begin{aligned}\mathbf{r}(t) &= \mathbf{r}_0 + t(\text{velocidade})\mathbf{u}\\ &= \mathbf{0} + t(60)\left(\frac{1}{\sqrt{3}}\mathbf{i} + \frac{1}{\sqrt{3}}\mathbf{j} + \frac{1}{\sqrt{3}}\mathbf{k}\right)\\ &= 20\sqrt{3}t(\mathbf{i} + \mathbf{j} + \mathbf{k})\end{aligned}$$

Quando $t = 10$ s,

$$\begin{aligned}\mathbf{r}(10) &= 200\sqrt{3}\,(\mathbf{i} + \mathbf{j} + \mathbf{k})\\ &= \left\langle 200\sqrt{3}, 200\sqrt{3}, 200\sqrt{3}\right\rangle\end{aligned}$$

Depois de 10 s de vôo a partir da origem em direção a (1, 1, 1), o helicóptero está localizado no ponto $(200\sqrt{3}, 200\sqrt{3}, 200\sqrt{3})$ no espaço. Percorreu uma distância de (60 pés/s)(10 s) = 600 pés, a qual é o comprimento do vetor $\mathbf{r}(10)$.

A distância entre um ponto e uma reta no espaço

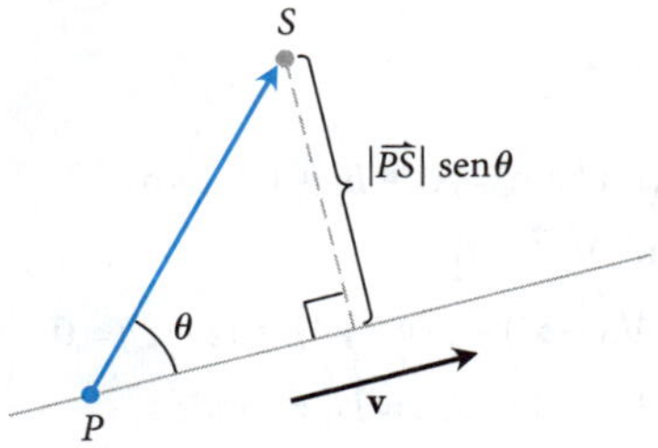

FIGURA 12.38 A distância de S até a reta que passa pelo ponto P paralela a $\mathbf{v}$ é $|\overrightarrow{PS}|$ sen θ, onde θ é o ângulo entre $\overrightarrow{PS}$ e $\mathbf{v}$.

Para encontrar a distância de um ponto S a uma reta que passa por um ponto P paralelo ao vetor $\mathbf{v}$, identificamos o valor absoluto da componente escalar $\overrightarrow{PS}$ na direção do vetor normal à reta (Figura 12.38). Na representação gráfica, esse valor é $|\overrightarrow{PS}|$ sen θ, que equivale a $\dfrac{|\overrightarrow{PS} \times \mathbf{v}|}{|\mathbf{v}|}$.

Distância entre um ponto S e uma reta passando por P paralelo a v

$$d = \frac{|\overrightarrow{PS} \times \mathbf{v}|}{|\mathbf{v}|} \qquad (5)$$

EXEMPLO 5 Encontrando a distância entre um ponto e uma reta

Encontre a distância do ponto S(1, 1, 5) até a reta

$$L: \quad x = 1 + t, \quad y = 3 - t, \quad z = 2t$$

SOLUÇÃO Pela equação, vemos que L passa pelo ponto $P(1, 3, 0)$ paralelo a $\mathbf{v} = \mathbf{i} - \mathbf{j} + 2\mathbf{k}$. Com

$$\overrightarrow{PS} = (1-1)\mathbf{i} + (1-3)\mathbf{j} + (5-0)\mathbf{k} = -2\mathbf{j} + 5\mathbf{k}$$

e

$$\overrightarrow{PS} \times \mathbf{v} = \begin{vmatrix} \mathbf{i} & \mathbf{j} & \mathbf{k} \\ 0 & -2 & 5 \\ 1 & -1 & 2 \end{vmatrix} = \mathbf{i} + 5\mathbf{j} + 2\mathbf{k}$$

a Equação (5) nos dá

$$d = \frac{|\overrightarrow{PS} \times \mathbf{v}|}{|\mathbf{v}|} = \frac{\sqrt{1+25+4}}{\sqrt{1+1+4}} = \frac{\sqrt{30}}{\sqrt{6}} = \sqrt{5}$$

Equações para planos no espaço

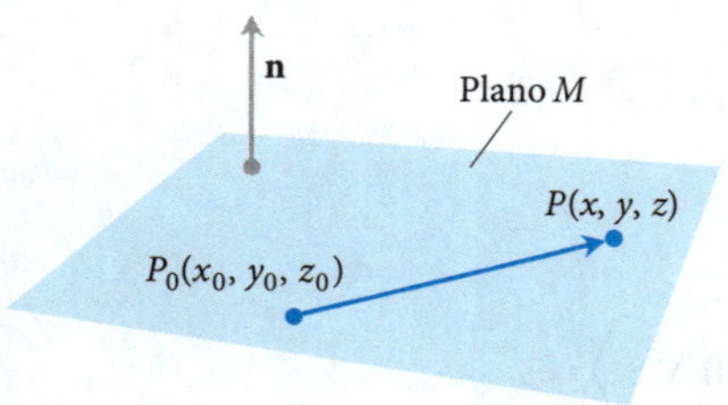

FIGURA 12.39 A equação-padrão para um plano no espaço é definida em termos de um vetor normal ao plano: um ponto P está no plano que passa por P_0 e é normal a $\mathbf{n}$ se e somente se $\mathbf{n} \cdot \overrightarrow{P_0P} = 0$.

Um plano no espaço é determinado conhecendo-se um ponto sobre o plano e sua "inclinação" ou orientação. Essa "inclinação" é definida especificando-se um vetor que seja perpendicular ou normal ao plano.

Suponha que o plano M passe por um ponto $P_0(x_0, y_0, z_0)$ e seja normal (perpendicular) ao vetor não-nulo $\mathbf{n} = A\mathbf{i} + B\mathbf{j} + C\mathbf{k}$. Então M é o conjunto de todos os pontos $P(x, y, z)$ para os quais $\overrightarrow{P_0P}$ é ortogonal a $\mathbf{n}$ (Figura 12.39). Portanto, o produto escalar $\mathbf{n} \cdot \overrightarrow{P_0P} = 0$. Essa equação é equivalente a

$$(A\mathbf{i} + B\mathbf{j} + C\mathbf{k}) \cdot [(x - x_0)\mathbf{i} + (y - y_0)\mathbf{j} + (z - z_0)\mathbf{k}] = 0$$

ou

$$A(x - x_0) + B(y - y_0) + C(z - z_0) = 0$$

Equação para um plano

O plano que passa por $P_0(x_0, y_0, z_0)$ e é normal a $\mathbf{n} = A\mathbf{i} + B\mathbf{j} + C\mathbf{k}$ tem

Equação vetorial:	$\mathbf{n} \cdot \overrightarrow{P_0P} = 0$
Equação por componente:	$A(x - x_0) + B(y - y_0) + C(z - z_0) = 0$
Equação por componente simplificada:	$Ax + By + Cz = D$, onde $D = Ax_0 + By_0 + Cz_0$

EXEMPLO 6 Encontrando uma equação para um plano

Encontre uma equação para o plano que passe por $P_0(-3, 0, 7)$ e seja perpendicular a $\mathbf{n} = 5\mathbf{i} + 2\mathbf{j} - \mathbf{k}$.

SOLUÇÃO A equação componente é

$$5(x - (-3)) + 2(y - 0) + (-1)(z - 7) = 0$$

Simplificando, obtemos

$$5x + 15 + 2y - z + 7 = 0$$
$$5x + 2y - z = -22.$$

Observe no Exemplo 6 como as componentes de $\mathbf{n} = 5\mathbf{i} + 2\mathbf{j} - \mathbf{k}$ tornam-se os coeficientes de x, y e z na equação $5x + 2y - z = -22$. O vetor $\mathbf{n} = A\mathbf{i} + B\mathbf{j} + C\mathbf{k}$ é normal ao plano $Ax + By + Cz = D$.

EXEMPLO 7 Encontrando uma equação para um plano que passa por três pontos

Encontre uma equação para o plano que passa por $A(0, 0, 1)$, $B(2, 0, 0)$ e $C(0, 3, 0)$.

SOLUÇÃO Encontramos um vetor normal ao plano e o usamos com um dos pontos (não importa qual) para escrever uma equação para o plano.

O produto vetorial

$$\overrightarrow{AB} \times \overrightarrow{AC} = \begin{vmatrix} \mathbf{i} & \mathbf{j} & \mathbf{k} \\ 2 & 0 & -1 \\ 0 & 3 & -1 \end{vmatrix} = 3\mathbf{i} + 2\mathbf{j} + 6\mathbf{k}$$

é normal ao plano. Substituímos as componentes desse vetor e as coordenadas de $A(0, 0, 1)$ na forma componente da equação para obter

$$3(x - 0) + 2(y - 0) + 6(z - 1) = 0$$
$$3x + 2y + 6z = 6$$

Retas de interseção

Da mesma forma que retas são paralelas se e somente se tiverem a mesma direção, dois planos são **paralelos** se e somente se suas normais forem paralelas ou $\mathbf{n}_1 = k\mathbf{n}_2$ para algum escalar k. Dois planos que não são paralelos apresentam interseção em uma reta.

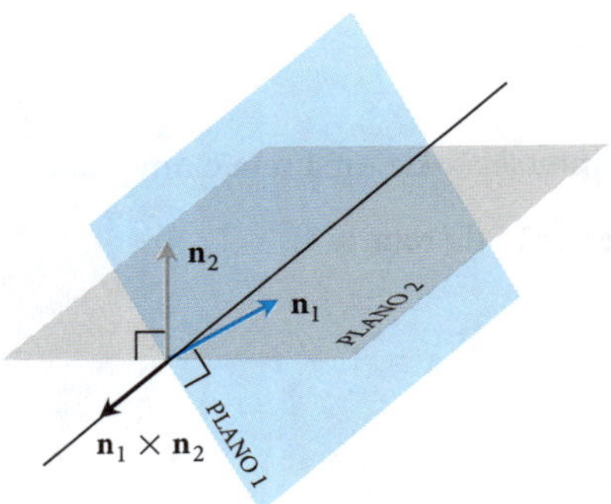

FIGURA 12.40 Como a reta que é a interseção de dois planos está relacionada aos vetores normais aos planos (Exemplo 8).

EXEMPLO 8 Encontrando um vetor paralelo à reta dada pela interseção de dois planos

Encontre um vetor paralelo à reta que é a interseção dos planos $3x - 6y - 2z = 15$ e $2x + y - 2z = 5$.

SOLUÇÃO A interseção de dois planos é a reta perpendicular aos vetores $\mathbf{n}_1$ e $\mathbf{n}_2$ normais aos planos (Figura 12.40) e, portanto, paralela a $\mathbf{n}_1 \times \mathbf{n}_2$. Invertendo isso, $\mathbf{n}_1 \times \mathbf{n}_2$ é um vetor paralelo à reta de interseção dos planos. No nosso caso,

$$\mathbf{n}_1 \times \mathbf{n}_2 = \begin{vmatrix} \mathbf{i} & \mathbf{j} & \mathbf{k} \\ 3 & -6 & -2 \\ 2 & 1 & -2 \end{vmatrix} = 14\mathbf{i} + 2\mathbf{j} + 15\mathbf{k}$$

Qualquer múltiplo escalar de $\mathbf{n}_1 \times \mathbf{n}_2$ não-nulo também servirá.

EXEMPLO 9 Parametrizando a reta dada pela interseção de dois planos

Encontre equações paramétricas para a reta na qual há interseção dos planos $3x - 6y - 2z = 15$ e $2x + y - 2z = 5$.

SOLUÇÃO Encontramos um vetor paralelo à reta e um ponto sobre a reta e usamos as equações (3).

O Exemplo 8 identifica $\mathbf{v} = 14\mathbf{i} + 2\mathbf{j} + 15\mathbf{k}$ como um vetor paralelo à reta. Para encontrarmos um ponto sobre a reta podemos tomar qualquer ponto comum aos dois planos. Substituindo $z = 0$ nas equações do plano e resolvendo-as simultaneamente para x e y identificamos um desses pontos como $(3, -1, 0)$. A reta é

$$x = 3 + 14t, \qquad y = -1 + 2t, \qquad z = 15t$$

A escolha de $z = 0$ é arbitrária e também poderíamos fazer $z = 1$ ou $z = -1$. Poderíamos ainda ter igualado x a zero e resolvido para y e z. As diferentes escolhas representariam somente parametrizações diferentes para a mesma reta.

Às vezes queremos saber onde ocorre a interseção de uma reta e um plano. Por exemplo, se estamos olhando para uma placa fina e um segmento de reta que passa por ela, talvez nos interessemos em saber qual parte do segmento de reta está escondida da nossa visão pela placa. Essa aplicação é usada em computação gráfica (Exercício 74).

EXEMPLO 10 Encontrando a interseção de uma reta e um plano

Encontre o ponto onde ocorre a interseção da reta

$$x = \frac{8}{3} + 2t, \qquad y = -2t, \qquad z = 1 + t$$

com o plano $3x + 2y + 6z = 6$.

SOLUÇÃO O ponto

$$\left(\frac{8}{3} + 2t, -2t, 1 + t\right)$$

encontra-se no plano se suas coordenadas satisfazem a equação do plano, isto é, se

$$3\left(\frac{8}{3} + 2t\right) + 2(-2t) + 6(1 + t) = 6$$
$$8 + 6t - 4t + 6 + 6t = 6$$
$$8t = -8$$
$$t = -1$$

O ponto de interseção é

$$(x, y, z)|_{t=-1} = \left(\frac{8}{3} - 2, 2, 1 - 1\right) = \left(\frac{2}{3}, 2, 0\right)$$

Distância de um ponto a um plano

Se P é um ponto no plano com normal $\mathbf{n}$, então a distância de qualquer ponto S até o plano é o comprimento da projeção ortogonal de $\overrightarrow{PS}$ em $\mathbf{n}$. Ou seja, a distância de S até o plano é

$$d = \left|\overrightarrow{PS} \cdot \frac{\mathbf{n}}{|\mathbf{n}|}\right| \qquad (6)$$

onde $\mathbf{n} = A\mathbf{i} + B\mathbf{j} + C\mathbf{k}$ é normal ao plano.

EXEMPLO 11 Encontrando a distância de um ponto a um plano

Encontre a distância de $S(1, 1, 3)$ ao plano $3x + 2y + 6z = 6$.

SOLUÇÃO Encontramos um ponto P no plano e calculamos o comprimento da projeção ortogonal de $\overrightarrow{PS}$ no vetor $\mathbf{n}$ normal ao plano (Figura 12.41). Os coeficientes na equação $3x + 2y + 6z = 6$ nos dão

$$\mathbf{n} = 3\mathbf{i} + 2\mathbf{j} + 6\mathbf{k}$$

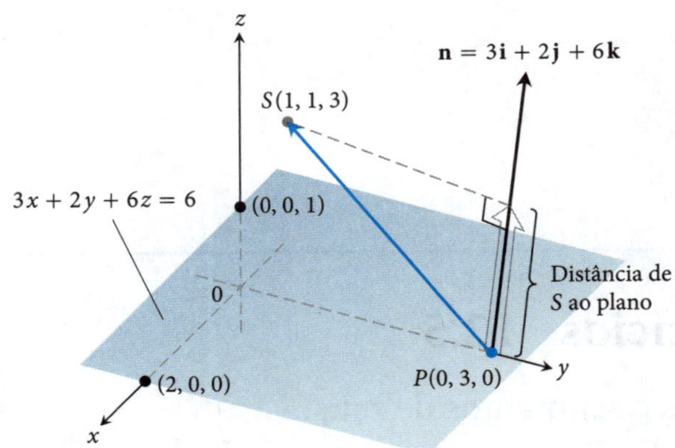

FIGURA 12.41 A distância de S até o plano é o comprimento da projeção ortogonal de $\overrightarrow{PS}$ no vetor $\mathbf{n}$ (Exemplo 11).

Os pontos mais fáceis de serem localizados no plano a partir de sua equação são os interceptos. Se tomarmos P como o interceptor (0, 3, 0), então

$$\begin{aligned}\overrightarrow{PS} &= (1 - 0)\mathbf{i} + (1 - 3)\mathbf{j} + (3 - 0)\mathbf{k} \\ &= \mathbf{i} - 2\mathbf{j} + 3\mathbf{k} \\ |\mathbf{n}| &= \sqrt{(3)^2 + (2)^2 + (6)^2} = \sqrt{49} = 7\end{aligned}$$

A distância de S até o plano é

$$\begin{aligned}d &= \left|\overrightarrow{PS} \cdot \frac{\mathbf{n}}{|\mathbf{n}|}\right| \qquad \text{comprimento de proj}_{\mathbf{n}}\,\overrightarrow{PS} \\ &= \left|(\mathbf{i} - 2\mathbf{j} + 3\mathbf{k}) \cdot \left(\frac{3}{7}\mathbf{i} + \frac{2}{7}\mathbf{j} + \frac{6}{7}\mathbf{k}\right)\right| \\ &= \left|\frac{3}{7} - \frac{4}{7} + \frac{18}{7}\right| = \frac{17}{7}\end{aligned}$$

Ângulos entre planos

O ângulo entre dois planos que se cruzam é definido como o ângulo (agudo) determinado pelos vetores normais (Figura 12.42).

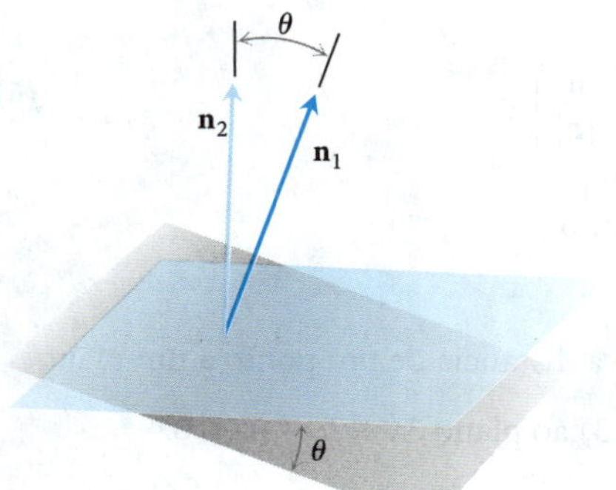

FIGURA 12.42 O ângulo entre dois planos é obtido a partir do ângulo entre suas normais.

EXEMPLO 12 Encontre o ângulo entre $3x - 6y - 2z = 15$ e $2x + y - 2z = 5$.

SOLUÇÃO Os vetores

$$\mathbf{n}_1 = 3\mathbf{i} - 6\mathbf{j} - 2\mathbf{k}, \quad \mathbf{n}_2 = 2\mathbf{i} + \mathbf{j} - 2\mathbf{k}$$

são normais aos planos. O ângulo entre eles é

$$\begin{aligned}\theta &= \cos^{-1}\left(\frac{\mathbf{n}_1 \cdot \mathbf{n}_2}{|\mathbf{n}_1|\,|\mathbf{n}_2|}\right) \\ &= \cos^{-1}\left(\frac{4}{21}\right) \\ &\approx 1{,}38 \text{ radianos} \qquad \text{Cerca de 79 graus.}\end{aligned}$$

Exercícios 12.5

Retas e segmentos de reta

Encontre equações paramétricas para as retas nos exercícios 1–12.

1. A reta que passa pelo ponto $P(3, -4, -1)$ e é paralela ao vetor $\mathbf{i} + \mathbf{j} + \mathbf{k}$.
2. A reta que passa por $P(1, 2, -1)$ e $Q(-1, 0, 1)$.
3. A reta que passa por $P(-2, 0, 3)$ e $Q(3, 5, -2)$.
4. A reta que passa por $P(1, 2, 0)$ e $Q(1, 1, -1)$.
5. A reta que passa pela origem e é paralela ao vetor $2\mathbf{j} + \mathbf{k}$.
6. A reta que passa pelo ponto $(3, -2, 1)$ e é paralela à reta $x = 1 + 2t$, $y = 2 - t$, $z = 3t$.

7. A reta que passa por $(1, 1, 1)$ e é paralela ao eixo z.

8. A reta que passa por $(2, 4, 5)$ e é perpendicular ao plano $3x + 7y + 5z = 21$.

9. A reta que passa por $(0, -7, 0)$ e é perpendicular ao plano $x + 2y + 2z = 13$.

10. A reta que passa por $(2, 3, 0)$ e é perpendicular aos vetores $\mathbf{u} = \mathbf{i} + 2\mathbf{j} + 3\mathbf{k}$ e $\mathbf{v} = 3\mathbf{i} + 4\mathbf{j} + 5\mathbf{k}$.

11. O eixo x.

12. O eixo z.

Encontre parametrizações para os segmentos de reta ligando os pontos nos exercícios 13–20. Desenhe eixos coordenados e esboce cada segmento, indicando, para a sua parametrização, a direção e o sentido para t aumentando.

13. $(0, 0, 0)$, $(1, 1, 3/2)$
14. $(0, 0, 0)$, $(1, 0, 0)$
15. $(1, 0, 0)$, $(1, 1, 0)$
16. $(1, 1, 0)$, $(1, 1, 1)$
17. $(0, 1, 1)$, $(0, -1, 1)$
18. $(0, 2, 0)$, $(3, 0, 0)$
19. $(2, 0, 2)$, $(0, 2, 0)$
20. $(1, 0, -1)$, $(0, 3, 0)$

Planos

Encontre equações para os planos nos exercícios 21–26.

21. O plano que passa por $P_0(0, 2, -1)$ e é normal a $\mathbf{n} = 3\mathbf{i} - 2\mathbf{j} - \mathbf{k}$.

22. O plano que passa por $(1, -1, 3)$ e é paralelo ao plano $3x + y + z = 7$

23. O plano que passa por $(1, 1, -1)$, $(2, 0, 2)$ e $(0, -2, 1)$.

24. O plano que passa por $(2, 4, 5)$, $(1, 5, 7)$ e $(-1, 6, 8)$.

25. O plano que passa por $P_0(2, 4, 5)$ e é perpendicular à reta

$$x = 5 + t, \qquad y = 1 + 3t, \qquad z = 4t$$

26. O plano que passa por $A(1, -2, 1)$ e é perpendicular ao vetor da origem até A.

27. Encontre o ponto de interseção das retas $x = 2t + 1, y = 3t + 2, z = 4t + 3$ e $x = s + 2,\ y = 2s + 4,\ z = -4s - 1$ e depois encontre o plano determinado por essas retas.

28. Encontre o ponto de interseção das retas $x = t, y = -t + 2, z = t + 1$ e $x = 2s + 2, y = s + 3, z = 5s + 6$ e depois encontre o plano determinado por essas retas.

Nos exercícios 29 e 30, encontre o plano determinado pelas retas concorrentes.

29. $L1: x = -1 + t, \quad y = 2 + t, \quad z = 1 - t; \quad -\infty < t < \infty$
$L2: x = 1 - 4s, \quad y = 1 + 2s, \quad z = 2 - 2s; \quad -\infty < s < \infty$

30. $L1: x = t, \quad y = 3 - 3t, \quad z = -2 - t; \quad -\infty < t < \infty$
$L2: x = 1 + s, \quad y = 4 + s, \quad z = -1 + s; \quad -\infty < s < \infty$

31. Encontre um plano que passa por $P_0(2, 1, -1)$ e é perpendicular à reta dada pela interseção dos planos $2x + y - z = 3$, $x + 2y + z = 2$.

32. Encontre um plano que passa pelos pontos $P_1(1, 2, 3)$, $P_2(3, 2, 1)$ e é perpendicular ao plano $4x - y + 2z = 7$.

Distâncias

Nos exercícios 33–38, encontre a distância do ponto até a reta.

33. $(0, 0, 12)$; $x = 4t, \quad y = -2t, \quad z = 2t$

34. $(0, 0, 0)$; $x = 5 + 3t, \quad y = 5 + 4t, \quad z = -3 - 5t$

35. $(2, 1, 3)$; $x = 2 + 2t, \quad y = 1 + 6t, \quad z = 3$

36. $(2, 1, -1)$; $x = 2t, \quad y = 1 + 2t, \quad z = 2t$

37. $(3, -1, 4)$; $x = 4 - t, \quad y = 3 + 2t, \quad z = -5 + 3t$

38. $(-1, 4, 3)$; $x = 10 + 4t, \quad y = -3, \quad z = 4t$

Nos exercícios 39–44, encontre a distância do ponto até o plano.

39. $(2, -3, 4)$, $x + 2y + 2z = 13$

40. $(0, 0, 0)$, $3x + 2y + 6z = 6$

41. $(0, 1, 1)$, $4y + 3z = -12$

42. $(2, 2, 3)$, $2x + y + 2z = 4$

43. $(0, -1, 0)$, $2x + y + 2z = 4$

44. $(1, 0, -1)$, $-4x + y + z = 4$

45. Encontre a distância do plano $x + 2y + 6z = 1$ ao plano $x + 2y + 6z = 10$.

46. Encontre a distância da reta $x = 2 + t, y = 1 + t, z = -(1/2) - (1/2)t$ ao plano $x + 2y + 6z = 10$.

Ângulos

Encontre os ângulos entre os planos nos exercícios 47 e 48.

47. $x + y = 1, \quad 2x + y - 2z = 2$

48. $5x + y - z = 10, \quad x - 2y + 3z = -1$

T Com precisão de centésimo de radiano, use uma calculadora para encontrar o ângulo agudo entre os planos nos exercícios 49–52.

49. $2x + 2y + 2z = 3, \quad 2x - 2y - z = 5$

50. $x + y + z = 1, \quad z = 0$ (plano xy)

51. $2x + 2y - z = 3, \quad x + 2y + z = 2$

52. $4y + 3z = -12, \quad 3x + 2y + 6z = 6$

Interseção de retas e planos

Nos exercícios 53–56, determine o ponto no qual a reta encontra o plano.

53. $x = 1 - t, \quad y = 3t, \quad z = 1 + t; \quad 2x - y + 3z = 6$

54. $x = 2, \quad y = 3 + 2t, \quad z = -2 - 2t; \quad 6x + 3y - 4z = -12$

55. $x = 1 + 2t, \quad y = 1 + 5t, \quad z = 3t; \quad x + y + z = 2$

56. $x = -1 + 3t, \quad y = -2, \quad z = 5t; \quad 2x - 3z = 7$

Encontre parametrizações para as retas dadas pela interseção dos planos nos exercícios 57–60.

57. $x + y + z = 1, \quad x + y = 2$

58. $3x - 6y - 2z = 3, \quad 2x + y - 2z = 2$

59. $x - 2y + 4z = 2, \quad x + y - 2z = 5$

60. $5x - 2y = 11, \quad 4y - 5z = -17$

Dadas duas retas no espaço, estas são paralelas, ou se cruzam ou são reversas (imagine, por exemplo, a trajetória de vôo de dois aviões no ar). Os exercícios 61 e 62 dão três retas cada um. Em cada exercício, determine se as retas, tomadas duas a duas, são paralelas, se cruzam ou são reversas. No caso de se cruzarem, encontre o ponto de interseção.

61. $L1: x = 3 + 2t, \quad y = -1 + 4t, \quad z = 2 - t, \quad -\infty < t < \infty$
$L2: x = 1 + 4s, \quad y = 1 + 2s, \quad z = -3 + 4s, \quad -\infty < s < \infty$
$L3: x = 3 + 2r, \quad y = 2 + r, \quad z = -2 + 2r, \quad -\infty < r < \infty$

62. $L1: x = 1 + 2t, \quad y = -1 - t, \quad z = 3t, \quad -\infty < t < \infty$
$L2: x = 2 - s, \quad y = 3s, \quad z = 1 + s, \quad -\infty < s < \infty$
$L3: x = 5 + 2r, \quad y = 1 - r, \quad z = 8 + 3r, \quad -\infty < r < \infty$

Teoria e exemplos

63. Use as equações (3) para gerar uma parametrização da reta que passa por $P(2, -4, 7)$ e é paralela a $\mathbf{v}_1 = 2\mathbf{i} - \mathbf{j} + 3\mathbf{k}$. Então gere outra parametrização da reta usando o ponto $P_2(-2, -2, 1)$ e o vetor $\mathbf{v}_2 = -\mathbf{i} + (1/2)\mathbf{j} - (3/2)\mathbf{k}$.

64. Use a representação em componentes para gerar uma equação para o plano que passa por $P_1(4, 1, 5)$ e é normal a $\mathbf{n}_1 = \mathbf{i} - 2\mathbf{j} + \mathbf{k}$. Depois gere outra equação para o mesmo plano usando o ponto $P_2(3, -2, 0)$ e o vetor normal $\mathbf{n}_2 = -\sqrt{2}\mathbf{i} + 2\sqrt{2}\mathbf{j} - \sqrt{2}\mathbf{k}$.

65. Encontre os pontos nos quais a reta $x = 1 + 2t$, $y = -1 - t$, $z = 3t$ encontra os planos coordenados. Descreva o raciocínio envolvido na sua resposta.

66. Encontre equações para a reta no plano $z = 3$ que forma um ângulo de $\pi/6$ rad com $\mathbf{i}$ e um ângulo de $\pi/3$ rad com $\mathbf{j}$. Descreva o raciocínio envolvido na sua resposta.

67. A reta $x = 1 - 2t$, $y = 2 + 5t$, $z = -3t$ é paralela ao plano $2x + y - z = 8$? Justifique a sua resposta.

68. Como se pode dizer que dois planos $A_1x + B_1y + C_1z = D_1$ e $A_2x + B_2y + C_2z = D_2$ são paralelos? Perpendiculares? Justifique a sua resposta.

69. Encontre dois planos diferentes cuja interseção é a reta $x = 1 + t$, $y = 2 - t$, $z = 3 + 2t$. Escreva uma equação para cada plano na forma $Ax + By + Cz = D$.

70. Encontre um plano que passa pela origem e encontra o plano M: $2x + 3y + z = 12$ em um ângulo reto. Como você sabe que o plano é perpendicular a M?

71. Para quaisquer números a, b e c diferentes de zero, o gráfico de $(x/a) + (y/b) + (z/c) = 1$ é um plano. Quais planos têm uma equação dessa forma? Justifique a sua resposta.

72. Suponha que L_1 e L_2 sejam retas não paralelas disjuntas (não se cruzam). É possível para um vetor não-nulo ser perpendicular tanto a L_1 quanto a L_2? Justifique a sua resposta.

Computação gráfica

73. Perspectiva em computação gráfica Em computação gráfica e desenho em perspectiva, precisamos representar objetos captados pelo olho no espaço como imagens em um plano bidimensional. Suponha que o olho esteja em $E(x_0, 0, 0)$ como mostrado aqui e que queiramos representar um ponto $P_1(x_1, y_1, z_1)$ como um ponto no plano yz. Fazemos isso projetando P_1 no plano com um raio a partir de E. O ponto P_1 será representado como o ponto $P(0, y, z)$. O problema para nós como designers gráficos é encontrar y e z, dados E e P_1.

(a) Escreva uma equação vetorial que valha entre $\overrightarrow{EP}$ e $\overrightarrow{EP_1}$. Use a equação para expressar y e z em termos de x_0, x_1, y_1 e z_1.

(b) Teste as fórmulas obtidas para y e z no item **(a)** investigando o comportamento delas em $x_1 = 0$ e $x_1 = x_0$

e vendo o que acontece quando $x_0 \to \infty$. O que você encontrou?

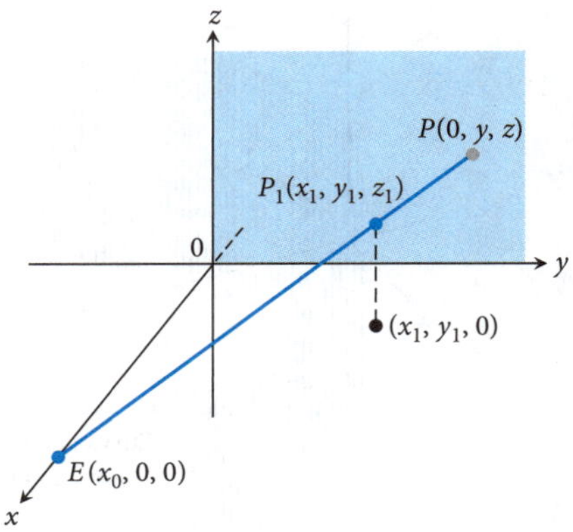

74. Retas escondidas Temos aqui outro problema típico de computação gráfica. Seu olho está em (4, 0, 0). Você está olhando para uma placa triangular cujos vértices estão em (1, 0, 1), (1, 1, 0) e (−2, 2, 2). O segmento de reta de (1, 0, 0) até (0, 2, 2) passa pela placa. Que parte do segmento de reta está escondida da sua visão pela placa? (Este exercício é para encontrar interseções de retas e planos.)

12.6 Cilindros e superfícies quádricas

Até agora, estudamos dois tipos especiais de superfícies: esferas e planos. Nesta seção, ampliaremos nossa lista para incluir uma variedade de cilindros e superfícies quádricas. Superfícies quádricas são superfícies definidas por equações de segundo grau em x, y e z. Esferas são superfícies quádricas, mas existem outras de igual importância.

Cilindros

Um **cilindro** é a superfície composta por todas as retas que são paralelas a uma reta dada no espaço e passam por uma curva plana dada. A curva é uma **curva geradora** para o cilindro (Figura 12.43). Em geometria sólida, onde *cilindro* significa *cilindro circular*, as curvas geradoras são círculos, mas agora permitiremos que as curvas geradoras sejam de qualquer tipo. O cilindro do nosso primeiro exemplo é gerado por uma parábola.

Quando traçamos manualmente o gráfico de um cilindro ou outra superfície ou os analisamos no computador, é útil olharmos as curvas formadas pela interseção da superfície com planos paralelos aos planos coordenados. Essas curvas são chamadas **seções transversais** ou **traços**.

EXEMPLO 1 O cilindro parabólico $y = x^2$

Encontre uma equação para o cilindro formado pelas retas paralelas ao eixo z que passam pela parábola $y = x^2$, $z = 0$ (Figura 12.44).

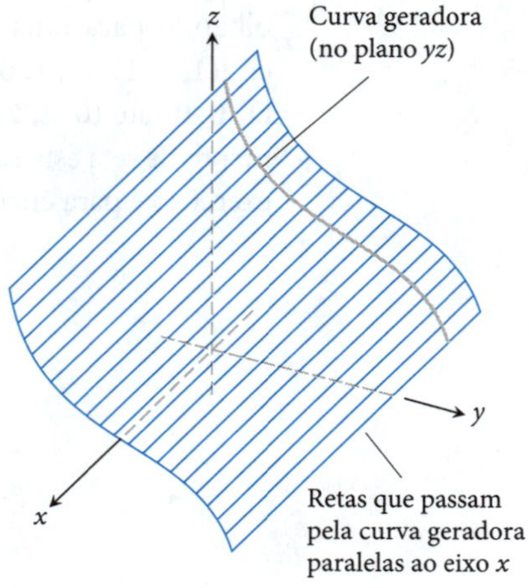

FIGURA 12.43 Um cilindro e uma curva geradora.

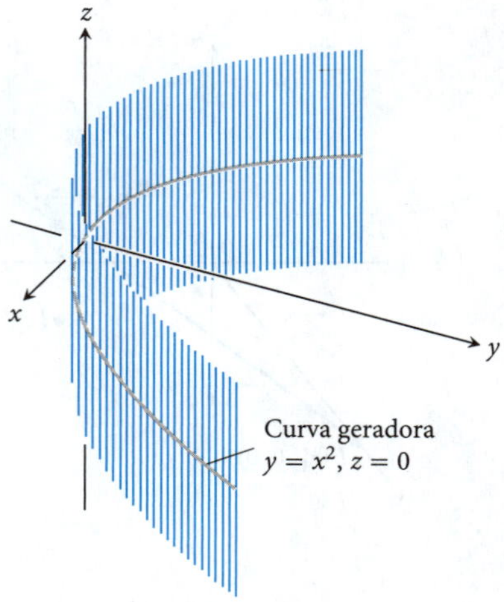

FIGURA 12.44 O cilindro de retas que passam pela parábola $y = x^2$ no plano xy e são paralelas ao eixo z (Exemplo 1).

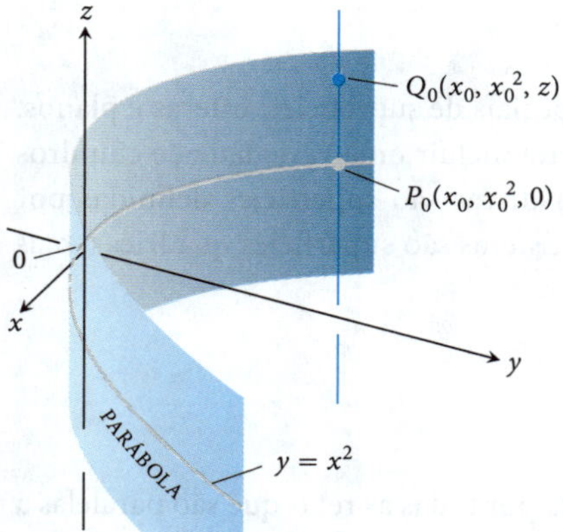

FIGURA 12.45 Todos os pontos do cilindro na Figura 12.44 têm coordenadas da forma (x_0, x_0^2, z). Chamamos o cilindro de "cilindro $y = x^2$".

SOLUÇÃO Suponha que o ponto $P_0(x_0, x_0^2, 0)$ esteja localizado sobre a parábola $y = x^2$ no plano xy. Então, para qualquer valor de z, o ponto $Q(x_0, x_0^2, z)$ estará localizado sobre o cilindro porque está sobre a reta $x = x_0$, $y = x_0^2$ que passa por P_0 e é paralela ao eixo z. Inversamente, qualquer ponto $Q(x_0, x_0^2, z)$ cuja coordenada y seja o quadrado de sua coordenada x está localizado sobre o cilindro porque está sobre a reta $x = x_0$, $y = x_0^2$ que passa por P_0 e é paralela ao eixo z (Figura 12.45).

Portanto, independentemente do valor de z, os pontos sobre a superfície são os pontos cujas coordenadas satisfazem a equação $y = x^2$, fazendo de $y = x^2$ uma equação para o cilindro. Por esse motivo, chamamos o cilindro de "cilindro $y = x^2$".

Como o Exemplo 1 sugere, qualquer curva $f(x, y) = c$ no plano xy define um cilindro paralelo ao eixo z cuja equação também é $f(x, y) = c$. A equação $x^2 + y^2 = 1$ define o cilindro circular formado pelas retas paralelas ao eixo z que passam pelo círculo $x^2 + y^2 = 1$ no plano xy. A equação $x^2 + 4y^2 = 9$ define um cilindro elíptico formado por retas paralelas ao eixo z que passam pela elipse $x^2 + 4y^2 = 9$ no plano xy.

De maneira similar, qualquer curva $g(x, z) = c$ no plano xz define um cilindro paralelo ao eixo y cuja equação espacial é também $g(x, z) = c$ (Figura 12.46). Qualquer curva $h(y, z) = c$ define um cilindro paralelo ao eixo x cuja equação espacial também é $h(y, z) = c$ (Figura 12.47). Entretanto, o eixo de um cilindro não precisa ser paralelo a um eixo coordenado.

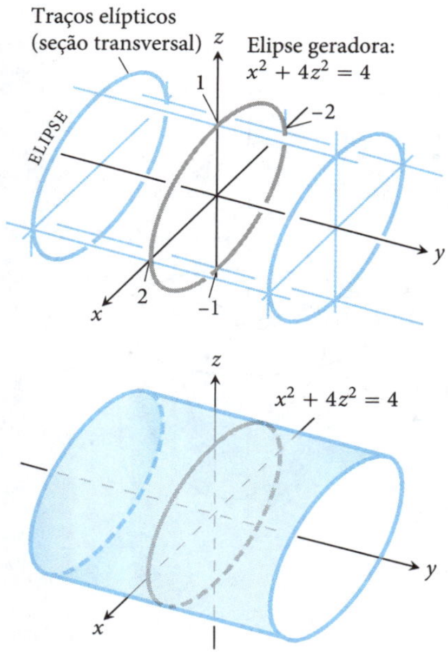

FIGURA 12.46 O cilindro elíptico $x^2 + 4z^2 = 4$ é formado por retas paralelas ao eixo y e que passam pela elipse $x^2 + 4z^2 = 4$ no plano xz. As seções transversais ou "traços" do cilindro em planos perpendiculares ao eixo y são elipses congruentes à elipse geradora. O cilindro se estende ao longo de todo o eixo y.

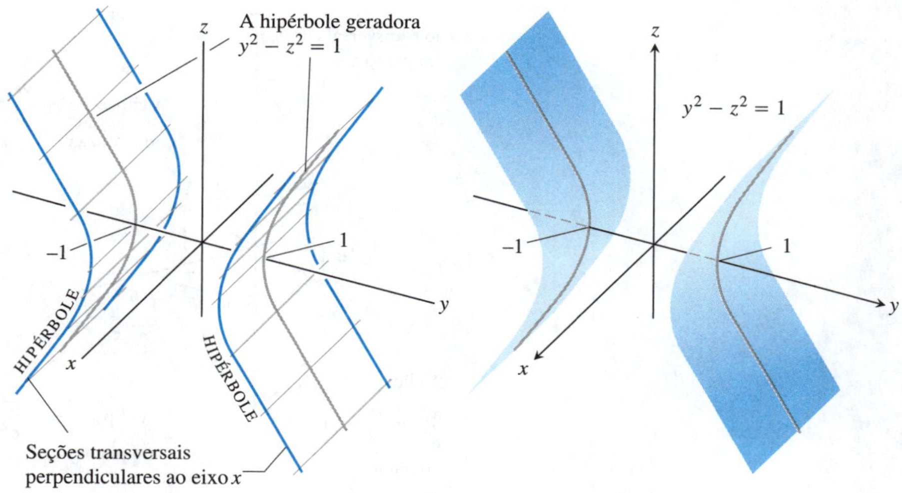

FIGURA 12.47 O cilindro hiperbólico $y^2 - z^2 = 1$ é formado por retas paralelas ao eixo x e que passam pela hipérbole $y^2 - z^2 = 1$ no plano yz. As seções transversais do cilindro em planos perpendiculares ao eixo x são hipérboles congruentes à hipérbole geradora.

Superfícies quádricas

O próximo tipo de superfície que estudaremos é uma superfície *quádrica*. Essas superfícies são os análogos tridimensionais de elipses, parábolas e hipérboles.

Uma **superfície quádrica** é o gráfico no espaço de uma equação de segundo grau em x, y e z. A forma mais geral é

$$Ax^2 + By^2 + Cz^2 + Dxy + Eyz + Fxz + Gx + Hy + Jz + K = 0$$

onde A, B, C etc. são constantes, mas a equação pode ser simplificada por translação e rotação como no caso bidimensional. Estudaremos apenas as equações mais simples. Embora a definição não requeira isso, os cilindros nas figuras 12.45 a 12.47 também são exemplos de superfícies quádricas. As superfícies quádricas básicas são **elipsóides**, **parabolóides**, **cones elípticos** e **hiperbolóides**. (Podemos pensar em esferas como elipsóides especiais.) Agora, apresentaremos exemplos de cada um desses tipos.

EXEMPLO 2 Elipsóides

O **elipsóide**

$$\frac{x^2}{a^2} + \frac{y^2}{b^2} + \frac{z^2}{c^2} = 1 \qquad (1)$$

(Figura 12.48) corta os eixos coordenados em $(\pm a, 0, 0)$, $(0, \pm b, 0)$ e, $(0, 0, \pm c)$. Ele está localizado dentro da caixa retangular definida pelas desigualdades $|x| \leq a$, $|y| \leq b$ e $|z| \leq c$. A superfície é simétrica em relação a cada um dos planos coordenados porque as variáveis na equação de definição estão elevadas ao quadrado.

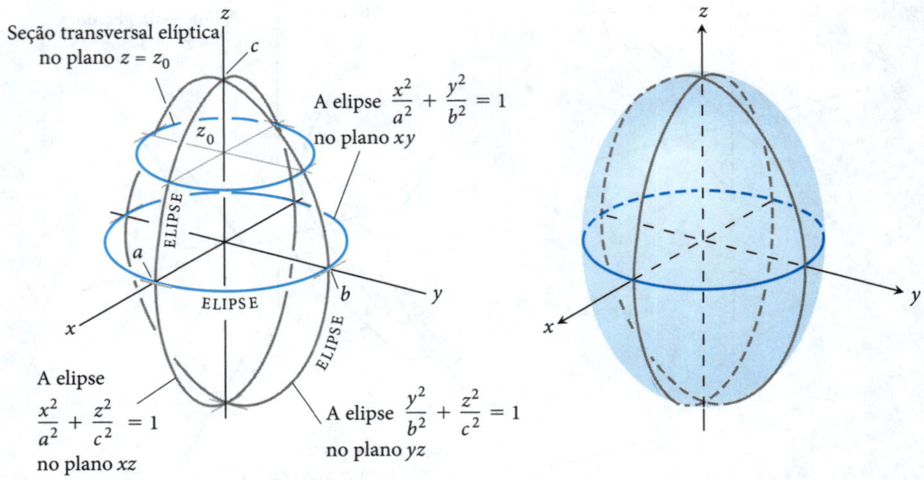

FIGURA 12.48 O elipsóide

$$\frac{x^2}{a^2} + \frac{y^2}{b^2} + \frac{z^2}{c^2} = 1$$

no Exemplo 2 há seções transversais elípticas em cada um dos três planos coordenados.

As curvas nas quais os três planos coordenados cortam a superfície são elipses. Por exemplo,

$$\frac{x^2}{a^2} + \frac{y^2}{b^2} = 1 \qquad \text{quando} \qquad z = 0$$

A seção recortada da superfície pelo plano $z = z_0, |z_0| < c$ é a elipse

$$\frac{x^2}{a^2(1 - (z_0/c)^2)} + \frac{y^2}{b^2(1 - (z_0/c)^2)} = 1$$

Se dois dos semi-eixos a, b e c são iguais, a superfície é um **elipsóide de revolução**. Se todos os três são iguais, a superfície é uma esfera.

EXEMPLO 3 Parabolóides

O **parabolóide elíptico**

$$\frac{x^2}{a^2} + \frac{y^2}{b^2} = \frac{z}{c} \tag{2}$$

é simétrico em relação aos planos $x = 0$ e $y = 0$ (Figura 12.49). A única interseção com os eixos é a origem. Exceto nesse ponto, a superfície está acima (se $c > 0$) ou inteiramente abaixo (se $c < 0$) do plano xy, dependendo do sinal de c. As seções cortadas pelos planos coordenados são

$$x = 0: \quad \text{a parábola} \quad z = \frac{c}{b^2}y^2$$

$$y = 0: \quad \text{a parábola} \quad z = \frac{c}{a^2}x^2$$

$$z = 0: \quad \text{o ponto} \quad (0, 0, 0)$$

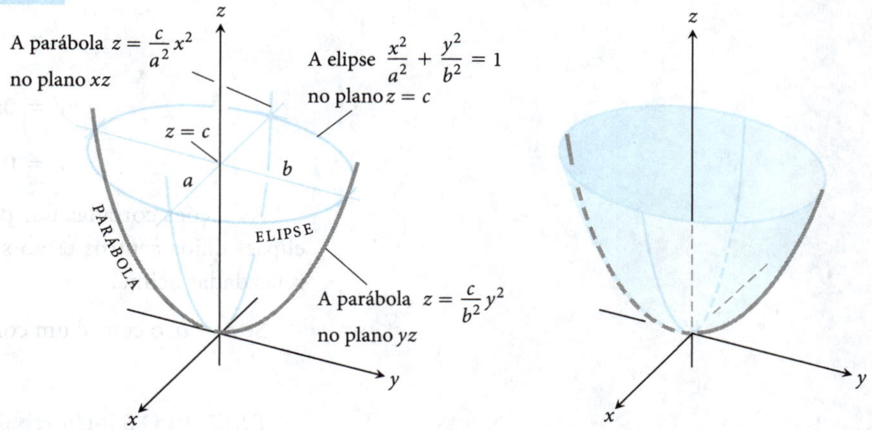

FIGURA 12.49 O parabolóide elíptico $(x^2/a^2) + (y^2/b^2) = z/c$ no Exemplo 3, mostrado para $c > 0$. As seções transversais perpendiculares ao eixo z acima do plano xy são elipses. As seções transversais nos planos que contêm o eixo z são parábolas.

Cada plano $z = z_0$ acima do plano xy corta a superfície da elipse

$$\frac{x^2}{a^2} + \frac{y^2}{b^2} = \frac{z_0}{c}$$

EXEMPLO 4 Cones

O **cone elíptico**

$$\frac{x^2}{a^2} + \frac{y^2}{b^2} = \frac{z^2}{c^2} \quad (3)$$

é simétrico em relação aos três planos coordenados (Figura 12.50).

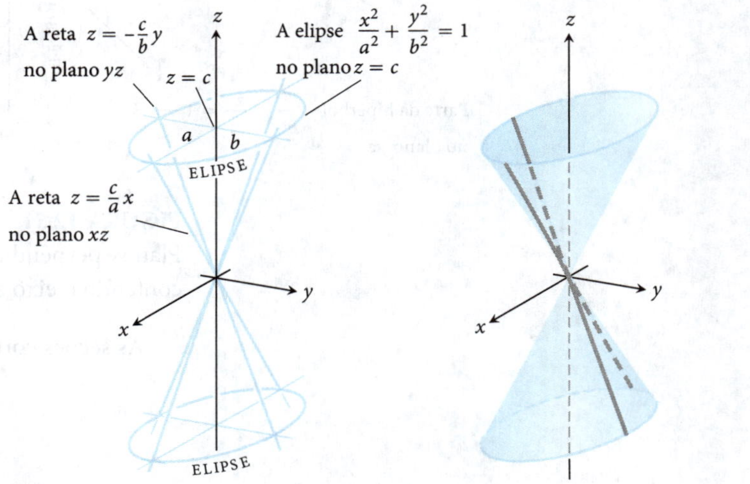

FIGURA 12.50 O cone elíptico $(x^2/a^2) + (y^2/b^2) = (z^2/c^2)$ no Exemplo 4. Planos perpendiculares ao eixo z cortam o cone em elipses acima e abaixo do plano xy. Planos verticais que contêm o eixo z o cortam em pares de retas concorrentes.

As seções cortadas pelos planos coordenados são

$$x = 0: \quad \text{as retas } z = \pm \frac{c}{b} y$$

$$y = 0: \quad \text{as retas } z = \pm \frac{c}{a} x$$

$$z = 0: \quad \text{o ponto } (0, 0, 0)$$

As seções cortadas por planos $z = z_0$ acima e abaixo do plano xy são elipses cujos centros estão sobre o eixo z e cujos vértices estão sobre as retas dadas acima.

Se $a = b$, o cone é um cone circular reto.

EXEMPLO 5 Hiperbolóides

O **hiperbolóide de uma folha**

$$\frac{x^2}{a^2} + \frac{y^2}{b^2} - \frac{z^2}{c^2} = 1 \tag{4}$$

é simétrico em relação a cada um dos três planos coordenados (Figura 12.51).

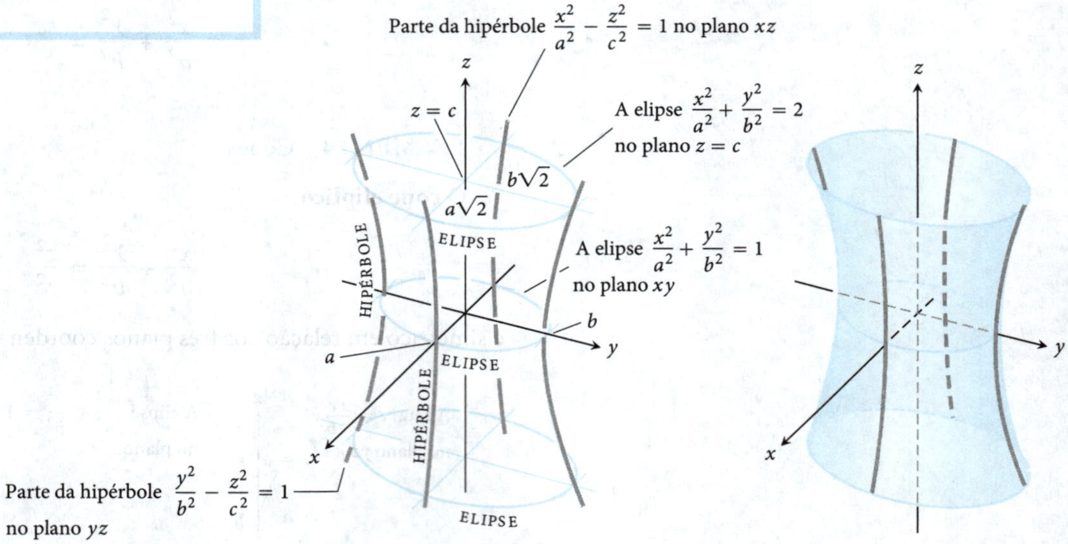

FIGURA 12.51 O hiperbolóide $(x^2/a^2) + (y^2/b^2) - (z^2/c^2) = 1$ no Exemplo 5. Planos perpendiculares ao eixo z o cortam em elipses. Planos verticais contendo o eixo z o cortam em hipérboles.

As seções cortadas pelos planos coordenados são

$$x = 0: \quad \text{a hipérbole } \frac{y^2}{b^2} - \frac{z^2}{c^2} = 1$$

$$y = 0: \quad \text{a hipérbole } \frac{x^2}{a^2} - \frac{z^2}{c^2} = 1$$

$$z = 0: \quad \text{a elipse } \frac{x^2}{a^2} + \frac{y^2}{b^2} = 1$$

O plano $z = z_0$ corta a superfície em uma elipse com centro no eixo z e vértices em uma das seções hiperbólicas apresentadas.

A superfície está conectada, o que significa que é possível viajar de um ponto a outro sem que se saia dela. Por isso, diz-se que ela tem *uma* folha, diferentemente do hiperbolóide da próxima seção, que tem duas.

Se $a = b$, o hiperbolóide é uma superfície de revolução.

EXEMPLO 6 Hiperbolóides

O **hiperbolóide de duas folhas**

$$\frac{z^2}{c^2} - \frac{x^2}{a^2} - \frac{y^2}{b^2} = 1 \tag{5}$$

é simétrico em relação aos três planos coordenados (Figura 12.52). O plano $z = 0$ não intercepta a superfície; na verdade, para um plano horizontal apresentar interseção com a superfície, devemos ter $|z| \geq c$. As seções hiperbólicas

$$x = 0: \quad \frac{z^2}{c^2} - \frac{y^2}{b^2} = 1$$

$$y = 0: \quad \frac{z^2}{c^2} - \frac{x^2}{a^2} = 1$$

têm seus vértices e focos no eixo z. A superfície é separada em duas partes, uma acima do plano $z = c$ e a outra abaixo do plano $z = -c$. Isso justifica seu nome.

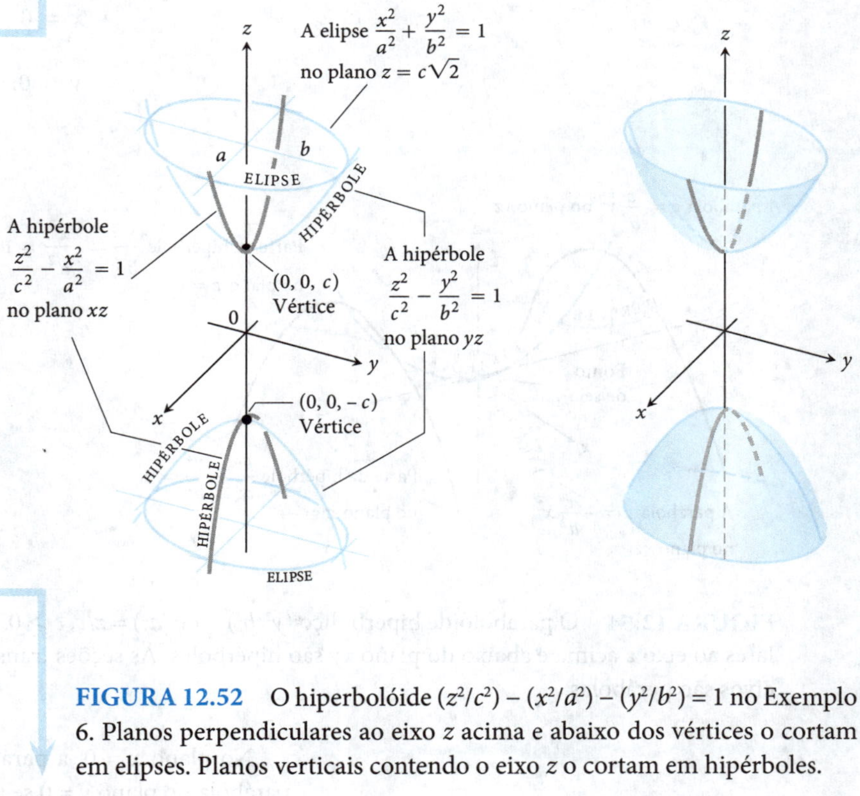

FIGURA 12.52 O hiperbolóide $(z^2/c^2) - (x^2/a^2) - (y^2/b^2) = 1$ no Exemplo 6. Planos perpendiculares ao eixo z acima e abaixo dos vértices o cortam em elipses. Planos verticais contendo o eixo z o cortam em hipérboles.

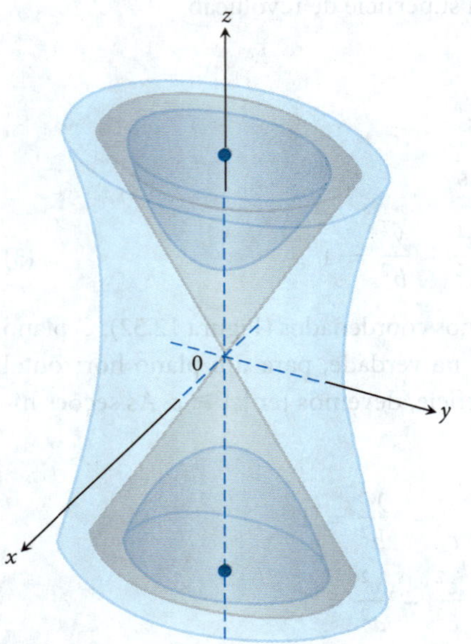

FIGURA 12.53 Ambos hiperbolóides são assintóticos ao cone (Exemplo 6).

As equações (4) e (5) têm números diferentes de termos negativos. O número em cada caso é o mesmo que o número de folhas do hiperbolóide. Se substituirmos o 1 do lado direito da Equação (4) ou da Equação (5) por 0, obtemos a equação

$$\frac{x^2}{a^2} + \frac{y^2}{b^2} = \frac{z^2}{c^2}$$

para um cone elíptico (Equação (3)). Os hiperbolóides são assintóticos a esse cone (Figura 12.53) da mesma maneira que as hipérboles

$$\frac{x^2}{a^2} - \frac{y^2}{b^2} = \pm 1$$

são assintóticas às retas

$$\frac{x^2}{a^2} - \frac{y^2}{b^2} = 0$$

no plano xy.

EXEMPLO 7 Um ponto de sela

O **parabolóide hiperbólico**

$$\frac{y^2}{b^2} - \frac{x^2}{a^2} = \frac{z}{c}, \qquad c > 0 \tag{6}$$

tem simetria em relação aos planos $x = 0$ e $y = 0$ (Figura 12.54). As seções nesses planos são

$$x = 0: \quad \text{a parábola} \quad z = \frac{c}{b^2}y^2 \tag{7}$$

$$y = 0: \quad \text{a parábola} \quad z = -\frac{c}{a^2}x^2 \tag{8}$$

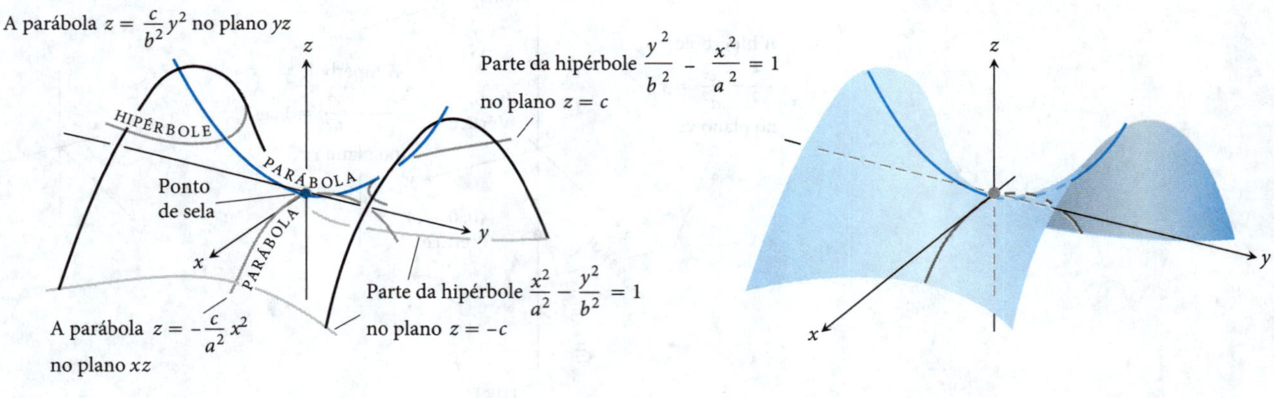

FIGURA 12.54 O parabolóide hiperbólico $(y^2/b^2) - (x^2/a^2) = z/c$, $c > 0$. As seções transversais nos planos perpendiculares ao eixo z acima e abaixo do plano xy são hipérboles. As seções transversais nos planos perpendiculares aos outros eixos são parábolas.

No plano $x = 0$, a parábola se abre para cima a partir da origem. A parábola no plano $y = 0$ se abre para baixo.

Se cortamos a superfície por um plano $z = z_0 > 0$, a seção é uma hipérbole,

$$\frac{y^2}{b^2} - \frac{x^2}{a^2} = \frac{z_0}{c}$$

com seu eixo focal paralelo ao eixo y e seus vértices sobre a parábola na Equação (7). Se z_0 é negativo, o eixo focal é paralelo ao eixo x e os vértices estão sobre a parábola na Equação (8).

Próximo da origem, a superfície tem o formato de uma sela. Para uma pessoa que percorre a superfície no plano yz, a origem parece mínima. Para uma pessoa que percorre a superfície no plano xz, a origem parece máxima. Tal ponto é chamado **ponto de sela** de uma superfície.

Usando a tecnologia: visualização no espaço

Um sistema de álgebra por computador (SAC) ou outro aplicativo gráfico computacional pode ajudar na visualização de superfícies no espaço. Eles podem desenhar traços em planos diferentes. Vários sistemas gráficos computacionais podem girar uma figura de maneira que podemos vê-la como se fosse um modelo físico que podemos manipular. Algoritmos de retas ocultas (veja o Exercício 74, Seção 12.5) são usados para ocultar partes da superfície que não seriam vistas normalmente do nosso ângulo de visão. Eventualmente um SAC vai requerer que superfícies sejam dadas na forma paramétrica, como será discutido na Seção 16.6 (veja também os exercícios 57 a 60 na Seção 14.1, nos quais se utiliza um SAC). Às vezes é necessário manipular a largura da malha para ver todas as partes de uma superfície.

Exercícios 12.6

Associando equações com superfícies

Nos exercícios 1–12, associe a equação com a superfície que ela define. Além disso, identifique cada superfície pelo tipo (parabolóide, elipsóide etc.). As superfícies vão de (a) a (l).

1. $x^2 + y^2 + 4z^2 = 10$
2. $z^2 + 4y^2 - 4x^2 = 4$
3. $9y^2 + z^2 = 16$
4. $y^2 + z^2 = x^2$
5. $x = y^2 - z^2$
6. $x = -y^2 - z^2$
7. $x^2 + 2z^2 = 8$
8. $z^2 + x^2 - y^2 = 1$
9. $x = z^2 - y^2$
10. $z = -4x^2 - y^2$
11. $x^2 + 4z^2 = y^2$
12. $9x^2 + 4y^2 + 2z^2 = 36$

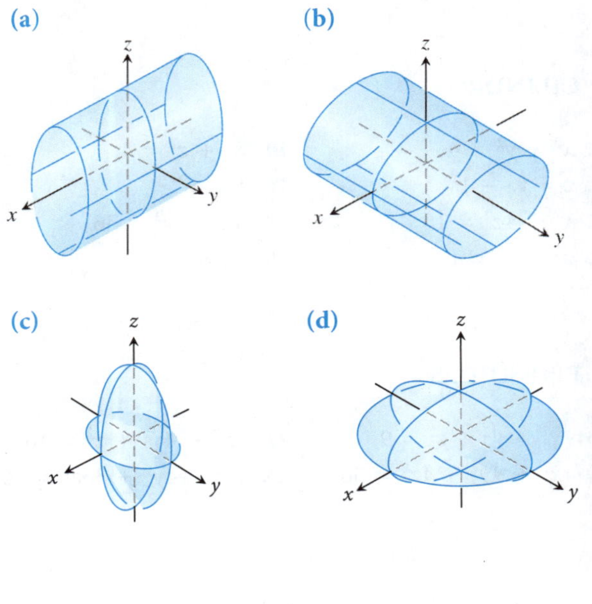

(e)

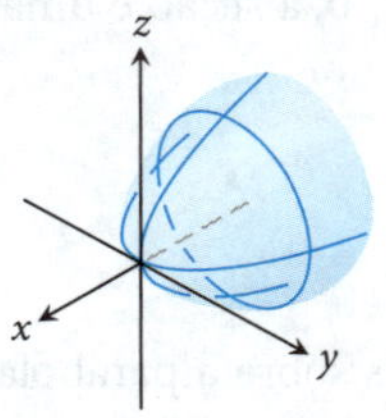

(f)

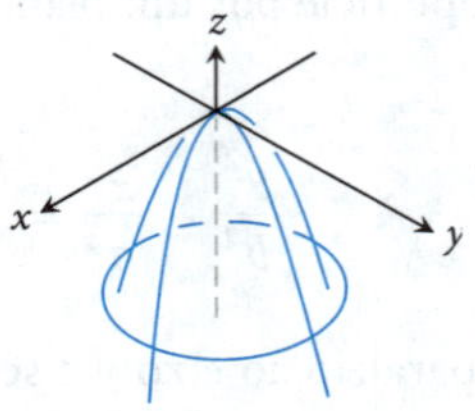

(g)

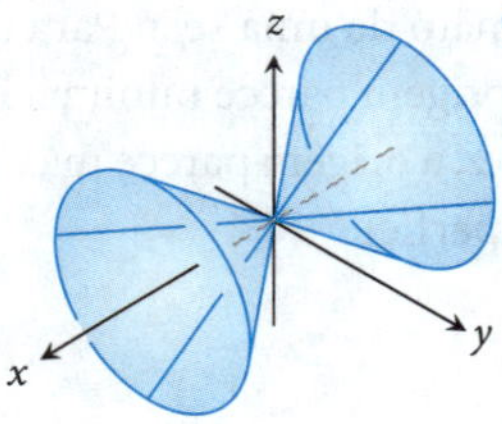

(h)

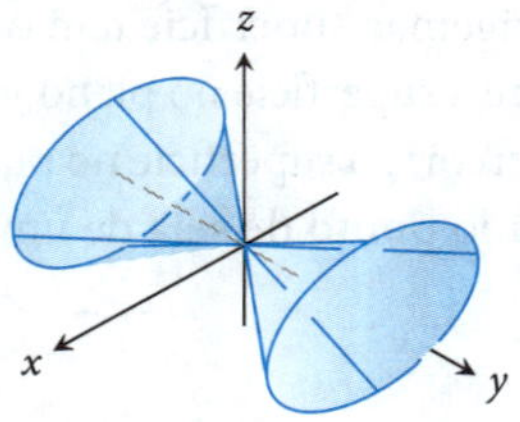

(i)

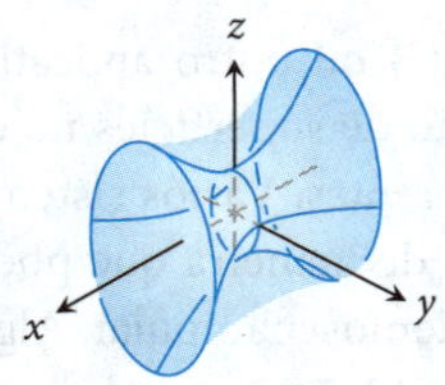

(j)

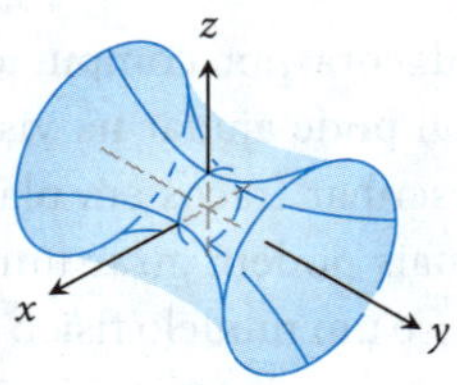

(k)

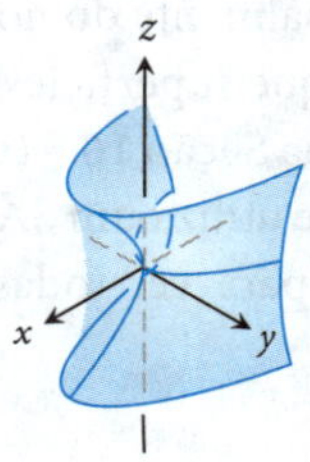

(l)

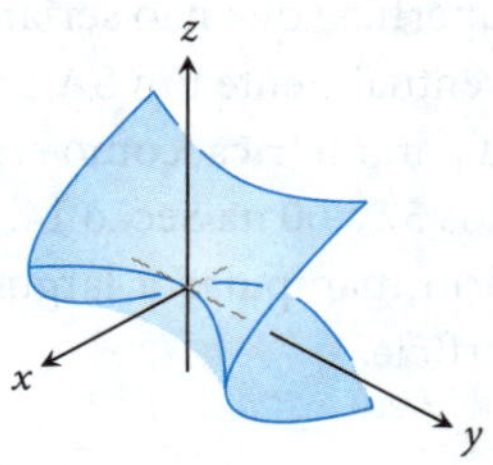

Desenhando

Desenhe as superfícies nos exercícios 13–76.

CILINDROS

13. $x^2 + y^2 = 4$
14. $x^2 + z^2 = 4$
15. $z = y^2 - 1$
16. $x = y^2$
17. $x^2 + 4z^2 = 16$
18. $4x^2 + y^2 = 36$
19. $z^2 - y^2 = 1$
20. $yz = 1$

ELIPSÓIDES

21. $9x^2 + y^2 + z^2 = 9$
22. $4x^2 + 4y^2 + z^2 = 16$
23. $4x^2 + 9y^2 + 4z^2 = 36$
24. $9x^2 + 4y^2 + 36z^2 = 36$

PARABOLÓIDES

25. $z = x^2 + 4y^2$
26. $z = x^2 + 9y^2$
27. $z = 8 - x^2 - y^2$
28. $z = 18 - x^2 - 9y^2$
29. $x = 4 - 4y^2 - z^2$
30. $y = 1 - x^2 - z^2$

CONES

31. $x^2 + y^2 = z^2$
32. $y^2 + z^2 = x^2$
33. $4x^2 + 9z^2 = 9y^2$
34. $9x^2 + 4y^2 = 36z^2$

HIPERBOLÓIDES

35. $x^2 + y^2 - z^2 = 1$
36. $y^2 + z^2 - x^2 = 1$
37. $(y^2/4) + (z^2/9) - (x^2/4) = 1$
38. $(x^2/4) + (y^2/4) - (z^2/9) = 1$
39. $z^2 - x^2 - y^2 = 1$
40. $(y^2/4) - (x^2/4) - z^2 = 1$
41. $x^2 - y^2 - (z^2/4) = 1$
42. $(x^2/4) - y^2 - (z^2/4) = 1$

PARABOLÓIDES HIPERBÓLICOS

43. $y^2 - x^2 = z$
44. $x^2 - y^2 = z$

FIGURAS VARIADAS

45. $x^2 + y^2 + z^2 = 4$
46. $4x^2 + 4y^2 = z^2$
47. $z = 1 + y^2 - x^2$
48. $y^2 - z^2 = 4$
49. $y = -(x^2 + z^2)$
50. $z^2 - 4x^2 - 4y^2 = 4$
51. $16x^2 + 4y^2 = 1$
52. $z = x^2 + y^2 + 1$
53. $x^2 + y^2 - z^2 = 4$
54. $x = 4 - y^2$
55. $x^2 + z^2 = y$
56. $z^2 - (x^2/4) - y^2 = 1$
57. $x^2 + z^2 = 1$
58. $4x^2 + 4y^2 + z^2 = 4$
59. $16y^2 + 9z^2 = 4x^2$
60. $z = x^2 - y^2 - 1$
61. $9x^2 + 4y^2 + z^2 = 36$
62. $4x^2 + 9z^2 = y^2$
63. $x^2 + y^2 - 16z^2 = 16$
64. $z^2 + 4y^2 = 9$
65. $z = -(x^2 + y^2)$
66. $y^2 - x^2 - z^2 = 1$
67. $x^2 - 4y^2 = 1$
68. $z = 4x^2 + y^2 - 4$
69. $4y^2 + z^2 - 4x^2 = 4$
70. $z = 1 - x^2$
71. $x^2 + y^2 = z$
72. $(x^2/4) + y^2 - z^2 = 1$
73. $yz = 1$
74. $36x^2 + 9y^2 + 4z^2 = 36$
75. $9x^2 + 16y^2 = 4z^2$
76. $4z^2 - x^2 - y^2 = 4$

Teoria e exemplos

77. **(a)** Expresse a área A da seção transversal cortada do elipsóide

$$x^2 + \frac{y^2}{4} + \frac{z^2}{9} = 1$$

pelo plano $z = c$ como uma função de c. (A área de uma elipse com semi-eixos a e b é πab.)

(b) Use fatias perpendiculares ao eixo z para encontrar o volume do elipsóide no item **(a)**.

(c) Agora encontre o volume do elipsóide

$$\frac{x^2}{a^2} + \frac{y^2}{b^2} + \frac{z^2}{c^2} = 1$$

Sua fórmula dá o volume de uma esfera de raio a se $a = b = c$?

78. O barril mostrado aqui tem o formato de um elipsóide com partes iguais cortadas das extremidades por planos perpendiculares ao eixo z. As seções transversais perpendiculares ao eixo z são circulares. O barril tem $2h$ unidades de altura, o raio de sua seção média é R e os raios de suas extremidades são ambos r. Encontre uma fórmula para o volume do barril. Depois verifique duas coisas. Em primeiro lugar, suponha que os lados do barril sejam endireitados para torná-lo um cilindro de raio R e altura $2h$. Sua fórmula dá o volume do cilindro? Em segundo lugar, suponha que $r = 0$ e $h = R$ de modo que o barril seja uma esfera. Sua fórmula dá o volume da esfera?

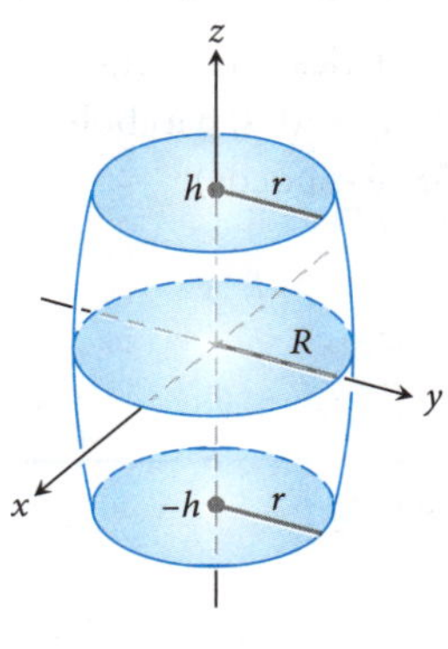

79. Mostre que o volume do segmento cortado do parabolóide

$$\frac{x^2}{a^2} + \frac{y^2}{b^2} = \frac{z}{c}$$

pelo plano $z = h$ é igual à metade da base do segmento multiplicada por sua altura. (A Figura 12.49 mostra o segmento para o caso especial $h = c$.)

80. **(a)** Encontre o volume do sólido limitado pelo hiperbolóide

$$\frac{x^2}{a^2} + \frac{y^2}{b^2} - \frac{z^2}{c^2} = 1$$

e pelos planos $z = 0$ e $z = h$, $h > 0$.

(b) Expresse a sua resposta no item **(a)** em termos de h e as áreas A_0 e A_h das regiões cortadas pelo hiperbolóide a partir dos planos $z = 0$ e $z = h$.

(c) Mostre que o volume no item **(a)** é dado também pela fórmula

$$V = \frac{h}{6}(A_0 + 4A_m + A_h)$$

onde A_m é a área da região cortada pelo hiperbolóide a partir do plano $z = h/2$.

81. Se o parabolóide hiperbólico $(y^2/b^2) - (x^2/a^2) = z/c$ é cortado pelo plano $y = y_1$, a curva resultante é uma parábola. Encontre seu vértice e seu foco.

82. Para obter uma curva no plano xy, imagine que $z = 0$ na equação

$$Ax^2 + By^2 + Cz^2 + Dxy + Eyz + Fxz + Gx + Hy + Jz + K = 0$$

Como será essa curva? Justifique a sua resposta.

83. Toda vez que encontramos o traço de uma superfície quádrica em um plano paralelo a um dos planos das coordenadas, ele acaba sendo uma seção cônica. Isso é mera coincidência? Isso tinha de acontecer? Justifique sua resposta.

84. Suponha que um plano que *não* seja paralelo a um dos planos coordenados intercepte uma superfície quádrica. Como será o traço no plano? Justifique sua resposta.

T Explorações gráficas computacionais

Represente graficamente as superfícies nos exercícios 85–88 nos domínios indicados. Se puder, gire a superfície em diferentes perspectivas.

85. $z = y^2$, $\quad -2 \le x \le 2$, $\quad -0{,}5 \le y \le 2$

86. $z = 1 - y^2$, $\quad -2 \le x \le 2$, $\quad -2 \le y \le 2$

87. $z = x^2 + y^2$, $\quad -3 \le x \le 3$, $\quad -3 \le y \le 3$

88. $z = x^2 + 2y^2$ sobre

(a) $-3 \le x \le 3$, $\quad -3 \le y \le 3$

(b) $-1 \le x \le 1$, $\quad -2 \le y \le 3$

(c) $-2 \le x \le 2$, $\quad -2 \le y \le 2$

(d) $-2 \le x \le 2$, $\quad -1 \le y \le 1$

USANDO O COMPUTADOR

Representações gráficas de superfícies

Use um SAC para representar graficamente as superfícies nos exercícios 89–94. Identifique o tipo de superfície quádrica a partir do seu gráfico.

89. $\frac{x^2}{9} + \frac{y^2}{36} = 1 - \frac{z^2}{25}$

90. $\frac{x^2}{9} - \frac{z^2}{9} = 1 - \frac{y^2}{16}$

91. $5x^2 = z^2 - 3y^2$

92. $\frac{y^2}{16} = 1 - \frac{x^2}{9} + z$

93. $\frac{x^2}{9} - 1 = \frac{y^2}{16} + \frac{z^2}{2}$

94. $y - \sqrt{4 - z^2} = 0$

Questões de revisão

1. Quando segmentos de reta orientados no plano representam o mesmo vetor?
2. Como os vetores são somados e subtraídos geometricamente? E algebricamente?
3. Como se encontram a magnitude e a direção de um vetor?
4. Se um vetor for multiplicado por um escalar positivo, como o resultado estará relacionado ao vetor original? E se o escalar for zero? E negativo?
5. Defina o *produto escalar* de dois vetores. Quais leis algébricas são satisfeitas pelos produtos escalares? Dê exemplos. Quando o produto escalar de dois vetores é igual a 0?
6. Qual interpretação geométrica o produto escalar tem? Dê exemplos.
7. O que é a projeção ortogonal de um vetor **u** em um vetor **v**? Como se escreve **u** como a soma de um vetor paralelo a **v** e de um vetor ortogonal a **v**?
8. Defina o *produto vetorial* de dois vetores. Quais leis algébricas são satisfeitas pelos produtos vetoriais e quais não são? Dê exemplos. Quando o produto vetorial de dois vetores é igual a 0?
9. Quais interpretações geométricas ou físicas os produtos vetoriais têm? Dê exemplos.
10. Qual é a fórmula do determinante para cálculo do produto vetorial de dois vetores em relação ao sistema cartesiano de coordenadas **i**, **j**, **k**? Use-a em um exemplo.
11. Como encontramos equações para retas, segmentos de reta e planos no espaço? Dê exemplos. Podemos representar uma reta no espaço por uma única equação? E um plano?
12. Como encontramos a distância de um ponto a uma reta no espaço? E de um ponto a um plano? Dê exemplos.
13. O que são produtos mistos? Que significado eles têm? Como são calculados? Dê um exemplo.
14. Como encontramos equações para esferas no espaço? Dê exemplos.
15. Como encontramos a interseção de duas retas no espaço? E de uma reta e um plano? E de dois planos? Dê exemplos.
16. O que é um cilindro? Dê exemplos de equações que definem cilindros em coordenadas cartesianas.
17. O que são superfícies quádricas? Dê exemplos de diferentes tipos de elipsóides, parabolóides, cones e hiperbolóides (equações e esboços).

Exercícios práticos

Cálculos vetoriais em duas dimensões

Nos exercícios 1–4, considere $\mathbf{u} = \langle -3, 4 \rangle$ e $\mathbf{v} = \langle 2, -5 \rangle$. Encontre **(a)** a forma componente do vetor e **(b)** sua magnitude.

1. $3\mathbf{u} - 4\mathbf{v}$

2. $\mathbf{u} + \mathbf{v}$

3. $-2\mathbf{u}$

4. $5\mathbf{v}$

Nos exercícios 5–8, encontre a forma componente do vetor.

5. O vetor obtido com a rotação de $\langle 0, 1 \rangle$ a um ângulo de $2\pi/3$ radianos.

6. O vetor unitário que forma um ângulo de $\pi/6$ radianos com o eixo x positivo.

7. O vetor com 2 unidades de comprimento na direção $4\mathbf{i} - \mathbf{j}$.

8. O vetor com 5 unidades de comprimento com direção oposta à do vetor $(3/5)\mathbf{i} + (4/5)\mathbf{j}$.

Expresse os vetores nos exercícios 9–12 em termos de seus comprimentos e direções.

9. $\sqrt{2}\mathbf{i} + \sqrt{2}\mathbf{j}$

10. $-\mathbf{i} - \mathbf{j}$

11. O vetor velocidade de $\mathbf{v} = (-2 \operatorname{sen} t)\mathbf{i} + (2 \cos t)\mathbf{j}$ quando $t = \pi/2$.

12. O vetor velocidade de $\mathbf{v} = (e^t \cos t - e^t \operatorname{sen} t)\mathbf{i} + (e^t \operatorname{sen} t + e^t \cos t)\mathbf{j}$ quando $t = \ln 2$.

Cálculos vetoriais em três dimensões

Expresse os vetores nos exercícios 13 e 14 em termos de seus comprimentos e direções.

13. $2\mathbf{i} - 3\mathbf{j} + 6\mathbf{k}$

14. $\mathbf{i} + 2\mathbf{j} - \mathbf{k}$

15. Encontre um vetor com 2 unidades de comprimento na direção de $\mathbf{v} = 4\mathbf{i} - \mathbf{j} + 4\mathbf{k}$.

16. Encontre um vetor com 5 unidades de comprimento no sentido oposto ao sentido de $\mathbf{v} = (3/5)\mathbf{i} + (4/5)\mathbf{k}$.

Nos exercícios 17 e 18, encontre $|\mathbf{v}|$, $|\mathbf{u}|$, $\mathbf{v} \cdot \mathbf{u}$, $\mathbf{u} \cdot \mathbf{v}$, $\mathbf{v} \times \mathbf{u}$, $\mathbf{u} \times \mathbf{v}$, $|\mathbf{v} \times \mathbf{u}|$, o ângulo entre **v** e **u**, a componente escalar de **u** na direção de **v** e a projeção ortogonal de **u** sobre **v**.

17. $\mathbf{v} = \mathbf{i} + \mathbf{j}$
$\mathbf{u} = 2\mathbf{i} + \mathbf{j} - 2\mathbf{k}$

18. $\mathbf{v} = \mathbf{i} + \mathbf{j} + 2\mathbf{k}$
$\mathbf{u} = -\mathbf{i} - \mathbf{k}$

Nos exercícios 19 e 20, escreva **u** como a soma de um vetor paralelo a **v** e um vetor ortogonal a **v**.

19. $\mathbf{v} = 2\mathbf{i} + \mathbf{j} - \mathbf{k}$
$\mathbf{u} = \mathbf{i} + \mathbf{j} - 5\mathbf{k}$

20. $\mathbf{u} = \mathbf{i} - 2\mathbf{j}$
$\mathbf{v} = \mathbf{i} + \mathbf{j} + \mathbf{k}$

Nos exercícios 21 e 22, desenhe eixos coordenados e então esboce **u**, **v** e $\mathbf{u} \times \mathbf{v}$ como vetores na origem.

21. $\mathbf{u} = \mathbf{i}$, $\quad \mathbf{v} = \mathbf{i} + \mathbf{j}$

22. $\mathbf{u} = \mathbf{i} - \mathbf{j}$, $\quad \mathbf{v} = \mathbf{i} + \mathbf{j}$

23. Se $|\mathbf{v}| = 2$, $|\mathbf{w}| = 3$ e o ângulo entre **v** e **w** for $\pi/3$, encontre $|\mathbf{v} - 2\mathbf{w}|$.

24. Para quais valores de a os vetores $\mathbf{u} = 2\mathbf{i} + 4\mathbf{j} - 5\mathbf{k}$ e $\mathbf{v} = -4\mathbf{i} - 8\mathbf{j} + a\mathbf{k}$ são paralelos?

Nos exercícios 25 e 26, encontre (a) a área do paralelogramo determinado pelos vetores **u** e **v** e (b) o volume do paralelepípedo determinado pelos vetores **u**, **v** e **w**.

25. $\mathbf{u} = \mathbf{i} + \mathbf{j} - \mathbf{k}$, $\quad \mathbf{v} = 2\mathbf{i} + \mathbf{j} + \mathbf{k}$, $\quad \mathbf{w} = -\mathbf{i} - 2\mathbf{j} + 3\mathbf{k}$

26. $\mathbf{u} = \mathbf{i} + \mathbf{j}$, $\quad \mathbf{v} = \mathbf{j}$, $\quad \mathbf{w} = \mathbf{i} + \mathbf{j} + \mathbf{k}$

Retas, planos e distâncias

27. Suponha que **n** seja normal a um plano e **v** seja paralelo ao plano. Descreva como encontrar um vetor **n** que é tanto perpendicular a **v** como paralelo ao plano.

28. Encontre um vetor no plano paralelo à reta $ax + by = c$.

Nos exercícios 29 e 30, encontre a distância do ponto à reta.

29. $(2, 2, 0)$; $\quad x = -t, \quad y = t, \quad z = -1 + t$

30. $(0, 4, 1)$; $\quad x = 2 + t, \quad y = 2 + t, \quad z = t$

31. Parametrize a reta que passa pelo ponto $(1, 2, 3)$ e é paralela ao vetor $\mathbf{v} = -3\mathbf{i} + 7\mathbf{k}$.

32. Parametrize o segmento de reta ligando os pontos $P(1, 2, 0)$ e $Q(1, 3, -1)$.

Nos exercícios 33 e 34, encontre a distância do ponto ao plano.

33. $(6, 0, -6)$, $\quad x - y = 4$

34. $(3, 0, 10)$, $\quad 2x + 3y + z = 2$

35. Encontre uma equação para o plano que passa pelo ponto $(3, -2, 1)$ normal ao vetor $\mathbf{n} = 2\mathbf{i} + \mathbf{j} + \mathbf{k}$.

36. Encontre uma equação para o plano que passa pelo ponto $(-1, 6, 0)$ perpendicular à reta $x = -1 + t$, $y = 6 - 2t$, $z = 3t$.

Nos exercícios 37 e 38, encontre uma equação para o plano que passa pelos pontos P, Q e R.

37. $P(1, -1, 2)$, $\quad Q(2, 1, 3)$, $\quad R(-1, 2, -1)$

38. $P(1, 0, 0)$, $\quad Q(0, 1, 0)$, $\quad R(0, 0, 1)$

39. Encontre os pontos nos quais a reta $x = 1 + 2t$, $y = -1 - t$, $z = 3t$ encontra os três planos coordenados.

40. Encontre o ponto no qual a reta que passa pela origem e é perpendicular ao plano $2x - y - z = 4$ encontra o plano $3x - 5y + 2z = 6$.

41. Encontre o ângulo agudo entre os planos $x = 7$ e $x + y + \sqrt{2}z = -3$.

42. Encontre o ângulo agudo entre os planos $x + y = 1$ e $y + z = 1$.

43. Encontre equações paramétricas para a reta na qual há interseção dos planos $x + 2y + z = 1$ e $x - y + 2z = -8$.

44. Mostre que a reta na qual há interseção dos planos

$$x + 2y - 2z = 5 \quad \text{e} \quad 5x - 2y - z = 0$$

é paralela à reta

$$x = -3 + 2t \quad y = 3t \quad z = 1 + 4t$$

45. Os planos $3x + 6z = 1$ e $2x + 2y - z = 3$ apresentam interseção em uma reta.

(a) Mostre que os planos são ortogonais.

(b) Encontre equações para a reta de interseção.

46. Encontre uma equação para o plano que passa pelo ponto $(1, 2, 3)$ e é paralela a $\mathbf{u} = 2\mathbf{i} + 3\mathbf{j} + \mathbf{k}$ e $\mathbf{v} = \mathbf{i} - \mathbf{j} + 2\mathbf{k}$.

47. Existe alguma relação especial entre $\mathbf{v} = 2\mathbf{i} - 4\mathbf{j} + \mathbf{k}$ e o plano $2x + y = 5$? Justifique a sua resposta.

48. A equação $\mathbf{n} \cdot \overrightarrow{P_0P} = 0$ representa o plano que passa por P_0 normal a $\mathbf{n}$. Qual conjunto a desigualdade $\mathbf{n} \cdot \overrightarrow{P_0P} > 0$ representa?

49. Encontre a distância do ponto $P(1, 4, 0)$ ao plano passando por $A(0, 0, 0)$, $B(2, 0, -1)$ e $C(2, -1, 0)$.

50. Encontre a distância do ponto $(2, 2, 3)$ ao plano $2x + 3y + 5z = 0$.

51. Encontre um vetor paralelo ao plano $2x - y - z = 4$ e ortogonal a $\mathbf{i} + \mathbf{j} + \mathbf{k}$.

52. Encontre um vetor unitário ortogonal a $\mathbf{A}$ no plano de $\mathbf{B}$ e $\mathbf{C}$ se $\mathbf{A} = 2\mathbf{i} - \mathbf{j} + \mathbf{k}$, $\mathbf{B} = \mathbf{i} + 2\mathbf{j} + \mathbf{k}$ e $\mathbf{C} = \mathbf{i} + \mathbf{j} - 2\mathbf{k}$.

53. Encontre um vetor de magnitude 2 paralelo à reta de interseção dos planos $x + 2y + z - 1 = 0$ e $x - y + 2z + 7 = 0$.

54. Encontre o ponto no qual a reta que passa pela origem e é perpendicular ao plano $2x - y - z = 4$ encontra o plano $3x - 5y + 2z = 6$.

55. Encontre o ponto no qual a reta que passa por $P(3, 2, 1)$ e é normal ao plano $2x - y + 2z = -2$ encontra o plano.

56. Que ângulo a reta de interseção dos planos $2x + y - z = 0$ e $x + y + 2z = 0$ forma com o eixo positivo x?

57. A reta

$$L: \quad x = 3 + 2t, \quad y = 2t, \quad z = t$$

cruza o plano $x + 3y - z = -4$ em um ponto P. Encontre as coordenadas de P e as equações para a reta que passa por P perpendicular a L.

58. Mostre que para todo número real k o plano

$$x - 2y + z + 3 + k(2x - y - z + 1) = 0$$

contém a reta de interseção dos planos

$$x - 2y + z + 3 = 0 \quad \text{e} \quad 2x - y - z + 1 = 0$$

59. Encontre uma equação para o plano que passa pelos pontos $A(-2, 0, -3)$ e $B(1, -2, 1)$ e é paralelo à reta que passa pelos pontos $C(-2, -13/5, 26/5)$ e $D(16/5, -13/5, 0)$.

60. Existe alguma relação entre a reta $x = 1 + 2t$, $y = -2 + 3t$, $z = -5t$ e o plano $-4x - 6y + 10z = 9$? Justifique a sua resposta.

61. Quais das equações a seguir são equações para o plano passando pelos pontos $P(1, 1, -1)$, $Q(3, 0, 2)$ e $R(-2, 1, 0)$?

(a) $(2\mathbf{i} - 3\mathbf{j} + 3\mathbf{k}) \cdot ((x + 2)\mathbf{i} + (y - 1)\mathbf{j} + z\mathbf{k}) = 0$

(b) $x = 3 - t, \quad y = -11t, \quad z = 2 - 3t$

(c) $(x + 2) + 11(y - 1) = 3z$

(d) $(2\mathbf{i} - 3\mathbf{j} + 3\mathbf{k}) \times ((x + 2)\mathbf{i} + (y - 1)\mathbf{j} + z\mathbf{k}) = \mathbf{0}$

(e) $(2\mathbf{i} - \mathbf{j} + 3\mathbf{k}) \times (-3\mathbf{i} + \mathbf{k}) \cdot ((x + 2)\mathbf{i} + (y - 1)\mathbf{j} + z\mathbf{k}) = 0$

62. O paralelogramo mostrado a seguir tem vértices em $A(2, -1, 4)$, $B(1, 0, -1)$, $C(1, 2, 3)$ e D. Encontre:

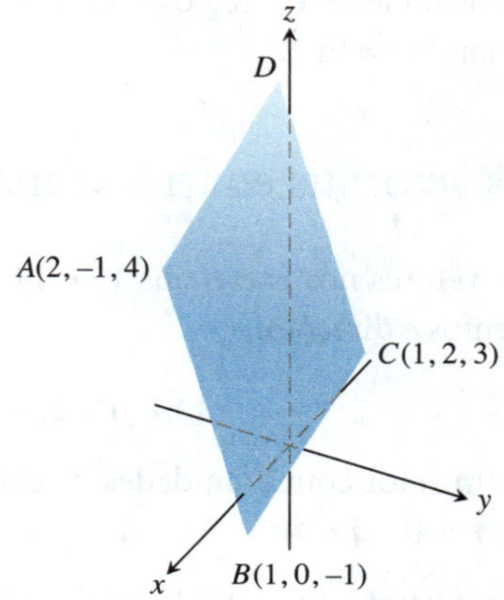

(a) as coordenadas de D;

(b) o cosseno do ângulo interno de B;

(c) a projeção ortogonal de $\overrightarrow{BA}$ em $\overrightarrow{BC}$;

(d) a área do paralelogramo;

(e) uma equação para o plano do paralelogramo;

(f) as áreas das projeções ortogonais do paralelogramo sobre os três planos coordenados.

63. Distância entre retas Encontre a distância entre a reta L_1 passando pelos pontos $A(1, 0, -1)$ e $B(-1, 1, 0)$ e a reta L_2 passando pelos pontos $C(3, 1, -1)$ e $D(4, 5, -2)$. A distância deve ser medida ao longo da reta perpendicular às duas retas. Primeiro encontre um vetor $\mathbf{n}$ perpendicular a ambas as retas. Depois projete $\overrightarrow{AC}$ sobre $\mathbf{n}$.

64. *(Continuação do Exercício 63.)* Encontre a distância entre a reta passando por $A(4, 0, 2)$ e $B(2, 4, 1)$ e a reta passando por $C(1, 3, 2)$ e $D(2, 2, 4)$.

Superfícies quádricas

Identifique e esboce as superfícies nos exercícios 65–76.

65. $x^2 + y^2 + z^2 = 4$

66. $x^2 + (y - 1)^2 + z^2 = 1$

67. $4x^2 + 4y^2 + z^2 = 4$

68. $36x^2 + 9y^2 + 4z^2 = 36$

69. $z = -(x^2 + y^2)$

70. $y = -(x^2 + z^2)$

71. $x^2 + y^2 = z^2$

72. $x^2 + z^2 = y^2$

73. $x^2 + y^2 - z^2 = 4$

74. $4y^2 + z^2 - 4x^2 = 4$

75. $y^2 - x^2 - z^2 = 1$

76. $z^2 - x^2 - y^2 = 1$

Exercícios adicionais

1. **Caça ao submarino** Dois navios em manobras estão tentando determinar o curso e o módulo da velocidade de um submarino para preparar uma interceptação aérea. Como mostrado aqui, o navio A está localizado em $(4, 0, 0)$, enquanto o navio B está localizado em $(0, 5, 0)$. Todas as coordenadas são dadas em milhares de pés. O navio A localiza o submarino na direção do vetor $2\mathbf{i} + 3\mathbf{j} - (1/3)\mathbf{k}$ e o navio B o localiza na direção do vetor $18\mathbf{i} - 6\mathbf{j} - \mathbf{k}$. Quatro minutos antes, o submarino estava localizado em $(2, -1, -1/3)$. A aeronave deve chegar em 20 minutos. Presumindo que o submarino se mova em linha reta com um módulo de velocidade constante, para que posição os navios deveriam direcionar a aeronave?

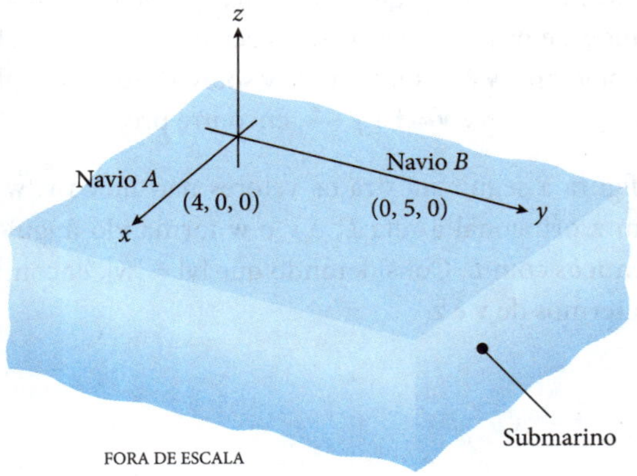

2. **Um resgate com helicóptero** Dois helicópteros, H_1 e H_2, estão viajando juntos. No instante $t = 0$, eles se separam e seguem trajetórias diferentes em linha reta dadas por

$$H_1: \quad x = 6 + 40t, \qquad y = -3 + 10t, \qquad z = -3 + 2t$$

$$H_2: \quad x = 6 + 110t, \qquad y = -3 + 4t, \qquad z = -3 + t$$

O instante t é medido em horas e todas as coordenadas são medidas em milhas. Devido a uma pane, H_2 cessa seu vôo em $(446, 13, 1)$ e, em uma quantidade de tempo desprezível, aterrissa em $(446, 13, 0)$. Duas horas depois, H_1 é avisado desse fato e vai em direção a H_2 a 150 mi/h. Quanto tempo H_1 levará para alcançar H_2?

3. **Torque** O manual de operação do cortador de grama Toro® 21 pol diz "aperte a vela de ignição a 15 pés-lb (20,4 N · m)". Se você estiver instalando a vela com uma chave de encaixe de 10,5 pol e colocar o centro da sua mão a 9 pol do eixo da vela, quanto deverá apertar? Responda em libras.

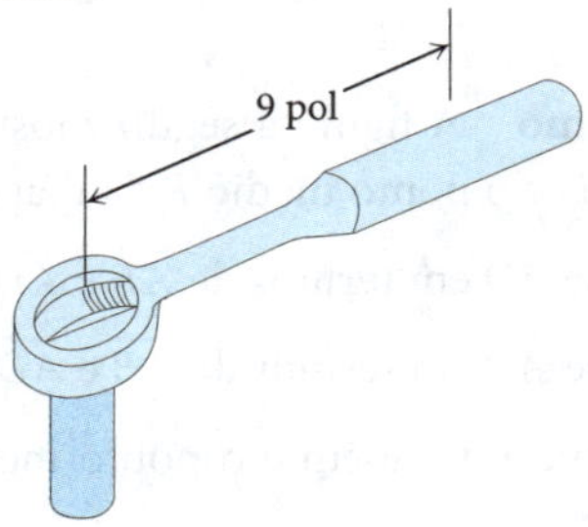

4. **Corpo girando** A reta que passa pela origem e pelo ponto $A(1, 1, 1)$ é o eixo de rotação de um corpo rígido girando com um módulo da velocidade angular constante de 3/2 rad/s. A rotação parece ser horária quando olhamos para a origem a partir de A. Encontre a velocidade $\mathbf{v}$ do ponto do corpo que está na posição $B(1, 3, 2)$.

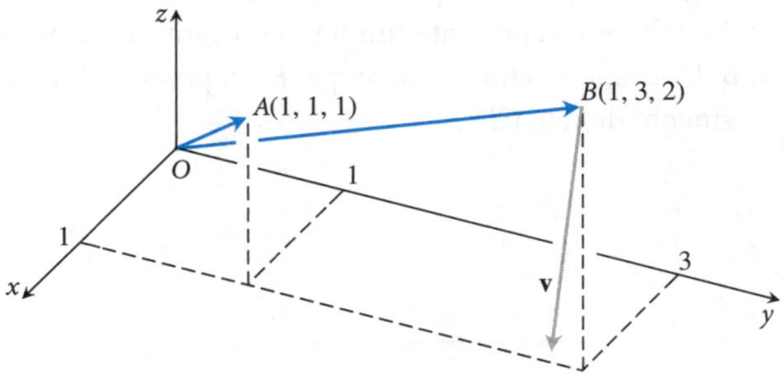

5. **Determinantes e planos**

(a) Mostre que

$$\begin{vmatrix} x_1 - x & y_1 - y & z_1 - z \\ x_2 - x & y_2 - y & z_2 - z \\ x_3 - x & y_3 - y & z_3 - z \end{vmatrix} = 0$$

é uma equação para o plano que passa pelos três pontos não colineares $P_1(x_1, y_1, z_1)$, $P_2(x_2, y_2, z_2)$ e $P_3(x_3, y_3, z_3)$.

(b) Que conjunto de pontos no espaço é descrito pela equação

$$\begin{vmatrix} x & y & z & 1 \\ x_1 & y_1 & z_1 & 1 \\ x_2 & y_2 & z_2 & 1 \\ x_3 & y_3 & z_3 & 1 \end{vmatrix} = 0?$$

6. Determinantes e retas Mostre que as retas

$x = a_1 s + b_1, y = a_2 s + b_2, z = a_3 s + b_3, \quad -\infty < s < \infty,$

e

$x = c_1 t + d_1, \ y = c_2 t + d_2, z = c_3 t + d_3, \quad -\infty < s < \infty,$

apresentam interseção ou são paralelas se e somente se

$$\begin{vmatrix} a_1 & c_1 & b_1 - d_1 \\ a_2 & c_2 & b_2 - d_2 \\ a_3 & c_3 & b_3 - d_3 \end{vmatrix} = 0$$

7. Paralelogramo A figura a seguir mostra um paralelogramo *ABCD* e o ponto médio *P* da diagonal *BD*.

(a) Expresse $\overrightarrow{BD}$ em termos de $\overrightarrow{AB}$ e $\overrightarrow{AD}$.

(b) Expresse $\overrightarrow{AP}$ em termos de $\overrightarrow{AB}$ e $\overrightarrow{AD}$.

(c) Prove que *P* também é o ponto médio da diagonal *AC*.

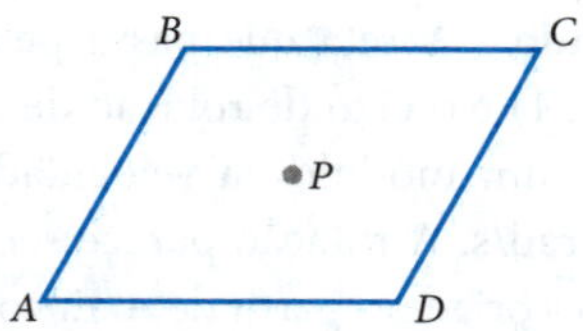

8. Na figura a seguir, *D* é o ponto médio do lado *AB* do triângulo *ABC*, e *E* representa um terço do caminho entre *C* e *B*. Utilizando vetores, prove que *F* é o ponto médio do segmento de reta *CD*.

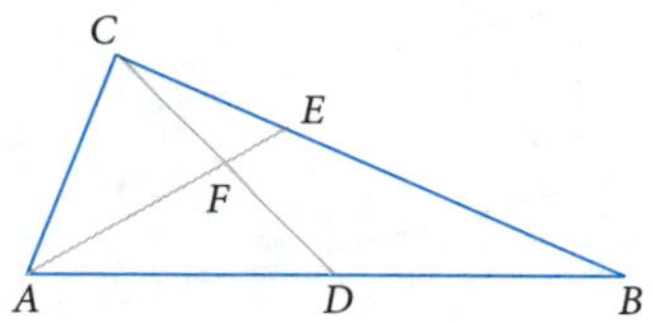

9. Use vetores para mostrar que a distância de $P_1(x_1, y_1)$ até a reta $ax + by = c$ é

$$d = \frac{|ax_1 + by_1 - c|}{\sqrt{a^2 + b^2}}$$

10. (a) Utilizando vetores, mostre que a distância de $P_1(x_1, y_1, z_1)$ até o plano $Ax + By + Cz = D$ é

$$d = \frac{|Ax_1 + By_1 + Cz_1 - D|}{\sqrt{A^2 + B^2 + C^2}}$$

(b) Encontre a equação para a esfera tangente aos planos $x + y + z = 3$ e $x + y + z = 9$ se os planos $2x - y = 0$ e $3x - z = 0$ passam pelo centro da esfera.

11. (a) Mostre que a distância entre os planos paralelos $Ax + By + Cz = D_1$ e $Ax + By + Cz = D_2$ é

$$d = \frac{|D_1 - D_2|}{|A\mathbf{i} + B\mathbf{j} + C\mathbf{k}|}$$

(b) Encontre a distância entre os planos $2x + 3y - z = 6$ e $2x + 3y - z = 12$.

(c) Encontre a equação para o plano paralelo ao plano $2x - y + 2z = -4$ quando o ponto $(3, 2, -1)$ é eqüidistante aos dois planos.

(d) Escreva equações para os planos que são paralelos ao plano $x - 2y + z = 3$ e estão a 5 unidades distante dele.

12. Prove que os quatro pontos *A*, *B*, *C* e *D* são coplanares (estão em um mesmo plano) se e somente se $\overrightarrow{AD} \cdot (\overrightarrow{AB} \times \overrightarrow{BC}) = 0$.

13. A projeção de um vetor sobre um plano Seja *P* um plano no espaço e seja **v** um vetor. A projeção ortogonal de **v** no plano *P*, $\text{proj}_P\mathbf{v}$, pode ser definida informalmente como mostrado a seguir. Suponha que o Sol esteja brilhando de modo que seus raios sejam normais ao plano *P*. Então $\text{proj}_P\mathbf{v}$ é a "sombra" de **v** sobre *P*. Se *P* for o plano $x + 2y + 6z = 6$ e $\mathbf{v} = \mathbf{i} + \mathbf{j} + \mathbf{k}$, encontre $\text{proj}_P\mathbf{v}$.

14. A figura a seguir mostra os vetores não-nulos **v**, **w** e **z**, com **z** ortogonal à reta *L*, e **v** e **w** formando ângulos β idênticos com *L*. Considerando que $|\mathbf{v}| = |\mathbf{w}|$, encontre **w** em termos de **v** e **z**.

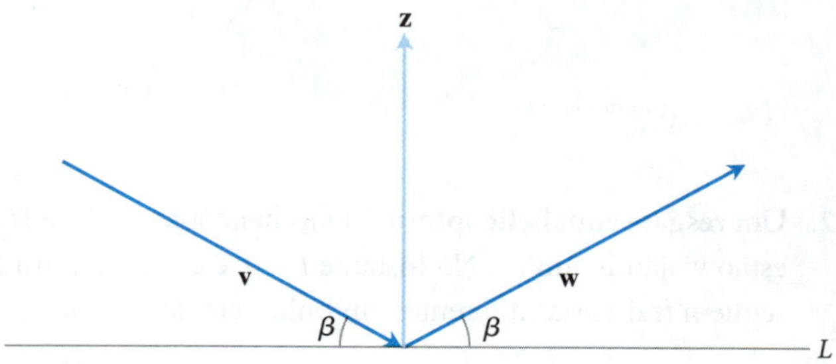

15. Produtos vetoriais triplos Os *produtos vetoriais triplos* $(\mathbf{u} \times \mathbf{v}) \times \mathbf{w}$ e $\mathbf{u} \times (\mathbf{v} \times \mathbf{w})$ geralmente não são iguais, embora as fórmulas para calculá-los a partir das componentes sejam similares:

$$(\mathbf{u} \times \mathbf{v}) \times \mathbf{w} = (\mathbf{u} \cdot \mathbf{w})\mathbf{v} - (\mathbf{v} \cdot \mathbf{w})\mathbf{u}$$

$$\mathbf{u} \times (\mathbf{v} \times \mathbf{w}) = (\mathbf{u} \cdot \mathbf{w})\mathbf{v} - (\mathbf{u} \cdot \mathbf{v})\mathbf{w}$$

Verifique cada fórmula para os vetores a seguir calculando ambos os lados e comparando os resultados.

	u	v	w
a.	2**i**	2**j**	2**k**
b.	**i** − **j** + **k**	2**i** + **j** − 2**k**	−**i** + 2**j** − **k**
c.	2**i** + **j**	2**i** − **j** + **k**	**i** + 2**k**
d.	**i** + **j** − 2**k**	−**i** − **k**	2**i** + 4**j** − 2**k**

16. **Produtos vetoriais e escalares** Mostre que, se **u**, **v**, **w** e **r** forem quaisquer vetores, então

(a) $\mathbf{u}\times(\mathbf{v}\times\mathbf{w})+\mathbf{v}\times(\mathbf{w}\times\mathbf{u})+\mathbf{w}\times(\mathbf{u}\times\mathbf{v})=0$

(b) $\mathbf{u}\times\mathbf{v}=(\mathbf{u}\cdot\mathbf{v}\times\mathbf{i})\mathbf{i}+(\mathbf{u}\cdot\mathbf{v}\times\mathbf{j})\mathbf{j}+(\mathbf{u}\cdot\mathbf{v}\times\mathbf{k})\mathbf{k}$

(c) $(\mathbf{u}\times\mathbf{v})\cdot(\mathbf{w}\times\mathbf{r})=\begin{vmatrix}\mathbf{u}\cdot\mathbf{w} & \mathbf{v}\cdot\mathbf{w}\\ \mathbf{u}\cdot\mathbf{r} & \mathbf{v}\cdot\mathbf{r}\end{vmatrix}$

17. **Produtos vetoriais e escalares** Prove ou dê um contra-exemplo para a fórmula

$$\mathbf{u}\times(\mathbf{u}\times(\mathbf{u}\times\mathbf{v}))\cdot\mathbf{w}=-|\mathbf{u}|^2\,\mathbf{u}\cdot\mathbf{v}\times\mathbf{w}$$

18. Formando o produto vetorial de dois vetores apropriados, deduza a identidade trigonométrica

$$\text{sen}\,(A-B)=\text{sen}\,A\cos B-\cos A\,\text{sen}\,B$$

19. Use vetores para provar que

$$(a^2+b^2)(c^2+d^2)\ge(ac+bd)^2$$

para quaisquer quatro números a, b, c e d. (*Sugestão*: Considere $\mathbf{u}=a\mathbf{i}+b\mathbf{j}$ e $\mathbf{v}=c\mathbf{i}+d\mathbf{j}$.)

20. Suponha que os vetores **u** e **v** não sejam paralelos e que $\mathbf{u}=\mathbf{w}+\mathbf{r}$, onde **w** é paralelo a **v** e **r** é ortogonal a **v**. Expresse **w** e **r** em termos de **u** e **v**.

21. Mostre que $|\mathbf{u}+\mathbf{v}|\le|\mathbf{u}|+|\mathbf{v}|$ para quaisquer vetores **u** e **v**.

22. Mostre que $\mathbf{w}=|\mathbf{v}|\,\mathbf{u}+|\mathbf{u}|\,\mathbf{v}$ atravessa o ângulo entre **u** e **v**.

23. Mostre que $|\mathbf{v}|\,\mathbf{u}+|\mathbf{u}|\,\mathbf{v}$ e $|\mathbf{v}|\,\mathbf{u}-|\mathbf{u}|\,\mathbf{v}$ são ortogonais.

24. **O produto escalar é definido positivo** Mostre que o produto escalar dos vetores é *definido positivo*; ou seja, mostre que $\mathbf{u}\cdot\mathbf{u}\ge 0$ para todo vetor **u** e que $\mathbf{u}\cdot\mathbf{u}=0$ se e somente se $\mathbf{u}=0$.

25. **Massas pontuais e gravitação** Em física, a lei da gravitação diz que se P e Q são massas (pontuais) com massas M e m, respectivamente, então P é atraído para Q pela força

$$\mathbf{F}=\frac{GMm\mathbf{r}}{|\mathbf{r}|^3}$$

onde **r** é o vetor de P a Q e G é a constante de gravitação universal. Além disso, se $Q_1, ..., Q_k$ são massas (pontuais) com massas $m_1, ..., m_k$, respectivamente, então a força sobre P que ocorre devido a todas as Q_i é

$$\mathbf{F}=\sum_{i=1}^{k}\frac{GMm_i}{|\mathbf{r}_i|^3}\mathbf{r}_i$$

onde $\mathbf{r}_i$ é o vetor de P até Q_i.

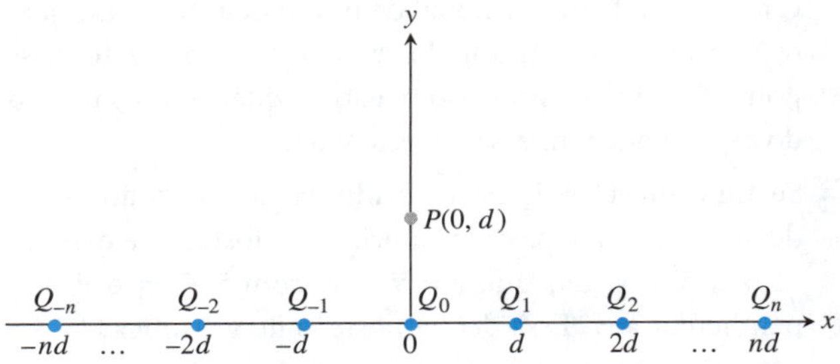

(a) Esteja o ponto P com massa M localizado no ponto $(0, d)$, $d > 0$, no plano coordenado. Para $i = -n, -n+1, \ldots, -1, 0, 1, \ldots, n$, seja Q_i localizado no ponto $(id, 0)$ e com massa mi. Encontre a magnitude da força gravitacional sobre P que ocorre devido a todas as Q's_f.

(b) O limite quando $n \to \infty$ da magnitude de força sobre P é finito? Por quê?

26. **Somas relativísticas** A teoria especial da relatividade de Einstein diz, *grosso modo*, que em relação a um referencial (sistema de coordenadas) nenhum objeto material pode se mover tão rápido quanto c, a velocidade da luz. Assim, se $\vec{x}$ e $\vec{y}$ são duas velocidades tais que $|\vec{x}| < c$ e $|\vec{y}| < c$, então a *soma relativística* $\vec{x}\oplus\vec{y}$ de $\vec{x}$ e $\vec{y}$ deve ter comprimento menor que c. A teoria especial da relatividade de Einstein diz que

$$\vec{x}\oplus\vec{y}=\frac{\vec{x}+\vec{y}}{1+\dfrac{\vec{x}\cdot\vec{y}}{c^2}}+\frac{1}{c^2}\cdot\frac{\gamma_x}{\gamma_x+1}\cdot\frac{\vec{x}\times(\vec{x}\times\vec{y})}{1+\dfrac{\vec{x}\cdot\vec{y}}{c^2}}$$

onde

$$\gamma_x=\frac{1}{\sqrt{1-\dfrac{\vec{x}\cdot\vec{x}}{c^2}}}$$

Pode-se demonstrar que, se $|\vec{x}| < c$ e $|\vec{y}| < c$, então $|\vec{x}\oplus\vec{y}| < c$. Este exercício trata de dois casos especiais.

(a) Prove que se $\vec{x}$ e $\vec{y}$ são ortogonais, $|\vec{x}| < c$, $|\vec{y}| < c$, então $|\vec{x}\oplus\vec{y}| < c$.

(b) Prove que se $\vec{x}$ e $\vec{y}$ são paralelos, $|\vec{x}| < c$, $|\vec{y}| < c$, então $|\vec{x}\oplus\vec{y}| < c$.

(c) Calcule $\lim_{c\to\infty}\vec{x}\oplus\vec{y}$.

Exercícios avançados

1. Sejam $A = (1, 1, 2)$ e $B = (-1, 1, 0)$. Determine um ponto C no espaço tridimensional de modo que A, B e C sejam os vértices de um triângulo retângulo, com $\hat{C}$ reto. Esse ponto C é único? Em caso negativo, quais são os pontos do espaço que têm essa propriedade?

2. Sejam $\mathbf{v}$ um vetor do espaço tridimensional e π um plano desse espaço que passa pela origem. Mostre que existem vetores $\overline{\mathbf{v}}$ e $\widehat{\mathbf{v}}$, tais que $\mathbf{v} = \overline{\mathbf{v}} + \widehat{\mathbf{v}}$, com $\overline{\mathbf{v}} \in \pi$ e $\widehat{\mathbf{v}}$ perpendicular a π. Essa decomposição de $\mathbf{v}$ é única? ($\overline{\mathbf{v}}$ é a projeção ortogonal de $\mathbf{v}$ nesse plano.)

3. Seja S uma esfera de centro na origem O e raio $r > 0$. Dado um ponto P do espaço diferente da origem, a inversão de P com respeito a S é o (único) ponto P' que satisfaz $|OP||OP'| = r^2$ e está na semi-reta que começa na origem e passa por P.
   (a) Ache P' em função de P e r.
   (b) Mostre que se $\mathcal{L}$ é uma reta tangente à esfera S em um ponto P_0 então o conjunto $\mathcal{L}'$ formado pelos pontos obtidos por inversão dos pontos de $\mathcal{L}$ com respeito a S está contido em uma circunferência que passa por P_0 e tem centro no ponto médio do segmento OP_0. $\mathcal{L}'$ é a circunferência toda?

4. Considere pontos A, B, C e D no espaço tridimensional, com $A \neq B$ e $C \neq D$, e sejam r a reta determinada por A e B e s a reta determinada por C e D. Qual é a distância entre r e s?

5. Determine o ponto da esfera de equação $x^2 + y^2 + z^2 = 4$ que se encontra mais próximo do plano de equação $2x + 3y + 6z = 8$.

6. Sejam $c > a > 0$. Considere o elipsóide de equação $\frac{x^2}{a^2} + \frac{y^2}{a^2} + \frac{z^2}{c^2} = 1$, e sejam F e F' os focos da elipse determinada pela interseção desse elipsóide com o plano de equação $y = 0$. Mostre que, se P é um ponto do elipsóide, então $d(P, F) + d(P, F') = 2c$.

Três (quatro) vetores $\mathbf{u}$, $\mathbf{v}$, $\mathbf{w}$ ($\mathbf{u}$, $\mathbf{v}$, $\mathbf{w}$, $\mathbf{z}$) do espaço tridimensional são ditos linearmente dependentes se existem reais a, b e c (a, b, c e d), não todos nulos, tais que $a\mathbf{u} + b\mathbf{v} + c\mathbf{w} = \mathbf{0}$ ($a\mathbf{u} + b\mathbf{v} + c\mathbf{w} + d\mathbf{z} = \mathbf{0}$). Caso contrário, são ditos linearmente independentes.

7. Em cada item, decida se $\mathbf{u}$, $\mathbf{v}$ e $\mathbf{w}$ são linearmente dependentes ou linearmente independentes:
   (a) $\mathbf{u} = (1, 0, 0)$, $\mathbf{v} = (1, 1, 0)$, $\mathbf{w} = (1, 1, 1)$.
   (b) $\mathbf{u} = (2,-3, 1)$, $\mathbf{v} = (4, 1, 1)$, $\mathbf{w} = (16,-3, 5)$.

8. Mostre que quatro vetores $\mathbf{u}$, $\mathbf{v}$, $\mathbf{w}$, $\mathbf{z}$ do espaço tridimensional são sempre linearmente dependentes.

9. Dados os vetores $\mathbf{u} = (1, -1, -1)$, $\mathbf{v} = (2, 1, 4)$ e $\mathbf{w} = (1, 3, 1)$ no espaço tridimensional, determine reais α, β e γ, de forma que $\tilde{\mathbf{u}} = \mathbf{u}$, $\tilde{\mathbf{v}} = \mathbf{v} - \alpha\mathbf{u}$ e $\tilde{\mathbf{w}} = \mathbf{w} - \beta\mathbf{u} - \gamma\mathbf{v}$ sejam dois a dois ortogonais.

10. **Processo de ortogonalização de Gram-Schmidt** Dados os vetores $\mathbf{u}$, $\mathbf{v}$ e $\mathbf{w}$ do espaço tridimensional linearmente independentes, considere $\tilde{\mathbf{u}}$, $\tilde{\mathbf{v}}$ e $\tilde{\mathbf{w}}$ definidos por:

$$\tilde{\mathbf{u}} = \frac{\mathbf{u}}{|\mathbf{u}|}; \qquad \widehat{\mathbf{v}} = \mathbf{v} - \mathbf{v}.\tilde{\mathbf{u}}\ \tilde{\mathbf{u}} \ \text{ e } \ \tilde{\mathbf{v}} = \frac{\widehat{\mathbf{v}}}{|\widehat{\mathbf{v}}|}$$

$$\widehat{\mathbf{w}} = \mathbf{w} - \mathbf{w}.\tilde{\mathbf{u}}\ \tilde{\mathbf{u}} + \mathbf{w}.\tilde{\mathbf{v}}\ \tilde{\mathbf{v}} \ \text{ e } \ \tilde{\mathbf{w}} = \frac{\widehat{\mathbf{w}}}{|\widehat{\mathbf{w}}|}$$

Mostre que $\tilde{\mathbf{u}}$, $\tilde{\mathbf{v}}$ e $\tilde{\mathbf{w}}$ são dois a dois ortogonais e têm módulo igual a 1.

Dado um subconjunto A do espaço tridimensional, a projeção ortogonal de A em um plano que passa pela origem é o conjunto formado pela projeção ortogonal de cada ponto de A no plano π (veja o Exercício 2).

11. Seja A a interseção do parabolóide de equação $z = \frac{x^2}{a^2} + \frac{y^2}{b^2}$ com um plano da equação $z = \alpha x + \beta y + 1$. Mostre que a projeção de A no plano $z = 0$ é uma elipse.

12. Sejam a, b e c reais positivos e A a interseção de um hiperbolóide de duas folhas de equação $\frac{z^2}{c^2} - \frac{x^2}{a^2} - \frac{y^2}{b^2} = 1$ com um plano de equação $z = \alpha x + \beta y$, onde $\alpha > \frac{c}{a}$ e $\beta > \frac{c}{b}$. Mostre que a projeção de A no plano $z = 0$ é uma hipérbole.

Projetos de aplicação de tecnologia

MÓDULO MATHEMATICA/MAPLE

Usando vetores para representar retas e encontrar distâncias

Partes I e II: Aprenda a vantagem de interpretar retas como vetores.

Parte III: Use vetores para encontrar a distância de um ponto até uma reta.

MÓDULO MATHEMATICA/MAPLE

Visualizando uma cena tridimensional em duas dimensões

Use o conceito de planos no espaço para obter uma imagem bidimensional.

MÓDULO MATHEMATICA/MAPLE

Iniciando a plotagem tridimensional

Parte I: Use a definição vetorial de retas e planos para gerar gráficos e equações e comparar diferentes formas para a equação de uma reta.

Parte II: Plote funções definidas implicitamente.

13 Funções vetoriais e movimento no espaço

RESUMO Quando um corpo (ou objeto) se movimenta no espaço, as equações $x = f(t)$ e $y = g(t)$ e $z = h(t)$ que fornecem as coordenadas do corpo na forma de funções de tempo podem ser usadas como equações paramétricas na modelagem do movimento e da trajetória do corpo. Por meio da notação vetorial, é possível condensar as três equações em uma só: $\mathbf{r}(t) = f(t)\mathbf{i} + g(t)\mathbf{j} + h(t)\mathbf{k}$. Essa nova equação nos dá a posição do corpo como uma função vetorial de tempo. Para um objeto em movimento no plano xy, a função componente $h(t)$ é zero em todos os instantes (ou seja, é identicamente zero).

Neste capítulo, utilizamos o cálculo para estudar trajetórias, velocidades, e acelerações de corpos em movimento. À medida que formos progredindo, você verá como nosso trabalho responde às questões comuns sobre trajetória e movimento de projéteis, planetas e satélites. Na seção final, utilizamos o cálculo vetorial para derivar as leis de Kepler sobre o movimento planetário a partir das leis de Newton para movimento e gravidade.

13.1 Funções vetoriais

Quando uma partícula se move pelo plano durante um intervalo de tempo I, pensamos nas coordenadas da partícula como funções definidas em I:

$$x = f(t), \quad y = g(t), \quad z = h(t) \quad t \in I \tag{1}$$

Os pontos $(x, y, z) = (f(t), g(t), h(t))$, $t \in I$, formam a **curva** no espaço que é a **trajetória** da partícula. As equações e o intervalo na Equação (1) **parametrizam** a curva. A curva no espaço também pode ser representada na forma vetorial. O vetor

$$\mathbf{r}(t) = \overrightarrow{OP} = f(t)\mathbf{i} + g(t)\mathbf{j} + h(t)\mathbf{k} \tag{2}$$

a partir da origem até a **posição** da partícula $P(f(t), g(t), h(t))$ no instante t é o **vetor posição** da partícula (Figura 13.1). As funções f, g e h são as **funções componentes** (as **componentes**) do vetor posição. Pensamos na trajetória da partícula como a **curva traçada por r** durante o intervalo de tempo I. A Figura 13.2 apresenta diversas curvas espaciais geradas por um programa gráfico computacional. Não seria fácil desenhar essas curvas manualmente.

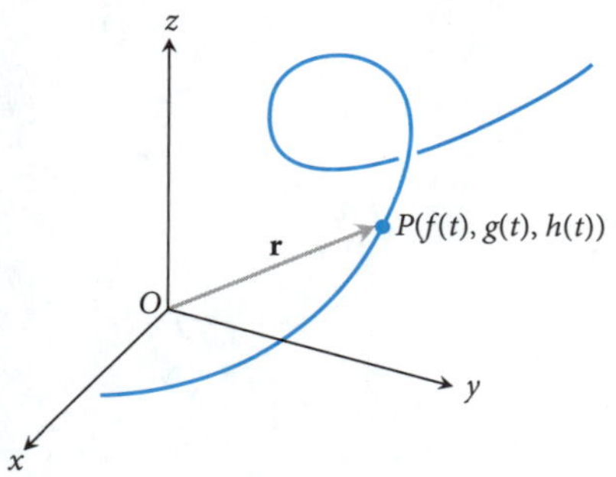

FIGURA 13.1 O vetor posição $\mathbf{r} = \overrightarrow{OP}$ de uma partícula em movimento no espaço é uma função do tempo.

A Equação (2) define **r** como uma *função vetorial* da variável real t no intervalo I. De modo mais geral, uma **função vetorial** ou **função a valores vetoriais** sobre um domínio D é uma regra que associa um vetor no espaço a cada elemento em D. Por enquanto, consideraremos os domínios como os intervalos de números reais que resultam em uma curva espacial. Adiante, no Capítulo 16, os domínios passarão a ser regiões no plano. As funções vetoriais, então, representarão superfícies no plano. Funções vetoriais sobre um domínio no plano ou no espaço também dão origem a "campos vetoriais", os quais são importantes para estudar o escoamento de um fluido, campos gravitacionais e fenômenos eletromagnéticos. Estudaremos campos vetoriais e suas aplicações no Capítulo 16.

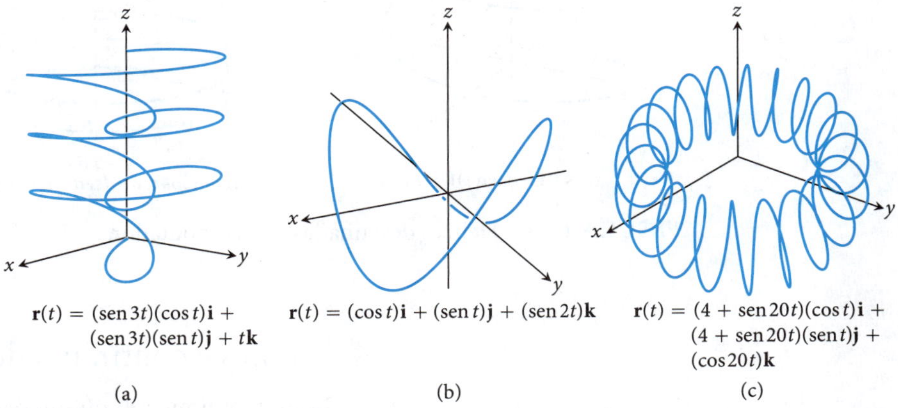

FIGURA 13.2 Curvas espaciais geradas por computador são definidas pelos vetores posição $\mathbf{r}(t)$.

Referimo-nos a funções a valores reais como **funções escalares** para distingui-las de funções vetoriais. As componentes de $\mathbf{r}$ são funções escalares de t. Quando definimos uma função a valores vetoriais dando suas funções componentes, assumimos o domínio da função vetorial como o domínio comum das componentes.

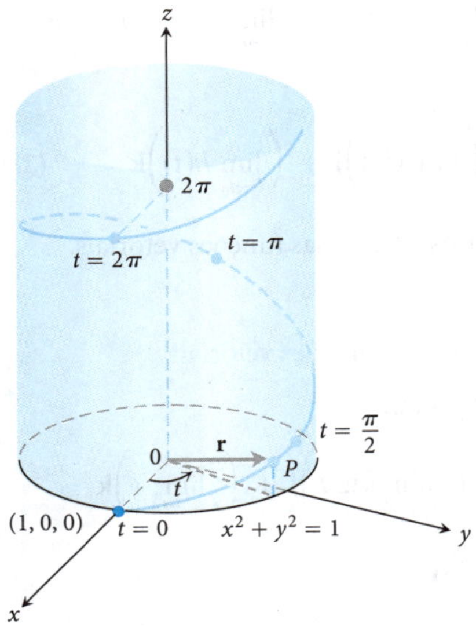

FIGURA 13.3 A metade superior da hélice $\mathbf{r}(t) = (\cos t)\mathbf{i} + (\operatorname{sen} t)\mathbf{j} + t\mathbf{k}$ (Exemplo 1).

EXEMPLO 1 Representando uma hélice graficamente

Represente graficamente a função vetorial

$$\mathbf{r}(t) = (\cos t)\mathbf{i} + (\operatorname{sen} t)\mathbf{j} + t\mathbf{k}$$

SOLUÇÃO A função vetorial

$$\mathbf{r}(t) = (\cos t)\mathbf{i} + (\operatorname{sen} t)\mathbf{j} + t\mathbf{k}$$

é definida para todos os valores reais de t. A curva traçada por $\mathbf{r}$ é uma hélice (da palavra *hélix*, do grego antigo, que significava "espiral") que se enrola ao redor do cilindro circular $x^2 + y^2 = 1$ (Figura 13.3). A curva está localizada sobre o cilindro porque as componentes $\mathbf{i}$ e $\mathbf{j}$ de $\mathbf{r}$, sendo as coordenadas x e y da extremidade de $\mathbf{r}$, satisfazem a equação do cilindro:

$$x^2 + y^2 = (\cos t)^2 + (\operatorname{sen} t)^2 = 1$$

A curva sobe à medida que a componente em $\mathbf{k}$, que é $z = t$, aumenta. Cada vez que t aumenta 2π, a curva completa uma volta ao redor do cilindro. As equações

$$x = \cos t, \qquad y = \operatorname{sen} t, \qquad z = t$$

parametrizam a hélice, com o intervalo $-\infty < t < \infty$ sendo subentendido. Você encontrará mais hélices na Figura 13.4.

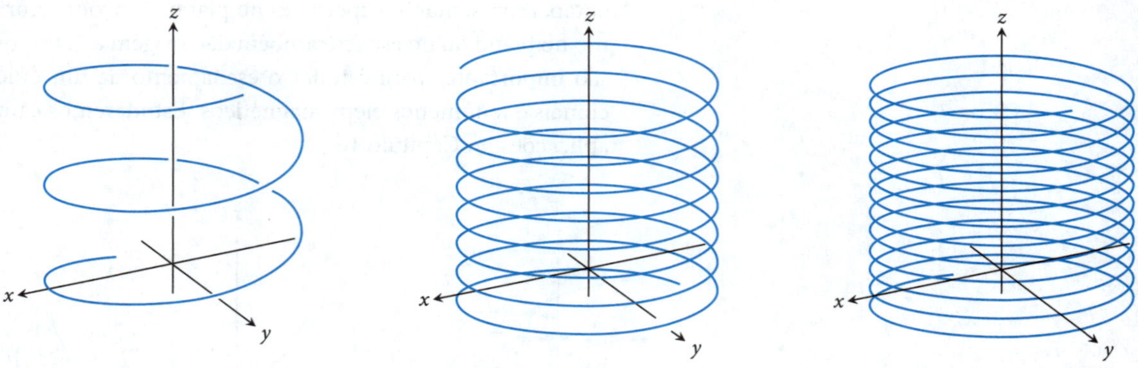

FIGURA 13.4 Hélices desenhadas por computador.

Limites e continuidade

Definimos limites e continuidade de funções a valores vetoriais de maneira similar à maneira que definimos limites de funções reais.

Definição Limite de funções vetoriais

Sejam $\mathbf{r}(t) = f(t)\mathbf{i} + g(t)\mathbf{j} + h(t)\mathbf{k}$ uma função vetorial e $\mathbf{L}$ um vetor. Dizemos que $\mathbf{r}$ tem **limite em L** à medida que t se aproxima de t_0 e escrevemos

$$\lim_{t\to t_0} \mathbf{r}(t) = \mathbf{L}$$

se, para todo número $\epsilon > 0$, existe um número correspondente $\delta > 0$ tal que para todo t

$$0 < |t - t_0| < \delta \quad \Rightarrow \quad |\mathbf{r}(t) - \mathbf{L}| < \epsilon$$

Se $\mathbf{L} = L_1\mathbf{i} + L_2\mathbf{j} + L_3\mathbf{k}$, então $\lim_{t\to t_0} \mathbf{r}(t) = \mathbf{L}$ precisamente quando

$$\lim_{t\to t_0} f(t) = L_1, \qquad \lim_{t\to t_0} g(t) = L_2, \qquad \text{e} \qquad \lim_{t\to t_0} h(t) = L_3$$

A equação

$$\lim_{t\to t_0} \mathbf{r}(t) = \left(\lim_{t\to t_0} f(t)\right)\mathbf{i} + \left(\lim_{t\to t_0} g(t)\right)\mathbf{j} + \left(\lim_{t\to t_0} h(t)\right)\mathbf{k} \tag{3}$$

oferece uma maneira prática de calcular os limites das funções vetoriais.

EXEMPLO 2 Encontrando limites de funções vetoriais

Se $\mathbf{r}(t) = (\cos t)\mathbf{i} + (\operatorname{sen} t)\mathbf{j} + t\mathbf{k}$, então

$$\lim_{t\to\pi/4} \mathbf{r}(t) = \left(\lim_{t\to\pi/4} \cos t\right)\mathbf{i} + \left(\lim_{t\to\pi/4} \operatorname{sen} t\right)\mathbf{j} + \left(\lim_{t\to\pi/4} t\right)\mathbf{k}$$

$$= \frac{\sqrt{2}}{2}\mathbf{i} + \frac{\sqrt{2}}{2}\mathbf{j} + \frac{\pi}{4}\mathbf{k}$$

As funções vetoriais têm a continuidade definida da mesma maneira que as funções escalares.

Definição **Contínua em um ponto**
Uma função vetorial $\mathbf{r}(t)$ será **contínua em um ponto** $t = t_0$ no seu domínio se $\lim_{t \to t_0} \mathbf{r}(t) = \mathbf{r}(t_0)$. A função será **contínua** se for contínua em todos os pontos do seu domínio.

Com a Equação (3), vemos que $\mathbf{r}(t)$ será contínua em $t = t_0$ se e somente se cada função componente for contínua nesse ponto.

EXEMPLO 3 Continuidade de curvas espaciais

(a) Todas as curvas espaciais mostradas nas figuras 13.2 e 13.4 são contínuas porque suas funções componentes são contínuas para todos os valores de t em $(-\infty, \infty)$.

(b) A função

$$\mathbf{g}(t) = (\cos t)\mathbf{i} + (\operatorname{sen} t)\mathbf{j} + \lfloor t \rfloor \mathbf{k}$$

é descontínua em todos os inteiros onde a função maior inteira $\lfloor t \rfloor$ é descontínua.

Derivadas e movimento

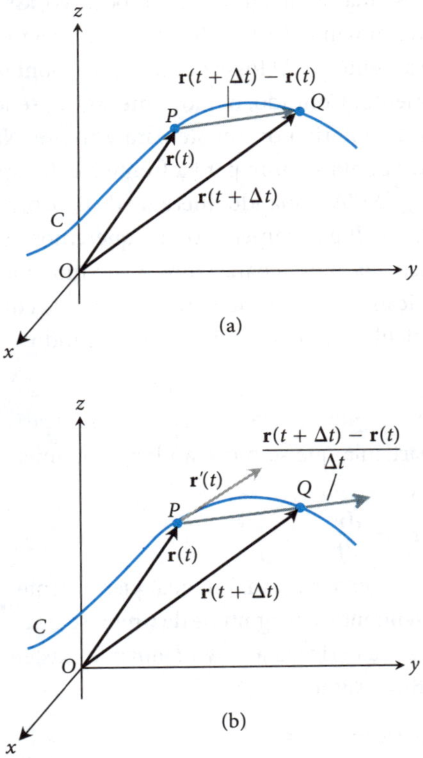

FIGURA 13.5 Conforme $\Delta t \to 0$, o ponto Q se aproxima de P ao longo da curva C. No limite, o vetor $\overrightarrow{PQ}/\Delta t$ se transforma no vetor tangente $\mathbf{r}'(t)$.

Suponha que $\mathbf{r}(t) = f(t)\mathbf{i} + g(t)\mathbf{j} + h(t)\mathbf{k}$ seja o vetor posição de uma partícula que se move ao longo de uma curva no plano e que f, g e h sejam funções deriváveis de t. Então, a diferença entre as posições da partícula no instante t e no instante $t + \Delta t$ é

$$\Delta\mathbf{r} = \mathbf{r}(t + \Delta t) - \mathbf{r}(t)$$

(Figura 13.5a). Em termos de componentes,

$$\begin{aligned}\Delta\mathbf{r} &= \mathbf{r}(t + \Delta t) - \mathbf{r}(t)\\ &= [f(t + \Delta t)\mathbf{i} + g(t + \Delta t)\mathbf{j} + h(t + \Delta t)\mathbf{k}]\\ &\quad - [f(t)\mathbf{i} + g(t)\mathbf{j} + h(t)\mathbf{k}]\\ &= [f(t + \Delta t) - f(t)]\mathbf{i} + [g(t + \Delta t) - g(t)]\mathbf{j} + [h(t + \Delta t) - h(t)]\mathbf{k}\end{aligned}$$

À medida que Δt se aproxima de zero, três coisas parecem acontecer simultaneamente. Primeiro, Q se aproxima de P ao longo da curva. Depois, a reta secante PQ parece se aproximar de uma posição-limite tangente à curva em P. Em seguida, o quociente $\Delta\mathbf{r}/\Delta t$ (Figura 13.5b) se aproxima do limite

$$\begin{aligned}\lim_{\Delta t \to 0} \frac{\Delta\mathbf{r}}{\Delta t} &= \left[\lim_{\Delta t \to 0} \frac{f(t + \Delta t) - f(t)}{\Delta t}\right]\mathbf{i} + \left[\lim_{\Delta t \to 0} \frac{g(t + \Delta t) - g(t)}{\Delta t}\right]\mathbf{j}\\ &\quad + \left[\lim_{\Delta t \to 0} \frac{h(t + \Delta t) - h(t)}{\Delta t}\right]\mathbf{k}\\ &= \left[\frac{df}{dt}\right]\mathbf{i} + \left[\frac{dg}{dt}\right]\mathbf{j} + \left[\frac{dh}{dt}\right]\mathbf{k}\end{aligned}$$

Portanto, somos levados por experiências anteriores à definição a seguir.

Definição Derivada em um ponto

A função vetorial $\mathbf{r}(t) = f(t)\mathbf{i} + g(t)\mathbf{j} + h(t)\mathbf{k}$ tem uma **derivada (é derivável) em *t*** se f, g e h têm derivadas em t. A derivada é a função vetorial

$$\mathbf{r}'(t) = \frac{d\mathbf{r}}{dt} = \lim_{\Delta t \to 0} \frac{\mathbf{r}(t + \Delta t) - \mathbf{r}(t)}{\Delta t} = \frac{df}{dt}\mathbf{i} + \frac{dg}{dt}\mathbf{j} + \frac{dh}{dt}\mathbf{k}$$

Uma função vetorial $\mathbf{r}$ é **derivável** se for derivável em todos os pontos de seu domínio. A curva traçada por $\mathbf{r}$ é **lisa** se $d\mathbf{r}/dt$ for contínua e nunca $\mathbf{0}$, isto é, se f, g e h tiverem derivadas primeiras contínuas que não sejam simultaneamente 0.

O significado geométrico da definição de derivada é mostrado na Figura 13.5. Os pontos P e Q têm vetores posição $\mathbf{r}(t)$ e $\mathbf{r}(t + \Delta t)$, e o vetor $\overrightarrow{PQ}$ é representado por $\mathbf{r}(t + \Delta t) - \mathbf{r}(t)$. Para $\Delta t > 0$, o múltiplo escalar $(1/\Delta t)(\mathbf{r}(t + \Delta t) - \mathbf{r}(t))$ aponta na mesma direção que o vetor $\overrightarrow{PQ}$. À medida que $\Delta t \to 0$, esse vetor se aproxima de outro que é tangente à curva em P (Figura 13.5b). O vetor $\mathbf{r}'(t)$, quando diferente de $\mathbf{0}$, também é um vetor **tangente** à curva em P. A **reta tangente** à curva em um ponto $(f(t_0), g(t_0), h(t_0))$ é definida como a reta que passa pelo ponto paralelo a $\mathbf{r}'(t_0)$. É necessário que $d\mathbf{r}/dt \neq \mathbf{0}$ para uma curva lisa para termos certeza de que a curva tem uma tangente que gira continuamente em cada ponto. Sobre uma curva lisa, não existem cantos ou vértices.

Uma curva que é feita de um número finito de curvas lisas ligadas de maneira contínua é **lisa por partes** (Figura 13.6).

FIGURA 13.6 Uma curva lisa por partes construídas conectando-se cinco curvas lisas de extremidade a extremidade de maneira contínua.

Olhe novamente a Figura 13.5. Desenhamos a figura para Δt positivo, assim $\Delta\mathbf{r}$ aponta para a frente, no sentido do movimento. O vetor $\Delta\mathbf{r}/\Delta t$, com a mesma direção $\Delta\mathbf{r}$, também aponta para a frente. Se Δt fosse negativo, $\Delta\mathbf{r}$ apontaria para trás, contra o sentido do movimento. Contudo, o quociente $\Delta\mathbf{r}/\Delta t$, sendo um múltiplo escalar negativo de $\Delta\mathbf{r}$, apontaria novamente para a frente. Não importa para onde $\Delta\mathbf{r}$ aponte, $\Delta\mathbf{r}/\Delta t$ aponta sempre para a frente e é de esperar que, com o vetor $d\mathbf{r}/dt = \lim_{\Delta t \to 0} \Delta\mathbf{r}/\Delta t$, quando diferente de $\mathbf{0}$, ocorra o mesmo. Isso significa que a derivada $d\mathbf{r}/dt$ é justamente o que queremos para modelar a velocidade de uma partícula. Ela aponta para a direção do movimento e fornece a taxa de variação da posição em relação ao tempo. Para uma curva lisa, a velocidade nunca é zero; a partícula não pára ou inverte seu sentido.

Definições Velocidade, direção, módulo da velocidade e aceleração

Se $\mathbf{r}$ é o vetor posição de uma partícula que se move ao longo de uma curva lisa no plano, então

$$\mathbf{v}(t) = \frac{d\mathbf{r}}{dt}$$

é o **vetor velocidade** da partícula, tangente à curva. Em qualquer instante t, a direção de $\mathbf{v}$ é a **direção do movimento**, a magnitude de $\mathbf{v}$ representa o módulo da velocidade da partícula, e a derivada $\mathbf{a} = d\mathbf{v}/dt$, quando existe, é o vetor aceleração da partícula. Em resumo,

1. A velocidade é a derivada da posição: $\mathbf{v} = \dfrac{d\mathbf{r}}{dt}$
2. O módulo da velocidade é a magnitude da velocidade: Módulo da velocidade = $|\mathbf{v}|$
3. A aceleração é a derivada da velocidade: $\mathbf{a} = \dfrac{d\mathbf{v}}{dt} = \dfrac{d^2\mathbf{r}}{dt^2}$
4. O vetor unitário $\mathbf{v}/|\mathbf{v}|$ é a direção do movimento no instante t.

Podemos expressar a velocidade de uma partícula que se move como o produto do módulo de sua velocidade e de sua direção:

$$\text{Velocidade} = |\mathbf{v}|\left(\frac{\mathbf{v}}{|\mathbf{v}|}\right) = (\text{módulo da velocidade})(\text{direção})$$

Na Seção 12.5, Exemplo 4, encontramos essa expressão para a velocidade, que é útil para localizar, por exemplo, a posição de um helicóptero movendo-se ao longo de uma reta no espaço. Agora, vejamos um exemplo de um objeto movendo-se ao longo de uma curva espacial (não-linear).

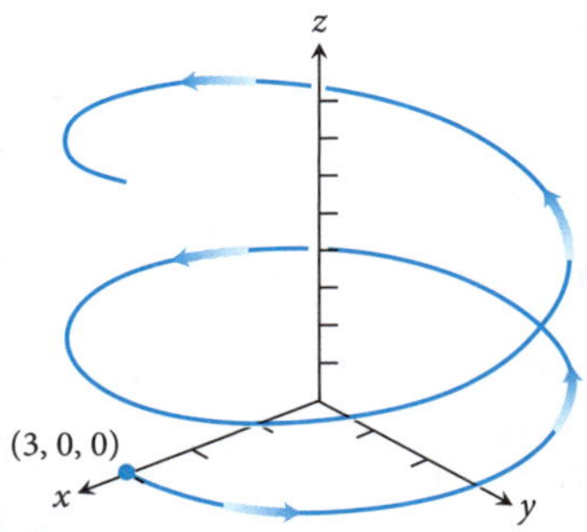

FIGURA 13.7 A trajetória de uma asa-delta com vetor posição $\mathbf{r}(t) = (3\cos t)\mathbf{i} + (3\,\text{sen}\,t)\mathbf{j} + t^2\mathbf{k}$ (Exemplo 4).

EXEMPLO 4 Vôo de uma asa-delta

Uma pessoa em uma asa-delta está espiralando para cima devido ao ar ascendente muito veloz em uma trajetória com vetor posição $\mathbf{r}(t) = (3\cos t)\mathbf{i} + (3\,\text{sen}\,t)\mathbf{j} + t^2\mathbf{k}$. A trajetória é similar à de uma hélice (embora *não* seja uma hélice, como será visto na Seção 13.4) e é mostrada na Figura 13.7 para $0 \leq t \leq 4\pi$. Encontre

(a) os vetores velocidade e aceleração;

(b) o módulo da velocidade da asa-delta em qualquer instante t;

(c) os instantes, se houver algum, em que a aceleração da asa-delta é ortogonal à sua velocidade.

SOLUÇÃO

(a) $\mathbf{r} = (3\cos t)\mathbf{i} + (3\,\text{sen}\,t)\mathbf{j} + t^2\mathbf{k}$

$$\mathbf{v} = \frac{d\mathbf{r}}{dt} = -(3\,\text{sen}\,t)\mathbf{i} + (3\cos t)\mathbf{j} + 2t\mathbf{k}$$

$$\mathbf{a} = \frac{d^2\mathbf{r}}{dt^2} = -(3\cos t)\mathbf{i} - (3\,\text{sen}\,t)\mathbf{j} + 2\mathbf{k}$$

(b) O módulo da velocidade é a magnitude de $\mathbf{v}$:

$$|\mathbf{v}(t)| = \sqrt{(-3\,\text{sen}\,t)^2 + (3\cos t)^2 + (2t)^2}$$

$$= \sqrt{9\,\text{sen}^2\,t + 9\cos^2 t + 4t^2}$$

$$= \sqrt{9 + 4t^2}$$

A asa-delta se move cada vez mais rápido à medida que sobe ao longo de sua trajetória.

(c) Para encontrarmos os instantes em que $\mathbf{v}$ e $\mathbf{a}$ são ortogonais, procuramos valores de t para os quais

$$\mathbf{v}\cdot\mathbf{a} = 9\,\text{sen}\,t\cos t - 9\cos t\,\text{sen}\,t + 4t = 4t = 0$$

Assim, o único instante em que o vetor aceleração é ortogonal a $\mathbf{v}$ é quando $t = 0$. Estudaremos a aceleração para movimentos ao longo de trajetórias mais detalhadamente na Seção 13.5. Descobriremos então como o vetor aceleração revela a natureza curva e a tendência da trajetória de "se torcer" para fora de um plano contendo o vetor velocidade.

Regras de derivação

Como as derivadas de funções vetoriais podem ser calculadas componente por componente, as regras para derivar funções vetoriais têm a mesma forma que as regras para derivar funções escalares.

Regras de derivação para funções vetoriais

Sejam **u** e **v** funções vetoriais deriváveis de t, **C** um vetor constante, c qualquer escalar e f qualquer função escalar derivável.

1. *Regra da função constante:* $\dfrac{d}{dt}\mathbf{C} = \mathbf{0}$

2. *Regras da multiplicação por escalar:*

$$\frac{d}{dt}[c\mathbf{u}(t)] = c\mathbf{u}'(t)$$

$$\frac{d}{dt}[f(t)\mathbf{u}(t)] = f'(t)\mathbf{u}(t) + f(t)\mathbf{u}'(t)$$

3. *Regra da soma:*

$$\frac{d}{dt}[\mathbf{u}(t) + \mathbf{v}(t)] = \mathbf{u}'(t) + \mathbf{v}'(t)$$

4. *Regra da diferença:*

$$\frac{d}{dt}[\mathbf{u}(t) - \mathbf{v}(t)] = \mathbf{u}'(t) - \mathbf{v}'(t)$$

5. *Regra do produto escalar:*

$$\frac{d}{dt}[\mathbf{u}(t)\cdot\mathbf{v}(t)] = \mathbf{u}'(t)\cdot\mathbf{v}(t) + \mathbf{u}(t)\cdot\mathbf{v}'(t)$$

6. *Regra do produto vetorial:*

$$\frac{d}{dt}[\mathbf{u}(t)\times\mathbf{v}(t)] = \mathbf{u}'(t)\times\mathbf{v}(t) + \mathbf{u}(t)\times\mathbf{v}'(t)$$

7. *Regra da cadeia:*

$$\frac{d}{dt}[\mathbf{u}(f(t))] = f'(t)\mathbf{u}'(f(t))$$

Quando você usar a regra do produto vetorial, lembre-se de conservar a ordem dos fatores. Se **u** vier primeiro do lado esquerdo da equação, também deve vir primeiro do lado direito ou os sinais estarão errados.

Provaremos as regras dos produtos e a regra da cadeia, mas deixaremos as regras da função constante, da multiplicação por escalar, da soma e da diferença como exercícios.

PROVA DA REGRA DO PRODUTO ESCALAR Imagine que

$$\mathbf{u} = u_1(t)\mathbf{i} + u_2(t)\mathbf{j} + u_3(t)\mathbf{k}$$

e

$$\mathbf{v} = v_1(t)\mathbf{i} + v_2(t)\mathbf{j} + v_3(t)\mathbf{k}$$

Então,

$$\begin{aligned}\frac{d}{dt}(\mathbf{u}\cdot\mathbf{v}) &= \frac{d}{dt}(u_1v_1 + u_2v_2 + u_3v_3)\\ &= \underbrace{u_1'v_1 + u_2'v_2 + u_3'v_3}_{\mathbf{u}'\cdot\mathbf{v}} + \underbrace{u_1v_1' + u_2v_2' + u_3v_3'}_{\mathbf{u}\cdot\mathbf{v}'}\end{aligned}$$

PROVA DA REGRA DO PRODUTO VETORIAL Modelamos a prova de acordo com a prova da regra do produto para funções escalares. De acordo com a definição de derivada,

$$\frac{d}{dt}(\mathbf{u}\times\mathbf{v}) = \lim_{h\to 0}\frac{\mathbf{u}(t+h)\times\mathbf{v}(t+h) - \mathbf{u}(t)\times\mathbf{v}(t)}{h}$$

Para mudarmos essa fração para uma equivalente que contenha as razões incrementais para as derivadas de **u** e **v**, subtraímos e adicionamos $\mathbf{u}(t) \times \mathbf{v}(t+h)$ no numerador. Então,

$$\begin{aligned}
&\frac{d}{dt}(\mathbf{u} \times \mathbf{v}) \\
&= \lim_{h \to 0} \frac{\mathbf{u}(t+h) \times \mathbf{v}(t+h) - \mathbf{u}(t) \times \mathbf{v}(t+h) + \mathbf{u}(t) \times \mathbf{v}(t+h) - \mathbf{u}(t) \times \mathbf{v}(t)}{h} \\
&= \lim_{h \to 0} \left[\frac{\mathbf{u}(t+h) - \mathbf{u}(t)}{h} \times \mathbf{v}(t+h) + \mathbf{u}(t) \times \frac{\mathbf{v}(t+h) - \mathbf{v}(t)}{h} \right] \\
&= \lim_{h \to 0} \frac{\mathbf{u}(t+h) - \mathbf{u}(t)}{h} \times \lim_{h \to 0} \mathbf{v}(t+h) + \lim_{h \to 0} \mathbf{u}(t) \times \lim_{h \to 0} \frac{\mathbf{v}(t+h) - \mathbf{v}(t)}{h}
\end{aligned}$$

A última das igualdades é verdadeira porque o limite do produto vetorial de duas funções vetoriais é o produto vetorial dos seus limites se estes existirem (Exercício 52). À medida que h se aproxima de zero, $\mathbf{v}(t+h)$ se aproxima de $\mathbf{v}(t)$ porque **v**, sendo derivável em t, é contínua em t (Exercício 53). As duas frações aproximam os valores de $d\mathbf{u}/dt$ e $d\mathbf{v}/dt$ em t. Resumindo,

$$\frac{d}{dt}(\mathbf{u} \times \mathbf{v}) = \frac{d\mathbf{u}}{dt} \times \mathbf{v} + \mathbf{u} \times \frac{d\mathbf{v}}{dt}$$

Por conveniência algébrica, algumas vezes escrevemos o produto de um escalar c e um vetor **v** como **v**c em vez de c**v**. Isso nos permite, por exemplo, escrever a regra da cadeia com uma forma familiar:

$$\frac{d\mathbf{u}}{dt} = \frac{d\mathbf{u}}{ds}\frac{ds}{dt}$$

onde $s = f(t)$.

PROVA DA REGRA DA CADEIA Suponha que $\mathbf{u}(s) = a(s)\mathbf{i} + b(s)\mathbf{j} + c(s)\mathbf{k}$ seja uma função vetorial derivável de s e que $s = f(t)$ seja uma função escalar derivável de t. Então a, b e c são funções deriváveis de t e a regra da cadeia para funções reais deriváveis dá

$$\begin{aligned}
\frac{d}{dt}[\mathbf{u}(s)] &= \frac{da}{dt}\mathbf{i} + \frac{db}{dt}\mathbf{j} + \frac{dc}{dt}\mathbf{k} \\
&= \frac{da}{ds}\frac{ds}{dt}\mathbf{i} + \frac{db}{ds}\frac{ds}{dt}\mathbf{j} + \frac{dc}{ds}\frac{ds}{dt}\mathbf{k} \\
&= \frac{ds}{dt}\left(\frac{da}{ds}\mathbf{i} + \frac{db}{ds}\mathbf{j} + \frac{dc}{ds}\mathbf{k}\right) \\
&= \frac{ds}{dt}\frac{d\mathbf{u}}{ds} \\
&= f'(t)\mathbf{u}'(f(t)) \qquad s = f(t)
\end{aligned}$$

Funções deriváveis de comprimento constante

Quando rastreamos uma partícula movendo-se sobre uma esfera centrada na origem (Figura 13.8), o vetor posição tem comprimento constante igual ao raio da esfera. O vetor velocidade $d\mathbf{r}/dt$, tangente à trajetória do movimento, é tangente à esfera e, conseqüentemente, perpendicular a **r**. Este é sempre o caso para uma função vetorial derivável de comprimento constante: o vetor e sua derivada primeira são ortogonais. Com o comprimento constante, a mudança na função é uma mudança na direção apenas, e as mudanças de direção ocorrem em ângulos retos. Também podemos obter esse resultado por cálculos diretos:

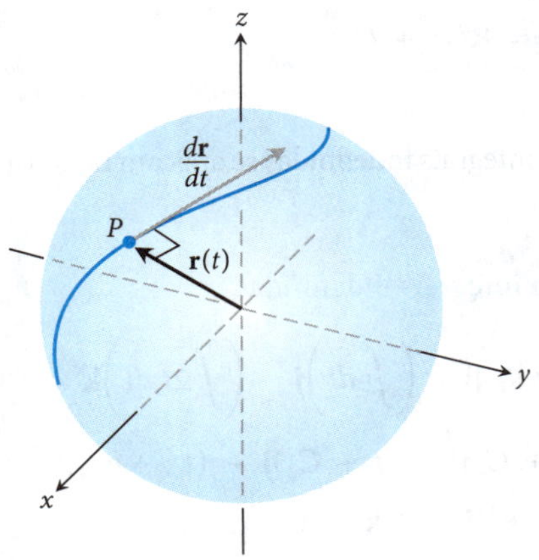

FIGURA 13.8 Se uma partícula se move sobre uma esfera de tal maneira que sua posição **r** é uma função derivável do tempo, então $\mathbf{r} \cdot (d\mathbf{r}/dt) = 0$.

$$\begin{aligned}
\mathbf{r}(t) \cdot \mathbf{r}(t) &= c^2 && |\mathbf{r}(t)| = c \text{ é constante.} \\
\frac{d}{dt}[\mathbf{r}(t) \cdot \mathbf{r}(t)] &= 0 && \text{Derivável em ambos os lados.} \\
\mathbf{r}'(t) \cdot \mathbf{r}(t) + \mathbf{r}(t) \cdot \mathbf{r}'(t) &= 0 && \text{Regra 5 com } \mathbf{r}(t) = \mathbf{u}(t) = \mathbf{v}(t) \\
2\mathbf{r}'(t) \cdot \mathbf{r}(t) &= 0
\end{aligned}$$

Os vetores $\mathbf{r}'(t)$ e $\mathbf{r}(t)$ são ortogonais porque seu produto escalar é 0. Em resumo,

> Se $\mathbf{r}$ for uma função vetorial derivável de t de comprimento constante, então
>
> $$\mathbf{r} \cdot \frac{d\mathbf{r}}{dt} = 0 \qquad (4)$$

Usaremos essa observação repetidamente na Seção 13.4.

EXEMPLO 5 Confirmando a Equação (4)

Mostre que $\mathbf{r}(t) = (\operatorname{sen} t)\mathbf{i} + (\cos t)\mathbf{j} + \sqrt{3}\mathbf{k}$ tem comprimento constante e é ortogonal à sua derivada.

SOLUÇÃO

$$\mathbf{r}(t) = (\operatorname{sen} t)\mathbf{i} + (\cos t)\mathbf{j} + \sqrt{3}\mathbf{k}$$

$$|\mathbf{r}(t)| = \sqrt{(\operatorname{sen} t)^2 + (\cos t)^2 + \left(\sqrt{3}\right)^2} = \sqrt{1 + 3} = 2$$

$$\frac{d\mathbf{r}}{dt} = (\cos t)\mathbf{i} - (\operatorname{sen} t)\mathbf{j}$$

$$\mathbf{r} \cdot \frac{d\mathbf{r}}{dt} = \operatorname{sen} t \cos t - \operatorname{sen} t \cos t = 0$$

Integrais de funções vetoriais

Uma função vetorial derivável $\mathbf{R}(t)$ é uma **primitiva** de uma função vetorial $\mathbf{r}(t)$ em um intervalo I se $d\mathbf{R}/dt = \mathbf{r}$ em cada ponto de I. Se $\mathbf{R}$ for uma primitiva de $\mathbf{r}$ em I, pode-se mostrar, trabalhando com uma componente de cada vez, que toda primitiva de $\mathbf{r}$ em I tem a forma $\mathbf{R} + \mathbf{C}$ para algum vetor constante $\mathbf{C}$ (Exercício 56). O conjunto de todas as primitivas de $\mathbf{r}$ em I é a **integral indefinida** de $\mathbf{r}$ em I.

> **Definição** Integral indefinida
>
> A **integral indefinida** de $\mathbf{r}$ em relação a t é o conjunto de todas as primitivas de $\mathbf{r}$, denotada por $\int \mathbf{r}(t)\,dt$. Se $\mathbf{R}$ for qualquer primitiva de $\mathbf{r}$, então
>
> $$\int \mathbf{r}(t)\,dt = \mathbf{R}(t) + \mathbf{C}$$

As regras de aritmética usuais para integrais indefinidas se aplicam nesse caso.

EXEMPLO 6 Encontrando integrais indefinidas

$$\int ((\cos t)\mathbf{i} + \mathbf{j} - 2t\mathbf{k})\,dt = \left(\int \cos t\,dt\right)\mathbf{i} + \left(\int dt\right)\mathbf{j} - \left(\int 2t\,dt\right)\mathbf{k} \qquad (5)$$

$$= (\operatorname{sen} t + C_1)\mathbf{i} + (t + C_2)\mathbf{j} - (t^2 + C_3)\mathbf{k} \qquad (6)$$

$$= (\operatorname{sen} t)\mathbf{i} + t\mathbf{j} - t^2\mathbf{k} + \mathbf{C} \qquad \mathbf{C} = C_1\mathbf{i} + C_2\mathbf{j} - C_3\mathbf{k}$$

Como ocorreu na integração de funções escalares, recomendamos que sejam pulados os passos nas equações (5) e (6) e que se vá diretamente para a forma final. Encontre uma primitiva para cada componente e adicione um vetor constante no final.

Integrais definidas de funções vetoriais são definidas em termos de componentes.

Definição Integral definida

Se as componentes de $\mathbf{r}(t) = f(t)\mathbf{i} + g(t)\mathbf{j} + h(t)\mathbf{k}$ são integráveis sobre $[a, b]$, então $\mathbf{r}$ também é e a **integral definida** de $\mathbf{r}$ de a até b é

$$\int_a^b \mathbf{r}(t)\,dt = \left(\int_a^b f(t)\,dt\right)\mathbf{i} + \left(\int_a^b g(t)\,dt\right)\mathbf{j} + \left(\int_a^b h(t)\,dt\right)\mathbf{k}$$

EXEMPLO 7 Calculando integrais definidas

$$\begin{aligned}\int_0^\pi ((\cos t)\mathbf{i} + \mathbf{j} - 2t\mathbf{k})\,dt &= \left(\int_0^\pi \cos t\,dt\right)\mathbf{i} + \left(\int_0^\pi dt\right)\mathbf{j} - \left(\int_0^\pi 2t\,dt\right)\mathbf{k}\\ &= \Big[\operatorname{sen} t\Big]_0^\pi \mathbf{i} + \Big[t\Big]_0^\pi \mathbf{j} - \Big[t^2\Big]_0^\pi \mathbf{k}\\ &= [0 - 0]\mathbf{i} + [\pi - 0]\mathbf{j} - [\pi^2 - 0^2]\mathbf{k}\\ &= \pi\mathbf{j} - \pi^2\mathbf{k}\end{aligned}$$

O teorema fundamental do cálculo para funções vetoriais contínuas nos diz que

$$\int_a^b \mathbf{r}(t)\,dt = \mathbf{R}(t)\Big]_a^b = \mathbf{R}(b) - \mathbf{R}(a)$$

onde $\mathbf{R}$ é qualquer primitiva de $\mathbf{r}$ tal que $\mathbf{R}'(t) = \mathbf{r}(t)$ (Exercício 57).

EXEMPLO 8 Revendo o vôo de uma asa-delta

Suponha que não conheçamos a trajetória da asa-delta no Exemplo 4, mas apenas seu vetor aceleração $\mathbf{a}(t) = -(3\cos t)\mathbf{i} - (3\operatorname{sen} t)\mathbf{j} + 2\mathbf{k}$. Além disso, sabemos que inicialmente (no instante $t = 0$), a asa-delta partiu do ponto (3, 0, 0) com velocidade $\mathbf{v}(0) = 3\mathbf{j}$. Encontre a posição da asa-delta como uma função de t.

SOLUÇÃO Nosso objetivo é encontrar $\mathbf{r}(t)$ conhecendo

A equação diferencial: $\mathbf{a} = \dfrac{d^2\mathbf{r}}{dt^2} = -(3\cos t)\mathbf{i} - (3\operatorname{sen} t)\mathbf{j} + 2\mathbf{k}$

As condições iniciais: $\mathbf{v}(0) = 3\mathbf{j}$ e $\mathbf{r}(0) = 3\mathbf{i} + 0\mathbf{j} + 0\mathbf{k}$

Integrando ambos os lados da equação diferencial em relação a t, obtemos

$$\mathbf{v}(t) = -(3\operatorname{sen} t)\mathbf{i} + (3\cos t)\mathbf{j} + 2t\mathbf{k} + \mathbf{C}_1$$

Usamos $\mathbf{v}(0) = 3\mathbf{j}$ para encontrar $\mathbf{C}_1$:

$$3\mathbf{j} = -(3\operatorname{sen} 0)\mathbf{i} + (3\cos 0)\mathbf{j} + (0)\mathbf{k} + \mathbf{C}_1$$

$$3\mathbf{j} = 3\mathbf{j} + \mathbf{C}_1$$

$$\mathbf{C}_1 = \mathbf{0}$$

A velocidade da asa-delta como uma função do tempo é

$$\frac{d\mathbf{r}}{dt} = \mathbf{v}(t) = -(3\,\text{sen}\,t)\mathbf{i} + (3\cos t)\mathbf{j} + 2t\mathbf{k}$$

Integrando ambos os lados dessa última equação diferencial, obtemos

$$\mathbf{r}(t) = (3\cos t)\mathbf{i} + (3\,\text{sen}\,t)\mathbf{j} + t^2\mathbf{k} + \mathbf{C}_2$$

Então usamos a condição inicial $\mathbf{r}(0) = 3\mathbf{i}$ para encontrar $\mathbf{C}_2$:

$$3\mathbf{i} = (3\cos 0)\mathbf{i} + (3\,\text{sen}\,0)\mathbf{j} + (0^2)\mathbf{k} + \mathbf{C}_2$$

$$3\mathbf{i} = 3\mathbf{i} + (0)\mathbf{j} + (0)\mathbf{k} + \mathbf{C}_2$$

$$\mathbf{C}_2 = \mathbf{0}$$

A posição da asa-delta como uma função de t é

$$\mathbf{r}(t) = (3\cos t)\mathbf{i} + (3\,\text{sen}\,t)\mathbf{j} + t^2\mathbf{k}$$

Esta é a trajetória da asa-delta que conhecemos do Exemplo 4 e é mostrada na Figura 13.7.

Nota: É peculiar a esse exemplo o fato de que ambos os vetores constantes da integração, $\mathbf{C}_1$ e $\mathbf{C}_2$, resultaram em $\mathbf{0}$. Os exercícios 31 e 32 dão resultados diferentes para essas constantes.

Exercícios 13.1

Movimentos no plano *xy*

Nos exercícios 1–4, $\mathbf{r}(t)$ é a posição de uma partícula no plano xy no instante t. Encontre equações em x e y cujo gráfico represente a trajetória da partícula. Depois encontre os vetores aceleração e velocidade da partícula no instante t dado.

1. $\mathbf{r}(t) = (t+1)\mathbf{i} + (t^2 - 1)\mathbf{j}, \quad t = 1$
2. $\mathbf{r}(t) = (t^2+1)\mathbf{i} + (2t - 1)\mathbf{j}, \quad t = 1/2$
3. $\mathbf{r}(t) = e^t\mathbf{i} + \frac{2}{9}e^{2t}\mathbf{j}, \quad t = \ln 3$
4. $\mathbf{r}(t) = (\cos 2t)\mathbf{i} + (3\,\text{sen}\,2t)\mathbf{j}, \quad t = 0$

Nos exercícios 5–8, dê os vetores posição de partículas movendo-se ao longo de várias curvas no plano xy. Em cada um dos casos, encontre os vetores velocidade e aceleração da partícula nos intervalos dados e esboce-os como vetores sobre a curva.

5. **Movimento no círculo $x^2 + y^2 = 1$**

$$\mathbf{r}(t) = (\text{sen}\,t)\mathbf{i} + (\cos t)\mathbf{j}; \qquad t = \pi/4 \text{ e } \pi/2$$

6. **Movimento no círculo $x^2 + y^2 = 16$**

$$\mathbf{r}(t) = \left(4\cos\frac{t}{2}\right)\mathbf{i} + \left(4\,\text{sen}\,\frac{t}{2}\right)\mathbf{j}; \quad t = \pi \text{ e } 3\pi/2$$

7. **Movimento na ciclóide $x = t - \text{sen}\,t,\ y = 1 - \cos t$**

$$\mathbf{r}(t) = (t - \text{sen}\,t)\mathbf{i} + (1 - \cos t)\mathbf{j}; \qquad t = \pi \text{ e } 3\pi/2$$

8. **Movimento na parábola $y = x^2 + 1$**

$$\mathbf{r}(t) = t\mathbf{i} + (t^2 + 1)\mathbf{j}; \qquad t = -1, 0 \text{ e } 1$$

Velocidade e aceleração no espaço

Nos exercícios 9–14, $\mathbf{r}(t)$ é a posição de uma partícula no espaço no instante t. Encontre os vetores velocidade e aceleração da partícula. Depois encontre o módulo da velocidade e a direção do movimento ao valor de t dado. Escreva a velocidade da partícula naquele instante como o produto do módulo de sua velocidade e de sua direção.

9. $\mathbf{r}(t) = (t+1)\mathbf{i} + (t^2 - 1)\mathbf{j} + 2t\mathbf{k}, \quad t = 1$
10. $\mathbf{r}(t) = (1+t)\mathbf{i} + \frac{t^2}{\sqrt{2}}\mathbf{j} + \frac{t^3}{3}\mathbf{k}, \quad t = 1$
11. $\mathbf{r}(t) = (2\cos t)\mathbf{i} + (3\,\text{sen}\,t)\mathbf{j} + 4t\mathbf{k}, \quad t = \pi/2$
12. $\mathbf{r}(t) = (\sec t)\mathbf{i} + (\text{tg}\,t)\mathbf{j} + \frac{4}{3}t\mathbf{k}, \quad t = \pi/6$
13. $\mathbf{r}(t) = (2\ln(t+1))\mathbf{i} + t^2\mathbf{j} + \frac{t^2}{2}\mathbf{k}, \quad t = 1$
14. $\mathbf{r}(t) = (e^{-t})\mathbf{i} + (2\cos 3t)\mathbf{j} + (2\,\text{sen}\,3t)\mathbf{k}, \quad t = 0$

Nos exercícios 15–18, $\mathbf{r}(t)$ é a posição de uma partícula no espaço no instante t. Encontre o ângulo entre os vetores aceleração e velocidade no instante $t = 0$.

15. $\mathbf{r}(t) = (3t + 1)\mathbf{i} + \sqrt{3}t\mathbf{j} + t^2\mathbf{k}$

16. $\mathbf{r}(t) = \left(\frac{\sqrt{2}}{2}t\right)\mathbf{i} + \left(\frac{\sqrt{2}}{2}t - 16t^2\right)\mathbf{j}$

17. $\mathbf{r}(t) = (\ln(t^2 + 1))\mathbf{i} + (\text{tg}^{-1} t)\mathbf{j} + \sqrt{t^2 + 1}\,\mathbf{k}$

18. $\mathbf{r}(t) = \frac{4}{9}(1 + t)^{3/2}\mathbf{i} + \frac{4}{9}(1 - t)^{3/2}\mathbf{j} + \frac{1}{3}t\mathbf{k}$

Nos exercícios 19 e 20, $\mathbf{r}(t)$ é o vetor posição de uma partícula no espaço no instante t. Encontre o instante (ou os instantes), ao intervalo de tempo dado, em que os vetores velocidade e aceleração são ortogonais.

19. $\mathbf{r}(t) = (t - \text{sen}\, t)\mathbf{i} + (1 - \cos t)\mathbf{j}, \quad 0 \leq t \leq 2\pi$

20. $\mathbf{r}(t) = (\text{sen}\, t)\mathbf{i} + t\mathbf{j} + (\cos t)\mathbf{k}, \quad t \geq 0$

Integrando funções a valores vetoriais

Calcule as integrais nos exercícios 21–26.

21. $\int_0^1 [t^3\mathbf{i} + 7\mathbf{j} + (t + 1)\mathbf{k}]\, dt$

22. $\int_1^2 \left[(6 - 6t)\mathbf{i} + 3\sqrt{t}\mathbf{j} + \left(\frac{4}{t^2}\right)\mathbf{k}\right] dt$

23. $\int_{-\pi/4}^{\pi/4} [(\text{sen}\, t)\mathbf{i} + (1 + \cos t)\mathbf{j} + (\sec^2 t)\mathbf{k}]\, dt$

24. $\int_0^{\pi/3} [(\sec t \,\text{tg}\, t)\mathbf{i} + (\text{tg}\, t)\mathbf{j} + (2\,\text{sen}\, t \cos t)\mathbf{k}]$

25. $\int_1^4 \left[\frac{1}{t}\mathbf{i} + \frac{1}{5 - t}\mathbf{j} + \frac{1}{2t}\mathbf{k}\right] dt$

26. $\int_0^1 \left[\frac{2}{\sqrt{1 - t^2}}\mathbf{i} + \frac{\sqrt{3}}{1 + t^2}\mathbf{k}\right] dt$

Problemas de valor inicial para funções a valores vetoriais

Resolva os problemas de valor inicial nos exercícios 27–32 para $\mathbf{r}$ como uma função vetorial de t.

27. Equação diferencial: $\frac{d\mathbf{r}}{dt} = -t\mathbf{i} - t\mathbf{j} - t\mathbf{k}$

Condição inicial: $\mathbf{r}(0) = \mathbf{i} + 2\mathbf{j} + 3\mathbf{k}$

28. Equação diferencial: $\frac{d\mathbf{r}}{dt} = (180t)\mathbf{i} + (180t - 16t^2)\mathbf{j}$

Condição inicial: $\mathbf{r}(0) = 100\mathbf{j}$

29. Equação diferencial: $\frac{d\mathbf{r}}{dt} = \frac{3}{2}(t + 1)^{1/2}\mathbf{i} + e^{-t}\mathbf{j} + \frac{1}{t + 1}\mathbf{k}$

Condição inicial: $\mathbf{r}(0) = \mathbf{k}$

30. Equação diferencial: $\frac{d\mathbf{r}}{dt} = (t^3 + 4t)\mathbf{i} + t\mathbf{j} + 2t^2\mathbf{k}$

Condição inicial: $\mathbf{r}(0) = \mathbf{i} + \mathbf{j}$

31. Equação diferencial: $\frac{d^2\mathbf{r}}{dt^2} = -32\mathbf{k}$

Condição inicial: $\mathbf{r}(0) = 100\mathbf{k}$ e $\left.\frac{d\mathbf{r}}{dt}\right|_{t=0} = 8\mathbf{i} + 8\mathbf{j}$

32. Equação diferencial: $\frac{d^2\mathbf{r}}{dt^2} = -(\mathbf{i} + \mathbf{j} + \mathbf{k})$

Condição inicial: $\mathbf{r}(0) = 10\mathbf{i} + 10\mathbf{j} + 10\mathbf{k}$ e $\left.\frac{d\mathbf{r}}{dt}\right|_{t=0} = \mathbf{0}$

Retas tangentes a curvas lisas

Como mencionado no texto, a reta tangente a uma curva lisa $\mathbf{r}(t) = f(t)\mathbf{i} + g(t)\mathbf{j} + h(t)\mathbf{k}$ em $t = t_0$ é a reta que passa pelo ponto $(f(t_0), g(t_0), h(t_0))$ e é paralela a $\mathbf{v}(t_0)$, o vetor velocidade da curva em t_0. Nos exercícios 33–36, encontre equações paramétricas para a reta que é tangente à curva dada em dado valor paramétrico $t = t_0$.

33. $\mathbf{r}(t) = (\text{sen}\, t)\mathbf{i} + (t^2 - \cos t)\mathbf{j} + e^t\mathbf{k}, \quad t_0 = 0$

34. $\mathbf{r}(t) = (2\,\text{sen}\, t)\mathbf{i} + (2\cos t)\mathbf{j} + 5t\mathbf{k}, \quad t_0 = 4\pi$

35. $\mathbf{r}(t) = (a\,\text{sen}\, t)\mathbf{i} + (a\cos t)\mathbf{j} + bt\mathbf{k}, \quad t_0 = 2\pi$

36. $\mathbf{r}(t) = (\cos t)\mathbf{i} + (\text{sen}\, t)\mathbf{j} + (\text{sen}\, 2t)\mathbf{k}, \quad t_0 = \frac{\pi}{2}$

Movimento em trajetórias circulares

37. Cada uma das equações de (a) a (e) descreve o movimento de uma partícula que tem mesma trajetória — o círculo unitário $x^2 + y^2 = 1$. Embora a trajetória de cada partícula de (a) a (e) seja a mesma, o comportamento, ou a "dinâmica", de cada partícula é diferente. Para cada partícula, responda às questões a seguir.

i. A partícula tem módulo de velocidade constante? Em caso afirmativo, qual módulo?

ii. O vetor aceleração da partícula é sempre ortogonal a seu vetor velocidade?

iii. A partícula se move no sentido horário ou anti-horário ao redor do círculo?

iv. A partícula começa no ponto (1, 0)?

(a) $\mathbf{r}(t) = (\cos t)\mathbf{i} + (\text{sen}\, t)\mathbf{j}, \quad t \geq 0$

(b) $\mathbf{r}(t) = \cos(2t)\mathbf{i} + \text{sen}(2t)\mathbf{j}, \quad t \geq 0$

(c) $\mathbf{r}(t) = \cos(t - \pi/2)\mathbf{i} + \text{sen}(t - \pi/2)\mathbf{j}, \quad t \geq 0$

(d) $\mathbf{r}(t) = (\cos t)\mathbf{i} - (\text{sen}\, t)\mathbf{j}, \quad t \geq 0$

(e) $\mathbf{r}(t) = \cos(t^2)\mathbf{i} + \text{sen}(t^2)\mathbf{j}, \quad t \geq 0$

38. Mostre que a função a valores vetoriais

$$\mathbf{r}(t) = (2\mathbf{i} + 2\mathbf{j} + \mathbf{k}) + \cos t\left(\frac{1}{\sqrt{2}}\mathbf{i} - \frac{1}{\sqrt{2}}\mathbf{j}\right) + \text{sen}\, t\left(\frac{1}{\sqrt{3}}\mathbf{i} + \frac{1}{\sqrt{3}}\mathbf{j} + \frac{1}{\sqrt{3}}\mathbf{k}\right)$$

descreve o movimento de uma partícula no círculo de raio 1 centrado no ponto (2, 2, 1) e contido no plano $x + y - 2z = 2$.

Movimento ao longo de uma linha reta

39. No instante $t = 0$, uma partícula está localizada no ponto (1, 2, 3). Ela percorre uma linha reta até o ponto (4, 1, 4), tem módulo de velocidade 2 em (1, 2, 3) e aceleração constante $3\mathbf{i} - \mathbf{j} + \mathbf{k}$. Encontre uma equação para o vetor posição $\mathbf{r}(t)$ da partícula no instante t.

40. Uma partícula percorrendo uma linha reta está localizada no ponto (1, −1, 2) e tem módulo de velocidade 2 no instante $t = 0$. A partícula se move em direção ao ponto (3, 0, 3) com aceleração constante $2\mathbf{i} + \mathbf{j} + \mathbf{k}$. Encontre seu vetor posição $\mathbf{r}(t)$ no instante t.

Teoria e exemplos

41. Movimento ao longo de uma parábola Uma partícula se move ao longo do topo de uma parábola $y^2 = 2x$ da esquerda para a direita a uma velocidade constante de 5 unidades por segundo. Encontre a velocidade da partícula enquanto ela se move sobre o ponto (2, 2).

42. Movimento ao longo de uma ciclóide Uma partícula se move no plano xy de tal maneira que sua posição no instante t seja

$$\mathbf{r}(t) = (t - \operatorname{sen} t)\mathbf{i} + (1 - \cos t)\mathbf{j}.$$

(a) **T** Trace o gráfico de $\mathbf{r}(t)$. A curva resultante é chamada ciclóide.

(b) Encontre os valores máximo e mínimo de $|\mathbf{v}|$ e $|\mathbf{a}|$. (*Sugestão*: Encontre os valores extremos de $|\mathbf{v}|^2$ e $|\mathbf{a}|^2$ primeiro e extraia a raiz quadrada depois.)

43. Movimento ao longo de uma elipse Uma partícula se move ao longo da elipse $(y/3)^2 + (z/2)^2 = 1$ no plano yz de tal maneira que sua posição no instante t seja

$$\mathbf{r}(t) = (3 \cos t)\mathbf{j} + (2 \operatorname{sen} t)\mathbf{k}.$$

Encontre os valores máximo e mínimo de $|\mathbf{v}|$ e $|\mathbf{a}|$. (*Sugestão:* Encontre os valores extremos $|\mathbf{v}|^2$ e $|\mathbf{a}|^2$ primeiro e extraia a raiz quadrada depois.)

44. Um satélite em órbita circular Um satélite de massa m está se movendo a um módulo de velocidade constante v ao redor de um planeta de massa M (a Terra, por exemplo) em uma órbita circular de raio r_0, medido a partir do centro de massa do planeta. Determine o período orbital T do satélite (o tempo necessário para completar uma órbita inteira), conforme indicado a seguir:

(a) Coloque um sistema de coordenadas no plano orbital pondo a origem no centro de massa do planeta, com o satélite sobre o eixo x em $t = 0$ e movendo-se no sentido anti-horário, como na figura a seguir.

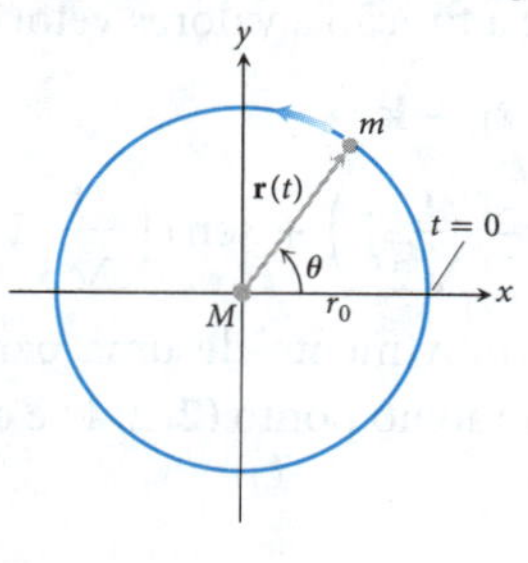

Seja $\mathbf{r}(t)$ o vetor posição do satélite no instante t. Mostre que $\theta = vt/r_0$ e, conseqüentemente, que

$$\mathbf{r}(t) = \left(r_0 \cos \frac{vt}{r_0}\right)\mathbf{i} + \left(r_0 \operatorname{sen} \frac{vt}{r_0}\right)\mathbf{j}.$$

(b) Encontre a aceleração do satélite.

(c) De acordo com a lei da gravitação de Newton, a força gravitacional exercida sobre o satélite pelo planeta está direcionada para M e é dada por

$$\mathbf{F} = \left(-\frac{GmM}{r_0^2}\right)\frac{\mathbf{r}}{r_0}$$

onde G é a constante universal de gravitação. Usando a segunda lei de Newton, $\mathbf{F} = m\mathbf{a}$, mostre que $v^2 = GM/r_0$.

(d) Mostre que o período orbital T satisfaz $vT = 2\pi r_0$.

(e) Dos itens (c) e (d), deduza que

$$T^2 = \frac{4\pi^2}{GM} r_0^3$$

Isto é, o quadrado do período de um satélite em órbita circular é proporcional ao cubo do raio a partir do centro orbital.

45. Seja $\mathbf{v}$ uma função vetorial derivável de t. Mostre que, se $\mathbf{v} \cdot (d\mathbf{v}/dt) = 0$ para todo t, então $|\mathbf{v}|$ é constante.

46. Derivadas de produtos mistos

(a) Mostre que, se $\mathbf{u}$, $\mathbf{v}$ e $\mathbf{w}$ forem funções vetoriais deriváveis de t, então

$$\frac{d}{dt}(\mathbf{u} \cdot \mathbf{v} \times \mathbf{w}) = \frac{d\mathbf{u}}{dt} \cdot \mathbf{v} \times \mathbf{w} + \mathbf{u} \cdot \frac{d\mathbf{v}}{dt} \times \mathbf{w} + \mathbf{u} \cdot \mathbf{v} \times \frac{d\mathbf{w}}{dt} \tag{7}$$

(b) Mostre que a Equação (7) é equivalente a

$$\frac{d}{dt}\begin{vmatrix} u_1 & u_2 & u_3 \\ v_1 & v_2 & v_3 \\ w_1 & w_2 & w_3 \end{vmatrix} = \begin{vmatrix} \frac{du_1}{dt} & \frac{du_2}{dt} & \frac{du_3}{dt} \\ v_1 & v_2 & v_3 \\ w_1 & w_2 & w_3 \end{vmatrix} + \begin{vmatrix} u_1 & u_2 & u_3 \\ \frac{dv_1}{dt} & \frac{dv_2}{dt} & \frac{dv_3}{dt} \\ w_1 & w_2 & w_3 \end{vmatrix} + \begin{vmatrix} u_1 & u_2 & u_3 \\ v_1 & v_2 & v_3 \\ \frac{dw_1}{dt} & \frac{dw_2}{dt} & \frac{dw_3}{dt} \end{vmatrix} \tag{8}$$

A Equação (8) diz que a derivada de um determinante 3 por 3 de funções deriváveis é a soma dos três determinantes obtidos do original derivando uma linha de cada vez. O resultado se estende a determinantes de qualquer ordem.

47. *(Continuação do Exercício 46.)* Suponha que $\mathbf{r}(t) = f(t)\mathbf{i} + g(t)\mathbf{j} + h(t)\mathbf{k}$ e que f, g e h tenham derivadas até ordem três. Use a Equação (7) ou a (8) para mostrar que

$$\frac{d}{dt}\left(\mathbf{r}\cdot\frac{d\mathbf{r}}{dt}\times\frac{d^2\mathbf{r}}{dt^2}\right) = \mathbf{r}\cdot\left(\frac{d\mathbf{r}}{dt}\times\frac{d^3\mathbf{r}}{dt^3}\right) \quad (9)$$

(*Sugestão*: Derive o lado esquerdo e procure os vetores cujos produtos sejam zero.)

48. Regra da função constante Prove que, se **u** é uma função vetorial com valor constante **C**, então $d\mathbf{u}/dt = \mathbf{0}$.

49. Regras da multiplicação por escalar

(a) Prove que, se **u** é uma função derivável de t e c é qualquer número real, então

$$\frac{d(c\mathbf{u})}{dt} = c\frac{d\mathbf{u}}{dt}$$

(b) Prove que, se **u** é uma função derivável de t e f é uma função escalar derivável de t, então

$$\frac{d}{dt}(f\mathbf{u}) = \frac{df}{dt}\mathbf{u} + f\frac{d\mathbf{u}}{dt}$$

50. Regras da soma e da diferença Prove que, se **u** e **v** são funções deriváveis de t, então

$$\frac{d}{dt}(\mathbf{u}+\mathbf{v}) = \frac{d\mathbf{u}}{dt} + \frac{d\mathbf{v}}{dt}$$

e

$$\frac{d}{dt}(\mathbf{u}-\mathbf{v}) = \frac{d\mathbf{u}}{dt} - \frac{d\mathbf{v}}{dt}$$

51. Teste da componente para a continuidade em um ponto Mostre que a função vetorial **r** definida pela regra $\mathbf{r}(t) = f(t)\mathbf{i} + g(t)\mathbf{j} + h(t)\mathbf{k}$ é contínua em $t = t_0$ se e somente se f, g e h forem contínuas em t_0.

52. Limites de produtos vetoriais de funções vetoriais Suponha que $\mathbf{r}_1(t) = f_1(t)\mathbf{i} + f_2(t)\mathbf{j} + f_3(t)\mathbf{k}$, $\mathbf{r}_2(t) = g_1(t)\mathbf{i} + g_2(t)\mathbf{j} + g_3(t)\mathbf{k}$, $\lim_{t\to t_0}\mathbf{r}_1(t) = \mathbf{A}$ e $\lim_{t\to t_0}\mathbf{r}_2(t) = \mathbf{B}$. Use a fórmula do determinante para produtos vetoriais e a regra do produto do limite para funções escalares para mostrar que

$$\lim_{t\to t_0}(\mathbf{r}_1(t)\times\mathbf{r}_2(t)) = \mathbf{A}\times\mathbf{B}$$

53. Funções vetoriais deriváveis são contínuas Mostre que, se $\mathbf{r}(t) = f(t)\mathbf{i} + g(t)\mathbf{j} + h(t)\mathbf{k}$ é derivável em $t = t_0$, então **r** é contínua em t_0.

54. Estabeleça as propriedades a seguir de funções vetoriais integráveis.

(a) A *Regra da multiplicação por uma constante escalar*:

$$\int_a^b k\mathbf{r}(t)\,dt = k\int_a^b \mathbf{r}(t)\,dt \quad \text{(qualquer escalar } k)$$

A *regra para negativos*,

$$\int_a^b (-\mathbf{r}(t))\,dt = -\int_a^b \mathbf{r}(t)\,dt$$

é obtida fazendo-se $k = -1$.

(b) As *regras da soma e da diferença:*

$$\int_a^b (\mathbf{r}_1(t) \pm \mathbf{r}_2(t))\,dt = \int_a^b \mathbf{r}_1(t)\,dt \pm \int_a^b \mathbf{r}_2(t)\,dt$$

(c) As *regras da multiplicação por vetor constante:*

$$\int_a^b \mathbf{C}\cdot\mathbf{r}(t)\,dt = \mathbf{C}\cdot\int_a^b \mathbf{r}(t)\,dt \quad \text{(qualquer vetor } \mathbf{C} \text{ constante)}$$

e

$$\int_a^b \mathbf{C}\times\mathbf{r}(t)\,dt = \mathbf{C}\times\int_a^b \mathbf{r}(t)\,dt \quad \text{(qualquer vetor } \mathbf{C} \text{ constante)}$$

55. Produtos de funções escalares e vetoriais Suponha que a função escalar $u(t)$ e a função vetorial $\mathbf{r}(t)$ sejam ambas definidas para $a \le t \le b$.

(a) Mostre que $u\mathbf{r}$ é contínua em $[a, b]$ se u e **r** são contínuas em $[a, b]$.

(b) Se u e **r** são ambas deriváveis em $[a, b]$, mostre que $u\mathbf{r}$ é derivável em $[a, b]$ e que

$$\frac{d}{dt}(u\mathbf{r}) = u\frac{d\mathbf{r}}{dt} + \mathbf{r}\frac{du}{dt}$$

56. Primitivas de funções vetoriais

(a) Use o Corolário 2 do teorema do valor médio para funções escalares para mostrar que, se duas funções vetoriais $\mathbf{R}_1(t)$ e $\mathbf{R}_2(t)$ têm derivadas idênticas no intervalo I, então as funções diferem por um valor vetorial constante em I.

(b) Use o resultado do item (a) para mostrar que, se $\mathbf{R}(t)$ é qualquer primitiva de $\mathbf{r}(t)$ em I, então qualquer outra primitiva de **r** em I é igual a $\mathbf{R}(t) + \mathbf{C}$ para algum vetor constante **C**.

57. O teorema fundamental do cálculo O teorema fundamental do cálculo para funções escalares de uma variável real também é válido para funções vetoriais de uma variável real. Prove isso usando o teorema para funções escalares para mostrar que, se uma função vetorial $\mathbf{r}(t)$ for contínua para $a \le t \le b$, então

$$\frac{d}{dt}\int_a^t \mathbf{r}(\tau)\,d\tau = \mathbf{r}(t)$$

em todo ponto t de (a, b). Depois use a conclusão no item (b) do Exercício 56 para mostrar que, se **R** é qualquer primitiva de **r** em $[a, b]$, então

$$\int_a^b \mathbf{r}(t)\,dt = \mathbf{R}(b) - \mathbf{R}(a)$$

USANDO O COMPUTADOR

Desenhando tangentes a curvas espaciais

Use um SAC para seguir os passos indicados nos exercícios 58–61.

(a) Esboce a curva espacial traçada pelo vetor posição **r**.

(b) Encontre as componentes do vetor velocidade $d\mathbf{r}/dt$.

(c) Calcule $d\mathbf{r}/dt$ em dado ponto t_0 e encontre uma equação para a reta tangente à curva em $\mathbf{r}(t_0)$.

(d) Desenhe a reta tangente juntamente com a curva sobre o intervalo dado.

58. $\mathbf{r}(t) = (\text{sen}\, t - t\cos t)\mathbf{i} + (\cos t + t\,\text{sen}\, t)\mathbf{j} + t^2\mathbf{k}$, $0 \le t \le 6\pi$, $t_0 = 3\pi/2$

59. $\mathbf{r}(t) = \sqrt{2}t\mathbf{i} + e^t\mathbf{j} + e^{-t}\mathbf{k}$, $-2 \le t \le 3$, $t_0 = 1$

60. $\mathbf{r}(t) = (\text{sen}\, 2t)\mathbf{i} + (\ln(1+t))\mathbf{j} + t\mathbf{k}$, $0 \le t \le 4\pi$ $t_0 = \pi/4$

61. $\mathbf{r}(t) = (\ln(t^2+2))\mathbf{i} + (\text{tg}^{-1}\, 3t)\mathbf{j} + \sqrt{t^2+1}\,\mathbf{k}$, $-3 \le t \le 5$, $t_0 = 3$

Nos exercícios 62 e 63, você explorará graficamente o comportamento da hélice

$$\mathbf{r}(t) = (\cos at)\mathbf{i} + (\text{sen}\, at)\mathbf{j} + bt\mathbf{k}$$

à medida que você muda os valores das constantes a e b. Use um SAC para seguir os passos em cada exercício.

62. Seja $b = 1$. Trace a hélice $\mathbf{r}(t)$ juntamente com a reta tangente à curva em $t = 3\pi/2$ para $a = 1, 2, 4$ e 6 sobre o intervalo $0 \le t \le 4\pi$. Descreva com suas próprias palavras o que acontece com o gráfico da hélice e a posição da reta tangente à medida que a aumenta por esses valores positivos.

63. Seja $a = 1$. Desenhe a hélice $\mathbf{r}(t)$ juntamente com a reta tangente à curva em $t = 3\pi/2$ para $b = 1/4, 1/2, 2$ e 4 sobre o intervalo $0 \le t \le 4\pi$. Descreva com suas próprias palavras o que acontece com o gráfico da hélice e a posição da reta tangente à medida que b aumenta por esses valores positivos.

13.2 Modelando o movimento de projéteis

Quando atiramos um projétil ao ar, geralmente queremos saber de antemão que distância percorrerá (alcançará o alvo?), que altura alcançará (passará sobre a elevação?) e quando aterrissará (quando obteremos os resultados?). Conseguiremos essas informações a partir da direção e da magnitude do vetor velocidade inicial, usando a segunda lei de Newton para o movimento.

As equações vetorial e paramétrica para o movimento ideal de um projétil

Para chegar às equações para o movimento do projétil, assumimos que o projétil se comporte como uma partícula que se move em um plano coordenado vertical e que a única força que atua sobre o projétil durante sua trajetória no ar seja a força constante da gravidade, sempre apontando diretamente para baixo. Na prática, nenhuma dessas premissas é verdadeira. O chão se move abaixo do projétil à medida que a Terra gira, o ar cria uma força friccional que varia de acordo com a velocidade e a altitude do projétil, e a força da gravidade se altera enquanto o projétil se movimenta. Tudo isso deve ser levado em consideração por meio da aplicação de correções às previsões das equações *ideais* que estamos prestes a ver.

Assumimos que o projétil seja lançado a partir da origem no instante $t = 0$ no primeiro quadrante com velocidade inicial $\mathbf{v}_0$(Figura 13.9). Se $\mathbf{v}_0$ fizer um ângulo α com a horizontal, então

$$\mathbf{v}_0 = (|\mathbf{v}_0|\cos\alpha)\mathbf{i} + (|\mathbf{v}_0|\,\text{sen}\,\alpha)\mathbf{j}$$

Se usarmos a notação mais simples v_0 para o módulo da velocidade inicial $|\mathbf{v}_0|$, então

$$\mathbf{v}_0 = (v_0\cos\alpha)\mathbf{i} + (v_0\,\text{sen}\,\alpha)\mathbf{j} \qquad (1)$$

A posição inicial do projétil é

$$\mathbf{r}_0 = 0\mathbf{i} + 0\mathbf{j} = \mathbf{0} \qquad (2)$$

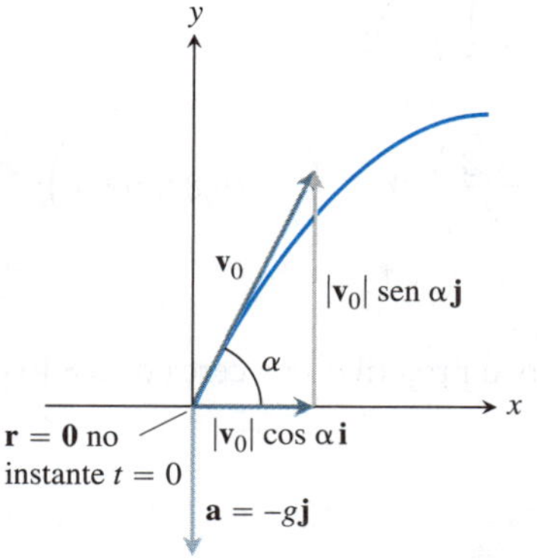

(a)

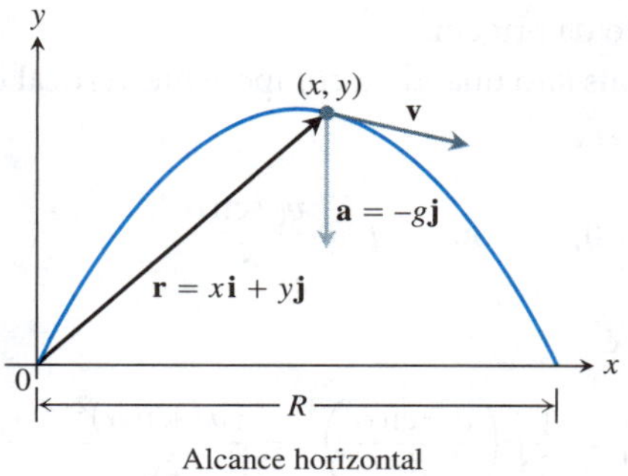

(b)

FIGURA 13.9 (a) Posição, velocidade, aceleração e ângulo de lançamento em $t = 0$. (b) Posição, velocidade e aceleração em um instante posterior t.

A segunda lei de Newton para o movimento diz que a força que atua sobre um projétil é igual à massa m do projétil vezes sua aceleração, ou $m\,(d^2\mathbf{r}/dt^2)$, se $\mathbf{r}$ for o vetor posição do projétil e t for o tempo. Se a força for somente a força gravitacional $-mg\mathbf{j}$, então

$$m\frac{d^2\mathbf{r}}{dt^2} = -mg\mathbf{j} \qquad \text{e} \qquad \frac{d^2\mathbf{r}}{dt^2} = -g\mathbf{j}$$

Encontramos $\mathbf{r}$ como uma função de t ao resolvermos o problema de valor inicial.

Equação diferencial: $\dfrac{d^2\mathbf{r}}{dt^2} = -g\mathbf{j}$

Condições iniciais: $\mathbf{r} = \mathbf{r}_0$ e $\dfrac{d\mathbf{r}}{dt} = \mathbf{v}_0$ quando $t = 0$

A primeira integração dá

$$\frac{d\mathbf{r}}{dt} = -(gt)\mathbf{j} + \mathbf{v}_0$$

Uma segunda integração dá

$$\mathbf{r} = -\frac{1}{2}gt^2\mathbf{j} + \mathbf{v}_0 t + \mathbf{r}_0$$

Substituindo os valores de $\mathbf{v}_0$ e $\mathbf{r}_0$ das equações (1) e (2), temos

$$\mathbf{r} = -\frac{1}{2}gt^2\mathbf{j} + \underbrace{(v_0\cos\alpha)t\mathbf{i} + (v_0\,\mathrm{sen}\,\alpha)t\mathbf{j}}_{\mathbf{v}_0 t} + \mathbf{0}$$

Agrupando os termos, temos

Equação para o movimento ideal de um projétil

$$\mathbf{r} = (v_0\cos\alpha)t\mathbf{i} + \left((v_0\,\mathrm{sen}\,\alpha)t - \frac{1}{2}gt^2\right)\mathbf{j} \qquad (3)$$

A Equação (3) é a *equação vetorial* para o movimento ideal do projétil. O ângulo α é **o ângulo de lançamento** (**ângulo de tiro, ângulo de elevação**) do projétil e v_0, como dissemos anteriormente, é o **módulo da velocidade inicial** do projétil. As componentes de $\mathbf{r}$ dão as equações paramétricas

$$x = (v_0\cos\alpha)t \qquad \text{e} \qquad y = (v_0\,\mathrm{sen}\,\alpha)t - \frac{1}{2}gt^2 \qquad (4)$$

onde x é a distância na horizontal da base de lançamento e y é a altura do projétil no instante $t \geq 0$.

EXEMPLO 1 Disparando um projétil ideal

Um projétil é disparado da origem sobre uma superfície horizontal com módulo de velocidade inicial de 500 m/s e com um ângulo de lançamento de 60°. Onde o projétil estará 10 s depois?

SOLUÇÃO Usamos a Equação (3) com $v_0 = 500$, $\alpha = 60°$, $g = 9{,}8$ e $t = 10$ para encontrar as componentes do projétil 10 s depois de lançado.

$$\mathbf{r} = (v_0 \cos\alpha)t\mathbf{i} + \left((v_0 \operatorname{sen}\alpha)t - \frac{1}{2}gt^2\right)\mathbf{j}$$

$$= (500)\left(\frac{1}{2}\right)(10)\mathbf{i} + \left((500)\left(\frac{\sqrt{3}}{2}\right)10 - \left(\frac{1}{2}\right)(9{,}8)(100)\right)\mathbf{j}$$

$$\approx 2.500\mathbf{i} + 3.840\mathbf{j}$$

Dez segundos depois de lançado, o projétil está a cerca de 3.840 m na vertical e 2.500 m na horizontal.

Altura, tempo de trajetória no ar e alcance

A Equação (3) nos permite responder à maioria das questões sobre o movimento ideal de um projétil lançado da origem.

O projétil alcança seu ponto mais alto quando a componente vertical da velocidade é zero, isto é, quando

$$\frac{dy}{dt} = v_0 \operatorname{sen}\alpha - gt = 0, \qquad \text{ou} \qquad t = \frac{v_0 \operatorname{sen}\alpha}{g}$$

Para esse valor de t, o valor de y é

$$y_{\max} = (v_0 \operatorname{sen}\alpha)\left(\frac{v_0 \operatorname{sen}\alpha}{g}\right) - \frac{1}{2}g\left(\frac{v_0 \operatorname{sen}\alpha}{g}\right)^2 = \frac{(v_0 \operatorname{sen}\alpha)^2}{2g}$$

Para descobrirmos quando o projétil aterrissa ao ser lançado sobre uma superfície horizontal, igualamos a componente vertical a zero na Equação (3) e resolvemos a equação para encontrar t.

$$(v_0 \operatorname{sen}\alpha)t - \frac{1}{2}gt^2 = 0$$

$$t\left(v_0 \operatorname{sen}\alpha - \frac{1}{2}gt\right) = 0$$

$$t = 0, \qquad t = \frac{2v_0 \operatorname{sen}\alpha}{g}$$

Como 0 é o instante em que o projétil é lançado, $(2v_0 \operatorname{sen}\alpha)/g$ deve ser o instante em que o projétil atinge o solo.

Para encontrarmos o **alcance** R do projétil, a distância da origem até o ponto de impacto na superfície horizontal, encontramos o valor da componente horizontal quando $t = (2v_0 \operatorname{sen}\alpha)/g$.

$$x = (v_0 \cos\alpha)t$$

$$R = (v_0 \cos\alpha)\left(\frac{2v_0 \operatorname{sen}\alpha}{g}\right) = \frac{v_0^2}{g}(2 \operatorname{sen}\alpha \cos\alpha) = \frac{v_0^2}{g} \operatorname{sen} 2\alpha$$

O alcance é máximo quando $\operatorname{sen} 2\alpha = 1$ ou $\alpha = 45°$.

Altura, tempo de trajetória no ar e alcance para o movimento ideal de um projétil

Para o movimento ideal de um projétil quando este é lançado a partir da origem sobre uma superfície horizontal com módulo de velocidade inicial v_0 e ângulo de lançamento α:

Altura máxima: $$y_{\max} = \frac{(v_0 \operatorname{sen} \alpha)^2}{2g}$$

Tempo de trajetória no ar: $$t = \frac{2v_0 \operatorname{sen} \alpha}{g}$$

Alcance: $$R = \frac{v_0^2}{g} \operatorname{sen} 2\alpha$$

EXEMPLO 2 Investigando o movimento ideal de um projétil

Encontre a altura máxima, o tempo de trajetória no ar e o alcance de um projétil disparado da origem sobre uma superfície horizontal com módulo da velocidade inicial de 500 m/s e um ângulo de lançamento de 60° (o mesmo projétil do Exemplo 1).

SOLUÇÃO

Altura máxima:
$$y_{\max} = \frac{(v_0 \operatorname{sen} \alpha)^2}{2g} = \frac{(500 \operatorname{sen} 60°)^2}{2(9{,}8)} \approx 9.566 \text{ m}$$

Tempo de trajetória no ar:
$$t = \frac{2v_0 \operatorname{sen} \alpha}{g} = \frac{2(500) \operatorname{sen} 60°}{9{,}8} \approx 88{,}4 \text{ s}$$

Alcance:
$$R = \frac{v_0^2}{g} \operatorname{sen} 2\alpha = \frac{(500)^2 \operatorname{sen} 120°}{9{,}8} \approx 22.092 \text{ m}$$

Pela Equação (3), o vetor posição do projétil é

$$\begin{aligned}\mathbf{r} &= (v_0 \cos \alpha)t\mathbf{i} + \left((v_0 \operatorname{sen} \alpha)t - \frac{1}{2}gt^2\right)\mathbf{j} \\ &= (500 \cos 60°)t\mathbf{i} + \left((500 \operatorname{sen} 60°)t - \frac{1}{2}(9{,}8)t^2\right)\mathbf{j} \\ &= 250t\mathbf{i} + \left(\left(250\sqrt{3}\right)t - 4{,}9t^2\right)\mathbf{j}\end{aligned}$$

Um gráfico da trajetória do projétil é mostrado na Figura 13.10.

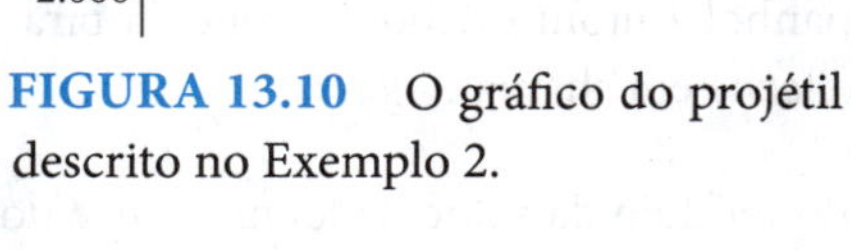

FIGURA 13.10 O gráfico do projétil descrito no Exemplo 2.

As trajetórias ideais são parabólicas

Com freqüência dizemos que a água de uma mangueira traça uma parábola no ar, mas qualquer um que olhar com atenção suficiente verá que isso não acontece. O ar diminui a velocidade da água e o movimento para a frente é muito lento no final para acompanhar o ritmo no qual ela cai.

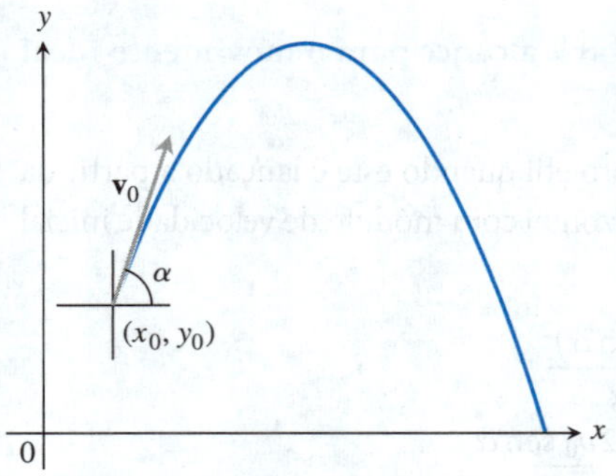

FIGURA 13.11 A trajetória de um projétil lançado de (x_0, y_0) com velocidade inicial $\mathbf{v}_0$ a um ângulo de α graus com a horizontal.

O que está sendo realmente afirmado é que projéteis ideais se movem ao longo de parábolas e podemos ver isso com a Equação (4). Se substituímos na segunda equação $t = x/(v_0 \cos\alpha)$, encontrado na primeira, obtemos a equação de coordenadas cartesianas

$$y = -\left(\frac{g}{2v_0^2 \cos^2 \alpha}\right)x^2 + (\operatorname{tg}\alpha)x$$

Essa equação tem a forma $y = ax^2 + bx$, portanto seu gráfico é uma parábola.

Disparando a partir de (x_0, y_0)

Se lançamos nosso projétil ideal do ponto (x_0, y_0), e não da origem (Figura 13.11), o vetor posição para o caminho do movimento é

$$\mathbf{r} = (x_0 + (v_0 \cos\alpha)t)\mathbf{i} + \left(y_0 + (v_0 \operatorname{sen}\alpha)t - \frac{1}{2}gt^2\right)\mathbf{j} \quad (5)$$

como pedimos para mostrar no Exercício 19.

EXEMPLO 3 Atirando uma flecha em chamas

Na abertura dos Jogos Olímpicos de 1992 em Barcelona, Antonio Rebollo, o arqueiro que havia ganhado uma medalha de bronze, acendeu a pira olímpica com uma flecha em chamas (Figura 13.12). Suponha que Rebollo tenha atirado a flecha a uma altura de 6 pés acima do nível do solo a 90 pés de distância da pira olímpica de 70 pés de altura e que ele queria que a flecha alcançasse a altura máxima exatamente 4 pés acima do centro da pira (Figura 13.12).

FIGURA 13.12 O arqueiro espanhol Antonio Rebollo acende a pira olímpica em Barcelona com uma flecha em chamas.

(a) Expresse y_{max} em termos do módulo da velocidade inicial v_0 e do ângulo de elevação α.

(b) Use $y_{max} = 74$ pés (Figura 13.13) e o resultado do item **(a)** para encontrar o valor de $v_0 \operatorname{sen}\alpha$.

(c) Encontre o valor de $v_0 \cos\alpha$.

(d) Encontre o ângulo de elevação inicial da flecha.

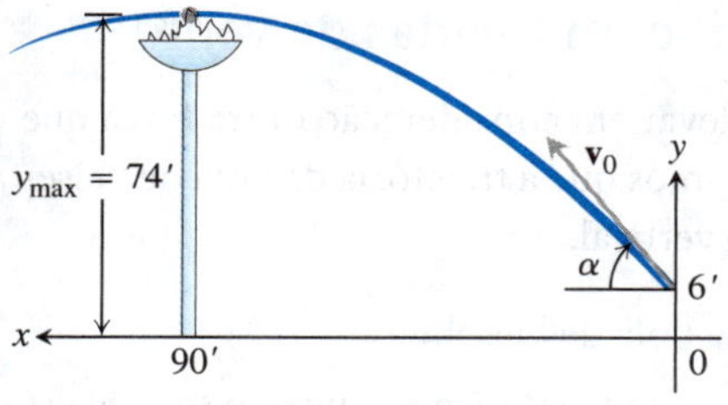

FIGURA 13.13 Trajetória ideal da flecha que acendeu a pira olímpica (Exemplo 3).

SOLUÇÃO

(a) Usamos um sistema de coordenadas no qual o eixo x positivo encontra-se ao longo do solo apontando para a esquerda (como a segunda fotografia da Figura 13.12) e as coordenadas da flecha em chamas em $t = 0$ são $x_0 = 0$ e $y_0 = 6$ (Figura 13.13). Temos

$$y = y_0 + (v_0 \operatorname{sen} \alpha)t - \frac{1}{2}gt^2 \qquad \text{Equação (5), componente } \mathbf{j}.$$

$$= 6 + (v_0 \operatorname{sen} \alpha)t - \frac{1}{2}gt^2 \qquad y_0 = 6$$

Encontramos o instante em que a flecha alcança seu ponto mais alto ao fazermos $dy/dt = 0$ e resolvermos a equação para t, obtendo

$$t = \frac{v_0 \operatorname{sen} \alpha}{g}$$

Para esse valor de t, o valor de y é

$$y_{max} = 6 + (v_0 \operatorname{sen} \alpha)\left(\frac{v_0 \operatorname{sen} \alpha}{g}\right) - \frac{1}{2}g\left(\frac{v_0 \operatorname{sen} \alpha}{g}\right)^2$$

$$= 6 + \frac{(v_0 \operatorname{sen} \alpha)^2}{2g}$$

(b) Usando $y_{max} = 74$ e $g = 32$, vemos pela equação do item **(a)** que

$$74 = 6 + \frac{(v_0 \operatorname{sen} \alpha)^2}{2(32)}$$

ou

$$v_0 \operatorname{sen} \alpha = \sqrt{(68)(64)}$$

(c) Quando a flecha alcança y_{max}, a distância horizontal percorrida até o centro da pira é $x = 90$ pés. Substituímos o tempo para encontrar y_{max} do item **(a)** e a distância horizontal $x = 90$ pés na componente **i** da Equação (5) para obter

$$x = x_0 + (v_0 \cos \alpha)t \qquad \text{Equação (5), componente } \mathbf{i}.$$

$$90 = 0 + (v_0 \cos \alpha)t \qquad x = 90,\ x_0 = 0$$

$$= (v_0 \cos \alpha)\left(\frac{v_0 \operatorname{sen} \alpha}{g}\right) \qquad t = (v_0 \operatorname{sen} \alpha)/g$$

Resolvendo essa equação, achamos $v_0 \cos \alpha$, e usando $g = 32$ e o resultado do item **(b)**, temos

$$v_0 \cos \alpha = \frac{90g}{v_0 \operatorname{sen} \alpha} = \frac{(90)(32)}{\sqrt{(68)(64)}}$$

(d) Os itens **(b)** e **(c)** juntos nos dizem que

$$\operatorname{tg} \alpha = \frac{v_0 \operatorname{sen} \alpha}{v_0 \cos \alpha} = \frac{\left(\sqrt{(68)(64)}\right)^2}{(90)(32)} = \frac{68}{45}$$

ou

$$\alpha = \operatorname{tg}^{-1}\left(\frac{68}{45}\right) \approx 56{,}5°$$

Esse é o ângulo de elevação de Rebollo.

Movimento de um projétil com rajadas de vento

O próximo exemplo mostra como levar em consideração outra força que atua sobre um projétil. Também assumimos que a trajetória da bola de beisebol no Exemplo 4 ocorre em um plano vertical.

EXEMPLO 4 Rebatendo uma bola de beisebol

Uma bola de beisebol é rebatida quando está 3 pés acima do solo. Ela se afasta do taco com módulo da velocidade inicial de 152 pés/s, formando um ângulo de 20º com a horizontal. No instante em que a bola é atingida pelo taco, uma rajada de vento instantânea sopra na direção horizontal diretamente oposta à direção do movimento da bola no campo, adicionando uma componente de $-8{,}8\mathbf{i}$ (pés/s) à velocidade inicial da bola (8,8 pés/s = 6 mi/h).

(a) Encontre uma equação vetorial (vetor posição) para a trajetória da bola.

(b) Qual a altura que a bola alcança e quando atinge sua altura máxima?

(c) Presumindo que a bola não seja apanhada, encontre seu alcance e tempo de trajetória no ar.

SOLUÇÃO

(a) Usando-se a Equação (1) e levando-se em consideração a rajada de vento, a velocidade inicial da bola de beisebol é

$$\begin{aligned}\mathbf{v}_0 &= (v_0 \cos\alpha)\mathbf{i} + (v_0 \operatorname{sen}\alpha)\mathbf{j} - 8{,}8\mathbf{i}\\ &= (152 \cos 20°)\mathbf{i} + (152 \operatorname{sen} 20°)\mathbf{j} - (8{,}8)\mathbf{i}\\ &= (152 \cos 20° - 8{,}8)\mathbf{i} + (152 \operatorname{sen} 20°)\mathbf{j}\end{aligned}$$

A posição inicial é $\mathbf{r}_0 = 0\mathbf{i} + 3\mathbf{j}$. A integração de $d^2\mathbf{r}/dt^2 = -g\mathbf{j}$ dá

$$\frac{d\mathbf{r}}{dt} = -(gt)\mathbf{j} + \mathbf{v}_0$$

Uma segunda integração dá

$$\mathbf{r} = -\frac{1}{2}gt^2\mathbf{j} + \mathbf{v}_0 t + \mathbf{r}_0$$

A substituição dos valores de $\mathbf{v}_0$ e $\mathbf{r}_0$ na última equação dá o vetor posição da bola de beisebol.

$$\begin{aligned}\mathbf{r} &= -\frac{1}{2}gt^2\mathbf{j} + \mathbf{v}_0 t + \mathbf{r}_0\\ &= -16t^2\mathbf{j} + (152 \cos 20° - 8{,}8)t\mathbf{i} + (152 \operatorname{sen} 20°)t\mathbf{j} + 3\mathbf{j}\\ &= (152 \cos 20° - 8{,}8)t\mathbf{i} + \left(3 + (152 \operatorname{sen} 20°)t - 16t^2\right)\mathbf{j}\end{aligned}$$

(b) A bola de beisebol atinge seu ponto mais alto quando a componente vertical da velocidade é zero ou

$$\frac{dy}{dt} = 152 \operatorname{sen} 20° - 32t = 0$$

Encontramos t resolvendo a equação anterior:

$$t = \frac{152 \operatorname{sen} 20°}{32} \approx 1{,}62 \text{ s}$$

Inserindo esse tempo na componente vertical de $\mathbf{r}$, temos a altura máxima

$$\begin{aligned}y_{\max} &= 3 + (152 \operatorname{sen} 20°)(1{,}62) - 16(1{,}62)^2\\ &\approx 45{,}2 \text{ pés}\end{aligned}$$

Isto é, a altura máxima da bola de beisebol é cerca de 45,2 pés, alcançada 1,6 s depois de se afastar do taco.

(c) Para descobrirmos quando a bola de beisebol atinge o solo, igualamos a componente vertical de **r** a 0 e resolvemos para t:

$$3 + (152 \text{ sen } 20°)t - 16t^2 = 0$$

$$3 + (51{,}99)t - 16t^2 = 0.$$

Os valores da solução são aproximadamente $t = 3{,}3$ s e $t = -0{,}06$ s. Substituindo o tempo positivo na componente horizontal por **r**, encontramos o alcance

$$R = (152 \cos 20° - 8{,}8)(3{,}3)$$

$$\approx 442 \text{ pés}$$

Então, o alcance horizontal é de aproximadamente 442 pés e o tempo de trajetória no ar é de cerca de 3,3 s.

Nos exercícios 29–31, consideramos o movimento do projétil quando existe resistência do ar diminuindo a velocidade de vôo.

Exercícios 13.2

A trajetória de projéteis no ar nos exercícios a seguir devem ser tratadas como ideais, a menos que seja afirmado que não são. Considere que todos os ângulos de lançamento são medidos a partir da horizontal. Considere também que todos os projéteis são lançados da origem sobre uma superfície horizontal a menos que seja afirmado que isso não ocorre.

1. **Tempo de percurso** Um projétil é disparado a uma velocidade de 840 m/s e um ângulo de 60°. Quanto tempo levará para atingir 21 km de distância horizontal da base de lançamento?

2. **Encontrando a velocidade de saída** Encontre a velocidade de saída das balas de uma arma cujo alcance máximo é 24,5 km.

3. **Tempo de trajetória no ar e altura** Um projétil é disparado com módulo da velocidade inicial de 500 m/s e um ângulo de elevação de 45°.
   (a) Quando e a que distância o projétil atingirá o solo?
   (b) A que altura o projétil estará quando estiver a 5 km de distância horizontal?
   (c) Qual é a altura máxima atingida pelo projétil?

4. **Lançando uma bola de beisebol** Uma bola de beisebol é lançada da arquibancada 32 pés acima do campo a um ângulo de 30° com a horizontal. Quando e a que distância a bola atingirá o solo se o módulo de sua velocidade inicial for de 32 pés/s?

5. **Lançamento de peso** Um atleta arremessa um peso de 16 lb a um ângulo de 45° com a horizontal a 6,5 pés acima do nível do solo com módulo da velocidade inicial de 44 pés/s, como sugerido na figura a seguir. Quanto tempo depois do arremesso e a que distância do canto interior da área de lançamento o peso atingirá o solo?

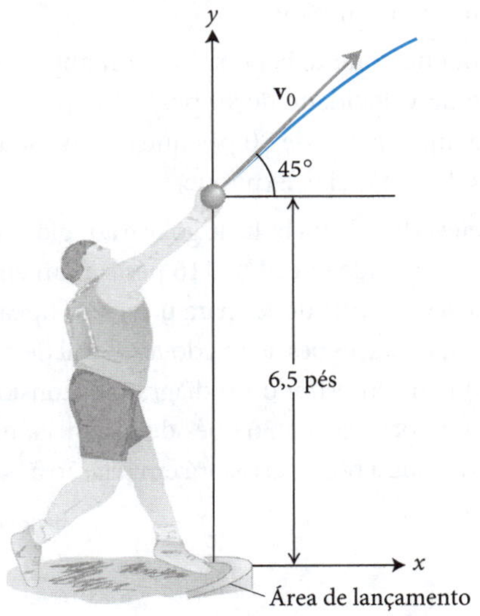

6. *(Continuação do Exercício 5.)* Devido à sua elevação inicial, o peso no Exercício 5 teria ido ligeiramente mais longe se tivesse sido lançado a um ângulo de 40°. Quão mais longe? Dê a resposta em polegadas.

7. **Lançando bolas de golfe** Uma máquina no nível do solo lança uma bola de golfe a um ângulo de 45°. A bola atinge o solo a 10 m de distância.

(a) Qual era o módulo da velocidade inicial da bola?

(b) Para o mesmo módulo da velocidade inicial, encontre os dois ângulos de lançamento que fazem que o alcance seja de 6 m.

8. **Emissão de elétrons** Um elétron em um tubo de TV é emitido horizontalmente com módulo da velocidade de 5×10^6 m/s em direção à face do tubo a 40 cm de distância. Quanto o elétron cairá antes de atingir a face do tubo?

9. **Encontrando o módulo da velocidade de uma bola de golfe** Testes de laboratório desenvolvidos para encontrar a distância percorrida por bolas de golfe de diferentes consistências quando rebatidas por um taco mostram que uma bola com compressão 100 rebatida por um taco a um módulo da velocidade de 100 mi/h com um ângulo de 9° percorre 248,8 jardas. Qual era o módulo da velocidade de lançamento da bola? (Era mais que 100 mi/h. Ao mesmo tempo que o taco se movia para a frente, a bola comprimida estava se afastando da ponta do taco, somando-se ao módulo da velocidade da bola para a frente.)

10. Um homem é lançado de um canhão com um módulo da velocidade inicial de $v_0 = 80\sqrt{10}/3$ pés/s. O artista de circo espera aterrissar sobre um colchão localizado a uma distância horizontal de 200 pés da base à mesma altura da boca do canhão. O circo está instalado em um espaço amplo com um teto plano 75 pés acima da boca do canhão. O artista pode ser atirado no colchão sem atingir o teto? Em caso afirmativo, qual deve ser o ângulo de elevação do canhão?

11. Uma bola de golfe deixa o solo a um ângulo de 30° com módulo da velocidade de 90 pés/s. Ela passará acima do topo de uma árvore de 30 pés que está no seu caminho a 135 pés de distância? Explique.

12. **Green elevado** Uma bola de golfe é atingida com um módulo da velocidade inicial de 116 pés/s a um ângulo de elevação de 45° a partir do *tee* para um *green* (área onde fica o buraco) que está 45 pés acima do *tee* (local de onde a bola é lançada) como mostrado no diagrama. Considerando que a bandeira, localizada a 369 pés de distância, não esteja no caminho, onde a bola aterrissará em relação à bandeira?

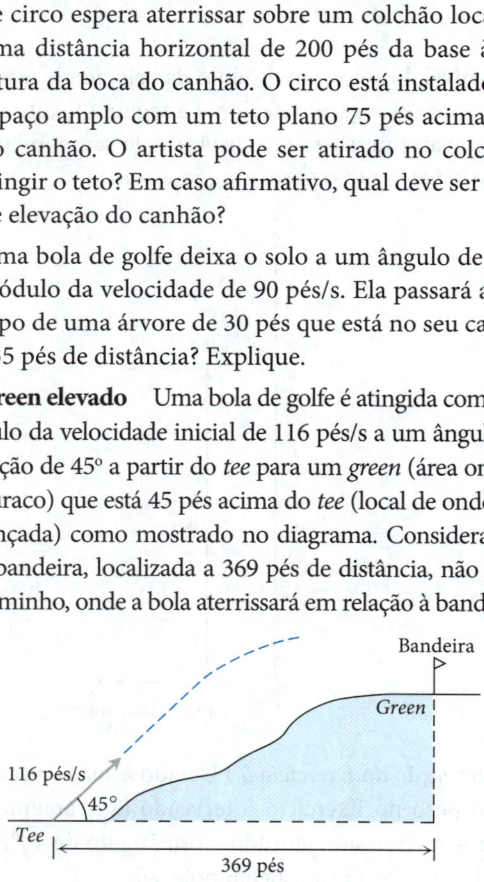

13. **O monstro verde** Uma bola de beisebol atingida por um jogador do Boston Red Sox a um ângulo de 20°, 3 pés acima do solo, passou por cima do lado esquerdo do "monstro verde", o alambrado do lado esquerdo do campo de Fenway Park. Esse alambrado tem 37 pés de altura e está a 315 pés do ponto onde a bola foi rebatida (veja a figura a seguir).

(a) Qual era o módulo da velocidade inicial da bola?

(b) Quanto tempo a bola levou para atingir o alambrado?

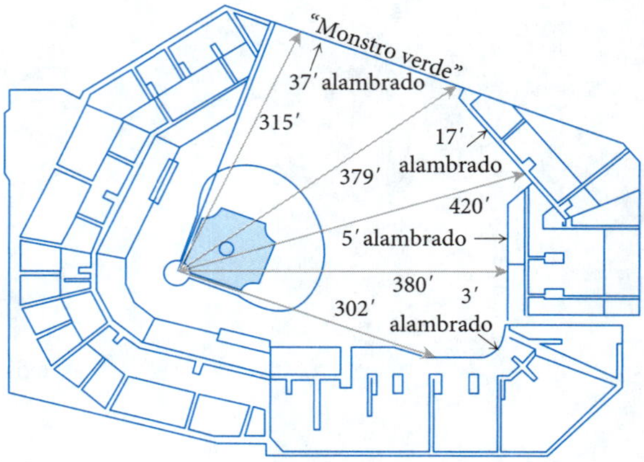

14. **Ângulos de tiro de alcances iguais** Mostre que um projétil disparado a um ângulo de α graus, $0 < \alpha < 90$, tem o mesmo alcance que um projétil disparado com o mesmo módulo da velocidade a um ângulo de $(90 - \alpha)$ graus. (Em modelos que levam em consideração a resistência do ar, essa simetria é perdida.)

15. **Ângulos de tiro de alcances iguais** Que dois ângulos de elevação permitirão a um projétil alcançar um alvo a 16 km de distância no mesmo nível que a arma se o módulo da velocidade inicial do projétil for 400 m/s?

16. **Alcance e altura *versus* módulo da velocidade**

(a) Mostre que dobrar o módulo da velocidade inicial de um projétil com dado ângulo de lançamento multiplica seu alcance por 4.

(b) Aproximadamente em que porcentagem você deveria aumentar o módulo da velocidade inicial para dobrar a altura e o alcance do projétil?

17. **Lançamento de peso** Em Moscou em 1987, Natalya Lisouskaya bateu o recorde mundial feminino lançando um peso de 8 lb 13 oz a 73 pés 10 pol. Considerando que ela tenha lançado o peso a um ângulo de 40° com a horizontal 6,5 pés acima do solo, qual era o módulo da velocidade inicial do peso?

18. **Altura *versus* tempo** Mostre que um projétil atinge três quartos da sua altura máxima na metade do tempo que leva para atingir sua altura máxima.

19. **Atirando de (x_0, y_0)** Deduza as equações

$$x = x_0 + (v_0 \cos \alpha)t,$$

$$y = y_0 + (v_0 \operatorname{sen} \alpha)t - \frac{1}{2}gt^2$$

(veja a Equação (5) no texto), resolvendo o seguinte problema de valor inicial para um vetor **r** no plano.

Equação diferencial: $\frac{d^2\mathbf{r}}{dt^2} = -g\mathbf{j}$

Condições iniciais: $\mathbf{r}(0) = x_0\mathbf{i} + y_0\mathbf{j}$

$$\frac{d\mathbf{r}}{dt}(0) = (v_0 \cos\alpha)\mathbf{i} + (v_0 \operatorname{sen}\alpha)\mathbf{j}$$

20. **Flecha em chamas** Usando o ângulo de elevação encontrado no Exemplo 3, encontre o módulo da velocidade com que a flecha em chamas deixou o arco de Rebollo. Veja a Figura 13.13.

21. **Flecha em chamas** A pira no Exemplo 3 tem 12 pés de diâmetro. Usando a Equação (5) e o Exemplo 3c, descubra quanto tempo leva para a flecha em chamas cobrir a distância horizontal até a pira. Qual é a altura da flecha nesse instante?

22. Descreva a trajetória de um projétil dada pelas equações (4) quando $\alpha = 90°$.

23. **Trem em miniatura** A fotografia a seguir mostra uma miniatura de locomotiva que se move com um módulo da velocidade constante em um trilho reto e horizontal. À medida que a locomotiva se movia, uma bola de gude foi atirada no ar por uma mola na chaminé da locomotiva. A bola, a qual continuou se movendo com o mesmo módulo da velocidade (para a frente) da locomotiva, reuniu-se com a locomotiva 1 s depois de ter sido atirada. Meça o ângulo da trajetória da bola de gude com a horizontal e use essa informação para encontrar a altura que a bola atingiu e com que velocidade a locomotiva estava se movendo.

24. **Bolinhas de gude chocando-se** A figura mostra um experimento com duas bolas de gude. A bola A foi atirada em direção à bola B com ângulo de lançamento α e módulo da velocidade inicial v_0. No mesmo instante, a bola B foi derrubada a partir do repouso em R tg α unidades diretamente acima de um ponto a uma distância de R unidades de A. As bolas colidiram independentemente do valor de v_0. Isso foi mera coincidência ou deveria ter acontecido mesmo? Justifique a sua resposta.

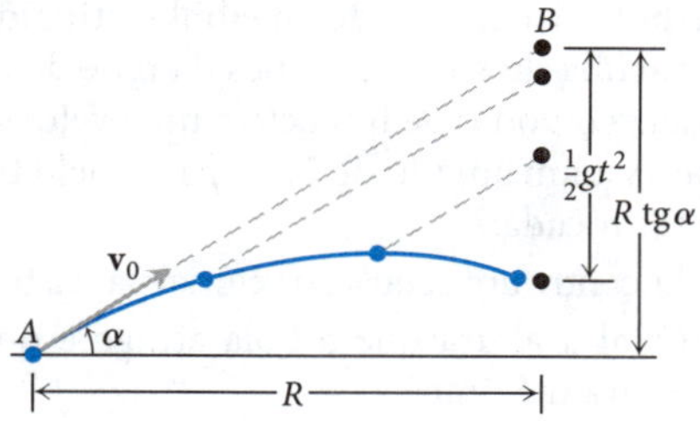

25. **Atirando um projétil em um declive** Um projétil ideal é atirado diretamente ao longo de um plano inclinado como mostra a figura a seguir.

(a) Mostre que o maior alcance no declive é atingido quando o vetor velocidade inicial é bissetriz do ângulo AOR.

(b) Se o projétil fosse atirado em um aclive em vez de em um declive, que ângulo maximizaria seu alcance? Justifique a sua resposta.

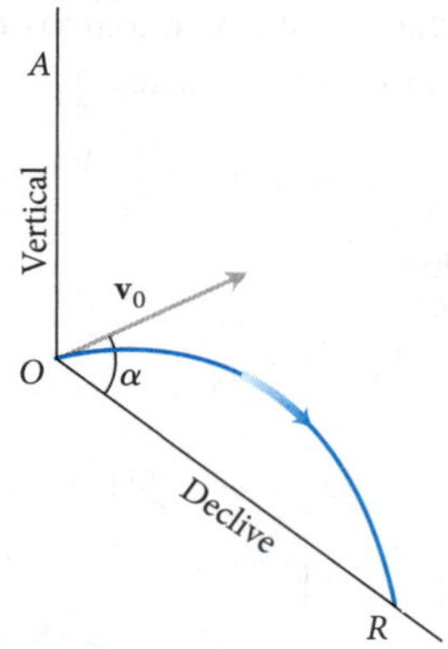

26. **Atingindo uma bola de beisebol sob uma rajada de vento** Uma bola de beisebol é rebatida quando está 2,5 pés acima do solo. Ela se afasta do taco com velocidade inicial de 145 pés/s e um ângulo de lançamento de 23°. No instante em que a bola é rebatida, uma rajada de vento instantânea sopra contra a bola, adicionando um componente de $-14\mathbf{i}$ (pés/s) à velocidade inicial da bola. Um alambrado de 15 pés de altura está a 300 pés do ponto inicial da trajetória da bola no ar.

(a) Encontre uma equação vetorial para a trajetória da bola de beisebol.

(b) Que altura a bola atinge e quando alcança sua altura máxima?

(c) Encontre o alcance e o tempo de trajetória da bola de beisebol no ar, considerando que não seja apanhada.

(d) Quando a bola atinge 20 pés de altura? A que distância (no solo) a bola está do ponto inicial nessa altura?

(e) O rebatedor fez um *home run*? Explique.

(*Sugestão*: Se a bola passar por cima do alambrado, o jogador poderá dar uma volta no campo e marcar o ponto, ou *home run.*)

27. Voleibol Uma bola de voleibol é atingida quando está 4 pés acima do solo e a 12 pés da rede de 6 pés de altura. Ela deixa o ponto de impacto a uma velocidade inicial de 35 pés/s a um ângulo de 27° e passa pelo time adversário sem ser tocada.

(a) Encontre uma equação vetorial para a trajetória da bola.

(b) Qual a altura que a bola atinge e quando atinge a altura máxima?

(c) Encontre seu alcance e tempo de trajetória no ar.

(d) Quando a bola está 7 pés acima do solo? A que distância (no solo) a bola está do ponto onde atingirá o solo?

(e) Suponha que a rede seja elevada para 8 pés. Isso muda as coisas? Explique.

28. Onde as trajetórias atingem o ponto máximo Para um projétil atirado do solo a um ângulo de lançamento α com módulo da velocidade inicial v_0, considere que α seja uma variável e v_0 seja uma constante fixa. Para cada α, $0 < \alpha < \pi/2$, obtemos uma trajetória parabólica como mostrada na figura a seguir. Mostre que os pontos no plano que dão as alturas máximas dessas trajetórias parabólicas estão sobre a elipse

$$x^2 + 4\left(y - \frac{v_0^2}{4g}\right)^2 = \frac{v_0^4}{4g^2}$$

onde $x \geq 0$.

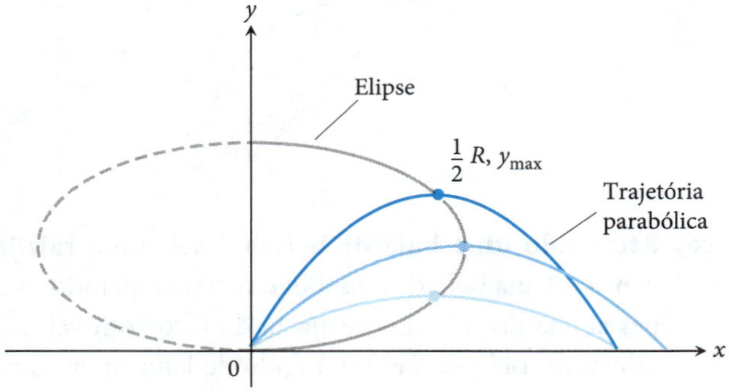

Movimento de projétil com resistência linear

A principal força que afeta o movimento de um projétil, além da gravidade, é a resistência do ar. Essa força retardadora é a **força de resistência** e atua no sentido *oposto* à velocidade do projétil (veja a figura a seguir). Para projéteis que se movem no ar a velocidades relativamente baixas, contudo, a força de resistência é (aproximadamente) proporcional ao módulo da velocidade (na primeira potência) e assim é chamada **linear**.

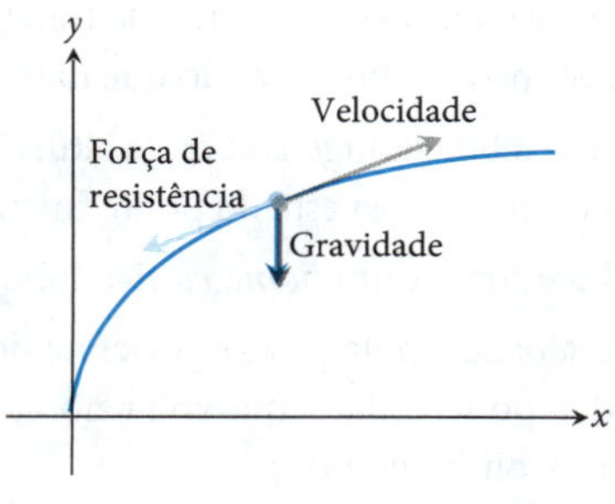

29. Força de resistência Deduza as equações

$$x = \frac{v_0}{k}(1 - e^{-kt})\cos\alpha$$
$$y = \frac{v_0}{k}(1 - e^{-kt})(\operatorname{sen}\alpha) + \frac{g}{k^2}(1 - kt - e^{-kt})$$

resolvendo o problema de valor inicial a seguir para um vetor **r** no plano.

Equação diferencial: $\dfrac{d^2\mathbf{r}}{dt^2} = -g\mathbf{j} - k\mathbf{v} = -g\mathbf{j} - k\dfrac{d\mathbf{r}}{dt}$

Condições iniciais: $\mathbf{r}(0) = \mathbf{0}$

$$\left.\frac{d\mathbf{r}}{dt}\right|_{t=0} = \mathbf{v}_0 = (v_0\cos\alpha)\mathbf{i} + (v_0\operatorname{sen}\alpha)\mathbf{j}$$

O **coeficiente de resistência** k é uma constante positiva que representa a resistência que ocorre devido à densidade do ar, v_0 e α são o módulo da velocidade inicial do projétil e o ângulo de lançamento e g é a aceleração da gravidade.

30. Atingindo uma bola de beisebol com resistência linear Considere o problema de beisebol do Exemplo 4 quando há arrasto linear (veja o Exercício 29). Considere um coeficiente de resistência $k = 0{,}12$, mas sem rajada de vento.

(a) A partir do Exercício 29, encontre uma forma vetorial para a trajetória da bola.

(b) Que altura a bola alcança e quando atinge a altura máxima?

(c) Encontre o alcance e o tempo de trajetória da bola de beisebol no ar.

(d) Quando a bola está a 30 pés de altura? A que distância (no solo) a bola está do rebatedor nessa altura?

(e) Um alambrado de 10 pés de altura está a 340 pés do rebatedor na direção da trajetória da bola no ar. Se a bola passar por cima do alambrado, o jogador marcará ponto (*home run*), mas o jogador do outro time pode pular e pegar qualquer bola a uma altura de até 11 pés acima do solo para impedir que ultrapasse o alambrado. O rebatedor fez um *home run*?

31. Atingindo uma bola de beisebol com resistência do ar sob uma rajada de vento Considere novamente o problema de beisebol do Exemplo 4. Desta vez considere um coeficiente de resistência de 0,08 *e* uma rajada de vento instantânea que adiciona uma componente de $-17{,}6\mathbf{i}$ (pés/s) à velocidade inicial no instante em que a bola é atingida.

(a) Encontre uma equação vetorial para a trajetória da bola de beisebol.

(b) Que altura a bola alcança e quando atinge sua altura máxima?

(c) Encontre o alcance e o tempo de trajetória da bola no ar.

(d) Quando a bola está a 35 pés de altura? A que distância (no solo) a bola está do rebatedor nessa altura?

(e) Um alambrado de 20 pés de altura está a 380 pés do rebatedor na direção da trajetória da bola no ar. O rebatedor fez um *home run*, ou seja, a bola passou por cima do alambrado? Em caso afirmativo, qual mudança na componente horizontal da velocidade inicial da bola a manteria no campo? Em caso negativo, qual mudança permitiria que fosse um *home run*?

13.3 Comprimento de arco e vetor tangente unitário T

Imagine os movimentos que você pode experimentar viajando a altas velocidades ao longo de um caminho pelo ar ou espaço. Especificamente, imagine os movimentos de virar à esquerda ou à direita e os movimentos para cima e para baixo para se levantar ou sentar. Pilotos de avião fazendo acrobacias aéreas certamente experimentam esses movimentos. Mudanças de direção que formam ângulos muito agudos, descidas ou subidas muito inclinadas ou qualquer um desses fatores juntamente com velocidade alta e crescente podem fazer que uma aeronave fique girando fora de controle, possivelmente até se despedaçando no ar e caindo na Terra.

Nesta seção e nas próximas duas, estudaremos as características do formato da curva que descreve matematicamente a agudeza da mudança de direção e o giro perpendicular ao movimento para a frente.

Comprimento de arco ao longo de uma curva

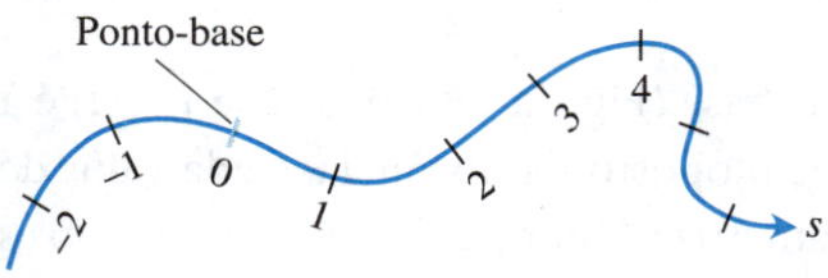

FIGURA 13.14 Curvas lisas podem ser marcadas como retas numéricas, com a coordenada de cada ponto sendo sua distância orientada a partir de um ponto-base pré-selecionado.

Uma das características das curvas espaciais lisas é que elas têm um comprimento mensurável. Isso nos permite localizar pontos ao longo dessas curvas dando sua distância orientada s ao longo da curva a partir de algum **ponto-base**, da mesma maneira que localizamos pontos sobre eixos coordenados dando suas distâncias orientadas a partir da origem (Figura 13.14). O tempo é o parâmetro natural para descrever a velocidade e a aceleração de um corpo em movimento, mas s é o parâmetro natural para estudar o formato de uma curva. Ambos os parâmetros são úteis para estudar curvas no espaço.

Para medir a distância ao longo de uma curva lisa no espaço, acrescentamos um termo z à fórmula utilizada para curvas no plano.

Definição **Comprimento de uma curva lisa**
O **comprimento** de uma curva lisa $\mathbf{r}(t) = x(t)\mathbf{i} + y(t)\mathbf{j} + z(t)\mathbf{k}$, $a \leq t \leq b$, que é traçado exatamente uma vez à medida que t aumenta de $t = a$ para $t = b$ é

$$L = \int_a^b \sqrt{\left(\frac{dx}{dt}\right)^2 + \left(\frac{dy}{dt}\right)^2 + \left(\frac{dz}{dt}\right)^2}\, dt \qquad (1)$$

Da mesma maneira que fazemos com curvas planas, podemos calcular o comprimento de uma curva no espaço a partir de qualquer parametrização conveniente que esteja de acordo com as condições estipuladas. Omitimos a prova.

A raiz quadrada na Equação (1) é $|\mathbf{v}|$, o comprimento de um vetor velocidade $d\mathbf{r}/dt$. Isso nos permite escrever a fórmula para o comprimento de maneira abreviada.

Fórmula do comprimento do arco (forma abreviada)

$$L = \int_a^b |\mathbf{v}|\, dt \qquad (2)$$

EXEMPLO 1 Distância percorrida por um planador

Um planador está voando para cima ao longo da hélice $\mathbf{r}(t) = (\cos t)\mathbf{i} + (\text{sen}\ t)\mathbf{j} + t\mathbf{k}$. Qual é a distância percorrida atingida pelo planador ao longo de sua trajetória de $t = 0$ até $t = 2\pi \approx 6{,}28$ s?

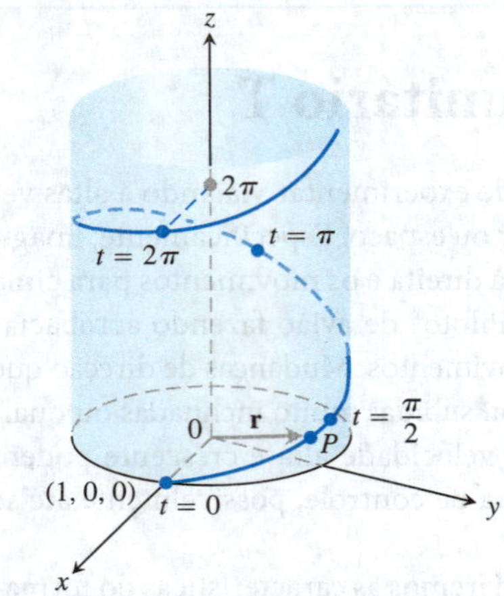

FIGURA 13.15 A hélice $\mathbf{r}(t) = (\cos t)\mathbf{i} + (\text{sen}\, t)\mathbf{j} + t\mathbf{k}$ no Exemplo 1.

SOLUÇÃO O segmento da trajetória durante esse tempo corresponde a uma volta completa da hélice (Figura 13.15). O comprimento dessa parte da curva é

$$L = \int_a^b |\mathbf{v}|\, dt = \int_0^{2\pi} \sqrt{(-\text{sen}\, t)^2 + (\cos t)^2 + (1)^2}\, dt$$

$$= \int_0^{2\pi} \sqrt{2}\, dt = 2\pi\sqrt{2} \text{ unidade de comprimento}$$

Isso é $\sqrt{2}$ vezes o comprimento do círculo no plano xy no qual a hélice se encontra.

Se escolhemos um ponto-base $P(t_0)$ em uma curva lisa C parametrizada por t, cada valor de t determina um ponto $P(t) = (x(t), y(t), z(t))$ em C e uma "distância orientada"

$$s(t) = \int_{t_0}^{t} |\mathbf{v}(\tau)|\, d\tau$$

medida ao longo de C a partir do ponto-base (Figura 13.16). Se $t > t_0$, $s(t)$ é a distância de $P(t_0)$ a $P(t)$. Se $t < t_0$, $s(t)$ é o oposto da distância. Cada valor de s determina um ponto em C e isso parametriza C em relação a s. Chamamos s um **parâmetro de comprimento de arco** para a curva. O valor do parâmetro aumenta na direção de t crescente. O parâmetro comprimento de arco é particularmente eficaz para investigar a natureza da rotação e da torção de uma curva espacial.

Usamos a letra grega τ ("tau") como a variável de integração na Equação (3) porque a letra t já é usada como limitante superior.

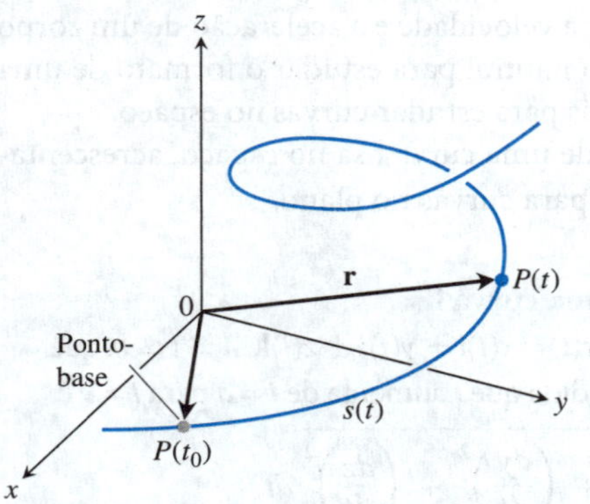

FIGURA 13.16 A distância orientada ao longo da curva de $P(t_0)$ até qualquer ponto $P(t)$ é

$$s(t) = \int_{t_0}^{t} |\mathbf{v}(\tau)|\, d\tau$$

Parâmetro comprimento de arco com ponto-base $P(t_0)$

$$s(t) = \int_{t_0}^{t} \sqrt{[x'(\tau)]^2 + [y'(\tau)]^2 + [z'(\tau)]^2}\, d\tau = \int_{t_0}^{t} |\mathbf{v}(\tau)|\, d\tau \quad (3)$$

Se uma curva $\mathbf{r}(t)$ já for dada em termos de algum parâmetro t e se $s(t)$ for a função comprimento de arco dada pela Equação (3), então talvez sejamos capazes de encontrar t como função de s: $t = t(s)$. Então a curva pode ser reparametrizada em termos de s substituindo-se t: $\mathbf{r} = \mathbf{r}(t(s))$.

EXEMPLO 2 Encontrando uma parametrização por comprimento de arco

Se $t_0 = 0$, o parâmetro do comprimento de arco da hélice

$$\mathbf{r}(t) = (\cos t)\mathbf{i} + (\text{sen}\, t)\mathbf{j} + t\mathbf{k}$$

de t_0 até t é

$$s(t) = \int_{t_0}^{t} |\mathbf{v}(\tau)|\, d\tau \qquad \text{Equação (3)}$$

$$= \int_0^t \sqrt{2}\, d\tau \qquad \text{Valor do Exemplo 1.}$$

$$= \sqrt{2}\, t$$

Resolvendo essa equação para t obtemos $t = s/\sqrt{2}$. Substituindo t no vetor posição **r**, obtemos a seguinte parametrização por comprimento de arco para a hélice:

$$\mathbf{r}(t(s)) = \left(\cos\frac{s}{\sqrt{2}}\right)\mathbf{i} + \left(\operatorname{sen}\frac{s}{\sqrt{2}}\right)\mathbf{j} + \frac{s}{\sqrt{2}}\mathbf{k}$$

Diferentemente do Exemplo 2, a parametrização por comprimento de arco com freqüência é difícil de encontrar analiticamente para uma curva já dada em termos de algum parâmetro t. Felizmente, contudo, é raro precisarmos de uma fórmula exata para $s(t)$ ou sua inversa $t(s)$.

EXEMPLO 3 Distância ao longo de uma reta

Mostre que se $\mathbf{u} = u_1\mathbf{i} + u_2\mathbf{j} + u_3\mathbf{k}$ é um vetor unitário, então o parâmetro de comprimento do arco é

$$\mathbf{r}(t) = (x_0 + tu_1)\mathbf{i} + (y_0 + tu_2)\mathbf{j} + (z_0 + tu_3)\mathbf{k}$$

do ponto $P_0(x_0, y_0, z_0)$ onde $t = 0$ é o próprio t.

SOLUÇÃO

$$\begin{aligned}\mathbf{v} &= \frac{d}{dt}(x_0 + tu_1)\mathbf{i} + \frac{d}{dt}(y_0 + tu_2)\mathbf{j} + \frac{d}{dt}(z_0 + tu_3)\mathbf{k}\\ &= u_1\mathbf{i} + u_2\mathbf{j} + u_3\mathbf{k} = \mathbf{u}\end{aligned}$$

portanto

$$s(t) = \int_0^t |\mathbf{v}|\, d\tau = \int_0^t |\mathbf{u}|\, d\tau = \int_0^t 1\, d\tau = t$$

Companion Website
Biografia histórica
Josiah Willard Gibbs (1839–1903)

Módulo da velocidade em uma curva lisa

Como as derivadas sob a raiz na Equação (3) são contínuas (a curva é lisa), o teorema fundamental do cálculo nos diz que s é uma função derivável de t com derivada

$$\frac{ds}{dt} = |\mathbf{v}(t)| \tag{4}$$

Como já sabíamos, o módulo da velocidade de uma partícula movendo-se ao longo de sua trajetória é a magnitude de **v**.

Observe que, embora o ponto-base $P(t_0)$ tenha um papel na definição de s na Equação (3), isso não ocorre na Equação (4). A taxa na qual uma partícula cobre a distância ao longo de sua trajetória não tem relação com a distância em que ela está do ponto-base.

Observe também que $ds/dt > 0$ uma vez que, por definição, $|\mathbf{v}|$ nunca é zero para uma curva lisa. Veremos novamente que s é uma função crescente de t.

Vetor tangente unitário T

Já sabemos que o vetor velocidade $\mathbf{v} = d\mathbf{r}/dt$ é tangente à curva e que o vetor

$$\mathbf{T} = \frac{\mathbf{v}}{|\mathbf{v}|}$$

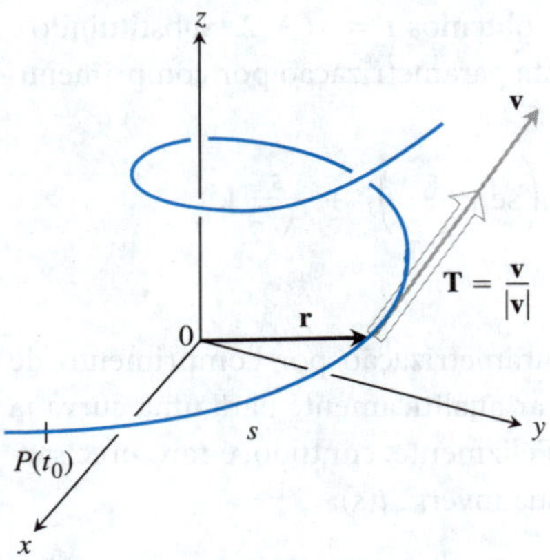

FIGURA 13.17 Encontramos o vetor tangente unitário **T** dividindo **v** por |**v**|.

é, portanto, um vetor tangente unitário à curva (lisa). Como $ds/dt > 0$ para as curvas que estamos considerando, s é injetora e tem uma inversa que dá t como uma função derivável de s (Seção 7.1, Volume I). A derivada da inversa é

$$\frac{dt}{ds} = \frac{1}{ds/dt} = \frac{1}{|\mathbf{v}|}$$

Isso torna **r** uma função derivável de s cuja derivada pode ser calculada com a regra da cadeia como

$$\frac{d\mathbf{r}}{ds} = \frac{d\mathbf{r}}{dt}\frac{dt}{ds} = \mathbf{v}\frac{1}{|\mathbf{v}|} = \frac{\mathbf{v}}{|\mathbf{v}|} = \mathbf{T}$$

Essa equação diz que $d\mathbf{r}/ds$ é o vetor tangente unitário na direção do vetor velocidade **v** (Figura 13.17).

Definição **Vetor tangente unitário**

O **vetor tangente unitário** de uma curva derivável $\mathbf{r}(t)$ é

$$\mathbf{T} = \frac{d\mathbf{r}}{ds} = \frac{d\mathbf{r}/dt}{ds/dt} = \frac{\mathbf{v}}{|\mathbf{v}|} \tag{5}$$

O vetor tangente unitário **T** é uma função derivável de t sempre que **v** é uma função derivável de t. Como veremos na Seção 13.5, **T** é um dos três vetores unitários em um referencial móvel que é usado para descrever o movimento de veículos espaciais e outros corpos movendo-se em três dimensões.

EXEMPLO 4 **Encontrando o vetor tangente unitário T**

Encontre o vetor tangente unitário da curva

$$\mathbf{r}(t) = (3\cos t)\mathbf{i} + (3\,\text{sen}\,t)\mathbf{j} + t^2\mathbf{k}$$

representando a trajetória do planador no Exemplo 4, Seção 13.1.

SOLUÇÃO Naquele exemplo, encontramos

$$\mathbf{v} = \frac{d\mathbf{r}}{dt} = -(3\,\text{sen}\,t)\mathbf{i} + (3\cos t)\mathbf{j} + 2t\mathbf{k}$$

e

$$|\mathbf{v}| = \sqrt{9 + 4t^2}$$

Assim,

$$\mathbf{T} = \frac{\mathbf{v}}{|\mathbf{v}|} = -\frac{3\,\text{sen}\,t}{\sqrt{9+4t^2}}\mathbf{i} + \frac{3\cos t}{\sqrt{9+4t^2}}\mathbf{j} + \frac{2t}{\sqrt{9+4t^2}}\mathbf{k}$$

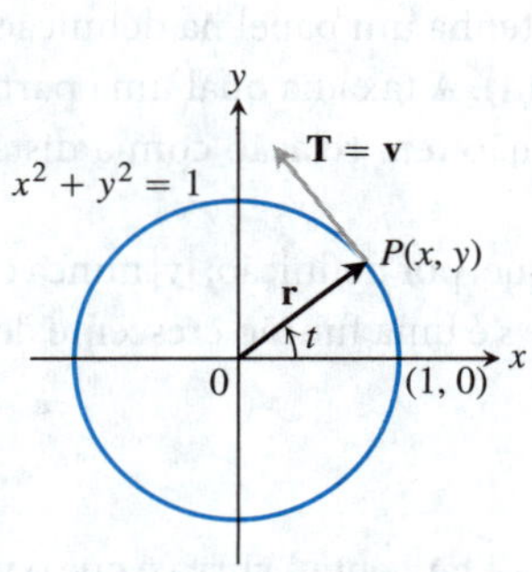

FIGURA 13.18 O movimento $\mathbf{r}(t) = (\cos t)\mathbf{i} + (\text{sen}\,t)\mathbf{j}$ (Exemplo 5).

EXEMPLO 5 **Movimento no círculo unitário**

Para o movimento no sentido anti-horário

$$\mathbf{r}(t) = (\cos t)\mathbf{i} + (\text{sen}\,t)\mathbf{j}$$

ao redor do círculo unitário,

$$\mathbf{v} = (-\text{sen}\,t)\mathbf{i} + (\cos t)\mathbf{j}$$

já é um vetor unitário; portanto, **T** = **v** (Figura 13.18).

Exercícios 13.3

Encontrando vetores tangentes unitários e comprimentos de curvas

Nos exercícios 1–8, encontre o vetor tangente unitário da curva. Encontre também o comprimento da parte da curva indicada.

1. $\mathbf{r}(t) = (2\cos t)\mathbf{i} + (2\,\text{sen}\,t)\mathbf{j} + \sqrt{5}t\mathbf{k}, \quad 0 \le t \le \pi$
2. $\mathbf{r}(t) = (6\,\text{sen}\,2t)\mathbf{i} + (6\cos 2t)\mathbf{j} + 5t\mathbf{k}, \quad 0 \le t \le \pi$
3. $\mathbf{r}(t) = t\mathbf{i} + (2/3)t^{3/2}\mathbf{k}, \quad 0 \le t \le 8$
4. $\mathbf{r}(t) = (2 + t)\mathbf{i} - (t + 1)\mathbf{j} + t\mathbf{k}, \quad 0 \le t \le 3$
5. $\mathbf{r}(t) = (\cos^3 t)\mathbf{j} + (\text{sen}^3\,t)\mathbf{k}, \quad 0 \le t \le \pi/2$
6. $\mathbf{r}(t) = 6t^3\mathbf{i} - 2t^3\mathbf{j} - 3t^3\mathbf{k}, \quad 1 \le t \le 2$
7. $\mathbf{r}(t) = (t\cos t)\mathbf{i} + (t\,\text{sen}\,t)\mathbf{j} + \left(2\sqrt{2}/3\right)t^{3/2}\mathbf{k}, \quad 0 \le t \le \pi$
8. $\mathbf{r}(t) = (t\,\text{sen}\,t + \cos t)\mathbf{i} + (t\cos t - \text{sen}\,t)\mathbf{j}, \quad \sqrt{2} \le t \le 2$
9. Encontre o ponto na curva

$$\mathbf{r}(t) = (5\,\text{sen}\,t)\mathbf{i} + (5\cos t)\mathbf{j} + 12t\mathbf{k}$$

a uma distância de 26π unidades ao longo da curva a partir do ponto (0, 5, 0) na direção do comprimento de arco crescente.

10. Encontre o ponto na curva

$$\mathbf{r}(t) = (12\,\text{sen}\,t)\mathbf{i} - (12\cos t)\mathbf{j} + 5t\mathbf{k}$$

a uma distância de 13π unidades ao longo da curva a partir do ponto (0, –12, 0) na direção oposta à do comprimento de arco crescente.

Parâmetro de comprimento do arco

Nos exercícios 11–14, encontre o parâmetro de comprimento do arco ao longo da curva a partir do ponto onde $t = 0$ por meio do cálculo da integral

$$s = \int_0^t |\mathbf{v}(\tau)|\,d\tau$$

da Equação (3). Feito isso, encontre o comprimento da parte da curva indicada.

11. $\mathbf{r}(t) = (4\cos t)\mathbf{i} + (4\,\text{sen}\,t)\mathbf{j} + 3t\mathbf{k}, \quad 0 \le t \le \pi/2$
12. $\mathbf{r}(t) = (\cos t + t\,\text{sen}\,t)\mathbf{i} + (\text{sen}\,t - t\cos t)\mathbf{j}, \quad \pi/2 \le t \le \pi$
13. $\mathbf{r}(t) = (e^t\cos t)\mathbf{i} + (e^t\,\text{sen}\,t)\mathbf{j} + e^t\mathbf{k}, \quad -\ln 4 \le t \le 0$
14. $\mathbf{r}(t) = (1 + 2t)\mathbf{i} + (1 + 3t)\mathbf{j} + (6 - 6t)\mathbf{k}, \quad -1 \le t \le 0$

Teoria e exemplos

15. **Comprimento do arco** Encontre o comprimento da curva

$$\mathbf{r}(t) = \left(\sqrt{2}t\right)\mathbf{i} + \left(\sqrt{2}t\right)\mathbf{j} + (1 - t^2)\mathbf{k}$$

de (0, 0, 1) a $\left(\sqrt{2}, \sqrt{2}, 0\right)$.

16. **Comprimento da hélice** O comprimento $2\pi\sqrt{2}$ da volta da hélice no Exemplo 1 é também o comprimento da diagonal de um quadrado de 2π unidades de lado. Mostre como obter esse quadrado extraindo e achatando uma parte do cilindro em torno do qual a hélice gira.

17. **Elipse**
    (a) Mostre que a curva $\mathbf{r}(t) = (\cos t)\mathbf{i} + (\text{sen}\,t)\mathbf{j} + (1 - \cos t)\mathbf{k}$, $0 \le t \le 2\pi$, é uma elipse mostrando que ela é a interseção entre um cilindro circular reto e um plano. Encontre equações para o cilindro e para o plano.
    (b) Esboce a elipse sobre o cilindro. Acrescente ao seu desenho o vetor tangente unitário em $t = 0, \pi/2, \pi$ e $3\pi/2$.
    (c) Mostre que o vetor aceleração sempre está paralelo ao plano (ortogonal a um vetor normal ao plano). Assim, se você desenhar a aceleração como um vetor ligado à elipse, ele ficará no plano da elipse. Acrescente à sua figura os vetores aceleração para $t = 0, \pi/2, \pi$ e $3\pi/2$.
    (d) Escreva uma integral para o comprimento da elipse. Não tente calcular a integral porque ela é do tipo não-elementar.
    (e) **Integrador numérico** Estime o comprimento da
    T elipse com precisão de duas casas decimais.

18. **O comprimento é independente da parametrização** Para ilustrar que o comprimento de uma curva espacial lisa não depende da parametrização que você usa para calculá-lo, ache o comprimento de uma volta da hélice no Exemplo 1 com as seguintes parametrizações:
    (a) $\mathbf{r}(t) = (\cos 4t)\mathbf{i} + (\text{sen}\,4t)\mathbf{j} + 4t\mathbf{k}, \quad 0 \le t \le \pi/2$
    (b) $\mathbf{r}(t) = [\cos(t/2)]\mathbf{i} + [\text{sen}\,(t/2)]\mathbf{j} + (t/2)\mathbf{k}, \quad 0 \le t \le 4\pi$
    (c) $\mathbf{r}(t) = (\cos t)\mathbf{i} - (\text{sen}\,t)\mathbf{j} - t\mathbf{k}, \quad -2\pi \le t \le 0$

19. **A involuta de um círculo** Se uma linha enrolada em um círculo fixo começar a ser desenrolada enquanto é mantida esticada sobre o plano do círculo, a sua extremidade P traça uma *involuta* do círculo. Na figura a seguir, o círculo em questão é $x^2 + y^2 = 1$ e o ponto do traçado inicia em (1, 0). A parte desenrolada da linha é tangente ao círculo em Q, e t é a medida em radianos do ângulo a partir do eixo positivo x até o segmento OQ. Deduza as equações paramétricas

$$x = \cos t + \text{sen}\,t, \qquad y = \text{sen}\,t - t\cos t, \qquad t > 0$$

do ponto $P(x, y)$ para a involuta.

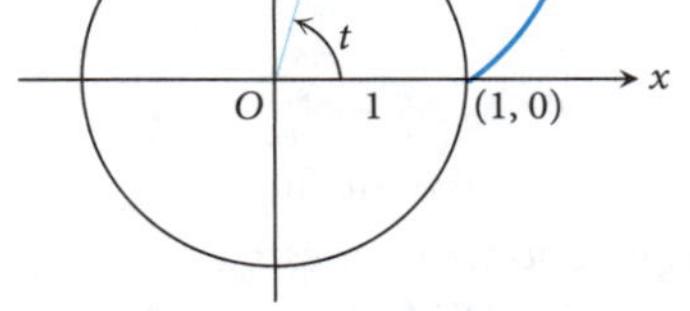

20. (*Continuação do Exercício 19.*) Encontre o vetor tangente unitário para a involuta do círculo no ponto $P(x, y)$.

13.4 A curvatura e o vetor normal unitário para curvas planas

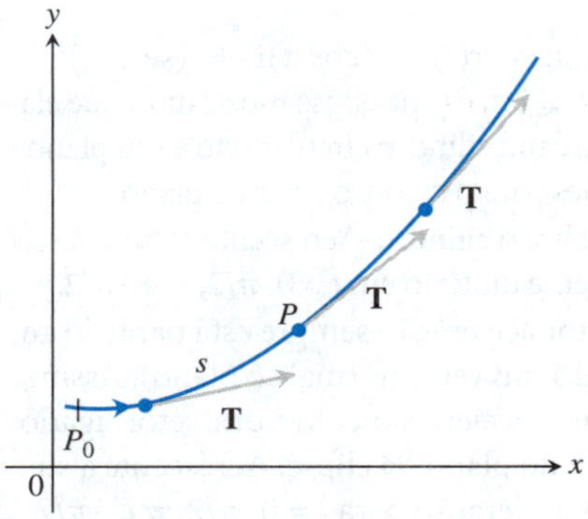

FIGURA 13.19 À medida que P se move ao longo da curva na direção do comprimento de arco crescente, o vetor tangente unitário vira. O valor de $|d\mathbf{T}/ds|$ em P é chamado *curvatura* em P.

Nesta seção, estudaremos como uma curva gira ou se torce. Veremos primeiro as curvas no plano coordenado e, em seguida, as curvas no espaço.

Curvatura de uma curva plana

À medida que uma partícula se move ao longo de uma curva lisa no plano, $\mathbf{T} = d\mathbf{r}/ds$ vira à medida que a curva dobra. Como $\mathbf{T}$ é um vetor unitário, seu comprimento permanece constante e apenas sua direção muda à medida que a partícula se move ao longo da curva. A taxa na qual $\mathbf{T}$ vira por unidade de comprimento ao longo da curva é chamada *curvatura* (Figura 13.19). O símbolo tradicional para a função curvatura é a letra grega κ ("capa").

Definição **Curvatura**

Se $\mathbf{T}$ é o vetor unitário de uma curva lisa, a função **curvatura** da curva é

$$\kappa = \left|\frac{d\mathbf{T}}{ds}\right|$$

Se $|d\mathbf{T}/ds|$ é grande, $\mathbf{T}$ vira repentinamente à medida que a partícula passa por P e a curvatura em P é grande. Se $|d\mathbf{T}/ds|$ está próximo de zero, $\mathbf{T}$ vira mais lentamente e a curvatura em P é menor.

Se uma curva lisa $\mathbf{r}(t)$ já for dada em termos de algum parâmetro t que não o parâmetro comprimento de arco s, podemos calcular a curvatura como

$$\begin{aligned}\kappa &= \left|\frac{d\mathbf{T}}{ds}\right| = \left|\frac{d\mathbf{T}}{dt}\frac{dt}{ds}\right| && \text{Regra da cadeia}\\ &= \frac{1}{|ds/dt|}\left|\frac{d\mathbf{T}}{dt}\right| \\ &= \frac{1}{|\mathbf{v}|}\left|\frac{d\mathbf{T}}{dt}\right| && \frac{ds}{dt} = |\mathbf{v}|\end{aligned}$$

Fórmula para calcular a curvatura

Se $\mathbf{r}(t)$ é uma curva lisa, então a curvatura é

$$\kappa = \frac{1}{|\mathbf{v}|}\left|\frac{d\mathbf{T}}{dt}\right| \tag{1}$$

onde $\mathbf{T} = \mathbf{v}/|\mathbf{v}|$ é o vetor tangente unitário.

Testando a definição, veremos nos exemplos 1 e 2 a seguir que a curvatura é constante para retas e círculos.

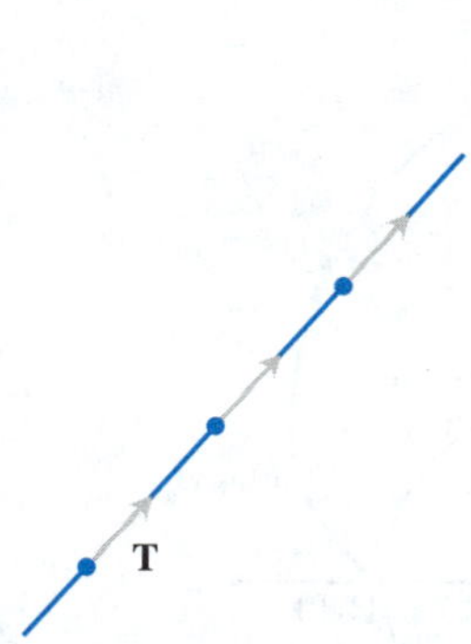

FIGURA 13.20 Ao longo de uma linha reta, $\mathbf{T}$ sempre aponta na mesma direção. A curvatura, $|d\mathbf{T}/ds|$ é zero (Exemplo 1).

EXEMPLO 1 A curvatura de uma reta é zero

Sobre uma reta, o vetor tangente unitário $\mathbf{T}$ sempre aponta na mesma direção, assim suas componentes são constantes. Portanto $|d\mathbf{T}/ds| = |\mathbf{0}| = 0$, (Figura 13.20).

EXEMPLO 2 A curvatura de um círculo de raio a é $1/a$

Para saber por que isso acontece, começamos com a parametrização

$$\mathbf{r}(t) = (a \cos t)\mathbf{i} + (a \operatorname{sen} t)\mathbf{j}$$

de um círculo de raio a. Então,

$$\mathbf{v} = \frac{d\mathbf{r}}{dt} = -(a \operatorname{sen} t)\mathbf{i} + (a \cos t)\mathbf{j}$$

$$|\mathbf{v}| = \sqrt{(-a \operatorname{sen} t)^2 + (a \cos t)^2} = \sqrt{a^2} = |a| = a$$

Já que $a > 0$, $|a| = a$

A partir disso, encontramos

$$\mathbf{T} = \frac{\mathbf{v}}{|\mathbf{v}|} = -(\operatorname{sen} t)\mathbf{i} + (\cos t)\mathbf{j}$$

$$\frac{d\mathbf{T}}{dt} = -(\cos t)\mathbf{i} - (\operatorname{sen} t)\mathbf{j}$$

$$\left|\frac{d\mathbf{T}}{dt}\right| = \sqrt{\cos^2 t + \operatorname{sen}^2 t} = 1$$

Conseqüentemente, para qualquer valor do parâmetro t,

$$\kappa = \frac{1}{|\mathbf{v}|}\left|\frac{d\mathbf{T}}{dt}\right| = \frac{1}{a}(1) = \frac{1}{a}$$

Embora a fórmula para calcular na Equação (1) também seja válida para curvas espaciais, na próxima seção encontraremos uma fórmula computacional que é geralmente mais adequada de aplicar.

Dentre os vetores ortogonais ao vetor tangente unitário **T**, um deles é de particular importância porque aponta na direção para a qual a curva está virando. Como **T** tem comprimento constante (a saber, 1), a derivada $d\mathbf{T}/ds$ é ortogonal a **T** (Seção 13.1). Portanto, se dividirmos $d\mathbf{T}/ds$ pelo seu comprimento κ, obteremos um vetor *unitário* **N** ortogonal a **T** (Figura 13.21).

Definição Normal unitário principal

Em um ponto onde $\kappa \neq 0$, o vetor **normal unitário principal** para uma curva no plano é

$$\mathbf{N} = \frac{1}{\kappa}\frac{d\mathbf{T}}{ds}$$

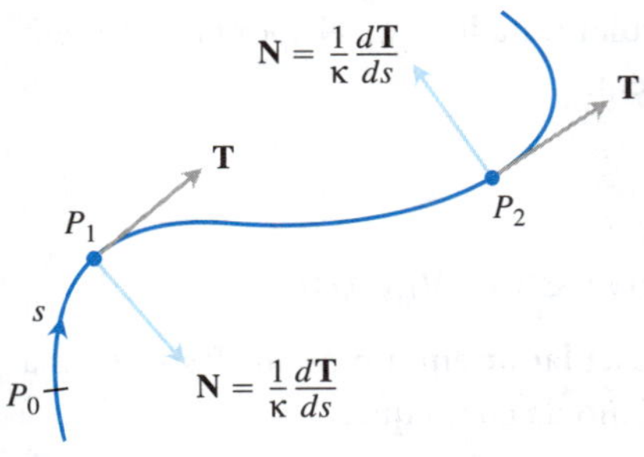

FIGURA 13.21 O vetor $d\mathbf{T}/ds$, normal à curva, sempre aponta na direção para a qual **T** está virando. O vetor **N** é a direção de $d\mathbf{T}/ds$.

O vetor $d\mathbf{T}/ds$ aponta na direção para a qual **T** vira à medida que a curva dobra. Portanto, se olharmos na direção do comprimento de arco crescente, o vetor $d\mathbf{T}/ds$ aponta para a direita se **T** vira no sentido horário e para a esquerda se **T** vira no sentido anti-horário. Em outras palavras, o vetor normal principal **N** apontará para o lado côncavo da curva (Figura 13.21).

Se uma curva lisa $\mathbf{r}(t)$ já for dada em termos de algum parâmetro t que não o parâmetro comprimento de arco s, poderemos usar a regra da cadeia para calcular **N** diretamente:

$$\mathbf{N} = \frac{d\mathbf{T}/ds}{|d\mathbf{T}/ds|}$$

$$= \frac{(d\mathbf{T}/dt)(dt/ds)}{|d\mathbf{T}/dt||dt/ds|}$$

$$= \frac{d\mathbf{T}/dt}{|d\mathbf{T}/dt|}$$

$\frac{dt}{ds} = \frac{1}{ds/dt} > 0$ anulado

Essa fórmula nos permite localizar **N** sem ter de encontrar κ e s primeiro.

Fórmula para calcular N

Se $\mathbf{r}(t)$ é uma curva lisa, então a normal unitária principal é

$$\mathbf{N} = \frac{d\mathbf{T}/dt}{|d\mathbf{T}/dt|} \qquad (2)$$

onde $\mathbf{T} = \mathbf{v}/|\mathbf{v}|$ é o vetor tangente unitário.

EXEMPLO 3 Encontrando **T** e **N**

Encontre **T** e **N** para o movimento circular

$$\mathbf{r}(t) = (\cos 2t)\mathbf{i} + (\text{sen } 2t)\mathbf{j}$$

SOLUÇÃO Primeiro, encontramos **T**:

$$\mathbf{v} = -(2 \text{ sen } 2t)\mathbf{i} + (2 \cos 2t)\mathbf{j}$$

$$|\mathbf{v}| = \sqrt{4 \text{ sen}^2 2t + 4 \cos^2 2t} = 2$$

$$\mathbf{T} = \frac{\mathbf{v}}{|\mathbf{v}|} = -(\text{sen } 2t)\mathbf{i} + (\cos 2t)\mathbf{j}$$

A partir disso, encontramos

$$\frac{d\mathbf{T}}{dt} = -(2 \cos 2t)\mathbf{i} - (2 \text{ sen } 2t)\mathbf{j}$$

$$\left|\frac{d\mathbf{T}}{dt}\right| = \sqrt{4 \cos^2 2t + 4 \text{ sen}^2 2t} = 2$$

e

$$\mathbf{N} = \frac{d\mathbf{T}/dt}{|d\mathbf{T}/dt|}$$

$$= -(\cos 2t)\mathbf{i} - (\text{sen } 2t)\mathbf{j} \qquad \text{Equação (2)}$$

Observe que $\mathbf{T} \cdot \mathbf{N} = 0$, verificando-se que **N** é ortogonal a **T**. Observe também que, para o movimento circular tratado aqui, **N** aponta de $\mathbf{r}(t)$ em direção ao centro do círculo na origem.

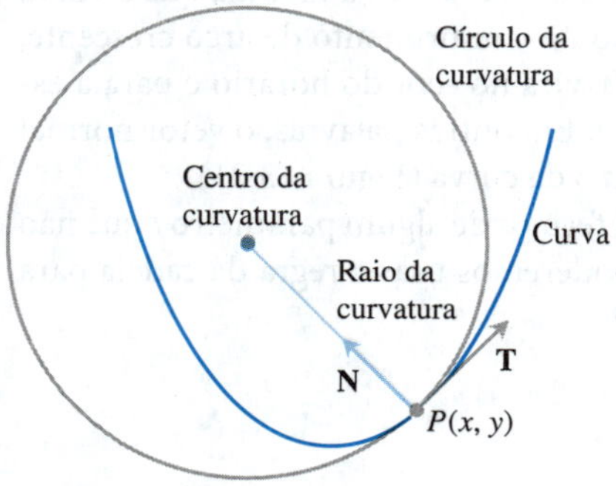

FIGURA 13.22 O círculo osculador em $P(x, y)$ aponta para o lado interno da curva.

Círculo de curvatura e raio de curvatura

O **círculo de curvatura** ou **círculo osculador** em um ponto P sobre uma curva plana onde $\kappa \neq 0$ é o círculo no plano da curva que:

1. é tangente à curva em P (tem a mesma reta tangente que a curva);
2. tem a mesma curvatura que a curva em P;
3. aponta para o lado côncavo ou interno da curva (como na Figura 13.22).

O **raio de curvatura** da curva em P é o raio do círculo de curvatura, o qual, de acordo com o Exemplo 2, é

$$\text{Raio de curvatura} = \rho = \frac{1}{\kappa}$$

Para encontrar ρ, encontramos κ e tomamos a recíproca. O **centro de curvatura** da curva em P é o centro do círculo da curvatura.

EXEMPLO 4 Encontrando o círculo osculador para uma parábola

Encontre e trace o gráfico do círculo osculador da parábola $y = x^2$ na origem.

SOLUÇÃO Parametrizamos a parábola usando o parâmetro $t = x$ (Seção 10.4, Exemplo 1),

$$\mathbf{r}(t) = t\mathbf{i} + t^2\mathbf{j}$$

Primeiro, encontramos a curvatura da parábola na origem usando a Equação (1):

$$\mathbf{v} = \frac{d\mathbf{r}}{dt} = \mathbf{i} + 2t\mathbf{j}$$

$$|\mathbf{v}| = \sqrt{1 + 4t^2}$$

de maneira que

$$\mathbf{T} = \frac{\mathbf{v}}{|\mathbf{v}|} = (1 + 4t^2)^{-1/2}\mathbf{i} + 2t(1 + 4t^2)^{-1/2}\mathbf{j}$$

A partir disso, encontramos

$$\frac{d\mathbf{T}}{dt} = -4t(1 + 4t^2)^{-3/2}\mathbf{i} + [2(1 + 4t^2)^{-1/2} - 8t^2(1 + 4t^2)^{-3/2}]\,\mathbf{j}$$

Na origem, $t = 0$, assim a curvatura é

$$\kappa(0) = \frac{1}{|\mathbf{v}(0)|}\left|\frac{d\mathbf{T}}{dt}(0)\right| \qquad \text{Equação (1)}$$

$$= \frac{1}{\sqrt{1}}|0\mathbf{i} + 2\mathbf{j}|$$

$$= (1)\sqrt{0^2 + 2^2} = 2$$

Portanto, o raio de curvatura é $1/\kappa = 1/2$ e o centro do círculo é $(0, 1/2)$ (veja a Figura 13.23). A equação do círculo osculador é

$$(x - 0)^2 + \left(y - \frac{1}{2}\right)^2 = \left(\frac{1}{2}\right)^2$$

ou

$$x^2 + \left(y - \frac{1}{2}\right)^2 = \frac{1}{4}$$

Podemos ver na Figura 13.23 que o círculo osculador é uma aproximação melhor da parábola na origem do que a aproximação da reta tangente $y = 0$.

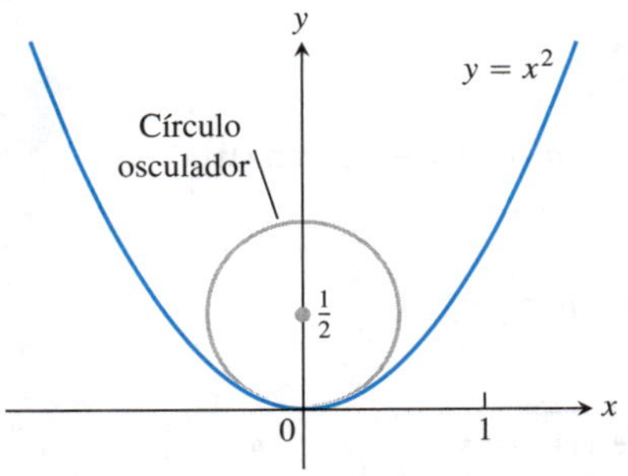

FIGURA 13.23 O círculo osculador para a parábola $y = x^2$ na origem (Exemplo 4).

Curvatura e vetores normais para curvas espaciais

Se uma curva lisa for especificada pelo vetor posição $\mathbf{r}(t)$ como uma função de algum parâmetro t e se s for o parâmetro de comprimento de arco da curva, então o vetor tangente unitário $\mathbf{T}$ é $d\mathbf{r}/ds = \mathbf{v}/|\mathbf{v}|$. A **curvatura** no espaço é então definida como

$$\kappa = \left|\frac{d\mathbf{T}}{ds}\right| = \frac{1}{|\mathbf{v}|}\left|\frac{d\mathbf{T}}{dt}\right| \qquad (3)$$

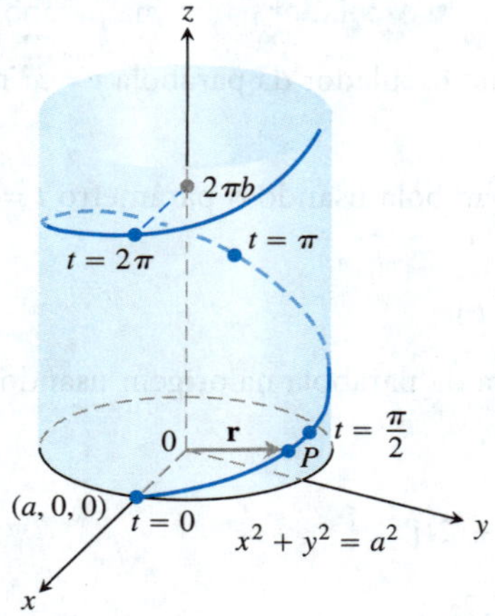

FIGURA 13.24 A hélice

$\mathbf{r}(t) = (a \cos t)\mathbf{i} + (a \operatorname{sen} t)\mathbf{j} + bt\mathbf{k}$,

desenhada com a e b positivos e $t \geq 0$ (Exemplo 5).

da mesma maneira que para curvas planas. O vetor $d\mathbf{T}/ds$ é ortogonal a $\mathbf{T}$ e definimos a **normal unitária principal** como

$$\mathbf{N} = \frac{1}{\kappa}\frac{d\mathbf{T}}{ds} = \frac{d\mathbf{T}/dt}{|d\mathbf{T}/dt|} \tag{4}$$

EXEMPLO 5 Encontrando a curvatura

Encontre a curvatura para a hélice (Figura 13.24)

$$\mathbf{r}(t) = (a \cos t)\mathbf{i} + (a \operatorname{sen} t)\mathbf{j} + bt\mathbf{k}, \qquad a, b \geq 0, \qquad a^2 + b^2 \neq 0$$

SOLUÇÃO Calculamos $\mathbf{T}$ a partir do vetor velocidade $\mathbf{v}$:

$$\mathbf{v} = -(a \operatorname{sen} t)\mathbf{i} + (a \cos t)\mathbf{j} + b\mathbf{k}$$

$$|\mathbf{v}| = \sqrt{a^2 \operatorname{sen}^2 t + a^2 \cos^2 t + b^2} = \sqrt{a^2 + b^2}$$

$$\mathbf{T} = \frac{\mathbf{v}}{|\mathbf{v}|} = \frac{1}{\sqrt{a^2 + b^2}}[-(a \operatorname{sen} t)\mathbf{i} + (a \cos t)\mathbf{j} + b\mathbf{k}]$$

Então, usando a Equação (3),

$$\kappa = \frac{1}{|\mathbf{v}|}\left|\frac{d\mathbf{T}}{dt}\right|$$

$$= \frac{1}{\sqrt{a^2 + b^2}}\left|\frac{1}{\sqrt{a^2 + b^2}}[-(a \cos t)\mathbf{i} - (a \operatorname{sen} t)\mathbf{j}]\right|$$

$$= \frac{a}{a^2 + b^2}|-(\cos t)\mathbf{i} - (\operatorname{sen} t)\mathbf{j}|$$

$$= \frac{a}{a^2 + b^2}\sqrt{(\cos t)^2 + (\operatorname{sen} t)^2} = \frac{a}{a^2 + b^2}$$

Nessa equação, vemos que o aumento de b para um a fixo diminui a curvatura. O decréscimo de a para um b fixo inevitavelmente também diminui a curvatura. O ato de esticar uma mola tende a deixá-la reta.

Se $b = 0$, a hélice se reduz a um círculo de raio a e sua curvatura se reduz a $1/a$, como deveria ser. Se $a = 0$, a hélice se torna o eixo z e sua curvatura se reduz a 0, novamente como deveria ser.

EXEMPLO 6 Encontrando o vetor normal unitário principal N

Encontre $\mathbf{N}$ para a hélice no Exemplo 5.

SOLUÇÃO Temos

$$\frac{d\mathbf{T}}{dt} = -\frac{1}{\sqrt{a^2 + b^2}}[(a \cos t)\mathbf{i} + (a \operatorname{sen} t)\mathbf{j}] \qquad \text{Exemplo 5}$$

$$\left|\frac{d\mathbf{T}}{dt}\right| = \frac{1}{\sqrt{a^2 + b^2}}\sqrt{a^2 \cos^2 t + a^2 \operatorname{sen}^2 t} = \frac{a}{\sqrt{a^2 + b^2}}$$

$$\mathbf{N} = \frac{d\mathbf{T}/dt}{|d\mathbf{T}/dt|} \qquad \text{Equação 4}$$

$$= -\frac{\sqrt{a^2 + b^2}}{a} \cdot \frac{1}{\sqrt{a^2 + b^2}}[(a \cos t)\mathbf{i} + (a \operatorname{sen} t)\mathbf{j}]$$

$$= -(\cos t)\mathbf{i} - (\operatorname{sen} t)\mathbf{j}$$

Exercícios 13.4

Curvas planas

Encontre **T**, **N** e κ para as curvas planas nos Exercícios 1–4.

1. $\mathbf{r}(t) = t\mathbf{i} + (\ln \cos t)\mathbf{j}, \quad -\pi/2 < t < \pi/2$

2. $\mathbf{r}(t) = (\ln \sec t)\mathbf{i} + t\mathbf{j}, \quad -\pi/2 < t < \pi/2$

3. $\mathbf{r}(t) = (2t + 3)\mathbf{i} + (5 - t^2)\mathbf{j}$

4. $\mathbf{r}(t) = (\cos t + t \operatorname{sen} t)\mathbf{i} + (\operatorname{sen} t - t \cos t)\mathbf{j}, \quad t > 0$

5. Uma fórmula para a curvatura do gráfico de uma função no plano *xy*

(a) O gráfico $y = f(x)$ no plano xy tem automaticamente a parametrização $x = x$, $y = f(x)$ e a fórmula vetorial $\mathbf{r}(x) = x\mathbf{i} + f(x)\mathbf{j}$. Use essa fórmula para mostrar que, se f for uma função de x duas vezes derivável, então

$$\kappa(x) = \frac{|f''(x)|}{\left[1 + (f'(x))^2\right]^{3/2}}$$

(b) Use a fórmula para κ no item **(a)** para encontrar a curvatura de $y = \ln(\cos x)$, $-\pi/2 < x < \pi/2$. Compare suas respostas com as do Exercício 1.

(c) Mostre que a curvatura é zero em um ponto de inflexão.

6. Uma fórmula para a curvatura de uma curva plana parametrizada

(a) Mostre que a curvatura de uma curva lisa $\mathbf{r}(t) = f(t)\mathbf{i} + g(t)\mathbf{j}$ definida por funções duas vezes deriváveis $x = f(t)$ e $y = g(t)$ é dada pela fórmula

$$\kappa = \frac{|\dot{x}\ddot{y} - \dot{y}\ddot{x}|}{(\dot{x}^2 + \dot{y}^2)^{3/2}}$$

Aplique a fórmula para encontrar a curvatura das curvas a seguir.

(b) $\mathbf{r}(t) = t\mathbf{i} + (\ln \operatorname{sen} t)\mathbf{j}, \quad 0 < t < \pi$

(c) $\mathbf{r}(t) = [\operatorname{tg}^{-1}(\operatorname{senh} t)]\mathbf{i} + (\ln \cosh t)\mathbf{j}$

7. Normais a curvas planas

(a) Mostre que $\mathbf{n}(t) = -g'(t)\mathbf{i} + f'(t)\mathbf{j}$ e $-\mathbf{n}(t) = g'(t)\mathbf{i} - f'(t)\mathbf{j}$ são ambas normais à curva $\mathbf{r}(t) = f(t)\mathbf{i} + g(t)\mathbf{j}$ no ponto $(f(t), g(t))$.

Para obter **N** para uma curva plana em particular, podemos escolher entre **n** e **−n** do item **(a)** que aponta para o lado côncavo da curva e torná-lo um vetor unitário. (Veja a Figura 13.21.) Aplique esse método para encontrar **N** para as curvas a seguir.

(b) $\mathbf{r}(t) = t\mathbf{i} + e^{2t}\mathbf{j}$

(c) $\mathbf{r}(t) = \sqrt{4 - t^2}\,\mathbf{i} + t\mathbf{j}, \quad -2 \le t \le 2$

8. *(Continuação do Exercício 7.)*

(a) Use o método do Exercício 7 para encontrar **N** para a curva $\mathbf{r}(t) = t\mathbf{i} + (1/3)t^3\mathbf{j}$ quando $t < 0$ e quando $t > 0$.

(b) Calcule

$$\mathbf{N} = \frac{d\mathbf{T}/dt}{|d\mathbf{T}/dt|}, \quad t \neq 0$$

para a curva no item **(a)**. **N** existe em $t = 0$? Trace a curva e explique o que acontece com **N** quando t passa de valores negativos para positivos.

Curvas espaciais

Encontre **T**, **N** e κ para curvas espaciais nos exercícios 9–16.

9. $\mathbf{r}(t) = (3 \operatorname{sen} t)\mathbf{i} + (3 \cos t)\mathbf{j} + 4t\mathbf{k}$

10. $\mathbf{r}(t) = (\cos t + t \operatorname{sen} t)\mathbf{i} + (\operatorname{sen} t - t \cos t)\mathbf{j} + 3\mathbf{k}$

11. $\mathbf{r}(t) = (e^t \cos t)\mathbf{i} + (e^t \operatorname{sen} t)\mathbf{j} + 2\mathbf{k}$

12. $\mathbf{r}(t) = (6 \operatorname{sen} 2t)\mathbf{i} + (6 \cos 2t)\mathbf{j} + 5t\mathbf{k}$

13. $\mathbf{r}(t) = (t^3/3)\mathbf{i} + (t^2/2)\mathbf{j}, \quad t > 0$

14. $\mathbf{r}(t) = (\cos^3 t)\mathbf{i} + (\operatorname{sen}^3 t)\mathbf{j}, \quad 0 < t < \pi/2$

15. $\mathbf{r}(t) = t\mathbf{i} + (a \cosh(t/a))\mathbf{j}, \quad a > 0$

16. $\mathbf{r}(t) = (\cosh t)\mathbf{i} - (\operatorname{senh} t)\mathbf{j} + t\mathbf{k}$

Extremos da curvatura

17. Mostre que a parábola $y = ax^2$, $a \neq 0$, tem sua maior curvatura em seu vértice e não tem curvatura mínima. (*Nota*: Como a curvatura de uma curva permanece a mesma se a curva for transladada ou girada, esse resultado é verdadeiro para qualquer parábola.)

18. Mostre que a elipse $x = a \cos t$, $y = b \operatorname{sen} t$, $a > b > 0$, tem sua maior curvatura em seu eixo principal e sua menor curvatura em seu eixo secundário. (Como no Exercício 17, o resultado é verdadeiro para qualquer elipse.)

19. Maximizando a curvatura de uma hélice No exemplo 5, encontramos a curvatura da hélice $\mathbf{r}(t) = (a \cos t)\mathbf{i} + (a \operatorname{sen} t)\mathbf{j} + bt\mathbf{k}$ $(a, b \ge 0)$ como $\kappa = a/(a^2 + b^2)$. Qual é o maior valor que κ pode ter para dado valor de b? Justifique a sua resposta.

20. Curvatura total Encontramos a **curvatura total** da parte de uma curva lisa que vai de $s = s_0$ até $s = s_1 > s_0$ integrando κ de s_0 até s_1. Se a curva tiver algum outro parâmetro, digamos t, então a curvatura total é

$$K = \int_{s_0}^{s_1} \kappa\, ds = \int_{t_0}^{t_1} \kappa \frac{ds}{dt}\, dt = \int_{t_0}^{t_1} \kappa |\mathbf{v}|\, dt$$

onde t_0 e t_1 correspondem a s_0 e s_1. Encontre a curvatura total

(a) da parte da hélice $\mathbf{r}(t) = (3 \cos t)\mathbf{i} + (3 \text{ sen } t)\mathbf{j} + t\mathbf{k}$, $0 \le t \le 4\pi$.

(b) da parábola $y = x^2$, $-\infty < x < \infty$.

21. Encontre uma equação para o círculo de curvatura da curva $\mathbf{r}(t) = t\mathbf{i} + (\text{sen } t)\mathbf{j}$ no ponto $(\pi/2, 1)$. (A curva parametriza o gráfico de $y = \text{sen } x$ no plano xy.)

22. Encontre uma equação para o círculo de curvatura da curva $\mathbf{r}(t) = (2 \ln t)\mathbf{i} - [t + (1/t)]\mathbf{j}$, $e^{-2} \le t \le e^2$, no ponto $(0, -2)$, onde $t = 1$.

T Explorações gráficas

A fórmula

$$\kappa(x) = \frac{|f''(x)|}{\left[1 + (f'(x))^2\right]^{3/2}}$$

deduzida no Exercício 5, expressa a curvatura $\kappa(x)$ de uma curva plana $y = f(x)$ duas vezes derivável como uma função de x. Encontre a função curvatura para cada uma das curvas nos exercícios 23–26. Em seguida, esboce graficamente $f(x)$ com $\kappa(x)$ sobre o intervalo dado. Você terá algumas surpresas.

23. $y = x^2$, $-2 \le x \le 2$

24. $y = x^4/4$, $-2 \le x \le 2$

25. $y = \text{sen } x$, $0 \le x \le 2\pi$

26. $y = e^x$, $-1 \le x \le 2$

USANDO O COMPUTADOR

Círculos de curvatura

Nos exercícios 27–34, você usará um SAC para explorar o círculo osculador em um ponto P em uma curva plana onde $\kappa \neq 0$. Use um SAC para executar os seguintes passos:

(a) Trace a curva plana dada na forma paramétrica ou funcional sobre o intervalo especificado para ver como ela é.

(b) Calcule a curvatura κ da curva no valor dado de t_0 usando a fórmula apropriada dos exercícios 5 ou 6. Use a parametrização $x = t$ e $y = f(t)$ se a curva for dada como uma função $y = f(x)$.

(c) Encontre o vetor unitário normal $\mathbf{N}$ em t_0. Observe que os sinais das componentes de $\mathbf{N}$ dependem de o vetor unitário tangente $\mathbf{T}$ estar girando no sentido horário ou anti-horário em $t = t_0$. (Veja o Exercício 7.)

(d) Se $\mathbf{C} = a\mathbf{i} + b\mathbf{j}$ for o vetor da origem até o centro (a, b) do círculo osculador, encontre o centro $\mathbf{C}$ a partir da equação vetorial

$$\mathbf{C} = \mathbf{r}(t_0) + \frac{1}{\kappa(t_0)}\mathbf{N}(t_0)$$

O ponto $P(x_0, y_0)$ na curva é dado pelo vetor posição $\mathbf{r}(t_0)$.

(e) Represente graficamente a equação $(x - a)^2 + (y - b)^2 = 1/\kappa^2$ do círculo osculador. Depois trace a curva e o círculo osculador juntos. Talvez você tenha de ajustar a janela de visualização, mas certifique-se de que esta seja quadrada.

27. $\mathbf{r}(t) = (3 \cos t)\mathbf{i} + (5 \text{ sen } t)\mathbf{j}$, $0 \le t \le 2\pi$, $t_0 = \pi/4$

28. $\mathbf{r}(t) = (\cos^3 t)\mathbf{i} + (\text{sen}^3 t)\mathbf{j}$, $0 \le t \le 2\pi$, $t_0 = \pi/4$

29. $\mathbf{r}(t) = t^2\mathbf{i} + (t^3 - 3t)\mathbf{j}$, $-4 \le t \le 4$, $t_0 = 3/5$

30. $\mathbf{r}(t) = (t^3 - 2t^2 - t)\mathbf{i} + \dfrac{3t}{\sqrt{1 + t^2}}\mathbf{j}$, $-2 \le t \le 5$, $t_0 = 1$

31. $\mathbf{r}(t) = (2t - \text{sen } t)\mathbf{i} + (2 - 2\cos t)\mathbf{j}$, $0 \le t \le 3\pi$, $t_0 = 3\pi/2$

32. $\mathbf{r}(t) = (e^{-t}\cos t)\mathbf{i} + (e^{-t}\text{sen } t)\mathbf{j}$, $0 \le t \le 6\pi$, $t_0 = \pi/4$

33. $y = x^2 - x$, $-2 \le x \le 5$, $x_0 = 1$

34. $y = x(1 - x)^{2/5}$, $-1 \le x \le 2$, $x_0 = 1/2$

13.5 Torção e o vetor unitário binormal B

Se percorremos uma curva espacial, o sistema de coordenadas cartesianas **i**, **j** e **k** para representar os vetores descrevendo nosso movimento não é realmente relevante para nós. Os vetores representativos de nosso sentido para a frente (o vetor tangente unitário **T**), a direção para a qual o caminho está virando (o vetor normal unitário **N**) e a tendência do movimento de "torcer" para fora do plano criado por esses vetores na direção perpendicular a esse plano (definido pelo *vetor unitário binormal* $\mathbf{B} = \mathbf{T} \times \mathbf{N}$) é que são realmente significativos. Expressar o vetor aceleração ao longo da curva como uma combinação linear desse triedro de Frenet (ou triedro TNB) de vetores unitários mutuamente ortogonais viajando com o movimento (Figura 13.25) particularmente revela a natureza do caminho e do movimento ao longo deste.

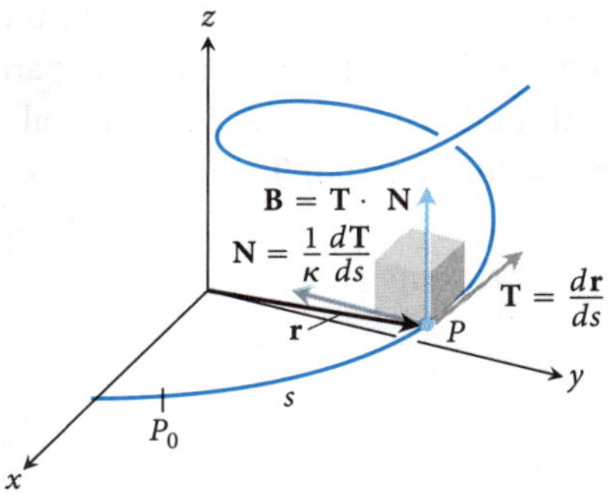

FIGURA 13.25 O triedro de Frenet de vetores unitários mutuamente ortogonais percorrendo uma curva espacial.

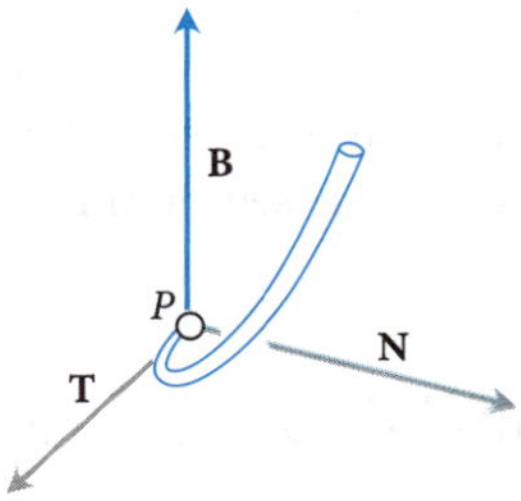

FIGURA 13.26 Os vetores **T**, **N** e **B** formam um triedro orientado positivamente ou vetores mutuamente ortogonais no espaço.

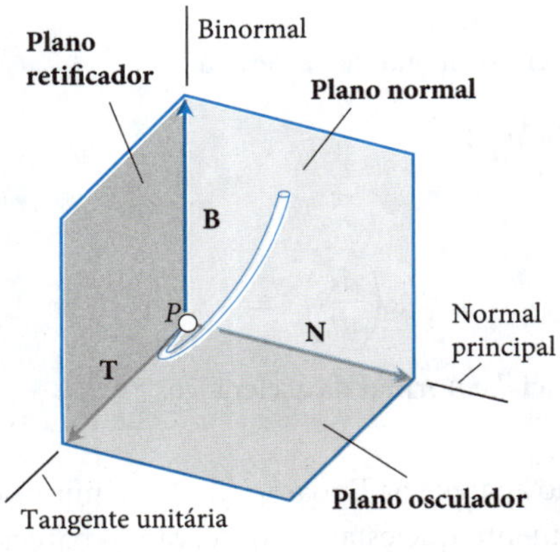

FIGURA 13.27 O nome dos três planos determinados por **T**, **N** e **B**.

Torção

O **vetor binormal** de uma curva no espaço é $\mathbf{B} = \mathbf{T} \times \mathbf{N}$, um vetor unitário ortogonal tanto a **T** quanto a **N** (Figura 13.26). Juntos, **T**, **N** e **B** definem um referencial positivo móvel que tem papel significativo no cálculo de trajetórias de partículas movendo-se no espaço. Ele é chamado **triedro de Frenet** (em homenagem a Jean-Frédéric Frenet, 1816–1900) ou triedro **TNB**.

Como $d\mathbf{B}/ds$ se comporta em relação a **T**, **N** e **B**? Pela regra, para diferenciação de um produto vetorial, temos

$$\frac{d\mathbf{B}}{ds} = \frac{d\mathbf{T}}{ds} \times \mathbf{N} + \mathbf{T} \times \frac{d\mathbf{N}}{ds}$$

Como **N** é a direção de $d\mathbf{T}/ds$, $(d\mathbf{T}/ds) \times \mathbf{N} = \mathbf{0}$ e

$$\frac{d\mathbf{B}}{ds} = \mathbf{0} + \mathbf{T} \times \frac{d\mathbf{N}}{ds} = \mathbf{T} \times \frac{d\mathbf{N}}{ds}$$

Com isso, vemos que $d\mathbf{B}/ds$ é ortogonal a **T** porque um produto vetorial é ortogonal aos seus fatores.

Como $d\mathbf{B}/ds$ também é ortogonal a **B** (o último tem comprimento constante), segue-se que $d\mathbf{B}/ds$ é ortogonal ao plano de **B** e **T**. Em outras palavras, $d\mathbf{B}/ds$ é paralelo a **N**, assim $d\mathbf{B}/ds$ é um múltiplo escalar de **N**. Em símbolos,

$$\frac{d\mathbf{B}}{ds} = -\tau\mathbf{N}$$

O sinal de menos nessa equação é tradicional. O escalar τ é chamado *torção* ao longo da curva. Observe que

$$\frac{d\mathbf{B}}{ds} \cdot \mathbf{N} = -\tau\mathbf{N} \cdot \mathbf{N} = -\tau(1) = -\tau$$

de modo que

$$\tau = -\frac{d\mathbf{B}}{ds} \cdot \mathbf{N}$$

Definição **Torção**
Sejam $\mathbf{B} = \mathbf{T} \times \mathbf{N}$. A função **torção** de uma curva lisa é

$$\tau = -\frac{d\mathbf{B}}{ds} \cdot \mathbf{N} \qquad (1)$$

Diferentemente da curvatura, a qual nunca é negativa, a torção τ pode ser positiva, negativa ou zero.

Os três planos determinados por **T**, **N** e **B** são mostrados na Figura 13.27. A curvatura $\kappa = |d\mathbf{T}/ds|$ pode ser pensada como a taxa na qual o plano normal vira à medida que o ponto P se move ao longo do seu caminho. De maneira similar, a torção $\tau = -(d\mathbf{B}/ds) \cdot \mathbf{N}$ é a taxa na qual o plano osculador vira ao redor de **T** à medida que P se move ao longo da curva. A torção mede como a curva se enrola (torce).

Se pensarmos na curva como a trajetória de um corpo em movimento, então $|d\mathbf{T}/ds|$ nos diz quanto a trajetória torce para a esquerda ou para a direita conforme o objeto se movimenta; a isso chamamos *curvatura* da trajetória do objeto. O número $-(d\mathbf{B}/ds) \cdot \mathbf{N}$ nos diz quanto a trajetória gira ou torce para fora do seu plano de movimento à medida que o objeto se move; a isso chamamos *torção* da trajetória do objeto. Observe a Figura 13.28. Se P for um trem subindo um caminho curvo, a taxa na qual o farol vira de um lado para outro por unidades de distância é a curvatura do caminho. A taxa na qual a locomotiva tende a torcer para fora do plano formado por **T** e **N** é a torção.

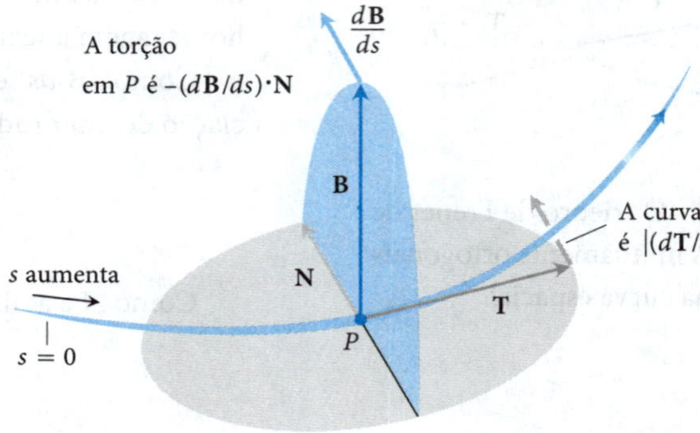

FIGURA 13.28 Todo corpo em movimento viaja com um triedro de Frenet que caracteriza a geometria de seu caminho de movimento.

Componentes tangencial e normal da aceleração

Quando um corpo é acelerado pela gravidade, por uma combinação de motores ou qualquer outra coisa, geralmente queremos saber quanto da aceleração atua na direção do movimento, na direção tangencial **T**. Podemos descobrir isso usando a regra da cadeia para reescrever **v** como

$$\mathbf{v} = \frac{d\mathbf{r}}{dt} = \frac{d\mathbf{r}}{ds}\frac{ds}{dt} = \mathbf{T}\frac{ds}{dt}$$

e derivando ambos os lados dessas igualdades para obter

$$\begin{aligned}\mathbf{a} &= \frac{d\mathbf{v}}{dt} = \frac{d}{dt}\left(\mathbf{T}\frac{ds}{dt}\right) = \frac{d^2s}{dt^2}\mathbf{T} + \frac{ds}{dt}\frac{d\mathbf{T}}{dt} \\ &= \frac{d^2s}{dt^2}\mathbf{T} + \frac{ds}{dt}\left(\frac{d\mathbf{T}}{ds}\frac{ds}{dt}\right) = \frac{d^2s}{dt^2}\mathbf{T} + \frac{ds}{dt}\left(\kappa\mathbf{N}\frac{ds}{dt}\right) \qquad \frac{d\mathbf{T}}{ds} = \kappa\mathbf{N} \\ &= \frac{d^2s}{dt^2}\mathbf{T} + \kappa\left(\frac{ds}{dt}\right)^2\mathbf{N}\end{aligned}$$

Definição Componentes tangencial e normal da aceleração

$$\mathbf{a} = a_{\mathrm{T}}\mathbf{T} + a_{\mathrm{N}}\mathbf{N} \tag{2}$$

onde

$$a_{\mathrm{T}} = \frac{d^2s}{dt^2} = \frac{d}{dt}|\mathbf{v}| \quad \text{e} \quad a_{\mathrm{N}} = \kappa\left(\frac{ds}{dt}\right)^2 = \kappa|\mathbf{v}|^2 \tag{3}$$

são as componentes escalares **tangencial** e **normal** da aceleração.

Observe que o vetor binomial **B** não aparece na Equação (2). Não importa quanto o caminho do corpo em movimento que estamos observando pareça torcer e virar no espaço, a aceleração **a** *sempre está no plano de* **T** e **N**, ortogonal a **B**. A equação também nos diz exatamente quanto da aceleração atua na

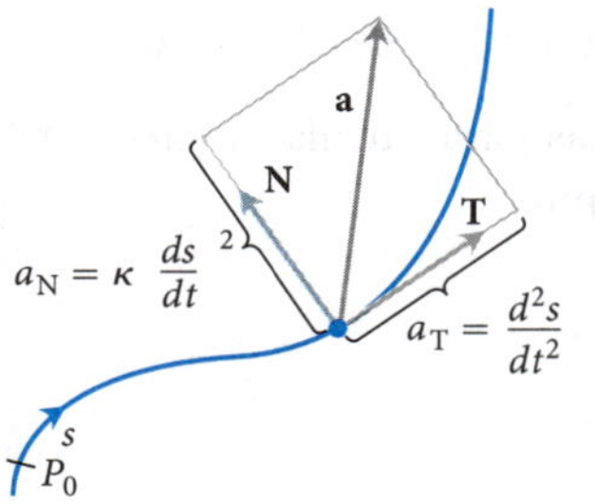

FIGURA 13.29 As componentes tangencial e normal da aceleração. A aceleração **a** sempre está no plano de **T** e **N**, ortogonal a **B**.

direção tangente ao movimento (d^2s/dt^2) e quanto atua na direção normal ao movimento $[\kappa(ds/dt)^2]$ (Figura 13.29).

Que informação podemos obter das equações (3)? Por definição, a aceleração **a** é a taxa de variação da velocidade **v** e, em geral, tanto o comprimento quanto a direção de **v** mudam à medida que o corpo se move ao longo de seu caminho. A componente tangencial da aceleração a_T mede a taxa de variação do *comprimento* de **v** (isto é, a variação do módulo da velocidade). A componente normal da aceleração a_N mede a taxa de variação da *direção* de **v**.

Observe que a componente escalar normal da aceleração é a curvatura multiplicada pelo *quadrado* do módulo da velocidade. Isso explica por que temos de nos segurar quando nosso carro faz uma curva acentuada (κ) grande em alta velocidade ($|\mathbf{v}|$ grande). Se dobrarmos a velocidade do carro, sentiremos a componente normal da aceleração para a mesma curvatura quadruplicar.

Se um corpo se move em um círculo com módulo de velocidade constante, d^2s/dt^2 é zero e a aceleração toda aponta ao longo de **N** na direção do centro do círculo. Se a velocidade do corpo está aumentando ou diminuindo, **a** tem uma componente tangencial não-nula (Figura 13.30).

Para calcularmos a_N, geralmente usamos a fórmula $a_N = \sqrt{|\mathbf{a}|^2 - a_T^2}$ que vem da resolução da equação $|\mathbf{a}|^2 = \mathbf{a} \cdot \mathbf{a} = a_T^2 + a_N^2$ para a_N. Com essa fórmula, podemos encontrar a_N sem ter de calcular κ primeiro.

Fórmula para calcular a componente normal da aceleração

$$a_N = \sqrt{|\mathbf{a}|^2 - a_T^2} \qquad (4)$$

EXEMPLO 1 Encontrando as componentes escalares a_T, a_N

Sem encontrar **T** e **N**, escreva a aceleração do movimento

$$\mathbf{r}(t) = (\cos t + t \operatorname{sen} t)\mathbf{i} + (\operatorname{sen} t - t\cos t)\mathbf{j}, \qquad t > 0$$

na forma $\mathbf{a} = a_T\mathbf{T} + a_N\mathbf{N}$. (O caminho do movimento é a involuta do círculo na Figura 13.31).

SOLUÇÃO Usamos a primeira das equações (3) para encontrar a_T:

$$\mathbf{v} = \frac{d\mathbf{r}}{dt} = (-\operatorname{sen} t + \operatorname{sen} t + t\cos t)\mathbf{i} + (\cos t - \cos t + t \operatorname{sen} t)\mathbf{j}$$

$$= (t\cos t)\mathbf{i} + (t \operatorname{sen} t)\mathbf{j}$$

$$|\mathbf{v}| = \sqrt{t^2\cos^2 t + t^2 \operatorname{sen}^2 t} = \sqrt{t^2} = |t| = t \qquad t > 0$$

$$a_T = \frac{d}{dt}|\mathbf{v}| = \frac{d}{dt}(t) = 1 \qquad \text{Equação (3)}$$

Conhecendo a_T, usamos a Equação (4) para encontrar a_N:

$$\mathbf{a} = (\cos t - t \operatorname{sen} t)\mathbf{i} + (\operatorname{sen} t + t\cos t)\mathbf{j}$$

$$|\mathbf{a}|^2 = t^2 + 1 \qquad \text{Depois de um pouco de álgebra.}$$

$$a_N = \sqrt{|\mathbf{a}|^2 - a_T^2}$$

$$= \sqrt{(t^2 + 1) - (1)} = \sqrt{t^2} = t$$

Então usamos a Equação (2) para encontrar **a**:

$$\mathbf{a} = a_T\mathbf{T} + a_N\mathbf{N} = (1)\mathbf{T} + (t)\,\mathbf{N} = \mathbf{T} + t\mathbf{N}$$

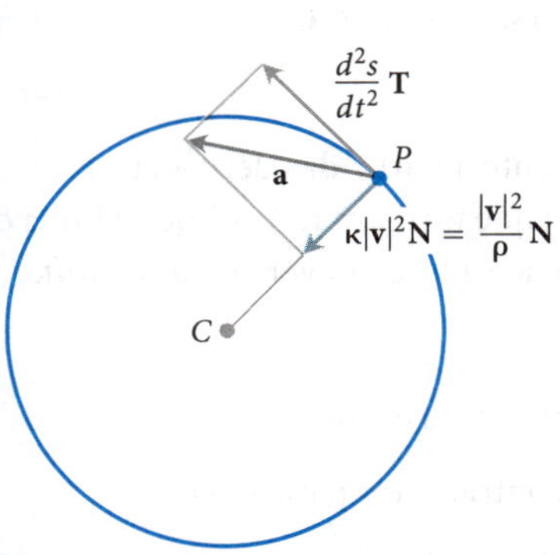

FIGURA 13.30 As componentes tangencial e normal da aceleração de um corpo que está acelerando à medida que se move no sentido anti-horário ao redor de um círculo de raio ρ.

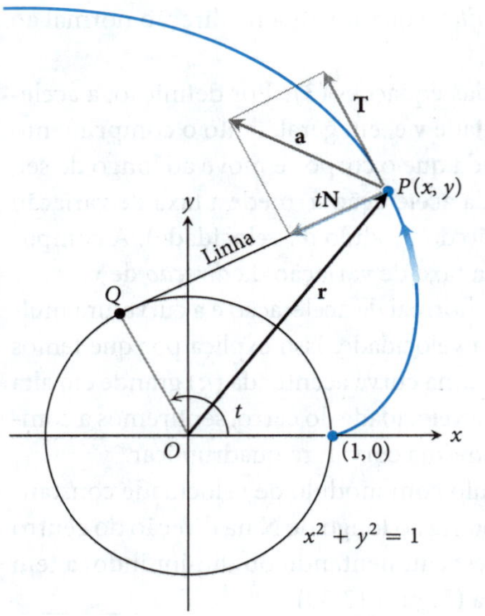

FIGURA 13.31 As componentes tangencial e normal da aceleração do movimento $\mathbf{r}(t) = (\cos t + t \operatorname{sen} t)\mathbf{i} + (\operatorname{sen} t - t \cos t)\mathbf{j}$, para $t > 0$. Se uma corda enrolada ao redor de um círculo fixo é desenrolada enquanto é mantida esticada no plano do círculo, sua extremidade P traça uma involuta do círculo (Exemplo 1).

Fórmulas para calcular a curvatura e a torção

Daremos agora algumas fórmulas práticas para calcular a curvatura e a torção de uma curva lisa. Da Equação (2), temos

$$\mathbf{v} \times \mathbf{a} = \left(\frac{ds}{dt}\mathbf{T}\right) \times \left[\frac{d^2s}{dt^2}\mathbf{T} + \kappa\left(\frac{ds}{dt}\right)^2\mathbf{N}\right]$$

$\mathbf{v} = d\mathbf{r}/dt = (ds/dt)\mathbf{T}$

$$= \left(\frac{ds}{dt}\frac{d^2s}{dt^2}\right)(\mathbf{T} \times \mathbf{T}) + \kappa\left(\frac{ds}{dt}\right)^3(\mathbf{T} \times \mathbf{N})$$

$$= \kappa\left(\frac{ds}{dt}\right)^3\mathbf{B}$$

$\mathbf{T} \times \mathbf{T} = \mathbf{0}$ e $\mathbf{T} \times \mathbf{N} = \mathbf{B}$

Segue-se que

$$|\mathbf{v} \times \mathbf{a}| = \kappa\left|\frac{ds}{dt}\right|^3 |\mathbf{B}| = \kappa|\mathbf{v}|^3$$

$\frac{ds}{dt} = |\mathbf{v}|$ e $|\mathbf{B}| = 1$

Encontrando o valor de κ na equação anterior, obtemos a fórmula a seguir.

Fórmula vetorial para curvatura

$$\kappa = \frac{|\mathbf{v} \times \mathbf{a}|}{|\mathbf{v}|^3} \qquad (5)$$

A Equação (5) calcula a curvatura, uma propriedade geométrica da curva, a partir da velocidade e da aceleração de qualquer representação vetorial da curva na qual $|\mathbf{v}|$ é diferente de zero. Pense por um momento como isso é notável: a partir de qualquer fórmula para o movimento ao longo de uma curva, não importa quão variável possa ser o movimento (desde que $\mathbf{v}$ nunca seja zero), podemos calcular uma propriedade física da curva que parece não ter relação com a maneira como a curva é percorrida.

A fórmula mais amplamente usada para torção, deduzida em textos mais avançados, é

$$\tau = \frac{\begin{vmatrix} \dot{x} & \dot{y} & \dot{z} \\ \ddot{x} & \ddot{y} & \ddot{z} \\ \dddot{x} & \dddot{y} & \dddot{z} \end{vmatrix}}{|\mathbf{v} \times \mathbf{a}|^2} \qquad (\text{se } \mathbf{v} \times \mathbf{a} \neq \mathbf{0}) \qquad (6)$$

Essa fórmula calcula a torção diretamente a partir das derivadas das funções componentes $x = f(t)$, $y = g(t)$, $z = h(t)$ que formam $\mathbf{r}$. A primeira linha do determinante vem de $\mathbf{v}$, a segunda vem de $\mathbf{a}$ e a terceira vem de $\dot{\mathbf{a}} = d\mathbf{a}/dt$.

Notação de Newton para derivadas

Os pontos na Equação (6) denotam derivação em relação a t, uma derivada para cada ponto. Assim $\dot{x}$ ("x ponto") significa dx/dt, $\ddot{x}$ ("x dois pontos") significa d^2x/dt^2 e $\dddot{x}$ ("x três pontos") significa d^3x/dt^3. De maneira similar, $\dot{y} = dy/dt$ e assim por diante.

EXEMPLO 2 Encontrando a curvatura e a torção

Use as equações (5) e (6) para encontrar κ e τ para a hélice

$$\mathbf{r}(t) = (a \cos t)\mathbf{i} + (a \operatorname{sen} t)\mathbf{j} + bt\mathbf{k}, \quad a, b \geq 0, \quad a^2 + b^2 \neq 0$$

SOLUÇÃO Calculamos a curvatura com a Equação (5):

$$\mathbf{v} = -(a \operatorname{sen} t)\mathbf{i} + (a \cos t)\mathbf{j} + b\mathbf{k}$$
$$\mathbf{a} = -(a \cos t)\mathbf{i} - (a \operatorname{sen} t)\mathbf{j}$$

$$\mathbf{v} \times \mathbf{a} = \begin{vmatrix} \mathbf{i} & \mathbf{j} & \mathbf{k} \\ -a \operatorname{sen} t & a \cos t & b \\ -a \cos t & -a \operatorname{sen} t & 0 \end{vmatrix}$$

$$= (ab \operatorname{sen} t)\mathbf{i} - (ab \cos t)\mathbf{j} + a^2\mathbf{k}$$

$$\kappa = \frac{|\mathbf{v} \times \mathbf{a}|}{|\mathbf{v}|^3} = \frac{\sqrt{a^2b^2 + a^4}}{(a^2 + b^2)^{3/2}} = \frac{a\sqrt{a^2 + b^2}}{(a^2 + b^2)^{3/2}} = \frac{a}{a^2 + b^2} \quad (7)$$

Observe que a Equação (7) está de acordo com o resultado do Exemplo 5, na Seção 13.4, onde calculamos a curvatura diretamente de sua definição.

Para calcularmos a torção pela fórmula dada na Equação (6), encontramos as entradas no determinante derivando **r** em relação a *t*. Já temos **v** e **a** e

$$\dot{\mathbf{a}} = \frac{d\mathbf{a}}{dt} = (a \operatorname{sen} t)\mathbf{i} - (a \cos t)\mathbf{j}$$

Portanto,

$$\tau = \frac{\begin{vmatrix} \dot{x} & \dot{y} & \dot{z} \\ \ddot{x} & \ddot{y} & \ddot{z} \\ \dddot{x} & \dddot{y} & \dddot{z} \end{vmatrix}}{|\mathbf{v} \times \mathbf{a}|^2} = \frac{\begin{vmatrix} -a \operatorname{sen} t & a \cos t & b \\ -a \cos t & -a \operatorname{sen} t & 0 \\ a \operatorname{sen} t & -a \cos t & 0 \end{vmatrix}}{\left(a\sqrt{a^2 + b^2}\right)^2}$$

Valor de $|\mathbf{v} \times \mathbf{a}|$ extraído da Equação (7).

$$= \frac{b(a^2 \cos^2 t + a^2 \operatorname{sen}^2 t)}{a^2(a^2 + b^2)}$$

$$= \frac{b}{a^2 + b^2}$$

Por essa última equação, vemos que a torção de uma hélice ao redor de um cilindro circular é constante. Na verdade, curvatura e torção constantes caracterizam a hélice dentre todas as curvas no espaço.

Fórmulas para curvas no espaço

Vetor tangente unitário: $\mathbf{T} = \dfrac{\mathbf{v}}{|\mathbf{v}|}$

Vetor normal unitário principal: $\mathbf{N} = \dfrac{d\mathbf{T}/dt}{|d\mathbf{T}/dt|}$

Vetor binormal: $\mathbf{B} = \mathbf{T} \times \mathbf{N}$

Curvatura: $\kappa = \left|\dfrac{d\mathbf{T}}{ds}\right| = \dfrac{|\mathbf{v} \times \mathbf{a}|}{|\mathbf{v}|^3}$

Torção: $\tau = -\dfrac{d\mathbf{B}}{ds} \cdot \mathbf{N} = \dfrac{\begin{vmatrix} \dot{x} & \dot{y} & \dot{z} \\ \ddot{x} & \ddot{y} & \ddot{z} \\ \dddot{x} & \dddot{y} & \dddot{z} \end{vmatrix}}{|\mathbf{v} \times \mathbf{a}|^2}$

Componentes escalares tangencial e normal da aceleração:

$$\mathbf{a} = a_{\mathrm{T}}\mathbf{T} + a_{\mathrm{N}}\mathbf{N}$$

$$a_{\mathrm{T}} = \frac{d}{dt}|\mathbf{v}|$$

$$a_{\mathrm{N}} = \kappa|\mathbf{v}|^2 = \sqrt{|\mathbf{a}|^2 - a_{\mathrm{T}}^2}$$

Exercícios 13.5

Encontrando a torção e o vetor binomial

Para os exercícios 1–8, você encontrou **T**, **N** e κ na Seção 13.4 (Exercícios 9–16). Agora, encontre **B** e τ para as curvas espaciais a seguir.

1. $\mathbf{r}(t) = (3 \text{ sen } t)\mathbf{i} + (3 \cos t)\mathbf{j} + 4t\mathbf{k}$
2. $\mathbf{r}(t) = (\cos t + t \text{ sen } t)\mathbf{i} + (\text{sen } t - t \cos t)\mathbf{j} + 3\mathbf{k}$
3. $\mathbf{r}(t) = (e^t \cos t)\mathbf{i} + (e^t \text{ sen } t)\mathbf{j} + 2\mathbf{k}$
4. $\mathbf{r}(t) = (6 \text{ sen } 2t)\mathbf{i} + (6 \cos 2t)\mathbf{j} + 5t\mathbf{k}$
5. $\mathbf{r}(t) = (t^3/3)\mathbf{i} + (t^2/2)\mathbf{j}, \quad t > 0$
6. $\mathbf{r}(t) = (\cos^3 t)\mathbf{i} + (\text{sen}^3 t)\mathbf{j}, \quad 0 < t < \pi/2$
7. $\mathbf{r}(t) = t\mathbf{i} + (a \cosh (t/a))\mathbf{j}, \quad a > 0$
8. $\mathbf{r}(t) = (\cosh t)\mathbf{i} - (\text{senh } t)\mathbf{j} + t\mathbf{k}$

Componentes tangencial e normal da aceleração

Nos exercícios 9 e 10, escreva **a** na forma $a_T\mathbf{T} + a_N\mathbf{N}$ sem encontrar **T** e **N**.

9. $\mathbf{r}(t) = (a \cos t)\mathbf{i} + (a \text{ sen } t)\mathbf{j} + bt\mathbf{k}$
10. $\mathbf{r}(t) = (1 + 3t)\mathbf{i} + (t - 2)\mathbf{j} - 3t\mathbf{k}$

Nos exercícios 11–14, escreva **a** na forma $\mathbf{a} = a_T\mathbf{T} + a_N\mathbf{N}$ no valor dado de t sem encontrar **T** e **N**.

11. $\mathbf{r}(t) = (t + 1)\mathbf{i} + 2t\mathbf{j} + t^2\mathbf{k}, \quad t = 1$
12. $\mathbf{r}(t) = (t \cos t)\mathbf{i} + (t \text{ sen } t)\mathbf{j} + t^2\mathbf{k}, \quad t = 0$
13. $\mathbf{r}(t) = t^2\mathbf{i} + (t + (1/3)t^3)\mathbf{j} + (t - (1/3)t^3)\mathbf{k}, \quad t = 0$
14. $\mathbf{r}(t) = (e^t \cos t)\mathbf{i} + (e^t \text{ sen } t)\mathbf{j} + \sqrt{2}e^t\mathbf{k}, \quad t = 0$

Nos exercícios 15 e 16, encontre **r**, **T**, **N** e **B** no valor dado de t. Depois encontre equações para os planos osculador, normal e retificador no valor dado de t.

15. $\mathbf{r}(t) = (\cos t)\mathbf{i} + (\text{sen } t)\mathbf{j} - \mathbf{k}, \quad t = \pi/4$
16. $\mathbf{r}(t) = (\cos t)\mathbf{i} + (\text{sen } t)\mathbf{j} + t\mathbf{k}, \quad t = 0$

Aplicações físicas

17. O velocímetro do seu carro marca 35 mi/h constantes. Você poderia estar acelerando? Explique.
18. Pode-se dizer algo sobre a aceleração de uma partícula que está se movendo no espaço a uma velocidade constante? Justifique a sua resposta.
19. Pode-se dizer algo sobre o módulo da velocidade de uma partícula cuja aceleração é sempre ortogonal à sua velocidade? Justifique a sua resposta.
20. Um objeto de massa m se move ao longo da parábola $y = x^2$ com um módulo de velocidade constante de 10 unidades/s. Qual é a força sobre o objeto provocada por sua aceleração em (0, 0)? E em $(2^{1/2}, 2)$? Dê suas respostas em termos de **i** e **j**. (Lembre-se da lei de Newton $\mathbf{F} = m\mathbf{a}$.)
21. A citação a seguir foi extraída de um artigo de Robert Osserman no *American Mathematical Monthly* intitulado "Curvature in the eighties", out. 1990, p. 731:

    > "A curvatura também tem um papel-chave em física. A norma de uma força necessária para mover um objeto com módulo de velocidade constante ao longo de um caminho curvo é, de acordo com as leis de Newton, um múltiplo constante da curvatura das trajetórias."

    Explique matematicamente por que a segunda sentença da citação é verdadeira.
22. Mostre que uma partícula em movimento se moverá em uma linha reta se a componente normal da sua aceleração for zero.
23. **Um eventual atalho para curvatura** Se conhecemos $|a_N|$ e $|\mathbf{v}|$, então a fórmula $a_N = \kappa|\mathbf{v}|^2$ dá uma maneira conveniente de encontrar a curvatura. Use isso para encontrar a curvatura e o raio de curvatura da curva

    $$\mathbf{r}(t) = (\cos t + t \text{ sen } t)\mathbf{i} + (\text{sen } t - t \cos t)\mathbf{j}, \qquad t > 0$$

    (Tome a_N e $|\mathbf{v}|$ do Exemplo 1.)
24. Mostre que κ e τ são ambos zero para a reta

    $$\mathbf{r}(t) = (x_0 + At)\mathbf{i} + (y_0 + Bt)\mathbf{j} + (z_0 + Ct)\mathbf{k}$$

Teoria e exemplos

25. O que pode ser dito sobre a torção de uma curva plana lisa $\mathbf{r}(t) = f(t)\mathbf{i} + g(t)\mathbf{j}$? Justifique a sua resposta.
26. **A torção de uma hélice** No Exemplo 2, encontramos a torção da hélice

    $$\mathbf{r}(t) = (a \cos t)\mathbf{i} + (a \text{ sen } t)\mathbf{j} + bt\mathbf{k}, \qquad a, b \geq 0$$

    como $\tau = b/(a^2 + b^2)$. Qual é o maior valor que τ pode ter para dado valor de a? Justifique a sua resposta.
27. **Curvas deriváveis com torção zero estão em planos** Se uma curva suficientemente diferenciável com torção zero está em um plano, isso é um caso especial de uma partícula cuja velocidade permanece perpendicular a um vetor fixo **C** então ela se move em um plano perpendicular a **C**. Isso, por sua vez, pode ser visto como a solução do seguinte problema de cálculo:

Suponha que $\mathbf{r}(t) = f(t)\mathbf{i} + g(t)\mathbf{j} + h(t)\mathbf{k}$ seja duas vezes derivável para todo t em um intervalo $[a, b]$, que $\mathbf{r} = 0$ quando $t = a$ e que $\mathbf{v} \cdot \mathbf{k} = 0$ para todo t em $[a, b]$. Então $h(t) = 0$ para todo t em $[a, b]$.

Resolva esse problema. (*Sugestão*: Comece com $\mathbf{a} = d^2\mathbf{r}/dt^2$ e aplique as condições iniciais na ordem inversa.)

28. Uma fórmula que calcula τ a partir de B e v Se começamos com a definição $\tau = -(d\mathbf{B}/ds) \cdot \mathbf{N}$ e aplicamos a regra da cadeia para reescrever $d\mathbf{B}/ds$ como

$$\frac{d\mathbf{B}}{ds} = \frac{d\mathbf{B}}{dt}\frac{dt}{ds} = \frac{d\mathbf{B}}{dt}\frac{1}{|\mathbf{v}|}$$

chegamos à fórmula

$$\tau = -\frac{1}{|\mathbf{v}|}\left(\frac{d\mathbf{B}}{dt}\cdot\mathbf{N}\right)$$

A vantagem dessa fórmula em relação à Equação (6) é que esta é mais fácil de deduzir e escrever. A desvantagem é que podemos ter muito trabalho para fazer os cálculos sem computador. Use a nova fórmula para encontrar a torção da hélice no Exemplo 2.

USANDO O COMPUTADOR

Curvatura, torção e triedro de Frenet

Arredondando as respostas para quatro casas decimais, use um SAC para encontrar **v**, **a**, módulo da velocidade, **T**, **N**, **B**, κ, τ e as componentes tangencial e normal de aceleração para as curvas nos exercícios 29–32 para os valores de t dados.

29. $\mathbf{r}(t) = (t\cos t)\mathbf{i} + (t\,\text{sen}\,t)\mathbf{j} + t\mathbf{k}, \quad t = \sqrt{3}$
30. $\mathbf{r}(t) = (e^t\cos t)\mathbf{i} + (e^t\,\text{sen}\,t)\mathbf{j} + e^t\mathbf{k}, \quad t = \ln 2$
31. $\mathbf{r}(t) = (t - \text{sen}\,t)\mathbf{i} + (1 - \cos t)\mathbf{j} + \sqrt{-t}\mathbf{k}, \quad t = -3\pi$
32. $\mathbf{r}(t) = (3t - t^2)\mathbf{i} + (3t^2)\mathbf{j} + (3t + t^3)\mathbf{k}, \quad t = 1$

13.6 Movimento planetário e satélites

Nesta seção, deduziremos as leis de Kepler de movimento planetário a partir das leis de Newton de movimento e gravitação e discutiremos as órbitas de satélites terrestres. A dedução das leis de Kepler a partir das leis de Newton é um dos triunfos do cálculo. Isso se baseia em quase tudo o que estudamos até agora, incluindo a álgebra e a geometria de vetores nos espaço, o cálculo de funções vetoriais, a solução de equações diferenciais e problemas de valor inicial e a descrição das coordenadas polares de seções cônicas.

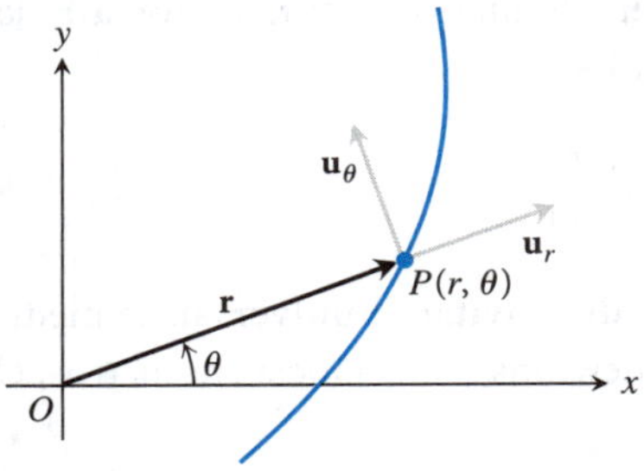

FIGURA 13.32 O comprimento de **r** é a coordenada polar positiva r do ponto P. Assim, $\mathbf{u}_r$ que é $\mathbf{r}/|\mathbf{r}|$ é também $\mathbf{r}/r$. As equações (1) expressam $\mathbf{u}_r$ e $\mathbf{u}_\theta$ em termos de **i** e **j**.

Movimento em coordenadas polares e cilíndricas

Quando uma partícula se move ao longo de uma curva no plano de coordenadas polares, expressamos sua posição, velocidade e aceleração em termos dos vetores unitários móveis

$$\mathbf{u}_r = (\cos\theta)\mathbf{i} + (\text{sen}\,\theta)\mathbf{j}, \qquad \mathbf{u}_\theta = -(\text{sen}\,\theta)\mathbf{i} + (\cos\theta)\mathbf{j} \tag{1}$$

mostrados na Figura 13.32. O vetor $\mathbf{u}_r$ aponta ao longo do vetor posição $\overrightarrow{OP}$, assim $\mathbf{r} = r\mathbf{u}_r$. O vetor $\mathbf{u}_\theta$, ortogonal a $\mathbf{u}_r$, aponta na direção de θ crescente.

Com as equações (1), descobrimos que

$$\begin{aligned}\frac{d\mathbf{u}_r}{d\theta} &= -(\text{sen}\,\theta)\mathbf{i} + (\cos\theta)\mathbf{j} = \mathbf{u}_\theta \\ \frac{d\mathbf{u}_\theta}{d\theta} &= -(\cos\theta)\mathbf{i} - (\text{sen}\,\theta)\mathbf{j} = -\mathbf{u}_r\end{aligned} \tag{2}$$

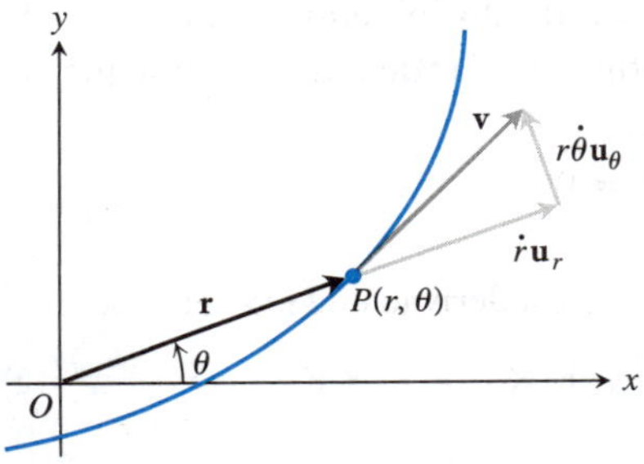

FIGURA 13.33 Em coordenadas polares, o vetor velocidade é

$$\mathbf{v} = \dot{r}\mathbf{u}_r + r\dot{\theta}\mathbf{u}_\theta$$

Quando derivamos $\mathbf{u}_r$ e $\mathbf{u}_\theta$ em relação a t para descobrir como variam em relação ao tempo, a regra da cadeia dá

$$\dot{\mathbf{u}}_r = \frac{d\mathbf{u}_r}{d\theta}\dot{\theta} = \dot{\theta}\mathbf{u}_\theta, \qquad \dot{\mathbf{u}}_\theta = \frac{d\mathbf{u}_\theta}{d\theta}\dot{\theta} = -\dot{\theta}\mathbf{u}_r \tag{3}$$

Assim,

$$\mathbf{v} = \dot{\mathbf{r}} = \frac{d}{dt}\left(r\mathbf{u}_r\right) = \dot{r}\mathbf{u}_r + r\dot{\mathbf{u}}_r = \dot{r}\mathbf{u}_r + r\dot{\theta}\mathbf{u}_\theta \tag{4}$$

Veja a Figura 13.33. Como na seção anterior, usaremos a notação de Newton para derivadas relativas ao tempo para manter as fórmulas o mais simples possível: $\dot{\mathbf{u}}_r$ significa $d\mathbf{u}_r/dt$, $\dot{\theta}$ significa $d\theta/dt$ e assim por diante.

A aceleração é

$$\mathbf{a} = \dot{\mathbf{v}} = (\ddot{r}\mathbf{u}_r + \dot{r}\dot{\mathbf{u}}_r) + (\dot{r}\dot{\theta}\mathbf{u}_\theta + r\ddot{\theta}\mathbf{u}_\theta + r\dot{\theta}\dot{\mathbf{u}}_\theta) \quad (5)$$

Quando as equações (3) são usadas para calcular $\dot{\mathbf{u}}_r$ e $\dot{\mathbf{u}}_\theta$ e as componentes são separadas, a equação de aceleração torna-se

$$\mathbf{a} = (\ddot{r} - r\dot{\theta}^2)\mathbf{u}_r + (r\ddot{\theta} + 2\dot{r}\dot{\theta})\mathbf{u}_\theta \quad (6)$$

Observe que $|\mathbf{r}| \neq r$ se $z \neq 0$.

Para estendermos essas equações de movimento para o espaço, adicionamos $z\mathbf{k}$ ao lado direito da equação $\mathbf{r} = r\mathbf{u}_r$. Então, em *coordenadas cilíndricas*,

$$\begin{aligned}\mathbf{r} &= r\mathbf{u}_r + z\mathbf{k}\\ \mathbf{v} &= \dot{r}\mathbf{u}_r + r\dot{\theta}\mathbf{u}_\theta + \dot{z}\mathbf{k}\\ \mathbf{a} &= (\ddot{r} - r\dot{\theta}^2)\mathbf{u}_r + (r\ddot{\theta} + 2\dot{r}\dot{\theta})\mathbf{u}_\theta + \ddot{z}\mathbf{k}\end{aligned} \quad (7)$$

Os vetores $\mathbf{u}_r$, $\mathbf{u}_\theta$ e $\mathbf{k}$ formam um referencial orientado positivamente (Figura 13.34) no qual

$$\mathbf{u}_r \times \mathbf{u}_\theta = \mathbf{k}, \qquad \mathbf{u}_\theta \times \mathbf{k} = \mathbf{u}_r, \qquad \mathbf{k} \times \mathbf{u}_r = \mathbf{u}_\theta \quad (8)$$

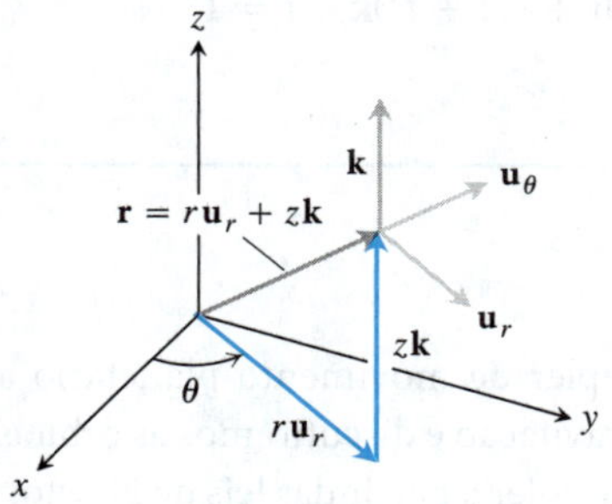

FIGURA 13.34 Vetor posição e vetores unitários básicos em coordenadas cilíndricas.

Planetas se movem em planos

A lei de Newton da gravitação diz que, se **r** é o raio vetor do centro de um sol de massa M até o centro de um planeta de massa m, então a força **F** da atração gravitacional entre o planeta e o Sol é

$$\mathbf{F} = -\frac{GmM}{|\mathbf{r}|^2}\frac{\mathbf{r}}{|\mathbf{r}|} \quad (9)$$

(Figura 13.35). O número G é a **constante de gravitação universal**. Se medimos a massa em quilogramas, a força em newtons e a distância em metros, G é cerca de $6{,}6726 \times 10^{-11}$ Nm²kg⁻².

A combinação da Equação (9) com a segunda lei de Newton $\mathbf{F} = m\ddot{\mathbf{r}}$ para a força agindo sobre o planeta dá

$$m\ddot{\mathbf{r}} = -\frac{GmM}{|\mathbf{r}|^2}\frac{\mathbf{r}}{|\mathbf{r}|}$$

$$\ddot{\mathbf{r}} = -\frac{GM}{|\mathbf{r}|^2}\frac{\mathbf{r}}{|\mathbf{r}|} \quad (10)$$

O planeta é acelerado em direção ao centro do Sol todo o tempo.

A Equação (10) diz que $\ddot{\mathbf{r}}$ é um múltiplo escalar de **r**, de maneira que

$$\mathbf{r} \times \ddot{\mathbf{r}} = \mathbf{0} \quad (11)$$

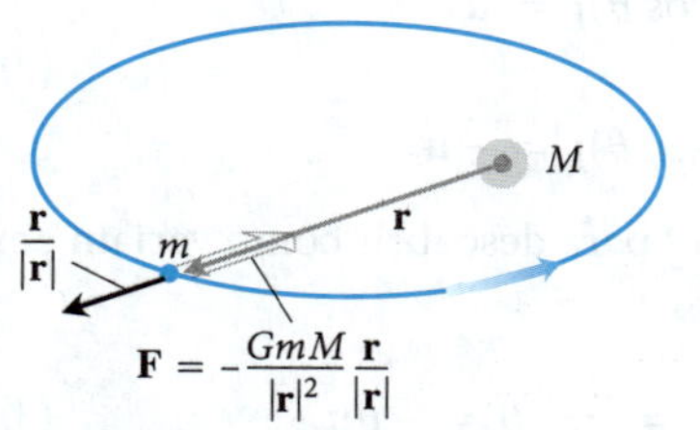

FIGURA 13.35 A força da gravidade está dirigida ao longo da reta que une os centros de massa.

Um cálculo de rotina mostra que $\mathbf{r} \times \dot{\mathbf{r}}$ é a derivada de $\mathbf{r} \times \dot{\mathbf{r}}$:

$$\frac{d}{dt}(\mathbf{r} \times \dot{\mathbf{r}}) = \underbrace{\dot{\mathbf{r}} \times \dot{\mathbf{r}}}_{\mathbf{0}} + \mathbf{r} \times \ddot{\mathbf{r}} = \mathbf{r} \times \ddot{\mathbf{r}} \quad (12)$$

Conseqüentemente, a Equação (11) é equivalente a

$$\frac{d}{dt}(\mathbf{r} \times \dot{\mathbf{r}}) = \mathbf{0} \quad (13)$$

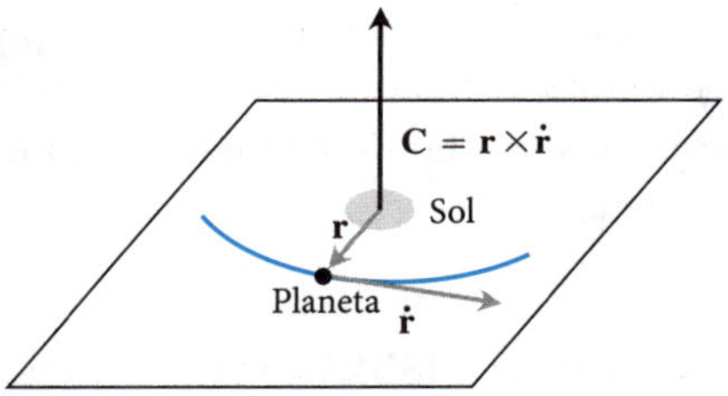

FIGURA 13.36 Um planeta que obedece às leis de Newton de gravitação e movimento desloca-se no plano que passa pelo centro de massa do Sol perpendicular a $\mathbf{C} = \mathbf{r} \times \dot{\mathbf{r}}$.

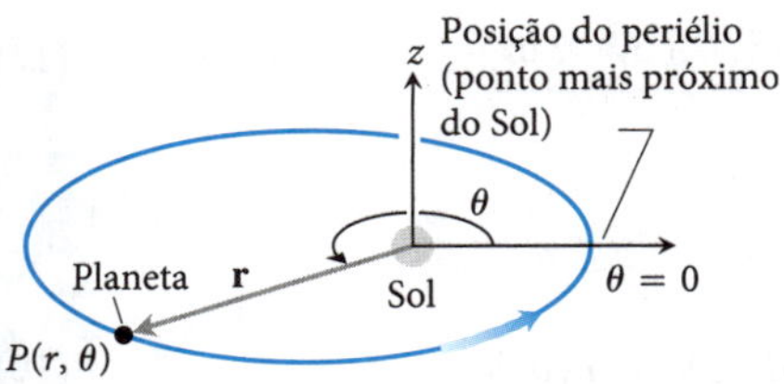

FIGURA 13.37 O sistema de coordenadas para o movimento planetário. O movimento ocorre no sentido anti-horário quando visto de cima, como aqui, e $\dot{\theta} > 0$.

que se integra a

$$\mathbf{r} \times \dot{\mathbf{r}} = \mathbf{C} \tag{14}$$

para algum vetor constante **C**.

A Equação (14) nos diz que **r** e $\dot{\mathbf{r}}$ sempre estão em um plano perpendicular a **C**. Conseqüentemente, o planeta se move dentro de um plano fixo, através do centro de massa do seu Sol (Figura 13.36).

Coordenadas e condições iniciais

Agora, introduziremos coordenadas de um modo que coloca a origem no centro de massa do Sol e torna o plano do movimento do planeta no plano de coordenadas polares. Isso faz que **r** seja o vetor posição do planeta em coordenadas polares, que $|\mathbf{r}|$ seja igual a r e $\mathbf{r}/|\mathbf{r}|$ seja igual a $\mathbf{u}_r$. Também posicionaremos o eixo z de maneira que **k** seja o versor de **C**. Assim, **k** tem a mesma relação da regra da mão direita com $\mathbf{r} \times \dot{\mathbf{r}}$ que **C** tem e o movimento do planeta é anti-horário quando visto do eixo z positivo. Isso faz θ aumentar com t, de maneira que $\dot{\theta} > 0$ para todo t. Por fim, giraremos o plano de coordenadas polares ao redor do eixo z, se for necessário, para fazer o raio inicial coincidir com a direção que **r** tem quando o planeta está mais próximo do Sol. Isso faz o raio inicial passar pela posição de **periélio** do planeta (Figura 13.37).

Se medimos o tempo de tal modo que $t = 0$ no periélio, temos as seguintes condições iniciais para o movimento do planeta:

1. $r = r_0$, o raio mínimo, quando $t = 0$;
2. $\dot{r} = 0$ quando $t = 0$ (porque r tem um valor mínimo aí);
3. $\theta = 0$ quando $t = 0$;
4. $|\mathbf{v}| = v_0$ quando $t = 0$.

Como

$$\begin{aligned} v_0 &= |\mathbf{v}|_{t=0} \\ &= \left|\dot{r}\mathbf{u}_r + r\dot{\theta}\mathbf{u}_\theta\right|_{t=0} && \text{Equação (4)} \\ &= \left|r\dot{\theta}\mathbf{u}_\theta\right|_{t=0} && \dot{r} = 0 \text{ quando } t = 0 \\ &= \left(\left|r\dot{\theta}\right|\left|\mathbf{u}_\theta\right|\right)_{t=0} \\ &= \left|r\dot{\theta}\right|_{t=0} && \left|\mathbf{u}_\theta\right| = 1 \\ &= \left(r\dot{\theta}\right)_{t=0} && r \text{ e } \dot{\theta}\text{, ambos positivos} \end{aligned}$$

também sabemos que

5. $r\dot{\theta} = v_0$ quando $t = 0$.

Companion Website
Biografia histórica
Johannes Kepler (1571–1630)

Primeira lei de Kepler (a lei da seção cônica)

A *primeira lei de Kepler* diz que a trajetória de um planeta é uma seção cônica com o Sol em um foco. A excentricidade da cônica é

$$e = \frac{r_0 v_0^2}{GM} - 1 \tag{15}$$

e a equação polar é

$$r = \frac{(1 + e)r_0}{1 + e \cos \theta} \tag{16}$$

A dedução usa a segunda lei de Kepler, assim estabeleceremos e provaremos a segunda lei antes de provar a primeira.

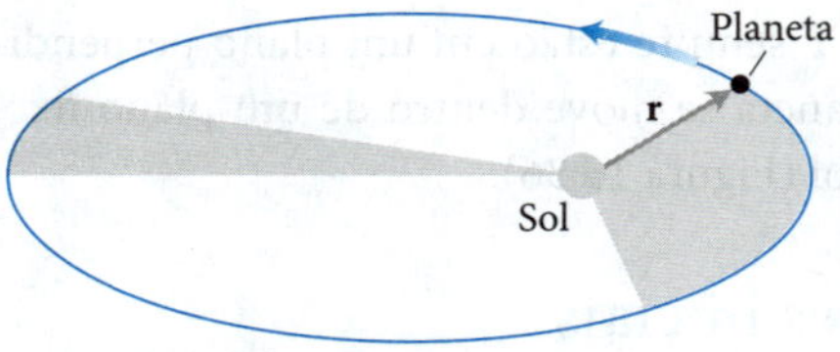

FIGURA 13.38 A reta ligando um planeta ao seu Sol varre áreas iguais em tempos iguais.

Segunda lei de Kepler (a lei das áreas iguais)

A *segunda lei de Kepler* diz que o vetor raio do Sol até o planeta (o vetor **r** em nosso modelo) varre áreas iguais em tempos iguais (Figura 13.38). Para deduzirmos a lei, usamos a Equação (4) para calcular o produto vetorial $\mathbf{C} = \mathbf{r} \times \dot{\mathbf{r}}$ da Equação (14):

$$\begin{aligned}\mathbf{C} &= \mathbf{r} \times \dot{\mathbf{r}} = \mathbf{r} \times \mathbf{v} \\ &= r\mathbf{u}_r \times (\dot{r}\mathbf{u}_r + r\dot{\theta}\mathbf{u}_\theta) && \text{Equação (4)} \\ &= r\dot{r}\underbrace{(\mathbf{u}_r \times \mathbf{u}_r)}_{\mathbf{0}} + r(r\dot{\theta})\underbrace{(\mathbf{u}_r \times \mathbf{u}_\theta)}_{\mathbf{k}} && (17) \\ &= r(r\dot{\theta})\mathbf{k}\end{aligned}$$

Fazer t igual a zero mostra que

$$\mathbf{C} = [r(r\dot{\theta})]_{t=0}\,\mathbf{k} = r_0 v_0 \mathbf{k} \tag{18}$$

A substituição de **C** por esse valor na Equação (17) dá

$$r_0 v_0 \mathbf{k} = r^2\dot{\theta}\mathbf{k}, \qquad \text{ou} \qquad r^2\dot{\theta} = r_0 v_0 \tag{19}$$

É nisso que a área entra. O elemento de área em coordenadas polares é

$$dA = \frac{1}{2} r^2\, d\theta$$

(Seção 10.7). Portanto, dA/dt tem o valor constante

$$\frac{dA}{dt} = \frac{1}{2} r^2 \dot{\theta} = \frac{1}{2} r_0 v_0 \tag{20}$$

que é a segunda lei de Kepler.

Para a Terra, r_0 é de cerca de 150.000.000 km, v_0 é de cerca de 30 km/s e dA/dt é de cerca de 2.250.000.000 km²/s. Toda vez que nosso coração bate, a Terra avança 30 km ao longo de sua órbita e o raio ligando a Terra ao Sol varre 2.250.000.000 km²/s de área.

Prova da primeira lei de Kepler

Para provar que um planeta se move ao longo de uma seção cônica com um foco no Sol, precisamos expressar o raio r do planeta como uma função de θ. Isso requer uma longa seqüência de cálculos e algumas substituições que não são óbvias.

Começamos com a equação que aparece ao igualarmos os coeficientes de $\mathbf{u}_r = \mathbf{r}/|\mathbf{r}|$ nas equações (6) e (10):

$$\ddot{r} - r\dot{\theta}^2 = -\frac{GM}{r^2} \tag{21}$$

Eliminamos $\dot{\theta}$ temporariamente substituindo-o por r_0v_0/r^2 da Equação (19) e rearranjamos a equação resultante para obter

$$\ddot{r} = \frac{r_0^2 v_0^2}{r^3} - \frac{GM}{r^2} \tag{22}$$

Mudamos essa equação para uma equação de primeira ordem fazendo uma mudança de variável. Com

$$p = \frac{dr}{dt}, \qquad \frac{d^2r}{dt^2} = \frac{dp}{dt} = \frac{dp}{dr}\frac{dr}{dt} = p\frac{dp}{dr} \qquad \text{Regra da cadeia}$$

a Equação (22) se torna

$$p\frac{dp}{dr} = \frac{r_0{}^2 v_0{}^2}{r^3} - \frac{GM}{r^2} \tag{23}$$

A multiplicação de tudo por 2 e a integração em relação a r dão

$$p^2 = (\dot{r})^2 = -\frac{r_0{}^2 v_0{}^2}{r^2} + \frac{2GM}{r} + C_1 \tag{24}$$

As condições iniciais de que $r = r_0$ e $\dot{r} = 0$ quando $t = 0$ determinam o valor de C_1

$$C_1 = v_0{}^2 - \frac{2GM}{r_0}$$

Assim, a Equação (24), depois de ser rearranjada adequadamente, torna-se

$$\dot{r}^2 = v_0{}^2\left(1 - \frac{r_0{}^2}{r^2}\right) + 2GM\left(\frac{1}{r} - \frac{1}{r_0}\right) \tag{25}$$

A conseqüência de ir da Equação (21) para a Equação (25) é a troca de uma equação diferencial de segunda ordem em r por uma equação diferencial de primeira ordem em r. Nosso objetivo ainda é expressar r em termos de θ, assim agora traremos de volta θ. Para conseguirmos isso, dividimos ambos os lados da Equação (25) pelos quadrados dos lados correspondentes da equação $r^2\dot{\theta} = r_0v_0$ (Equação (19)) e usamos a equação $\dot{r}/\dot{\theta} = (dr/dt)(d\theta/dt) = dr/d\theta$ para obter

$$\begin{aligned}\frac{1}{r^4}\left(\frac{dr}{d\theta}\right)^2 &= \frac{1}{r_0{}^2} - \frac{1}{r^2} + \frac{2GM}{r_0{}^2v_0{}^2}\left(\frac{1}{r} - \frac{1}{r_0}\right) \\ &= \frac{1}{r_0{}^2} - \frac{1}{r^2} + 2h\left(\frac{1}{r} - \frac{1}{r_0}\right) \qquad h = \frac{GM}{r_0{}^2v_0{}^2}\end{aligned} \tag{26}$$

Para simplificarmos mais ainda, fazemos a substituição

$$u = \frac{1}{r}, \qquad u_0 = \frac{1}{r_0}, \qquad \frac{du}{d\theta} = -\frac{1}{r^2}\frac{dr}{d\theta}, \qquad \left(\frac{du}{d\theta}\right)^2 = \frac{1}{r^4}\left(\frac{dr}{d\theta}\right)^2$$

obtendo

$$\left(\frac{du}{d\theta}\right)^2 = u_0{}^2 - u^2 + 2hu - 2hu_0 = (u_0 - h)^2 - (u - h)^2 \tag{27}$$

$$\frac{du}{d\theta} = \pm\sqrt{(u_0 - h)^2 - (u - h)^2} \tag{28}$$

Qual sinal escolhemos? Sabemos que $\dot{\theta} = r_0v_0/r^2$ é positivo. Além disso, r começa em um valor mínimo em $t = 0$, assim não pode decrescer imediatamente, e $\dot{r} \geq 0$, pelo menos para valores iniciais de t. Portanto,

$$\frac{dr}{d\theta} = \frac{\dot{r}}{\dot{\theta}} \geq 0 \qquad \text{e} \qquad \frac{du}{d\theta} = -\frac{1}{r^2}\frac{dr}{d\theta} \leq 0$$

O sinal correto para a Equação (28) é o sinal negativo. Com isso determinado, rearranjamos a Equação (28) e integramos ambos os lados em relação a θ:

$$\frac{-1}{\sqrt{(u_0 - h)^2 - (u - h)^2}} \frac{du}{d\theta} = 1$$
$$\cos^{-1}\left(\frac{u - h}{u_0 - h}\right) = \theta + C_2 \tag{29}$$

A constante C_2 é zero porque $u = u_0$ quando $\theta = 0$ e $\cos^{-1}(1) = 0$. Portanto,

$$\frac{u - h}{u_0 - h} = \cos\theta$$

e

$$\frac{1}{r} = u = h + (u_0 - h)\cos\theta \tag{30}$$

Um pouco mais de manipulação algébrica produz a equação final

$$r = \frac{(1 + e)r_0}{1 + e\cos\theta} \tag{31}$$

onde

$$e = \frac{1}{r_0 h} - 1 = \frac{r_0 v_0^2}{GM} - 1 \tag{32}$$

Juntas, as equações (31) e (32) dizem que a trajetória do planeta é uma seção cônica com um foco no Sol e com excentricidade $(r_0 v_0^2/GM) - 1$. Essa é a formulação moderna da primeira lei de Kepler.

Terceira lei de Kepler (a lei do tempo/distância)

O tempo T que um planeta leva para dar uma volta completa ao redor do seu Sol é o **período orbital** do planeta. A *terceira lei de Kepler* diz que T e o semi-eixo principal a da órbita estão relacionados pela equação

$$\frac{T^2}{a^3} = \frac{4\pi^2}{GM} \tag{33}$$

Como o lado direito dessa equação é constante dentro de dado sistema solar, a razão de T^2 para a^3 *é a mesma para todos os planetas no sistema.*

A terceira lei de Kepler é o ponto inicial para calcularmos o tamanho de nosso sistema solar. Isso permite que o semi-eixo principal de cada órbita planetária seja expresso em unidades astronômicas, com o semi-eixo principal da Terra sendo uma unidade. A distância entre dois planetas quaisquer em um instante qualquer pode ser determinada em unidades astronômicas e tudo o que resta é encontrar uma dessas distâncias em quilômetros. Isso pode ser feito por ondas de radar rebatidas de Vênus, por exemplo. Sabe-se agora, depois de uma série de tais medidas, que a unidade astronômica é 149.597.870 km.

Deduzimos a terceira lei de Kepler combinando duas fórmulas para a área limitada pela órbita elíptica do planeta:

Fórmula 1: Área $= \pi ab$ — A fórmula geométrica na qual a é o semi-eixo principal e b é o semi-eixo secundário.

Fórmula 2:

$$\text{Área} = \int_0^T dA$$

$$= \int_0^T \frac{1}{2} r_0 v_0 \, dt \qquad \text{Equação (20)}$$

$$= \frac{1}{2} T r_0 v_0$$

Igualar essas fórmulas dá

$$T = \frac{2\pi ab}{r_0 v_0} = \frac{2\pi a^2}{r_0 v_0}\sqrt{1 - e^2} \qquad \text{Para qualquer elipse, } b = a\sqrt{1 - e^2} \tag{34}$$

Resta apenas expressar a e r em termos de r_0, v_0, G e M. A Equação (32) faz isso para e. Para a, observamos que tornar θ igual a π na Equação (31) dá

$$r_{\max} = r_0 \frac{1 + e}{1 - e}$$

Conseqüentemente,

$$2a = r_0 + r_{\max} = \frac{2r_0}{1 - e} = \frac{2r_0 GM}{2GM - r_0 v_0^2} \tag{35}$$

Elevar ao quadrado ambos os lados da Equação (34) e substituir os resultados das equações (32) e (35) agora produz a terceira lei de Kepler (Exercício 15).

Dados orbitais

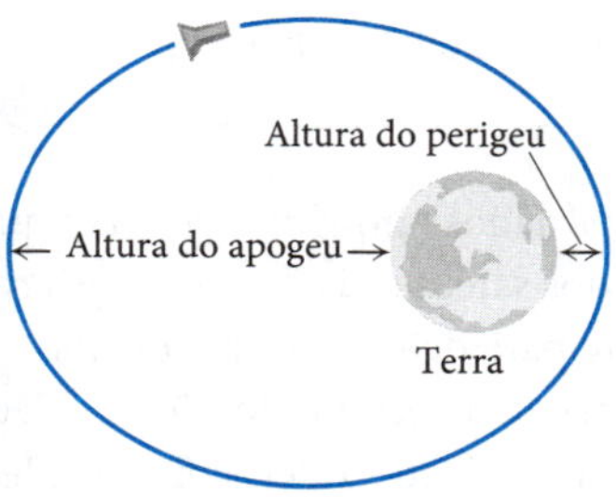

FIGURA 13.39 A órbita de um satélite da Terra: $2a$ = diâmetro da Terra + altura do perigeu + altura do apogeu.

Embora Kepler tenha descoberto suas leis empiricamente e as tenha afirmado apenas para os seis planetas conhecidos na sua época, as derivações modernas das leis de Kepler mostram que elas se aplicam a qualquer corpo movido por uma força que obedece a uma lei do inverso do quadrado, como na Equação (9). Elas se aplicam ao cometa Halley e ao asteróide Ícaro. Aplicam-se também à órbita da Lua ao redor da Terra e se aplicaram à órbita da espaçonave Apollo 8 ao redor da Lua.

As tabelas 13.1 a 13.3 fornecem dados adicionais para órbitas planetárias e para órbitas de sete satélites artificiais da Terra (Figura 13.39). O Vanguard 1 mandou de volta dados que revelaram diferenças entre os níveis dos oceanos na Terra e forneceram a primeira determinação da localização precisa de

TABELA 13.1 Valores de a, e e T para os planetas

Planetas	Semi-eixo principal a*	Excentricidade e	Período T
Mercúrio	57,95	0,2056	87,967 dias
Vênus	108,11	0,0068	224,701 dias
Terra	149,57	0,0167	365,256 dias
Marte	227,84	0,0934	1,8808 anos
Júpiter	778,14	0,0484	11,8613 anos
Saturno	1.427,0	0,0543	29,4568 anos
Urano	2.870,3	0,0460	84,0081 anos
Netuno	4.499,9	0,0082	164,784 anos
Plutão	5.909	0,2481	248,35 anos

*Milhões de quilômetros.

TABELA 13.2 Dados sobre satélites da Terra

Nome	Data de lançamento	Período (esperado) em órbita	Massa no lançamento	Período (min)	Altura do perigeu (km)	Altura do apogeu (km)	Semi-eixo principal α (km)	Excentricidade
Sputnik 1	Out. 1957	57,6 dias	83,6	96,2	215	939	6.955	0,052
Vanguard 1	Mar. 1958	300 anos	1,47	138,5	649	4.340	8.872	0,208
Syncom 3	Ago. 1964	$>10^6$ anos	39	1.436,2	35.718	35.903	42.189	0,002
Skylab 4	Nov. 1973	84,06 dias	13.980	93,11	422	437	6.808	0,001
Tiros II	Out. 1978	500 anos	734	102,12	850	866	7.236	0,001
GOES 4	Set. 1980	$>10^6$ anos	627	1.436,2	35.776	35.800	42.166	0,0003
Intelsat 5	Dez. 1980	$>10^6$ anos	1.928	1.417,67	35.143	35.707	41.803	0,007

TABELA 13.3 Dados numéricos

Constante universal de gravitação:	$G = 6{,}6726 \times 10^{-11}$ Nm^2 kg^{-2}
Massa do Sol:	$1{,}99 \times 10^{30}$ kg
Massa da Terra:	$5{,}975 \times 10^{24}$ kg
Raio equatorial da Terra:	6.378,533 km
Raio polar da Terra:	6.356,912 km
Período de rotação da Terra:	1.436,1 min
Período de translação da Terra:	1 ano = 365,256 dias

algumas das ilhas mais isoladas do Pacífico. Os dados também revelaram que a gravitação do Sol e da Lua afetaria a órbita dos satélites da Terra e que a radiação solar poderia exercer pressão suficiente para deformar uma órbita.

O Syncom 3 é um de uma série de satélites de telecomunicações do Departamento de Defesa dos Estados Unidos. O Tiros II (de Television InfraRed Observation Satellite) é um de uma série de satélites meteorológicos. O GOES 4 (de Geostationary Operational Enviromental Satellite) é um de uma série de satélites projetados para obter informações sobre a atmosfera terrestre. Seu período orbital, de 1.436,2 minutos, é praticamente o mesmo que o período de rotação da Terra, de 1.436,1 minutos, e sua órbita é quase circular ($e = 0{,}0003$). O Intelsat 5 é um satélite comercial de telecomunicações de alta capacidade.

Exercícios 13.6

Lembrete: Quando um cálculo envolve a constante gravitacional G, deve-se expressar a força em newtons, a distância em metros, a massa em quilogramas e o tempo em segundos.

1. **Período do Skylab 4** Como a órbita do Skylab 4 tinha um semi-eixo principal $a = 6.808$ km, a terceira lei de Kepler com M = massa da Terra deve dar o período. Calcule-o. Compare seu resultado com o valor na Tabela 13.2.

2. **Velocidade da Terra no periélio** A distância da Terra ao Sol no periélio é de aproximadamente 149.577.000 km e a excentricidade da órbita da Terra ao redor do Sol é 0,0167. Encontre a velocidade v_0 da Terra em sua órbita no periélio. (Use a Equação (15).)

3. **Semi-eixo principal do Proton I** Em julho de 1965, a URSS lançou o Proton I, pesando 12.200 kg (no lançamento), com

uma altura de perigeu de 183 km, uma altura de apogeu de 589 km e um período de 92,25 min. Usando o dado relevante para a massa da Terra e a constante gravitacional G, encontre o semi-eixo principal a da órbita com a Equação (3). Compare sua resposta com o número que se obtém adicionando as alturas de perigeu e apogeu ao diâmetro da Terra.

4. **Semi-eixo principal da Viking I** A sonda espacial Viking I, a qual examinou Marte de agosto de 1975 a junho de 1976, tinha um período de 1.639 min. Use isso e a massa de Marte, de $6{,}418 \times 10^{23}$ kg, para encontrar o semi-eixo principal da órbita da Viking I.

5. **Diâmetro médio de Marte** *(Continuação do Exercício 4.)* A sonda Viking I estava a 1.499 km da superfície de Marte a seu ponto mais próximo e a 35.800 km da superfície a seu ponto mais distante. Use essa informação juntamente com o valor obtido no Exercício 4 para estimar o diâmetro médio de Marte.

6. **Período da Viking 2** A sonda Viking 2, que examinou Marte de setembro de 1975 a agosto de 1976, movia-se em uma elipse cujo semi-eixo principal era de 22.030 km. Qual era seu período orbital? (Expresse a sua resposta em minutos.)

7. **Órbitas geossíncronas** Vários satélites no plano equatorial da Terra têm órbitas aproximadamente circulares cujos períodos são os mesmos que o período de rotação da Terra. Tais órbitas são *geossíncronas*, ou *geoestacionárias*, porque mantêm o satélite sobre a mesma posição na superfície da Terra.

   (a) Qual é, aproximadamente, o semi-eixo principal de uma órbita geossíncrona? Justifique a sua resposta.

   (b) Em que altura, aproximadamente, está uma órbita geossíncrona acima da superfície da Terra?

   (c) Quais dos satélites na Tabela 13.2 têm (aproximadamente) órbitas geossíncronas?

8. A massa de Marte é de $6{,}418 \times 10^{23}$ kg. Se um satélite girando ao redor de Marte deve ficar em órbita estacionária (ter o mesmo período que o período de rotação de Marte, o qual é de 1.477,4 min), qual deve ser o semi-eixo principal de sua órbita? Justifique a sua resposta.

9. **Distância da Terra à Lua** O período de rotação da Lua ao redor da Terra é de $2{,}36055 \times 10^{6}$ s. A que distância, aproximadamente, está a Lua?

10. **Encontrando o módulo da velocidade de um satélite** Um satélite se move ao redor da Terra em uma órbita circular. Expresse o módulo da velocidade do satélite como uma função do raio da órbita.

11. **Período orbital** Se T for medido em segundos e a em metros, qual é o valor de T^2/a^3 para planetas no nosso sistema solar? E para satélites em órbita ao redor da Terra? E para satélites em órbita ao redor da Lua? (A massa da Lua é de $7{,}354 \times 10^{22}$ kg.)

12. **Tipo de órbita** Para quais valores de v_0 na Equação (15) a órbita na Equação (16) é um círculo? Uma elipse? Uma parábola? Uma hipérbole?

13. **Órbitas circulares** Mostre que um planeta em uma órbita circular se move com um módulo de velocidade constante. (*Sugestão*: Isso é uma conseqüência de uma das leis de Kepler.)

14. Suponha que $\mathbf{r}$ seja o vetor posição de uma partícula movendo-se ao longo de uma curva plana e dA/dt seja a taxa na qual o vetor varre a área. Sem introduzir coordenadas e considerando que as derivadas necessárias existem, dê um argumento geométrico baseado em incrementos e limites para a validade da equação

$$\frac{dA}{dt} = \frac{1}{2}|\mathbf{r} \times \dot{\mathbf{r}}|$$

15. **Terceira lei de Kepler** Complete a dedução da terceira lei de Kepler (a parte que se segue à Equação (34)).

Nos exercícios 16 e 17, dois planetas, o planeta A e o planeta B, estão girando ao redor do seu Sol em órbitas circulares, com A sendo o planeta interno e B o planeta mais afastado do Sol. Suponha que as posições de A e B no instante t sejam

$$\mathbf{r}_A(t) = 2\cos(2\pi t)\mathbf{i} + 2\,\text{sen}\,(2\pi t)\mathbf{j}$$

e

$$\mathbf{r}_B(t) = 3\cos(\pi t)\mathbf{i} + 3\,\text{sen}\,(\pi t)\mathbf{j}$$

respectivamente, onde o Sol está localizado na origem e a distância é medida em unidades astronômicas. (Observe que o planeta A se move mais rápido do que o planeta B.)
As pessoas no planeta A consideram seu planeta, não o Sol, como o centro do seu sistema planetário (seu sistema solar).

16. Usando o planeta A como a origem de um novo sistema de coordenadas, dê equações paramétricas para a localização do planeta B no instante t. Escreva sua resposta em termos de cos (πt) e sen (πt).

17. **T** Usando o planeta A como a origem, trace graficamente a trajetória do planeta B.

Este exercício ilustra a dificuldade que as pessoas tinham antes da época de Kepler, com uma visão geocêntrica (planeta A) do nosso sistema solar, para entender os movimentos dos planetas (por exemplo, planeta B = Marte). Veja o artigo de D. G. Saari no *American Monthly*, v. 97, fev. 1990, p. 105-119.

18. Kepler descobriu que a trajetória da Terra ao redor do Sol é uma elipse com o Sol em um dos focos. Seja $\mathbf{r}(t)$ o vetor posição do centro do Sol até o centro da Terra no instante t. Seja $\mathbf{w}$ o vetor do Pólo Sul até o Pólo Norte. Sabe-se que $\mathbf{w}$ é constante e não é ortogonal ao plano da elipse (o eixo da Terra é inclinado). Em termos de $\mathbf{r}(t)$ e $\mathbf{w}$, dê o significado matemático do (i) periélio, (ii) afélio, (iii) equinócio, (iv) solstício de verão e (v) solstício de inverno.

Questões de revisão

1. Escreva as regras para derivação e integração de funções vetoriais. Dê exemplos.

2. Como você define e calcula a velocidade, o módulo da velocidade, a direção do movimento e a aceleração de um corpo que se move ao longo de uma curva plana suficientemente derivável? Dê exemplos.

3. O que há de especial sobre as derivadas de funções vetoriais de módulo constante? Dê um exemplo.

4. O que são equações vetorial e paramétrica para o movimento ideal de um projétil? Como você encontra a altura máxima, o tempo de trajetória no ar e o alcance de um projétil ideal? Dê exemplos.

5. Como definimos e calculamos o comprimento de um segmento de uma curva lisa no espaço? Dê um exemplo. Quais premissas matemáticas estão envolvidas nessa definição?

6. Como medimos a distância ao longo de uma curva lisa no espaço a partir de um ponto-base pré-selecionado? Dê um exemplo.

7. O que é um vetor tangente unitário de uma curva derivável? Dê um exemplo.

8. Defina curvatura, círculo de curvatura (círculo osculador), centro de curvatura e raio de curvatura de curvas duas vezes deriváveis no plano. Dê exemplos. Quais curvas têm curvatura zero? E curvatura constante?

9. O que é um vetor normal principal de uma curva plana? Quando é definido? Para onde aponta? Dê um exemplo.

10. Como definimos $\mathbf{N}$ e κ para curvas no espaço? Como essas quantidades estão relacionadas? Dê exemplos.

11. O que é um vetor binormal a uma curva? Dê um exemplo. Como esse vetor está relacionado à torção da curva? Dê um exemplo.

12. Quais fórmulas estão disponíveis para escrever a aceleração de um corpo em movimento como uma soma das suas componentes tangencial e normal? Dê um exemplo. Por que talvez querer escrever a aceleração dessa maneira? O que acontece se o corpo se move com um módulo de velocidade constante? E se ele se move com um módulo de velocidade constante ao redor de um círculo?

13. Defina as leis de Kepler. A que se aplicam?

Exercícios práticos

Movimento no plano cartesiano

Nos exercícios 1 e 2, esboce as curvas graficamente e desenhe os vetores velocidade e aceleração nos valores de t dados. Em seguida, escreva $\mathbf{a}$ na forma $\mathbf{a} = a_T\mathbf{T} + a_N\mathbf{N}$ sem encontrar $\mathbf{T}$ e $\mathbf{N}$, e encontre o valor de κ para os valores de t dados.

1. $\mathbf{r}(t) = (4\cos t)\mathbf{i} + \left(\sqrt{2}\,\text{sen}\, t\right)\mathbf{j}, \quad t = 0 \text{ e } \pi/4$

2. $\mathbf{r}(t) = \left(\sqrt{3}\sec t\right)\mathbf{i} + \left(\sqrt{3}\,\text{tg}\, t\right)\mathbf{j}, \quad t = 0$

3. A posição de uma partícula no plano no instante t é

$$\mathbf{r} = \frac{1}{\sqrt{1+t^2}}\mathbf{i} + \frac{t}{\sqrt{1+t^2}}\mathbf{j}$$

Encontre o maior módulo da velocidade da partícula.

4. Suponha que $\mathbf{r}(t) = (e^t \cos t)\mathbf{i} + (e^t\,\text{sen}\, t)\mathbf{j}$. Mostre que o ângulo entre $\mathbf{r}$ e $\mathbf{a}$ nunca muda. Qual *é* o ângulo?

5. Encontrando a curvatura No ponto P, a velocidade e a aceleração de uma partícula movendo-se no plano são $\mathbf{v} = 3\mathbf{i} + 4\mathbf{j}$ e $\mathbf{a} = 5\mathbf{i} + 15\mathbf{j}$. Encontre a curvatura da trajetória da partícula em P.

6. Encontre o ponto na curva $y = e^x$ no qual se alcança a maior curvatura.

7. Uma partícula se move ao redor de um círculo unitário no plano xy. Sua posição no instante t é $\mathbf{r} = x\mathbf{i} + y\mathbf{j}$, onde x e y são funções deriváveis de t. Encontre dy/dt se $\mathbf{v} \cdot \mathbf{i} = y$. O movimento ocorre no sentido horário ou anti-horário?

8. Você envia uma mensagem por um tubo pneumático que segue a curva $9y = x^3$ (distância em metros). No ponto $(3, 3)$, $\mathbf{v} \cdot \mathbf{i} = 4$ e $\mathbf{a} \cdot \mathbf{i} = -2$. Encontre os valores de $\mathbf{v} \cdot \mathbf{j}$ e $\mathbf{a} \cdot \mathbf{j}$ em $(3, 3)$.

9. Caracterizando o movimento circular Uma partícula se move no plano de tal modo que seus vetores velocidade e aceleração são sempre ortogonais. Mostre que a partícula se move em um círculo centrado na origem.

10. Módulo da velocidade sobre uma ciclóide Uma roda de raio 1 pé e centro C gira para a direita ao longo do eixo x a uma velocidade de meia-volta por segundo. (Veja a figura a seguir.) No instante t segundos, o vetor posição do ponto P sobre a circunferência da roda é

$$\mathbf{r} = (\pi t - \text{sen}\ \pi t)\mathbf{i} + (1 - \cos \pi t)\mathbf{j}$$

(a) Desenhe a curva traçada por P durante o intervalo $0 \leq t \leq 3$.

(b) Encontre $\mathbf{v}$ e $\mathbf{a}$ em $t = 0, 1, 2$ e 3, e acrescente esses vetores ao seu gráfico.

(c) Em qualquer instante dado, qual é o módulo da velocidade para a frente do ponto mais alto da roda? E de C?

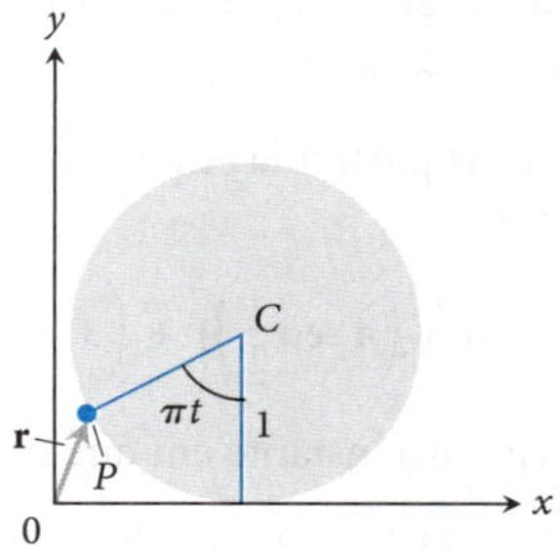

Movimento de um projétil e movimento em um plano

11. Lançamento de peso Um peso sai da mão do arremessador 6,5 pés acima do solo a um ângulo de 45° a 44 pés/s. Onde estará 3 s depois?

12. Dardo Um dardo sai da mão do arremessador 7 pés acima do solo a um ângulo de 45° a 80 pés/s. Qual é a altura máxima alcançada?

13. Uma bola de golfe é atingida com um módulo de velocidade inicial v_0 a um ângulo horizontal de α a partir de um ponto localizado na base de uma elevação inclinada plana a um ângulo horizontal de ϕ onde

$$0 < \phi < \alpha < \frac{\pi}{2}$$

Mostre que a bola toca o solo a uma distância

$$\frac{2v_0^2 \cos \alpha}{g \cos^2 \phi} \text{sen}\,(\alpha - \phi)$$

da base da elevação. Mostre também que a maior distância que pode ser alcançada para determinado valor de v_0 ocorre quando $\alpha = (\phi/2) + (\pi/4)$, ou seja, quando o vetor velocidade inicial bissecta o ângulo entre a vertical e a elevação.

14. O Dictator **T** O morteiro Dictator usado na guerra civil norte-americana era tão pesado (17.120 lb) que teve de ser montado sobre um vagão de trem. Tinha calibre de 13 pol e usava uma carga de explosivos de 20 lb para atirar um projétil de 200 lb. O morteiro foi feito por Charles Knapp na sua metalúrgica em Pittsburgh, Pensilvânia, e foi usado pelo Exército da União norte-americano em 1864 no cerco a Petersburg, Virgínia. Que distância os projéteis atingiam? Aqui, temos uma divergência de opiniões. O manual de artilharia dizia que era 4.325 jardas, enquanto os oficiais de campo diziam que era 4.752 jardas. Considerando-se um ângulo de tiro de 45°, quais módulos da velocidade de saída dos projéteis do morteiro estão envolvidos aqui?

15. Recorde mundial de distância atingida por uma rolha **T** **de garrafa de champanha**

(a) Até 1988, o recorde mundial de distância atingida por uma rolha de garrafa de champanha ao ser aberta era 109 pés e 6 pol mantido pelo capitão Michael Hill da Artilharia Real Britânica. Considerando-se que o capitão Hill tenha segurado a garrafa no nível do solo a um ângulo de 45° e que a rolha tenha se comportado como um projétil ideal, a que velocidade estava a rolha quando saiu da garrafa?

(b) Um novo recorde de 177 pés e 9 pol foi alcançado em 5 de junho de 1988, pelo Professor Emérito Heinrich, do Rensselaer Polytechnic Institute. Ele disparou a rolha de uma garrafa de champanha posicionada 4 pés acima do nível do solo em Woodbury Vineyards Winery, Nova York. Considerando-se a trajetória ideal, qual era a velocidade inicial da rolha?

16. Dardo **T** Em Postdam em 1988, Petra Felke, da então Alemanha Oriental, quebrou o recorde mundial feminino arremessando um dardo a 262 pés e 5 pol.

(a) Considerando-se que Felke arremessou o dardo a um ângulo de 40° com a horizontal, 6,5 pés acima do nível do solo, qual era o módulo da velocidade inicial do dardo?

(b) Que altura o dardo atingiu?

17. Curvas síncronas Eliminando das equações do projétil ideal

$$x = (v_0 \cos \alpha)t, \quad y = (v_0\ \text{sen}\ \alpha)t - \frac{1}{2}gt^2$$

mostre que $x^2 + (y + gt^2/2)^2 = v_0^2t^2$. Isso demonstra que projéteis lançados simultaneamente a partir da origem com o mesmo módulo da velocidade inicial, em qualquer instante dado, estarão dentro de um círculo de raio v_0t centrado em $(0, -gt^2/2)$, independentemente de seu ângulo de lançamento. Esses círculos são chamados *curvas síncronas* de lançamento.

18. Raio de curvatura Mostre que o raio de curvatura de uma curva plana duas vezes derivável $\mathbf{r}(t) = f(t)\mathbf{i} + g(t)\mathbf{j}$ é dado pela fórmula

$$\rho = \frac{\dot{x}^2 + \dot{y}^2}{\sqrt{\ddot{x}^2 + \ddot{y}^2 - \ddot{s}^2}}, \quad \text{onde} \quad \ddot{s} = \frac{d}{dt}\sqrt{\dot{x}^2 + \dot{y}^2}$$

19. Curvatura Expresse a curvatura da curva

$$\mathbf{r}(t) = \left(\int_0^t \cos\left(\frac{1}{2}\pi\theta^2\right) d\theta\right)\mathbf{i} + \left(\int_0^t \operatorname{sen}\left(\frac{1}{2}\pi\theta^2\right) d\theta\right)\mathbf{j}$$

como uma função da distância orientada s medida ao longo da curva a partir da origem. (Veja a figura a seguir.)

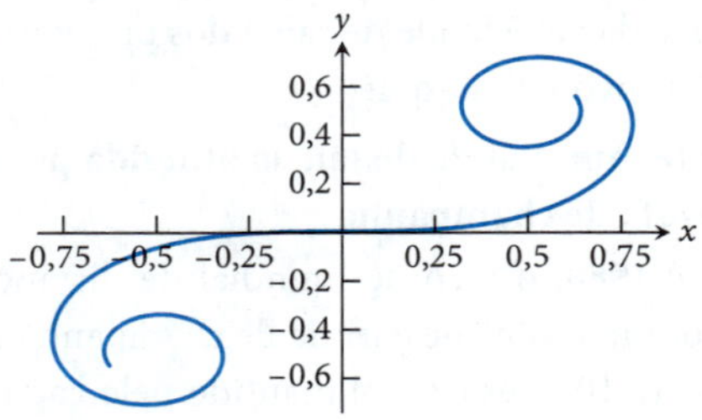

20. Uma definição alternativa de curvatura no plano Uma definição alternativa nos dá a curvatura de uma curva plana suficientemente derivável como $|d\phi/ds|$, onde ϕ é o ângulo entre **T** e **i** (Figura 13.40a). A Figura 13.40b mostra a distância s medida no sentido anti-horário ao longo do círculo $x^2 + y^2 = a^2$, do ponto $(a, 0)$ ao ponto P, juntamente com o ângulo ϕ em P. Calcule a curvatura do círculo usando a definição alternativa. (*Sugestão*: $\phi = \theta + \pi/2$.)

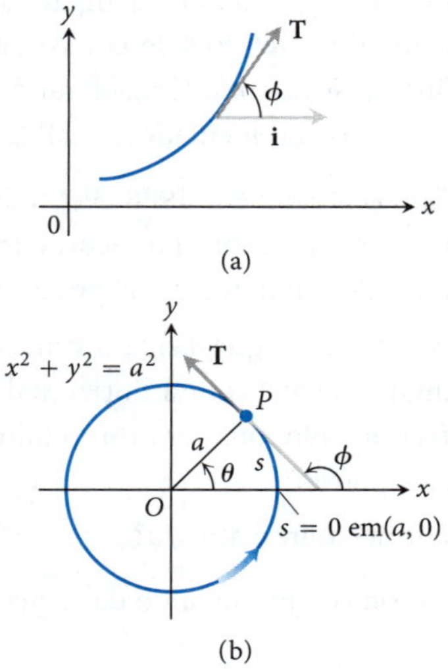

FIGURA 13.40 Gráficos para o Exercício 20.

Movimento no espaço

Encontre os comprimentos das curvas nos exercícios 21 e 22.

21. $\mathbf{r}(t) = (2\cos t)\mathbf{i} + (2\operatorname{sen} t)\mathbf{j} + t^2\mathbf{k}, \quad 0 \leq t \leq \pi/4$

22. $\mathbf{r}(t) = (3\cos t)\mathbf{i} + (3\operatorname{sen} t)\mathbf{j} + 2t^{3/2}\mathbf{k}, \quad 0 \leq t \leq 3$

Nos exercícios 23–26, encontre **T**, **N**, **B**, κ e τ para os valores dados de t.

23. $\mathbf{r}(t) = \frac{4}{9}(1 + t)^{3/2}\mathbf{i} + \frac{4}{9}(1 - t)^{3/2}\mathbf{j} + \frac{1}{3}t\mathbf{k}, \quad t = 0$

24. $\mathbf{r}(t) = (e^t \operatorname{sen} 2t)\mathbf{i} + (e^t \cos 2t)\mathbf{j} + 2e^t\mathbf{k}, \quad t = 0$

25. $\mathbf{r}(t) = t\mathbf{i} + \frac{1}{2}e^{2t}\mathbf{j}, \quad t = \ln 2$

26. $\mathbf{r}(t) = (3\cosh 2t)\mathbf{i} + (3\operatorname{senh} 2t)\mathbf{j} + 6t\mathbf{k}, \quad t = \ln 2$

Nos exercícios 27 e 28, encontre **a** na forma $\mathbf{a} = a_T\mathbf{T} + a_N\mathbf{N}$ em $t = 0$ sem encontrar **T** e **N**.

27. $\mathbf{r}(t) = (2 + 3t + 3t^2)\mathbf{i} + (4t + 4t^2)\mathbf{j} - (6\cos t)\mathbf{k}$

28. $\mathbf{r}(t) = (2 + t)\mathbf{i} + (t + 2t^2)\mathbf{j} + (1 + t^2)\mathbf{k}$

29. Encontre **T**, **N**, **B**, κ e τ em função de t se $\mathbf{r}(t) = (\operatorname{sen} t)\mathbf{i} + (\sqrt{2}\cos t)\mathbf{j} + (\operatorname{sen} t)\mathbf{k}$.

30. Em quais instantes no intervalo $0 \leq t \leq \pi$ os vetores velocidade e aceleração do movimento $\mathbf{r}(t) = \mathbf{i} + (5\cos t)\mathbf{j} + (3\operatorname{sen} t)\mathbf{k}$ são ortogonais?

31. A posição de uma partícula em movimento no espaço no instante $t \geq 0$ é

$$\mathbf{r}(t) = 2\mathbf{i} + \left(4\operatorname{sen}\frac{t}{2}\right)\mathbf{j} + \left(3 - \frac{t}{\pi}\right)\mathbf{k}$$

Encontre o primeiro instante em que **r** é ortogonal a $\mathbf{i} - \mathbf{j}$.

32. Encontre equações para os planos osculador, normal e retificador da curva $\mathbf{r}(t) = t\mathbf{i} + t^2\mathbf{j} + t^3\mathbf{k}$ no ponto $(1, 1, 1)$.

33. Encontre equações paramétricas para a reta que é tangente à curva $\mathbf{r}(t) = e^t\mathbf{i} + (\operatorname{sen} t)\mathbf{j} + \ln(1 - t)\mathbf{k}$ em $t = 0$.

34. Encontre equações paramétricas para a reta que é tangente à hélice $\mathbf{r}(t) = (\sqrt{2}\cos t)\mathbf{i} + (\sqrt{2}\operatorname{sen} t)\mathbf{j} + t\mathbf{k}$ no ponto em que $t = \pi/4$.

35. A vista do Skylab 4 Qual porcentagem da área da superfície da Terra os astronautas podiam ver quando o Skylab 4 estava na sua altura de apogeu, 437 km acima da superfície? Para descobrir, modele a superfície visível como a superfície gerada pela revolução do arco circular GT, mostrado aqui, ao redor do eixo y. Depois execute estas etapas:

i. Use os triângulos semelhantes na figura para mostrar que $y_0/6.380 = 6.380/(6.380 + 437)$. Resolva para y_0.

ii. Com quatro algarismos significativos, calcule a área visível como

$$VA = \int_{y_0}^{6.380} 2\pi x\sqrt{1 + \left(\frac{dx}{dy}\right)^2}\, dy$$

iii. Expresse o resultado como uma porcentagem da área da superfície da Terra.

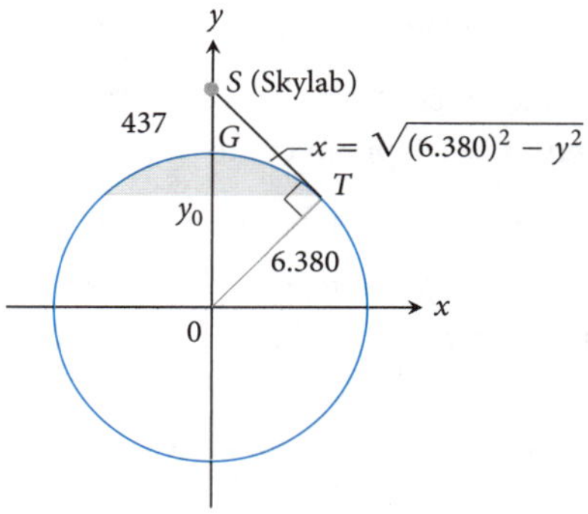

Exercícios adicionais

Aplicações

1. Um rio reto tem 100 m de largura. Um barco a remo deixa a margem no instante $t = 0$. A pessoa que está no barco rema a 20 m/min sempre na direção da margem direita. A velocidade do rio em (x, y) é

$$\mathbf{v} = \left(-\frac{1}{250}(y - 50)^2 + 10\right)\mathbf{i} \text{ m/min}, \quad 0 < y < 100$$

(a) Dado que $\mathbf{r}(0) = 0\mathbf{i} + 100\mathbf{j}$, qual é a posição do barco no instante t?

(b) A que distância rio abaixo o barco atingirá a margem direita?

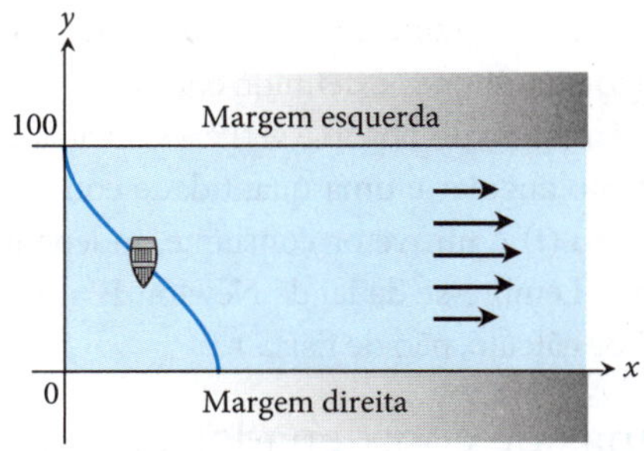

2. Um rio reto tem 20 m de largura. A velocidade do rio em (x, y) é

$$\mathbf{v} = -\frac{3x(20 - x)}{100}\mathbf{j} \text{ m/min}, \quad 0 \leq x \leq 20$$

Um barco deixa a margem em (0, 0) e viaja pela água a uma velocidade constante. Depois chega ao outro lado da margem em (20, 0). O módulo da velocidade do barco é sempre $\sqrt{20}$ m/min.

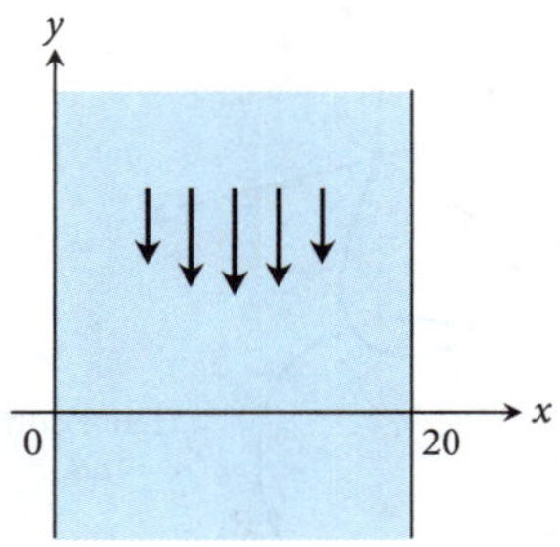

(a) Encontre a velocidade do barco.

(b) Encontre a localização do barco no instante t.

(c) Esboce a trajetória do barco.

3. Uma partícula P se move sem atrito partindo do estado de repouso em $t = 0$, no ponto $(a, 0, 0)$, e desce pela hélice

$$\mathbf{r}(\theta) = (a\cos\theta)\mathbf{i} + (a\,\text{sen}\,\theta)\mathbf{j} + b\theta\mathbf{k} \quad (a, b > 0)$$

por influência da gravidade, como mostra a figura a seguir. O θ corresponde à coordenada cilíndrica θ e a hélice é a curva $r = a$, $z = b\theta$, $\theta \geq 0$, em coordenadas cilíndricas. Assumimos que θ é uma função derivável de t para o movimento. A lei de conservação de energia nos diz que o módulo da velocidade de uma partícula depois de ela cair a uma distância z é $\sqrt{2gz}$, onde g é a constante de aceleração da gravidade.

(a) Encontre a velocidade angular $d\theta/dt$ quando $\theta = 2\pi$.

(b) Esboce as coordenadas θ e z da partícula como uma função de t.

(c) Expresse as componentes normal e tangencial da velocidade $d\mathbf{r}/dt$ e da aceleração $d^2\mathbf{r}/dt^2$ como funções de t. A aceleração possui alguma componente diferente de zero na direção do vetor binormal $\mathbf{B}$?

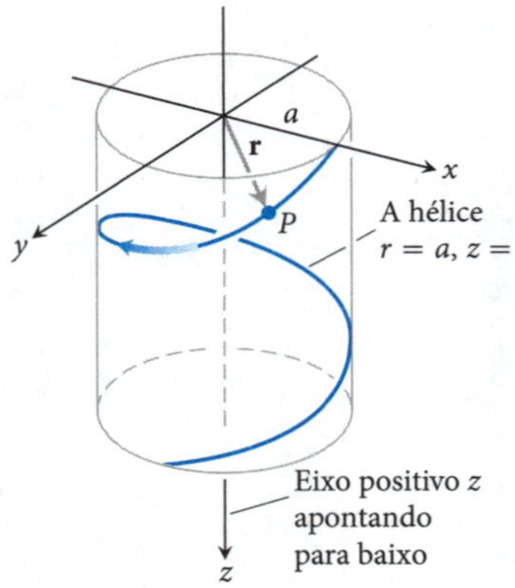

4. Imagine que a curva do Exercício 3 seja substituída por uma hélice cônica $r = a\theta$, $z = b\theta$, conforme mostra a figura a seguir.

   (a) Expresse a velocidade angular $d\theta/dt$ como uma função de θ.

   (b) Expresse a distância que a partícula viaja pela hélice como uma função de θ.

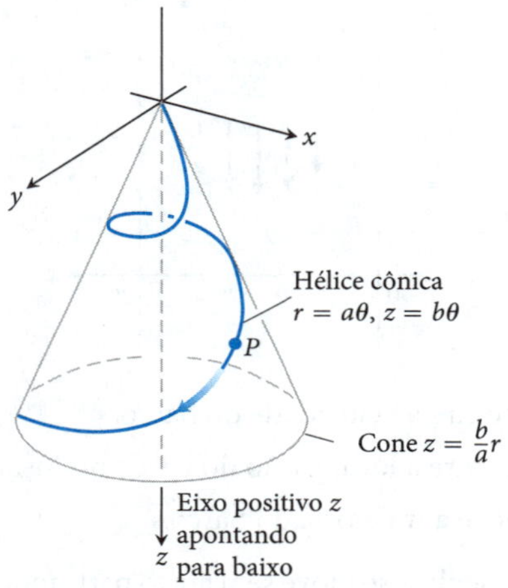

Sistemas de coordenadas polares e movimento no espaço

5. **Distância mínima até o sol** Deduza da equação de órbita

$$r = \frac{(1 + e)r_0}{1 + e\cos\theta}$$

que um planeta está mais próximo do seu Sol quando $\theta = 0$ e mostre que $r = r_0$ nesse instante.

6. **Uma equação de Kepler** O problema de localizar um planeta na sua órbita em dado momento e data leva à resolução de equações de "Kepler" da forma

T

$$f(x) = x - 1 - \frac{1}{2}\operatorname{sen} x = 0$$

   (a) Mostre que essa equação em particular tem uma solução entre $x = 0$ e $x = 2$.

   (b) Utilizando o computador ou uma calculadora no modo radiano, use o método de Newton para encontrar a solução com a precisão que puder.

7. Na Seção 13.6, encontramos a velocidade de uma partícula movendo-se no plano como

$$\mathbf{v} = \dot{x}\,\mathbf{i} + \dot{y}\,\mathbf{j} = \dot{r}\,\mathbf{u}_r + r\dot{\theta}\,\mathbf{u}_\theta$$

   (a) Expresse $\dot{x}$ e $\dot{y}$ em termos de $\dot{r}$ e $r\dot{\theta}$ calculando os produtos escalares $\mathbf{v}\cdot\mathbf{i}$ e $\mathbf{v}\cdot\mathbf{j}$.

   (b) Expresse $\dot{r}$ e $r\dot{\theta}$ em termos de $\dot{x}$ e $\dot{y}$ calculando os produtos escalares $\mathbf{v}\cdot\mathbf{u}_r$ e $\mathbf{v}\cdot\mathbf{u}_\theta$

8. Expresse a curvatura de uma curva duas vezes derivável $r = f(\theta)$ no plano de coordenadas polares em termos de f e suas derivadas.

9. Uma vara fina passando pela origem do plano de coordenadas polares gira (no plano) ao redor da origem a uma taxa de 3 rad/min. Um besouro partindo do ponto (2, 0) caminha ao longo da vara em direção à origem a uma taxa de 1 pol/min.

   (a) Encontre a aceleração e a velocidade do besouro na forma polar quando ele está na metade do caminho (1 pol) até a origem.

   (b) Com a precisão de um décimo de polegada, qual será o comprimento do caminho que o besouro terá percorrido quando alcançar a origem?

T

10. **Conservação do momento angular** Seja $\mathbf{r}(t)$ a posição no espaço de um objeto em movimento no instante t. Suponha que a força atuando sobre o objeto no instante t seja

$$\mathbf{F}(t) = -\frac{c}{|\mathbf{r}(t)|^3}\mathbf{r}(t)$$

onde c é uma constante. Em física, o **momento angular** de um objeto no instante t é definido como $\mathbf{L}(t) = \mathbf{r}(t) \times m\mathbf{v}(t)$, onde m é a massa do objeto e $\mathbf{v}(t)$ é a velocidade. Prove que o momento angular é uma quantidade conservada; isto é, prove que $\mathbf{L}(t)$ é um vetor constante, independentemente do tempo. Lembre-se da lei de Newton $\mathbf{F} = m\mathbf{a}$. (Esse problema é de cálculo, não de física.)

Sistemas de coordenadas cilíndricas

11. **Vetores unitários para posição e movimento em coordenadas cilíndricas** Quando a posição de uma partícula em movimento no espaço é dada em coordenadas cilíndricas, os vetores unitários usados para descrever sua posição e seu movimento são

$$\mathbf{u}_r = (\cos\theta)\mathbf{i} + (\operatorname{sen}\theta)\mathbf{j}, \quad \mathbf{u}_\theta = -(\operatorname{sen}\theta)\mathbf{i} + (\cos\theta)\mathbf{j}$$

e $\mathbf{k}$ (veja a figura a seguir). O vetor posição da partícula é $\mathbf{r} = r\mathbf{u}_r + z\mathbf{k}$, onde r é a coordenada polar positiva de distância da posição da partícula.

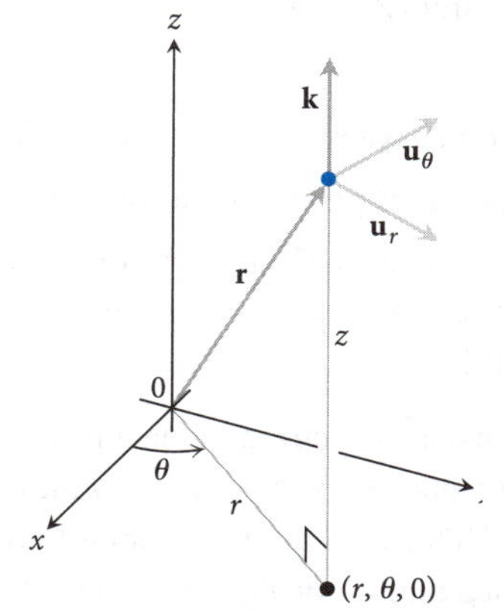

(a) Mostre que $\mathbf{u}_r$, $\mathbf{u}_\theta$ e $\mathbf{k}$, nesta ordem, formam um conjunto positivo de vetores.

(b) Mostre que

$$\frac{d\mathbf{u}_r}{d\theta} = \mathbf{u}_\theta \quad \text{e} \quad \frac{d\mathbf{u}_\theta}{d\theta} = -\mathbf{u}_r$$

(c) Assumindo que as derivadas relacionadas a t necessárias existem, expresse $\mathbf{v} = \dot{\mathbf{r}}$ e $\mathbf{a} = \ddot{\mathbf{r}}$ em termos de $\mathbf{u}_r$, $\mathbf{u}_\theta$, $\mathbf{k}$, $\dot{r}$ e $\dot{\theta}$. (Os pontos indicam derivadas relacionadas a t: $\dot{\mathbf{r}}$ representa $d\mathbf{r}/dt$, $\ddot{\mathbf{r}}$ representa $d^2\mathbf{r}/dt^2$ e assim por diante.) A seção 13.6 deduz essas fórmulas e mostra como os vetores aqui mencionados são usados na descrição do movimento dos planetas.

12. Comprimento do arco em coordenadas cilíndricas

(a) Mostre que quando você expressa $ds^2 = dx^2 + dy^2 + dz^2$ em termos de coordenadas cilíndricas obtém $ds^2 = dr^2 + r^2d\theta^2 + dz^2$.

(b) Interprete geometricamente o resultado em termos das extremidades e da diagonal de uma caixa. Desenhe a caixa.

(c) Use o resultado do item **(a)** para encontrar o comprimento da curva $r = e^\theta$, $z = e^\theta$, $0 \le \theta \le \theta \ln 8$.

Exercícios avançados

1. Sejam **A** e **B** dois vetores de R^3 fazendo um ângulo θ entre si, $0 < \theta < \pi$. O vetor posição de uma certa partícula satisfaz a equação $\mathbf{r}'(t) = \mathbf{A} \times \mathbf{r}(t)$, com condição inicial $\mathbf{r}(0) = \mathbf{B}$. Mostre que a velocidade escalar é constante e determine-a em termos de **A**, **B** e θ.

2. Um bombardeiro voa à velocidade constante de 800 km/h, a uma altitude de 10 km. Em que ponto o piloto deve lançar a bomba para que ela atinja o alvo, em termos do ângulo no qual ele vê o alvo (veja a figura)?

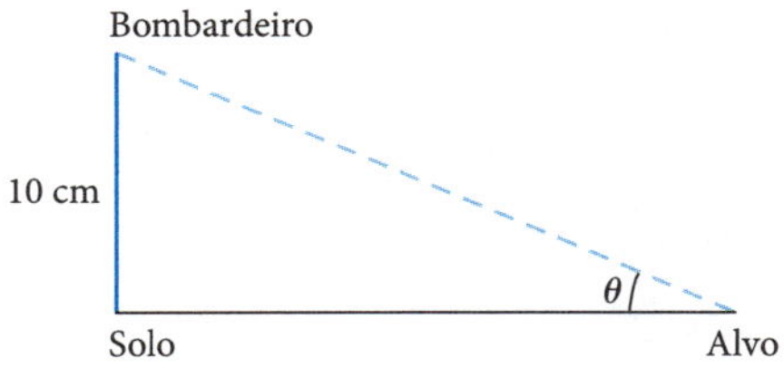

3. Uma partícula se move sobre a parábola $x^2 + c(y - x) = 0$, em que $c \neq 0$ é uma constante real, segundo a equação de movimento $\mathbf{r}(t) = a(t)\mathbf{i} + b(t)\mathbf{j}$. Sabe-se que as componentes da aceleração nas direções x e y são iguais. Se a partícula leva T unidades de tempo para ir de $(c, 0)$ a $(0, 0)$, quanto tempo levará para ir de $(c, 0)$ a $\left(\frac{c}{2}, \frac{c}{4}\right)$?

4. Reparametrize a curva $\mathbf{r}(t) = \left(\frac{2}{t^2+1} - 1\right)\mathbf{i} + \frac{2t}{t^2+1}\mathbf{j}$ com relação ao comprimento de arco medido do ponto $(1, 0)$, no sentido crescente de t. Simplifique sua reparametrização. O que você pode dizer sobre a curva?

5. Uma função estritamente positiva f tem a propriedade que a área do conjunto $\{(x, y) \mid a \le x \le b, 0 \le y \le f(x)\}$ é proporcional ao comprimento do gráfico da função entre $(a, f(a))$ e $(b, f(b))$, para todo $0 < a < b$. Determine as possíveis funções f.

6. Mostre que o raio de curvatura da curva $\mathbf{r}(t) = 2\,\text{sen}\,t\,\mathbf{i} + 2\cos t\,\mathbf{j} + 2\,\text{sen}\,t\,\mathbf{k}$ é $\rho(t) = \sqrt{2}\,(1 + \cos^2 t)^{\frac{3}{2}}$. Mostre ainda que a curva é plana e diga em que plano ela está contida. Qual é essa curva?

7. Calcule a torsão e a curvatura da curva $\mathbf{r}(t) = \text{senh}(t)\mathbf{i} + \cosh(t)\mathbf{j} + t\mathbf{k}$.

8. (a) Mostre que $\left|\frac{d\mathbf{T}}{dt}\right| = \frac{\mathbf{v} \times \mathbf{a}}{|\mathbf{v}|^2}$.

(b) Use o resultado do item **(a)**, o fato de

$$\tau = -\frac{1}{\mathbf{v}}\frac{d(\mathbf{T} \times \mathbf{N})}{dt} \times \mathrm{N} \text{ e a relação } \mathrm{N} = \frac{\frac{d\mathbf{T}}{dt}}{\left|\frac{d\mathbf{T}}{dt}\right|}$$

para mostrar que $\tau = \dfrac{(\mathbf{v} \times \mathbf{a}) \cdot \frac{d\mathbf{a}}{dt}}{|\mathbf{v} \times \mathbf{a}|^2}$ se $|\mathbf{v} \times \mathbf{a}| = 0$.

9. As equações $\frac{d\mathbf{T}}{ds} = \kappa\mathbf{N}$, $\frac{d\mathbf{N}}{ds} = -\kappa\mathbf{T} + \tau\mathbf{B}$, $\frac{d\mathbf{B}}{ds} = -\tau\mathbf{N}$ são conhecidas como fórmulas de Frenet-Serret. A primeira e a terceira apareceram na definição da torsão e curvatura. Demonstre a segunda fórmula, usando **T**, **N**, **B** como base ortonormal de $\mathbf{R}^3$.

10. Uma curva lisa tem sempre comprimento finito, que pode ser aproximado pelo comprimento de poligonais cujos segmentos têm extremidades na curva. Se a curva for apenas contínua, ainda podemos definir o comprimento como o menor limitante superior dos comprimentos de tais poligonais, no caso de esse limitante superior existir, e como infinito, caso contrário. Entretanto, nesse caso, a curva pode não ser retificável, isto é, pode não ter comprimento finito. Um exemplo é a curva $\mathbf{r}(t) = t\mathbf{i} + t\cos\frac{\pi}{2t}\mathbf{j}$. Mostre que esta curva é contínua. A seguir, considere, para cada n inteiro positivo, a poligonal P_n que liga os pontos $\mathbf{r}(t_0)$, $\mathbf{r}(t_1)$, ..., $\mathbf{r}(t_n)$, em que $t_0 = 0$ e $t_i = \dfrac{1}{2n+2-i}$, para $i = 1, ..., n$. Mostre que o comprimento da poligonal P_n é maior que $\sum_{i=1}^{2n} \frac{1}{i}$ e conclua que a curva não é retificável.

11. Parametrize a curva $\mathbf{r}(t) = (\cos t + t \operatorname{sen} t)\mathbf{i} + (\operatorname{sen} t - t\cos t)\mathbf{j} + \frac{\sqrt{3}t^2}{2}\mathbf{k}$ pelo comprimento de arco a partir de $t = 0$, para $t > 0$. Ache o triedro de Frenet, a curvatura e a torção. Verifique diretamente que a segunda fórmula de Frenet-Serret é válida.

12. A reta normal a uma curva plana em cada ponto P dessa curva intercepta os eixos x e y nos pontos A e B, respectivamente. Determine a curva, sabendo que P é o ponto médio do segmento que liga $(A, 0)$ a $(0, B)$ e que o ponto $(4, 5)$ pertence à curva.

Projetos de aplicação de tecnologia

MÓDULO MATEMÁTICA/MAPLE

Rastreio por radar de um objeto em movimento

Visualize os vetores posição, velocidade e aceleração para analisar o movimento.

MÓDULO MATEMÁTICA/MAPLE

Equações paramétricas e polares com um patinador artístico

Visualize os vetores posição, velocidade e aceleração para analisar o movimento.

MÓDULO MATEMÁTICA/MAPLE

Movendo em três dimensões

Calcule distância percorrida, módulo da velocidade, curvatura e torção para movimentos ao longo de uma curva espacial. Visualize e calcule os vetores tangentes, normal e binormal associados ao movimento ao longo da curva espacial.

14 Derivadas parciais

RESUMO No estudo de fenômenos do mundo real, uma quantidade investigada normalmente depende de duas ou mais variáveis independentes. Portanto, precisamos ampliar a idéia básica do cálculo de funções de uma única variável para funções de várias variáveis. Embora as regras se mantenham quase as mesmas, o cálculo é muito mais rico. As derivadas das funções de várias variáveis são mais diversas e mais interessantes; já que existem diferentes formas em que as variáveis podem interagir. Suas integrais levam a amplo número de aplicações. Os estudos de probabilidade, estatística, dinâmica de fluidos e eletricidade, dentre outros, acabam sempre levando a funções de mais de uma variável.

14.1 Funções de várias variáveis

Muitas funções dependem de mais de uma variável independente. A função $V = \pi r^2 h$ calcula o volume de um cilindro circular reto a partir do seu raio e altura. A função $f(x, y) = x^2 + y^2$ calcula a altura do parabolóide $z = x^2 + y^2$ acima do ponto $P(x, y)$ a partir das duas coordenadas de P. A temperatura T de um ponto na superfície da Terra depende de sua latitude x e longitude y, representada por $T = f(x, y)$. Nesta seção, definimos funções de mais de uma variável independente e apresentamos maneiras de representá-las em gráficos.

As funções reais de várias variáveis reais independentes são definidas basicamente da mesma forma que as de uma variável. Os domínios são conjuntos de pares ordenados de números reais (triplas, quádruplas, n-uplas), e as imagens são conjuntos de números reais do tipo que usamos até agora.

Definições **Funções de n variáveis independentes**

Suponha que D seja um conjunto de n-uplos ordenados de números reais $(x_1, x_2, ..., x_n)$. Uma **função real** f em D é uma regra que associa um único número real

$$w = f(x_1, x_2, ..., x_n)$$

a cada elemento em D. O conjunto D é o **domínio** de f, e o conjunto de valores de w assumidos por f é a sua **imagem**. O símbolo w é a **variável dependente** de f, que, por sua vez, é considerada uma função de n **variáveis independentes** x_1 a x_n. Também chamamos os x_j de **variáveis de entrada** da função, e w é a **variável de saída** da função.

Se f é uma função de duas variáveis independentes, normalmente chamamos essas variáveis x e y e representamos o domínio de f como uma região no plano xy. Se f é uma função de três variáveis independentes, denominamos as variáveis x, y e z e representamos o domínio de f como uma região no espaço.

Em aplicações, tendemos a usar letras que nos lembram o significado da variável. Para dizermos que o volume de um cilindro circular reto é uma função de seu raio e altura, poderíamos escrever $V = f(r, h)$. Para sermos mais específicos, poderíamos trocar a notação $f(r, h)$ pela fórmula que calcula o valor de V a partir dos valores de r e h e escrever $V = \pi r^2 h$. Em ambos os casos, r e h seriam as variáveis independentes e V seria a variável dependente da função.

Como de costume, calculamos funções definidas por fórmulas substituindo os valores das variáveis independentes na fórmula e calculando o valor correspondente da variável dependente.

EXEMPLO 1 Calculando uma função

O valor de $f(x, y, z) = \sqrt{x^2 + y^2 + z^2}$ no ponto (3, 0, 4) é

$$f(3, 0, 4) = \sqrt{(3)^2 + (0)^2 + (4)^2} = \sqrt{25} = 5$$

Pelo que vimos na Seção 12.1, sabemos que f é a função da distância da origem ao ponto (x, y, z) nas coordenadas cartesianas espaciais.

Domínios e imagens

Ao definirmos funções de mais de uma variável, seguimos a prática habitual de excluir entradas que levem a números complexos ou à divisão por zero. Se $f(x, y) = \sqrt{y - x^2}$, y não pode ser menor que x^2. Se $f(x, y) = 1/(x, y)$, xy não pode ser zero. Consideramos que os domínios das funções sejam os maiores conjuntos para os quais as regras de definição geram números reais a menos que esses domínios sejam especificados de forma explícita. E a imagem consiste no conjunto de valores de saída para a variável dependente.

EXEMPLO 2 (a) Funções de duas variáveis

Função	Domínio	Imagem
$w = \sqrt{y - x^2}$	$y \geq x^2$	$[0, \infty)$
$w = \dfrac{1}{xy}$	$xy \neq 0$	$(-\infty, 0) \cup (0, \infty)$
$w = \text{sen}\, xy$	Todo o plano	$[-1, 1]$

(b) Funções de três variáveis

Função	Domínio	Imagem
$w = \sqrt{x^2 + y^2 + z^2}$	Todo o espaço	$[0, \infty)$
$w = \dfrac{1}{x^2 + y^2 + z^2}$	$(x, y, z) \neq (0, 0, 0)$	$(0, \infty)$
$w = xy \ln z$	Semi-espaço $z > 0$	$(-\infty, \infty)$

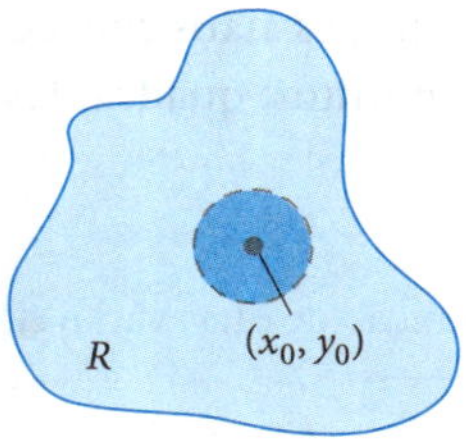

(a) Ponto interior

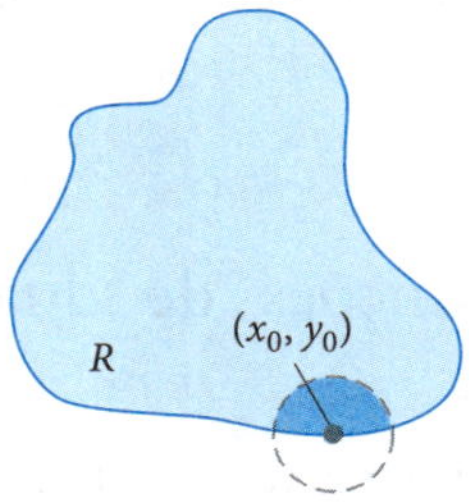

(b) Ponto de fronteira

FIGURA 14.1 Pontos interiores e pontos de fronteira de uma região plana R. Um ponto interior é necessariamente um ponto de R. Um ponto de fronteira de R não precisa pertencer a R.

Funções de duas variáveis

Assim como acontece com os domínios de funções definidas em intervalos da reta real, os domínios de funções definidas em porções do plano podem ter pontos interiores e pontos de fronteira. Os intervalos fechados $[a, b]$ incluem seus pontos de fronteira, enquanto os intervalos abertos (a, b) os deixam de fora. Os intervalos definidos como $[a, b)$ não são nem fechados nem abertos.

Definições **Pontos interiores, de fronteira, abertos, fechados (espaço bidimensional)**
Um ponto (x_0, y_0) em uma região (conjunto) R no plano xy é um **ponto interior** de R se é o centro de um disco que está inteiramente em R (Figura 14.1). Um ponto (x_0, y_0) é um **ponto de fronteira** de R se todo disco centrado em (x_0, y_0) contém ao mesmo tempo pontos que estão em R e do lado de fora de R. (O ponto de fronteira propriamente dito não precisa pertencer a R.)
Os pontos interiores de uma região, como um conjunto, compõem o **interior** da região. Os pontos de fronteira da região compõem sua **fronteira**. Uma região é **aberta** se consiste inteiramente em pontos interiores. Uma região é **fechada** se contém todos os seus pontos de fronteira (Figura 14.2).

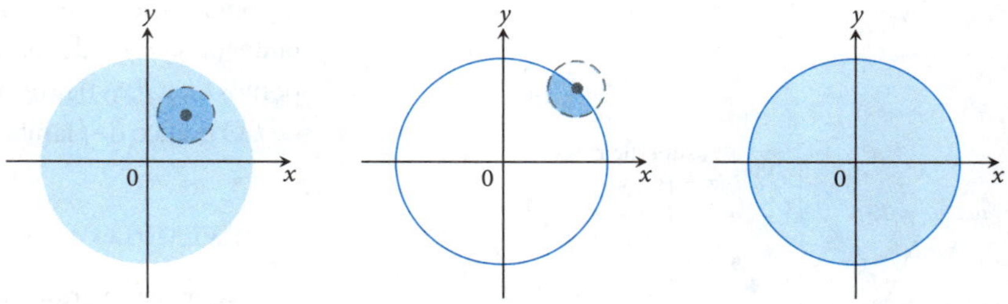

$\{(x, y) \mid x^2 + y^2 < 1\}$ Disco unitário aberto. Todo ponto é um ponto interior.

$\{(x, y) \mid x^2 + y^2 = 1\}$ Fronteira do disco unitário. (Círculo unitário)

$\{(x, y) \mid x^2 + y^2 \leq 1\}$ Disco unitário fechado. Contém todos os pontos de fronteira.

FIGURA 14.2 Pontos interiores e pontos de fronteira do disco unitário no plano.

Como acontece com intervalos de números reais, algumas regiões no plano não são nem abertas nem fechadas. Se você começar com o disco aberto da Figura 14.2 e adicionar alguns pontos de fronteira, mas não todos, o conjunto resultante não será nem aberto nem fechado. Os pontos de fronteira que *estão* lá impedem que o conjunto seja aberto. A ausência dos pontos de fronteira restantes impede que o conjunto seja fechado.

Definições **Regiões limitadas e não limitadas no plano**
Uma região no plano é **limitada** se está dentro de um disco de raio fixo. Caso contrário, é **não limitada**.

Exemplos de conjuntos *limitados* no plano incluem segmentos de reta, triângulos, interiores de triângulos, retângulos, circunferências e discos.

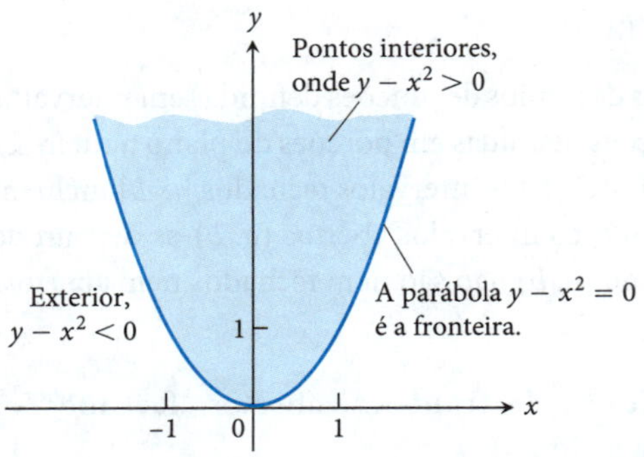

FIGURA 14.3 O domínio de $f(x, y) = \sqrt{y - x^2}$ consiste na região sombreada e em sua parábola de fronteira $y = x^2$ (Exemplo 3).

São exemplos de conjuntos *não limitados* no plano as retas, os eixos coordenados, os gráficos de funções definidas em intervalos infinitos, quadrantes, semiplanos e o plano propriamente dito.

EXEMPLO 3 Descrevendo o domínio de uma função de duas variáveis

Descreva o domínio da função $f(x, y) = \sqrt{y - x^2}$.

SOLUÇÃO Como f é definida apenas onde $y - x^2 \geq 0$, o domínio é a região fechada, não limitada, mostrada na Figura 14.3. A parábola $y = x^2$ é a fronteira do domínio. Os pontos acima da parábola compõem o interior do domínio.

Gráficos e curvas de nível de funções de duas variáveis

Existem duas maneiras-padrão de visualizar os valores de uma função $f(x, y)$. Uma é desenhar e identificar curvas no domínio nas quais f tem um valor constante. A outra é esboçar a superfície $z = f(x, y)$ no espaço.

Definições Curva de nível, gráfico, superfície
O conjunto de pontos no plano onde uma função $f(x, y)$ tem um valor constante $f(x, y) = c$ é denominado **curva de nível** de f. O conjunto de todos os pontos $(x, y, f(x,y))$ no espaço, para (x, y) no domínio de f, é chamado **gráfico** de f. O gráfico de f também é conhecido como **superfície** $\boldsymbol{z = f(x, y)}$.

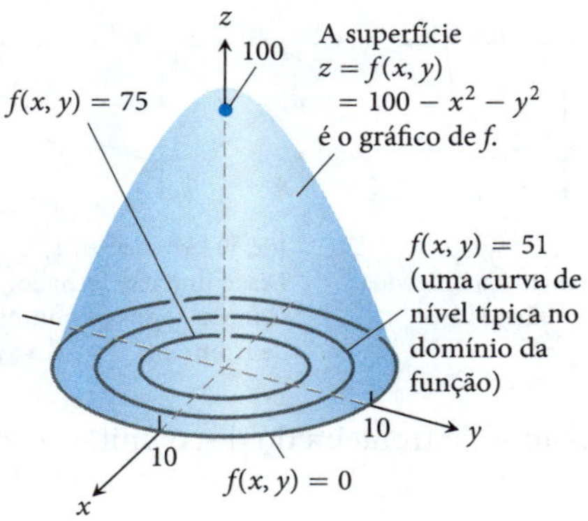

FIGURA 14.4 O gráfico e curvas de nível selecionadas da função $f(x, y) = 100 - x^2 - y^2$ (Exemplo 4).

EXEMPLO 4 Fazendo o gráfico de uma função de duas variáveis

Represente graficamente $f(x, y) = 100 - x^2 - y^2$ e trace as curvas de nível $f(x, y) = 0$, $f(x, y) = 51$ e $f(x, y) = 75$ no domínio de f no plano.

SOLUÇÃO O domínio de f é o plano xy inteiro, e a imagem de f é o conjunto de números reais menores ou iguais a 100. O gráfico é o parabolóide $z = 100 - x^2 - y^2$ do qual é mostrada uma parte na Figura 14.4.

A curva de nível $f(x, y) = 0$ é o conjunto de pontos no plano xy nos quais

$$f(x, y) = 100 - x^2 - y^2 = 0, \qquad \text{ou} \qquad x^2 + y^2 = 100$$

o qual é a circunferência de raio 10 centrada na origem. Similarmente, as curvas de nível $f(x, y) = 51$ e $f(x, y) = 75$ (Figura 14.4) são as circunferências

$$f(x, y) = 100 - x^2 - y^2 = 51, \qquad \text{ou} \qquad x^2 + y^2 = 49$$

$$f(x, y) = 100 - x^2 - y^2 = 75, \qquad \text{ou} \qquad x^2 + y^2 = 25$$

A curva de nível $f(x, y) = 100$ consiste somente na origem. (Mas ainda assim é uma curva de nível.)

A curva no espaço na qual o plano $z = c$ corta uma superfície $z = f(x, y)$ consiste em todos os pontos que representam o valor da função $f(x, y)$. Ela é chamada **curva de contorno** $f(x, y) = c$ para distingui-la da curva de nível

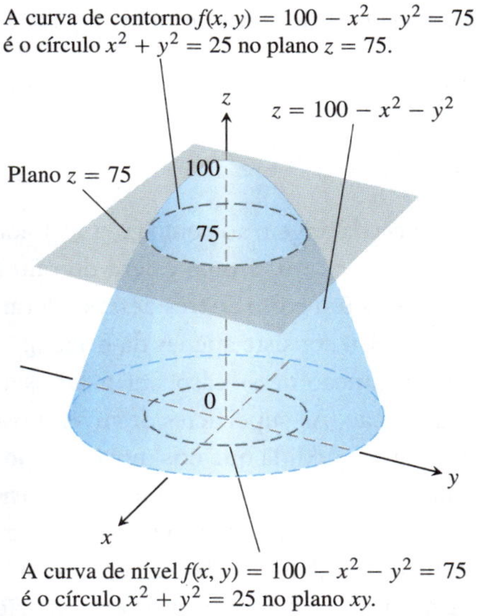

FIGURA 14.5 Um plano $z = c$ paralelo ao plano xy corta uma superfície $z = f(x, y)$ e dá origem a uma curva de contorno.

$f(x, y) = c$ no domínio de f. A Figura 14.5 mostra a curva de contorno $f(x, y) = 75$ na superfície $z = 100 - x^2 - y^2$ definida pela função $f(x, y) = 100 - x^2 - y^2$. A curva de contorno está diretamente acima da circunferência $x^2 + y^2 = 25$, a qual é a curva de nível $f(x, y) = 75$ no domínio da função.

Contudo, nem todo mundo faz essa distinção, e você pode preferir chamar ambos os tipos de curvas por um único nome e se basear no contexto para especificar qual tem em mente. Na maioria dos mapas, por exemplo, as curvas que representam altitude constante (altura acima do nível do mar) são denominadas contornos, não curvas de nível (Figura 14.6).

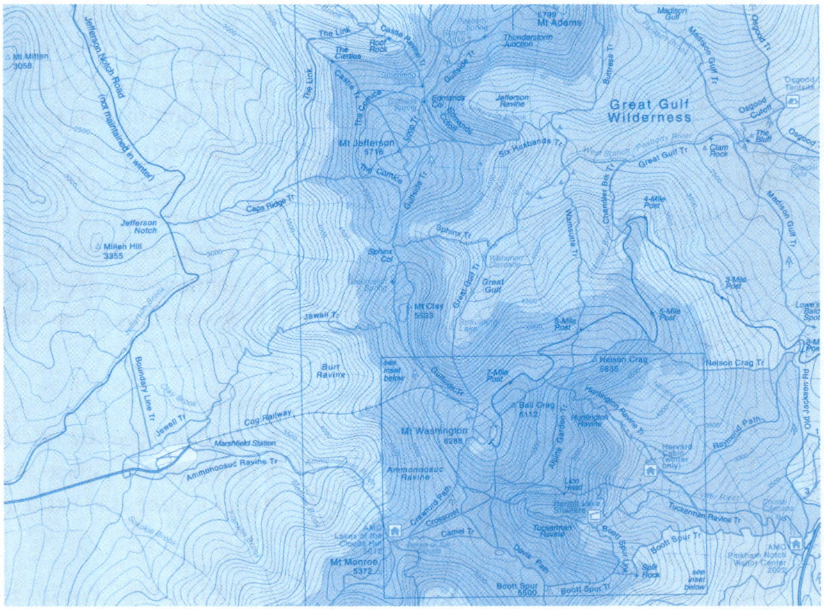

FIGURA 14.6 Contornos do Monte Washington em New Hampshire. (Reproduzidos com a permissão do Appalachian Mountain Club.)

Funções de três variáveis

No plano, os pontos onde uma função de duas variáveis independentes tem um valor constante $f(x, y) = c$ perfazem uma curva no domínio da função. No espaço, os pontos onde uma função de três variáveis independentes tem um valor constante $f(x, y, z) = c$ perfazem uma superfície no domínio da função.

> **Definição** **Superfícies de nível**
> O conjunto de pontos (x, y, z) no espaço onde uma função de três variáveis independentes tem um valor constante $f(x, y, z) = c$ é chamado **superfície de nível** de f.

Como os gráficos de funções de três variáveis consistem em pontos $(x, y, z, f(x, y, z))$ em um espaço quadridimensional, não podemos esboçá-los de maneira eficaz em nosso sistema de coordenadas tridimensional de referência. Contudo, podemos ver como a função se comporta analisando suas superfícies de nível tridimensionais.

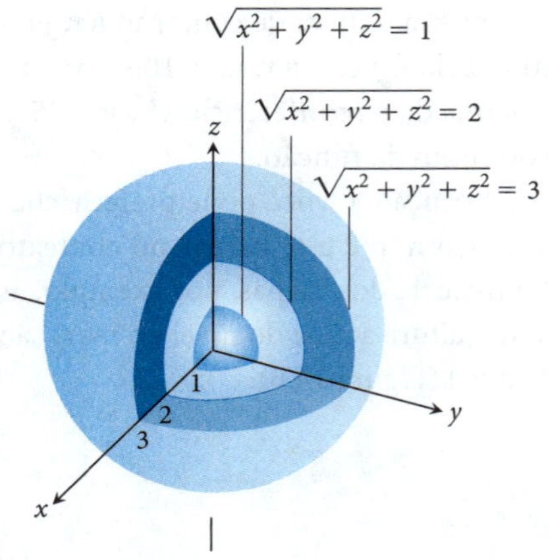

FIGURA 14.7 As superfícies de nível de $f(x, y, z) = \sqrt{x^2 + y^2 + z^2}$ são esferas concêntricas (Exemplo 5).

EXEMPLO 5 Descrevendo superfícies de nível de uma função de três variáveis

Descreva as superfícies de nível da função

$$f(x, y, z) = \sqrt{x^2 + y^2 + z^2}$$

SOLUÇÃO O valor de f é a distância da origem ao ponto (x, y, z). Cada superfície de nível $\sqrt{x^2 + y^2 + z^2} = c$, $c > 0$, é uma esfera de raio c centrada na origem. A Figura 14.7 mostra um corte de três dessas esferas. A superfície de nível $\sqrt{x^2 + y^2 + z^2} = 0$ consiste apenas da origem.

Não representamos graficamente a função nesse caso; verificamos as superfícies de nível no domínio da função. As superfícies de nível mostram como os valores da função mudam à medida que nos movemos por seu domínio. Se permanecemos em uma esfera de raio c centrada na origem, a função mantém um valor constante: c. Se nos movemos de uma esfera para outra, os valores da função mudam — ela aumenta se nos movemos para longe da origem e diminui se nos movemos em direção à origem. A maneira como os valores mudam depende da direção que seguimos. A dependência da variação em relação à direção é importante. Voltaremos a isso na Seção 14.5.

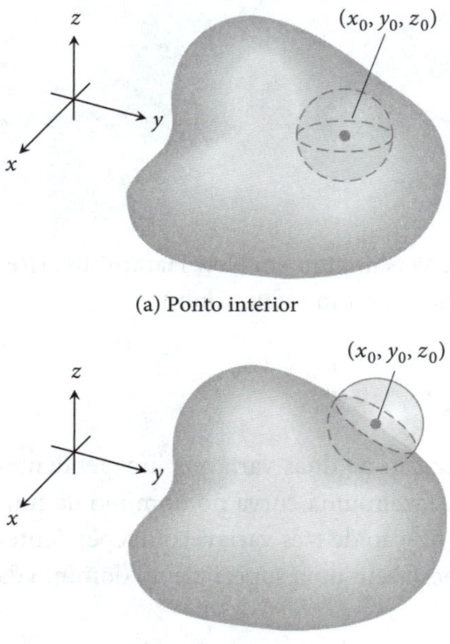

(a) Ponto interior

(b) Ponto de fronteira

FIGURA 14.8 Pontos interiores e de fronteira de uma região no espaço.

As definições de interior, fronteira, aberto, fechado, limitado e ilimitado para regiões no espaço são similares àquelas para regiões no plano. Para acomodar a dimensão extra, usamos esferas sólidas em vez de discos.

Definições **Pontos interiores, de fronteira, abertos, fechados para regiões espaciais**

Um ponto (x_0, y_0, z_0) em uma região R no espaço é um **ponto interior** de R se é o centro de uma esfera sólida que está inteiramente em R (Figura 14.8a). Um ponto (x_0, y_0, z_0) é um **ponto de fronteira** de R se toda esfera centrada em (x_0, y_0, z_0) contém pontos que estão fora de R assim como pontos que estão dentro de R (Figura 14.8b). O **interior** de R é o conjunto dos pontos interiores de R. A **fronteira** de R é o conjunto dos pontos de fronteira de R.

Uma região é **aberta** se consiste inteiramente de pontos interiores. Uma região é **fechada** se ela contém toda a sua fronteira.

São exemplos de conjuntos *abertos* no espaço o interior de uma esfera, o semi-espaço aberto $z > 0$, o primeiro octante (onde x, y e z são todos positivos) e o próprio espaço.

São exemplos de conjuntos *fechados* no espaço retas, planos, o semi-espaço fechado $z \geq 0$, o primeiro octante juntamente com seus planos de fronteira e o próprio espaço (uma vez que ele não tem pontos de fronteira).

Uma esfera sólida com parte da sua fronteira removida ou um cubo sólido sem uma face, aresta ou vértice não é *nem aberto nem fechado*.

Funções de mais de três variáveis independentes também são importantes. Por exemplo, a temperatura em uma superfície no espaço pode não depender apenas da localização do ponto $P(x, y, z)$ na superfície, mas também do instante t no qual ele é visitado, de modo que poderíamos escrever $T = f(x, y, z, t)$.

Gráficos por computador

Programas de gráficos tridimensionais para computadores e calculadoras tornam possível traçar funções de duas variáveis com apenas alguns comandos. Em geral é mais rápido obter informações a partir de um gráfico que de uma fórmula.

EXEMPLO 6 Modelando a temperatura abaixo da superfície da terra

A temperatura abaixo da superfície da Terra é uma função da profundidade x abaixo da superfície e da época do ano t. Se medimos x em pés e t como o número de dias decorridos a partir da data média da maior temperatura anual da superfície, podemos modelar a variação da temperatura com a função

$$w = \cos(1{,}7 \times 10^{-2}t - 0{,}2x)\, e^{-0{,}2x}$$

(A temperatura a 0 pé é representada em escala para variar de +1 a −1, de modo que a variação a x pés pode ser interpretada como uma fração da variação na superfície.)

A Figura 14.9 mostra um gráfico da função gerado por computador. A uma profundidade de 15 pés, a variação (variação na amplitude vertical na figura) é de cerca de 5% da variação na superfície. A 30 pés, não existe praticamente nenhuma variação durante o ano.

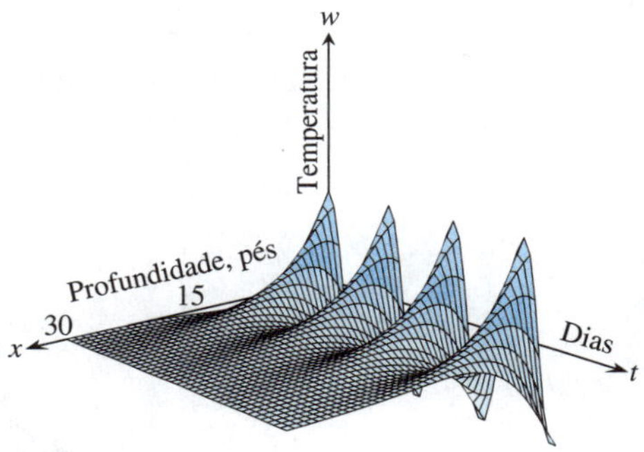

FIGURA 14.9 Este gráfico gerado por computador de

$$w = \cos(1{,}7 \times 10^{-2}t - 0{,}2x)e^{-0{,}2x}$$

mostra a variação sazonal da temperatura abaixo do solo como uma fração da temperatura da superfície. Em x = 15 pés, a variação é de apenas 5% da variação na superfície. Em x = 30 pés, a variação é menor que 0,25% da variação da superfície (Exemplo 6). (Adaptado do gráfico produzido por Norton Starr.)

O gráfico também mostra que a temperatura 15 pés abaixo da superfície está cerca de meio ano fora de fase com a temperatura da superfície. Quando a temperatura é mais baixa na superfície (final de julho, digamos), ela está em seu máximo a 15 pés abaixo da superfície. A 15 pés abaixo do solo, as estações estão invertidas.

A Figura 14.10 mostra gráficos gerados por computador de um grupo de funções de duas variáveis juntamente com suas curvas de nível.

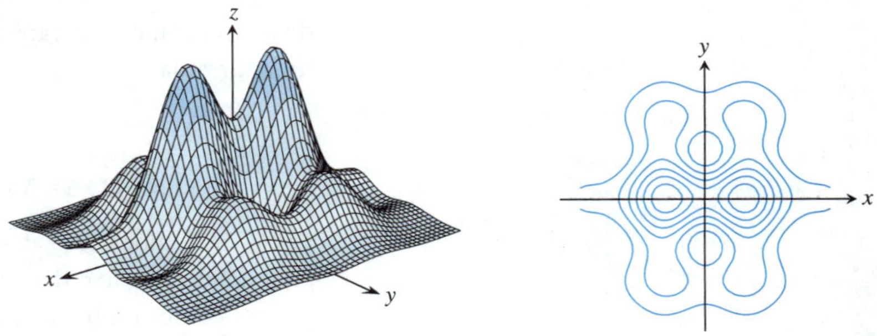

(a) $z = e^{-(x^2 + y^2)/8}(\text{sen}\, x^2 + \cos y^2)$

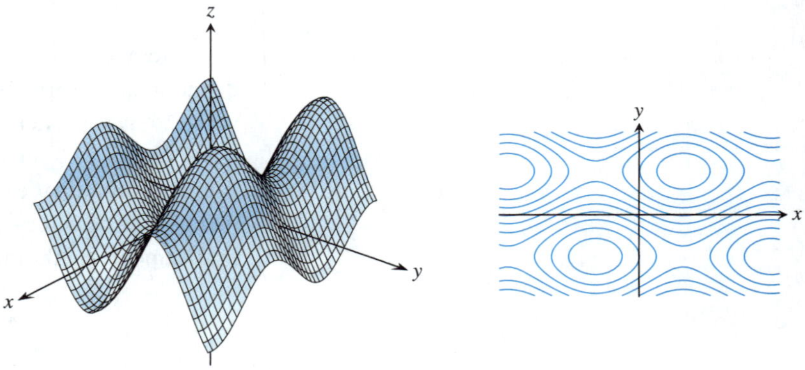

(b) $z = \text{sen}\, x + 2\,\text{sen}\, y$

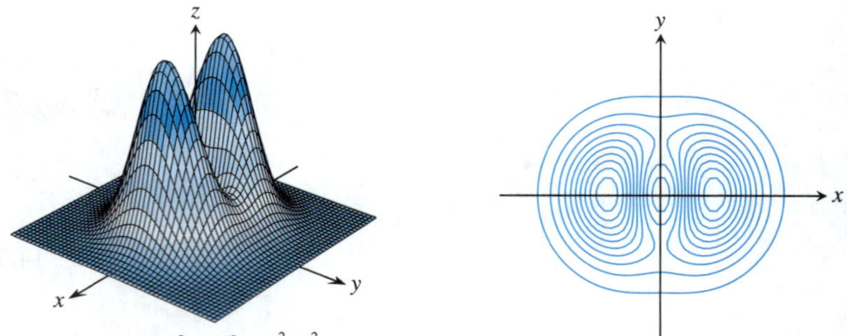

(c) $z = (4x^2 + y^2)e^{-x^2-y^2}$

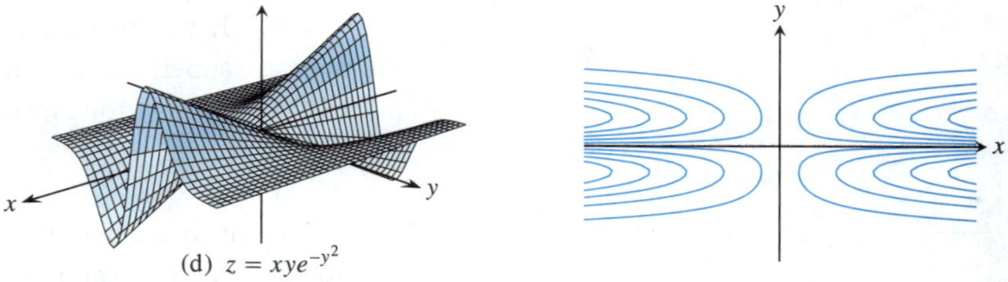

(d) $z = xye^{-y^2}$

FIGURA 14.10 Gráficos gerados por computador e curvas de nível de funções típicas de duas variáveis.

Exercícios 14.1

Domínio, imagem e curvas de nível

Nos exercícios 1–12: (a) encontre o domínio da função; (b) encontre a imagem da função; (c) descreva as curvas de nível da função; (d) encontre a fronteira do domínio da função; (e) determine se o domínio é uma região aberta, uma região fechada ou nenhuma das duas; (f) decida se o domínio é limitado ou não limitado.

1. $f(x, y) = y - x$
2. $f(x, y) = \sqrt{y - x}$
3. $f(x, y) = 4x^2 + 9y^2$
4. $f(x, y) = x^2 - y^2$
5. $f(x, y) = xy$
6. $f(x, y) = y/x^2$
7. $f(x, y) = \dfrac{1}{\sqrt{16 - x^2 - y^2}}$
8. $f(x, y) = \sqrt{9 - x^2 - y^2}$
9. $f(x, y) = \ln(x^2 + y^2)$
10. $f(x, y) = e^{-(x^2+y^2)}$
11. $f(x, y) = \text{sen}^{-1}(y - x)$
12. $f(x, y) = \text{tg}^{-1}\left(\dfrac{y}{x}\right)$

Identificando superfícies e curvas de nível

Os exercícios 13–18 mostram curvas de nível para as funções cujos gráficos são apresentados em (a)–(f). Associe cada conjunto de curvas à função apropriada.

13.

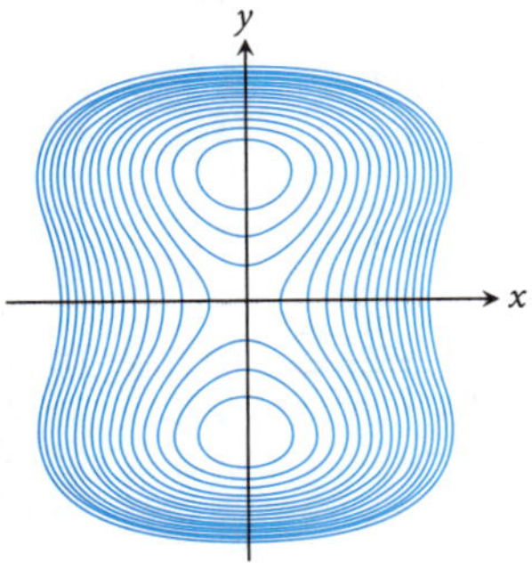

14.

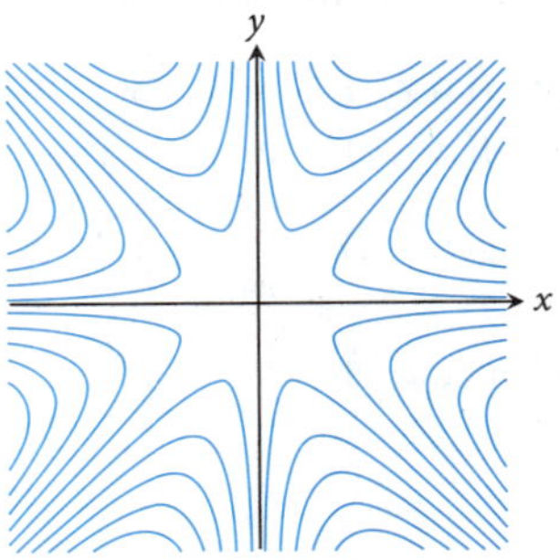

15.

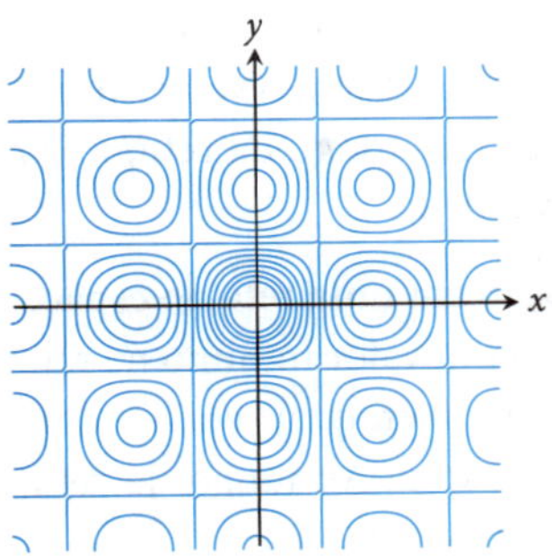

16.

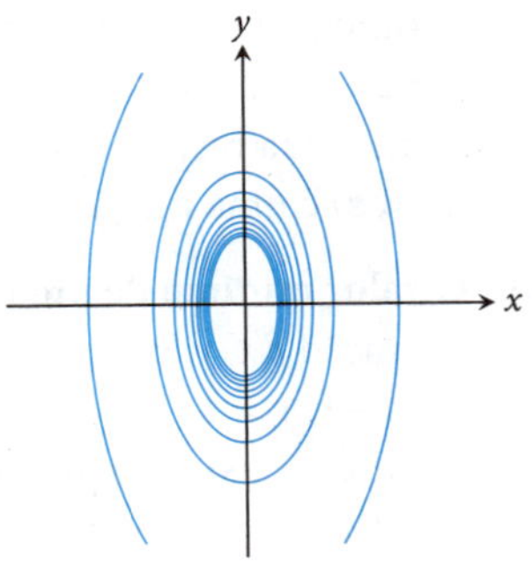

17.

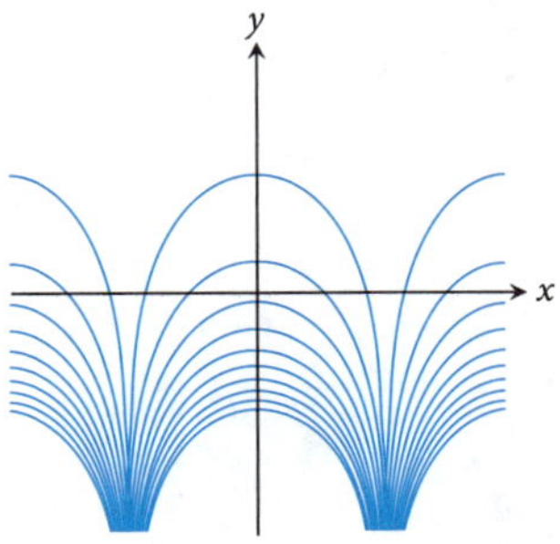

18.

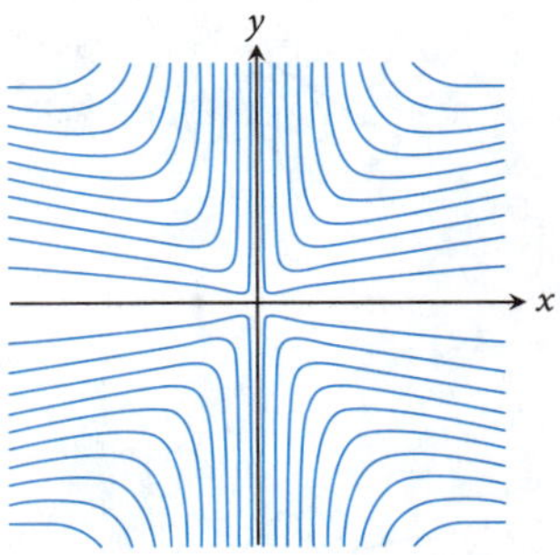

(a)

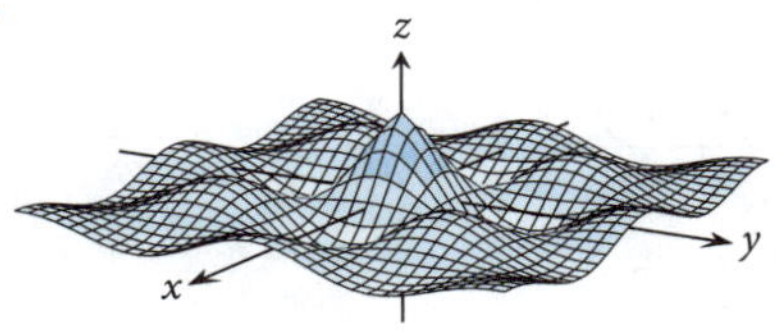

$z = (\cos x)(\cos y)\, e^{-\sqrt{x^2 + y^2}/4}$

(b)

$z = -\dfrac{xy^2}{x^2 + y^2}$

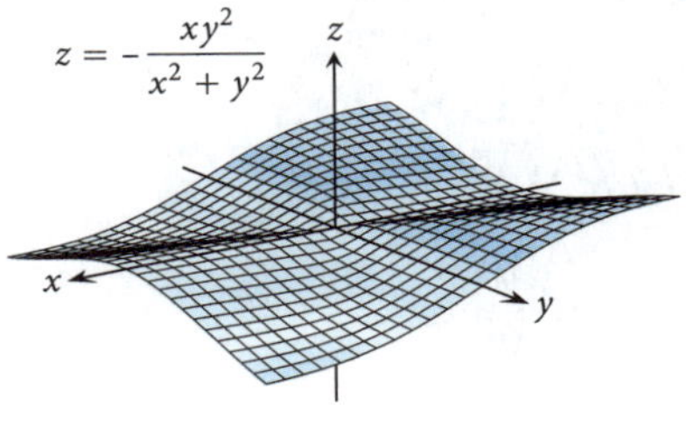

(c)

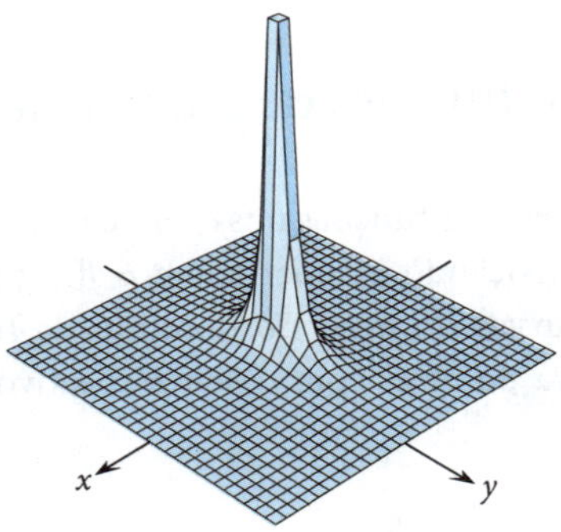

$z = \dfrac{1}{4x^2 + y^2}$

(d)

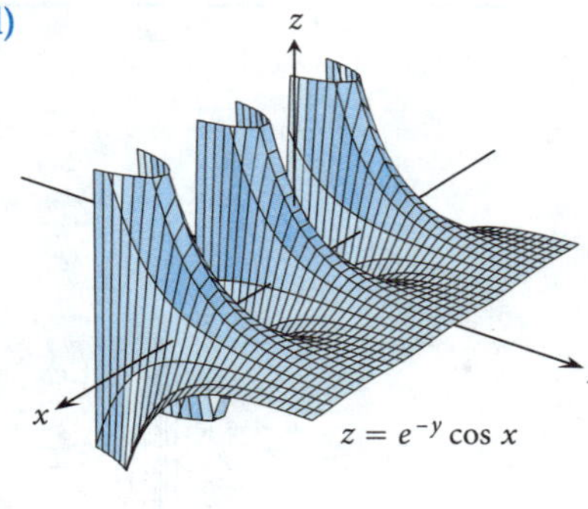

(e)

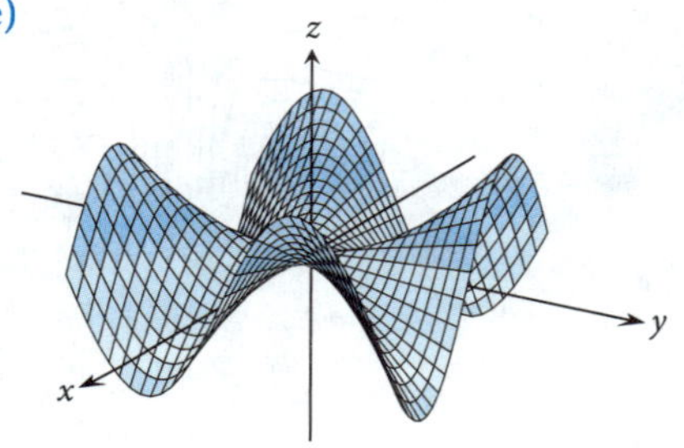

$$z = \frac{xy(x^2 - y^2)}{x^2 + y^2}$$

(f)

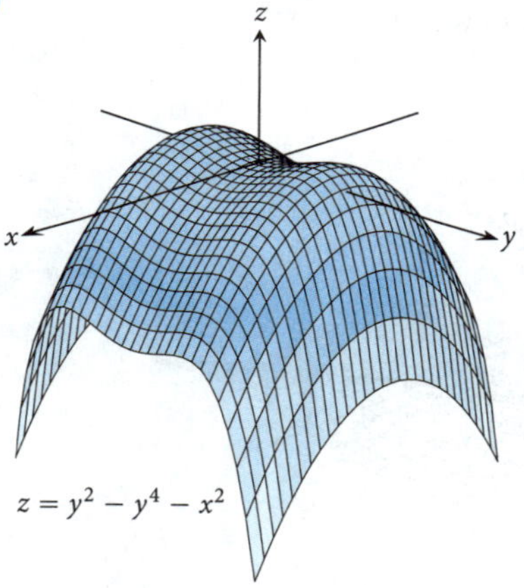

Identificando funções de duas variáveis

Apresente os valores das funções nos exercícios 19–28 de duas maneiras: (a) esboçando a superfície $z = f(x, y)$ e (b) desenhando várias curvas de nível no domínio da função. Identifique cada curva de nível com o seu respectivo valor da função.

19. $f(x, y) = y^2$

20. $f(x, y) = 4 - y^2$

21. $f(x, y) = x^2 + y^2$

22. $f(x, y) = \sqrt{x^2 + y^2}$

23. $f(x, y) = -(x^2 + y^2)$

24. $f(x, y) = 4 - x^2 - y^2$

25. $f(x, y) = 4x^2 + y^2$

26. $f(x, y) = 4x^2 + y^2 + 1$

27. $f(x, y) = 1 - |y|$

28. $f(x, y) = 1 - |x| - |y|$

Encontrando uma curva de nível

Nos exercícios 29–32, encontre uma equação para a curva de nível da função $f(x, y)$ que passa pelo ponto dado.

29. $f(x, y) = 16 - x^2 - y^2, \quad \left(2\sqrt{2}, \sqrt{2}\right)$

30. $f(x, y) = \sqrt{x^2 - 1}, \quad (1, 0)$

31. $f(x, y) = \displaystyle\int_x^y \frac{dt}{1 + t^2}, \quad \left(-\sqrt{2}, \sqrt{2}\right)$

32. $f(x, y) = \displaystyle\sum_{n=0}^{\infty} \left(\frac{x}{y}\right)^n, \quad (1, 2)$

Esboçando superfícies de nível

Nos exercícios 33–40, esboce uma superfície de nível típica para a função.

33. $f(x, y, z) = x^2 + y^2 + z^2$

34. $f(x, y, z) = \ln(x^2 + y^2 + z^2)$

35. $f(x, y, z) = x + z$

36. $f(x, y, z) = z$

37. $f(x, y, z) = x^2 + y^2$

38. $f(x, y, z) = y^2 + z^2$

39. $f(x, y, z) = z - x^2 - y^2$

40. $f(x, y, z) = (x^2/25) + (y^2/16) + (z^2/9)$

Encontrando uma superfície de nível

Nos exercícios 41–44, encontre uma equação para a superfície de nível da função que passa pelo ponto dado.

41. $f(x, y, z) = \sqrt{x - y} - \ln z, \quad (3, -1, 1)$

42. $f(x, y, z) = \ln(x^2 + y + z^2), \quad (-1, 2, 1)$

43. $g(x, y, z) = \displaystyle\sum_{n=0}^{\infty} \frac{(x + y)^n}{n!z^n}, \quad (\ln 2, \ln 4, 3)$

44. $g(x, y, z) = \displaystyle\int_x^y \frac{d\theta}{\sqrt{1 - \theta^2}} + \int_{\sqrt{2}}^{z} \frac{dt}{t\sqrt{t^2 - 1}}, \quad (0, 1/2, 2)$

Teoria e exemplos

45. O valor máximo de uma função em uma reta no espaço A função $f(x, y, z) = xyz$ tem um valor máximo na reta $x = 20 - t$, $y = t$, $z = 20$? Se tiver, qual será o valor? Justifique a sua resposta. (*Sugestão*: Ao longo da reta, $w = f(x, y, z)$ é uma função derivável de t.)

46. O valor mínimo de uma função em uma reta no espaço A função $f(x, y, z) = xy - z$ tem um valor mínimo na reta $x = t - 1$, $y = t - 2$, $z = t + 7$? Se tiver, qual será o valor? Justifique a sua resposta. (*Sugestão*: Ao longo da reta, $w = f(x, y, z)$ é uma função derivável de t.)

47. O estrondo sônico causado pelo Concorde As ondas sonoras do Concorde curvam-se à medida que a temperatura muda acima e abaixo da altitude de vôo do avião. A região de sobrepressão é a região no solo que recebe as ondas de choque diretamente do avião, não refletidas pela atmosfera nem difratadas ao longo do solo. A região é determinada pelos raios que atingem o solo e que partem do ponto diretamente sob o avião. (Veja a figura a seguir.)

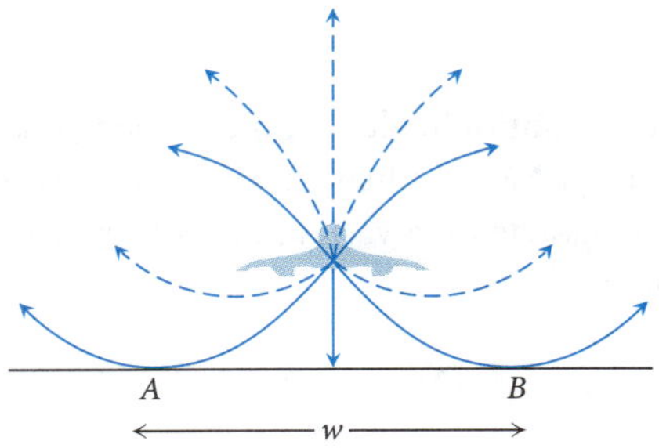

Região de sobrepressão

A largura w da região na qual pessoas no solo ouvem o estrondo sônico causado pelo Concorde diretamente, e não refletido por uma camada na atmosfera, é uma função de

T = temperatura do ar ao nível do solo (em graus Kelvin).

h = altitude do Concorde (em quilômetros).

d = gradiente vertical de temperatura (queda de temperatura em graus Kelvin por quilômetros).

A fórmula para w é

$$w = 4\left(\frac{Th}{d}\right)^{1/2}$$

O Concorde com destino a Washington aproxima-se dos Estados Unidos vindo da Europa em um curso que o leva ao sul da Ilha de Nantucket a uma altitude de 16,8 km. Se a temperatura da superfície for 290 K e o gradiente de temperatura vertical for 5 K/km, a quantos quilômetros ao sul de Nantucket o avião deverá voar para manter o ruído longe da ilha? (*Fonte:* "Concorde sonic booms as an atmospheric probe", de N. K. Balachandra, W. L. Donn e D. H. Rind, *Science*, v. 197, 1º jul. 1977, p. 47-49.)

48. Como você sabe, o gráfico de uma função real de uma única variável real é um conjunto no espaço bidimensional. O gráfico de uma função real de duas variáveis reais independentes é um conjunto no espaço tridimensional. O gráfico de uma função real de três variáveis reais independentes é um conjunto em um espaço quadridimensional. Como você definiria o gráfico de uma função real $f(x_1, x_2, x_3, x_4)$ de quatro variáveis reais independentes? Como você definiria o gráfico de uma função real $f(x_1, x_2, x_3, \ldots, x_n)$ de n variáveis reais independentes?

USANDO O COMPUTADOR

Superfícies explícitas

Use um sistema de álgebra por computador (SAC) para executar as seguintes etapas para cada uma das funções nos exercícios 49–52.

(a) Trace a superfície no retângulo fornecido.

(b) Trace várias curvas de nível no retângulo.

(c) Trace a curva de nível de f passando pelo ponto dado.

49. $f(x, y) = x \operatorname{sen}\frac{y}{2} + y \operatorname{sen} 2x, \quad 0 \le x \le 5\pi \quad 0 \le y \le 5\pi,$ $P(3\pi, 3\pi)$

50. $f(x, y) = (\operatorname{sen} x)(\cos y)e^{\sqrt{x^2+y^2}/8}, \quad 0 \le x \le 5\pi,$ $0 \le y \le 5\pi, \quad P(4\pi, 4\pi)$

51. $f(x, y) = \operatorname{sen}(x + 2\cos y), \quad -2\pi \le x \le 2\pi,$ $-2\pi \le y \le 2\pi, \quad P(\pi, \pi)$

52. $f(x, y) = e^{(x^{0,1} - y)} \operatorname{sen}(x^2 + y^2), \quad 0 \le x \le 2\pi,$ $-2\pi \le y \le \pi, \quad P(\pi, -\pi)$

Superfícies implícitas

Use um sistema de álgebra por computador (SAC) para traçar as superfícies de nível nos exercícios 53–56.

53. $4\ln(x^2 + y^2 + z^2) = 1$ **54.** $x^2 + z^2 = 1$

55. $x + y^2 - 3z^2 = 1$

56. $\operatorname{sen}\left(\frac{x}{2}\right) - (\cos y)\sqrt{x^2 + z^2} = 2$

Superfícies parametrizadas

Da mesma maneira que você descreve curvas no plano parametricamente com um par de equações $x = f(t)$, $y = g(t)$ definidas em algum intervalo I, você algumas vezes pode descrever superfícies no espaço com uma terna de equações $x = f(u, v)$, $y = g(u, v)$, $z = h(u, v)$ definidas em algum retângulo $a \le u \le b$, $c \le v \le d$. Muitos sistemas de álgebra por computador permitem traçar essas superfícies no *modo paramétrico*. (Superfícies parametrizadas serão discutidas em detalhes na Seção 16.6.) Use um sistema de álgebra por computador para traçar as superfícies nos exercícios 57–60. Trace também várias curvas de nível no plano xy.

57. $x = u\cos v, \quad y = u \operatorname{sen} v, \quad z = u, \quad 0 \leq u \leq 2, \quad 0 \leq v \leq 2\pi$

58. $x = u\cos v, \quad y = u \operatorname{sen} v, \quad z = v, \quad 0 \leq u \leq 2, \quad 0 \leq v \leq 2\pi$

59. $x = (2 + \cos u)\cos v, \quad y = (2 + \cos u)\operatorname{sen} v, \quad z = \operatorname{sen} u, \quad 0 \leq u \leq 2\pi, \quad 0 \leq v \leq 2\pi$

60. $x = 2\cos u \cos v, \quad y = 2\cos u \operatorname{sen} v, \quad z = 2\operatorname{sen} u, \quad 0 \leq u \leq 2\pi, \quad 0 \leq v \leq \pi$

14.2 Limites e continuidade em dimensões maiores

Esta seção trata de limites e continuidade de funções de várias variáveis. A definição do limite de uma função de duas ou três variáveis é similar à definição do limite de uma função de uma variável, mas com uma diferença crucial, como veremos a seguir.

Limites

Se os valores de uma função real $f(x, y)$ estão próximos de um número real fixado L para todos os pontos (x, y) suficientemente próximos do ponto (x_0, y_0), dizemos que f se aproxima do limite L quando (x, y) se aproxima de (x_0, y_0). Observe, entretanto, que se (x_0, y_0) está no interior do domínio de f, (x, y) pode se aproximar de (x_0, y_0) a partir de qualquer direção. A direção de aproximação pode ser um problema, como ocorre em alguns dos exemplos a seguir.

Definição **Limite de uma função de duas variáveis independentes**
A função $f(x, y)$ se aproxima do **limite** L à medida que (x, y) se aproxima de (x_0, y_0), e escrevemos

$$\lim_{(x, y)\to(x_0, y_0)} f(x, y) = L$$

se, para todo número $\epsilon > 0$, existe um número $\delta > 0$ correspondente tal que, para todo (x, y) no domínio de f,

$$|f(x, y) - L| < \epsilon \quad \text{sempre que} \quad 0 < \sqrt{(x - x_0)^2 + (y - y_0)^2} < \delta$$

A definição de limite diz que a distância entre $f(x, y)$ e L se torna arbitrariamente pequena sempre que a distância de (x, y) a (x_0, y_0) se faz suficientemente pequena (mas não igual a 0).

A definição de limite aplica-se tanto a pontos de fronteira (x_0, y_0) como a pontos interiores do domínio de f. A única exigência é que o ponto (x, y) permaneça no domínio todo o tempo. Pode-se mostrar que, assim como para funções de uma única variável,

$$\lim_{(x, y)\to(x_0, y_0)} x = x_0$$

$$\lim_{(x, y)\to(x_0, y_0)} y = y_0$$

$$\lim_{(x, y)\to(x_0, y_0)} k = k \qquad \text{(para todo número } k\text{)}$$

Na primeira afirmação anterior sobre limites, por exemplo, $f(x, y) = x$ e $L = x_0$. Usando a definição de limite, imagine que $\epsilon > 0$ seja escolhido. Se igualarmos δ a ϵ, vemos que

$$0 < \sqrt{(x - x_0)^2 + (y - y_0)^2} < \delta = \epsilon$$

implica que

$$\begin{aligned} 0 < \sqrt{(x - x_0)^2} &< \epsilon \\ |x - x_0| &< \epsilon \qquad \sqrt{a^2} = |a| \\ |f(x, y) - x_0| &< \epsilon \qquad x = f(x, y) \end{aligned}$$

ou seja,

$$|f(x, y) - x_0| < \epsilon \quad \text{sempre que} \quad 0 < \sqrt{(x - x_0)^2 + (y - y_0)^2} < \delta$$

Portanto,

$$\lim_{(x, y) \to (x_0, y_0)} f(x, y) = \lim_{(x, y) \to (x_0, y_0)} x = x_0$$

Pode-se também mostrar que o limite da soma de duas funções é a soma de seus limites (quando ambos existirem), e obtêm-se resultados similares para limites de diferenças, produtos, multiplicação por constantes, quocientes e potências.

Teorema 1 Propriedades dos limites de funções de duas variáveis

As regras a seguir são verdadeiras se L, M e k são números reais e

$$\lim_{(x, y) \to (x_0, y_0)} f(x, y) = L \quad \text{e} \quad \lim_{(x, y) \to (x_0, y_0)} g(x, y) = M$$

1. *Regra da soma:* $\lim_{(x, y) \to (x_0, y_0)} (f(x, y) + g(x, y)) = L + M$
2. *Regra da diferença:* $\lim_{(x, y) \to (x_0, y_0)} (f(x, y) - g(x, y)) = L - M$
3. *Regra do produto:* $\lim_{(x, y) \to (x_0, y_0)} (f(x, y) \cdot g(x, y)) = L \cdot M$
4. *Regra da multiplicação por constante:* $\lim_{(x, y) \to (x_0, y_0)} (kf(x, y)) = kL$ (para todo número k)
5. *Regra do quociente:* $\lim_{(x, y) \to (x_0, y_0)} \dfrac{f(x, y)}{g(x, y)} = \dfrac{L}{M} \qquad M \neq 0$
6. *Regra da potência:* Se r e s forem inteiros sem nenhum fator comum e $s \neq 0$, então

$$\lim_{(x, y) \to (x_0, y_0)} (f(x, y))^{r/s} = L^{r/s}$$

desde que $L^{r/s}$ seja um número real. (Se s é par, assumimos que $L > 0$.)

Embora não provemos aqui o Teorema 1, oferecemos uma discussão informal da razão para ele ser verdadeiro. Se (x, y) está suficientemente perto de (x_0, y_0), então $f(x, y)$ está próximo de L e $g(x, y)$ está perto de M (a partir da interpretação informal de limites). Faz sentido, então, dizer que $f(x, y) + g(x, y)$ está perto de $L + M$; $f(x, y) - g(x, y)$ está perto de $L - M$; $f(x, y)g(x, y)$ está perto de LM; $kf(x, y)$ está perto de kL; e que $f(x, y)/g(x, y)$ está perto de L/M se $M \neq 0$.

Quando aplicamos o Teorema 1 a polinômios e funções racionais, obtemos o resultado útil de que os limites dessas funções quando $(x, y) \to (x_0, y_0)$ podem ser calculados determinando-se as funções em (x_0, y_0). A única exigência é que as funções racionais sejam definidas em (x_0, y_0).

EXEMPLO 1 Calculando limites

(a) $$\lim_{(x, y)\to(0,1)} \frac{x - xy + 3}{x^2y + 5xy - y^3} = \frac{0 - (0)(1) + 3}{(0)^2(1) + 5(0)(1) - (1)^3} - 3$$

(b) $$\lim_{(x, y)\to(3, -4)} \sqrt{x^2 + y^2} = \sqrt{(3)^2 + (-4)^2} = \sqrt{25} = 5$$

EXEMPLO 2 Calculando limites

Encontre

$$\lim_{(x, y)\to(0,0)} \frac{x^2 - xy}{\sqrt{x} - \sqrt{y}}$$

SOLUÇÃO Como o denominador $\sqrt{x} - \sqrt{y}$ se aproxima de 0 quando $(x, y) \to (0, 0)$, não podemos usar a regra do quociente do Teorema 1. Contudo, se multiplicamos numerador e denominador por $\sqrt{x} + \sqrt{y}$, produzimos uma fração equivalente cujo limite *podemos* encontrar:

$$\lim_{(x, y)\to(0,0)} \frac{x^2 - xy}{\sqrt{x} - \sqrt{y}} = \lim_{(x, y)\to(0, 0)} \frac{(x^2 - xy)(\sqrt{x} + \sqrt{y})}{(\sqrt{x} - \sqrt{y})(\sqrt{x} + \sqrt{y})}$$

$$= \lim_{(x, y)\to(0, 0)} \frac{x(x - y)(\sqrt{x} + \sqrt{y})}{x - y}$$ Álgebra

$$= \lim_{(x, y)\to(0, 0)} x(\sqrt{x} + \sqrt{y})$$ Cancelamento do fator $(x - y)$ diferente de 0.

$$= 0\left(\sqrt{0} + \sqrt{0}\right) = 0$$

Podemos cancelar o fator $(x - y)$ porque o caminho $y = x$ (ao longo do qual $x - y = 0$) *não* está no domínio da função

$$\frac{x^2 - xy}{\sqrt{x} - \sqrt{y}}$$

EXEMPLO 3 Aplicando a definição de limite

Encontre, $\lim_{(x, y)\to(0, 0)} \dfrac{4xy^2}{x^2 + y^2}$, se existir

SOLUÇÃO Primeiro, observamos que, ao longo da reta $x = 0$, a função tem sempre valor 0 quando $y \neq 0$. Da mesma forma, ao longo da reta $y = 0$, a função tem valor 0 desde que $x \neq 0$. Portanto, se o limite existe à medida que (x, y) se aproxima de $(0, 0)$, o valor do limite deve ser 0. Para verificar se isso é verdadeiro, aplicamos a definição de limite.

Seja $\epsilon > 0$, mas arbitrário. Queremos encontrar $\delta > 0$ tal que

$$\left|\frac{4xy^2}{x^2 + y^2} - 0\right| < \epsilon \quad \text{sempre que} \quad 0 < \sqrt{x^2 + y^2} < \delta$$

ou

$$\frac{4|x|y^2}{x^2 + y^2} < \epsilon \quad \text{sempre que} \quad 0 < \sqrt{x^2 + y^2} < \delta$$

Como $y^2 \leq x^2 + y^2$, temos que

$$\frac{4|x|y^2}{x^2 + y^2} \leq 4|x| = 4\sqrt{x^2} \leq 4\sqrt{x^2 + y^2}$$

Portanto, se escolhemos $\delta = \epsilon/4$ e permitir que $0 < \sqrt{x^2 + y^2} < \delta$, obtemos

$$\left|\frac{4xy^2}{x^2 + y^2} - 0\right| \leq 4\sqrt{x^2 + y^2} < 4\delta = 4\left(\frac{\epsilon}{4}\right) = \epsilon$$

A partir da definição, sabemos que

$$\lim_{(x, y)\to(0, 0)} \frac{4xy^2}{x^2 + y^2} = 0$$

Continuidade

Assim como para funções de uma única variável, a continuidade é definida em termos de limites.

Definição **Funções contínuas de duas variáveis**
Uma função $f(x, y)$ é **contínua no ponto (x_0, y_0)** se

1. f for definida em (x_0, y_0);

2. $\lim_{(x, y)\to(x_0, y_0)} f(x, y)$ existe;

3. $\lim_{(x, y)\to(x_0, y_0)} f(x, y) = f(x_0, y_0)$

Uma função é **contínua** quando é contínua em todos os pontos de seu domínio.

Como acontece na definição de limite, a definição de continuidade aplica-se tanto a pontos de fronteira como a pontos interiores do domínio de f. A única exigência é que o ponto (x, y) permaneça no domínio todo o tempo.

Como você já pode ter imaginado, uma das conseqüências do Teorema 1 é que combinações algébricas de funções contínuas são contínuas em todo ponto

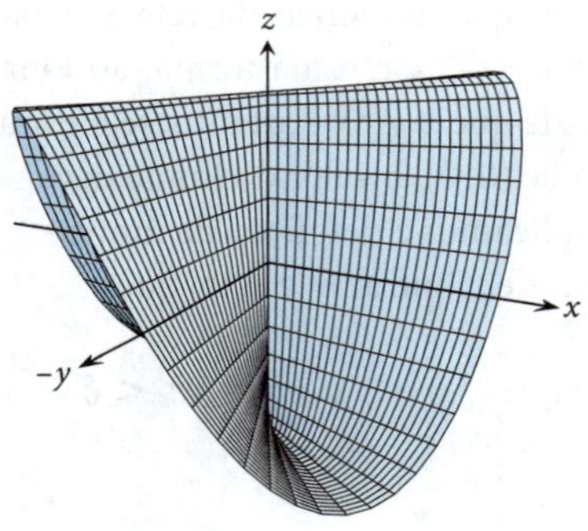

(a)

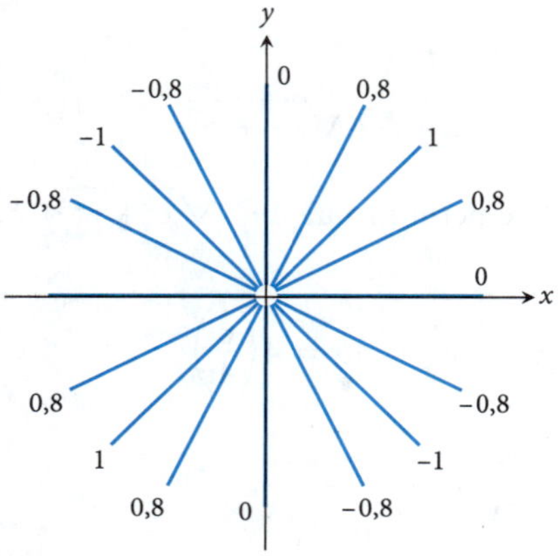

(b)

FIGURA 14.11 (a) O gráfico de

$$f(x, y) = \begin{cases} \dfrac{2xy}{x^2 + y^2}, & (x, y) \neq (0, 0) \\ 0, & (x, y) = (0, 0) \end{cases}$$

A função é contínua em todo ponto com exceção da origem. (b) As curvas de nível de f (Exemplo 4).

para o qual as funções envolvidas são definidas. Por essa razão, somas, diferenças, produtos, multiplicação por constantes, quocientes e potências de funções contínuas são contínuas onde são definidas. Em especial, polinômios e funções racionais de duas variáveis são contínuas em todo ponto onde são definidas.

EXEMPLO 4 Uma função com um único ponto de descontinuidade

Mostre que

$$f(x, y) = \begin{cases} \dfrac{2xy}{x^2 + y^2}, & (x, y) \neq (0, 0) \\ 0, & (x, y) = (0, 0) \end{cases}$$

é contínua em todo ponto, exceto a origem (Figura 14.11).

SOLUÇÃO A função f é contínua em qualquer ponto $(x, y) \neq (0, 0)$ porque seus valores são dados por uma função racional de x e y.

Em $(0, 0)$, o valor de f é definido, mas afirmamos que f não tem limite quando $(x, y) \to (0, 0)$. A razão é que diferentes caminhos de aproximação da origem podem levar a resultados diferentes, como veremos a seguir.

Para todo valor de m, a função f tem um valor constante na reta "furada" $y = mx$, $x \neq 0$, porque

$$f(x, y)\Big|_{y=mx} = \frac{2xy}{x^2 + y^2}\Big|_{y=mx} = \frac{2x(mx)}{x^2 + (mx)^2} = \frac{2mx^2}{x^2 + m^2x^2} = \frac{2m}{1 + m^2}$$

Portanto, f tem esse número como seu limite quando (x, y) se aproxima de $(0, 0)$ ao longo da reta:

$$\lim_{\substack{(x, y)\to(0, 0) \\ \text{ao longo de } y = mx}} f(x, y) = \lim_{(x, y)\to(0, 0)} \left[f(x, y)\Big|_{y=mx} \right] = \frac{2m}{1 + m^2}$$

Esse limite muda com m. Não existe, portanto, um único número que podemos chamar limite de f quando (x, y) se aproxima da origem. O limite não existe e a função não é contínua.

O Exemplo 4 ilustra um ponto importante sobre limites de funções de duas variáveis (ou até de mais variáveis). Quando um limite existe em um ponto, o limite tem de ser o mesmo ao longo de todos os caminhos que se aproximam do ponto. Esse resultado é análogo ao caso de uma única variável na qual ambos os limites laterais devem ter o mesmo valor e, portanto, para funções de duas ou mais variáveis, se encontrarmos caminhos com limites diferentes, saberemos que a função não tem limite no ponto em questão.

Teste dos dois caminhos para a não-existência de um limite

Se $f(x, y)$ tem limites diferentes ao longo de dois caminhos diferentes quando (x, y) se aproxima de (x_0, y_0), então $\lim_{(x, y)\to(x_0, y_0)} f(x, y)$ não existe.

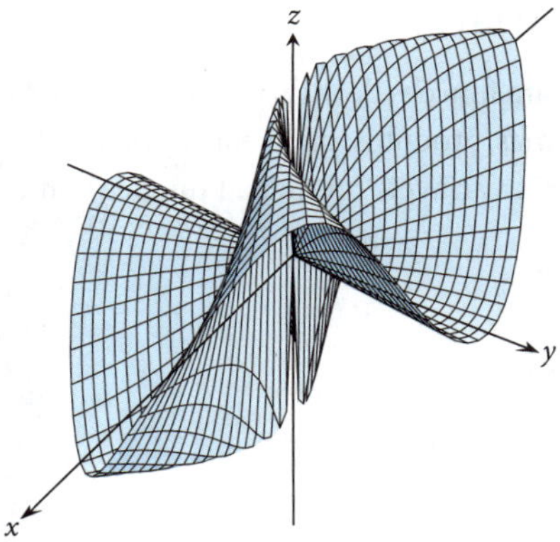

(a)

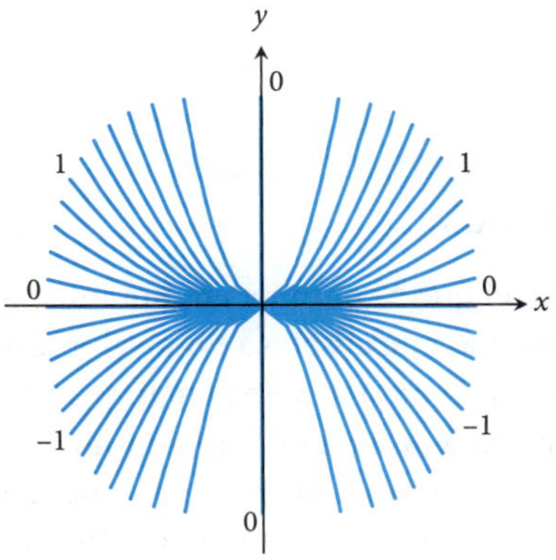

(b)

FIGURA 14.12 (a) O gráfico de $f(x, y) = 2x^2y/(x^4+y^2)$. Como o gráfico sugere e as curvas de nível na parte (b) confirmam, $\lim_{(x,y)\to(0,0)} f(x, y)$ não existe (Exemplo 5).

EXEMPLO 5 Aplicando o Teste dos Dois Caminhos

Mostre que a função

$$f(x, y) = \frac{2x^2y}{x^4 + y^2}$$

(Figura 14.12) não tem limite quando (x,y) se aproxima de (0, 0).

SOLUÇÃO O limite não pode ser encontrado por meio de substituição direta, que nos dá a forma 0/0. Examinamos os valores de f ao longo da curva que termina em (0, 0). Ao longo da curva $y = kx^2$, $x \neq 0$, a função tem o valor constante

$$f(x, y)\Big|_{y=kx^2} = \frac{2x^2y}{x^4 + y^2}\Big|_{y=kx^2} = \frac{2x^2(kx^2)}{x^4 + (kx^2)^2} = \frac{2kx^4}{x^4 + k^2x^4} = \frac{2k}{1 + k^2}$$

Portanto,

$$\lim_{\substack{(x,y)\to(0,0)\\ \text{ao longo de } y=kx^2}} f(x, y) = \lim_{(x,y)\to(0,0)} \left[f(x, y)\Big|_{y=kx^2} \right] = \frac{2k}{1 + k^2}$$

Esse limite varia com o caminho de aproximação. Se (x, y) se aproxima de (0, 0) ao longo da parábola $y = x^2$, por exemplo, então $k = 1$ e o limite é 1. Se (x, y) se aproxima de (0, 0) ao longo do eixo x, então $k = 0$ e o limite é 0. Pelo teste dos dois caminhos, f não tem limite quando (x, y) se aproxima de (0, 0).

A linguagem aqui pode parecer contraditória. Você pode dizer: "Como assim f não tem limite quando (x, y) se aproxima da origem? Ela tem um monte de limites". Mas esta é a questão. Não existe *um único* limite independente do caminho e, portanto, pela definição, $\lim_{(x,y)\to(0,0)} f(x, y)$ não existe.

As compostas de funções contínuas também são contínuas. A prova, omitida aqui, é semelhante à de funções com uma única variável (Teorema 10, Seção 2.6, Volume I).

Continuidade de compostas

Se f é contínua em (x_0, y_0) e g é uma função contínua de uma única variável em $f(x_0, y_0)$, então a função composta $h = g \circ f$ definida por $h(x, y) = g(f(x, y))$ é contínua em (x_0, y_0).

Por exemplo, as funções compostas

$$e^{x-y}, \qquad \cos\frac{xy}{x^2 + 1}, \qquad \ln(1 + x^2y^2)$$

são contínuas em todos os pontos (x, y).

Como acontece em funções de uma variável, a regra é que compostas de funções contínuas são contínuas. A única exigência é que cada função seja contínua onde ela for aplicada.

Funções de mais de duas variáveis

As definições de limite e continuidade para funções de duas variáveis e as conclusões sobre limites e continuidade para somas, produtos, quocientes, potências e composições estendem-se a funções de três variáveis ou mais. Funções como

$$\ln(x + y + z) \qquad \text{e} \qquad \frac{y \operatorname{sen} z}{x - 1}$$

são contínuas nos seus domínios, e limites como

$$\lim_{P \to (1,0,-1)} \frac{e^{x+z}}{z^2 + \cos\sqrt{xy}} = \frac{e^{1-1}}{(-1)^2 + \cos 0} = \frac{1}{2}$$

onde P indica o ponto (x, y, z), podem ser encontrados por meio de substituição direta.

Valores extremos de funções contínuas em conjuntos fechados e limitados

Vimos que uma função de uma variável que é contínua em um intervalo fechado e limitado $[a, b]$ assume um valor máximo absoluto e um valor mínimo absoluto pelo menos uma vez em $[a, b]$. O mesmo vale para uma função $z = f(x, y)$ que é contínua em um conjunto R fechado e limitado no plano (como um segmento de reta, um disco ou um triângulo cheio). A função assume um valor máximo absoluto em algum ponto em R e um valor mínimo absoluto em algum ponto em R.

Teoremas similares a estes e outros teoremas desta seção são verdadeiros para funções de três ou mais variáveis. Uma função contínua $w = f(x, y, z)$, por exemplo, deve assumir valores máximo e mínimo absolutos em qualquer conjunto fechado e limitado (esfera sólida ou cubo, casca esférica, sólido retangular) no qual é definida.

Aprenderemos como encontrar esses valores extremos na Seção 14.7, mas primeiro precisamos conhecer as derivadas em dimensões maiores. Esse é o assunto da próxima seção.

Exercícios 14.2

Limites com duas variáveis

Encontre os limites nos exercícios 1–12.

1. $\displaystyle\lim_{(x,y)\to(0,0)} \frac{3x^2 - y^2 + 5}{x^2 + y^2 + 2}$

2. $\displaystyle\lim_{(x,y)\to(0,4)} \frac{x}{\sqrt{y}}$

3. $\displaystyle\lim_{(x,y)\to(3,4)} \sqrt{x^2 + y^2 - 1}$

4. $\displaystyle\lim_{(x,y)\to(2,-3)} \left(\frac{1}{x} + \frac{1}{y}\right)^2$

5. $\displaystyle\lim_{(x,y)\to(0,\pi/4)} \sec x \operatorname{tg} y$

6. $\displaystyle\lim_{(x,y)\to(0,0)} \cos\frac{x^2 + y^3}{x + y + 1}$

7. $\displaystyle\lim_{(x,y)\to(0,\ln 2)} e^{x-y}$

8. $\displaystyle\lim_{(x,y)\to(1,1)} \ln|1 + x^2y^2|$

9. $\displaystyle\lim_{(x,y)\to(0,0)} \frac{e^y \operatorname{sen} x}{x}$

10. $\displaystyle\lim_{(x,y)\to(1,1)} \cos\sqrt[3]{|xy| - 1}$

11. $\displaystyle\lim_{(x,y)\to(1,0)} \frac{x \operatorname{sen} y}{x^2 + 1}$

12. $\displaystyle\lim_{(x,y)\to(\pi/2,0)} \frac{\cos y + 1}{y - \operatorname{sen} x}$

Limites de quocientes

Encontre os limites nos exercícios 13–20 reescrevendo primeiro as frações.

13. $\lim\limits_{\substack{(x,y)\to(1,1)\\ x\neq y}} \dfrac{x^2 - 2xy + y^2}{x - y}$ **14.** $\lim\limits_{\substack{(x,y)\to(1,1)\\ x\neq y}} \dfrac{x^2 - y^2}{x - y}$

15. $\lim\limits_{\substack{(x,y)\to(1,1)\\ x\neq 1}} \dfrac{xy - y - 2x + 2}{x - 1}$

16. $\lim\limits_{\substack{(x,y)\to(2,-4)\\ y\neq -4,\ x\neq x^2}} \dfrac{y + 4}{x^2y - xy + 4x^2 - 4x}$

17. $\lim\limits_{\substack{(x,y)\to(0,0)\\ x\neq y}} \dfrac{x - y + 2\sqrt{x} - 2\sqrt{y}}{\sqrt{x} - \sqrt{y}}$

18. $\lim\limits_{\substack{(x,y)\to(2,2)\\ x+y\neq 4}} \dfrac{x + y - 4}{\sqrt{x + y} - 2}$ **19.** $\lim\limits_{\substack{(x,y)\to(2,0)\\ 2x-y\neq 4}} \dfrac{\sqrt{2x - y} - 2}{2x - y - 4}$

20. $\lim\limits_{\substack{(x,y)\to(4,3)\\ x\neq y+1}} \dfrac{\sqrt{x} - \sqrt{y + 1}}{x - y - 1}$

Limites com três variáveis

Encontre os limites nos exercícios 21–26.

21. $\lim\limits_{P\to(1,3,4)} \left(\dfrac{1}{x} + \dfrac{1}{y} + \dfrac{1}{z}\right)$ **22.** $\lim\limits_{P\to(1,-1,-1)} \dfrac{2xy + yz}{x^2 + z^2}$

23. $\lim\limits_{P\to(3,3,0)} (\operatorname{sen}^2 x + \cos^2 y + \sec^2 z)$

24. $\lim\limits_{P\to(-1/4,\,\pi/2,\,2)} \operatorname{tg}^{-1} xyz$ **25.** $\lim\limits_{P\to(\pi,0,3)} ze^{-2y}\cos 2x$

26. $\lim\limits_{P\to(0,-2,0)} \ln\sqrt{x^2 + y^2 + z^2}$

Continuidade no plano

Em que pontos (x, y) no plano as funções nos exercícios 27–30 são contínuas?

27. **(a)** $f(x, y) = \operatorname{sen}(x + y)$ **(b)** $f(x, y) = \ln(x^2 + y^2)$

28. **(a)** $f(x, y) = \dfrac{x + y}{x - y}$ **(b)** $f(x, y) = \dfrac{y}{x^2 + 1}$

29. **(a)** $g(x, y) = \operatorname{sen}\dfrac{1}{xy}$ **(b)** $g(x, y) = \dfrac{x + y}{2 + \cos x}$

30. **(a)** $g(x, y) = \dfrac{x^2 + y^2}{x^2 - 3x + 2}$ **(b)** $g(x, y) = \dfrac{1}{x^2 - y}$

Continuidade no espaço

Em que pontos (x, y, z) no espaço as funções nos exercícios 31–34 são contínuas?

31. **(a)** $f(x, y, z) = x^2 + y^2 - 2z^2$

(b) $f(x, y, z) = \sqrt{x^2 + y^2 - 1}$

32. **(a)** $f(x, y, z) = \ln xyz$ **(b)** $f(x, y, z) = e^{x+y}\cos z$

33. **(a)** $h(x, y, z) = xy \operatorname{sen}\dfrac{1}{z}$ **(b)** $h(x, y, z) = \dfrac{1}{x^2 + z^2 - 1}$

34. **(a)** $h(x, y, z) = \dfrac{1}{|y| + |z|}$ **(b)** $h(x, y, z) = \dfrac{1}{|xy| + |z|}$

Sem limite em um ponto

Considerando caminhos diferentes que se aproximam da origem, mostre que as funções nos exercícios 35–42 não têm limite quando $(x, y) \to (0, 0)$

35. $f(x, y) = -\dfrac{x}{\sqrt{x^2 + y^2}}$ **36.** $f(x, y) = \dfrac{x^4}{x^4 + y^2}$

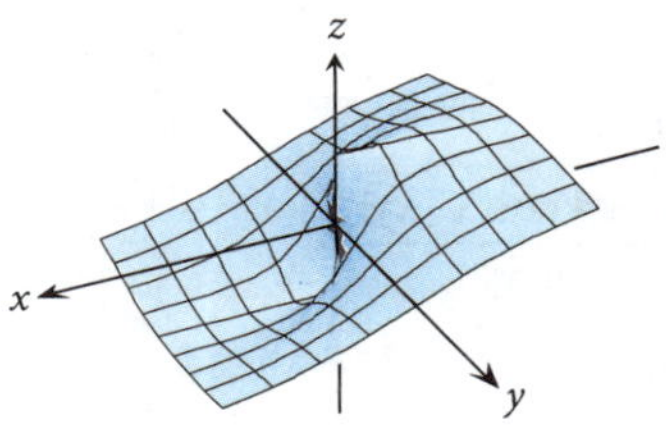

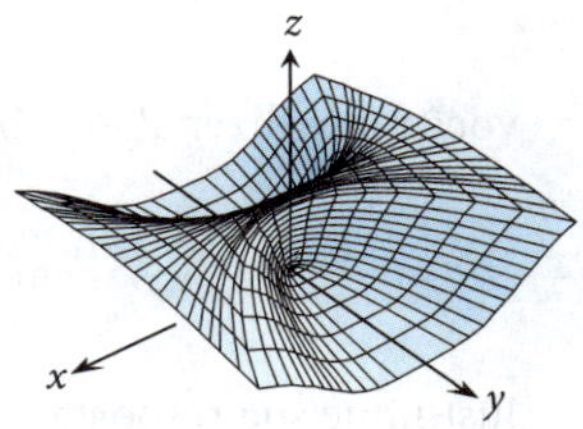

37. $f(x, y) = \dfrac{x^4 - y^2}{x^4 + y^2}$ **38.** $f(x, y) = \dfrac{xy}{|xy|}$

39. $g(x, y) = \dfrac{x - y}{x + y}$ **40.** $g(x, y) = \dfrac{x + y}{x - y}$

41. $h(x, y) = \dfrac{x^2 + y}{y}$ **42.** $h(x, y) = \dfrac{x^2}{x^2 - y}$

Teoria e exemplos

43. Se $\lim_{(x,y)\to(x_0,y_0)} f(x, y) = L$, f deve ser definida em (x_0, y_0)? Justifique a sua resposta.

44. Se $f(x_0, y_0) = 3$, o que você pode dizer sobre

$$\lim_{(x,y)\to(x_0,y_0)} f(x, y)$$

se f for contínua em (x_0, y_0)? E se f não for contínua em (x_0, y_0)? Justifique a sua resposta.

O teorema do confronto para funções de duas variáveis afirma que, se $g(x, y) \le f(x, y) \le h(x, y)$ para todo $(x, y) \neq (x_0, y_0)$ em um disco com centro em (x_0, y_0) e se g e h tiverem o mesmo limite finito L quando $(x, y) \to (x_0, y_0)$, então

$$\lim_{(x,y)\to(x_0,y_0)} f(x, y) = L$$

Use esse resultado para confirmar as suas respostas nos exercícios 45–48.

45. Sabendo que

$$1 - \frac{x^2y^2}{3} < \frac{\text{tg}^{-1} xy}{xy} < 1$$

você pode dizer algo sobre

$$\lim_{(x,\, y)\to(0,0)} \frac{\text{tg}^{-1} xy}{xy}\ ?$$

Justifique sua resposta.

46. Sabendo que

$$2|xy| - \frac{x^2y^2}{6} < 4 - 4\cos\sqrt{|xy|} < 2|xy|$$

você pode dizer algo sobre

$$\lim_{(x,\, y)\to(0,0)} \frac{4 - 4\cos\sqrt{|xy|}}{|xy|}\ ?$$

Justifique sua resposta.

47. Sabendo que $|\text{sen}\,(1/x)| \leq 1$, você pode dizer algo sobre

$$\lim_{(x,\, y)\to(0,0)} y\,\text{sen}\frac{1}{x}\ ?$$

Justifique a sua resposta.

48. Sabendo que $|\cos\,(1/y)| \leq 1$, você pode dizer algo sobre

$$\lim_{(x,\, y)\to(0,0)} x\cos\frac{1}{y}\ ?$$

Justifique sua resposta.

49. *(Continuação do Exemplo 4.)*

(a) Releia o Exemplo 4 e substitua $m = \text{tg}\,\theta$ na fórmula

$$f(x, y)\Big|_{y=mx} = \frac{2m}{1 + m^2}$$

e simplifique o resultado para mostrar como o valor de f varia de acordo com o ângulo de inclinação da reta.

(b) Use a fórmula que você obteve no item **(a)** para mostrar que o limite de f quando $(x, y) \to (0, 0)$ ao longo da reta $y = mx$ varia de -1 a 1, dependendo do ângulo de aproximação.

50. Extensão contínua Defina $f(0, 0)$ de maneira a estender

$$f(x, y) = xy\frac{x^2 - y^2}{x^2 + y^2}$$

a uma função contínua na origem.

Mudando para coordenadas polares

Se você não pode fazer progresso com $\lim_{(x,\, y)\to(0,0)} f(x, y)$ em coordenadas cartesianas, tente mudar para coordenadas polares. Substitua $x = r\cos\theta$, $y = r\,\text{sen}\,\theta$ e investigue o limite da expressão resultante quando $r \to 0$. Em outras palavras, tente decidir se existe um número L que satisfaça o seguinte critério:

Dado $\epsilon > 0$, existe um $\delta > 0$ tal que, para todo r e θ,

$$|r| < \delta \quad \Rightarrow \quad |f(r, \theta) - L| < \epsilon \qquad (1)$$

Se tal L existir, então

$$\lim_{(x,\, y)\to(0,0)} f(x, y) = \lim_{r\to 0} f(r, \theta) = L$$

Por exemplo,

$$\lim_{(x,\, y)\to(0,0)} \frac{x^3}{x^2 + y^2} = \lim_{r\to 0} \frac{r^3\cos^3\theta}{r^2} = \lim_{r\to 0} r\cos^3\theta = 0$$

Para verificarmos a última igualdade, precisamos mostrar que a Equação (1) é satisfeita com $f(r, \theta) = r\cos^3\theta$ e $L = 0$. Isto é, precisamos mostrar que dado qualquer $\epsilon > 0$ existe um $\delta > 0$ tal que, para todo r e θ,

$$|r| < \delta \quad \Rightarrow \quad |r\cos^3\theta - 0| < \epsilon$$

Como

$$|r\cos^3\theta| = |r|\,|\cos^3\theta| \leq |r|\cdot 1 = |r|$$

a implicação é verdadeira para todo r e θ se tomamos $\delta = \epsilon$.

Em contrapartida,

$$\frac{x^2}{x^2 + y^2} = \frac{r^2\cos^2\theta}{r^2} = \cos^2\theta$$

assume todos os valores de 0 a 1 por menor que seja $|r|$, de modo que $\lim_{(x,\, y)\to(0,0)} x^2/(x^2 + y^2)$ não existe.

Em cada um desses exemplos, a existência ou inexistência do limite quando $r \to 0$ é razoavelmente clara. Contudo, a mudança para coordenadas polares nem sempre ajuda e pode até nos levar a conclusões falsas. Por exemplo, o limite pode existir ao longo de toda reta (ou raio) θ = constante e mesmo assim não existir em um sentido mais amplo. O Exemplo 4 ilustra essa questão. Em coordenadas polares, $f(x, y) = (2x^2y)/(x^4 + y^2)$ torna-se

$$f(r\cos\theta, r\,\text{sen}\,\theta) = \frac{r\cos\theta\,\text{sen}\,2\theta}{r^2\cos^4\theta + \text{sen}^2\theta}$$

para $r \neq 0$. Se deixamos θ constante e fazemos $r \rightarrow 0$, o limite é 0. No caminho $y = x^2$, contudo, temos $r \operatorname{sen} \theta = r^2 \cos^2 \theta$ e

$$f(r\cos\theta, r\operatorname{sen}\theta) = \frac{r\cos\theta\operatorname{sen}2\theta}{r^2\cos^4\theta + (r\cos^2\theta)^2} = \frac{2r\cos^2\theta\operatorname{sen}\theta}{2r^2\cos^4\theta} = \frac{r\operatorname{sen}\theta}{r^2\cos^2\theta} = 1$$

Nos exercícios 51–56, encontre o limite de f quando $(x, y) \rightarrow (0, 0)$ ou mostre que o limite não existe.

51. $f(x, y) = \dfrac{x^3 - xy^2}{x^2 + y^2}$

52. $f(x, y) = \cos\left(\dfrac{x^3 - y^3}{x^2 + y^2}\right)$

53. $f(x, y) = \dfrac{y^2}{x^2 + y^2}$

54. $f(x, y) = \dfrac{2x}{x^2 + x + y^2}$

55. $f(x, y) = \operatorname{tg}^{-1}\left(\dfrac{|x| + |y|}{x^2 + y^2}\right)$

56. $f(x, y) = \dfrac{x^2 - y^2}{x^2 + y^2}$

Nos exercícios 57 e 58, defina $f(0, 0)$ de maneira que f se estenda a uma função contínua na origem.

57. $f(x, y) = \ln\left(\dfrac{3x^2 - x^2y^2 + 3y^2}{x^2 + y^2}\right)$

58. $f(x, y) = \dfrac{3x^2y}{x^2 + y^2}$

Usando a definição δ-ϵ

Cada um dos exercícios 59–62 fornece uma função $f(x, y)$ e um número positivo ϵ. Em cada exercício, mostre que existe um $\delta > 0$ tal que, para todo (x, y),

$$\sqrt{x^2 + y^2} < \delta \quad \Rightarrow \quad |f(x, y) - f(0, 0)| < \epsilon$$

59. $f(x, y) = x^2 + y^2, \quad \epsilon = 0{,}01$

60. $f(x, y) = y/(x^2 + 1), \quad \epsilon = 0{,}05$

61. $f(x, y) = (x + y)/(x^2 + 1), \quad \epsilon = 0{,}01$

62. $f(x, y) = (x + y)/(2 + \cos x), \quad \epsilon = 0{,}02$

Cada um dos exercícios 63–66 apresenta uma função $f(x, y, z)$ e um número positivo ϵ. Em cada exercício, mostre que existe um $\delta > 0$ tal que, para todo número (x, y, z),

$$\sqrt{x^2 + y^2 + z^2} < \delta \quad \Rightarrow \quad |f(x, y, z) - f(0, 0, 0)| < \epsilon$$

63. $f(x, y, z) = x^2 + y^2 + z^2, \quad \epsilon = 0{,}015$

64. $f(x, y, z) = xyz, \quad \epsilon = 0{,}008$

65. $f(x, y, z) = \dfrac{x + y + z}{x^2 + y^2 + z^2 + 1}, \quad \epsilon = 0{,}015$

66. $f(x, y, z) = \operatorname{tg}^2 x + \operatorname{tg}^2 y + \operatorname{tg}^2 z, \quad \epsilon = 0{,}03$

67. Mostre como $f(x, y, z) = x + y - z$ é contínuo em qualquer ponto (x_0, y_0, z_0).

68. Mostre como $f(x, y, z) = x^2 + y^2 + z^2$ é contínuo na origem.

14.3 Derivadas parciais

O cálculo de várias variáveis é, na realidade, o cálculo de uma variável aplicado a várias variáveis uma de cada vez. Quando fixamos todas as variáveis independentes de uma função, exceto uma, e derivamos em relação a essa variável, obtemos uma derivada "parcial". Esta seção mostra como as derivadas parciais aparecem e como calcular derivadas parciais aplicando as regras para derivação de funções de uma única variável.

Derivadas parciais de uma função de duas variáveis

Se (x_0, y_0) for um ponto no domínio de uma função $f(x, y)$, o plano vertical $y = y_0$ cortará a superfície $z = f(x, y)$ na curva $z = f(x, y_0)$ (Figura 14.13). Essa curva é o gráfico da função $z = f(x, y_0)$ no plano $y = y_0$. A coordenada horizontal nesse plano é x e a coordenada vertical é z. O valor de y se mantém constante em y_0; portanto, y não é uma variável.

Definimos a derivada parcial de f em relação a x no ponto (x_0, y_0) como a derivada de $f(x, y_0)$ em relação a x no ponto $x = x_0$. Para diferenciarmos as derivadas ordinárias das derivadas parciais, utilizamos o símbolo "∂" (chamado "del") no lugar da letra "d" empregada anteriormente.

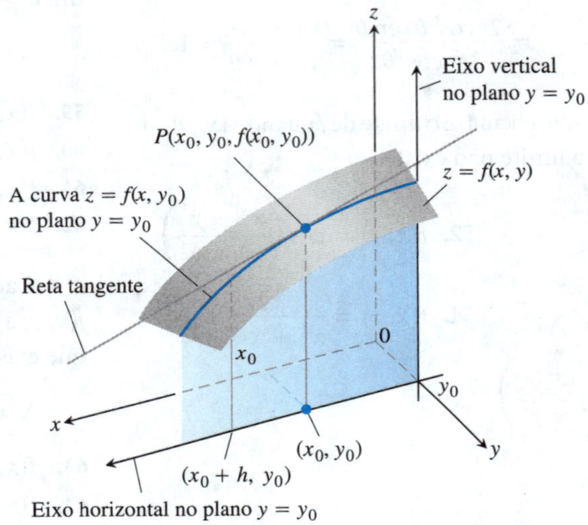

FIGURA 14.13 A interseção do plano $y = y_0$ com a superfície $z = f(x, y)$ vista de um ponto acima do primeiro quadrante do plano xy.

Definição **Derivada parcial em relação a x**

A **derivada parcial de $f(x, y)$ em relação a x** no ponto (x_0, y_0) é

$$\left.\frac{\partial f}{\partial x}\right|_{(x_0, y_0)} = \lim_{h \to 0} \frac{f(x_0 + h, y_0) - f(x_0, y_0)}{h}$$

desde que o limite exista.

Uma expressão equivalente para a derivada parcial é

$$\left.\frac{d}{dx} f(x, y_0)\right|_{x = x_0}$$

O coeficiente angular da curva $z = f(x, y_0)$ no ponto $P(x_0, y_0, f(x_0, y_0))$ no plano $y = y_0$ é o valor da derivada parcial de f em relação a x em (x_0, y_0). A reta tangente à curva em P é a reta no plano $y = y_0$ que passa por P com esse coeficiente angular. A derivada parcial $\partial f/\partial x$ em (x_0, y_0) fornece a taxa de variação de f em relação a x quando y é mantido fixo no valor y_0. Essa é a taxa de variação de f na direção de $\mathbf{i}$ em (x_0, y_0).

A notação para uma derivada parcial depende do que queremos enfatizar:

$\frac{\partial f}{\partial x}(x_0, y_0)$ ou $f_x(x_0, y_0)$	"Derivada parcial de f em relação a x em (x_0, y_0)" ou "f índice x em (x_0, y_0)". Conveniente para enfatizar o ponto (x_0, y_0).

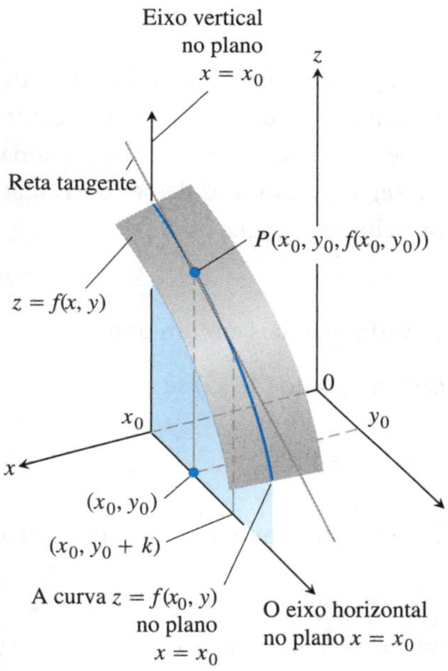

FIGURA 14.14 A interseção do plano $x = x_0$ com a superfície $z = f(x, y)$, vista de cima do primeiro quadrante do plano xy.

$\left.\dfrac{\partial z}{\partial x}\right|_{(x_0,\, y_0)}$ "Derivada parcial de z em relação a x em (x_0, y_0)." Comum em ciências e engenharia quando se lida com as variáveis e não se menciona a função explicitamente.

$f_x, \dfrac{\partial f}{\partial x}, z_x,$ ou $\dfrac{\partial z}{\partial x}$ "Derivada parcial de f (ou z) em relação a x." Conveniente quando se considera a derivada parcial como uma função.

A definição da derivada parcial de $f(x, y)$ em relação a y no ponto (x_0, y_0) é similar à definição da derivada parcial de f em relação a x. Mantemos x fixo no valor x_0 e tomamos a derivada comum de $f(x_0, y)$ em relação a y em y_0.

Definição **Derivada parcial em relação a y**
A **derivada parcial de $f(x, y)$ em relação a y** no ponto (x_0, y_0) é

$$\left.\frac{\partial f}{\partial y}\right|_{(x_0,\, y_0)} = \left.\frac{d}{dy} f(x_0, y)\right|_{y=y_0} = \lim_{h\to 0} \frac{f(x_0, y_0 + h) - f(x_0, y_0)}{h}$$

desde que o limite exista.

O coeficiente angular da curva $z = f(x_0, y)$ no ponto $P(x_0, y_0, f(x_0, y_0))$ no plano vertical $x = x_0$ (Figura 14.14) é a derivada parcial de f em relação a y em (x_0, y_0). A reta tangente à curva em P é a reta no plano $x = x_0$ que passa por P com esse coeficiente angular. A derivada parcial fornece a taxa de variação de f em relação a y em (x_0, y_0) quando x é mantido fixo no valor x_0. Essa é a taxa de variação de f na direção de **j** em (x_0, y_0).

A derivada parcial em relação a y é denotada da mesma maneira que a derivada parcial em relação a x:

$$\frac{\partial f}{\partial y}(x_0, y_0), \qquad f_y(x_0, y_0), \qquad \frac{\partial f}{\partial y}, \qquad f_y$$

Observe que agora temos duas retas tangentes associadas à superfície $z = f(x, y)$ no ponto $P(x_0, y_0, f(x_0, y_0))$ (Figura 14.15). O plano que elas determinam é tangente à superfície em P? Veremos que sim, mas temos de aprender mais sobre derivadas parciais antes de descobrirmos.

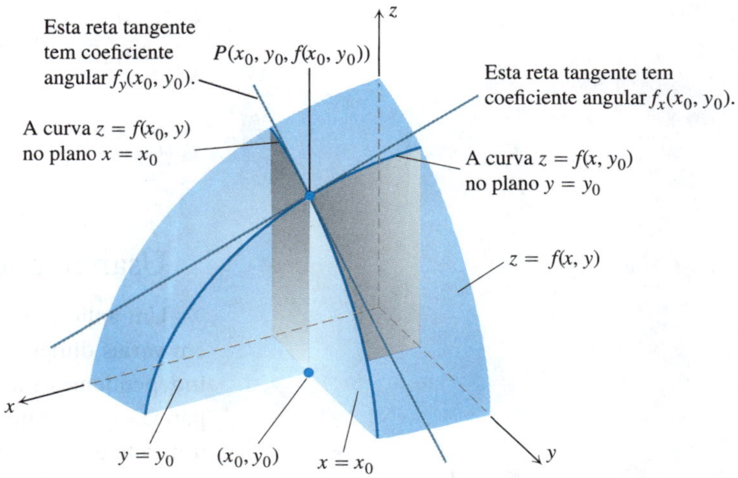

FIGURA 14.15 As figuras 14.13 e 14.14 combinadas. As retas tangentes no ponto $(x_0, y_0, f(x_0, y_0))$ determinam um plano que, nesta figura, pelo menos, parece ser tangente à superfície.

Cálculos

As definições de $\partial f/\partial x$ e $\partial f/\partial y$ fornecem duas maneiras diferentes de derivar f em um ponto: em relação a x, de maneira usual, tratando y como uma constante e, em relação a y, de maneira usual, tratando x como uma constante. Como mostram os exemplos a seguir, os valores dessas derivadas parciais geralmente são diferentes no ponto dado (x_0, y_0).

EXEMPLO 1 Encontrando derivadas parciais em um ponto

Encontre os valores de $\partial f/\partial x$ e $\partial f/\partial y$ no ponto (4, −5) se

$$f(x, y) = x^2 + 3xy + y - 1$$

SOLUÇÃO Para encontrarmos $\partial f/\partial x$, tratamos y como uma constante e derivamos em relação a x:

$$\frac{\partial f}{\partial x} = \frac{\partial}{\partial x}(x^2 + 3xy + y - 1) = 2x + 3 \cdot 1 \cdot y + 0 - 0 = 2x + 3y$$

o valor de $\partial f/\partial x$ em (4, −5) é $2(4) + 3(-5) = -7$.

Para encontrarmos $\partial f/\partial y$, tratamos x como uma constante e derivamos em relação a y:

$$\frac{\partial f}{\partial y} = \frac{\partial}{\partial y}(x^2 + 3xy + y - 1) = 0 + 3 \cdot x \cdot 1 + 1 - 0 = 3x + 1$$

o valor de $\partial f/\partial y$ em (4, −5) é $3(4) + 1 = 13$.

EXEMPLO 2 Encontrando uma derivada parcial como uma função

Encontre $\partial f/\partial y$ se $f(x, y) = y \operatorname{sen} xy$.

SOLUÇÃO Tratamos x como uma constante e f como um produto de y e $\operatorname{sen} xy$:

$$\frac{\partial f}{\partial y} = \frac{\partial}{\partial y}(y \operatorname{sen} xy) = y \frac{\partial}{\partial y} \operatorname{sen} xy + (\operatorname{sen} xy) \frac{\partial}{\partial y}(y)$$

$$= (y \cos xy) \frac{\partial}{\partial y}(xy) + \operatorname{sen} xy = xy \cos xy + \operatorname{sen} xy$$

Usando a tecnologia: diferenciação parcial

Um aplicativo gráfico simples pode ajudar em seus cálculos mesmo em várias dimensões. Se você especifica os valores de todas as variáveis independentes exceto uma, o aplicativo gráfico pode calcular derivadas parciais e traçar um gráfico em relação à variável remanescente. Em geral, um sistema de álgebra por computador (SAC) pode calcular derivadas parciais simbólica e numericamente com a mesma facilidade com que calcularia derivadas simples. A maioria dos sistemas usa o mesmo comando para diferenciar uma função, não importando o número de variáveis. (Basta especificar a variável com a qual a diferenciação ocorrerá.)

EXEMPLO 3 Derivadas parciais podem ser funções diferentes

Encontre f_x e f_y se

$$f(x, y) = \frac{2y}{y + \cos x}$$

SOLUÇÃO Tratamos f como um quociente. Com y mantido constante, obtemos

$$f_x = \frac{\partial}{\partial x}\left(\frac{2y}{y + \cos x}\right) = \frac{(y + \cos x)\frac{\partial}{\partial x}(2y) - 2y\frac{\partial}{\partial x}(y + \cos x)}{(y + \cos x)^2}$$

$$= \frac{(y + \cos x)(0) - 2y(-\operatorname{sen} x)}{(y + \cos x)^2} = \frac{2y \operatorname{sen} x}{(y + \cos x)^2}$$

Com x fixo, obtemos

$$f_y = \frac{\partial}{\partial y}\left(\frac{2y}{y + \cos x}\right) = \frac{(y + \cos x)\frac{\partial}{\partial y}(2y) - 2y\frac{d}{dy}(y + \cos x)}{(y + \cos x)^2}$$

$$= \frac{(y + \cos x)(2) - 2y(1)}{(y + \cos x)^2} = \frac{2 \cos x}{(y + \cos x)^2}$$

A diferenciação implícita funciona para derivadas parciais da mesma maneira que para derivadas comuns, como ilustra o próximo exemplo.

EXEMPLO 4 Diferenciação parcial implícita

Encontre $\partial z/\partial x$ se a equação

$$yz - \ln z = x + y$$

definir z como uma função de duas variáveis independentes x e y e a derivada parcial existir.

SOLUÇÃO Diferenciamos ambos os lados da equação em relação a x, mantendo y constante e tratando z como uma função derivável de x:

$$\frac{\partial}{\partial x}(yz) - \frac{\partial}{\partial x}\ln z = \frac{\partial x}{\partial x} + \frac{\partial y}{\partial x}$$

$$y\frac{\partial z}{\partial x} - \frac{1}{z}\frac{\partial z}{\partial x} = 1 + 0$$

Com y constante, $\frac{\partial}{\partial x}(yz) = y\frac{\partial z}{\partial x}$

$$\left(y - \frac{1}{z}\right)\frac{\partial z}{\partial x} = 1$$

$$\frac{\partial z}{\partial x} = \frac{z}{yz - 1}$$

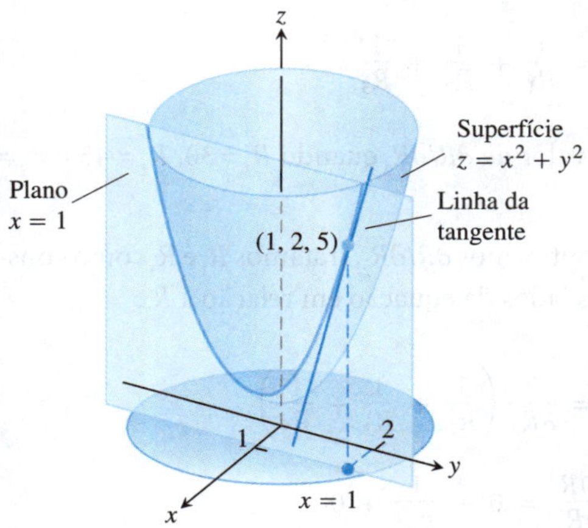

FIGURA 14.16 A tangente à curva de interseção do plano $x = 1$ e da superfície $z = x^2 + y^2$ no ponto (1, 2, 5) (Exemplo 5).

EXEMPLO 5 Encontrando o coeficiente angular de uma superfície na direção y

O plano $x = 1$ apresenta interseção com o parabolóide $z = x^2 + y^2$ em uma parábola. Encontre o coeficiente angular da tangente à parábola em (1, 2, 5) (Figura 14.16).

SOLUÇÃO O coeficiente angular é o valor da derivada parcial $\partial z/\partial y$ em $(1, 2)$:

$$\left.\frac{\partial z}{\partial y}\right|_{(1,2)} = \left.\frac{\partial}{\partial y}(x^2 + y^2)\right|_{(1,2)} = \left.2y\right|_{(1,2)} = 2(2) = 4$$

Para verificarmos, podemos tratar a parábola como o gráfico da função de uma variável $z = (1)^2 + y^2 = 1 + y^2$ no plano $x = 1$ e procurar a inclinação em $y = 2$. O coeficiente angular, calculado como uma derivada comum, é

$$\left.\frac{dz}{dy}\right|_{y=2} = \left.\frac{d}{dy}(1 + y^2)\right|_{y=2} = \left.2y\right|_{y=2} = 4$$

Funções de mais de duas variáveis

As definições de derivadas parciais de funções de mais de duas variáveis independentes são parecidas com as definições para funções de duas variáveis. Elas são derivadas ordinárias em relação a uma variável, tomadas enquanto as outras variáveis independentes são mantidas constantes.

EXEMPLO 6 Uma função de três variáveis

Se x, y e z forem variáveis independentes e

$$f(x, y, z) = x \operatorname{sen}(y + 3z)$$

então

$$\frac{\partial f}{\partial z} = \frac{\partial}{\partial z}[x \operatorname{sen}(y + 3z)] = x\frac{\partial}{\partial z}\operatorname{sen}(y + 3z)$$

$$= x\cos(y + 3z)\frac{\partial}{\partial z}(y + 3z) = 3x\cos(y + 3z)$$

EXEMPLO 7 Resistores elétricos em paralelo

Se resistores elétricos de R_1, R_2 e R_3 ohms são conectados em paralelo para formar um resistor de R ohms, o valor de R pode ser encontrado a partir da equação

$$\frac{1}{R} = \frac{1}{R_1} + \frac{1}{R_2} + \frac{1}{R_3}$$

(Figura 14.17). Encontre o valor de $\partial R/\partial R_2$ quando $R_1 = 30$, $R_2 = 45$ e $R_3 = 90$ ohms.

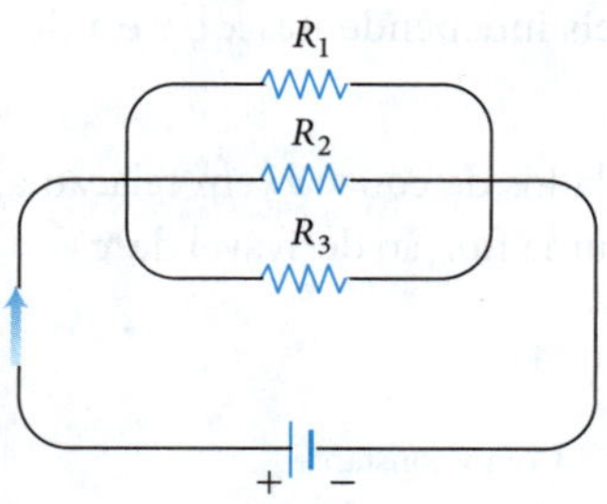

FIGURA 14.17 Resistores dispostos desta maneira estão conectados em paralelo (Exemplo 7). Cada resistor deixa passar uma parte da corrente. Sua resistência combinada R é calculada com a fórmula

$$\frac{1}{R} = \frac{1}{R_1} + \frac{1}{R_2} + \frac{1}{R_3}$$

SOLUÇÃO Para encontrarmos $\partial R/\partial R_2$, tratamos R_1 e R_3 como constantes e derivamos ambos os lados da equação em relação a R_2:

$$\frac{\partial}{\partial R_2}\left(\frac{1}{R}\right) = \frac{\partial}{\partial R_2}\left(\frac{1}{R_1} + \frac{1}{R_2} + \frac{1}{R_3}\right)$$

$$-\frac{1}{R^2}\frac{\partial R}{\partial R_2} = 0 - \frac{1}{{R_2}^2} + 0$$

$$\frac{\partial R}{\partial R_2} = \frac{R^2}{{R_2}^2} = \left(\frac{R}{R_2}\right)^2$$

Quando $R_1 = 30$, $R_2 = 45$ e $R_3 = 90$,

$$\frac{1}{R} = \frac{1}{30} + \frac{1}{45} + \frac{1}{90} = \frac{3 + 2 + 1}{90} = \frac{6}{90} = \frac{1}{15}$$

assim $R = 15$ e

$$\frac{\partial R}{\partial R_2} = \left(\frac{15}{45}\right)^2 = \left(\frac{1}{3}\right)^2 = \frac{1}{9}$$

Derivadas parciais e continuidade

Uma função $f(x, y)$ pode ter derivadas parciais em relação a x e y em um ponto sem ser contínua nesse ponto. Isso é diferente de uma função de uma única variável, onde a existência da derivada implica continuidade. Contudo, se as derivadas parciais de $f(x, y)$ existirem e forem contínuas em um disco centrado em (x_0, y_0), então f será contínua em (x_0, y_0), como veremos no final desta seção.

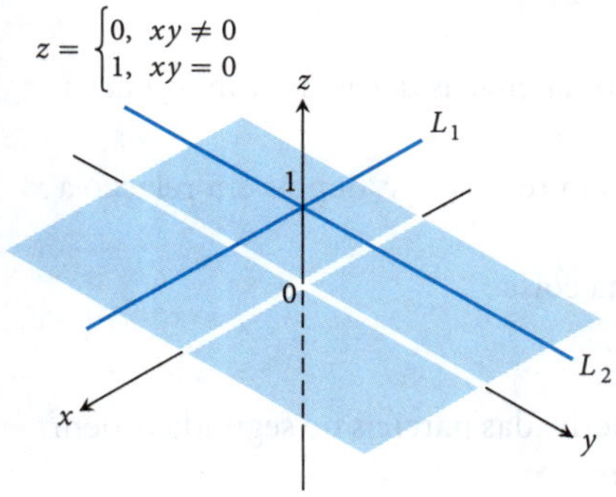

FIGURA 14.18 O gráfico de

$$f(x, y) = \begin{cases} 0, & xy \neq 0 \\ 1, & xy = 0 \end{cases}$$

consiste em duas retas L_1 e L_2 e nos quatro quadrantes abertos do plano xy. A função tem derivadas parciais na origem, mas não é contínua lá (Exemplo 8).

EXEMPLO 8 Derivadas parciais existem, mas f é descontínua

Seja

$$f(x, y) = \begin{cases} 0, & xy \neq 0 \\ 1, & xy = 0 \end{cases}$$

(Figura 14.18).

(a) Encontre o limite de f quando (x, y) se aproxima de $(0, 0)$ ao longo da reta $y = x$.

(b) Prove que f não é contínua na origem.

(c) Mostre que ambas as derivadas parciais $\partial f/\partial x$ e $\partial f/\partial y$ existem na origem.

SOLUÇÃO

(a) Como $f(x, y)$ é zero ao longo da reta $y = x$ (exceto na origem), temos

$$\lim_{(x, y)\to(0, 0)} f(x, y)\Big|_{y=x} = \lim_{(x, y)\to(0, 0)} 0 = 0$$

(b) Como $f(0, 0) = 1$, o limite no item **(a)** prova que f não é contínua em $(0, 0)$.

(c) Para encontrarmos $\partial f/\partial x$ em $(0, 0)$, mantemos y fixo em $y = 0$. Então $f(x, y) = 1$ para todo x e o gráfico de f é a reta L_1 na Figura 14.18. O coeficiente angular dessa reta em qualquer x é $\partial f/\partial x = 0$. Especificamente, $\partial f/\partial x = 0$ em $(0, 0)$. De maneira similar, $\partial f/\partial y$ é o coeficiente angular da reta L_2 em qualquer y, de modo que $\partial f/\partial y = 0$ em $(0, 0)$.

Apesar do Exemplo 8, ainda é verdade em dimensões maiores que a *diferenciabilidade* em um ponto implica continuidade. O que o Exemplo 8 sugere é que, em dimensões maiores, precisamos de uma exigência mais forte para a diferenciabilidade do que a mera existência de derivadas parciais. Vamos definir diferenciabilidade para funções de duas variáveis no final desta seção e rever a conexão com a continuidade.

Derivadas parciais de segunda ordem

Quando derivamos uma função $f(x, y)$ duas vezes, produzimos suas derivadas de segunda ordem. Essas derivadas são, em geral, denotadas por

$\dfrac{\partial^2 f}{\partial x^2}$ "del dois f del x dois" ou f_{xx} "f índice xx"

$\dfrac{\partial^2 f}{\partial y^2}$ "del dois f del y dois" ou f_{yy} "f índice yy"

$\dfrac{\partial^2 f}{\partial x \partial y}$ "del dois *f* del *x* del *y*" "*f* índice *yx*"

$\dfrac{\partial^2 f}{\partial y \partial x}$ "del dois *f* del *y* del *x*" ou f_{xy} "*f* índice *xy*"

As equações de definição são

$$\frac{\partial^2 f}{\partial x^2} = \frac{\partial}{\partial x}\left(\frac{\partial f}{\partial x}\right), \qquad \frac{\partial^2 f}{\partial x \partial y} = \frac{\partial}{\partial x}\left(\frac{\partial f}{\partial y}\right)$$

e assim por diante. Observe a ordem na qual as derivadas são tomadas:

$\dfrac{\partial^2 f}{\partial x \partial y}$ Derive primeiro em relação a *y*, depois em relação a *x*.

$f_{yx} = (f_y)_x$ Significa a mesma coisa.

Companion Website

Biografia histórica

Pierre-Simon Laplace (1749–1827)

EXEMPLO 9 Encontrando derivadas parciais de segunda ordem

Se $f(x, y) = x \cos y + ye^x$, encontre

$$\frac{\partial^2 f}{\partial x^2}, \quad \frac{\partial^2 f}{\partial y \partial x}, \quad \frac{\partial^2 f}{\partial y^2} \quad \text{e} \quad \frac{\partial^2 f}{\partial x \partial y}$$

SOLUÇÃO

$$\frac{\partial f}{\partial x} = \frac{\partial}{\partial x}(x \cos y + ye^x) = \cos y + ye^x$$

$$\frac{\partial f}{\partial y} = \frac{\partial}{\partial y}(x \cos y + ye^x) = -x \operatorname{sen} y + e^x$$

Assim

$$\frac{\partial^2 f}{\partial y \partial x} = \frac{\partial}{\partial y}\left(\frac{\partial f}{\partial x}\right) = -\operatorname{sen} y + e^x$$

$$\frac{\partial^2 f}{\partial x^2} = \frac{\partial}{\partial x}\left(\frac{\partial f}{\partial x}\right) = ye^x$$

Assim

$$\frac{\partial^2 f}{\partial x \partial y} = \frac{\partial}{\partial x}\left(\frac{\partial f}{\partial y}\right) = -\operatorname{sen} y + e^x$$

$$\frac{\partial^2 f}{\partial y^2} = \frac{\partial}{\partial y}\left(\frac{\partial f}{\partial y}\right) = -x \cos y$$

O teorema das derivadas mistas

Você pode ter notado que as derivadas parciais de segunda ordem "mistas"

$$\frac{\partial^2 f}{\partial y \partial x} \quad \text{e} \quad \frac{\partial^2 f}{\partial x \partial y}$$

do Exemplo 9 são iguais. Isso não foi coincidência. Elas vão ser iguais sempre que f, f_x, f_y, f_{xy} e f_{yx} forem contínuas, como afirmado no teorema a seguir.

Teorema 2 **Teorema das derivadas mistas**

Se $f(x, y)$ e suas derivadas parciais f_x, f_y, f_{xy} e f_{yx} forem definidas em uma região aberta contendo um ponto (a, b) e todas forem contínuas em (a, b), então

$$f_{xy}(a, b) = f_{yx}(a, b)$$

Companion Website
Biografia histórica

Alexis Clairaut
(1713–1765)

O Teorema 2 também é conhecido como teorema de Clairaut, em homenagem ao matemático francês que o descobriu: Alexis Clairaut. Você poderá encontrar a prova desse teorema no Apêndice A.7. O Teorema 2 diz que, para calcularmos uma derivada mista de segunda ordem, podemos diferenciar em qualquer ordem. Isso pode funcionar a nosso favor.

EXEMPLO 10 Escolhendo a ordem de diferenciação

Encontre $\partial^2 w/\partial x\partial y$ se

$$w = xy + \frac{e^y}{y^2 + 1}$$

SOLUÇÃO A notação $\partial^2 w/\partial x\partial y$ nos diz para diferenciar primeiro em relação a y e então em relação a x. Contudo, se postergamos a diferenciação em relação a y e diferenciamos primeiro em relação a x, obteremos a resposta mais rapidamente. Em duas etapas,

$$\frac{\partial w}{\partial x} = y \qquad \text{e} \qquad \frac{\partial^2 w}{\partial y\partial x} = 1$$

Se diferenciarmos primeiro em relação a y, também vamos obter $\partial^2 w/\partial x\partial y = 1$.

Derivadas parciais de ordem superior

Apesar de lidarmos na maioria das vezes com derivadas parciais de primeira e segunda ordens, porque elas aparecem com mais freqüência em aplicações, não existe limite teórico para o número de vezes que podemos diferenciar uma função desde que as derivadas envolvidas existam. Assim, obtemos derivadas parciais de terceira e quarta ordens que denotamos por símbolos como

$$\frac{\partial^3 f}{\partial x\partial y^2} = f_{yyx}$$

$$\frac{\partial^4 f}{\partial x^2\partial y^2} = f_{yyxx}$$

e assim por diante. Como acontece com derivadas de segunda ordem, a ordem de diferenciação é irrelevante desde que as derivadas na ordem em questão sejam contínuas.

EXEMPLO 11 Calculando uma derivada parcial de quarta ordem

Encontre f_{yxyz} se $f(x, y, z) = 1 - 2xy^2z + x^2y$

SOLUÇÃO Diferenciamos primeiro em relação a y, depois em relação a x, em relação a y novamente e, por fim, em relação a z:

$$f_y = -4xyz + x^2$$

$$f_{yx} = -4yz + 2x$$

$$f_{yxy} = -4z$$

$$f_{yxyz} = -4$$

Diferenciabilidade

Por incrível que pareça, o ponto de partida para a diferenciabilidade não é razão incremental de Fermat, mas a idéia de incremento. Você deve lembrar do nosso trabalho com funções de uma variável que, se $y = f(x)$ for diferenciável em $x = x_0$, então a variação no valor de f que resulta da variação de x de x_0 para $x_0 + \Delta x$ é dada por uma equação da forma

$$\Delta y = f'(x_0)\Delta x + \epsilon \Delta x$$

na qual $\epsilon \to 0$ quando $\Delta x \to 0$. Para funções de duas variáveis, a propriedade análoga torna-se a definição de diferenciabilidade. O teorema do incremento (do cálculo avançado) nos diz quando esperar que a propriedade seja verdadeira.

Teorema 3 **Teorema do incremento para funções de duas variáveis**
Suponha que as derivadas parciais de primeira ordem de $f(x, y)$ sejam definidas em uma região aberta R que contenha o ponto (x_0, y_0) e que f_x e f_y sejam contínuas em (x_0, y_0). Então a variação

$$\Delta z = f(x_0 + \Delta x, y_0 + \Delta y) - f(x_0, y_0)$$

no valor de f que resulta do movimento de (x_0, y_0) para outro ponto $(x_0 + \Delta x, y_0 + \Delta y)$ em R satisfaz uma equação da forma

$$\Delta z = f_x(x_0, y_0)\Delta x + f_y(x_0, y_0)\Delta y + \epsilon_1 \Delta x + \epsilon_2 \Delta y$$

na qual $\epsilon_1, \epsilon_2 \to 0$ quando $\Delta x, \Delta y \to 0$.

Você verá de onde os épsilons vieram se ler a prova no Apêndice A.7. Verá também que resultados similares são verdadeiros para funções de mais de duas variáveis independentes.

Definição **Diferenciabilidade de uma função**
A função $z = f(x, y)$ é **diferenciável** em (x_0, y_0) se $f_x(x_0, y_0)$ e $f_y(x_0, y_0)$ existem e Δz satisfaz uma equação da forma

$$\Delta z = f_x(x_0, y_0)\Delta x + f_y(x_0, y_0)\Delta y + \epsilon_1 \Delta x + \epsilon_2 \Delta y$$

na qual $\epsilon_1, \epsilon_2 \to 0$ quando $\Delta x, \Delta y \to 0$. Dizemos que f é **diferenciável** se ela é diferenciável em todos os pontos de seu domínio.

Com essa definição, temos o corolário do Teorema 3, que diz que uma função é diferenciável se suas derivadas parciais são *contínuas*.

Corolário do Teorema 3 **Continuidade de derivadas parciais implica diferenciabilidade**
Se as derivadas parciais f_x e f_y de uma função $f(x, y)$ são contínuas ao longo de uma região aberta R, então f é diferenciável em todos os pontos de R.

Se $z = f(x, y)$ é diferenciável, então a definição de diferenciabilidade assegura que $\Delta z = f(x_0 + \Delta x, y_0 + \Delta y) - f(x_0, y_0)$ se aproxima de 0 quando Δx e Δy se aproximam de 0. Isso nos diz que uma função de duas variáveis é contínua em todos os pontos onde ela é diferenciável.

Teorema 4 Diferenciabilidade implica continuidade
Se uma função $f(x, y)$ é diferenciável em (x_0, y_0), então ela é contínua em (x_0, y_0).

Como podemos observar a partir dos teoremas 3 e 4, uma função $f(x, y)$ deve ser contínua em um ponto (x_0, y_0) se f_x e f_y forem contínuas em uma região aberta contendo (x_0, y_0). Entretanto, lembre-se de que ainda é possível que uma função de duas variáveis não seja contínua em um ponto no qual sua primeira derivada parcial exista, como vimos no Exemplo 8. Apenas uma derivada parcial em um ponto não é suficiente.

Exercícios 14.3

Calculando derivadas parciais de primeira ordem

Nos exercícios 1–22, encontre $\partial f/\partial x$ e $\partial f/\partial y$.

1. $f(x, y) = 2x^2 - 3y - 4$
2. $f(x, y) = x^2 - xy + y^2$
3. $f(x, y) = (x^2 - 1)(y + 2)$
4. $f(x, y) = 5xy - 7x^2 - y^2 + 3x - 6y + 2$
5. $f(x, y) = (xy - 1)^2$
6. $f(x, y) = (2x - 3y)^3$
7. $f(x, y) = \sqrt{x^2 + y^2}$
8. $f(x, y) = (x^3 + (y/2))^{2/3}$
9. $f(x, y) = 1/(x + y)$
10. $f(x, y) = x/(x^2 + y^2)$
11. $f(x, y) = (x + y)/(xy - 1)$
12. $f(x, y) = \text{tg}^{-1}(y/x)$
13. $f(x, y) = e^{(x+y+1)}$
14. $f(x, y) = e^{-x}\,\text{sen}\,(x + y)$
15. $f(x, y) = \ln(x + y)$
16. $f(x, y) = e^{xy}\ln y$
17. $f(x, y) = \text{sen}^2(x - 3y)$
18. $f(x, y) = \cos^2(3x - y^2)$
19. $f(x, y) = x^y$
20. $f(x, y) = \log_y x$
21. $f(x, y) = \int_x^y g(t)\,dt$ (g contínua para todo o t)
22. $f(x, y) = \sum_{n=0}^{\infty} (xy)^n$ $(|xy| < 1)$

Nos exercícios 23–34, encontre f_x, f_y e f_z

23. $f(x, y, z) = 1 + xy^2 - 2z^2$
24. $f(x, y, z) = xy + yz + xz$
25. $f(x, y, z) = x - \sqrt{y^2 + z^2}$
26. $f(x, y, z) = (x^2 + y^2 + z^2)^{-1/2}$
27. $f(x, y, z) = \text{sen}^{-1}(xyz)$
28. $f(x, y, z) = \sec^{-1}(x + yz)$
29. $f(x, y, z) = \ln(x + 2y + 3z)$
30. $f(x, y, z) = yz\ln(xy)$
31. $f(x, y, z) = e^{-(x^2+y^2+z^2)}$
32. $f(x, y, z) = e^{-xyz}$
33. $f(x, y, z) = \text{tg}\,(x + 2y + 3z)$
34. $f(x, y, z) = \text{senh}(xy - z^2)$

Nos exercícios 35–40, encontre a derivada parcial da função em relação a cada variável.

35. $f(t, \alpha) = \cos(2\pi t - \alpha)$
36. $g(u, v) = v^2 e^{(2u/v)}$
37. $h(\rho, \phi, \theta) = \rho\,\text{sen}\,\phi\cos\theta$
38. $g(r, \theta, z) = r(1 - \cos\theta) - z$
39. **Trabalho exercido pelo coração** (Volume I, Seção 3.10, Exercício 59)

$$W(P, V, \delta, v, g) = PV + \frac{V\delta v^2}{2g}$$

40. **Fórmula do tamanho do lote de Wilson** (Volume I, Seção 4.5, Exercício 45)

$$A(c, h, k, m, q) = \frac{km}{q} + cm + \frac{hq}{2}$$

Calculando derivadas parciais de segunda ordem

Encontre todas as derivadas parciais de segunda ordem das funções nos exercícios 41–46.

41. $f(x, y) = x + y + xy$
42. $f(x, y) = \text{sen}\,xy$

43. $g(x, y) = x^2y + \cos y + y \operatorname{sen} x$

44. $h(x, y) = xe^y + y + 1$ **45.** $r(x, y) = \ln(x + y)$

46. $s(x, y) = \operatorname{tg}^{-1}(y/x)$

Derivadas parciais mistas

Nos exercícios 47–50, verifique que $w_{xy} = w_{yx}$.

47. $w = \ln(2x + 3y)$ **48.** $w = e^x + x \ln y + y \ln x$

49. $w = xy^2 + x^2y^3 + x^3y^4$ **50.** $w = x \operatorname{sen} y + y \operatorname{sen} x + xy$

51. Qual ordem de derivação calculará f_{xy} mais rapidamente: primeiro x ou primeiro y? Tente responder sem fazer anotações.

(a) $f(x, y) = x \operatorname{sen} y + e^y$

(b) $f(x, y) = 1/x$

(c) $f(x, y) = y + (x/y)$

(d) $f(x, y) = y + x^2y + 4y^3 - \ln(y^2 + 1)$

(e) $f(x, y) = x^2 + 5xy + \operatorname{sen} x + 7e^x$

(f) $f(x, y) = x \ln xy$

52. A derivada parcial de quinta ordem $\partial^5 f/\partial x^2 \partial y^3$ é zero para cada uma das funções a seguir. Para mostrar isso o mais rapidamente possível, em relação a qual variável você diferencia primeiro: x ou y? Tente responder sem fazer anotações.

(a) $f(x, y) = y^2x^4e^x + 2$

(b) $f(x, y) = y^2 + y(\operatorname{sen} x - x^4)$

(c) $f(x, y) = x^2 + 5xy + \operatorname{sen} x + 7e^x$

(d) $f(x, y) = xe^{y^2/2}$

Usando a definição de derivada parcial

Nos exercícios 53 e 54, use a definição de derivada parcial como limite para calcular as derivadas parciais das funções nos pontos especificados.

53. $f(x, y) = 1 - x + y - 3x^2y,\quad \dfrac{\partial f}{\partial x}$ e $\dfrac{\partial f}{\partial y}$ para $(1, 2)$

54. $f(x, y) = 4 + 2x - 3y - xy^2,\quad \dfrac{\partial f}{\partial x}$ e $\dfrac{\partial f}{\partial y}$ para $(-2, 1)$

55. Três variáveis Seja $w = f(x, y, z)$ uma função de três variáveis independentes. Escreva a definição formal da derivada parcial $\partial f/\partial z$ em (x_0, y_0, z_0). Use essa definição para encontrar $\partial f/\partial z$ em $(1, 2, 3)$ para $f(x, y, z) = x^2yz^2$.

56. Três variáveis Seja $w = f(x, y, z)$ uma função de três variáveis independentes. Escreva a definição formal da derivada parcial $\partial f/\partial y$ em (x_0, y_0, z_0). Use essa definição para encontrar $\partial f/\partial y$ em $(-1, 0, 3)$ para $f(x, y, z) = -2xy^2 + yz^2$.

Diferenciando implicitamente

57. Encontre o valor de $\partial z/\partial x$ no ponto $(1, 1, 1)$ sabendo que a equação

$$xy + z^3x - 2yz = 0$$

define z como uma função de duas variáveis independentes x e y e que a derivada parcial existe.

58. Encontre o valor de $\partial x/\partial z$ no ponto $(1, -1, -3)$ sabendo que a equação

$$xz + y \ln x - x^2 + 4 = 0$$

define x como uma função de duas variáveis independentes y e z e que a derivada parcial existe.

Os exercícios 59 e 60 estão relacionados com o triângulo mostrado aqui.

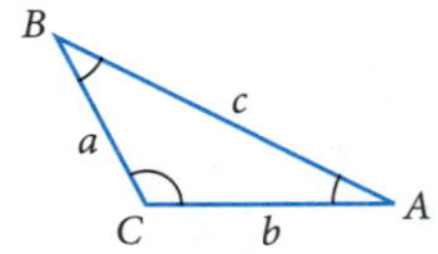

59. Expresse A implicitamente como uma função de a, b e c e calcule $\partial A/\partial a$ e $\partial A/\partial b$.

60. Expresse a implicitamente como uma função de A, b e B e calcule $\partial a/\partial A$ e $\partial a/\partial B$.

61. Duas variáveis dependentes Expresse v_x em termos de u e v se as equações $x = v \ln u$ e $y = u \ln v$ definem u e v como funções das variáveis independentes x e y e se v_x existe. (*Sugestão:* Diferencie os dois lados de ambas as equações em relação a x e resolva para v_x eliminando u_x.)

62. Duas variáveis dependentes Encontre $\partial x/\partial u$ e $\partial y/\partial u$ se as equações $u = x^2 - y^2$ e $v = x^2 - y$ definem x e y como funções das variáveis independentes u e v, e as derivadas parciais existem. (Veja a sugestão do Exercício 61.) Então faça $s = x^2 + y^2$ e encontre $\partial s/\partial u$.

Equações de Laplace

A **equação de Laplace tridimensional**

$$\frac{\partial^2 f}{\partial x^2} + \frac{\partial^2 f}{\partial y^2} + \frac{\partial^2 f}{\partial z^2} = 0$$

é satisfeita pelas distribuições de temperatura no estado estacionário $T = f(x, y, z)$ no espaço, pelos potenciais gravitacionais e pelos potenciais eletrostáticos. A **equação de Laplace bidimensional**

$$\frac{\partial^2 f}{\partial x^2} + \frac{\partial^2 f}{\partial y^2} = 0$$

obtida eliminando-se o termo $\partial^2 f/\partial z^2$ da equação anterior, descreve potenciais e distribuições de temperatura no estado estacionário no plano (conforme mostra a figura a seguir). O plano (a) pode ser tratado como uma fatia fina do sólido (b) perpendicular ao eixo z.

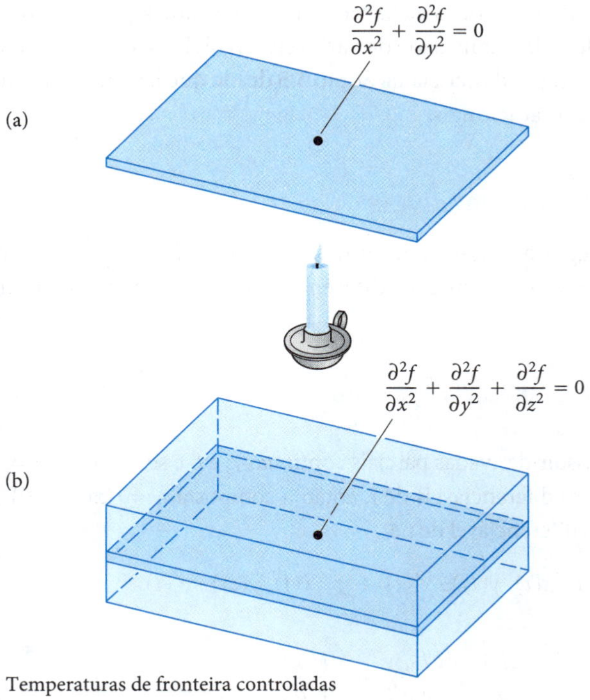

Temperaturas de fronteira controladas

Mostre que cada função dos exercícios 63–68 satisfaz uma equação de Laplace.

63. $f(x, y, z) = x^2 + y^2 - 2z^2$
64. $f(x, y, z) = 2z^3 - 3(x^2 + y^2)z$
65. $f(x, y) = e^{-2y} \cos 2x$
66. $f(x, y) = \ln\sqrt{x^2 + y^2}$
67. $f(x, y, z) = (x^2 + y^2 + z^2)^{-1/2}$
68. $f(x, y, z) = e^{3x+4y} \cos 5z$

A equação da onda

Se ficarmos em uma praia e tirarmos uma fotografia das ondas, esta mostrará um padrão regular de picos e depressões em dado instante. Veremos movimento vertical periódico no espaço em relação à distância. Se ficarmos na água, poderemos sentir a subida e descida da água com o passar das ondas. Veremos movimento periódico vertical no tempo. Em física, essa bela simetria é expressa pela **equação de onda unidimensional**

$$\frac{\partial^2 w}{\partial t^2} = c^2 \frac{\partial^2 w}{\partial x^2}$$

onde w é a altura da onda, x é a variável distância, t é a variável tempo e c é a velocidade com a qual as ondas se propagam.

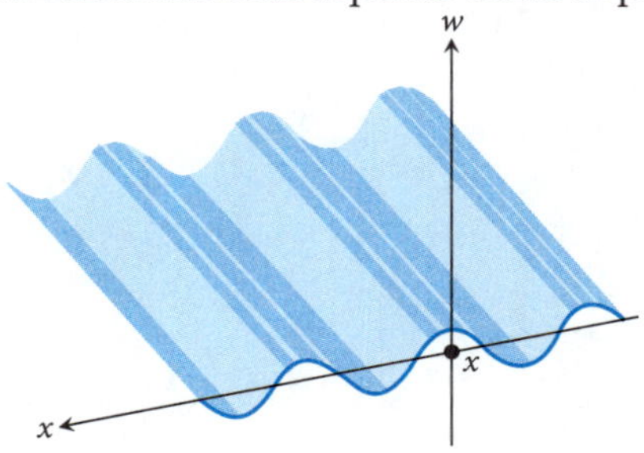

Em nosso exemplo, x é a distância ao longo da superfície do mar, mas em outras aplicações x pode ser a distância ao longo de uma corda vibrando, a distância no ar (ondas sonoras) ou a distância no espaço (ondas luminosas). O número c varia de acordo com o meio e o tipo de onda.

Mostre que as funções nos exercícios 69–75 são todas soluções da equação de onda.

69. $w = \operatorname{sen}(x + ct)$
70. $w = \cos(2x + 2ct)$
71. $w = \operatorname{sen}(x + ct) + \cos(2x + 2ct)$
72. $w = \ln(2x + 2ct)$
73. $w = \operatorname{tg}(2x - 2ct)$
74. $w = 5\cos(3x + 3ct) + e^{x+ct}$
75. $w = f(u)$, onde f é uma função diferenciável de u e $u = a(x + ct)$, onde a é uma constante.

Derivadas parciais contínuas

76. Uma função $f(x, y)$ com derivadas parciais de primeira ordem contínuas em uma região aberta R deve ser contínua em R? Justifique a sua resposta.

77. Se uma função $f(x,y)$ tiver derivadas parciais de segunda ordem contínuas em uma região aberta R, as derivadas parciais de primeira ordem de f devem ser contínuas em R? Justifique a sua resposta.

14.4 Regra da cadeia

Na Seção 3.5, Volume I, quando $w = f(x)$ era uma função diferenciável de x e $x = g(t)$ era uma função diferenciável de t, w tornava-se uma função diferenciável de t e a regra da cadeia dizia que dw/dt podia ser calculada com a fórmula

$$\frac{dw}{dt} = \frac{dw}{dx}\frac{dx}{dt}$$

Para funções de duas ou mais variáveis, a regra da cadeia possui diversas formas que dependem da quantidade de variáveis envolvidas. Contudo, a forma funciona como a regra da cadeia da Seção 3.5 desde que levemos em conta a presença de variáveis adicionais.

Funções de duas variáveis

A fórmula da regra da cadeia para uma função $w = f(x, y)$ quando tanto $x = x(t)$ quanto $y = y(t)$ são funções diferenciáveis de t é dada no teorema a seguir.

Teorema 5 **Regra da cadeia para funções de duas variáveis independentes**
Se $w = f(x, y)$ possuir derivadas parciais contínuas f_x e f_y e se $x = x(t)$ e $y = y(t)$ forem funções diferenciáveis de t, então a composta $w = f(x(t), y(t))$ será uma função diferenciável de t e

$$\frac{df}{dt} = f_x(x(t), y(t)) \cdot x'(t) + f_y(x(t), y(t)) \cdot y'(t)$$

ou

$$\frac{dw}{dt} = \frac{\partial f}{\partial x}\frac{dx}{dt} + \frac{\partial f}{\partial y}\frac{dy}{dt}$$

PROVA A prova consiste em mostrar que, se x e y forem diferenciáveis em $t = t_0$, então w será diferenciável em t_0 e

$$\left(\frac{dw}{dt}\right)_{t_0} = \left(\frac{\partial w}{\partial x}\right)_{P_0}\left(\frac{dx}{dt}\right)_{t_0} + \left(\frac{\partial w}{\partial y}\right)_{P_0}\left(\frac{dy}{dt}\right)_{t_0}$$

onde $P_0 = (x(t_0), y(t_0))$. Os índices indicam onde cada uma das derivadas deve ser calculada.

Sejam Δx, Δy e Δw os incrementos que resultam da variação de t_0 a $t_0 + \Delta t$. Como f é diferenciável (lembre-se da definição na Seção 14.3),

$$\Delta w = \left(\frac{\partial w}{\partial x}\right)_{P_0}\Delta x + \left(\frac{\partial w}{\partial y}\right)_{P_0}\Delta y + \epsilon_1\Delta x + \epsilon_2\Delta y$$

onde $\epsilon_1, \epsilon_2 \to 0$ quando $\Delta x, \Delta y \to 0$. Para encontrarmos dw/dt, dividimos essa equação por Δt e fazemos Δt aproximar-se de zero. O resultado da divisão é

$$\frac{\Delta w}{\Delta t} = \left(\frac{\partial w}{\partial x}\right)_{P_0}\frac{\Delta x}{\Delta t} + \left(\frac{\partial w}{\partial y}\right)_{P_0}\frac{\Delta y}{\Delta t} + \epsilon_1\frac{\Delta x}{\Delta t} + \epsilon_2\frac{\Delta y}{\Delta t}$$

Fazendo Δt aproximar-se de zero, obtemos

$$\left(\frac{dw}{dt}\right)_{t_0} = \lim_{\Delta t \to 0}\frac{\Delta w}{\Delta t}$$

$$= \left(\frac{\partial w}{\partial x}\right)_{P_0}\left(\frac{dx}{dt}\right)_{t_0} + \left(\frac{\partial w}{\partial y}\right)_{P_0}\left(\frac{dy}{dt}\right)_{t_0} + 0 \cdot \left(\frac{dx}{dt}\right)_{t_0} + 0 \cdot \left(\frac{dy}{dt}\right)_{t_0}$$

O **diagrama de árvore na margem** propõe uma maneira conveniente de se lembrar da regra da cadeia. A partir do diagrama, você vê que, quando $t = t_0$, as derivadas dx/dt e dy/dt são calculadas em t_0. O valor de t_0 determina então o valor x_0 para a função diferenciável x e o valor y_0 para a função diferenciável y.

Para se lembrar da regra da cadeia, visualize o diagrama a seguir. Para encontrar dw/dt, comece com w e siga cada rota para t, multiplicando as derivadas ao longo do caminho. Depois, adicione os produtos.

Regra da cadeia

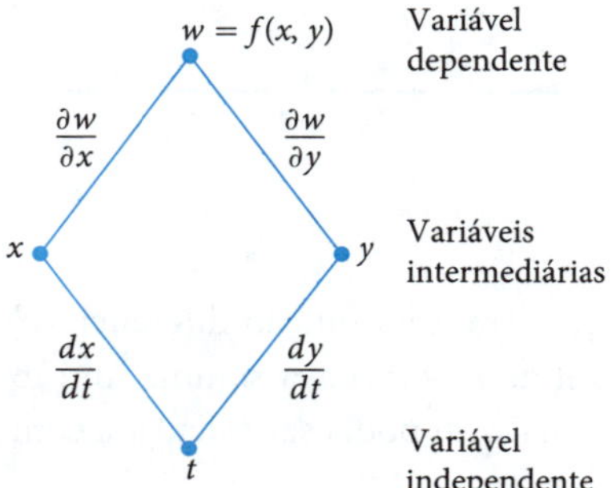

$$\frac{dw}{dt} = \frac{\partial w}{\partial x}\frac{dx}{dt} + \frac{\partial w}{\partial y}\frac{dy}{dt}$$

As derivadas parciais $\partial w/\partial x$ e $\partial w/\partial y$ (as quais são funções de x e y) são calculadas no ponto $P_0(x_0, y_0)$ correspondente a t_0. A variável independente "verdadeira" é t, enquanto x e y são *variáveis intermediárias* (controladas por t) e w é a variável dependente.

Uma notação mais precisa para a regra da cadeia mostra como as várias derivadas do Teorema 5 são calculadas:

$$\frac{dw}{dt}(t_0) = \frac{\partial f}{\partial x}(x_0, y_0) \cdot \frac{dx}{dt}(t_0) + \frac{\partial f}{\partial y}(x_0, y_0) \cdot \frac{dy}{dt}(t_0)$$

EXEMPLO 1 Aplicando a regra da cadeia

Use a regra da cadeia para encontrar a derivada de

$$w = xy$$

em relação a t ao longo do caminho $x = \cos t$, $y = \text{sen } t$. Qual é o valor da derivada em $t = \pi/2$?

SOLUÇÃO Aplicamos a regra da cadeia para encontrar dw/dt como a seguir:

$$\begin{aligned}
\frac{dw}{dt} &= \frac{\partial w}{\partial x}\frac{dx}{dt} + \frac{\partial w}{\partial y}\frac{dy}{dt} \\
&= \frac{\partial(xy)}{\partial x} \cdot \frac{d}{dt}(\cos t) + \frac{\partial(xy)}{\partial y} \cdot \frac{d}{dt}(\text{sen } t) \\
&= (y)(-\text{sen } t) + (x)(\cos t) \\
&= (\text{sen } t)(-\text{sen } t) + (\cos t)(\cos t) \\
&= -\text{sen}^2 t + \cos^2 t \\
&= \cos 2t
\end{aligned}$$

Neste exemplo, podemos verificar o resultado com um cálculo mais direto. Como uma função de t,

$$w = xy = \cos t \,\text{sen } t = \frac{1}{2}\text{sen } 2t$$

assim

$$\frac{dw}{dt} = \frac{d}{dt}\left(\frac{1}{2}\text{sen } 2t\right) = \frac{1}{2} \cdot 2\cos 2t = \cos 2t$$

Em ambos os casos, para dado valor de t,

$$\left(\frac{dw}{dt}\right)_{t=\pi/2} = \cos\left(2 \cdot \frac{\pi}{2}\right) = \cos \pi = -1$$

Funções de três variáveis

Você provavelmente pode prever a regra da cadeia para funções de três variáveis, uma vez que ela apenas envolve a adição do terceiro termo esperado à fórmula de duas variáveis.

Teorema 6 **Regra da cadeia para funções de três variáveis independentes**
Se $w = f(x, y, z)$ for diferenciável e x, y e z forem funções diferenciáveis de t, então w será uma função derivável de t e

$$\frac{dw}{dt} = \frac{\partial f}{\partial x}\frac{dx}{dt} + \frac{\partial f}{\partial y}\frac{dy}{dt} + \frac{\partial f}{\partial z}\frac{dz}{dt}$$

Aqui, temos três rotas de w a t, em vez de duas, mas encontrar dw/dt ainda é a mesma coisa. Leia cada rota, multiplique as derivadas ao longo do caminho e então some tudo.

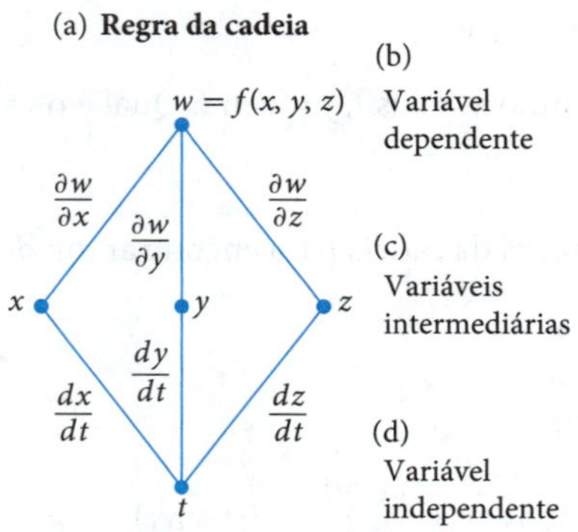

$$\frac{dw}{dt} = \frac{\partial w}{\partial x}\frac{dx}{dt} + \frac{\partial w}{\partial y}\frac{dy}{dt} + \frac{\partial w}{\partial z}\frac{dz}{dt}$$

A prova é idêntica à prova do Teorema 5, exceto pelo fato de que agora temos três variáveis intermediárias, em vez de duas. O diagrama que usamos para lembrar a nova equação também é similar, com três rotas de w a t.

EXEMPLO 2 Variação dos valores de uma função ao longo de uma hélice

Encontre dw/dt se

$$w = xy + z, \qquad x = \cos t, \qquad y = \operatorname{sen} t, \qquad z = t$$

Neste exemplo, os valores de w estão mudando ao longo da trajetória da hélice (Seção 13.1). Qual é o valor da derivada em $t = 0$?

SOLUÇÃO

$$\begin{aligned}\frac{dw}{dt} &= \frac{\partial w}{\partial x}\frac{dx}{dt} + \frac{\partial w}{\partial y}\frac{dy}{dt} + \frac{\partial w}{\partial z}\frac{dz}{dt}\\ &= (y)(-\operatorname{sen} t) + (x)(\cos t) + (1)(1)\\ &= (\operatorname{sen} t)(-\operatorname{sen} t) + (\cos t)(\cos t) + 1 \qquad \text{Substitua as variáveis intermediárias.}\\ &= -\operatorname{sen}^2 t + \cos^2 t + 1 = 1 + \cos 2t\end{aligned}$$

$$\left(\frac{dw}{dt}\right)_{t=0} = 1 + \cos(0) = 2$$

Eis uma interpretação física de mudança ao longo de uma curva. Se $w = T(x, y, z)$ for a temperatura em cada ponto (x, y, z) ao longo de uma curva C com equações paramétricas $x = x(t)$, $y = y(t)$ e $z = z(t)$, então a função composta $w = T(x(t), y(t), z(t))$ representará a temperatura relativa a t ao longo da curva. A derivada dw/dt é então a taxa instantânea de variação da temperatura ao longo da curva, conforme calculada no Teorema 6.

Funções definidas em superfícies

Se estivermos interessados na temperatura $w = f(x, y, z)$ nos pontos (x, y, z) em um globo no espaço, podemos preferir pensar em x, y e z como funções das variáveis r e s que fornecem as longitudes e latitudes dos pontos. Se $x = g(r, s)$, $y = h(r, s)$ e $z = k(r, s)$, podemos então expressar a temperatura como uma função de r e s com a função composta

$$w = f(g(r, s), h(r, s), k(r, s))$$

Sob condições ideais, w teria derivadas parciais em relação a r e s que poderiam ser calculadas da maneira a seguir.

Teorema 7 Regra da cadeia para duas variáveis independentes e três variáveis intermediárias

Suponha que $w = f(x, y, z)$, $x = g(r, s)$, $y = h(r, s)$ e $z = k(r, s)$. Se todas as quatro funções forem diferenciáveis, então w terá derivadas parciais em relação a r e s, dadas pelas fórmulas

$$\frac{\partial w}{\partial r} = \frac{\partial w}{\partial x}\frac{\partial x}{\partial r} + \frac{\partial w}{\partial y}\frac{\partial y}{\partial r} + \frac{\partial w}{\partial z}\frac{\partial z}{\partial r}$$

$$\frac{\partial w}{\partial s} = \frac{\partial w}{\partial x}\frac{\partial x}{\partial s} + \frac{\partial w}{\partial y}\frac{\partial y}{\partial s} + \frac{\partial w}{\partial z}\frac{\partial z}{\partial s}$$

A primeira dessas equações pode ser deduzida a partir da regra da cadeia no Teorema 6 mantendo-se s fixa e tratando-se r como t. A segunda pode ser deduzida da mesma maneira, mantendo-se r fixa e tratando-se s como t. Os diagramas de árvores para ambas as equações são mostrados na Figura 14.19.

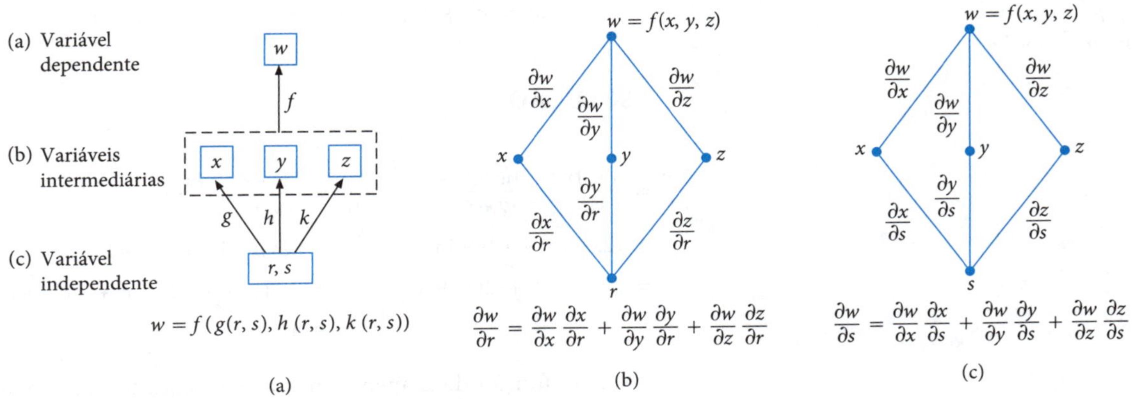

FIGURA 14.19 Função composta e diagramas para o Teorema 7.

EXEMPLO 3 Derivadas parciais usando o Teorema 7

Expresse $\partial w/\partial r$ e $\partial w/\partial s$ em termos de r e s se

$$w = x + 2y + z^2, \qquad x = \frac{r}{s}, \qquad y = r^2 + \ln s, \qquad z = 2r$$

SOLUÇÃO

$$\begin{aligned}\frac{\partial w}{\partial r} &= \frac{\partial w}{\partial x}\frac{\partial x}{\partial r} + \frac{\partial w}{\partial y}\frac{\partial y}{\partial r} + \frac{\partial w}{\partial z}\frac{\partial z}{\partial r}\\ &= (1)\left(\frac{1}{s}\right) + (2)(2r) + (2z)(2)\\ &= \frac{1}{s} + 4r + (4r)(2) = \frac{1}{s} + 12r\end{aligned}$$

Substitua a variável intermediária z.

$$\begin{aligned}\frac{\partial w}{\partial s} &= \frac{\partial w}{\partial x}\frac{\partial x}{\partial s} + \frac{\partial w}{\partial y}\frac{\partial y}{\partial s} + \frac{\partial w}{\partial z}\frac{\partial z}{\partial s}\\ &= (1)\left(-\frac{r}{s^2}\right) + (2)\left(\frac{1}{s}\right) + (2z)(0) = \frac{2}{s} - \frac{r}{s^2}\end{aligned}$$

Se f é uma função de duas variáveis, em vez de três, cada equação no Teorema 7 torna-se correspondentemente um termo mais curto.

Se $w = f(x, y)$, $x = g(r, s)$ e $y = h(r, s)$, então

$$\frac{\partial w}{\partial r} = \frac{\partial w}{\partial x}\frac{\partial x}{\partial r} + \frac{\partial w}{\partial y}\frac{\partial y}{\partial r} \quad \text{e} \quad \frac{\partial w}{\partial s} = \frac{\partial w}{\partial x}\frac{\partial x}{\partial s} + \frac{\partial w}{\partial y}\frac{\partial y}{\partial s}$$

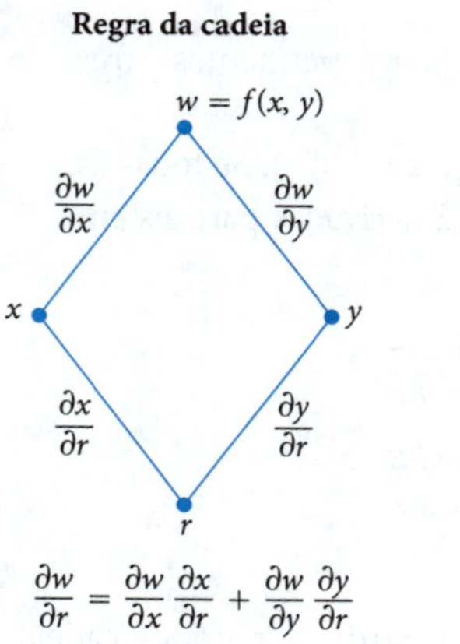

FIGURA 14.20 O diagrama de árvore para a equação

$$\frac{\partial w}{\partial r} = \frac{\partial w}{\partial x}\frac{\partial x}{\partial r} + \frac{\partial w}{\partial y}\frac{\partial y}{\partial r}$$

A Figura 14.20 mostra o diagrama de árvore para a primeira das equações. O diagrama para a segunda equação é similar, basta trocar r por s.

EXEMPLO 4 Mais derivadas parciais

Expresse $\partial w/\partial r$ e $\partial w/\partial s$ em termos de r e s se

$$w = x^2 + y^2, \qquad x = r - s, \qquad y = r + s$$

SOLUÇÃO

$$\begin{aligned} \frac{\partial w}{\partial r} &= \frac{\partial w}{\partial x}\frac{\partial x}{\partial r} + \frac{\partial w}{\partial y}\frac{\partial y}{\partial r} & \frac{\partial w}{\partial s} &= \frac{\partial w}{\partial x}\frac{\partial x}{\partial s} + \frac{\partial w}{\partial y}\frac{\partial y}{\partial s} \\ &= (2x)(1) + (2y)(1) & &= (2x)(-1) + (2y)(1) \\ &= 2(r - s) + 2(r + s) & &= -2(r - s) + 2(r + s) \\ &= 4r & &= 4s \end{aligned}$$

Substitua as variáveis intermediárias.

Se f é uma função de x apenas, nossas equações tornam-se ainda mais simples.

Se $w = f(x)$ e $x = g(r, s)$, então

$$\frac{\partial w}{\partial r} = \frac{dw}{dx}\frac{\partial x}{\partial r} \quad \text{e} \quad \frac{\partial w}{\partial s} = \frac{dw}{dx}\frac{\partial x}{\partial s}$$

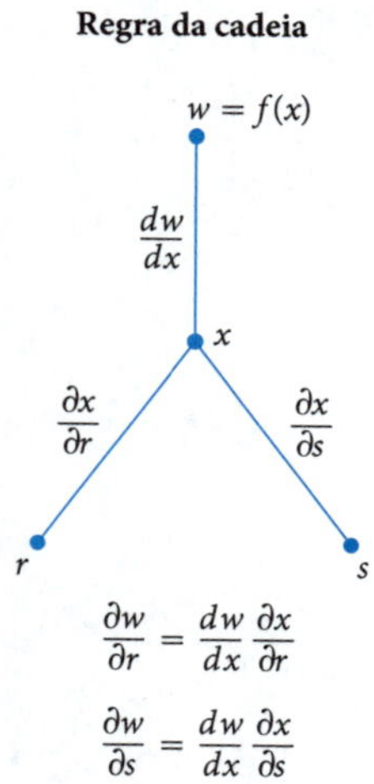

FIGURA 14.21 Diagrama de árvore para diferenciação de f como uma função composta de r e s com uma variável intermediária.

Nesse caso, podemos usar a derivada ordinária (uma variável), dw/dx. O diagrama é mostrado na Figura 14.21.

Diferenciação implícita revista

A regra da cadeia de duas variáveis do Teorema 5 leva a uma fórmula que simplifica muito a diferenciação implícita. Suponha que

1. A função $F(x, y)$ seja diferenciável e
2. A equação $F(x, y) = 0$ defina y implicitamente como uma função diferenciável de x, digamos $y = h(x)$.

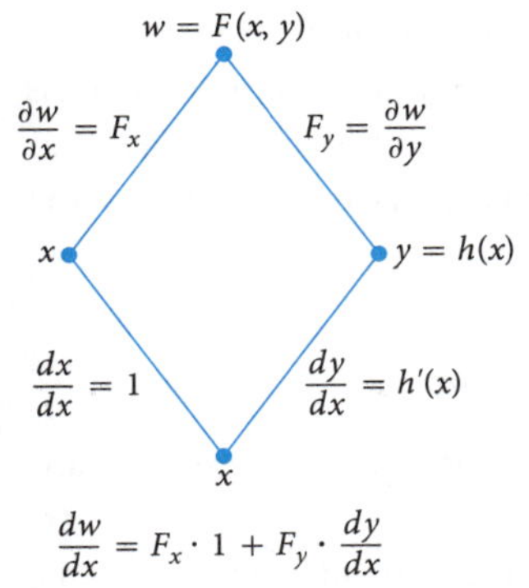

FIGURA 14.22 Diagrama de árvore para diferenciação de $w = F(x, y)$ em relação a x. Fazer $dw/dx = 0$ nos leva a uma fórmula computacional simples para derivação implícita (Teorema 8).

Como $w = F(x, y) = 0$, a derivada dw/dx deve ser zero. Calculando a derivada a partir da regra da cadeia (diagrama da Figura 14.22), encontramos

$$\begin{aligned} 0 = \frac{dw}{dx} &= F_x \frac{dx}{dx} + F_y \frac{dy}{dx} \qquad \text{Teorema 5 com } t = x \text{ e } f = F \\ &= F_x \cdot 1 + F_y \cdot \frac{dy}{dx} \end{aligned}$$

Se $F_y = \partial w / \partial y \neq 0$, podemos resolver essa equação para obter

$$\frac{dy}{dx} = -\frac{F_x}{F_y}$$

Essa relação fornece um atalho surpreendentemente simples para encontrar derivadas de funções definidas implicitamente, o qual apresentamos aqui como um teorema.

Teorema 8 **Uma fórmula de diferenciação implícita**
Suponha que $F(x, y)$ seja diferenciável e que a equação $F(x, y) = 0$ defina y como uma função diferenciável de x. Então, em qualquer ponto onde $F_y \neq 0$,

$$\frac{dy}{dx} = -\frac{F_x}{F_y}$$

EXEMPLO 5 Diferenciação implícita

Use o Teorema 8 para encontrar dy/dx se $y^2 - x^2 - \operatorname{sen} xy = 0$.

SOLUÇÃO Tome $F(x, y) = y^2 - x^2 - \operatorname{sen} xy$. Então,

$$\begin{aligned} \frac{dy}{dx} &= -\frac{F_x}{F_y} = -\frac{-2x - y\cos xy}{2y - x\cos xy} \\ &= \frac{2x + y\cos xy}{2y - x\cos xy} \end{aligned}$$

Esse cálculo é significativamente mais curto que o de uma variável com o qual encontramos dy/dx no Volume I, Seção 3.6, Exemplo 3.

Funções de várias variáveis

Vimos várias formas diferentes da regra da cadeia nesta seção, mas você não tem de memorizar todas elas se as vir como casos especiais da mesma fórmula geral. Ao resolver problemas específicos, pode ser útil desenhar o diagrama apropriado colocando as variáveis dependentes no topo, as variáveis intermediárias no meio e as variáveis independentes selecionadas embaixo. Para encontrar a derivada da variável dependente em relação à variável independente selecionada, comece com a variável dependente e siga cada rota do diagrama para a variável independente, calculando e multiplicando as derivadas ao longo de cada rota. Então, adicione os produtos que encontrar para as diferentes rotas.

Em geral, suponha que $w = f(x, y, \ldots, v)$ seja uma função diferenciável das variáveis $x, y, \ldots, v$ (um conjunto finito) e $x, y, \ldots, v$ sejam funções diferenciáveis de $p, q, \ldots, t$ (outro conjunto finito). Então w será uma função diferenciável das variáveis p a t e as derivadas parciais de w em relação a essas variáveis serão dadas por equações da forma

$$\frac{\partial w}{\partial p} = \frac{\partial w}{\partial x}\frac{\partial x}{\partial p} + \frac{\partial w}{\partial y}\frac{\partial y}{\partial p} + \cdots + \frac{\partial w}{\partial v}\frac{\partial v}{\partial p}$$

As outras equações são obtidas trocando-se p por $q, \ldots, t$, uma de cada vez.

Uma maneira de lembrar dessa equação é pensar no lado direito como o produto escalar de dois vetores com componentes

$$\underbrace{\left(\frac{\partial w}{\partial x}, \frac{\partial w}{\partial y}, \ldots, \frac{\partial w}{\partial v}\right)}_{\substack{\text{Derivadas de } w \text{ com} \\ \text{relação às} \\ \text{variáveis intermediárias.}}} \quad \text{e} \quad \underbrace{\left(\frac{\partial x}{\partial p}, \frac{\partial y}{\partial p}, \ldots, \frac{\partial v}{\partial p}\right)}_{\substack{\text{Derivadas das variáveis intermediárias} \\ \text{com relação à variável} \\ \text{independente selecionada.}}}$$

Exercícios 14.4

Regra da cadeia: uma variável independente

Nos exercícios 1–6, **(a)** expresse dw/dt como uma função de t, usando a regra da cadeia, expressando w em termos de t e diferenciando diretamente em relação a t. Depois, **(b)** calcule dw/dt no valor dado de t.

1. $w = x^2 + y^2, \quad x = \cos t, \quad y = \operatorname{sen} t; \quad t = \pi$

2. $w = x^2 + y^2, \quad x = \cos t + \operatorname{sen} t, \quad y = \cos t - \operatorname{sen} t; \quad t = 0$

3. $w = \frac{x}{z} + \frac{y}{z}, \quad x = \cos^2 t, \quad y = \operatorname{sen}^2 t, \quad z = 1/t; \quad t = 3$

4. $w = \ln(x^2 + y^2 + z^2), \quad x = \cos t, \quad y = \operatorname{sen} t, \quad z = 4\sqrt{t}; \quad t = 3$

5. $w = 2ye^x - \ln z, \quad x = \ln(t^2 + 1), \quad y = \operatorname{tg}^{-1} t, \quad z = e^t; \quad t = 1$

6. $w = z - \operatorname{sen} xy, \quad x = t, \quad y = \ln t, \quad z = e^{t-1}; \quad t = 1$

Regra da cadeia: duas ou três variáveis independentes

Nos exercícios 7 e 8, **(a)** expresse $\partial z/\partial u$ e $\partial z/\partial v$ como funções de u e v usando a regra da cadeia e também expressando z diretamente em termos de u e v antes de diferenciar. Depois **(b)** calcule $\partial z/\partial u$ e $\partial z/\partial v$ no ponto dado (u, v).

7. $z = 4e^x \ln y, \quad x = \ln(u \cos v), \quad y = u \operatorname{sen} v; \quad (u, v) = (2, \pi/4)$

8. $z = \operatorname{tg}^{-1}(x/y), \quad x = u \cos v, \quad y = u \operatorname{sen} v; \quad (u, v) = (1{,}3, \pi/6)$

Nos exercícios 9 e 10, **(a)** expresse $\partial w/\partial u$ e $\partial w/\partial v$ como funções de u e v usando a Regra da cadeia e também expressando w diretamente em termos de u e v antes de diferenciar. Depois **(b)** calcule $\partial w/\partial u$ e $\partial w/\partial v$ no ponto dado (u, v).

9. $w = xy + yz + xz, \quad x = u + v, \quad y = u - v, \quad z = uv; \quad (u, v) = (1/2, 1)$

10. $w = \ln(x^2 + y^2 + z^2), \quad x = ue^v \operatorname{sen} u, \quad y = ue^v \cos u, \quad z = ue^v; \quad (u, v) = (-2, 0)$

Nos exercícios 11 e 12, **(a)** expresse $\partial u/\partial x$, $\partial u/\partial y$ e $\partial u/\partial z$ como funções de x, y e z usando a regra da cadeia e também expressando u diretamente em termos de x, y e z antes de diferenciar. Então, **(b)** calcule $\partial u/\partial x$, $\partial u/\partial y$ e $\partial u/\partial z$ no ponto dado (x, y, z).

11. $u = \frac{p - q}{q - r}, \quad p = x + y + z, \quad q = x - y + z, \quad r = x + y - z; \quad (x, y, z) = \left(\sqrt{3}, 2, 1\right)$

12. $u = e^{qr} \operatorname{sen}^{-1} p, \quad p = \operatorname{sen} x, \quad q = z^2 \ln y, \quad r = 1/z; \quad (x, y, z) = (\pi/4, 1/2, -1/2)$

Usando um diagrama

Nos exercícios 13–24, desenhe um diagrama e escreva uma fórmula da regra da cadeia para cada derivada.

13. $\frac{dz}{dt}$ para $z = f(x, y), \quad x = g(t), \quad y = h(t)$

14. $\frac{dz}{dt}$ para $z = f(u, v, w), \quad u = g(t), \quad v = h(t), \quad w = k(t)$

15. $\frac{\partial w}{\partial u}$ e $\frac{\partial w}{\partial v}$ para $w = h(x, y, z), \quad x = f(u, v), \quad y = g(u, v), \quad z = k(u, v)$

16. $\dfrac{\partial w}{\partial x}$ e $\dfrac{\partial w}{\partial y}$ para $w = f(r, s, t), \quad r = g(x, y), \quad s = h(x, y),$ $t = k(x, y)$

17. $\dfrac{\partial w}{\partial u}$ e $\dfrac{\partial w}{\partial v}$ para $w = g(x, y), \quad x = h(u, v), \quad y = k(u, v)$

18. $\dfrac{\partial w}{\partial x}$ e $\dfrac{\partial w}{\partial y}$ para $w = g(u, v), \quad u = h(x, y), \quad v = k(x, y)$

19. $\dfrac{\partial z}{\partial t}$ e $\dfrac{\partial z}{\partial s}$ para $z = f(x, y), \quad x = g(t, s), \quad y = h(t, s)$

20. $\dfrac{\partial y}{\partial r}$ para $y = f(u), \quad u = g(r, s)$

21. $\dfrac{\partial w}{\partial s}$ e $\dfrac{\partial w}{\partial t}$ para $w = g(u), \quad u = h(s, t)$

22. $\dfrac{\partial w}{\partial p}$ para $w = f(x, y, z, v), \quad x = g(p, q), \quad y = h(p, q),$ $z = j(p, q), \quad v = k(p, q)$

23. $\dfrac{\partial w}{\partial r}$ e $\dfrac{\partial w}{\partial s}$ para $w = f(x, y), \quad x = g(r), \quad y = h(s)$

24. $\dfrac{\partial w}{\partial s}$ para $w = g(x, y), \quad x = h(r, s, t), \quad y = k(r, s, t)$

Diferenciação implícita

Considerando que as equações nos exercícios 25–28 definem y como uma função diferenciável de x, use o Teorema 8 para encontrar o valor de dy/dx no ponto dado.

25. $x^3 - 2y^2 + xy = 0, \ (1, 1)$

26. $xy + y^2 - 3x - 3 = 0, \ (-1, 1)$

27. $x^2 + xy + y^2 - 7 = 0, \ (1, 2)$

28. $xe^y + \operatorname{sen} xy + y - \ln 2 = 0, \ (0, \ln 2)$

Diferenciação implícita em três variáveis

O Teorema 8 pode ser generalizado para funções de três variáveis ou mais. A versão de três variáveis é assim: se a equação $F(x, y, z) = 0$ determinar z como uma função diferenciável de x e y, então, em pontos onde $F_z \neq 0$,

$$\frac{\partial z}{\partial x} = -\frac{F_x}{F_z} \qquad \text{e} \qquad \frac{\partial z}{\partial y} = -\frac{F_y}{F_z}$$

Use essas equações para encontrar os valores de $\partial z/\partial x$ e $\partial z/\partial y$ nos pontos nos exercícios 29–32.

29. $z^3 - xy + yz + y^3 - 2 = 0, \quad (1, 1, 1)$

30. $\dfrac{1}{x} + \dfrac{1}{y} + \dfrac{1}{z} - 1 = 0, \quad (2, 3, 6)$

31. $\operatorname{sen}(x + y) + \operatorname{sen}(y + z) + \operatorname{sen}(x + z) = 0, \quad (\pi, \pi, \pi)$

32. $xe^y + ye^z + 2\ln x - 2 - 3\ln 2 = 0, \quad (1, \ln 2, \ln 3)$

Encontrando derivadas parciais especificadas

33. Encontre $\partial w/\partial r$ quando $r = 1$, $s = -1$ se $w = (x + y + z)^2$, $x = r - s$, $y = \cos(r + s)$, $z = \operatorname{sen}(r + s)$.

34. Encontre $\partial w/\partial v$ quando $u = -1$, $v = 2$ se $w = xy + \ln z$, $x = v^2/u$, $y = u + v$, $z = \cos u$.

35. Encontre $\partial w/\partial v$ quando $u = 0$, $v = 0$ se $w = x^2 + (y/x)$, $x = u - 2v + 1$, $y = 2u + v - 2$.

36. Encontre $\partial z/\partial u$ quando $u = 0$, $v = 1$ se $z = \operatorname{sen} xy + x \operatorname{sen} y$, $x = u^2 + v^2$, $y = uv$.

37. Encontre $\partial z/\partial u$ e $\partial z/\partial v$ quando $u = \ln 2$, $v = 1$ se $z = 5\operatorname{tg}^{-1} x$ e $x = e^u + \ln v$.

38. Encontre $\partial z/\partial u$ e $\partial z/\partial v$ quando $u = 1$ e $v = -2$ se $z = \ln q$ e $q = \sqrt{v + 3}\operatorname{tg}^{-1} u$.

Teoria e exemplos

39. Variações dentro de um circuito elétrico A voltagem V em um circuito que satisfaz a lei $V = IR$ vai caindo lentamente à medida que a bateria descarrega. Ao mesmo tempo, a resistência R vai aumentando conforme o resistor esquenta. Use a equação

$$\frac{dV}{dt} = \frac{\partial V}{\partial I}\frac{dI}{dt} + \frac{\partial V}{\partial R}\frac{dR}{dt}$$

para descobrir como a corrente está variando no instante em que $R = 600$ ohms, $I = 0{,}04$ amp, $dR/dt = 0{,}5$ ohm/s e $dV/dt = -0{,}01$ volt/s.

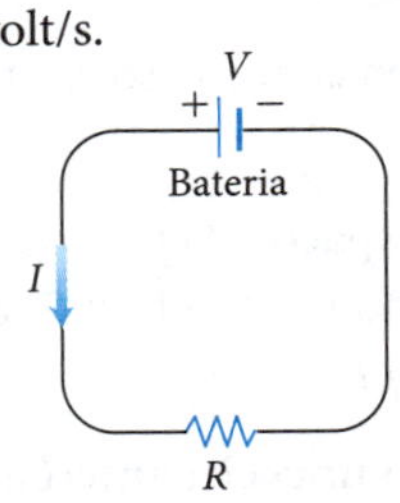

40. Variação das dimensões de uma caixa Os comprimentos a, b e c das arestas de uma caixa retangular variam com o tempo. No instante em questão, $a = 1$ m, $b = 2$ m, $c = 3$ m, $da/dt = db/dt = 1$ m/s e $dc/dt = -3$ m/s. Quais são as taxas de variação do volume V e da área S da caixa em dado instante? As diagonais do interior da caixa estão aumentando ou diminuindo de comprimento?

41. Se $f(u, v, w)$ é diferenciável e $u = x - y$, $v = y - z$ e $w = z - x$, mostre que

$$\frac{\partial f}{\partial x} + \frac{\partial f}{\partial y} + \frac{\partial f}{\partial z} = 0$$

42. Coordenadas polares Suponha que substituamos coordenadas polares $x = r\cos\theta$ e $y = r\operatorname{sen}\theta$ em uma função diferenciável $w = f(x, y)$.

(a) Mostre que

$$\frac{\partial w}{\partial r} = f_x \cos\theta + f_y \operatorname{sen}\theta$$

e

$$\frac{1}{r}\frac{\partial w}{\partial \theta} = -f_x \operatorname{sen}\theta + f_y \cos\theta$$

(b) Resolva as equações no item (a) para expressar f_x e f_y em termos de $\partial w/\partial r$ e $\partial w/\partial \theta$.

(c) Mostre que

$$(f_x)^2 + (f_y)^2 = \left(\frac{\partial w}{\partial r}\right)^2 + \frac{1}{r^2}\left(\frac{\partial w}{\partial \theta}\right)^2$$

43. **Equações de Laplace** Mostre que, se $w = f(u, v)$ satisfaz a equação de Laplace $f_{uu} + f_{vv} = 0$ e se $u = (x^2 - y^2)/2$ e $v = xy$, então w satisfaz a equação de Laplace $w_{xx} + w_{yy} = 0$.

44. **Equações de Laplace** Seja $w = f(u) + g(v)$, onde $u = x + iy$, $v = x - iy$ e $i = \sqrt{-1}$. Mostre que w satisfaz a equação de Laplace $w_{xx} + w_{yy} = 0$ se todas as funções necessárias são diferenciáveis.

Variação de funções ao longo de curvas

45. **Valores extremos em uma hélice** Suponha que as derivadas parciais de uma função $f(x, y, z)$ nos pontos da hélice $x = \cos t$, $y = \operatorname{sen} t$, $z = t$ sejam

$$f_x = \cos t, \quad f_y = \operatorname{sen} t, \quad f_z = t^2 + t - 2$$

Em que pontos na curva, caso exista algum, f assume um valor extremo?

46. **Uma curva no espaço** Seja $w = x^2 e^{2y} \cos 3z$. Encontre o valor de dw/dt no ponto $(1, \ln 2, 0)$ na curva $x = \cos t$, $y = \ln(t + 2)$, $z = t$.

47. **Temperatura em uma circunferência** Seja $T = f(x, y)$ a temperatura no ponto (x, y) na circunferência $x = \cos t$, $y = \operatorname{sen} t$, $0 \le t \le 2\pi$ e suponha que

$$\frac{\partial T}{\partial x} = 8x - 4y, \qquad \frac{\partial T}{\partial y} = 8y - 4x$$

(a) Descubra onde ocorrem as temperaturas máxima e mínima na circunferência examinando as derivadas dT/dt e d^2T/dt^2.

(b) Suponha que $T = 4x^2 - 4xy + 4y^2$. Encontre os valores máximo e mínimo de T na circunferência.

48. **Temperatura em uma elipse** Seja $T = g(x, y)$ a temperatura no ponto (x, y) na elipse

$$x = 2\sqrt{2}\cos t, \qquad y = \sqrt{2}\operatorname{sen} t, \qquad 0 \le t \le 2\pi$$

e suponha que

$$\frac{\partial T}{\partial x} = y, \qquad \frac{\partial T}{\partial y} = x$$

(a) Localize as temperaturas máxima e mínima na elipse examinando dT/dt e d^2T/dt^2.

(b) Suponha que $T = xy - 2$. Encontre os valores máximo e mínimo de T na elipse.

Diferenciando integrais

Sob certas condições com relação à continuidade, é verdade que, se

$$F(x) = \int_a^b g(t, x)\, dt$$

então $F'(x) = \int_a^b g_x(t, x)\, dt$. Usando esse fato e a regra da cadeia, podemos encontrar a derivada de

$$F(x) = \int_a^{f(x)} g(t, x)\, dt$$

fazendo

$$G(u, x) = \int_a^u g(t, x)\, dt$$

onde $u = f(x)$. Encontre as derivadas das funções nos exercícios 49 e 50.

49. $F(x) = \int_0^{x^2} \sqrt{t^4 + x^3}\, dt$

50. $F(x) = \int_{x^2}^1 \sqrt{t^3 + x^2}\, dt$

14.5 Derivadas direcionais e vetor gradiente

Se você olhar o mapa (Figura 14.23) que mostra os contornos da Região de West Point ao longo do rio Hudson em Nova York, notará que os afluentes correm perpendicularmente aos contornos. Os rios seguem os caminhos de maior inclinação de maneira que as águas atinjam o rio Hudson o mais rapidamente possível. Portanto, a taxa de variação instantânea na altitude do rio acima do nível do mar tem uma direção definida. Nesta seção, você verá por que essa direção é perpendicular aos contornos.

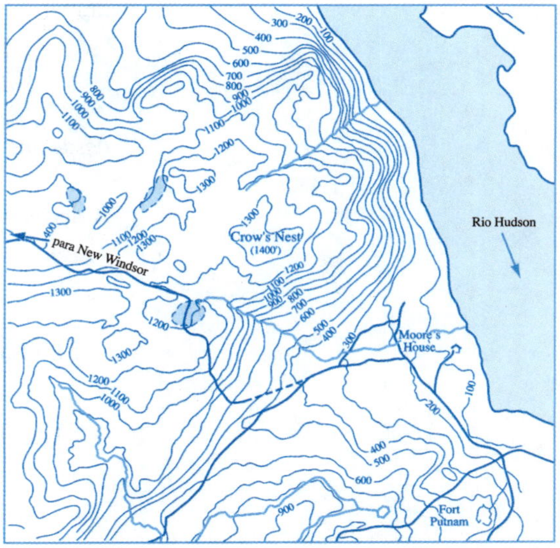

FIGURA 14.23 Os contornos da Região de West Point em Nova York mostram rios, os quais seguem os caminhos de maior inclinação, correndo perpendicularmente aos contornos.

Derivadas direcionais no plano

Sabemos pela Seção 14.4 que se $f(x, y)$ é diferenciável, então a taxa com que f varia em relação a t ao longo de uma curva diferenciável $x = g(t)$, $y = h(t)$ é

$$\frac{df}{dt} = \frac{\partial f}{\partial x}\frac{dx}{dt} + \frac{\partial f}{\partial y}\frac{dy}{dt}$$

Em qualquer ponto $P_0 = (x_0, y_0) = P_0(g(t_0), h(t_0))$, essa equação fornece a taxa de variação de f em relação a t e, portanto, depende, entre outras coisas, do sentido do movimento ao longo da curva. Essa observação é particularmente importante quando a curva é uma reta e t é o parâmetro de comprimento de arco ao longo da reta medida de P_0 na direção de dado vetor unitário, ou versor, **u**, pois, nesse caso, df/dt é a taxa de variação de f em relação à distância em seu domínio na direção de **u**. Variando **u**, encontramos as taxas com que f varia em relação à distância quando nos movemos por P_0 em direções diferentes. Vamos agora definir essa idéia com maior precisão.

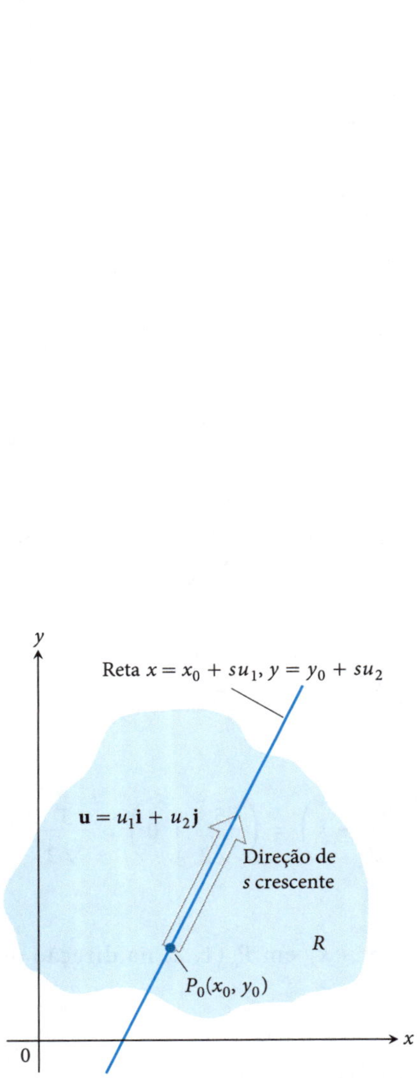

FIGURA 14.24 A taxa de variação de f na direção de **u** no ponto P_0 é a taxa com que f varia ao longo dessa reta em P_0.

Suponha que a função $f(x, y)$ seja definida em uma região R no plano xy, que $P_0 = (x_0, y_0)$ seja um ponto em R e que $\mathbf{u} = u_1\mathbf{i} + u_2\mathbf{j}$ seja um vetor unitário. Então as equações

$$x = x_0 + su_1, \qquad y = y_0 + su_2$$

parametrizam a reta que passa por P_0 paralelamente a **u**. Se o parâmetro s mede o comprimento de arco de P_0 na direção de **u**, encontramos a taxa de variação de f em P_0 na direção de **u** calculando df/ds em P_0 (Figura 14.24).

Definição Derivada direcional

A derivada de f em $P_0(x_0, y_0)$ na direção do versor $\mathbf{u} = u_1\mathbf{i} + u_2\mathbf{j}$ é o número

$$\left(\frac{df}{ds}\right)_{\mathbf{u},P_0} = \lim_{s\to 0} \frac{f(x_0 + su_1, y_0 + su_2) - f(x_0, y_0)}{s} \tag{1}$$

desde que o limite exista.

A derivada direcional é denotada também por

$$(D_{\mathbf{u}}f)_{P_0}$$

"A derivada de f em P_0 na direção de $\mathbf{u}$"

EXEMPLO 1 Encontrando uma derivada direcional usando a definição

Encontre a derivada de

$$f(x, y) = x^2 + xy$$

em $P_0(1, 2)$ na direção do vetor unitário $\mathbf{u} = \left(1/\sqrt{2}\right)\mathbf{i} + \left(1/\sqrt{2}\right)\mathbf{j}$

SOLUÇÃO

$$\left(\frac{df}{ds}\right)_{\mathbf{u},P_0} = \lim_{s\to 0} \frac{f(x_0 + su_1, y_0 + su_2) - f(x_0, y_0)}{s}$$

Equação (1)

$$= \lim_{s\to 0} \frac{f\left(1 + s\cdot\frac{1}{\sqrt{2}}, 2 + s\cdot\frac{1}{\sqrt{2}}\right) - f(1, 2)}{s}$$

$$= \lim_{s\to 0} \frac{\left(1 + \frac{s}{\sqrt{2}}\right)^2 + \left(1 + \frac{s}{\sqrt{2}}\right)\left(2 + \frac{s}{\sqrt{2}}\right) - (1^2 + 1\cdot 2)}{s}$$

$$= \lim_{s\to 0} \frac{\left(1 + \frac{2s}{\sqrt{2}} + \frac{s^2}{2}\right) + \left(2 + \frac{3s}{\sqrt{2}} + \frac{s^2}{2}\right) - 3}{s}$$

$$= \lim_{s\to 0} \frac{\frac{5s}{\sqrt{2}} + s^2}{s} = \lim_{s\to 0}\left(\frac{5}{\sqrt{2}} + s\right) = \left(\frac{5}{\sqrt{2}} + 0\right) = \frac{5}{\sqrt{2}}$$

A taxa de variação de $f(x, y) = x^2 + xy$ em $P_0(1, 2)$ na direção de $\mathbf{u} = (1/\sqrt{2})\mathbf{i} + (1/\sqrt{2})\mathbf{j}$ é $5/\sqrt{2}$.

Interpretação da derivada direcional

A equação $z = f(x, y)$ representa uma superfície S no espaço. Se $z_0 = f(x_0, y_0)$, então o ponto $P(x_0, y_0, z_0)$ estará em S. O plano vertical que passa por P e $P_0(x_0, y_0)$ e é paralelo a $\mathbf{u}$ apresenta interseção com S em uma curva C (Figura 14.25).

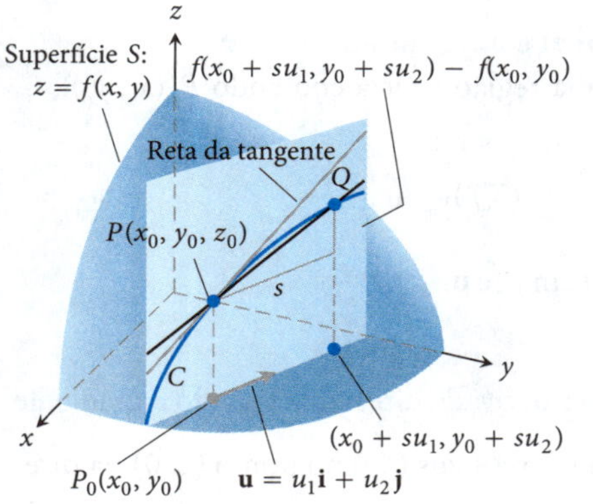

FIGURA 14.25 O coeficiente angular da curva C em P_0 é $\lim_{Q \to P}$ do coeficiente angular (PQ); esta é a derivada direcional

$$\left(\frac{df}{ds}\right)_{\mathbf{u},P_0} = (D_{\mathbf{u}}f)_{P_0}$$

A taxa de variação de f na direção de $\mathbf{u}$ é o coeficiente angular da tangente a C em P.

Quando $\mathbf{u} = \mathbf{i}$, a derivada direcional em P_0 é $\partial f/\partial x$ calculada em (x_0, y_0). Quando $\mathbf{u} = \mathbf{j}$, a derivada direcional em P_0 é $\partial f/\partial y$ calculada em (x_0, y_0). A derivada direcional generaliza as duas derivadas parciais. Agora, podemos procurar a taxa de variação de f em qualquer direção $\mathbf{u}$, e não apenas nas direções $\mathbf{i}$ e $\mathbf{j}$.

Aqui temos uma interpretação física da derivada direcional. Suponha que $T = f(x, y)$ seja a temperatura em cada ponto (x, y) sobre uma região no plano. Então $f(x_0, y_0)$ é a temperatura no ponto $P_0(x_0, y_0)$ e $(D_u f)_{P_0}$ é a taxa de variação instantânea da temperatura em P_0 na direção $\mathbf{u}$.

Cálculos e gradientes

Agora, vamos desenvolver uma fórmula mais eficiente para calcular a derivada direcional para uma função diferenciável f. Começamos com a reta

$$x = x_0 + su_1, \qquad y = y_0 + su_2 \tag{2}$$

por $P_0(x_0, y_0)$, parametrizada pelo comprimento de arco s aumentando na direção do vetor unitário $\mathbf{u} = u_1\mathbf{i} + u_2\mathbf{j}$. Então,

$$\left(\frac{df}{ds}\right)_{\mathbf{u},P_0} = \left(\frac{\partial f}{\partial x}\right)_{P_0}\frac{dx}{ds} + \left(\frac{\partial f}{\partial y}\right)_{P_0}\frac{dy}{ds}$$

Regra da cadeia para f diferenciável.

$$= \left(\frac{\partial f}{\partial x}\right)_{P_0} \cdot u_1 + \left(\frac{\partial f}{\partial y}\right)_{P_0} \cdot u_2$$

Da Equação (2), $dx/ds = u_1$ e $dy/ds = u_2$.

$$= \underbrace{\left[\left(\frac{\partial f}{\partial x}\right)_{P_0}\mathbf{i} + \left(\frac{\partial f}{\partial y}\right)_{P_0}\mathbf{j}\right]}_{\text{Gradiente de } f \text{ para } P_0} \cdot \underbrace{\left[u_1\mathbf{i} + u_2\mathbf{j}\right]}_{\text{Direção } \mathbf{u}} \tag{3}$$

Definição **Vetor gradiente**
O **vetor gradiente (gradiente)** de $f(x, y)$ no ponto $P_0(x_0, y_0)$ é o vetor

$$\nabla f = \frac{\partial f}{\partial x}\mathbf{i} + \frac{\partial f}{\partial y}\mathbf{j}$$

obtido por meio do cálculo das derivadas parciais de f em P_0.

A notação ∇f é lida tanto como "grad f" quanto como "gradiente de f". O símbolo ∇ isolado é lido como "nabla". Outra notação para o gradiente é grad f, lida da maneira como é escrita.

A Equação (3) diz que a derivada de f na direção de $\mathbf{u}$ em P_0 é o produto escalar de $\mathbf{u}$ com o gradiente de f em P_0.

Teorema 9 A derivada direcional é um produto escalar
Se $f(x, y)$ for diferenciável em uma região aberta contendo $P_0(x_0, y_0)$, então

$$\left(\frac{df}{ds}\right)_{\mathbf{u},P_0} = (\nabla f)_{P_0} \cdot \mathbf{u} \tag{4}$$

o produto escalar do gradiente de f em P_0 e $\mathbf{u}$.

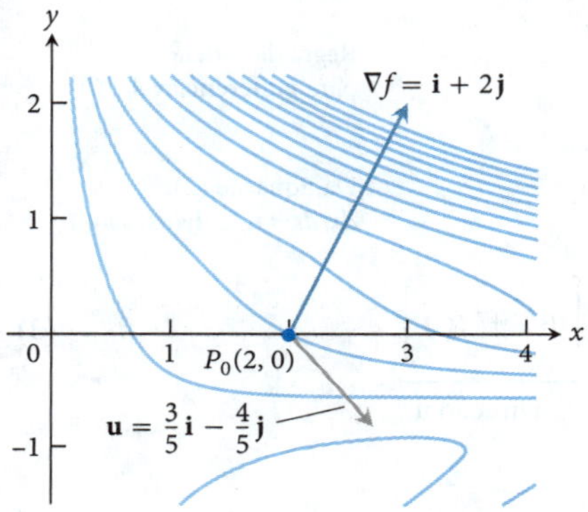

FIGURA 14.26 Costuma-se pensar em ∇f como um vetor no domínio de f. No caso de $f(x, y) = xe^y + \cos(xy)$, o domínio é o plano inteiro. A taxa com que f varia em (2, 0) na direção de $\mathbf{u} = (3/5)\mathbf{i} - (4/5)\mathbf{j}$ é $\nabla f \cdot \mathbf{u} = -1$ (Exemplo 2).

EXEMPLO 2 Encontrando a derivada direcional usando o gradiente

Encontre a derivada de $f(x, y) = xe^y + \cos(xy)$ no ponto (2, 0) na direção de $\mathbf{v} = 3\mathbf{i} - 4\mathbf{j}$.

SOLUÇÃO A direção de $\mathbf{v}$ é obtida dividindo-se $\mathbf{v}$ por seu comprimento:

$$\mathbf{u} = \frac{\mathbf{v}}{|\mathbf{v}|} = \frac{\mathbf{v}}{5} = \frac{3}{5}\mathbf{i} - \frac{4}{5}\mathbf{j}$$

As derivadas parciais de f são contínuas em todos os pontos e em (2, 0) são dadas por

$$f_x(2, 0) = (e^y - y\,\text{sen}\,(xy))_{(2,0)} = e^0 - 0 = 1$$
$$f_y(2, 0) = (xe^y - x\,\text{sen}\,(xy))_{(2,0)} = 2e^0 - 2 \cdot 0 = 2$$

O gradiente de f em (2, 0) é

$$\nabla f|_{(2,0)} = f_x(2, 0)\mathbf{i} + f_y(2, 0)\mathbf{j} = \mathbf{i} + 2\mathbf{j}$$

(Figura 14.26). A derivada de f em (2, 0) na direção de $\mathbf{v}$ é, portanto,

$$(D_{\mathbf{u}}f)|_{(2,0)} = \nabla f|_{(2,0)} \cdot \mathbf{u} \qquad \text{Equação (4)}$$
$$= (\mathbf{i} + 2\mathbf{j}) \cdot \left(\frac{3}{5}\mathbf{i} - \frac{4}{5}\mathbf{j}\right) = \frac{3}{5} - \frac{8}{5} = -1$$

O cálculo do produto escalar na fórmula

$$D_{\mathbf{u}}f = \nabla f \cdot \mathbf{u} = |\nabla f|\,|\mathbf{u}| \cos\theta = |\nabla f| \cos\theta$$

onde θ é o ângulo entre os vetores $\mathbf{u}$ e ∇f, revela-nos as propriedades a seguir.

Propriedades da derivada direcional $D_{\mathbf{u}}f = \nabla f \cdot \mathbf{u} = |\nabla f| \cos\theta$

1. A função f aumenta mais rapidamente quando $\cos\theta = 1$ ou quando $\mathbf{u}$ é a direção de ∇f. Isto é, a cada ponto P no seu domínio, ∇f cresce mais rapidamente na direção do vetor gradiente ∇f em P. A derivada nessa direção é
$$D_{\mathbf{u}}f = |\nabla f| \cos(0) = |\nabla f|$$
2. De maneira similar, f decresce mais rapidamente na direção de $-\nabla f$. A derivada nessa direção é
$$D_{\mathbf{u}}f = |\nabla f| \cos(\pi) = -|\nabla f|$$
3. Qualquer direção $\mathbf{u}$ ortogonal ao gradiente $\nabla f \neq 0$ é uma direção de variação zero em f porque θ é então igual a $\pi/2$ e
$$D_{\mathbf{u}}f = |\nabla f| \cos(\pi/2) = |\nabla f| \cdot 0 = 0$$

Como veremos mais à frente, essas propriedades são verdadeiras tanto em três dimensões como em duas.

EXEMPLO 3 Encontrando direções de variação máxima, mínima e zero

Encontre as direções nas quais $f(x, y) = (x^2/2) + (y^2/2)$

(a) Cresce mais rapidamente no ponto (1, 1);

(b) Decresce mais rapidamente em (1, 1);

(c) Quais são as direções de variação zero de f em (1, 1)?

SOLUÇÃO

(a) A função aumenta mais rapidamente na direção e no sentido de ∇f em (1, 1). O gradiente lá é

$$(\nabla f)_{(1,1)} = (x\mathbf{i} + y\mathbf{j})_{(1,1)} = \mathbf{i} + \mathbf{j}$$

Sua direção é

$$\mathbf{u} = \frac{\mathbf{i} + \mathbf{j}}{|\mathbf{i} + \mathbf{j}|} = \frac{\mathbf{i} + \mathbf{j}}{\sqrt{(1)^2 + (1)^2}} = \frac{1}{\sqrt{2}}\mathbf{i} + \frac{1}{\sqrt{2}}\mathbf{j}$$

(b) A função decresce mais rapidamente na direção e no sentido de $-\nabla f$ em (1, 1), que é

$$-\mathbf{u} = -\frac{1}{\sqrt{2}}\mathbf{i} - \frac{1}{\sqrt{2}}\mathbf{j}$$

(c) As direções de variação zero em (1, 1) são as direções ortogonais a ∇f:

$$\mathbf{n} = -\frac{1}{\sqrt{2}}\mathbf{i} + \frac{1}{\sqrt{2}}\mathbf{j} \quad \text{e} \quad -\mathbf{n} = \frac{1}{\sqrt{2}}\mathbf{i} - \frac{1}{\sqrt{2}}\mathbf{j}$$

Veja a Figura 14.27.

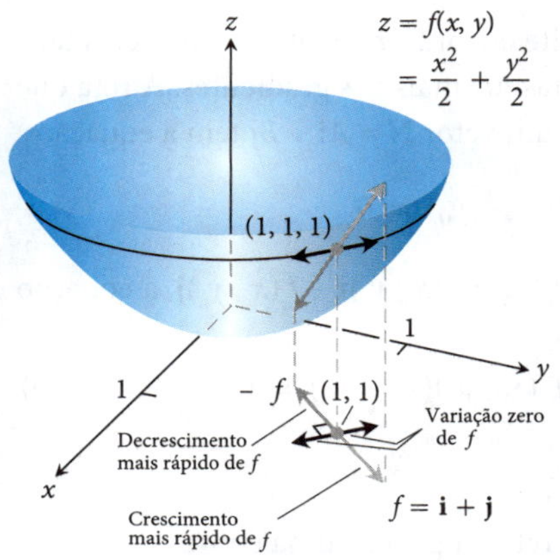

FIGURA 14.27 A direção na qual $f(x, y) = (x^2/2) + (y^2/2)$ aumenta mais rapidamente em (1, 1) é a direção de $\nabla f|_{(1,1)} = \mathbf{i} + \mathbf{j}$. Ela corresponde à direção de ascensão mais inclinada na superfície em (1, 1, 1) (Exemplo 3).

Gradientes e reta tangente a curvas de nível

Se uma função diferenciável $f(x, y)$ tiver um valor constante c ao longo de uma curva lisa $\mathbf{r} = g(t)\mathbf{i} + h(t)\mathbf{j}$ (fazendo da curva uma curva de nível de f), então $f(g(t), h(t)) = c$. Derivar ambos os lados dessa equação em relação a t leva às equações

$$\frac{d}{dt}f(g(t), h(t)) = \frac{d}{dt}(c)$$

$$\frac{\partial f}{\partial x}\frac{dg}{dt} + \frac{\partial f}{\partial y}\frac{dh}{dt} = 0 \qquad \text{Regra da cadeia}$$

$$\underbrace{\left(\frac{\partial f}{\partial x}\mathbf{i} + \frac{\partial f}{\partial y}\mathbf{j}\right)}_{\nabla f} \cdot \underbrace{\left(\frac{dg}{dt}\mathbf{i} + \frac{dh}{dt}\mathbf{j}\right)}_{\frac{d\mathbf{r}}{dt}} = 0 \qquad (5)$$

A Equação (5) diz que ∇f é normal ao vetor tangente $d\mathbf{r}/dt$, portanto é normal à curva.

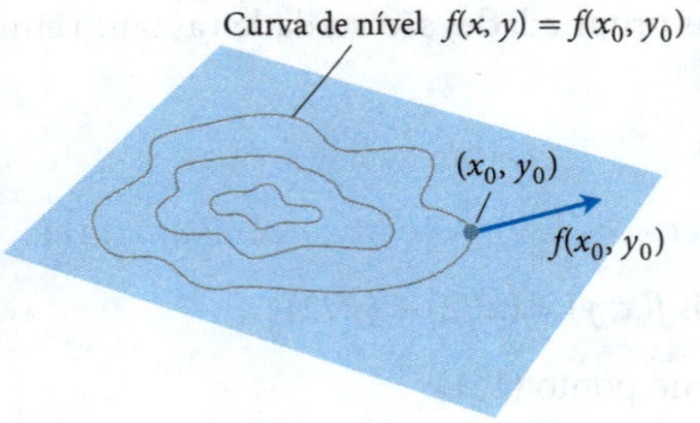

FIGURA 14.28 O gradiente de uma função diferenciável de duas variáveis em um ponto é sempre normal à curva de nível da função naquele ponto.

> Em todo ponto (x_0, y_0) no domínio de uma função diferenciável $f(x, y)$, o gradiente de f é normal à curva de nível por (x_0, y_0) (Figura 14.28).

A Equação (5) confirma nossa observação de que os córregos correm perpendicularmente às curvas de nível em mapas topográficos (Figura 14.23). Como o córrego deve alcançar seu destino da maneira mais rápida, deve correr na direção oposta à dos gradientes, devido à Propriedade 2 da derivada direcional. A Equação (5) nos diz que essas direções são perpendiculares às curvas de nível.

Essa observação também nos permite encontrar equações para retas tangentes às curvas de nível. Elas são as retas normais aos gradientes. A reta que passa por um ponto $P_0(x_0, y_0)$ normal a um vetor $\mathbf{N} = A\mathbf{i} + B\mathbf{j}$ tem a equação

$$A(x - x_0) + B(y - y_0) = 0$$

(Exercício 35). Se $\mathbf{N}$ é o gradiente $(\nabla f)_{(x_0, y_0)} = f_x(x_0, y_0)\mathbf{i} + f_y(x_0, y_0)\mathbf{j}$, a equação torna-se

$$f_x(x_0, y_0)(x - x_0) + f_y(x_0, y_0)(y - y_0) = 0 \qquad (6)$$

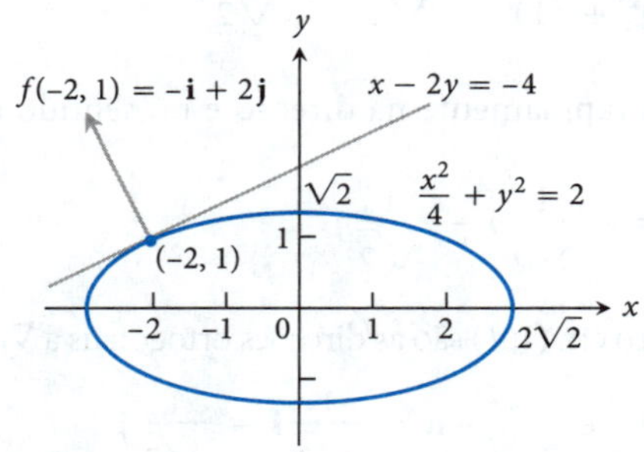

FIGURA 14.29 Podemos encontrar a tangente à elipse $(x^2/4) + y^2 = 2$ tratando a elipse como uma curva de nível da função $f(x, y) = (x^2/4) + y^2$ (Exemplo 4).

EXEMPLO 4 Encontrando a reta tangente a uma elipse

Encontre uma equação para a tangente à elipse

$$\frac{x^2}{4} + y^2 = 2$$

(Figura 14.29) no ponto (–2, 1).

SOLUÇÃO A elipse é uma curva de nível da função

$$f(x, y) = \frac{x^2}{4} + y^2$$

O gradiente de f em (–2, 1) é

$$\nabla f|_{(-2,1)} = \left(\frac{x}{2}\mathbf{i} + 2y\mathbf{j}\right)_{(-2,1)} = -\mathbf{i} + 2\mathbf{j}$$

A tangente é a reta

$$(-1)(x + 2) + (2)(y - 1) = 0 \qquad \text{Equação (6)}$$

$$x - 2y = -4$$

Se soubermos os gradientes de duas funções f e g, automaticamente saberemos os gradientes de sua soma e diferença, de seu produto e quociente e da multiplicação por uma constante. Você deverá estabelecer essas propriedades no Exercício 36. Observe que elas têm a mesma forma que as propriedades correspondentes para derivadas de funções de uma variável.

Propriedades algébricas do vetor gradiente

1. *Multiplicação por constante:* $\nabla(kf) = k\nabla f$ (para qualquer número k)
2. *Regra da soma:* $\nabla(f+g) = \nabla f + \nabla g$
3. *Regra da diferença:* $\nabla(f-g) = \nabla f - \nabla g$
4. *Regra do produto:* $\nabla(fg) = f\nabla g + g\nabla f$
5. *Regra do quociente:* $\nabla\left(\frac{f}{g}\right) = \frac{g\nabla f - f\nabla g}{g^2}$

EXEMPLO 5 Ilustrando as propriedades do gradiente

Ilustraremos as propriedades com

$$\begin{aligned} f(x, y) &= x - y & g(x, y) &= 3y \\ \nabla f &= \mathbf{i} - \mathbf{j} & \nabla g &= 3\mathbf{j} \end{aligned}$$

Temos

1. $\nabla(2f) = \nabla(2x - 2y) = 2\mathbf{i} - 2\mathbf{j} = 2\nabla f$
2. $\nabla(f + g) = \nabla(x + 2y) = \mathbf{i} + 2\mathbf{j} = \nabla f + \nabla g$
3. $\nabla(f - g) = \nabla(x - 4y) = \mathbf{i} - 4\mathbf{j} = \nabla f - \nabla g$
4. $$\begin{aligned} \nabla(fg) &= \nabla(3xy - 3y^2) = 3y\mathbf{i} + (3x - 6y)\mathbf{j} \\ &= 3y(\mathbf{i} - \mathbf{j}) + 3y\mathbf{j} + (3x - 6y)\mathbf{j} \\ &= 3y(\mathbf{i} - \mathbf{j}) + (3x - 3y)\mathbf{j} \\ &= 3y(\mathbf{i} - \mathbf{j}) + (x - y)3\mathbf{j} = g\nabla f + f\nabla g \end{aligned}$$
5. $$\begin{aligned} \nabla\left(\frac{f}{g}\right) &= \nabla\left(\frac{x - y}{3y}\right) = \nabla\left(\frac{x}{3y} - \frac{1}{3}\right) \\ &= \frac{1}{3y}\mathbf{i} - \frac{x}{3y^2}\mathbf{j} \\ &= \frac{3y\mathbf{i} - 3x\mathbf{j}}{9y^2} = \frac{3y(\mathbf{i} - \mathbf{j}) - (3x - 3y)\mathbf{j}}{9y^2} \\ &= \frac{3y(\mathbf{i} - \mathbf{j}) - (x - y)3\mathbf{j}}{9y^2} = \frac{g\nabla f - f\nabla g}{g^2} \end{aligned}$$

Funções de três variáveis

Para uma função diferenciável $f(x, y, z)$ e um vetor unitário $\mathbf{u} = u_1\mathbf{i} + u_2\mathbf{j} + u_3\mathbf{k}$ no espaço, temos

$$\nabla f = \frac{\partial f}{\partial x}\mathbf{i} + \frac{\partial f}{\partial y}\mathbf{j} + \frac{\partial f}{\partial z}\mathbf{k}$$

e

$$D_{\mathbf{u}}f = \nabla f \cdot \mathbf{u} = \frac{\partial f}{\partial x}u_1 + \frac{\partial f}{\partial y}u_2 + \frac{\partial f}{\partial z}u_3$$

A derivada direcional pode ser escrita novamente na forma

$$D_{\mathbf{u}}f = \nabla f \cdot \mathbf{u} = |\nabla f|\,|u| \cos\theta = |\nabla f| \cos\theta$$

assim as propriedades relacionadas anteriormente para funções de duas variáveis continuam valendo. Em qualquer ponto dado, f aumenta mais rapidamente na direção de ∇f e decresce mais rapidamente na direção de $-\nabla f$. Em qualquer direção ortogonal a ∇f, a derivada é zero.

EXEMPLO 6 Encontrando direções de variação máxima, mínima e zero

(a) Encontre a derivada de $f(x, y, z) = x^3 - xy^2 - z$ em $P_0(1, 1, 0)$ na direção de $\mathbf{v} = 2\mathbf{i} - 3\mathbf{j} + 6\mathbf{k}$.

(b) Em que direções f varia mais rapidamente em P_0, e quais são as taxas de variação nessas direções?

SOLUÇÃO

(a) A direção de $\mathbf{v}$ é obtida dividindo-se $\mathbf{v}$ pelo seu comprimento:

$$|\mathbf{v}| = \sqrt{(2)^2 + (-3)^2 + (6)^2} = \sqrt{49} = 7$$

$$\mathbf{u} = \frac{\mathbf{v}}{|\mathbf{v}|} = \frac{2}{7}\mathbf{i} - \frac{3}{7}\mathbf{j} + \frac{6}{7}\mathbf{k}$$

As derivadas parciais de f em P_0 são

$$f_x = (3x^2 - y^2)_{(1,1,0)} = 2, \qquad f_y = -2xy|_{(1,1,0)} = -2,$$

$$f_z = -1|_{(1,1,0)} = -1$$

O gradiente de f em P_0 é

$$\nabla f|_{(1,1,0)} = 2\mathbf{i} - 2\mathbf{j} - \mathbf{k}$$

A derivada de f em P_0 na direção de $\mathbf{v}$ é, portanto,

$$(D_{\mathbf{u}}f)_{(1,1,0)} = \nabla f|_{(1,1,0)} \cdot \mathbf{u} = (2\mathbf{i} - 2\mathbf{j} - \mathbf{k}) \cdot \left(\frac{2}{7}\mathbf{i} - \frac{3}{7}\mathbf{j} + \frac{6}{7}\mathbf{k}\right)$$

$$= \frac{4}{7} + \frac{6}{7} - \frac{6}{7} = \frac{4}{7}$$

(b) A função cresce mais rapidamente na direção de $\nabla f = 2\mathbf{i} - 2\mathbf{j} - \mathbf{k}$ e decresce mais rapidamente na direção de $-\nabla f$. As taxas de variação nas direções são, respectivamente,

$$|\nabla f| = \sqrt{(2)^2 + (-2)^2 + (-1)^2} = \sqrt{9} = 3 \qquad \text{e} \qquad -|\nabla f| = -3$$

Exercícios 14.5

Calculando gradientes em pontos

Nos exercícios 1–4, encontre o gradiente da função no ponto dado. Depois, esboce o gradiente com a curva de nível que passa pelo ponto.

1. $f(x, y) = y - x, \quad (2, 1)$
2. $f(x, y) = \ln(x^2 + y^2), \quad (1, 1)$
3. $g(x, y) = y - x^2, \quad (-1, 0)$
4. $g(x, y) = \frac{x^2}{2} - \frac{y^2}{2}, \quad (\sqrt{2}, 1)$

Nos exercícios 5–8, encontre ∇f no ponto dado.

5. $f(x, y, z) = x^2 + y^2 - 2z^2 + z \ln x, \quad (1, 1, 1)$
6. $f(x, y, z) = 2z^3 - 3(x^2 + y^2)z + \text{tg}^{-1} xz, \quad (1, 1, 1)$

7. $f(x, y, z) = (x^2 + y^2 + z^2)^{-1/2} + \ln(xyz), \quad (-1, 2, -2)$
8. $f(x, y, z) = e^{x+y} \cos z + (y + 1) \operatorname{sen}^{-1} x, \quad (0, 0, \pi/6)$

Encontrando derivadas direcionais

Nos exercícios 9–16, encontre a derivada da função em P_0 na direção de **A**.

9. $f(x, y) = 2xy - 3y^2, \quad P_0(5, 5), \quad \mathbf{A} = 4\mathbf{i} + 3\mathbf{j}$
10. $f(x, y) = 2x^2 + y^2, \quad P_0(-1, 1), \quad \mathbf{A} = 3\mathbf{i} - 4\mathbf{j}$
11. $g(x, y) = x - (y^2/x) + \sqrt{3} \sec^{-1}(2xy), \quad P_0(1, 1),$ $\mathbf{A} = 12\mathbf{i} + 5\mathbf{j}$
12. $h(x, y) = \operatorname{tg}^{-1}(y/x) + \sqrt{3} \operatorname{sen}^{-1}(xy/2), \quad P_0(1, 1),$ $\mathbf{A} = 3\mathbf{i} - 2\mathbf{j}$
13. $f(x, y, z) = xy + yz + zx, \quad P_0(1, -1, 2), \quad \mathbf{A} = 3\mathbf{i} + 6\mathbf{j} - 2\mathbf{k}$
14. $f(x, y, z) = x^2 + 2y^2 - 3z^2, \quad P_0(1, 1, 1), \quad \mathbf{A} = \mathbf{i} + \mathbf{j} + \mathbf{k}$
15. $g(x, y, z) = 3e^x \cos yz, \quad P_0(0, 0, 0), \quad \mathbf{A} = 2\mathbf{i} + \mathbf{j} - 2\mathbf{k}$
16. $h(x, y, z) = \cos xy + e^{yz} + \ln zx, \quad P_0(1, 0, 1/2),$ $\mathbf{A} = \mathbf{i} + 2\mathbf{j} + 2\mathbf{k}$

Direções de crescimento e decrescimento mais rápidos

Nos exercícios 17–22, encontre as direções nas quais as funções crescem e decrescem mais rapidamente em P_0. Depois encontre as derivadas das funções nessas direções.

17. $f(x, y) = x^2 + xy + y^2, \quad P_0(-1, 1)$
18. $f(x, y) = x^2y + e^{xy} \operatorname{sen} y, \quad P_0(1, 0)$
19. $f(x, y, z) = (x/y) - yz, \quad P_0(4, 1, 1)$
20. $g(x, y, z) = xe^y + z^2, \quad P_0(1, \ln 2, 1/2)$
21. $f(x, y, z) = \ln xy + \ln yz + \ln xz, \quad P_0(1, 1, 1)$
22. $h(x, y, z) = \ln(x^2 + y^2 - 1) + y + 6z, \quad P_0(1, 1, 0)$

Retas tangentes a curvas

Nos exercícios 23–26, esboce a curva $f(x, y) = c$ juntamente com ∇f e a reta tangente no ponto dado. Depois escreva uma equação para a reta tangente.

23. $x^2 + y^2 = 4, \quad \left(\sqrt{2}, \sqrt{2}\right)$
24. $x^2 - y = 1, \quad \left(\sqrt{2}, 1\right)$
25. $xy = -4, \quad (2, -2)$
26. $x^2 - xy + y^2 = 7, \quad (-1, 2)$

Teoria e exemplos

27. **Derivada direcional zero** Em que direção a derivada de $f(x, y) = xy + y^2$ em $P(3, 2)$ é igual a zero?

28. **Derivada direcional zero** Em quais direções a derivada de $f(x, y) = (x^2 - y^2)/(x^2 + y^2)$ em $P(1, 1)$ é igual a zero?

29. Existe uma direção **u** na qual a taxa de variação de $f(x, y) = x^2 - 3xy + 4y^2$ em $P(1, 2)$ é igual a 14? Justifique a sua resposta.

30. **Variação de temperatura ao longo de uma circunferência** Existe uma direção **u** na qual a taxa de variação da função temperatura $T(x, y, z) = 2xy - yz$ (temperatura em graus Celsius, distância em pés) em $P(1, -1, 1)$ seja -3 °C/pés? Justifique a sua resposta.

31. A derivada de $f(x, y)$ em $P_0(1, 2)$ na direção de $\mathbf{i} + \mathbf{j}$ é $2\sqrt{2}$ e na direção de $-2\mathbf{j}$ é -3. Qual é a derivada de f na direção de $-\mathbf{i} - 2\mathbf{j}$? Justifique a resposta.

32. A derivada de $f(x, y, z)$ em um ponto P é maior na direção de $\mathbf{v} = \mathbf{i} + \mathbf{j} - \mathbf{k}$. Nessa direção, o valor da derivada é $2\sqrt{3}$.
    (a) Qual é ∇f em P? Justifique a sua resposta.
    (b) Qual é a derivada de f em P na direção de $\mathbf{i} + \mathbf{j}$?

33. **Derivadas direcionais e componentes escalares** Como a derivada de uma função diferenciável $f(x, y, z)$ em um ponto P_0 na direção de um versor **u** se relaciona com a componente escalar de $(\nabla f)_{P_0}$ na direção de **u**? Justifique sua resposta.

34. **Derivadas direcionais e derivadas parciais** Considerando que as derivadas necessárias de $f(x, y, z)$ são definidas, como $D_{\mathbf{i}}f$, $D_{\mathbf{j}}f$ e $D_{\mathbf{k}}f$ estão relacionadas a f_x, f_y e f_z? Justifique sua resposta.

35. **Retas no plano *xy*** Mostre que $A(x - x_0) + B(y - y_0) = 0$ é uma equação para a reta no plano xy que passa pelo ponto (x_0, y_0) e é normal ao vetor $\mathbf{N} = A\mathbf{i} + B\mathbf{j}$.

36. **Propriedades algébricas dos gradientes** Dada uma constante k e os gradientes

$$\nabla f = \frac{\partial f}{\partial x}\mathbf{i} + \frac{\partial f}{\partial y}\mathbf{j} + \frac{\partial f}{\partial z}\mathbf{k}$$

e

$$\nabla g = \frac{\partial g}{\partial x}\mathbf{i} + \frac{\partial g}{\partial y}\mathbf{j} + \frac{\partial g}{\partial z}\mathbf{k}$$

use as equações escalares

$$\frac{\partial}{\partial x}(kf) = k\frac{\partial f}{\partial x}, \qquad \frac{\partial}{\partial x}(f \pm g) = \frac{\partial f}{\partial x} \pm \frac{\partial g}{\partial x}$$

$$\frac{\partial}{\partial x}(fg) = f\frac{\partial g}{\partial x} + g\frac{\partial f}{\partial x}, \qquad \frac{\partial}{\partial x}\left(\frac{f}{g}\right) = \frac{g\frac{\partial f}{\partial x} - f\frac{\partial g}{\partial x}}{g^2}$$

e assim por diante, para estabelecer as regras a seguir.

(a) $\nabla(kf) = k\nabla f$
(b) $\nabla(f + g) = \nabla f + \nabla g$
(c) $\nabla(f - g) = \nabla f - \nabla g$
(d) $\nabla(fg) = f\nabla g + g\nabla f$
(e) $\nabla\left(\dfrac{f}{g}\right) = \dfrac{g\nabla f - f\nabla g}{g^2}$

14.6 Planos tangentes e diferenciais

Nesta seção, definimos o plano tangente em um ponto sobre uma superfície lisa no espaço. A equação do plano tangente é calculada a partir das derivadas parciais da função que define a superfície. Essa idéia é semelhante à da definição de reta tangente em um ponto sobre uma curva no plano coordenado para funções de uma variável (Seção 2.7, Volume I). Em seguida, estudaremos a diferencial total e a linearização para funções de várias variáveis.

Planos tangentes e retas normais

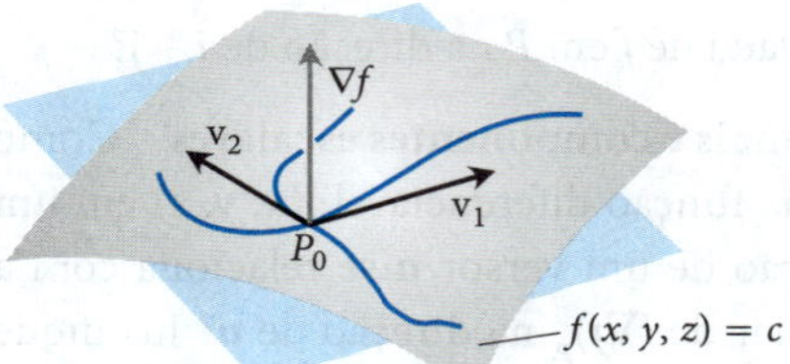

FIGURA 14.30 O gradiente ∇f é ortogonal ao vetor velocidade de todas as curvas lisas na superfície em P_0. Assim sendo, os vetores velocidade em P_0 estão em um plano comum, chamado plano tangente em P_0.

Se $\mathbf{r} = g(t)\mathbf{i} + h(t)\mathbf{j} + k(t)\mathbf{k}$ é uma curva lisa na superfície de nível $f(x, y, z) = c$ de uma função diferenciável f, então $f(g(t), h(t), k(t)) = c$. Diferenciando ambos os lados dessa equação com relação a t nos leva a

$$\frac{d}{dt}f(g(t), h(t), k(t)) = \frac{d}{dt}(c)$$

$$\frac{\partial f}{\partial x}\frac{dg}{dt} + \frac{\partial f}{\partial y}\frac{dh}{dt} + \frac{\partial f}{\partial z}\frac{dk}{dt} = 0 \qquad \text{Regra da cadeia}$$

$$\underbrace{\left(\frac{\partial f}{\partial x}\mathbf{i} + \frac{\partial f}{\partial y}\mathbf{j} + \frac{\partial f}{\partial z}\mathbf{k}\right)}_{\nabla f} \cdot \underbrace{\left(\frac{dg}{dt}\mathbf{i} + \frac{dh}{dt}\mathbf{j} + \frac{dk}{dt}\mathbf{k}\right)}_{d\mathbf{r}/dt} = 0 \tag{1}$$

Em todos os pontos ao longo da curva, ∇f é ortogonal ao vetor velocidade.

Vamos agora restringir nossa atenção às curvas que passam por P_0 (Figura 14.30). Todos os vetores velocidade em P_0 são ortogonais a ∇f em P_0, portanto todas as retas tangentes das curvas estão no plano que passa por P_0 normal a ∇f. Chamamos esse plano de plano tangente da superfície em P_0. A reta que passa por P_0 perpendicular ao plano é a reta normal à superfície em P_0.

> **Definições Plano tangente e reta normal**
> O **plano tangente** no ponto $P_0(x_0, y_0, z_0)$ na superfície de nível $f(x, y, z) = c$ de uma função diferenciável f é o plano que passa por P_0 e é normal a $\nabla f|_{P_0}$.
> A **reta normal** à superfície em P_0 é a reta que passa por P_0 e é paralela a $\nabla f|_{P_0}$.

Portanto, como visto na Seção 12.5, o plano tangente e a reta normal, respectivamente, têm as equações a seguir:

> **Plano tangente a $f(x, y, z) = c$ em $P_0(x_0, y_0, z_0)$**
>
> $$f_x(P_0)(x - x_0) + f_y(P_0)(y - y_0) + f_z(P_0)(z - z_0) = 0 \tag{2}$$
>
> **Reta normal a $f(x, y, z) = c$ em $P_0(x_0, y_0, z_0)$**
>
> $$x = x_0 + f_x(P_0)t, \qquad y = y_0 + f_y(P_0)t, \qquad z = z_0 + f_z(P_0)t \tag{3}$$

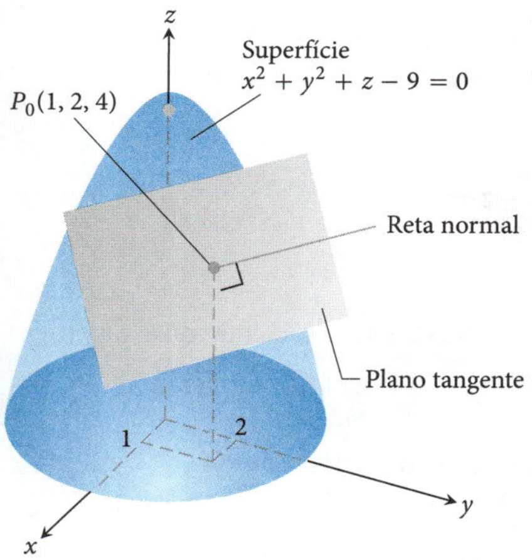

FIGURA 14.31 O plano tangente e a reta normal à superfície $x^2 + y^2 + z - 9 = 0$ em $P_0(1, 2, 4)$ (Exemplo 1).

EXEMPLO 1 Encontrando o plano tangente e a reta normal

Encontre o plano tangente e a reta normal à superfície

$$f(x, y, z) = x^2 + y^2 + z - 9 = 0 \quad \text{Um parabolóide circular}$$

no ponto $P_0(1, 2, 4)$.

SOLUÇÃO A superfície é mostrada na Figura 14.31.

O plano tangente é o plano que passa por P_0 e é perpendicular ao gradiente de f em P_0. O gradiente é

$$\nabla f|_{P_0} = (2x\mathbf{i} + 2y\mathbf{j} + \mathbf{k})_{(1,2,4)} = 2\mathbf{i} + 4\mathbf{j} + \mathbf{k}$$

O plano tangente é, portanto,

$$2(x - 1) + 4(y - 2) + (z - 4) = 0 \qquad \text{ou} \qquad 2x + 4y + z = 14$$

A reta normal à superfície em P_0 é

$$x = 1 + 2t, \qquad y = 2 + 4t, \qquad z = 4 + t$$

Para encontrarmos uma equação para o plano tangente a uma superfície $z = f(x, y)$ em um ponto $P_0(x_0, y_0, z_0)$ onde $z_0 = f(x_0, y_0)$, primeiro observamos que a equação $z = f(x, y)$ é equivalente a $f(x, y) - z = 0$. A superfície $z = f(x, y)$ é, portanto, a superfície de nível zero da função $F(x, y, z) = f(x, y) - z$. As derivadas parciais de F são

$$F_x = \frac{\partial}{\partial x}(f(x, y) - z) = f_x - 0 = f_x$$

$$F_y = \frac{\partial}{\partial y}(f(x, y) - z) = f_y - 0 = f_y$$

$$F_z = \frac{\partial}{\partial z}(f(x, y) - z) = 0 - 1 = -1$$

A fórmula

$$F_x(P_0)(x - x_0) + F_y(P_0)(y - y_0) + F_z(P_0)(z - z_0) = 0$$

para o plano tangente à superfície de nível em P_0, portanto, se reduz a

$$f_x(x_0, y_0)(x - x_0) + f_y(x_0, y_0)(y - y_0) - (z - z_0) = 0$$

Plano tangente a uma superfície $z = f(x, y)$ em $(x_0, y_0, f(x_0, y_0))$

O plano tangente à superfície $z = f(x, y)$ de uma função diferenciável f no ponto $P_0(x_0, y_0, z_0) = (x_0, y_0, f(x_0, y_0))$ é

$$f_x(x_0, y_0)(x - x_0) + f_y(x_0, y_0)(y - y_0) - (z - z_0) = 0 \qquad (4)$$

EXEMPLO 2 Encontrando um plano tangente a uma superfície $z = f(x, y)$

Encontre o plano tangente à superfície $z = x \cos y - ye^x$ em $(0, 0, 0)$.

SOLUÇÃO Encontramos as derivadas parciais de $f(x, y) = x \cos y - ye^x$ e usamos a Equação (4):

$$f_x(0, 0) = (\cos y - ye^x)_{(0,0)} = 1 - 0 \cdot 1 = 1$$

$$f_y(0, 0) = (-x \operatorname{sen} y - e^x)_{(0,0)} = 0 - 1 = -1$$

O plano tangente é, portanto,

$$1 \cdot (x - 0) - 1 \cdot (y - 0) - (z - 0) = 0, \qquad \text{Equação (4)}$$

ou

$$x - y - z = 0$$

EXEMPLO 3 Reta tangente à curva de interseção entre duas superfícies

As superfícies

$$f(x, y, z) = x^2 + y^2 - 2 = 0 \qquad \text{Um cilindro}$$

e

$$g(x, y, z) = x + z - 4 = 0 \qquad \text{Um plano}$$

se encontram em uma elipse E (Figura 14.32). Encontre equações paramétricas para a reta tangente a E no ponto $P_0(1, 1, 3)$.

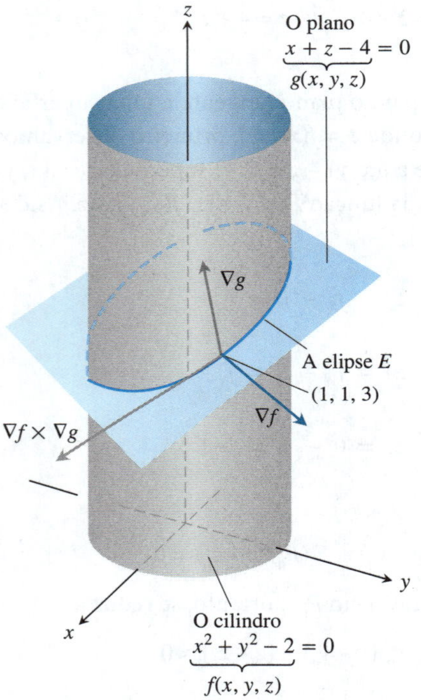

FIGURA 14.32 O cilindro $f(x, y, z) = x^2 + y^2 - 2 = 0$ e o plano $g(x, y, z) = x + z - 4 = 0$ apresentam interseção em uma elipse E (Exemplo 3).

SOLUÇÃO A reta tangente é ortogonal tanto a ∇f quanto a ∇g em P_0 e, portanto, é paralela a $\mathbf{v} = \nabla f \times \nabla g$. As componentes de $\mathbf{v}$ e as coordenadas de P_0 nos dão equações para a reta. Temos

$$\nabla f|_{(1,1,3)} = (2x\mathbf{i} + 2y\mathbf{j})_{(1,1,3)} = 2\mathbf{i} + 2\mathbf{j}$$

$$\nabla g|_{(1,1,3)} = (\mathbf{i} + \mathbf{k})_{(1,1,3)} = \mathbf{i} + \mathbf{k}$$

$$\mathbf{v} = (2\mathbf{i} + 2\mathbf{j}) \times (\mathbf{i} + \mathbf{k}) = \begin{vmatrix} \mathbf{i} & \mathbf{j} & \mathbf{k} \\ 2 & 2 & 0 \\ 1 & 0 & 1 \end{vmatrix} = 2\mathbf{i} - 2\mathbf{j} - 2\mathbf{k}$$

A reta tangente é

$$x = 1 + 2t, \qquad y = 1 - 2t, \qquad z = 3 - 2t$$

Estimando a variação em uma direção específica

A derivada direcional faz o papel de uma derivada ordinária quando queremos estimar quanto varia o valor de uma função f se nos movermos uma pequena distância ds a partir do ponto P_0 até outro ponto próximo. Se f fosse uma função de uma única variável, teríamos

$$df = f'(P_0)\, ds \qquad \text{Derivada ordinária} \times \text{incremento}$$

Para uma função de duas ou mais variáveis, usamos a fórmula

$$df = (\nabla f|_{P_0} \cdot \mathbf{u})\, ds \qquad \text{Derivada ordinária} \times \text{incremento}$$

onde $\mathbf{u}$ é a direção do movimento de afastamento de P_0.

Estimando a variação em f na direção u

Para calcularmos a variação de valor de uma função diferenciável f quando nos movemos uma pequena distância ds a partir de um ponto P_0 em uma direção $\mathbf{u}$ específica, usamos a fórmula

$$df = \underbrace{(\nabla f|_{P_0} \cdot \mathbf{u})}_{\text{Derivada direcional}} \cdot \underbrace{ds}_{\text{Incremento da distância}}$$

EXEMPLO 4 Estimando a variação do valor de $f(x, y, z)$

Estime quanto o valor de

$$f(x, y, z) = y \operatorname{sen} x + 2yz$$

variará se o ponto $P(x, y, z)$ se mover 0,1 unidade de $P_0(0, 1, 0)$ em direção a $P_1(2, 2, -2)$.

SOLUÇÃO Primeiro encontramos a derivada de f em P_0 na direção do vetor $\overrightarrow{P_0P_1} = 2\mathbf{i} + \mathbf{j} - 2\mathbf{k}$. A direção desse vetor é

$$\mathbf{u} = \frac{\overrightarrow{P_0P_1}}{|\overrightarrow{P_0P_1}|} = \frac{\overrightarrow{P_0P_1}}{3} = \frac{2}{3}\mathbf{i} + \frac{1}{3}\mathbf{j} - \frac{2}{3}\mathbf{k}$$

O gradiente de f em P_0 é

$$\nabla f|_{(0,1,0)} = ((y\cos x)\mathbf{i} + (\operatorname{sen} x + 2z)\mathbf{j} + 2y\mathbf{k})_{(0,1,0)} = \mathbf{i} + 2\mathbf{k}$$

Portanto,

$$\nabla f|_{P_0} \cdot \mathbf{u} = (\mathbf{i} + 2\mathbf{k}) \cdot \left(\frac{2}{3}\mathbf{i} + \frac{1}{3}\mathbf{j} - \frac{2}{3}\mathbf{k}\right) = \frac{2}{3} - \frac{4}{3} = -\frac{2}{3}$$

A variação df de f que resulta do movimento de $ds = 0{,}1$ unidade a partir de P_0 na direção de $\mathbf{u}$ é aproximadamente

$$df = (\nabla f|_{P_0} \cdot \mathbf{u})(ds) = \left(-\frac{2}{3}\right)(0{,}1) \approx -0{,}067 \text{ unidade.}$$

Linearização de uma função de duas variáveis

Funções de duas variáveis podem ser complicadas e, às vezes, pode ser necessário substituí-las por funções mais simples que nos ofereçam a precisão necessária para aplicações específicas sem que seja muito difícil lidar com elas. Fazemos isso de maneira semelhante àquela usada na busca de substituições lineares para funções de uma única variável (Seção 3.10, Volume I).

Suponha que queiramos substituir a função $z = f(x, y)$ por uma com a qual seja mais simples trabalhar. Queremos que a troca aconteça próximo a um ponto (x_0, y_0) no qual conhecemos os valores de f, f_x e f_y e no qual f é diferenciável. Se nos movemos de (x_0, y_0) para qualquer ponto (x, y) por meio de incrementos $\Delta x = x - x_0$ e $\Delta y = y - y_0$, então a definição de diferenciabilidade da Seção 14.3 fornece a variação

$$f(x, y) - f(x_0, y_0) = f_x(x_0, y_0)\Delta x + f_y(x_0, y_0)\Delta y + \epsilon_1 \Delta x + \epsilon_2 \Delta y$$

onde $\epsilon_1, \epsilon_2 \to 0$ quando $\Delta x, \Delta y \to 0$. Se os incrementos Δx e Δy forem pequenos, os produtos $\epsilon_1 \Delta x$ e $\epsilon_2 \Delta y$ serão menores ainda e teremos

$$f(x, y) \approx \underbrace{f(x_0, y_0) + f_x(x_0, y_0)(x - x_0) + f_y(x_0, y_0)(y - y_0)}_{L(x, y)}$$

Em outras palavras, desde que Δx e Δy sejam pequenos, f terá aproximadamente o mesmo valor que a função linear L. Se f for difícil de usar e nosso trabalho tolerar o erro envolvido, poderemos trocar f por L com segurança (Figura 14.33).

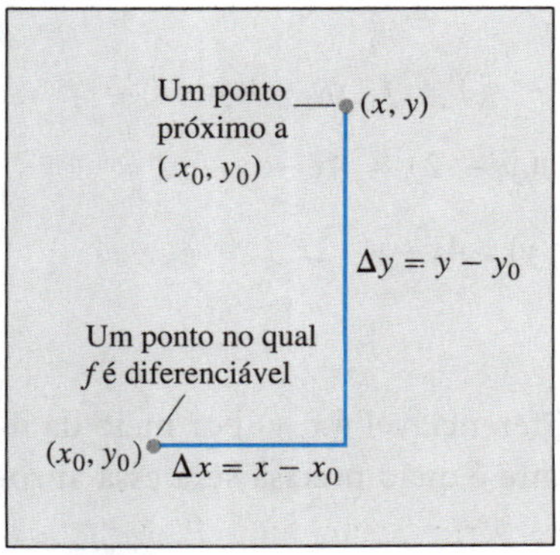

FIGURA 14.33 Se f é diferenciável em (x_0, y_0), então o valor de f em qualquer ponto (x, y) próximo é aproximadamente $f(x_0, y_0) + f_x(x_0, y_0)\Delta x + f_y(x_0, y_0)\Delta y$.

Definições **Linearização, aproximação linear padrão**

A **linearização** de uma função $f(x, y)$ em um ponto (x_0, y_0) onde f é diferenciável é a função

$$L(x, y) = f(x_0, y_0) + f_x(x_0, y_0)(x - x_0) + f_y(x_0, y_0)(y - y_0) \tag{5}$$

A aproximação

$$f(x, y) \approx L(x, y)$$

é a **aproximação linear padrão** de f em (x_0, y_0).

A partir da Equação (4), vemos que o plano $z = L(x, y)$ é tangente à superfície $z = f(x, y)$ no ponto (x_0, y_0). Então, a linearização de uma função de duas variáveis é uma aproximação pelo *plano* tangente da mesma maneira que a linearização de uma função de uma única variável é uma aproximação pela *reta* tangente.

EXEMPLO 5 Encontrando uma linearização

Encontre a linearização de

$$f(x, y) = x^2 - xy + \frac{1}{2}y^2 + 3$$

no ponto (3, 2).

SOLUÇÃO Primeiro calculamos f, f_x e f_y no ponto $(x_0, y_0) = (3, 2)$:

$$f(3, 2) = \left(x^2 - xy + \frac{1}{2}y^2 + 3\right)_{(3,2)} = 8$$

$$f_x(3, 2) = \frac{\partial}{\partial x}\left(x^2 - xy + \frac{1}{2}y^2 + 3\right)_{(3,2)} = (2x - y)_{(3,2)} = 4$$

$$f_y(3, 2) = \frac{\partial}{\partial y}\left(x^2 - xy + \frac{1}{2}y^2 + 3\right)_{(3,2)} = (-x + y)_{(3,2)} = -1$$

dando

$$\begin{aligned} L(x, y) &= f(x_0, y_0) + f_x(x_0, y_0)(x - x_0) + f_y(x_0, y_0)(y - y_0) \\ &= 8 + (4)(x - 3) + (-1)(y - 2) = 4x - y - 2 \end{aligned}$$

A linearização de f em (3, 2) é $L(x, y) = 4x - y - 2$.

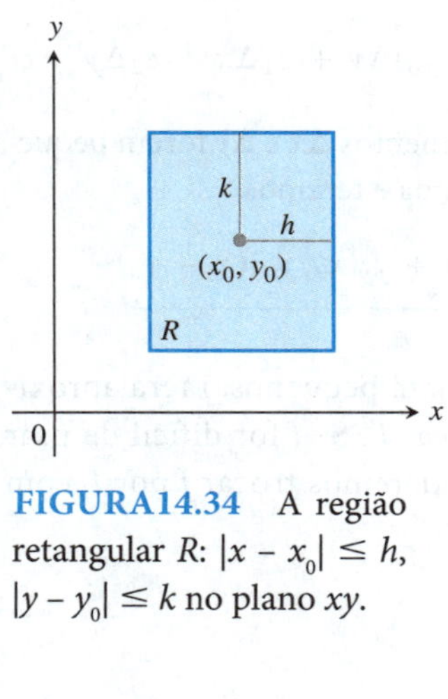

FIGURA 14.34 A região retangular R: $|x - x_0| \leq h$, $|y - y_0| \leq k$ no plano xy.

Quando aproximamos uma função diferenciável $f(x, y)$ por meio da linearização $L(x, y)$, uma questão importante é quão precisa será essa aproximação.

Se pudermos encontrar um limite superior em comum M para $|f_{xx}|$, $|f_{yy}|$ e $|f_{xy}|$ em um retângulo R centrado em (x_0, y_0) (Figura 14.34), poderemos então limitar o erro em R usando uma fórmula simples (deduzida na Seção 14.10). O **erro** é definido por $E(x, y) = f(x, y) - L(x, y)$.

O erro na aproximação linear padrão

Se f tem derivadas parciais de primeira e segunda ordens contínuas em um conjunto aberto que contém um retângulo R centrado em (x_0, y_0) e se M é qualquer limitante superior para os valores de $|f_{xx}|$, $|f_{yy}|$ e $|f_{xy}|$ em R, então o erro $E(x, y)$ decorrido da substituição de $f(x, y)$ em R pela sua linearização

$$L(x, y) = f(x_0, y_0) + f_x(x_0, y_0)(x - x_0) + f_y(x_0, y_0)(y - y_0)$$

satisfaz a desigualdade

$$|E(x, y)| \le \frac{1}{2} M(|x - x_0| + |y - y_0|)^2$$

Para tornar $|E(x, y)|$ pequeno para dado M, tornamos $|x - x_0|$ e $|y - y_0|$ pequenos.

EXEMPLO 6 Limitando o erro no Exemplo 5

Encontre um limitante superior para o erro na aproximação $f(x, y) \approx L(x, y)$ no Exemplo 5 sobre o retângulo

$$R: |x - 3| \le 0{,}1, \qquad |y - 2| \le 0{,}1$$

Expresse o limitante superior como uma porcentagem de $f(3, 2)$, o valor de f no centro do retângulo.

SOLUÇÃO Usamos a desigualdade

$$|E(x, y)| \le \frac{1}{2} M(|x - x_0| + |y - y_0|)^2$$

Para encontrar um valor adequado para M, calculamos f_{xx}, f_{xy} e f_{yy}, descobrindo, depois de uma diferenciação rotineira, que todas as três derivadas são constantes, com valores

$$|f_{xx}| = |2| = 2, \qquad |f_{xy}| = |-1| = 1, \qquad |f_{yy}| = |1| = 1$$

O maior destes é 2, então podemos, com segurança, tomar M como sendo 2. Com $(x_0, y_0) = (3, 2)$, sabemos então que, em R,

$$|E(x, y)| \le \frac{1}{2}(2)(|x - 3| + |y - 2|)^2 = (|x - 3| + |y - 2|)^2$$

Por fim, como $|x - 3| \le 0{,}1$ e $|y - 2| \le 0{,}1$ em R, temos

$$|E(x, y)| \le (0{,}1 + 0{,}1)^2 = 0{,}04$$

Como uma porcentagem de $f(3, 2) = 8$, o erro não é maior que

$$\frac{0{,}04}{8} \times 100 = 0{,}5\%$$

Diferenciais

Você deve se lembrar de que, na Seção 3.10, Volume I dissemos que, para uma função de uma única variável $y = f(x)$, definimos a variação em f à medida que x varia de a a $a + \Delta x$ por meio da fórmula

$$\Delta f = f(a + \Delta x) - f(a)$$

e a diferenciável de f como

$$df = f'(a)\Delta x$$

Vamos agora considerar uma função de duas variáveis.

Considere que uma função diferenciável $f(x, y)$ e suas derivadas parciais existem em um ponto (x_0, y_0). Se nos movemos até um ponto próximo $(x_0 + \Delta x, y_0 + \Delta y)$, a variação em f é

$$\Delta f = f(x_0 + \Delta x, y_0 + \Delta y) - f(x_0, y_0)$$

Um cálculo simples a partir da definição de $L(x, y)$, utilizando a notação $x - x_0 = \Delta x$ e $y - y_0 = \Delta y$, mostra-nos que a mudança correspondente em L é

$$\begin{aligned}\Delta L &= L(x_0 + \Delta x, y_0 + \Delta y) - L(x_0, y_0)\\ &= f_x(x_0, y_0)\Delta x + f_y(x_0, y_0)\Delta y\end{aligned}$$

As **diferenciais** dx e dy são variáveis independentes e, portanto, podem receber qualquer valor. Em geral, tomamos $dx = \Delta x = x - x_0$ e $dy = \Delta y = y - y_0$. Temos então a seguinte definição de diferencial ou diferencial *total* de f:

Definição Diferencial total

Se nos movemos de (x_0, y_0) para um ponto $(x_0 + dx, y_0 + dy)$ próximo, a variação resultante

$$df = f_x(x_0, y_0)\, dx + f_y(x_0, y_0)\, dy$$

na linearização de f é chamada **diferencial total de f.**

EXEMPLO 7 Estimando a variação do volume

Suponha que uma lata cilíndrica seja desenhada para ter um raio de 1 pol e uma altura de 5 pol, mas o raio e a altura estão com erros de $dr = +0{,}03$ e $dh = -0{,}1$. Estime a variação absoluta resultante do volume da lata.

SOLUÇÃO Para estimarmos a variação absoluta de $V = \pi r^2 h$, calculamos

$$\Delta V \approx dV = V_r(r_0, h_0)\, dr + V_h(r_0, h_0)\, dh$$

Com $V_r = 2\pi rh$ e $V_h = \pi r^2$, obtemos

$$\begin{aligned}dV &= 2\pi r_0 h_0\, dr + \pi r_0^2\, dh = 2\pi(1)(5)(0{,}03) + \pi(1)^2(-0{,}1)\\ &= 0{,}3\pi - 0{,}1\pi = 0{,}2\pi \approx 0{,}63 \text{ pol}^3\end{aligned}$$

Em vez da variação absoluta no valor de uma função $f(x, y)$, podemos estimar uma *variação relativa* ou um *percentual de variação* por meio das fórmulas

$$\frac{df}{f(x_0, y_0)} \quad \text{e} \quad \frac{df}{f(x_0, y_0)} \times 100$$

respectivamente. No Exemplo 7, a variação relativa é estimada por

$$\frac{dV}{V(r_0, h_0)} = \frac{0{,}2\pi}{\pi r_0^2 h_0} = \frac{0{,}2\pi}{\pi(1)^2(5)} = 0{,}04$$

resultando em 4% como percentual estimado de variação.

EXEMPLO 8 Sensibilidade à variação

Sua empresa produz tanques cilíndricos circulares para armazenamento de melaço que têm 25 pés de altura com raio de 5 pés. Qual é a sensibilidade do volume dos tanques a pequenas variações da altura e do raio?

SOLUÇÃO Com $V = \pi r^2 h$, temos a aproximação para variação no volume como

$$\begin{aligned} dV &= V_r(5, 25)\, dr + V_h(5, 25)\, dh \\ &= (2\pi rh)_{(5,25)}\, dr + (\pi r^2)_{(5,25)}\, dh \\ &= 250\pi\, dr + 25\pi\, dh \end{aligned}$$

Portanto, uma variação de r em 1 unidade variará V em cerca de 250π unidades. Uma variação de h em 1 unidade variará o volume em cerca de 25π unidades. O volume do tanque é 10 vezes mais sensível a uma pequena variação de r que a uma pequena variação de igual tamanho de h. Como um engenheiro de controle de qualidade preocupado em assegurar que os tanques tenham o volume correto, você daria atenção especial a seus raios.

Em contrapartida, se os valores de r e h fossem trocados para $r = 25$ e $h = 5$, então a diferencial total de V se tornaria

$$dV = (2\pi rh)_{(25,5)}\, dr + (\pi r^2)_{(25,5)}\, dh = 250\pi\, dr + 625\pi\, dh$$

Agora o volume é mais sensível a variações de h que a variações de r (Figura 14.35).

A regra a ser aprendida neste exemplo é que funções são mais sensíveis a pequenas variações nas variáveis que geram as maiores derivadas parciais.

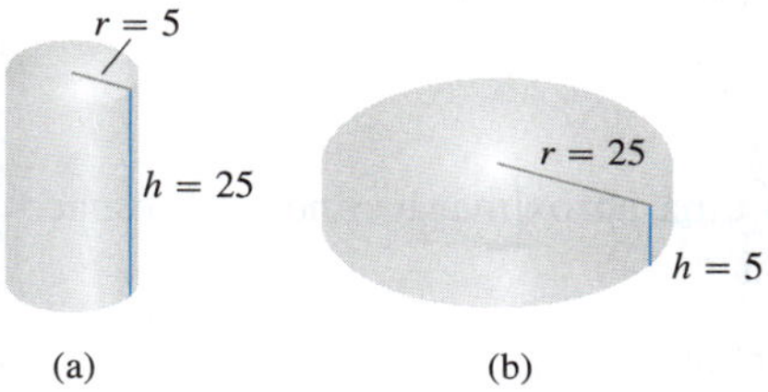

FIGURA 14.35 O volume do cilindro (a) é mais sensível a uma pequena variação de r que a uma variação de igual tamanho de h. O volume do cilindro (b) é mais sensível a pequenas variações de h que a pequenas variações de r (Exemplo 8).

EXEMPLO 9 Prevendo um erro de percentagem

O volume $V = \pi r^2 h$ de um cilindro circular reto é calculado a partir de valores medidos de r e h. Suponha que r seja medido com um erro menor que 2% e h com um erro menor que 0,5%. Estime o possível erro percentual resultante no cálculo de V.

SOLUÇÃO Sabemos que

$$\left|\frac{dr}{r} \times 100\right| \leq 2 \qquad \text{e} \qquad \left|\frac{dh}{h} \times 100\right| \leq 0{,}5$$

Como

$$\frac{dV}{V} = \frac{2\pi rh\, dr + \pi r^2\, dh}{\pi r^2 h} = \frac{2\, dr}{r} + \frac{dh}{h}$$

temos

$$\begin{aligned} \left|\frac{dV}{V}\right| &= \left|2\frac{dr}{r} + \frac{dh}{h}\right| \\ &\leq \left|2\frac{dr}{r}\right| + \left|\frac{dh}{h}\right| \\ &\leq 2(0{,}02) + 0{,}005 = 0{,}045 \end{aligned}$$

Estimamos o erro no cálculo do volume como no máximo 4,5%.

Funções de mais de duas variáveis

Resultados análogos são verdadeiros para funções diferenciáveis de mais de duas variáveis.

1. A **linearização** de $f(x, y, z)$ no ponto $P_0(x_0, y_0, z_0)$ é

$$L(x, y, z) = f(P_0) + f_x(P_0)(x - x_0) + f_y(P_0)(y - y_0) + f_z(P_0)(z - z_0)$$

2. Suponha que R seja um sólido retangular centrado em P_0 e dentro de uma região aberta na qual as derivadas parciais de segunda ordem de f sejam contínuas. Suponha também que $|f_{xx}|$, $|f_{yy}|$, $|f_{zz}|$, $|f_{xy}|$, $|f_{xz}|$ e $|f_{yz}|$ sejam todas menores ou iguais a M em R. Então, o **erro** $E(x, y, z) = f(x, y, z) - L(x, y, z)$ na aproximação de f por L é limitado em R pela desigualdade

$$|E| \leq \frac{1}{2} M (|x - x_0| + |y - y_0| + |z - z_0|)^2$$

3. Se as derivadas parciais de segunda ordem de f forem contínuas e se x, y e z variarem de x_0, y_0 e z_0 em pequenas quantidades dx, dy e dz, a **diferencial total**

$$df = f_x(P_0)\, dx + f_y(P_0)\, dy + f_z(P_0)\, dz$$

dará uma boa aproximação da variação resultante de f.

EXEMPLO 10 Encontrando uma aproximação linear no espaço tridimensional

Encontre a linearização $L(x, y, z)$ de

$$f(x, y, z) = x^2 - xy + 3 \text{ sen } z$$

no ponto $(x_0, y_0, z_0) = (2, 1, 0)$. Encontre um limitante superior para o erro decorrente da troca de f por L no retângulo

$$R: \quad |x - 2| \leq 0{,}01, \qquad |y - 1| \leq 0{,}02, \qquad |z| \leq 0{,}01$$

SOLUÇÃO Um cálculo rotineiro dá

$$f(2, 1, 0) = 2, \qquad f_x(2, 1, 0) = 3, \qquad f_y(2, 1, 0) = -2, \qquad f_z(2, 1, 0) = 3$$

Então,

$$L(x, y, z) = 2 + 3(x - 2) + (-2)(y - 1) + 3(z - 0) = 3x - 2y + 3z - 2$$

Como

$$f_{xx} = 2, \qquad f_{yy} = 0, \qquad f_{zz} = -3 \text{ sen } z,$$

$$f_{xy} = -1, \qquad f_{xz} = 0, \qquad f_{yz} = 0,$$

podemos tomar, com segurança, M como max $|-3 \text{ sen } z| = 3$. Portanto, o erro decorrente da troca de f por L em R satisfaz

$$|E| \leq \frac{1}{2}(3)(0{,}01 + 0{,}02 + 0{,}01)^2 = 0{,}0024$$

O erro não será maior que 0,0024.

Exercícios 14.6

Planos tangentes e retas normais a superfícies

Nos exercícios 1–8, encontre equações para:

(a) O plano tangente;

(b) A reta normal no ponto P_0 na superfície dada.

1. $x^2+y^2+z^2=3,\quad P_0(1, 1, 1)$

2. $x^2+y^2-z^2=18,\quad P_0(3, 5, -4)$

3. $2z-x^2=0,\quad P_0(2, 0, 2)$

4. $x^2+2xy-y^2+z^2=7,\quad P_0(1, -1, 3)$

5. $\cos \pi x - x^2y + e^{xz}+yz=4,\quad P_0(0, 1, 2)$

6. $x^2-xy-y^2-z=0,\quad P_0(1, 1, -1)$

7. $x+y+z=1,\quad P_0(0, 1, 0)$

8. $x^2+y^2-2xy-x+3y-z=-4,\quad P_0(2, -3, 18)$

Nos exercícios 9–12, encontre uma equação para o plano que seja tangente à superfície no ponto dado.

9. $z=\ln(x^2+y^2),\quad (1, 0, 0)$ **10.** $z=e^{-(x^2+y^2)},\quad (0, 0, 1)$

11. $z=\sqrt{y-x},\quad (1, 2, 1)$ **12.** $z=4x^2+y^2,\quad (1, 1, 5)$

Retas tangentes a curvas

Nos exercícios 13–18, encontre equações paramétricas para a reta tangente à curva de interseção das superfícies no ponto dado.

13. Superfícies: $x+y^2+2z=4$, $x=1$
Ponto: $(1, 1, 1)$

14. Superfícies: $xyz=1$, $x^2+2y^2+3z^2=6$
Ponto: $(1, 1, 1)$

15. Superfícies: $x^2+2y+2z=4$, $y=1$
Ponto: $(1, 1, 1/2)$

16. Superfícies: $x+y^2+z=2$, $y=1$
Ponto: $(1/2, 1, 1/2)$

17. Superfícies: $x^3+3x^2y^2+y^3+4xy-z^2=0$, $x^2+y^2+z^2=11$
Ponto: $(1, 1, 3)$

18. Superfícies: $x^2+y^2=4$, $x^2+y^2-z=0$
Ponto: $(\sqrt{2}, \sqrt{2}, 4)$

Estimando a variação

19. Em cerca de quanto variará

$$f(x, y, z)=\ln\sqrt{x^2+y^2+z^2}$$

quando o ponto $P(x, y, z)$ se deslocar de $P_0(3, 4, 12)$ uma distância $ds=0{,}1$ unidade na direção de $3\mathbf{i}+6\mathbf{j}-2\mathbf{k}$?

20. Em cerca de quanto variará

$$f(x, y, z)=e^x\cos yz$$

quando o ponto $P(x, y, z)$ se deslocar da origem uma distância $ds=0{,}1$ unidade na direção de $2\mathbf{i}+2\mathbf{j}-2\mathbf{k}$?

21. Em cerca de quanto variará

$$g(x, y, z)=x+x\cos z-y\operatorname{sen} z+y$$

se o ponto $P(x, y, z)$ se deslocar de $P_0(2, -1, 0)$ uma distância $ds=0{,}2$ unidade em direção ao ponto $P_1(0, 1, 2)$?

22. Em cerca de quanto variará

$$h(x, y, z)=\cos(\pi xy)+xz^2$$

se o ponto $P(x, y, z)$ se deslocar de $P_0(-1, -1, -1)$ uma distância de $ds=0{,}1$ unidade em direção à origem?

23. Variação de temperatura ao longo de uma circunferência Suponha que a temperatura em graus Celsius em um ponto (x, y) no plano xy seja $T(x, y)=x\operatorname{sen} 2y$ e que a distância no plano xy seja medida em metros. Uma partícula está se movendo no sentido *horário* ao redor da circunferência de raio 1 m centrada na origem a uma taxa constante de 2 m/s.

(a) Qual é a velocidade da variação de temperatura "sentida" pela partícula, em graus Celsius por metro, no ponto $P\left(1/2, \sqrt{3}/2\right)$?

(b) Qual é a velocidade da variação de temperatura "sentida" pela partícula em graus Celsius por segundo em P?

24. Variação de temperatura ao longo de uma curva no espaço A temperatura em graus Celsius em uma região no espaço é dada por $T(x, y, z)=2x^2-xyz$. Uma partícula está se movendo nessa região e sua posição no instante t é dada por $x=2t^2$, $y=3t$, $z=-t^2$, onde o tempo é medido em segundos e a distância, em metros.

(a) Qual é a velocidade da variação de temperatura "sentida" pela partícula em graus Celsius por metro quando a partícula está no ponto $P(8, 6, -4)$?

(b) Qual é a velocidade da variação de temperatura "sentida" pela partícula em graus Celsius por segundo em P?

Encontrando linearizações

Nos exercícios 25–30, encontre a linearização $L(x, y)$ da função em cada ponto.

25. $f(x, y)=x^2+y^2+1$ em **(a)** $(0, 0)$, **(b)** $(1, 1)$

26. $f(x, y)=(x+y+2)^2$ em **(a)** $(0, 0)$, **(b)** $(1, 2)$

27. $f(x, y)=3x-4y+5$ em **(a)** $(0, 0)$, **(b)** $(1, 1)$

28. $f(x, y)=x^3y^4$ em **(a)** $(1, 1)$, **(b)** $(0, 0)$

29. $f(x, y)=e^x\cos y$ em **(a)** $(0, 0)$, **(b)** $(0, \pi/2)$

30. $f(x, y)=e^{2y-x}$ em **(a)** $(0, 0)$, **(b)** $(1, 2)$

Limitantes superiores para erros em aproximações lineares

Nos exercícios 31-36, encontre a linearização $L(x, y)$ da função $f(x, y)$ em P_0. Então encontre um limitante superior para a magnitude $|E|$ do erro na aproximação $f(x, y) \approx L(x, y)$ no retângulo R.

31. $f(x, y) = x^2 - 3xy + 5$ em $P_0(2, 1)$,
$R: |x - 2| \leq 0{,}1, \quad |y - 1| \leq 0{,}1$

32. $f(x, y) = (1/2)x^2 + xy + (1/4)y^2 + 3x - 3y + 4$ em $P_0(2, 2)$,
$R: |x - 2| \leq 0{,}1, \quad |y - 2| \leq 0{,}1$

33. $f(x, y) = 1 + y + x \cos y$ em $P_0(0, 0)$,
$R: |x| \leq 0{,}2, \quad |y| \leq 0{,}2$
(Use $|\cos y| \leq 1$ e $|\operatorname{sen} y| \leq 1$ para estimar E)

34. $f(x, y) = xy^2 + y \cos (x - 1)$ em $P_0(1, 2)$,
$R: |x - 1| \leq 0{,}1, \quad |y - 2| \leq 0{,}1$

35. $f(x, y) = e^x \cos y$ em $P_0(0, 0)$,
$R: |x| \leq 0{,}1, \quad |y| \leq 0{,}1$
(Use $e^x \leq 1{,}11$ e $|\cos y| \leq 1$ para estimar E.)

36. $f(x, y) = \ln x + \ln y$ em $P_0(1, 1)$,
$R: |x - 1| \leq 0{,}2, \quad |y - 1| \leq 0{,}2$

Funções de três variáveis

Encontre as linearizações $L(x,y,z)$ das funções dos exercícios 37-42 nos pontos dados.

37. $f(x, y, z) = xy + yz + xz$ em
(a) $(1, 1, 1)$ (b) $(1, 0, 0)$ (c) $(0, 0, 0)$

38. $f(x, y, z) = x^2 + y^2 + z^2$ em
(a) $(1, 1, 1)$ (b) $(0, 1, 0)$ (c) $(1, 0, 0)$

39. $f(x, y, z) = \sqrt{x^2 + y^2 + z^2}$ em
(a) $(1, 0, 0)$ (b) $(1, 1, 0)$ (c) $(1, 2, 2)$

40. $f(x, y, z) = (\operatorname{sen} xy)/z$ em
(a) $(\pi/2, 1, 1)$ (b) $(2, 0, 1)$

41. $f(x, y, z) = e^x + \cos (y + z)$ em
(a) $(0, 0, 0)$ (b) $\left(0, \frac{\pi}{2}, 0\right)$ (c) $\left(0, \frac{\pi}{4}, \frac{\pi}{4}\right)$

42. $f(x, y, z) = \operatorname{tg}^{-1} (xyz)$ em
(a) $(1, 0, 0)$ (b) $(1, 1, 0)$ (c) $(1, 1, 1)$

Nos exercícios 43-46, encontre a linearização $L(x, y, z)$ da função $f(x, y, z)$ em P_0. Então encontre um limitante superior para a magnitude do erro E na aproximação $f(x, y, z) \approx L(x, y, z)$ na região R.

43. $f(x, y, z) = xz - 3yz + 2$ em $P_0(1, 1, 2)$
$R: \ |x - 1| \leq 0{,}01, \ |y - 1| \leq 0{,}01, \ |z - 2| \leq 0{,}02$

44. $f(x, y, z) = x^2 + xy + yz + (1/4)z^2$ em $P_0(1, 1, 2)$
$R: \ |x - 1| \leq 0{,}01, \ |y - 1| \leq 0{,}01, \ |z - 2| \leq 0{,}08$

45. $f(x, y, z) = xy + 2yz - 3xz$ at $P_0(1, 1, 0)$
$R: \ |x - 1| \leq 0{,}01, \ |y - 1| \leq 0{,}01, \ |z| \leq 0{,}01$

46. $f(x, y, z) = \sqrt{2} \cos x \operatorname{sen}(y + z)$ em $P_0(0, 0, \pi/4)$
$R: \ |x| \leq 0{,}01, \ |y| \leq 0{,}01, \ |z - \pi/4| \leq 0{,}01$

Estimando o erro; sensibilidade à variação

47. **Estimando o erro máximo** Suponha que T seja encontrado a partir da fórmula $T = x\,(e^y + e^{-y})$, onde se sabe que x e y são 2 e ln 2 com erros máximos possíveis de $|dx| = 0{,}1$ e $|dy| = 0{,}02$. Estime o erro máximo possível no valor calculado de T.

48. **Estimando o volume de um cilindro** Com que precisão $V = \pi r^2 h$ pode ser calculado, a partir de medidas de r e h com um erro menor que 1%?

49. **Erro percentual máximo** Se $r = 5{,}0$ cm e $h = 12{,}0$ cm, com precisão milimétrica, qual é o erro máximo percentual que devemos esperar ao calcular $V = \pi r^2 h$?

50. **Variação da resistência elétrica** A resistência R produzida por resistores de R_1 e R_2 ohms em paralelo (veja a figura a seguir) pode ser calculada a partir da fórmula

$$\frac{1}{R} = \frac{1}{R_1} + \frac{1}{R_2}$$

(a) Mostre que

$$dR = \left(\frac{R}{R_1}\right)^2 dR_1 + \left(\frac{R}{R_2}\right)^2 dR_2$$

(b) Você projetou um circuito com dois resistores como aquele da figura a seguir com resistências de $R_1 = 100$ ohms e $R_2 = 400$ ohms, mas sempre existe uma variação na fabricação e os resistores recebidos por sua empresa provavelmente não terão os valores exatos. O valor de R será mais sensível a variações em R_1 ou em R_2? Justifique a sua resposta.

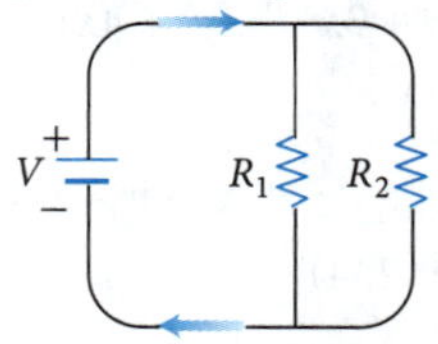

(c) Em outro circuito semelhante ao mostrado aqui, você planeja alterar o valor de R_1 de 20 para 20,1 ohms e de R_2 de 25 para 24,9 ohms. Qual será a percentagem aproximada de variação em R?

51. Você planeja calcular a área de um retângulo comprido e fino a partir de medidas de seu comprimento e largura.

Qual dimensão você deve medir com mais cuidado? Justifique a sua resposta.

52. (a) Ao redor do ponto (1, 0), $f(x, y) = x^2(y + 1)$ é mais sensível a variações em x ou y? Justifique sua resposta.

(b) Qual razão entre dx e dy fará df igual a zero em (1, 0)?

53. Erro carregado na mudança de coordenadas

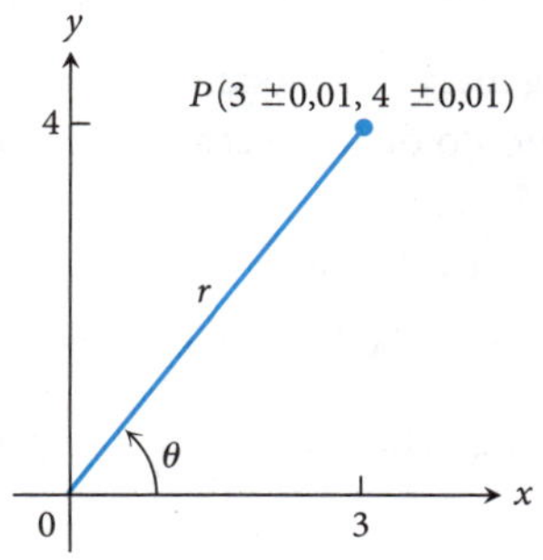

(a) Se $x = 3 \pm 0{,}01$ e $y = 4 \pm 0{,}01$, como mostrado aqui, aproximadamente com qual precisão você pode calcular as coordenadas polares r e θ do ponto $P(x, y)$ a partir das fórmulas $r^2 = x^2 + y^2$ e $\theta = \text{tg}^{-1}(y/x)$? Expresse suas estimativas como variações percentuais dos valores de r e θ em $(x_0, y_0) = (3, 4)$.

(b) No ponto $(x_0, y_0) = (3, 4)$, os valores de r e θ são mais sensíveis a variações de x ou de y? Justifique a sua resposta.

54. Desenhando uma lata de refrigerante Uma lata de refrigerante padrão de 12 fl.oz (onças fluidas) é essencialmente um cilindro de raio $r = 1$ pol e altura $h = 5$ pol.

(a) Com essas dimensões, qual é a sensibilidade do volume da lata em relação a pequenas variações do raio e da altura?

(b) Você consegue desenhar uma lata de refrigerante que *pareça* maior, mas que, na verdade, contenha o mesmo volume de 12 ft. oz? Quais dimensões ela pode ter? (Existe mais de uma resposta correta.)

55. Valor de um determinante 2 × 2 Se $|a|$ for muito maior que $|b|$, $|c|$ e $|d|$, para quais valores de a, b, c e d o valor do determinante

$$f(a, b, c, d) = \begin{vmatrix} a & b \\ c & d \end{vmatrix}$$

é mais sensível? Justifique a sua resposta.

56. Estimando o erro máximo Suponha que $u = xe^y + y \text{ sen } z$ e que x, y e z sejam medidos com erros máximos possíveis de $\pm 0{,}2$, $\pm 0{,}6$ e $\pm \pi/180$, respectivamente. Estime o erro máximo possível ao calcular u a partir de valores medidos $x = 2$, $y = \ln 3$, $z = \pi/2$.

57. A fórmula do tamanho do lote de Wilson A fórmula do tamanho do lote de Wilson em economia diz que a quantidade mais econômica Q de produtos (rádios, sapatos, vassouras, qualquer coisa) para uma loja pedir é dada pela fórmula $Q = \sqrt{2KM/h}$, onde K é o custo do pedido, M é o número de itens vendidos por semana e h é o custo semanal de manutenção de cada item (custo do espaço, luz, água, segurança e assim por diante). Para qual das variáveis K, M e h a sensibilidade de Q é maior, próximo ao ponto $(K_0, M_0, h_0) = (2, 20, 0{,}05)$? Justifique a sua resposta.

58. Medindo um campo triangular A área de um triângulo é $(1/2)ab$ sen C, onde a e b são os comprimentos dos dois lados do triângulo e C é a medida do ângulo formado por eles. Avaliando uma planta triangular, você mediu a, b e C como 150 pés, 200 pés e 60°, respectivamente. Qual o erro do cálculo da sua área se seus valores de a e b tiverem um erro de meio pé cada e sua medida de C tiver um erro de 2°? Veja a figura. Lembre-se de usar radianos.

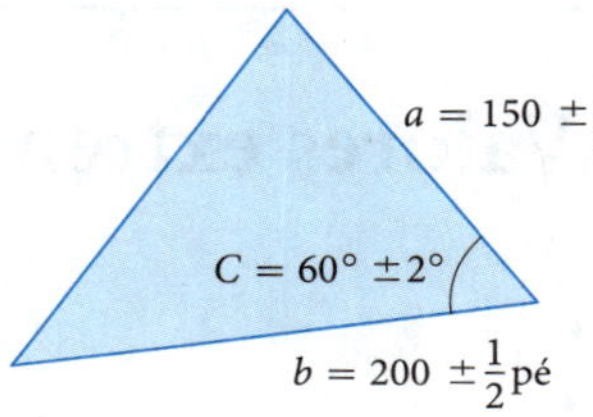

Teoria e exemplos

59. A linearização de $f(x, y)$ é uma aproximação por plano tangente Mostre que o plano tangente no ponto $P_0((x_0, y_0), f(x_0, y_0))$ na superfície $z = f(x, y)$ definida por uma função diferenciável f é o plano

$$f_x(x_0, y_0)(x - x_0) + f_y(x_0, y_0)(y - y_0) - (z - f(x_0, y_0)) = 0$$

ou

$$z = f(x_0, y_0) + f_x(x_0, y_0)(x - x_0) + f_y(x_0, y_0)(y - y_0)$$

Sendo assim, o plano tangente em P_0 é o gráfico da linearização de f em P_0(conforme figura a seguir).

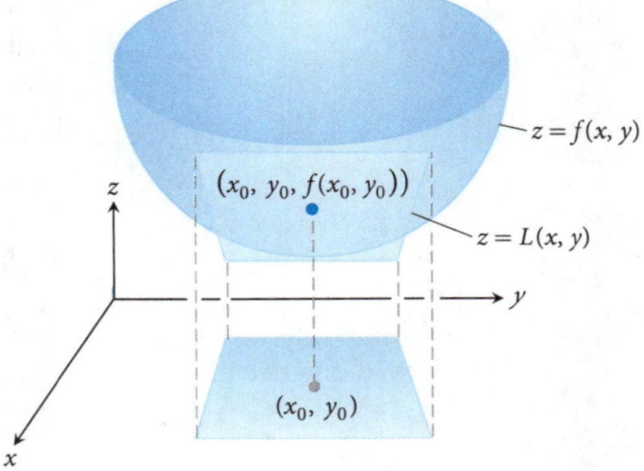

60. Variação ao longo da involuta de uma circunferência Encontre a derivada de $f(x, y) = x^2 + y^2$ na direção do vetor tangente unitário da curva

$$\mathbf{r}(t) = (\cos t + t \operatorname{sen} t)\mathbf{i} + (\operatorname{sen} t - t \cos t)\mathbf{j}, \qquad t > 0$$

61. Variação ao longo de uma hélice Encontre a derivada de $f(x, y, z) = x^2 + y^2 + z^2$ na direção do vetor tangente unitário da hélice

$$\mathbf{r}(t) = (\cos t)\mathbf{i} + (\operatorname{sen} t)\mathbf{j} + t\mathbf{k}$$

nos pontos onde $t = -\pi/4$, 0 e $\pi/4$. A função f fornece o quadrado da distância de um ponto $P(x, y, z)$ na hélice à origem. As derivadas calculadas aqui dão as taxas nas quais o quadrado da distância varia em relação a t quando P se move pelos pontos onde $t = -\pi/4$, 0 e $\pi/4$.

62. Curvas normais Uma curva lisa é *normal* a uma superfície $f(x, y, z) = c$ em um ponto de interseção se o vetor velocidade da curva é um múltiplo escalar não-nulo de ∇f no ponto.

Mostre que a curva

$$\mathbf{r}(t) = \sqrt{t}\mathbf{i} + \sqrt{t}\mathbf{j} - \frac{1}{4}(t + 3)\mathbf{k}$$

é normal à superfície $x^2 + y^2 - z = 3$ quando $t = 1$.

63. Curvas tangentes Uma curva lisa é *tangente* à superfície em um ponto de interseção se seu vetor velocidade é ortogonal a ∇f lá.

Mostre que a curva

$$\mathbf{r}(t) = \sqrt{t}\mathbf{i} + \sqrt{t}\mathbf{j} + (2t - 1)\mathbf{k}$$

é tangente à superfície $x^2 + y^2 - z = 1$ quando $t = 1$.

14.7 Valores extremos e pontos de sela

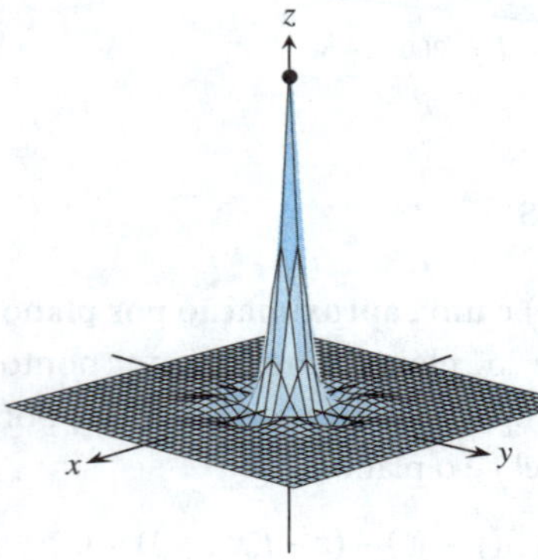

FIGURA 14.36 A função

$$z = (\cos x)(\cos y)e^{-\sqrt{x^2+y^2}}$$

tem um valor máximo de 1 e um valor mínimo de cerca de –0,067 na região quadrada $|x| \leq 3\pi/2$, $|y| \leq 3\pi/2$.

Funções contínuas de duas variáveis assumem valores extremos em domínios fechados e limitados (veja as figuras 14.36 e 14.37). Veremos nesta seção que podemos restringir a procura desses valores extremos examinando as derivadas parciais de primeira ordem da função. Uma função de duas variáveis pode assumir valores extremos apenas nos pontos de fronteira do domínio ou nos pontos interiores do domínio onde ambas as derivadas de primeira ordem são zero ou onde uma ou ambas as derivadas parciais de primeira ordem não existem. Entretanto, a anulação das derivadas em um ponto interior (a, b) nem sempre denuncia a presença de um valor extremo. A superfície que é o gráfico da função pode ter o formato de uma sela acima de (a, b) e cruzar seu plano tangente lá.

Testes de derivada para valores extremos locais

Para encontrarmos os valores extremos locais de uma função de uma variável, procuramos por pontos onde o gráfico tenha uma reta tangente horizontal. Em tais pontos, procuramos por máximos e mínimos locais e pontos de inflexão. Para uma função $f(x, y)$ de duas variáveis, procuramos pontos onde a superfície $z = f(x, y)$ tem um *plano* tangente horizontal. Em tais pontos, procuramos máximos e mínimos locais e pontos de sela (dos quais falaremos logo a seguir).

Definições **Máximo local e mínimo local**

Seja $f(x, y)$ definida em uma região R que contém o ponto (a, b). Então

1. $f(a, b)$ é um valor **máximo local** de f se $f(a, b) \geq f(x, y)$ para todos os pontos do domínio (x, y) em um disco aberto centrado em (a, b).
2. $f(a, b)$ é um valor **mínimo local** de f se $f(a, b) \leq f(x, y)$ para todos os pontos do domínio (x, y) em um disco aberto centrado em (a, b).

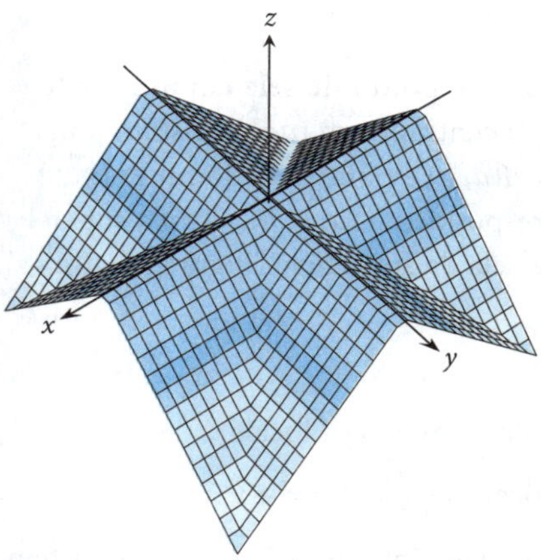

FIGURA 14.37 A "superfície telhado"

$$z = \frac{1}{2}\left(\left||x| - |y|\right| - |x| - |y|\right)$$

vista a partir do ponto (10, 15, 20). A função de definição tem um valor máximo de 0 e um valor mínimo de $-a$ na região quadrada $|x| \leq a$, $|y| \leq a$.

Companion Website
Biografia histórica
Siméon-Denis Poisson
(1781–1840)

Máximos locais correspondem a picos de montanhas na superfície $z = f(x, y)$ e mínimos locais correspondem a vales (Figura 14.38). Em tais pontos, os planos tangentes, quando existem, são horizontais. Extremos locais também são chamados **extremos relativos**.

Como acontece com funções de uma variável, a chave para identificar os extremos locais é o teste da derivada de primeira ordem.

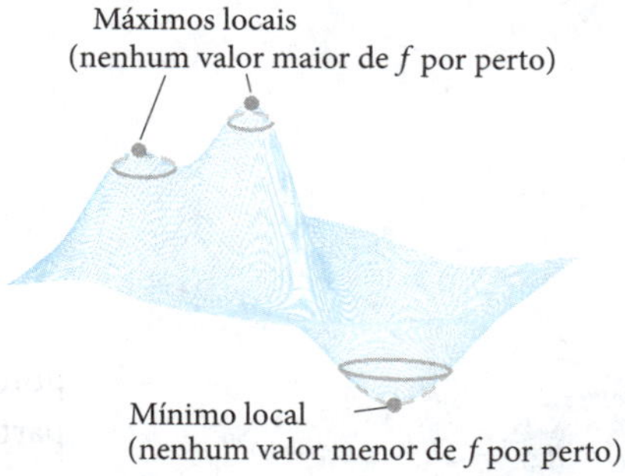

FIGURA 14.38 Um máximo local é um pico da montanha e um mínimo local é um vale.

> **Teorema 10** **Teste da derivada de primeira ordem para valores extremos locais**
> Se $f(x, y)$ tiver um valor de máximo ou mínimo local em um ponto interior (a, b) do seu domínio e se as derivadas parciais de primeira ordem existirem lá, então $f_x(a, b) = 0$ e $f_y(a, b) = 0$.

PROVA Se f tem um valor extremo local em (a, b), então a função $g(x) = f(x, b)$ tem um valor extremo local em $x = a$ (Figura 14.39). Assim sendo, $g'(a) = 0$ (Volume I, Capítulo 4, Teorema 2). Agora, $g'(a) = f_x(a, b)$; portanto, $f_x(a, b) = 0$. Um argumento similar com a função $h(y) = f(a, y)$ mostra que $f_y(a, b) = 0$.

Se substituirmos os valores $f_x(a, b) = 0$ e $f_y(a, b) = 0$ na equação

$$f_x(a, b)(x - a) + f_y(a, b)(y - b) - (z - f(a, b)) = 0$$

para o plano tangente à superfície $z = f(x, y)$ em (a,b), a equação se reduz a

$$0 \cdot (x - a) + 0 \cdot (y - b) - z + f(a, b) = 0$$

ou

$$z = f(a, b)$$

Portanto, o Teorema 10 diz que a superfície tem de fato um plano tangente horizontal em um extremo local, desde que exista um plano tangente lá.

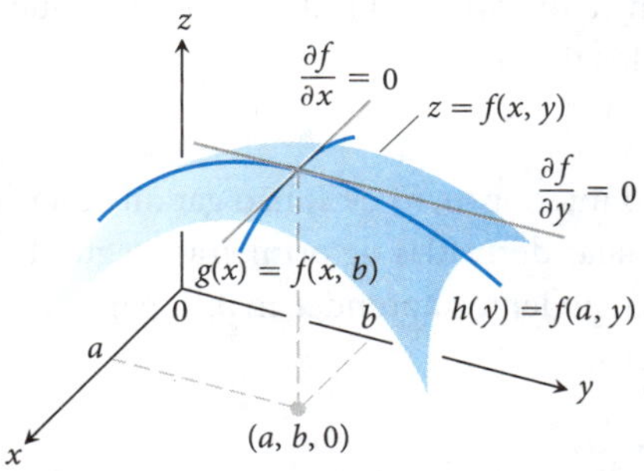

FIGURA 14.39 Se um máximo local de f ocorre em $x = a$, $y = b$, então ambas as derivadas parciais de primeira ordem $f_x(a, b)$ e $f_y(a, b)$ são iguais a 0.

> **Definição** **Ponto crítico**
> Um ponto interior do domínio de uma função $f(x, y)$ onde tanto f_x como f_y sejam zero ou onde f_x ou f_y ou ambas não existam é um **ponto crítico** de f.

O Teorema 10 diz que os únicos pontos nos quais uma função $f(x, y)$ pode assumir valores extremos são os pontos críticos e os pontos de fronteira. Como ocorre com funções diferenciáveis de uma variável, nem todo ponto crítico é um extremo local. Uma função derivável de uma variável pode ter um ponto de inflexão. Uma função diferenciável de duas variáveis pode ter um *ponto de sela*.

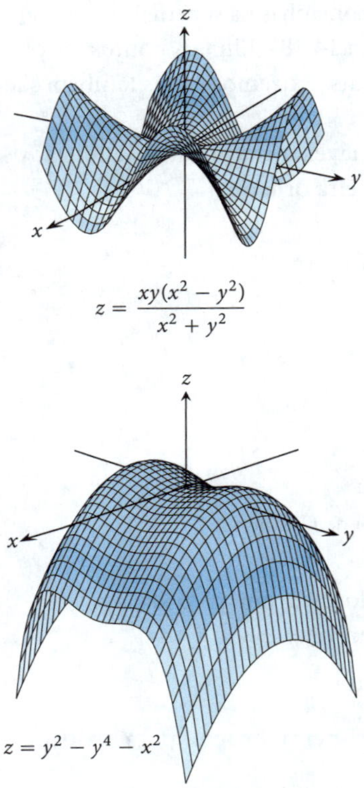

FIGURA 14.40 Pontos de sela na origem.

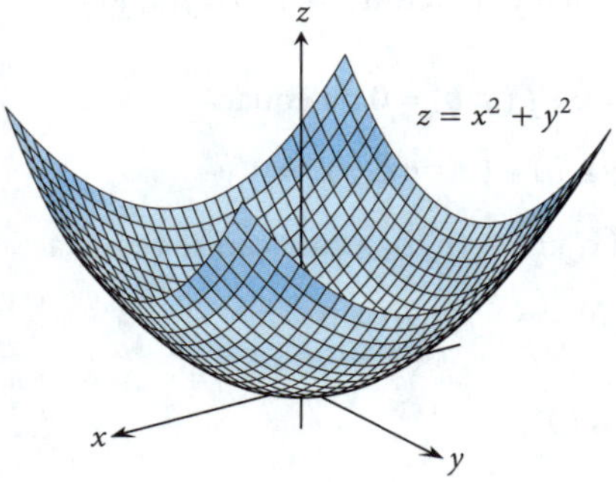

FIGURA 14.41 O gráfico da função $f(x, y) = x^2 + y^2$ é o parabolóide $z = x^2 + y^2$. A função tem apenas um ponto crítico, a origem, a qual fornece um valor mínimo local 0 (Exemplo 1).

Definição Ponto de sela
Uma função diferenciável $f(x, y)$ tem um **ponto de sela** em um ponto crítico (a, b) se em todo disco aberto centrado em (a, b) existem pontos do domínio (x, y) onde $f(x, y) > f(a, b)$ e pontos do domínio (x, y) onde $f(x, y) < f(a, b)$. O ponto correspondente $(a, b, f(a, b))$ na superfície $z = f(x, y)$ é chamado ponto de sela da superfície (Figura 14.40).

EXEMPLO 1 Encontrando valores extremos locais

Encontre os valores extremos locais de $f(x, y) = x^2 + y^2$.

SOLUÇÃO O domínio de f é o plano inteiro (portanto, não existem pontos de fronteira) e as derivadas parciais $f_x = 2x$ e $f_y = 2y$ existem em toda parte. Portanto, valores extremos locais podem ocorrer apenas onde

$$f_x = 2x = 0 \qquad \text{e} \qquad f_y = 2y = 0$$

A única possibilidade é a origem, onde o valor de f é zero. Como f nunca é negativa, vemos que a origem dá um mínimo local (Figura 14.41).

EXEMPLO 2 Identificando um ponto de sela

Encontre os valores extremos locais (se existirem) de $f(x, y) = y^2 - x^2$.

SOLUÇÃO O domínio de f é o plano inteiro (assim não existem pontos de fronteira) e as derivadas parciais $f_x = -2x$ e $f_y = 2y$ existem em toda parte. Portanto, extremos locais podem ocorrer somente na origem (0, 0). Ao longo do eixo x positivo, contudo, f tem o valor $f(x, 0) = -x^2 < 0$; ao longo do eixo y positivo, f tem o valor $f(0, y) = y^2 > 0$. Portanto, todo disco aberto no plano xy centrado em (0, 0) contém pontos onde a função é positiva e pontos onde é negativa. A função tem um ponto de sela na origem (Figura 14.42) em vez de um valor extremo local. Concluímos que a função não tem valores extremos locais.

O fato de que $f_x = f_y = 0$ em um ponto interior (a, b) de R não garante que f tenha um valor extremo local lá. Se f e suas derivadas de primeira e segunda ordens forem contínuas em R, contudo, podemos aprender mais a partir do teorema a seguir, provado na Seção 14.10.

Teorema 11 Teste da derivada de segunda ordem para valores extremos locais
Suponha que $f(x, y)$ e suas derivadas parciais de primeira e segunda ordens sejam contínuas em um disco centrado em (a, b) e que $f_x(a, b) = f_y(a, b) = 0$. Então

i. f tem um **máximo local** em (a, b) se $f_{xx} < 0$ e $f_{xx}f_{yy} - f_{xy}^2 > 0$ em (a, b).
ii. f tem um **mínimo local** em (a, b) se $f_{xx} > 0$ e $f_{xx}f_{yy} - f_{xy}^2 > 0$ em (a, b).
iii. f tem um **ponto de sela** em (a, b) se $f_{xx}f_{yy} - f_{xy}^2 < 0$ em (a, b).
iv. **O teste é inconclusivo** em (a, b) se $f_{xx}f_{yy} - f_{xy}^2 = 0$ em (a, b). Nesse caso, devemos encontrar outra maneira de determinar o comportamento de f em (a, b).

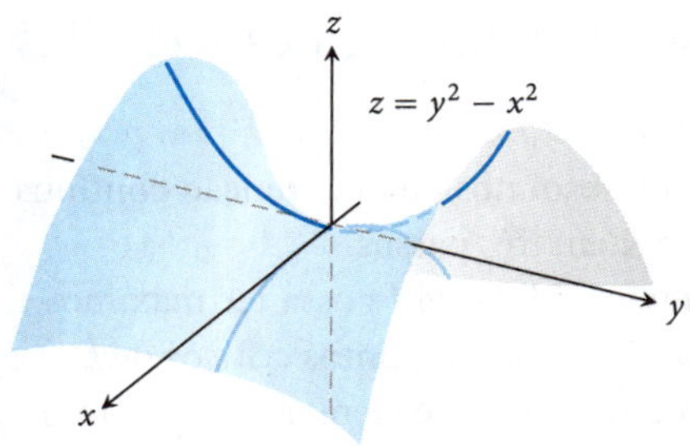

FIGURA 14.42 A origem é um ponto de sela da função $f(x, y) = y^2 - x^2$. Não existem valores extremos locais (Exemplo 2).

A expressão $f_{xx}f_{yy} - f_{xy}^{\ 2}$ é chamada **discriminante** ou **hessiano** de f. Algumas vezes, é mais fácil lembrar dela na forma de determinante,

$$f_{xx}f_{yy} - f_{xy}^{\ 2} = \begin{vmatrix} f_{xx} & f_{xy} \\ f_{xy} & f_{yy} \end{vmatrix}$$

O Teorema 11 diz que, se o discriminante é positivo em um ponto (a, b), então a superfície se curva da mesma maneira em todas as direções: para baixo se $f_{xx} < 0$, dando origem a um máximo local, e para cima se $f_{xx} > 0$, dando um mínimo local. Por outro lado, se o discriminante é negativo em (a, b), então a superfície se curva para cima em algumas direções e para baixo em outras, assim temos um ponto de sela.

EXEMPLO 3 Encontrando valores extremos locais

Encontre os valores extremos locais da função

$$f(x, y) = xy - x^2 - y^2 - 2x - 2y + 4$$

SOLUÇÃO A função é definida e diferenciável para todo x e y e seu domínio não tem pontos de fronteira. Portanto, a função tem valores extremos apenas nos pontos onde f_x e f_y são zero simultaneamente. Isso leva a

$$f_x = y - 2x - 2 = 0, \qquad f_y = x - 2y - 2 = 0$$

ou

$$x = y = -2$$

Portanto, o ponto $(-2, -2)$ é o único onde f pode ter um valor extremo. Para verificarmos se isso acontece, calculamos

$$f_{xx} = -2, \qquad f_{yy} = -2, \qquad f_{xy} = 1$$

O discriminante de f em $(a, b) = (-2, -2)$ é

$$f_{xx}f_{yy} - f_{xy}^{\ 2} = (-2)(-2) - (1)^2 = 4 - 1 = 3$$

A combinação

$$f_{xx} < 0 \text{ e } f_{xx}f_{yy} - f_{xy}^{\ 2} > 0$$

nos diz que f tem um máximo local em $(-2, -2)$. O valor de f nesse ponto é $f(-2, -2) = 8$.

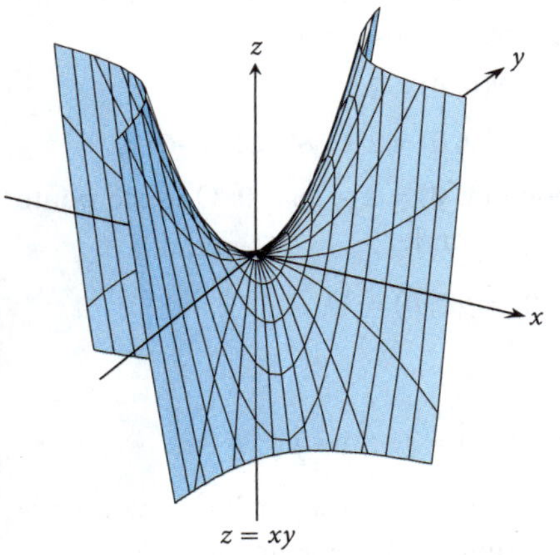

FIGURA 11.43 A superfície $z = xy$ tem um ponto de sela na origem (Exemplo 4).

EXEMPLO 4 Procurando por valores extremos locais

Encontre os valores extremos locais de $f(x, y) = xy$

SOLUÇÃO Como f é diferenciável em toda parte (Figura 14.43), pode assumir valores extremos apenas onde

$$f_x = y = 0 \quad \text{e} \quad f_y = x = 0$$

Assim, a origem é o único ponto onde f pode ter um valor extremo. Para ver o que acontece lá, calculamos

$$f_{xx} = 0, \qquad f_{yy} = 0, \qquad f_{xy} = 1$$

O discriminante

$$f_{xx}f_{yy} - f_{xy}^{\ 2} = -1$$

é negativo. Portanto, a função tem um ponto de sela em $(0, 0)$. Concluímos que $f(x, y) = xy$ não tem valores extremos locais.

Máximos e mínimos absolutos em regiões fechadas e limitadas

Organizamos a procura por extremos absolutos de uma função contínua $f(x, y)$ em uma região fechada e limitada R em três passos.

Passo 1: *Relacione os pontos interiores* de R onde f possa ter máximos e mínimos locais e calcule f nesses pontos. Estes são os pontos críticos de f.

Passo 2: *Relacione os pontos da fronteira* de R onde f tem máximos e mínimos locais e calcule f nesses pontos. Mostraremos como fazer isso a seguir.

Passo 3: *Procure na relação* pelos valores máximo e mínimo de f. Estes serão os valores máximo e mínimo absolutos de f em R. Como máximos e mínimos globais são também máximos e mínimos locais, os primeiros aparecem em algum lugar das relações construídas nos passos 1 e 2. Só precisamos olhar para as relações para encontrá-los.

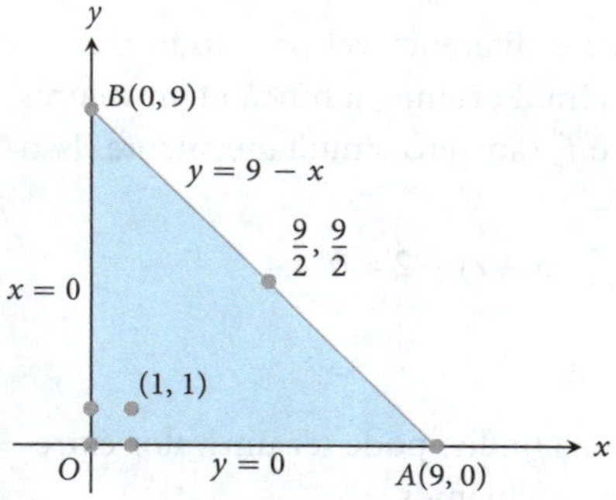

FIGURA 14.44 Esta placa triangular é o domínio da função no Exemplo 5.

EXEMPLO 5 Encontrando extremos absolutos

Encontre o máximo e o mínimo globais de

$$f(x, y) = 2 + 2x + 2y - x^2 - y^2$$

na região triangular no primeiro quadrante limitada pelas retas $x = 0$, $y = 0$, $y = 9 - x$.

SOLUÇÃO Como f é diferenciável, os únicos lugares nos quais f pode assumir esses valores são pontos no interior do triângulo (Figura 14.44) onde $f_x = f_y = 0$ e pontos na fronteira.

(a) Pontos interiores. Para estes, temos

$$f_x = 2 - 2x = 0, \qquad f_y = 2 - 2y = 0$$

resultando no único ponto $(x, y) = (1, 1)$. O valor de f lá é

$$f(1, 1) = 4$$

(b) Pontos de fronteira. Consideramos um lado do triângulo de cada vez.

i. No segmento OA, $y = 0$. A função

$$f(x, y) = f(x,0) = 2 + 2x - x^2$$

pode ser agora considerada uma função de x definida no intervalo fechado $0 \leq x \leq 9$. Seus valores extremos (como vimos no Capítulo 4, Volume I) podem ocorrer nas extremidades

$$x = 0 \qquad \text{onde} \qquad f(0, 0) = 2$$

$$x = 9 \qquad \text{onde} \qquad f(9, 0) = 2 + 18 - 81 = -61$$

e nos pontos interiores onde $f'(x, 0) = 2 - 2x = 0$. O único ponto interior onde $f'(x, 0) = 0$ é $x = 1$, onde

$$f(x, 0) = f(1, 0) = 3$$

ii. No segmento OB, $x = 0$ e

$$f(x, y) = f(0, y) = 2 + 2y - y^2$$

Sabemos pela simetria de f em x e y e a partir da análise que acabamos de fazer que os candidatos nesse segmento são

$$f(0, 0) = 2, \qquad f(0, 9) = -61, \qquad f(0, 1) = 3$$

iii. Já levamos em consideração os valores de f nos extremos de AB, assim precisamos somente examinar os pontos interiores de AB. Com $y = 9 - x$, temos

$$f(x, y) = 2 + 2x + 2(9 - x) - x^2 - (9 - x)^2 = -61 + 18x - 2x^2$$

Fazendo $f'(x, 9 - x) = 18 - 4x = 0$, resulta

$$x = \frac{18}{4} = \frac{9}{2}$$

Nesse valor de x,

$$y = 9 - \frac{9}{2} = \frac{9}{2} \quad \text{e} \quad f(x, y) = f\left(\frac{9}{2}, \frac{9}{2}\right) = -\frac{41}{2}$$

RESUMO Relacionamos todos os candidatos: 4, 2, –61, 3, –(41/2). O máximo é 4, o qual f assume em (1, 1). O mínimo é –61, o qual f assume em (0, 9) e (9, 0).

A resolução de problemas de valores extremos com condições algébricas nas variáveis geralmente exige o método dos multiplicadores de Lagrange, que veremos na próxima seção. Mas, às vezes, podemos resolver esses problemas diretamente, como no exemplo a seguir.

EXEMPLO 6 Resolvendo um problema de volume com uma condição

Uma empresa de entregas aceita apenas caixas retangulares cujos comprimentos e perímetros da seção transversal não ultrapassem 108 pol. Encontre as dimensões de uma caixa aceitável de maior volume possível.

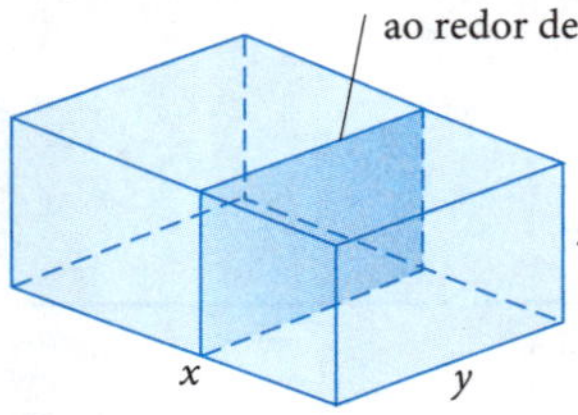

FIGURA 14.45 A caixa do Exemplo 6.

SOLUÇÃO Sejam x, y e z o comprimento, a largura e a altura da caixa retangular, respectivamente. Então o perímetro da seção transversal é $2y + 2z$. Queremos maximizar o volume $V = xyz$ da caixa (Figura 14.45) satisfazendo $x + 2y + 2z = 108$ (a maior caixa para entregas aceita pela empresa). Assim, podemos escrever o volume da caixa como uma função de duas variáveis.

$$\begin{aligned} V(y, z) &= (108 - 2y - 2z)yz && V = xyz \text{ e } x = 108 - 2y - 2z \\ &= 108yz - 2y^2z - 2yz^2 \end{aligned}$$

Fazendo as derivadas parciais de primeira ordem iguais a zero,

$$V_y(y, z) = 108z - 4yz - 2z^2 = (108 - 4y - 2z)z = 0$$

$$V_z(y, z) = 108y - 2y^2 - 4yz = (108 - 2y - 4z)y = 0$$

temos os pontos críticos (0, 0), (0, 54), (54, 0) e (18, 18). O volume é zero em (0, 0), (0, 54), (54, 0), os quais não são os valores máximos. No ponto (18, 18), aplicamos o teste da derivada segunda (Teorema 11):

$$V_{yy} = -4z \qquad V_{zz} = -4y \qquad V_{yz} = 108 - 4y - 4z$$

Então,

$$V_{yy}V_{zz} - V_{yz}^2 = 16yz - 16(27 - y - z)^2$$

Portanto,

$$V_{yy}(18, 18) = -4(18) < 0$$

e

$$[V_{yy}V_{zz} - V_{yz}^2]_{(18,18)} = 16(18)(18) - 16(-9)^2 > 0$$

implica que (18, 18) fornece um volume máximo. As dimensões da caixa são $x = 108 - 2(18) - 2(18) = 36$ pol, $y = 18$ pol e $z = 18$ pol. O volume máximo é $V = (36)(18)(18) = 11.664$ pol^3 ou 6,75 pés^3.

Apesar do poder do Teorema 10, insistimos na importância de lembrar de suas limitações. Ele não se aplica a pontos de fronteira no domínio de uma função, onde é possível que a função tenha valores extremos com derivadas diferentes de zero. Também não se aplica a pontos onde f_x ou f_y não existem.

Resumo dos testes de máximos e mínimos

Os valores extremos de $f(x, y)$ podem ocorrer apenas em

i. **pontos de fronteira** do domínio de f;

ii. **pontos críticos** (pontos interiores onde $f_x = f_y = 0$ ou pontos onde f_x ou f_y não existem).

Se as derivadas parciais de primeira e segunda ordens de f forem contínuas em um disco centrado em um ponto (a, b) e $f_x(a, b) = f_y(a, b) = 0$, você poderá classificar $f(a, b)$ com o **teste da derivada segunda:**

i. $f_{xx} < 0$ e $f_{xx}f_{yy} - f_{xy}^2 > 0$ em $(a, b) \Rightarrow$ **máximo local;**

ii. $f_{xx} > 0$ e $f_{xx}f_{yy} - f_{xy}^2 > 0$ em $(a, b) \Rightarrow$ **mínimo local;**

iii. $f_{xx}f_{yy} - f_{xy}^2 < 0$ em $(a, b) \Rightarrow$ **ponto de sela;**

iv. $f_{xx}f_{yy} - f_{xy}^2 = 0$ em $(a, b) \Rightarrow$ **teste inconclusivo.**

Exercícios 14.7

Encontrando extremos locais

Encontre todos os máximos locais, mínimos locais e pontos de sela nas funções dos exercícios 1–30.

1. $f(x, y) = x^2 + xy + y^2 + 3x - 3y + 4$
2. $f(x, y) = x^2 + 3xy + 3y^2 - 6x + 3y - 6$
3. $f(x, y) = 2xy - 5x^2 - 2y^2 + 4x + 4y - 4$
4. $f(x, y) = 2xy - 5x^2 - 2y^2 + 4x - 4$
5. $f(x, y) = x^2 + xy + 3x + 2y + 5$
6. $f(x, y) = y^2 + xy - 2x - 2y + 2$
7. $f(x, y) = 5xy - 7x^2 + 3x - 6y + 2$
8. $f(x, y) = 2xy - x^2 - 2y^2 + 3x + 4$
9. $f(x, y) = x^2 - 4xy + y^2 + 6y + 2$
10. $f(x, y) = 3x^2 + 6xy + 7y^2 - 2x + 4y$
11. $f(x, y) = 2x^2 + 3xy + 4y^2 - 5x + 2y$
12. $f(x, y) = 4x^2 - 6xy + 5y^2 - 20x + 26y$
13. $f(x, y) = x^2 - y^2 - 2x + 4y + 6$
14. $f(x, y) = x^2 - 2xy + 2y^2 - 2x + 2y + 1$
15. $f(x, y) = x^2 + 2xy$
16. $f(x, y) = 3 + 2x + 2y - 2x^2 - 2xy - y^2$
17. $f(x, y) = x^3 - y^3 - 2xy + 6$
18. $f(x, y) = x^3 + 3xy + y^3$
19. $f(x, y) = 6x^2 - 2x^3 + 3y^2 + 6xy$
20. $f(x, y) = 3y^2 - 2y^3 - 3x^2 + 6xy$
21. $f(x, y) = 9x^3 + y^3/3 - 4xy$
22. $f(x, y) = 8x^3 + y^3 + 6xy$
23. $f(x, y) = x^3 + y^3 + 3x^2 - 3y^2 - 8$
24. $f(x, y) = 2x^3 + 2y^3 - 9x^2 + 3y^2 - 12y$
25. $f(x, y) = 4xy - x^4 - y^4$
26. $f(x, y) = x^4 + y^4 + 4xy$
27. $f(x, y) = \dfrac{1}{x^2 + y^2 - 1}$
28. $f(x, y) = \dfrac{1}{x} + xy + \dfrac{1}{y}$
29. $f(x, y) = y \operatorname{sen} x$
30. $f(x, y) = e^{2x} \cos y$

Encontrando extremos absolutos

Nos exercícios 31–38, encontre os máximos e mínimos absolutos das funções nos domínios dados.

31. $f(x, y) = 2x^2 - 4x + y^2 - 4y + 1$ na placa triangular fechada e limitada pelas retas $x = 0$, $y = 2$, $y = 2x$ no primeiro quadrante.

32. $D(x, y) = x^2 - xy + y^2 + 1$ na placa triangular fechada no primeiro quadrante limitada pelas retas $x = 0$, $y = 4$, $y = x$.

33. $f(x, y) = x^2 + y^2$ na placa triangular fechada e limitada pelas retas $x = 0$, $y = 0$, $y + 2x = 2$ no primeiro quadrante.

34. $T(x, y) = x^2 + xy + y^2 - 6x$ na placa retangular $0 \leq x \leq 5$, $-3 \leq y \leq 3$.

35. $T(x, y) = x^2 + xy + y^2 - 6x + 2$ na placa retangular $0 \leq x \leq 5$, $-3 \leq y \leq 0$.

36. $f(x, y) = 48xy - 32x^3 - 24y^2$ na placa retangular $0 \leq x \leq 1$, $0 \leq y \leq 1$.

37. $f(x, y) = (4x - x^2) \cos y$ na placa retangular $1 \leq x \leq 3$, $-\pi/4 \leq y \leq \pi/4$ (veja a figura a seguir).

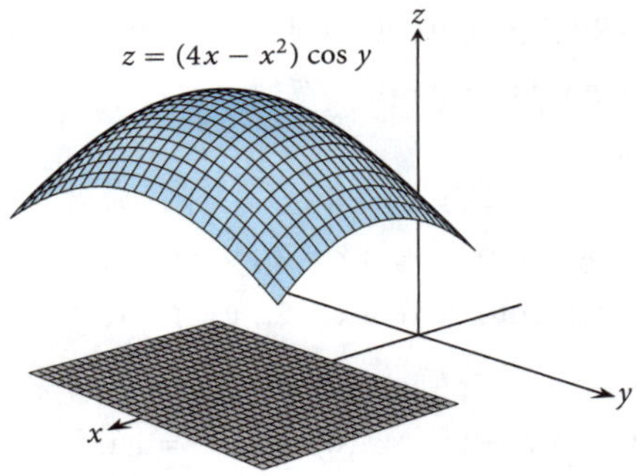

38. $f(x, y) = 4x - 8xy + 2y + 1$ na placa triangular limitada pelas retas $x = 0$, $y = 0$, $x + y = 1$ no primeiro quadrante.

39. Encontre dois números a e b com $a \leq b$, tais que

$$\int_a^b (6 - x - x^2)\, dx$$

tenha seu valor máximo.

40. Encontre dois números a e b com $a \leq b$, tais que

$$\int_a^b (24 - 2x - x^2)^{1/3}\, dx$$

tenha seu valor máximo.

41. Temperaturas A placa circular plana da Figura 14.46 tem o formato da região $x^2 + y^2 \leq 1$. A placa, incluindo a fronteira onde $x^2 + y^2 = 1$, é aquecida de tal modo que a temperatura no ponto (x, y) é

$$T(x, y) = x^2 + 2y^2 - x$$

Encontre as temperaturas nos pontos mais quentes e mais frios da placa.

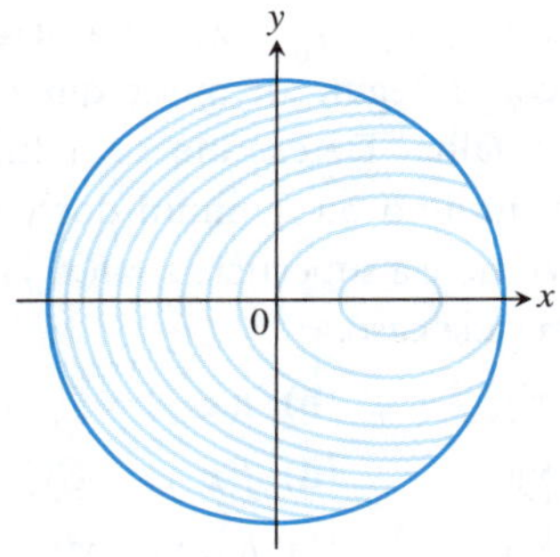

FIGURA 14.46 Curvas de temperatura constante são chamadas isotermas. A figura mostra isotermas da função temperatura $T(x, y) = x^2 + 2y^2 - x$ no disco $x^2 + y^2 \leq 1$ no plano xy. O Exercício 41 pede a você que localize as temperaturas extremas.

42. Encontre o ponto crítico de

$$f(x, y) = xy + 2x - \ln x^2y$$

no primeiro quadrante aberto ($x > 0$, $y > 0$) e mostre que f assume um valor mínimo lá (Figura 14.47).

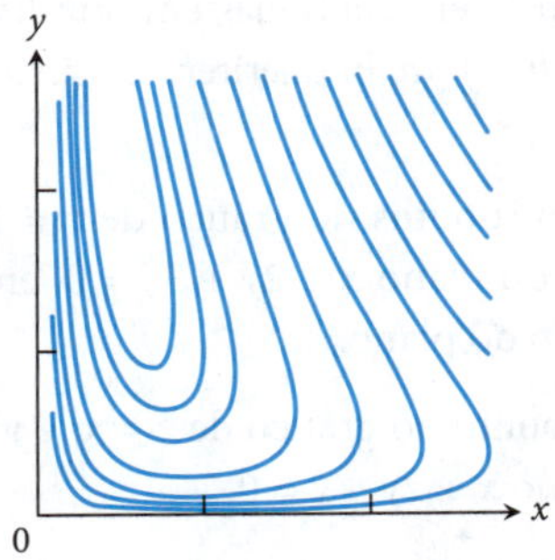

FIGURA 14.47 A função $f(x, y) = xy + 2x - \ln x^2y$ (curvas de nível selecionadas são mostradas aqui) assume um valor mínimo em algum lugar no primeiro quadrante aberto $x > 0$, $y > 0$ (Exercício 42).

Teoria e exemplos

43. Encontre os máximos, mínimos e pontos de sela de $f(x, y)$, se existirem, dados

(a) $f_x = 2x - 4y$ e $f_y = 2y - 4x$

(b) $f_x = 2x - 2$ e $f_y = 2y - 4$

(c) $f_x = 9x^2 - 9$ e $f_y = 2y + 4$

Descreva seu raciocínio em cada caso.

44. O discriminante $f_{xx}f_{yy} - f_{xy}^{\ 2}$ é zero na origem para cada uma das funções a seguir, de modo que o teste da derivada segunda falha. Determine se a função tem um máximo, um mínimo ou nenhum dos dois na origem, imaginando como é a superfície $z = f(x, y)$. Descreva seu raciocínio em cada caso.

(a) $f(x, y) = x^2y^2$ (b) $f(x, y) = 1 - x^2y^2$

(c) $f(x, y) = xy^2$ (d) $f(x, y) = x^3y^2$

(e) $f(x, y) = x^3y^3$ (f) $f(x, y) = x^4y^4$

45. Mostre que (0, 0) é um ponto crítico de $f(x, y) = x^2 + kxy + y^2$, não importando o valor da constante k. (*Sugestão:* Considere dois casos: $k = 0$ e $k \neq 0$.)

46. Para quais valores da constante k o teste da derivada segunda garante que $f(x, y) = x^2 + kxy + y^2$ terá um ponto de sela em (0, 0)? E um mínimo local em (0, 0)? Para quais valores de k o teste da derivada segunda é inconclusivo? Justifique as suas respostas.

47. Se $f_x(a, b) = f_y(a, b) = 0$, f precisa ter um valor máximo ou mínimo local em (a, b)? Justifique a sua resposta.

48. Pode-se concluir algo sobre $f(a, b)$ se f, suas derivadas parciais de primeira ordem e suas derivadas parciais de segunda ordem forem contínuas em um disco centrado em (a, b) e $f_{xx}(a, b)$ e $f_{yy}(a, b)$ diferirem no sinal? Justifique a sua resposta.

49. Entre todos os pontos do gráfico de $z = 10 - x^2 - y^2$ que estão acima do plano $x + 2y + 3z = 0$, encontre o ponto mais afastado do plano.

50. Encontre o ponto no gráfico de $z = x^2 + y^2 + 10$ mais próximo do plano $x + 2y - z = 0$.

51. A função $f(x, y) = x + y$ não tem um valor máximo absoluto no primeiro quadrante fechado ($x \geq 0$ e $y \geq 0$). Isso contradiz a discussão sobre a procura por um extremo absoluto feita no texto? Justifique a sua resposta.

52. Considere a função $f(x, y) = x^2 + y^2 + 2xy - x - y + 1$ no quadrado $0 \leq x \leq 1$ e $0 \leq y \leq 1$.

(a) Mostre que f tem um mínimo absoluto ao longo do segmento de reta $2x + 2y = 1$ nesse quadrado. Qual é o valor mínimo absoluto?

(b) Encontre o valor máximo absoluto de f no quadrado.

Valores extremos em curvas parametrizadas

Para encontrarmos os valores extremos de uma função $f(x, y)$ em uma curva $x = x(t)$, $y = y(t)$, tratamos f como uma função de uma variável t e usamos a regra da cadeia para descobrir onde df/dt é zero. Como em qualquer caso de uma variável, os valores extremos de f são então encontrados entre os valores nos

(a) pontos críticos (pontos onde df/dt é zero ou não existe)

(b) pontos extremos do domínio do parâmetro.

Encontre os valores máximos e mínimos absolutos das funções a seguir nas curvas dadas.

53. Funções:

(a) $f(x, y) = x + y$ (b) $g(x, y) = xy$

(c) $h(x, y) = 2x^2 + y^2$

Curvas:

i. A semicircunferência $x^2 + y^2 = 4$, $y \geq 0$

ii. O quarto de circunferência $x^2 + y^2 = 4$, $x \geq 0$, $y \geq 0$

Use as equações paramétricas $x = 2 \cos t$, $y = 2 \operatorname{sen} t$.

54. Funções:

(a) $f(x, y) = 2x + 3y$ (b) $g(x, y) = xy$

(c) $h(x, y) = x^2 + 3y^2$

Curvas:

i. A semi-elipse $(x^2/9) + (y^2/4) = 1$, $y \geq 0$

ii. O quarto de elipse $(x^2/9) + (y^2/4) = 1$, $x \geq 0$, $y \geq 0$

Use as equações paramétricas $x = 3 \cos t$, $y = 2 \operatorname{sen} t$.

55. Função: $f(x, y) = xy$

Curvas:

i. A reta $x = 2t$, $y = t + 1$

ii. O segmento de reta $x = 2t$, $y = t + 1$, $-1 \leq t \leq 0$

iii. O segmento de reta $x = 2t$, $y = t + 1$, $0 \leq t \leq 1$

56. Funções:

(a) $f(x, y) = x^2 + y^2$ (b) $g(x, y) = 1/(x^2 + y^2)$

Curvas:

i. A reta $x = t$, $y = 2 - 2t$

ii. O segmento de reta $x = t$, $y = 2 - 2t$, $0 \leq t \leq 1$

Mínimos quadrados e regressão linear

Quando tentamos ajustar uma reta $y = mx + b$ a um conjunto de pontos de dados numéricos $(x_1, y_1), (x_2, y_2), \ldots, (x_n, y_n)$ (Figura 14.48), geralmente escolhemos a reta que minimiza a soma dos quadrados das distâncias verticais dos pontos à reta. Em teoria, isso significa encontrar os valores de m e b que minimizam o valor da função

$$w = (mx_1 + b - y_1)^2 + \ldots + (mx_n + b - y_n)^2 \qquad (1)$$

Use os testes das derivadas primeira e segunda para mostrar que esses valores são

$$m = \frac{\left(\sum x_k\right)\left(\sum y_k\right) - n\sum x_k y_k}{\left(\sum x_k\right)^2 - n\sum x_k^{\ 2}} \qquad (2)$$

$$b = \frac{1}{n}\left(\sum y_k - m\sum x_k\right) \quad (3)$$

com todas as somas variando de $k = 1$ a $k = n$. Muitas calculadoras científicas já dispõem dessa fórmula, permitindo que você digite apenas algumas poucas informações para encontrar m e b.

A reta $y = mx + b$ determinada por esses valores de m e b é chamada **reta de mínimos quadrados**, **reta de regressão** ou **reta de tendência** para os dados estudados. Encontrar a reta de mínimos quadrados lhe permite

1. Resumir dados com uma expressão simples;
2. Prever valores de y para valores de x ainda não testados;
3. Manipular dados analiticamente.

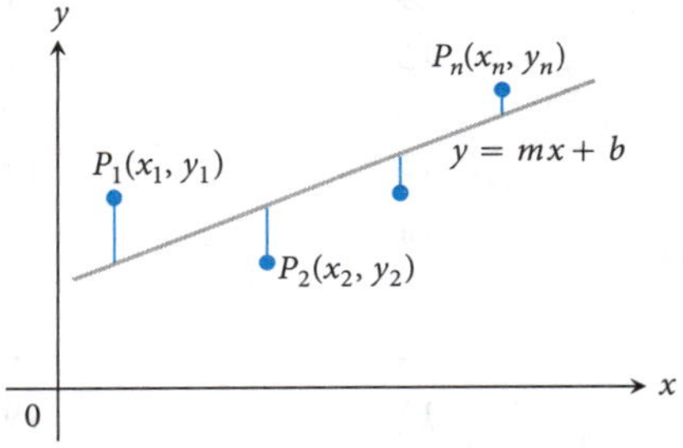

FIGURA 14.48 Para ajustar uma reta em pontos não-colineares, escolhemos a reta que minimiza a soma dos quadrados dos desvios.

EXEMPLO Encontre a reta de mínimos quadrados para os pontos (0, 1), (1, 3), (2, 2), (3, 4), (4, 5).

SOLUÇÃO Organizamos os cálculos em uma tabela:

k	x_k	y_k	x_k^2	$x_k y_k$
1	0	1	0	0
2	1	3	1	3
3	2	2	4	4
4	3	4	9	12
5	4	5	16	20
$\sum$	10	15	30	39

Depois, encontramos

$$m = \frac{(10)(15) - 5(39)}{(10)^2 - 5(30)} = 0{,}9$$

Equação (2) com $n = 5$ e dados da tabela.

e usamos o valor de m para encontrar

$$b = \frac{1}{5}\left(15 - (0{,}9)(10)\right) = 1{,}2.$$

Equaçao (3) com $n = 5$, $m = 0{,}9$

A reta de mínimos quadrados é $y = 0{,}9x + 1{,}2$ (Figura 14.49).

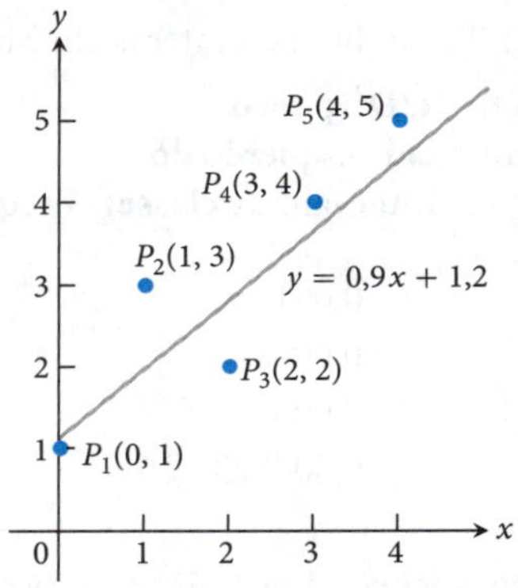

FIGURA 14.49 A reta de mínimos quadrados para os dados do exemplo.

Nos exercícios 57–60, use as equações (2) e (3) para encontrar a reta de mínimos quadrados para cada conjunto de pontos. Depois disso, use a equação linear obtida para prever o valor de y que corresponderia a $x = 4$.

57. (–1, 2), (0, 1), (3, –4) **58.** (–2, 0), (0, 2), (2, 3)

59. (0, 0), (1, 2), (2, 3) **60.** (0, 1), (2, 2), (3, 2)

61. T Escreva uma equação linear para o efeito da irrigação no campo de alfafa ao ajustarmos uma reta de mínimos quadrados nos dados da Tabela 14.1 (da estação experimental da Universidade da Califórnia, *Bulletin*, n. 450, p. 8). Represente graficamente os dados e trace a reta.

TABELA 14.1 Crescimento de alfafa

x (profundidade sazonal total de água aplicada, pol)	y (média do campo de alfafa, toneladas/acre)
12	5,27
18	5,68
24	6,25
30	7,21
36	8,20
42	8,71

62. Crateras de Marte T Uma teoria para a formação de crateras sugere que a freqüência de crateras grandes diminui com o quadrado do diâmetro (Marcus, *Science*, 21 jun. 1968, p. 1.334). Fotos tiradas a partir da Mariner IV mostram as freqüências relacionadas na Tabela 14.2. Ajuste uma reta da forma $F = m(1/D^2) + b$ aos dados. Represente graficamente os dados e trace a reta.

TABELA 14.2 Tamanho das crateras em Marte

Diâmetro em km, D	$1/D^2$ (para o lado esquerdo do intervalo de classe)	Freqüência, F
32–45	0,001	51
45–64	0,0005	22
64–90	0,00024	14
90–128	0,000123	4

63. **Números de Köchel** Em 1862, o musicologista alemão Ludwig von Köchel fez uma lista cronológica das obras de Wolfgang Amadeus Mozart. Essa lista é a fonte para os números de Köchel, ou "números K", que acompanham os títulos das peças de Mozart (por exemplo, Sinfonia Concertante em Mi Bemol Maior, K. 364). A Tabela 14.3 nos dá os números de Köchel e as datas da composição de dez obras de Mozart.

(a) Esboce graficamente y *versus* k para mostrar que y está perto de ser uma função linear de K.

(b) Encontre uma reta de mínimos quadrados $y = m\text{K} + b$ para os dados e acrescente a reta ao gráfico do item (a).

(c) A obra K. 364 foi composta em 1779. Qual é a data prevista pela reta de mínimos quadrados?

TABELA 14.3 Composições de Mozart

Número de Köchel, K	Ano de composição, y
1	1761
75	1771
155	1772
119	1775
271	1777
351	1780
425	1783
503	1786
575	1789
626	1791

64. **Submarinos afundados** Os dados na Tabela 14.4 mostram o resultado de um estudo histórico sobre submarinos alemães afundados pela Marinha norte-americana durante os 16 meses consecutivos da Segunda Guerra Mundial. Os dados fornecidos para cada mês representam o número de afundamentos relatados e o número de afundamentos reais. O número de submarinos afundados foi um pouco maior do que o relatado pela Marinha. Encontre uma reta de mínimos quadrados para estimar o número real de afundamentos a partir do número de afundamentos relatados.

TABELA 14.4 Afundamentos de submarinos alemães pela Marinha norte-americana durante os 16 meses consecutivos da Segunda Guerra Mundial.

Mês	Estimativas dos Estados Unidos (afundamentos relatados) x	Número real y
1	3	3
2	2	2
3	4	6
4	2	3
5	5	4
6	5	3
7	9	11
8	12	9
9	8	10
10	13	16
11	14	13
12	3	5
13	4	6
14	13	19
15	10	15
16	16	15
	123	140

USANDO O COMPUTADOR

Explorando extremos locais em pontos críticos

Nos exercícios 65–70, você explorará funções para identificar extremos locais. Use um sistema de álgebra por computador (SAC) para executar os passos a seguir.

(a) Trace a função no retângulo dado.

(b) Trace algumas curvas de nível no retângulo.

(c) Calcule as derivadas parciais de primeira ordem da função e use a resolução de equações de um SAC para encontrar os pontos críticos. Como os pontos críticos se relacionam às curvas de nível representadas no item (b)? Quais pontos críticos, se algum, parecem fornecer um ponto de sela? Justifique a sua resposta.

(d) Calcule as derivadas parciais de segunda ordem da função e encontre o discriminante $f_{xx}f_{yy} - f_{xy}{}^2$.

(e) Usando os testes de máximo e mínimo, classifique os pontos críticos encontrados no item (c). Seus resultados são coerentes com sua discussão no item (c)?

65. $f(x, y) = x^2 + y^3 - 3xy, \quad -5 \leq x \leq 5, \quad -5 \leq y \leq 5$

66. $f(x, y) = x^3 - 3xy^2 + y^2, \quad -2 \leq x \leq 2, \quad -2 \leq y \leq 2$

67. $f(x, y) = x^4 + y^2 - 8x^2 - 6y + 16, \quad -3 \leq x \leq 3,$ $-6 \leq y \leq 6$

68. $f(x, y) = 2x^4 + y^4 - 2x^2 - 2y^2 + 3, \quad -3/2 \leq x \leq 3/2,$ $-3/2 \leq y \leq 3/2$

69. $f(x, y) = 5x^6 + 18x^5 - 30x^4 + 30xy^2 - 120x^3,$ $-4 \leq x \leq 3, \quad -2 \leq y \leq 2$

70. $f(x, y) = \begin{cases} x^5 \ln(x^2 + y^2), & (x, y) \neq (0, 0) \\ 0, & (x, y) = (0, 0) \end{cases},$ $-2 \leq x \leq 2, \quad -2 \leq y \leq 2$

14.8 Multiplicadores de Lagrange

Companion Website
Biografia histórica
Joseph Louis Lagrange (1736–1813)

Algumas vezes, precisamos encontrar os valores extremos de uma função cujo domínio está restrito dentro de algum subconjunto específico do plano, tal como um disco ou uma região triangular fechada, ou ao longo de uma curva. Nesta seção, exploraremos um método poderoso para encontrar valores extremos de funções condicionadas: o método dos *multiplicadores de Lagrange*.

Máximos e mínimos condicionados

EXEMPLO 1 Encontrando um mínimo condicionado

Encontre o ponto $P(x, y, z)$ mais próximo à origem no plano $2x + y - z - 5 = 0$.

SOLUÇÃO O problema nos pede que encontremos o valor mínimo da função

$$|\overrightarrow{OP}| = \sqrt{(x-0)^2 + (y-0)^2 + (z-0)^2} = \sqrt{x^2 + y^2 + z^2}$$

sujeita à restrição

$$2x + y - z - 5 = 0$$

Como $|\overrightarrow{OP}|$ tem um valor mínimo onde a função

$$f(x, y, z) = x^2 + y^2 + z^2$$

tem um valor mínimo, podemos resolver o problema encontrando o valor mínimo de $f(x, y, z)$ sujeita à restrição $2x + y - z - 5 = 0$ (evitando, assim, raízes quadradas). Se consideramos x e y como variáveis independentes nesta equação e escrevemos z como

$$z = 2x + y - 5$$

nosso problema se reduz a encontrar os pontos (x, y) nos quais a função

$$h(x, y) = f(x, y, 2x + y - 5) = x^2 + y^2 + (2x + y - 5)^2$$

tem seu(s) valor(es) mínimo(s). Como o domínio de h é todo o plano xy, o teste da derivada primeira da Seção 14.7 nos diz que qualquer mínimo que h possa ter deve ocorrer nos pontos onde

$$h_x = 2x + 2(2x + y - 5)(2) = 0, \qquad h_y = 2y + 2(2x + y - 5) = 0.$$

Isso nos leva a

$$10x + 4y = 20, \qquad 4x + 4y = 10$$

e à solução

$$x = \frac{5}{3}, \qquad y = \frac{5}{6}$$

Podemos aplicar um argumento geométrico junto com o teste da derivada segunda para mostrar que esses valores minimizam h. A coordenada z do ponto correspondente no plano $z = 2x + y - 5$ é

$$z = 2\left(\frac{5}{3}\right) + \frac{5}{6} - 5 = -\frac{5}{6}$$

Portanto, o ponto que procuramos é

$$\text{Ponto mais próximo:} \quad P\left(\frac{5}{3}, \frac{5}{6}, -\frac{5}{6}\right)$$

A distância de P à origem é $5/\sqrt{6} \approx 2{,}04$.

As tentativas de resolver um problema de máximo ou mínimo condicionados por substituição, como o método do Exemplo 1, nem sempre transcorrem bem. Essa é uma das razões para se aprender o novo método desta seção.

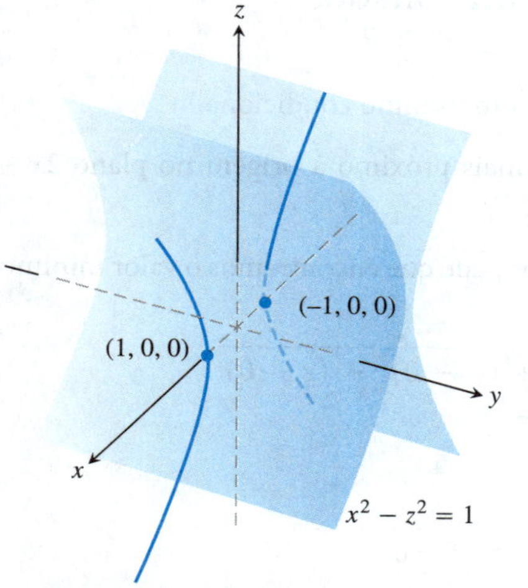

FIGURA 14.50 O cilindro hiperbólico $x^2 - z^2 - 1 = 0$ do Exemplo 2.

EXEMPLO 2 Encontrando um mínimo condicionado

Encontre os pontos mais próximos da origem no cilindro hiperbólico $x^2 - z^2 - 1 = 0$.

SOLUÇÃO 1 O cilindro é mostrado na Figura 14.50. Procuramos os pontos no cilindro mais próximos da origem. Estes são os pontos cujas coordenadas minimizam o valor da função

$$f(x, y, z) = x^2 + y^2 + z^2 \quad \text{Quadrado da distância}$$

sujeita à restrição $x^2 - z^2 - 1 = 0$. Se considerarmos x e y variáveis independentes na equação da condição, então

$$z^2 = x^2 - 1$$

e os valores de $f(x, y, z) = x^2 + y^2 + z^2$ no cilindro são dados pela função

$$h(x, y) = x^2 + y^2 + (x^2 - 1) = 2x^2 + y^2 - 1$$

Para encontramos os pontos no cilindro cujas coordenadas minimizam f, procuramos os pontos no plano xy cujas coordenadas minimizam h. O único valor extremo de h ocorre onde

$$h_x = 4x = 0 \qquad \text{e} \qquad h_y = 2y = 0,$$

isto é, no ponto (0, 0). Mas não existem pontos no cilindro onde tanto x como y são zero. O que deu errado?

O que aconteceu foi que o teste da derivada primeira encontrou (como deveria) o ponto *no domínio de* h onde h tem um valor mínimo. Por outro lado, queremos os pontos *no cilindro* onde h tem um valor mínimo. Embora o domínio de h seja o plano xy inteiro, o domínio a partir do qual podemos selecionar as duas primeiras coordenadas dos pontos (x, y, z) no cilindro está condicionado à projeção do cilindro no plano xy; ele não inclui a faixa entre as retas $x = -1$ e $x = 1$ (Figura 14.51).

Poderemos evitar esse problema se tratarmos y e z como variáveis independentes (no lugar de x e y) e expressar x em termos de y e z como

$$x^2 = z^2 + 1$$

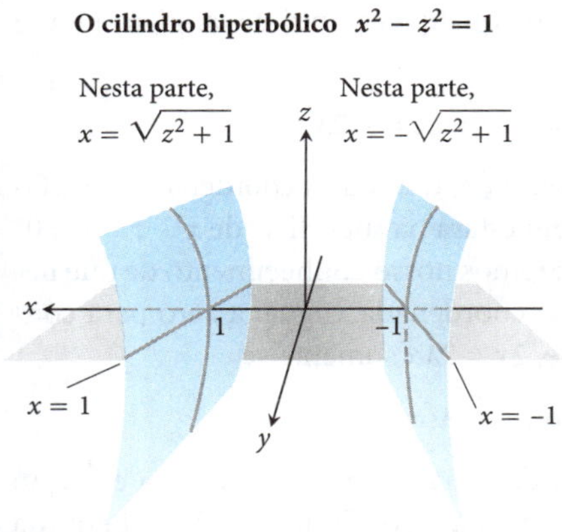

FIGURA 14.51 A região no plano xy a partir da qual as duas primeiras coordenadas dos pontos (x, y, z) no cilindro hiperbólico $x^2 - z^2 = 1$ foram selecionadas exclui a faixa $-1 < x < 1$ no plano xy (Exemplo 2).

Com essa substituição, $f(x, y, z) = x^2 + y^2 + z^2$ torna-se

$$k(y, z) = (z^2 + 1) + y^2 + z^2 = 1 + y^2 + 2z^2$$

e olhamos os pontos onde k assume o menor valor. O domínio de k no plano yz agora é o mesmo domínio do qual selecionamos as coordenadas y e z dos pontos (x, y, z) no cilindro. Conseqüentemente, os pontos que minimizam k no plano terão pontos correspondentes no cilindro. Os menores valores de k ocorrem onde

$$k_y = 2y = 0 \qquad \text{e} \qquad k_z = 4z = 0$$

ou onde $y = z = 0$. Isso leva a

$$x^2 = z^2 + 1 = 1, \qquad x = \pm 1$$

Os pontos correspondentes no cilindro são $(\pm 1, 0, 0)$. Podemos ver pela desigualdade

$$k(y, z) = 1 + y^2 + 2z^2 \geq 1$$

que os pontos $(\pm 1, 0, 0)$ dão um valor mínimo para k. Podemos ver também que a distância mínima da origem ao ponto no cilindro é de 1 unidade.

SOLUÇÃO 2 Outra maneira de encontrar os pontos no cilindro mais próximos da origem é imaginar uma pequena esfera centrada na origem que se expande como uma bolha de sabão até tocar o cilindro (Figura 14.52). Em cada ponto de contato, o cilindro e a esfera têm o mesmo plano tangente e a mesma reta normal. Portanto, se a esfera e o cilindro forem representados como superfícies de nível obtidas fazendo-se

$$f(x, y, z) = x^2 + y^2 + z^2 - a^2 \quad \text{e} \quad g(x, y, z) = x^2 - z^2 - 1$$

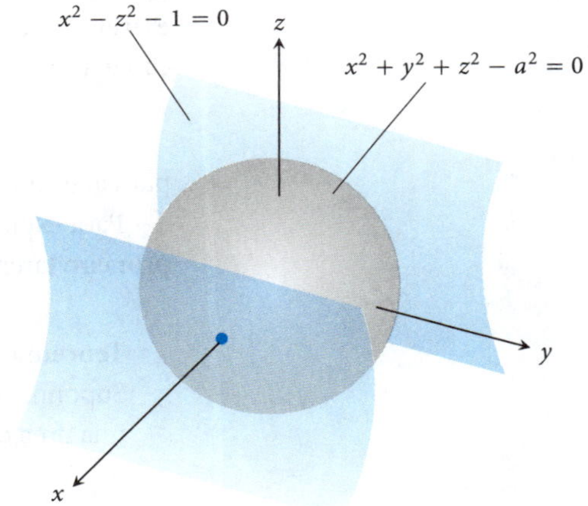

FIGURA 14.52 Uma esfera que se expande como uma bolha de sabão centrada na origem até tocar o cilindro hiperbólico $x^2 - z^2 - 1 = 0$ (Exemplo 2).

iguais a zero, então os gradientes ∇f e ∇g serão paralelos onde as superfícies tocarem. Em qualquer ponto de contato deveria ser possível encontrar um λ ("lambda") escalar tal que

$$\nabla f = \lambda \nabla g$$

ou

$$2x\mathbf{i} + 2y\mathbf{j} + 2z\mathbf{k} = \lambda(2x\mathbf{i} - 2z\mathbf{k})$$

Assim, as coordenadas x, y e z de qualquer ponto de tangência terão de satisfazer as equações escalares

$$2x = 2\lambda x, \qquad 2y = 0, \qquad 2z = -2\lambda z$$

Para quais valores de λ um ponto (x, y, z) cujas coordenadas satisfazem essas equações escalares também estará na superfície de $x^2 - z^2 - 1 = 0$? Para responder a essa pergunta, usaremos nosso conhecimento de que nenhum ponto na superfície tem uma coordenada x igual a zero para concluir que $x \neq 0$. Conseqüentemente, $2x = 2\lambda x$ somente se

$$2 = 2\lambda \qquad \text{ou} \qquad \lambda = 1$$

Para $\lambda = 1$, a equação $2z = -2\lambda z$ torna-se $2z = -2z$. Se essa equação também for satisfeita, z deverá ser igual a zero. Como $y = 0$ também (da equação $2y = 0$), concluímos que os pontos que procuramos têm coordenadas da forma

$$(x, 0, 0)$$

Quais pontos na superfície $x^2 - z^2 = 1$ têm coordenadas dessa forma? A resposta é: Os pontos $(x, 0, 0)$ para os quais

$$x^2 - (0)^2 = 1, \quad x^2 = 1 \qquad \text{ou} \qquad x = \pm 1$$

Os pontos no cilindro mais próximos da origem são $(\pm 1, 0, 0)$.

O método dos multiplicadores de Lagrange

Na Solução 2, do Exemplo 2, resolvemos o problema pelo **método dos multiplicadores de Lagrange**. Em termos gerais, o método diz que os valores extremos de uma função $f(x, y, z)$ cujas variáveis estejam sujeitas a uma restrição $g(x, y, z) = 0$ devem ser encontrados na superfície $g = 0$ nos pontos onde

$$\nabla f = \lambda \nabla g$$

para algum escalar λ (chamado **multiplicador de Lagrange**).

Para explorarmos um pouco mais o método e vermos por que ele funciona, primeiro faremos a observação a seguir, a qual afirmaremos como um teorema.

Teorema 12 Teorema do gradiente ortogonal
Suponha que $f(x, y, z)$ seja diferenciável em uma região cujo interior contenha uma curva lisa

$$C\colon \mathbf{r}(t) = g(t)\mathbf{i} + h(t)\mathbf{j} + k(t)\mathbf{k}$$

Se P_0 for um ponto em C onde f tiver um máximo ou mínimo locais relativos aos seus valores em C, então ∇f é ortogonal a C em P_0.

PROVA Mostramos que ∇f é ortogonal ao vetor velocidade da curva em P_0. Os valores de f em C são dados pela composta $f(g(t), h(t), k(t))$ cuja derivada em relação a t é

$$\frac{df}{dt} = \frac{\partial f}{\partial x}\frac{dg}{dt} + \frac{\partial f}{\partial y}\frac{dh}{dt} + \frac{\partial f}{\partial z}\frac{dk}{dt} = \nabla f \cdot \mathbf{v}$$

Em qualquer ponto P_0 onde f tem um máximo ou mínimo locais relativos a seus valores na curva, $df/dt = 0$, assim

$$\nabla f \cdot \mathbf{v} = 0$$

Desconsiderando os termos em z no Teorema 12, obtemos um resultado similar para funções de duas variáveis.

Corolário do Teorema 12

Nos pontos sobre uma curva lisa $\mathbf{r}(t) = g(t)\mathbf{i} + h(t)\mathbf{j}$ onde uma função diferenciável $f(x, y)$ assume seus máximos ou mínimos locais relativos a seus valores sobre a curva, $\nabla f \cdot \mathbf{v} = 0$, onde $\mathbf{v} = d\mathbf{r}/dt$.

O Teorema 12 é a chave para o método dos multiplicadores de Lagrange. Suponha que $f(x, y, z)$ e $g(x, y, z)$ sejam diferenciáveis e que P_0 seja um ponto na superfície $g(x, y, z) = 0$ onde f tem um valor máximo ou mínimo locais em relação a seus outros valores na superfície. Então, f assume um valor máximo ou mínimo local em P_0 relativos a seus valores em toda curva derivável passando por P_0 na superfície $g(x, y, z) = 0$. Portanto, ∇f é ortogonal ao vetor velocidade de toda curva diferenciável desse tipo que passa por P_0. Mas o mesmo acontece com ∇g (uma vez que ∇g é ortogonal à superfície de nível $g = 0$, como vimos na Seção 14.5). Portanto, em P_0, ∇f é algum múltiplo escalar λ de ∇g.

O método dos multiplicadores de Lagrange

Suponha que $f(x, y, z)$ e $g(x, y, z)$ sejam diferenciáveis e $\nabla g \neq 0$ quando $g(x, y, z) = 0$. Para encontrar os valores máximo e mínimo locais de f sujeitos à restrição $g(x, y, z) = 0$, encontre os valores de x, y, z e λ que satisfaçam simultaneamente as equações

$$\nabla f = \lambda \nabla g \qquad \text{e} \qquad g(x, y, z) = 0 \tag{1}$$

Para funções de duas variáveis independentes, a condição é semelhante, só que sem a variável z.

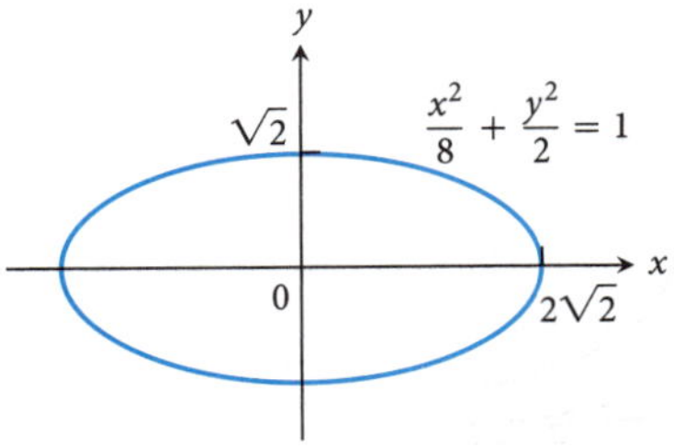

FIGURA 14.53 O Exemplo 3 mostra como encontrar os maiores e os menores valores do produto xy nesta elipse.

EXEMPLO 3 Usando o método dos multiplicadores de Lagrange

Encontre o maior e o menor valor que a função

$$f(x, y) = xy$$

assume na elipse (Figura 14.53)

$$\frac{x^2}{8} + \frac{y^2}{2} = 1$$

SOLUÇÃO Queremos os valores extremos de $f(x, y) = xy$ sujeitos à restrição

$$g(x, y) = \frac{x^2}{8} + \frac{y^2}{2} - 1 = 0$$

Para isso, primeiro encontramos os valores de x, y e λ para os quais

$$\nabla f = \lambda \nabla g \qquad \text{e} \qquad g(x, y) = 0$$

A equação dos gradientes na Equação (1) dá

$$y\mathbf{i} + x\mathbf{j} = \frac{\lambda}{4}x\mathbf{i} + \lambda y\mathbf{j}$$

a partir da qual encontramos

$$y = \frac{\lambda}{4}x, \qquad x = \lambda y, \qquad \text{e} \qquad y = \frac{\lambda}{4}(\lambda y) = \frac{\lambda^2}{4}y$$

de modo que $y = 0$ ou $\lambda = \pm 2$. Consideraremos agora estes dois casos.

Caso 1: Se $y = 0$, então $x = y = 0$. Mas $(0, 0)$ não está na elipse. Conseqüentemente, $y \neq 0$.

Caso 2: Se $y \neq 0$, então $\lambda = \pm 2$ e $x = \pm 2y$. Fazendo essa substituição na equação $g(x, y) = 0$, temos

$$\frac{(\pm 2y)^2}{8} + \frac{y^2}{2} = 1, \qquad 4y^2 + 4y^2 = 8 \qquad \text{e} \qquad y = \pm 1$$

A função $f(x, y) = xy$ assume, portanto, seus valores extremos na elipse em quatro pontos $(\pm 2, 1)$, $(\pm 2, -1)$. Os valores extremos são $xy = 2$ e $xy = -2$.

A GEOMETRIA DA SOLUÇÃO As curvas de nível da função $f(x, y) = xy$ são as hipérboles $xy = c$ (Figura 14.54). Quanto maior a distância entre a hipérbole e a origem, maior o valor absoluto de f. Queremos encontrar os valores extremos de $f(x, y)$, dado que o ponto (x, y) também está na elipse $x^2 + 4y^2 = 8$. Quais hipérboles que têm interseção com a elipse estão mais distantes da origem? As hipérboles que apenas tocam levemente a elipse, as que são tangentes à elipse, são as mais distantes. Nesses pontos, qualquer vetor normal à hipérbole é normal à elipse, de modo que $\nabla f = y\mathbf{i} + x\mathbf{j}$ é um múltiplo $(\lambda = \pm 2)$ de $\nabla g = (x/4)\mathbf{i} + y\mathbf{j}$. No ponto $(2, 1)$, por exemplo,

$$\nabla f = \mathbf{i} + 2\mathbf{j}, \qquad \nabla g = \frac{1}{2}\mathbf{i} + \mathbf{j}, \qquad \text{e} \qquad \nabla f = 2\nabla g$$

No ponto $(-2, 1)$,

$$\nabla f = \mathbf{i} - 2\mathbf{j}, \qquad \nabla g = -\frac{1}{2}\mathbf{i} + \mathbf{j}, \qquad \text{e} \qquad \nabla f = -2\nabla g$$

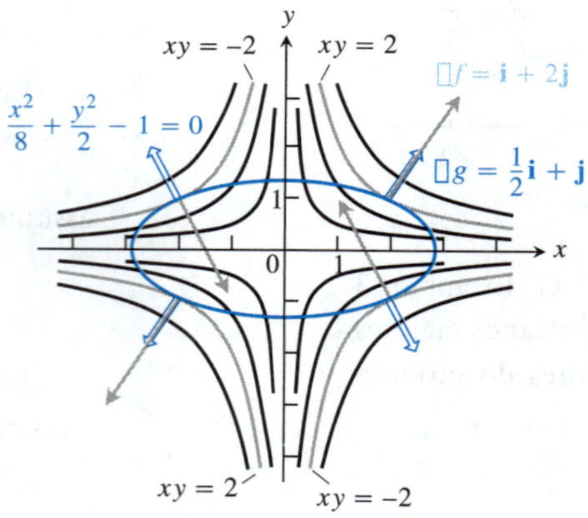

FIGURA 14.54 Quando sujeita à restrição $g(x, y) = x^2/8 + y^2/2 - 1 = 0$, a função $f(x, y) = xy$ assume valores extremos em quatro pontos $(\pm 2, \pm 1)$. Esses são os pontos na elipse quando ∇f é um múltiplo escalar de ∇g (Exemplo 3).

EXEMPLO 4 Encontrando valores extremos de uma função em uma circunferência

Encontre os valores máximo e mínimo da função $f(x, y) = 3x + 4y$ na circunferência $x^2 + y^2 = 1$.

SOLUÇÃO Modelamos isso como um problema de multiplicador de Lagrange com

$$f(x, y) = 3x + 4y, \qquad g(x, y) = x^2 + y^2 - 1$$

e procuramos os valores de x, y e λ que satisfazem as equações

$$\nabla f = \lambda \nabla g: \qquad 3\mathbf{i} + 4\mathbf{j} = 2x\lambda\mathbf{i} + 2y\lambda\mathbf{j}$$

$$g(x, y) = 0: \qquad x^2 + y^2 - 1 = 0$$

A equação dos gradientes na Equação (1) implica que $\lambda \neq 0$ e dá

$$x = \frac{3}{2\lambda}, \qquad y = \frac{2}{\lambda}$$

Essas equações nos dizem, entre outras coisas, que x e y têm o mesmo sinal. Com esses valores para x e y, a equação $g(x, y) = 0$ dá

$$\left(\frac{3}{2\lambda}\right)^2 + \left(\frac{2}{\lambda}\right)^2 - 1 = 0$$

assim

$$\frac{9}{4\lambda^2} + \frac{4}{\lambda^2} = 1, \qquad 9 + 16 = 4\lambda^2, \qquad 4\lambda^2 = 25, \qquad \text{e} \qquad \lambda = \pm\frac{5}{2}$$

Então,

$$x = \frac{3}{2\lambda} = \pm\frac{3}{5}, \qquad y = \frac{2}{\lambda} = \pm\frac{4}{5}$$

e $f(x, y) = 3x + 4y$ tem valores extremos em $(x, y) = \pm(3/5, 4/5)$.

Calculando o valor de $3x + 4y$ nos pontos $\pm(3/5, 4/5)$, vemos que seus valores máximo e mínimo na circunferência $x^2 + y^2 = 1$ são

$$3\left(\frac{3}{5}\right) + 4\left(\frac{4}{5}\right) = \frac{25}{5} = 5 \quad \text{e} \quad 3\left(-\frac{3}{5}\right) + 4\left(-\frac{4}{5}\right) = -\frac{25}{5} = -5$$

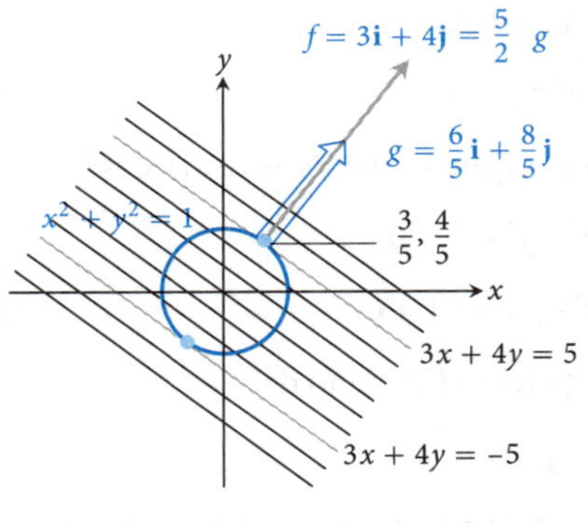

FIGURA 14.55 A função $f(x, y) = 3x + 4y$ assume seu maior valor sobre a circunferência unitária $g(x, y) = x^2 + y^2 - 1 = 0$ no ponto $(3/5, 4/5)$ e o seu menor valor no ponto $(-3/5, -4/5)$ (Exemplo 4). Em cada um desses pontos, ∇f é um múltiplo escalar de ∇g. A figura mostra os gradientes no primeiro ponto, mas não no segundo.

A GEOMETRIA DA SOLUÇÃO As curvas de nível de $f(x, y) = 3x + 4y$ são as retas $3x + 4y = c$ (Figura 14.55). Quanto mais longe da origem estiverem as retas, maior será o valor absoluto de f. Queremos encontrar os valores extremos de $f(x, y)$, dado que o ponto (x, y) esteja também na circunferência $x^2 + y^2 = 1$. Quais retas que têm interseção com a circunferência estão mais afastadas da origem? As retas tangentes à circunferência estão mais afastadas. Nos pontos de tangência, qualquer vetor normal à reta é normal à circunferência, assim o gradiente $\nabla f = 3\mathbf{i} + 4\mathbf{j}$ é um múltiplo ($\lambda = \pm 5/2$) do gradiente $\nabla g = 2x\mathbf{i} + 2y\mathbf{j}$. No ponto $(3/5, 4/5)$, por exemplo,

$$\nabla f = 3\mathbf{i} + 4\mathbf{j}, \qquad \nabla g = \frac{6}{5}\mathbf{i} + \frac{8}{5}\mathbf{j}, \qquad \text{e} \qquad \nabla f = \frac{5}{2}\nabla g$$

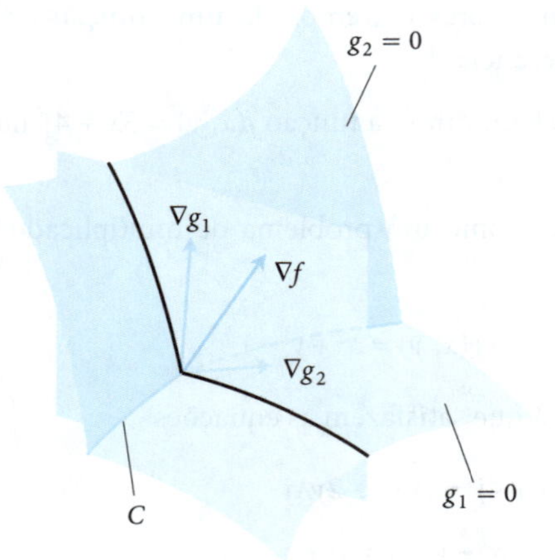

FIGURA 11.56 Os vetores ∇g_1e ∇g_2 estão em um plano perpendicular à curva C porque ∇g_1 é normal à superfície $g_1 = 0$ e ∇g_2 é normal à superfície $g_2 = 0$.

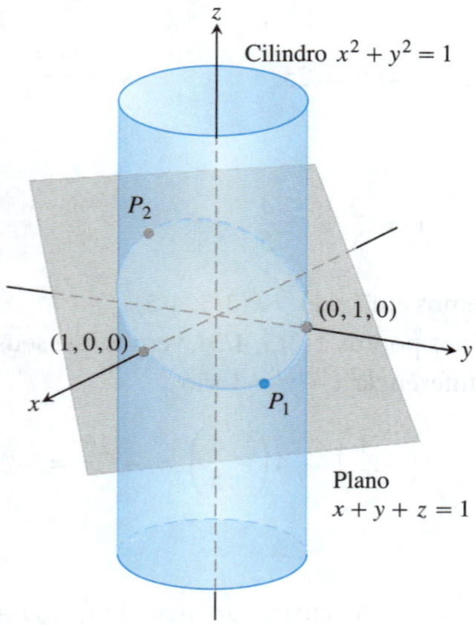

FIGURA 14.57 Sobre a elipse onde o plano e o cilindro se encontram, quais são os pontos mais próximos e mais afastados da origem? (Exemplo 5.)

Multiplicadores de Lagrange com duas restrições

Muitos problemas exigem que encontremos os valores extremos de uma função diferenciável $f(x, y, z)$ cujas variáveis estejam sujeitas a duas restrições. Se as restrições são

$$g_1(x, y, z) = 0 \qquad \text{e} \qquad g_2(x, y, z) = 0$$

e g_1 e g_2 são diferenciáveis, com ∇g_1 não paralelo a ∇g_2, encontramos os máximos e mínimos locais condicionados de f introduzindo dois multiplicadores de Lagrange λ e μ ("mi"). Isto é, localizamos os pontos $P(x, y, z)$ onde f assume seus valores extremos condicionados encontrando os valores de x, y, z, λ e μ que simultaneamente satisfazem as equações

$$\nabla f = \lambda \nabla g_1 + \mu \nabla g_2, \qquad g_1(x, y, z) = 0, \qquad g_2(x, y, z) = 0 \tag{2}$$

As equações (2) têm uma interpretação geométrica interessante. As superfícies $g_1 = 0$ e $g_2 = 0$ (em geral) apresentam interseção em uma curva lisa, digamos C (Figura 14.56). Ao longo dessa curva, procuramos os pontos onde f tem valores máximo e mínimo locais relativos a seus outros valores sobre a curva.

Esses são os pontos onde ∇f é normal a C, como vimos no Teorema 12. Mas ∇g_1 e ∇g_2 também são normais a C nesses pontos porque C está nas superfícies $g_1 = 0$ e $g_2 = 0$. Portanto, ∇f está no plano determinado por ∇g_1 e ∇g_2, o que significa que $\nabla f = \lambda \nabla g_1 + \mu \nabla g_2$ para algum λ e μ. Como os pontos que procuramos também estão em ambas as superfícies, suas coordenadas devem satisfazer as equações $g_1(x, y, z) = 0$ e $g_2(x, y, z) = 0$, as quais são as condições restantes nas equações (2).

EXEMPLO 5 Encontrando extremos da distância sobre uma elipse

O plano $x + y + z = 1$ corta o cilindro $x^2 + y^2 = 1$ em uma elipse (Figura 14.57). Encontre os pontos sobre a elipse que estão mais próximos e mais afastados da origem.

SOLUÇÃO Encontramos os valores extremos de

$$f(x, y, z) = x^2 + y^2 + z^2$$

(o quadrado da distância de (x, y, z) à origem) sujeitos às restrições

$$g_1(x, y, z) = x^2 + y^2 - 1 = 0 \tag{3}$$

$$g_2(x, y, z) = x + y + z - 1 = 0 \tag{4}$$

A equação dos gradientes nas equações (2) então dá

$$\nabla f = \lambda \nabla g_1 + \mu \nabla g_2$$

$$2x\mathbf{i} + 2y\mathbf{j} + 2z\mathbf{k} = \lambda(2x\mathbf{i} + 2y\mathbf{j}) + \mu(\mathbf{i} + \mathbf{j} + \mathbf{k})$$

$$2x\mathbf{i} + 2y\mathbf{j} + 2z\mathbf{k} = (2\lambda x + \mu)\mathbf{i} + (2\lambda y + \mu)\mathbf{j} + \mu\mathbf{k}$$

ou

$$2x = 2\lambda x + \mu, \qquad 2y = 2\lambda y + \mu, \qquad 2z = \mu \tag{5}$$

As equações escalares em (5) resultam em

$$\begin{aligned} 2x &= 2\lambda x + 2z \Rightarrow (1 - \lambda)x = z, \\ 2y &= 2\lambda y + 2z \Rightarrow (1 - \lambda)y = z \end{aligned} \tag{6}$$

As equações (6) são satisfeitas simultaneamente se $\lambda = 1$ e $z = 0$ ou $\lambda \neq 1$ e $x = y = z/(1 - \lambda)$.

Se $z = 0$, resolvendo-se então as equações (3) e (4) simultaneamente para encontrar os pontos correspondentes sobre a elipse, obtêm-se os dois pontos (1, 0, 0) e (0, 1, 0). Isso tem sentido quando se olha a Figura 14.57.

Se $x = y$, então as equações (3) e (4) dão

$$x^2 + x^2 - 1 = 0 \qquad x + x + z - 1 = 0$$
$$2x^2 = 1 \qquad z = 1 - 2x$$
$$x = \pm\frac{\sqrt{2}}{2} \qquad z = 1 \pm \sqrt{2}$$

Os pontos correspondentes sobre a elipse são

$$P_1 = \left(\frac{\sqrt{2}}{2}, \frac{\sqrt{2}}{2}, 1 - \sqrt{2}\right) \quad \text{e} \quad P_2 = \left(-\frac{\sqrt{2}}{2}, -\frac{\sqrt{2}}{2}, 1 + \sqrt{2}\right)$$

Aqui, contudo, precisamos ser cuidadosos. Embora P_1 e P_2 dêem ambos máximos locais de f sobre a elipse, P_2 está mais distante da origem do que P_1.

Os pontos sobre a elipse mais próximos da origem são (1, 0, 0) e (0, 1, 0). O ponto sobre a elipse mais afastado da origem é P_2.

Exercícios 14.8

Duas variáveis independentes com uma restrição

1. **Extremos sobre uma elipse** Encontre os pontos sobre a elipse $x^2+2y^2=1$, onde $f(x, y) = xy$ tem seus valores extremos.
2. **Extremos sobre uma circunferência** Encontre os valores extremos de $f(x, y) = xy$ sujeitos à restrição $g(x, y) = x^2 + y^2 - 10 = 0$.
3. **Máximo sobre uma reta** Encontre o valor máximo de $f(x, y) = 49 - x^2 - y^2$ sobre a reta $x + 3y = 10$.
4. **Extremos sobre uma reta** Encontre os valores extremos locais de $f(x, y) = x^2y$ sobre a reta $x + y = 3$.
5. **Mínimo condicionado** Encontre os pontos sobre a curva $xy^2 = 54$ mais próximos da origem.
6. **Mínimo condicionado** Encontre os pontos sobre a curva $x^2y = 2$ mais próximos da origem.
7. Use o método dos multiplicadores de Lagrange para encontrar
   (a) **Mínimo sobre uma hipérbole** O valor mínimo de $x + y$, sujeito às restrições $xy = 16$, $x > 0$, $y > 0$.
   (b) **Máximo sobre uma reta** O valor máximo de xy, sujeito à restrição $x + y = 16$.

   Comente a geometria de cada solução.
8. **Extremos sobre uma curva** Encontre os pontos sobre a curva $x^2 + xy + y^2 = 1$ no plano xy que estão mais próximos e mais afastados da origem.
9. **Área mínima com volume fixo** Encontre as dimensões da lata cilíndrica, circular, reta e fechada de menor área cujo volume é 16π cm³.
10. **Cilindro em uma esfera** Encontre o raio e a altura do cilindro, circular, reto e aberto de maior área que pode ser inscrito em uma esfera de raio a. Qual é essa área?
11. **Retângulo de maior área em uma elipse** Use o método dos multiplicadores de Lagrange para encontrar as dimensões do retângulo de maior área que pode ser inscrito na elipse $x^2/16\ y^2/9 = 1$ com lados paralelos aos eixos coordenados.
12. **Retângulo de maior perímetro em uma elipse** Encontre as dimensões do retângulo de maior perímetro que pode ser inscrito na elipse $x^2/a^2 + y^2/b^2 = 1$ com lados paralelos aos eixos coordenados. Qual é esse perímetro?
13. **Extremos sobre uma circunferência** Encontre os valores máximos e mínimos de $x^2 + y^2$ sujeitos à restrição $x^2 - 2x + y^2 - 4y = 0$.

14. Extremos sobre uma circunferência Encontre os valores máximos e mínimos de $3x - y + 6$ sujeitos à restrição $x^2 + y^2 = 4$.

15. Formiga sobre uma chapa metálica A temperatura em um ponto (x, y) sobre uma placa metálica é $T(x, y) = 4x^2 - 4xy + y^2$. Uma formiga sobre a chapa anda ao redor da circunferência de raio 5 centrada na origem. Quais são as temperaturas máxima e mínima encontradas pela formiga?

16. Tanque de armazenamento mais barato Foi encomendado para sua empresa o projeto de um tanque para gás liquefeito de petróleo. As especificações do cliente pedem um tanque cilíndrico com extremidades hemisféricas que contenha 8.000 m^3 de gás. O cliente também quer usar a menor quantidade possível de material para construir o tanque. Qual raio e altura da parte cilíndrica você recomendaria para o tanque?

Três variáveis independentes com uma restrição

17. Distância mínima a um ponto Encontre o ponto sobre o plano $x + 2y + 3z = 13$ mais próximo do ponto (1, 1, 1).

18. Distância máxima a um ponto Encontre o ponto sobre a esfera $x^2 + y^2 + z^2 = 4$ mais distante do ponto (1, –1, 1).

19. Distância mínima da origem Encontre a distância mínima da superfície $x^2 + y^2 - z^2 = 1$ à origem.

20. Distância mínima da origem Encontre o ponto sobre a superfície $z = xy + 1$ mais próximo da origem.

21. Distância mínima da origem Encontre os pontos sobre a superfície $z^2 = xy + 4$ mais próximos da origem.

22. Distância mínima da origem Encontre o(s) ponto(s) sobre a superfície $xyz = 1$ mais próximo(s) da origem.

23. Extremos sobre uma esfera Encontre os valores máximos e mínimos de

$$f(x, y, z) = x - 2y + 5z$$

sobre a esfera $x^2 + y^2 + z^2 = 30$.

24. Extremos sobre uma esfera Encontre os pontos sobre a esfera $x^2 + y^2 + z^2 = 25$ onde $f(x, y, z) = x + 2y + 3z$ tem os seus valores máximos e mínimos.

25. Minimizando uma soma de quadrados Encontre três números reais cuja soma seja 9 e cuja soma de seus quadrados seja a menor possível.

26. Maximizando um produto Encontre o maior produto possível dos números positivos x, y e z se $x + y + z^2 = 16$.

27. Caixa retangular de maior volume em uma esfera Encontre as dimensões da caixa retangular fechada com máximo volume que pode ser inscrita na esfera unitária.

28. Caixa com vértice sobre um plano Encontre o volume da maior caixa retangular fechada no primeiro octante que tenha três faces nos planos coordenados e um vértice no plano $x/a + y/b + z/c = 1$, onde $a > 0$, $b > 0$ e $c > 0$.

29. Ponto mais quente sobre uma sonda espacial Uma sonda espacial no formato de um elipsóide

$$4x^2 + y^2 + 4z^2 = 16$$

penetra na atmosfera da Terra e sua superfície começa a se aquecer. Depois de 1 h, a temperatura no ponto (x, y, z) sobre a superfície da sonda é

$$T(x, y, z) = 8x^2 + 4yz - 16z + 600$$

Encontre o ponto mais quente sobre a superfície da sonda.

30. Temperaturas extremas sobre uma esfera Suponha que a temperatura em Celsius em um ponto (x, y, z) sobre uma esfera $x^2 + y^2 + z^2 = 1$ seja $T = 400xyz^2$. Localize as temperaturas mais altas e mais baixas sobre a esfera.

31. Maximizando uma função de utilidade: um exemplo em economia Em economia, a *utilidade* de quantidades x e y de dois bens de capital G_1 e G_2 é, algumas vezes, medida por uma função $U(x, y)$. Por exemplo, G_1 e G_2 podem ser dois produtos químicos que uma indústria farmacêutica precisa ter à mão e $U(x, y)$, o lucro na manufatura de um produto cuja síntese necessita de quantidades diferentes dos produtos químicos, dependendo do processo utilizado. Se G_1 custa a dólares por quilograma, G_2 custa b dólares por quilograma e a quantidade total destinada à compra de G_1 e G_2 juntos é c dólares, então os administradores da empresa querem maximizar $U(x, y)$, dado que $ax + by = c$. Assim, eles precisam resolver um problema típico de multiplicadores de Lagrange.

Suponha que

$$U(x, y) = xy + 2x$$

e que a equação $ax + by = c$ seja simplificada para

$$2x + y = 30$$

Encontre o valor máximo de U e os valores correspondentes de x e y sujeitos a essa última restrição.

32. Posicionando um radiotelescópio Você está encarregado de construir um radiotelescópio em um planeta recentemente descoberto. Para minimizar a interferência, você deseja colocá-lo onde o campo magnético do planeta é mais fraco. O planeta é esférico, com um raio de 6 unidades. Com base em um sistema de coordenadas cuja origem está no centro do planeta, a intensidade do campo magnético é dada por $M(x, y, z) = 6x - y^2 + xz + 60$. Onde você posicionaria o radiotelescópio?

Valores extremos sujeitos a duas restrições

33. Maximize a função $f(x, y, z) = x^2 + 2y - z^2$ sujeita às restrições $2x - y = 0$ e $y + z = 0$.

34. Minimize a função $f(x, y, z) = x^2 + y^2 + z^2$ sujeita às restrições $x + 2y + 3z = 6$ e $x + 3y + 9z = 9$.

35. Distância mínima da origem Encontre o ponto mais próximo da origem sobre a reta de interseção dos planos $y + 2z = 12$ e $x + y = 6$.

36. Valor máximo sobre uma reta Encontre o valor máximo que $f(x, y, z) = x^2 + 2y - z^2$ pode ter sobre a reta dada pela interseção dos planos $2x - y = 0$ e $y + z = 0$.

37. Extremos sobre uma curva de interseção Encontre os valores extremos de $f(x, y, z) = x^2yz + 1$ sobre a interseção do plano $z = 1$ com a esfera $x^2 + y^2 + z^2 = 10$.

38. (a) **Máximo sobre uma reta de interseção** Encontre o valor máximo de $w = xyz$ sobre a reta dada pela interseção dos dois planos $x + y + z = 40$ e $x + y - z = 0$.

(b) Dê um argumento geométrico para justificar sua afirmação de que encontrou um valor máximo, e não mínimo, de w.

39. Extremos sobre uma circunferência de interseção Encontre os valores extremos da função $f(x, y, z) = xy + z^2$ sobre a circunferência na qual há interseção do plano $y - x = 0$ com a esfera $x^2 + y^2 + z^2 = 4$.

40. Distância mínima da origem Encontre o ponto mais próximo da origem sobre a curva de interseção do plano $2y + 4z = 5$ e do cone $z^2 = 4x^2 + 4y^2$.

Teoria e exemplos

41. A condição $\nabla f = \lambda \nabla g$ não é suficiente Embora $\nabla f = \lambda \nabla g$ seja uma condição necessária para a ocorrência de um valor extremo de $f(x, y)$ sujeito à restrição $g(x, y) = 0$, ela não garante por si só que ele exista. Como um exemplo, tente usar o método dos multiplicadores de Lagrange para encontrar um valor máximo de $f(x, y) = x + y$ sujeito à restrição $xy = 16$. O método identificará os dois pontos $(4, 4)$ e $(-4, -4)$ como candidatos para a localização dos valores extremos. Ainda assim, a soma $(x + y)$ não tem valor máximo sobre a hipérbole $xy = 16$. Quanto mais distante você está da origem nessa hipérbole no primeiro quadrante, maior se torna a soma $f(x, y) = x + y$.

42. Um plano de mínimos quadrados O plano $z = Ax + By + C$ deve ser "ajustado" aos pontos (x_k, y_k, z_k) a seguir:

$$(0, 0, 0), \quad (0, 1, 1), \quad (1, 1, 1), \quad (1, 0, -1).$$

Encontre os valores de A, B e C que minimizam

$$\sum_{k=1}^{4} (Ax_k + By_k + C - z_k)^2$$

a soma dos quadrados dos desvios.

43. (a) **Máximos sobre uma esfera** Mostre que o valor máximo de $a^2b^2c^2$ sobre uma esfera de raio r centrada na origem de um sistema de coordenadas cartesianas abc é $(r^2/3)^3$.

(b) **Média geométrica e aritmética** Usando o item (a), mostre que, para números não negativos a, b e c,

$$(abc)^{1/3} \leq \frac{a + b + c}{3}$$

isto é, a *média geométrica* de três números não negativos é menor ou igual à *média aritmética*.

44. Soma de produtos Sejam $a_1, a_2, \ldots, a_n$ n números positivos. Encontre o máximo de $\sum_{i=1}^{n} a_i x_i$ sujeito à restrição $\sum_{i=1}^{n} x_i^2 = 1$.

USANDO O COMPUTADOR

Implementando o método dos multiplicadores de Lagrange

Nos exercícios 45–50, use um SAC para executar os seguintes passos de implementação do método dos multiplicadores de Lagrange para encontrar extremos condicionados:

(a) Forme a função $h = f - \lambda_1 g_1 - \lambda_2 g_2$, onde f é a função a otimizar sujeita às restrições $g_1 = 0$ e $g_2 = 0$.

(b) Determine todas as derivadas parciais de primeira ordem de h, incluindo as derivadas parciais em relação a λ_1 e λ_2 e iguale-as a zero.

(c) Resolva o sistema de equações encontrado no item (b) para todas as variáveis, incluindo λ_1 e λ_2.

(d) Calcule f em cada solução encontrada no item (c) e selecione o valor extremo sujeito às restrições pedidas para o exercício.

45. Minimize $f(x, y, z) = xy + yz$ sujeito às restrições $x^2 + y^2 - 2 = 0$ e $x^2 + z^2 - 2 = 0$.

46. Minimize $f(x, y, z) = xyz$ sujeito às restrições $x^2 + y^2 - 1 = 0$ e $x - z = 0$.

47. Maximize $f(x, y, z) = x^2 + y^2 + z^2$ sujeito às restrições $2y + 4z - 5 = 0$ e $4x^2 + 4y^2 - z^2 = 0$.

48. Minimize $f(x, y, z) = x^2 + y^2 + z^2$ sujeito às restrições $x^2 - xy + y^2 - z^2 - 1 = 0$ e $x^2 + y^2 - 1 = 0$.

49. Minimize $f(x, y, z, w) = x^2 + y^2 + z^2 + w^2$ sujeito às restrições $2x - y + z - w - 1 = 0$ e $x + y - z + w - 1 = 0$.

50. Determine a distância da reta $y = x + 1$ à parábola $y^2 = x$. (*Sugestão*: Seja (x, y) um ponto sobre a reta e (w, z) um ponto sobre a parábola. Você quer minimizar $(x - w)^2 + (y - z)^2$.)

14.9 Derivadas parciais com variáveis condicionadas*

Ao encontrarmos derivadas parciais de funções como $w = f(x, y)$, temos considerado x e y independentes. Em muitas aplicações, contudo, este não é o caso. Por exemplo, a energia interna U de um gás pode ser expressa como uma função $U = f(P, V, T)$ da pressão P, do volume V e da temperatura T. Se as moléculas individuais do gás não interagem, contudo, P, V e T obedecem à lei do gás ideal (e são condicionadas por ela)

$$PV = nRT \qquad \text{(com } n \text{ e } R \text{ constantes)},$$

e deixam de ser independentes. Encontrar derivadas parciais em situações como esta pode ser complicado, mas é melhor enfrentar essa complicação agora que encontrá-la pela primeira vez quando estiver tentando aprender economia, engenharia ou física.*

Decida quais variáveis são dependentes e quais são independentes

Se as variáveis na função $w = f(x, y, z)$ forem condicionadas por uma relação como aquela imposta sobre x, y e z pela equação $z = x^2 + y^2$, os significados geométricos e os valores numéricos das derivadas parciais de f dependerão de quais variáveis são escolhidas como dependentes e quais são escolhidas como independentes. Para ver como essa escolha pode afetar o resultado, consideramos o cálculo de $\partial w/\partial x$ quando $w = x^2 + y^2 + z^2$ e $z = x^2 + y^2$.

EXEMPLO 1 Encontrando uma derivada parcial com variáveis independentes condicionadas

Encontre $\partial w/\partial x$ se $w = x^2 + y^2 + z^2$ e $z = x^2 + y^2$.

SOLUÇÃO São dadas duas equações e quatro variáveis x, y, z e w. Como em muitos desses sistemas, duas variáveis (variáveis dependentes) podem ser encontradas em termos das outras (variáveis independentes). Ao nos perguntarem sobre $\partial w/\partial x$, disseram-nos que w deve ser uma variável dependente e que x deve ser uma variável independente. As escolhas possíveis para as outras variáveis se resumem a

Dependente	*Independente*
w, z	x, y
w, y	x, z

Em qualquer dos casos, podemos expressar w explicitamente em termos das variáveis independentes selecionadas. Fazemos isso usando a segunda equação para eliminar a variável dependente restante na primeira equação.

No primeiro caso, a variável dependente restante é z. Nós a eliminamos da primeira equação trocando-a por $x^2 + y^2$. A expressão resultante para w é

* Esta seção é baseada em notas de aula escritas para o MIT por Arthur P. Mattuck.

$$w = x^2 + y^2 + z^2 = x^2 + y^2 + (x^2 + y^2)^2$$
$$= x^2 + y^2 + x^4 + 2x^2y^2 + y^4$$

e

$$\frac{\partial w}{\partial x} = 2x + 4x^3 + 4xy^2 \qquad (1)$$

Esta é a fórmula para $\partial w/\partial x$ quando x e y são as variáveis independentes.

No segundo caso, onde as variáveis independentes são x e z e a variável dependente restante é y, eliminamos a variável dependente y na expressão para w trocando y^2 por $z - x^2$. Isso dá

$$w = x^2 + y^2 + z^2 = x^2 + (z - x^2) + z^2 = z + z^2$$

e

$$\frac{\partial w}{\partial x} = 0 \qquad (2)$$

Essa é a fórmula para $\partial w/\partial x$ quando x e z são as variáveis independentes.

As fórmulas para $\partial w/\partial x$ nas equações (1) e (2) são efetivamente diferentes. Não podemos trocar uma fórmula pela outra usando a relação $z = x^2 + y^2$. Não existe apenas um $\partial w/\partial x$, existem dois, e vemos que nossa instrução original para encontrar $\partial w/\partial x$ estava incompleta. *Qual* $\partial w/\partial x$?, perguntamos.

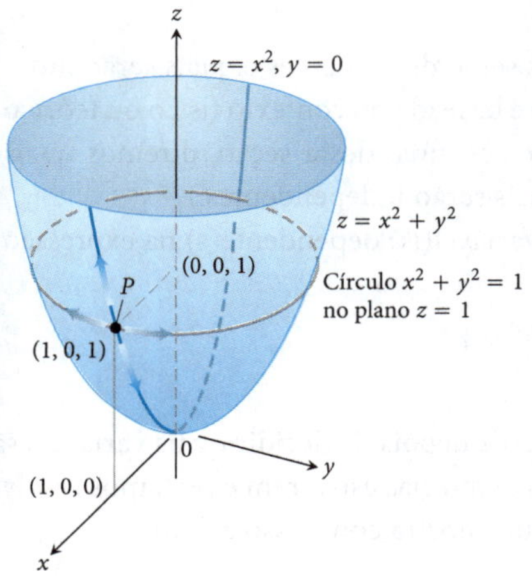

FIGURA 14.58 Se P está restrito ao parabolóide $z = x^2 + y^2$, o valor da derivada parcial de $w = x^2 + y^2 + z^2$ em relação a x em P depende da direção do movimento (Exemplo 1). (1) À medida que x varia, com $y = 0$, P se move para cima e para baixo da superfície sobre a parábola $z = x^2$ no plano xz com $\partial w/\partial x = 2x + 4x^3$. (2) À medida que x varia, com $z = 1$, P se move sobre a circunferência $x^2 + y^2 = 1$, $z = 1$ e $\partial w/\partial x = 0$.

As interpretações geométricas das equações (1) e (2) ajudam a explicar por que as equações diferem. A função $w = x^2 + y^2 + z^2$ mede o quadrado da distância do ponto (x, y, z) até a origem. A condição $z = x^2 + y^2$ diz que o ponto (x, y, z) está sobre o parabolóide de revolução mostrado na Figura 14.58. O que significa calcular $\partial w/\partial x$ em um ponto $P(x, y, z)$ que pode se mover apenas sobre essa superfície? Qual é o valor de $\partial w/\partial x$ quando as coordenadas de P são, digamos, $(1, 0, 1)$?

Se tomamos x e y como independentes, encontramos $\partial w/\partial x$ mantendo y fixo (em $y = 0$, nesse caso) e deixando x variar. Assim, P se move ao longo da parábola $z = x^2$ no plano xz. Quando P se move sobre essa parábola, w, que é o quadrado da distância de P até a origem, varia. Calculamos $\partial w/\partial x$ nesse caso (nossa primeira solução anterior) como

$$\frac{\partial w}{\partial x} = 2x + 4x^3 + 4xy^2$$

No ponto $P(1, 0, 1)$, o valor da derivada é

$$\frac{\partial w}{\partial x} = 2 + 4 + 0 = 6$$

Se tomamos x e z como independentes, encontramos $\partial w/\partial x$ mantendo z fixo enquanto x varia. Como a coordenada z de P é 1, ao variar x, movemos P ao longo de uma circunferência no plano $z = 1$. À medida que P se move ao longo dessa circunferência, sua distância da origem permanece constante, e w, sendo o quadrado dessa distância, não muda. Isto é,

$$\frac{\partial w}{\partial x} = 0$$

conforme encontramos em nossa segunda solução.

Como encontrar $\partial w/\partial x$ quando as variáveis em $w = f(x, y, z)$ são condicionadas por outra equação

Como vimos no Exemplo 1, um procedimento típico para encontrar $\partial w/\partial x$, quando as variáveis na função $w = f(x, y, z)$ são relacionadas por outra equação, é composto por três passos. Esses passos se aplicam para encontrar $\partial w/\partial y$ e $\partial w/\partial z$ também.

Passo 1: *Decida* quais variáveis serão dependentes e quais serão independentes. (Na prática, a decisão é baseada no contexto físico ou teórico de nosso trabalho. Nos exercícios ao final desta seção, diremos quais variáveis serão dependentes e quais serão independentes.)
Passo 2: *Elimine* a(s) outra(s) variável(is) dependente(s) na expressão para w.
Passo 3: *Derive* como de costume.

Se não pudermos executar o passo 2 depois de decidir quais variáveis são dependentes, derivamos as equações como elas estiverem e tentamos resolver para $\partial w/\partial x$ depois. O exemplo a seguir mostra como isso é feito.

EXEMPLO 2 Encontrando uma derivada parcial com variáveis independentes condicionadas identificadas

Encontre $\partial w/\partial x$ no ponto $(x, y, z) = (2, -1, 1)$ se

$$w = x^2 + y^2 + z^2, \qquad z^3 - xy + yz + y^3 = 1,$$

e se x e y forem as variáveis independentes.

SOLUÇÃO Não é conveniente eliminar z na expressão para w. Assim, derivamos implicitamente ambas as equações em relação a x, tratando x e y como variáveis independentes e w e z como variáveis dependentes. Isso dá

$$\frac{\partial w}{\partial x} = 2x + 2z\frac{\partial z}{\partial x} \tag{3}$$

e

$$3z^2\frac{\partial z}{\partial x} - y + y\frac{\partial z}{\partial x} + 0 = 0 \tag{4}$$

Essas equações podem agora ser combinadas para expressar $\partial w/\partial x$ em termos de x, y e z. Resolvemos a Equação (4) combinada para $\partial z/\partial x$ para obter

$$\frac{\partial z}{\partial x} = \frac{y}{y + 3z^2}$$

e fazemos a substituição na Equação (3) para obter

$$\frac{\partial w}{\partial x} = 2x + \frac{2yz}{y + 3z^2}$$

O valor dessa derivada em $(x, y, z) = (2, -1, 1)$ é

$$\left(\frac{\partial w}{\partial x}\right)_{(2,-1,1)} = 2(2) + \frac{2(-1)(1)}{-1 + 3(1)^2} = 4 + \frac{-2}{2} = 3$$

Companion Website
Biografia histórica

Sonya Kovalevsky
(1850–1891)

Notação

Para mostrarmos quais variáveis são tomadas como independentes no cálculo de uma derivada, podemos usar a seguinte notação:

$$\left(\frac{\partial w}{\partial x}\right)_y \qquad \partial f/\partial y \text{ com } y, x \text{ e independentes}$$

$$\left(\frac{\partial f}{\partial y}\right)_{x,\,t} \qquad \partial f/\partial y \text{ com } y, x \text{ e } t \text{ independentes}$$

EXEMPLO 3 Encontrando uma derivada parcial com variáveis condicionadas identificadas por notação

Encontre $(\partial w/\partial x)_{y,\,z}$ se $w = x^2 + y - z + \operatorname{sen} t$ e $x + y = t$.

SOLUÇÃO Com x, y e z independentes, temos

$$t = x + y, \qquad w = x^2 + y - z + \operatorname{sen}(x + y)$$

$$\begin{aligned}\left(\frac{\partial w}{\partial x}\right)_{y,\,z} &= 2x + 0 - 0 + \cos(x + y)\frac{\partial}{\partial x}(x + y)\\ &= 2x + \cos(x + y)\end{aligned}$$

Diagramas de setas

Ao resolver problemas como o do Exemplo 3, é útil começar com um diagrama de setas que mostre como as variáveis e funções se relacionam. Se

$$w = x^2 + y - z + \operatorname{sen} t \qquad \text{e} \qquad x + y = t$$

e nos pedirem para encontrarmos $\partial w/\partial x$ quando x, y e z forem independentes, o diagrama apropriado é semelhante a este:

$$\begin{pmatrix} x \\ y \\ z \end{pmatrix} \to \begin{pmatrix} x \\ y \\ z \\ t \end{pmatrix} \to w \tag{5}$$

Variáveis independentes — Variáveis intermediárias — Variáveis dependentes

Para evitar confusão entre as variáveis independentes e as variáveis intermediárias com o mesmo nome simbólico no diagrama, é útil trocar as variáveis intermediárias (para serem vistas como *funções* das variáveis independentes). Assim, sejam $u = x$, $v = y$ e $s = z$ as variáveis intermediárias trocadas. Com essa notação, o diagrama de setas se torna

$$\begin{pmatrix} x \\ y \\ z \end{pmatrix} \to \begin{pmatrix} u \\ v \\ s \\ t \end{pmatrix} \to w \tag{6}$$

Variáveis independentes — Variáveis intermediárias e relações $u = x$, $v = y$, $s = z$, $t = x + y$ — Variável dependente

O diagrama mostra as variáveis independentes à esquerda, as variáveis intermediárias e suas relações com as variáveis independentes no meio e a variável dependente à direita. A função w agora se torna

$$w = u^2 + v - s + \operatorname{sen} t,$$

onde

$$u = x, \qquad v = y, \qquad s = z \qquad \text{e} \qquad t = x + y$$

Para encontrarmos $\partial w/\partial x$, aplicamos a regra da cadeia em quatro variáveis à função w, guiados pelo diagrama de setas (6):

$$\begin{aligned}\frac{\partial w}{\partial x} &= \frac{\partial w}{\partial u}\frac{\partial u}{\partial x} + \frac{\partial w}{\partial v}\frac{\partial v}{\partial x} + \frac{\partial w}{\partial s}\frac{\partial s}{\partial x} + \frac{\partial w}{\partial t}\frac{\partial t}{\partial x}\\ &= (2u)(1) + (1)(0) + (-1)(0) + (\cos t)(1)\\ &= 2u + \cos t\\ &= 2x + \cos(x + y)\end{aligned}$$

Substituindo as variáveis independentes originais $u = x$ e $t = x + y$.

Exercícios 14.9

Encontrando derivadas parciais com variáveis condicionadas

Nos exercícios 1–3, comece desenhando um diagrama de setas para mostrar as relações entre as variáveis.

1. Se $w = x^2 + y^2 + z^2$ e $z = x^2 + y^2$, encontre

(a) $\left(\dfrac{\partial w}{\partial y}\right)_z$ **(b)** $\left(\dfrac{\partial w}{\partial z}\right)_x$ **(c)** $\left(\dfrac{\partial w}{\partial z}\right)_y$

2. Se $w = x^2 + y - z + \operatorname{sen} t$ e $x + y = t$, encontre

(a) $\left(\dfrac{\partial w}{\partial y}\right)_{x,z}$ **(b)** $\left(\dfrac{\partial w}{\partial y}\right)_{z,t}$ **(c)** $\left(\dfrac{\partial w}{\partial z}\right)_{x,y}$

(d) $\left(\dfrac{\partial w}{\partial z}\right)_{y,t}$ **(e)** $\left(\dfrac{\partial w}{\partial t}\right)_{x,z}$ **(f)** $\left(\dfrac{\partial w}{\partial t}\right)_{y,z}$

3. Seja $U = f(P, V, T)$ a energia interna de um gás que obedece à lei do gás ideal $PV = nRT$ (com n e R constantes). Encontre

(a) $\left(\dfrac{\partial U}{\partial P}\right)_V$ **(b)** $\left(\dfrac{\partial U}{\partial T}\right)_V$

4. Encontre

(a) $\left(\dfrac{\partial w}{\partial x}\right)_y$ **(b)** $\left(\dfrac{\partial w}{\partial z}\right)_y$

no ponto $(x, y, z) = (0, 1, \pi)$ se

$$w = x^2 + y^2 + z^2 \quad \text{e} \quad y \operatorname{sen} z + z \operatorname{sen} x = 0.$$

5. Encontre

(a) $\left(\dfrac{\partial w}{\partial y}\right)_x$ **(b)** $\left(\dfrac{\partial w}{\partial y}\right)_z$

no ponto $(w, x, y, z) = (4, 2, 1, -1)$ se

$$w = x^2y^2 + yz - z^3 \quad \text{e} \quad x^2 + y^2 + z^2 = 6$$

6. Encontre $(\partial u/\partial y)_x$ no ponto $(u, v) = \left(\sqrt{2}, 1\right)$, se $x = u^2 + v^2$ e $y = uv$.

7. Suponha que $x^2 + y^2 = r^2$ e $x = r\cos\theta$, como em coordenadas polares. Encontre

$$\left(\frac{\partial x}{\partial r}\right)_\theta \quad \text{e} \quad \left(\frac{\partial r}{\partial x}\right)_y$$

8. Suponha que

$$w = x^2 - y^2 + 4z + t \quad \text{e} \quad x + 2z + t = 25$$

Mostre que as equações

$$\frac{\partial w}{\partial x} = 2x - 1 \quad \text{e} \quad \frac{\partial w}{\partial x} = 2x - 2$$

dão $\partial w/\partial x$ cada, dependendo de quais variáveis são escolhidas para serem dependentes e quais variáveis são escolhidas para serem independentes. Identifique as variáveis independentes em cada caso.

Derivadas parciais sem fórmulas específicas

9. Demonstre o fato, amplamente usado em hidrodinâmica, de que, se $f(x, y, z) = 0$, então

$$\left(\frac{\partial x}{\partial y}\right)_z \left(\frac{\partial y}{\partial z}\right)_x \left(\frac{\partial z}{\partial x}\right)_y = -1$$

(*Sugestão*: Expresse todas as derivadas em termos das derivadas parciais formais $\partial f/\partial x$, $\partial f/\partial y$ e $\partial f/\partial z$.)

10. Se $z = x + f(u)$, onde $u = xy$ mostre que

$$x\frac{\partial z}{\partial x} - y\frac{\partial z}{\partial y} = x$$

11. Suponha que a equação $g(x, y, z) = 0$ determine z como uma função diferenciável das variáveis independentes x e y e que $g_z \neq 0$. Mostre que

$$\left(\frac{\partial z}{\partial y}\right)_x = -\frac{\partial g/\partial y}{\partial g/\partial z}$$

12. Suponha que $f(x, y, z, w) = 0$ e $g(x, y, z, w) = 0$. Determine z e w como funções diferenciáveis das variáveis independentes x e y e suponha que

$$\frac{\partial f}{\partial z}\frac{\partial g}{\partial w} - \frac{\partial f}{\partial w}\frac{\partial g}{\partial z} \neq 0$$

Mostre que

$$\left(\frac{\partial z}{\partial x}\right)_y = -\frac{\dfrac{\partial f}{\partial x}\dfrac{\partial g}{\partial w} - \dfrac{\partial f}{\partial w}\dfrac{\partial g}{\partial x}}{\dfrac{\partial f}{\partial z}\dfrac{\partial g}{\partial w} - \dfrac{\partial f}{\partial w}\dfrac{\partial g}{\partial z}}$$

e

$$\left(\frac{\partial w}{\partial y}\right)_x = -\frac{\dfrac{\partial f}{\partial z}\dfrac{\partial g}{\partial y} - \dfrac{\partial f}{\partial y}\dfrac{\partial g}{\partial z}}{\dfrac{\partial f}{\partial z}\dfrac{\partial g}{\partial w} - \dfrac{\partial f}{\partial w}\dfrac{\partial g}{\partial z}}$$

14.10 Fórmula de Taylor para duas variáveis

Esta seção usa a fórmula de Taylor para deduzir o teste da derivada segunda para valores extremos locais (Seção 14.7) e a fórmula do erro para linearizações de funções de duas variáveis independentes (Seção 14.6). O uso da fórmula de Taylor nessas deduções nos leva a uma extensão da fórmula que provê aproximações polinomiais de todas as ordens para funções de duas variáveis independentes.

Dedução do teste da derivada segunda

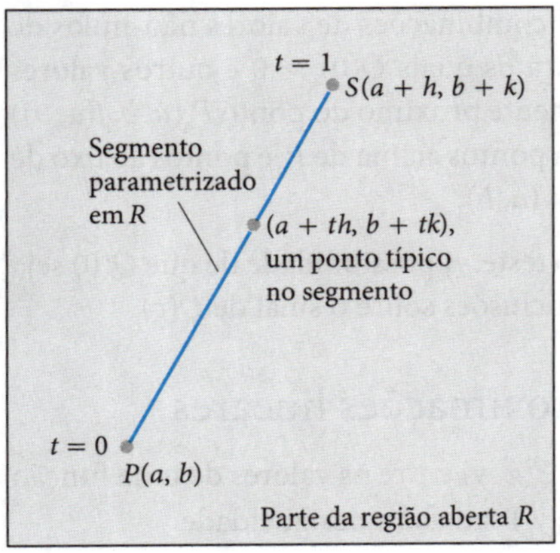

FIGURA 14.59 Começamos a dedução do teste da derivada segunda em $P(a, b)$ parametrizando um segmento de reta típico de P a um ponto S próximo.

Suponha que $f(x, y)$ tenha derivadas parciais contínuas em uma região aberta R que contém um ponto $P(a, b)$ onde $f_x = f_y = 0$ (Figura 14.59). Sejam h e k incrementos pequenos o suficiente para que o ponto $S(a + h, b + k)$ e o segmento de reta que o liga a P estejam contidos em R. Parametrizamos o segmento PS como

$$x = a + th, \qquad y = b + tk, \qquad 0 \leq t \leq 1$$

Se $F(t) = f(a + th, b + tk)$, a regra da cadeia dá

$$F'(t) = f_x\frac{dx}{dt} + f_y\frac{dy}{dt} = hf_x + kf_y$$

Como f_x e f_y são diferenciáveis (têm derivadas parciais contínuas), F' é uma função diferenciável de t e

$$F'' = \frac{\partial F'}{\partial x}\frac{dx}{dt} + \frac{\partial F'}{\partial y}\frac{dy}{dt} = \frac{\partial}{\partial x}(hf_x + kf_y)\cdot h + \frac{\partial}{\partial y}(hf_x + kf_y)\cdot k$$

$$= h^2 f_{xx} + 2hkf_{xy} + k^2 f_{yy} \qquad f_{xy} = f_{yx}$$

Como F e F' são contínuas em $[0, 1]$ e F' é diferenciável em $(0, 1)$, podemos aplicar a fórmula de Taylor com $n = 2$ e $a = 0$ para obter

$$F(1) = F(0) + F'(0)(1 - 0) + F''(c)\frac{(1 - 0)^2}{2} \qquad (1)$$

$$F(1) = F(0) + F'(0) + \frac{1}{2}F''(c)$$

para algum c entre 0 e 1. Escrevendo a Equação (1) em termos de f, temos

$$f(a + h, b + k) = f(a, b) + hf_x(a, b) + kf_y(a, b) + \frac{1}{2}\left(h^2 f_{xx} + 2hkf_{xy} + k^2 f_{yy}\right)\Big|_{(a+ch,\, b+ck)} \quad (2)$$

Como $f_x(a, b) = f_y(a, b) = 0$, essa última equação se reduz a

$$f(a + h, b + k) - f(a, b) = \frac{1}{2}\left(h^2 f_{xx} + 2hkf_{xy} + k^2 f_{yy}\right)\Big|_{(a+ch,\, b+ck)} \quad (3)$$

A presença de um extremo de f em (a, b) é determinada pelo sinal de $f(a + h, b + k) - f(a, b)$. Pela Equação (3), este é o mesmo sinal de

$$Q(c) = (h^2 f_{xx} + 2hkf_{xy} + k^2 f_{yy})|_{(a+ch,b+ck)}$$

Agora, se $Q(0) \neq 0$, o sinal de $Q(c)$ será o mesmo que o sinal de $Q(0)$ para valores de h e k suficientemente pequenos. Podemos prever o sinal de

$$Q(0) = h^2 f_{xx}(a, b) + 2hkf_{xy}(a, b) + k^2 f_{yy}(a, b) \quad (4)$$

a partir dos sinais de f_{xx} e $f_{xx}f_{yy} - f_{xy}^2$ em (a, b). Multiplique ambos os lados da Equação (4) por f_{xx} e rearranje o lado direito para obter

$$f_{xx}Q(0) = (hf_{xx} + kf_{xy})^2 + (f_{xx}f_{yy} - f_{xy}^2)k^2 \quad (5)$$

Pela Equação (5), vemos que

1. Se $f_{xx} < 0$ e $f_{xx}f_{yy} - f_{xy}^2 > 0$ em (a, b), então $Q(0) < 0$ para todos os valores de h e k suficientemente pequenos e diferentes de zero, e f tem valor *máximo local* em (a, b).
2. Se $f_{xx} > 0$ e $f_{xx}f_{yy} - f_{xy}^2 > 0$ em (a, b), então $Q(0) > 0$ para todos os valores de h e k suficientemente pequenos e diferentes de zero, e f tem valor *mínimo local* em (a, b).
3. Se $f_{xx}f_{yy} - f_{xy}^2 < 0$ em (a, b), existem combinações de valores não-nulos de h e k arbitrariamente pequenos para os quais $Q(0) > 0$ e outros valores para os quais $Q(0) < 0$. Arbitrariamente próximo do ponto $P_0(a, b, f(a, b))$ sobre a superfície $z = f(x, y)$ existem pontos acima de P_0 e pontos abaixo de P_0, assim f tem um *ponto de sela* em (a, b).
4. Se $f_{xx}f_{yy} - f_{xy}^2 = 0$, é necessário outro teste. A possibilidade de que $Q(0)$ seja igual a zero nos impede de tirar conclusões sobre o sinal de $Q(c)$.

Fórmula do erro para aproximações lineares

Queremos mostrar que a diferença $E(x, y)$ entre os valores de uma função $f(x, y)$ e sua linearização $L(x, y)$ em (x_0, y_0) satisfaz a desigualdade

$$|E(x, y)| \leq \frac{1}{2}M(|x - x_0| + |y - y_0|)^2$$

Presume-se que a função f tenha derivadas parciais de segunda ordem contínuas em um conjunto aberto contendo uma região retangular fechada R centrada em (x_0, y_0). O número M é um limitante superior de $|f_{xx}|$, $|f_{yy}|$ e $|f_{xy}|$ em R.

A desigualdade que queremos vem da Equação (2). Substituímos a e b por x_0 e y_0 e h e k por $x - x_0$ e $y - y_0$, respectivamente, e rearranjamos o resultado como

$$f(x, y) = \underbrace{f(x_0, y_0) + f_x(x_0, y_0)(x - x_0) + f_y(x_0, y_0)(y - y_0)}_{\text{linearização } L(x,\, y)}$$

$$+ \underbrace{\frac{1}{2}\left((x - x_0)^2 f_{xx} + 2(x - x_0)(y - y_0) f_{xy} + (y - y_0)^2 f_{yy}\right)\Big|_{(x_0 + c(x - x_0),\, y_0 + c(y - y_0))}}_{\text{erro } E(x,\,y)}.$$

Essa equação revela que

$$|E| \leq \frac{1}{2}\left(|x - x_0|^2 |f_{xx}| + 2|x - x_0||y - y_0||f_{xy}| + |y - y_0|^2 |f_{yy}|\right)$$

Assim, se M for um limitante superior para os valores de $|f_{xx}|$, $|f_{xy}|$ e $|f_{yy}|$ sobre R,

$$\begin{aligned} |E| &\leq \frac{1}{2}\left(|x - x_0|^2 M + 2|x - x_0||y - y_0| M + |y - y_0|^2 M\right) \\ &= \frac{1}{2} M(|x - x_0| + |y - y_0|)^2 \end{aligned}$$

Fórmula de Taylor para funções de duas variáveis

As fórmulas deduzidas anteriormente para F' e F'' podem ser obtidas aplicando-se a $f(x, y)$ os operadores

$$\left(h\frac{\partial}{\partial x} + k\frac{\partial}{\partial y}\right) \quad \text{e} \quad \left(h\frac{\partial}{\partial x} + k\frac{\partial}{\partial y}\right)^2 = h^2\frac{\partial^2}{\partial x^2} + 2hk\frac{\partial^2}{\partial x\,\partial y} + k^2\frac{\partial^2}{\partial y^2}$$

Estes são os dois primeiros casos de uma fórmula mais geral,

$$F^{(n)}(t) = \frac{d^n}{dt^n}F(t) = \left(h\frac{\partial}{\partial x} + k\frac{\partial}{\partial y}\right)^n f(x, y) \tag{6}$$

a qual diz que aplicar d^n/dt^n a $F(t)$ dá o mesmo resultado que aplicar o operador

$$\left(h\frac{\partial}{\partial x} + k\frac{\partial}{\partial y}\right)^n$$

a $f(x, y)$ depois de expandi-lo pelo teorema binomial.

Se as derivadas parciais de f até a ordem $n + 1$ são contínuas em uma região retangular centrada em (a, b), podemos estender a fórmula de Taylor para $F(t)$ a

$$F(t) = F(0) + F'(0)t + \frac{F''(0)}{2!}t^2 + \cdots + \frac{F^{(n)}(0)}{n!}t^{(n)} + \text{resto}$$

e tomar $t = 1$ para obter

$$F(1) = F(0) + F'(0) + \frac{F''(0)}{2!} + \cdots + \frac{F^{(n)}(0)}{n!} + \text{resto}$$

Quando trocamos as n primeiras derivadas no lado direito dessa última série por suas expressões equivalentes da Equação (6) calculada em $t = 0$ e adicionamos o termo do resto apropriado, chegamos à fórmula a seguir.

Teorema 13 Fórmula de Taylor para $f(x, y)$ no ponto (a, b)
Suponha que $f(x, y)$ e suas derivadas parciais até a ordem $n + 1$ sejam contínuas em uma região retangular aberta R centrada em um ponto (a, b). Então, em R,

$$\begin{aligned} f(a + h, b + k) = {} & f(a, b) + (hf_x + kf_y)|_{(a,b)} + \frac{1}{2!}(h^2 f_{xx} + 2hkf_{xy} + k^2 f_{yy})|_{(a,b)} \\ & + \frac{1}{3!}(h^3 f_{xxx} + 3h^2 k f_{xxy} + 3hk^2 f_{xyy} + k^3 f_{yyy})|_{(a,b)} + \cdots + \frac{1}{n!}\left(h\frac{\partial}{\partial x} + k\frac{\partial}{\partial y}\right)^n f\Big|_{(a,b)} \\ & + \frac{1}{(n+1)!}\left(h\frac{\partial}{\partial x} + k\frac{\partial}{\partial y}\right)^{n+1} f\Big|_{(a+ch,\,b+ck)} \end{aligned} \tag{7}$$

Os n primeiros termos nas derivadas de f são calculados em (a, b). O último termo é calculado em algum ponto $(a + ch, b + ck)$ sobre o segmento de reta que une (a, b) e $(a + h, b + k)$.

Se $(a, b) = (0, 0)$ e se tratamos h e k como variáveis independentes (denotando-as agora por x e y), então a Equação (7) assume a forma mais simples a seguir.

Fórmula de Taylor para $f(x, y)$ na origem

$$f(x, y) = f(0,0) + xf_x + yf_y + \frac{1}{2!}(x^2 f_{xx} + 2xyf_{xy} + y^2 f_{yy})$$
$$+ \frac{1}{3!}(x^3 f_{xxx} + 3x^2 y f_{xxy} + 3xy^2 f_{xyy} + y^3 f_{yyy}) + \cdots + \frac{1}{n!}\left(x\frac{\partial}{\partial x} + y\frac{\partial}{\partial y}\right)^n f$$
$$+ \frac{1}{(n+1)!}\left(x\frac{\partial}{\partial x} + y\frac{\partial}{\partial y}\right)^{n+1} f\Big|_{(cx,cy)} \qquad (8)$$

Os n primeiros termos nas derivadas de f são calculados em $(0, 0)$. O último termo é calculado em um ponto sobre o segmento de reta que une a origem e (x, y).

A fórmula de Taylor fornece aproximações polinomiais de funções de duas variáveis. Os n primeiros termos nas derivadas de f dão o polinômio e o último termo dá o erro da aproximação. Os três primeiros termos da fórmula de Taylor fornecem a linearização da função. Para melhorar a linearização, acrescentamos termos de ordem maior.

EXEMPLO 1 Encontrando uma aproximação quadrática

Encontre uma aproximação quadrática de $f(x, y) = \operatorname{sen} x \operatorname{sen} y$ perto da origem. Qual a precisão da aproximação se $|x| \leq 0{,}1$ e $|y| \leq 0{,}1$?

SOLUÇÃO Tomamos $n = 2$ na Equação (8):

$$f(x, y) = f(0,0) + (xf_x + yf_y) + \frac{1}{2}(x^2 f_{xx} + 2xyf_{xy} + y^2 f_{yy})$$
$$+ \frac{1}{6}(x^3 f_{xxx} + 3x^2 y f_{xxy} + 3xy^2 f_{xyy} + y^3 f_{yyy})_{(cx,cy)}$$

com

$$f(0,0) = \operatorname{sen} x \operatorname{sen} y|_{(0,0)} = 0, \qquad f_{xx}(0,0) = -\operatorname{sen} x \operatorname{sen} y|_{(0,0)} = 0$$
$$f_x(0,0) = \cos x \operatorname{sen} y|_{(0,0)} = 0, \qquad f_{xy}(0,0) = \cos x \cos y|_{(0,0)} = 1$$
$$f_y(0,0) = \operatorname{sen} x \cos y|_{(0,0)} = 0, \qquad f_{yy}(0,0) = -\operatorname{sen} x \operatorname{sen} y|_{(0,0)} = 0$$

temos

$$\operatorname{sen} x \operatorname{sen} y \approx 0 + 0 + 0 + \frac{1}{2}(x^2(0) + 2xy(1) + y^2(0))$$
$$\operatorname{sen} x \operatorname{sen} y \approx xy$$

O erro na aproximação é

$$E(x, y) = \frac{1}{6}(x^3 f_{xxx} + 3x^2 y f_{xxy} + 3xy^2 f_{xyy} + y^3 f_{yyy})|_{(cx,cy)}$$

As derivadas de terceira ordem nunca ultrapassam 1 em valor absoluto porque são produtos de senos e cossenos. Além disso, $|x| \leq 0{,}1$ e $|y| \leq 0{,}1$. Assim,

$$|E(x, y)| \leq \frac{1}{6}((0{,}1)^3 + 3(0{,}1)^3 + 3(0{,}1)^3 + (0{,}1)^3) = \frac{8}{6}(0{,}1)^3 \leq 0{,}00134$$

(arredondado). O erro não ultrapassará 0,00134 se $|x| \leq 0{,}1$ e $|y| \leq 0{,}1$.

Exercícios 14.10

Encontrando aproximações quadráticas e cúbicas

Nos exercícios 1–10, use a fórmula de Taylor para $f(x, y)$ na origem para encontrar aproximações quadráticas e cúbicas de f próximo da origem.

1. $f(x, y) = xe^y$
2. $f(x, y) = e^x \cos y$
3. $f(x, y) = y \operatorname{sen} x$
4. $f(x, y) = \operatorname{sen} x \cos y$
5. $f(x, y) = e^x \ln(1 + y)$
6. $f(x, y) = \ln(2x + y + 1)$
7. $f(x, y) = \operatorname{sen}(x^2 + y^2)$
8. $f(x, y) = \cos(x^2 + y^2)$
9. $f(x, y) = \dfrac{1}{1 - x - y}$
10. $f(x, y) = \dfrac{1}{1 - x - y + xy}$
11. Use a fórmula de Taylor para encontrar uma aproximação quadrática de $f(x, y) = \cos x \cos y$ na origem. Estime o erro na aproximação se $|x| \leq 0{,}1$ e $|y| \leq 0{,}1$.
12. Use a fórmula de Taylor para encontrar uma aproximação quadrática de $e^x \operatorname{sen} y$ na origem. Estime o erro na aproximação se $|x| \leq 0{,}1$ e $|y| \leq 0{,}1$.

Questões de revisão

1. O que é uma função a valores reais de duas variáveis independentes? E de três variáveis independentes? Dê exemplos.
2. O que significa dizer que um conjunto no plano ou no espaço é aberto? E fechado? Dê exemplos. Também dê exemplos de conjuntos que não são abertos nem fechados.
3. Como você pode mostrar graficamente os valores de uma função $f(x, y)$ de duas variáveis independentes? Como você pode fazer o mesmo com uma função $f(x, y, z)$ de três variáveis independentes?
4. Qual o significado de uma função $f(x, y)$ ter limite L quando $(x, y) \to (x_0, y_0)$? Quais são as propriedades básicas de limites de funções de duas variáveis independentes?
5. Quando uma função de duas (três) variáveis independentes é contínua em um ponto em seu domínio? Dê exemplos de funções que são contínuas em alguns pontos, mas não em outros.
6. O que se pode dizer sobre combinações algébricas e compostas de funções contínuas?
7. Explique o teste dos dois caminhos para a não-existência de limites.
8. Como são definidas as derivadas parciais $\partial f/\partial x$ e $\partial f/\partial y$ de uma função $f(x, y)$? Como elas são interpretadas e calculadas?
9. Como a relação entre as derivadas parciais de primeira ordem e a continuidade de funções de duas variáveis independentes difere da relação entre derivadas de primeira ordem e continuidade de funções reais de uma única variável? Dê um exemplo.
10. O que é o teorema da derivada mista para derivadas parciais mistas de segunda ordem? Como ele pode nos ajudar a calcular derivadas parciais de segunda ordem ou superior? Dê exemplos.
11. O que significa uma função $f(x, y)$ ser diferenciável? O que o teorema do incremento diz sobre diferenciabilidade?
12. Como às vezes você pode decidir, ao examinar f_x e f_y, que $f(x, y)$ é diferenciável? Qual é a relação entre a diferenciabilidade de f e a continuidade de f em um ponto?
13. O que é a Regra da cadeia? Qual é sua forma para funções de duas variáveis independentes? E para três variáveis independentes? E para funções definidas sobre superfícies? Como você representa essas formas diferentes em um diagrama? Dê exemplos. Qual padrão nos permite lembrar todas as formas diferentes?
14. Qual é a derivada de uma função $f(x, y)$ em um ponto P_0 na direção de um versor **u**? Que taxa de variação ela descreve? Qual é sua interpretação geométrica? Dê exemplos.
15. O que é o vetor gradiente de uma função $f(x, y)$? Como ele está relacionado às derivadas direcionais de uma função? Estabeleça os resultados análogos para funções de três variáveis independentes.
16. Como você encontra a reta tangente a um ponto sobre uma curva de nível de uma função diferenciável $f(x, y)$? Como você encontra o plano tangente e a reta normal em um ponto sobre uma superfície de nível de uma função diferenciável $f(x, y, z)$? Dê exemplos.
17. Como você pode usar derivadas direcionais para estimar a variação?

18. Como você lineariza uma função $f(x, y)$ de duas variáveis independentes em um ponto (x_0, y_0)? Por que você faria isso? Como você lineariza uma função de três variáveis independentes?

19. O que você pode dizer sobre a precisão de aproximações lineares de funções de duas (três) variáveis independentes?

20. Se (x, y) se move de (x_0, y_0) a um ponto $(x_0 + dx, y_0 + dy)$ próximo, como você pode estimar a variação resultante no valor de uma função diferenciável $f(x, y)$? Dê um exemplo.

21. Como você define máximos locais, mínimos locais e pontos de sela para uma função diferenciável $f(x, y)$? Dê exemplos.

22. Quais testes de derivada estão disponíveis para determinar os valores extremos locais de uma função $f(x, y)$? Como eles permitem que você limite sua procura por esses valores? Dê exemplos.

23. Como você encontra os extremos de uma função contínua $f(x, y)$ sobre uma região fechada do plano xy? Dê um exemplo.

24. Descreva o método dos multiplicadores de Lagrange e dê exemplos.

25. Se $w = f(x, y, z)$, onde as variáveis x, y e z são condicionadas por uma equação $g(x, y, z) = 0$, qual é o significado da notação $(\partial w/\partial x)_y$? Como um diagrama de setas pode ajudar você a calcular essa derivada parcial com variáveis condicionadas? Dê exemplos.

26. Como a fórmula de Taylor para uma função $f(x, y)$ gera aproximações polinomiais e estimativas de erro?

Exercícios práticos

Domínio, imagem e curvas de nível

Nos exercícios 1–4, encontre o domínio e a imagem da função dada e identifique suas curvas de nível. Esboce uma curva de nível típica.

1. $f(x, y) = 9x^2 + y^2$
2. $f(x, y) = e^{x+y}$
3. $g(x, y) = 1/xy$
4. $g(x, y) = \sqrt{x^2 - y}$

Nos exercícios 5–8, encontre o domínio e a imagem da função dada e identifique suas superfícies de nível. Esboce uma superfície de nível típica.

5. $f(x, y, z) = x^2 + y^2 - z$
6. $g(x, y, z) = x^2 + 4y^2 + 9z^2$
7. $h(x, y, z) = \dfrac{1}{x^2 + y^2 + z^2}$
8. $k(x, y, z) = \dfrac{1}{x^2 + y^2 + z^2 + 1}$

Calculando limites

Encontre os limites nos exercícios 9–14.

9. $\lim\limits_{(x, y)\to(\pi, \ln 2)} e^y \cos x$
10. $\lim\limits_{(x, y)\to(0, 0)} \dfrac{2 + y}{x + \cos y}$
11. $\lim\limits_{(x, y)\to(1, 1)} \dfrac{x - y}{x^2 - y^2}$
12. $\lim\limits_{(x, y)\to(1, 1)} \dfrac{x^3y^3 - 1}{xy - 1}$
13. $\lim\limits_{P\to(1, -1, e)} \ln|x + y + z|$
14. $\lim\limits_{P\to(1, -1, -1)} \operatorname{tg}^{-1}(x + y + z)$

Considerando caminhos diferentes que se aproximam da origem, mostre que os limites dos exercícios 15 e 16 não existem.

15. $\lim\limits_{\substack{(x, y)\to(0, 0)\\ y\neq x^2}} \dfrac{y}{x^2 - y}$
16. $\lim\limits_{\substack{(x, y)\to(0, 0)\\ xy\neq 0}} \dfrac{x + y}{xy}$

17. **Extensão contínua** Seja $f(x, y) = (x^2 - y^2)/(x^2 + y^2)$ para $(x, y) \neq (0, 0)$. É possível definir $f(0, 0)$ de maneira a tornar f contínua na origem? Por quê?

18. **Extensão contínua** Seja

$$f(x, y) = \begin{cases} \dfrac{\operatorname{sen}(x - y)}{|x| + |y|}, & |x| + |y| \neq 0 \\ 0, & (x, y) = (0, 0) \end{cases}$$

f é contínua na origem? Por quê?

Derivadas parciais

Nos exercícios 19–24, encontre a derivada parcial em relação a cada variável.

19. $g(r, \theta) = r\cos\theta + r\operatorname{sen}\theta$
20. $f(x, y) = \dfrac{1}{2}\ln(x^2 + y^2) + \operatorname{tg}^{-1}\dfrac{y}{x}$
21. $f(R_1, R_2, R_3) = \dfrac{1}{R_1} + \dfrac{1}{R_2} + \dfrac{1}{R_3}$
22. $h(x, y, z) = \operatorname{sen}(2\pi x + y - 3z)$
23. $P(n, R, T, V) = \dfrac{nRT}{V}$ (a lei do gás ideal)
24. $f(r, l, T, w) = \dfrac{1}{2rl}\sqrt{\dfrac{T}{\pi w}}$

Derivadas parciais de segunda ordem

Encontre as derivadas parciais de segunda ordem das funções nos exercícios 25–28.

25. $g(x, y) = y + \dfrac{x}{y}$

26. $g(x, y) = e^x + y \operatorname{sen} x$

27. $f(x, y) = x + xy - 5x^3 + \ln(x^2 + 1)$

28. $f(x, y) = y^2 - 3xy + \cos y + 7e^y$

Cálculos com a regra da cadeia

29. Encontre dw/dt em $t = 0$ se $w = \operatorname{sen}(xy + \pi)$, $x = e^t$ e $y = \ln(t+1)$.

30. Encontre dw/dt em $t = 1$ se $w = xe^y + y \operatorname{sen} z - \cos z$, $x = 2\sqrt{t}$, $y = t - 1 + \ln t$ e $z = \pi t$.

31. Encontre $\partial w/\partial r$ e $\partial w/\partial s$ quando $r = \pi$ e $s = 0$ se $w = \operatorname{sen}(2x - y)$, $x = r + \operatorname{sen} s$, $y = rs$.

32. Encontre $\partial w/\partial u$ e $\partial w/\partial v$ quando $u = v = 0$ se $w = \ln\sqrt{1 + x^2} - \operatorname{tg}^{-1} x$ e $x = 2e^u \cos v$.

33. Encontre o valor da derivada de $f(x, y, z) = xy + yz + xz$ em relação a t sobre a curva $x = \cos t$, $y = \operatorname{sen} t$, $z = \cos 2t$ em $t = 1$.

34. Mostre que, se $w = f(s)$ for qualquer função derivável de s e se $s = y + 5x$, então

$$\frac{\partial w}{\partial x} - 5\frac{\partial w}{\partial y} = 0$$

Diferenciação implícita

Considerando que as equações dos exercícios 35 e 36 definem y como uma função diferenciável de x, encontre o valor de dy/dx no ponto P.

35. $1 - x - y^2 - \operatorname{sen} xy = 0$, $P(0, 1)$

36. $2xy + e^{x+y} - 2 = 0$, $P(0, \ln 2)$

Derivadas direcionais

Nos exercícios 37–40, encontre as direções nas quais f cresce e decresce mais rapidamente em P_0 e encontre a derivada de f em cada direção. Encontre também a derivada de f em P_0 na direção do vetor **v**.

37. $f(x, y) = \cos x \cos y$, $P_0(\pi/4, \pi/4)$, $\mathbf{v} = 3\mathbf{i} + 4\mathbf{j}$

38. $f(x, y) = x^2 e^{-2y}$, $P_0(1, 0)$, $\mathbf{v} = \mathbf{i} + \mathbf{j}$

39. $f(x, y, z) = \ln(2x + 3y + 6z)$, $P_0(-1, -1, 1)$, $\mathbf{v} = 2\mathbf{i} + 3\mathbf{j} + 6\mathbf{k}$

40. $f(x, y, z) = x^2 + 3xy - z^2 + 2y + z + 4$, $P_0(0, 0, 0)$, $\mathbf{v} = \mathbf{i} + \mathbf{j} + \mathbf{k}$

41. **Derivada na direção da velocidade** Encontre a derivada de $f(x, y, z) = xyz$ na direção do vetor velocidade da hélice

$$\mathbf{r}(t) = (\cos 3t)\mathbf{i} + (\operatorname{sen} 3t)\mathbf{j} + 3t\mathbf{k}$$

em $t = \pi/3$.

42. **Derivada direcional máxima** Qual é o maior valor que a derivada direcional de $f(x, y, z) = xyz$ pode ter no ponto $(1, 1, 1)$?

43. **Derivadas direcionais com valores dados** No ponto $(1, 2)$, a função $f(x, y)$ tem derivada de 2 na direção $(2, 2)$ e derivada de -2 na direção $(1, 1)$.
   (a) Encontre $f_x(1, 2)$ e $f_y(1, 2)$.
   (b) Encontre a derivada de f em $(1, 2)$ na direção do ponto $(4, 6)$.

44. Quais das afirmações a seguir são verdadeiras se $f(x, y)$ for diferenciável em (x_0, y_0)? Justifique a sua resposta.
   (a) Se **u** for um vetor unitário, a derivada de f em (x_0, y_0) na direção de **u** é $(f_x(x_0, y_0)\mathbf{i} + f_y(x_0, y_0)\mathbf{j}) \cdot \mathbf{u}$.
   (b) A derivada de f em (x_0, y_0) na direção de **u** é um vetor.
   (c) A derivada direcional de f em (x_0, y_0) tem seu maior valor na direção de ∇f.
   (d) Em (x_0, y_0), o vetor ∇f é normal à curva $f(x, y) = f(x_0, y_0)$.

Gradientes, planos tangentes e retas normais

Nos exercícios 45 e 46, esboce a superfície $f(x, y, z) = c$ juntamente com ∇f, nos pontos dados.

45. $x^2 + y + z^2 = 0$; $(0, -1, \pm 1)$, $(0, 0, 0)$

46. $y^2 + z^2 = 4$; $(2, \pm 2, 0)$, $(2, 0, \pm 2)$

Nos exercícios 47 e 48, encontre uma equação para o plano tangente à superfície de nível $f(x, y, z) = c$ no ponto P_0. Encontre também equações paramétricas para a reta que é normal à superfície em P_0.

47. $x^2 - y - 5z = 0$, $P_0(2, -1, 1)$

48. $x^2 + y^2 + z = 4$, $P_0(1, 1, 2)$

Nos exercícios 49 e 50, encontre uma equação para o plano tangente à superfície $z = f(x, y)$ no ponto dado.

49. $z = \ln(x^2 + y^2)$, $(0, 1, 0)$

50. $z = 1/(x^2 + y^2)$, $(1, 1, 1/2)$

Nos exercícios 51 e 52, encontre equações para as retas que são tangentes e para as retas que são normais à curva de nível $f(x, y) = c$ no ponto P_0. Esboce então as retas e a curva de nível juntamente com ∇f em P_0.

51. $y - \operatorname{sen} x = 1$, $P_0(\pi, 1)$

52. $\dfrac{y^2}{2} - \dfrac{x^2}{2} = \dfrac{3}{2}$, $P_0(1, 2)$

Retas tangentes a curvas

Nos exercícios 53 e 54, encontre equações paramétricas para a reta tangente à curva de interseção das superfícies no ponto dado.

53. Superfícies: $x^2 + 2y + 2z = 4$, $y = 1$
   Ponto: $(1, 1, 1/2)$

54. Superfícies: $x + y^2 + z = 2$, $y = 1$
   Ponto: $(1/2, 1, 1/2)$

Linearizações

Nos exercícios 55 e 56, encontre a linearização $L(x, y)$ da função $f(x, y)$ no ponto P_0. Então encontre um limitante superior para a magnitude do erro E na aproximação $f(x, y) \approx L(x, y)$ sobre o retângulo R.

55. $f(x, y) = \operatorname{sen} x \cos y, \quad P_0(\pi/4, \pi/4)$

R: $\left|x - \frac{\pi}{4}\right| \leq 0{,}1, \quad \left|y - \frac{\pi}{4}\right| \leq 0{,}1$

56. $f(x, y) = xy - 3y^2 + 2, \quad P_0(1, 1)$

R: $|x - 1| \leq 0{,}1, \quad |y - 1| \leq 0{,}2$

Encontre as linearizações das funções dos exercícios 57 e 58 nos pontos dados.

57. $f(x, y, z) = xy + 2yz - 3xz$ em $(1, 0, 0)$ e $(1, 1, 0)$

58. $f(x, y, z) = \sqrt{2} \cos x \operatorname{sen}(y + z)$ em $(0, 0, \pi/4)$ e $(\pi/4, \pi/4, 0)$

Estimativas e sensibilidade à variação

59. Medindo o volume de uma tubulação Você planeja calcular o volume dentro de um trecho de tubulação que tem cerca de 36 pols de diâmetro e 1 milha de comprimento. Com qual medida você deve ter mais cuidado, o comprimento ou o diâmetro? Por quê?

60. Sensibilidade à variação Próximo ao ponto (1, 2), $f(x, y) = x^2 - xy + y^2 - 3$ é mais sensível às variações em x ou às variações em y? Como você sabe?

61. Variação de um circuito elétrico Suponha que a corrente I (em ampères) em um circuito elétrico esteja relacionada à voltagem V (em volts) e à resistência R (em ohms) pela equação $I = V/R$. Se a voltagem cai de 24 para 23 volts e a resistência cai de 100 para 80 ohms, I aumentará ou diminuirá? Em cerca de quanto? A variação em I é mais sensível à variação da voltagem ou à variação da resistência? Como você sabe?

62. Erro máximo na estimativa da área de uma elipse Se $a = 10$ cm e $b = 16$ cm, com precisão milimétrica, qual é o erro percentual máximo que você pode esperar no cálculo da área $A = \pi ab$ da elipse $x^2/a^2 + y^2/b^2 = 1$?

63. Erro na estimativa de um produto Sejam $y = uv$ e $z = u + v$, onde u e v são variáveis independentes positivas.

(a) Se u for medido com um erro de 2% e v com um erro de 3%, qual é o erro percentual aproximado no cálculo do valor de y?

(b) Mostre que o erro percentual no cálculo de z é menor que o erro percentual no valor de y.

64. Débito cardíaco Para comparar pessoas diferentes em estudos de capacidade cardíaca (Volume I, Seção 3.9, Exercício 25), pesquisadores dividem a medida da capacidade cardíaca pela área da superfície do corpo para encontrar o *débito cardíaco C*:

$$C = \frac{\text{capacidade cardíaca}}{\text{superfície do corpo}}$$

A área da superfície do corpo B de uma pessoa com peso w e altura h é aproximada pela fórmula

$$B = 71{,}84 w^{0{,}425} h^{0{,}725}$$

a qual fornece B em centímetros quadrados quando w é medido em quilogramas e h em centímetros. Você vai calcular o débito cardíaco de uma pessoa com as seguintes medidas:

Capacidade cardíaca:	7 l/min
Peso:	70 kg
Altura:	180 cm

O que terá um efeito maior em seus cálculos, um erro de 1 kg na medida do peso ou de 1 cm na medida da altura?

Extremos locais

Teste as funções dos exercícios 65–70 para máximos e mínimos locais e pontos de sela. Calcule o valor de cada função nestes pontos.

65. $f(x, y) = x^2 - xy + y^2 + 2x + 2y - 4$

66. $f(x, y) = 5x^2 + 4xy - 2y^2 + 4x - 4y$

67. $f(x, y) = 2x^3 + 3xy + 2y^3$

68. $f(x, y) = x^3 + y^3 - 3xy + 15$

69. $f(x, y) = x^3 + y^3 + 3x^2 - 3y^2$

70. $f(x, y) = x^4 - 8x^2 + 3y^2 - 6y$

Extremos absolutos

Nos exercícios 71–78, encontre os valores máximos e mínimos absolutos de f sobre a região R.

71. $f(x, y) = x^2 + xy + y^2 - 3x + 3y$

R: A região triangular cortada do primeiro quadrante pela reta $x + y = 4$.

72. $f(x, y) = x^2 - y^2 - 2x + 4y + 1$

R: A região retangular no primeiro quadrante limitada pelos eixos coordenados e pelas retas $x = 4$ e $y = 2$.

73. $f(x, y) = y^2 - xy - 3y + 2x$

R: A região quadrada limitada pelas retas $x = \pm 2$ e $y = \pm 2$.

74. $f(x, y) = 2x + 2y - x^2 - y^2$

R: A região quadrada limitada pelos eixos coordenados e pelas retas $x = 2$, $y = 2$ no primeiro quadrante.

75. $f(x, y) = x^2 - y^2 - 2x + 4y$

R: A região triangular limitada abaixo pelo eixo x, acima pela reta $y = x + 2$ e à direita pela reta $x = 2$.

76. $f(x, y) = 4xy - x^4 - y^4 + 16$

R: A região triangular limitada abaixo pela reta $y = -2$, acima pela reta $y = x$ e à direita pela reta $x = 2$.

77. $f(x, y) = x^3 + y^3 + 3x^2 - 3y^2$

R: A região quadrada limitada pelas retas $x = \pm 1$ e $y = \pm 1$.

78. $f(x, y) = x^3 + 3xy + y^3 + 1$

R: A região quadrada fechada pelas retas $x = \pm 1$ e $y = \pm 1$.

Multiplicadores de Lagrange

79. **Extremos sobre uma circunferência** Encontre os valores extremos de $f(x, y) = x^3 + y^2$ na circunferência $x^2 + y^2 = 1$.

80. **Extremos sobre uma circunferência** Encontre os valores extremos de $f(x, y) = xy$ na circunferência $x^2 + y^2 = 1$.

81. **Extremos sobre um disco** Encontre os valores extremos de $f(x, y) = x^2 + 3y^2 + 2y$ no disco unitário $x^2 + y^2 \leq 1$.

82. **Extremos sobre um disco** Encontre os valores extremos de $f(x, y) = x^2 + y^2 - 3x - xy$ no disco $x^2 + y^2 \leq 9$.

83. **Extremos sobre uma esfera** Encontre os valores extremos de $f(x, y, z) = x - y + z$ sobre a esfera unitária $x^2 + y^2 + z^2 = 1$.

84. **Distância mínima à origem** Encontre os pontos sobre a superfície $z^2 - xy = 4$ mais próximos da origem.

85. **Minimizando o custo de uma caixa** Uma caixa retangular fechada deve ter um volume de V cm³. O custo do material usado na caixa é a centavos/cm² para a tampa e o fundo, b centavos/cm² para a frente e a parte de trás e c centavos/cm² para os lados restantes. Quais dimensões minimizam o custo total dos materiais?

86. **Volume mínimo** Encontre o plano $x/a + y/b + z/c = 1$ que passa pelo ponto (2, 1, 2) e retira o menor volume do primeiro octante.

87. **Extremos sobre uma curva de interseção de superfícies** Encontre os valores extremos de $f(x, y, z) = x(y + z)$ sobre a curva de interseção do cilindro circular reto $x^2 + y^2 = 1$ e do cilindro hiperbólico $xz = 1$.

88. **Distância mínima da origem até a curva de interseção de um plano e um cone** Encontre o ponto mais próximo da origem sobre a curva de interseção do plano $x + y + z = 1$ e do cone $z^2 = 2x^2 + 2y^2$.

Derivadas parciais com variáveis condicionadas

Nos exercícios 89 e 90, comece desenhando um diagrama que mostre as relações entre as variáveis.

89. Se $w = x^2e^{yz}$ e $z = x^2 - y^2$, encontre

(a) $\left(\dfrac{\partial w}{\partial y}\right)_z$ (b) $\left(\dfrac{\partial w}{\partial z}\right)_x$ (c) $\left(\dfrac{\partial w}{\partial z}\right)_y$

90. Seja $U = f(P, V, T)$ a energia interna de um gás que obedece à lei do gás ideal $PV = nRT$ (com n e R constantes). Encontre

(a) $\left(\dfrac{\partial U}{\partial T}\right)_P$ (b) $\left(\dfrac{\partial U}{\partial V}\right)_T$

Teoria e exemplos

91. Sejam $w = f(r, \theta)$, $r = \sqrt{x^2 + y^2}$ e $\theta = \text{tg}^{-1}(y/x)$. Encontre $\partial w/\partial x$ e $\partial w/\partial y$ e expresse suas respostas em termos de r e θ.

92. Sejam $z = f(u, v)$, $u = ax + by$ e $v = ax - by$. Expresse z_x e z_y em termos de f_u, f_v e as constantes a e b.

93. Se a e b forem constantes, $w = u^3 + \text{tgh}\, u + \cos u$ e $u = ax + by$, mostre que

$$a\frac{\partial w}{\partial y} = b\frac{\partial w}{\partial x}$$

94. **Usando a regra da cadeia** Se $w = \ln(x^2 + y^2 + 2z)$, $x = r + s$, $y = r - s$ e $z = 2rs$, encontre w_r e w_s pela Regra da cadeia. Então, verifique sua resposta de outra maneira.

95. **Ângulo entre vetores** As equações $e^u \cos v - x = 0$ e $e^u \operatorname{sen} v - y = 0$ definem u e v como funções diferenciáveis de x e y. Mostre que o ângulo entre os vetores

$$\frac{\partial u}{\partial x}\mathbf{i} + \frac{\partial u}{\partial y}\mathbf{j} \quad \text{e} \quad \frac{\partial v}{\partial x}\mathbf{i} + \frac{\partial v}{\partial y}\mathbf{j}$$

é constante.

96. **Coordenadas polares e derivadas de segunda ordem** A introdução de coordenadas polares $x = r\cos\theta$ e $y = r\operatorname{sen}\theta$ muda $f(x, y)$ para $g(r, \theta)$. Encontre o valor de $\partial^2 g/\partial\theta^2$ no ponto $(r, \theta) = (2, \pi/2)$, dado que

$$\frac{\partial f}{\partial x} = \frac{\partial f}{\partial y} = \frac{\partial^2 f}{\partial x^2} = \frac{\partial^2 f}{\partial y^2} = 1$$

nesse ponto.

97. **Reta normal paralela a um plano** Encontre os pontos sobre a superfície

$$(y + z)^2 + (z - x)^2 = 16$$

onde a reta normal é paralela ao plano yz.

98. **Plano tangente paralelo ao plano *xy*** Encontre os pontos sobre a superfície

$$xy + yz + zx - x - z^2 = 0$$

onde o plano tangente é paralelo ao plano xy.

99. **Quando o vetor gradiente é paralelo ao vetor posição** Suponha que $\nabla f(x, y, z)$ seja sempre paralelo ao vetor posição $x\mathbf{i} + y\mathbf{j} + z\mathbf{k}$. Mostre que $f(0, 0, a) = f(0, 0, -a)$ para todo a.

100. Derivadas direcionais unilaterais em todas as direções, mas sem gradiente A derivada direcional unilateral de f em $P(x_0, y_0, z_0)$ na direção $u = u_1 i, u_2 j, u_3 k$ é o número

$$\lim_{s\to 0^+} \frac{f(x_0 + su_1, y_0 + su_2, z_0 + su_3) - f(x_0, y_0, z_0)}{s}$$

Mostre que a derivada direcional unilateral é

$$f(x, y, z) = \sqrt{x^2 + y^2 + z^2}$$

na origem é 1 em qualquer direção, mas que f não tem vetor gradiente na origem.

101. Reta normal pela origem Mostre que a reta normal à superfície $xy + z = 2$ no ponto $(1, 1, 1)$ passa pela origem.

102. Plano tangente e reta normal

(a) Esboce a superfície $x^2 - y^2 + z^2 = 4$.

(b) Encontre um vetor normal à superfície em $(2, -3, 3)$. Acrescente o vetor ao seu esboço.

(c) Encontre equações para o plano tangente e para a reta normal em $(2, -3, 3)$.

Exercícios adicionais

Derivadas parciais

1. Funções com sela na origem Se você fez o Exercício 50 da Seção 14.2, sabe que a função

$$f(x, y) = \begin{cases} xy\dfrac{x^2 - y^2}{x^2 + y^2}, & (x, y) \neq (0, 0) \\ 0, & (x, y) = (0, 0) \end{cases}$$

(veja a figura) é contínua em (0, 0). Encontre $f_{xy}(0, 0)$ e $f_{yx}(0, 0)$.

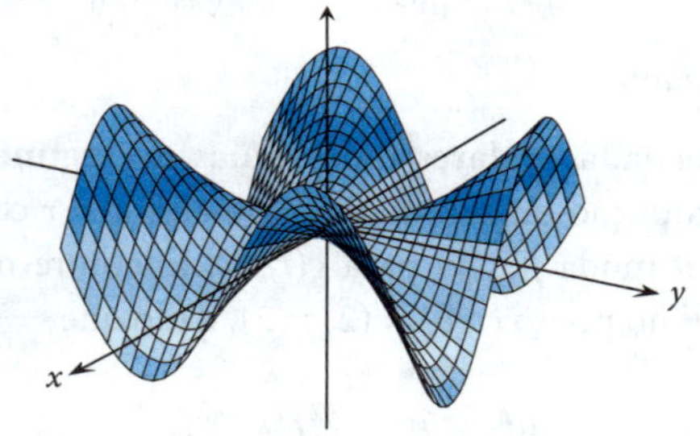

2. Encontrando uma função a partir das derivadas de segunda ordem Encontre uma função $w = f(x, y)$ cujas derivadas de primeira ordem sejam $\partial w/\partial x = 1 + e^x \cos y$ e $\partial w/\partial y = 2y - e^x \operatorname{sen} y$ e cujo valor no ponto $(\ln 2, 0)$ seja $\ln 2$.

3. Uma prova da regra de Leibniz A regra de Leibniz diz que, se f for contínua em $[a, b]$ e se $u(x)$ e $v(x)$ forem funções diferenciáveis de x cujos valores estão em $[a, b]$, então

$$\frac{d}{dx}\int_{u(x)}^{v(x)} f(t)\, dt = f(v(x))\frac{dv}{dx} - f(u(x))\frac{du}{dx}$$

Prove essa regra fazendo

$$g(u, v) = \int_u^v f(t)\, dt, \qquad u = u(x), \qquad v = v(x)$$

e calculando dg/dx com a regra da cadeia.

4. Encontrando uma função com derivadas de segunda ordem condicionadas Suponha que f seja uma função duas vezes diferenciável de $r = \sqrt{x^2 + y^2 + z^2}$ e que

$$f_{xx} + f_{yy} + f_{zz} = 0$$

Mostre que para algumas constantes a e b,

$$f(r) = \frac{a}{r} + b$$

5. Funções homogêneas Uma função $f(x, y)$ é *homogênea de grau n* (sendo n um inteiro não-negativo) se $f(tx, ty) = t^n f(x, y)$ para todos t, x e y. Para uma tal função (suficientemente diferenciável), prove que

(a) $x\dfrac{\partial f}{\partial x} + y\dfrac{\partial f}{\partial y} = nf(x, y)$

(b) $x^2\left(\dfrac{\partial^2 f}{\partial x^2}\right) + 2xy\left(\dfrac{\partial^2 f}{\partial x \partial y}\right) + y^2\left(\dfrac{\partial^2 f}{\partial y^2}\right) = n(n-1)f$

6. Superfície em coordenadas polares Seja

$$f(r, \theta) = \begin{cases} \dfrac{\operatorname{sen} 6r}{6r}, & r \neq 0 \\ 1, & r = 0 \end{cases}$$

onde r e θ são coordenadas polares. Encontre

(a) $\lim_{r\to 0} f(r, \theta)$ (b) $f_r(0, 0)$ (c) $f_\theta(r, \theta)$, $r \neq 0$

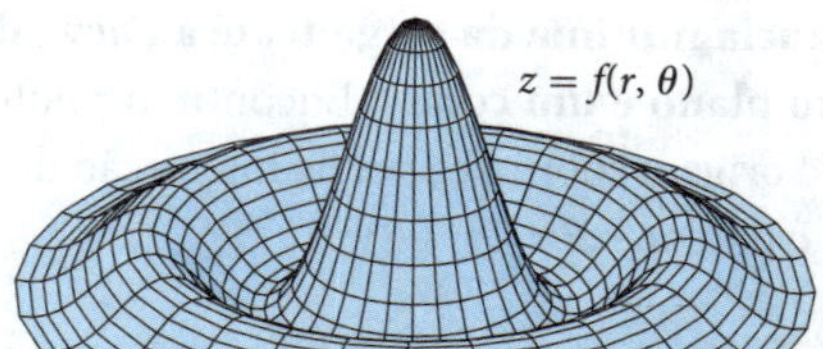

Gradientes e tangentes

7. Propriedades dos vetores posição Seja $\mathbf{r} = x\mathbf{i} + y\mathbf{j} + z\mathbf{k}$ e seja $r = |\mathbf{r}|$.

(a) Mostre que $\nabla r = \mathbf{r}/r$

(b) Mostre que $\nabla(r^n) = nr^{n-2}\mathbf{r}$.

(c) Encontre uma função cujo gradiente seja a **r**.

(d) Mostre que $\mathbf{r} \cdot d\mathbf{r} = r\,dr$.

(e) Mostre que $\nabla(\mathbf{A} \cdot \mathbf{r}) = \mathbf{A}$ para todo vetor constante **A**.

8. **Gradiente ortogonal à tangente** Suponha que uma função derivável $f(x, y)$ tenha valor constante c ao longo de uma curva derivável $x = g(t)$, $y = h(t)$; isto é,

$$f(g(t), h(t)) = c$$

para todos os valores de t. Derive ambos os lados da igualdade com relação a t e mostre que ∇f é ortogonal ao vetor tangente à curva em todos os pontos da curva.

9. **Curva tangente a uma superfície** Mostre que a curva

$$\mathbf{r}(t) = (\ln t)\mathbf{i} + (t \ln t)\mathbf{j} + t\mathbf{k}$$

é tangente à superfície

$$xz^2 - yz + \cos xy = 1$$

em (0, 0, 1).

10. **Curva tangente a uma superfície** Mostre que a curva

$$\mathbf{r}(t) = \left(\frac{t^3}{4} - 2\right)\mathbf{i} + \left(\frac{4}{t} - 3\right)\mathbf{j} + \cos(t - 2)\mathbf{k}$$

é tangente à superfície

$$x^3 + y^3 + z^3 - xyz = 0$$

em (0, –1, 1).

Valores extremos

11. **Extremos sobre uma superfície** Mostre que os únicos máximos e mínimos possíveis de z sobre a superfície $z = x^3 + y^3 - 9xy + 27$ ocorrem em (0, 0) e (3, 3). Mostre que nem um máximo nem um mínimo ocorrem em (0, 0). Determine se z tem um máximo ou um mínimo em (3, 3).

12. **Máximo no primeiro quadrante fechado** Encontre o valor máximo de $f(x, y) = 6xye^{-(2x+3y)}$ no primeiro quadrante fechado (inclui os eixos não negativos).

13. **Mínimo volume cortado do primeiro octante** Encontre o valor mínimo para uma região limitada pelos planos $x = 0$, $y = 0$, $z = 0$ e um plano tangente ao elipsóide

$$\frac{x^2}{a^2} + \frac{y^2}{b^2} + \frac{z^2}{c^2} = 1$$

em um ponto no primeiro octante.

14. **Distância mínima de uma reta a uma parábola no plano *xy*** Minimizando a função $f(x, y, u, v) = (x - u)^2 + (y - v)^2$ sujeita às condições $y = x + 1$ e $u = v^2$, encontre a menor distância no plano xy da reta $y = x + 1$ à parábola $y^2 = x$.

Teoria e exemplos

15. **Limitação das derivadas parciais de primeira ordem implica continuidade** Prove o seguinte teorema: Se $f(x, y)$ é definida na região aberta R no plano xy e se f_x e f_y são limitadas em R, então $f(x, y)$ é contínua em R. (A suposição da limitação é essencial.)

16. Suponha que $\mathbf{r}(t) = g(t)\mathbf{i} + h(t)\mathbf{j} + k(t)\mathbf{k}$ seja uma curva lisa no domínio de uma função diferenciável $f(x, y, z)$. Descreva a relação entre df/dt, ∇f e $\mathbf{v} = d\mathbf{r}/dt$. O que se pode dizer sobre ∇f e $\mathbf{v}$ nos pontos interiores da curva onde f assume valores extremos relativos aos outros pontos da curva? Justifique a sua resposta.

17. **Encontrando funções a partir das derivadas parciais** Suponha que f e g sejam funções de x e y, tais que

$$\frac{\partial f}{\partial y} = \frac{\partial g}{\partial x} \quad \text{e} \quad \frac{\partial f}{\partial x} = \frac{\partial g}{\partial y}$$

e suponha que

$$\frac{\partial f}{\partial x} = 0, \qquad f(1, 2) = g(1, 2) = 5 \quad \text{e} \quad f(0, 0) = 4$$

Encontre $f(x, y)$ e $g(x, y)$.

18. **Taxa de variação da taxa de variação** Sabemos que, se $f(x, y)$ é uma função de duas variáveis e se $\mathbf{u} = a\mathbf{i} + b\mathbf{j}$ é um versor, então $D_u f(x, y) = f_x(x, y)a + f_y(x, y)b$ é a taxa de variação de $f(x, y)$ em (x, y) na direção de **u**. Dê uma fórmula semelhante para a taxa de variação *da taxa de variação de* $f(x, y)$ em (x, y) na direção de **u**.

19. **Caminho de uma partícula atraída pelo calor** Uma partícula atraída pelo calor tem a propriedade de, em qualquer ponto (x, y) do plano, mover-se no sentido de maior aumento de temperatura. Se a temperatura em (x, y) for $T(x, y) = -e^{-2y}\cos x$, encontre uma equação $y = f(x)$ para o caminho de uma partícula atraída pelo calor no ponto $(\pi/4, 0)$.

20. **Velocidade depois de um ricochete** Uma partícula que viaja em linha reta com velocidade constante $\mathbf{i} + \mathbf{j} - 5\mathbf{k}$ passa pelo ponto (0, 0, 30) e atinge a superfície $z = 2x^2 + 3y^2$. A partícula ricocheteia na superfície, sendo o ângulo de reflexão igual ao ângulo de incidência. Considerando que não haja perda de energia, qual a velocidade da partícula depois do ricochete? Simplifique a sua resposta.

21. **Derivadas direcionais tangentes a uma superfície** Seja S a superfície que é o gráfico de $f(x, y) = 10 - x^2 - y^2$. Suponha que a temperatura no espaço em cada ponto (x, y, z) seja $T(x, y, z) = x^2y + y^2z + 4x + 14y + z$.

(a) Dentre todas as direções possíveis tangentes à superfície S no ponto (0, 0, 10), qual direção tornará máxima a taxa de variação da temperatura em (0, 0, 10)?

(b) Qual direção tangencial a S no ponto (1, 1, 8) tornará máxima a taxa de variação da temperatura?

22. **Perfurando a terra** Em uma superfície plana de terra, geólogos fizeram um furo diretamente para baixo e atingiram um depósito mineral a 1.000 pés. Eles perfuraram um segundo furo 100 pés ao norte do primeiro e atingiram o depósito mineral a 950 pés. Um terceiro furo 100 pés a leste do primeiro atingiu o depósito mineral a 1.025 pés. Os geólogos têm razões para acreditar que o depósito mineral tem o formato de um domo e, por razões de economia, desejam descobrir onde o depósito está mais próximo da superfície. Considerando que a superfície seja o plano *xy*, em qual direção a partir do primeiro furo você sugeriria aos geólogos fazer o quarto furo?

A equação do calor unidimensional

Se $w(x, t)$ representa a temperatura na posição x e no instante t em uma barra condutora uniforme, com lados perfeitamente isolados (veja a figura), então as derivadas parciais w_{xx} e w_t satisfazem uma equação diferencial da forma

$$w_{xx} = \frac{1}{c^2} w_t$$

Essa equação é chamada **equação do calor unidimensional**. O valor da constante positiva c^2 é determinado pelo material a partir do qual a barra é feita. Ela foi determinada experimentalmente para uma grande variedade de materiais. Para dada aplicação, encontra-se o valor apropriado em uma tabela. Para solo seco, por exemplo, $c^2 = 0{,}19$ pés²/dia.

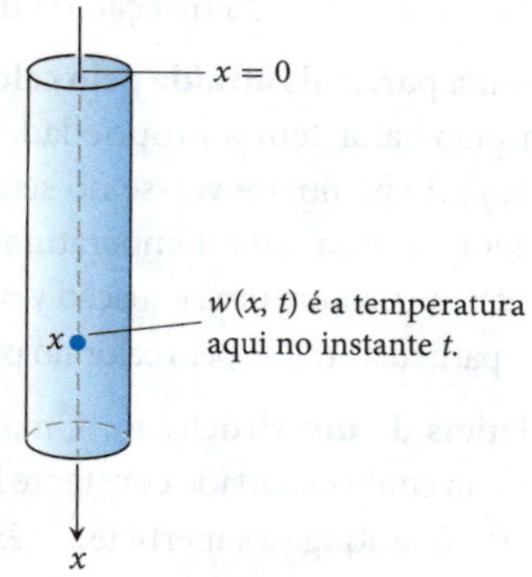

Em química e bioquímica, a equação do calor é conhecida como a **equação de difusão**. Nesse contexto, $w(x, t)$ representa a concentração de uma substância dissolvida, por exemplo um sal, difundindo-se ao longo de um tubo cheio de líquido. O valor de $w(x, t)$ é a concentração no ponto x no instante t. Em outras aplicações, $w(x, t)$ representa a difusão de um gás ao longo de um tubo longo e fino.

Em engenharia elétrica, a equação do calor aparece nas formas

$$v_{xx} = RCv_t$$

e

$$i_{xx} = RCi_t$$

Essas equações descrevem a voltagem v e a corrente i em um cabo coaxial ou qualquer outro cabo no qual o vazamento e a indutância são desprezíveis. As funções e constantes nessas equações são

$v(x, t)$ = voltagem no ponto x no instante t

R = resistência por unidade de comprimento

C = capacitância em relação à terra por unidade de comprimento de cabo

$i(x, t)$ = corrente no ponto x no instante t.

23. Encontre todas as soluções da equação do calor unidimensional da forma $w = e^{rt} \operatorname{sen} \pi x$, onde r é uma constante.

24. Encontre todas as soluções da equação do calor unidimensional que têm a forma $w = e^{rt} \operatorname{sen} kx$ e satisfazem as condições de que $w(0, t) = 0$ e $w(L, t) = 0$. O que acontece a essas soluções quando $t \to \infty$?

Exercícios avançados

1. Sejam

$$f(x, y) = \begin{cases} \dfrac{xy^2}{x^2+y^2}, & \text{se } (x, y) \neq (0, 0) \\ 0, & \text{se } (x, y) = (0, 0) \end{cases}$$

e $u = (a, b)$ um vetor unitário ($a^2 + b^2 = 1$).

(a) Mostre que a derivada direcional de f na direção de u na origem existe e vale ab^2.

(b) Mostre que f é contínua, mas não diferenciável, na origem.

(c) As derivadas parciais de f são contínuas na origem?

2. Dada $f(x, y) = g(x, y)e^{ax+by}$, em que g tem derivadas parciais até segunda ordem contínuas e $\dfrac{\partial^2 g}{\partial x \partial y} = 0$, encontre os valores para as constantes a e b de modo que

$$\frac{\partial^2 f}{\partial x \partial y} - \frac{\partial f}{\partial x} - \frac{\partial f}{\partial y} + f = 0$$

3. Seja

$$f(x, y) = \begin{cases} x^2 y + x^2 \operatorname{sen}\frac{1}{x}, & \text{se } x \neq 0 \\ 0, & \text{se } x = 0 \end{cases}$$

Mostre que f é diferenciável em todos os pontos, mas que $\dfrac{\partial f}{\partial x}$ não é contínua nos pontos em que $x = 0$.

4. Encontre valores das constantes a, b e c tais que a derivada direcional de $f(x, y, z) = axy^2 + byz + cz^2x^3$ no ponto $(1, 2, -1)$ tenha um valor máximo de 64 na direcão de $\mathbf{k}$.

5. Seja f uma função definida em um aberto contendo $\mathbf{a} \in \mathbf{R}^2$ com valores em $\mathbf{R}$. Considere as seguintes afirmações sobre essa função:

(a) f é contínua em $\mathbf{a}$.

(b) f é diferenciável em $\mathbf{a}$.

(c) a derivada direcional $D_{\mathbf{u}}f(\mathbf{a})$ existe para todo vetor $\mathbf{u}$ tal que $\mathbf{u} \cdot \mathbf{u} = 1$.

(d) as derivadas parciais de f existem em uma vizinhança de $\mathbf{a}$ e são contínuas em $\mathbf{a}$.

Quais das 12 implicações possíveis entre estas afirmações são verdadeiras? (Por exemplo, é verdade que (a) ⇒ (b)? E que (b) ⇒ (a)? E que **(d)** ⇒ **(b)**?). Em caso afirmativo, justifique sua resposta; em caso negativo, dê o contraexemplo.

6. **Laplaciano em coordenadas polares** Seja $f : \mathbf{R}^2 \to \mathbf{R}$ uma função com derivadas parciais até segunda ordem contínuas e seja $g(r, \theta) = f(r \cos \theta, r \operatorname{sen} \theta)$. Mostre que

$$\nabla^2 f(r\cos\theta, r \operatorname{sen}\theta) = \frac{\partial^2 f}{\partial x^2}(r\cos\theta, r\operatorname{sen}\theta) + $$
$$+ \frac{\partial^2 f}{\partial y^2}(r\cos\theta, r\operatorname{sen}\theta) = \frac{\partial^2 g}{\partial r^2}(r, \theta) +$$
$$+ \frac{1}{r^2}\frac{\partial^2 g}{\partial \theta^2}(r, \theta) + \frac{1}{r}\frac{\partial g}{\partial r}(r, \theta)$$

7. Encontre uma constante c tal que as esferas $(x - c)^2 + y^2 + z^2 = 3$ e $x^2 + (y - 1)^2 + z^2 = 1$ tenham seus planos tangentes ortogonais em cada ponto de sua interseção.

8. Seja $f : \mathbf{R}^2 \to \mathbf{R}$ uma função com derivadas parciais contínuas e suponha que a equação $f\left(\dfrac{y}{x}, \dfrac{z}{x}\right) = 0$ defina z como uma função diferenciável de x e y, ou seja, $z = g(x, y)$. Mostre que $x\dfrac{\partial g}{\partial x} + y\dfrac{\partial g}{\partial y} = g$, nos pontos nos quais $D_2 f\left(\dfrac{y}{x}, \dfrac{g(x,y)}{x}\right) \neq 0$, em que $D_2 f$ indica a derivada parcial de f em relação à segunda variável.

9. Ache a distância entre a elipse $\dfrac{x^2}{a^2} + \dfrac{y^2}{b^2} = 1$ e a reta $x + y = 2$.

(a) geometricamente;

(b) usando multiplicadores de Lagrange. [*Sugestão:* minimize $f(x, y, z, w) = (x - z)^2 + (y - w)^2$ sujeita aos vínculos $\frac{x^2}{a^2} + \frac{y^2}{b^2} - 1 = 0$ e $z + w - 2 = 0$.]

10. Considere o problema de minimizar a função $f(x, y, z) = x^2 + y^2$ na curva de interseção das superfícies $g_1(x, y, z) = 0$ e $g_2(x, y, z) = 0$, em que $g_1(x, y, z) = z$ e $g_2(x, y, z) = z^2 + (y - 1)^2$.

(a) Resolva esse problema geometricamente.

(b) Use multiplicadores de Lagrange para tentar resolver o problema. O que ocorre? Isso contradiz o teorema de Lagrange? Por quê?

11. Um recipiente industrial, com a forma de um cilindro com um cone de altura igual à altura do cilindro em cada base (veja a figura), deve ter um volume dado V. Quais são as dimensões do recipiente para que se economize o máximo de material possível na construção do recipiente, ou seja, para que a área da superfície do recipiente será mínima?

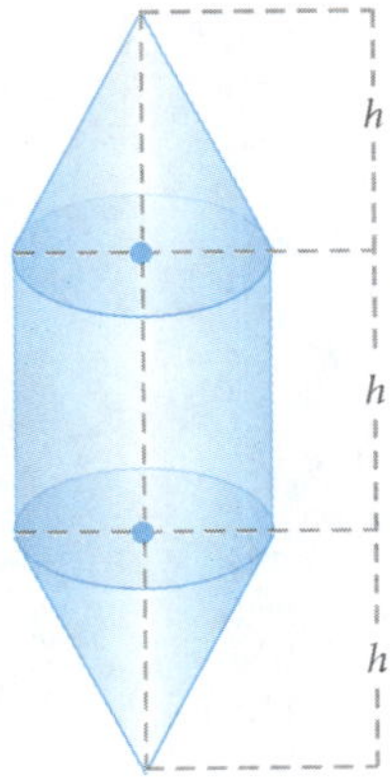

12. Considere a função $f(x, y) = x^4 - y^4$ na região $S = \{(x, y) \mid x^2 + y^2 \leq 1\}$. Encontre seus pontos críticos e classifique-os. Encontre o máximo global e o mínimo global.

Projetos de aplicação de tecnologia

MÓDULO MATHEMATICA/MAPLE

Esboçando superfícies graficamente

Esboce superfícies, contornos e curvas de nível com eficiência.

MÓDULO MATHEMATICA/MAPLE

Explorando a matemática por trás do skate: Análise da derivada direcional

Apresenta-se o percurso de um skatista no plano, depois em uma rampa, e, por fim, em um parabolóide. Calcule, esboce graficamente e analise a derivada direcional em relação ao atleta.

MÓDULO MATHEMATICA/MAPLE

Procurando padrões e aplicando o método dos mínimos quadrados a dados reais

Ajuste uma reta a um conjunto de pontos numéricos escolhendo a reta que minimiza a soma dos quadrados das distâncias verticais dos pontos até a reta.

MÓDULO MATHEMATICA/MAPLE

Lagrange pratica skate: quão alto ele consegue chegar?

Revisite e analise a aventura dos skatistas e as alturas máxima e mínima por eles alcançadas das perspectivas gráfica e analítica utilizando os multiplicadores de Lagrange.

15 Integrais múltiplas

RESUMO Neste capítulo, abordaremos a integral de uma função de duas variáveis $f(x, y)$ sobre uma região no plano e a integral de uma função de três variáveis $f(x, y, z)$ sobre uma região no espaço. Essas integrais são chamadas *integrais múltiplas* e são definidas como o limite da aproximação das somas de Riemann, basicamente como as integrais de uma única variável apresentadas no Capítulo 5, Volume I. Podemos usar integrais múltiplas para calcular quantidades que variam acima de duas ou três dimensões, tais como a massa total ou o momento angular de um objeto de densidade variável e os volumes de sólidos com bordas curvas.

15.1 Integrais duplas

No Capítulo 5, Volume 1, dissemos que a integral definida de uma função contínua $f(x)$ sobre um intervalo $[a, b]$ era um limite das somas de Riemann. Nesta seção, ampliamos esse conceito para definir a integral de uma função contínua de duas variáveis $f(x, y)$ sobre uma região R no plano. Em ambos os casos, as integrais são limites de aproximação das somas de Riemann. Para a integral de uma função de uma única variável $f(x)$, as somas de Riemann são calculadas particionando um intervalo finito em subintervalos, multiplicando o comprimento de cada subintervalo pelo valor de f em um ponto c_k dentro do subintervalo e somando todos os produtos. Um método semelhante de particionamento, multiplicação e soma é utilizado na construção de integrais duplas. Entretanto, desta vez, agrupamos uma região plana em pequenos retângulos no lugar de pequenos subintervalos. Depois disso, tomamos o produto da área de cada um desses pequenos retângulos com o valor de f em um ponto dentro do retângulo e somamos todos esses produtos. Quando f é contínua, essas somas convergem para um único número à medida que os pequenos retângulos reduzem tanto em largura quanto em altura. O limite é a *integral dupla* de f sobre R. Assim como no caso das integrais de uma variável, podemos calcular integrais duplas por meio das primitivas, que não nos obrigam a calcular uma integral dupla diretamente a partir de sua definição como um limite de somas de Riemann. O principal problema prático que surge no cálculo de integrais múltiplas é a determinação dos limites de integração. Enquanto as integrais do Capítulo 5 foram calculadas sobre um intervalo determinado por suas duas extremidades, as integrais múltiplas são calculadas sobre uma região no plano ou no espaço. Isso faz que surjam limites de integração que costumam envolver variáveis e não somente constantes. A descrição das regiões de integração é o principal ponto novo no cálculo de integrais múltiplas.

Integrais duplas sobre retângulos

Começamos nosso estudo de integrais múltiplas abordando o tipo mais simples de região planar: um retângulo. Consideramos uma função $f(x, y)$ definida em uma região retangular R dada por

$$R: \quad a \leq x \leq b, \quad c \leq y \leq d$$

Subdividimos R em retângulos menores usando uma rede de retas paralelas aos eixos x e y (Figura 15.1). Essas retas dividem R em n pequenos retângulos, e n aumenta à medida que a largura e a altura de cada retângulo diminuem. Esses retângulos formam uma **partição** de R. Um pedaço retangular pequeno de comprimento Δx e largura Δy possui área $\Delta A = \Delta x \, \Delta y$. Se numerarmos essas áreas particionando R em alguma ordem, suas áreas passam a ser dadas por $\Delta A_1, \Delta A_2, \ldots, \Delta A_n$, onde ΔA_k é a área do k-ésimo retângulo.

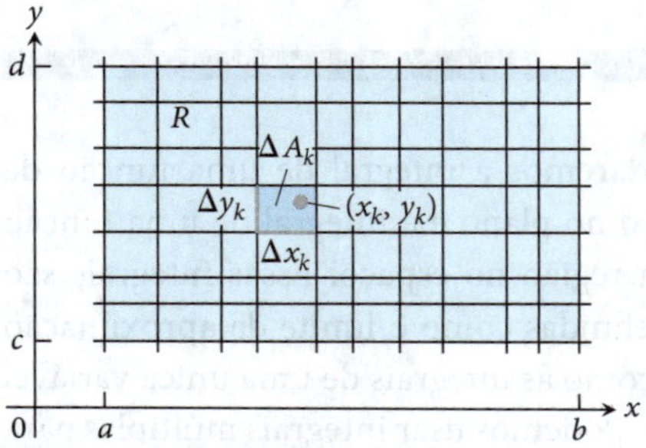

FIGURA 15.1 Grade retangular particionando a região R em pequenos retângulos de área $\Delta A_k = \Delta x_k \Delta y_k$.

Para formar uma soma de Riemann sobre R, escolhemos um ponto (x_k, y_k) no k-ésimo retângulo, multiplicamos o valor de f nesse ponto pela área de ΔA_k e somamos os produtos:

$$S_n = \sum_{k=1}^{n} f(x_k, y_k) \, \Delta A_k$$

Os valores de S_n vão depender da forma como aconteça a escolha de (x_k, y_k) no k-ésimo retângulo.

Estamos interessados em saber o que acontece às somas de Riemann conforme a altura e a largura dos pequenos retângulos na partição de R se aproximam de zero. A **norma** de uma partição P, representada por $\|P\|$, é a maior largura ou altura de qualquer retângulo na partição. Se $\|P\| = 0{,}1$, então todos os retângulos na partição de R têm altura e largura iguais a, no máximo, 0,1. Algumas vezes, as somas de Riemann convergem à medida que a norma de P se aproxima de zero ($\|P\| \to 0$). O limite resultante é escrito da seguinte maneira:

$$\lim_{\|P\| \to 0} \sum_{k=1}^{n} f(x_k, y_k) \, \Delta A_k$$

À medida que $\|P\| \to 0$ e os retângulos diminuem em altura e largura, o seu número n aumenta; o que nos permite escrever esse limite como

$$\lim_{n \to \infty} \sum_{k=1} f(x_k, y_k) \, \Delta A_k$$

sabendo que $\Delta A_k \to 0$, conforme $n \to \infty$ e $\|P\| \to 0$.

Existem muitas escolhas envolvidas em um limite desse tipo. Essa coleção de pequenos retângulos é definida pela rede de retas horizontais e verticais que determinam uma partição retangular de R. Em cada um dos pequenos retângulos resultantes, existe a escolha de um ponto (x_k, y_k) arbitrário no qual f é calculada. Juntas, essas escolhas definem uma única soma de Riemann. Para formar um limite, repetimos todo o processo diversas vezes escolhendo partições onde a altura e a largura tendem a zero e cujo número tenda ao infinito.

Quando um limite da soma S_n existe e dá sempre o mesmo valor-limite independentemente das escolhas feitas, a função f é considerada **integrável** e o limite é denominado **integral dupla** de f em R, escrito como

$$\iint_R f(x, y) \, dA \qquad \text{ou} \qquad \iint_R f(x, y) \, dx \, dy$$

Podemos mostrar que se $f(x, y)$ é contínua em R, então f é integrável, assim como no caso de uma única variável, discutido no Capítulo 5. Muitas funções descontínuas são integráveis, inclusive funções que são descontínuas somente em um número finito de pontos ou curvas lisas. Deixamos a prova desses fatos para um texto mais avançado.

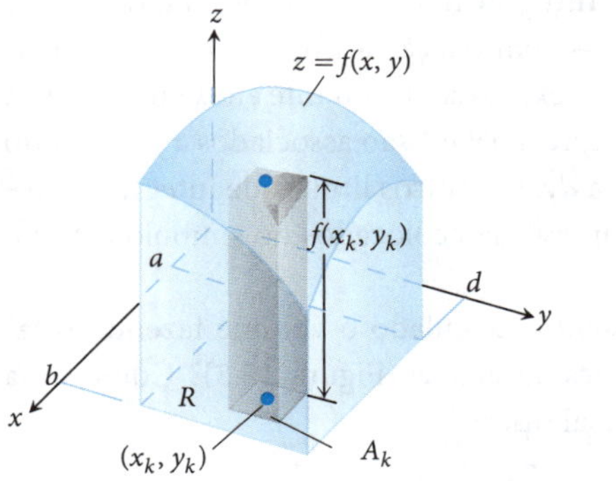

FIGURA 15.2 Sólidos de aproximação com caixas retangulares nos levam a definir o volume de sólidos mais gerais como integrais duplas. O volume do sólido mostrado aqui é a integral dupla de $f(x, y)$ na região-base R.

Integrais duplas como volumes

Quando $f(x, y)$ é uma função positiva em uma região retangular R, podemos interpretar a integral dupla de f em R como o volume da região sólida tridimensional no plano xy limitada inferiormente por R e superiormente pela superfície $z = f(x, y)$ (Figura 15.2). Cada termo $f(x_k, y_k)\,\Delta A_k$ na soma $S_n = \sum f(x_k, y_k)\Delta A_k$ é o volume de um retângulo vertical que aproxima o volume da porção do sólido que está diretamente acima da base ΔA_k. A soma S_n, assim, aproxima o que queremos chamar volume total do sólido. *Definimos* esse volume como

$$\text{Volume} = \lim_{n\to\infty} S_n = \iint_R f(x, y)\, dA$$

onde $\Delta A_k \to 0$ quando $n \to \infty$.

Como você talvez espere, esse método mais geral de calcular volumes está de acordo com os métodos do Capítulo 6, Volume I, mas não provamos isso aqui. A Figura 15.3 mostra as aproximações das somas de Riemann ao volume tornando-se mais precisas conforme o número de caixas n aumenta.

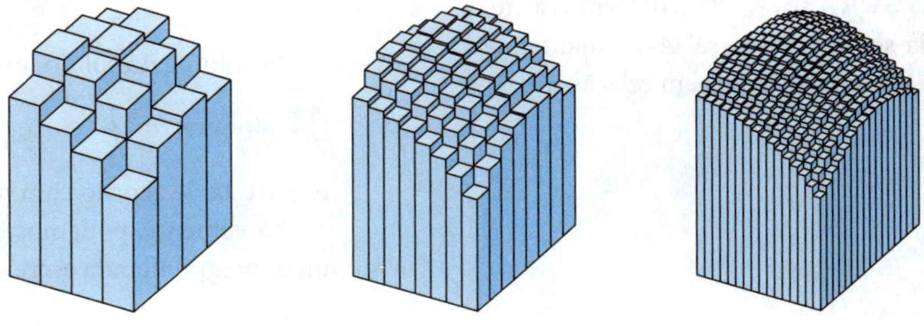

(a) $n = 16$ (b) $n = 64$ (c) $n = 256$

FIGURA 15.3 Conforme n aumenta, as aproximações das somas de Riemann chegam mais próximas do volume do sólido mostrado na Figura 15.2.

Teorema de Fubini para o cálculo de integrais duplas

Suponha que queiramos calcular o volume sob o plano $z = 4 - x - y$ sobre a região retangular R: $0 \le x \le 2$, $0 \le y \le 1$ no plano xy. Se aplicarmos o método do fatiamento da Seção 6.1, Volume I, com fatias perpendiculares ao eixo x (Figura 15.4), então o volume é

$$\int_{x=0}^{x=2} A(x)\, dx \tag{1}$$

onde $A(x)$ é a área da seção transversal em x. Para cada valor de x, podemos calcular $A(x)$ como a integral

$$A(x) = \int_{y=0}^{y=1} (4 - x - y)\, dy \tag{2}$$

que é a área sob a curva $z = 4 - x - y$ no plano da seção transversal em x. Ao calcularmos $A(x)$, x é mantido fixo e a integração ocorre em relação a y. Combinando as equações (1) e (2), vemos que o volume do sólido inteiro é

$$\text{Volume} = \int_{x=0}^{x=2} A(x)\, dx = \int_{x=0}^{x=2} \left(\int_{y=0}^{y=1} (4 - x - y)dy \right) dx$$

$$= \int_{x=0}^{x=2} \left[4y - xy - \frac{y^2}{2} \right]_{y=0}^{y=1} dx = \int_{x=0}^{x=2} \left(\frac{7}{2} - x \right) dx$$

$$= \left[\frac{7}{2}x - \frac{x^2}{2} \right]_0^2 = 5 \tag{3}$$

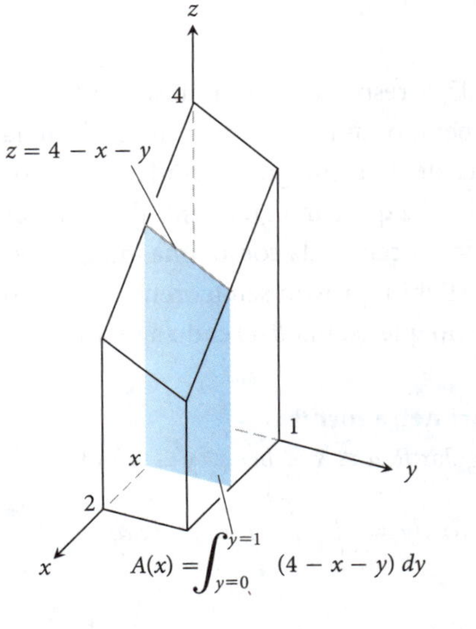

FIGURA 15.4 Para obtermos a área da seção transversal $A(x)$, mantemos x fixo e integramos em relação a y.

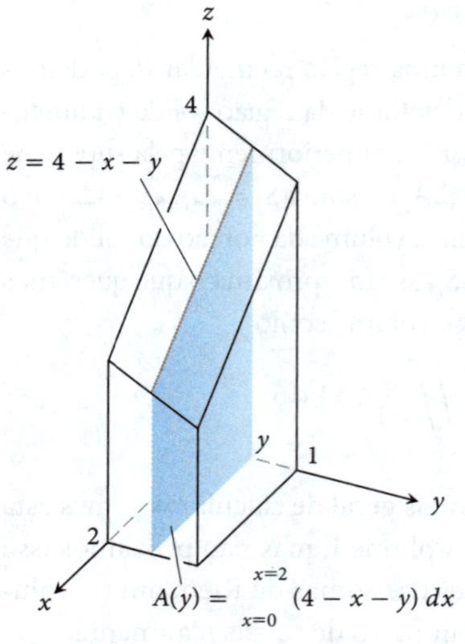

FIGURA 15.5 Para obtermos a área da seção transversal $A(y)$, mantemos y fixo e integramos em relação a x.

Se quiséssemos apenas escrever instruções para calcular o volume, sem executar integração, poderíamos ter escrito

$$\text{Volume} = \int_0^2 \int_0^1 (4 - x - y)\, dy\, dx$$

A expressão à direita, chamada **integral iterada** ou **repetida**, diz que o volume é obtido integrando-se $4 - x - y$ em relação a y de $y = 0$ a $y = 1$, mantendo-se x fixo e então integrando-se a expressão resultante em x em relação a x de $x = 0$ até $x = 2$. Os limites de integração 0 e 1 são associados a y, portanto são colocados na integral próximos a dy. Os outros limites de integração, 0 e 2, estão associados à variável x e, por isso, são colocados no símbolo externo da integral correspondente a dx.

O que teria acontecido se tivéssemos calculado o volume fazendo o fatiamento com planos perpendiculares ao eixo y (Figura 15.5)? Como uma função de y, a área da seção transversal típica é

$$A(y) = \int_{x=0}^{x=2} (4 - x - y)\, dx = \left[4x - \frac{x^2}{2} - xy\right]_{x=0}^{x=2} = 6 - 2y \quad (4)$$

O volume do sólido inteiro, portanto, é

$$\text{Volume} = \int_{y=0}^{y=1} A(y)\, dy = \int_{y=0}^{y=1} (6 - 2y)\, dy = \left[6y - y^2\right]_0^1 = 5$$

o que está de acordo com nosso cálculo anterior.

Novamente, podemos dar uma fórmula para o cálculo do volume como uma integral iterada escrevendo

$$\text{Volume} = \int_0^1 \int_0^2 (4 - x - y)\, dx\, dy$$

A expressão no lado direito diz que podemos encontrar o volume integrando $4 - x - y$ em relação a x de $x = 0$ a $x = 2$, como na Equação (4), e integrando o resultado em relação a y de $y = 0$ a $y = 1$. Nessa integral iterada, a ordem da integração é primeiro x e depois y, a ordem inversa da integral na Equação (3).

O que esses dois cálculos de volume com integrais iteradas têm a ver com a integral dupla

$$\iint_R (4 - x - y)\, dA$$

sobre o retângulo R: $0 \leq x \leq 2, 0 \leq y \leq 1$? A resposta é que ambas as integrais dão o valor da integral dupla. Isso é esperado, uma vez que a integral dupla mede o volume da mesma região através de duas integrais iteradas. Um teorema publicado em 1907 por Guido Fubini diz que a integral dupla de qualquer função contínua sobre um retângulo pode ser calculada como uma integral iterada em qualquer ordem de integração. (Fubini provou seu teorema de modo mais geral, mas é assim que ele se traduz no que estamos fazendo agora.)

Companion Website
Biografia histórica
Guido Fubini
(1879–1943)

Teorema 1 **Teorema de Fubini (primeira forma)**
Se $f(x, y)$ for contínua na região retangular R: $a \leq x \leq b, c \leq y \leq d$, então

$$\iint_R f(x, y)\, dA = \int_c^d \int_a^b f(x, y)\, dx\, dy = \int_a^b \int_c^d f(x, y)\, dy\, dx$$

O teorema de Fubini diz que integrais duplas sobre retângulos podem ser calculadas como integrais iteradas. Assim, podemos calcular uma integral dupla integrando uma variável de cada vez.

O teorema de Fubini também diz que podemos calcular a integral dupla integrando em *qualquer* ordem, o que é verdadeiramente conveniente, como veremos no Exemplo 3. Em particular, quando calculamos um volume por fatiamento, podemos usar tanto planos perpendiculares ao eixo x quanto planos perpendiculares ao eixo y.

EXEMPLO 1 Calculando uma integral dupla

Calcule $\iint_R f(x, y)\, dA$ para

$$f(x, y) = 1 - 6x^2y \quad \text{e} \quad R: 0 \leq x \leq 2, \; -1 \leq y \leq 1$$

SOLUÇÃO Pelo teorema de Fubini,

$$\iint_R f(x, y)\, dA = \int_{-1}^{1}\int_{0}^{2} (1 - 6x^2y)\, dx\, dy = \int_{-1}^{1} \left[x - 2x^3y\right]_{x=0}^{x=2} dy$$

$$= \int_{-1}^{1} (2 - 16y)\, dy = \left[2y - 8y^2\right]_{-1}^{1} = 4$$

Trocando a ordem de integração, obtemos o mesmo resultado:

$$\int_{0}^{2}\int_{-1}^{1} (1 - 6x^2y)\, dy\, dx = \int_{0}^{2} \left[y - 3x^2y^2\right]_{y=-1}^{y=1} dx$$

$$= \int_{0}^{2} [(1 - 3x^2) - (-1 - 3x^2)]\, dx$$

$$= \int_{0}^{2} 2\, dx = 4$$

Usando a tecnologia: integração múltipla

A maioria dos sistemas de álgebra por computador (SAC) pode calcular tanto as integrais múltiplas quanto as iteradas. O procedimento típico é utilizar o comando de integração do SAC em iterações aninhadas de acordo com a ordem de integração que você especificar.

Integral	**Formação típica do SAC**
$\iint x^2y\, dx\, dy$	int (int (x ^ 2 * y, x), y)
$\int_{-\pi/3}^{\pi/4}\int_{0}^{1} x\cos y\, dx\, dy$	int (int (x * cos (y), x = 0 . . . 1), y = − Pi/3 . . . Pi/4)

Se um SAC não pode produzir um valor exato para uma integral definida, ele geralmente pode encontrar um valor numérico aproximado. A configuração de uma integral múltipla em um SAC pode ser uma tarefa complicada e requer que se compreenda como se descrevem as fronteiras de uma região e como se configura uma integral apropriada.

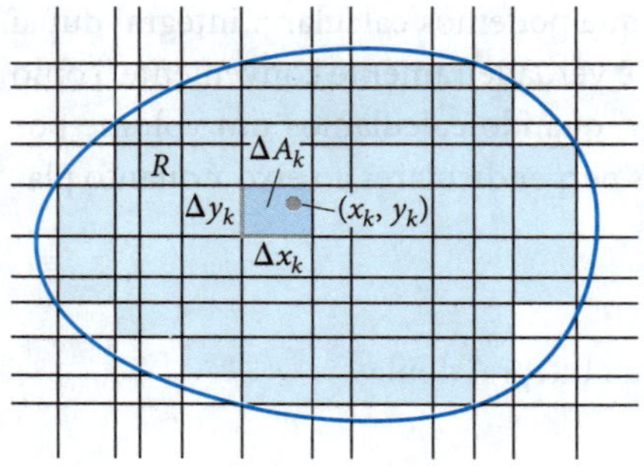

FIGURA 15.6 Uma grade retangular dividindo em células uma região não retangular limitada.

Integrais duplas sobre regiões não retangulares limitadas

Para definirmos a integral dupla de uma função $f(x, y)$ sobre uma região não retangular limitada, como a mostrada na Figura 15.6, novamente imaginamos R sendo coberta por uma grade retangular cuja união contém todos os pontos de R. Desta vez, entretanto, não podemos preencher R com um número finito de retângulos do interior de R, já que sua extremidade é curva e alguns dos pequenos retângulos estão parcialmente fora de R. Uma partição de R é formada tomando-se os retângulos que estão totalmente dentro de R e desprezando-se todos aqueles que estão parcial ou completamente fora da região. Para regiões que surgem com freqüência, uma parte cada vez maior de R é incluída à medida que a norma da partição (a maior altura ou largura de qualquer retângulo utilizado) se aproxima de zero.

Uma vez que tenhamos uma partição de R, numeramos os retângulos de forma ordenada de 1 a n e consideramos ΔA_k como a área do k-ésimo retângulo. Em seguida, escolhemos um ponto (x_k, y_k) no k-ésimo retângulo e formamos a soma de Riemann

$$S_n = \sum_{k=1}^{n} f(x_k, y_k)\,\Delta A_k$$

À medida que a norma da partição que forma S_n se aproxima de zero, $\|P\| \to 0$, a largura e a altura de cada um dos retângulos em R vai a zero e seu número vai a infinito. Se $f(x, y)$ for contínua, essas somas de Riemann convergem para um valor-limite que não depende das escolhas que façamos. Chamamos esse limite **integral dupla** de $f(x, y)$ sobre R:

$$\lim_{\|P\|\to 0} \sum_{k=1}^{n} f(x_k, y_k)\,\Delta A_k = \iint_R f(x, y)\,dA$$

A natureza da fronteira de R levanta questões não encontradas em integrais ao longo de um intervalo. Quando R tem uma fronteira curva, os n retângulos de uma partição estão dentro de R, mas não cobrem toda a região de R. Para que uma partição se aproxime bem de R, as partes de R cobertas por pequenos retângulos parcialmente fora de R devem se tornar desprezíveis à medida que a norma da partição se aproxima de zero. Todas as regiões que encontraremos satisfazem essa propriedade de estar quase toda preenchida por uma partição de norma pequena. Não há problemas com as fronteiras feitas de polígonos, círculos, elipses e gráficos contínuos sobre um intervalo que sejam ligadas pelas extremidades. Curvas do tipo "fractal" seriam problemáticas, porém elas não são relevantes para a maior parte das aplicações. Deixamos a cuidadosa discussão sobre quais tipos de região R podem ser utilizados no cálculo de integrais duplas para um texto mais avançado.

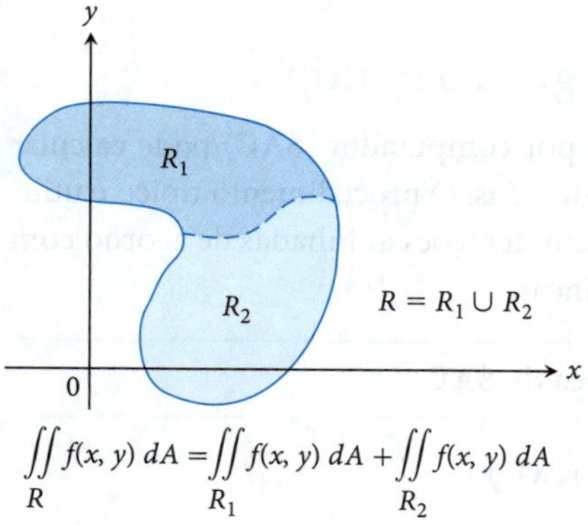

FIGURA 15.7 A propriedade de aditividade para regiões retangulares é válida para regiões limitadas por curvas contínuas.

Integrais duplas de funções contínuas sobre regiões não retangulares têm as mesmas propriedades algébricas que integrais sobre regiões retangulares (resumidas adiante). A propriedade da aditividade do domínio diz que, se R for decomposta em regiões não sobrepostas R_1 e R_2 com fronteiras que são novamente formadas por um número finito de segmentos de reta ou curvas lisas (veja a Figura 15.7 para conhecer um exemplo disso), então

$$\iint_R f(x, y)\,dA = \iint_{R_1} f(x, y)\,dA + \iint_{R_2} f(x, y)\,dA$$

Se $f(x, y)$ é positiva e contínua sobre R, definimos o volume da região sólida entre R e a superfície $z = f(x, y)$ como $\iint_R f(x, y)\,dA$, como anteriormente (Figura 15.8).

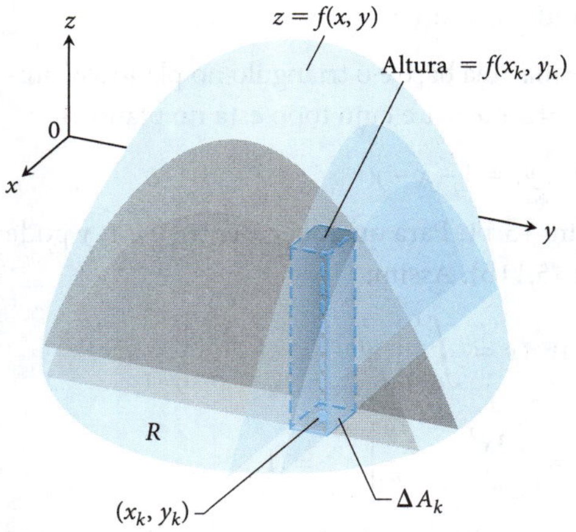

$$\text{Volume} = \lim \sum f(x_k, y_k)\, \Delta A_k = \iint_R f(x, y)\, dA$$

FIGURA 15.8 Definimos o volume de sólidos com base curva da mesma maneira que definimos o volume de sólidos com base retangular.

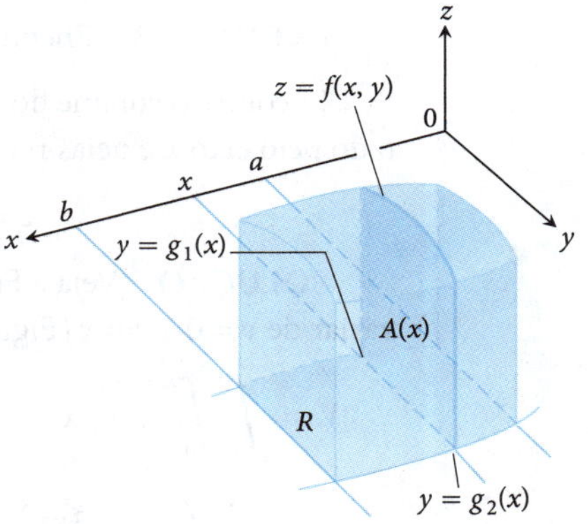

FIGURA 15.9 A área da fatia vertical mostrada aqui é

$$A(x) = \int_{g_1(x)}^{g_2(x)} f(x, y)\, dy$$

Para calcularmos o volume do sólido, integramos essa área de $x = a$ a $x = b$.

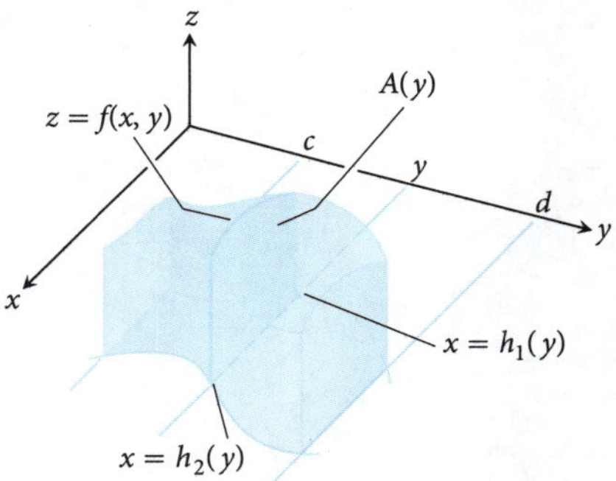

FIGURA 15.10 O volume do sólido mostrado aqui é

$$\int_c^d A(y)\, dy = \int_c^d \int_{h_1(y)}^{h_2(y)} f(x, y)\, dx\, dy$$

Se R é uma região como aquela mostrada no plano xy na Figura 15.9, limitada "acima" e "abaixo" pelas curvas $y = g_2(x)$ e $y = g_1(x)$ e dos lados pelas retas $x = a$, $x = b$, podemos novamente calcular o volume pelo método do fatiamento. Primeiro, calculamos a área da seção transversal

$$\int_c^d A(y)\, dy = \int_c^d \int_{h_1(y)}^{h_2(y)} f(x,$$

e então integramos $A(x)$ de $x = a$ a $x = b$ para obter o volume como uma integral iterada:

$$V = \int_a^b A(x)\, dx = \int_a^b \int_{g_1(x)}^{g_2(x)} f(x, y)\, dy\, dx \qquad (5)$$

De maneira similar, se R é uma região como aquela mostrada na Figura 15.10, limitada pelas curvas $x = h_2(y)$ e $x = h_1(y)$ e pelas retas $y = c$ e $y = d$, então o volume calculado por meio do fatiamento é dado pela integral iterada

$$\text{Volume} = \int_c^d \int_{h_1(y)}^{h_2(y)} f(x, y)\, dx\, dy \qquad (6)$$

O fato de as integrais iteradas nas equações (5) e (6) darem o volume que definimos como a integral dupla de f sobre R é uma conseqüência da forma mais forte do teorema de Fubini, a qual é exposta a seguir.

Teorema 2 **Teorema de Fubini (forma mais forte)**

Seja $f(x, y)$ contínua em uma região R.

1. Se R for definida por $a \leq x \leq b$, $g_1(x) \leq y \leq g_2(x)$, com g_1 e g_2 contínuas em $[a, b]$, então

$$\iint_R f(x, y)\, dA = \int_a^b \int_{g_1(x)}^{g_2(x)} f(x, y)\, dy\, dx$$

2. Se R for definida por $c \leq y \leq d$, $h_1(y) \leq x \leq h_2(y)$, com h_1 e h_2 contínuas em $[c, d]$, então

$$\iint_R f(x, y)\, dA = \int_a^b \int_{g_1(x)}^{g_2(x)} f(x, y)\, dy\, dx$$

EXEMPLO 2 Encontrando o volume

Encontre o volume do prisma cuja base é o triângulo no plano xy limitado pelo eixo x e pelas retas $y = x$ e $x = 1$ e cujo topo está no plano

$$z = f(x, y) = 3 - x - y$$

SOLUÇÃO Veja a Figura 15.11. Para qualquer x entre 0 e 1, y pode variar de $y = 0$ a $y = x$ (Figura 15.11b). Assim,

$$V = \int_0^1 \int_0^x (3 - x - y)\, dy\, dx = \int_0^1 \left[3y - xy - \frac{y^2}{2} \right]_{y=0}^{y=x} dx$$

$$= \int_0^1 \left(3x - \frac{3x^2}{2} \right) dx = \left[\frac{3x^2}{2} - \frac{x^3}{2} \right]_{x=0}^{x=1} = 1$$

Quando a ordem de integração é invertida (Figura 15.11c), a integral para o volume é

$$V = \int_0^1 \int_y^1 (3 - x - y)\, dx\, dy = \int_0^1 \left[3x - \frac{x^2}{2} - xy \right]_{x=y}^{x=1} dy$$

$$= \int_0^1 \left(3 - \frac{1}{2} - y - 3y + \frac{y^2}{2} + y^2 \right) dy$$

$$= \int_0^1 \left(\frac{5}{2} - 4y + \frac{3}{2}y^2 \right) dy = \left[\frac{5}{2}y - 2y^2 + \frac{y^3}{2} \right]_{y=0}^{y=1} = 1$$

As duas integrais são iguais, como deveriam ser.

Embora o teorema de Fubini assegure que uma integral dupla pode ser calculada como uma integral iterada em qualquer ordem de integração, pode ser mais fácil calcular o valor de uma integral que o valor de outra. O próximo exemplo mostra como isso acontece.

EXEMPLO 3 Calculando uma integral dupla

Calcule

$$\iint_R \frac{\operatorname{sen} x}{x}\, dA$$

onde R é o triângulo no plano xy limitado pelo eixo x, pela reta $y = x$ e pela reta $x = 1$.

SOLUÇÃO A região de integração é mostrada na Figura 15.12. Se integrarmos primeiro em relação a y e depois em relação a x, encontramos

$$\int_0^1 \left(\int_0^x \frac{\operatorname{sen} x}{x}\, dy \right) dx = \int_0^1 \left(y \frac{\operatorname{sen} x}{x} \right]_{y=0}^{y=x} \Bigg) dx = \int_0^1 \operatorname{sen} x\, dx$$

$$= -\cos(1) + 1 \approx 0{,}46$$

Se invertemos a ordem de integração e tentamos calcular

$$\int_0^1 \int_y^1 \frac{\operatorname{sen} x}{x}\, dx\, dy$$

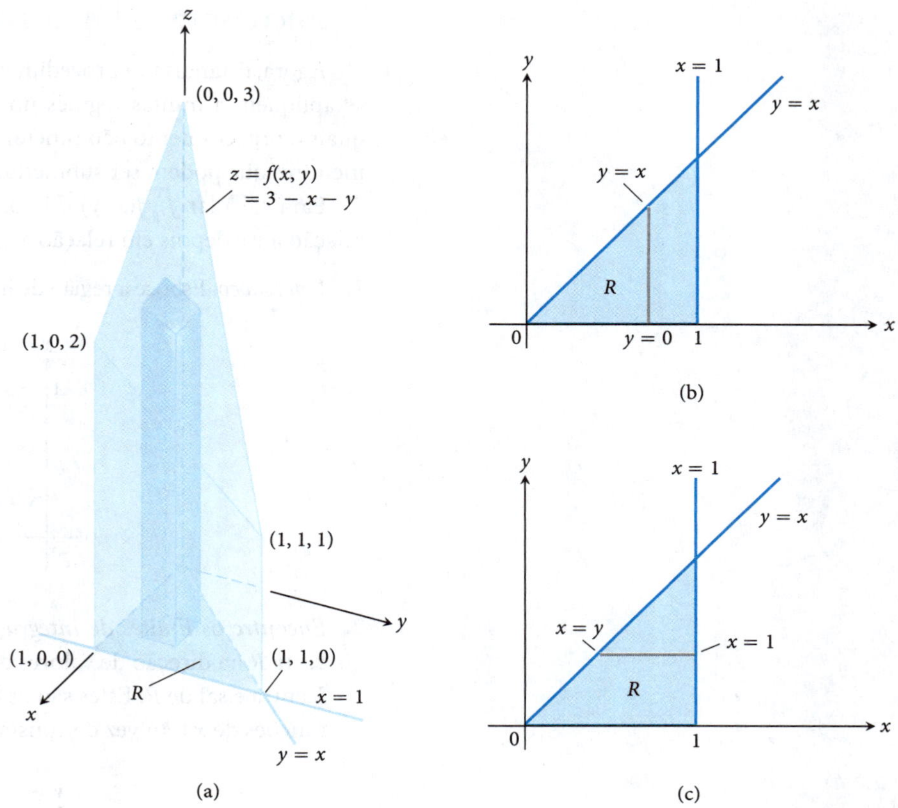

FIGURA 15.11 (a) Prisma com base triangular no plano xy. O volume desse prisma é definido como uma integral dupla sobre R. Para a calcularmos como uma integral iterada, podemos integrar primeiro em relação a y e depois em relação a x ou vice-versa (Exemplo 2).
(b) Limites de integração de

$$\int_{x=0}^{x=1}\int_{y=0}^{y=x} f(x, y)\, dy\, dx$$

Se integrarmos primeiro em relação a y, integraremos ao longo de uma reta vertical através de R e depois integraremos da esquerda para a direita para incluir todas as retas verticais em R.
(c) Limites de integração de

$$\int_{y=0}^{y=1}\int_{x=y}^{x=1} f(x, y)\, dx\, dy$$

Se integrarmos primeiro em relação a x, integraremos ao longo de uma reta horizontal através de R e depois integraremos de baixo para cima para incluir todas as retas horizontais em R.

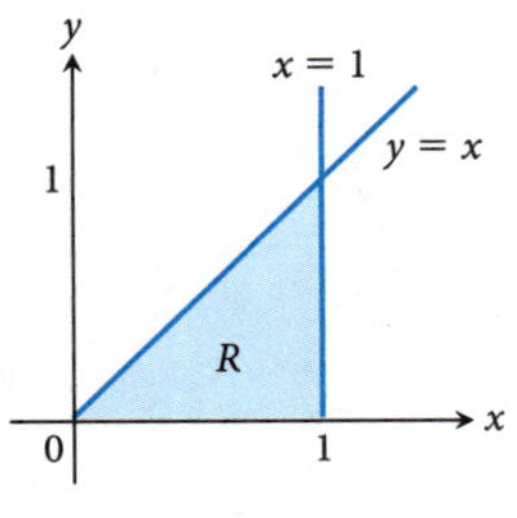

FIGURA 15.12 A região de integração do Exemplo 3.

temos de parar porque $\int((\operatorname{sen} x)/x)\, dx$ não pode ser expressa em termos de funções elementares (não há primitivas simples).

Não existe regra para prever que ordem de integração será a melhor em circunstâncias como esta. Se a ordem pela qual escolher começar a não funcionar, tente outra. Às vezes, nenhuma ordem funciona e temos de utilizar aproximações numéricas.

Encontrando limites de integração

Agora, listamos um procedimento para encontrar limites de integração que se apliquem a muitas regiões no plano. Regiões mais complicadas, para as quais o procedimento não funciona, podem sempre ser divididas em pedaços menores que podem ser submetidos às etapas aqui descritas.

Para calcular $\iint_R f(x, y)\, dA$ sobre uma região R, integrando primeiro em relação a y e depois em relação a x, faça o seguinte:

1. *Um esboço.* Esboce a região de integração e identifique as curvas limitantes.

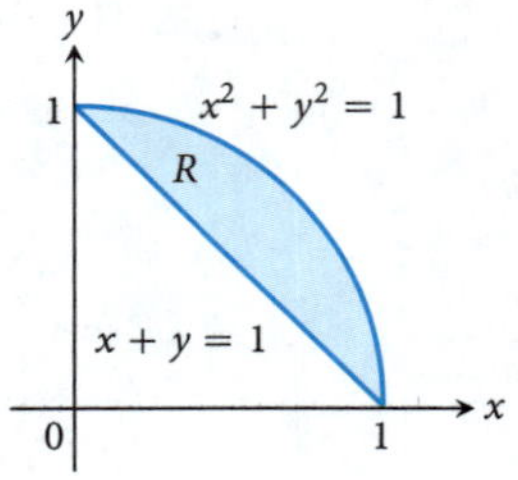

2. *Encontre os limites de integração de y.* Imagine uma reta vertical L que corta R na direção de valores de y crescente. Marque os valores de y onde L entra e sai de R. Estes são os limites de integração de y e geralmente são funções de x (em vez de constantes).

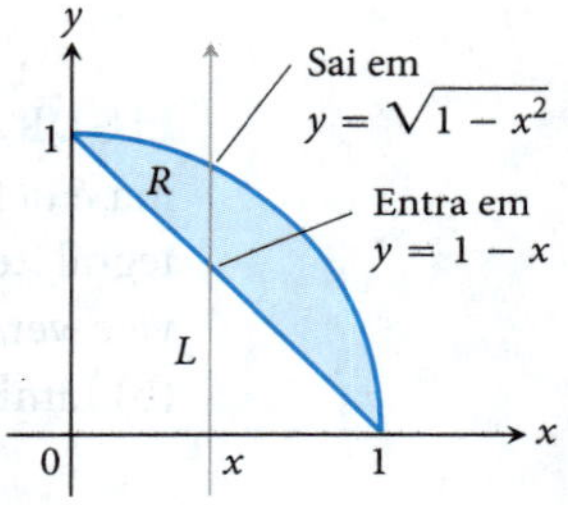

3. *Encontre os limites de integração de x.* Escolha limites de integração de x que incluam todas as retas verticais através de R. A integral é

$$\iint_R f(x, y)\, dA =$$

$$\int_{x=0}^{x=1} \int_{y=1-x}^{y=\sqrt{1-x^2}} f(x, y)\, dy\, dx.$$

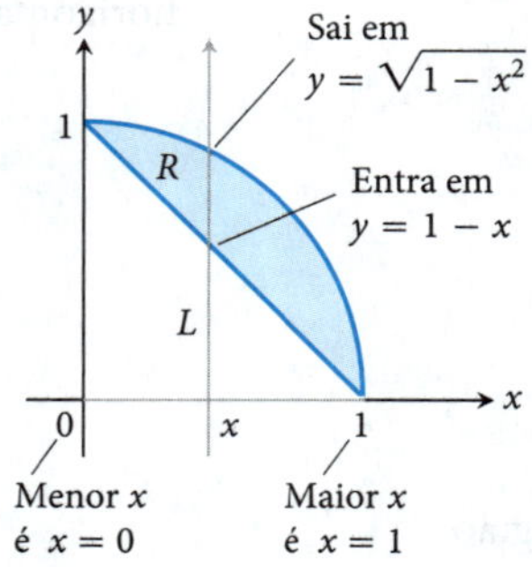

Para calcular a mesma integral dupla como uma integral iterada com a ordem de integração invertida, use retas horizontais em vez de retas verticais nas etapas 2 e 3. A integral é

$$\iint_R f(x, y)\, dA = \int_0^1 \int_{1-y}^{\sqrt{1-y^2}} f(x, y)\, dx\, dy$$

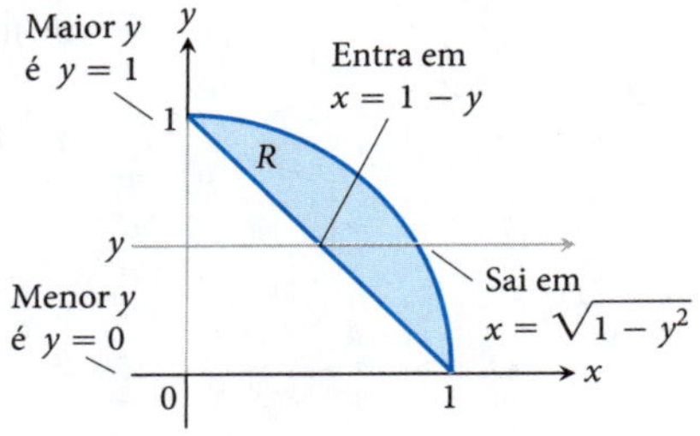

EXEMPLO 4 Invertendo a ordem de integração

Esboce a região de integração para a integral

$$\int_0^2 \int_{x^2}^{2x} (4x + 2)\, dy\, dx$$

e escreva uma integral equivalente com a ordem de integração invertida.

SOLUÇÃO A região de integração é dada pelas desigualdades $x^2 \leq y \leq 2x$ e $0 \leq x \leq 2$. Esta é, portanto, a região limitada pelas curvas $y = x^2$ e $y = 2x$ entre $x = 0$ e $x = 2$ (Figura 15.13a).

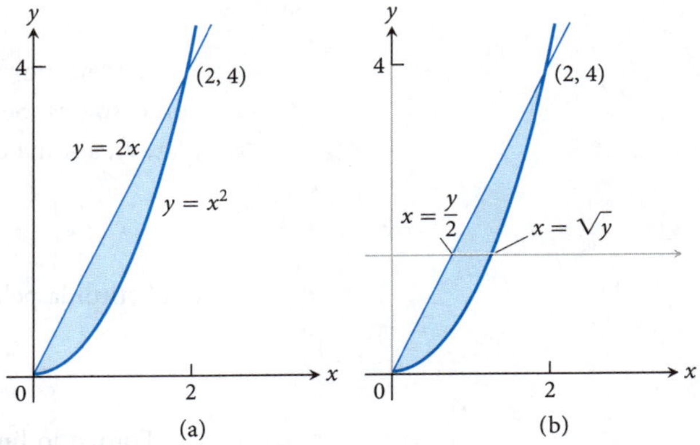

FIGURA 15.13 Região de integração para o Exemplo 4.

Para encontrarmos limites para integrar na ordem invertida, imaginamos uma reta horizontal passando, da esquerda para a direita, através da região. Ela entra em $x = y/2$ e sai em $x = \sqrt{y}$. Para incluirmos todas essas retas, fazemos y variar de $y = 0$ a $y = 4$ (Figura 15.13b). A integral é

$$\int_0^4 \int_{y/2}^{\sqrt{y}} (4x + 2)\, dx\, dy$$

O valor comum dessas integrais é 8.

Propriedades de integrais duplas

Como integrais de uma variável, integrais duplas de funções contínuas têm propriedades algébricas que são úteis em cálculos e aplicações.

Propriedades de integrais duplas

Se $f(x, y)$ e $g(x, y)$ são contínuas, então:

1. *Múltiplo constante:* $\displaystyle\iint_R cf(x, y)\, dA = c\iint_R f(x, y)\, dA$ (para todo número c)

2. *Soma e diferença:*
$$\iint_R (f(x, y) \pm g(x, y))\, dA = \iint_R f(x, y)\, dA \pm \iint_R g(x, y)\, dA$$

3. *Dominação:*

   (a) $\displaystyle\iint_R f(x, y)\, dA \geq 0$ se $f(x, y) \geq 0$ em R

   (b) $\displaystyle\iint_R f(x, y)\, dA \geq \iint_R g(x, y)\, dA$ se $f(x, y) \geq g(x, y)$ em R

4. *Aditividade:* $\displaystyle\iint_R f(x, y)\, dA = \iint_{R_1} f(x, y)\, dA + \iint_{R_2} f(x, y)\, dA$

   se R for a união de dois retângulos não sobrepostos R_1 e R_2 (Figura 15.7).

A idéia por trás dessas propriedades é que as integrais se comportam como somas. Se a função $f(x, y)$ for substituída por seu múltiplo constante $cf(x, y)$, a soma de Riemann para f

$$S_n = \sum_{k=1}^{n} f(x_k, y_k)\, \Delta A_k$$

é substituída pela soma de Riemann para cf

$$\sum_{k=1}^{n} cf(x_k, y_k)\, \Delta A_k = c\sum_{k=1}^{n} f(x_k, y_k)\, \Delta A_k = cS_n$$

Tomando limites quando $n \to \infty$ mostra que $c \lim_{n\to\infty} S_n = c \iint_R f\, dA$ e $\lim_{n\to\infty} cS_n = \iint_R cf\, dA$ são iguais. Assim sendo, a propriedade de múltiplo constante pode ser aplicada de somas até integrais duplas.

Também é fácil verificar as outras propriedades para somas de Riemann, que se aplicam a integrais duplas pelo mesmo motivo. Embora a discussão já o deixe com uma idéia, uma prova de que essas propriedades são verdadeiras requer uma análise mais cuidadosa de como as somas de Riemann convergem.

Exercícios 15.1

Encontrando regiões de integração e integrais duplas

Nos exercícios 1–10, esboce a região de integração e calcule a integral.

1. $\int_0^3\int_0^2 (4 - y^2)\,dy\,dx$

2. $\int_0^3\int_{-2}^0 (x^2y - 2xy)\,dy\,dx$

3. $\int_{-1}^0\int_{-1}^1 (x + y + 1)\,dx\,dy$

4. $\int_{\pi}^{2\pi}\int_0^{\pi} (\operatorname{sen} x + \cos y)\,dx\,dy$

5. $\int_0^{\pi}\int_0^{x} x\operatorname{sen} y\,dy\,dx$

6. $\int_0^{\pi}\int_0^{\operatorname{sen} x} y\,dy\,dx$

7. $\int_1^{\ln 8}\int_0^{\ln y} e^{x+y}\,dx\,dy$

8. $\int_1^2\int_y^{y^2} dx\,dy$

9. $\int_0^1\int_0^{y^2} 3y^3e^{xy}\,dx\,dy$

10. $\int_1^4\int_0^{\sqrt{x}} \frac{3}{2}e^{y/\sqrt{x}}\,dy\,dx$

Nos exercícios 11–16, integre f sobre a região dada.

11. **Quadrilateral** $f(x, y) = x/y$ sobre a região no primeiro quadrante limitada pelas retas $y = x$, $y = 2x$, $x = 1$ e $x = 2$.

12. **Quadrado** $f(x, y) = 1/(xy)$ sobre o quadrado $1 \leq x \leq 2$, $1 \leq y \leq 2$.

13. **Triângulo** $f(x, y) = x^2 + y^2$ sobre a região triangular com vértices $(0, 0)$, $(1, 0)$ e $(0, 1)$.

14. **Retângulo** $f(x, y) = y\cos xy$ sobre o retângulo $0 \leq x \leq \pi$, $0 \leq y \leq 1$.

15. **Triângulo** $f(u, v) = v - \sqrt{u}$ sobre a região triangular cortada do primeiro quadrante do plano uv pela reta $u + v = 1$.

16. **Região curva** $f(s, t) = e^s \ln t$ sobre a região no primeiro quadrante do plano st que está acima da curva $s = \ln t$ de $t = 1$ a $t = 2$.

Cada um dos exercícios 17–20 dá uma integral sobre uma região no plano cartesiano. Esboce a região e calcule a integral.

17. $\int_{-2}^0\int_v^{-v} 2\,dp\,dv$ (o *plano pv*)

18. $\int_0^1\int_0^{\sqrt{1-s^2}} 8t\,dt\,ds$ (o *plano st*)

19. $\int_{-\pi/3}^{\pi/3}\int_0^{\sec t} 3\cos t\,du\,dt$ (o *plano tu*)

20. $\int_0^3\int_1^{4-2u} \frac{4 - 2u}{v^2}\,dv\,du$ (o *plano uv*)

Invertendo a ordem de integração

Nos exercícios 21–30, esboce a região de integração e escreva uma integral dupla equivalente com a ordem de integração invertida.

21. $\int_0^1\int_2^{4-2x} dy\,dx$

22. $\int_0^2\int_{y-2}^0 dx\,dy$

23. $\int_0^1\int_y^{\sqrt{y}} dx\,dy$

24. $\int_0^1\int_{1-x}^{1-x^2} dy\,dx$

25. $\int_0^1\int_1^{e^x} dy\,dx$

26. $\int_0^{\ln 2}\int_{e^x}^2 dx\,dy$

27. $\int_0^{3/2}\int_0^{9-4x^2} 16x\,dy\,dx$

28. $\int_0^2\int_0^{4-y^2} y\,dx\,dy$

29. $\int_0^1\int_{-\sqrt{1-y^2}}^{\sqrt{1-y^2}} 3y\,dx\,dy$

30. $\int_0^2\int_{-\sqrt{4-x^2}}^{\sqrt{4-x^2}} 6x\,dy\,dx$

Calculando integrais duplas

Nos exercícios 31–40, esboce a região de integração, inverta a ordem de integração e calcule a integral.

31. $\int_0^{\pi}\int_x^{\pi} \frac{\operatorname{sen} y}{y}\,dy\,dx$

32. $\int_0^2\int_x^2 2y^2\operatorname{sen} xy\,dy\,dx$

33. $\int_0^1\int_y^1 x^2e^{xy}\,dx\,dy$

34. $\int_0^2\int_0^{4-x^2} \frac{xe^{2y}}{4 - y}\,dy\,dx$

35. $\int_0^{2\sqrt{\ln 3}}\int_{y/2}^{\sqrt{\ln 3}} e^{x^2}\,dx\,dy$

36. $\int_0^3\int_{\sqrt{x/3}}^1 e^{y^3}\,dy\,dx$

37. $\int_0^{1/16}\int_{y^{1/4}}^{1/2} \cos(16\pi x^5)\,dx\,dy$

38. $\int_0^8\int_{\sqrt[3]{x}}^2 \frac{dy\,dx}{y^4 + 1}$

39. **Região quadrada** $\iint_R (y - 2x^2)\,dA$, onde R é a região limitada pelo quadrado $|x| + |y| = 1$.

40. **Região triangular** $\iint_R xy\,dA$, onde R é a região limitada pelas retas $y = x$, $y = 2x$ e $x + y = 2$.

Volume sob uma superfície $z = f(x, y)$

41. Encontre o volume da região limitada pelo parabolóide $z = x^2 + y^2$ e inferiormente pelo triângulo delimitado pelas retas $y = x$, $x = 0$ e $x + y = 2$ no plano xy.

42. Encontre o volume do sólido que é limitado superiormente pelo cilindro $z = x^2$ e inferiormente pela região delimitada pela parábola $y = 2 - x^2$ e pela reta $y = x$ no plano xy.

43. Encontre o volume do sólido cuja base é a região no plano xy limitada pela parábola $y = 4 - x^2$ e pela reta $y = 3x$ enquanto o topo do sólido é limitado pelo plano $z = x + 4$.

44. Encontre o volume do sólido no primeiro octante limitado pelos planos coordenados, pelo cilindro $x^2 + y^2 = 4$ e pelo plano $z + y = 3$.

45. Encontre o volume do sólido no primeiro octante limitado pelos planos coordenados, pelo plano $x = 3$ e pelo cilindro parabólico $z = 4 - y^2$.

46. Encontre o volume do sólido cortado do primeiro octante pela superfície $z = 4 - x^2 - y$.

47. Encontre o volume da cunha cortada do primeiro octante pelo cilindro $z = 12 - 3y^2$ e pelo plano $x + y = 2$.

48. Encontre o volume do sólido cortado da coluna quadrada $|x| + |y| \leq 1$ pelos planos $z = 0$ e $3x + z = 3$.

49. Encontre o volume do sólido que é limitado na frente e atrás pelos planos $x = 2$ e $x = 1$, nos lados pelos cilindros $y = \pm 1/x$ e acima e abaixo pelos planos $z = x + 1$ e $z = 0$.

50. Encontre o volume do sólido limitado na frente e atrás pelos planos $x = \pm\pi/3$, nos lados pelos cilindros $y = \pm \sec x$, acima pelo cilindro $z = 1 + y^2$ e abaixo pelo plano xy.

Integrais sobre regiões não limitadas

Integrais duplas impróprias podem sempre ser calculadas de maneira semelhante a integrais impróprias de uma variável. A primeira iteração das integrais impróprias a seguir é feita como se elas fossem integrais próprias. Em seguida, calculamos uma integral imprópria de uma variável tomando limites apropriados, conforme vimos na Seção 8.8, Volume I. Calcule as integrais impróprias nos exercícios 51–54 como integrais iteradas.

51. $\displaystyle\int_1^\infty \int_{e^{-x}}^1 \frac{1}{x^3 y}\,dy\,dx$

52. $\displaystyle\int_{-1}^1 \int_{-1/\sqrt{1-x^2}}^{1/\sqrt{1-x^2}} (2y + 1)\,dy\,dx$

53. $\displaystyle\int_{-\infty}^\infty \int_{-\infty}^\infty \frac{1}{(x^2 + 1)(y^2 + 1)}\,dx\,dy$

54. $\displaystyle\int_0^\infty \int_0^\infty xe^{-(x+2y)}\,dx\,dy$

Aproximando integrais duplas

Nos exercícios 55 e 56, aproxime a integral dupla de $f(x, y)$ sobre a região R dividida pelas retas verticais $x = a$ e horizontais $y = c$ dadas. Em cada sub-retângulo, use (x_k, y_k) como indicado para sua aproximação.

$$\iint_R f(x, y)\,dA \approx \sum_{k=1}^n f(x_k, y_k)\,\Delta A_k$$

55. $f(x, y) = x + y$ sobre a região R limitada acima pelo semicírculo $y = \sqrt{1 - x^2}$ e abaixo pelo eixo x, usando a partição $x = -1, -1/2, 0, 1/4, 1/2, 1$ e $y = 0, 1/2, 1$ com (x_k, y_k) sendo o canto inferior esquerdo do k-ésimo sub-retângulo (desde que o sub-retângulo esteja contido em R).

56. $f(x, y) = x + 2y$ sobre a região R dentro da circunferência $(x - 2)^2 + (y - 3)^2 = 1$ usando a partição $x = 1, 3/2, 2, 5/2, 3$ e $y = 2, 5/2, 3, 7/2, 4$ com (x_k, y_k) sendo o centro (centróide) do k-ésimo sub-retângulo (desde que o sub-retângulo esteja contido em R).

Teoria e exemplos

57. Setor circular Integre $f(x, y) = \sqrt{4 - x^2}$ sobre o setor menor cortado do disco $x^2 + y^2 \leq 4$ pelos raios $\theta = \pi/6$ e $\theta = \pi/2$.

58. Região não limitada Integre $f(x, y) = 1/[(x^2 - x)(y - 1)^{2/3}]$ sobre o retângulo infinito $2 \leq x < \infty, 0 \leq y \leq 2$.

59. Cilindro não-circular Um cilindro sólido reto (não-circular) tem sua base R no plano xy e é limitado superiormente pelo parabolóide $z = x^2 + y^2$. O volume do cilindro é

$$V = \int_0^1 \int_0^y (x^2 + y^2)\,dx\,dy + \int_1^2 \int_0^{2-y} (x^2 + y^2)\,dx\,dy$$

Esboce a base R e expresse o volume do cilindro como uma única integral iterada com a ordem de integração invertida. Então calcule a integral para encontrar o volume.

60. Convertendo em uma integral dupla Calcule a integral

$$\int_0^2 (\text{tg}^{-1}\pi x - \text{tg}^{-1} x)\,dx$$

(*Sugestão*: Escreva o integrando como uma integral.)

61. Maximizando uma integral dupla Que região R no plano xy maximiza o valor de

$$\iint_R (4 - x^2 - 2y^2)\,dA?$$

Justifique sua resposta.

62. Minimizando uma integral dupla Que região R no plano xy minimiza o valor de

$$\iint_R (x^2 + y^2 - 9)\,dA?$$

Justifique a sua resposta.

63. É possível calcular a integral de uma função contínua $f(x, y)$ sobre uma região retangular no plano xy e obter respostas diferentes dependendo da ordem da integração? Justifique a sua resposta.

64. Como você calcularia a integral dupla de uma função contínua $f(x, y)$ sobre uma região R no plano xy limitada pelo triângulo com vértices $(0, 1)$, $(2, 0)$ e $(1, 2)$? Justifique a sua resposta.

65. Região não limitada Prove que

$$\int_{-\infty}^\infty \int_{-\infty}^\infty e^{-x^2-y^2}\,dx\,dy = \lim_{b\to\infty} \int_{-b}^b \int_{-b}^b e^{-x^2-y^2}\,dx\,dy = 4\left(\int_0^\infty e^{-x^2}\,dx\right)^2$$

66. Integral dupla imprópria Calcule a integral imprópria

$$\int_0^1 \int_0^3 \frac{x^2}{(y - 1)^{2/3}}\,dy\,dx$$

USANDO O COMPUTADOR

Calculando integrais duplas numericamente

Use um SAC para estimar os valores das integrais nos exercícios 67–70.

67. $\displaystyle\int_1^3\int_1^x \frac{1}{xy}\,dy\,dx$

68. $\displaystyle\int_0^1\int_0^1 e^{-(x^2+y^2)}\,dy\,dx$

69. $\displaystyle\int_0^1\int_0^1 \operatorname{tg}^{-1} xy\,dy\,dx$

70. $\displaystyle\int_{-1}^1\int_0^{\sqrt{1-x^2}} 3\sqrt{1-x^2-y^2}\,dy\,dx$

Use um SAC para encontrar as integrais nos exercícios 71–76. Então inverta a ordem de integração e calcule, novamente, com um SAC.

71. $\displaystyle\int_0^1\int_{2y}^4 e^{x^2}\,dx\,dy$

72. $\displaystyle\int_0^3\int_{x^2}^9 x\cos(y^2)\,dy\,dx$

73. $\displaystyle\int_0^2\int_{y^3}^{4\sqrt{2y}} (x^2y - xy^2)\,dx\,dy$

74. $\displaystyle\int_0^2\int_0^{4-y^2} e^{xy}\,dx\,dy$

75. $\displaystyle\int_1^2\int_0^{x^2} \frac{1}{x+y}\,dy\,dx$

76. $\displaystyle\int_1^2\int_{y^3}^8 \frac{1}{\sqrt{x^2+y^2}}\,dx\,dy$

15.2 Áreas, momentos e centros de massa

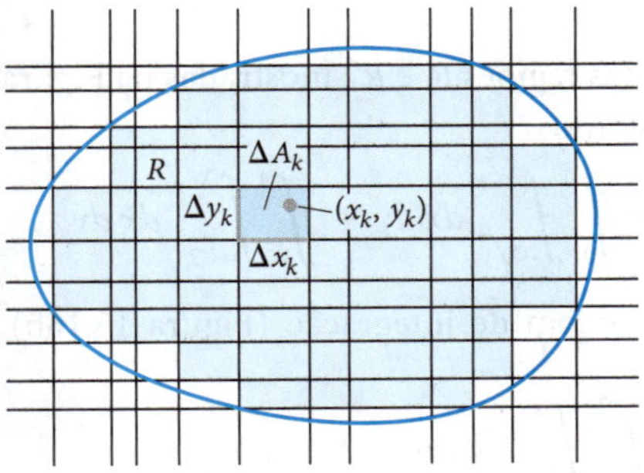

FIGURA 15.14 À medida que a norma de uma partição da região R se aproxima de zero, a soma das áreas ΔA_k nos dá a área de R definida pela integral dupla $\iint_R dA$.

Nesta seção, mostraremos como usar integrais duplas para calcular as áreas de regiões limitadas no plano e para encontrar o valor médio de uma função de duas variáveis. Depois, estudaremos o problema físico de encontrar o centro de massa de uma placa fina que cobre uma região no plano.

Áreas de regiões limitadas no plano

Se tomamos $f(x, y) = 1$ na definição da integral dupla sobre uma região R na seção anterior, as somas de Riemann se reduzem a

$$S_n = \sum_{k=1}^{n} f(x_k, y_k)\,\Delta A_k = \sum_{k=1}^{n} \Delta A_k \tag{1}$$

Esta é simplesmente a soma das áreas dos pequenos retângulos na partição R e se aproxima do que gostaríamos de chamar área de R. À medida que a norma de R se aproxima de zero, a altura e a largura de todos os retângulos se aproximam de zero e a cobertura de R vai ficando cada vez mais completa (Figura 15.14). Definimos a área de R como o limite

$$\text{Área} = \lim_{\|P\|\to 0} \sum_{k=1}^{n} \Delta A_k = \iint_R dA \tag{2}$$

Definição Área

A **área** de uma região plana R fechada e limitada é

$$A = \iint_R dA$$

Assim como as outras definições neste capítulo, essa definição se aplica a uma variedade de regiões maior que aquela a que se aplica a definição de área dada anteriormente que utiliza uma única variável, mas está de acordo com a definição anterior sobre regiões às quais ambas se aplicam. Para calcularmos a integral na definição de área, integramos a função constante $f(x, y) = 1$ sobre R.

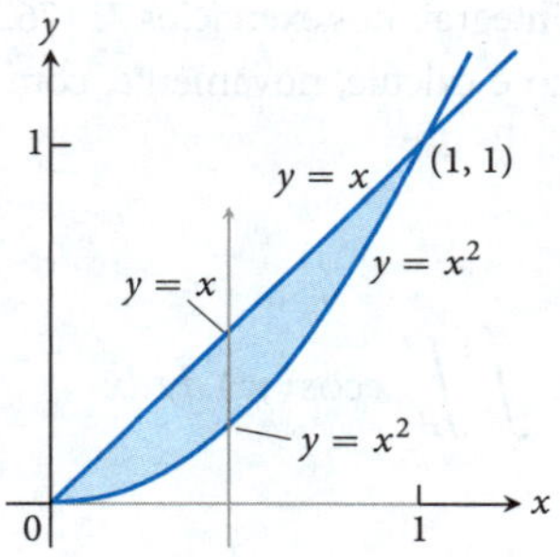

FIGURA 15.15 A região no Exemplo 1.

EXEMPLO 1 Encontrando a área

Encontre a área da região R limitada por $y = x$ e $y = x^2$ no primeiro quadrante.

SOLUÇÃO Esboçamos a região (Figura 15.15) notando onde as duas curvas se interceptam e calculamos a área como

$$A = \int_0^1 \int_{x^2}^{x} dy\, dx = \int_0^1 \left[y \right]_{x^2}^{x} dx$$

$$= \int_0^1 (x - x^2)\, dx = \left[\frac{x^2}{2} - \frac{x^3}{3} \right]_0^1 = \frac{1}{6}$$

Observe que a integral simples $\int_0^1 (x - x^2)\, dx$, obtida com o cálculo da integral iterada de dentro, é a integral para a área entre essas duas curvas usando o método da Seção 5.5, Volume I.

EXEMPLO 2 Encontrando a área

Encontre a área da região R limitada pela parábola $y = x^2$ e pela reta $y = x + 2$.

SOLUÇÃO Se dividimos R nas regiões R_1 e R_2, mostradas na Figura 15.16(a), podemos calcular a área como

$$A = \iint_{R_1} dA + \iint_{R_2} dA = \int_0^1 \int_{-\sqrt{y}}^{\sqrt{y}} dx\, dy + \int_1^4 \int_{y-2}^{\sqrt{y}} dx\, dy$$

Por outro lado, invertendo a ordem de integração (Figura 15.16b), temos

$$A = \int_{-1}^{2} \int_{x^2}^{x+2} dy\, dx$$

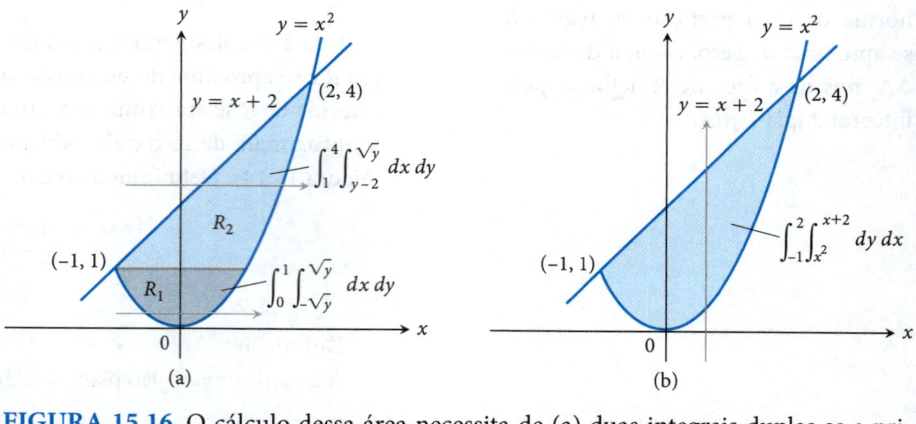

FIGURA 15.16 O cálculo dessa área necessita de (a) duas integrais duplas se a primeira integração ocorre em relação a x, mas (b) apenas uma se a primeira integração ocorre em relação a y (Exemplo 2).

Esse segundo resultado, que requer somente uma integral, é mais simples e é o único que nos daremos ao trabalho de escrever. A área é

$$A = \int_{-1}^{2} \left[y \right]_{x^2}^{x+2} dx = \int_{-1}^{2} (x + 2 - x^2)\, dx = \left[\frac{x^2}{2} + 2x - \frac{x^3}{3} \right]_{-1}^{2} = \frac{9}{2}$$

Valor médio

O valor médio de uma função integrável de uma única variável em um intervalo fechado é a integral da função sobre o intervalo dividida pelo comprimento do intervalo. Para uma função integrável de duas variáveis definida em uma região limitada no plano, o valor médio é a integral sobre a região dividida pela área da região. Podemos visualizar esse procedimento imaginando que a função nos dá a altura em um instante durante o qual água é jorrada dentro de um tanque cujas paredes laterais delimitam as fronteiras da região. A altura média da água no tanque pode ser encontrada deixando que a água se estabilize em uma altura constante. Assim, a altura será igual ao volume da água no tanque dividido pela área de R. Definimos então o valor médio de uma função integrável f sobre uma região R como

$$\textbf{Valor médio} \text{ de } f \text{ sobre } R = \frac{1}{\text{área de } R} \iint_R f \, dA \qquad (3)$$

Se f é a temperatura de uma placa fina cobrindo R, então a integral dupla de f sobre R dividida pela área de R é a temperatura média da placa. Se $f(x, y)$ é a distância do ponto (x, y) a um ponto fixo P, então o valor médio de f sobre R é a distância média dos pontos em R a partir de P.

EXEMPLO 3 Encontrando o valor médio

Encontre o valor médio de $f(x, y) = x \cos xy$ sobre o retângulo R: $0 \leq x \leq \pi, 0 \leq y \leq 1$.

SOLUÇÃO O valor da integral de f sobre R é

$$\int_0^{\pi}\int_0^1 x \cos xy \, dy \, dx = \int_0^{\pi} \left[\operatorname{sen} xy \right]_{y=0}^{y=1} dx \qquad \int x \cos xy \, dy = \operatorname{sen} xy + C$$

$$= \int_0^{\pi} (\operatorname{sen} x - 0) \, dx = -\cos x \Big]_0^{\pi} = 1 + 1 = 2$$

A área de R é π. O valor médio de f sobre R é $2/\pi$.

Momentos e centros de massa para placa finas e planas

Na Seção 6.4, Volume I, apresentamos os conceitos de momentos e centros de massa e vimos como calcular essas quantidades para barras ou faixas e para placas finas de densidade constante. Utilizando integrais múltiplas, podemos ampliar esses cálculos para um grande número de formas com densidades variáveis. Consideramos primeiro o problema de encontrar o centro de massa de uma placa fina e plana que pode ser um disco de alumínio ou uma folha triangular de aço, por exemplo. Assumimos que a distribuição de massa na placa é contínua. A função *densidade* de um material, representada por $\delta(x, y)$, é a massa por unidade de área. A *massa* é obtida por meio da integração da função densidade sobre a região R que forma a placa. O primeiro momento em relação a um eixo é calculado integrando-se sobre R a distância ao eixo multiplicada pela densidade. O centro de massa é encontrado a partir dos primeiros momentos. A Tabela 15.1 apresenta as fórmulas de integrais duplas para massa, primeiros momentos e centro de massa.

TABELA 15.1 Fórmulas de massa e primeiros momentos para placas finas que cobrem uma região R no plano xy

Massa: $M = \iint_R \delta(x, y)\, dA$ — $\delta(x, y)$ é a densidade de (x, y)

Primeiros momentos: $M_x = \iint_R y\delta(x, y)\, dA, \qquad M_y = \iint_R x\delta(x, y)\, dA$

Centro de massa: $\bar{x} = \dfrac{M_y}{M}, \qquad \bar{y} = \dfrac{M_x}{M}$

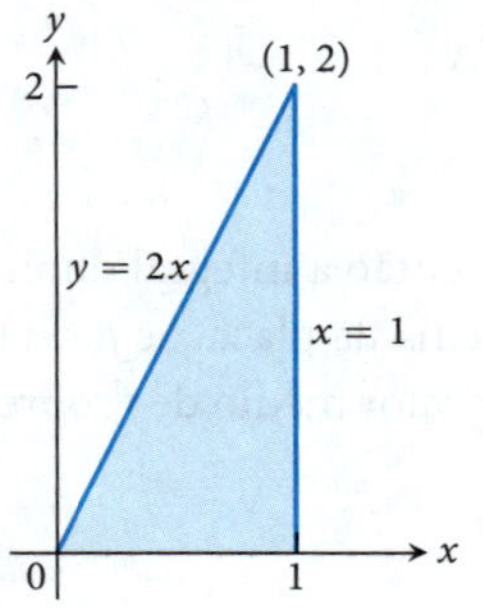

FIGURA 15.17 A região triangular coberta pela placa no Exemplo 4.

EXEMPLO 4 Encontrando o centro de massa de uma placa fina de densidade variável

Uma placa fina cobre a região triangular limitada pelo eixo x e pelas retas $x = 1$ e $y = 2x$ no primeiro quadrante. A densidade da placa no ponto (x, y) é $\delta(x, y) = 6x + 6y + 6$. Encontre a massa da placa, os primeiros momentos e o centro de massa em relação aos eixos coordenados.

SOLUÇÃO Esboçamos a placa e damos detalhes suficientes para determinar os limites de integração para as integrais que temos de calcular (Figura 15.17).

A massa da placa é

$$\begin{aligned} M &= \int_0^1 \int_0^{2x} \delta(x, y)\, dy\, dx = \int_0^1 \int_0^{2x} (6x + 6y + 6)\, dy\, dx \\ &= \int_0^1 \left[6xy + 3y^2 + 6y \right]_{y=0}^{y=2x} dx \\ &= \int_0^1 (24x^2 + 12x)\, dx = \left[8x^3 + 6x^2 \right]_0^1 = 14 \end{aligned}$$

O primeiro momento em relação ao eixo x é

$$\begin{aligned} M_x &= \int_0^1 \int_0^{2x} y\delta(x, y)\, dy\, dx = \int_0^1 \int_0^{2x} (6xy + 6y^2 + 6y)\, dy\, dx \\ &= \int_0^1 \left[3xy^2 + 2y^3 + 3y^2 \right]_{y=0}^{y=2x} dx = \int_0^1 (28x^3 + 12x^2)\, dx \\ &= \left[7x^4 + 4x^3 \right]_0^1 = 11 \end{aligned}$$

Um cálculo similar dá o momento em relação ao eixo y:

$$M_y = \int_0^1 \int_0^{2x} x\delta(x, y)\, dy\, dx = 10$$

As coordenadas do centro de massa são, portanto,

$$\bar{x} = \frac{M_y}{M} = \frac{10}{14} = \frac{5}{7}, \qquad \bar{y} = \frac{M_x}{M} = \frac{11}{14}$$

Momentos de inércia

Os primeiros momentos de um corpo (Tabela 15.1) nos informam sobre o equilíbrio e sobre o torque que o corpo exerce em torno de diferentes eixos em um campo gravitacional. Se, entretanto, o corpo for uma haste que gira, estaremos mais interessados na quantidade de energia que estará armazenada na haste ou na quantidade de energia que será necessária para acelerar a haste até determinada velocidade angular. É aqui que entra o segundo momento, ou momento de inércia.

Imagine que a haste esteja dividida em blocos pequenos de massa Δm_k e r_k seja a distância do centro de massa do k-ésimo bloco ao eixo de rotação (Figura 15.18). Se a haste girar a uma velocidade angular $\omega = d\theta/dt$ radianos por segundo, o centro de massa dos blocos percorrerá sua órbita a uma velocidade escalar de

$$v_k = \frac{d}{dt}(r_k\theta) = r_k\frac{d\theta}{dt} = r_k\omega$$

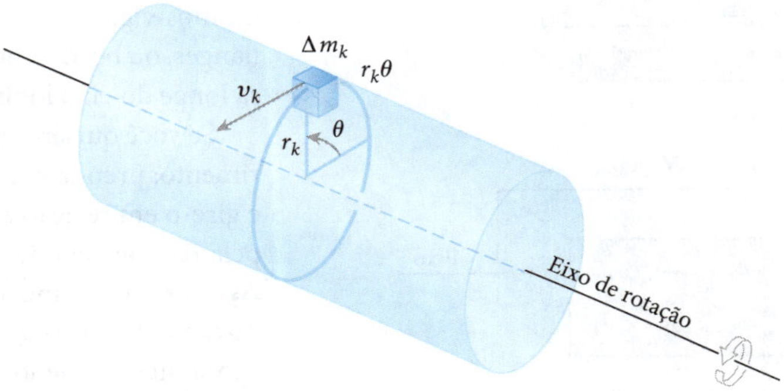

FIGURA 15.18 Para encontrarmos uma integral para a quantidade de energia armazenada em uma haste que gira, primeiro a imaginamos dividida em pequenos blocos. Cada bloco tem sua própria energia cinética. Adicionamos as contribuições de cada bloco para encontrar a energia cinética da haste.

A energia cinética do bloco será, aproximadamente,

$$\frac{1}{2}\Delta m_k v_k^2 = \frac{1}{2}\Delta m_k(r_k\omega)^2 = \frac{1}{2}\omega^2 r_k^2\,\Delta m_k$$

A energia cinética da haste será, aproximadamente,

$$\sum \frac{1}{2}\omega^2 r_k^2\,\Delta m_k$$

A integral aproximada por essas somas à medida que a haste é dividida em blocos cada vez menores fornece a energia cinética da haste:

$$\text{EC}_{\text{haste}} = \int \frac{1}{2}\omega^2 r^2\,dm = \frac{1}{2}\omega^2\int r^2\,dm \qquad (4)$$

O fator

$$I = \int r^2\,dm$$

é o *momento de inércia* da haste em relação ao seu eixo de rotação e vemos com a Equação (4) que a energia cinética da haste é

$$\text{EC}_{\text{haste}} = \frac{1}{2}I\omega^2$$

O momento de inércia de uma haste lembra o de uma locomotiva. Para dar partida em uma locomotiva com massa m a uma velocidade linear v, precisamos de uma energia cinética $EC = (1/2)mv^2$. Para pararmos a locomotiva, precisamos remover essa quantidade de energia. Para fazermos uma haste de momento de inércia I começar a girar a uma velocidade angular ω, precisamos fornecer uma energia cinética de $EC = (1/2)I\omega^2$. Para pararmos a haste, temos de remover essa quantidade de energia cinética. O momento de inércia da haste é análogo ao da massa da locomotiva. O que torna a locomotiva difícil de mover ou parar é sua massa. O que torna a haste difícil de mover ou parar é seu momento de inércia. O momento de inércia depende não apenas da massa, mas também de sua distribuição.

O momento de inércia também tem um papel na determinação de quanto uma viga metálica horizontal cederá sob uma carga. A rigidez da viga é uma constante vezes I, o momento de inércia de uma seção transversal típica da viga em relação ao seu eixo longitudinal. Quanto maior o valor de I, mais rígida é a viga e menos ela cederá sob dada carga. Essa é a razão pela qual usamos vigas em I, em vez de vigas com seções transversais quadradas. Os flanges, ou bordas, no topo e no pé da viga mantêm a maior parte da sua massa longe do eixo longitudinal para maximizar o valor de I (Figura 15.19).

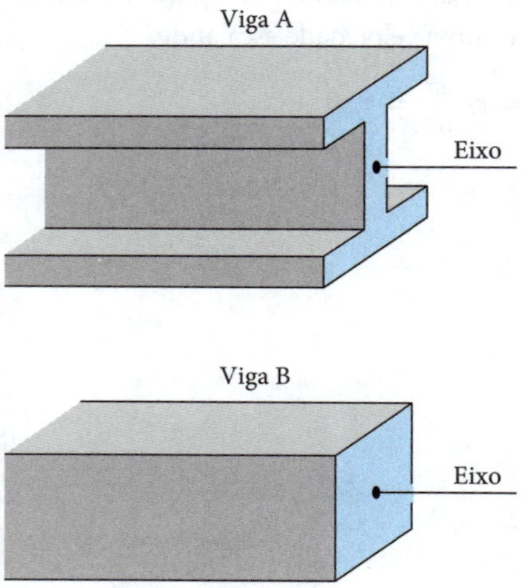

FIGURA 15.19 Quanto maior o momento de inércia polar da seção transversal da viga em relação ao seu eixo longitudinal, mais rígida ela é. As vigas A e B têm a mesma área de seção transversal, mas A é mais rígida.

Se você quiser ver o momento de inércia na prática, tente o seguinte experimento: prenda com fita adesiva duas moedas nas extremidades de um lápis e gire-o em relação ao centro de massa. O momento de inércia é responsável pela resistência que você sente cada vez que muda o sentido do movimento. Agora mova as moedas a distâncias iguais do centro de massa e gire o lápis novamente. O sistema tem a mesma massa e o mesmo centro de massa, mas agora oferece menos resistência a mudanças no movimento. O momento de inércia foi reduzido. O momento de inércia é o que nos faz "sentir" um bastão de beisebol, um taco de golfe ou uma raquete de tênis quando os seguramos. Raquetes de tênis com o mesmo peso que se parecem iguais e possuem centros de massa idênticos serão "sentidas" de maneiras diferentes e se comportarão de modos distintos se suas massas não forem distribuídas da mesma forma.

Os cálculos dos momentos de inércia para placas finas no plano nos levam às fórmulas de integrais duplas resumidas na Tabela 15.2. Um pequeno pedaço fino de massa Δm é igual à sua pequena área ΔA multiplicada pela densidade de um ponto no pedaço. Os cálculos dos momentos de inércia para objetos que ocupam uma região no espaço são discutidos na Seção 15.5.

A diferença matemática entre os **momentos de primeira ordem** M_x e M_y e os **momentos de inércia**, ou **momentos de segunda ordem**, I_x e I_y é que os momentos de segunda ordem usam os *quadrados* dos tamanhos dos "braços de alavanca" x e y.

O momento I_0 também é chamado **momento polar** de inércia em relação à origem. Ele é calculado integrando-se a densidade $\delta(x, y)$ (massa por unidade de área) vezes $r^2 = x^2 + y^2$, o quadrado da distância de um ponto representativo (x, y) até a origem. Observe que $I_0 = I_x + I_y$; uma vez que encontramos dois, encontramos o terceiro automaticamente. (O momento I_0 algumas vezes é chamado I_z, para o momento de inércia em relação ao eixo z. A identidade $I_z = I_x + I_y$ é então denominada **teorema do eixo perpendicular**.)

O **raio de rotação** R_x é definido pela equação

$$I_x = MR_x^2$$

Ele nos diz a que distância do eixo x a massa total da placa pode estar concentrada para resultar no mesmo I_x. O raio de rotação dá uma maneira conveniente de expressar o momento de inércia em termos de uma massa e de um comprimento. Os raios R_y e R_0 são definidos de maneira similar, com

$$I_y = MR_y^2 \qquad e \qquad I_0 = MR_0^2$$

Extraímos as raízes quadradas para obter as fórmulas da Tabela 15.2, que fornece as fórmulas para momentos de inércia (também chamados segundos momentos ou momentos de segunda ordem) e para raios de rotação.

TABELA 15.2 Fórmulas de momentos de segunda ordem para placas finas no plano xy

Momentos de inércia (momentos de segunda ordem):			
Em relação ao eixo x:	$I_x = \iint y^2\delta(x, y)\, dA$		
Em relação ao eixo y:	$I_y = \iint x^2\delta(x, y)\, dA$		
Em relação a uma reta L:	$I_L = \iint r^2(x, y)\delta(x, y)\, dA$		
	onde $r(x, y)$ = distância de (x, y) até L		
Em relação à origem (momento polar):	$I_0 = \iint (x^2 + y^2)\delta(x, y)\, dA = I_x + I_y$		
Raios de rotação:		Em relação ao eixo x:	$R_x = \sqrt{I_x/M}$
		Em relação ao eixo y:	$R_y = \sqrt{I_y/M}$
		Em relação à origem:	$R_0 = \sqrt{I_0/M}$

EXEMPLO 5 Encontrando momentos de inércia e raios de rotação

Para a placa fina do Exemplo 4 (Figura 15.17), encontre os momentos de inércia e os raios de rotação em relação aos eixos coordenados e à origem.

SOLUÇÃO Usando a função densidade $\delta(x, y) = 6x + 6y + 6$ dada no Exemplo 4, o momento de inércia em relação ao eixo x é

$$\begin{aligned} I_x &= \int_0^1 \int_0^{2x} y^2\delta(x, y)\, dy\, dx = \int_0^1 \int_0^{2x} (6xy^2 + 6y^3 + 6y^2)\, dy\, dx \\ &= \int_0^1 \left[2xy^3 + \frac{3}{2}y^4 + 2y^3\right]_{y=0}^{y=2x} dx = \int_0^1 (40x^4 + 16x^3)\, dx \\ &= \left[8x^5 + 4x^4\right]_0^1 = 12 \end{aligned}$$

De maneira similar, o momento de inércia em relação ao eixo y é

$$I_y = \int_0^1 \int_0^{2x} x^2\delta(x, y)\, dy\, dx = \frac{39}{5}$$

Observe que integramos y^2 vezes densidade no cálculo de I_x e x^2 vezes densidade para encontrar I_y.

Como conhecemos I_x e I_y, não precisamos calcular uma integral para encontrar I_0; em seu lugar, podemos usar a equação $I_0 = I_x + I_y$:

$$I_0 = 12 + \frac{39}{5} = \frac{60 + 39}{5} = \frac{99}{5}$$

Os três raios de rotação são

$$R_x = \sqrt{I_x/M} = \sqrt{12/14} = \sqrt{6/7} \approx 0{,}93$$

$$R_y = \sqrt{I_y/M} = \sqrt{\left(\frac{39}{5}\right)/14} = \sqrt{39/70} \approx 0{,}75$$

$$R_0 = \sqrt{I_0/M} = \sqrt{\left(\frac{99}{5}\right)/14} = \sqrt{99/70} \approx 1{,}19$$

Os momentos também são importantes na estatística. O primeiro momento é usado no cálculo da média μ de um conjunto de dados, e o segundo momento é utilizado para calcular a variância (Σ^2) e o desvio-padrão (Σ). O terceiro e o quarto momentos são aproveitados no cálculo de quantidades estatísticas conhecidas como assimetria e curtose.

Centróides de figuras geométricas

Quando a densidade de um objeto é constante, ela se cancela no numerador e no denominador das fórmulas para $\bar{x}$ e $\bar{y}$ na Tabela 15.1. Quando $\bar{x}$ e $\bar{y}$ são considerados, δ pode muito bem ser igual a 1. Assim, quando δ é constante, a localização do centro de massa se torna uma característica da forma do objeto e não mais do material do qual o objeto é feito. Em tais casos, engenheiros costumam chamar o centro de massa de **centróide** da forma. Para encontrar um centróide, fazemos δ igual a 1 e calculamos $\bar{x}$ e $\bar{y}$ como antes, dividindo os primeiros momentos pelas massas.

EXEMPLO 6 Encontrando o centróide de uma região

Encontre o centróide de uma região no primeiro quadrante limitada acima pela reta $y = x$ e abaixo pela parábola $y = x^2$.

SOLUÇÃO Esboçamos a região e incluímos detalhes suficientes para determinar os limites de integração (Figura 15.20). Fazemos então δ igual a 1 e resolvemos as fórmulas apropriadas da Tabela 15.1:

$$M = \int_0^1 \int_{x^2}^{x} 1\, dy\, dx = \int_0^1 \left[y \right]_{y=x^2}^{y=x} dx = \int_0^1 (x - x^2)\, dx = \left[\frac{x^2}{2} - \frac{x^3}{3} \right]_0^1 = \frac{1}{6}$$

$$M_x = \int_0^1 \int_{x^2}^{x} y\, dy\, dx = \int_0^1 \left[\frac{y^2}{2} \right]_{y=x^2}^{y=x} dx$$

$$= \int_0^1 \left(\frac{x^2}{2} - \frac{x^4}{2} \right) dx = \left[\frac{x^3}{6} - \frac{x^5}{10} \right]_0^1 = \frac{1}{15}$$

$$M_y = \int_0^1 \int_{x^2}^{x} x\, dy\, dx = \int_0^1 \left[xy \right]_{y=x^2}^{y=x} dx = \int_0^1 (x^2 - x^3)\, dx = \left[\frac{x^3}{3} - \frac{x^4}{4} \right]_0^1 = \frac{1}{12}$$

A partir desses valores de M, M_x e M_y, encontramos

$$\bar{x} = \frac{M_y}{M} = \frac{1/12}{1/6} = \frac{1}{2} \quad \text{e} \quad \bar{y} = \frac{M_x}{M} = \frac{1/15}{1/6} = \frac{2}{5}$$

O centróide é o ponto $(1/2, 2/5)$.

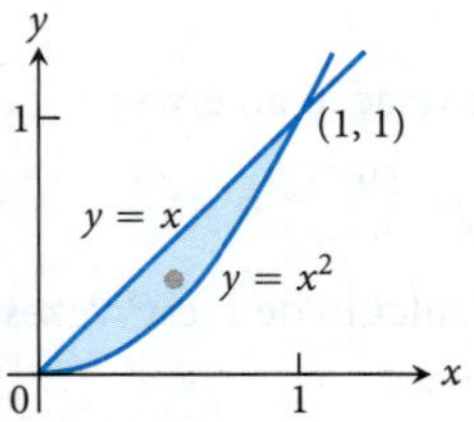

FIGURA 15.20 No Exemplo 6, encontramos o centróide da região mostrada aqui.

Exercícios 15.2

Área por integração dupla

Nos exercícios 1–8, esboce a região limitada pelas retas e curvas dadas. Depois expresse a área da região como uma integral dupla iterada e calcule a integral.

1. Os eixos coordenados e a reta $x + y = 2$.
2. As retas $x = 0$, $y = 2x$ e $y = 4$.
3. A parábola $x = -y^2$ e a reta $y = x + 2$.
4. A parábola $x = y - y^2$ e a reta $y = -x$.
5. A curva $y = e^x$ e as retas $y = 0$, $x = 0$ e $x = \ln 2$.
6. As curvas $y = \ln x$ e $y = 2 \ln x$ e a reta $x = e$, no primeiro quadrante.
7. As parábolas $x = y^2$ e $x = 2y - y^2$.
8. As parábolas $x = y^2 - 1$ e $x = 2y^2 - 2$.

Identificando a região de integração

As integrais e somas de integrais nos exercícios 9–14 fornecem as áreas de regiões no plano xy. Esboce cada região, identifique cada curva-limite com sua equação e dê as coordenadas dos pontos onde há interseção das curvas. Depois encontre a área da região.

9. $\displaystyle\int_0^6\int_{y^2/3}^{2y} dx\,dy$

10. $\displaystyle\int_0^3\int_{-x}^{x(2-x)} dy\,dx$

11. $\displaystyle\int_0^{\pi/4}\int_{\operatorname{sen} x}^{\cos x} dy\,dx$

12. $\displaystyle\int_{-1}^2\int_{y^2}^{y+2} dx\,dy$

13. $\displaystyle\int_{-1}^0\int_{-2x}^{1-x} dy\,dx + \int_0^2\int_{-x/2}^{1-x} dy\,dx$

14. $\displaystyle\int_0^2\int_{x^2-4}^{0} dy\,dx + \int_0^4\int_0^{\sqrt{x}} dy\,dx$

Valores médios

15. Encontre o valor médio de $f(x, y) = \operatorname{sen}(x + y)$ sobre:
    (a) O retângulo $0 \le x \le \pi, \quad 0 \le y \le \pi$
    (b) O retângulo $0 \le x \le \pi, \quad 0 \le x \le \pi/2$
16. O que você acha que será maior, o valor médio de $f(x, y) = xy$ sobre o quadrado $0 \le x \le 1$, $0 \le y \le 1$ ou o valor médio de f sobre o quarto de círculo $x^2 + y^2 \le 1$ no primeiro quadrante? Calcule-os para descobrir.
17. Encontre a altura média do parabolóide $z = x^2 + y^2$ sobre o quadrado $0 \le x \le 2$, $0 \le y \le 2$.
18. Encontre o valor médio de $f(x, y) = 1/(xy)$ sobre o quadrado $\ln 2 \le x \le 2 \ln 2$, $\ln 2 \le y \le 2 \ln 2$.

Densidade constante

19. **Encontrando o centro de massa** Encontre o centro de massa de uma placa fina de densidade $\delta = 3$ limitada pelas retas $x = 0$, $y = x$ e pela parábola $y = 2 - x^2$ no primeiro quadrante.
20. **Encontrando momentos de inércia e raios de rotação** Encontre os momentos de inércia e os raios de rotação em relação aos eixos coordenados de uma placa retangular fina de densidade constante δ limitada pelas retas $x = 3$ e $y = 3$ no primeiro quadrante.
21. **Encontrando um centróide** Encontre o centróide da região no primeiro quadrante limitada pelo eixo x, pela parábola $y^2 = 2x$ e pela reta $x + y = 4$.
22. **Encontrando um centróide** Encontre o centróide da região triangular cortada do primeiro quadrante pela reta $x + y = 3$.
23. **Encontrando um centróide** Encontre o centróide da região semicircular limitada pelo eixo x e pela curva $y = \sqrt{1 - x^2}$.
24. **Encontrando um centróide** A área da região no primeiro quadrante limitada pela parábola $y = 6x - x^2$ e pela reta $y = x$ é 125/6 unidades quadradas. Encontre o centróide.
25. **Encontrando um centróide** Encontre o centróide da região cortada do primeiro quadrante pela circunferência $x^2 + y^2 = a^2$.
26. **Encontrando um centróide** Encontre o centróide da região entre o eixo x e o arco $y = \operatorname{sen} x$, $0 \le x \le \pi$.
27. **Encontrando momentos de inércia** Encontre o momento de inércia em relação ao eixo x de uma placa fina de densidade $\delta = 1$ limitada pela circunferência $x^2 + y^2 = 4$. Depois, use seu resultado para encontrar I_y e I_0 para a placa.
28. **Encontrando um momento de inércia** Encontre o momento de inércia em relação ao eixo y de uma folha fina de densidade constante $\delta = 1$ limitada pela curva $y = (\operatorname{sen}^2 x)/x^2$ e pelo intervalo $\pi \le x \le 2\pi$ do eixo x.
29. **O centróide de uma região infinita** Encontre o centróide da região infinita no segundo quadrante limitada pelos eixos coordenados e pela curva $y = e^x$. (Use integrais impróprias nas fórmulas de massa e momento.)

30. **O primeiro momento de uma placa infinita** Encontre o primeiro momento em relação ao eixo xy de uma placa fina de densidade $\delta(x, y) = 1$ que cobre a região infinita sob a curva $y = e^{-x^2/2}$ no primeiro quadrante.

Densidade variável

31. **Encontrando um momento de inércia e o raio de rotação** Encontre o momento de inércia e o raio de rotação em relação ao eixo x de uma placa fina limitada pela parábola $x = y - y^2$ e pela reta $x + y = 0$ se $\delta(x, y) = x + y$.

32. **Encontrando a massa** Encontre a massa de uma placa fina que ocupa a região menor cortada da elipse $x^2 + 4y^2 = 12$ pela parábola $x = 4y^2$ se $\delta(x, y) = 5x$.

33. **Encontrando um centro de massa** Encontre o centro de massa de uma placa triangular fina limitada pelo eixo y e pelas retas $y = x$ e $y = 2 - x$ se $\delta(x, y) = 6x + 3y + 3$.

34. **Encontrando um centro de massa e momento de inércia** Encontre o centro de massa e o momento de inércia em relação ao eixo x de uma placa fina limitada pelas curvas $x = y^2$ e $x = 2y - y^2$ se a densidade no ponto (x, y) for $\delta(x, y) = y + 1$.

35. **Centro de massa, momento de inércia e raio de rotação** Encontre o centro de massa, o momento de inércia e o raio de rotação em relação ao eixo y de uma placa fina retangular cortada do primeiro quadrante pelas retas $x = 6$ e $y = 1$ se $\delta(x, y) = x + y + 1$.

36. **Centro de massa, momento de inércia e raio de rotação** Encontre o centro de massa, o momento de inércia e o raio de rotação em relação ao eixo y de uma placa fina limitada pela reta $y = 1$ e pela parábola $y = x^2$ se a densidade for $\delta(x, y) = y + 1$.

37. **Centro de massa, momento de inércia e raio de rotação** Encontre o centro de massa, o momento de inércia e o raio de rotação em relação ao eixo y de uma placa fina limitada pelo eixo x, pelas retas $x = \pm 1$ e pela parábola $y = x^2$ se $\delta(x, y) = 7y + 1$.

38. **Centro de massa, momento de inércia e raio de rotação** Encontre o centro de massa, o momento de inércia e o raio de rotação em relação ao eixo x de uma placa fina retangular limitada pelas retas $x = 0$, $x = 20$, $y = -1$ e $y = 1$ se $\delta(x, y) = 1 + (x/20)$.

39. **Centro de massa, momentos de inércia e raios de rotação** Encontre o centro de massa, o momento de inércia e os raios de rotação em relação aos eixos coordenados e o momento de inércia polar e o raio de rotação polar de uma placa fina triangular limitada pelas retas $y = x$, $y = -x$ e $y = 1$ se $\delta(x, y) = y + 1$.

40. **Centro de massa, momentos de inércia e raio de rotação** Repita o Exercício 39 para $\delta(x, y) = 3x^2 + 1$.

Teoria e exemplos

41. **População de bactérias** Se $f(x, y) = (10.000e^y)/(1 + |x|/2)$ representar a "densidade populacional" de certo tipo de bactéria no plano xy, onde x e y são medidos em centímetros, encontre a população total de bactérias dentro do retângulo $-5 \leq x \leq 5$ e $-2 \leq y \leq 0$.

42. **População regional** Se $f(x, y) = 100\,(y + 1)$ representar a densidade populacional de uma região plana na Terra, onde x e y são medidos em milhas, encontre o número de pessoas na região limitada pelas curvas $x = y^2$ e $x = 2y - y^2$.

43. **Projeto de um eletrodoméstico** Quando fazemos o projeto de um eletrodoméstico, uma das preocupações é que seja difícil de tombar. Quando inclinado para o lado, ele voltará à posição normal desde que seu centro de massa esteja do lado certo do *apoio*, o ponto no qual o aparelho se equilibra. Suponha que o perfil de um aparelho de densidade aproximadamente constante seja parabólico, como um rádio antigo. Ele preenche a região $0 \leq y \leq a\,(1 - x^2)$, $-1 \leq x \leq 1$ no plano xy (veja a figura a seguir). Quais valores de a garantirão que o aparelho terá de ser inclinado mais que 45 graus para tombar?

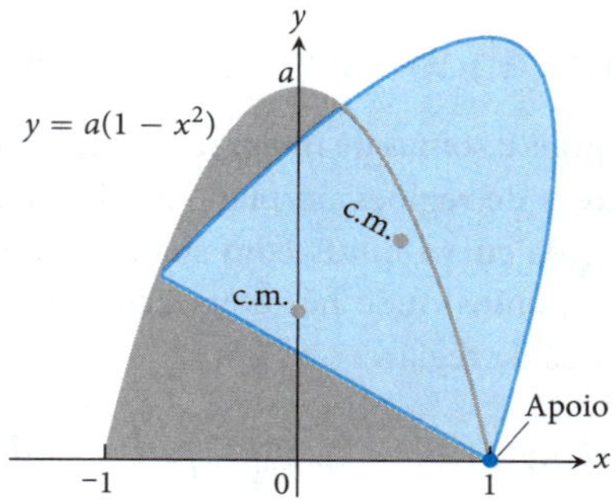

44. **Minimizando um momento de inércia** Uma placa retangular de densidade constante $\delta(x, y) = 1$ ocupa a região limitada pelas retas $x = 4$ e $y = 2$ no primeiro quadrante. O momento de inércia I_a do retângulo em relação à reta $y = a$ é dado pela integral

$$I_a = \int_0^4 \int_0^2 (y - a)^2 \, dy\, dx$$

Encontre o valor de a que minimiza I_a.

45. **Centróide de região não limitada** Encontre o centróide da região infinita no plano xy limitada pelas curvas $y = 1/\sqrt{1 - x^2}$, $y = -1/\sqrt{1 - x^2}$ e pelas retas $x = 0$ e $x = 1$.

46. **Raio de rotação de uma vara fina** Encontre o raio de rotação de uma vara fina de densidade linear constante δ gm/cm e comprimento L cm em relação a um eixo:

(a) Que passa pelo centro de massa da vara e é perpendicular ao eixo desta.

(b) Perpendicular ao eixo da vara em uma de suas extremidades.

47. *(Continuação do Exercício 34.)* Uma placa fina de densidade δ agora constante ocupa a região R no plano xy limitada pelas curvas $x = y^2$ e $x = 2y - y^2$.

(a) Densidade constante Encontre δ tal que a placa tenha a mesma massa que a placa do Exercício 34.

(b) Valor médio Compare o valor de δ encontrado no item **(a)** com o valor médio de $\delta(x, y) = y + 1$ sobre R.

48. Temperatura média no Texas De acordo com o *Texas Almanac*, o Texas tem 254 condados e uma estação do Serviço Nacional de Meteorologia em cada um deles. Considere que no instante t_0 cada uma das 254 estações meteorológicas registrou a temperatura local. Encontre uma fórmula que daria uma aproximação razoável para a temperatura média no Texas nesse instante. Sua resposta deve envolver informações que se espera que estejam disponíveis no *Texas Almanac*.

Teorema do eixo paralelo

Seja $L_{\text{c.m.}}$ uma reta no plano xy que passa pelo centro de massa de uma placa fina de massa m que cobre uma região no plano. Seja L uma reta no plano paralela a $L_{\text{c.m.}}$ e a uma distância de h unidades desta. O **teorema do eixo paralelo** diz que, sob essas condições, os momentos de inércia I_L e $I_{\text{c.m.}}$ da placa em relação a L e $L_{\text{c.m.}}$ satisfazem a equação

$$I_L = I_{\text{c.m.}} + mh^2$$

Essa fórmula é útil para calcular um momento quando o outro momento e a massa são conhecidos.

49. Prova do teorema do eixo paralelo

(a) Mostre que o primeiro momento de uma placa fina e plana em relação a qualquer reta no plano da placa que passe pelo centro de massa desta é zero. (*Sugestão*: Coloque o centro de massa na origem com a reta ao longo do eixo y. O que a fórmula $\bar{x} = M_y/M$ então lhe diz?)

(b) Use o resultado do item **(a)** para deduzir o teorema do eixo paralelo. Considere que o plano tenha coordenadas tais que a reta $L_{\text{c.m.}}$ seja o eixo y e L seja a reta $x = h$. Depois expanda o integrando da integral para I_L para reescrever a integral como a soma de integrais cujos valores você reconheça.

50. Encontrando momentos de inércia

(a) Use o teorema dos eixos paralelos e os resultados do Exemplo 4 para encontrar os momentos de inércia da placa no Exemplo 4 em relação às retas vertical e horizontal que passam pelo centro de massa da placa.

(b) Use os resultados do item **(a)** para encontrar os momentos de inércia em relação às retas $x = 1$ e $y = 2$.

Fórmula de Pappus

Pappus sabia que o centróide da união de duas regiões planas não sobrepostas está no segmento de reta que une os centróides individuais dessas regiões. Mais especificamente, suponha que m_1 e m_2 sejam as massas das placas finas P_1 e P_2 que cobrem regiões não sobrepostas no plano xy. Sejam $\mathbf{c}_1$ e $\mathbf{c}_2$ os vetores que vão da origem aos respectivos centros de massa de P_1 e P_2. Então o centro de massa da união $P_1 \cup P_2$ das duas placas é determinado pelo vetor

$$\mathbf{c} = \frac{m_1\mathbf{c}_1 + m_2\mathbf{c}_2}{m_1 + m_2} \tag{5}$$

A Equação (5) é conhecida como **fórmula de Pappus**. Para mais que duas placas não sobrepostas, desde que seu número seja finito, a fórmula é generalizada para

$$\mathbf{c} = \frac{m_1\mathbf{c}_1 + m_2\mathbf{c}_2 + \cdots + m_n\mathbf{c}_n}{m_1 + m_2 + \cdots + m_n} \tag{6}$$

Essa fórmula é especialmente útil para encontrar o centróide de uma placa de formato irregular feita de pedaços de densidade constante cujos centróides conhecemos da geometria. Encontramos o centróide de cada pedaço e aplicamos a Equação (6) para encontrar o centróide da placa.

51. Deduza a fórmula de Pappus (Equação (5)). (*Sugestão*: Esboce as placas como regiões no primeiro quadrante e identifique o centro de massa de cada uma delas como $(\bar{x}_1, \bar{y}_1)$ e $(\bar{x}_2, \bar{y}_2)$. Quais são os momentos de $P_1 \cup P_2$ em relação aos eixos coordenados?)

52. Use a Equação (5) e indução matemática para mostrar que a Equação (6) é verdadeira para qualquer inteiro positivo $n > 2$.

53. Sejam A, B e C os formatos indicados na figura a seguir. Use a fórmula de Pappus para encontrar o centróide de

(a) $A \cup B$ **(b)** $A \cup C$

(c) $B \cup C$ **(d)** $A \cup B \cup C$

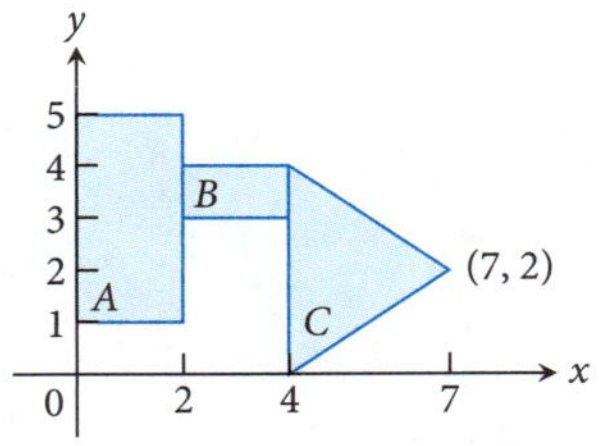

54. Localizando o centro de massa Localize o centro de massa do esquadro na figura a seguir.

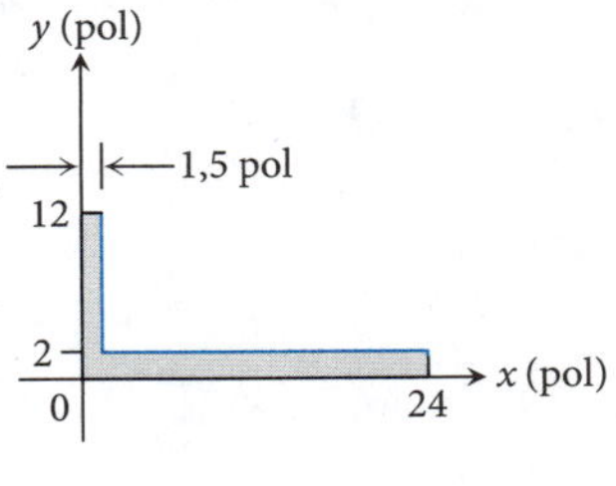

55. Um triângulo isósceles T tem base $2a$ e altura h. A base encontra-se ao longo do diâmetro de um disco semicircular D de raio a de tal maneira que os dois juntos têm um formato parecido com um sorvete de casquinha. Que relação devem ter a e h para que o centróide de $T \cup D$ fique na fronteira comum de T e D? E dentro de T?

56. Um triângulo isósceles T de altura h tem sua base em um lado de um quadrado Q cujas arestas têm comprimento s. (O quadrado e o triângulo não se sobrepõem.) Que relação devem ter h e s para que o centróide de $T \cup Q$ fique na base do triângulo? Compare esta resposta com a do Exercício 55.

15.3 Integrais duplas na forma polar

As integrais algumas vezes são mais fáceis de calcular se mudarmos para coordenadas polares. Esta seção mostra como fazer a mudança e como calcular integrais sobre regiões cujas fronteiras são dadas por equações polares.

Integrais em coordenadas polares

Quando definimos a integral dupla de uma função sobre uma região R no plano xy, começamos cortando R em retângulos cujos lados eram paralelos aos eixos coordenados. Estes eram os formatos naturais para usar porque seus lados têm valores constantes de x ou y. Em coordenadas polares, o formato natural é um "retângulo polar" cujos lados têm valores constantes de r e θ.

Suponha que uma função $f(r, \theta)$ seja definida sobre uma região R que é limitada pelos raios $\theta = \alpha$ e $\theta = \beta$ e pelas curvas contínuas $r = g_1(\theta)$ e $r = g_2(\theta)$. Suponha também que $0 \leq g_1(\theta) \leq g_2(\theta) \leq a$ para todo valor de θ entre α e β. Então R está em uma região com formato de leque Q definida pelas desigualdades $0 \leq r \leq a$ e $\alpha \leq \theta \leq \beta$. Veja a Figura 15.21.

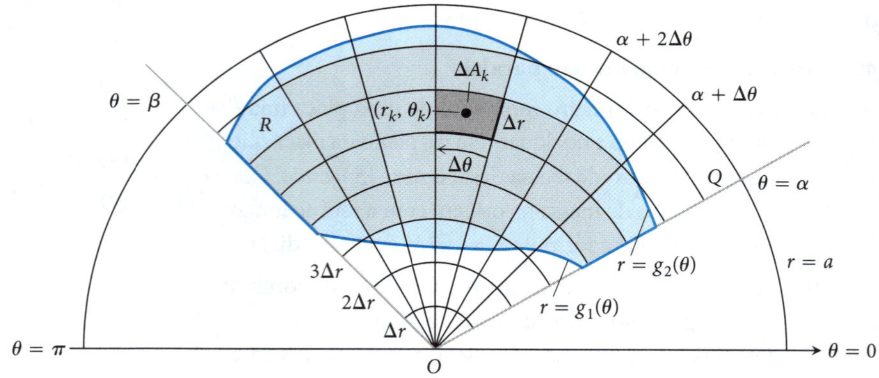

FIGURA 15.21 A região R: $g_1(\theta) \leq r \leq g_2(\theta)$, $\alpha \leq \theta \leq \beta$ está contida na região em formato de leque Q: $0 \leq r \leq a$, $\alpha \leq \theta \leq \beta$. A partição de Q por arcos circulares e raios induz uma partição de R.

Cobrimos Q com uma grade de arcos circulares e raios. Os arcos são cortados de circunferências centradas na origem, com raios Δr, $2\Delta r$, ..., $m\Delta r$ onde $\Delta r = a/m$. Os raios são dados por

$$\theta = \alpha, \quad \theta = \alpha + \Delta\theta, \quad \theta = \alpha + 2\Delta\theta, \quad \ldots, \quad \theta = \alpha + m'\Delta\theta = \beta$$

onde $\Delta\theta = (\beta - \alpha)/m'$. Os arcos e os raios dividem Q em pequenos pedaços chamados "retângulos polares".

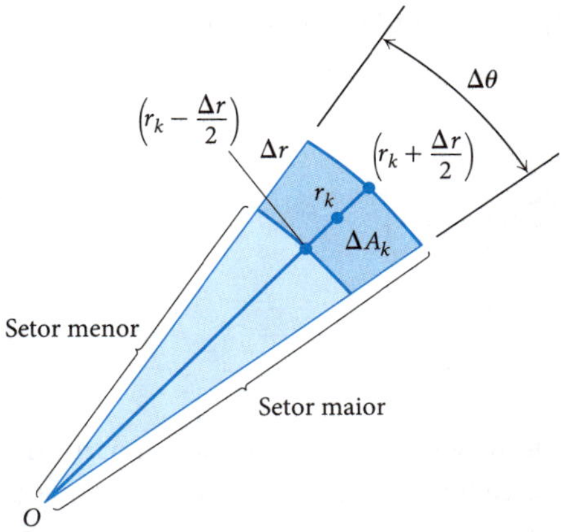

FIGURA 15.22 A observação de que $\Delta A_k = \begin{pmatrix}\text{área do}\\ \text{setor maior}\end{pmatrix} - \begin{pmatrix}\text{área do}\\ \text{setor menor}\end{pmatrix}$ nos leva à fórmula $\Delta A_k = r_k\,\Delta r\,\Delta\theta$.

Numeramos os retângulos polares que estão dentro de R (a ordem não importa), chamando suas áreas $\Delta A_1, \Delta A_2, ..., \Delta A_n$. Seja (r_k, θ_k) qualquer ponto no retângulo polar cuja área é ΔA_k. Então formamos a soma

$$S_n = \sum_{k=1}^{n} f(r_k, \theta_k)\,\Delta A_k$$

Se f for contínua em R, essa soma aproximará um limite quando refinarmos a grade para fazer Δr e $\Delta\theta$ tenderem a zero. O limite é chamado integral dupla de f sobre R. Em símbolos,

$$\lim_{n\to\infty} S_n = \iint_R f(r, \theta)\,dA$$

Para calcularmos esse limite, primeiro temos de escrever a soma S_n de uma maneira que expresse ΔA_k em termos de Δr e $\Delta\theta$. Para facilitar, consideramos que r_k seja a média entre os raios dos arcos interno e externo que definem o k-ésimo retângulo polar ΔA_k. O raio do arco interno que delimita o retângulo ΔA_k é, então, $r_k - (\Delta r/2)$, conforme vemos na Figura 15.22. O raio do arco externo é $r_k + (\Delta r/2)$.

A área de um setor circular de raio r e ângulo θ é

$$A = \frac{1}{2}\theta \cdot r^2$$

como nos mostra a multiplicação de πr^2, a área da circunferência, por $\theta/2\pi$, a fração da área do círculo contida no setor. Assim sendo, as áreas dos setores circulares subtendidos por esses arcos na origem são

$$\text{Raio interno:}\quad \frac{1}{2}\left(r_k - \frac{\Delta r}{2}\right)^2 \Delta\theta$$

$$\text{Raio externo:}\quad \frac{1}{2}\left(r_k + \frac{\Delta r}{2}\right)^2 \Delta\theta$$

Portanto,

$$\begin{aligned}\Delta A_k &= \text{área do setor maior} - \text{área do setor menor}\\ &= \frac{\Delta\theta}{2}\left[\left(r_k + \frac{\Delta r}{2}\right)^2 - \left(r_k - \frac{\Delta r}{2}\right)^2\right] = \frac{\Delta\theta}{2}(2r_k\,\Delta r) = r_k\,\Delta r\,\Delta\theta\end{aligned}$$

Combinando esse resultado com a soma que define S_n, temos

$$S_n = \sum_{k=1}^{n} f(r_k, \theta_k) r_k\,\Delta r\,\Delta\theta$$

À medida que $n \to \infty$ e os valores de Δr e $\Delta\theta$ se aproximam de zero, essas somas convergem para a integral dupla

$$\lim_{n\to\infty} S_n = \iint_R f(r, \theta)\,r\,dr\,d\theta$$

Uma versão do teorema de Fubini agora diz que o limite aproximado por essas somas pode ser calculado por repetidas integrações simples em relação a r e θ quando

$$\iint_R f(r, \theta)\,dA = \int_{\theta=\alpha}^{\theta=\beta}\int_{r=g_1(\theta)}^{r=g_2(\theta)} f(r, \theta)\,r\,dr\,d\theta$$

Encontrando limites de integração

O procedimento para encontrar limites de integração em coordenadas cartesianas também funciona para coordenadas polares. Para calcular $\iint_R f(r, \theta)\,dA$ sobre uma região R em coordenadas polares, integrando primeiro em relação a r e depois em relação a θ, siga os passos indicados.

Passo 1: *Faça um esboço.* Esboce a região e identifique as curvas limitantes.

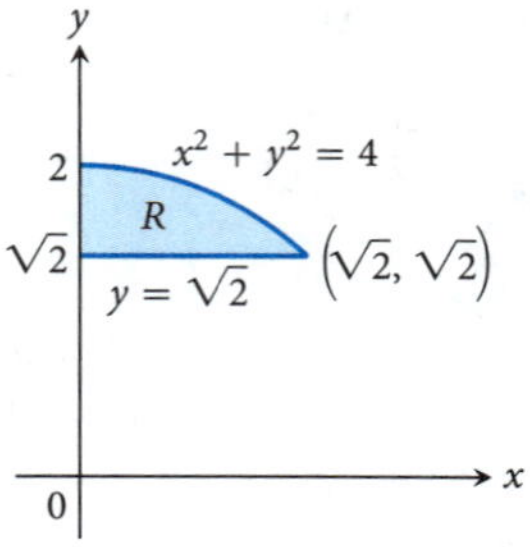

Passo 2: *Encontre os limites de integração de* r. Imagine um raio L a partir da origem cortando R no sentido de r crescente. Marque os valores de r onde L entra e sai de R. Esses são os limites de integração de r. Eles geralmente dependem do ângulo que L forma com o eixo x positivo.

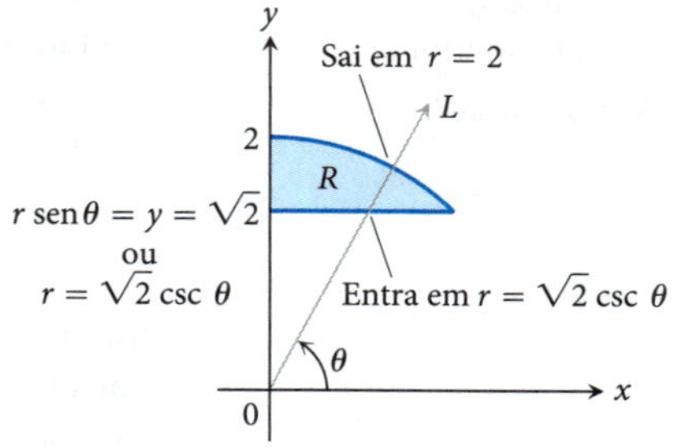

Passo 3: *Encontre os limites de integração de* θ. Encontre o menor e o maior valor de θ que limitam R. Esses são os limites de integração de θ.

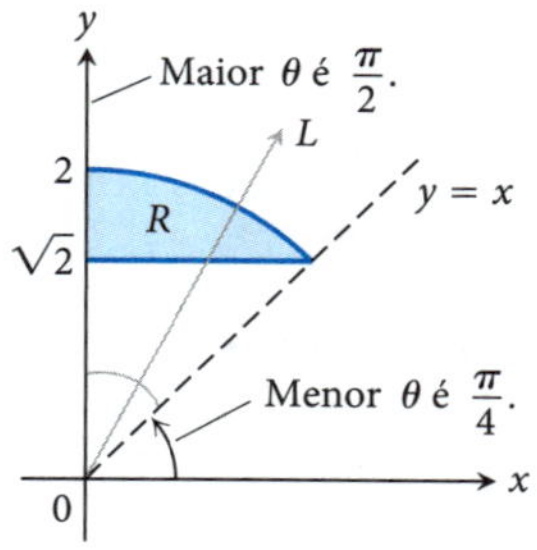

A integral é

$$\iint_R f(r, \theta)\, dA = \int_{\theta=\pi/4}^{\theta=\pi/2} \int_{r=\sqrt{2}\csc\theta}^{r=2} f(r, \theta)\, r\, dr\, d\theta$$

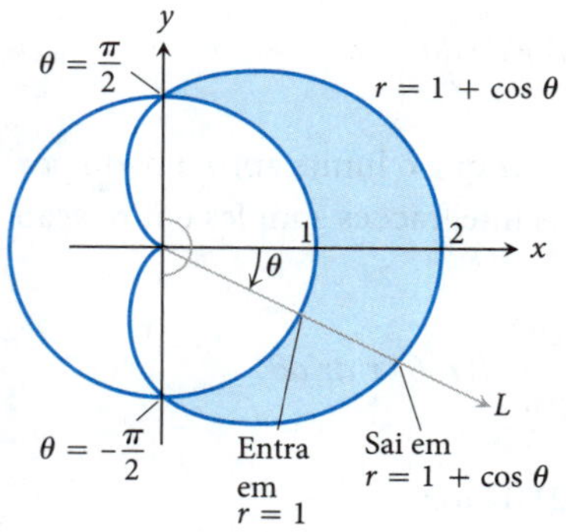

FIGURA 15.23 Encontrando os limites de integração em coordenadas polares para a região no Exemplo 1.

EXEMPLO 1 Encontrando limites de integração

Encontre os limites de integração para integrar $f(r, \theta)$ sobre a região R que está dentro da cardióide $r = 1 + \cos\theta$ e fora da circunferência $r = 1$.

SOLUÇÃO

Passo 1: Esboçamos a região e identificamos as curvas limitantes (Figura 15.23).

Passo 2: Em seguida, encontramos *os limites de integração de r.* Um raio típico a partir da origem entra em R onde $r = 1$ e sai onde $r = 1 + \cos\theta$.

Passo 3: Por fim, encontramos os *limites de integração de θ.* Os raios a partir da origem que apresentam interseção com R variam de $\theta = -\pi/2$ a $\theta = \pi/2$. A integral é

$$\int_{-\pi/2}^{\pi/2} \int_{1}^{1+\cos\theta} f(r, \theta)\, r\, dr\, d\theta$$

Se $f(r, \theta)$ é a função constante cujo valor é 1, então a integral de f sobre R é a área de R.

Área em coordenadas polares

A área de uma região R fechada e limitada no plano de coordenadas polares é

$$A = \iint_R r\,dr\,d\theta$$

Essa fórmula para a área é condizente com todas as fórmulas anteriores, embora não provemos esse fato.

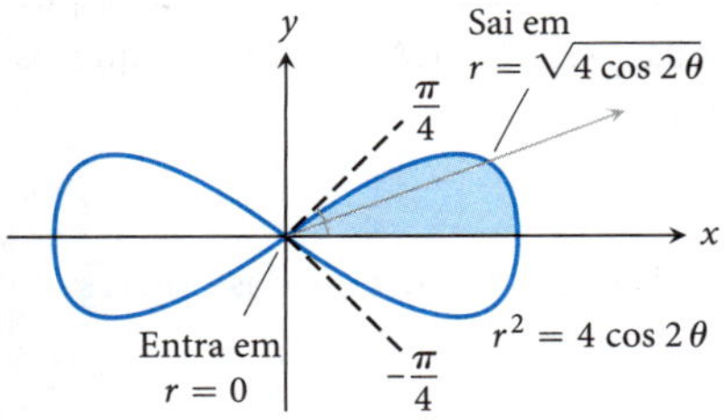

FIGURA 15.24 Para integrarmos sobre a região sombreada, variamos r de 0 a $\sqrt{4\cos 2\theta}$ e θ de 0 a $\pi/4$ (Exemplo 2).

EXEMPLO 2 Encontrando a área em coordenadas polares

Encontre a área dentro da lemniscata $r^2 = 4\cos 2\theta$.

SOLUÇÃO Traçamos o gráfico da lemniscata para determinar os limites de integração (Figura 15.24) e vemos que a área total é quatro vezes a área da porção no primeiro quadrante.

$$A = 4\int_0^{\pi/4}\int_0^{\sqrt{4\cos 2\theta}} r\,dr\,d\theta = 4\int_0^{\pi/4}\left[\frac{r^2}{2}\right]_{r=0}^{r=\sqrt{4\cos 2\theta}} d\theta$$

$$= 4\int_0^{\pi/4} 2\cos 2\theta\,d\theta = 4\,\mathrm{sen}\,2\theta\Big]_0^{\pi/4} = 4$$

Mudando integrais cartesianas para integrais polares

O procedimento para mudar uma integral cartesiana $\iint_R f(x, y)\,dx\,dy$ para uma integral polar é composto por dois passos. Primeiro, substitua $x = r\cos\theta$ e $y = r\,\mathrm{sen}\,\theta$ e troque $dx\,dy$ por $r\,dr\,d\theta$ na integral cartesiana. Em seguida, estabeleça os limites polares de integração para a fronteira de R.

A integral cartesiana então se torna

$$\iint_R f(x, y)\,dx\,dy = \iint_G f(r\cos\theta, r\,\mathrm{sen}\,\theta)\,r\,dr\,d\theta$$

onde G denota a região de integração em coordenadas polares. Isso é igual ao método da substituição no Capítulo 5, Volume I, exceto pelo fato de que agora temos duas variáveis para substituir em vez de uma. Observe que $dx\,dy$ não é substituída por $dr\,d\theta$, mas por $r\,dr\,d\theta$. Na Seção 15.7, falaremos de forma mais geral sobre mudanças em variáveis (substituições) em integrais múltiplas.

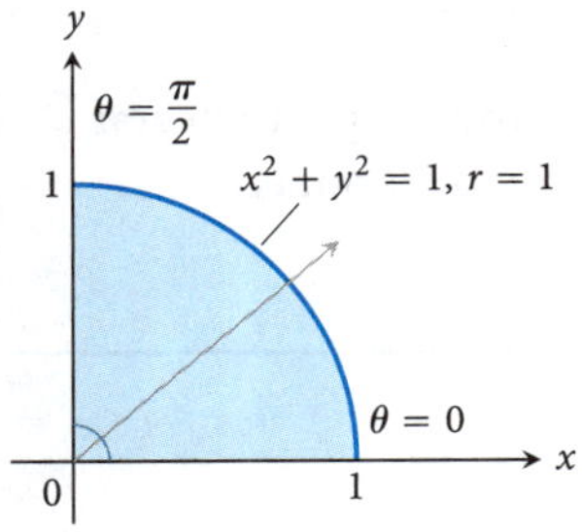

FIGURA 15.25 Em coordenadas polares, esta região é descrita pelas desigualdades simples:

$$0 \le r \le 1 \quad \text{e} \quad 0 \le \theta \le \pi/2$$

(Exemplo 3).

EXEMPLO 3 Mudando integrais cartesianas para polares

Encontre o momento polar de inércia em relação à origem de uma placa fina de densidade $\delta(x, y) = 1$ limitada pelo quarto de circunferência $x^2 + y^2 = 1$ no primeiro quadrante.

SOLUÇÃO Esboçamos a placa para determinar os limites de integração (Figura 15.25). Em coordenadas cartesianas, o momento polar é o valor da integral

$$\int_0^1\int_0^{\sqrt{1-x^2}} (x^2 + y^2)\,dy\,dx$$

Integrando em relação a y, temos

$$\int_0^1 \left(x^2\sqrt{1 - x^2} + \frac{(1 - x^2)^{3/2}}{3} \right) dx$$

uma integral difícil de calcular sem tabelas.

As coisas melhoram se mudamos a integral original para coordenadas polares. Substituindo $x = r\cos\theta$, $y = r \operatorname{sen}\theta$ e trocando $dx\,dy$ por $r\,dr\,d\theta$, obtemos

$$\int_0^1 \int_0^{\sqrt{1-x^2}} (x^2 + y^2)\,dy\,dx = \int_0^{\pi/2} \int_0^1 (r^2)\,r\,dr\,d\theta$$

$$= \int_0^{\pi/2} \left[\frac{r^4}{4} \right]_{r=0}^{r=1} d\theta = \int_0^{\pi/2} \frac{1}{4}\,d\theta = \frac{\pi}{8}$$

Por que a transformação em coordenadas polares é tão eficaz aqui? Um motivo é que $x^2 + y^2$ é simplificada para r^2. Outro motivo é que os limites de integração tornam-se constantes.

EXEMPLO 4 Calculando integrais usando coordenadas polares

Calcule

$$\iint_R e^{x^2+y^2}\,dy\,dx$$

onde R é a região semicircular limitada pelo eixo x e pela curva $y = \sqrt{1 - x^2}$ (Figura 15. 26).

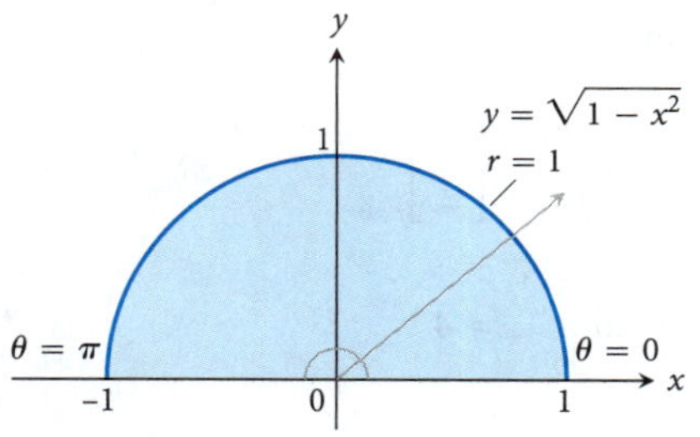

FIGURA 15.26 A região semicircular do Exemplo 4 é a região

$$0 \le r \le 1 \quad \text{e} \quad 0 \le \theta \le \pi$$

SOLUÇÃO Em coordenadas cartesianas, a integral em questão é uma integral não elementar e não existe maneira direta de integrar $e^{x^2+y^2}$ em relação a x ou y. Ainda assim, essa integral e outras integrais como esta são importantes em matemática — em estatística, por exemplo — e queremos encontrar uma maneira de calculá-la. As coordenadas polares servem para isso. A substituição de $x = r\cos\theta$, $y = r \operatorname{sen}\theta$ e $dy\,dx$ por $r\,dr\,d\theta$ nos permite calcular a integral como

$$\iint_R e^{x^2+y^2}\,dy\,dx = \int_0^{\pi} \int_0^1 e^{r^2}\,r\,dr\,d\theta = \int_0^{\pi} \left[\frac{1}{2} e^{r^2} \right]_0^1 d\theta$$

$$= \int_0^{\pi} \frac{1}{2}(e - 1)\,d\theta = \frac{\pi}{2}(e - 1)$$

O r em $r\,dr\,d\theta$ era justamente o que precisávamos para integrar e^{r^2}. Sem isso, estaríamos impedidos de prosseguir, como no começo.

Exercícios 15.3

Calculando integrais polares

Nos exercícios 1–16, mude a integral cartesiana para uma integral polar equivalente. Então calcule a integral polar.

1. $\displaystyle\int_{-1}^1 \int_0^{\sqrt{1-x^2}} dy\,dx$

2. $\displaystyle\int_{-1}^1 \int_{-\sqrt{1-x^2}}^{\sqrt{1-x^2}} dy\,dx$

3. $\displaystyle\int_0^1 \int_0^{\sqrt{1-y^2}} (x^2 + y^2)\,dx\,dy$

4. $\displaystyle\int_{-1}^1 \int_{-\sqrt{1-y^2}}^{\sqrt{1-y^2}} (x^2 + y^2)\,dy\,dx$

5. $\displaystyle\int_{-a}^a \int_{-\sqrt{a^2-x^2}}^{\sqrt{a^2-x^2}} dy\,dx$

6. $\displaystyle\int_0^2 \int_0^{\sqrt{4-y^2}} (x^2 + y^2)\,dx\,dy$

7. $\int_0^6 \int_0^y x\,dx\,dy$

8. $\int_0^2 \int_0^x y\,dy\,dx$

9. $\int_{-1}^0 \int_{-\sqrt{1-x^2}}^0 \frac{2}{1+\sqrt{x^2+y^2}}\,dy\,dx$

10. $\int_{-1}^1 \int_{-\sqrt{1-y^2}}^0 \frac{4\sqrt{x^2+y^2}}{1+x^2+y^2}\,dx\,dy$

11. $\int_0^{\ln 2} \int_0^{\sqrt{(\ln 2)^2-y^2}} e^{\sqrt{x^2+y^2}}\,dx\,dy$

12. $\int_0^1 \int_0^{\sqrt{1-x^2}} e^{-(x^2+y^2)}\,dy\,dx$

13. $\int_0^2 \int_0^{\sqrt{1-(x-1)^2}} \frac{x+y}{x^2+y^2}\,dy\,dx$

14. $\int_0^2 \int_{-\sqrt{1-(y-1)^2}}^0 xy^2\,dx\,dy$

15. $\int_{-1}^1 \int_{-\sqrt{1-y^2}}^{\sqrt{1-y^2}} \ln(x^2+y^2+1)\,dx\,dy$

16. $\int_{-1}^1 \int_{-\sqrt{1-x^2}}^{\sqrt{1-x^2}} \frac{2}{(1+x^2+y^2)^2}\,dy\,dx$

Encontrando a área em coordenadas polares

17. Encontre a área da região cortada do primeiro quadrante pela curva $r = 2\,(2 - \text{sen}\,2\theta)^{1/2}$.

18. **Cardióide sobrepondo-se a uma circunferência** Encontre a área da região que está dentro da cardióide $r = 1 + \cos\theta$ e fora da circunferência $r = 1$.

19. **Uma pétala de uma rosácea** Encontre a área dentro de uma pétala da rosácea $r = 12\cos 3\theta$.

20. **Concha de caracol** Encontre a área da região limitada pelo eixo x positivo e pela espiral $r = 4\theta/3$, $0 \le \theta \le 2\pi$. A região se parece com uma concha de caracol.

21. **Cardióide no primeiro quadrante** Encontre a área da região cortada do primeiro quadrante pela cardióide $r = 1 + \text{sen}\,\theta$.

22. **Cardióides sobrepostas** Encontre a área da região comum aos interiores das cardióides $r = 1 + \cos\theta$ e $r = 1 - \cos\theta$.

Massas e momentos

23. **Primeiro momento de uma placa** Encontre o primeiro momento em relação ao eixo x de uma placa fina de densidade constante $\delta(x, y) = 3$, limitada abaixo pelo eixo x e acima pela cardióide $r = 1 - \cos\theta$.

24. **Momentos polar e de inércia de um disco** Encontre o momento de inércia em relação ao eixo x e o momento polar de inércia em relação à origem de um disco fino limitado pela circunferência $x^2 + y^2 = a^2$ se a densidade do disco em um ponto (x, y) for $\delta(x, y) = k(x^2 + y^2)$, sendo k uma constante.

25. **Massa de uma placa** Encontre a massa de uma placa fina que cobre a região externa à circunferência $r = 3$ e interna da circunferência $r = 6\,\text{sen}\,\theta$ se a função densidade da placa for $\delta(x, y) = 1/r$.

26. **Momento polar de uma cardióide sobrepondo-se a uma circunferência** Encontre o momento polar de inércia em relação à origem de uma placa fina que cobre a região que está dentro da cardióide $r = 1 - \cos\theta$ e fora da circunferência $r = 1$ se a função densidade da placa for $\delta(x, y) = 1/r^2$.

27. **Centróide de uma cardióide** Encontre o centróide da região dentro da cardióide $r = 1 + \cos\theta$.

28. **Momento polar de uma cardióide** Encontre o momento polar de inércia em relação à origem de uma placa fina limitada pela cardióide $r = 1 + \cos\theta$ se a função densidade da placa for $\delta(x, y) = 1$.

Valores médios

29. **Altura média de um hemisfério** Encontre a altura média do hemisfério $z = \sqrt{a^2 - x^2 - y^2}$ acima do disco $x^2 + y^2 \le a^2$ no plano xy.

30. **Altura média de um cone** Encontre a altura média do cone (simples) $z = \sqrt{x^2 + y^2}$ acima do disco $x^2 + y^2 \le a^2$ no plano xy.

31. **Distância média do interior do disco ao centro** Encontre a distância média de um ponto $P(x, y)$ no disco $x^2 + y^2 \le a^2$ à origem.

32. **Distância média quadrática de um ponto em um disco a um ponto em sua fronteira** Encontre o valor médio do *quadrado* da distância do ponto $P(x, y)$ no disco $x^2 + y^2 \le 1$ ao ponto de fronteira $A(1, 0)$.

Teoria e exemplos

33. **Convertendo uma integral cartesiana em polar** Integre $f(x, y) = [\ln(x^2 + y^2)]/\sqrt{x^2 + y^2}$ sobre a região $1 \le x^2 + y^2 \le e$.

34. **Convertendo uma integral cartesiana em polar** Integre $f(x, y) = [\ln(x^2 + y^2)]/(x^2 + y^2)$ sobre a região $1 \le x^2 + y^2 \le e^2$.

35. **Volume de um cilindro reto não circular** A região dentro da cardióide $r = 1 + \cos\theta$ e fora da circunferência $r = 1$ é a base de um cilindro sólido reto. O topo do cilindro está no plano $z = x$. Encontre o volume do cilindro.

36. **Volume de um cilindro reto não circular** A região limitada pela lemniscata $r^2 = 2\cos 2\theta$ é a base de um cilindro reto sólido cujo topo é limitado pela esfera $z = \sqrt{2 - r^2}$. Encontre o volume do cilindro.

37. Convertendo integrais cartesianas em polares

(a) A maneira usual de calcular a integral imprópria $I = \int_0^\infty e^{-x^2}\,dx$ é primeiro calcular seu quadrado:

$$I^2 = \left(\int_0^\infty e^{-x^2}\,dx\right)\left(\int_0^\infty e^{-y^2}\,dy\right) = \int_0^\infty \int_0^\infty e^{-(x^2+y^2)}\,dx\,dy$$

Calcule essa integral usando coordenadas polares e resolva a equação resultante para encontrar I.

(b) Calcule

$$\lim_{x\to\infty} \operatorname{erf}(x) = \lim_{x\to\infty} \int_0^x \frac{2e^{-t^2}}{\sqrt{\pi}}\,dt$$

38. Convertendo uma integral cartesiana em polar Calcule a integral

$$\int_0^\infty \int_0^\infty \frac{1}{(1 + x^2 + y^2)^2}\,dx\,dy$$

39. Existência Integre a função $f(x, y) = 1/(1 - x^2 - y^2)$ sobre o disco $x^2 + y^2 \leq 3/4$. A integral de $f(x, y)$ sobre o disco $x^2 + y^2 \leq 1$ existe? Justifique a sua resposta.

40. Fórmula da área em coordenadas polares Use a integral dupla em coordenadas polares para deduzir a fórmula

$$A = \int_\alpha^\beta \frac{1}{2} r^2\,d\theta$$

para a área da região em formato de leque entre a origem e a curva polar $r = f(\theta)$, $\alpha \leq \theta \leq \beta$.

41. Distância média para dado ponto dentro de um disco Seja P_0 um ponto dentro de um círculo de raio a e seja h a distância de P_0 ao centro do círculo. Seja d a distância de um ponto arbitrário P até P_0. Encontre o valor médio de d^2 sobre a região limitada pelo círculo. (*Sugestão:* Simplifique seu trabalho colocando o centro do círculo na origem e P_0 sobre o eixo x.)

42. Área Suponha que a área de uma região no plano de coordenadas polares seja

$$A = \int_{\pi/4}^{3\pi/4} \int_{\csc\theta}^{2\operatorname{sen}\theta} r\,dr\,d\theta$$

Esboce a região e encontre sua área.

USANDO O COMPUTADOR

Mudança de coordenadas

Nos exercícios 43–46, use um SAC para mudar as integrais cartesianas para uma integral polar equivalente e calcule a integral polar. Siga os passos indicados em cada exercício.

(a) Represente graficamente a região cartesiana de integração no plano xy.

(b) Troque cada curva-limite da região cartesiana no item (a) por sua representação polar resolvendo sua equação cartesiana para r e θ.

(c) Usando os resultados do item (b), represente graficamente a região polar de integração no plano $r\theta$.

(d) Mude o integrando de coordenadas cartesianas para polares. Determine os limites de integração a partir de seu gráfico no item (c) e calcule a integral polar usando a ferramenta de integração do SAC.

43. $\displaystyle\int_0^1 \int_x^1 \frac{y}{x^2 + y^2}\,dy\,dx$

44. $\displaystyle\int_0^1 \int_0^{x/2} \frac{x}{x^2 + y^2}\,dy\,dx$

45. $\displaystyle\int_0^1 \int_{-y/3}^{y/3} \frac{y}{\sqrt{x^2 + y^2}}\,dx\,dy$

46. $\displaystyle\int_0^1 \int_y^{2-y} \sqrt{x + y}\,dx\,dy$

15.4 Integrais triplas em coordenadas cartesianas

Assim como as integrais duplas nos permitem lidar com situações mais gerais que aquelas com as quais poderíamos lidar usando integrais simples, as integrais triplas nos permitem resolver problemas ainda mais gerais. Usamos integrais triplas para encontrar o volume de formas tridimensionais, a massa e os momentos de sólidos e o valor médio de funções sobre uma região tridimensional. No Capítulo 16, veremos também como essas integrais surgem nos estudos de campos vetoriais e escoamento de fluidos.

Integrais triplas

Se $F(x, y, z)$ for uma função definida em uma região D fechada e limitada no espaço — a região ocupada por uma bola sólida, por exemplo, ou uma pelota de argila —, então a integral de F sobre D poderá ser definida da maneira indicada a seguir. Particionamos uma região paralelepipedal que contém D em pequenos paralelepípedos, cortando-a por planos paralelos aos planos coordenados (Figura 15.27). Numeramos os pequenos paralelepípedos

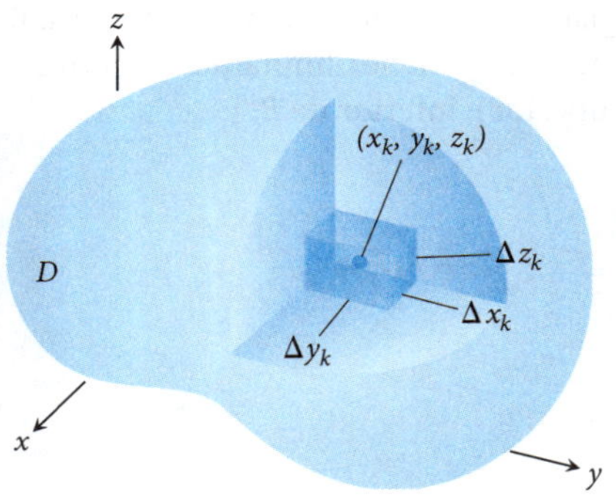

FIGURA 15.27 Particionando um sólido em pequenos paralelepípedos de volume ΔV_k.

que estão dentro de D de 1 até n em alguma ordem, o k-ésimo paralelepípedo típico tendo dimensões Δx_k por Δy_k por Δz_k e volume $\Delta V_k = \Delta x_k \Delta y_k \Delta z_k$. Escolhemos um ponto (x_k, y_k, z_k) em cada um deles e formamos a soma

$$S_n = \sum_{k=1}^{n} F(x_k, y_k, z_k)\,\Delta V_k \qquad (1)$$

Estamos interessados no que acontece à medida que D é particionado em células cada vez menores de forma que Δx_k, Δy_k, Δz_k e a norma da partição $\|P\|$, o maior valor entre Δx_k, Δy_k, Δz_k, se aproximam de zero. Quando alcançamos um valor limite único, independentemente da forma como escolhemos as partições e os pontos (x_k, y_k, z_k), dizemos que F é **integrável** sobre D. Assim como antes, podemos mostrar que F é integrável quando é contínua e a superfície limitante de D é formada por um número finito de superfícies lisas ligadas ao longo de um número finito de curvas contínuas. Conforme $\|P\| \to 0$ e o número de células n tende a ∞, as somas S_n se aproximam de um limite denominado **integral tripla de F sobre D** e escrevemos

$$\lim_{n\to\infty} S_n = \iiint_D F(x, y, z)\,dV \qquad \text{ou} \qquad \lim_{\|P\|\to 0} S_n = \iiint_D F(x, y, z)\,dx\,dy\,dz$$

As regiões D sobre as quais funções contínuas são integráveis são aquelas que podem ser aproximadas por células retangulares pequenas. Essas regiões incluem as que encontramos em aplicações.

Volume de uma região no espaço

Se F é a função constante cujo valor é 1, então as somas na Equação (1) se reduzem a

$$S_n = \sum F(x_k, y_k, z_k)\,\Delta V_k = \sum 1 \cdot \Delta V_k = \sum \Delta V_k$$

À medida que Δx_k, Δy_k, Δz_k se aproximam de 0, os paralelepípedos de volume ΔV_k tornam-se menores e mais numerosos e preenchem D cada vez mais. Portanto, definimos o volume de D como a integral tripla

$$\lim_{n\to\infty} \sum_{k=1}^{n} \Delta V_k = \iiint_D dV$$

Definição **Volume**
O **volume** de uma região D fechada e limitada no espaço é

$$V = \iiint_D dV$$

Essa definição está em conformidade com as definições anteriores de volume e, por isso, omitimos a prova. Como veremos a seguir, essa integral nos permite calcular o volume de sólidos limitados por superfícies curvas.

Encontrando limites de integração

Calculamos uma integral tripla aplicando uma versão tridimensional do teorema de Fubini (Seção 15.1) e realizando três integrações repetidas. Assim como para as integrais duplas, existe um procedimento geométrico para encontrar os limites de integração para essas integrais simples.

Para calcular

$$\iiint_D F(x, y, z)\,dV$$

sobre uma região D, integrando primeiro em relação a z, depois em relação a y e por fim em relação a x.

Passo 1: *Faça um esboço.* Esboce a região D juntamente com sua "projeção" vertical R sobre o plano xy. Identifique as superfícies limitantes superior e inferior de D e as curvas de fronteira superior e inferior de R.

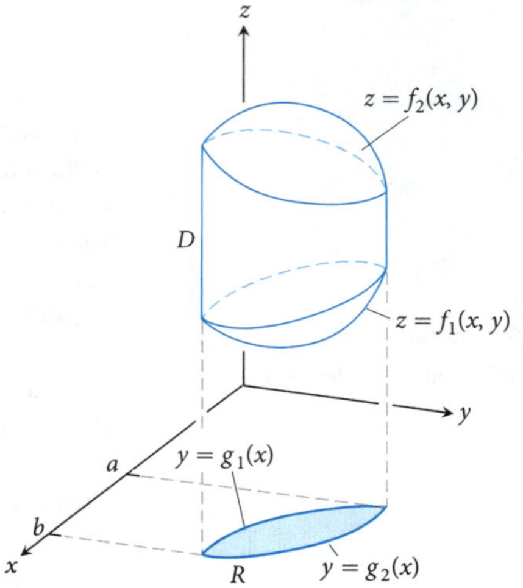

Passo 2: *Encontre os limites de integração de z.* Desenhe uma reta M passando por um ponto típico (x, y) em R que é paralela ao eixo z. À medida que z cresce, M entra em D em $z = f_1(x, y)$ e sai em $z = f_2(x, y)$. Estes são os limites de integração de z.

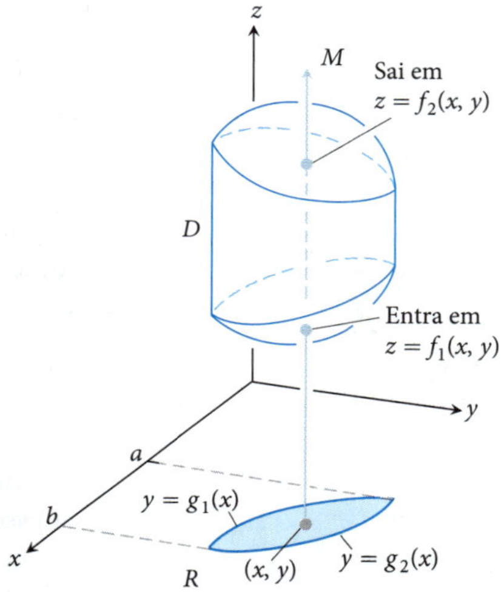

Passo 3: *Encontre os limites de integração de y.* Desenhe uma reta L passando por (x, y) que é paralela ao eixo y. À medida que y cresce, L entra em R em $y = g_1(x)$ e sai em $y = g_2(x)$. Estes são os limites de integração de y.

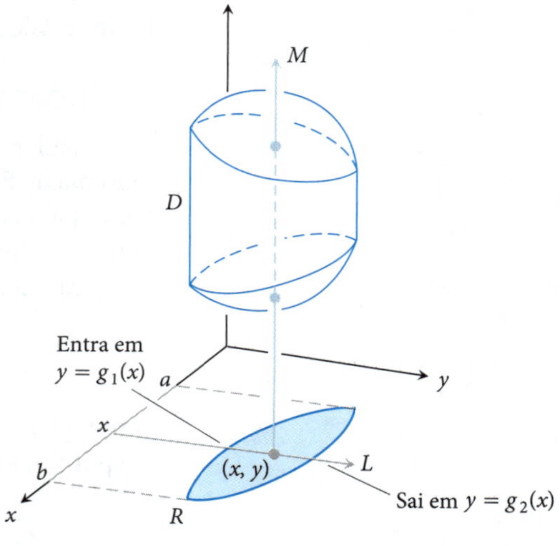

Passo 4: *Encontre os limites de integração de x.* Escolha limites de x que incluam todas as retas passando por R que são paralelas ao eixo y ($x = a$ e $x = b$ na figura anterior). Estes são os limites de integração de x. A integral é

$$\int_{x=a}^{x=b} \int_{y=g_1(x)}^{y=g_2(x)} \int_{z=f_1(x,y)}^{z=f_2(x,y)} F(x, y, z)\, dz\, dy\, dx$$

Siga procedimentos similares se você trocar a ordem de integração. A "projeção" da região D está no plano das duas últimas variáveis em relação às quais a integração iterada é realizada.

O procedimento anterior se aplica sempre que uma região sólida D é limitada superior e inferiormente por uma superfície e quando a região "projetada" R é limitada acima e abaixo por uma curva. O procedimento não poderá ser seguido quando as regiões tiverem orifícios muito complexos, embora, nesses casos, essas regiões possam ser divididas em outras mais simples de forma a serem submetidas às etapas anteriores.

EXEMPLO 1 Encontrando um volume

Encontre o volume da região D limitada pelas superfícies $z = x^2 + 3y^2$ e $z = 8 - x^2 - y^2$.

SOLUÇÃO O volume é

$$V = \iiint_D dz\, dy\, dx$$

a integral de $F(x, y, z) = 1$ sobre D. Para encontrarmos os limites de integração para calcular a integral, primeiro esboçamos a região. As superfícies (Figura 15.28) apresentam interseção no cilindro elíptico $x^2 + 3y^2 = 8 - x^2 - y^2$ ou $x^2 + 2y^2 = 4$, $z > 0$. A fronteira da região R (a projeção de D sobre o plano xy) é uma elipse com a mesma equação: $x^2 + 2y^2 = 4$. A fronteira "superior" de R é a curva $y = \sqrt{(4 - x^2)/2}$. A fronteira inferior é a curva $y = -\sqrt{(4 - x^2)/2}$.

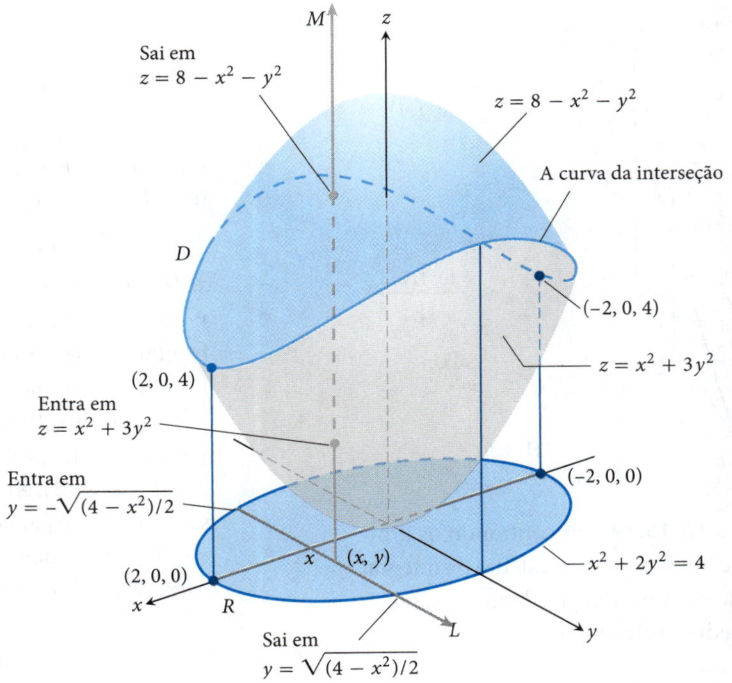

FIGURA 15.28 O volume da região limitada por esses dois parabolóides é calculada no Exemplo 1.

Agora, encontramos os limites de integração de z. A reta M, que passa por um ponto típico (x, y) em R e é paralela ao eixo z, entra em D em $z = x^2 + 3y^2$ e sai em $z = 8 - x^2 - y^2$.

Em seguida, encontramos os limites de integração de y. A reta L, que passa por (x, y) e é paralela ao eixo y, entra em R em $y = y = -\sqrt{(4 - x^2)/2}$ e sai em $y = \sqrt{(4 - x^2)/2}$.

Por fim, encontramos os limites de integração de x. Quando L varre R, o valor de x varia de $x = -2$ em $(-2, 0, 0)$ a $x = 2$ em $(2, 0, 0)$. O volume de D é

$$\begin{aligned} V &= \iiint_D dz\,dy\,dx \\ &= \int_{-2}^{2}\int_{-\sqrt{(4-x^2)/2}}^{\sqrt{(4-x^2)/2}}\int_{x^2+3y^2}^{8-x^2-y^2} dz\,dy\,dx \\ &= \int_{-2}^{2}\int_{-\sqrt{(4-x^2)/2}}^{\sqrt{(4-x^2)/2}} (8 - 2x^2 - 4y^2)\,dy\,dx \\ &= \int_{-2}^{2}\left[(8 - 2x^2)y - \frac{4}{3}y^3\right]_{y=-\sqrt{(4-x^2)/2}}^{y=\sqrt{(4-x^2)/2}} dx \\ &= \int_{-2}^{2}\left(2(8 - 2x^2)\sqrt{\frac{4 - x^2}{2}} - \frac{8}{3}\left(\frac{4 - x^2}{2}\right)^{3/2}\right) dx \\ &= \int_{-2}^{2}\left[8\left(\frac{4 - x^2}{2}\right)^{3/2} - \frac{8}{3}\left(\frac{4 - x^2}{2}\right)^{3/2}\right] dx = \frac{4\sqrt{2}}{3}\int_{-2}^{2}(4 - x^2)^{3/2}\,dx \\ &= 8\pi\sqrt{2} \end{aligned}$$

Após a integração com a substituição $x = 2 \operatorname{sen} u$.

No próximo exemplo, projetamos D no plano xz, em vez de no plano xy, assim você pode ver como usar uma ordem diferente de integração.

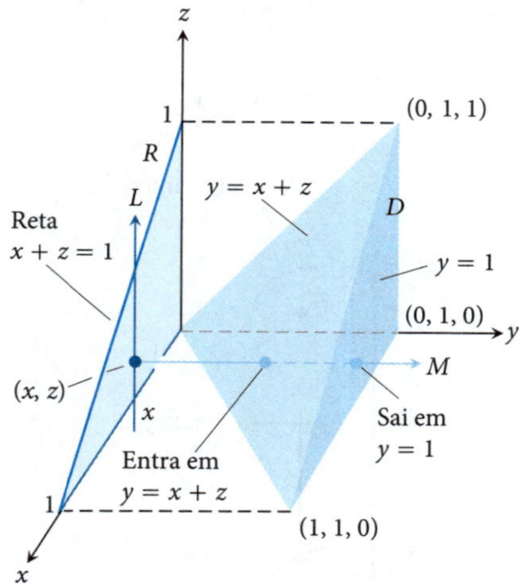

FIGURA 15.29 Encontrando os limites de integração para cálculo da integral tripla de uma função definida sobre o tetraedro D (Exemplo 2).

EXEMPLO 2 Encontrando os limites de integração na ordem $dy\,dz\,dx$

Determine os limites de integração para calcular a integral tripla de uma função $F(x, y, z)$ sobre o tetraedro D com vértices $(0, 0, 0)$, $(1, 1, 0)$, $(0, 1, 0)$ e $(0, 1, 1)$.

SOLUÇÃO Esboçamos D juntamente com sua "projeção" R no plano xz (Figura 15.29). A superfície limitante superior à direita de D está no plano $y = 1$. A superfície limitante inferior à esquerda está no plano $y = x + z$. A fronteira superior de R é a reta $z = 1 - x$. A fronteira inferior é a reta $z = 0$.

Primeiro, encontramos os limites de integração de y. A reta que passa por um ponto típico (x, z) em R e é paralela ao eixo y entra em D em $y = x + z$ e sai em $y = 1$.

Em seguida, encontramos os limites de integração de z. A reta L que passa por (x, z) e é paralela ao eixo z entra em R em $z = 0$ e sai em $z = 1 - x$.

Por fim, encontramos os limites de integração de x. À medida que L varre R, o valor de x varia de $x = 0$ a $x = 1$. A integral é

$$\int_0^1\int_0^{1-x}\int_{x+z}^{1} F(x, y, z)\,dy\,dz\,dx$$

EXEMPLO 3 Revendo o Exemplo 2 usando a ordem $dz\,dy\,dx$

Para integrarmos $F(x, y, z)$ sobre o tetraedro D na ordem $dz\,dy\,dx$, procedemos da seguinte maneira:

Começamos encontrando os limites de integração de z. Uma reta paralela ao eixo z que passa por um ponto típico (x, y) na "projeção" no plano xy entra no tetraedro em $z = 0$ e sai pelo plano superior onde $z = y - x$ (Figura 15.29).

Em seguida, encontramos os limites de integração de y. No plano xy, onde $z = 0$, o lado inclinado do tetraedro cruza o plano ao longo da reta $y = x$. Uma reta que passa por (x, y) que é paralela ao eixo y entra na projeção no plano xy em $y = x$ e sai em $y = 1$.

Por fim, encontramos os limites de integração de x. À medida que a reta paralela ao eixo y no passo anterior varre a projeção, o valor de x varia de $x = 0$ a $x = 1$ no ponto $(1, 1, 0)$. A integral é

$$\int_0^1 \int_x^1 \int_0^{y-x} F(x, y, z)\, dz\, dy\, dx$$

Por exemplo, se $F(x, y, z) = 1$, encontraríamos o volume do tetraedro como

$$\begin{aligned} V &= \int_0^1 \int_x^1 \int_0^{y-x} dz\, dy\, dx \\ &= \int_0^1 \int_x^1 (y - x)\, dy\, dx \\ &= \int_0^1 \left[\frac{1}{2}y^2 - xy\right]_{y=x}^{y=1} dx \\ &= \int_0^1 \left(\frac{1}{2} - x + \frac{1}{2}x^2\right) dx \\ &= \left[\frac{1}{2}x - \frac{1}{2}x^2 + \frac{1}{6}x^3\right]_0^1 \\ &= \frac{1}{6} \end{aligned}$$

Você obterá o mesmo resultado integrando na ordem $dy\,dz\,dx$,

$$V = \int_0^1 \int_0^{1-x} \int_{x+z}^1 dy\, dz\, dx = \frac{1}{6}$$

Como sabemos, algumas vezes (mas nem sempre) existem duas ordens diferentes nas quais integrações simples para calcular uma integral dupla podem ser trabalhadas. Para integrais triplas, podem existir até *seis* ordens; já que existem seis maneiras diferentes de ordenar dx, dy e dz. Cada ordem nos leva a uma descrição diferente da região de integração no espaço e a diferentes limites de integração.

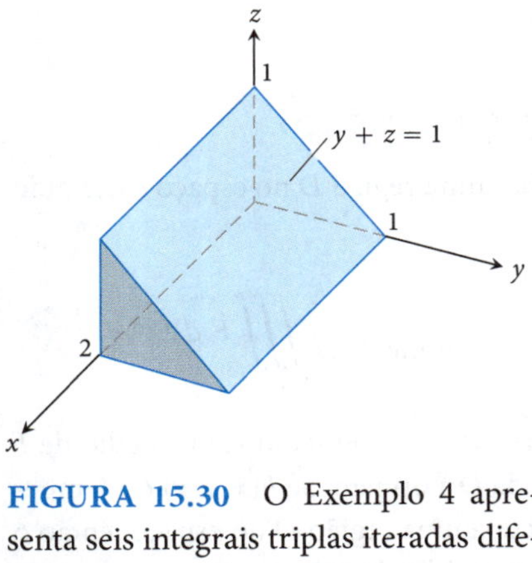

FIGURA 15.30 O Exemplo 4 apresenta seis integrais triplas iteradas diferentes para o volume deste prisma.

EXEMPLO 4 Usando ordens diferentes de integração

Cada uma das integrais a seguir fornece o volume do sólido mostrado na Figura 15.30.

(a) $\displaystyle\int_0^1 \int_0^{1-z} \int_0^2 dx\, dy\, dz$ **(b)** $\displaystyle\int_0^1 \int_0^{1-y} \int_0^2 dx\, dz\, dy$

(c) $\displaystyle\int_0^1\int_0^2\int_0^{1-z} dy\,dx\,dz$ (d) $\displaystyle\int_0^2\int_0^1\int_0^{1-z} dy\,dz\,dx$

(e) $\displaystyle\int_0^1\int_0^2\int_0^{1-y} dz\,dx\,dy$ (f) $\displaystyle\int_0^2\int_0^1\int_0^{1-y} dz\,dy\,dx$

Vamos calcular as integrais nas partes (b) e (c):

$$V = \int_0^1\int_0^{1-y}\int_0^2 dx\,dz\,dy \qquad \text{Integral na parte (b)}$$

$$= \int_0^1\int_0^{1-y} 2\,dz\,dy$$

$$= \int_0^1 \Big[2z\Big]_{z=0}^{z=1-y} dy$$

$$= \int_0^1 2(1-y)\,dy$$

$$= 1$$

E também

$$V = \int_0^1\int_0^2\int_0^{1-z} dy\,dx\,dz \qquad \text{Integral na parte (c)}$$

$$= \int_0^1\int_0^2 (1-z)\,dx\,dz$$

$$= \int_0^1 \Big[x - zx\Big]_{x=0}^{x=2} dz$$

$$= \int_0^1 (2-2z)\,dz$$

$$= 1$$

As integrais nas partes (a), (d), (e) e (f) também nos dão $V = 1$.

Valor médio de uma função no espaço

O valor médio de uma função F sobre uma região D no espaço é definido pela fórmula

$$\textbf{Valor médio} \text{ de } F \text{ sobre } D = \frac{1}{\text{volume de } D}\iiint_D F\,dV \qquad (2)$$

Por exemplo, se $F(x, y, z) = \sqrt{x^2 + y^2 + z^2}$, então o valor médio de F sobre D é a distância média dos pontos de D à origem. Se $F(x, y, z)$ é a temperatura em (x, y, z) em um sólido que ocupa uma região D no espaço, então o valor médio de F sobre D é a temperatura média do sólido.

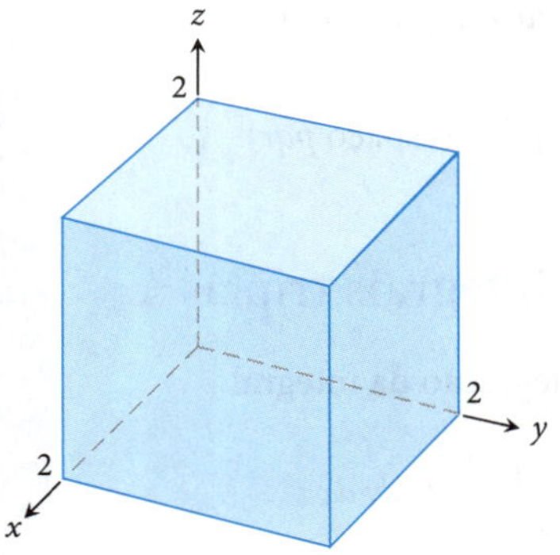

FIGURA 15.31 A região de integração no Exemplo 5.

EXEMPLO 5 Encontrando um valor médio

Encontre o valor médio de $F(x, y, z) = xyz$ sobre o cubo limitado pelos planos coordenados e pelos planos $x = 2$, $y = 2$ e $z = 2$ no primeiro octante.

SOLUÇÃO Esboçamos o cubo com detalhes suficientes para mostrar os limites de integração (Figura 15.31). Depois, usamos a Equação (2) para calcular o valor médio de F sobre o cubo.

O volume do cubo é (2)(2)(2) = 8. O valor da integral de F sobre o cubo é

$$\int_0^2\int_0^2\int_0^2 xyz\,dx\,dy\,dz = \int_0^2\int_0^2\left[\frac{x^2}{2}yz\right]_{x=0}^{x=2} dy\,dz = \int_0^2\int_0^2 2yz\,dy\,dz$$

$$= \int_0^2\left[y^2z\right]_{y=0}^{y=2} dz = \int_0^2 4z\,dz = \left[2z^2\right]_0^2 = 8$$

Com esses valores, a Equação (2) dá

$$\begin{array}{l}\text{Valor médio de}\\ xyz \text{ sobre o cubo}\end{array} = \frac{1}{\text{volume}}\iiint\limits_{\text{cubo}} xyz\,dV = \left(\frac{1}{8}\right)(8) = 1$$

Ao calcularmos a integral, escolhemos a ordem $dx\,dy\,dz$, mas qualquer uma das outras cinco ordens também funcionaria.

Propriedades de integrais triplas

As integrais triplas têm as mesmas propriedades algébricas que as integrais duplas e simples.

Propriedades de integrais triplas

Se $F = F(x, y, z)$ e $G = G(x, y, z)$ forem contínuas, então

1. *Multiplicação por constante:* $\displaystyle\iiint\limits_D kF\,dV = k\iiint\limits_D F\,dV$ (qualquer valor de k)

2. *Soma e diferença:* $\displaystyle\iiint\limits_D (F \pm G)\,dV = \iiint\limits_D F\,dV \pm \iiint\limits_D G\,dV$

3. *Dominação:*

   (a) $\displaystyle\iiint\limits_D F\,dV \geq 0$ se $F \geq 0$ em D

   (b) $\displaystyle\iiint\limits_D F\,dV \geq \iiint\limits_D G\,dV$ se $F \geq G$ em D

4. *Aditividade:* $\displaystyle\iiint\limits_D F\,dV = \iiint\limits_{D_1} E\,dV + \iiint\limits_{D_2} F\,dV$

   se D for a união de duas regiões não sobrepostas D_1 e D_2.

Exercícios 15.4

Calculando integrais triplas em iterações diferentes

1. Calcule a integral no Exemplo 2 fazendo $F(x, y, z) = 1$ para encontrar o volume do tetraedro.

2. **Volume de um sólido retangular** Escreva seis integrais triplas iteradas diferentes para o volume do sólido retangular no primeiro octante limitado pelos planos coordenados e pelos planos $x = 1$, $y = 2$ e $z = 3$. Calcule uma das integrais.

3. **Volume de um tetraedro** Escreva seis integrais triplas iteradas diferentes para o volume do tetraedro cortado do primeiro octante pelo plano $6x + 3y + 2z = 6$. Calcule uma das integrais.

4. **Volume de um sólido** Escreva seis integrais triplas iteradas diferentes para o volume da região no primeiro octante limitada pelo cilindro $x^2 + z^2 = 4$ e pelo plano $y = 3$. Calcule uma das integrais.

5. **Volume limitado por parabolóides** Seja D a região limitada pelos parabolóides $z = 8 - x^2 - y^2$ e $z = x^2 + y^2$. Escreva seis integrais triplas iteradas diferentes para o volume de D. Calcule uma das integrais.

6. **Volume dentro de um parabolóide abaixo de um plano** Seja D a região limitada pelo parabolóide $z = x^2 + y^2$ e pelo plano $z = 2y$. Escreva integrais triplas iteradas nas ordens $dz\,dx\,dy$ e $dz\,dy\,dx$ que dão o volume de D. Não calcule as integrais.

Calculando integrais triplas iteradas

Calcule as integrais nos exercícios 7–20.

7. $\int_0^1\int_0^1\int_0^1 (x^2 + y^2 + z^2)\,dz\,dy\,dx$

8. $\int_0^{\sqrt{2}}\int_0^{3y}\int_{x^2+3y^2}^{8-x^2-y^2} dz\,dx\,dy$

9. $\int_1^e\int_1^e\int_1^e \frac{1}{xyz}\,dx\,dy\,dz$

10. $\int_0^1\int_0^{3-3x}\int_0^{3-3x-y} dz\,dy\,dx$

11. $\int_0^1\int_0^{\pi}\int_0^{\pi} y \operatorname{sen} z\,dx\,dy\,dz$

12. $\int_{-1}^1\int_{-1}^1\int_{-1}^1 (x + y + z)\,dy\,dx\,dz$

13. $\int_0^3\int_0^{\sqrt{9-x^2}}\int_0^{\sqrt{9-x^2}} dz\,dy\,dx$

14. $\int_0^2\int_{-\sqrt{4-y^2}}^{\sqrt{4-y^2}}\int_0^{2x+y} dz\,dx\,dy$

15. $\int_0^1\int_0^{2-x}\int_0^{2-x-y} dz\,dy\,dx$

16. $\int_0^1\int_0^{1-x^2}\int_3^{4-x^2-y} x\,dz\,dy\,dx$

17. $\int_0^{\pi}\int_0^{\pi}\int_0^{\pi} \cos(u + v + w)\,du\,dv\,dw$ (espaço uvw)

18. $\int_1^e\int_1^e\int_1^e \ln r \ln s \ln t\,dt\,dr\,ds$ (espaço rst)

19. $\int_0^{\pi/4}\int_0^{\ln \sec v}\int_{-\infty}^{2t} e^x\,dx\,dt\,dv$ (espaço tvx)

20. $\int_0^7\int_0^2\int_0^{\sqrt{4-q^2}} \frac{q}{r+1}\,dp\,dq\,dr$ (espaço pqr)

Volumes usando integrais triplas

21. Aqui está a região de integração da integral

$$\int_{-1}^1\int_{x^2}^1\int_0^{1-y} dz\,dy\,dx$$

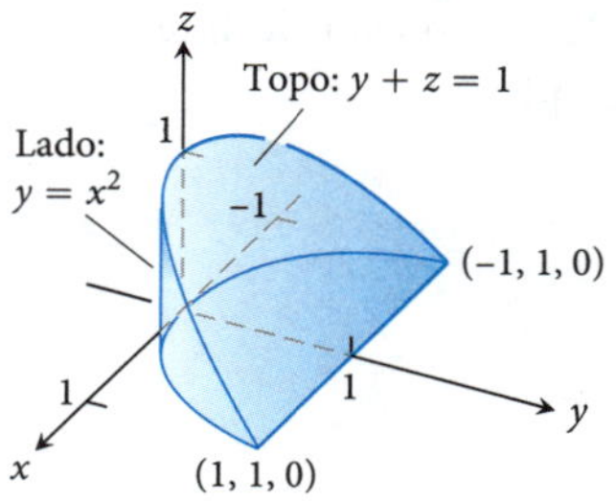

Reescreva a integral na forma de uma integral iterada equivalente na ordem

(a) $dy\,dz\,dx$
(b) $dy\,dx\,dz$
(c) $dx\,dy\,dz$
(d) $dx\,dz\,dy$
(e) $dz\,dx\,dy$

22. Aqui está a região de integração da integral

$$\int_0^1\int_{-1}^0\int_0^{y^2} dz\,dy\,dx$$

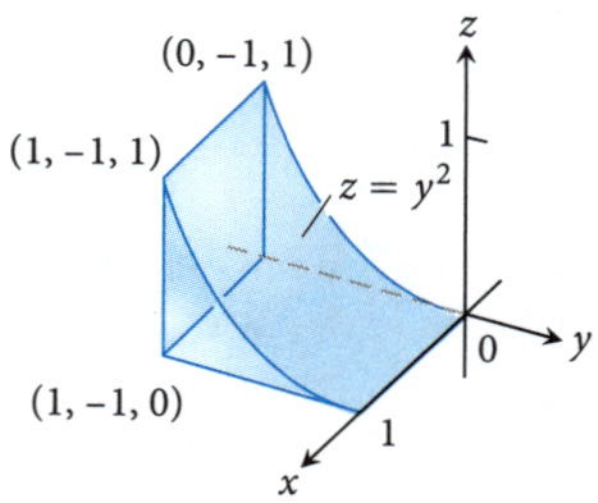

Reescreva a integral na forma de uma integral iterada equivalente na ordem

(a) $dy\,dz\,dx$
(b) $dy\,dx\,dz$
(c) $dx\,dy\,dz$
(d) $dx\,dz\,dy$
(e) $dz\,dx\,dy$

Encontre os volumes das regiões nos exercícios 23–36.

23. A região entre o cilindro $z = y^2$ e o plano xy que é limitada pelos planos $x = 0$, $x = 1$, $y = -1$, $y = 1$.

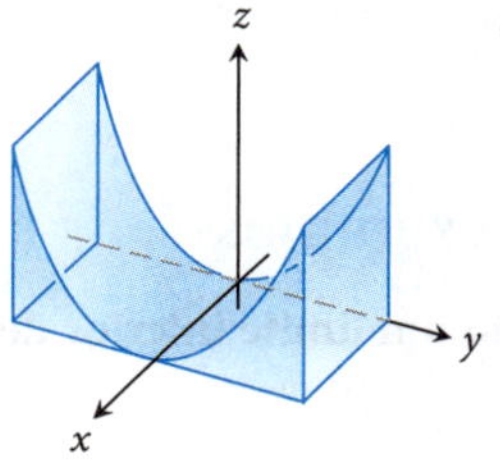

24. A região no primeiro octante limitada pelos planos coordenados e pelos planos $x + z = 1$, $y + 2z = 2$.

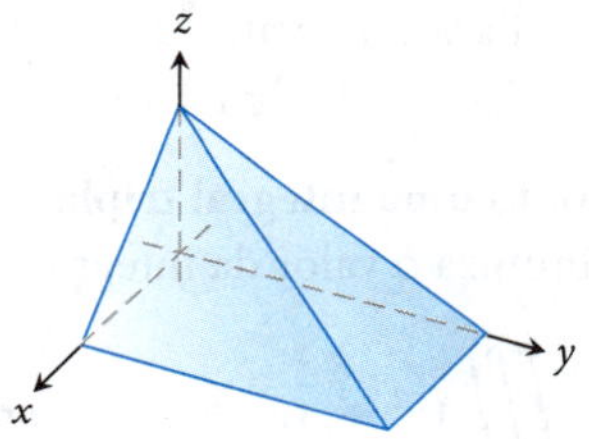

25. A região no primeiro octante limitada pelos planos coordenados, pelo plano $y + z = 2$ e pelo cilindro $x = 4 - y^2$.

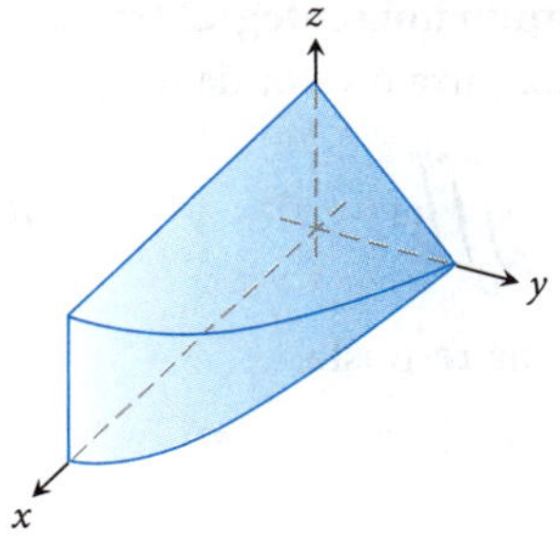

26. A região triangular cortada do cilindro $x^2 + y^2 = 1$ pelos planos $z = -y$ e $z = 0$.

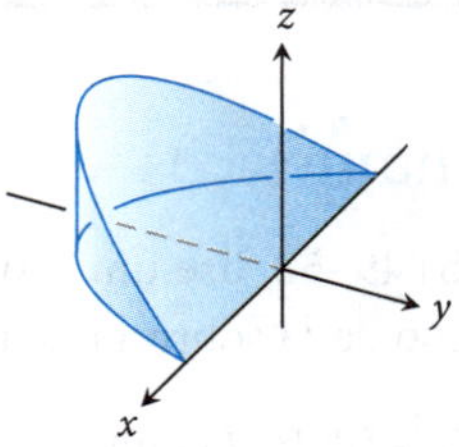

27. O tetraedro no primeiro octante limitado pelos planos coordenados e pelo plano que passa pelos pontos (1, 0, 0), (0, 2, 0) e (0, 0, 3).

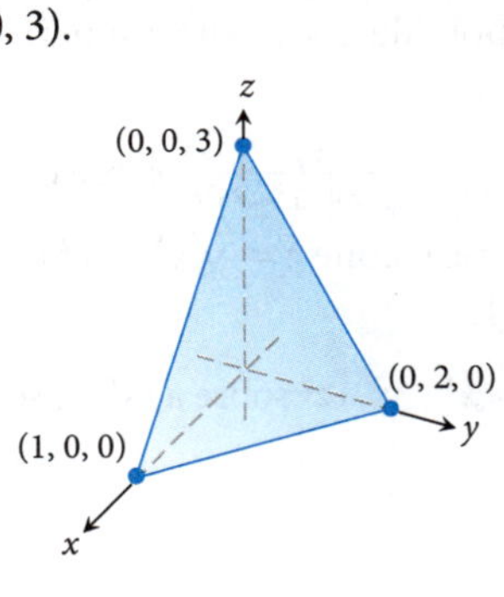

28. A região no primeiro octante limitada pelos planos coordenados, pelo plano $y = 1 - x$ e pela superfície $z = \cos(\pi x/2)$, $0 \leq x \leq 1$.

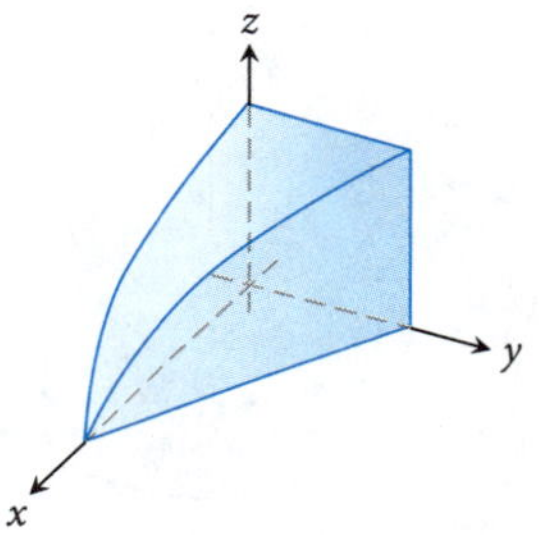

29. A região comum aos interiores dos cilindros $x^2 + y^2 = 1$ e $x^2 + z^2 = 1$, que equivale a 1/8 do que é mostrado na figura a seguir.

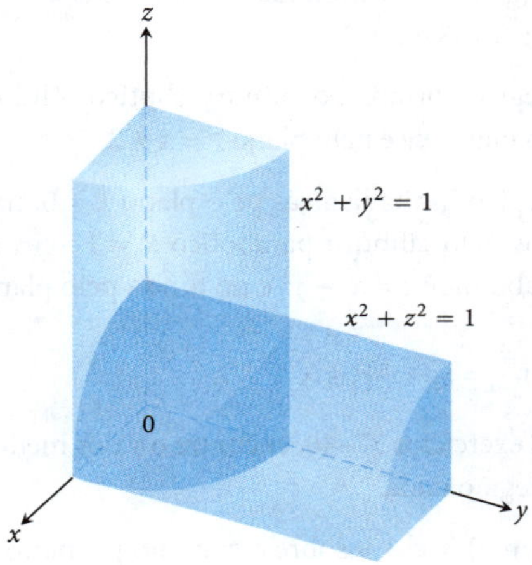

30. A região no primeiro octante limitada pelos planos coordenados e pela superfície $z = 4 - x^2 - y$.

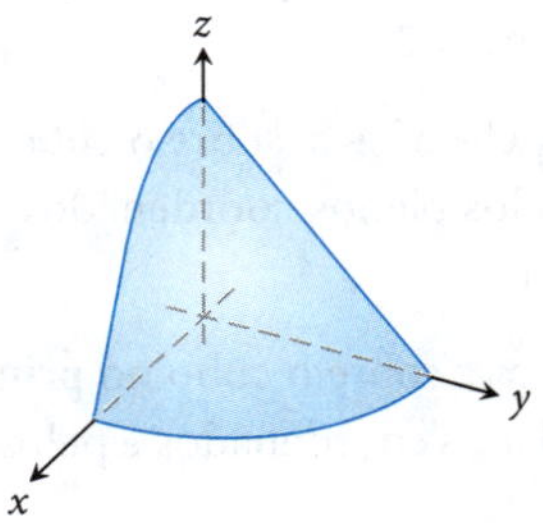

31. A região no primeiro octante limitada pelos planos coordenados, pelo plano $x + y = 4$ e pelo cilindro $y^2 + 4z^2 = 16$.

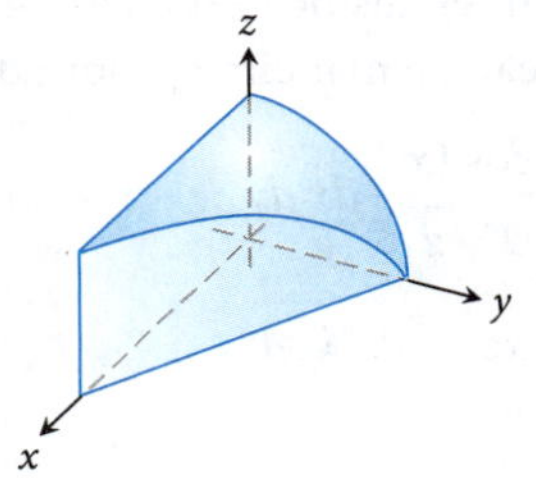

32. A região cortada do cilindro $x^2 + y^2 = 4$ pelos planos $z = 0$ e $x + z = 3$.

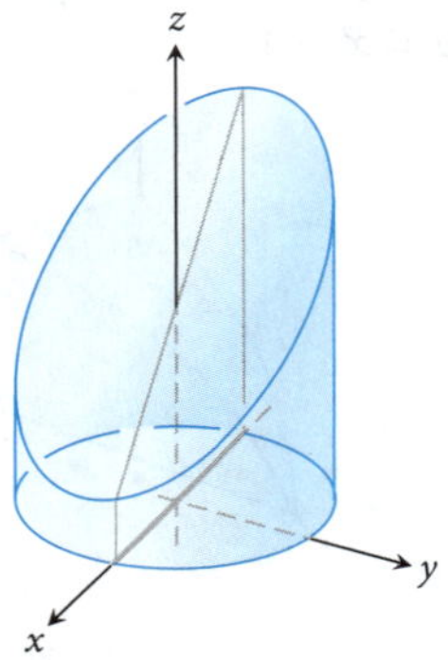

33. A região entre os planos $x + y + 2z = 2$ e $2x + 2y + z = 4$ no primeiro octante.

34. A região finita limitada pelos planos $z = x$, $x + z = 8$, $z = y$, $y = 8$ e $z = 0$.

35. A região cortada do cilindro elíptico sólido $x^2 + 4y^2 \leq 4$ pelo plano xy e pelo plano $z = x + 2$.

36. A região limitada atrás pelo plano $x = 0$, na frente e dos lados pelo cilindro parabólico $x = 1 - y^2$, no topo pelo parabolóide $z = x^2 + y^2$ e no fundo pelo plano xy.

Valores médios

Nos exercícios 37–40, encontre o valor médio de $F(x, y, z)$ sobre a região dada.

37. $F(x, y, z) = x^2 + 9$ sobre o cubo no primeiro octante limitado pelos planos coordenados e pelos planos $x = 2$, $y = 2$ e $z = 2$.

38. $F(x, y, z) = x + y - z$ sobre o sólido retangular no primeiro octante limitado pelos planos coordenados e pelos planos $x = 1$, $y = 1$ e $z = 2$.

39. $F(x, y, z) = x^2 + y^2 + z^2$ sobre o cubo no primeiro octante limitado pelos planos coordenados e pelos planos $x = 1$, $y = 1$ e $z = 1$.

40. $F(x, y, z) = xyz$ sobre o cubo no primeiro octante limitado pelos planos coordenados e pelos planos $x = 2$, $y = 2$ e $z = 2$.

Mudando a ordem de integração

Calcule as integrais nos exercícios 41–44 mudando a ordem de integração de maneira apropriada.

41. $\displaystyle\int_0^4 \int_0^1 \int_{2y}^2 \frac{4\cos(x^2)}{2\sqrt{z}}\, dx\, dy\, dz$

42. $\displaystyle\int_0^1 \int_0^1 \int_{x^2}^1 12xze^{zy^2}\, dy\, dx\, dz$

43. $\displaystyle\int_0^1 \int_{\sqrt[3]{z}}^1 \int_0^{\ln 3} \frac{\pi e^{2x} \operatorname{sen} \pi y^2}{y^2}\, dx\, dy\, dz$

44. $\displaystyle\int_0^2 \int_0^{4-x^2} \int_0^x \frac{\operatorname{sen} 2z}{4 - z}\, dy\, dz\, dx$

Teoria e exemplos

45. **Encontrando um limite inferior de uma integral iterada** Encontre a:

$$\int_0^1 \int_0^{4-a-x^2} \int_a^{4-x^2-y} dz\, dy\, dx = \frac{4}{15}$$

46. **Elipsóide** Para qual valor de c o volume do elipsóide $x^2 + (y/2)^2 + (z/c)^2 = 1$ é igual a 8π?

47. **Minimizando uma integral tripla** Que domínio D no espaço minimiza o valor da integral

$$\iiint_D (4x^2 + 4y^2 + z^2 - 4)\, dV\ ?$$

Justifique sua resposta.

48. **Maximizando uma integral tripla** Que domínio D no espaço maximiza o valor da integral

$$\iiint_D (1 - x^2 - y^2 - z^2)\, dV\ ?$$

Justifique sua resposta.

USANDO O COMPUTADOR

Cálculos numéricos

Nos exercícios 49–52, use um SAC para calcular a integral tripla da função dada sobre a região sólida especificada.

49. $F(x, y, z) = x^2y^2z$ sobre o cilindro sólido limitado por $x^2 + y^2 = 1$ e pelos planos $z = 0$ e $z = 1$.

50. $F(x, y, z) = |xyz|$ sobre o sólido limitado inferiormente pelo parabolóide $z = x^2 + y^2$ e superiormente pelo plano $z = 1$.

51. $F(x, y, z) = \dfrac{z}{(x^2 + y^2 + z^2)^{3/2}}$ sobre o sólido limitado inferiormente pelo cone $z = \sqrt{x^2 + y^2}$ e superiormente pelo plano $z = 1$.

52. $F(x, y, z) = x^4 + y^2 + z^2$ sobre a esfera sólida $x^2 + y^2 + z^2 < 1$.

15.5 Massas e momentos em três dimensões

Esta seção mostra como calcular a massa e os momentos de objetos tridimensionais em coordenadas cartesianas. As fórmulas são similares àquelas para objetos bidimensionais. Para cálculos em coordenadas esféricas e cilíndricas, veja a Seção 15.6.

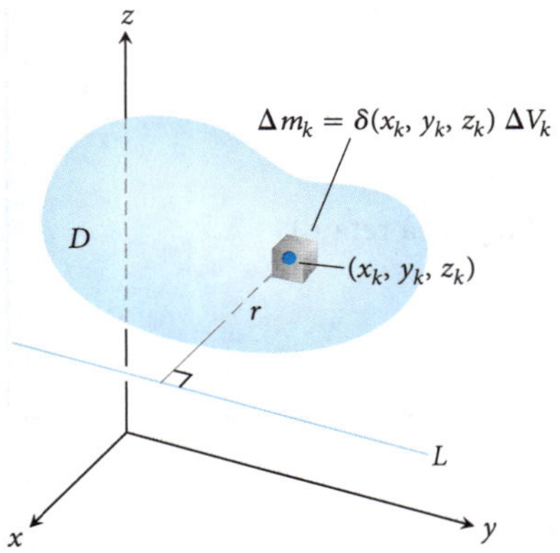

FIGURA 15.32 Para definirmos a massa de um objeto e o momento de inércia em relação a uma reta, primeiro a imaginamos dividida em um número finito de elementos de massa Δm_k.

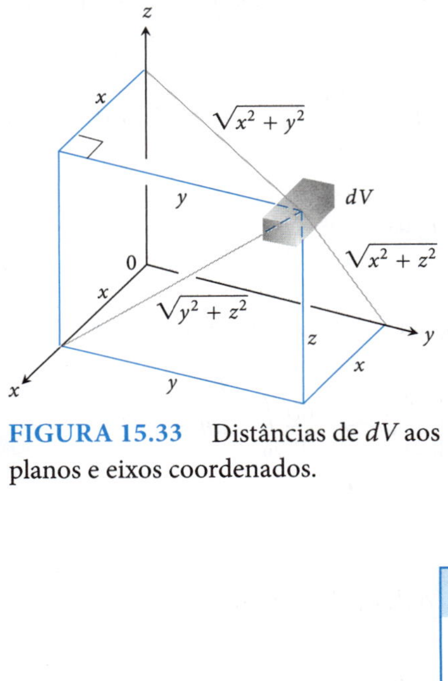

FIGURA 15.33 Distâncias de dV aos planos e eixos coordenados.

Massas e momentos

Se $\delta(x, y, z)$ é a densidade de um objeto que ocupa uma região D no espaço (massa por unidade de volume), a integral de δ sobre D dá a **massa** do objeto. Para saber por que, imagine o objeto dividido em n elementos de massa como na Figura 15.32. A massa do objeto é o limite

$$M = \lim_{n\to\infty} \sum_{k=1}^{n} \Delta m_k = \lim_{n\to\infty} \sum_{k=1}^{n} \delta(x_k, y_k, z_k)\,\Delta V_k = \iiint_D \delta(x, y, z)\,dV$$

Deduziremos agora a fórmula para o momento de inércia. Se $r(x, y, z)$ é a distância do ponto (x, y, z) em D a uma reta L, então o momento de inércia da massa $\Delta m_k = \delta(x_k, y_k, z_k)\,\Delta V_k$ em torno da reta L (mostrado na Figura 15.32) é aproximadamente $\Delta I_k = r^2(x_k, y_k, z_k)\,\Delta m_k$. **O momento de inércia em relação a L** do objeto todo é

$$I_L = \lim_{n\to\infty} \sum_{k=1}^{n} \Delta I_k = \lim_{n\to\infty} \sum_{k=1}^{n} r^2(x_k, y_k, z_k)\,\delta(x_k, y_k, z_k)\,\Delta V_k = \iiint_D r^2\delta\,dV$$

Se L for o eixo x, então $r^2 = y^2 + z^2$ (Figura 15.33) e

$$I_x = \iiint_D (y^2 + z^2)\,\delta\,dV$$

De maneira similar, se L é o eixo y ou o eixo z, temos

$$I_y = \iiint_D (x^2 + z^2)\,\delta\,dV \qquad \text{e} \qquad I_z = \iiint_D (x^2 + y^2)\,\delta\,dV$$

Podemos obter os **primeiros momentos em relação aos planos coordenados** de modo semelhante. Por exemplo,

$$M_{yz} = \iiint_D x\delta(x, y, z)\,dV$$

dá o primeiro momento em relação ao plano yz.

As fórmulas da massa e do momento no espaço, análogas àquelas discutidas para regiões planas na Seção 15.2, estão resumidas na Tabela 15.3.

TABELA 15.3 Fórmulas de massa e momentos para objetos sólidos no espaço

Massa: $M = \iiint_D \delta\,dV \qquad (\delta = \delta(x, y, z) = \text{densidade})$

Primeiros momentos em relação aos planos coordenados:

$$M_{yz} = \iiint_D x\,\delta\,dV, \qquad M_{xz} = \iiint_D y\,\delta\,dV, \qquad M_{xy} = \iiint_D z\,\delta\,dV$$

Centro de massa:

$$\bar{x} = \frac{M_{yz}}{M}, \quad \bar{y} = \frac{M_{xz}}{M}, \quad \bar{z} = \frac{M_{xy}}{M}$$

Momentos de inércia (segundos momentos) em relação aos eixos coordenados:

$$I_x = \iiint (y^2 + z^2)\,\delta\,dV$$

$$I_y = \iiint (x^2 + z^2)\,\delta\,dV$$

$$I_z = \iiint (x^2 + y^2)\,\delta\,dV$$

Momentos de inércia em relação a uma reta L:

$$I_L = \iiint r^2\,\delta\,dV \quad (r(x, y, z) = \text{distância do ponto } (x, y, z) \text{ à reta } L)$$

Raio de rotação em relação a uma reta L:

$$R_L = \sqrt{I_L/M}$$

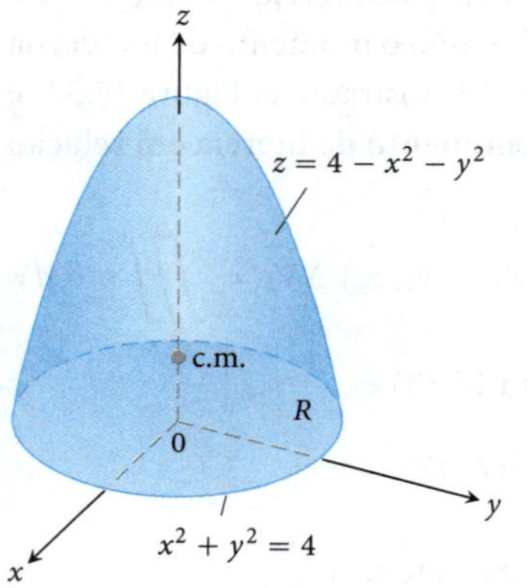

FIGURA 15.34 No Exemplo 1, encontramos o centro de massa desse sólido.

EXEMPLO 1 Encontrando o centro de massa de um sólido no espaço

Encontre o centro de massa de um sólido de densidade constante limitado abaixo pelo disco R: $x^2 + y^2 \leq 4$ no plano $z = 0$ e acima pelo parabolóide $z = 4 - x^2 - y^2$ (Figura 15.34).

SOLUÇÃO Por simetria, $\bar{x} = \bar{y} = 0$. Para encontrarmos $\bar{z}$, primeiro calculamos

$$M_{xy} = \iint_R \int_{z=0}^{z=4-x^2-y^2} z\,\delta\,dz\,dy\,dx = \iint_R \left[\frac{z^2}{2}\right]_{z=0}^{z=4-x^2-y^2} \delta\,dy\,dx$$

$$= \frac{\delta}{2} \iint_R (4 - x^2 - y^2)^2\,dy\,dx$$

$$= \frac{\delta}{2} \int_0^{2\pi} \int_0^2 (4 - r^2)^2\,r\,dr\,d\theta \qquad \text{Coordenadas polares}$$

$$= \frac{\delta}{2} \int_0^{2\pi} \left[-\frac{1}{6}(4 - r^2)^3\right]_{r=0}^{r=2} d\theta = \frac{16\delta}{3} \int_0^{2\pi} d\theta = \frac{32\pi\delta}{3}$$

Um cálculo similar fornece

$$M = \iint_R \int_0^{4-x^2-y^2} \delta\,dz\,dy\,dx = 8\pi\delta$$

Portanto $\bar{z} = (M_{xy}/M) = 4/3$, e o centro de massa é $(\bar{x}, \bar{y}, \bar{z}) = (0, 0, 4/3)$.

Quando a densidade de um objeto sólido é constante (como no Exemplo 1), o centro de massa é chamado **centróide** do objeto (como no caso de figuras bidimensionais na Seção 15.2).

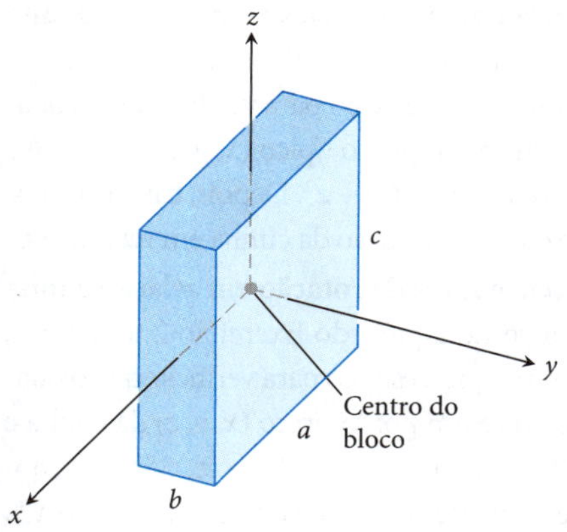

FIGURA 15.35 No Exemplo 2, calculamos I_x, I_y e I_z para o bloco mostrado aqui. A origem está no centro do bloco.

EXEMPLO 2 Encontrando os momentos de inércia em relação aos planos coordenados

Encontre I_x, I_y, I_z para o sólido retangular de densidade constante mostrado na Figura 15.35.

SOLUÇÃO A fórmula para I_x dá

$$I_x = \int_{-c/2}^{c/2}\int_{-b/2}^{b/2}\int_{-a/2}^{a/2}(y^2 + z^2)\,\delta\,dx\,dy\,dz$$

Podemos evitar um pouco do trabalho de integração observando que $(y^2 + z^2)\,\delta$ é uma função par de x, y e z. O sólido retangular é composto por oito pedaços simétricos, um em cada octante. Podemos calcular a integral em um desses pedaços e multiplicar por oito para encontrar o valor total.

$$\begin{aligned} I_x &= 8\int_0^{c/2}\int_0^{b/2}\int_0^{a/2}(y^2 + z^2)\,\delta\,dx\,dy\,dz = 4a\delta\int_0^{c/2}\int_0^{b/2}(y^2 + z^2)\,dy\,dz \\ &= 4a\delta\int_0^{c/2}\left[\frac{y^3}{3} + z^2y\right]_{y=0}^{y=b/2} dz \\ &= 4a\delta\int_0^{c/2}\left(\frac{b^3}{24} + \frac{z^2b}{2}\right) dz \\ &= 4a\delta\left(\frac{b^3c}{48} + \frac{c^3b}{48}\right) = \frac{abc\delta}{12}(b^2 + c^2) = \frac{M}{12}(b^2 + c^2) \end{aligned}$$

De maneira similar,

$$I_y = \frac{M}{12}(a^2 + c^2) \qquad \text{e} \qquad I_z = \frac{M}{12}(a^2 + b^2)$$

Exercícios 15.5

Densidade constante

Todos os sólidos nos exercícios 1–12 têm densidade constante $\delta = 1$.

1. (*Exemplo 1 revisto.*) Calcule a integral para I_x na Tabela 15.3 diretamente para mostrar que o atalho do Exemplo 2 dá a mesma resposta. Use os resultados do Exemplo 2 para encontrar o raio de rotação do sólido retangular em relação a cada eixo coordenado.

2. **Momentos de inércia** Os eixos coordenados na figura passam pelo centróide de uma cunha sólida e são paralelos às arestas identificadas. Encontre I_x, I_y e I_z se $a = b = 6$ e $c = 4$.

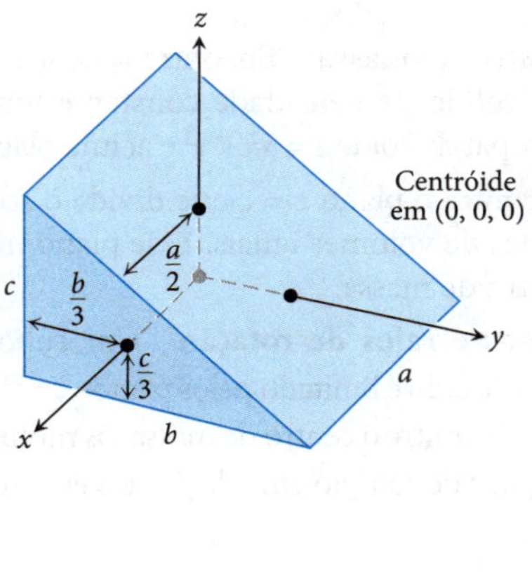

3. **Momentos de inércia** Encontre os momentos de inércia do sólido retangular mostrado aqui em relação às suas arestas calculando I_x, I_y e I_z.

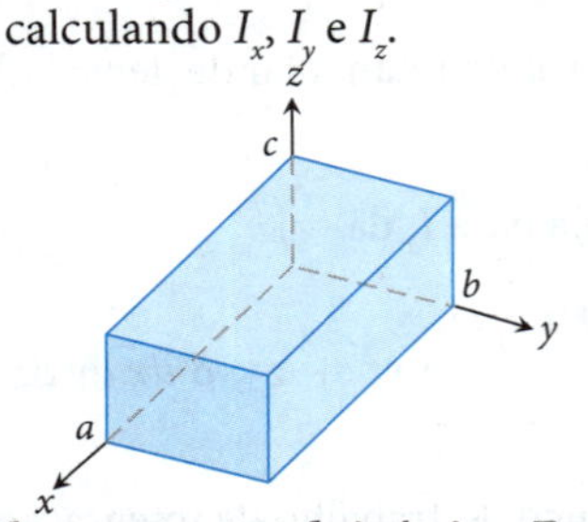

4. (a) **Centróide e momentos de inércia** Encontre o centróide e os momentos de inércia I_x, I_y e I_z do tetraedro cujos vértices são os pontos (0, 0, 0), (1, 0, 0), (0, 1, 0) e (0, 0, 1).

   (b) **Raio de rotação** Encontre o raio de rotação do tetraedro em relação ao eixo x. Compare-o com a distância do centróide ao eixo x.

5. **Centro de massa e momentos de inércia** Uma "gamela" sólida de densidade constante é limitada abaixo pela superfície $z = 4y^2$, acima pelo plano $z = 4$ e dos lados pelos planos $x = 1$ e $x = -1$. Encontre o centro de massa e os momentos de inércia em relação aos três eixos.

6. **Centro de massa** Um sólido de densidade constante é limitado abaixo pelo plano $z = 0$, dos lados pelo cilindro elíptico $x^2 + 4y^2 = 4$ e acima pelo plano $z = 2 - x$ (veja a figura).

   (a) Encontre $\bar{x}$ e $\bar{y}$.

   (b) Calcule a integral

$$M_{xy} = \int_{-2}^{2}\int_{-(1/2)\sqrt{4-x^2}}^{(1/2)\sqrt{4-x^2}}\int_{0}^{2-x} z\,dz\,dy\,dx$$

   usando tabelas de integrais para executar a última integração em relação a x. Divida então M_{xy} por M para verificar que $\bar{z} = 5/4$.

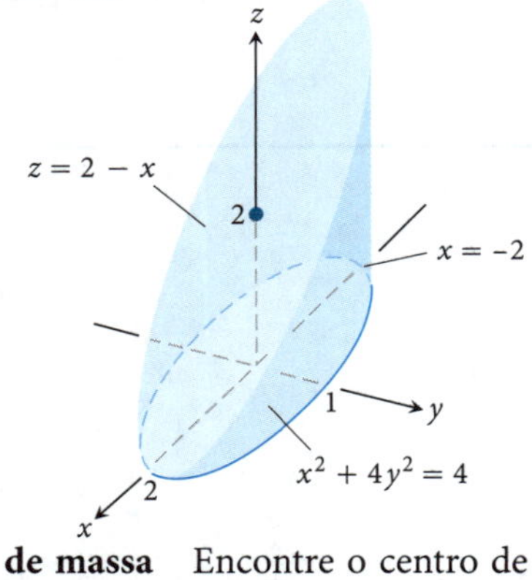

7. (a) **Centro de massa** Encontre o centro de massa de um sólido de densidade constante limitado abaixo pelo parabolóide $z = x^2 + y^2$ e acima pelo plano $z = 4$.

   (b) Encontre o plano $z = c$ que divide o sólido em duas partes de volumes iguais. Esse plano não passa pelo centro de massa.

8. **Momentos e raios de rotação** Um cubo sólido de 2 unidades de lado é limitado pelos planos $x = \pm 1$, $z = \pm 1$, $y = 3$ e $y = 5$. Encontre o centro de massa, os momentos de inércia e os raios de rotação em relação aos eixos coordenados.

9. **Momento de inércia e raios de rotação em relação a uma reta** Uma cunha como aquela do Exercício 2 tem $a = 4$, $b = 6$ e $c = 3$. Faça um rápido esboço para verificar que o quadrado da distância entre um ponto típico (x, y, z) da cunha e a reta L: $z = 0$, $y = 6$ é $r^2 = (y - 6)^2 + z^2$. Depois, calcule o momento de inércia e o raio de rotação da cunha em relação a L.

10. **Momento de inércia e raios de rotação em relação a uma reta** Uma cunha como aquela do Exercício 2 tem $a = 4$, $b = 6$ e $c = 3$. Faça um rápido esboço para verificar que o quadrado da distância entre um ponto típico (x, y, z) da cunha e a reta L: $x = 4$, $y = 0$ é $r^2 = (x - 4)^2 + y^2$. Depois, calcule o momento de inércia e o raio de rotação da cunha em relação a L.

11. **Momento de inércia e raios de rotação em relação a uma reta** Um sólido como aquele do Exercício 3 tem $a = 4$, $b = 2$ e $c = 1$. Faça um rápido esboço para verificar que o quadrado da distância entre um ponto típico (x, y, z) do sólido e a reta L: $y = 2$, $z = 0$ é $r^2 = (y - 2)^2 + z^2$. Depois, calcule o momento de inércia e o raio de rotação do sólido em relação a L.

12. **Momento de inércia e raios de rotação em relação a uma reta** Um sólido como aquele do Exercício 3 tem $a = 4$, $b = 2$ e $c = 1$. Faça um rápido esboço para verificar que o quadrado da distância entre um ponto típico (x, y, z) do sólido e a reta L: $x = 4$, $y = 0$ é $r^2 = (x - 4)^2 + y^2$. Depois, calcule o momento de inércia e o raio de rotação do sólido em relação a L.

Densidade variável

Nos exercícios 13 e 14, encontre:

(a) A massa do sólido;

(b) O centro de massa.

13. Uma região sólida no primeiro octante é limitada pelos planos coordenados e pelo plano $x + y + z = 2$. A densidade do sólido é $\delta(x, y, z) = 2x$.

14. Um sólido no primeiro octante é limitado pelos planos $y = 0$ e $z = 0$ e pelas superfícies $z = 4 - x^2$ e $x = y^2$ (veja a figura). Sua função densidade é $\delta(x, y, z) = kxy$, sendo k uma constante.

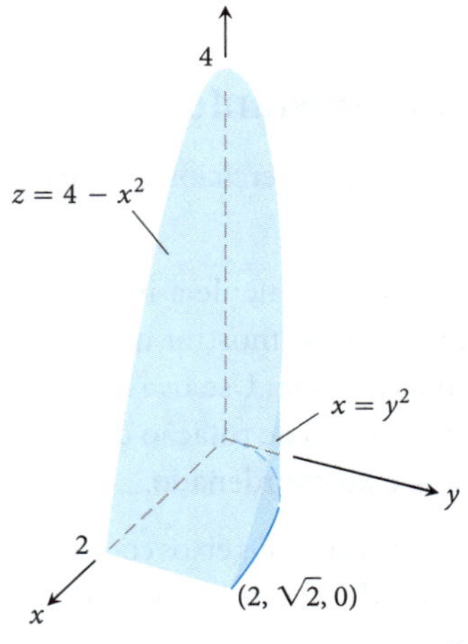

Nos exercícios 15 e 16, encontre:

(a) A massa do sólido.

(b) O centro de massa.

(c) Os momentos de inércia em relação aos eixos coordenados.

(d) Os raios de rotação em relação aos eixos coordenados.

15. Um cubo sólido no primeiro octante é limitado pelos planos coordenados e pelos planos $x = 1$, $y = 1$ e $z = 1$. Sua densidade é $\delta(x, y, z) = x + y + z + 1$.

16. Uma cunha como aquela do Exercício 2 tem dimensões $a = 2$, $b = 6$ e $c = 3$. A densidade é $\delta(x, y, z) = x + 1$. Observe que, se a densidade for constante, o centro de massa será $(0, 0, 0)$.

17. **Massa** Encontre a massa do sólido limitado pelos planos $x + z = 1$, $x - z = -1$, $y = 0$ e pela superfície $y = \sqrt{z}$. A densidade do sólido é $\delta(x, y, z) = 2y + 5$.

18. **Massa** Encontre a massa da região sólida limitada pelas superfícies parabólicas $z = 16 - 2x^2 - 2y^2$ e $z = 2x^2 + 2y^2$ se a densidade do sólido é $\delta(x, y, z) = \sqrt{x^2 + y^2}$.

Trabalho

Nos exercícios 19 e 20, calcule:

(a) A quantidade de trabalho realizado pela gravidade (constante) g para mover o líquido que preenche o recipiente para o plano xy. (*Sugestão*: Divida o líquido em pequenos elementos de volume ΔV_i e encontre o trabalho executado (aproximadamente) pela gravidade em cada elemento. A soma e a passagem ao limite resultam em uma integral tripla a ser calculada.)

(b) O trabalho executado pela gravidade para mover o centro de massa para baixo para o plano xy.

19. O recipiente é uma caixa cúbica no primeiro octante limitado pelos planos coordenados e pelos planos $x = 1$, $y = 1$ e $z = 1$. A densidade do líquido que preenche a caixa é $\delta(x, y, z) = x + y + z + 1$ (veja o Exercício 15).

20. O recipiente tem a forma da região limitada por $y = 0$, $z = 0$, $z = 4 - x^2$ e $x = y^2$. A densidade do líquido que preenche a região é $\delta(x, y, z) = kxy$, sendo k uma constante (veja o Exercício 14).

O teorema do eixo paralelo

O teorema do eixo paralelo (Exercícios 15.2) vale tanto em três dimensões quanto em duas. Seja $L_{c.m.}$ uma reta que passa pelo centro de massa de um corpo de massa m e seja L uma reta paralela a $L_{c.m.}$ a uma distância h dela. O **teorema do eixo paralelo** diz que os momentos de inércia $I_{c.m.}$ e I_L do corpo em relação a $L_{c.m.}$ e L satisfazem a equação

$$I_L = I_{c.m.} + mh^2 \qquad (1)$$

Como no caso bidimensional, o teorema nos fornece uma maneira rápida de calcular um momento quando o outro momento e a massa são conhecidos.

21. **Prova do teorema dos eixos paralelos**

(a) Mostre que o primeiro momento de um corpo no espaço em relação a qualquer plano que passa pelo centro de massa do corpo é zero. (*Sugestão*: Coloque o centro de massa do corpo na origem e suponha que o plano seja o plano yz. O que a fórmula $\bar{x} = M_{yz}/M$ então lhe diz?)

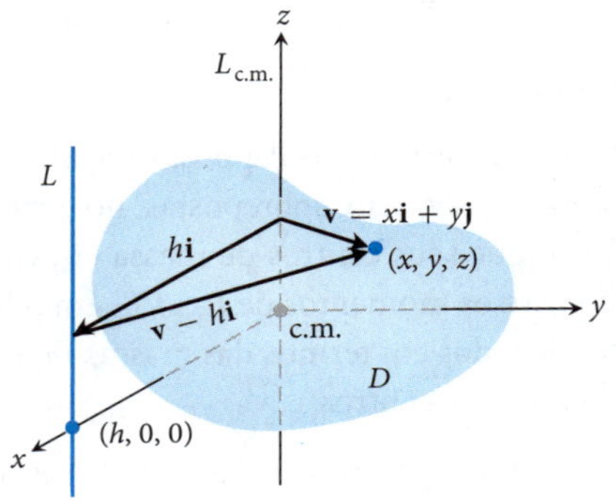

(b) Para provar o teorema do eixo paralelo, coloque o corpo com seu centro de massa na origem, com a reta $L_{c.m.}$ ao longo do eixo z e a reta L perpendicular ao plano xy no ponto $(h, 0, 0)$. Seja D a região do espaço ocupada pelo corpo. Então, na notação da figura,

$$I_L = \iiint_D |\mathbf{v} - h\mathbf{i}|^2 \, dm$$

Expanda o integrando nessa integral e complete a prova.

22. O momento de inércia em relação a um diâmetro de uma esfera sólida de densidade constante e raio a é $(2/5)ma^2$, onde m é a massa da esfera. Encontre o momento de inércia em relação a uma reta tangente à esfera.

23. O momento de inércia do sólido do Exercício 3 em relação ao eixo z é $I_z = abc(a^2 + b^2)/3$.

(a) Use a Equação (1) para encontrar o momento de inércia e o raio de rotação do sólido em relação à reta paralela ao eixo z passando pelo centro de massa do sólido.

(b) Use a Equação (1) e o resultado do item (a) para encontrar o momento de inércia e o raio de rotação do sólido em relação à reta $x = 0$, $y = 2b$.

24. Se $a = b = 6$ e $c = 4$, o momento de inércia da cunha sólida do Exercício 2 em relação ao eixo x é $I_x = 208$. Encontre o momento de inércia da cunha em relação à reta $y = 4$, $z = -4/3$ (a aresta do lado mais estreito da cunha).

Fórmula de Pappus

A fórmula de Pappus (Exercícios 15.2) vale tanto para três dimensões como para duas. Suponha que os corpos B_1 e B_2 de massas m_1 e m_2, respectivamente, ocupem regiões não sobrepostas no espaço e que $\mathbf{c}_1$ e $\mathbf{c}_2$ sejam os vetores da origem ao centro de massa dos respectivos corpos. Então o centro de massa da união $B_1 \cup B_2$ dos dois corpos é determinado pelo vetor

$$\mathbf{c} = \frac{m_1\mathbf{c}_1 + m_2\mathbf{c}_2}{m_1 + m_2}$$

Como anteriormente, essa fórmula é chamada **fórmula de Pappus**. Como no caso bidimensional, a fórmula é generalizada para

$$\mathbf{c} = \frac{m_1\mathbf{c}_1 + m_2\mathbf{c}_2 + \cdots + m_n\mathbf{c}_n}{m_1 + m_2 + \cdots + m_n}$$

para n corpos.

25. Deduza a fórmula de Pappus. (*Sugestão*: Esboce B_1 e B_2 como regiões não sobrepostas no primeiro octante e identifique seus centros de massa $(\bar{x}_1, \bar{y}_1, \bar{z}_1)$ e $(\bar{x}_2, \bar{y}_2, \bar{z}_2)$. Expresse os momentos de $B_1 \cup B_2$ em relação aos planos coordenados em termos das massas m_1 e m_2 e as coordenadas desses centros.)

26. A figura a seguir mostra um sólido feito de três sólidos retangulares de densidade constante $\delta = 1$. Use a fórmula de Pappus para encontrar o centro de massa de

(a) $A \cup B$ **(b)** $A \cup C$

(c) $B \cup C$ **(d)** $A \cup B \cup C$

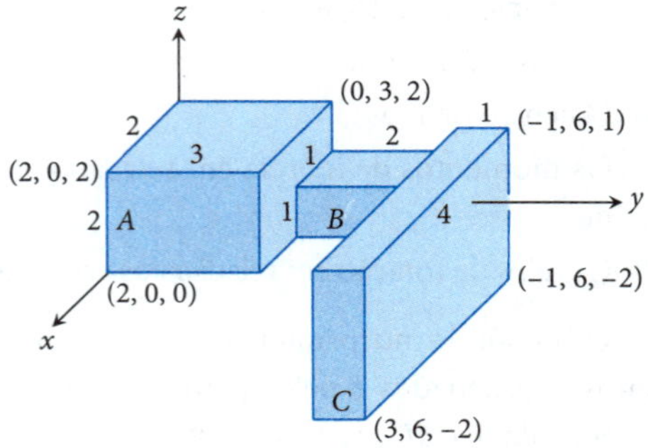

27. **(a)** Suponha que um cone circular reto sólido C de raio da base a e altura h seja construído sobre a base circular de um hemisfério sólido S de raio a de tal maneira que a união dos dois sólidos se pareça com um sorvete de casquinha. O centróide de um cone sólido está a um quarto da distância entre a base e o vértice. O centróide de um hemisfério sólido está a três oitavos da distância entre a base e o topo. Que relação deve ter h e a para que o centróide de $C \cup S$ fique na base em comum dos dois sólidos?

(b) Se você ainda não fez isso, responda à questão análoga sobre um triângulo e um semicírculo (Seção 15.2, Exercício 55). As respostas não são iguais.

28. Uma pirâmide sólida P de altura h e quatro lados congruentes é construída com sua base como uma face de um cubo sólido C cujas arestas têm comprimento s. O centróide de uma pirâmide sólida está a um quarto da distância entre a base e o vértice. Que relação deve existir entre h e s para que o centróide de $P \cup C$ fique na base da pirâmide? Compare sua resposta com a resposta do Exercício 27. Compare-a também com a resposta do Exercício 56 da Seção 15.2.

15.6 Integrais triplas em coordenadas cilíndricas e esféricas

Quando um cálculo em física, engenharia ou geometria envolve um cilindro, um cone ou uma esfera, freqüentemente podemos simplificar nosso trabalho usando coordenadas cilíndricas ou esféricas, que são apresentadas nesta seção. O procedimento de transformação para essas coordenadas e do cálculo das integrais triplas resultantes é semelhante à transformação para coordenadas polares no plano, estudado na Seção 15.3.

Integração em coordenadas cilíndricas

Obtemos coordenadas cilíndricas para o espaço combinando coordenadas polares no plano xy com o eixo z usual. Isso associa a cada ponto no espaço uma ou mais ternas ordenadas da forma (r, θ, z), como mostrado na Figura 15.36.

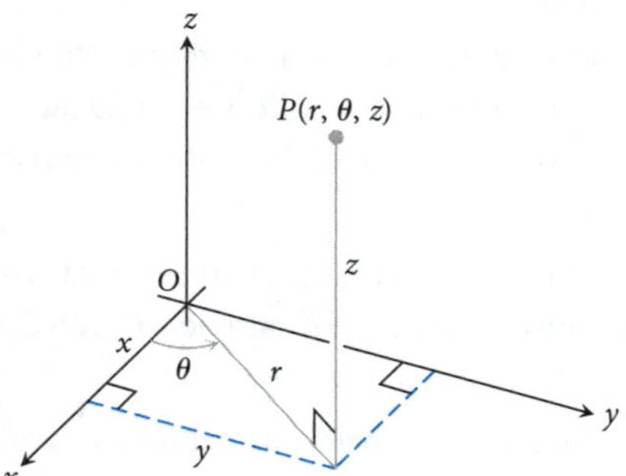

FIGURA 15.36 As coordenadas cilíndricas de um ponto no espaço são r, θ e z.

Definição **Coordenadas cilíndricas**

Coordenadas cilíndricas representam um ponto P no espaço por ternas ordenadas (r, θ, z) nas quais

1. r e θ são coordenadas polares para a projeção vertical de P sobre o plano xy.
2. z é a coordenada vertical cartesiana.

Os valores de x, y, r e θ em coordenadas cartesianas e cilíndricas são relacionados pelas equações usuais.

Equações relacionando coordenadas cartesianas (x, y, z) e cilíndricas (r, θ, z)

$$x = r\cos\theta, \qquad y = r\,\text{sen}\,\theta, \qquad z = z$$

$$r^2 = x^2 + y^2, \qquad \text{tg}\,\theta = y/x$$

Em coordenadas cilíndricas, a equação $r = a$ não descreve apenas uma circunferência no plano xy, mas um cilindro inteiro em relação ao eixo z (Figura 15.37). O eixo z é dado por $r = 0$. A equação $\theta = \theta_0$ descreve o plano que contém o eixo z e forma um ângulo θ_0 com o eixo x positivo. E, como em coordenadas cartesianas, a equação $z = z_0$ descreve um plano perpendicular ao eixo z.

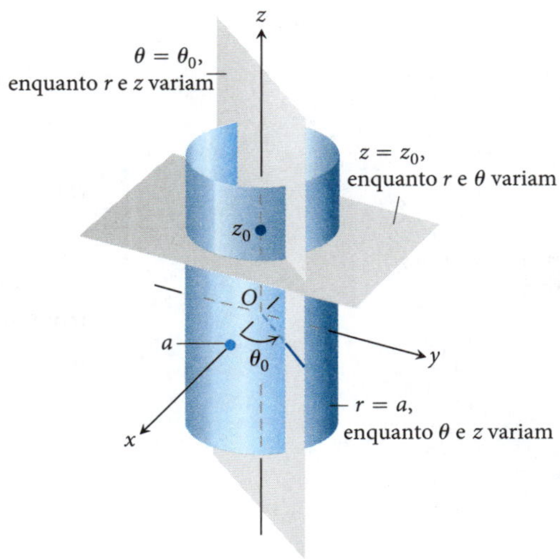

FIGURA 15.37 Equações de coordenadas constantes em coordenadas cilíndricas produzem cilindros e planos.

Coordenadas cilíndricas são boas para descrever cilindros cujos eixos coincidem com o eixo z e planos que contêm o eixo z ou são perpendiculares a ele. Superfícies como essas têm equações com coordenadas constantes:

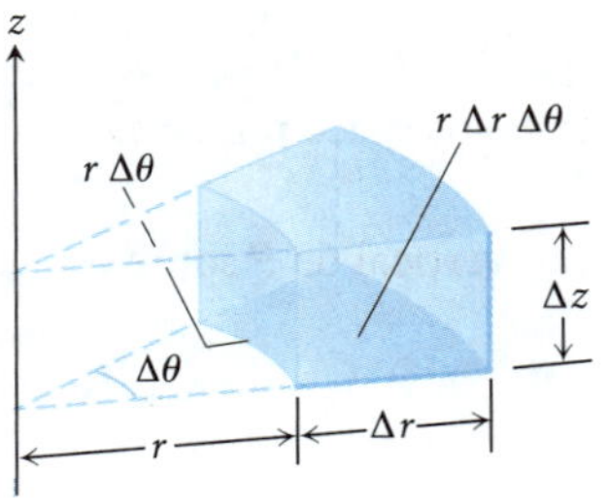

FIGURA 15.38 Em coordenadas cilíndricas, o volume da cunha é aproximado pelo produto $\Delta V = \Delta z\, r\, \Delta r\, \Delta\theta$.

$$r = 4 \qquad \text{Cilindro, raio 4, eixo coincide com o eixo } z.$$
$$\theta = \frac{\pi}{3} \qquad \text{Plano contendo o eixo } z.$$
$$z = 2 \qquad \text{Plano perpendicular ao eixo } z.$$

No cálculo de integrais triplas sobre uma região D em coordenadas cilíndricas, particionamos a região em n cunhas cilíndricas menores em vez de caixas retangulares. Na k-ésima cunha cilíndrica, r, θ e z são substituídos por Δr_k, $\Delta\theta_k$ e Δz_k, e o maior dentre esses números é denominado **norma** da partição. Definimos a integral tripla como um limite das somas de Riemann usando essas cunhas. Seu volume ΔV_k é calculado tomando-se a área ΔA_k de sua base no plano $r\theta$ e multiplicando por sua altura Δz (Figura 15.38).

Para um ponto (r_k, θ_k, z_k) no centro da k-ésima cunha, calculamos $\Delta A_k = r_k \Delta r_k \Delta\theta_k$ em coordenadas polares *An'm* $\Delta V_k = \Delta z_k r_k \Delta r_k \Delta\theta_k$ *e* temos que a soma de Riemann para f sobre D tem a forma

$$S_n = \sum_{k=1}^{n} f(r_k, \theta_k, z_k)\,\Delta z_k\, r_k\, \Delta r_k\, \Delta\theta_k$$

A integral tripla de uma função f sobre D é obtida tomando-se o limite das somas de Riemann com partições cujas normas se aproximam de zero

$$\lim_{n\to\infty} S_n = \iiint_D f\, dV = \iiint_D f\, dz\, r\, dr\, d\theta$$

Como mostra o exemplo a seguir, as integrais triplas em coordenadas cilíndricas são calculadas como integrais iteradas.

EXEMPLO 1 Encontrando limites de integração em coordenadas cilíndricas

Encontre os limites de integração em coordenadas cilíndricas para integrar uma função $f(r, \theta, z)$ sobre a região D limitada abaixo pelo plano $z = 0$, lateralmente pelo cilindro circular $x^2 + (y - 1)^2 = 1$ e acima pelo parabolóide $z = x^2 + y^2$.

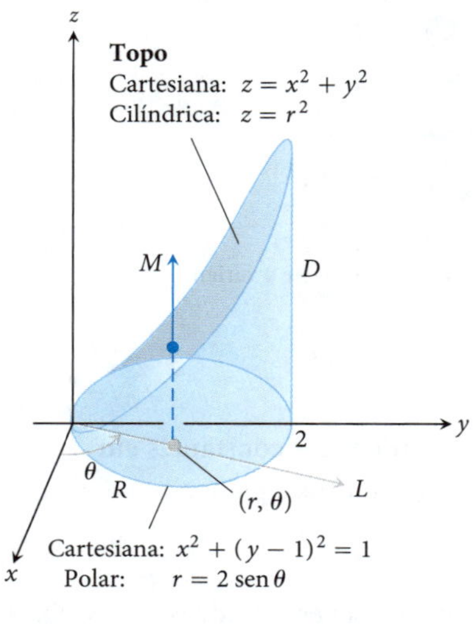

FIGURA 15.39 Encontrando os limites de integração para o cálculo de uma integral em coordenadas cilíndricas (Exemplo 1).

SOLUÇÃO

A base de D é também a projeção da região R sobre o plano xy. A fronteira de R é a circunferência $x^2 + (y - 1)^2 = 1$. Sua equação em coordenadas polares é

$$x^2 + (y - 1)^2 = 1$$
$$x^2 + y^2 - 2y + 1 = 1$$
$$r^2 - 2r\,\text{sen}\,\theta = 0$$
$$r = 2\,\text{sen}\,\theta$$

A região é esboçada na Figura 15.39.

Encontramos os limites de integração, começando pelos limites de z. Uma reta M que passa por um ponto típico (r, θ) em R que é paralela ao eixo z entra em D em $z = 0$ e sai em $z = x^2 + y^2 = r^2$.

Em seguida, encontramos os limites de integração de r. Um raio L que passa por (r, θ) a partir da origem entra em R em $r = 0$ e sai em $r = 2\,\text{sen}\,\theta$.

Por fim, encontramos os limites de integração de θ. À medida que L varre R, o ângulo θ que ele forma com o eixo x positivo varia de $\theta = 0$ a $\theta = \pi$.

A integral é

$$\iiint_D f(r, \theta, z)\, dV = \int_0^{\pi} \int_0^{2 \operatorname{sen} \theta} \int_0^{r^2} f(r, \theta, z)\, dz\, r\, dr\, d\theta$$

O Exemplo 1 ilustra um procedimento bom para encontrar os limites de integração em coordenadas cilíndricas. O procedimento é resumido a seguir.

Como integrar em coordenadas cilíndricas

Para calcular

$$\iiint_D f(r, \theta, z)\, dV$$

sobre uma região D no espaço em coordenadas cilíndricas, integrando primeiro em relação a z, depois, em relação a r e, por fim, em relação a θ, siga os passos indicados.

Passo 1: *Faça um esboço.* Esboce a região D juntamente com sua projeção R sobre o plano xy. Identifique as superfícies e curvas que limitam D e R.

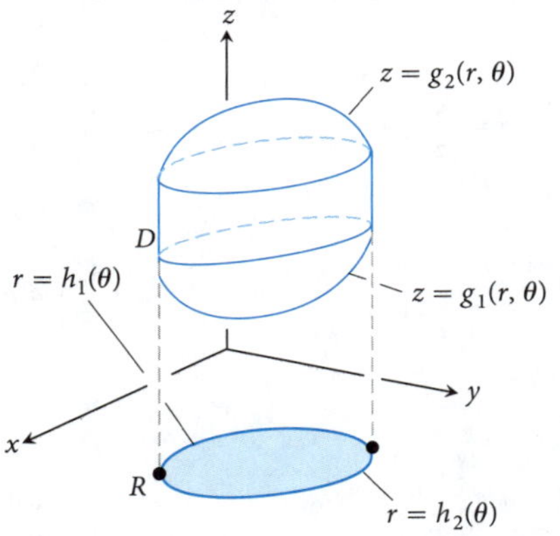

Passo 2: *Encontre os limites de integração de z.* Desenhe uma reta M passando por um ponto típico (r, θ) de R e que seja paralela ao eixo z. À medida que z cresce, M entra em D em $z = g_1(r, \theta)$ e sai em $z = g_2(r, \theta)$. Estes são os limites de integração de z.

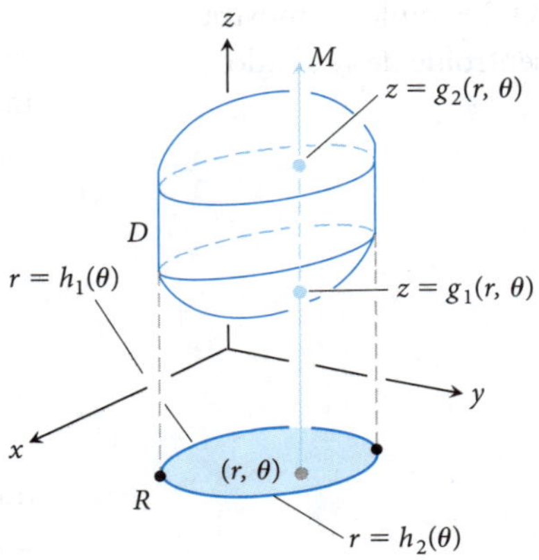

Passo 3: *Encontre os limites de integração de r*. Desenhe um raio L passando por (r, θ) a partir da origem. O raio entra em R em $r = h_1(\theta)$ e sai em $r = h_2(\theta)$. Estes são os limites de integração de r.

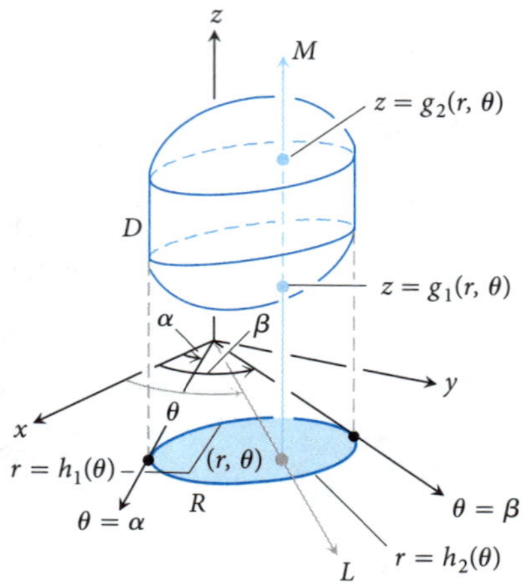

Passo 4: *Encontre os limites de integração de θ*. À medida que L varre R, o ângulo θ que ele forma com o eixo x positivo varia de $\theta = \alpha$ a $\theta = \beta$. Estes são os limites de integração de θ. A integral é

$$\iiint_D f(r, \theta, z)\, dV = \int_{\theta=\alpha}^{\theta=\beta} \int_{r=h_1(\theta)}^{r=h_2(\theta)} \int_{z=g_1(r,\theta)}^{z=g_2(r,\theta)} f(r, \theta, z)\, dz\, r\, dr\, d\theta$$

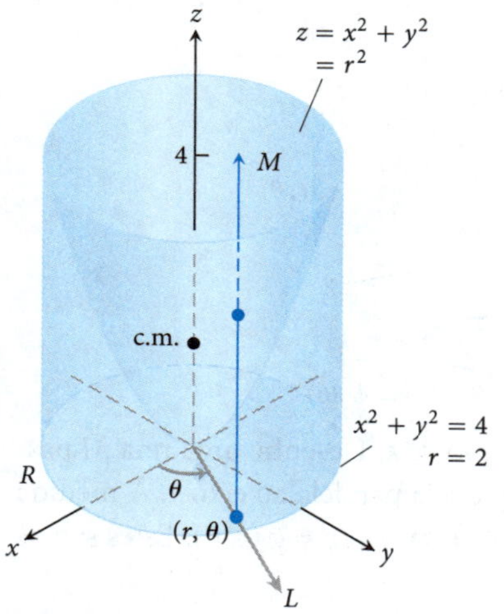

FIGURA 15.40 O Exemplo 2 mostra como encontrar o centróide deste sólido.

EXEMPLO 2 Encontrando um centróide

Encontre o centróide ($\delta = 1$) do sólido limitado pelo cilindro $x^2 + y^2 = 4$ e limitado acima pelo parabolóide $z = x^2 + y^2$ e abaixo pelo plano xy.

SOLUÇÃO

Passo 1: *Um esboço*. Esboçamos o sólido, limitado acima pelo parabolóide $z = r^2$ e abaixo pelo plano $z = 0$ (Figura 15.40). Sua base R é o disco $0 \leq r \leq 2$ no plano xy.

O centróide do sólido $(\bar{x}, \bar{y}, \bar{z})$ está sobre seu eixo de simetria, nesse caso, o eixo z. Isso faz $\bar{x} = \bar{y} = 0$. Para encontrarmos $\bar{z}$, dividimos o primeiro momento M_{xy} pela massa M.

Para encontrarmos os limites de integração para as integrais de massa e momento, continuamos com os quatro passos básicos. Completamos o passo 1 com nosso esboço inicial. Os demais passos dão os limites de integração.

Passo 2: *Os limites de* z. Uma reta M que passa por um ponto típico (r, θ) na base, paralela ao eixo z entra no sólido em $z = 0$ e sai em $z = r^2$.

Passo 3: *Os limites de* r. Um raio L que passa por (r, θ) a partir da origem entra em R em $r = 0$ e sai em $r = 2$.

Passo 4: *Os limites de θ*. À medida que L varre a base no sentido anti-horário, o ângulo θ que ele faz com o eixo x positivo varia de $\theta = 0$ a $\theta = 2\pi$. O valor de M_{xy} é

$$M_{xy} = \int_0^{2\pi}\int_0^2\int_0^{r^2} z\,dz\,r\,dr\,d\theta = \int_0^{2\pi}\int_0^2 \left[\frac{z^2}{2}\right]_0^{r^2} r\,dr\,d\theta$$

$$= \int_0^{2\pi}\int_0^2 \frac{r^5}{2}\,dr\,d\theta = \int_0^{2\pi}\left[\frac{r^6}{12}\right]_0^2 d\theta = \int_0^{2\pi}\frac{16}{3}\,d\theta = \frac{32\pi}{3}$$

O valor de M é

$$M = \int_0^{2\pi}\int_0^2\int_0^{r^2} dz\,r\,dr\,d\theta = \int_0^{2\pi}\int_0^2 \Big[z\Big]_0^{r^2} r\,dr\,d\theta$$

$$= \int_0^{2\pi}\int_0^2 r^3\,dr\,d\theta = \int_0^{2\pi}\left[\frac{r^4}{4}\right]_0^2 d\theta = \int_0^{2\pi} 4\,d\theta = 8\pi$$

Portanto,

$$\bar{z} = \frac{M_{xy}}{M} = \frac{32\pi}{3}\frac{1}{8\pi} = \frac{4}{3}$$

e o centróide é (0, 0, 4/3). Observe que o centróide está fora do sólido.

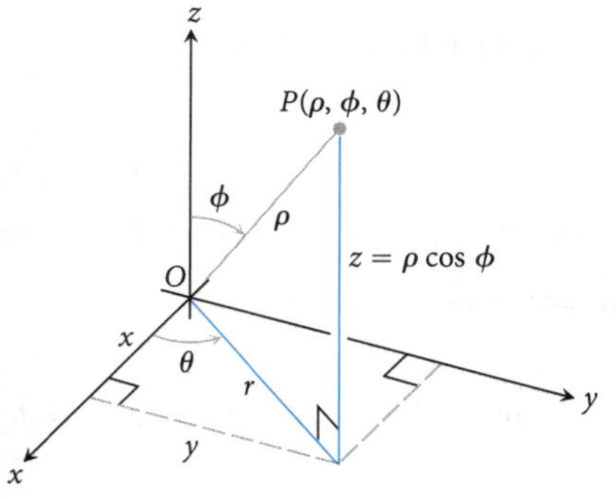

FIGURA 15.41 As coordenadas esféricas ρ, ϕ e θ e suas relações com x, y, z e r.

Coordenadas esféricas

Coordenadas esféricas posicionam pontos no espaço com dois ângulos e uma distância, como mostrado na Figura 15.41. A primeira coordenada, $\rho = |\overrightarrow{OP}|$, é a distância do ponto à origem. Diferentemente de r, *a variável* ρ *nunca é negativa.* A segunda coordenada, ϕ, é o ângulo que $\overrightarrow{OP}$ forma com o eixo z positivo. É necessário que esteja no intervalo $[0, \pi]$. A terceira coordenada é o ângulo θ como medido em coordenadas cilíndricas.

Definição Coordenadas esféricas

Coordenadas esféricas representam um ponto P no espaço por ternas ordenadas (ρ, ϕ, θ) nas quais

1. ρ é a distância de P à origem;
2. ϕ é o ângulo que $\overrightarrow{OP}$ forma com o eixo z positivo $(0 \le \phi \le \pi)$;
3. θ é o ângulo das coordenadas cilíndricas.

Nos mapas da Terra, θ está relacionada ao meridiano de um ponto na Terra, ϕ corresponde à sua latitude e ρ está relacionada à elevação acima da superfície terrestre.

A equação $\rho = a$ descreve a esfera de raio a centrada na origem (Figura 15.42). A equação $\phi = \phi_0$ descreve um cone simples cujo vértice está na origem e cujo eixo é o eixo z. (Ampliamos nossa interpretação para incluir o plano xy como o cone $\phi = \pi/2$.) Se ϕ_0 é maior que $\pi/2$, o cone $\phi = \phi_0$ se abre para baixo. A equação $\theta = \theta_0$ descreve o semiplano que contém o eixo z e forma um ângulo θ_0 com o eixo x positivo.

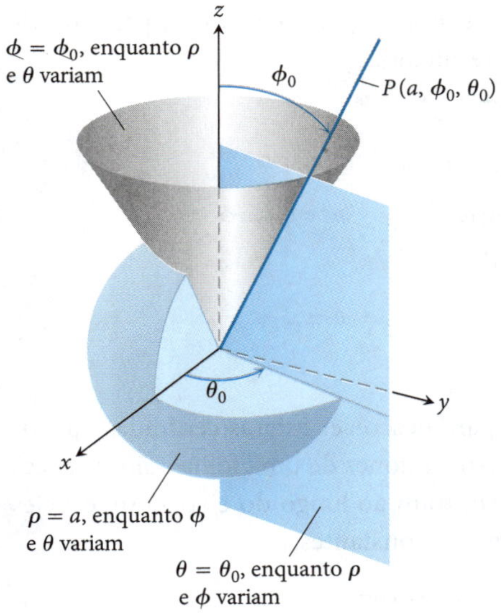

FIGURA 15.42 Equações de coordenadas constantes em coordenadas esféricas resultam em esferas, cones simples e semiplanos.

Equações relacionando coordenadas esféricas a coordenadas cartesianas e coordenadas cilíndricas

$$r = \rho \operatorname{sen}\phi, \qquad x = r\cos\theta = \rho\operatorname{sen}\phi\cos\theta$$
$$z = \rho\cos\phi, \qquad y = r\operatorname{sen}\theta = \rho\operatorname{sen}\phi\operatorname{sen}\theta \tag{1}$$
$$\rho = \sqrt{x^2+y^2+z^2} = \sqrt{r^2+z^2}$$

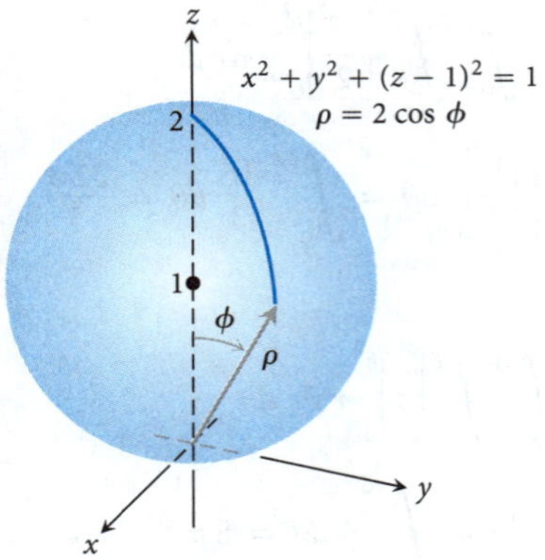

FIGURA 15.43 A esfera no Exemplo 3.

EXEMPLO 3 Convertendo coordenadas cartesianas em coordenadas esféricas

Encontre uma equação em coordenadas esféricas para a esfera $x^2 + y^2 + (z-1)^2 = 1$.

SOLUÇÃO Usamos as equações (1) para substituir x, y e z:

$$x^2 + y^2 + (z-1)^2 = 1$$

$$\rho^2 \operatorname{sen}^2\phi\cos^2\theta + \rho^2\operatorname{sen}^2\phi\operatorname{sen}^2\theta + (\rho\cos\phi - 1)^2 = 1 \quad \text{Equações (1)}$$

$$\rho^2\operatorname{sen}^2\phi\underbrace{(\cos^2\theta + \operatorname{sen}^2\theta)}_{1} + \rho^2\cos^2\phi - 2\rho\cos\phi + 1 = 1$$

$$\rho^2\underbrace{(\operatorname{sen}^2\phi + \cos^2\phi)}_{1} = 2\rho\cos\phi$$

$$\rho^2 = 2\rho\cos\phi$$

$$\rho = 2\cos\phi$$

Veja a Figura 15.43.

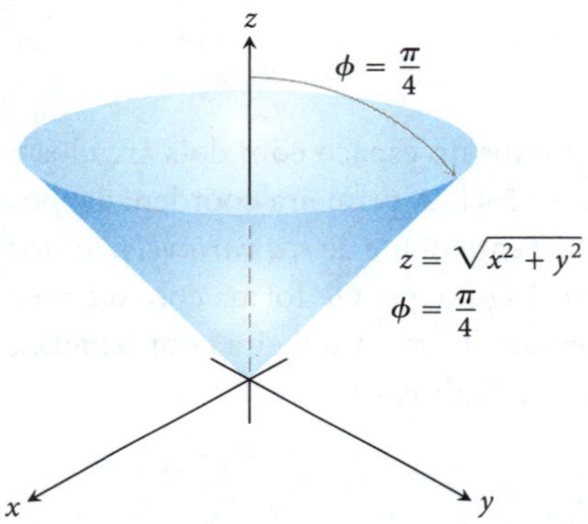

FIGURA 15.44 O cone no Exemplo 4.

EXEMPLO 4 Convertendo coordenadas cartesianas em coordenadas esféricas

Encontre uma equação em coordenadas esféricas para o cone $z = \sqrt{x^2 + y^2}$ (Figura 15.44).

SOLUÇÃO 1 *Use geometria.* O cone é simétrico em relação ao eixo z e corta o primeiro quadrante do plano yz ao longo da reta $z = y$. O ângulo entre o cone e o eixo z positivo é, portanto, $\pi/4$ radianos. O cone consiste nos pontos cujas coordenadas esféricas têm ϕ igual a $\pi/4$, assim sua equação é $\phi = \pi/4$.

SOLUÇÃO 2 *Use álgebra.* Se usarmos as equações (1) para substituir x, y e z, obteremos o mesmo resultado:

$$z = \sqrt{x^2 + y^2}$$

$$\rho\cos\phi = \sqrt{\rho^2\operatorname{sen}^2\phi} \quad \text{Exemplo 3}$$

$$\rho\cos\phi = \rho\operatorname{sen}\phi \quad \rho \geq 0,\ \operatorname{sen}\phi \geq 0$$

$$\cos\phi = \operatorname{sen}\phi$$

$$\phi = \frac{\pi}{4} \quad 0 \leq \phi \leq \pi$$

Coordenadas esféricas são boas para descrever esferas centradas na origem, semiplanos com fronteira no eixo z e cones de uma folha cujos vértices estão na origem e cujos eixos se encontram ao longo do eixo z. Superfícies como essas têm equações de coordenadas constantes:

$$\rho = 4 \quad \text{Esfera, raio 4, centro na origem.}$$

$$\phi = \frac{\pi}{3} \quad \text{Cone abrindo-se da origem, formando um ângulo de } \pi/3 \text{ radianos com o eixo } z \text{ positivo.}$$

$$\theta = \frac{\pi}{3} \quad \text{Semiplano, com fronteira igual ao eixo } z\text{, formando um ângulo de } \pi/3 \text{ radianos com o eixo } x \text{ positivo.}$$

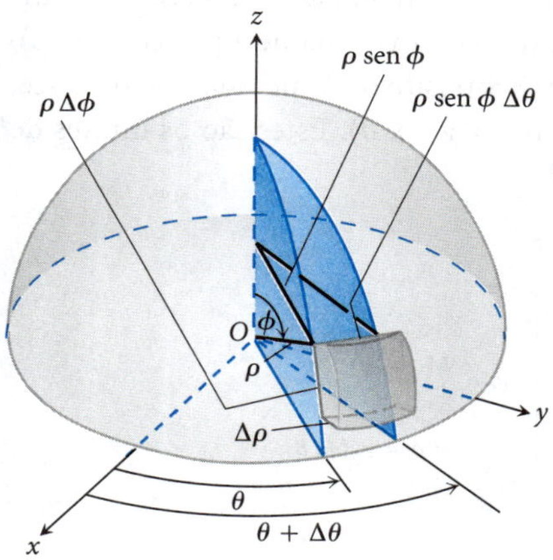

FIGURA 15.45 Em coordenadas esféricas

$$dV = d\rho \cdot \rho\, d\phi \cdot \rho \operatorname{sen}\phi\, d\theta = \rho^2 \operatorname{sen}\phi\, d\rho\, d\phi\, d\theta$$

Quando calculamos integrais triplas sobre uma região D em coordenadas esféricas, particionamos a região em n cunhas esféricas. O tamanho da k-ésima cunha, que contém os pontos $(\rho_k, \phi_k, \theta_k)$, é dado pelas variações em $\Delta\rho_k$, $\Delta\theta_k$ e $\Delta\phi_k$ em ρ, θ e ϕ. Tal cunha esférica tem uma extremidade formada por um arco circular de comprimento $\rho_k\, \Delta\phi_k$, outro de comprimento $\rho_k \operatorname{sen}\phi_k\, \Delta\theta_k$ e densidade $\Delta\rho_k$. A cunha esférica aproxima um cubo dessas dimensões quando $\Delta\rho_k$, $\Delta\theta_k$ e $\Delta\phi_k$ são pequenos (Figura 15.45). Podemos mostrar que o volume ΔV_k dessa cunha é $\Delta V_k = \rho_k^2 \operatorname{sen}\phi_k\, \Delta\rho_k\, \Delta\phi_k\, \Delta\theta_k$ para $(\rho_k, \phi_k, \theta_k)$, um ponto escolhido dentro da cunha.

A soma de Riemann correspondente para a função $F(\rho, \phi, \theta)$ é

$$S_n = \sum_{k=1}^{n} F(\rho_k, \phi_k, \theta_k)\, \rho_k^2 \operatorname{sen}\phi_k\, \Delta\rho_k\, \Delta\phi_k\, \Delta\theta_k$$

À medida que a norma da partição se aproxima de zero e as cunhas esféricas diminuem, as somas de Riemann possuem um limite quando F é contínua:

$$\lim_{n\to\infty} S_n = \iiint_D F(\rho, \phi, \theta)\, dV = \iiint_D F(\rho, \phi, \theta)\, \rho^2 \operatorname{sen}\phi\, d\rho\, d\phi\, d\theta$$

Em coordenadas esféricas, temos

$$dV = \rho^2 \operatorname{sen}\phi\, d\rho\, d\phi\, d\theta$$

Para calcularmos essas integrais, geralmente integramos primeiro em relação a ρ. O procedimento para encontrar os limites de integração é mostrado a seguir. Limitamos nossa atenção à integração sobre domínios que são sólidos de revolução em relação ao eixo z (ou porções) e para os quais os limites para θ e ϕ são constantes.

Como integrar em coordenadas esféricas

Para calcular

$$\iiint_D f(\rho, \phi, \theta)\, dV$$

sobre uma região D no espaço em coordenadas esféricas, integrando primeiro em relação a ρ, depois em relação a ϕ e por fim em relação a θ, siga os passos indicados.

Passo 1: *Um esboço.* Esboce a região D juntamente com sua projeção R sobre o plano xy. Identifique as superfícies que limitam D.

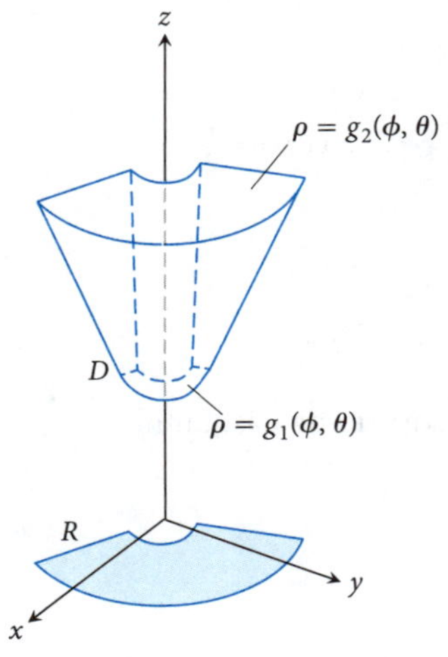

Passo 2: *Encontre os limites de integração de ρ.* Desenhe um raio M a partir da origem que passa por D e forma um ângulo ϕ com o eixo z positivo. Desenhe também a projeção de M no plano xy (chame a projeção de L). O raio L forma um ângulo θ com o eixo x positivo. À medida que ρ cresce, M entra em D em $\rho = g_1(\phi, \theta)$ e sai em $\rho = g_2(\phi, \theta)$. Estes são os limites de integração de ρ.

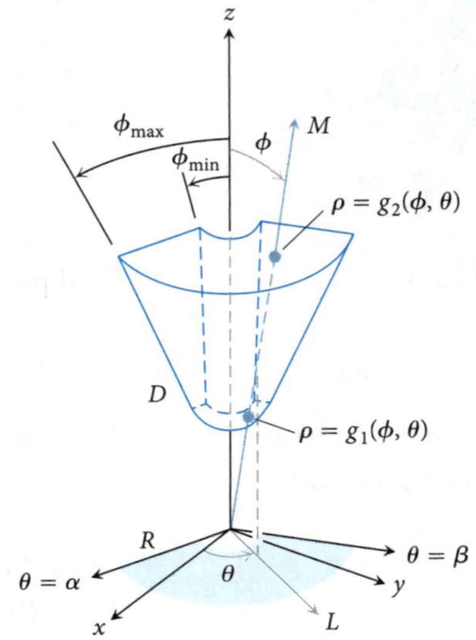

Passo 3: *Encontre os limites de integração de ϕ.* Para qualquer θ, o ângulo ϕ que M forma com o eixo z varia de $\phi = \phi_{min}$ a $\phi = \phi_{max}$. Esses são os limites de integração de ϕ.

Passo 4: *Encontre os limites de integração de θ.* O raio L varre R à medida que θ varia de α a β. Estes são os limites de integração de θ. A integral é

$$\iiint_D f(\rho, \phi, \theta)\, dV = \int_{\theta=\alpha}^{\theta=\beta} \int_{\phi=\phi_{min}}^{\phi=\phi_{max}} \int_{\rho=g_1(\phi,\theta)}^{\rho=g_2(\phi,\theta)} f(\rho, \phi, \theta)\, \rho^2 \operatorname{sen} \phi \, d\rho \, d\phi \, d\theta$$

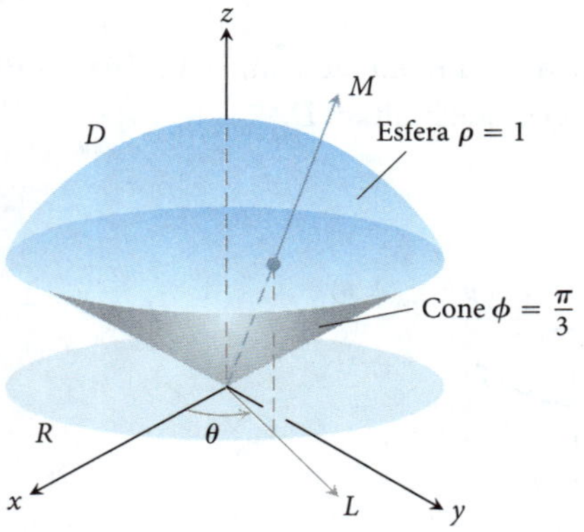

FIGURA 15.46 O sorvete de casquinha no Exemplo 5.

EXEMPLO 5 Encontrando um volume em coordenadas esféricas

Encontre o volume do "sorvete de casquinha" D cortado da esfera sólida $\rho \leq 1$ pelo cone $\phi = \pi/3$.

SOLUÇÃO O volume é $V = \iiint_D \rho^2 \operatorname{sen} \phi \, d\rho \, d\phi \, d\theta$, a integral de $f(\rho, \phi, \theta) = 1$ sobre D.

Para encontrarmos os limites de integração para calcular a integral, seguimos os passos indicados.

Passo 1: *Um esboço.* Esboçamos D e sua projeção R no plano xy (Figura 15.46).

Passo 2: *Os limites de integração de ρ.* Desenhamos um raio M a partir da origem que passa por D e forma um ângulo ϕ com o eixo z positivo. Desenhamos também L, a projeção de M no plano xy, juntamente com o ângulo θ que L forma com o eixo x positivo. O raio M entra em D em $\rho = 0$ e sai em $\rho = 1$.

Passo 3: *Os limites de integração de ϕ.* O cone $\phi = \pi/3$ forma um ângulo de $\pi/3$ com o eixo z positivo. Para qualquer θ dado, o ângulo ϕ pode variar de $\phi = 0$ a $\phi = \pi/3$.

Passo 4: *Os limites de integração de θ.* O raio L varre R à medida que θ varia de 0 a 2π. O volume é

$$V = \iiint_D \rho^2 \operatorname{sen}\phi \, d\rho \, d\phi \, d\theta = \int_0^{2\pi}\int_0^{\pi/3}\int_0^1 \rho^2 \operatorname{sen}\phi \, d\rho \, d\phi \, d\theta$$

$$= \int_0^{2\pi}\int_0^{\pi/3}\left[\frac{\rho^3}{3}\right]_0^1 \operatorname{sen}\phi \, d\phi \, d\theta = \int_0^{2\pi}\int_0^{\pi/3}\frac{1}{3}\operatorname{sen}\phi \, d\phi \, d\theta$$

$$= \int_0^{2\pi}\left[-\frac{1}{3}\cos\phi\right]_0^{\pi/3} d\theta = \int_0^{2\pi}\left(-\frac{1}{6}+\frac{1}{3}\right)d\theta = \frac{1}{6}(2\pi) = \frac{\pi}{3}$$

EXEMPLO 6 Encontrando um momento de inércia

Um sólido de densidade constante $\delta = 1$ ocupa a região D no Exemplo 5. Encontre o momento de inércia do sólido em relação ao eixo z.

SOLUÇÃO Em coordenadas cartesianas, o momento é

$$I_z = \iiint (x^2 + y^2)\, dV$$

Em coordenadas esféricas, $x^2 + y^2 = (\rho \operatorname{sen}\phi \cos\theta)^2 + (\rho \operatorname{sen}\phi \operatorname{sen}\theta)^2 = \rho^2 \operatorname{sen}^2 \phi$. Portanto,

$$I_z = \iiint (\rho^2 \operatorname{sen}^2\phi)\, \rho^2 \operatorname{sen}\phi \, d\rho \, d\phi \, d\theta = \iiint \rho^4 \operatorname{sen}^3\phi \, d\rho \, d\phi \, d\theta$$

Para a região no Exemplo 5, isso se transforma em

$$I_z = \int_0^{2\pi}\int_0^{\pi/3}\int_0^1 \rho^4 \operatorname{sen}^3\phi \, d\rho \, d\phi \, d\theta = \int_0^{2\pi}\int_0^{\pi/3}\left[\frac{\rho^5}{5}\right]_0^1 \operatorname{sen}^3\phi \, d\phi \, d\theta$$

$$= \frac{1}{5}\int_0^{2\pi}\int_0^{\pi/3}(1-\cos^2\phi)\operatorname{sen}\phi \, d\phi \, d\theta = \frac{1}{5}\int_0^{2\pi}\left[-\cos\phi + \frac{\cos^3\phi}{3}\right]_0^{\pi/3} d\theta$$

$$= \frac{1}{5}\int_0^{2\pi}\left(-\frac{1}{2}+1+\frac{1}{24}-\frac{1}{3}\right)d\theta = \frac{1}{5}\int_0^{2\pi}\frac{5}{24}\,d\theta = \frac{1}{24}(2\pi) = \frac{\pi}{12}$$

Fórmulas de mudança de coordenadas

Cilíndricas para cartesianas	**Esféricas para cartesianas**	**Esféricas para cilíndricas**
$x = r\cos\theta$	$x = \rho \operatorname{sen}\phi \cos\theta$	$r = \rho \operatorname{sen}\phi$
$y = r\operatorname{sen}\theta$	$y = \rho \operatorname{sen}\phi \operatorname{sen}\theta$	$z = \rho\cos\phi$
$z = z$	$z = \rho\cos\phi$	$\theta = \theta$

Fórmulas correspondentes para dV em integrais triplas:

$$dV = dx\,dy\,dz = dz\,r\,dr\,d\theta = \rho^2 \operatorname{sen}\phi \, d\rho \, d\phi \, d\theta$$

Na próxima seção, demonstraremos um procedimento mais geral para determinar dV em coordenadas cilíndricas e esféricas. Os resultados, é óbvio, serão os mesmos.

Exercícios 15.6

Calculando integrais em coordenadas cilíndricas

Calcule as integrais em coordenadas cilíndricas nos exercícios 1–6.

1. $\int_0^{2\pi}\int_0^1\int_r^{\sqrt{2-r^2}} dz\, r\, dr\, d\theta$

2. $\int_0^{2\pi}\int_0^3\int_{r^2/3}^{\sqrt{18-r^2}} dz\, r\, dr\, d\theta$

3. $\int_0^{2\pi}\int_0^{\theta/2\pi}\int_0^{3+24r^2} dz\, r\, dr\, d\theta$

4. $\int_0^{\pi}\int_0^{\theta/\pi}\int_{-\sqrt{4-r^2}}^{3\sqrt{4-r^2}} z\, dz\, r\, dr\, d\theta$

5. $\int_0^{2\pi}\int_0^1\int_r^{1/\sqrt{2-r^2}} 3\, dz\, r\, dr\, d\theta$

6. $\int_0^{2\pi}\int_0^1\int_{-1/2}^{1/2} (r^2 \operatorname{sen}^2\theta + z^2)\, dz\, r\, dr\, d\theta$

Mudando a ordem de integração em coordenadas cilíndricas

As integrais que vimos até agora sugerem que existem ordens preferenciais de integração para coordenadas cilíndricas, mas outras ordens em geral funcionam bem e são ocasionalmente mais fáceis de calcular. Calcule as integrais nos exercícios 7–10.

7. $\int_0^{2\pi}\int_0^3\int_0^{z/3} r^3\, dr\, dz\, d\theta$

8. $\int_{-1}^1\int_0^{2\pi}\int_0^{1+\cos\theta} 4r\, dr\, d\theta\, dz$

9. $\int_0^1\int_0^{\sqrt{z}}\int_0^{2\pi} (r^2\cos^2\theta + z^2)\, r\, d\theta\, dr\, dz$

10. $\int_0^2\int_{r-2}^{\sqrt{4-r^2}}\int_0^{2\pi} (r \operatorname{sen}\theta + 1)\, r\, d\theta\, dz\, dr$

11. Seja D a região limitada abaixo pelo plano $z = 0$, acima pela esfera $x^2 + y^2 + z^2 = 4$ e dos lados pelo cilindro $x^2 + y^2 = 1$. Monte as integrais triplas em coordenadas cilíndricas que dão o volume de D usando as ordens de integração a seguir.

(a) $dz\, dr\, d\theta$

(b) $dr\, dz\, d\theta$

(c) $d\theta\, dz\, dr$

12. Seja D a região limitada abaixo pelo cone $z = \sqrt{x^2 + y^2}$ e acima pelo parabolóide $z = 2 - x^2 - y^2$. Monte as integrais triplas em coordenadas cilíndricas que dão o volume de D usando as ordens de integração a seguir.

(a) $dz\, dr\, d\theta$

(b) $dr\, dz\, d\theta$

(c) $d\theta\, dz\, dr$

13. Dê os limites de integração para calcular a integral

$$\iiint f(r, \theta, z)\, dz\, r\, dr\, d\theta$$

como uma integral iterada sobre a região que é limitada abaixo pelo plano $z = 0$, do lado pelo cilindro $r = \cos\theta$ e acima pelo parabolóide $z = 3r^2$.

14. Converta a integral

$$\int_{-1}^1\int_0^{\sqrt{1-y^2}}\int_0^x (x^2 + y^2)\, dz\, dx\, dy$$

em uma integral equivalente em coordenadas cilíndricas e avalie o resultado.

Encontrando integrais iteradas em coordenadas cilíndricas

Nos exercícios 15–20, monte a integral iterada para calcular $\iiint_D f(r, \theta, z)\, dz\, r\, dr\, d\theta$ sobre a região D dada.

15. D é o cilindro circular reto cuja base é a circunferência $r = 2 \operatorname{sen}\theta$ no plano xy e cujo topo está no plano $z = 4 - y$.

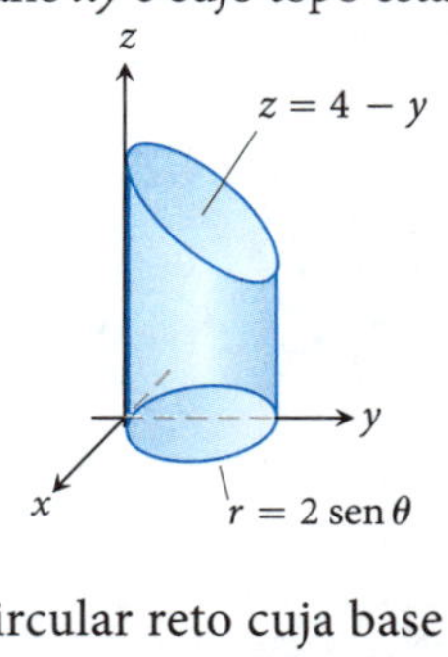

16. D é o cilindro circular reto cuja base é a circunferência $r = 3\cos\theta$ e cujo topo está no plano $z = 5 - x$.

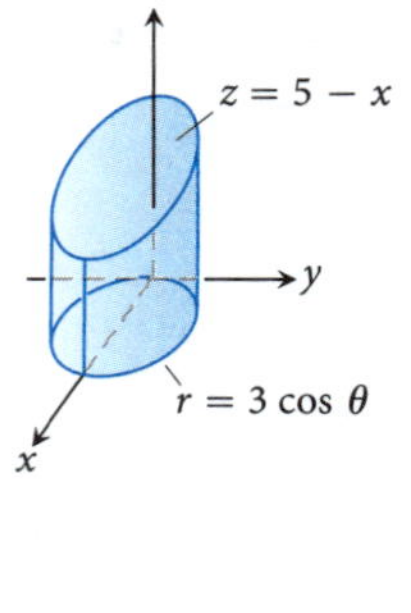

17. D é o cilindro reto sólido cuja base é a região no plano xy que está dentro da cardióide $r = 1 + \cos\theta$ e fora da circunferência $r = 1$ e cujo topo está no plano $z = 4$.

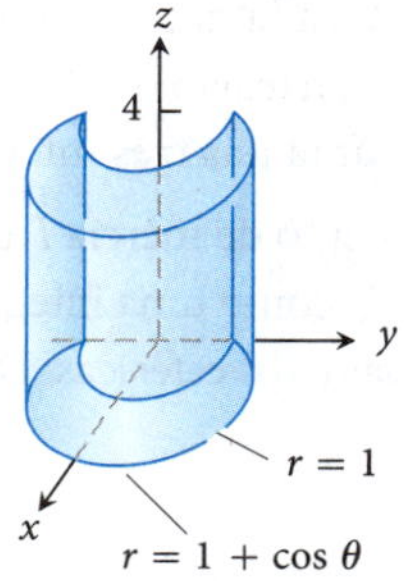

18. D é o cilindro reto sólido cuja base é a região entre as circunferências $r = \cos\theta$ e $r = 2\cos\theta$ e cujo topo está no plano $z = 3 - y$.

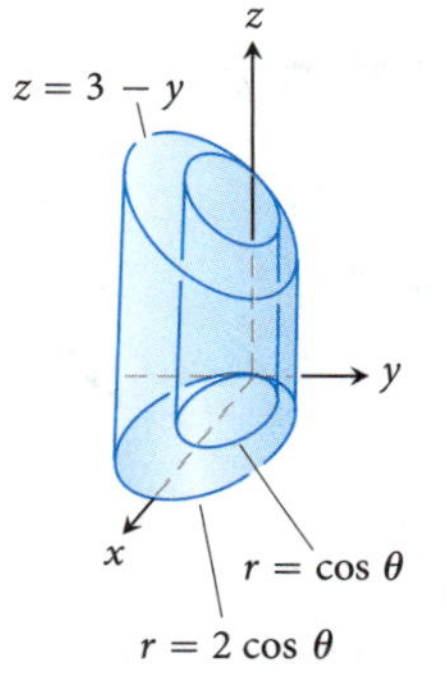

19. D é o prisma cuja base é o triângulo no plano xy limitado pelo eixo x e pelas retas $y = x$ e $x = 1$ e cujo topo está no plano $z = 2 - y$.

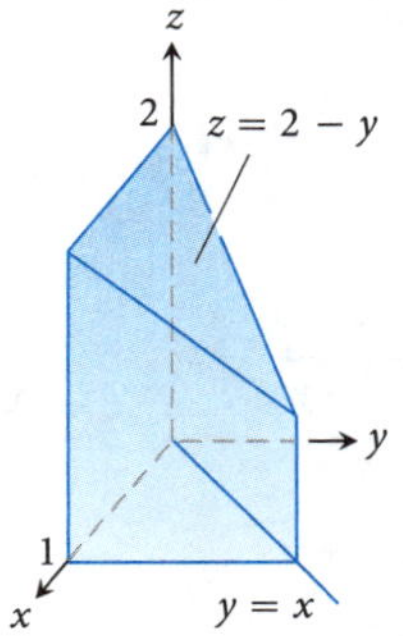

20. D é o prisma cuja base é o triângulo no plano xy limitado pelo eixo y e pelas retas $y = x$ e $y = 1$ e cujo topo está no plano $z = 2 - x$.

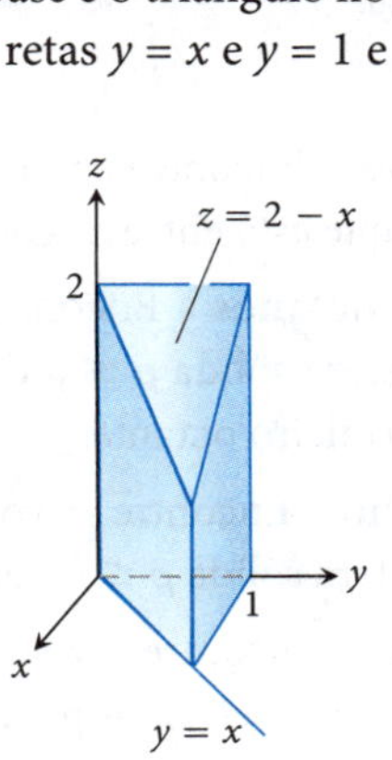

Calculando integrais em coordenadas esféricas

Calcule as integrais em coordenadas esféricas nos exercícios 21–26.

21. $\displaystyle\int_0^{\pi}\int_0^{\pi}\int_0^{2\,\text{sen}\,\phi} \rho^2\,\text{sen}\,\phi\, d\rho\, d\phi\, d\theta$

22. $\displaystyle\int_0^{2\pi}\int_0^{\pi/4}\int_0^{2} (\rho\cos\phi)\,\rho^2\,\text{sen}\,\phi\, d\rho\, d\phi\, d\theta$

23. $\displaystyle\int_0^{2\pi}\int_0^{\pi}\int_0^{(1-\cos\phi)/2} \rho^2\,\text{sen}\,\phi\, d\rho\, d\phi\, d\theta$

24. $\displaystyle\int_0^{3\pi/2}\int_0^{\pi}\int_0^{1} 5\rho^3\,\text{sen}^3\,\phi\, d\rho\, d\phi\, d\theta$

25. $\displaystyle\int_0^{2\pi}\int_0^{\pi/3}\int_{\sec\phi}^{2} 3\rho^2\,\text{sen}\,\phi\, d\rho\, d\phi\, d\theta$

26. $\displaystyle\int_0^{2\pi}\int_0^{\pi/4}\int_0^{\sec\phi} (\rho\cos\phi)\,\rho^2\,\text{sen}\,\phi\, d\rho\, d\phi\, d\theta$

Mudando a ordem de integração em coordenadas esféricas

As integrais anteriores sugerem que existem ordens preferenciais de integração para coordenadas esféricas, mas outras ordens são possíveis e ocasionalmente mais fáceis de calcular. Calcule as integrais nos exercícios 27–30.

27. $\displaystyle\int_0^{2}\int_{-\pi}^{0}\int_{\pi/4}^{\pi/2} \rho^3\,\text{sen}\,2\phi\, d\phi\, d\theta\, d\rho$

28. $\displaystyle\int_{\pi/6}^{\pi/3}\int_{\text{cosec}\,\phi}^{2\,\text{cosec}\,\phi}\int_0^{2\pi} \rho^2\,\text{sen}\,\phi\, d\theta\, d\rho\, d\phi$

29. $\displaystyle\int_0^{1}\int_0^{\pi}\int_0^{\pi/4} 12\rho\,\text{sen}^3\,\phi\, d\phi\, d\theta\, d\rho$

30. $\displaystyle\int_{\pi/6}^{\pi/2}\int_{-\pi/2}^{\pi/2}\int_{\text{cosec}\,\phi}^{2} 5\rho^4\,\text{sen}^3\,\phi\, d\rho\, d\theta\, d\phi$

31. Seja D a região no Exercício 11. Monte as integrais triplas em coordenadas esféricas que dão o volume de D, usando as ordens de integração a seguir.

(a) $d\rho\, d\phi\, d\theta$ **(b)** $d\phi\, d\rho\, d\theta$

32. Seja D a região limitada abaixo pelo cone $z = \sqrt{x^2 + y^2}$ e acima pelo plano $z = 1$. Monte as integrais triplas em coordenadas esféricas que dão o volume de D, usando as ordens de integração a seguir.

(a) $d\rho\, d\phi\, d\theta$ **(b)** $d\phi\, d\rho\, d\theta$

Encontrando integrais iteradas em coordenadas esféricas

Nos exercícios 33–38, **(a)** encontre os limites de integração em coordenadas esféricas para a integral que calcula o volume do sólido dado e **(b)** depois calcule a integral.

33. O sólido entre a esfera $\rho = \cos\phi$ e o hemisfério $\rho = 2$, $z \geq 0$

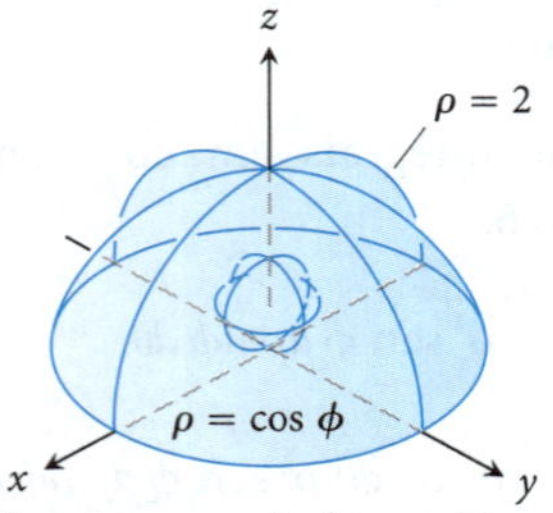

34. O sólido limitado abaixo pelo hemisfério $\rho = 1$, $z \geq 0$, e acima pela cardióide de revolução $\rho = 1 + \cos\phi$.

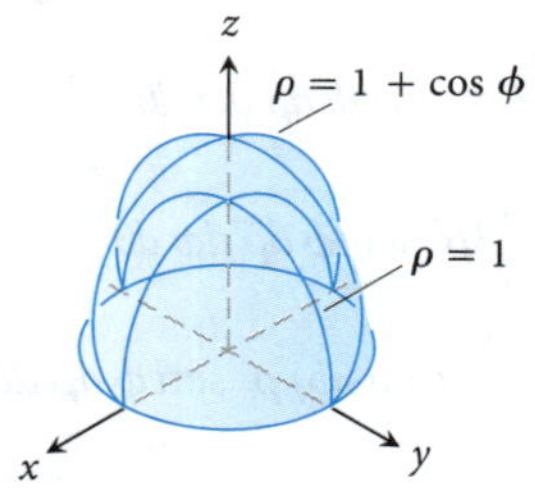

35. O sólido dentro da cardióide de revolução $\rho = 1 - \cos\phi$.

36. A porção superior cortada do sólido no Exercício 35 pelo plano xy.

37. O sólido limitado abaixo pela esfera $\rho = 2\cos\phi$ e acima pelo cone $z = \sqrt{x^2 + y^2}$.

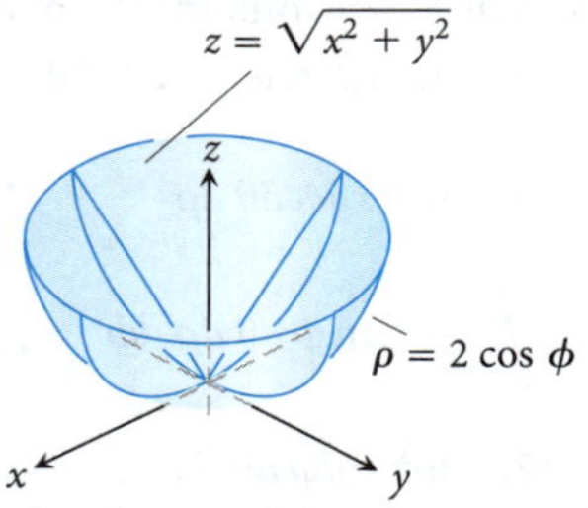

38. O sólido limitado abaixo pelo plano xy, dos lados pela esfera $\rho = 2$ e acima pelo cone $\phi = \pi/3$.

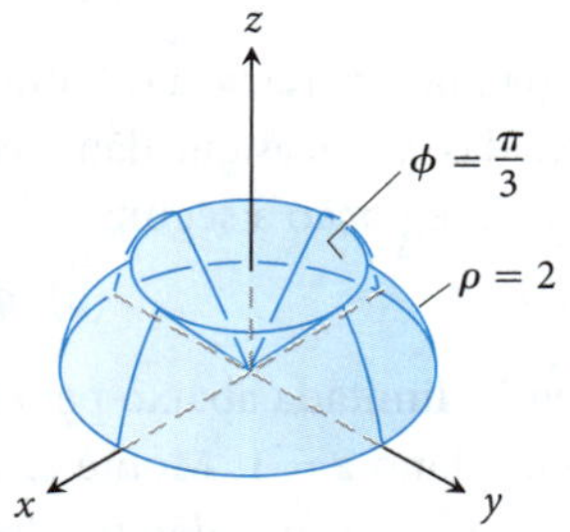

Coordenadas cartesianas, cilíndricas e esféricas

39. Monte as integrais triplas para o volume da esfera $\rho = 2$ em coordenadas **(a)** esféricas, **(b)** cilíndricas e **(c)** cartesianas.

40. Seja D a região no primeiro octante que é limitada abaixo pelo cone $\phi = \pi/4$ e acima pela esfera $\rho = 3$. Expresse o volume de D como uma integral tripla iterada em coordenadas **(a)** cilíndricas e **(b)** esféricas. Depois **(c)** encontre V.

41. Seja D a calota menor cortada de uma esfera sólida de raio de 2 unidades por um plano a 1 unidade de distância do centro da esfera. Expresse o volume de D como uma integral tripla iterada em coordenadas **(a)** esféricas, **(b)** cilíndricas e **(c)** cartesianas. Depois **(d)** encontre o volume calculando uma das três integrais triplas.

42. Expresse o momento de inércia I_z do hemisfério sólido $x^2 + y^2 + z^2 \leq 1$, $z \geq 0$, como uma integral iterada em coordenadas **(a)** cilíndricas e **(b)** esféricas. Depois **(c)** encontre I_z.

Volumes

Encontre o volume dos sólidos nos exercícios 43–48.

43.

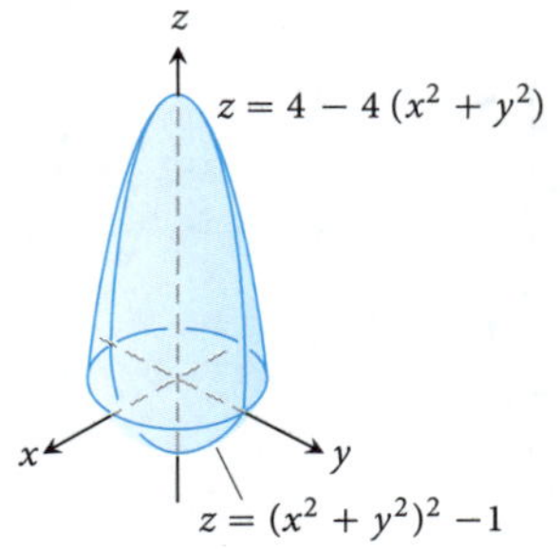

44.

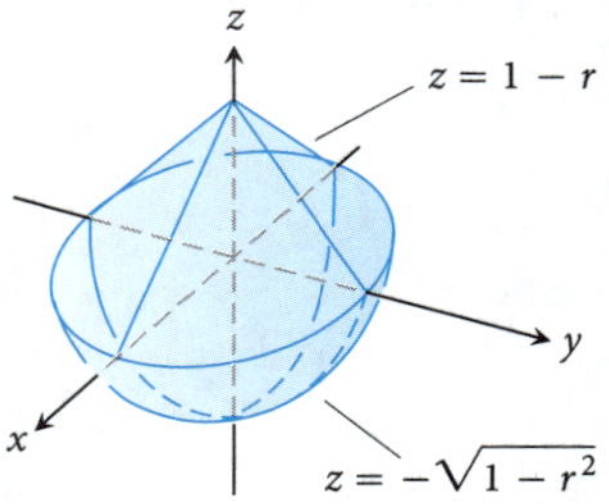

45.

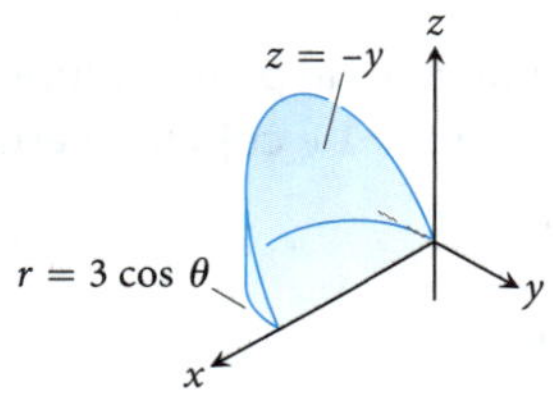

46.

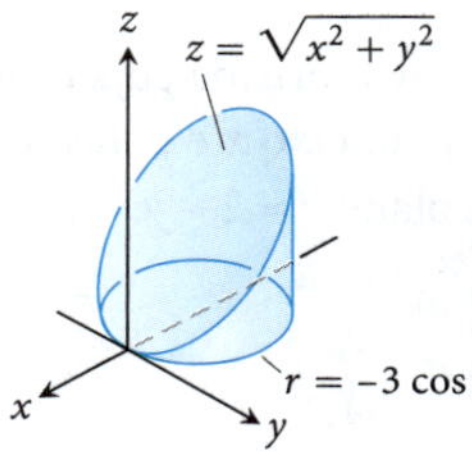

47.

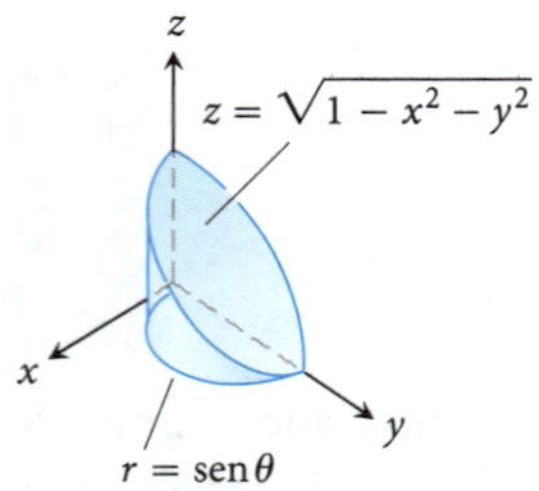

48.

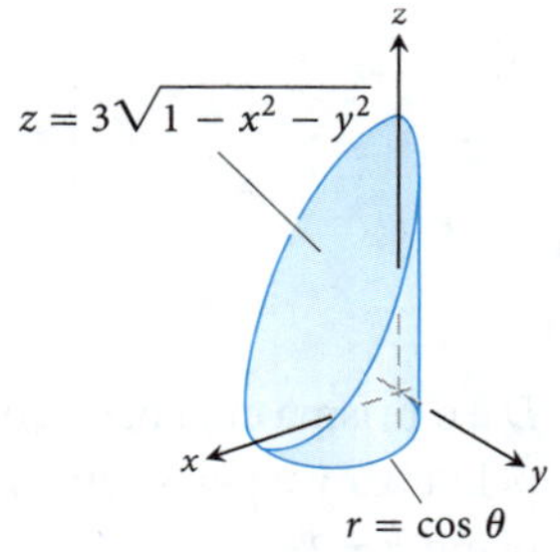

49. Esfera e cones Encontre o volume da porção da esfera sólida $\rho \leq a$ que está entre os cones $\phi = \pi/3$ e $\phi = 2\pi/3$.

50. Esfera e semiplanos Encontre o volume da região cortada da esfera sólida $\rho \leq a$ pelos semiplanos $\theta = 0$ e $\theta = \pi/6$ no primeiro octante.

51. Esfera e plano Encontre o volume da região menor cortada da esfera sólida $\rho \leq 2$ pelo plano $z = 1$.

52. Cone e planos Encontre o volume do sólido dentro do cone $z = \sqrt{x^2 + y^2}$ entre os planos $z = 1$ e $z = 2$.

53. **Cilindro e parabolóide** Encontre o volume da região limitada abaixo pelo plano $z = 0$, lateralmente pelo cilindro $x^2 + y^2 = 1$ e acima pelo parabolóide $z = x^2 + y^2 + 1$.

54. **Cilindro e parabolóides** Encontre o volume da região limitada abaixo pelo parabolóide $z = x^2 + y^2$, lateralmente pelo cilindro $x^2 + y^2 = 1$ e acima pelo parabolóide $z = x^2 + y^2 + 1$.

55. **Cilindro e cones** Encontre o volume do sólido cortado do cilindro espesso $1 \leq x^2 + y^2 \leq 2$ pelos cones $z = \pm\sqrt{x^2 + y^2}$.

56. **Esfera e cilindro** Encontre o volume da região que está dentro da esfera $x^2 + y^2 + z^2 = 2$ e fora do cilindro $x^2 + y^2 = 1$.

57. **Cilindro e planos** Encontre o volume da região limitada pelo cilindro $x^2 + y^2 = 4$ e pelos planos $z = 0$ e $y + z = 4$.

58. **Cilindro e planos** Encontre o volume da região limitada pelo cilindro $x^2 + y^2 = 4$ e pelos planos $z = 0$ e $x + y + z = 4$.

59. **Região limitada por parabolóides** Encontre o volume da região limitada acima pelo parabolóide $z = 5 - x^2 - y^2$ e abaixo pelo parabolóide $z = 4x^2 + 4y^2$.

60. **Parabolóide e cilindro** Encontre o volume da região limitada acima pelo parabolóide $z = 9 - x^2 - y^2$, abaixo pelo plano xy e que está *fora* do cilindro $x^2 + y^2 = 1$.

61. **Cilindro e esfera** Encontre o volume da região cortada do cilindro sólido $x^2 + y^2 \leq 1$ pela esfera $x^2 + y^2 + z^2 = 4$.

62. **Esfera e parabolóide** Encontre o volume da região limitada acima pela esfera $x^2 + y^2 + z^2 = 2$ e abaixo pelo parabolóide $z = x^2 + y^2$.

Valores médios

63. Encontre o valor médio da função $f(r, \theta, z) = r$ sobre a região limitada pelo cilindro $r = 1$ entre os planos $z = -1$ e $z = 1$.

64. Encontre o valor médio da função $f(r, \theta, z) = r$ sobre a bola sólida limitada pela esfera $r^2 + z^2 = 1$. (Esta é a esfera $x^2 + y^2 + z^2 = 1$.)

65. Encontre o valor médio da função $f(\rho, \phi, \theta) = \rho$ sobre a esfera sólida $\rho \leq 1$.

66. Encontre o valor médio da função $f(\rho, \phi, \theta) = \rho \cos \phi$ sobre a semi-esfera sólida $\rho \leq 1, 0 \leq \phi \leq \pi/2$.

Massas, momentos e centróides

67. **Centro de massa** Um sólido de densidade constante é limitado abaixo pelo plano $z = 0$, acima pelo cone $z = r$, $r \geq 0$ e dos lados pelo cilindro $r = 1$. Encontre o centro de massa.

68. **Centróide** Encontre o centróide da região no primeiro octante que é limitada acima pelo cone $z = \sqrt{x^2 + y^2}$, abaixo pelo plano $z = 0$ e dos lados pelo cilindro $x^2 + y^2 = 4$ e pelos planos $x = 0$ e $y = 0$.

69. **Centróide** Encontre o centróide do sólido no Exercício 38.

70. **Centróide** Encontre o centróide do sólido limitado acima pela esfera $\rho = a$ e abaixo pelo cone $\phi = \pi/4$.

71. **Centróide** Encontre o centróide da região que é limitada acima pela superfície $z = \sqrt{r}$, dos lados pelo cilindro $r = 4$ e abaixo pelo plano xy.

72. **Centróide** Encontre o centróide da região cortada da bola sólida $r^2 + z^2 \leq 1$ pelos semiplanos $\theta = -\pi/3$, $r \geq 0$ e $\theta = \pi/3$, $r \geq 0$.

73. **Inércia e raio de rotação** Encontre o momento de inércia e o raio de rotação em relação ao eixo z de um cilindro circular reto espesso limitado por dentro pelo cilindro $r = 1$, por fora pelo cilindro $r = 2$ e acima e abaixo pelos planos $z = 4$ e $z = 0$. (Tome $\delta = 1$.)

74. **Momentos de inércia de um cilindro circular sólido** Encontre o momento de inércia de um cilindro circular sólido de raio 1 e altura 2 **(a)** em relação ao eixo do cilindro e **(b)** em relação a uma reta que passa pelo centróide e é perpendicular ao eixo do cilindro. (Tome $\delta = 1$.)

75. **Momento de inércia de um cone sólido** Encontre o momento de inércia de um cone circular reto com raio da base 1 e altura 1 em relação a um eixo que passa pelo vértice e é paralelo à base. (Tome $\delta = 1$.)

76. **Momento de inércia de uma esfera sólida** Encontre o momento de inércia de uma esfera sólida de raio a em relação a um diâmetro. (Tome $\delta = 1$.)

77. **Momento de inércia de um cone sólido** Encontre o momento de inércia de um cone circular reto com raio da base a e altura h em relação ao seu eixo. (*Sugestão*: Coloque o cone com seu vértice na origem e seu eixo ao longo do eixo z.)

78. **Densidade variável** Um sólido é limitado acima pelo parabolóide $z = r^2$, abaixo pelo plano $z = 0$ e dos lados pelo cilindro $r = 1$. Encontre o centro de massa, o momento de inércia e o raio de rotação em relação ao eixo z se a densidade for

    (a) $\delta(r, \theta, z) = z$ **(b)** $\delta(r, \theta, z) = r$

79. **Densidade variável** Um sólido é limitado abaixo pelo cone $z = \sqrt{x^2 + y^2}$ e acima pelo plano $z = 1$. Encontre o centro de massa, o momento de inércia e o raio de rotação em relação ao eixo z se a densidade for

    (a) $\delta(r, \theta, z) = z$ **(b)** $\delta(r, \theta, z) = z^2$

80. **Densidade variável** Uma bola sólida é limitada pela esfera $\rho = a$. Encontre o momento de inércia e o raio de rotação em relação ao eixo z se a densidade for

    (a) $\delta(\rho, \phi, \theta) = \rho^2$ **(b)** $\delta(\rho, \phi, \theta) = r = \rho \operatorname{sen} \phi$

81. **Centróide de um semi-elipsóide sólido** Mostre que o centróide do semi-elipsóide de revolução sólido $(r^2/a^2) + (z^2/h^2) \leq 1$, $z \geq 0$, está no eixo z, a três oitavos da distância da base ao topo. O caso especial $h = a$ dá um hemisfério sólido. Assim, o centróide de um hemisfério sólido está no eixo de simetria, a três oitavos da distância da base ao topo.

82. **Centróide de um cone sólido** Mostre que o centróide de um cone circular reto sólido está a um quarto da distância da base ao vértice. (Em geral, o centróide de um cone sólido ou pirâmide está a um quarto da distância do centróide da base ao vértice.)

83. **Densidade variável** Um cilindro circular reto sólido é limitado pelo cilindro $r = a$ e pelos planos $z = 0$ e $z = h$, $h > 0$. Encontre o centro de massa, o momento de inércia e o raio de rotação em relação ao eixo z se a densidade for $\delta(r, \theta, z) = z + 1$.

84. **Massa da atmosfera de um planeta** Um planeta esférico de raio R tem uma atmosfera cuja densidade é $\mu = \mu_0 e^{-ch}$, onde h é a altitude acima da superfície do planeta, μ_0 é a densidade no nível do mar e c é uma constante positiva. Encontre a massa da atmosfera do planeta.

85. **Densidade no centro de um planeta** Um planeta tem o formato de uma esfera de raio R e massa total M com distribuição de densidade esfericamente simétrica que aumenta linearmente à medida que nos aproximamos de seu centro. Qual é a densidade no centro desse planeta se a densidade na sua superfície for zero?

Teoria e exemplos

86. **Cilindros circulares verticais em coordenadas esféricas** Encontre uma equação da forma $\rho = f(\phi)$ para o cilindro $x^2 + y^2 = a^2$.

87. **Planos verticais em coordenadas cilíndricas**
    (a) Mostre que planos perpendiculares ao eixo x têm equações da forma $r = a \sec \theta$ em coordenadas cilíndricas.
    (b) Mostre que planos perpendiculares ao eixo y têm equações da forma $r = b \operatorname{cosec} \theta$.

88. *(Continuação do Exercício 87.)* Encontre uma equação da forma $r = f(\theta)$ em coordenadas cilíndricas para o plano $ax + by = c$, $c \neq 0$.

89. **Simetria** Que simetria você encontrará em uma superfície com equação da forma $r = f(z)$ em coordenadas cilíndricas? Justifique a sua resposta.

90. **Simetria** Que simetria você encontrará em uma superfície com equação da forma $\rho = f(\phi)$ em coordenadas esféricas? Justifique a sua resposta.

15.7 Substituições em integrais múltiplas

Esta seção mostra como calcular integrais múltiplas por meio de substituição. Como ocorre na integração simples, o objetivo da substituição é trocar integrais complicadas por integrais mais fáceis de calcular. A substituição realiza isso ao simplificar o integrando, os limites de integração ou ambos.

Substituições em integrais duplas

A substituição em coordenadas polares da Seção 15.3 é um caso especial de um método de substituição mais geral para integrais duplas, um método que descreve mudanças de variáveis como transformações de regiões.

Suponha que uma região G no plano uv seja transformada biunivocamente na região R no plano xy por equações da forma

$$x = g(u, v), \qquad y = h(u, v)$$

como sugerido na Figura 15.47. Chamamos R a **imagem** de G pela transformação e G a **pré-imagem** de R. Toda função $f(x, y)$ definida em R pode ser imaginada como uma função $f(g(u, v), h(u, v))$ definida também em G. Como a integral de $f(x, y)$ sobre R está relacionada com a integral de $f(g(u, v), h(u, v))$ sobre G?

A resposta é: Se g, h e f tiverem derivadas parciais contínuas e se $J(u, v)$ (a ser discutido a seguir) for zero apenas em pontos isolados, quando for, então

$$\iint_R f(x, y)\, dx\, dy = \iint_G f(g(u, v), h(u, v))\,|J(u, v)|\, du\, dv \qquad (1)$$

Companion Website
Biografia histórica

Carl Gustav Jacob Jacobi (1804–1851)

O fator $J(u, v)$, cujo valor absoluto aparece na Equação (1), é o *jacobiano* da transformação de coordenadas, em homenagem ao matemático alemão Carl Jacobi. Ele mede quanto a transformação está expandindo ou contraindo a área ao redor de um ponto em G à medida que este se transforma em R.

Definição **Determinante jacobiano**

O **determinante jacobiano**, ou apenas **jacobiano**, da transformação de coordenadas $x = g(u, v)$, $y = h(u, v)$ é

$$J(u, v) = \begin{vmatrix} \dfrac{\partial x}{\partial u} & \dfrac{\partial x}{\partial v} \\[2mm] \dfrac{\partial y}{\partial u} & \dfrac{\partial y}{\partial v} \end{vmatrix} = \frac{\partial x}{\partial u}\frac{\partial y}{\partial v} - \frac{\partial y}{\partial u}\frac{\partial x}{\partial v} \qquad (2)$$

O jacobiano é também denotado por

$$J(u, v) = \frac{\partial(x, y)}{\partial(u, v)}$$

para ajudar a lembrar como o determinante na Equação (2) é construído a partir das derivadas parciais de x e y. A dedução da Equação (1) é intrincada e, apropriadamente, pertence a um curso de cálculo avançado. Não a deduziremos aqui.

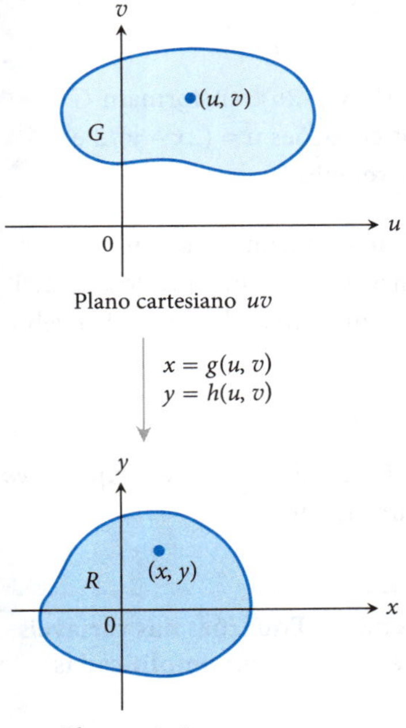

FIGURA 15.47 As equações $x = g(u, v)$ e $y = h(u, v)$ nos permitem mudar uma integral sobre uma região R no plano xy para uma integral sobre uma região G no plano uv.

Para coordenadas polares, temos r e θ no lugar de u e v. Com $x = r\cos\theta$ e $y = r\,\mathrm{sen}\,\theta$, o jacobiano é

$$J(r, \theta) = \begin{vmatrix} \dfrac{\partial x}{\partial r} & \dfrac{\partial x}{\partial \theta} \\[2mm] \dfrac{\partial y}{\partial r} & \dfrac{\partial y}{\partial \theta} \end{vmatrix} = \begin{vmatrix} \cos\theta & -r\,\mathrm{sen}\,\theta \\ \mathrm{sen}\,\theta & r\cos\theta \end{vmatrix} = r(\cos^2\theta + \mathrm{sen}^2\,\theta) = r$$

Assim, a Equação (1) torna-se

$$\begin{aligned} \iint_R f(x, y)\, dx\, dy &= \iint_G f(r\cos\theta, r\,\mathrm{sen}\,\theta)\,|r|\, dr\, d\theta \\ &= \iint_G f(r\cos\theta, r\,\mathrm{sen}\,\theta)\, r\, dr\, d\theta, \qquad \text{Se } r \geq 0 \qquad (3) \end{aligned}$$

que é a equação encontrada na Seção 15.3.

A Figura 15.48 mostra como as equações $x = r\cos\theta$ e $y = r\,\mathrm{sen}\,\theta$ transformam o retângulo G: $0 \leq r \leq 1$, $0 \leq \theta \leq \pi/2$ no quarto de círculo R limitado por $x^2 + y^2 = 1$ no primeiro quadrante do plano xy.

Observe que a integral do lado direito da Equação (3) não é a integral de $f(r\cos\theta, r\,\mathrm{sen}\,\theta)$ sobre uma região no plano de coordenadas polares. É a integral do produto de $f(r\cos\theta, r\,\mathrm{sen}\,\theta)$ e r sobre uma região G no plano *cartesiano* $r\theta$.

Damos aqui um exemplo de outra substituição.

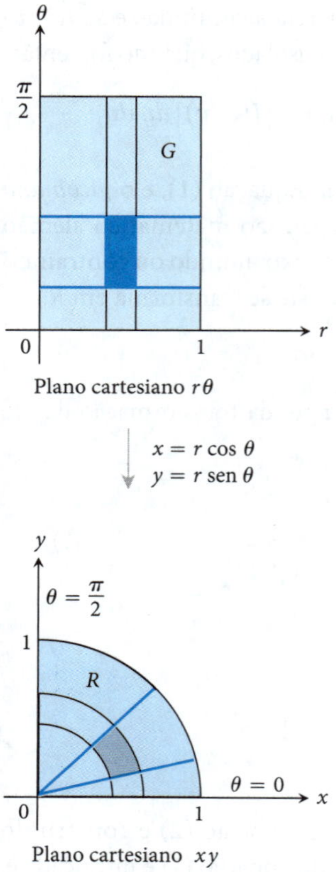

FIGURA 15.48 As equações $x = r\cos\theta$, $y = r \text{ sen } \theta$ transformam G em R.

EXEMPLO 1 Usando uma transformação para integrar

Calcule

$$\int_0^4 \int_{x=y/2}^{x=(y/2)+1} \frac{2x - y}{2}\, dx\, dy$$

aplicando a transformação

$$u = \frac{2x - y}{2}, \qquad v = \frac{y}{2} \tag{4}$$

e integrando em uma região apropriada no plano uv.

SOLUÇÃO Esboçamos a região de integração R no plano xy e identificamos suas fronteiras (Figura 15.49).

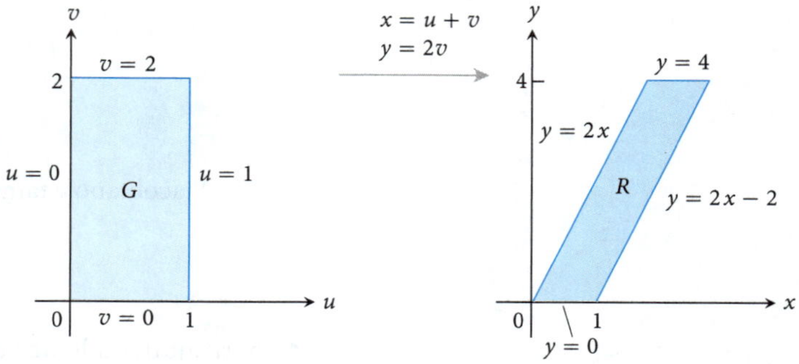

FIGURA 15.49 As equações $x = u + v$ e $y = 2v$ transformam G em R. Invertendo a transformação pelas equações $u = (2x - y)/2$ e $v = y/2$ transformamos R em G. Veja o Exemplo 1.

Para aplicarmos a equação (1), precisamos encontrar a região uv correspondente G e o jacobiano da transformação. Para encontrá-los, primeiro resolvemos as equações (4) para x e y em termos de u e v. A álgebra rotineira dá

$$x = u + v \qquad y = 2v \tag{5}$$

Então, encontramos as fronteiras de G substituindo essas expressões nas equações para as fronteiras de R (Figura 15.49).

Equações nas variáveis xy para a fronteira de R	Equações correspondentes nas variáveis uv para a fronteira de G	Equações nas variáveis uv simplificadas
$x = y/2$	$u + v = 2v/2 = v$	$u = 0$
$x = (y/2) + 1$	$u + v = (2v/2) + 1 = v + 1$	$u = 1$
$y = 0$	$2v = 0$	$v = 0$
$y = 4$	$2v = 4$	$v = 2$

O jacobiano da transformação (novamente das equações (5)) é

$$J(u, v) = \begin{vmatrix} \frac{\partial x}{\partial u} & \frac{\partial x}{\partial v} \\ \frac{\partial y}{\partial u} & \frac{\partial y}{\partial v} \end{vmatrix} = \begin{vmatrix} \frac{\partial}{\partial u}(u + v) & \frac{\partial}{\partial v}(u + v) \\ \frac{\partial}{\partial u}(2v) & \frac{\partial}{\partial v}(2v) \end{vmatrix} = \begin{vmatrix} 1 & 1 \\ 0 & 2 \end{vmatrix} = 2$$

Agora, temos tudo de que precisamos para aplicar a Equação (1):

$$\int_0^4 \int_{x=y/2}^{x=(y/2)+1} \frac{2x - y}{2}\, dx\, dy = \int_{v=0}^{v=2} \int_{u=0}^{u=1} u|J(u, v)|\, du\, dv$$

$$= \int_0^2 \int_0^1 (u)(2)\, du\, dv = \int_0^2 \left[u^2\right]_0^1 dv = \int_0^2 dv = 2$$

EXEMPLO 2 Usando uma transformação para integrar

Calcule

$$\int_0^1 \int_0^{1-x} \sqrt{x + y}\,(y - 2x)^2\, dy\, dx$$

SOLUÇÃO Esboçamos a região R de integração no plano xy e identificamos suas fronteiras (Figura 15.50). O integrando sugere a transformação $u = x + y$ e $v = y - 2x$. A álgebra rotineira produz x e y como funções de u e v:

$$x = \frac{u}{3} - \frac{v}{3}, \qquad y = \frac{2u}{3} + \frac{v}{3} \tag{6}$$

Com as equações (6), podemos encontrar as fronteiras da região G no plano uv (Figura 15.50).

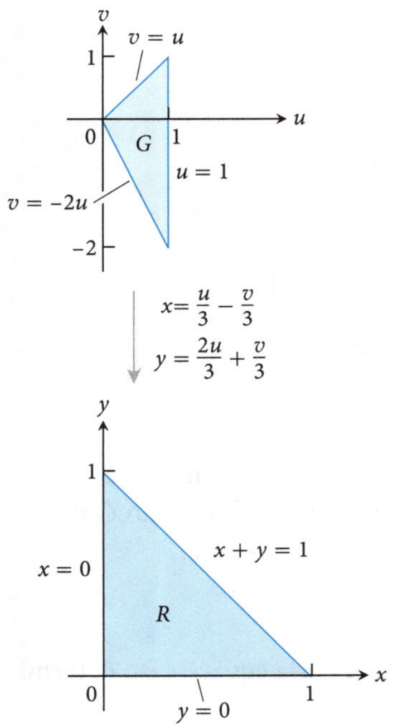

FIGURA 15.50 As equações $x = (u/3) - (v/3)$ e $y = (2u/3) + (v/3)$ transformam G em R. Invertendo a transformação pelas equações $u = x + y$ e $v = y - 2x$, transformamos R em G (Exemplo 2).

Equações nas variáveis xy para a fronteira de R	Equações correspondentes nas variáveis uv para a fronteira de G	Equações nas variáveis uv simplificadas
$x + y = 1$	$\left(\frac{u}{3} - \frac{v}{3}\right) + \left(\frac{2u}{3} + \frac{v}{3}\right) = 1$	$u = 1$
$x = 0$	$\frac{u}{3} - \frac{v}{3} = 0$	$v = u$
$y = 0$	$\frac{2u}{3} + \frac{v}{3} = 0$	$v = -2u$

O jacobiano da transformação nas equações (6) é

$$J(u, v) = \begin{vmatrix} \frac{\partial x}{\partial u} & \frac{\partial x}{\partial v} \\ \frac{\partial y}{\partial u} & \frac{\partial y}{\partial v} \end{vmatrix} = \begin{vmatrix} \frac{1}{3} & -\frac{1}{3} \\ \frac{2}{3} & \frac{1}{3} \end{vmatrix} = \frac{1}{3}$$

Aplicando a Equação (1), calculamos a integral:

$$\int_0^1 \int_0^{1-x} \sqrt{x + y}\,(y - 2x)^2\, dy\, dx = \int_{u=0}^{u=1} \int_{v=-2u}^{v=u} u^{1/2} v^2 |J(u, v)|\, dv\, du$$

$$= \int_0^1 \int_{-2u}^{u} u^{1/2} v^2 \left(\frac{1}{3}\right) dv\, du = \frac{1}{3}\int_0^1 u^{1/2} \left[\frac{1}{3} v^3\right]_{v=-2u}^{v=u} du$$

$$= \frac{1}{9}\int_0^1 u^{1/2}(u^3 + 8u^3)\, du = \int_0^1 u^{7/2}\, du = \frac{2}{9} u^{9/2}\Big]_0^1 = \frac{2}{9}$$

Substituições em integrais triplas

As substituições em coordenadas cilíndricas e esféricas na Seção 15.6 são casos especiais de um método de substituição que descreve mudanças de variáveis em integrais triplas como transformações de regiões tridimensionais. O método é como aquele para integrais duplas, exceto pelo fato de que agora trabalhamos em três dimensões, em vez de duas.

Suponha que uma região G no espaço de variáveis uvw seja transformada biunivocamente na região D no espaço xyz pelas equações diferenciáveis da forma

$$x = g(u, v, w), \qquad y = h(u, v, w), \qquad z = k(u, v, w)$$

como sugerido na Figura 15.51. Então, qualquer função $F(x, y, z)$ definida em D pode ser considerada uma função

$$F(g(u, v, w),\ h(u, v, w),\ k(u, v, w)) = H(u, v, w)$$

definida em G. Se g, h e k têm derivadas parciais de primeira ordem contínuas, então a integral de $F(x, y, z)$ sobre D está relacionada à integral de $H(u, v, w)$ sobre G pela equação

$$\iiint\limits_D F(x, y, z)\, dx\, dy\, dz = \iiint\limits_G H(u, v, w)\,|J(u, v, w)|\, du\, dv\, dw \qquad (7)$$

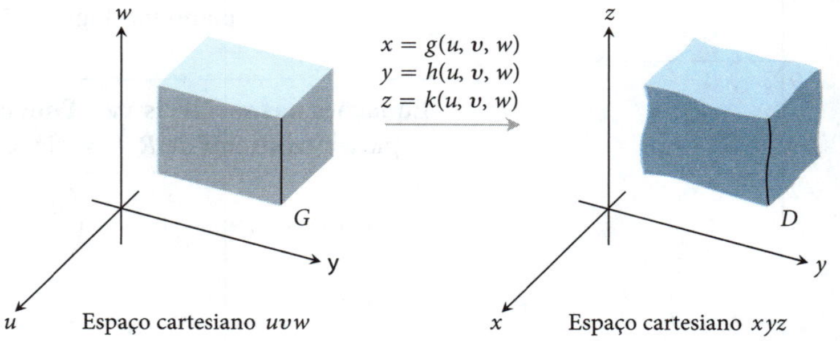

FIGURA 15.51 As equações $x = g(u, v, w)$, $y = h(u, v, w)$ e $z = k(u, v, w)$ nos permitem mudar uma integral sobre uma região D no espaço cartesiano xyz para uma integral sobre uma região G no espaço cartesiano uvw.

O fator $J(u, v, w)$, cujo valor absoluto aparece nesta equação, é o **determinante jacobiano**

$$J(u, v, w) = \begin{vmatrix} \dfrac{\partial x}{\partial u} & \dfrac{\partial x}{\partial v} & \dfrac{\partial x}{\partial w} \\[2ex] \dfrac{\partial y}{\partial u} & \dfrac{\partial y}{\partial v} & \dfrac{\partial y}{\partial w} \\[2ex] \dfrac{\partial z}{\partial u} & \dfrac{\partial z}{\partial v} & \dfrac{\partial z}{\partial w} \end{vmatrix} = \frac{\partial(x, y, z)}{\partial(u, v, w)}$$

Esse determinante mede quanto o volume próximo de um ponto em G está expandindo ou contraindo por meio da transformação das coordenadas (u, v, w) em coordenadas (x, y, z). Como no caso bidimensional, a dedução da fórmula de mudança de variável na Equação (7) é complicada e não tratamos dela aqui.

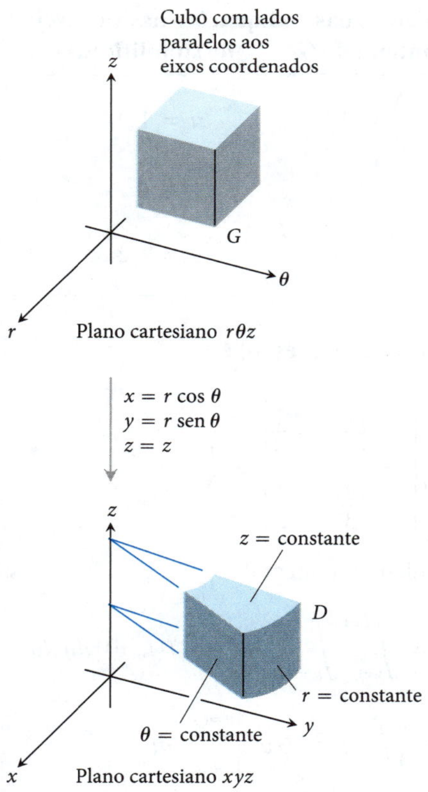

FIGURA 15.52 As equações $x = r\cos\theta$, $y = r\,\text{sen}\,\theta$ e $z = z$ transformam o cubo G em cunha cilíndrica D.

Para coordenadas cilíndricas, r, θ e z tomam o lugar de u, v e w. A transformação do espaço *cartesiano* $r\theta z$ no espaço cartesiano xyz é dada pelas equações

$$x = r\cos\theta, \qquad y = r\,\text{sen}\,\theta, \qquad z = z$$

(Figura 15.52). O jacobiano da transformação é

$$J(r,\theta,z) = \begin{vmatrix} \dfrac{\partial x}{\partial r} & \dfrac{\partial x}{\partial \theta} & \dfrac{\partial x}{\partial z} \\ \dfrac{\partial y}{\partial r} & \dfrac{\partial y}{\partial \theta} & \dfrac{\partial y}{\partial z} \\ \dfrac{\partial z}{\partial r} & \dfrac{\partial z}{\partial \theta} & \dfrac{\partial z}{\partial z} \end{vmatrix} = \begin{vmatrix} \cos\theta & -r\,\text{sen}\,\theta & 0 \\ \text{sen}\,\theta & r\cos\theta & 0 \\ 0 & 0 & 1 \end{vmatrix}$$

$$= r\cos^2\theta + r\,\text{sen}^2\,\theta = r$$

A versão correspondente da Equação (7) é

$$\iiint_D F(x,y,z)\,dx\,dy\,dz = \iiint_G H(r,\theta,z)\,|r|\,dr\,d\theta\,dz$$

Podemos ignorar os símbolos de valor absoluto sempre que $r \geq 0$.

Para coordenadas esféricas, ρ, ϕ e θ tomam o lugar de u, v e w. A transformação do espaço cartesiano para o espaço cartesiano xyz é dada por

$$x = \rho\,\text{sen}\,\phi\cos\theta, \qquad y = \rho\,\text{sen}\,\phi\,\text{sen}\,\theta, \qquad z = \rho\cos\phi$$

(Figura 15.53). O jacobiano da transformação é

$$J(\rho,\phi,\theta) = \begin{vmatrix} \dfrac{\partial x}{\partial \rho} & \dfrac{\partial x}{\partial \phi} & \dfrac{\partial x}{\partial \theta} \\ \dfrac{\partial y}{\partial \rho} & \dfrac{\partial y}{\partial \phi} & \dfrac{\partial y}{\partial \theta} \\ \dfrac{\partial z}{\partial \rho} & \dfrac{\partial z}{\partial \phi} & \dfrac{\partial z}{\partial \theta} \end{vmatrix} = \rho^2\,\text{sen}\,\phi$$

(Exercício 17). A versão correspondente da Equação (7) é

$$\iiint_D F(x,y,z)\,dx\,dy\,dz = \iiint_G H(\rho,\phi,\theta)\,|\rho^2\,\text{sen}\,\phi|\,d\rho\,d\phi\,d\theta$$

Podemos ignorar os símbolos de valor absoluto porque sen ϕ nunca é negativo para $0 \leq \phi \leq \pi$.

Observe que o resultado é o mesmo obtido na Seção 15.6.

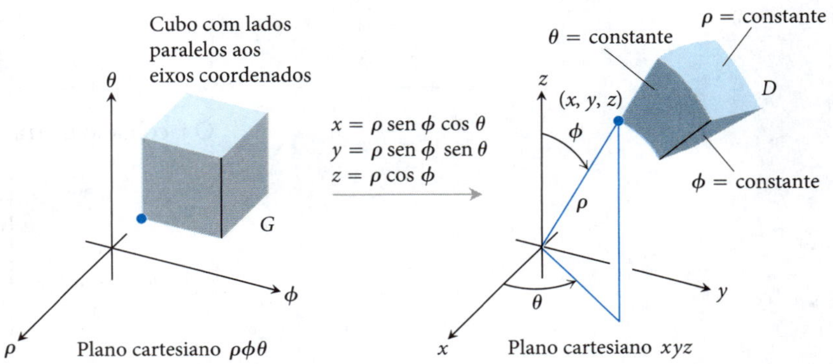

FIGURA 15.53 As equações $x = \rho\,\text{sen}\,\phi\cos\theta$, $y = \rho\,\text{sen}\,\phi\,\text{sen}\,\theta$ e $z = \rho\cos\phi$ transformam o cubo G na cunha cilíndrica D.

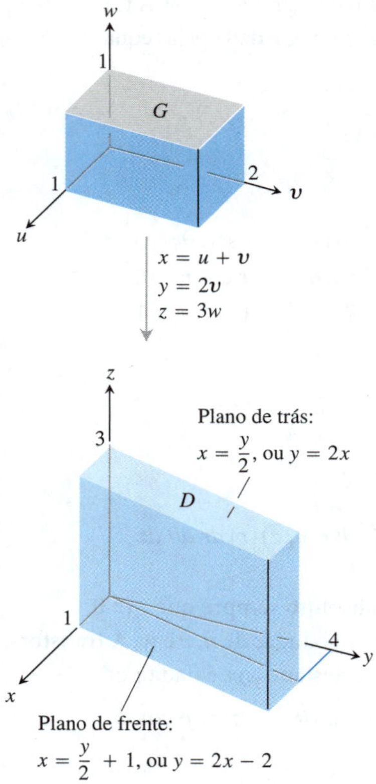

FIGURA 15.54 As equações $x = u + v$, $y = 2v$ e $z = 3w$ transformam G em D. Invertendo a transformação pelas equações $u = (2x - y)/2$, $v = y/2$ e $w = z/3$, transformamos D em G (Exemplo 3).

Damos aqui um exemplo de outra substituição. Embora pudéssemos calcular a integral nesse exemplo diretamente, nós a escolhemos para ilustrar o método de substituição em um contexto simples (e razoavelmente intuitivo).

EXEMPLO 3 Usando uma transformação para integrar

Calcule

$$\int_0^3 \int_0^4 \int_{x=y/2}^{x=(y/2)+1} \left(\frac{2x - y}{2} + \frac{z}{3} \right) dx\, dy\, dz$$

aplicando a transformação

$$u = (2x - y)/2, \qquad v = y/2, \qquad w = z/3 \tag{8}$$

e integrando sobre uma região apropriada no espaço uvw.

SOLUÇÃO Esboçamos a região D de integração no espaço xyz e identificamos suas fronteiras (Figura 15.54). Neste caso, as superfícies limitantes são planas.

Para aplicarmos a Equação (7), precisamos encontrar a região G correspondente no espaço uvw e o jacobiano da transformação. Para os encontrarmos, primeiro resolvemos as equações (8) para x, y e z em termos de u, v e w. A álgebra rotineira dá

$$x = u + v, \qquad y = 2v, \qquad z = 3w \tag{9}$$

Então, encontramos as fronteiras de G por meio da substituição dessas expressões nas equações para as fronteiras de D:

Equações nas variáveis xyz para a fronteira D	Equações correspondentes nas variáveis uvw para a fronteira G	Equações nas variáveis uvw simplificadas
$x = y/2$	$u + v = 2v/2 = v$	$u = 0$
$x = (y/2) + 1$	$u + v = (2v/2) + 1 = v + 1$	$u = 1$
$y = 0$	$2v = 0$	$v = 0$
$y = 4$	$2v = 4$	$v = 2$
$z = 0$	$3w = 0$	$w = 0$
$z = 3$	$3w = 3$	$w = 1$

O jacobiano da transformação, novamente das equações (9), é

$$J(u, v, w) = \begin{vmatrix} \dfrac{\partial x}{\partial u} & \dfrac{\partial x}{\partial v} & \dfrac{\partial x}{\partial w} \\ \dfrac{\partial y}{\partial u} & \dfrac{\partial y}{\partial v} & \dfrac{\partial y}{\partial w} \\ \dfrac{\partial z}{\partial u} & \dfrac{\partial z}{\partial v} & \dfrac{\partial z}{\partial w} \end{vmatrix} = \begin{vmatrix} 1 & 1 & 0 \\ 0 & 2 & 0 \\ 0 & 0 & 3 \end{vmatrix} = 6$$

Agora, temos tudo de que precisamos para aplicar a Equação (7):

$$\int_0^3 \int_0^4 \int_{x=y/2}^{x=(y/2)+1} \left(\frac{2x - y}{2} + \frac{z}{3}\right) dx\, dy\, dz$$

$$= \int_0^1 \int_0^2 \int_0^1 (u + w)|J(u, v, w)|\, du\, dv\, dw$$

$$= \int_0^1 \int_0^2 \int_0^1 (u + w)(6)\, du\, dv\, dw = 6\int_0^1 \int_0^2 \left[\frac{u^2}{2} + uw\right]_0^1 dv\, dw$$

$$= 6\int_0^1 \int_0^2 \left(\frac{1}{2} + w\right) dv\, dw = 6\int_0^1 \left[\frac{v}{2} + vw\right]_0^2 dw = 6\int_0^1 (1 + 2w)\, dw$$

$$= 6\left[w + w^2\right]_0^1 = 6(2) = 12$$

O objetivo desta seção foi apenas introduzir as idéias envolvidas nas transformações de coordenadas. Uma discussão completa sobre transformações de variáveis, o jacobiano e a substituição em várias variáveis é dada em um curso de cálculo avançado depois de se ter estudado álgebra linear.

Exercícios 15.7

Encontrando jacobianos e regiões transformadas para duas variáveis

1. **(a)** Resolva o sistema

$$u = x - y, \qquad v = 2x + y$$

para x e y em termos de u e v. Depois encontre o valor do jacobiano $\partial(x, y)/\partial(u, v)$.

(b) Encontre a imagem pela transformação $u = x - y$, $v = 2x + y$ da região triangular com vértices (0, 0), (1, 1) e (1, –2) no plano xy. Esboce no plano uv a região transformada.

2. **(a)** Resolva o sistema

$$u = x + 2y, \qquad v = x - y$$

para x e y em termos de u e v. Depois encontre o valor do jacobiano $\partial(x, y)/\partial(u, v)$.

(b) Encontre a imagem pela transformação $u = x + 2y$, $v = x - y$ da região triangular no plano xy limitada pelas retas $y = 0$, $y = x$ e $x + 2y = 2$. Esboce no plano uv a região transformada.

3. **(a)** Resolva o sistema

$$u = 3x + 2y, \qquad v = x + 4y$$

para x e y em termos de u e v. Depois encontre o valor do jacobiano $\partial(x, y)/\partial(u, v)$.

(b) Encontre a imagem pela transformação $u = 3x + 2y$, $v = x + 4y$ da região triangular no plano xy limitada pelo eixo x, pelo eixo y e pela reta $x + y = 1$. Esboce no plano uv a região transformada.

4. **(a)** Resolva o sistema

$$u = 2x - 3y, \qquad v = -x + y$$

para x e y em termos de u e v. Depois encontre o valor do jacobiano $\partial(x, y)/\partial(u, v)$.

(b) Encontre a imagem pela transformação $u = 2x - 3y$, $v = -x + y$ do paralelogramo R no plano xy com fronteiras $x = -3$, $x = 0$, $y = x$ e $y = x + 1$. Esboce no plano uv a região transformada.

Aplicando transformações para calcular integrais duplas

5. Calcule a integral

$$\int_0^4 \int_{x=y/2}^{x=(y/2)+1} \frac{2x - y}{2}\, dx dy$$

do Exemplo 1 diretamente pela integração em relação a x e y para confirmar que seu valor é 2.

6. Use a transformação no Exercício 1 para calcular a integral

$$\iint_R (2x^2 - xy - y^2)\, dx\, dy$$

para a região R no primeiro quadrante limitada pelas retas $y = -2x + 4$, $y = -2x + 7$, $y = x - 2$ e $y = x + 1$.

7. Use a transformação no Exercício 3 para calcular a integral

$$\iint_R (3x^2 + 14xy + 8y^2)\, dx\, dy$$

para a região R no primeiro quadrante limitada pelas retas $y = -(3/2)x + 1$, $y = -(3/2)x + 3$, $y = -(1/4)x$ e $y = -(1/4)x + 1$.

8. Use a transformação e o paralelogramo R no Exercício 4 para calcular a integral

$$\iint_R 2(x - y)\, dx\, dy$$

9. Seja R a região no primeiro quadrante do plano xy limitada pelas hipérboles $xy = 1$, $xy = 9$ e pelas retas $y = x$, $y = 4x$. Use a transformação $x = u/v$, $y = uv$ com $u > 0$ e $v > 0$ para reescrever

$$\iint_R \left(\sqrt{\frac{y}{x}} + \sqrt{xy}\right) dx\, dy$$

como uma integral sobre uma região apropriada G do plano uv. Depois calcule a integral uv sobre G.

10. **(a)** Encontre o jacobiano da transformação $x = u$, $y = uv$ e esboce a região G: $1 \leq u \leq 2$, $1 \leq uv \leq 2$ no plano uv.

(b) Depois use a Equação (1) para transformar a integral

$$\int_1^2 \int_1^2 \frac{y}{x}\, dy\, dx$$

na integral sobre G e calcule ambas as integrais.

11. **Momento de inércia polar de uma placa elíptica** Uma placa fina de densidade constante cobre a região limitada pela elipse $x^2/a^2 + y^2/b^2 = 1$, $a > 0$, $b > 0$, no plano xy. Encontre o primeiro momento da placa em relação à origem. (*Sugestão*: Use a transformação $x = ar \cos \theta$, $y = br \operatorname{sen} \theta$.)

12. **Encontrando a área de uma elipse** A área πab da elipse $x^2/a^2 + y^2/b^2 = 1$ pode ser encontrada integrando-se a função $f(x, y) = 1$ sobre a região limitada pela elipse no plano xy. O cálculo direto da integral requer uma substituição trigonométrica. Uma maneira mais fácil de calcular a integral é usar a transformação $x = au$, $y = bv$ e calcular a integral transformada sobre o disco G: $u^2 + v^2 \leq 1$ no plano uv. Encontre a área dessa maneira.

13. Use a transformação no Exercício 2 para calcular a integral

$$\int_0^{2/3} \int_y^{2-2y} (x + 2y)e^{(y-x)}\, dx\, dy$$

primeiro escrevendo-a como uma integral sobre uma região G no plano uv.

14. Use a transformação $x = u + (1/2)v$, $y = v$ para calcular a integral

$$\int_0^2 \int_{y/2}^{(y+4)/2} y^3(2x - y)e^{(2x-y)^2}\, dx\, dy$$

primeiro escrevendo-a como uma integral sobre uma região G no plano uv.

Encontrando determinantes jacobianos

15. Encontre o jacobiano $\partial(x, y)/\partial(u, v)$ para a transformação

(a) $x = u \cos v$, $y = u \operatorname{sen} v$

(b) $x = u \operatorname{sen} v$, $y = u \cos v$

16. Encontre o jacobiano $\partial(x, y, z)/\partial(u, v, w)$ para a transformação

(a) $x = u \cos v$, $y = u \operatorname{sen} v$, $z = w$

(b) $x = 2u - 1$, $y = 3v - 4$, $z = (1/2)(w - 4)$

17. Calcule o determinante para mostrar que o jacobiano da transformação do espaço cartesiano $\rho\phi\theta$ para o espaço cartesiano xyz é $\rho^2 \operatorname{sen} \phi$.

18. **Substituições em integrais simples** Como as substituições em integrais definidas simples podem ser vistas como transformações de regiões? Qual é o jacobiano nesse caso? Ilustre com um exemplo.

Aplicando transformações para calcular integrais triplas

19. Calcule a integral no Exemplo 3 integrando em relação a x, y e z.

20. **Volume de um elipsóide** Encontre o volume do elipsóide

$$\frac{x^2}{a^2} + \frac{y^2}{b^2} + \frac{z^2}{c^2} = 1$$

(*Sugestão*: Sejam $x = au$, $y = bv$ e $z = cw$. Então encontre o volume sobre uma região apropriada no espaço uvw.)

21. Calcule

$$\iiint |xyz|\, dx\, dy\, dz$$

sobre o elipsóide sólido

$$\frac{x^2}{a^2} + \frac{y^2}{b^2} + \frac{z^2}{c^2} \leq 1$$

(*Sugestão*: Sejam $x = au$, $y = bv$ e $z = cw$. Então integre sobre uma região apropriada no espaço uvw.)

22. Seja D a região no espaço xyz definida pelas desigualdades

$$1 \leq x \leq 2, \quad 0 \leq xy \leq 2, \quad 0 \leq z \leq 1$$

Calcule

$$\iiint_D (x^2y + 3xyz)\,dx\,dy\,dz$$

aplicando a transformação

$$u = x, \quad v = xy, \quad w = 3z$$

e integrando sobre uma região apropriada G no espaço uvw.

23. **Centróide de um semi-elipsóide sólido** Considerando que o centróide de um hemisfério sólido esteja sobre o eixo de simetria a três oitavos da distância da base ao topo, mostre, pela transformação de integrais apropriadas, que o centro de massa de um semi-elipsóide sólido $(x^2/a^2) + (y^2/b^2) + (z^2/c^2) \leq 1$, $z \geq 0$, está a três oitavos da distância da base ao topo sobre o eixo z. (Você pode fazer isso sem calcular qualquer das integrais.)

24. **Cascas cilíndricas** Na Seção 6.2, Volume I, aprendemos a encontrar o volume de um sólido de revolução usando o método das cascas; a saber, se a região entre a curva $y = f(x)$ e o eixo x de a a b $(0 < a < \text{b})$ for girada em torno do eixo y, o volume do sólido resultante será $\int_a^b 2\pi x f(x)\,dx$. Prove que os volumes encontrados usando-se integrais triplas dá o mesmo resultado. (*Sugestão*: Use coordenadas cilíndricas com os papéis de y e z trocados.)

Questões de revisão

1. Defina a integral dupla de uma função de duas variáveis sobre uma região limitada no plano coordenado.
2. Como as integrais duplas são calculadas como integrais iteradas? A ordem de integração importa? Como os limites de integração são determinados? Dê exemplos.
3. Como as integrais duplas são usadas para calcular áreas, valores médios, massas, momentos, centros de massa e raios de rotação? Dê exemplos.
4. Como você pode mudar uma integral dupla em coordenadas cartesianas para uma integral dupla em coordenadas polares? Por que pode valer a pena fazer isso? Dê um exemplo.
5. Defina a integral tripla de uma função $f(x, y, z)$ sobre uma região limitada no espaço.
6. Como as integrais triplas em coordenadas cartesianas são calculadas? Como os limites de integração são determinados? Dê um exemplo.
7. Como as integrais triplas em coordenadas cartesianas são usadas para calcular volumes, valores médios, massas, momentos, centros de massa e raios de rotação? Dê exemplos.
8. Como as integrais triplas são definidas em coordenadas cilíndricas e esféricas? Por que talvez se prefira trabalhar em um desses sistemas de coordenadas a trabalhar em coordenadas cartesianas?
9. Como são calculadas as integrais triplas em coordenadas cilíndricas e esféricas? Como são encontrados os limites de integração? Dê exemplos.
10. Como as substituições em integrais duplas podem ser consideradas transformações de regiões bidimensionais? Dê um exemplo com cálculo.
11. Como as substituições em integrais triplas podem ser consideradas transformações de regiões tridimensionais? Dê um exemplo com cálculo.

Exercícios práticos

Regiões de integração planas

Nos exercícios 1–4, esboce a região de integração e calcule a integral dupla.

1. $\displaystyle\int_1^{10}\int_0^{1/y} ye^{xy}\,dx\,dy$

2. $\displaystyle\int_0^1\int_0^{x^3} e^{y/x}\,dy\,dx$

3. $\displaystyle\int_0^{3/2}\int_{-\sqrt{9-4t^2}}^{\sqrt{9-4t^2}} t\,ds\,dt$

4. $\displaystyle\int_0^1\int_{\sqrt{y}}^{2-\sqrt{y}} xy\,dx\,dy$

Invertendo a ordem de integração

Nos exercícios 5–8, esboce a região de integração e escreva uma integral equivalente com a ordem de integração invertida. Depois calcule ambas as integrais.

5. $\displaystyle\int_0^4\int_{-\sqrt{4-y}}^{(y-4)/2} dx\,dy$

6. $\displaystyle\int_0^1\int_{x^2}^{x}\sqrt{x}\,dy\,dx$

7. $\displaystyle\int_0^{3/2}\int_{-\sqrt{9-4y^2}}^{\sqrt{9-4y^2}} y\,dx\,dy$

8. $\displaystyle\int_0^2\int_0^{4-x^2} 2x\,dy\,dx$

Calculando integrais duplas

Calcule as integrais nos exercícios 9–12.

9. $\int_0^1 \int_{2y}^2 4\cos(x^2)\, dx\, dy$ **10.** $\int_0^2 \int_{y/2}^1 e^{x^2}\, dx\, dy$

11. $\int_0^8 \int_{\sqrt[3]{x}}^2 \frac{dy\, dx}{y^4 + 1}$ **12.** $\int_0^1 \int_{\sqrt[3]{y}}^1 \frac{2\pi \operatorname{sen} \pi x^2}{x^2}\, dx\, dy$

Áreas e volumes

13. Área entre uma reta e uma parábola Encontre a área da região limitada pela reta $y = 2x + 4$ e pela parábola $y = 4 - x^2$ no plano xy.

14. Área limitada por retas e uma parábola Encontre a área da região "triangular" no plano xy limitada à direita pela parábola $y = x^2$, à esquerda pela reta $x + y = 2$ e acima pela reta $y = 4$.

15. Volume da região sob um parabolóide Encontre o volume sob o parabolóide $z = x^2 + y^2$ acima do triângulo limitado pelas retas $y = x$, $x = 0$ e $x + y = 2$ no plano xy.

16. Volume da região sob um cilindro parabólico Encontre o volume sob o cilindro parabólico $z = x^2$ acima da região limitada pela parábola $y = 6 - x^2$ e pela reta $y = x$ no plano xy.

Valores médios

Encontre o valor médio de $f(x, y) = xy$ sobre as regiões nos exercícios 17 e 18.

17. O quadrado limitado pelas retas $x = 1$, $y = 1$ no primeiro quadrante.

18. O quarto de círculo $x^2 + y^2 \leq 1$ no primeiro quadrante.

Massas e momentos

19. Centróide Encontre o centróide da região "triangular" limitada pelas retas $x = 2$, $y = 2$ e pela hipérbole $xy = 2$ no plano xy.

20. Centróide Encontre o centróide da região entre a parábola $x + y^2 - 2y = 0$ e a reta $x + 2y = 0$ no plano xy.

21. Momento polar Encontre o momento de inércia polar em relação à origem de uma placa triangular fina de densidade constante $\delta = 3$ limitada pelo eixo y e pelas retas $y = 2x$ e $y = 4$ no plano xy.

22. Momento polar Encontre o momento polar de inércia em relação ao centro de uma folha retangular fina de densidade constante $\delta = 1$ limitada pelas retas

(a) $x = \pm 2$, $y = \pm 1$ no plano xy.

(b) $x = \pm a$, $y = \pm b$ no plano xy.

(*Sugestão*: Encontre I_x. Depois, use a fórmula para I_x para encontrar I_y e adicione os dois para encontrar I_0.)

23. Momento de inércia e raio de rotação Encontre o momento de inércia e o raio de rotação em relação ao eixo x de uma placa fina de densidade constante δ e que cobre o triângulo com vértices $(0, 0)$, $(3, 0)$ e $(3, 2)$ no plano xy.

24. Placa com densidade variável Encontre o centro de massa, os momentos de inércia e os raios de rotação em relação aos eixos coordenados de uma placa fina limitada pela reta $y = x$ e pela parábola $y = x^2$ no plano xy se a densidade for $\delta(x, y) = x + 1$.

25. Placa com densidade variável Encontre a massa e os primeiros momentos em relação aos eixos coordenados de uma placa fina quadrada limitada pelas retas $x = \pm 1$, $y = \pm 1$ no plano xy se a densidade for $\delta(x, y) = x^2 + y^2 + 1/3$.

26. Triângulos com os mesmos momentos de inércia e raios de rotação Encontre o momento de inércia e o raio de rotação em relação ao eixo x de uma placa triangular fina de densidade constante δ cuja base está ao longo do intervalo $[0, b]$ no eixo x e cujo vértice está sobre a reta $y = h$ acima do eixo x. Como você verá, não importa onde o vértice esteja sobre a reta. Tais triângulos têm o mesmo momento de inércia e raio de rotação em relação ao eixo x.

Coordenadas polares

Calcule as integrais nos exercícios 27 e 28 mudando para coordenadas polares.

27. $\int_{-1}^1 \int_{-\sqrt{1-x^2}}^{\sqrt{1-x^2}} \frac{2\, dy\, dx}{(1 + x^2 + y^2)^2}$

28. $\int_{-1}^1 \int_{-\sqrt{1-y^2}}^{\sqrt{1-y^2}} \ln(x^2 + y^2 + 1)\, dx\, dy$

29. Centróide Encontre o centróide da região no plano de coordenadas polares definida pelas desigualdades $0 \leq r \leq 3$, $-\pi/3 \leq \theta \leq \pi/3$.

30. Centróide Encontre o centróide da região no primeiro quadrante limitada pelos raios $\theta = 0$ e $\theta = \pi/2$ e pelas circunferências $r = 1$ e $r = 3$.

31. (a) Centróide Encontre o centróide da região no plano de coordenadas polares que está dentro da cardióide $r = 1 + \cos\theta$ e fora da circunferência $r = 1$.

(b) Esboce a região mostrando o centróide.

32. (a) Centróide Encontre o centróide da região plana definida pelas desigualdades em coordenadas polares $0 \leq r \leq a$, $-\alpha \leq \theta \leq \alpha$ $(0 < \alpha \leq \pi)$. Como o centróide se move quando $\alpha \to \pi^-$?

(b) Esboce a região para $\alpha = 5\pi/6$ e mostre o centróide em seu esboço.

33. Integrando sobre a lemniscata Integre a função $f(x, y) = 1/(1 + x^2 + y^2)^2$ sobre a região limitada por um laço da lemniscata $(x^2 + y^2)^2 - (x^2 - y^2)^2 = 0$.

34. Integre $f(x, y) = 1/(1 + x^2 + y^2)^2$ sobre

(a) **Região triangular** O triângulo com vértices $(0, 0)$, $(1, 0)$, $(1, \sqrt{3})$.

(b) **Primeiro quadrante** O primeiro quadrante do plano xy.

Integrais triplas em coordenadas cartesianas

Calcule as integrais nos exercícios 35–38.

35. $\displaystyle\int_0^{\pi}\int_0^{\pi}\int_0^{\pi} \cos(x + y + z)\, dx\, dy\, dz$

36. $\displaystyle\int_{\ln 6}^{\ln 7}\int_0^{\ln 2}\int_{\ln 4}^{\ln 5} e^{(x+y+z)}\, dz\, dy\, dx$

37. $\displaystyle\int_0^{1}\int_0^{x^2}\int_0^{x+y} (2x - y - z)\, dz\, dy\, dx$

38. $\displaystyle\int_1^{e}\int_1^{x}\int_0^{z} \frac{2y}{z^3}\, dy\, dz\, dx$

39. Volume Encontre o volume da região em forma de cunha limitada do lado pelo cilindro $x = -\cos y$, $-\pi/2 \leq y \leq \pi/2$, no topo pelo plano $z = -2x$ e abaixo pelo plano xy.

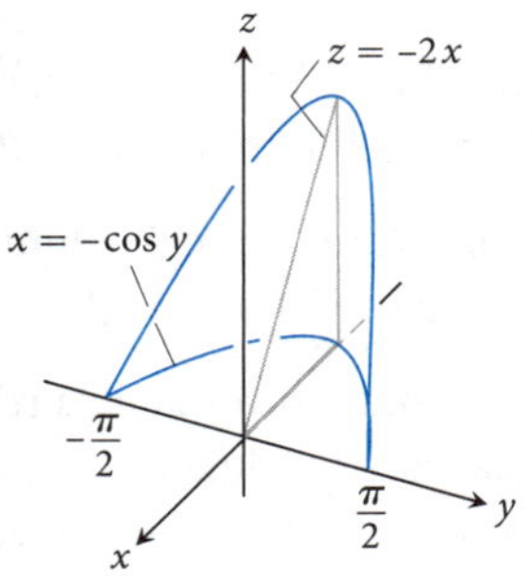

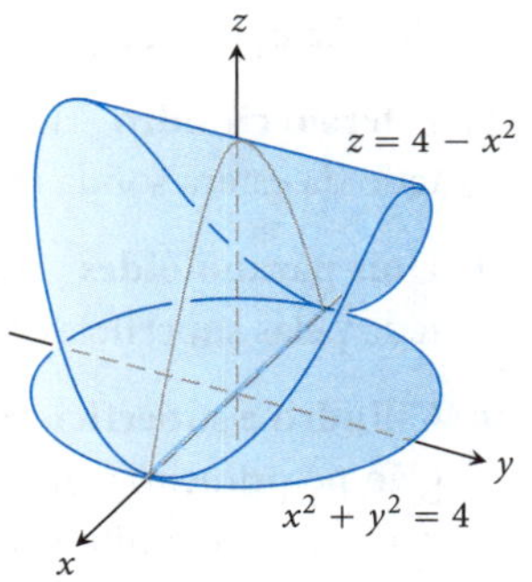

40. Volume Encontre o volume do sólido que é limitado acima pelo cilindro $z = 4 - x^2$, dos lados pelo cilindro $x^2 + y^2 = 4$ e abaixo pelo plano xy.

41. Valor médio Encontre o valor médio de $f(x, y, z) = 30xz\sqrt{x^2 + y}$ sobre o sólido retangular no primeiro octante limitado pelos planos coordenados e pelos planos $x = 1$, $y = 3$, $z = 1$.

42. Valor médio Encontre o valor médio de ρ sobre a esfera sólida $\rho \leq a$ (coordenadas esféricas).

Coordenadas cilíndricas e esféricas

43. De coordenadas cilíndricas para cartesianas Converta

$$\int_0^{2\pi}\int_0^{\sqrt{2}}\int_r^{\sqrt{4-r^2}} 3\, dz\, r\, dr\, d\theta, \qquad r \geq 0$$

em **(a)** coordenadas cartesianas com a ordem de integração $dz\, dx\, dy$ e **(b)** coordenadas esféricas. Depois, **(c)** calcule uma das integrais.

44. De coordenadas cartesianas para cilíndricas **(a)** Converta em coordenadas cilíndricas. Depois, **(b)** calcule a nova integral.

$$\int_0^{1}\int_{-\sqrt{1-x^2}}^{\sqrt{1-x^2}}\int_{-(x^2+y^2)}^{(x^2+y^2)} 21xy^2\, dz\, dy\, dx$$

45. De coordenadas cartesianas para esféricas **(a)** Converta em coordenadas esféricas. Depois, **(b)** calcule a nova integral.

$$\int_{-1}^{1}\int_{-\sqrt{1-x^2}}^{\sqrt{1-x^2}}\int_{\sqrt{x^2+y^2}}^{1} dz\, dy\, dx$$

46. Coordenadas cartesianas, cilíndricas e esféricas Escreva uma integral tripla iterada para a integral de $f(x, y, z) = 6 + 4y$ sobre a região no primeiro octante limitada pelo cone $z = \sqrt{x^2 + y^2}$, pelo cilindro $x^2 + y^2 = 1$ e pelos planos coordenados em **(a)** coordenadas cartesianas, **(b)** coordenadas cilíndricas e **(c)** coordenadas esféricas. Depois, **(d)** encontre a integral de f calculando uma das integrais triplas.

47. De coordenadas cilíndricas para cartesianas Monte uma integral em coordenadas cartesianas equivalente à integral

$$\int_0^{\pi/2}\int_1^{\sqrt{3}}\int_1^{\sqrt{4-r^2}} r^3(\operatorname{sen}\theta\cos\theta)z^2\, dz\, dr\, d\theta$$

Arranje a ordem de integração para ser primeiro z, depois y e então x.

48. De coordenadas cartesianas para cilíndricas O volume de um sólido é

$$\int_0^{2}\int_0^{\sqrt{2x-x^2}}\int_{-\sqrt{4-x^2-y^2}}^{\sqrt{4-x^2-y^2}} dz\, dy\, dx$$

(a) Descreva o sólido dando equações para as superfícies que formam sua fronteira.

(b) Converta a integral em coordenadas cilíndricas, mas não calcule a integral.

49. Coordenadas esféricas *contra* coordenadas cilíndricas Integrais triplas envolvendo formatos esféricos nem sempre requerem coordenadas esféricas para avaliação conveniente. Alguns cálculos podem ser conseguidos mais facilmente com coordenadas cilíndricas. Como um exemplo, encontre o volume da região limitada por cima pela esfera $x^2 + y^2 + z^2 = 8$ e por baixo pelo plano $z = 2$ usando **(a)** coordenadas cilíndricas e **(b)** coordenadas esféricas.

50. Encontrando I_z em coordenadas esféricas Encontre o momento de inércia em relação ao eixo z de um sólido de densidade constante $\delta = 1$ que é limitado acima pela esfera $\rho = 2$ e abaixo pelo cone $\phi = \pi/3$ (coordenadas esféricas).

51. Momento de inércia de uma esfera espessa Encontre o momento de inércia de um sólido de densidade constante limitado por duas esferas concêntricas de raios a e b $(a < b)$ em relação a um diâmetro.

52. **Momento de inércia de uma maçã** Encontre o momento de inércia em relação ao eixo z de um sólido de densidade $\delta = 1$ limitado por uma superfície dada em coordenadas esféricas por $\rho = 1 - \cos\phi$. O sólido é representado pela curva azul que envolve o eixo z na figura a seguir.

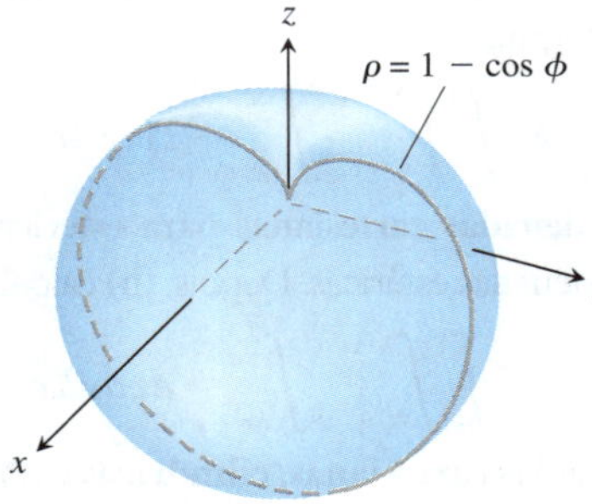

Substituições

53. Mostre que se $u = x - y$ e $v = y$, então

$$\int_0^{\infty}\int_0^{x} e^{-sx} f(x-y, y)\, dy\, dx = \int_0^{\infty}\int_0^{\infty} e^{-s(u+v)} f(u, v)\, du\, dv$$

54. Que tipo de relação deve existir entre as constantes a, b e c para fazer

$$\int_{-\infty}^{\infty}\int_{-\infty}^{\infty} e^{-(ax^2+2bxy+cy^2)}\, dx\, dy = 1?$$

(*Sugestão:* Seja $s = \alpha x + \beta y$ e $t = \gamma x + \delta y$, onde $(\alpha\delta - \beta\gamma)^2 = ac - b^2$. Então $ax^2 + 2bxy + cy^2 = s^2 + t^2$.)

Exercícios adicionais

Volumes

1. **Monte de areia: integrais duplas e triplas** A base de um monte de areia cobre a região no plano xy que é limitada pela parábola $x^2 + y = 6$ e pela reta $y = x$. A altura da areia acima do ponto (x, y) é x^2. Expresse o volume de areia como (a) uma integral dupla, (b) uma integral tripla. Depois, (c) encontre o volume.

2. **Água em uma vasilha hemisférica** Uma vasilha hemisférica de raio 5 cm contém um volume de água cuja altura fica 3 cm abaixo do topo. Encontre o volume de água na vasilha.

3. **Região cilíndrica sólida entre dois planos** Encontre o volume da porção do cilindro sólido $x^2 + y^2 \leq 1$ que está entre os planos $z = 0$ e $x + y + z = 2$.

4. **Esfera e parabolóide** Encontre o volume da região limitada acima pela esfera $x^2 + y^2 + z^2 = 2$ e abaixo pelo parabolóide $z = x^2 + y^2$.

5. **Dois parabolóides** Encontre o volume da região limitada acima pelo parabolóide $z = 3 - x^2 - y^2$ e abaixo pelo parabolóide $z = 2x^2 + 2y^2$.

6. **Coordenadas esféricas** Encontre o volume da região limitada pela superfície dada em coordenadas esféricas por $\rho = 2 \operatorname{sen} \phi$ (veja a figura a seguir).

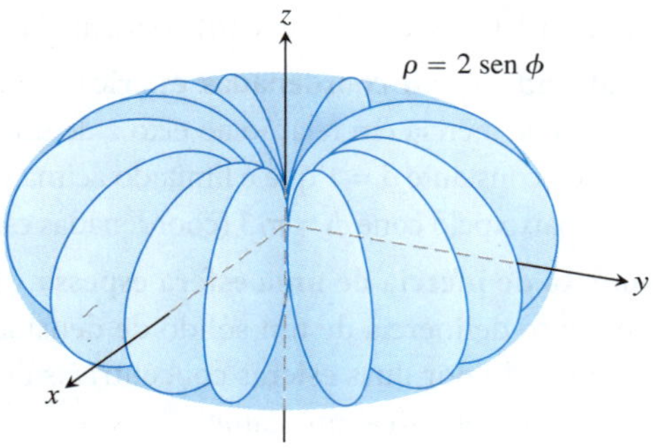

7. **Buraco em uma esfera** Um buraco cilíndrico é feito através de uma esfera sólida, com o eixo do buraco sendo um diâmetro da esfera. O volume do restante do sólido é

$$V = 2\int_0^{2\pi}\int_0^{\sqrt{3}}\int_1^{\sqrt{4-z^2}} r\, dr\, dz\, d\theta$$

(a) Encontre o raio do buraco e o raio da esfera.

(b) Calcule a integral.

8. **Esfera e cilindro** Encontre o volume do material cortado da esfera sólida $r^2 + z^2 \leq 9$ pelo cilindro $r = 3 \operatorname{sen} \theta$.

9. **Dois parabolóides** Encontre o volume da região limitada pelas superfícies $z = x^2 + y^2$ e $z = (x^2 + y^2 + 1)/2$.

10. **Cilindro e superfície $z = xy$** Encontre o volume da região no primeiro octante que está entre os cilindros $r = 1$ e $r = 2$ e que é limitada abaixo pelo plano xy e acima pela superfície $z = xy$.

Mudando a ordem de integração

11. Calcule a integral

$$\int_0^{\infty} \frac{e^{-ax} - e^{-bx}}{x}\, dx$$

(*Sugestão*: Use a relação

$$\frac{e^{-ax} - e^{-bx}}{x} = \int_a^b e^{-xy}\, dy$$

para formar uma integral dupla e calcule a integral mudando a ordem de integração.)

12. (a) **Coordenadas polares** Mostre, mudando para coordenadas polares, que

$$\int_0^{a \operatorname{sen}\beta} \int_{y \cot g\, \beta}^{\sqrt{a^2-y^2}} \ln(x^2 + y^2)\, dx\, dy = a^2\beta\left(\ln a - \frac{1}{2}\right)$$

onde $a > 0$ e $0 < \beta < \pi/2$

(b) Reescreva a integral cartesiana com a ordem de integração invertida.

13. **Reduzindo uma integral dupla a simples** Mudando a ordem de integração, mostre que a integral dupla a seguir pode ser reduzida a uma integral simples:

$$\int_0^x \int_0^u e^{m(x-t)} f(t)\, dt\, du = \int_0^x (x - t)e^{m(x-t)} f(t)\, dt$$

De maneira similar, pode-se mostrar que

$$\int_0^x \int_0^v \int_0^u e^{m(x-t)} f(t)\, dt\, du\, dv = \int_0^x \frac{(x - t)^2}{2} e^{m(x-t)} f(t)\, dt$$

14. **Transformando uma integral dupla para obter limites constantes** Algumas vezes, uma integral múltipla com limites variáveis pode ser mudada para uma com limites constantes. Mudando a ordem de integração, mostre que

$$\int_0^1 f(x)\left(\int_0^x g(x - y)f(y)\, dy\right) dx$$
$$= \int_0^1 f(y)\left(\int_y^1 g(x - y)f(x)\, dx\right) dy$$
$$= \frac{1}{2}\int_0^1 \int_0^1 g(|x - y|)f(x)f(y)\, dx\, dy$$

Massas e momentos

15. **Minimizando o momento de inércia polar** Uma placa fina de densidade constante deve ocupar a região triangular no primeiro quadrante do plano xy com vértices $(0, 0)$, $(a, 0)$ e $(a, 1/a)$. Que valor de a minimizará o momento de inércia polar da placa em relação à origem?

16. **Momento de inércia polar de uma placa triangular** Encontre o momento de inércia polar em relação à origem de uma placa triangular fina de densidade constante $\delta = 3$ limitada pelo eixo y e pelas retas $y = 2x$ e $y = 4$ no plano xy.

17. **Massa e momento de inércia polar de um contrapeso** O contrapeso de um volante de densidade constante 1 tem a forma da parte menor cortada de um círculo de raio a por uma corda a uma distância b do centro ($b < a$). Encontre a massa do contrapeso e seu momento de inércia polar em relação ao centro do volante.

18. **Centróide de um bumerangue** Encontre o centróide da região em forma de bumerangue entre as parábolas $y^2 = -4(x - 1)$ e $y^2 = -2(x - 2)$ no plano xy.

Teoria e aplicações

19. Calcule

$$\int_0^a \int_0^b e^{\max(b^2x^2,\, a^2y^2)}\, dy\, dx$$

onde a e b são números positivos e

$$\max(b^2x^2, a^2y^2) = \begin{cases} b^2x^2 & \text{se } b^2x^2 \geq a^2y^2 \\ a^2y^2 & \text{se } b^2x^2 < a^2y^2 \end{cases}$$

20. Mostre que

$$\iint \frac{\partial^2 F(x, y)}{\partial x\, \partial y}\, dx\, dy$$

sobre o retângulo $x_0 \leq x \leq x_1$, $y_0 \leq y \leq y_1$ é

$$F(x_1, y_1) - F(x_0, y_1) - F(x_1, y_0) + F(x_0, y_0).$$

21. Suponha que $f(x, y)$ possa ser escrita como um produto $f(x, y) = F(x)\, G(y)$ de uma função de x e uma função de y. Então a integral de f sobre o retângulo R: $a \leq x \leq b$, $c \leq y \leq d$ também pode ser calculada como um produto, pela fórmula

$$\iint_R f(x, y)\, dA = \left(\int_a^b F(x)\, dx\right)\left(\int_c^d G(y)\, dy\right) \qquad (1)$$

O argumento é que

i. $\displaystyle \iint_R f(x, y)\, dA = \int_c^d \left(\int_a^b F(x)G(y)\, dx\right) dy$

ii. $\displaystyle = \int_c^d \left(G(y)\int_a^b F(x)\, dx\right) dy$

iii. $\displaystyle = \int_c^d \left(\int_a^b F(x)\, dx\right) G(y)\, dy$

iv. $\displaystyle = \left(\int_a^b F(x)\, dx\right) \int_c^d G(y)\, dy$

(a) Justifique as etapas de **(i)** a **(v)**.

A Equação (1) pode eventualmente nos ajudar a reduzir o trabalho. Utilize-a para calcular a seguinte integral

(b) $\displaystyle \int_0^{\ln 2} \int_0^{\pi/2} e^x \cos y\, dy\, dx$ **(c)** $\displaystyle \int_1^2 \int_{-1}^1 \frac{x}{y^2}\, dx\, dy$

22. Suponha que $D_{\mathbf{u}} f$ denote a derivada $f(x, y) = (x^2 + y^2)/2$ na direção do vetor unitário $\mathbf{u} = u_1\mathbf{i} + u_2\mathbf{j}$.

(a) **Encontrando o valor médio** Encontre o valor médio de $D_{\mathbf{u}} f$ sobre a região triangular cortada do primeiro quadrante pela reta $x + y = 1$.

(b) **Valor médio e centróide** Mostre que, em geral, o valor médio de $D_{\mathbf{u}} f$ sobre uma região no plano xy é o valor de $D_{\mathbf{u}} f$ no centróide da região.

23. **O valor de $\Gamma(1/2)$** A função gama

$$\Gamma(x) = \int_0^\infty t^{x-1} e^{-t}\, dt$$

estende a função fatorial de inteiros não negativos para outros valores reais. Na teoria das equações diferenciais, o número

$$\Gamma\left(\frac{1}{2}\right) = \int_0^\infty t^{(1/2)-1} e^{-t}\, dt = \int_0^\infty \frac{e^{-t}}{\sqrt{t}}\, dt \qquad (2)$$

é de particular interesse.

(a) Se você ainda não fez o Exercício 37 na Seção 15.3, faça-o agora para mostrar que

$$I = \int_0^\infty e^{-y^2} dy = \frac{\sqrt{\pi}}{2}$$

(b) Substitua $y = \sqrt{t}$ na Equação (2) para mostrar que $\Gamma(1/2) = 2I = \sqrt{\pi}$.

24. Carga elétrica total sobre uma placa circular A distribuição de carga elétrica sobre uma placa circular de raio R metros é $\sigma(r, \theta) = kr(1 - \operatorname{sen}\theta)$ Coulomb por metro^2 (sendo k uma constante). Integre σ sobre a placa para encontrar a carga total Q.

25. Um medidor de chuva parabólico Uma vasilha tem o formato do gráfico de $z = x^2 + y^2$ de $z = 0$ a $z = 10$ polegadas. Você planeja calibrar a vasilha para transformá-la em um medidor de chuva. Que altura na vasilha corresponderia a 1 pol de chuva? E 3 pol de chuva?

26. Água em uma antena parabólica Uma antena parabólica tem 2 m de largura e 1/2 m de profundidade. Seu eixo de simetria está inclinado 30 graus na vertical. Use-a para calcular as integrais a seguir.

(a) Monte, mas não calcule, uma integral tripla em coordenadas cartesianas que dê a quantidade de água que a antena comportará. (*Sugestão*: Coloque seu sistema de coordenadas de tal modo que a antena parabólica esteja na "posição-padrão" e o plano do nível de água seja inclinado.) (*Atenção*: Os limites de integração não são "fáceis".)

(b) Qual seria a menor inclinação da antena parabólica para que ela não acumulasse água?

27. Um semicilindro infinito Seja D o interior do semicilindro circular reto infinito de raio 1 com sua extremidade suspensa uma unidade acima da origem e com seu eixo igual ao raio de $(0, 0, 1)$ a ∞. Use coordenadas cilíndricas para calcular

$$\iiint_D z(r^2 + z^2)^{-5/2}\, dV$$

28. Hipervolume Aprendemos que $\int_a^b 1\, dx$ é o comprimento do intervalo $[a, b]$ na reta real (espaço unidimensional), $\iint_R 1\, dA$ é a área da região R no plano xy (espaço bidimensional) e $\iiint_D 1\, dV$ é o volume da região D no espaço tridimensional (espaço xyz). Poderíamos continuar: Se Q fosse uma região no espaço quadridimensional (espaço $xyzw$), então $\iiiint_Q 1\, dV$ seria o "hipervolume" de Q. Use suas habilidades de generalização e um sistema de coordenadas cartesianas do espaço quadridimensional para encontrar o hipervolume dentro da esfera quadridimensional unitária $x^2 + y^2 + z^2 + w^2 = 1$.

Exercícios avançados

1. Mostre que a função $f(x) = \begin{cases} 1, & \text{se } (x, y) \in \mathbf{Q}^2 \\ 0, & \text{caso contrário} \end{cases}$ não é integrável em $[0, 1] \times [0, 1]$.

2. Calcule $\iint_R e^{-(x^2+4y^2)}\, dxdy$, onde R é a região limitada pela elipse de equação $x^2 + 4y^2 = 4$.

3. Um recipiente esférico de raio R está com 2/3 de seu volume ocupado por água. Mostre que a altura h da superfcie de água a partir do fundo do recipiente satisfaz $3(h - R)^3 - 9R^2(h - R) + 2R^3 = 0$.

4. Um sistema de vasos comunicantes é constituído por um recipiente com formato parabólico cuja superfície é dada por $z = 2x^2 + y^2$, $0 \leq z \leq 2$ e por um recipiente com fundo plano cuja superfície lateral é dada por $(x - 3 - z)^2 + y^2 = 1$, $0 \leq z \leq 2$, ligados pelo fundo por um tubo de volume v_0. Se um volume $v + v_0$ de líquido é depositado no sistema, qual é a altura $z(v)$ do líquido em função de v?

5. Considere um cubo sólido $[-1, 1] \times [-1, 1] \times [-1, 1]$ de densidade constante $\rho > 0$ e as retas r, s e t que passam pela origem e têm direções dadas por $\vec{r} = (1, 0, 0)$, $\vec{s} = (1, 1, 0)$ e $\vec{t} = (1, 1, 1)$ respectivamente. Em relação a qual dessas retas o momento de inércia do cubo é maior?

6. Uma placa plana homogênea ocupa a região $a \leq x^2 + y^2 \leq 1$, $x \geq 0$, com $0 < a < 1$. Determine condições sobre a para que o centro de massa da placa esteja sobre ela.

7. Qual é o volume do sólido determinado pela interseção dos cilindros $x^2 + y^2 \leq 1$, $x^2 + z^2 \leq 1$ e $y^2 + z^2 \leq 1$?

8. Uma placa plana fina de densidade constante e massa m tem a forma de uma elipse com semi-eixos a e b. Seja L a reta no plano da placa que passa pelo centro da elipse e faz um ângulo α com o eixo de comprimento $2a$. Mostre que o momento de inércia I_L é igual a $\frac{1}{4}m(a^2 \operatorname{sen}^2\alpha + b^2 \cos^2\alpha)$.

9. Faça um esboço do sólido cujo volume é dado pela soma das integrais

$$\int_0^6 \int_{\frac{z}{2}}^3 \int_{\frac{z}{2}}^y dxdydz + \int_0^6 \int_3^{\frac{(12-z)}{2}} \int_{\frac{z}{2}}^{6-y} dxdydz$$

Depois, escreva o volume como uma única integral iterada na ordem $dydzdx$. Calcule o volume.

10. Use uma mudança de variáveis conveniente para calcular $\iint_R (x - y)^2 \operatorname{sen}^2(x + y)\, dxdy$, onde R é o paralelogramo de vértces $(\pi, 0)$, $(2\pi, \pi)$, $(\pi, 2\pi)$ e $(0, \pi)$.

11. Use uma mudança de variáveis conveniente para mostrar que

$$\iint_S f(ax + by + c)\,dxdy = 2\int_{-1}^{1} \sqrt{1 - u^2}\, f(u\sqrt{a^2 + b^2} + c)\,du$$

em que $S = \{(x, y) \in R^2 \mid x^2 + y^2 \leq 1\}$ e $a^2 + b^2 \neq 0$.

12. Calcule

$$\iiint_V (x - 2y)z^3\sqrt[4]{x + 2y}\, \operatorname{sen}(xy)\, dx\, dy\, dz$$

em que

$$V = \{(x, y, z) \in \mathbf{R}^3 \mid x \geq 0, -\tfrac{\pi}{2} \leq xy \leq 0, 1 \leq x + 2y \leq 2, 1 \leq z \leq 2\}$$

Projetos de aplicação de tecnologia

MÓDULO MATHEMATICA/MAPLE

Arrisque: experimente aplicar o método de Monte Carlo para a integração numérica em três dimensões

Use a Técnica de Monte Carlo para fazer integrações numéricas em três dimensões.

MÓDULO MATHEMATICA/MAPLE

Médias e momentos e novas técnicas de esboço, parte II

Use o método de momentos de uma forma que usa tanto a simetria geométrica quanto a integração múltipla.

16 Integração em campos vetoriais

RESUMO Este capítulo trata de integração em campos vetoriais. A matemática neste capítulo é aquela usada por matemáticos e engenheiros para descrever o escoamento de fluidos, projetar cabos de transmissão subaquáticos, explicar o fluxo de calor nas estrelas e calcular o trabalho necessário para colocar um satélite em órbita. Em particular, definimos as integrais de linha — utilizadas quando desejamos calcular o trabalho realizado por um campo de força ao mover objetos ao longo de um caminho através do campo. Para podermos encontrar a taxa na qual um fluido escorre por uma superfície, também definimos as integrais de superfície. Ao longo do nosso percurso, abordaremos conceitos e resultados essenciais, como os de campos de força conservativos e o do teorema de Green, que simplificam os cálculos desse novo tipo de integral por meio da relação que estabelecem entre elas e as integrais simples, duplas e triplas já estudadas.

16.1 Integrais de linha

No Capítulo 5 (Volume I), tratamos das integrais definidas de uma função sobre um intervalo fechado finito $[a, b]$ no eixo x. Usamos integrais definidas para encontrar a massa de hastes finas e retas ou o trabalho realizado por uma força variável direcionada ao longo do eixo x. Agora, queremos calcular as massas de hastes ou cabos finos ao longo de uma *curva* no plano ou no espaço, ou encontrar o trabalho realizado por uma força variável que age sobre uma curva. Para isso, precisamos de uma noção mais geral do que a de integração sobre um segmento de reta no eixo x para a integral de "linha". Vamos agora integrar sobre uma curva C no plano ou no espaço. Essas integrais mais genéricas são chamadas *integrais de linha*, embora integrais de "curva" seja uma nomenclatura melhor. Fazemos a definição de curvas espaciais, lembrando que as curvas no plano xy são apenas um tipo especial no qual a coordenada z é identicamente zero.

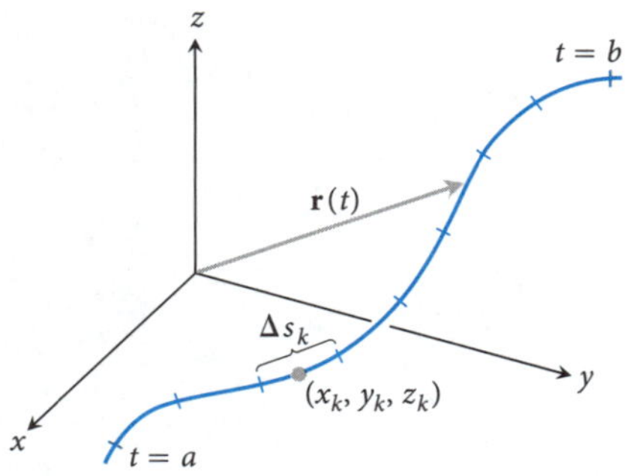

FIGURA 16.1 A curva $\mathbf{r}(t)$ particionada em pequenos arcos de $t = a$ a $t = b$. O comprimento de um subarco típico é Δs_k.

Suponha que $f(x, y, z)$ seja uma função real que desejamos integrar sobre a curva $\mathbf{r}(t) = g(t)\mathbf{i} + h(t)\mathbf{j} + k(t)\mathbf{k}$, $a \le t \le b$, dentro do domínio de f. Os valores de f ao longo da curva são dados pela função composta $f(g(t), h(t), k(t))$. Vamos integrar essa função em relação ao comprimento de arco de $t = a$ a $t = b$. Para começar, particionamos a curva em um número n finito de subarcos (que costuma ter comprimento Δs_k, conforme mostra a Figura 16.1). Em cada um dos subarcos escolhemos um ponto (x_k, y_k, z_k) e formamos a soma

$$S_n = \sum_{k=1}^{n} f(x_k, y_k, z_k)\, \Delta s_k$$

Se f é contínua e as funções g, h e k possuem derivadas de primeira ordem contínuas, então essas somas se aproximam de um limite à medida que n

aumenta e os comprimentos Δs_k se aproximam de zero. Chamamos esse limite **integral de linha de *f* sobre a curva de *a* a *b***. Se a curva for denotada por uma única letra, *C*, por exemplo, a notação para a integral será

$$\int_C f(x, y, z)\, ds \qquad \text{“Integral de } f \text{ sobre } C\text{”} \tag{1}$$

Se $\mathbf{r}(t)$ for lisa para $a \le t \le b$ ($\mathbf{v} = d\mathbf{r}/dt$ é contínua e nunca é 0), podemos usar a equação

$$s(t) = \int_a^b |\mathbf{v}(\tau)|\, d\tau \qquad \text{Equação (3) da Seção 13.3 com } t_0 = a$$

para expressar *ds* na Equação (1) como $ds = |\mathbf{v}(t)|\, dt$. Um teorema de cálculo avançado diz que podemos então calcular a integral de *f* sobre *C* como

$$\int_C f(x, y, z)\, ds = \int_a^b f(g(t), h(t), k(t))\, |\mathbf{v}(t)|\, dt$$

Observe que a integral do lado direito da última equação é uma integral definida simples, conforme vimos no Capítulo 5, a qual vamos integrar com relação ao parâmetro *t*. Essa fórmula calculará a integral corretamente não importa qual parametrização usemos, desde que esta seja lisa.

Como calcular uma integral de linha

Para integrar uma função contínua $f(x, y, z)$ sobre uma curva *C*:

Passo 1. Encontre uma parametrização lisa de *C*,

$$\mathbf{r}(t) = g(t)\mathbf{i} + h(t)\mathbf{j} + k(t)\mathbf{k}, \quad a \le t \le b$$

Passo 2. Calcule a integral como

$$\int_C f(x, y, z)\, ds = \int_a^b f(g(t), h(t), k(t))\, |\mathbf{v}(t)|\, dt \tag{2}$$

Se *f* tem o valor constante 1, então a integral de *f* sobre *C* dá o comprimento de *C*.

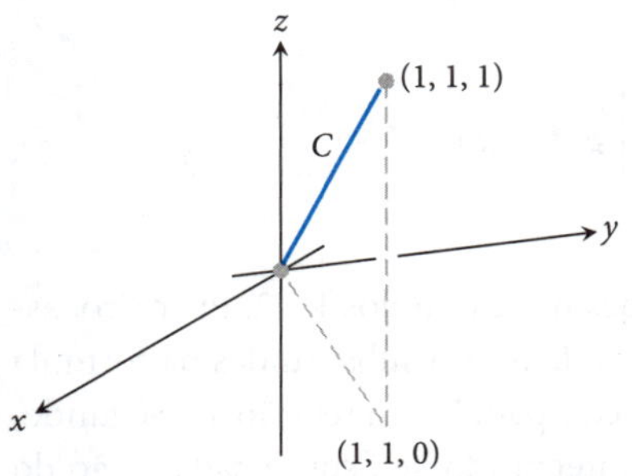

FIGURA 16.2 O caminho de integração do Exemplo 1.

EXEMPLO 1 Calculando uma integral de linha

Integre $f(x, y, z) = x - 3y^2 + z$ sobre o segmento de reta *C* que une a origem ao ponto (1, 1, 1) (Figura 16.2).

SOLUÇÃO Escolhemos a parametrização mais simples que pudermos imaginar:

$$\mathbf{r}(t) = t\mathbf{i} + t\mathbf{j} + t\mathbf{k}, \qquad 0 \le t \le 1.$$

As componentes têm derivadas de primeira ordem contínuas e $|\mathbf{v}(t)| = |\mathbf{i} + \mathbf{j} + \mathbf{k}| = \sqrt{1^2 + 1^2 + 1^2} = \sqrt{3}$ nunca é 0, portanto a parametrização é lisa. A integral de *f* sobre *C* é

$$\int_C f(x, y, z)\, ds = \int_0^1 f(t, t, t)\left(\sqrt{3}\right) dt \qquad \text{Equação (2)}$$

$$= \int_0^1 (t - 3t^2 + t)\sqrt{3}\, dt$$

$$= \sqrt{3}\int_0^1 (2t - 3t^2)\, dt = \sqrt{3}\left[t^2 - t^3\right]_0^1 = 0$$

Aditividade

Integrais de linha têm a propriedade útil de que se uma curva C for feita ligando-se um número finito de curvas $C_1, C_2, ..., C_n$ pelas extremidades, então a integral de uma função sobre C é a soma das integrais sobre as curvas que a compõem:

$$\int_C f\, ds = \int_{C_1} f\, ds + \int_{C_2} f\, ds + \cdots + \int_{C_n} f\, ds \tag{3}$$

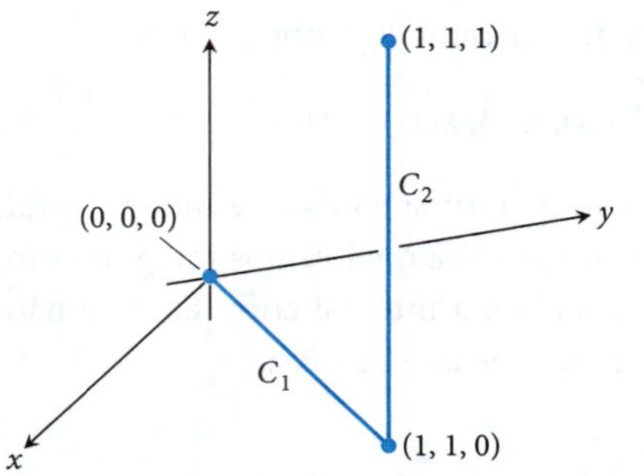

FIGURA 16.3 O caminho de integração no Exemplo 2.

EXEMPLO 2 Integral de linha para dois caminhos ligados

A Figura 16.3 mostra outro caminho da origem ao ponto (1, 1, 1), a união dos segmentos de reta C_1 e C_2. Integre $f(x, y, z) = x - 3y^2 + z$ sobre $C_1 \cup C_2$.

SOLUÇÃO Escolhemos as parametrizações mais simples que pudermos imaginar para C_1 e C_2, verificando os comprimentos dos vetores velocidade à medida que prosseguimos:

$$C_1: \quad \mathbf{r}(t) = t\mathbf{i} + t\mathbf{j}, \quad 0 \le t \le 1; \quad |\mathbf{v}| = \sqrt{1^2 + 1^2} = \sqrt{2}$$

$$C_2: \quad \mathbf{r}(t) = \mathbf{i} + \mathbf{j} + t\mathbf{k}, \quad 0 \le t \le 1; \quad |\mathbf{v}| = \sqrt{0^2 + 0^2 + 1^2} = 1$$

Com essas parametrizações descobrimos que

$$\int_{C_1 \cup C_2} f(x, y, z)\, ds = \int_{C_1} f(x, y, z)\, ds + \int_{C_2} f(x, y, z)\, ds \qquad \text{Equação (3)}$$

$$= \int_0^1 f(t, t, 0)\sqrt{2}\, dt + \int_0^1 f(1, 1, t)(1)\, dt \qquad \text{Equação (2)}$$

$$= \int_0^1 (t - 3t^2 + 0)\sqrt{2}\, dt + \int_0^1 (1 - 3 + t)(1)\, dt$$

$$= \sqrt{2}\left[\frac{t^2}{2} - t^3\right]_0^1 + \left[\frac{t^2}{2} - 2t\right]_0^1 = -\frac{\sqrt{2}}{2} - \frac{3}{2}$$

Observe três coisas sobre as integrações nos exemplos 1 e 2. Primeiro, assim que as componentes da curva apropriada foram substituídas na fórmula para f, a integração se tornou uma integração-padrão em relação a t. Segundo, a integral de f sobre $C_1 \cup C_2$ foi obtida integrando-se f sobre cada seção do caminho e somando-se os resultados. Terceiro, as integrais de f sobre C e $C_1 \cup C_2$ têm valores diferentes. Para a maioria das funções, o valor da integral ao longo de um caminho ligando dois pontos varia se o caminho entre eles variar. Para algumas funções, entretanto, o valor permanece o mesmo, como veremos na Seção 16.3.

Cálculo de massa e momento

Tratamos molas e fios como massas distribuídas ao longo de curvas lisas no espaço. A distribuição é descrita por uma função de densidade contínua $\delta(x, y, z)$ (massa por unidade de comprimento). A massa, o centro de massa e os momentos da mola ou do fio são calculados então com as fórmulas da Tabela 16.1, que também se aplicam a hastes finas.

TABELA 16.1 Fórmulas de massa e momento para molas helicoidais, hastes finas e fios distribuídos ao longo de uma curva lisa *C* no espaço

Massa: $M = \int_C \delta(x, y, z)\, ds \qquad (\delta = \delta(x, y, z) = \text{densidade})$

Primeiros momentos em relação aos planos coordenados:

$$M_{yz} = \int_C x\,\delta\, ds, \qquad M_{xz} = \int_C y\,\delta\, ds, \qquad M_{xy} = \int_C z\,\delta\, ds$$

Coordenadas do centro de massa:

$$\bar{x} = M_{yz}/M, \qquad \bar{y} = M_{xz}/M, \qquad \bar{z} = M_{xy}/M$$

Momentos de inércia em relação aos eixos e outras retas:

$$I_x = \int_C (y^2 + z^2)\delta\, ds, \qquad I_y = \int_C (x^2 + z^2)\delta\, ds$$

$$I_z = \int_C (x^2 + y^2)\delta\, ds, \qquad I_L = \int_C r^2\delta\, ds$$

$r(x, y, z)$ = distância do ponto (x, y, z) à reta L

Raios de rotação em relação a uma reta L: $R_L = \sqrt{I_L/M}$

EXEMPLO 3 Encontrando a massa, o centro de massa, o momento de inércia e o raio de rotação

Uma mola helicoidal está ao longo da hélice

$$\mathbf{r}(t) = (\cos 4t)\mathbf{i} + (\operatorname{sen} 4t)\mathbf{j} + t\mathbf{k}, \quad 0 \leq t \leq 2\pi$$

A densidade da mola é uma constante, $\delta = 1$. Encontre a massa, o centro de massa, o momento de inércia e o raio de rotação, em relação ao eixo z, da mola.

SOLUÇÃO Esboçamos a mola (Figura 16.4). Devido às simetrias envolvidas, o centro de massa está no ponto $(0, 0, \pi)$ no eixo z.

Para os cálculos restantes, primeiro encontramos v (t):

$$|\mathbf{v}(t)| = \sqrt{\left(\frac{dx}{dt}\right)^2 + \left(\frac{dy}{dt}\right)^2 + \left(\frac{dz}{dt}\right)^2}$$

$$= \sqrt{(-4 \operatorname{sen} 4t)^2 + (4 \cos 4t)^2 + 1} = \sqrt{17}$$

Depois, calculamos as fórmulas da Tabela 16.1 usando a Equação (2):

$$M = \int_{\text{Hélice}} \delta\, ds = \int_0^{2\pi} (1)\sqrt{17}\, dt = 2\pi\sqrt{17}$$

$$I_z = \int_{\text{Hélice}} (x^2 + y^2)\delta\, ds = \int_0^{2\pi} (\cos^2 4t + \operatorname{sen}^2 4t)(1)\sqrt{17}\, dt$$

$$= \int_0^{2\pi} \sqrt{17}\, dt = 2\pi\sqrt{17}$$

$$R_z = \sqrt{I_z/M} = \sqrt{2\pi\sqrt{17}/(2\pi\sqrt{17})} = 1$$

Observe que o raio de rotação em torno do eixo z é o raio do cilindro em torno do qual a hélice se enrola.

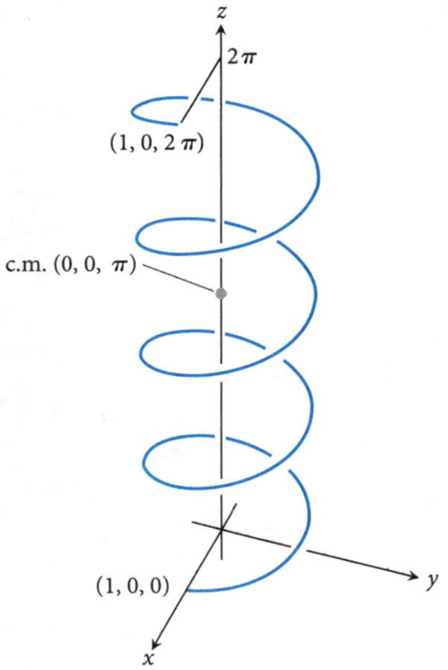

FIGURA 16.4 A mola helicoidal do Exemplo 3.

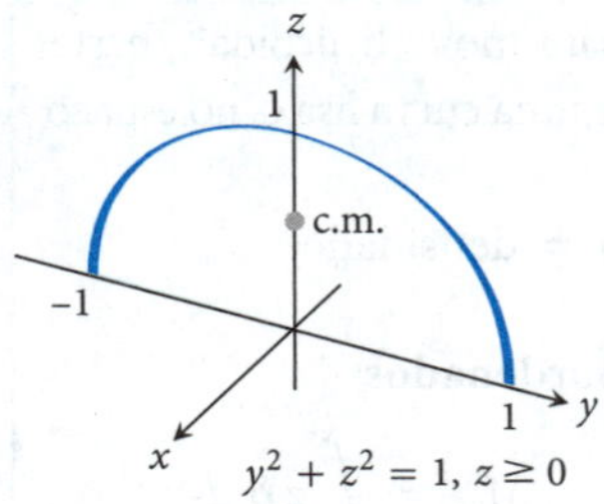

FIGURA 16.5 O Exemplo 4 mostra como encontrar o centro de massa de um arco circular de densidade variável.

EXEMPLO 4 Encontrando o centro de massa de um arco

Um arco metálico fino, mais denso na base que no topo, encontra-se ao longo de uma semicircunferência $y^2 + z^2 = 1$, $z \geq 0$ no plano yz (Figura 16.5). Encontre o centro de massa do arco se a densidade no ponto (x, y, z) do arco for $\delta(x, y, z) = 2 - z$.

SOLUÇÃO Sabemos que $\bar{x} = 0$ e $\bar{y} = 0$, uma vez que o arco está no plano yz com sua massa distribuída simetricamente em relação ao eixo z. Para encontrarmos $\bar{z}$, parametrizamos a circunferência como

$$\mathbf{r}(t) = (\cos t)\mathbf{j} + (\operatorname{sen} t)\mathbf{k}, \qquad 0 \leq t \leq \pi$$

Para essa parametrização,

$$|\mathbf{v}(t)| = \sqrt{\left(\frac{dx}{dt}\right)^2 + \left(\frac{dy}{dt}\right)^2 + \left(\frac{dz}{dt}\right)^2} = \sqrt{(0)^2 + (-\operatorname{sen} t)^2 + (\cos t)^2} = 1$$

As fórmulas da Tabela 16.1 então resultam

$$M = \int_C \delta\, ds = \int_C (2 - z)\, ds = \int_0^{\pi} (2 - \operatorname{sen} t)(1)\, dt = 2\pi - 2$$

$$M_{xy} = \int_C z\delta\, ds = \int_C z(2 - z)\, ds = \int_0^{\pi} (\operatorname{sen} t)(2 - \operatorname{sen} t)\, dt$$

$$= \int_0^{\pi} (2 \operatorname{sen} t - \operatorname{sen}^2 t)\, dt = \frac{8 - \pi}{2}$$

$$\bar{z} = \frac{M_{xy}}{M} = \frac{8 - \pi}{2} \cdot \frac{1}{2\pi - 2} = \frac{8 - \pi}{4\pi - 4} \approx 0{,}57$$

Com $\bar{z}$ arredondado, o centro de massa é (0, 0, 0,57).

Exercícios 16.1

Gráficos de equações vetoriais

Associe as equações vetoriais nos exercícios 1–8 com os gráficos **(a)**–**(h)** dados aqui.

(a)

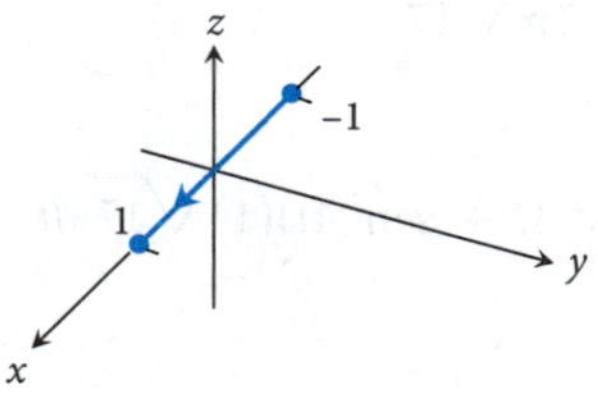

(b)

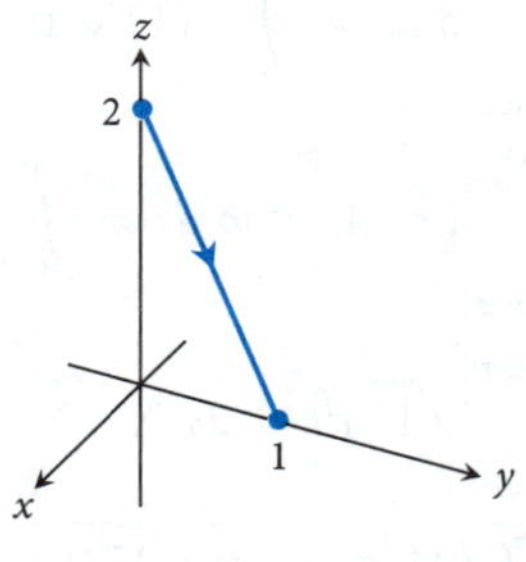

(c)

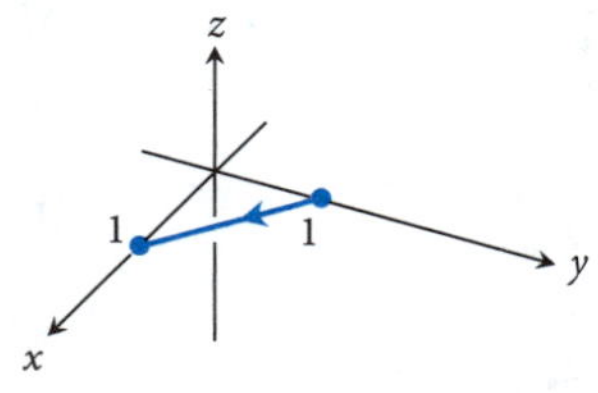

(d)

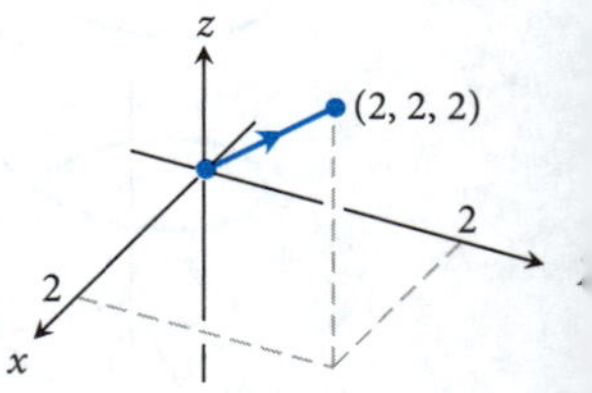

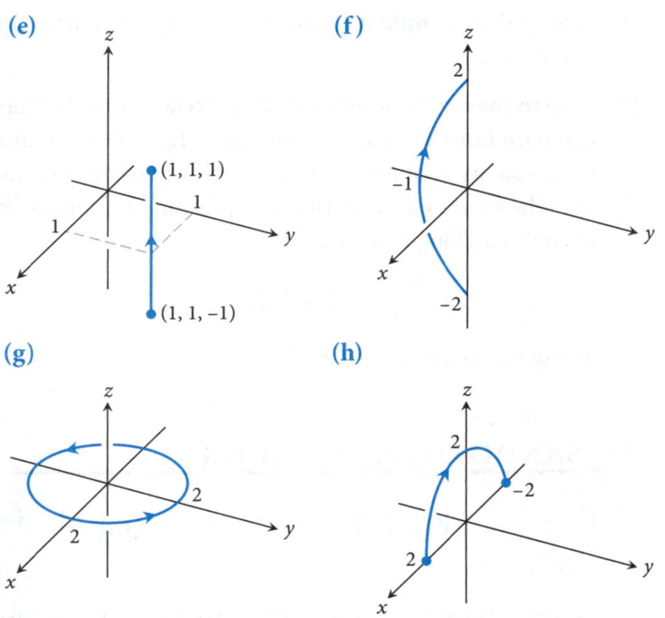

1. $\mathbf{r}(t) = t\mathbf{i} + (1 - t)\mathbf{j}, \quad 0 \leq -t \leq 1$
2. $\mathbf{r}(t) = \mathbf{i} + \mathbf{j} + t\mathbf{k}, \quad -1 \leq t \leq 1$
3. $\mathbf{r}(t) = (2 \cos t)\mathbf{i} + (2 \operatorname{sen} t)\mathbf{j}, \quad 0 \leq t \leq 2\pi$
4. $\mathbf{r}(t) = -t\mathbf{i}, \quad -1 \leq t \leq 1$
5. $\mathbf{r}(t) = t\mathbf{i} + t\mathbf{j} + t\mathbf{k}, \quad 0 \leq t \leq 2$
6. $\mathbf{r}(t) = t\mathbf{j} + (2 - 2t)\mathbf{k}, \quad 0 \leq t \leq 1$
7. $\mathbf{r}(t) = (t^2 - 1)\mathbf{j} + 2t\mathbf{k}, \quad -1 \leq t \leq 1$
8. $\mathbf{r}(t) = (2 \cos t)\mathbf{i} + (2 \operatorname{sen} t)\mathbf{k}, \quad 0 \leq t \leq \pi$

Calculando integrais de linha sobre curvas no espaço

9. Calcule $\int_C (x + y)\, ds$ onde C é o segmento de reta $x = t$, $y = (1 - t)$, $z = 0$, de $(0, 1, 0)$ a $(1, 0, 0)$.

10. Calcule $\int_C (x - y + z - 2)\, ds$ onde C é o segmento de reta $x = t$, $y = (1 - t)$, $z = 1$, de $(0, 1, 1)$ a $(1, 0, 1)$.

11. Calcule $\int_C (xy + y + z)\, ds$ ao longo da curva $\mathbf{r}(t) = 2t\mathbf{i} + t\mathbf{j} + (2 - 2t)\mathbf{k}$, $0 \leq t \leq 1$.

12. Calcule $\int_C \sqrt{x^2 + y^2}\, ds$ ao longo da curva $\mathbf{r}(t) = (4 \cos t)\mathbf{i} + (4 \operatorname{sen} t)\mathbf{j} + 3t\mathbf{k}$, $-2\pi \leq t \leq 2\pi$.

13. Encontre a integral de linha de $f(x, y, z) = x + y + z$ sobre o segmento de reta de $(1, 2, 3)$ a $(0, -1, 1)$.

14. Encontre a integral de linha de $f(x, y, z) = \sqrt{3}/(x^2 + y^2 + z^2)$ sobre a curva $\mathbf{r}(t) = t\mathbf{i} + t\mathbf{j} + t\mathbf{k}$, $1 \leq t \leq \infty$.

15. Integre $f(x, y, z) = x + \sqrt{y} - z^2$ sobre o caminho de $(0, 0, 0)$ a $(1, 1, 1)$ (Figura 16.6a) dado por

$$C_1: \quad \mathbf{r}(t) = t\mathbf{i} + t^2\mathbf{j}, \qquad 0 \leq t \leq 1$$

$$C_2: \quad \mathbf{r}(t) = \mathbf{i} + \mathbf{j} + t\mathbf{k}, \qquad 0 \leq t \leq 1$$

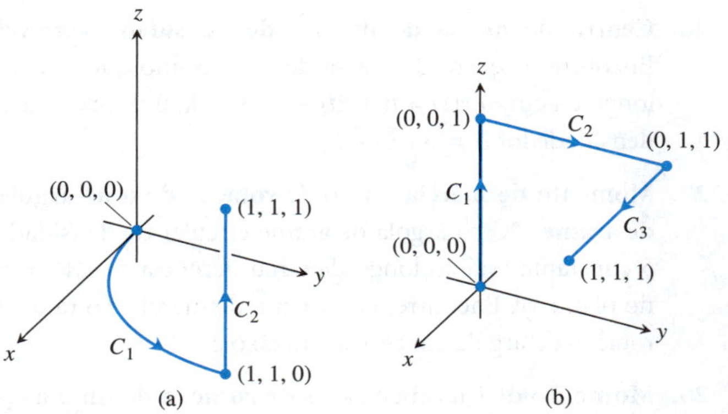

FIGURA 16.6 Os caminhos de integração para os exercícios 15 e 16.

16. Integre $f(x, y, z) = x + \sqrt{y} - z^2$ sobre o caminho de $(0, 0, 0)$ a $(1, 1, 1)$ (Figura 16.6b) dado por

$$C_1: \quad \mathbf{r}(t) = t\mathbf{k}, \qquad 0 \leq t \leq 1$$

$$C_2: \quad \mathbf{r}(t) = t\mathbf{j} + \mathbf{k}, \qquad 0 \leq t \leq 1$$

$$C_3: \quad \mathbf{r}(t) = t\mathbf{i} + \mathbf{j} + \mathbf{k}, \qquad 0 \leq t \leq 1$$

17. Integre $f(x, y, z) = (x + y + z)/(x^2 + y^2 + z^2)$ sobre o caminho $\mathbf{r}(t) = t\mathbf{i} + t\mathbf{j} + t\mathbf{k}$, $0 < a \leq t \leq b$.

18. Integre $f(x, y, z) = -\sqrt{x^2 + z^2}$ sobre a circunferência

$$\mathbf{r}(t) = (a \cos t)\mathbf{j} + (a \operatorname{sen} t)\mathbf{k}, \qquad 0 \leq t \leq 2\pi$$

Integrais de linha sobre curvas planas

Nos exercícios 19–22, integre f sobre a curva dada.

19. $f(x, y) = x^3/y, \quad C: \ y = x^2/2, \quad 0 \leq x \leq 2$

20. $f(x, y) = (x + y^2)/\sqrt{1 + x^2}, \quad C: \ y = x^2/2$ de $(1, 1/2)$ a $(0, 0)$

21. $f(x, y) = x + y, \quad C: \ x^2 + y^2 = 4$ no primeiro quadrante de $(2, 0)$ a $(0, 2)$.

22. $f(x, y) = x^2 - y, \quad C: \ x^2 + y^2 = 4$ no primeiro quadrante de $(0, 2)$ a $(\sqrt{2}, \sqrt{2})$.

Massa e momentos

23. **Massa de um arame** Encontre a massa de um arame que está sobre a curva $\mathbf{r}(t) = (t^2 - 1)\mathbf{j} + 2t\mathbf{k}$, $0 \leq t \leq 1$, se a densidade for $\delta = (3/2)t$.

24. **Centro de massa de um fio curvo** Um fio de densidade $\delta(x, y, z) = 15\sqrt{y + 2}$ está ao longo da curva $\mathbf{r}(t) = (t^2 - 1)\mathbf{j} + 2t\mathbf{k}$, $-1 \leq t \leq 1$. Encontre seu centro de massa. Depois, esboce a curva juntamente com o centro de massa.

25. **Massa de um fio de densidade variável** Encontre a massa de um fio fino que está ao longo da curva $\mathbf{r}(t) = \sqrt{2}t\mathbf{i} + \sqrt{2}t\mathbf{j} + (4 - t^2)\mathbf{k}$, $0 \leq t \leq 1$, se a densidade for **(a)** $\delta = 3t$ e **(b)** $\delta = 1$.

26. **Centro de massa de um fio de densidade variável** Encontre o centro de massa de um fio fino que está ao longo da curva $\mathbf{r}(t) = t\mathbf{i} + 2t\mathbf{j} + (2/3)t^{3/2}\mathbf{k}$, $0 \leq t \leq 2$, se a densidade for $\delta = 3\sqrt{5 + t}$

27. **Momento de inércia e raio de rotação de uma argola de arame** Uma argola de arame circular de densidade δ constante está ao longo da circunferência $x^2 + y^2 = a^2$ no plano xy. Encontre o momento de inércia e o raio de rotação da argola em relação ao eixo z.

28. **Momento de inércia e raios de rotação de uma haste delgada** Uma haste delgada de densidade constante encontra-se ao longo de um segmento de reta $\mathbf{r}(t) = t\mathbf{j} + (2 - 2t)\mathbf{k}$, $0 \leq t \leq 1$ no plano yz. Encontre os momentos de inércia e os raios de rotação da haste em relação aos três eixos coordenados.

29. **Duas molas de densidade constante** Uma mola de densidade δ constante encontra-se na hélice

$$\mathbf{r}(t) = (\cos t)\mathbf{i} + (\operatorname{sen} t)\mathbf{j} + t\mathbf{k}, \qquad 0 \leq t \leq 2\pi$$

(a) Encontre I_z e R_z.

(b) Suponha que você tenha outra mola de densidade constante δ com o dobro do comprimento da mola no item (a) e que esteja na hélice para $0 \leq t \leq 4\pi$. Você espera que I_z e R_z para a mola mais longa sejam os mesmos daqueles da mola mais curta ou que eles sejam diferentes? Verifique sua previsão calculando I_z e R_z para a mola mais longa.

30. **Arame de densidade constante** Um arame de densidade constante $\delta = 1$ encontra-se ao longo da curva

$$\mathbf{r}(t) = (t\cos t)\mathbf{i} + (t\operatorname{sen} t)\mathbf{j} + \left(2\sqrt{2}/3\right)t^{3/2}\mathbf{k}, \qquad 0 \leq t \leq 1$$

Encontre $\bar{z}$, I_z e R_z.

31. **O arco do Exemplo 4** Encontre I_x e R_x para o arco no Exemplo 4.

32. **Centros de massa, momentos de inércia e raios de rotação para fios de densidade variável** Encontre o centro de massa, os momentos de inércia e os raios de rotação, em relação aos eixos coordenados, de um fio fino que se encontra ao longo da curva

$$\mathbf{r}(t) = t\mathbf{i} + \frac{2\sqrt{2}}{3}t^{3/2}\mathbf{j} + \frac{t^2}{2}\mathbf{k}, \qquad 0 \leq t \leq 2$$

se a densidade é $\delta = 1/(t + 1)$.

USANDO O COMPUTADOR

Calculando numericamente integrais de linha

Nos exercícios 33-36, use um SAC para executar os passos a seguir para calcular as integrais de linha.

(a) Encontre $ds = |\mathbf{v}(t)|\,dt$ para o caminho $\mathbf{r}(t) = g(t)\mathbf{i} + h(t)\,\mathbf{j} + k(t)\mathbf{k}$.

(b) Expresse o integrando $f(g(t), h(t), k(t))\,|\mathbf{v}(t)|$ como uma função do parâmetro t.

(c) Calcule $\int_C f\,ds$ usando a Equação (2) dada no texto.

33. $f(x, y, z) = \sqrt{1 + 30x^2 + 10y}$; $\mathbf{r}(t) = t\mathbf{i} + t^2\mathbf{j} + 3t^2\mathbf{k}$, $0 \leq t \leq 2$

34. $f(x, y, z) = \sqrt{1 + x^3 + 5y^3}$; $\mathbf{r}(t) = t\mathbf{i} + \frac{1}{3}t^2\mathbf{j} + \sqrt{t}\mathbf{k}$, $0 \leq t \leq 2$

35. $f(x, y, z) = x\sqrt{y} - 3z^2$; $\mathbf{r}(t) = (\cos 2t)\mathbf{i} + (\operatorname{sen} 2t)\mathbf{j} + 5t\mathbf{k}$, $0 \leq t \leq 2\pi$

36. $f(x, y, z) = \left(1 + \frac{9}{4}z^{1/3}\right)^{1/4}$; $\mathbf{r}(t) = (\cos 2t)\mathbf{i} + (\operatorname{sen} 2t)\mathbf{j} + t^{5/2}\mathbf{k}$, $0 \leq t \leq 2\pi$

16.2 Campos vetoriais, trabalho, circulação e fluxo

Quando estudamos fenômenos físicos que são representados por vetores, trocamos integrais sobre intervalos fechados por integrais sobre caminhos através de campos de vetores. Usamos tais integrais para encontrar o trabalho realizado por uma força variável ao mover um objeto ao longo de um caminho (um veículo enviado ao espaço sob a ação do campo gravitacional da Terra) ou para encontrar o trabalho realizado por um campo vetorial ao mover um objeto ao longo de um caminho através de um campo (o trabalho realizado por um acelerador para elevar a energia de uma partícula). Também as usamos para encontrar as taxas nas quais líquidos escoam ao longo e através de curvas.

Campos vetoriais

Suponha que uma região no plano ou no espaço esteja ocupada por um fluido em movimento, como ar ou água. Imagine que o fluido seja composto por um número grande de partículas e que, em qualquer instante, uma partícula

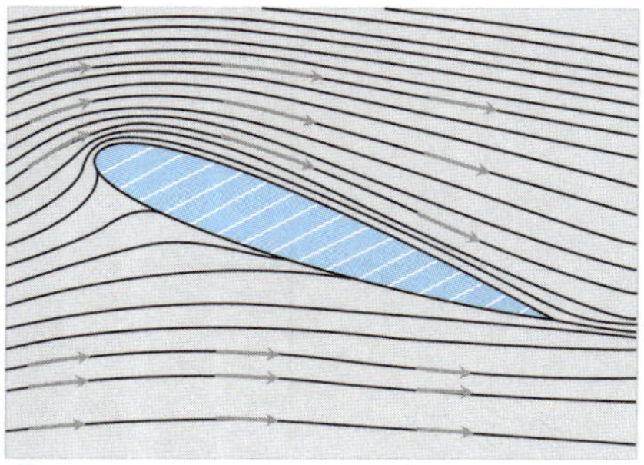

FIGURA 16.7 Vetores velocidade de um escoamento ao redor de um aerofólio em um túnel de vento. Fumaça de querosene torna visíveis as linhas de fluxo.

tem velocidade **v**. Se tirarmos uma fotografia da velocidade de algumas partículas em diferentes pontos no mesmo instante, esperamos descobrir que essas velocidades variam de posição para posição. Podemos imaginar um vetor velocidade ligado a cada ponto do fluido e considerar que seu fluxo exemplifica um *campo de vetores*. A Figura 16.7, por exemplo, mostra os campos de vetores obtidos quando anexamos um vetor velocidade a cada ponto de ar em movimento no aerofólio em um túnel de vento. A Figura 16.8 mostra outro campo formado por vetores velocidade ao longo do curso da água em movimento em um canal que vai se estreitando. Além dos campos de vetores associados ao fluxo de fluidos, existem outros relacionados à atração gravitacional (Figura 16.9), campos de força magnética, campos elétricos e até a campos puramente matemáticos.

Em geral, um **campo vetorial** em um domínio no plano ou no espaço é uma função que associa um vetor a cada ponto do domínio. Um campo de vetores tridimensionais pode ter uma fórmula do tipo

$$\mathbf{F}(x, y, z) = M(x, y, z)\mathbf{i} + N(x, y, z)\mathbf{j} + P(x, y, z)\mathbf{k}.$$

O campo é **contínuo** se as **funções componentes** M, N e P são contínuas, **diferenciável** se M, N e P são diferenciáveis e assim por diante. Um campo de vetores bidimensionais pode ter uma fórmula do tipo

$$\mathbf{F}(x, y) = M(x, y)\mathbf{i} + N(x, y)\mathbf{j}$$

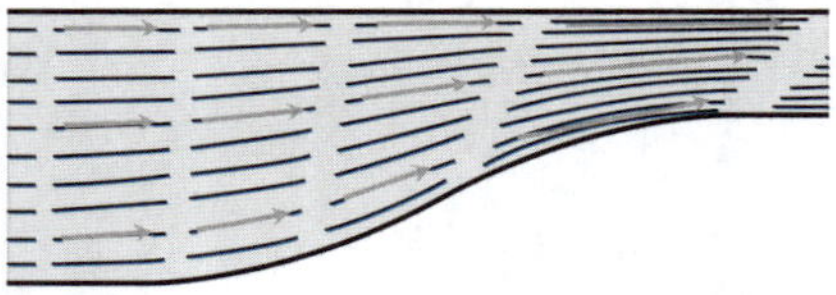

FIGURA 16.8 Linhas de fluxo em um canal que se estreita. A água corre mais rápido à medida que o canal se estreita e os vetores velocidade crescem em comprimento.

Se anexarmos o vetor velocidade de um projétil a cada ponto de sua trajetória no plano de movimento, teremos um campo bidimensional ao longo da trajetória. Se anexarmos o vetor gradiente de uma função escalar a cada ponto de uma superfície de nível da função, teremos um campo tridimensional sobre a superfície. Se anexarmos o vetor velocidade a cada ponto de um fluido que escoa, teremos um campo tridimensional definido em uma região do espaço. Estes e outros campos estão ilustrados nas figuras 16.10 a 16.15. Algumas dessas ilustrações também dão fórmulas para os campos.

Para esboçarmos os campos que têm fórmulas, escolhemos uma seleção representativa dos pontos do domínio e esboçamos os vetores anexados a eles. As setas que representam os vetores são desenhadas com suas caudas, e não suas pontas, nos pontos onde as funções vetoriais são calculadas. Isso é diferente da maneira pela qual desenhamos vetores posição de planetas e projéteis, com a cauda na origem e a ponta no lugar onde eles estão localizados.

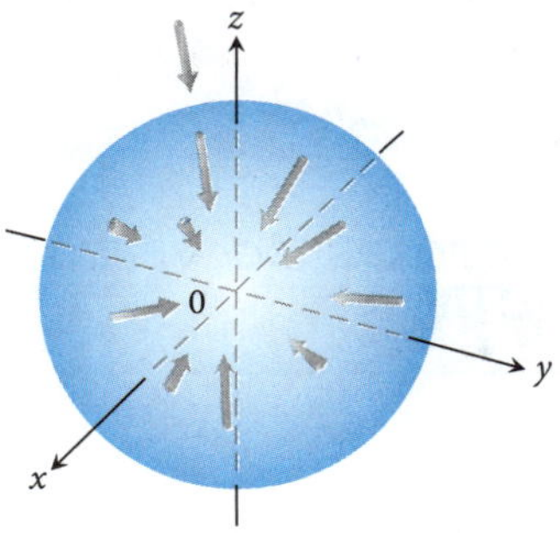

FIGURA 16.9 Vetores em um campo gravitacional indo em direção ao centro de massa que mantém o campo.

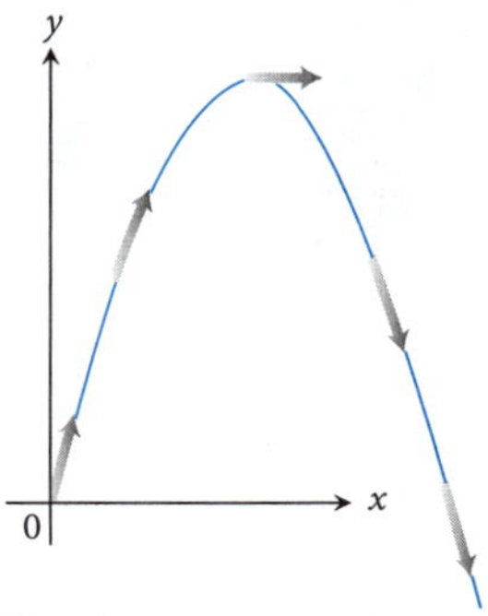

FIGURA 16.10 Os vetores velocidade $\mathbf{v}(t)$ do movimento de um projétil descrevem um campo de vetores ao longo da trajetória.

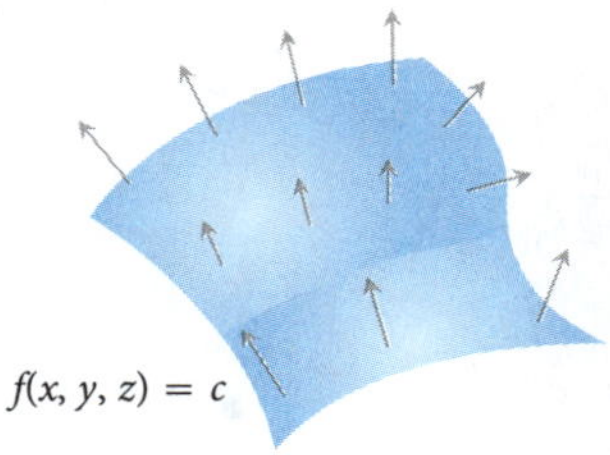

FIGURA 16.11 O campo de vetores gradiente ∇f sobre uma superfície $f(x, y, z) = c$.

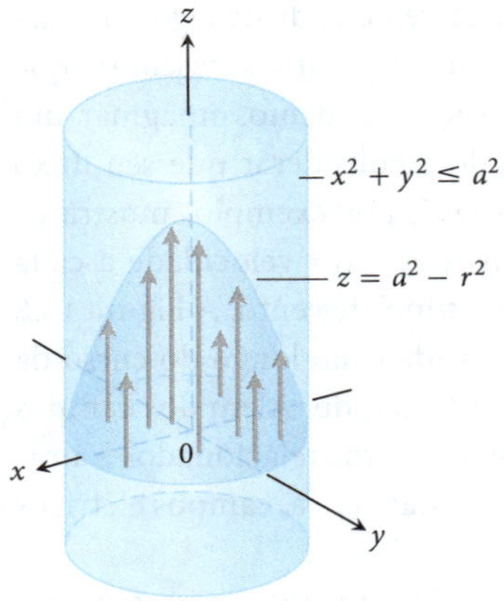

FIGURA 16.12 O escoamento de um fluido em uma tubulação cilíndrica longa. Os vetores $\mathbf{v} = (a^2 - r^2)\mathbf{k}$ dentro do cilindro que têm suas origens no plano xy têm suas extremidades no parabolóide $z = a^2 - r^2$.

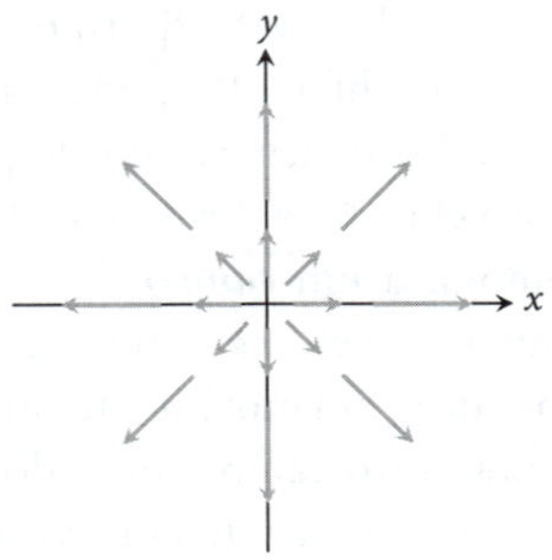

FIGURA 16.13 O campo radial $\mathbf{F} = x\mathbf{i} + y\mathbf{j}$ dos vetores posição dos pontos no plano. Observe a convenção de que uma seta é desenhada com sua cauda, e não com sua ponta, no ponto onde $\mathbf{F}$ é calculado.

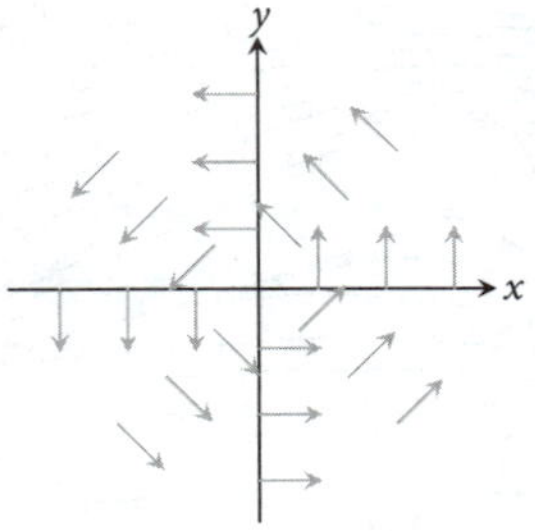

FIGURA 16.14 O campo circular, ou de rotação, de versores

$$\mathbf{F} = (-y\mathbf{i} + x\mathbf{j})/(x^2 + y^2)^{1/2}$$

no plano. O campo não está definido na origem.

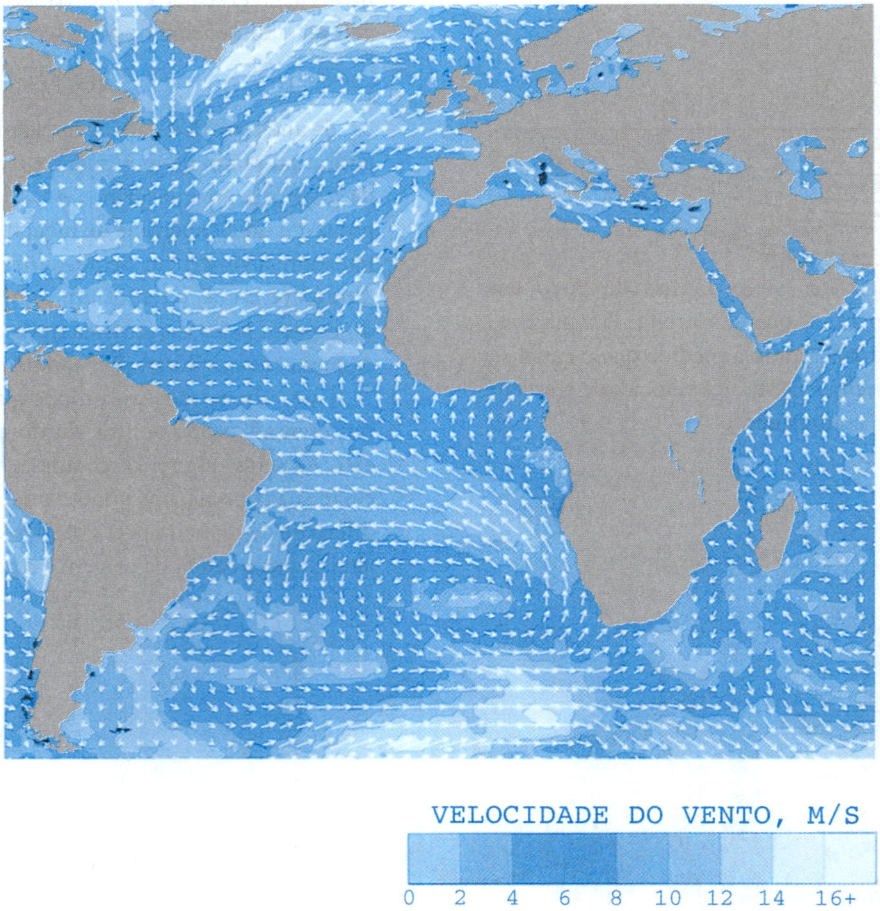

FIGURA 16.15 O satélite Seasat da Nasa usou um radar para tomar 350.000 medidas de vento sobre os oceanos do mundo. As setas indicam o sentido do vento; seu comprimento e tons indicam o módulo da velocidade. Observe a tempestade ao sul da Groelândia.

Campo gradiente

Definição Campo gradiente
O **campo gradiente** de uma função diferenciável $f(x, y, z)$ é o campo de vetores gradiente

$$\nabla f = \frac{\partial f}{\partial x}\mathbf{i} + \frac{\partial f}{\partial y}\mathbf{j} + \frac{\partial f}{\partial z}\mathbf{k}$$

EXEMPLO 1 Encontrando um campo gradiente

Encontre o campo gradiente de $f(x, y, z) = xyz$.

SOLUÇÃO O campo gradiente de f é o campo $\mathbf{F} = \nabla f = yz\mathbf{i} + xz\mathbf{j} + xy\mathbf{k}$.

Como veremos na Seção 16.3, o campo gradiente tem especial importância em engenharia, matemática e física.

Trabalho realizado por uma força ao longo de uma curva no espaço

Suponha que o campo vetorial $\mathbf{F} = M(x, y, z)\mathbf{i} + N(x, y, z)\mathbf{j} + P(x, y, z)\mathbf{k}$ represente uma força em uma região no espaço (pode ser a força da gravidade ou uma força eletromagnética de algum tipo) e que

$$\mathbf{r}(t) = g(t)\mathbf{i} + h(t)\mathbf{j} + k(t)\mathbf{k}, \qquad a \leq t \leq b$$

seja uma curva lisa na região. Então a integral de $\mathbf{F} \cdot \mathbf{T}$, a componente escalar de $\mathbf{F}$ na direção do versor tangente da curva, sobre a curva é chamada trabalho realizado por $\mathbf{F}$ sobre a curva de a a b (Figura 16.16).

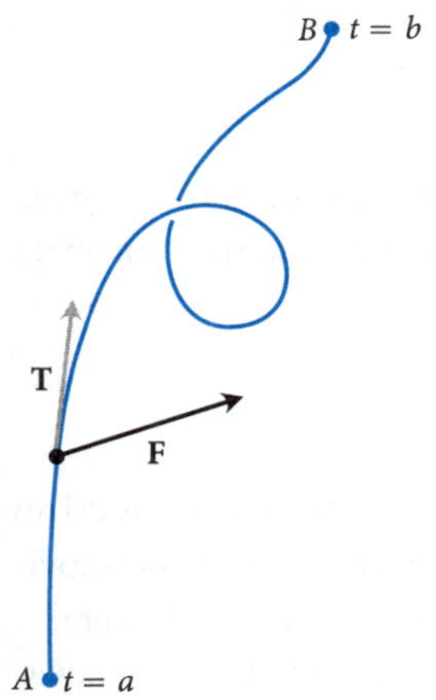

FIGURA 16.16 O trabalho realizado por **F** é a integral de linha da componente escalar $\mathbf{F} \cdot \mathbf{T}$ sobre a curva lisa de A a B.

Definição Trabalho sobre uma curva lisa
O trabalho realizado por uma força $\mathbf{F} = M\mathbf{i} + N\mathbf{j} + P\mathbf{k}$ sobre uma curva lisa $\mathbf{r}(t)$ de $t = a$ a $t = b$ é

$$W = \int_{t=a}^{t=b} \mathbf{F} \cdot \mathbf{T}\, ds \qquad (1)$$

Chegamos à Equação (1) com o mesmo tipo de raciocínio que usamos no Capítulo 6, Volume I, para deduzir a fórmula $W = \int_a^b F(x)\, dx$ para o trabalho realizado por uma força contínua de magnitude $F(x)$ direcionada ao longo de um intervalo no eixo x. Dividimos a curva em pequenos segmentos, aplicamos a fórmula da força vezes a distância para aproximar o trabalho em cada segmento de curva, somamos tudo para aproximar o trabalho na curva toda e calculamos o trabalho como o limite das somas de aproximação à medida que os segmentos se tornam mais curtos e mais numerosos. Para descobrirmos exatamente qual deve ser a integral-limite, dividimos o intervalo de parâmetro $[a, b]$ da maneira usual e escolhemos um ponto c_k em cada subintervalo $[t_k, t_{k+1}]$. A divisão de $[a, b]$ determina (ou "induz a") uma divisão da curva, sendo o ponto P_k a extremidade do vetor posição $\mathbf{r}(t_k)$ e sendo Δs_k o comprimento do segmento de curva P_kP_{k+1} (Figura 16.17).

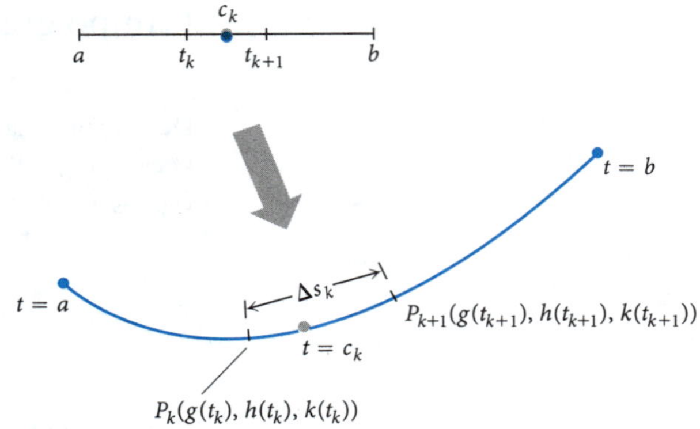

FIGURA 16.17 Cada divisão de $[a, b]$ induz a uma divisão da curva $\mathbf{r}(t) = g(t)\mathbf{i} + h(t)\mathbf{j} + k(t)\mathbf{k}$.

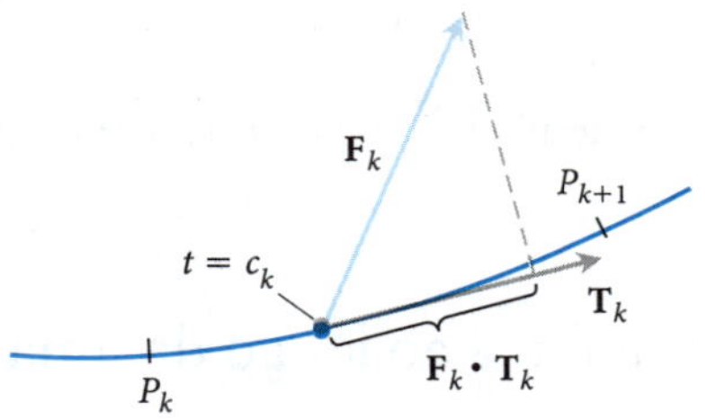

FIGURA 16.18 Uma ampliação do segmento de curva P_kP_{k+1} da Figura 16.17, mostrando a força e os versores tangentes no ponto da curva onde $t = c_k$.

Se $\mathbf{F}_k$ denota o valor de $\mathbf{F}$ no ponto da curva correspondente a $t = c_k$ e se $\mathbf{T}_k$ denota o versor tangente à curva nesse ponto, então $\mathbf{F}_k \cdot \mathbf{T}_k$ é a componente escalar de $\mathbf{F}$ na direção de $\mathbf{T}$ em $t = c_k$ (Figura 16.18). O trabalho realizado por $\mathbf{F}$ ao longo do segmento de curva P_kP_{k+1} é aproximadamente

$$\begin{pmatrix}\text{Componente da força na} \\ \text{direção do movimento}\end{pmatrix} \times \begin{pmatrix}\text{distância} \\ \text{aplicada}\end{pmatrix} = \mathbf{F}_k \cdot \mathbf{T}_k \, \Delta s_k$$

O trabalho realizado por $\mathbf{F}$ ao longo da curva de $t = a$ a $t = b$ é aproximadamente

$$\sum_{k=1}^{n} \mathbf{F}_k \cdot \mathbf{T}_k \, \Delta s_k$$

À medida que a norma da divisão de $[a, b]$ se aproxima de zero, a norma da divisão induzida da curva se aproxima de zero e essas somas se aproximam da integral de linha

$$\int_{t=a}^{t=b} \mathbf{F} \cdot \mathbf{T} \, ds$$

O sinal do número que calculamos com essa integral depende do sentido no qual a curva é percorrida quando t aumenta. Se trocamos o sentido do movimento, trocamos o sentido de $\mathbf{T}$ e mudamos o sinal de $\mathbf{F} \cdot \mathbf{T}$ e de sua integral.

A Tabela 16.2 mostra seis maneiras de escrever a integral do trabalho na Equação (1). Apesar de serem diferentes, as fórmulas da Tabela 16.2 são todas calculadas da mesma maneira. Lá, $\mathbf{r}(t) = g(t)\mathbf{i} + h(t)\mathbf{j} + k(t)\mathbf{k} = x\mathbf{i} + y\mathbf{j} + z\mathbf{k}$ é uma curva lisa e

$$d\mathbf{r} = \frac{d\mathbf{r}}{dt}\,dt = dg\,\mathbf{i} + dh\,\mathbf{j} + dk\,\mathbf{k}$$

é seu diferencial.

Como calcular uma integral de trabalho

Para calcular a integral de trabalho, ao longo da curva lisa $\mathbf{r}(t)$, siga estes passos:

Passo 1: Calcule $\mathbf{F}$ sobre a curva como uma função do parâmetro t.

Passo 2: Encontre $d\mathbf{r}/dt$.

Passo 3: Integre $\mathbf{F} \cdot d\mathbf{r}/dt$ de $t = a$ a $t = b$.

TABELA 16.2 Seis maneiras diferentes de escrever a integral de trabalho

$\mathbf{W} = \int_{t=a}^{t=b} \mathbf{F}\cdot\mathbf{T}\, ds$	A definição
$= \int_{t=a}^{t=b} \mathbf{F}\cdot d\mathbf{r}$	Forma diferencial compacta
$= \int_a^b \mathbf{F}\cdot\frac{d\mathbf{r}}{dt}\, dt$	Expandida para incluir *dt*; enfatiza o parâmetro *t* e o vetor velocidade $d\mathbf{r}/dt$
$= \int_a^b \left(M\frac{dg}{dt} + N\frac{dh}{dt} + P\frac{dk}{dt}\right) dt$	Enfatiza as funções componentes
$= \int_a^b \left(M\frac{dx}{dt} + N\frac{dy}{dt} + P\frac{dz}{dt}\right) dt$	Abrevia as componentes de **r**
$= \int_a^b M\, dx + N\, dy + P\, dz$	Os *dt* são cancelados; é a forma mais comum

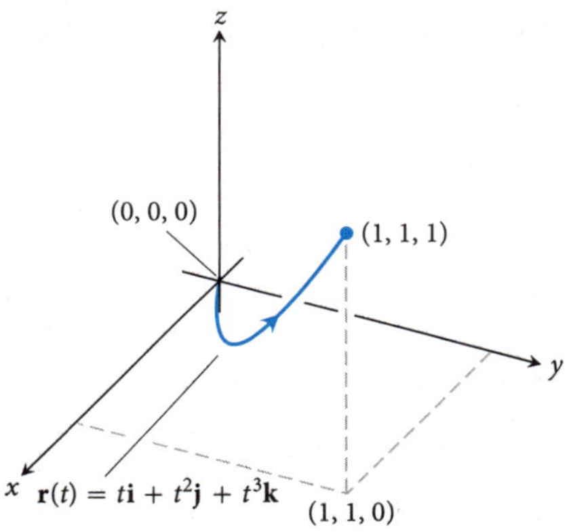

FIGURA 16.19 A curva do Exemplo 2.

EXEMPLO 2 Encontrando o trabalho realizado por uma força variável sobre uma curva no espaço

Encontre o trabalho realizado por $\mathbf{F} = (y - x^2)\mathbf{i} + (z - y^2)\mathbf{j} + (x - z^2)\mathbf{k}$ sobre a curva $\mathbf{r}(t) = t\mathbf{i} + t^2\mathbf{j} + t^3\mathbf{k}$, $0 \leq t \leq 1$ de (0, 0, 0) a (1, 1, 1) (Figura 16.19).

SOLUÇÃO Calcule **F** sobre a curva:

$$\mathbf{F} = (y - x^2)\mathbf{i} + (z - y^2)\mathbf{j} + (x - z^2)\mathbf{k}$$
$$= \underbrace{(t^2 - t^2)}_{0}\mathbf{i} + (t^3 - t^4)\mathbf{j} + (t - t^6)\mathbf{k}$$

Então, encontre $d\mathbf{r}/dt$,

$$\frac{d\mathbf{r}}{dt} = \frac{d}{dt}(t\mathbf{i} + t^2\mathbf{j} + t^3\mathbf{k}) = \mathbf{i} + 2t\mathbf{j} + 3t^2\mathbf{k}$$

Por fim, calcule o produto escalar de $\mathbf{F}\cdot d\mathbf{r}/dt$ e integre de $t = 0$ a $t = 1$:

$$\mathbf{F}\cdot\frac{d\mathbf{r}}{dt} = [(t^3 - t^4)\mathbf{j} + (t - t^6)\mathbf{k}]\cdot(\mathbf{i} + 2t\mathbf{j} + 3t^2\mathbf{k})$$
$$= (t^3 - t^4)(2t) + (t - t^6)(3t^2) = 2t^4 - 2t^5 + 3t^3 - 3t^8$$

Assim

$$\text{Trabalho} = \int_0^1 (2t^4 - 2t^5 + 3t^3 - 3t^8)\, dt$$
$$= \left[\frac{2}{5}t^5 - \frac{2}{6}t^6 + \frac{3}{4}t^4 - \frac{3}{9}t^9\right]_0^1 = \frac{29}{60}$$

Integrais de escoamento e circulação para campos de velocidade

Em vez de um campo de força, suponha que **F** seja o campo de velocidade de um fluido que escoa por uma região no espaço (um dique ou a câmara da turbina de um gerador hidroelétrico, por exemplo). Sob essas circunstâncias, a integral de $\mathbf{F} \cdot \mathbf{T}$ ao longo de uma curva na região fornece o escoamento do fluido ao longo da curva.

Definições **Fluxo, integral de escoamento e circulação**
Se $\mathbf{r}(t)$ é uma curva lisa no domínio de um campo de velocidade contínuo **F**, o escoamento ao longo da curva de $t = a$ a $t = b$ é

$$\text{Escoamento} = \int_a^b \mathbf{F} \cdot \mathbf{T}\, ds \qquad (2)$$

A integral, nesse caso, é chamada integral de **escoamento**. Se a curva é um laço fechado, o escoamento é denominado **circulação** ao redor da curva.

Calculamos integrais de escoamento da mesma maneira que calculamos integrais de trabalho.

EXEMPLO 3 Encontrando o escoamento ao longo de uma hélice

O campo de velocidade de um fluido é $\mathbf{F} = x\mathbf{i} + z\mathbf{j} + y\mathbf{k}$. Encontre o escoamento ao longo da hélice $\mathbf{r}(t) = (\cos t)\mathbf{i} + (\text{sen}\, t)\mathbf{j} + t\mathbf{k}$, $0 \leq t \leq \pi/2$.

SOLUÇÃO Calcule **F** sobre a curva,

$$\mathbf{F} = x\mathbf{i} + z\mathbf{j} + y\mathbf{k} = (\cos t)\mathbf{i} + t\mathbf{j}\,(\text{sen}\, t)\mathbf{k}$$

e encontre $d\mathbf{r}/dt$:

$$\frac{d\mathbf{r}}{dt} = (-\,\text{sen}\, t)\mathbf{i} + (\cos t)\mathbf{j} + \mathbf{k}$$

Então, integre $\mathbf{F} \cdot (d\mathbf{r}/dt)$ de $t = 0$ a $t = \frac{\pi}{2}$.

$$\begin{aligned}\mathbf{F} \cdot \frac{d\mathbf{r}}{dt} &= (\cos t)(-\,\text{sen}\, t) + (t)(\cos t) + (\text{sen}\, t)(1)\\ &= -\,\text{sen}\, t \cos t + t \cos t + \text{sen}\, t\end{aligned}$$

assim

$$\begin{aligned}\text{Escoamento} &= \int_{t=a}^{t=b} \mathbf{F} \cdot \frac{d\mathbf{r}}{dt}\, dt = \int_0^{\pi/2} (-\,\text{sen}\, t \cos t + t \cos t + \text{sen}\, t)\, dt\\ &= \left[\frac{\cos^2 t}{2} + t\,\text{sen}\, t\right]_0^{\pi/2} = \left(0 + \frac{\pi}{2}\right) - \left(\frac{1}{2} + 0\right) = \frac{\pi}{2} - \frac{1}{2}\end{aligned}$$

EXEMPLO 4 Encontrando a circulação ao longo de uma circunferência

Encontre a circulação do campo $\mathbf{F} = (x - y)\mathbf{i} + x\mathbf{j}$ ao longo da circunferência $\mathbf{r}(t) = (\cos t)\mathbf{i} + (\text{sen}\, t)\mathbf{j}$, $0 \leq t \leq 2\pi$.

SOLUÇÃO Na circunferência, $\mathbf{F} = (x - y)\mathbf{i} + x\mathbf{j} = (\cos t - \text{sen}\, t)\mathbf{i} + (\cos t)\mathbf{j}$ e

$$\frac{d\mathbf{r}}{dt} = (-\text{sen}\, t)\mathbf{i} + (\cos t)\mathbf{j}$$

Portanto,

$$\mathbf{F} \cdot \frac{d\mathbf{r}}{dt} = -\operatorname{sen} t \cos t + \underbrace{\operatorname{sen}^2 t + \cos^2 t}_{1}$$

dá

$$\text{Circulação} = \int_0^{2\pi} \mathbf{F} \cdot \frac{d\mathbf{r}}{dt}\, dt = \int_0^{2\pi} (1 - \operatorname{sen} t \cos t)\, dt$$

$$= \left[t - \frac{\operatorname{sen}^2 t}{2} \right]_0^{2\pi} = 2\pi$$

Fluxo através de uma curva plana

Para encontrarmos a taxa à qual um fluido entra ou sai de uma região limitada por uma curva lisa C no plano xy, calculamos a integral sobre C de $\mathbf{F} \cdot \mathbf{n}$, o componente escalar do campo de velocidade do fluido na direção do versor normal exterior da curva. O valor dessa integral é o *fluxo* de $\mathbf{F}$ através de C. "Fluxo" vem do latim, *flux*, que significa escoamento, mas muitos cálculos de fluxo não envolvem movimento. Se $\mathbf{F}$ fosse um campo elétrico ou magnético, por exemplo, a integral de $\mathbf{F} \cdot \mathbf{n}$ ainda assim seria chamada fluxo do campo através de C.

Definição **Fluxo através de uma curva fechada no plano**
Se C for uma curva lisa e fechada no domínio de um campo vetorial contínuo $\mathbf{F} = M(x, y)\mathbf{i} + N(x, y)\mathbf{j}$ no plano e se $\mathbf{n}$ for o versor normal exterior de C, o fluxo de f através de C é

$$\text{Fluxo de } \mathbf{F} \text{ através de } C = \int_C \mathbf{F} \cdot \mathbf{n}\, ds \qquad (3)$$

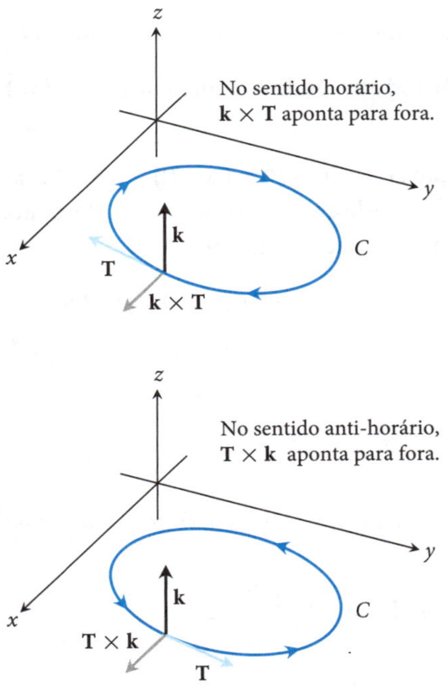

FIGURA 16.20 Para encontrarmos um versor normal exterior a uma curva lisa C no plano xy que é percorrida no sentido anti-horário quando t aumenta, tomamos $\mathbf{n} = \mathbf{T} \times \mathbf{k}$. No sentido horário, tomamos $\mathbf{n} = \mathbf{k} \times \mathbf{T}$.

Observe a diferença entre fluxo e circulação. O fluxo de $\mathbf{F}$ através de C é a integral de linha em relação ao comprimento de arco de $\mathbf{F} \cdot \mathbf{n}$, a componente escalar de $\mathbf{F}$ na direção normal exterior. A circulação de $\mathbf{F}$ ao redor de C é a integral de linha em relação ao comprimento de arco de $\mathbf{F} \cdot \mathbf{T}$, a componente escalar de $\mathbf{F}$ na direção do versor tangente. O fluxo é a integral da componente normal de $\mathbf{F}$; a circulação é a integral da componente tangencial de $\mathbf{F}$.

Para calcularmos a integral na Equação (3), começamos com uma parametrização lisa

$$x = g(t), \qquad y = h(t), \qquad a \leq t \leq b$$

que traça a curva C somente uma vez quando t varia de a a b. Podemos encontrar o versor normal $\mathbf{n}$ exterior à curva fazendo o produto vetorial do versor tangente $\mathbf{T}$ com o vetor $\mathbf{k}$. Mas que ordem escolhemos? $\mathbf{T} \times \mathbf{k}$ ou $\mathbf{k} \times \mathbf{T}$? Qual aponta para fora? Depende da maneira pela qual a curva C é percorrida à medida que t aumenta. Se o movimento for no sentido horário, $\mathbf{k} \times \mathbf{T}$ aponta para fora; se o movimento for no sentido anti-horário, $\mathbf{T} \times \mathbf{k}$ aponta para fora (Figura 16.20). A escolha usual é $\mathbf{n} = \mathbf{T} \times \mathbf{k}$, que assume um movimento no sentido anti-horário. Assim, apesar de o valor da integral em relação ao comprimento de arco na definição de fluxo na Equação (3) não depender da maneira pela qual C é percorrida, as fórmulas que deduziremos para calcular a integral na Equação (3) assumirão movimento no sentido anti-horário.

Em termos de componentes,

$$\mathbf{n} = \mathbf{T} \times \mathbf{k} = \left(\frac{dx}{ds}\mathbf{i} + \frac{dy}{ds}\mathbf{j}\right) \times \mathbf{k} = \frac{dy}{ds}\mathbf{i} - \frac{dx}{ds}\mathbf{j}$$

Se $\mathbf{F} = M(x, y)\mathbf{i} + N(x, y)\mathbf{j}$, então

$$\mathbf{F} \cdot \mathbf{n} = M(x, y)\frac{dy}{ds} - N(x, y)\frac{dx}{ds}$$

Assim,

$$\int_C \mathbf{F} \cdot \mathbf{n}\, ds = \int_C \left(M\frac{dy}{ds} - N\frac{dx}{ds}\right) ds = \oint_C M\, dy - N\, dx$$

Colocamos uma circunferência orientada ↺ na última integral como um lembrete de que a integração ao redor da curva fechada C tem sentido anti-horário. Para calcularmos essa integral, expressamos M, dy, N e dx em termos de t e integramos de $t = a$ a $t = b$. Não precisamos conhecer $\mathbf{n}$ ou ds para encontrar o fluxo.

Fórmula para calcular o fluxo através de uma curva plana, lisa e fechada

$$(\text{Fluxo de } \mathbf{F} = M\mathbf{i} + N\mathbf{j} \text{ através de } C) = \oint_C M\, dy - N\, dx \qquad (4)$$

A integral pode ser calculada a partir de qualquer parametrização lisa $x = g(t)$, $y = h(t)$, $a \leq t \leq b$, que percorre C no sentido anti-horário uma única vez.

EXEMPLO 5 Encontrando o fluxo através de uma circunferência

Encontre o fluxo de $\mathbf{F} = (x - y)\mathbf{i} + x\mathbf{j}$ através da circunferência $x^2 + y^2 = 1$ no plano xy.

SOLUÇÃO A parametrização $\mathbf{r}(t) = (\cos t)\mathbf{i} + (\operatorname{sen} t)\mathbf{j}$, $0 \leq t \leq 2\pi$, percorre a circunferência no sentido anti-horário uma única vez. Portanto, podemos usar essa parametrização na Equação (4). Com

$$M = x - y = \cos t - \operatorname{sen} t, \qquad dy = d(\operatorname{sen} t) = \cos t\, dt$$

$$N = x = \cos t, \qquad dx = d(\cos t) = -\operatorname{sen} t\, dt,$$

Encontramos

$$\text{Fluxo} = \int_C M\, dy - N\, dx = \int_0^{2\pi} (\cos^2 t - \operatorname{sen} t \cos t + \cos t \operatorname{sen} t)\, dt \qquad \text{Equação (4)}$$

$$= \int_0^{2\pi} \cos^2 t\, dt = \int_0^{2\pi} \frac{1 + \cos 2t}{2}\, dt = \left[\frac{t}{2} + \frac{\operatorname{sen} 2t}{4}\right]_0^{2\pi} = \pi$$

O fluxo de $\mathbf{F}$ através da circunferência é π. Como a resposta é positiva, o fluxo líquido através da curva é para fora. Um fluxo líquido para dentro forneceria um fluxo negativo.

Exercícios 16.2

Campos vetoriais e campo gradiente

Encontre o campo gradiente de cada uma das funções nos exercícios 1- 4.

1. $f(x, y, z) = (x^2 + y^2 + z^2)^{-1/2}$
2. $f(x, y, z) = \ln\sqrt{x^2 + y^2 + z^2}$
3. $g(x, y, z) = e^z - \ln(x^2 + y^2)$
4. $g(x, y, z) = xy + yz + xz$
5. Dê uma fórmula $\mathbf{F} = M(x, y)\mathbf{i} + N(x, y)\mathbf{j}$ para o campo vetorial no plano que tem a propriedade de que **F** aponta no sentido da origem com magnitude inversamente proporcional ao quadrado da distância de (x, y) à origem. (O campo não é definido em (0, 0).)
6. Dê uma fórmula $\mathbf{F} = M(x, y)\mathbf{i} + N(x, y)\mathbf{j}$ para o campo vetorial no plano que tem as propriedades de que $\mathbf{F} = 0$ em (0, 0) e de que, em qualquer outro ponto (a, b), **F** é tangente à circunferência $x^2 + y^2 = a^2 + b^2$ e aponta no sentido horário com magnitude $|\mathbf{F}| = \sqrt{a^2 + b^2}$.

Trabalho

Nos exercícios 7–12, encontre o trabalho realizado pela força **F** de (0, 0, 0) a (1, 1, 1) sobre cada um dos seguintes caminhos (Figura 16.21):

(a) O segmento de reta C_1: $\mathbf{r}(t) = t\mathbf{i} + t\mathbf{j} + t\mathbf{k}$, $0 \le t \le 1$

(b) O caminho curvo C_2: $\mathbf{r}(t) = t\mathbf{i} + t^2\mathbf{j} + t^4\mathbf{k}$, $0 \le t \le 1$

(c) O caminho $C_3 \cup C_4$ que consiste no segmento de reta de (0, 0, 0) a (1, 1, 0) seguido pelo segmento de (1, 1, 0) até (1, 1, 1)

7. $\mathbf{F} = 3y\mathbf{i} + 2x\mathbf{j} + 4z\mathbf{k}$
8. $\mathbf{F} = [1/(x^2 + 1)]\mathbf{j}$
9. $\mathbf{F} = \sqrt{z}\mathbf{i} - 2x\mathbf{j} + \sqrt{y}\mathbf{k}$
10. $\mathbf{F} = xy\mathbf{i} + yz\mathbf{j} + xz\mathbf{k}$
11. $\mathbf{F} = (3x^2 - 3x)\mathbf{i} + 3z\mathbf{j} + \mathbf{k}$
12. $\mathbf{F} = (y + z)\mathbf{i} + (z + x)\mathbf{j} + (x + y)\mathbf{k}$

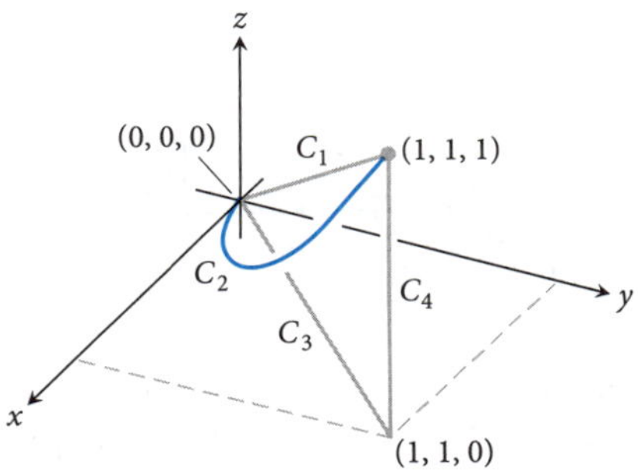

FIGURA 16.21 Os caminhos de (0, 0, 0) a (1, 1, 1).

Nos exercícios 13–16, encontre o trabalho realizado por **F** sobre a curva no sentido de t crescente.

13. $\mathbf{F} = xy\mathbf{i} + y\mathbf{j} - yz\mathbf{k}$

    $\mathbf{r}(t) = t\mathbf{i} + t^2\mathbf{j} + t\mathbf{k}, \quad 0 \le t \le 1$

14. $\mathbf{F} = 2y\mathbf{i} + 3x\mathbf{j} + (x + y)\mathbf{k}$

    $\mathbf{r}(t) = (\cos t)\mathbf{i} + (\operatorname{sen} t)\mathbf{j} + (t/6)\mathbf{k}, \quad 0 \le t \le 2\pi$

15. $\mathbf{F} = z\mathbf{i} + x\mathbf{j} + y\mathbf{k}$

    $\mathbf{r}(t) = (\operatorname{sen} t)\mathbf{i} + (\cos t)\mathbf{j} + t\mathbf{k}, \quad 0 \le t \le 2\pi$

16. $\mathbf{F} = 6z\mathbf{i} + y^2\mathbf{j} + 12x\mathbf{k}$

    $\mathbf{r}(t) = (\operatorname{sen} t)\mathbf{i} + (\cos t)\mathbf{j} + (t/6)\mathbf{k}, \quad 0 \le t \le 2\pi$

Integrais de linha e campos vetoriais no plano

17. Calcule $\int_C xy\,dx + (x + y)\,dy$ ao longo da curva $y = x^2$ de (–1, 1) até (2, 4).
18. Calcule $\int_C (x - y)\,dx + (x + y)\,dy$ no sentido anti-horário ao redor do triângulo com vértices (0,0), (1, 0) e (0, 1).
19. Calcule $\int_C \mathbf{F} \cdot \mathbf{T}\,ds$ para o campo vetorial $\mathbf{F} = x^2\mathbf{i} - y\mathbf{j}$ ao longo da curva $x = y^2$ de (4, 2) até (1, –1).
20. Calcule $\int_C \mathbf{F} \cdot d\mathbf{r}$ para o campo vetorial $\mathbf{F} = y\mathbf{i} - x\mathbf{j}$ no sentido anti-horário ao longo da circunferência unitária $x^2 + y^2 = 1$ de (1, 0) até (0, 1).
21. **Trabalho** Encontre o trabalho realizado pela força $\mathbf{F} = xy\mathbf{i} + (y - x)\mathbf{j}$ sobre o segmento de reta de (1, 1) até (2, 3).
22. **Trabalho** Encontre o trabalho realizado pelo gradiente de $f(x, y) = (x + y)^2$ no sentido anti-horário ao redor da circunferência $x^2 + y^2 = 4$ de (2, 0) a ele mesmo.
23. **Circulação e fluxo** Encontre a circulação e o fluxo dos campos

    $$\mathbf{F}_1 = x\mathbf{i} + y\mathbf{j} \quad \text{e} \quad \mathbf{F}_2 = -y\mathbf{i} + x\mathbf{j}$$

    ao redor e através das curvas a seguir.

    (a) A circunferência $\mathbf{r}(t) = (\cos t)\mathbf{i} + (\operatorname{sen} t)\mathbf{j}, \quad 0 \le t \le 2\pi$

    (b) A elipse $\mathbf{r}(t) = (\cos t)\mathbf{i} + (4 \operatorname{sen} t)\mathbf{j}$, $0 \le t \le 2\pi$

24. **Fluxo através de uma circunferência** Encontre o fluxo dos campos

    $$\mathbf{F}_1 = 2x\mathbf{i} - 3y\mathbf{j} \quad \text{e} \quad \mathbf{F}_2 = 2x\mathbf{i} + (x - y)\mathbf{j}$$

    através da circunferência

    $$\mathbf{r}(t) = (a \cos t)\mathbf{i} + (a \operatorname{sen} t)\mathbf{j}, \quad 0 \le t \le 2\pi$$

Circulação e fluxo

Nos exercícios 25–28, encontre a circulação e o fluxo do campo **F** ao redor e através do caminho semicircular fechado que consiste no arco semicircular $\mathbf{r}_1(t) = (a\cos t)\mathbf{i} + (a \operatorname{sen} t)\mathbf{j}$, $0 \leq t \leq \pi$, seguido pelo segmento de reta $\mathbf{r}_2(t) = t\mathbf{i}$, $-a \leq t \leq a$.

25. $\mathbf{F} = x\mathbf{i} + y\mathbf{j}$

26. $\mathbf{F} = x^2\mathbf{i} + y^2\mathbf{j}$

27. $\mathbf{F} = -y\mathbf{i} + x\mathbf{j}$

28. $\mathbf{F} = -y^2\mathbf{i} + x^2\mathbf{j}$

29. Integrais de escoamento Encontre o escoamento do campo de velocidade $\mathbf{F} = (x + y)\mathbf{i} - (x^2 + y^2)\mathbf{j}$ ao longo de cada um dos caminhos a seguir de $(1, 0)$ até $(-1, 0)$ no plano xy.

(a) A metade superior da circunferência $x^2 + y^2 = 1$

(b) O segmento de reta de $(1, 0)$ até $(-1, 0)$.

(c) O segmento de reta de $(1, 0)$ até $(0, -1)$ seguido pelo segmento de reta de $(0, -1)$ até $(-1, 0)$.

30. Fluxo através de um triângulo Encontre o fluxo exterior do campo **F** do Exercício 29 através do triângulo de vértices $(1, 0)$, $(0, 1)$, $(-1, 0)$.

Esboçando e encontrando campos no plano

31. Campo de rotação Desenhe o campo de rotação

$$\mathbf{F} = -\frac{y}{\sqrt{x^2 + y^2}}\mathbf{i} + \frac{x}{\sqrt{x^2 + y^2}}\mathbf{j}$$

(veja a Figura 16.14) juntamente com suas componentes verticais e horizontais em um conjunto representativo de pontos da circunferência $x^2 + y^2 = 4$.

32. Campo radial Desenhe o campo radial

$$\mathbf{F} = x\mathbf{i} + y\mathbf{j}$$

(veja a Figura 16.13) juntamente com suas componentes verticais e horizontais em um conjunto representativo de pontos da circunferência $x^2 + y^2 = 1$.

33. Um campo de vetores tangentes

(a) Encontre um campo de vetores $\mathbf{G} = P(x, y)\mathbf{i} + Q(x, y)\mathbf{j}$ no plano xy com a propriedade de que, em qualquer ponto $(a, b) \neq (0, 0)$, **G** é um vetor de magnitude $\sqrt{a^2 + b^2}$ tangente à circunferência $x^2 + y^2 = a^2 + b^2$ e aponta no sentido anti-horário. (O campo é indefinido em $(0, 0)$.)

(b) Como **G** está relacionado ao campo de rotação **F** na Figura 16.14?

34. Um campo de vetores tangentes

(a) Encontre um campo $\mathbf{G} = P(x, y)\mathbf{i} + Q(x, y)\mathbf{j}$ no plano xy com a propriedade de que, em qualquer ponto $(a, b) \neq (0, 0)$, **G** é um versor tangente à circunferência $x^2 + y^2 = a^2 + b^2$ e aponta no sentido horário.

(b) Como **G** está relacionado ao campo de rotação **F** na Figura 16.14?

35. Versores apontando para a origem Encontre um campo $\mathbf{F} = M(x, y)\mathbf{i} + N(x, y)\mathbf{j}$ no plano xy com a propriedade de que, em cada ponto $(x, y) \neq (0, 0)$, **F** é um versor que aponta para a origem. (O campo é indefinido em $(0, 0)$.)

36. Dois campos "centrais" Encontre um campo $\mathbf{F} = M(x, y)\mathbf{i} + N(x, y)\mathbf{j}$ no plano xy com a propriedade de que, em cada ponto $(x, y) \neq (0, 0)$, **F** aponta para a origem e $|\mathbf{F}|$ é (a) a distância de (x, y) à origem, (b) inversamente proporcional à distância de (x, y) à origem. (O campo é indefinido em $(0, 0)$.)

Integrais de escoamento no espaço

Nos exercícios 37–40, **F** é o campo de velocidades de um fluido que escoa por uma região no espaço. Encontre o escoamento ao longo da curva dada no sentido de t crescente.

37. $\mathbf{F} = -4xy\mathbf{i} + 8y\mathbf{j} + 2\mathbf{k}$

$\mathbf{r}(t) = t\mathbf{i} + t^2\mathbf{j} + \mathbf{k}, \quad 0 \leq t \leq 2$

38. $\mathbf{F} = x^2\mathbf{i} + yz\mathbf{j} + y^2\mathbf{k}$

$\mathbf{r}(t) = 3t\mathbf{j} + 4t\mathbf{k}, \quad 0 \leq t \leq 1$

39. $\mathbf{F} = (x - z)\mathbf{i} + x\mathbf{k}$

$\mathbf{r}(t) = (\cos t)\mathbf{i} + (\operatorname{sen} t)\mathbf{k}, \quad 0 \leq t \leq \pi$

40. $\mathbf{F} = -y\mathbf{i} + x\mathbf{j} + 2\mathbf{k}$

$\mathbf{r}(t) = (-2\cos t)\mathbf{i} + (2\operatorname{sen} t)\mathbf{j} + 2t\mathbf{k}, \quad 0 \leq t \leq 2\pi$

41. Circulação Encontre a circulação de $\mathbf{F} = 2x\mathbf{i} + 2z\mathbf{j} + 2y\mathbf{k}$ ao redor do caminho fechado que consiste nas três curvas a seguir, percorridas no sentido de t crescente:

C_1: $\mathbf{r}(t) = (\cos t)\mathbf{i} + (\operatorname{sen} t)\mathbf{j} + t\mathbf{k}, \quad 0 \leq t \leq \pi/2$

C_2: $\mathbf{r}(t) = \mathbf{j} + (\pi/2)(1 - t)\mathbf{k}, \quad 0 \leq t \leq 1$

C_3: $\mathbf{r}(t) = t\mathbf{i} + (1 - t)\mathbf{j}, \quad 0 \leq t \leq 1$

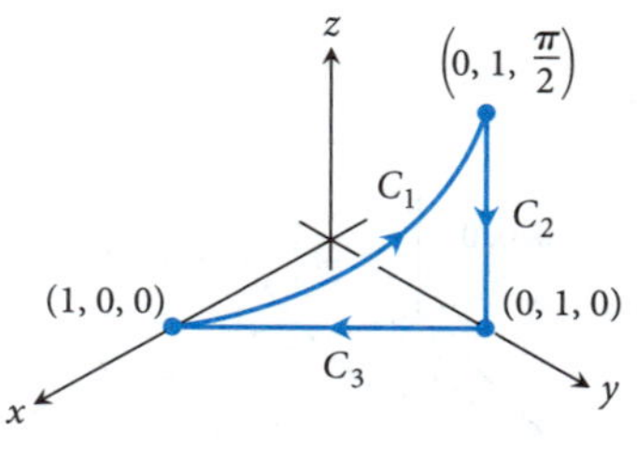

42. Circulação nula Seja C a elipse na qual há interseção do plano $2x + 3y - z = 0$ com o cilindro $x^2 + y^2 = 12$. Mostre, sem calcular nenhuma integral de linha diretamente, que a circulação do campo $\mathbf{F} = x\mathbf{i} + y\mathbf{j} + z\mathbf{k}$ ao redor de C em qualquer sentido é nula.

43. Escoamento ao longo de uma curva O campo $\mathbf{F} = xy\mathbf{i} + y\mathbf{j} - yz\mathbf{k}$ é o campo de velocidades de um escoamento no espaço. Encontre o escoamento de (0, 0, 0) até (1, 1, 1) ao longo da curva de interseção do cilindro $y = x^2$ e do plano $z = x$. (*Sugestão*: Use $t = x$ como parâmetro.)

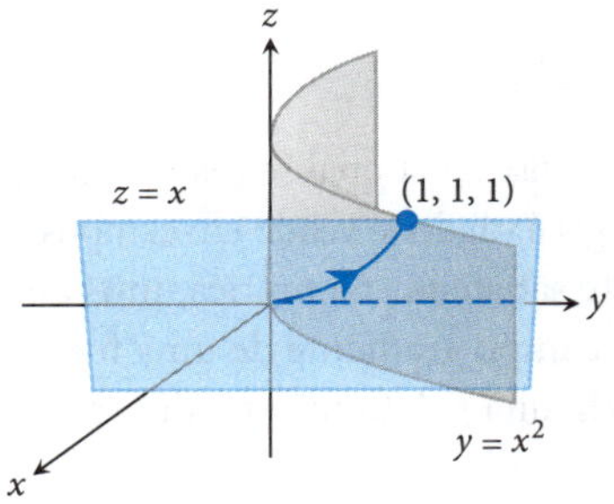

44. Escoamento de um campo gradiente Encontre o escoamento do campo $\mathbf{F} = \nabla(xy^2z^3)$:

(a) Uma vez ao redor da curva C do Exercício 42, no sentido horário visto de cima.

(b) Ao longo do segmento de reta de (1, 1, 1) até (2, 1, −1).

Teoria e exemplos

45. Trabalho e área Suponha que $f(t)$ seja derivável e positiva para $a \le t \le b$. Seja C o caminho $\mathbf{r}(t) = t\mathbf{i} + f(t)\mathbf{j}$, $a \le t \le b$, e $\mathbf{F} = y\mathbf{i}$. Existe alguma relação entre o valor da integral do trabalho

$$\int_C \mathbf{F} \cdot d\mathbf{r}$$

e a área da região limitada pelo eixo t, pelo gráfico de f e pelas retas $t = a$ e $t = b$? Justifique a sua resposta.

46. Trabalho realizado por uma força radial de magnitude constante Uma partícula se move ao longo da curva lisa $y = f(x)$ de $(a, f(a))$ a $(b, f(b))$. A força que move a partícula tem magnitude constante k e sempre aponta no sentido contrário ao da origem. Mostre que o trabalho realizado pela força é

$$\int_C \mathbf{F} \cdot \mathbf{T}\, ds = k\left[(b^2 + (f(b))^2)^{1/2} - (a^2 + (f(a))^2)^{1/2}\right]$$

USANDO O COMPUTADOR

Encontrando o trabalho numericamente

Nos exercícios 47–52, use um SAC para executar os passos a seguir para calcular o trabalho realizado pela força **F** sobre o caminho dado.

(a) Encontre $d\mathbf{r}$ para o caminho $\mathbf{r}(t) = g(t)\mathbf{i} + h(t)\mathbf{j} + k(t)\mathbf{k}$.

(b) Calcule a força **F** ao longo do caminho.

(c) Calcule $\int_C \mathbf{F} \cdot d\mathbf{r}$

47. $\mathbf{F} = xy^6\mathbf{i} + 3x(xy^5 + 2)\mathbf{j}$; $\mathbf{r}(t) = (2\cos t)\mathbf{i} + (\operatorname{sen} t)\mathbf{j}$, $0 \le t \le 2\pi$

48. $\mathbf{F} = \dfrac{3}{1 + x^2}\mathbf{i} + \dfrac{2}{1 + y^2}\mathbf{j}$; $\mathbf{r}(t) = (\cos t)\mathbf{i} + (\operatorname{sen} t)\mathbf{j}$, $0 \le t \le \pi$

49. $\mathbf{F} = (y + yz\cos xyz)\mathbf{i} + (x^2 + xz\cos xyz)\mathbf{j} + (z + xy\cos xyz)\mathbf{k}$; $\mathbf{r}(t) = (2\cos t)\mathbf{i} + (3\operatorname{sen} t)\mathbf{j} + \mathbf{k}$, $0 \le t \le 2\pi$

50. $\mathbf{F} = 2xy\mathbf{i} - y^2\mathbf{j} + ze^x\mathbf{k}$; $\mathbf{r}(t) = -t\mathbf{i} + \sqrt{t}\mathbf{j} + 3t\mathbf{k}$, $1 \le t \le 4$

51. $\mathbf{F} = (2y + \operatorname{sen} x)\mathbf{i} + (z^2 + (1/3)\cos y)\mathbf{j} + x^4\mathbf{k}$; $\mathbf{r}(t) = (\operatorname{sen} t)\mathbf{i} + (\cos t)\mathbf{j} + (\operatorname{sen} 2t)\mathbf{k}$, $-\pi/2 \le t \le \pi/2$

52. $\mathbf{F} = (x^2y)\mathbf{i} + \frac{1}{3}x^3\mathbf{j} + xy\mathbf{k}$; $\mathbf{r}(t) = (\cos t)\mathbf{i} + (\operatorname{sen} t)\mathbf{j} + (2\operatorname{sen}^2 t - 1)\mathbf{k}$, $0 \le t \le 2\pi$

16.3 Independência do caminho, funções potenciais e campos conservativos

Em campos gravitacionais e elétricos, o trabalho necessário para mover uma massa ou uma carga de um ponto a outro depende somente das posições inicial e final do objeto e não do caminho entre elas. Esta seção discute a noção de independência do caminho para integrais de trabalho e descreve as propriedades notáveis dos campos nos quais as integrais de trabalho são independentes do caminho. É sempre mais fácil calcular integrais de trabalho quando elas são independentes do caminho.

Independência do caminho

Se A e B forem dois pontos de uma região aberta D no espaço, o trabalho $\int \mathbf{F} \cdot d\mathbf{r}$ realizado para mover uma partícula de A para B por um campo **F** definido em D geralmente depende do caminho percorrido. Para alguns campos especiais, entretanto, o valor da integral é o mesmo para todos os caminhos de A a B.

Definições **Independência do caminho e campo conservativo**
Seja **F** um campo definido em uma região aberta D no espaço e suponha que para quaisquer dois pontos A e B em D o trabalho $\int_A^B \mathbf{F} \cdot d\mathbf{r}$ realizado para mover de A até B seja o mesmo para todos os caminhos de A a B. Então a integral $\int \mathbf{F} \cdot d\mathbf{r}$ é **independente do caminho em** D e o campo **F** é **conservativo em** D.

A palavra *conservativo* vem da física, na qual se refere a campos nos quais o princípio da conservação de energia é válido (é válido em campos conservativos).

Sob condições normalmente satisfeitas na prática, um campo **F** será conservativo se e somente se for o campo gradiente de uma função escalar f; isto é, se e somente se $\mathbf{F} = \nabla f$ para alguma f. A função f tem um nome especial.

Definição **Função potencial**
Se **F** for um campo definido sobre D e $\mathbf{F} = \nabla f$ para alguma função escalar f em uma região aberta D no espaço, então f é chamada **função potencial para F**.

Um potencial elétrico é uma função escalar cujo campo gradiente é um campo elétrico. Um potencial gravitacional é uma função escalar cujo campo gradiente é um campo gravitacional e assim por diante. Como veremos, uma vez que tenhamos encontrado uma função potencial f para um campo **F**, poderemos calcular todas as integrais de trabalho no domínio de **F** sobre qualquer caminho entre A e B com a fórmula

$$\int_A^B \mathbf{F} \cdot d\mathbf{r} = \int_A^B \nabla f \cdot d\mathbf{r} = f(B) - f(A) \tag{1}$$

Se você pensar em ∇f para funções de várias variáveis como algo parecido com a derivada f' para funções de uma única variável, então verá que a Equação (1) é o análogo no cálculo vetorial da fórmula do teorema fundamental do cálculo

$$\int_a^b f'(x)\, dx = f(b) - f(a)$$

Campos conservativos têm outras propriedades notáveis que estudaremos ao prosseguirmos. Por exemplo, dizer que **F** é conservativo em D é equivalente a dizer que a integral de **F** em torno de qualquer caminho em D fechado é zero. Naturalmente, precisamos impor condições sobre as curvas, campos e domínios para que a Equação (1) e suas implicações sejam verdadeiras. Essas condições são discutidas a seguir.

Hipótese válida de agora em diante: conexidade e conexidade simples

Consideramos que todas as curvas são **lisas por partes**, isto é, são compostas por um número finito de partes lisas ligadas pelas extremidades, como discutido na Seção 13.1. Consideramos também que as funções componentes de **F** têm derivadas parciais de primeira ordem contínuas. Quando $\mathbf{F} = \nabla f$, essa condição de continuidade garante que as derivadas de segunda ordem mistas da função potencial f sejam iguais, um resultado que será esclarecedor no estudo de campos conservativos **F**.

Consideramos que D é uma região *aberta* no espaço. Isso significa que todo ponto em D é o centro de uma bola aberta inteiramente contida em D. Consideramos também que D é **conexo**, o que, em uma região aberta, significa que todo ponto pode ser ligado a qualquer outro ponto por uma curva lisa inteiramente contida na região. Por outro lado, consideramos que D é **simplesmente conexo** quando qualquer curva fechada em D pode ser contraída até se reduzir a um ponto sem sair de D. (Se D fosse um espaço do qual uma reta tivesse sido removida, por exemplo, D não seria simplesmente conexo. Não haveria como contrair uma curva fechada até que ela se transformasse em um ponto sem sair de D.)

Conexidade e conexidade simples não são a mesma coisa e uma não implica a outra. Pense em regiões conexas como se fossem "um único pedaço" e em regiões simplesmente conexas como aquelas que "não possuem furos que capturam curvas fechadas". O espaço todo é conexo e simplesmente conexo. Alguns resultados deste capítulo podem falhar se aplicados a domínios nos quais essas condições não se cumprem. O teste da componente para campos conservativos, por exemplo, não vale para domínios que não sejam simplesmente conexos.

Integrais de linha em campos conservativos

O resultado a seguir fornece uma maneira conveniente de calcular uma integral de linha em um campo conservativo. O resultado estabelece que o valor da integral depende somente das extremidades do caminho, e não do caminho específico que os liga.

Teorema 1 **Teorema fundamental das integrais de linha**

1. Seja $\mathbf{F} = M\mathbf{i} + N\mathbf{j} + P\mathbf{k}$ um campo vetorial cujas funções componentes são contínuas em uma região D aberta e conexa no espaço. Então, existe uma função diferenciável f tal que

$$\mathbf{F} = \nabla f = \frac{\partial f}{\partial x}\mathbf{i} + \frac{\partial f}{\partial y}\mathbf{j} + \frac{\partial f}{\partial z}\mathbf{k}$$

se e somente se para todos os pontos A e B em D o valor de $\int_A^B \mathbf{F}\cdot d\mathbf{r}$ for independente do caminho que liga A e B em D.

2. Se a integral for independente do caminho de A até B, seu valor é

$$\int_A^B \mathbf{F}\cdot d\mathbf{r} = f(B) - f(A)$$

PROVA DE QUE $\mathbf{F} = \nabla f$ IMPLICA QUE A INTEGRAL INDEPENDE DO CAMINHO Suponha que A e B sejam dois pontos em D e que C: $\mathbf{r}(t) = g(t)\mathbf{i} + h(t)\mathbf{j} + k(t)\mathbf{k}$, $a \leq t \leq b$ seja uma curva lisa em D ligando A e B. Ao longo da curva, f é uma função derivável de t e

$$\frac{df}{dt} = \frac{\partial f}{\partial x}\frac{dx}{dt} + \frac{\partial f}{\partial y}\frac{dy}{dt} + \frac{\partial f}{\partial z}\frac{dz}{dt}$$

Regra da cadeia $x = g(t)$, $y = h(t)$, $z = k(t)$

$$= \nabla f \cdot \left(\frac{dx}{dt}\mathbf{i} + \frac{dy}{dt}\mathbf{j} + \frac{dz}{dt}\mathbf{k}\right) = \nabla f \cdot \frac{d\mathbf{r}}{dt} = \mathbf{F}\cdot\frac{d\mathbf{r}}{dt}.$$

Uma vez que $\mathbf{F} = \nabla f$

Portanto,

$$\int_C \mathbf{F} \cdot d\mathbf{r} = \int_{t=a}^{t=b} \mathbf{F} \cdot \frac{d\mathbf{r}}{dt}\, dt = \int_a^b \frac{df}{dt}\, dt$$

$$= f(g(t), h(t), k(t))\Big]_a^b = f(B) - f(A)$$

Assim, o valor da integral de trabalho depende somente dos valores de f em A e B, e não do caminho que os liga. Isso prova a Parte 2, assim como a implicação na Parte 1. Omitimos a prova mais técnica da implicação inversa.

EXEMPLO 1 Encontrando o trabalho realizado por um campo conservativo

Encontre o trabalho realizado pelo campo conservativo

$$\mathbf{F} = yz\mathbf{i} + xz\mathbf{j} + xy\mathbf{k} = \nabla(xyz)$$

ao longo de qualquer curva lisa C que ligue o ponto $A(-1, 3, 9)$ a $B(1, 6, -4)$.

SOLUÇÃO Com $f(x, y, z) = xyz$, temos

$$\int_A^B \mathbf{F} \cdot d\mathbf{r} = \int_A^B \nabla f \cdot d\mathbf{r} \qquad \mathbf{F} = \nabla f$$

$$= f(B) - f(A) \qquad \text{Teorema fundamental, Parte 2}$$

$$= xyz|_{(1,6,-4)} - xyz|_{(-1,3,9)}$$

$$= (1)(6)(-4) - (-1)(3)(9)$$

$$= -24 + 27 = 3$$

Teorema 2 Propriedade do laço fechado de campos conservativos
As informações a seguir são equivalentes.

1. $\int \mathbf{F} \cdot d\mathbf{r} = 0$ ao redor de todo o laço fechado em D
2. O campo $\mathbf{F}$ é conservativo D.

PROVA DE QUE (1) ⇒ (2) Queremos mostrar que, para quaisquer dois pontos A e B em D, a integral de $\mathbf{F} \cdot d\mathbf{r}$ tem o mesmo valor sobre quaisquer dois caminhos C_1 e C_2 de A a B. Invertemos a direção de C_2 para obtermos o caminho $-C_2$ de B a A (Figura 16.22). Juntos, C_1 e $-C_2$ formam um laço fechado C e

$$\int_{C_1} \mathbf{F} \cdot d\mathbf{r} - \int_{C_2} \mathbf{F} \cdot d\mathbf{r} = \int_{C_1} \mathbf{F} \cdot d\mathbf{r} + \int_{-C_2} \mathbf{F} \cdot d\mathbf{r} = \int_C \mathbf{F} \cdot d\mathbf{r} = 0$$

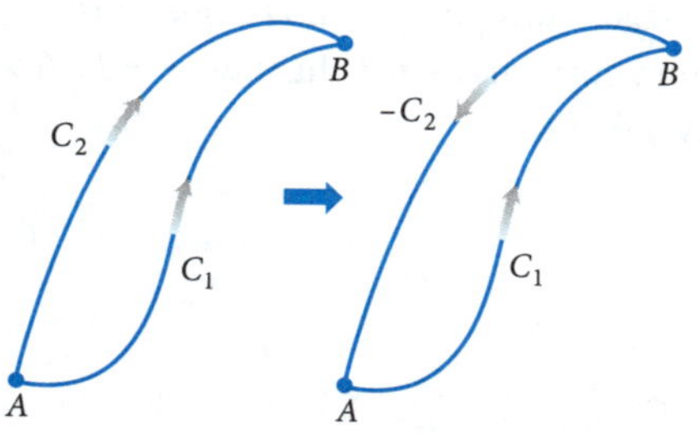

FIGURA 16.22 Se tivermos dois caminhos de A a B, um deles pode ser invertido para formar um laço.

Assim, as integrais sobre C_1 e C_2 resultam no mesmo valor. Observe que a definição de integral de linha mostra que alterar a direção ao longo de uma curva inverte o sinal da integral.

PROVA DE QUE (2) ⇒ (1) Queremos mostrar que a integral de $\mathbf{F} \cdot d\mathbf{r}$ é zero sobre qualquer laço fechado C. Escolhemos dois pontos A e B em C e os usamos para quebrar C em dois pedaços: C_1 de A a B seguido por C_2 a partir de B de volta a A (Figura 16.23). Então,

$$\oint_C \mathbf{F} \cdot d\mathbf{r} = \int_{C_1} \mathbf{F} \cdot d\mathbf{r} + \int_{C_2} \mathbf{F} \cdot d\mathbf{r} = \int_A^B \mathbf{F} \cdot d\mathbf{r} - \int_A^B \mathbf{F} \cdot d\mathbf{r} = 0$$

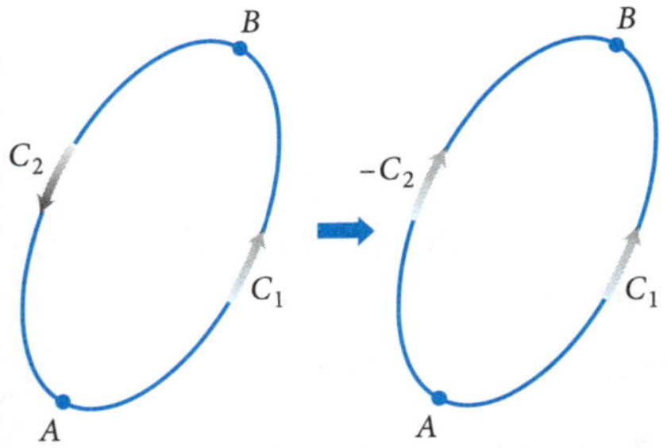

FIGURA 16.23 Se A e B estiverem sobre um laço, podemos inverter parte do laço para fazer dois caminhos de A a B.

O diagrama a seguir resume os resultados dos teoremas 1 e 2.

	Teorema 1		Teorema 2	
$\mathbf{F} = \nabla f$ em D	$\Leftrightarrow$	**F** conservativo em D	$\Leftrightarrow$	$\oint_C \mathbf{F} \cdot d\mathbf{r} = 0$ sobre qualquer caminho fechado em D

Agora que vemos como é conveniente calcular integrais de linha em campos conservativos, ainda restam duas perguntas.

1. Como sabemos quando dado campo **F** é conservativo?
2. Se **F** é de fato conservativo, como encontramos uma função potencial f (tal que $\mathbf{F} = \nabla f$)?

Encontrando potenciais para campos conservativos

O teste para um campo conservativo é apresentado a seguir. Lembre-se de que temos como premissa que o domínio de **F** é conexo e simplesmente conexo.

Teste das componentes para campos conservativos
Seja $\mathbf{F} = M(x, y, z)\mathbf{i} + N(x, y, z)\mathbf{j} + P(x, y, z)\mathbf{k}$ um campo cujas funções componentes têm derivadas parciais de primeira ordem contínuas. Então, **F** é conservativo se e somente se

$$\frac{\partial P}{\partial y} = \frac{\partial N}{\partial z}, \qquad \frac{\partial M}{\partial z} = \frac{\partial P}{\partial x}, \qquad \text{e} \qquad \frac{\partial N}{\partial x} = \frac{\partial M}{\partial y} \tag{2}$$

PROVA DE QUE AS EQUAÇÕES (2) VALEM SE F FOR CONSERVATIVO Existe uma função potencial f tal que

$$\mathbf{F} = M\mathbf{i} + N\mathbf{j} + P\mathbf{k} = \frac{\partial f}{\partial x}\mathbf{i} + \frac{\partial f}{\partial y}\mathbf{j} + \frac{\partial f}{\partial z}\mathbf{k}$$

Assim,

$$\begin{aligned} \frac{\partial P}{\partial y} &= \frac{\partial}{\partial y}\left(\frac{\partial f}{\partial z}\right) = \frac{\partial^2 f}{\partial y\,\partial z} \\ &= \frac{\partial^2 f}{\partial z\,\partial y} \\ &= \frac{\partial}{\partial z}\left(\frac{\partial f}{\partial y}\right) = \frac{\partial N}{\partial z} \end{aligned}$$

Continuidade implica que as derivadas parciais mistas são iguais.

As outras igualdades nas equações (2) são provadas de maneira similar.

A segunda metade da prova, de que as equações (2) implicam que **F** é conservativo, é uma conseqüência do teorema de Stokes, estudado na Seção 16.7, e requer que consideremos que o domínio de **F** seja simplesmente conexo.

Uma vez que sabemos que **F** é conservativo, geralmente queremos encontrar uma função potencial para **F**. Isso requer a resolução da equação $\nabla f = \mathbf{F}$ ou

$$\frac{\partial f}{\partial x}\mathbf{i} + \frac{\partial f}{\partial y}\mathbf{j} + \frac{\partial f}{\partial z}\mathbf{k} = M\mathbf{i} + N\mathbf{j} + P\mathbf{k}$$

para f. Conseguimos isso integrando as três equações

$$\frac{\partial f}{\partial x} = M, \qquad \frac{\partial f}{\partial y} = N, \qquad \frac{\partial f}{\partial z} = P$$

como ilustrado no exemplo a seguir.

EXEMPLO 2 Encontrando uma função potencial

Mostre que $\mathbf{F} = (e^x \cos y + yz)\mathbf{i} + (xz - e^x \operatorname{sen} y)\mathbf{j} + (xy + z)\mathbf{k}$ é conservativo e encontre uma função potencial para ele.

SOLUÇÃO Aplicamos o teste nas equações (2) para

$$M = e^x \cos y + yz, \qquad N = xz - e^x \operatorname{sen} y, \qquad P = xy + z$$

e calculamos

$$\frac{\partial P}{\partial y} = x = \frac{\partial N}{\partial z}, \qquad \frac{\partial M}{\partial z} = y = \frac{\partial P}{\partial x}, \qquad \frac{\partial N}{\partial x} = -e^x \operatorname{sen} y + z = \frac{\partial M}{\partial y}$$

Juntas, essas igualdades nos dizem que existe uma função f com $\nabla f = \mathbf{F}$. Encontramos f integrando as equações

$$\frac{\partial f}{\partial x} = e^x \cos y + yz, \qquad \frac{\partial f}{\partial y} = xz - e^x \operatorname{sen} y, \qquad \frac{\partial f}{\partial z} = xy + z \tag{3}$$

Integramos a primeira equação em relação a x, mantendo y e z fixos, para obter

$$f(x, y, z) = e^x \cos y + xyz + g(y, z)$$

Escrevemos a constante de integração como uma função de y e z porque seu valor pode variar se y e z variarem. Então, calculamos $\partial f/\partial y$ a partir dessa equação e comparamos com a expressão para $\partial f/\partial y$ nas equações (3). Isso dá

$$-e^x \operatorname{sen} y + xz + \frac{\partial g}{\partial y} = xz - e^x \operatorname{sen} y$$

assim $\partial g/\partial y = 0$. Portanto, g é uma função de z somente e

$$f(x, y, z) = e^x \cos y + xyz + h(z)$$

Agora calculamos $\partial f/\partial z$ a partir dessa equação e a comparamos com a fórmula para $\partial f/\partial z$ nas equações (3). Isso dá

$$xy + \frac{dh}{dz} = xy + z, \qquad \text{ou} \qquad \frac{dh}{dz} = z$$

assim,

$$h(z) = \frac{z^2}{2} + C$$

Portanto,

$$f(x, y, z) = e^x \cos y + xyz + \frac{z^2}{2} + C$$

Temos infinitas funções potenciais para $\mathbf{F}$, uma para cada valor de C.

EXEMPLO 3 Mostrando que um campo não é conservativo

Mostre que $\mathbf{F} = (2x - 3)\mathbf{i} - z\mathbf{j} + (\cos z)\mathbf{k}$ não é conservativo.

SOLUÇÃO Aplicamos o teste das componentes nas equações (2) e descobrimos rapidamente que

$$\frac{\partial P}{\partial y} = \frac{\partial}{\partial y}(\cos z) = 0, \qquad \frac{\partial N}{\partial z} = \frac{\partial}{\partial z}(-z) = -1$$

As duas são diferentes, assim **F** não é conservativo. Não há necessidade de aplicar outros testes.

Formas diferenciais exatas

Como veremos na próxima seção e também adiante, muitas vezes é conveniente expressar integrais de trabalho e circulação na forma "diferencial"

$$\int_A^B M\,dx + N\,dy + P\,dz$$

mencionada na Seção 16.2. Tais integrais são relativamente fáceis de calcular se $M\,dx + N\,dy + P\,dz$ for a diferencial total de uma função f. Então,

$$\begin{aligned}\int_A^B M\,dx + N\,dy + P\,dz &= \int_A^B \frac{\partial f}{\partial x}dx + \frac{\partial f}{\partial y}dy + \frac{\partial f}{\partial z}dz \\ &= \int_A^B \nabla f \cdot d\mathbf{r} \\ &= f(B) - f(A) \qquad \text{Teorema 1}\end{aligned}$$

Assim,

$$\int_A^B df = f(B) - f(A)$$

como no caso de funções deriváveis de uma variável.

Definições **Forma diferencial e forma diferencial exata**
Qualquer expressão $M(x, y, z)\,dx + N(x, y, z)\,dy + P(x, y, z)\,dz$ é uma **forma diferencial**. Uma forma diferencial é **exata** em um domínio D no espaço se

$$M\,dx + N\,dy + P\,dz = \frac{\partial f}{\partial x}dx + \frac{\partial f}{\partial y}dy + \frac{\partial f}{\partial z}dz = df$$

para alguma função escalar f em D.

Observe que, se $M\,dx + N\,dy + P\,dz = df$ em D, então $\mathbf{F} = M\mathbf{i} + N\mathbf{j} + P\mathbf{k}$ é o campo gradiente de f em D. Reciprocamente, se $\mathbf{F} = \nabla f$, então a forma $M\,dx + N\,dy + P\,dz$ é exata. O teste de exatidão da forma é, portanto, igual ao teste para saber se **F** é conservativo.

Teste das componentes para exatidão de $M\,dx + N\,dy + P\,dz$
A forma diferencial $M\,dx + N\,dy + P\,dz$ é exata se e somente se

$$\frac{\partial P}{\partial y} = \frac{\partial N}{\partial z}, \qquad \frac{\partial M}{\partial z} = \frac{\partial P}{\partial x}, \qquad \text{e} \qquad \frac{\partial N}{\partial x} = \frac{\partial M}{\partial y}$$

Isso é equivalente a dizer que o campo $\mathbf{F} = M\mathbf{i} + N\mathbf{j} + P\mathbf{k}$ é conservativo.

EXEMPLO 4 Mostrando que uma forma diferencial é exata

Mostre que $y\,dx + x\,dy + 4\,dz$ é exata e calcule a integral

$$\int_{(1,1,1)}^{(2,3,-1)} y\,dx + x\,dy + 4\,dz$$

sobre o segmento de reta de (1, 1, 1) até (2, 3, –1).

SOLUÇÃO Fazemos $M = y$, $N = x$, $P = 4$ e aplicamos o teste para exatidão:

$$\frac{\partial P}{\partial y} = 0 = \frac{\partial N}{\partial z}, \qquad \frac{\partial M}{\partial z} = 0 = \frac{\partial P}{\partial x}, \qquad \frac{\partial N}{\partial x} = 1 = \frac{\partial M}{\partial y}$$

Essas igualdades nos dizem que $y\,dx + x\,dy + 4\,dz$ é exata, assim

$$y\,dx + x\,dy + 4\,dz = df$$

para alguma função f, e o valor da integral é $f(2, 3, -1) - f(1, 1, 1)$.

Encontramos f a menos de uma constante integrando as equações

$$\frac{\partial f}{\partial x} = y, \qquad \frac{\partial f}{\partial y} = x, \qquad \frac{\partial f}{\partial z} = 4 \tag{4}$$

Da primeira equação, obtemos

$$f(x, y, z) = xy + g(y, z).$$

A segunda equação nos diz que

$$\frac{\partial f}{\partial y} = x + \frac{\partial g}{\partial y} = x, \qquad \text{ou} \qquad \frac{\partial g}{\partial y} = 0$$

Assim, g é uma função de z apenas e

$$f(x, y, z) = xy + h(z).$$

A terceira das Equações (4) nos diz que

$$\frac{\partial f}{\partial z} = 0 + \frac{dh}{dz} = 4, \qquad \text{ou} \qquad h(z) = 4z + C$$

Portanto,

$$f(x, y, z) = xy + 4z + C.$$

O valor da integral é

$$f(2, 3, -1) - f(1, 1, 1) = 2 + C - (5 + C) = -3.$$

Exercícios 16.3

Fazendo o teste para campos conservativos

Quais dos campos nos exercícios 1–6 são conservativos e quais não são?

1. $\mathbf{F} = yz\mathbf{i} + xz\mathbf{j} + xy\mathbf{k}$

2. $\mathbf{F} = (y \operatorname{sen} z)\mathbf{i} + (x \operatorname{sen} z)\mathbf{j} + (xy \cos z)\mathbf{k}$

3. $\mathbf{F} = y\mathbf{i} + (x + z)\mathbf{j} - y\mathbf{k}$

4. $\mathbf{F} = -y\mathbf{i} + x\mathbf{j}$

5. $\mathbf{F} = (z + y)\mathbf{i} + z\mathbf{j} + (y + x)\mathbf{k}$

6. $\mathbf{F} = (e^x \cos y)\mathbf{i} - (e^x \operatorname{sen} y)\mathbf{j} + z\mathbf{k}$

Encontrando funções potenciais

Nos exercícios 7–12, encontre uma função potencial f para o campo $\mathbf{F}$.

7. $\mathbf{F} = 2x\mathbf{i} + 3y\mathbf{j} + 4z\mathbf{k}$
8. $\mathbf{F} = (y + z)\mathbf{i} + (x + z)\mathbf{j} + (x + y)\mathbf{k}$
9. $\mathbf{F} = e^{y+2z}(\mathbf{i} + x\mathbf{j} + 2x\mathbf{k})$
10. $\mathbf{F} = (y \operatorname{sen} z)\mathbf{i} + (x \operatorname{sen} z)\mathbf{j} + (xy \cos z)\mathbf{k}$
11. $\mathbf{F} = (\ln x + \sec^2(x + y))\mathbf{i} + \left(\sec^2(x + y) + \dfrac{y}{y^2 + z^2}\right)\mathbf{j} + \dfrac{z}{y^2 + z^2}\mathbf{k}$
12. $\mathbf{F} = \dfrac{y}{1 + x^2y^2}\mathbf{i} + \left(\dfrac{x}{1 + x^2y^2} + \dfrac{z}{\sqrt{1 - y^2z^2}}\right)\mathbf{j} + \left(\dfrac{y}{\sqrt{1 - y^2z^2}} + \dfrac{1}{z}\right)\mathbf{k}$

Calculando integrais de formas diferenciais

Nos exercícios 13–17, mostre que as formas diferenciais nas integrais são exatas. Depois calcule as integrais.

13. $\displaystyle\int_{(0,0,0)}^{(2,3,-6)} 2x\,dx + 2y\,dy + 2z\,dz$
14. $\displaystyle\int_{(1,1,2)}^{(3,5,0)} yz\,dx + xz\,dy + xy\,dz$
15. $\displaystyle\int_{(0,0,0)}^{(1,2,3)} 2xy\,dx + (x^2 - z^2)\,dy - 2yz\,dz$
16. $\displaystyle\int_{(0,0,0)}^{(3,3,1)} 2x\,dx - y^2\,dy - \frac{4}{1 + z^2}\,dz$
17. $\displaystyle\int_{(1,0,0)}^{(0,1,1)} \operatorname{sen} y \cos x\,dx + \cos y \operatorname{sen} x\,dy + dz$

Embora eles não estejam definidos em todo o espaço R^3, os campos associados aos exercícios 18–22 possuem domínios simplesmente conexos e o teste da componente pode ser usado para mostrar que eles são conservativos. Encontre uma possível função para cada campo e calcule as integrais como no Exemplo 4.

18. $\displaystyle\int_{(0,2,1)}^{(1,\pi/2,2)} 2\cos y\,dx + \left(\frac{1}{y} - 2x \operatorname{sen} y\right)dy + \frac{1}{z}\,dz$
19. $\displaystyle\int_{(1,1,1)}^{(1,2,3)} 3x^2\,dx + \frac{z^2}{y}\,dy + 2z \ln y\,dz$
20. $\displaystyle\int_{(1,2,1)}^{(2,1,1)} (2x \ln y - yz)\,dx + \left(\frac{x^2}{y} - xz\right)dy - xy\,dz$
21. $\displaystyle\int_{(1,1,1)}^{(2,2,2)} \frac{1}{y}\,dx + \left(\frac{1}{z} - \frac{x}{y^2}\right)dy - \frac{y}{z^2}\,dz$
22. $\displaystyle\int_{(-1,-1,-1)}^{(2,2,2)} \frac{2x\,dx + 2y\,dy + 2z\,dz}{x^2 + y^2 + z^2}$

23. **Revendo o Exemplo 4** Calcule a integral
$$\int_{(1,1,1)}^{(2,3,-1)} y\,dx + x\,dy + 4\,dz$$
do Exemplo 4 encontrando equações paramétricas para o segmento de reta de $(1, 1, 1)$ a $(2, 3, -1)$ e calculando a integral de linha de $\mathbf{F} = y\mathbf{i} + x\mathbf{j} + 4\mathbf{k}$ ao longo do segmento. Como $\mathbf{F}$ é conservativo, a integral é independente do caminho.

24. Calcule
$$\int_C x^2\,dx + yz\,dy + (y^2/2)\,dz$$
ao longo do segmento de reta C unindo $(0, 0, 0)$ a $(0, 3, 4)$.

Teoria, aplicações e exemplos

Independência do caminho Mostre que os valores das integrais nos exercícios 25 e 26 não dependem do caminho tomado de A a B.

25. $\displaystyle\int_A^B z^2\,dx + 2y\,dy + 2xz\,dz$
26. $\displaystyle\int_A^B \frac{x\,dx + y\,dy + z\,dz}{\sqrt{x^2 + y^2 + z^2}}$

Nos exercícios 27 e 28, encontre uma função potencial para $\mathbf{F}$.

27. $\mathbf{F} = \dfrac{2x}{y}\mathbf{i} + \left(\dfrac{1 - x^2}{y^2}\right)\mathbf{j}$
28. $\mathbf{F} = (e^x \ln y)\mathbf{i} + \left(\dfrac{e^x}{y} + \operatorname{sen} z\right)\mathbf{j} + (y \cos z)\mathbf{k}$

29. **Trabalho ao longo de caminhos diferentes** Encontre o trabalho realizado por $\mathbf{F} = (x^2 + y)\mathbf{i} + (y^2 + x)\mathbf{j} + ze^z\mathbf{k}$ sobre os caminhos de $(1, 0, 0)$ a $(1, 0, 1)$ a seguir.
   (a) O segmento de reta $x = 1, y = 0, 0 \leq z \leq 1$
   (b) A hélice $\mathbf{r}(t) = (\cos t)\mathbf{i} + (\operatorname{sen} t)\mathbf{j} + (t/2\pi)\mathbf{k}, 0 \leq t \leq 2\pi$
   (c) O eixo x de $(1, 0, 0)$ a $(0, 0, 0)$ seguido pela parábola $z = x^2, y = 0$ de $(0, 0, 0)$ a $(1, 0, 1)$.

30. **Trabalho ao longo de caminhos diferentes** Encontre o trabalho realizado por $\mathbf{F} = e^{yz}\mathbf{i} + (xze^{yz} + z\cos y)\mathbf{j} + (xye^{yz} + \operatorname{sen} y)\mathbf{k}$ sobre os caminhos de $(1, 0, 1)$ a $(1, \pi/2, 0)$ a seguir.
   (a) O segmento de reta $x = 1, y = \pi t/2, z = 1 - t, 0 \leq t \leq 1$.
   (b) O segmento de reta de $(1, 0, 1)$ à origem seguido pelo segmento de reta da origem $(1, \pi/2, 0)$.
   (c) O segmento de reta de $(1, 0, 1)$ a $(1, 0, 0)$, seguido pelo eixo x de $(1, 0, 0)$ à origem, seguido pela parábola $y = \pi x^2/2, z = 0$, daí até $(1, \pi/2, 0)$.

31. **Calculando uma integral de trabalho de duas maneiras** Seja $\mathbf{F} = \nabla(x^3y^2)$ e seja C o caminho no plano xy de $(-1, 1)$ a $(1, 1)$ que consiste no segmento de reta

de (−1, 1) a (0, 0) seguido pelo segmento de reta de (0, 0) a (1, 1). Calcule $\int_C \mathbf{F} \cdot d\mathbf{r}$ de duas maneiras.

(a) Encontre parametrizações para os segmentos que formam *C* e calcule a integral.

(b) Usando $f(xy) = x^3y^2$ como uma função potencial para **F**.

32. Integral ao longo de caminhos diferentes Calcule $\int_C 2x \cos y\, dx - x^2 \operatorname{sen} y\, dy$ ao longo dos caminhos *C* a seguir no plano *xy*.

(a) A parábola $y = (x-1)^2$ de (1, 0) até (0, 1).

(b) O segmento de reta de $(-1, \pi)$ até (1, 0).

(c) O eixo *x* de (−1, 0) até (1, 0).

(d) O astróide $\mathbf{r}(t) = (\cos^3 t)\mathbf{i} + (\operatorname{sen}^3 t)\mathbf{j}$, $0 \le t \le 2\pi$, no sentido anti-horário de (1, 0) de volta a (1, 0).

33. (a) Forma diferencial exata Como as constantes *a*, *b* e *c* estão relacionadas se a forma diferencial a seguir for exata?

$$(ay^2 + 2czx)\, dx + y(bx + cz)\, dy + (ay^2 + cx^2)\, dz$$

(b) **Campo gradiente** Para quais valores de *b* e *c*

$$\mathbf{F} = (y^2 + 2czx)\mathbf{i} + y(bx + cz)\mathbf{j} + (y^2 + cx^2)\mathbf{k}$$

será um campo gradiente?

34. Gradiente de uma integral de linha Suponha que $\mathbf{F} = \nabla f$ seja um campo vetorial conservativo e

$$g(x, y, z) = \int_{(0,0,0)}^{(x,y,z)} \mathbf{F} \cdot d\mathbf{r}$$

Mostre que $\nabla g = \mathbf{F}$.

35. Caminho de menor trabalho Pediram para você encontrar o caminho ao longo do qual um campo de força **F** realizará o menor trabalho para mover uma partícula entre dois locais. Cálculos rápidos de sua parte mostram que **F** é conservativo. Como você deve responder? Justifique a sua resposta.

36. Uma experiência reveladora Por meio de experimentos, você descobre que, para mover um objeto ao longo do caminho C_1 de *A* a *B*, um campo de força **F** realiza apenas metade do trabalho que realiza para mover o objeto ao longo do caminho C_2 de *A* a *B*. O que você pode concluir sobre **F**? Justifique a sua resposta.

37. Trabalho realizado por uma força constante Mostre que o trabalho realizado por um campo de força constante $\mathbf{F} = a\mathbf{i} + b\mathbf{j} + c\mathbf{k}$ para mover uma partícula ao longo de qualquer caminho de *A* até *B* é $W = \mathbf{F} \cdot \overrightarrow{AB}$.

38. Campo gravitacional

(a) Encontre uma função potencial para o campo gravitacional

$$\mathbf{F} = -GmM\frac{x\mathbf{i} + y\mathbf{j} + z\mathbf{k}}{(x^2 + y^2 + z^2)^{3/2}} \quad (G, m \text{ e } M \text{ constantes})$$

(b) Sejam P_1 e P_2 pontos a uma distância s_1 e s_2 da origem. Mostre que o trabalho realizado pelo campo gravitacional em (a) para mover uma partícula de P_1 a P_2 é

$$GmM\left(\frac{1}{s_2} - \frac{1}{s_1}\right)$$

16.4 O teorema de Green no plano

Na Tabela 16.2, na Seção 16.2, vimos que $\int_C M\, dx + N\, dy$ pode ser escrita como uma integral de escoamento $\int_a^b \mathbf{F} \cdot \mathbf{T}\, ds$. Se a integral for independente do caminho, de modo que o campo **F** é conservativo (sobre um domínio que satisfaz as premissas básicas), podemos calcular facilmente a integral a partir de uma função potencial para o campo. Nesta seção, veremos como calcular a integral se ela *não* está associada a um campo vetorial conservativo, mas é uma integral de escoamento ou fluxo através de curvas fechadas no plano *xy*. O meio para fazer isso é um teorema conhecido como teorema de Green, que converte integrais de linha para integrais duplas.

Falamos em termos de campos de velocidade de escoamento de fluidos porque esses são mais fáceis de imaginar. Fique atento, entretanto, para o fato de que o teorema de Green se aplica a qualquer campo vetorial que satisfaça certas condições matemáticas. Para ser válido, ele não depende de o campo ter determinada interpretação física.

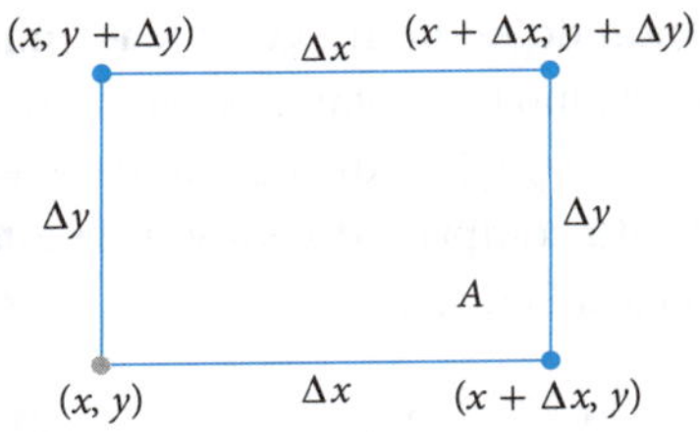

FIGURA 16.24 O retângulo para definir a divergência (densidade de fluxo) de um campo vetorial em um ponto (x, y).

Divergência

Precisamos de duas idéias novas para o teorema de Green. A primeira é a idéia da divergência de um campo vetorial em um ponto também chamada densidade de fluxo de um campo vetorial, por físicos e engenheiros. Nós o obtemos da maneira indicada a seguir.

Suponha que $\mathbf{F}(x, y) = M(x, y)\mathbf{i} + N(x, y)\mathbf{j}$ seja o campo de velocidade de um escoamento de fluido no plano e que as derivadas parciais de primeira ordem de M e N sejam contínuas em cada ponto de uma região R. Seja (x, y) um ponto em R e seja A um retângulo pequeno com um vértice em (x, y) que, juntamente com seu interior, está inteiramente contido em R (Figura 16.24). Os lados do retângulo, paralelos aos eixos coordenados, têm comprimentos de Δx e Δy. A taxa à qual o fluido deixa o retângulo através da aresta inferior é aproximadamente

$$\mathbf{F}(x, y) \cdot (-\mathbf{j})\, \Delta x = -\mathrm{N}(x, y)\, \Delta x.$$

Esta é a componente escalar da velocidade em (x, y) na direção do vetor normal exterior vezes o comprimento do segmento. Se a velocidade estiver em metros por segundo, por exemplo, a taxa de saída será em metros por segundo vezes metros ou metros quadrados por segundo. As taxas às quais o fluido atravessa os outros três lados nas direções de suas normais exteriores podem ser estimadas de maneira análoga. Assim temos

Taxas de saída:	Topo:	$\mathbf{F}(x, y + \Delta y) \cdot \mathbf{j}\, \Delta x = N(x, y + \Delta y)\, \Delta x$
	Fundo:	$\mathbf{F}(x, y) \cdot (-\mathbf{j})\, \Delta x = -N(x, y)\, \Delta x$
	Direita:	$\mathbf{F}(x + \Delta x, y) \cdot \mathbf{i}\, \Delta y = M(x + \Delta x, y)\, \Delta y$
	Esquerda:	$\mathbf{F}(x, y) \cdot (-\mathbf{i})\, \Delta y = -M(x, y)\, \Delta y$

Combinando pares opostos, temos

Topo e fundo: $(N(x, y + \Delta y) - N(x, y))\Delta x \approx \left(\frac{\partial N}{\partial y}\Delta y\right)\Delta x$

Direita e esquerda: $(M(x + \Delta x, y) - M(x, y))\Delta y \approx \left(\frac{\partial M}{\partial x}\Delta x\right)\Delta y$

Somando ambos os lados dessas duas equações, temos

$$\text{Fluxo através de uma fronteira retangular} \approx \left(\frac{\partial M}{\partial x} + \frac{\partial N}{\partial y}\right)\Delta x \Delta y$$

Agora, dividimos por $\Delta x\, \Delta y$ para estimar o fluxo total por unidade de área ou a densidade de fluxo para o retângulo:

$$\frac{\text{Fluxo através da fronteira retangular}}{\text{área do retângulo}} \approx \left(\frac{\partial M}{\partial x} + \frac{\partial N}{\partial y}\right)$$

Por fim, fazemos Δx e Δy se aproximarem de zero para definir o que chamamos *densidade de fluxo* de **F** no ponto (x, y). Em matemática, chamamos a densidade de fluxo de *divergente* de **F**. Seu símbolo é div **F**, pronunciado "divergente de **F**" ou "div **F**".

Definição **Densidade de fluxo ou divergente**
A **densidade de fluxo** ou **divergente** de um campo vetorial $\mathbf{F} = M\mathbf{i} + N\mathbf{j}$ no ponto (x, y) é

$$\text{div}\, \mathbf{F} = \frac{\partial M}{\partial x} + \frac{\partial N}{\partial y} \tag{1}$$

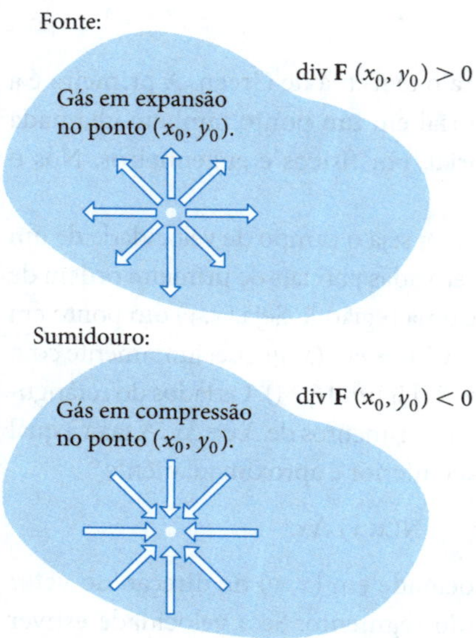

FIGURA 16.25 Se um gás estiver expandindo em um ponto (x_0, y_0), as linhas de escoamento têm divergência positiva; se o gás estiver comprimindo, a divergência é negativa.

Intuitivamente, se um gás estiver expandindo no ponto (x_0, y_0), as linhas de escoamento divergirão lá (daí o nome) e, como o ar estaria escoando para fora de um retângulo pequeno em torno de (x_0, y_0), o divergente de **F** em (x_0, y_0) seria positivo. Se o gás estivesse sendo comprimido em vez de estar expandindo, o divergente seria negativo. Veja a Figura 16.25.

EXEMPLO 1 Encontrando o divergente

Encontre o divergente de $\mathbf{F}(x, y) = (x^2 - y)\mathbf{i} + (xy - y^2)\mathbf{j}$.

SOLUÇÃO Usamos a fórmula na Equação (1):

$$\begin{aligned}\text{div } \mathbf{F} &= \frac{\partial M}{\partial x} + \frac{\partial N}{\partial y} = \frac{\partial}{\partial x}(x^2 - y) + \frac{\partial}{\partial y}(xy - y^2) \\ &= 2x + x - 2y = 3x - 2y\end{aligned}$$

Giro em torno de um eixo: a componente k do rotacional

A segunda das duas idéias de que precisamos para o teorema de Green é a idéia de como uma roda de pás gira em um ponto sobre uma região plana na qual um fluido está escoando. Essa situação nos dá uma idéia de como o fluido está circulando ao redor dos eixos localizados em diferentes pontos e perpendiculares à região. Os físicos costumam chamar essa movimentação de *densidade de circulação* de um campo vetorial **F** em um ponto. Para obtê-la, retornamos ao campo de velocidade

$$\mathbf{F}(x, y) = M(x, y)\mathbf{i} + N(x, y)\mathbf{j}$$

e o retângulo A. O retângulo é redesenhado aqui como a Figura 16.26.

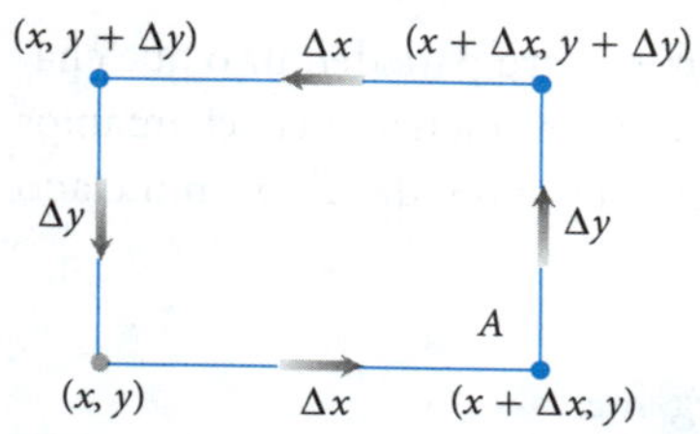

FIGURA 16.26 O retângulo para definir o rotacional (densidade de circulação) de um campo vetorial em um ponto (x, y).

A circulação de **F** no sentido anti-horário em torno da fronteira de A é a soma das taxas de escoamento ao longo dos lados. Para a aresta inferior, a taxa de escoamento é aproximadamente

$$\mathbf{F}(x, y) \cdot \mathbf{i}\, \Delta x = M(x, y)\, \Delta x$$

Essa é a componente escalar da velocidade $\mathbf{F}(x, y)$ na direção do vetor tangente **i** vezes o comprimento do segmento. As taxas de escoamento ao longo dos outros lados no sentido anti-horário são expressas de maneira similar. Em geral, temos

Topo:	$\mathbf{F}(x, y + \Delta y) \cdot (-\mathbf{i})\, \Delta x = -M(x, y + \Delta y)\, \Delta x$
Fundo:	$\mathbf{F}(x, y) \cdot \mathbf{i}\, \Delta x = M(x, y)\, \Delta x$
Direita:	$\mathbf{F}(x + \Delta x, y) \cdot \mathbf{j}\, \Delta y = N(x + \Delta x, y)\, \Delta y$
Esquerda:	$\mathbf{F}(x, y) \cdot (-\mathbf{j})\, \Delta y = -N(x, y)\, \Delta y.$

Somamos pares opostos para obter

Topo e fundo:

$$-(M(x, y + \Delta y) - M(x, y))\Delta x \approx -\left(\frac{\partial M}{\partial y}\Delta y\right)\Delta x$$

Direita e esquerda:

$$(N(x + \Delta x, y) - N(x, y))\Delta y \approx \left(\frac{\partial N}{\partial x}\Delta x\right)\Delta y$$

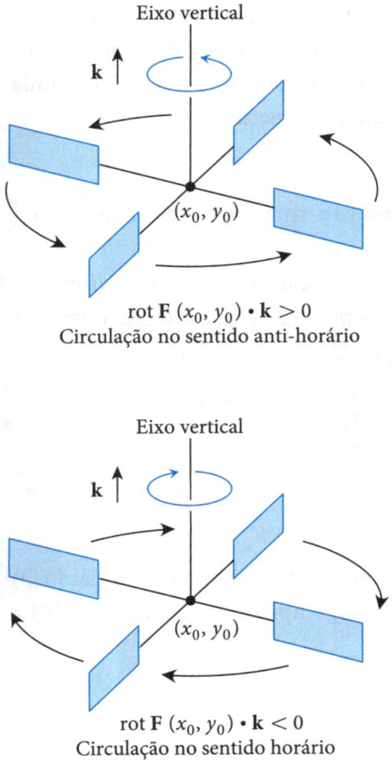

FIGURA 16.27 No escoamento de um fluido incompressível sobre uma região plana, a componente **k** do rotacional mede a taxa de rotação do fluido em um ponto. A componente **k** do rotacional é positiva em pontos onde a rotação tem sentido anti-horário e negativa onde a rotação tem sentido horário.

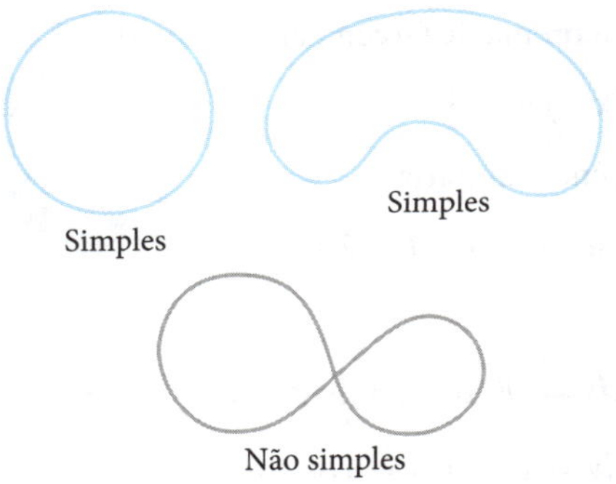

FIGURA 16.28 Ao provarmos o teorema de Green, distinguimos dois tipos de curvas fechadas, simples e não simples. As curvas simples não têm interseção com elas mesmas. Uma circunferência é simples, mas uma figura 8 não é.

Somando ambos os lados dessas duas últimas equações e dividindo-os por $\Delta x \Delta y$ temos uma estimativa da densidade de circulação para o retângulo:

$$\frac{\text{Fluxo no retângulo}}{\text{área do retângulo}} \approx \frac{\partial N}{\partial x} - \frac{\partial M}{\partial y}$$

Fazemos Δx e Δy tenderem a zero para definir o que chamamos *densidade de circulação* de **F** no ponto (x, y).

A orientação positiva da densidade de circulação para o plano é o sentido *anti-horário* de rotação ao redor do eixo vertical, olhando-se o plano *xy* da extremidade do versor (vertical) **k** (Figura 16.27). O valor da circulação é, na realidade, a componente **k** de um vetor de circulação mais geral que definiremos na Seção 16.7, chamado *rotacional* do campo vetorial **F**. Para o teorema de Green, precisamos apenas dessa componente **k**.

Definição **Componente k do rotacional**

A componente k do rotacional (densidade de circulação), de um campo vetorial $\mathbf{F} = M\mathbf{i} + N\mathbf{j}$ no ponto (x, y) é o escalar

$$(\text{rot } \mathbf{F}) \cdot \mathbf{k} = \frac{\partial N}{\partial x} - \frac{\partial M}{\partial y} \qquad (2)$$

Se houver água se movendo sobre uma região do plano *xy* em uma camada fina, então a componente **k** da circulação, ou rotacional, em um ponto (x_0, y_0) fornece uma maneira de medir a que velocidade e em qual sentido uma roda de pás pequena girará se for colocada na água em (x_0, y_0) com seu eixo perpendicular ao plano, paralelo a **k** (Figura 16.27).

EXEMPLO 2 Encontrando a componente k do rotacional

Encontre a componente **k** do rotacional para o campo vetorial

$$\mathbf{F}(x, y) = (x^2 - y)\mathbf{i} + (xy - y^2)\mathbf{j}.$$

SOLUÇÃO Usamos a fórmula na Equação (2):

$$(\text{rot } \mathbf{F}) \cdot \mathbf{k} = \frac{\partial N}{\partial x} - \frac{\partial M}{\partial y} = \frac{\partial}{\partial x}(xy - y^2) - \frac{\partial}{\partial y}(x^2 - y) = y + 1$$

Duas formas para o teorema de Green

Em uma forma, o teorema de Green diz que, sob condições adequadas, o fluxo exterior de um campo vetorial através de uma curva fechada simples no plano (Figura 16.28) é igual à integral dupla do divergente do campo sobre a região limitada pela curva. Lembre-se das fórmulas para o fluxo nas equações (3) e (4) na Seção 16.2.

Teorema 3 **Teorema de Green (fluxo-divergência ou forma normal)**

O fluxo exterior de um campo $\mathbf{F} = M\mathbf{i} + N\mathbf{j}$ através de uma curva fechada simples *C* é igual à integral dupla de div **F** sobre a região *R* limitada por *C*.

$$\underbrace{\oint_C \mathbf{F} \cdot \mathbf{n}\, ds}_{\text{Fluxo exterior}} = \oint_C M\, dy - N\, dx = \underbrace{\iint_R \left(\frac{\partial M}{\partial x} + \frac{\partial N}{\partial y}\right) dx\, dy}_{\text{Integral de divergência}} \qquad (3)$$

Em outra forma, o teorema de Green diz que a circulação no sentido anti-horário de um campo vetorial em torno de uma curva fechada simples é a integral dupla da componente **k** do rotacional do campo sobre a região limitada pela curva. Revise a Equação (2) para circulação na Seção 16.2.

Teorema 4 **Teorema de Green (circulação-rotacional ou forma tangencial)**
A circulação no sentido anti-horário de um campo $\mathbf{F} = M\mathbf{i} + N\mathbf{j}$ em torno de uma curva fechada simples C no plano é igual à integral dupla de $(\text{rot } \mathbf{F}) \cdot \mathbf{k}$ sobre a região R limitada por C.

$$\oint_C \mathbf{F} \cdot \mathbf{T}\, ds = \oint_C M\,dx + N\,dy = \iint_R \left(\frac{\partial N}{\partial x} - \frac{\partial M}{\partial y}\right) dx\,dy \qquad (4)$$

Circulação no sentido anti-horário — Integral do rotacional

As duas formas do teorema de Green são equivalentes. Aplicando a Equação (3) ao campo $\mathbf{G}_1 = N\mathbf{i} - M\mathbf{j}$ temos a Equação (4), e aplicando a Equação (4) a $\mathbf{G}_2 = -N\mathbf{i} + M\mathbf{j}$, temos a Equação (3).

Hipóteses matemáticas

Precisamos de dois tipos de hipóteses para o teorema de Green ser válido. Primeiro, precisamos de condições sobre M e N para assegurar a existência das integrais. As suposições usuais são de que M, N e suas derivadas parciais de primeira ordem sejam contínuas em todos os pontos de alguma região aberta que contenha C e R. Segundo, necessitamos de condições geométricas na curva C. Ela deve ser simples, fechada e formada por pedaços ao longo dos quais possamos integrar M e N. As hipóteses usuais são que C seja lisa por partes. A prova que damos para o teorema de Green, contudo, também faz suposições sobre a forma de R. Você pode encontrar provas menos restritivas em textos mais avançados. Primeiro, veremos alguns exemplos.

EXEMPLO 3 Verificando o teorema de Green

Verifique ambas as formas do teorema de Green para o campo

$$\mathbf{F}(x, y) = (x - y)\mathbf{i} + x\mathbf{j}$$

e a região R limitada pela circunferência unitária

$$C\colon \mathbf{r}(t) = (\cos t)\mathbf{i} + (\operatorname{sen} t)\mathbf{j},\ 0 \leq t \leq 2\pi$$

SOLUÇÃO Temos

$$M = \cos t - \operatorname{sen} t, \qquad dx = d(\cos t) = -\operatorname{sen} t\,dt$$

$$N = \cos t, \qquad dy = d(\operatorname{sen} t) = \cos t\,dt$$

$$\frac{\partial M}{\partial x} = 1, \qquad \frac{\partial M}{\partial y} = -1, \qquad \frac{\partial N}{\partial x} = 1, \qquad \frac{\partial N}{\partial y} = 0$$

Os dois lados da Equação (3) são

$$\oint_C M\,dy - N\,dx = \int_{t=0}^{t=2\pi} (\cos t - \operatorname{sen} t)(\cos t\,dt) - (\cos t)(-\operatorname{sen} t\,dt)$$

$$= \int_0^{2\pi} \cos^2 t\,dt = \pi$$

$$\iint_R \left(\frac{\partial M}{\partial x} + \frac{\partial N}{\partial y}\right) dx\,dy = \iint_R (1 + 0)\,dx\,dy$$

$$= \iint_R dx\,dy = \text{área dentro do círculo} = \pi$$

Os dois lados da Equação (4) são

$$\oint_C M\,dx + N\,dy = \int_{t=0}^{t=2\pi} (\cos t - \operatorname{sen} t)(-\operatorname{sen} t\,dt) + (\cos t)(\cos t\,dt)$$

$$= \int_0^{2\pi} (-\operatorname{sen} t \cos t + 1)\,dt = 2\pi$$

$$\iint_R \left(\frac{\partial N}{\partial x} - \frac{\partial M}{dy}\right) dx\,dy = \iint_R (1 - (-1))\,dx\,dy = 2\iint_R dx\,dy = 2\pi$$

Usando o teorema de Green para calcular integrais de linha

Se construirmos uma curva fechada C emendando um número de curvas diferentes pelas extremidades, o processo de cálculo de uma integral de linha sobre C poderá ser extenso, porque há muitas integrais diferentes para calcular. Se C limitar uma região R para a qual o teorema de Green se aplica, entretanto, podemos usá-lo para trocar a integral de linha em torno de C por uma integral dupla sobre R.

EXEMPLO 4 Calculando uma integral de linha usando o teorema de Green

Calcule a integral

$$\oint_C xy\,dy - y^2\,dx$$

onde C é o quadrado cortado do primeiro quadrante pelas retas $x = 1$ e $y = 1$.

SOLUÇÃO Podemos usar qualquer das formas do teorema de Green para trocar a integral de linha por uma integral sobre o quadrado.

1. *Com a forma normal dada pela Equação* (3): Fazendo $M = xy$, $N = y^2$ e C e R como a fronteira do quadrado e seu interior, temos

$$\oint_C xy\,dy - y^2\,dx = \iint_R (y + 2y)\,dx\,dy = \int_0^1\int_0^1 3y\,dx\,dy$$

$$= \int_0^1 \Big[3xy\Big]_{x=0}^{x=1} dy = \int_0^1 3y\,dy = \frac{3}{2}y^2\Big]_0^1 = \frac{3}{2}$$

2. *Com a forma tangencial dada pela Equação* (4): Fazendo $M = -y^2$ e $N = xy$ temos o mesmo resultado:

$$\oint_C -y^2\,dx + xy\,dy = \iint_R (y - (-2y))\,dx\,dy = \frac{3}{2}$$

EXEMPLO 5 Encontrando o fluxo exterior

Calcule o fluxo exterior do campo $\mathbf{F}(x, y) = x\mathbf{i} + y^2\mathbf{j}$ através do quadrado limitado pelas retas $x = \pm 1$ e $y = \pm 1$.

SOLUÇÃO O cálculo do fluxo com uma integral de linha precisaria de quatro integrações, uma para cada lado do quadrado. Com o teorema de Green, podemos trocar a integral de linha por uma integral dupla. Com $M = x$, $N = y^2$, sendo C o quadrado e R seu interior, temos

$$\begin{aligned}
\text{Fluxo} &= \oint_C \mathbf{F}\cdot\mathbf{n}\,ds = \oint_C M\,dy - N\,dx \\
&= \iint_R \left(\frac{\partial M}{\partial x} + \frac{\partial N}{\partial y}\right) dx\,dy \qquad \text{Teorema de Green} \\
&= \int_{-1}^{1}\int_{-1}^{1} (1 + 2y)\,dx\,dy = \int_{-1}^{1}\Big[x + 2xy\Big]_{x=-1}^{x=1} dy \\
&= \int_{-1}^{1} (2 + 4y)\,dy = \Big[2y + 2y^2\Big]_{-1}^{1} = 4
\end{aligned}$$

Prova do teorema de Green para regiões especiais

Seja C uma curva fechada simples e lisa no plano xy com a propriedade de que retas paralelas aos eixos não a cortam em mais que dois pontos. Seja R a região limitada por C e suponha que M, N e suas derivadas parciais de primeira ordem sejam contínuas em todos os pontos de alguma região aberta que contenha C e R. Queremos provar a forma circulação-rotacional do teorema de Green,

$$\oint_C M\,dx + N\,dy = \iint_R \left(\frac{\partial N}{\partial x} - \frac{\partial M}{\partial y}\right) dx\,dy \qquad (5)$$

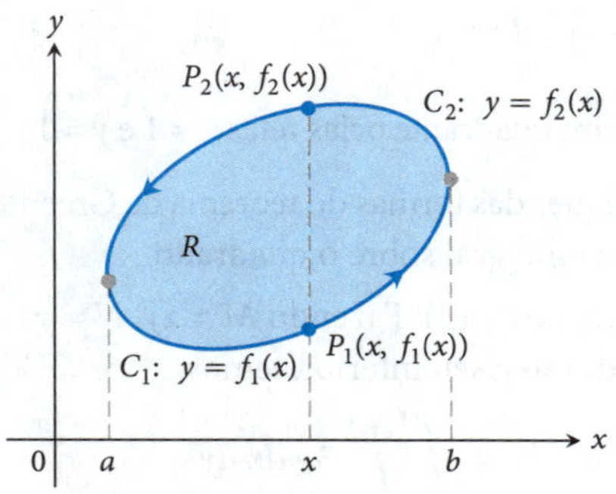

FIGURA 16.29 A curva de fronteira C é formada por C_1, o gráfico de $y = f_1(x)$ e C_2, o gráfico de $y = f_2(x)$.

A Figura 16.29 mostra C formada por duas partes orientadas:

$$C_1: y = f_1(x), \quad a \le x \le b, \qquad C_2: y = f_2(x), \quad b \ge x \ge a$$

Para qualquer x entre a e b, podemos integrar $\partial M/\partial y$ em relação a y de $y = f_1(x)$ a $y = f_2(x)$ e obter

$$\int_{f_1(x)}^{f_2(x)} \frac{\partial M}{\partial y}\,dy = M(x, y)\Big]_{y=f_1(x)}^{y=f_2(x)} = M(x, f_2(x)) - M(x, f_1(x))$$

Podemos então integrar essa última em relação a x de a a b:

$$\begin{aligned}\int_a^b \int_{f_1(x)}^{f_2(x)} \frac{\partial M}{\partial y}\, dy\, dx &= \int_a^b [M(x, f_2(x)) - M(x, f_1(x))]\, dx \\ &= -\int_b^a M(x, f_2(x))\, dx - \int_a^b M(x, f_1(x))\, dx \\ &= -\int_{C_2} M\, dx - \int_{C_1} M\, dx \\ &= -\oint_C M\, dx\end{aligned}$$

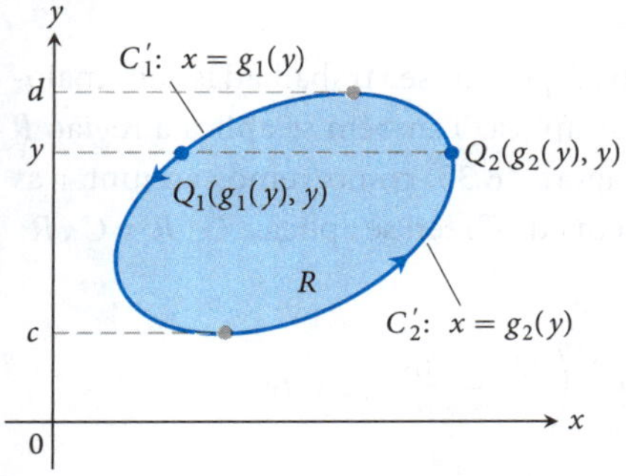

FIGURA 16.30 A curva de fronteira C é formada por C'_1, o gráfico de $x = g_1(y)$, e C'_2, $x = g_2(y)$.

Portanto,

$$\oint_C M\, dx = \iint_R \left(-\frac{\partial M}{\partial y}\right) dx\, dy \tag{6}$$

A Equação (6) é metade do resultado de que precisamos para a Equação (5). Deduzimos a outra metade integrando $\partial N/\partial x$ primeiro em relação a x e depois em relação a y, como sugerido pela Figura 16.30. Isso mostra a curva C da Figura 16.29 decomposta em duas partes orientadas C'_1: $x = g_1(y)$, $d \geq y \geq c$ e C'_2: $x = g_2(y)$, $c \leq y \leq d$. O resultado dessa integração dupla é

$$\oint_C N\, dy = \iint_R \frac{\partial N}{\partial x}\, dx\, dy \tag{7}$$

Combinando as equações (6) e (7) temos a Equação (5). Isso conclui a prova.

Estendendo a prova para outras regiões

O argumento que acabamos de apresentar não se aplica diretamente à região retangular na Figura 16.31 porque as retas $x = a$, $x = b$, $y = c$ e $y = d$ encontram com a fronteira dela em mais de dois pontos. Se dividirmos a fronteira C em quatro segmentos de reta orientados, contudo,

$$\begin{aligned}&C_1:\quad y = c, \quad a \leq x \leq b, \qquad C_2:\quad x = b, \quad c \leq y \leq d \\ &C_3:\quad y = d, \quad b \geq x \geq a, \qquad C_4:\quad x = a, \quad d \geq y \geq c\end{aligned}$$

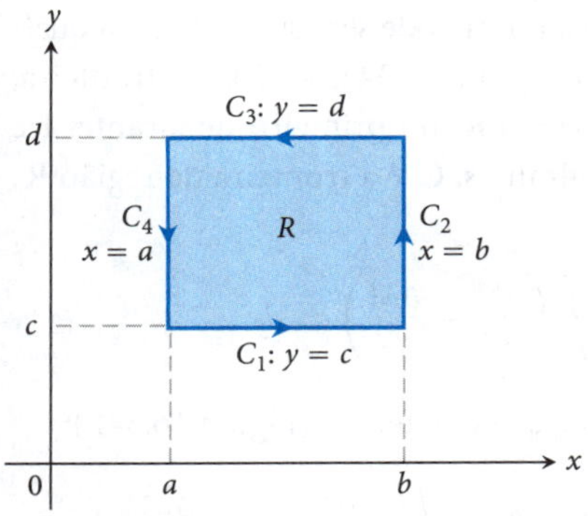

FIGURA 16.31 Para provar o teorema de Green para um retângulo, dividimos a fronteira em quatro segmentos de reta orientados.

podemos modificar o argumento da maneira a seguir.

Procedendo como na prova da Equação (7), temos

$$\begin{aligned}\int_c^d \int_a^b \frac{\partial N}{\partial x}\, dx\, dy &= \int_c^d (N(b, y) - N(a, y))\, dy \\ &= \int_c^d N(b, y)\, dy + \int_d^c N(a, y)\, dy \\ &= \int_{C_2} N\, dy + \int_{C_4} N\, dy\end{aligned} \tag{8}$$

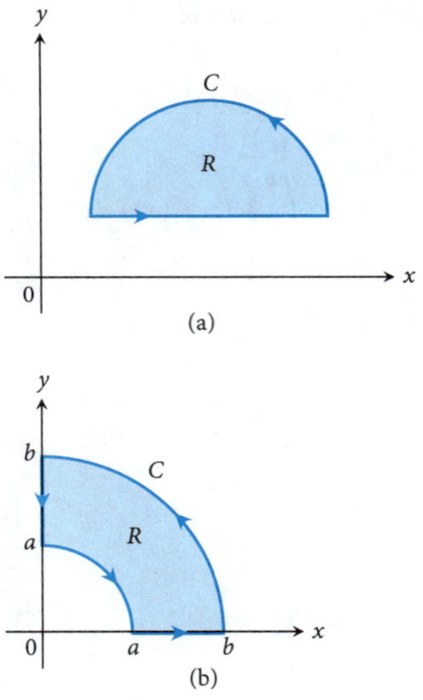

FIGURA 16.32 Outras regiões às quais o teorema de Green se aplica.

Como y é constante ao longo de C_1 e C_3, $\int_{C_1} N\,dy = \int_{C_3} N\,dy = 0$, assim podemos adicionar $\int_{C_1} N\,dy = \int_{C_3} N\,dy$ no lado direito da Equação (8) sem alterar a igualdade. Fazendo isso, temos

$$\int_c^d \int_a^b \frac{\partial N}{\partial x}\,dx\,dy = \oint_C N\,dy \tag{9}$$

De maneira similar, podemos mostrar que

$$\int_a^b \int_c^d \frac{\partial M}{\partial y}\,dy\,dx = -\oint_C M\,dx \tag{10}$$

Subtraindo a Equação (10) da Equação (9), novamente chegamos a

$$\oint_C M\,dx + N\,dy = \iint_R \left(\frac{\partial N}{\partial x} - \frac{\partial M}{\partial y}\right) dx\,dy$$

Regiões como aquelas da Figura 16.32 podem ser trabalhadas sem maiores dificuldades. A Equação (5) ainda se aplica. Também se aplica à região R em forma de ferradura mostrada na Figura 16.33, como vemos ao juntar as regiões R_1 e R_2 e suas fronteiras. O teorema de Green se aplica a C_1, R_1 e C_2, R_2, resultando em

$$\int_{C_1} M\,dx + N\,dy = \iint_{R_1} \left(\frac{\partial N}{\partial x} - \frac{\partial M}{\partial y}\right) dx\,dy$$

$$\int_{C_2} M\,dx + N\,dy = \iint_{R_2} \left(\frac{\partial N}{\partial x} - \frac{\partial M}{\partial y}\right) dx\,dy$$

Quando somamos ambos os lados dessas duas equações, a integral de linha ao longo do eixo y de b a a para C_1 cancela a integral sobre o mesmo segmento, mas em sentido oposto para C_2. Assim,

$$\oint_C M\,dx + N\,dy = \iint_R \left(\frac{\partial N}{\partial x} - \frac{\partial M}{\partial y}\right) dx\,dy$$

onde C consiste nos dois segmentos do eixo x de $-b$ a $-a$ e de a a b e nas duas semicircunferências e onde R é a região dentro de C.

O artifício de somar integrais de linha sobre fronteiras separadas para construir uma integral sobre uma fronteira única pode ser estendido para qualquer número finito de sub-regiões. Na Figura 16.34a, seja C_1 a fronteira, orientada no sentido anti-horário, da região R_1 no primeiro quadrante. De maneira similar, para os outros três quadrantes, C_i é a fronteira da região R_i, $i = 2, 3, 4$. Pelo teorema de Green,

$$\oint_{C_i} M\,dx + N\,dy = \iint_{R_i} \left(\frac{\partial N}{\partial x} - \frac{\partial M}{\partial y}\right) dx\,dy \tag{11}$$

Somamos a Equação (11) para $i = 1, 2, 3, 4$ e obtemos (Figura 16.34b):

$$\oint_{r=b} (M\,dx + N\,dy) + \oint_{r=a} (M\,dx + N\,dy) = \iint_{\cup R_i} \left(\frac{\partial N}{\partial x} - \frac{\partial M}{\partial y}\right) dx\,dy \tag{12}$$

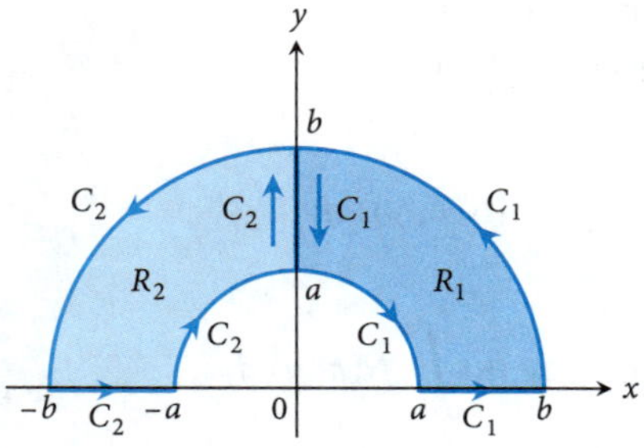

FIGURA 16.33 Uma região R que é formada por regiões R_1 e R_2.

A Equação (12) diz que a integral dupla de $(\partial N/\partial x) - (\partial M/\partial y)$ sobre a região anular R é igual à integral de linha de $M\,dx + N\,dy$ sobre a fronteira completa de R no sentido que mantém R à esquerda à medida que percorremos a curva (Figura 16.34b).

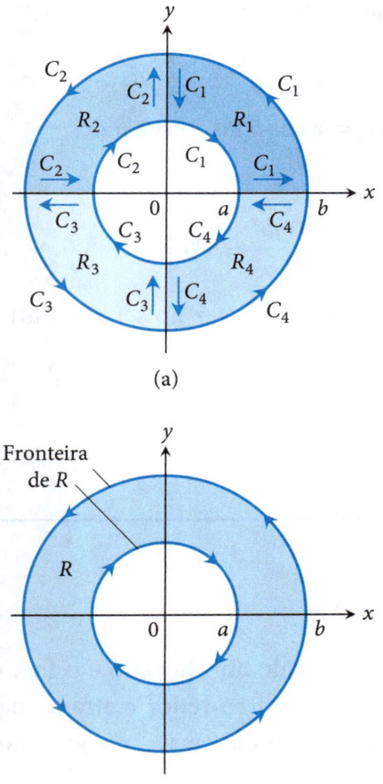

FIGURA 16.34 A região anular R é formada por quatro regiões menores. Em coordenadas polares, $r = a$ para a circunferência interior, $r = b$ para a circunferência exterior e $a \leq r \leq b$ para a região propriamente dita.

EXEMPLO 6 Verificando o teorema de Green para uma região anular

Verifique a forma tangencial do teorema de Green (Equação (4)) sobre a região anular R: $h^2 \leq x^2 + y^2 \leq 1$, $0 < h < 1$ (Figura 16.35) se

$$M = \frac{-y}{x^2 + y^2}, \qquad N = \frac{x}{x^2 + y^2}$$

SOLUÇÃO A fronteira de R consiste na circunferência

$$C_1: \quad x = \cos t, \quad y = \text{sen}\, t, \quad 0 \leq t \leq 2\pi,$$

percorrida no sentido anti-horário à medida que t aumenta, e a circunferência

$$C_h: \quad x = h\cos\theta, \quad y = -h\,\text{sen}\,\theta, \quad 0 \leq \theta \leq 2\pi,$$

percorrida no sentido horário à medida que θ aumenta. As funções M e N e suas derivadas parciais são contínuas em R. Além disso,

$$\frac{\partial M}{\partial y} = \frac{(x^2 + y^2)(-1) + y(2y)}{(x^2 + y^2)^2}$$

$$= \frac{y^2 - x^2}{(x^2 + y^2)^2} = \frac{\partial N}{\partial x}$$

assim

$$\iint_R \left(\frac{\partial N}{\partial x} - \frac{\partial M}{\partial y}\right) dx\, dy = \iint_R 0\, dx\, dy = 0$$

A integral de $M\,dx + N\,dy$ sobre a fronteira de R é

$$\int_C M\,dx + N\,dy = \oint_{C_1} \frac{x\,dy - y\,dx}{x^2 + y^2} + \oint_{C_h} \frac{x\,dy - y\,dx}{x^2 + y^2}$$

$$= \int_0^{2\pi} (\cos^2 t + \text{sen}^2\, t)\, dt - \int_0^{2\pi} \frac{h^2(\cos^2\theta + \text{sen}^2\,\theta)}{h^2}\, d\theta$$

$$= 2\pi - 2\pi = 0$$

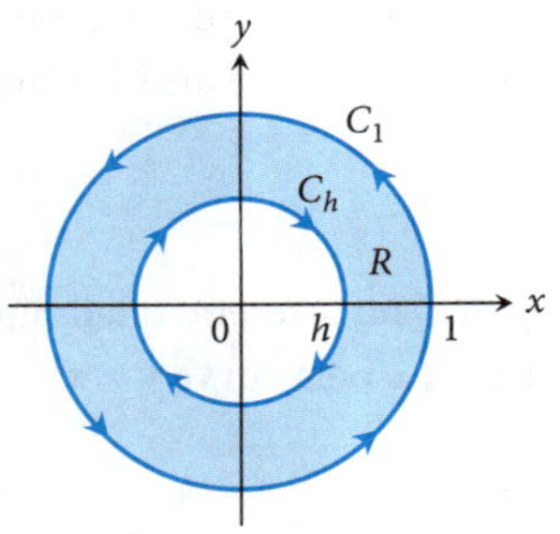

FIGURA 16.35 O teorema de Green pode ser aplicado à região anular R integrando-se ao longo das fronteiras como mostrado (Exemplo 6).

As funções M e N no Exemplo 6 são descontínuas em (0, 0), assim não podemos aplicar o teorema de Green à circunferência C_1 e à região dentro dela. Devemos excluir a origem. Fazemos isso excluindo os pontos dentro de C_h.

Poderíamos substituir a circunferência C_1 no Exemplo 6 por uma elipse ou qualquer outra curva fechada simples K que cerque C_h (Figura 16.36). O resultado ainda seria

$$\oint_K (M\,dx + N\,dy) + \oint_{C_h} (M\,dx + N\,dy) = \iint_R \left(\frac{\partial N}{\partial x} - \frac{\partial M}{\partial y}\right) dy\, dx = 0$$

o que leva à conclusão surpreendente de que

$$\oint_K (M\,dx + N\,dy) = 2\pi$$

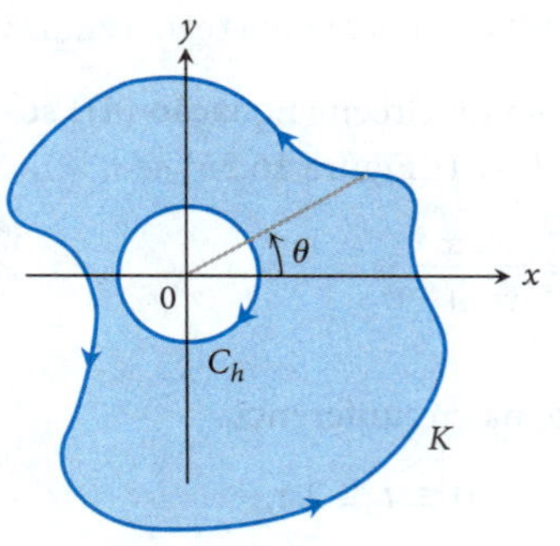

FIGURA 16.36 A região limitada pela circunferência C_h e pela curva K.

para qualquer curva K desse tipo. Podemos explicar esse resultado mudando para coordenadas polares. Com

$$x = r\cos\theta, \qquad y = r \operatorname{sen}\theta$$
$$dx = -r\operatorname{sen}\theta\, d\theta + \cos\theta\, dr, \qquad dy = r\cos\theta\, d\theta + \operatorname{sen}\theta\, dr$$

temos

$$\frac{x\,dy - y\,dx}{x^2 + y^2} = \frac{r^2(\cos^2\theta + \operatorname{sen}^2\theta)\,d\theta}{r^2} = d\theta$$

e θ aumenta em 2π à medida que percorremos K uma vez no sentido anti-horário.

Exercícios 16.4

Verificando o teorema de Green

Nos exercícios 1–4, verifique a conclusão do teorema de Green calculando ambos os lados das equações (3) e (4) para o campo $\mathbf{F} = M\mathbf{i} + N\mathbf{j}$. Tome os domínios de integração em cada caso como o disco R: $x^2 + y^2 \leq a^2$ e sua circunferência de fronteira C: $\mathbf{r} = (a\cos t)\mathbf{i} + (a \operatorname{sen} t)\mathbf{j}$, $0 \leq t \leq 2\pi$.

1. $\mathbf{F} = -y\mathbf{i} + x\mathbf{j}$

2. $\mathbf{F} = y\mathbf{i}$

3. $\mathbf{F} = 2x\mathbf{i} - 3y\mathbf{j}$

4. $\mathbf{F} = -x^2y\mathbf{i} + xy^2\mathbf{j}$

Circulação no sentido anti-horário e fluxo exterior

Nos exercícios 5–10, use o teorema de Green para encontrar a circulação no sentido anti-horário e o fluxo exterior para o campo $\mathbf{F}$ e a curva C.

5. $\mathbf{F} = (x - y)\mathbf{i} + (y - x)\mathbf{j}$

C: O quadrado limitado por $x = 0$, $x = 1$, $y = 0$, $y = 1$

6. $\mathbf{F} = (x^2 + 4y)\mathbf{i} + (x + y^2)\mathbf{j}$

C: O quadrado limitado por $x = 0$, $x = 1$, $y = 0$, $y = 1$

7. $\mathbf{F} = (y^2 - x^2)\mathbf{i} + (x^2 + y^2)\mathbf{j}$

C: O triângulo limitado por $y = 0$, $x = 3$ e $y = x$

8. $\mathbf{F} = (x + y)\mathbf{i} - (x^2 + y^2)\mathbf{j}$

C: O triângulo limitado por $y = 0$, $x = 1$, e $y = x$

9. $\mathbf{F} = (x + e^x \operatorname{sen} y)\mathbf{i} + (x + e^x x \cos y)\mathbf{j}$

C: O laço do lado direito da lemniscata $r^2 = \cos 2\theta$.

10. $\mathbf{F} = \left(\operatorname{tg}^{-1}\frac{y}{x}\right)\mathbf{i} + \ln(x^2 + y^2)\mathbf{j}$

C: A fronteira da região definida pelas desigualdades em coordenadas polares $1 \leq r \leq 2$, $0 \leq \theta \leq \pi$

11. Encontre a circulação no sentido anti-horário e o fluxo exterior do campo $\mathbf{F} = xy\mathbf{i} + y^2\mathbf{j}$ ao redor e através da fronteira da região limitada pelas curvas $y = x^2$ e $y = x$ no primeiro quadrante.

12. Encontre a circulação no sentido anti-horário e o fluxo exterior do campo $\mathbf{F} = (-\operatorname{sen} y)\mathbf{i} + (x\cos y)\mathbf{j}$ ao redor e através do quadrado cortado do primeiro quadrante pelas retas $x = \pi/2$ e $y = \pi/2$.

13. Encontre o fluxo exterior do campo

$$\mathbf{F} = \left(3xy - \frac{x}{1 + y^2}\right)\mathbf{i} + (e^x + \operatorname{tg}^{-1} y)\mathbf{j}$$

através da cardióide $r = a(1 + \cos\theta)$, $a > 0$.

14. Encontre a circulação no sentido anti-horário de $\mathbf{F} = (y + e^x \ln y)\mathbf{i} + (e^x/y)\mathbf{j}$ ao redor da fronteira da região que é limitada acima pela curva $y = 3 - x^2$ e abaixo pela curva $y = x^4 + 1$.

Trabalho

Nos exercícios 15 e 16, encontre o trabalho realizado por $\mathbf{F}$ para mover uma partícula uma vez no sentido anti-horário ao redor da curva dada.

15. $\mathbf{F} = 2xy^3\mathbf{i} + 4x^2y^2\mathbf{j}$

C: A fronteira da região "triangular" no primeiro quadrante limitada pelo eixo x, pela reta $x = 1$ e pela curva $y = x^3$.

16. $\mathbf{F} = (4x - 2y)\mathbf{i} + (2x - 4y)\mathbf{j}$

C: A circunferência $(x - 2)^2 + (y - 2)^2 = 4$

Calculando integrais de linha no plano

Aplique o teorema de Green para calcular as integrais nos exercícios 17–20.

17. $\oint_C (y^2\,dx + x^2\,dy)$

C: O triângulo limitado por $x = 0$, $x + y = 1$, $y = 0$

18. $\oint_C (3y\,dx + 2x\,dy)$

C: A fronteira de $0 \leq x \leq \pi$, $0 \leq y \leq \operatorname{sen} x$

19. $\oint_C (6y + x)\,dx + (y + 2x)\,dy$

C: A circunferência $(x - 2)^2 + (y - 3)^2 = 4$

20. $\oint_C (2x + y^2)\,dx + (2xy + 3y)\,dy$

C: Qualquer curva fechada simples no plano para o qual o teorema de Green é válido.

Calculando áreas com o teorema de Green

Se uma curva fechada simples C no plano e a região R que ela engloba satisfazem as hipóteses do teorema de Green, a área de R é dada por

Fórmula da área do teorema de Green

$$\text{Área de } R = \frac{1}{2}\oint_C x\,dy - y\,dx \qquad (13)$$

O motivo é que, pela Equação (3), lida ao contrário,

$$\text{Área de } R = \iint_R dy\,dx = \iint_R \left(\frac{1}{2} + \frac{1}{2}\right) dy\,dx$$

$$= \oint_C \frac{1}{2}x\,dy - \frac{1}{2}y\,dx$$

Use a fórmula da área dada pelo teorema de Green (Equação 13) para encontrar as áreas das regiões limitadas pelas curvas nos exercícios 21–24.

21. A circunferência $\mathbf{r}(t) = (a\cos t)\mathbf{i} + (a\operatorname{sen} t)\mathbf{j}$, $0 \leq t \leq 2\pi$

22. A elipse $\mathbf{r}(t) = (a\cos t)\mathbf{i} + (b\operatorname{sen} t)\mathbf{j}$, $0 \leq t \leq 2\pi$

23. A astróide $\mathbf{r}(t) = (\cos^3 t)\mathbf{i} + (\operatorname{sen}^3 t)\mathbf{j}$, $0 \leq t \leq 2\pi$

24. A curva $\mathbf{r}(t) = t^2\mathbf{i} + ((t^3/3) - t)\mathbf{j}$, $-\sqrt{3} \leq t \leq \sqrt{3}$ (veja a figura a seguir).

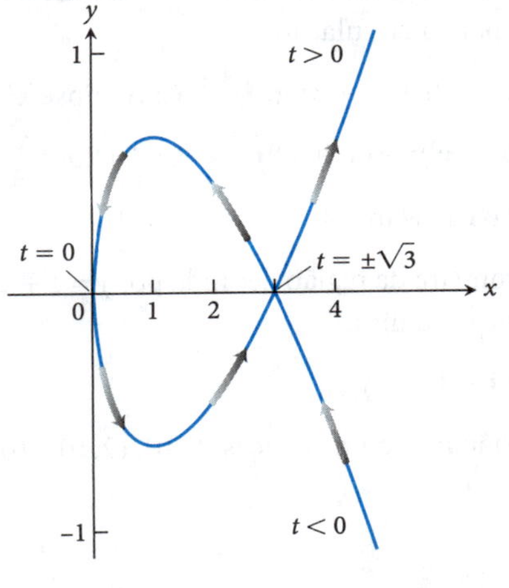

Teoria e exemplos

25. Seja C a fronteira de uma região na qual o teorema de Green é válido. Use o teorema de Green para calcular

(a) $\oint_C f(x)\,dx + g(y)\,dy$

(b) $\oint_C ky\,dx + hx\,dy$ (com k e h constantes)

26. **Integral dependente apenas da área** Mostre que o valor de

$$\oint_C xy^2\,dx + (x^2y + 2x)\,dy$$

ao redor de qualquer quadrado depende apenas da área do quadrado e não de sua localização no plano.

27. O que há de especial na integral

$$\oint_C 4x^3y\,dx + x^4\,dy\,?$$

Justifique sua resposta.

28. O que há de especial na integral

$$\oint_C -y^3\,dy + x^3\,dx\,?$$

Justifique a sua resposta.

29. **Área como uma integral de linha** Mostre que, se R for uma região no plano limitada por uma curva C fechada, simples e lisa por partes, então

$$\text{Área de } R = \oint_C x\,dy = -\oint_C y\,dx$$

30. **Integral definida como uma integral de linha** Suponha que uma função não negativa $y = f(x)$ tenha uma derivada de primeira ordem contínua em $[a, b]$. Seja C a fronteira da região no plano xy que é limitada abaixo pelo eixo x, acima pelo gráfico de f e dos lados pelas retas $x = a$ e $x = b$. Mostre que

$$\int_a^b f(x)\,dx = -\oint_C y\,dx$$

31. **A área e o centróide** Seja A a área e $\bar{x}$ a abscissa do centróide de uma região R limitada por uma curva C fechada, simples e lisa por partes no plano xy. Mostre que

$$\frac{1}{2}\oint_C x^2\,dy = -\oint_C xy\,dx = \frac{1}{3}\oint_C x^2\,dy - xy\,dx = A\bar{x}$$

32. **Momento de inércia** Seja I_y o momento de inércia em relação ao eixo y na região do Exercício 31. Mostre que

$$\frac{1}{3}\oint_C x^3\,dy = -\oint_C x^2y\,dx = \frac{1}{4}\oint_C x^3\,dy - x^2y\,dx = I_y$$

33. Teorema de Green e equação de Laplace Considerando que todas as derivadas necessárias existam e sejam contínuas, mostre que, se $f(x, y)$ satisfizer a equação de Laplace

$$\frac{\partial^2 f}{\partial x^2} + \frac{\partial^2 f}{\partial y^2} = 0$$

então

$$\oint_C \frac{\partial f}{\partial y}\,dx - \frac{\partial f}{\partial x}\,dy = 0$$

para todas as curvas C fechadas às quais o teorema de Green se aplica. (A recíproca também é verdadeira: se a integral de linha for sempre zero, então f satisfaz a equação de Laplace.)

34. Maximizando o trabalho Dentre todas as curvas fechadas, simples e lisas no plano, orientadas no sentido anti-horário, encontre aquela ao longo da qual o trabalho realizado por

$$\mathbf{F} = \left(\frac{1}{4}x^2y + \frac{1}{3}y^3\right)\mathbf{i} + x\mathbf{j}$$

é maior. (*Sugestão*: Onde (rot **F**) · **k** é positivo?)

35. Regiões com muitos furos O teorema de Green é válido para uma região R com qualquer número finito de furos desde que as curvas de fronteira sejam lisas, simples e fechadas e que integremos sobre cada componente da fronteira no sentido que mantém R à esquerda à medida que a percorremos (Figura 16.37).

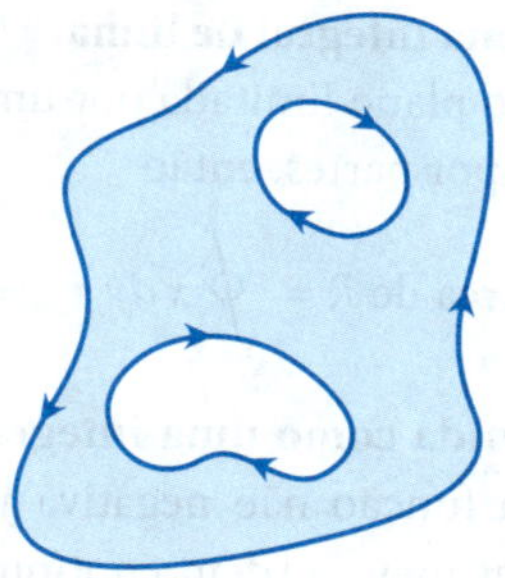

FIGURA 16.37 O teorema de Green é válido para regiões com mais de um furo (Exercício 35).

(a) Seja $f(x, y) = \ln(x^2 + y^2)$ e seja C a circunferência $x^2 + y^2 = a^2$. Calcule a integral de fluxo

$$\oint_C \nabla f \cdot \mathbf{n}\,ds$$

(b) Seja K uma curva lisa, simples e fechada arbitrária no plano que não passa por (0, 0). Use o teorema de Green para mostrar que

$$\oint_K \nabla f \cdot \mathbf{n}\,ds$$

tem dois valores possíveis, dependendo de (0, 0) estar dentro ou fora de K.

36. Critério de Bendixson As *linhas de fluxo* de um escoamento fluido no plano são as curvas lisas traçadas pelas partículas individuais do fluido. Os vetores $\mathbf{F} = M(x, y)\mathbf{i} + N(x, y)\mathbf{j}$ do campo de velocidades do escoamento são os vetores tangentes das linhas de fluxo. Mostre que, se o escoamento ocorrer sobre uma região simplesmente conexa R (sem furos nem pontos faltando) e se $M_x + N_y \neq 0$ em R, então nenhuma das linhas de fluxo em R é fechada. Em outras palavras, nenhuma partícula do fluido terá uma trajetória fechada em R. O critério $M_x + N_y \neq 0$ é chamado **critério de Bendixson** para a não-existência de trajetórias fechadas.

37. Estabeleça a Equação (7) para concluir a prova do caso especial do teorema de Green.

38. Estabeleça a Equação (10) para completar o argumento para a extensão do teorema de Green.

39. Componente rotacional de campos conservativos Pode-se dizer algo sobre o componente rotacional de um campo vetorial bidimensional conservativo? Justifique a sua resposta.

40. Circulação de campos conservativos O teorema de Green dá alguma informação sobre a circulação de um campo conservativo? Isso está de acordo com alguma outra coisa que você sabe? Justifique a sua resposta.

USANDO O COMPUTADOR

Encontrando a circulação

Nos exercícios 41–44, use um SAC e o teorema de Green para encontrar a circulação no sentido anti-horário do campo **F** ao redor de uma curva C fechada e simples. Execute os passos a seguir no SAC.

(a) Trace C no plano xy.

(b) Determine o integrando $(\partial N/\partial x) - (\partial M/\partial y)$ para a forma rotacional do teorema de Green.

(c) Determine os limites de integração da integral dupla a partir de seu gráfico no item **(a)** e calcule a integral rotacional para a circulação.

41. $\mathbf{F} = (2x - y)\mathbf{i} + (x + 3y)\mathbf{j}$, C: A elipse $x^2 + 4y^2 = 4$

42. $\mathbf{F} = (2x^3 - y^3)\mathbf{i} + (x^3 + y^3)\mathbf{j}$, C: A elipse $\frac{x^2}{4} + \frac{y^2}{9} = 1$

43. $\mathbf{F} = x^{-1}e^y\mathbf{i} + (e^y \ln x + 2x)\mathbf{j}$,

C: A fronteira da região definida por $y = 1 + x^4$ (por baixo) e $y = 2$ (por cima).

44. $\mathbf{F} = xe^y\mathbf{i} + 4x^2 \ln y\mathbf{j}$,

C: O triângulo com vértices (0, 0), (2, 0) e (0, 4).

16.5 Áreas e integrais de superfície

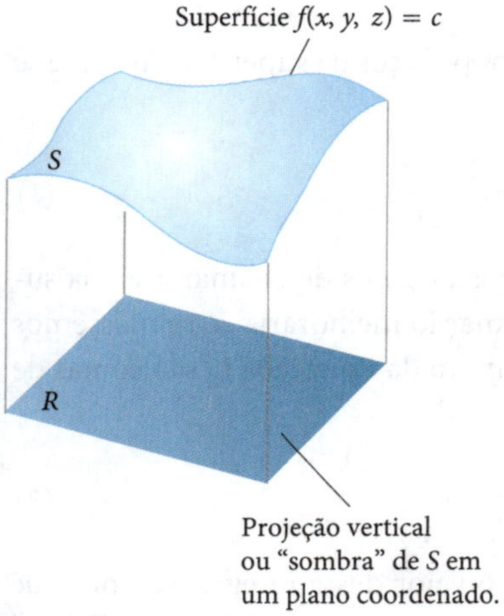

FIGURA 16.38 Como veremos a seguir, a integral de uma função $g(x, y, z)$ sobre uma superfície S no espaço pode ser obtida calculando-se uma integral dupla sobre a projeção vertical ou "sombra" de S sobre um plano coordenado.

Sabemos como integrar uma função sobre uma região em um plano, mas o que fazer se uma função for definida sobre uma superfície curva? Para calcular uma dessas chamadas integrais de superfície, nós a reescrevemos como uma integral dupla sobre uma região de um plano coordenado sob a superfície (Figura 16.38). As integrais de superfície são utilizadas no cálculo de quantidades como a do fluxo de um líquido em uma membrana ou a força ascensional que age sobre um pára-quedas em queda.

Área de superfícies

A Figura 16.39 mostra uma superfície S sobre sua região projetada R em um plano abaixo dela. A superfície é definida pela equação $f(x, y, z) = c$. Se a superfície for **lisa** (∇f é contínuo e nunca se anula sobre S), podemos definir e calcular sua área como uma integral dupla sobre R. Consideramos que a superfície possui somente uma projeção em sua sombra R, ou seja, cada ponto em R corresponde a exatamente um ponto (x, y, z) e, portanto, satisfaz a premissa $f(x, y, z) = c$.

A primeira etapa para definir a área de S é dividir a região R em pequenos retângulos ΔA_k do tipo que usaríamos se estivéssemos definindo uma integral sobre R. Diretamente acima de cada ΔA_k está um pedaço da superfície $\Delta\sigma_k$ que podemos aproximar por um paralelogramo ΔP_k no plano tangente a S em um ponto $T_k(x_k, y_k, z_k)$ em $\Delta\sigma_k$. Esse parelelogramo no plano tangente projeta diretamente para ΔA_k. Para sermos mais específicos, escolhemos um ponto $T_k(x_k, y_k, z_k)$ diretamente acima do vértice de trás C_k de ΔA_k, como mostrado na Figura 16.39. Se o plano tangente for paralelo a R, então ΔP_k será congruente a ΔA_k. Caso contrário, será um paralelogramo cuja área é um pouco maior que a área de ΔA_k.

A Figura 16.40 fornece uma vista ampliada de $\Delta\sigma_k$ e ΔP_k, mostrando o vetor gradiente $\nabla f(x_k, y_k, z_k)$ em T_k e um vetor unitário $\mathbf{p}$ que é normal a R. A figura também mostra o ângulo γ_k entre ∇f e $\mathbf{p}$. Os outros vetores na figura, $\mathbf{u}_k$ e $\mathbf{v}_k$, estão ao longo das arestas do pedaço ΔP_k no plano tangente. Assim, tanto $\mathbf{u}_k \times \mathbf{v}_k$ como ∇f são normais ao plano tangente.

Agora precisamos saber, a partir da geometria vetorial avançada, que $|(\mathrm{u}_k \times \mathrm{v}_k) \cdot \mathbf{p}|$ é a área da projeção do paralelogramo determinado por $\mathbf{u}_k$ e $\mathbf{v}_k$ em qualquer plano cuja normal seja $\mathbf{p}$. (A prova é dada no Apêndice A.8.) No nosso caso, isso se traduz na afirmação

$$|(\mathbf{u}_k \times \mathbf{v}_k) \cdot \mathbf{p}| = \Delta A_k$$

Para simplificar a notação na dedução a seguir, passamos a representar a área do retângulo pequeno também com ΔA_k. Analogamente, ΔP_k também passará a denotar a área da porção do plano tangente diretamente acima dessa pequena região.

Agora, $|\mathbf{u}_k \times \mathbf{v}_k|$ é a área ΔP_k (fato normal sobre o produto vetorial), assim essa última equação se torna

$$\underbrace{|\mathbf{u}_k \times \mathbf{v}_k|}_{\Delta P_k}\ \underbrace{|\mathbf{p}|}_{1}\ \underbrace{|\cos(\text{ângulo entre } \mathbf{u}_k \times \mathbf{v}_k \text{ e } \mathbf{p})|}_{\substack{\text{O mesmo que } |\cos\gamma_k|, \text{ já que tanto } \nabla f \text{ quanto} \\ \mathbf{u}_k \times \mathbf{v}_k \text{ são normais ao plano tangente.}}} = \Delta A_k$$

ou

$$\Delta P_k |\cos\gamma_k| = \Delta A_k$$

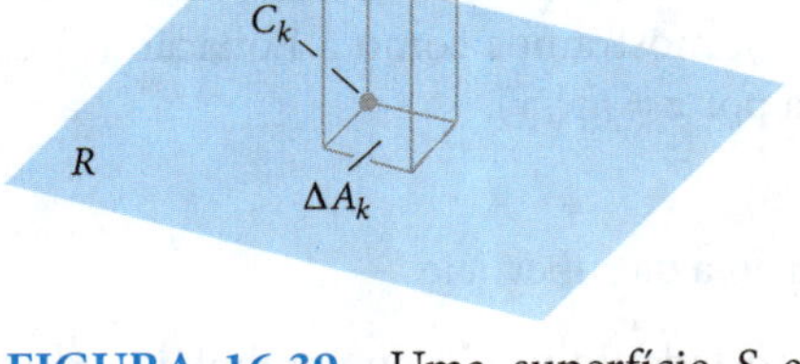

FIGURA 16.39 Uma superfície S e sua projeção vertical sobre um plano abaixo dela. Você pode pensar em R como a sombra de S sobre o plano. A placa tangente ΔP_k aproxima-se do pedaço da superfície $\Delta\sigma_k$ acima de ΔA_k.

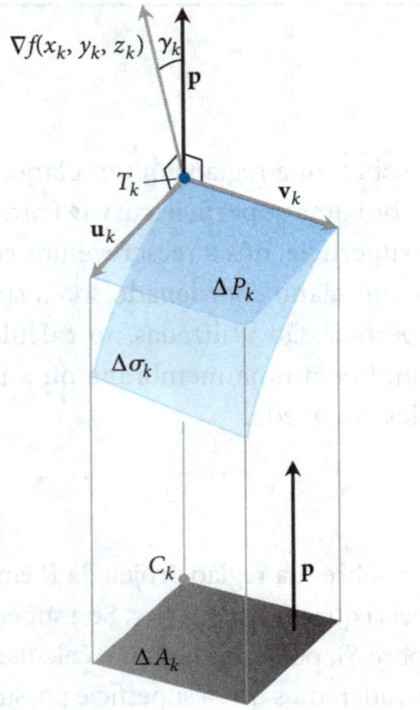

FIGURA 16.40 Visão ampliada da figura anterior. O vetor $\mathbf{u}_k \times \mathbf{v}_k$ (não mostrado) é paralelo ao vetor ∇f porque ambos os vetores são normais ao plano de ΔP_k.

ou

$$\Delta P_k = \frac{\Delta A_k}{|\cos \gamma_k|}$$

desde que $\cos \gamma_k \neq 0$. Teremos $\cos \gamma_k \neq 0$ desde que ∇f não seja paralelo ao plano da base e $\nabla f \cdot \rho \neq 0$.

Como os pedaços ΔP_k aproximam-se dos pedaços da superfície $\Delta\sigma_k$ que se encaixam para formar S, a soma

$$\sum \Delta P_k = \sum \frac{\Delta A_k}{|\cos \gamma_k|} \tag{1}$$

se parece com uma aproximação do que gostaríamos de chamar área da superfície de S. Parece também que a aproximação melhoraria se refinássemos a divisão de R. De fato, as somas do lado direito da Equação (1) são somas de aproximação para a integral dupla

$$\iint_R \frac{1}{|\cos \gamma|}\, dA \tag{2}$$

Portanto, definimos a **área** de S como o valor dessa integral sempre que ela existir. Para qualquer superfície $f(x, y, z) = c$, temos $|\nabla f \cdot \mathbf{p}| = |\nabla f|\,|\mathbf{p}|\,|\cos \gamma|$, portanto

$$\frac{1}{|\cos \gamma|} = \frac{|\nabla f|}{|\nabla f \cdot \mathbf{p}|}$$

Isso se combina com a Equação (2) para originar uma fórmula prática para a área.

Fórmula para área da superfície

A área da superfície $f(x, y, z) = c$ sobre uma região plana fechada e limitada R é

$$\text{Área da superfície} = \iint_R \frac{|\nabla f|}{|\nabla f \cdot \mathbf{p}|}\, dA \tag{3}$$

onde $\mathbf{p}$ é um vetor unitário normal a R e $\nabla f \cdot \mathbf{p} \neq 0$.

Assim, a área é a integral dupla sobre R do módulo de ∇f dividido pelo módulo da componente escalar de ∇f normal a R.

Chegamos à Equação (3) sob a hipótese de que $\nabla f \cdot \mathbf{p} \neq 0$ em R e que ∇f é contínua. Sempre que a integral existir, contudo, definimos seu valor como a área da porção da superfície $f(x, y, z) = c$ que está sobre R. (Lembre-se de que o relacionamento entre a superfície e sua projeção foi considerado biunívoco.)

Nos exercícios (veja a Equação (11)), mostramos como a Equação (3) é simplificada se a superfície for definida por $z = f(x, y)$.

EXEMPLO 1 Encontrando a área da superfície

Encontre a área da superfície cortada do fundo do parabolóide $x^2 + y^2 - z = 0$ pelo plano $z = 4$.

SOLUÇÃO Esboçamos a superfície S e a região R abaixo dela no plano xy (Figura 16.41). A superfície S é parte da superfície de nível $f(x, y, z) = x^2 + y^2 - z = 0$, e R é o disco $x^2 + y^2 \leq 4$ no plano xy. Para obter um vetor unitário normal ao plano de R, podemos tomar $\mathbf{p} = \mathbf{k}$.

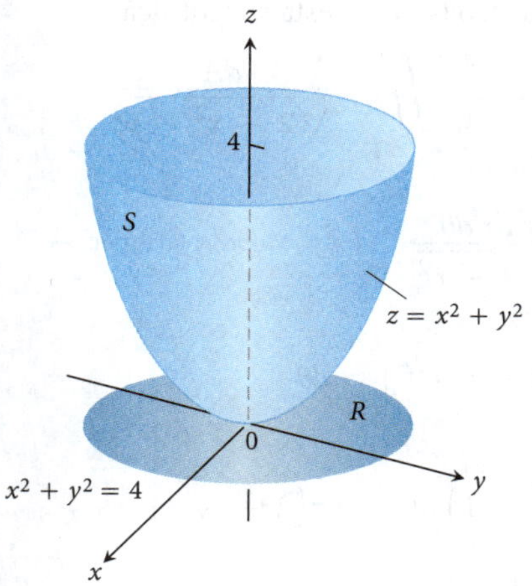

FIGURA 16.41 A área da superfície parabólica no Exemplo 1.

Em qualquer ponto (x, y, z) sobre a superfície, temos

$$\begin{aligned} f(x, y, z) &= x^2 + y^2 - z \\ \nabla f &= 2x\mathbf{i} + 2y\mathbf{j} - \mathbf{k} \\ |\nabla f| &= \sqrt{(2x)^2 + (2y)^2 + (-1)^2} \\ &= \sqrt{4x^2 + 4y^2 + 1} \\ |\nabla f \cdot \mathbf{p}| &= |\nabla f \cdot \mathbf{k}| = |-1| = 1 \end{aligned}$$

Na região R, $dA = dx\,dy$. Portanto,

$$\begin{aligned} \text{Área da superfície} &= \iint_R \frac{|\nabla f|}{|\nabla f \cdot \mathbf{p}|}\,dA \qquad \text{Equação (3)} \\ &= \iint_{x^2+y^2\le 4} \sqrt{4x^2 + 4y^2 + 1}\,dx\,dy \\ &= \int_0^{2\pi}\int_0^2 \sqrt{4r^2 + 1}\,r\,dr\,d\theta \qquad \text{Coordenadas polares} \\ &= \int_0^{2\pi} \left[\frac{1}{12}(4r^2 + 1)^{3/2}\right]_0^2 d\theta \\ &= \int_0^{2\pi} \frac{1}{12}(17^{3/2} - 1)\,d\theta = \frac{\pi}{6}\left(17\sqrt{17} - 1\right) \end{aligned}$$

EXEMPLO 2 Encontrando a área da superfície

Encontre a área da calota cortada do hemisfério $x^2 + y^2 + z^2 = 2$, $z \geq 0$ pelo cilindro $x^2 + y^2 = 1$ (Figura 16.42).

SOLUÇÃO A calota S é parte da superfície de nível $f(x, y, z) = x^2 + y^2 + z^2 = 2$. Ela se projeta biunivocamente sobre o disco R: $x^2 + y^2 \leq 1$ no plano xy. O vetor $\mathbf{p} = \mathbf{k}$ é normal ao plano de R.

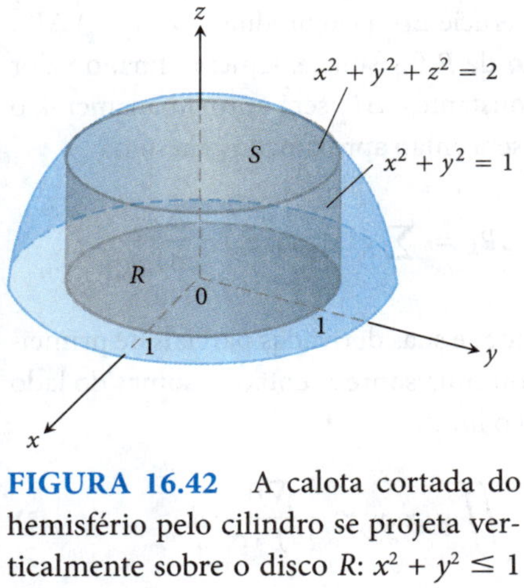

FIGURA 16.42 A calota cortada do hemisfério pelo cilindro se projeta verticalmente sobre o disco R: $x^2 + y^2 \leq 1$ no plano xy (Exemplo 2).

Em qualquer ponto sobre a superfície,

$$\begin{aligned} f(x, y, z) &= x^2 + y^2 + z^2 \\ \nabla f &= 2x\mathbf{i} + 2y\mathbf{j} + 2z\mathbf{k} \\ |\nabla f| &= 2\sqrt{x^2 + y^2 + z^2} = 2\sqrt{2} \qquad \text{Já que } x^2 + y^2 + z^2 = 2 \text{ no ponto de } S. \\ |\nabla f \cdot \mathbf{p}| &= |\nabla f \cdot \mathbf{k}| = |2z| = 2z \end{aligned}$$

Portanto,

$$\text{Área da superfície} = \iint_R \frac{|\nabla f|}{|\nabla f \cdot \mathbf{p}|}\,dA = \iint_R \frac{2\sqrt{2}}{2z}\,dA = \sqrt{2}\iint_R \frac{dA}{z} \qquad (4)$$

O que fazemos com z?

Como z é uma coordenada do ponto sobre a esfera, podemos expressá-lo em termos de x e y como

$$z = \sqrt{2 - x^2 - y^2}$$

Continuamos o trabalho da Equação (4) com esta substituição:

$$\begin{aligned}\text{Área da superfície} &= \sqrt{2}\iint_R \frac{dA}{z} = \sqrt{2}\iint_{x^2+y^2\le 1} \frac{dA}{\sqrt{2 - x^2 - y^2}}\\ &= \sqrt{2}\int_0^{2\pi}\int_0^1 \frac{r\,dr\,d\theta}{\sqrt{2 - r^2}} \qquad \text{Coordenadas polares}\\ &= \sqrt{2}\int_0^{2\pi}\left[-(2 - r^2)^{1/2}\right]_{r=0}^{r=1} d\theta\\ &= \sqrt{2}\int_0^{2\pi}\left(\sqrt{2} - 1\right) d\theta = 2\pi\left(2 - \sqrt{2}\right)\end{aligned}$$

Integrais de superfície

Agora, mostraremos como integrar uma função sobre uma superfície usando as idéias que acabamos de desenvolver para calcular a área da superfície.

Suponha, por exemplo, que tenhamos uma carga elétrica distribuída sobre uma superfície $f(x, y, z) = c$ como aquela mostrada na Figura 16.43 e que a função $g(x, y, z)$ dê a carga por unidade de área (densidade de carga) em cada ponto sobre S. Então, podemos calcular a carga total sobre S como uma integral da seguinte maneira:

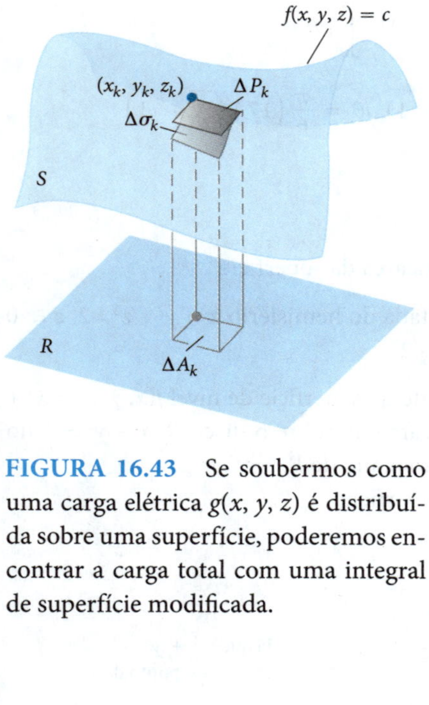

FIGURA 16.43 Se soubermos como uma carga elétrica $g(x, y, z)$ é distribuída sobre uma superfície, poderemos encontrar a carga total com uma integral de superfície modificada.

Dividimos a região projetada R sobre o plano da base sob a superfície em pequenos retângulos do tipo que usaríamos se estivéssemos definindo a área da superfície de S. Então, diretamente acima de cada ΔA_k está um pedaço da superfície $\Delta\sigma_k$ que aproximamos com um pedaço do plano tangente em forma de paralelogramo, ΔP_k. (Veja a Figura 16.43.)

Até este ponto, a construção prossegue como na definição da área da superfície, mas agora acrescentamos uma etapa: calculamos g em (x_k, y_k, z_k) e aproximamos a carga total sobre o pedaço da superfície $\Delta\sigma_k$ pelo produto $g(x_k, y_k, z_k)\,\Delta P_k$. A razão disso é que quando a partição de R for suficientemente fina, o valor de g em $\Delta\sigma_k$ será aproximadamente constante e ΔP_k será aproximadamente o mesmo que $\Delta\sigma_k$. A carga total sobre S será então aproximada pela soma

$$\text{Carga total} \approx \sum g(x_k, y_k, z_k)\,\Delta P_k = \sum g(x_k, y_k, z_k)\frac{\Delta A_k}{|\cos\gamma_k|}$$

Se f, a função que define a superfície S, e suas derivadas parciais de primeira ordem forem contínuas e se g for contínua sobre S, então as somas do lado direito da última equação aproximam o limite

$$\iint_R g(x, y, z)\frac{dA}{|\cos\gamma|} = \iint_R g(x, y, z)\frac{|\nabla f|}{|\nabla f\cdot\mathbf{p}|}\,dA \tag{5}$$

à medida que a divisão de R for refinada da maneira habitual. Esse limite é chamado integral de g sobre a superfície S e é calculada como uma integral dupla sobre R. O valor da integral é a carga total sobre a superfície S.

Como seria de esperar, a fórmula na Equação (5) define a integral de qualquer função g sobre a superfície S, desde que a integral exista.

Definição **Integral de superfície**

Se R for a região da projeção de uma superfície S definida pela equação $f(x, y, z) = c$ e g for uma função contínua definida nos pontos de S, então a **integral de g sobre S** é a integral

$$\iint_R g(x, y, z)\frac{|\nabla f|}{|\nabla f \cdot \mathbf{p}|}\,dA \tag{6}$$

onde $\mathbf{p}$ é um vetor unitário normal a R e $\nabla f \cdot \mathbf{p} \neq 0$. A integral é chamada **integral de superfície**.

A integral da Equação (6) tem significados diferentes em aplicações diferentes. Se g tiver valor constante 1, a integral dá a área de S. Se g for a densidade de massa de uma casca fina de material modelada por S, a integral dá a massa da casca.

Podemos abreviar a integral da Equação (6) escrevendo $d\sigma$ para $(|\nabla f|/|\nabla f \cdot \mathbf{p}|)dA$.

O elemento de área e a forma diferencial para integrais de superfície

$$d\sigma = \frac{|\nabla f|}{|\nabla f \cdot \mathbf{p}|}\,dA \qquad\qquad \iint_S g\,d\sigma \tag{7}$$

Elemento de área da superfície — Fórmula diferencial para integrais da área da superfície

Integrais de superfície comportam-se como outras integrais duplas, a integral da soma de duas funções é a soma de suas integrais e assim por diante. A propriedade de aditividade do domínio assume a forma

$$\iint_S g\,d\sigma = \iint_{S_1} g\,d\sigma + \iint_{S_2} g\,d\sigma + \cdots + \iint_{S_n} g\,d\sigma$$

A idéia é que, se S é dividida por curvas lisas em um número finito de pedaços lisos não sobrepostos (isto é, se S for **lisa por partes**), então a integral sobre S é a soma das integrais sobre os pedaços. Assim, a integral de uma função sobre a superfície de um cubo é a soma das integrais sobre as faces do cubo. Podemos integrar sobre um casco de tartaruga de placas soldadas integrando uma placa de cada vez e somando os resultados.

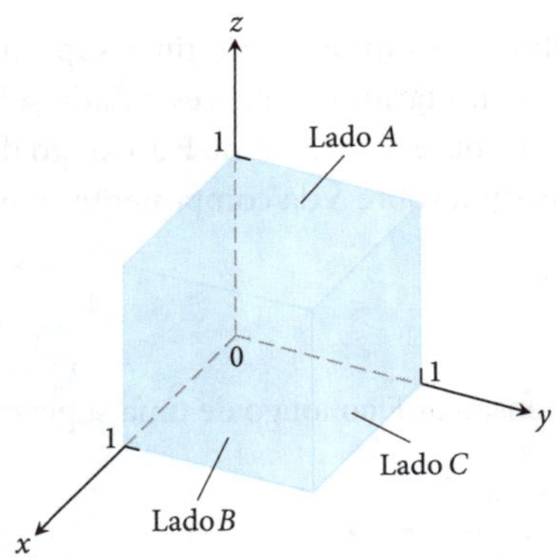

FIGURA 16.44 O cubo do Exemplo 3.

EXEMPLO 3 Integrando sobre uma superfície

Integre $g(x, y, z) = xyz$ sobre a superfície do cubo cortado do primeiro octante pelos planos $x = 1$, $y = 1$ e $z = 1$ (Figura 16.44).

SOLUÇÃO Integramos xyz sobre cada um dos seis lados e somamos o resultado. Como $xyz = 0$ sobre os lados nos planos coordenados, a integral sobre a superfície do cubo se reduz a

$$\iint_{\text{Superfície do cubo}} xyz\,d\sigma = \iint_{\text{Lado }A} xyz\,d\sigma + \iint_{\text{Lado }B} xyz\,d\sigma + \iint_{\text{Lado }C} xyz\,d\sigma$$

O lado A é a superfície $f(x, y, z) = z = 1$ sobre a região quadrada R_{xy}: $0 \leq x \leq 1, 0 \leq y \leq 1$, no plano xy. Para essa superfície e região,

$$\mathbf{p} = \mathbf{k}, \quad \nabla f = \mathbf{k}, \quad |\nabla f| = 1, \quad |\nabla f \cdot \mathbf{p}| = |\mathbf{k} \cdot \mathbf{k}| = 1$$

$$d\sigma = \frac{|\nabla f|}{|\nabla f \cdot \mathbf{p}|} dA = \frac{1}{1} dx\,dy = dx\,dy$$

$$xyz = xy(1) = xy$$

e

$$\iint_{\text{Lado } A} xyz\, d\sigma = \iint_{R_{xy}} xy\, dx\, dy = \int_0^1 \int_0^1 xy\, dx\, dy = \int_0^1 \frac{y}{2} dy = \frac{1}{4}$$

A simetria nos diz que as integrais de xyz sobre os lados B e C são também 1/4. Assim,

$$\iint_{\substack{\text{Superfície} \\ \text{do cubo}}} xyz\, d\sigma = \frac{1}{4} + \frac{1}{4} + \frac{1}{4} = \frac{3}{4}$$

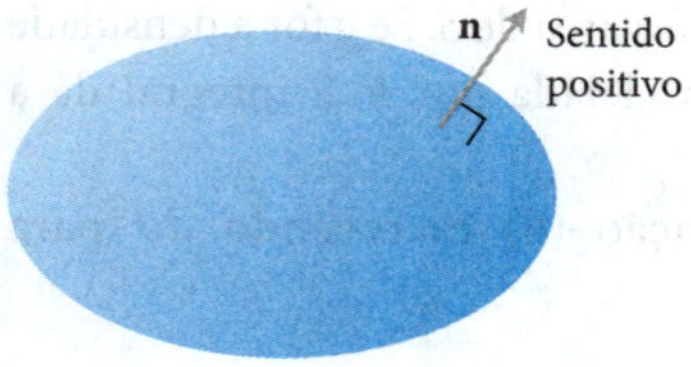

FIGURA 16.45 Superfícies fechadas lisas no espaço são orientáveis. O vetor unitário normal exterior define o sentido positivo em cada ponto.

Orientação

Chamamos uma superfície lisa S de **orientável** se for possível definir um campo $\mathbf{n}$ de vetores unitários normais sobre S que variam continuamente com a posição. Qualquer pedaço ou subporção de uma superfície orientável é orientável. Esferas e outras superfícies fechadas lisas no espaço (superfícies lisas que englobam sólidos) são orientáveis. Convencionamos que $\mathbf{n}$ sobre uma superfície fechada aponta para fora.

Uma vez escolhido $\mathbf{n}$, dizemos que **orientamos** a superfície, e chamamos esta, juntamente com seu campo normal, de **superfície orientada**. O vetor $\mathbf{n}$ em qualquer ponto é denominado **sentido positivo** nesse ponto (Figura 16.45).

A faixa de Möbius mostrada na Figura 16.46 não é orientável. Não importa onde você comece a construir um campo normal unitário contínuo (mostrado como a haste de uma tacha na figura), mover o vetor continuamente ao redor da superfície da maneira mostrada vai levá-lo ao ponto de partida com o sentido oposto daquele que ele tinha quando começou. O vetor nesse ponto não pode apontar para ambos os lados, mas é o que deve acontecer, para que o campo seja contínuo. Concluímos que tal campo não existe.

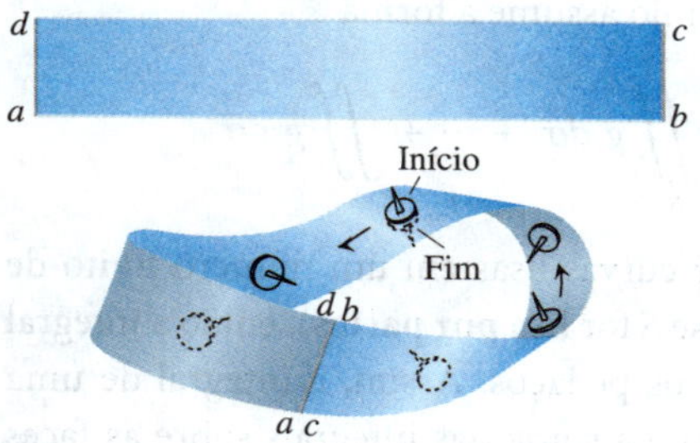

FIGURA 16.46 Para fazer uma faixa de Möbius, pegue uma tira retangular de papel *abcd*, torça uma vez a extremidade *bc* e cole as extremidades, fazendo coincidir *a* com *c* e *b* com *d*. A faixa de Möbius é uma superfície não orientável.

Integral de superfície para fluxo

Suponha que $\mathbf{F}$ seja um campo vetorial contínuo sobre uma superfície orientada S e que $\mathbf{n}$ seja o campo de vetores unitários normais escolhido sobre a superfície. Chamamos a integral de $\mathbf{F} \cdot \mathbf{n}$ sobre S de fluxo de $\mathbf{F}$ ao longo de S na direção positiva. Então, o fluxo é a integral sobre S da componente escalar de $\mathbf{F}$ na direção de $\mathbf{n}$.

Definição Fluxo

O **fluxo** de um campo vetorial tridimensional $\mathbf{F}$ ao longo de uma superfície orientada S na direção de $\mathbf{n}$ é

$$\text{Fluxo} = \iint_S \mathbf{F} \cdot \mathbf{n}\, d\sigma \qquad (8)$$

A definição é análoga ao fluxo de um campo bidimensional **F** ao longo de uma curva plana C. No plano (Seção 16.2) o fluxo é

$$\int_C \mathbf{F}\cdot\mathbf{n}\,ds$$

a integral da componente escalar de **F** normal à curva.

Se **F** é o campo de velocidades de um escoamento fluido tridimensional, o fluxo de **F** ao longo de S é a taxa líquida com que o fluido atravessa S no sentido positivo escolhido. Discutiremos esses escoamentos com mais detalhes na Seção 16.7.

Se S é parte de uma superfície de nível $g(x, y, z) = c$, então **n** pode ser tomado como um dos dois campos

$$\mathbf{n} = \pm\frac{\nabla g}{|\nabla g|} \tag{9}$$

dependendo de qual for o sentido preferido. O fluxo correspondente é

$$\text{Fluxo} = \iint_S \mathbf{F}\cdot\mathbf{n}\,d\sigma \tag{8}$$

$$= \iint_R \left(\mathbf{F}\cdot\frac{\pm\nabla g}{|\nabla g|}\right)\frac{|\nabla g|}{|\nabla g\cdot\mathbf{p}|}\,dA \qquad \text{Equações (9) e (7)}$$

$$= \iint_R \mathbf{F}\cdot\frac{\pm\nabla g}{|\nabla g\cdot\mathbf{p}|}\,dA \tag{10}$$

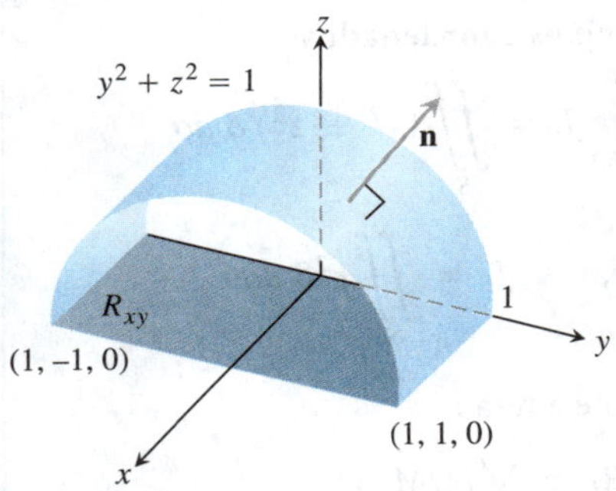

FIGURA 16.47 O Exemplo 4 calcula o fluxo exterior de um campo vetorial através desta superfície. A área da projeção R_{xy} é 2.

EXEMPLO 4 Encontrando o fluxo

Encontre o fluxo exterior de $\mathbf{F} = yz\mathbf{j} + z^2\mathbf{k}$ através da superfície S cortada do cilindro $y^2 + z^2 = 1$, $z \geq 0$ pelos planos $x = 0$ e $x = 1$.

SOLUÇÃO O campo normal exterior sobre S (Figura 16.47) pode ser calculado a partir do gradiente de $g(x, y, z) = y^2 + z^2$ como

$$\mathbf{n} = +\frac{\nabla g}{|\nabla g|} = \frac{2y\mathbf{j} + 2z\mathbf{k}}{\sqrt{4y^2 + 4z^2}} = \frac{2y\mathbf{j} + 2z\mathbf{k}}{2\sqrt{1}} = y\mathbf{j} + z\mathbf{k}$$

Com $\mathbf{p} = \mathbf{k}$, temos também

$$d\sigma = \frac{|\nabla g|}{|\nabla g\cdot\mathbf{k}|}\,dA = \frac{2}{|2z|}\,dA = \frac{1}{z}\,dA$$

Podemos ignorar os símbolos de valor absoluto porque $z \geq 0$ sobre S.

O valor de $\mathbf{F}\cdot\mathbf{n}$ sobre a superfície é

$$\begin{aligned}\mathbf{F}\cdot\mathbf{n} &= (yz\mathbf{j} + z^2\mathbf{k})\cdot(y\mathbf{j} + z\mathbf{k})\\ &= y^2z + z^3 = z(y^2 + z^2)\\ &= z \qquad y^2 + z^2 = 1 \text{ sobre } S\end{aligned}$$

Portanto, o fluxo exterior de **F** através de S é

$$\iint_S \mathbf{F}\cdot\mathbf{n}\,d\sigma = \iint_S (z)\left(\frac{1}{z}\,dA\right) = \iint_{R_{xy}} dA = \text{área}(R_{xy}) = 2$$

Momentos e massas de cascas finas

Cascas finas de materiais, como tigelas, tambores de metal e cúpulas, são modeladas por superfícies. Seus momentos e massas são calculados com as fórmulas da Tabela 16.3.

TABELA 16.3 Fórmulas para massas e momentos para cascas muito finas

Massa: $M = \iint_S \delta(x, y, z)\, d\sigma$ ($\delta(x, y, z)$ = densidade em (x, y, z), massa por unidade de área)

Primeiros momentos em relação aos planos coordenados:

$$M_{yz} = \iint_S x\,\delta\, d\sigma, \qquad M_{xz} = \iint_S y\,\delta\, d\sigma, \qquad M_{xy} = \iint_S z\,\delta\, d\sigma$$

Coordenadas do centro de massa:

$$\bar{x} = M_{yz}/M, \qquad \bar{y} = M_{xz}/M, \qquad \bar{z} = M_{xy}/M$$

Momentos de inércia em relação aos eixos coordenados:

$$I_x = \iint_S (y^2 + z^2)\,\delta\, d\sigma, \qquad I_y = \iint_S (x^2 + z^2)\,\delta\, d\sigma$$

$$I_z = \iint_S (x^2 + y^2)\,\delta\, d\sigma, \qquad I_L = \iint_S r^2\delta\, d\sigma$$

$r(x, y, z)$ = distância do ponto (x, y, z) até a reta L

Raio de rotação em relação à reta L: $R_L = \sqrt{I_L/M}$

EXEMPLO 5 Encontrando o centro de massa

Encontre o centro de massa de uma casca hemisférica de raio a e densidade constante δ.

SOLUÇÃO Modelamos a casca com o hemisfério

$$f(x, y, z) = x^2 + y^2 + z^2 = a^2, \qquad z \geq 0$$

(Figura 16.48). A simetria da superfície em relação ao eixo z nos diz que $\bar{x} = \bar{y} = 0$. Resta apenas encontrar $\bar{z}$ a partir da fórmula $\bar{z} = M_{xy}/M$.

A massa da casca é

$$M = \iint_S \delta\, d\sigma = \delta \iint_S d\sigma = (\delta)(\text{área de } S) = 2\pi a^2\delta$$

Para calcularmos a integral para M_{xy}, fazemos $\mathbf{p} = \mathbf{k}$ e calculamos

$$|\nabla f| = |2x\mathbf{i} + 2y\mathbf{j} + 2z\mathbf{k}| = 2\sqrt{x^2 + y^2 + z^2} = 2a$$

$$|\nabla f \cdot \mathbf{p}| = |\nabla f \cdot \mathbf{k}| = |2z| = 2z$$

$$d\sigma = \frac{|\nabla f|}{|\nabla f \cdot \mathbf{p}|}\, dA = \frac{a}{z}\, dA$$

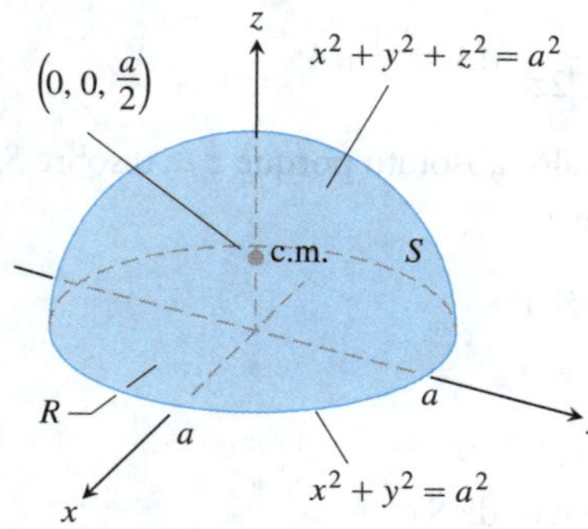

FIGURA 16.48 O centro de massa de uma casca hemisférica fina de densidade constante está sobre o eixo de simetria na metade do caminho entre a base e o topo (Exemplo 5).

Então,

$$M_{xy} = \iint_S z\delta\, d\sigma = \delta \iint_R z\frac{a}{z}\, dA = \delta a \iint_R dA = \delta a(\pi a^2) = \delta\pi a^3$$

$$\bar{z} = \frac{M_{xy}}{M} = \frac{\pi a^3\delta}{2\pi a^2\delta} = \frac{a}{2}$$

O centro de massa da casca é o ponto $(0, 0, a/2)$.

Exercícios 16.5

Área da superfície

1. Encontre a área da superfície cortada do parabolóide $x^2 + y^2 - z = 0$ pelo plano $z = 2$.
2. Encontre a área da faixa cortada do parabolóide $x^2 + y^2 - z = 0$ pelos planos $z = 2$ e $z = 6$.
3. Encontre a área da região cortada do plano $x + 2y + 2z = 5$ pelo cilindro cujas paredes são $x = y^2$ e $x = 2 - y^2$.
4. Encontre a área da porção da superfície $x^2 - 2z = 0$ que está acima do triângulo limitado pelas retas $x = \sqrt{3}$, $y = 0$ no plano xy.
5. Encontre a área da superfície $x^2 - 2y - 2z = 0$ que está acima do triângulo limitado pelas retas $x = 2$, $y = 0$ e $y = 3x$ no plano xy.
6. Encontre a área da calota cortada da esfera $x^2 + y^2 + z^2 = 2$ pelo cone $z = \sqrt{x^2 + y^2}$.
7. Encontre a área da elipse cortada do plano $z = cx$ (c uma constante) pelo cilindro $x^2 + y^2 = 1$.
8. Encontre a área da porção superior do cilindro $x^2 + z^2 = 1$ que está entre os planos $x = \pm 1/2$ e $y = \pm 1/2$.
9. Encontre a área da porção do parabolóide $x = 4 - y^2 - z^2$ que está acima do anel $1 \leq y^2 + z^2 \leq 4$ no plano yz.
10. Encontre a área da superfície cortada do parabolóide $x^2 + y + z^2 = 2$ pelo plano $y = 0$.
11. Encontre a área da superfície $x^2 - 2\ln x + \sqrt{15}y - z = 0$ acima do quadrado R: $1 \leq x \leq 2$, $0 \leq y \leq 1$, no plano xy.
12. Encontre a área da superfície $2x^{3/2} + 2y^{3/2} - 3z = 0$ acima do quadrado R: $0 \leq x \leq 1$, $0 \leq y \leq 1$, no plano xy.

Integrais de superfície

13. Integre $g(x, y, z) = x + y + z$ sobre a superfície do cubo cortado do primeiro octante pelos planos $x = a$, $y = a$, $z = a$.
14. Integre $g(x, y, z) = y + z$ sobre a superfície da cunha no primeiro octante limitada pelos planos coordenados e os planos $x = 2$ e $y + z = 1$.
15. Integre $g(x, y, z) = xyz$ sobre a superfície do sólido retangular cortado do primeiro octante pelos planos $x = a$, $y = b$ e $z = c$.
16. Integre $g(x, y, z) = xyz$ sobre a superfície do sólido retangular limitado pelos planos $x = \pm a$, $y = \pm b$ e $z = \pm c$.
17. Integre $g(x, y, z) = x + y + z$ sobre a porção do plano $2x + 2y + z = 2$ que está no primeiro octante.
18. Integre $g(x, y, z) = x\sqrt{y^2 + 4}$ sobre a superfície obtida cortando-se o cilindro parabólico $y^2 + 4z = 16$ pelos planos $x = 0$, $x = 1$ e $z = 0$.

Fluxo através de uma superfície

Nos exercícios 19 e 20, encontre o fluxo do campo **F** através da porção da superfície dada no sentido especificado.

19. $\mathbf{F}(x, y, z) = -\mathbf{i} + 2\mathbf{j} + 3\mathbf{k}$

    S: Superfície retangular $z = 0$, $0 \leq x \leq 2$, $0 \leq y \leq 3$, sentido $\mathbf{k}$.

20. $\mathbf{F}(x, y, z) = yx^2\mathbf{i} - 2\mathbf{j} + xz\mathbf{k}$

    S: Superfície retangular $y = 0$, $-1 \leq x \leq 2$, $2 \leq z \leq 7$, sentido $-\mathbf{j}$.

Nos exercícios 21–26, encontre o fluxo do campo **F** através da porção da esfera $x^2 + y^2 + z^2 = a^2$ no primeiro octante no sentido oposto à origem.

21. $\mathbf{F}(x, y, z) = z\mathbf{k}$
22. $\mathbf{F}(x, y, z) = -y\mathbf{i} + x\mathbf{j}$
23. $\mathbf{F}(x, y, z) = y\mathbf{i} - x\mathbf{j} + \mathbf{k}$
24. $\mathbf{F}(x, y, z) = zx\mathbf{i} + zy\mathbf{j} + z^2\mathbf{k}$
25. $\mathbf{F}(x, y, z) = x\mathbf{i} + y\mathbf{j} + z\mathbf{k}$
26. $\mathbf{F}(x, y, z) = \dfrac{x\mathbf{i} + y\mathbf{j} + z\mathbf{k}}{\sqrt{x^2 + y^2 + z^2}}$

27. Encontre o fluxo exterior do campo $\mathbf{F}(x, y, z) = z^2\mathbf{i} + x\mathbf{j} - 3z\mathbf{k}$ através da superfície cortada do cilindro parabólico $z = 4 - y^2$ pelos planos $x = 0$, $x = 1$ e $z = 0$.

28. Encontre o fluxo exterior (para longe do eixo z) do campo $\mathbf{F}(x, y, z) = 4x\mathbf{i} + 4y\mathbf{j} + 2\mathbf{k}$ através da superfície cortada do fundo do parabolóide $z = x^2 + y^2$ pelo plano $z = 1$.

29. Seja S a porção do cilindro $y = e^x$ no primeiro octante que é projetada paralelamente ao eixo x sobre o retângulo R_{yz}: $1 \leq y \leq 2$, $0 \leq z \leq 1$ no plano yz (veja a figura a seguir). Seja $\mathbf{n}$ o vetor unitário normal a S que aponta para longe do plano yz. Encontre o fluxo do campo $\mathbf{F}(x, y, z) = -2\mathbf{i} + 2y\mathbf{j} + z\mathbf{k}$ através de S no sentido de $\mathbf{n}$.

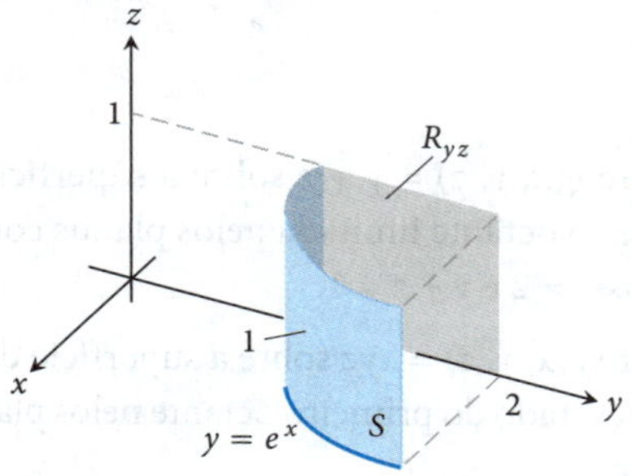

30. Seja S a porção do cilindro $y = \ln x$ no primeiro octante cuja projeção paralela ao eixo y sobre o plano xz é o retângulo R_{xz}: $1 \leq x \leq e$, $0 \leq z \leq 1$. Seja $\mathbf{n}$ o vetor unitário normal a S que aponta para fora do plano xz. Encontre o fluxo de $\mathbf{F} = 2y\mathbf{j} + z\mathbf{k}$ através de S no sentido de $\mathbf{n}$.

31. Encontre o fluxo exterior do campo $\mathbf{F} = 2xy\mathbf{i} + 2yz\mathbf{j} + 2xz\mathbf{k}$ ao longo da superfície do cubo cortado do primeiro octante pelos planos $x = a$, $y = a$, $z = a$.

32. Encontre o fluxo exterior do campo $\mathbf{F} = xz\mathbf{i} + yz\mathbf{j} + \mathbf{k}$ através da superfície da calota superior cortada da esfera sólida $x^2 + y^2 + z^2 \leq 25$ pelo plano $z = 3$.

Momentos e massas

33. Centróide Encontre o centróide da porção da esfera $x^2 + y^2 + z^2 = a^2$ que está no primeiro octante.

34. Centróide Encontre o centróide da superfície cortada do cilindro $y^2 + z^2 = 9$, $z \geq 0$, pelos planos $x = 0$ e $x = 3$ (parecido com a superfície do Exemplo 4).

35. Casca fina de densidade constante Encontre o centro de massa, o momento de inércia e o raio de rotação em relação ao eixo z de uma casca fina de densidade constante δ cortada do cone $x^2 + y^2 - z^2 = 0$ pelos planos $z = 1$ e $z = 2$.

36. Superfície cônica de densidade constante Encontre o momento de inércia em relação ao eixo z de uma casca fina de densidade constante δ cortada do cone $4x^2 + 4y^2 - z^2 = 0$, $z \geq 0$, pelo cilindro circular $x^2 + y^2 = 2x$ (veja a figura a seguir).

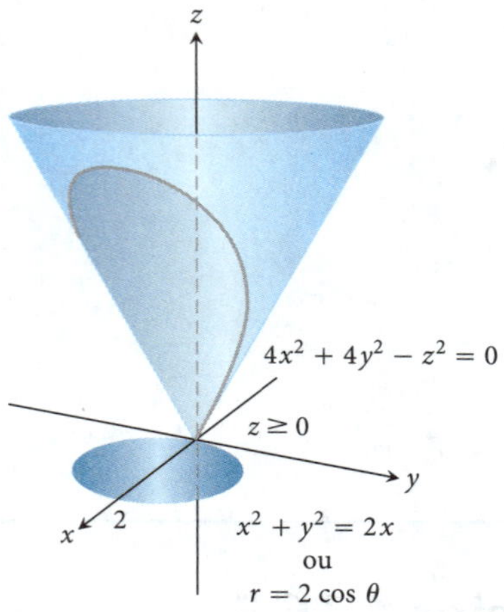

37. Cascas esféricas

(a) Encontre o momento de inércia em relação a um diâmetro de uma casca esférica fina de raio a e densidade constante δ. (Trabalhe com uma casca hemisférica e dobre o resultado.)

(b) Use o teorema do eixo paralelo (Exercícios 15.5) e o resultado do item (a) para encontrar o momento de inércia em relação à reta tangente à casca.

38. (a) **Cones com e sem sorvete** Encontre o centróide da superfície lateral de um cone sólido com raio da base a e altura h (superfície do cone menos a base).

(b) Use a fórmula de Pappus (Exercícios 15.5) e o resultado do item (a) para encontrar o centróide da superfície completa de um cone sólido (lado mais base).

(c) Um cone de raio a e altura h é unido a um hemisfério de raio a para formar uma superfície S que se parece com um sorvete de casquinha. Use a fórmula de Pappus, os resultados do item (a) e do Exemplo 5 para encontrar o centróide de S. Que altura o cone deve ter para colocar o centróide no plano compartilhado pelas bases do hemisfério e do cone?

Fórmulas especiais para áreas de superfícies

Se S for a superfície definida pela função $z = f(x, y)$ que tem derivadas parciais de primeira ordem contínuas em uma região R_{xy} no plano xy (Figura 16.49), então S é também a superfície de nível $F(x, y, z) = 0$ da função $F(x, y, z) = f(x, y) - z$. Considerando a normal unitária a R_{xy} como $\mathbf{p} = \mathbf{k}$, temos

$$|\nabla F| = |f_x\mathbf{i} + f_y\mathbf{j} - \mathbf{k}| = \sqrt{f_x^2 + f_y^2 + 1}$$

$$|\nabla F \cdot \mathbf{p}| = |(f_x\mathbf{i} + f_y\mathbf{j} - \mathbf{k}) \cdot \mathbf{k}| = |-1| = 1$$

e

$$\iint_{R_{xy}} \frac{|\nabla F|}{|\nabla F \cdot \mathbf{p}|}\, dA = \iint_{R_{xy}} \sqrt{f_x^2 + f_y^2 + 1}\, dx\, dy \qquad (11)$$

De maneira similar, a área de uma superfície lisa $x = f(y, z)$ sobre uma região R_{yz} no plano yz é

$$A = \iint_{R_{yz}} \sqrt{f_y^2 + f_z^2 + 1}\, dy\, dz \qquad (12)$$

e a área de uma função lisa $y = f(x, z)$ sobre uma região R_{xz} no plano xz é

$$A = \iint_{R_{xz}} \sqrt{f_x^2 + f_z^2 + 1}\, dx\, dz \qquad (13)$$

Use as equações (11)–(13) para encontrar a área das superfícies nos exercícios 39–44.

39. A superfície cortada do fundo do parabolóide $z = x^2 + y^2$ pelo plano $z = 3$.

40. A superfície cortada do "nariz" do parabolóide $x = 1 - y^2 - z^2$ pelo plano yz.

41. A porção do cone $z = \sqrt{x^2 + y^2}$ que está sobre a região entre a circunferência $x^2 + y^2 = 1$ e a elipse $9x^2 + 4y^2 = 36$ no plano xy. (*Sugestão*: Use fórmulas da geometria para encontrar a área da região.)

42. O triângulo cortado do plano $2x + 6y + 3z = 6$ pelos planos de fronteira do primeiro octante. Calcule a área de três maneiras, uma com cada fórmula da área.

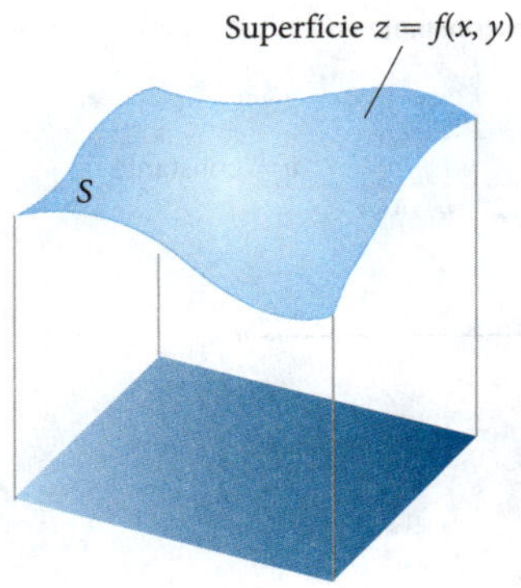

FIGURA 16.49 Para uma superfície $z = f(x, y)$, a fórmula da área da superfície da Equação (3) assume a forma

$$A = \iint_{R_{xy}} \sqrt{f_x^2 + f_y^2 + 1}\, dx\, dy$$

43. A superfície no primeiro octante cortada do cilindro $y = (2/3)z^{3/2}$ pelos planos $x = 1$ e $y = 16/3$.

44. A porção do plano $y + z = 4$ que está acima da região cortada do primeiro quadrante do plano pela parábola $x = 4 - z^2$.

16.6 Superfícies parametrizadas

Definimos curvas no plano de três maneiras diferentes:

Forma explícita:	$y = f(x)$
Forma implícita:	$F(x, y) = 0$
Forma paramétrica vetorial:	$\mathbf{r}(t) = f(t)\mathbf{i} + g(t)\mathbf{j},\ a \leq t \leq b$

Temos definições análogas de superfícies no espaço:

Forma explícita:	$z = f(x, y)$
Forma implícita:	$F(x, y, z) = 0.$

Existe também uma forma paramétrica que dá a posição de um ponto na superfície como uma função vetorial de duas variáveis. Esta seção estende o estudo de áreas e integrais de superfície a superfícies descritas parametricamente.

Parametrização de superfícies

Seja

$$\mathbf{r}(u, v) = f(u, v)\mathbf{i} + g(u, v)\mathbf{j} + h(u, v)\mathbf{k} \qquad (1)$$

uma função vetorial contínua que é definida em uma região R no plano uv e injetora no interior de R (Figura 16.50). Chamamos a imagem de $\mathbf{r}$ de **superfície** S definida ou traçada por $\mathbf{r}$. A Equação (1) juntamente com o domínio R

constituem uma **parametrização** da superfície. As variáveis u e v são os **parâmetros** e R é o **domínio do parâmetro**.

Para simplificarmos nossa discussão, tomamos R como um retângulo definido pelas desigualdades da forma $a \leq u \leq b$, $c \leq v \leq d$. A exigência de que $\mathbf{r}$ seja injetora no interior de R assegura que S não tem auto-interseção. Note que a Equação (1) é o equivalente vetorial de *três* equações paramétricas:

$$x = f(u, v), \qquad y = g(u, v), \qquad z = h(u, v)$$

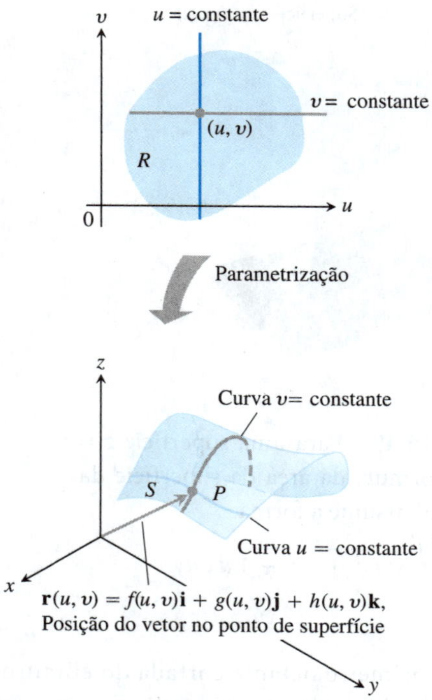

FIGURA 16.50 Uma superfície S parametrizada representada por uma função vetorial de duas variáveis definida em uma região R.

EXEMPLO 1 Encontre uma parametrização do cone

Encontre uma parametrização para o cone

$$z = \sqrt{x^2 + y^2}, \qquad 0 \leq z \leq 1$$

SOLUÇÃO Aqui, coordenadas cilíndricas fornecem tudo de que precisamos. Um ponto típico (x, y, z) no cone (Figura 16.51) tem $x = r\cos\theta$, $y = r\,\text{sen}\,\theta$ e $z = \sqrt{x^2 + y^2} = r$ com $0 \leq r \leq 1$ e $0 \leq \theta \leq 2\pi$. Tomando $u = r$ e $v = \theta$ na Equação (1), temos a parametrização

$$\mathbf{r}(r, \theta) = (r\cos\theta)\mathbf{i} + (r\,\text{sen}\,\theta)\mathbf{j} + r\mathbf{k}, \qquad 0 \leq r \leq 1, \qquad 0 \leq \theta \leq 2\pi.$$

EXEMPLO 2 Parametrizando uma esfera

Encontre uma parametrização da esfera $x^2 + y^2 + z^2 = a^2$.

SOLUÇÃO Coordenadas esféricas fornecem aquilo de que precisamos. Um ponto típico (x, y, z) na esfera (Figura 16.52) tem $x = a\,\text{sen}\,\phi\cos\theta$, $y = a\,\text{sen}\,\phi\,\text{sen}\,\theta$ e $z = a\cos\phi$, $0 \leq \phi \leq \pi$, $0 \leq \theta \leq 2\pi$. Tomando $u = \phi$ e $v = \theta$ na Equação (1), temos a parametrização

$$\mathbf{r}(\phi, \theta) = (a\,\text{sen}\,\phi\cos\theta)\mathbf{i} + (a\,\text{sen}\,\phi\,\text{sen}\,\theta)\mathbf{j} + (a\cos\phi)\mathbf{k}$$

$$0 \leq \phi \leq \pi, \qquad 0 \leq \theta \leq 2\pi$$

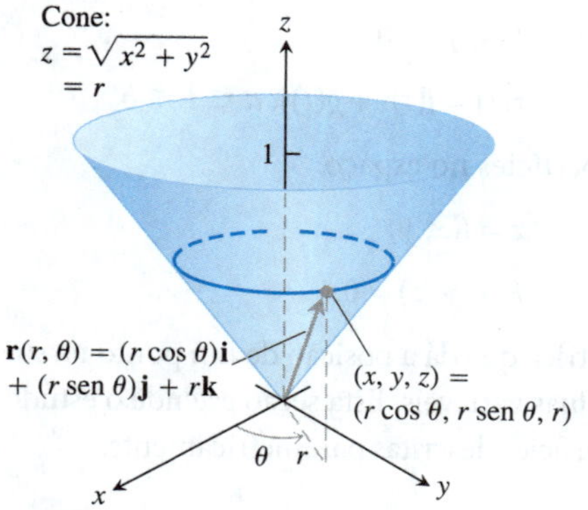

FIGURA 16.51 O cone no Exemplo 1 pode ser parametrizado por meio de coordenadas cilíndricas.

EXEMPLO 3 Parametrizando um cilindro

Encontre uma parametrização do cilindro

$$x^2 + (y - 3)^2 = 9, \qquad 0 \leq z \leq 5$$

SOLUÇÃO Em coordenadas cilíndricas, um ponto (x, y, z) tem $x = r\cos\theta$, $y = r\,\text{sen}\,\theta$ e $z = z$. Para pontos no cilindro $x^2 + (y - 3)^2 = 9$ (Figura 16.53), a equação é a mesma que a equação polar para a base do cilindro no plano xy:

$$x^2 + (y - 6y + 9) = 9$$
$$r^2 - 6r\,\text{sen}\,\theta = 0$$

ou

$$r = 6\,\text{sen}\,\theta, \qquad 0 \leq \theta \leq \pi$$

Um ponto típico no cilindro tem, portanto,

$$x = r\cos\theta = 6\,\text{sen}\,\theta\cos\theta = 3\,\text{sen}\,2\theta$$
$$y = r\,\text{sen}\,\theta = 6\,\text{sen}^2\,\theta$$
$$z = z.$$

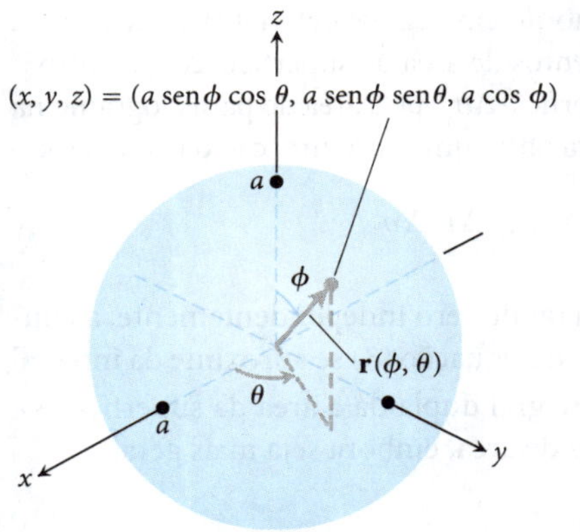

FIGURA 16.52 A esfera no Exemplo 2 pode ser parametrizada por meio de coordenadas esféricas.

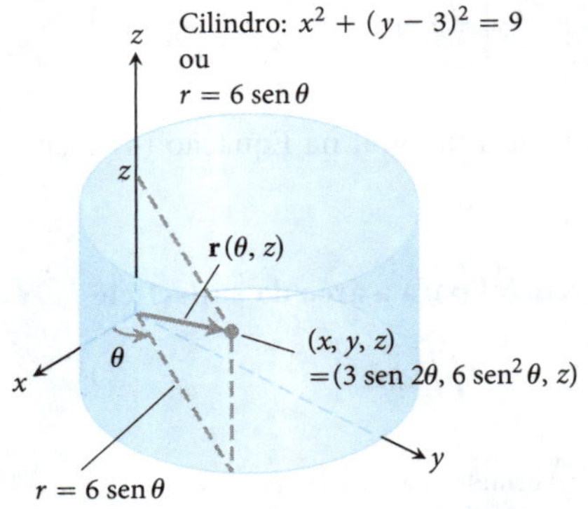

FIGURA 16.53 O cilindro no Exemplo 3 pode ser parametrizado por meio de coordenadas cilíndricas.

Tomando $u = \theta$ e $v = z$ na Equação (1), temos a parametrização

$$\mathbf{r}(\theta, z) = (3 \operatorname{sen} 2\theta)\mathbf{i} + (6 \operatorname{sen}^2 \theta)\mathbf{j} + z\mathbf{k}, \quad 0 \leq \theta \leq \pi, \quad 0 \leq z \leq 5.$$

Área de superfícies

Nosso objetivo é encontrar uma integral dupla para calcular a área de uma superfície curva S com base na parametrização

$$\mathbf{r}(u, v) = f(u, v)\mathbf{i} + g(u, v)\mathbf{j} + h(u, v)\mathbf{k}, \quad a \leq u \leq b, \quad c \leq v \leq d$$

Precisamos que S seja lisa para a construção que faremos. A definição de superfície lisa envolve derivadas parciais de $\mathbf{r}$ em relação a u e v:

$$\mathbf{r}_u = \frac{\partial \mathbf{r}}{\partial u} = \frac{\partial f}{\partial u}\mathbf{i} + \frac{\partial g}{\partial u}\mathbf{j} + \frac{\partial h}{\partial u}\mathbf{k}$$

$$\mathbf{r}_v = \frac{\partial \mathbf{r}}{\partial v} = \frac{\partial f}{\partial v}\mathbf{i} + \frac{\partial g}{\partial v}\mathbf{j} + \frac{\partial h}{\partial v}\mathbf{k}$$

Definição **Superfície lisa parametrizada**
Uma superfície parametrizada $\mathbf{r}(u, v) = f(u, v)\mathbf{i} + g(u, v)\mathbf{j} + h(u, v)\mathbf{k}$ é **lisa** se $\mathbf{r}_u$ e $\mathbf{r}_v$ forem contínuas e $\mathbf{r}_u \times \mathbf{r}_v$ não se anular no domínio dos parâmetros.

A condição para que $\mathbf{r}_u \times \mathbf{r}_v$ nunca seja o vetor nulo na definição de superfície lisa significa que os dois vetores $\mathbf{r}_u$ e $\mathbf{r}_v$ não são nulos e nunca têm a mesma direção, de modo que eles sempre determinam o plano tangente para a superfície.

Agora considere um retângulo pequeno ΔA_{uv} em R com lados sobre as retas $u = u_0$, $u = u_0 + \Delta u$, $v = v_0$ e $v = v_0 + \Delta v$ (Figura 16.54). Cada lado de ΔA_{uv} é levado a uma curva sobre a superfície S e, juntas, essas quatro curvas formam um "elemento de área curvo" $\Delta\sigma_{uv}$. Na notação da figura, o lado $v = v_0$ é levado à curva C_1, o lado $u = u_0$ é levado à C_2 e seu vértice em comum (u_0, v_0) é levado a P_0.

A Figura 16.55 apresenta uma visão ampliada de $\Delta\sigma_{uv}$. O vetor $\mathbf{r}_u(u_0, v_0)$ é tangente a C_1 em P_0. Da mesma maneira, $\mathbf{r}_v(u_0, v_0)$ é tangente a C_2 em P_0. O produto vetorial $\mathbf{r}_u \times \mathbf{r}_v$ é normal à superfície em P_0. (Aqui é onde começamos a usar a hipótese de que S é lisa. Queremos ter certeza de que $\mathbf{r}_u \times \mathbf{r}_v \neq \mathbf{0}$.)

Em seguida, aproximamos o elemento de área $\Delta\sigma_{uv}$ pelo paralelogramo sobre o plano tangente cujos lados são determinados pelos vetores $\Delta u\mathbf{r}_u$ e $\Delta v\mathbf{r}_v$ (Figura 16.56). A área desse paralelogramo é

$$|\Delta u\mathbf{r}_u \times \Delta v\mathbf{r}_v| = |\mathbf{r}_u \times \mathbf{r}_v|\, \Delta u\, \Delta v \tag{2}$$

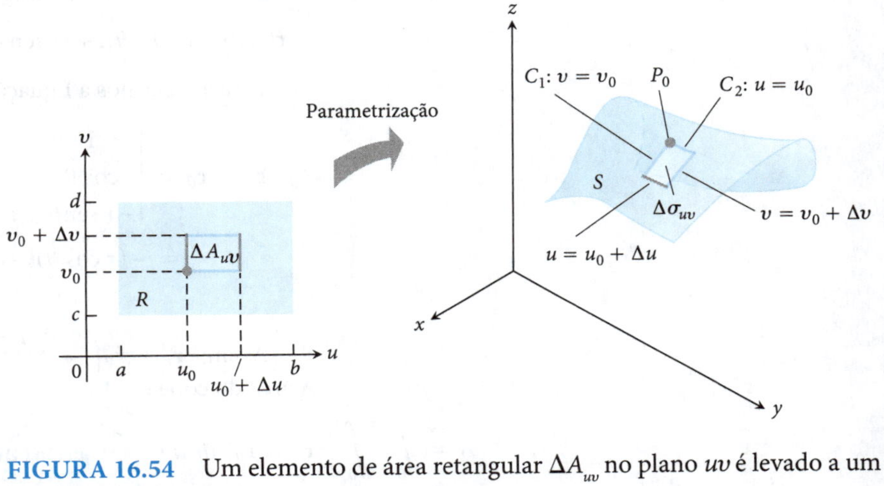

FIGURA 16.54 Um elemento de área retangular ΔA_{uv} no plano uv é levado a um elemento de área curvo $\Delta\sigma_{uv}$ em S.

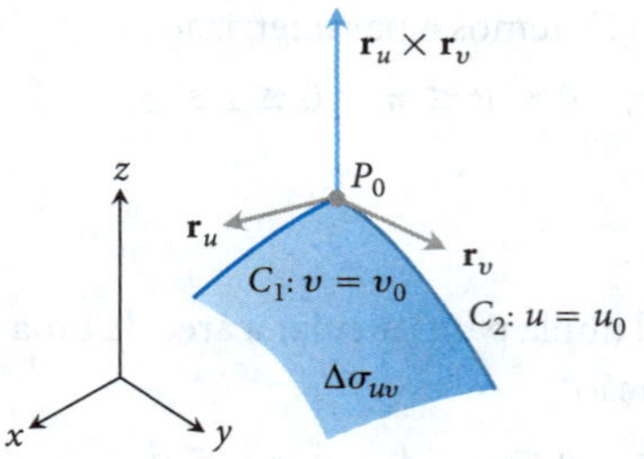

FIGURA 16.55 Uma visão ampliada de um elemento de área de superfície $\Delta\sigma_{uv}$.

Uma partição da região R no plano uv em regiões retangulares ΔA_{uv} gera uma partição da superfície S em elementos de área de superfície $\Delta\sigma_{uv}$. Aproximamos a área de cada elemento de superfície $\Delta\sigma_{uv}$ pela área do paralelogramo na Equação (2) e somamos essas áreas para obter uma aproximação da área de S:

$$\sum_u \sum_v |\mathbf{r}_u \times \mathbf{r}_v| \, \Delta u \, \Delta v \tag{3}$$

À medida que Δu e Δv se aproximam de zero independentemente, a continuidade de $\mathbf{r}_u$ e $\mathbf{r}_v$ garante que a soma na Equação (3) se aproxime da integral dupla $\int_c^d \int_a^b |\mathbf{r}_u \times \mathbf{r}_v| \, du \, dv$. Essa integral dupla dá a área da superfície S e concorda com as definições anteriores de área, embora seja mais geral.

Definição **Área de uma superfície lisa**

A **área** da superfície lisa

$$\mathbf{r}(u, v) = f(u, v)\mathbf{i} + g(u, v)\mathbf{j} + h(u, v)\mathbf{k}, \qquad a \le u \le b, \qquad c \le v \le d$$

é

$$A = \int_c^d \int_a^b |\mathbf{r}_u \times \mathbf{r}_v| \, du \, dv \tag{4}$$

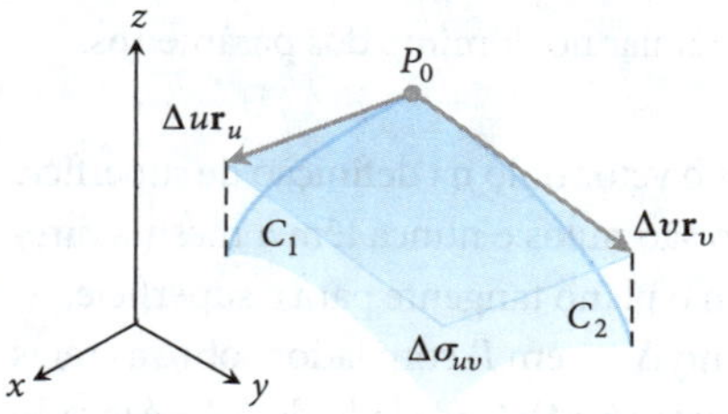

FIGURA 16.56 O paralelogramo determinado pelos vetores $\Delta u\mathbf{r}_u$ e $\Delta v\mathbf{r}_v$ aproximam o elemento de área da superfície $\Delta\sigma_{uv}$.

Como na Seção 16.5, podemos abreviar a integral na Equação (4) escrevendo $d\sigma$ para $|\mathbf{r}_u \times \mathbf{r}_v| \, du \, dv$.

Elemento de área e a fórmula diferencial para a área da superfície

$$d\sigma = |\mathbf{r}_u \times \mathbf{r}_v| \, du \, dv \qquad \iint_S d\sigma \tag{5}$$

Elemento de área — Fórmula diferencial para a área da superfície

EXEMPLO 4 Encontrando a área da superfície (cone)

Encontre a área da superfície do cone no Exemplo 1 (Figura 16.51).

SOLUÇÃO No Exemplo 1, encontramos a parametrização

$$\mathbf{r}(r, \theta) = (r\cos\theta)\mathbf{i} + (r \operatorname{sen}\theta)\mathbf{j} + r\mathbf{k}, \qquad 0 \le r \le 1, \quad 0 \le \theta \le 2\pi$$

Para aplicarmos a Equação (4), primeiro encontramos $\mathbf{r}_r \times \mathbf{r}_\theta$:

$$\mathbf{r}_r \times \mathbf{r}_\theta = \begin{vmatrix} \mathbf{i} & \mathbf{j} & \mathbf{k} \\ \cos\theta & \operatorname{sen}\theta & 1 \\ -r\operatorname{sen}\theta & r\cos\theta & 0 \end{vmatrix}$$

$$= -(r\cos\theta)\mathbf{i} - (r\operatorname{sen}\theta)\mathbf{j} + \underbrace{(r\cos^2\theta + r\operatorname{sen}^2\theta)}_{r}\mathbf{k}$$

Assim, $|\mathbf{r}_r \times \mathbf{r}_\theta| = \sqrt{r^2\cos^2\theta + r^2\operatorname{sen}^2\theta + r^2} = \sqrt{2r^2} = \sqrt{2}r.$

A área do cone é

$$A = \int_0^{2\pi}\int_0^1 |\mathbf{r}_r \times \mathbf{r}_\theta| \, dr \, d\theta \qquad \text{Equação (4) com } u = r, v = \theta$$

$$= \int_0^{2\pi}\int_0^1 \sqrt{2}\, r \, dr \, d\theta = \int_0^{2\pi} \frac{\sqrt{2}}{2} \, d\theta = \frac{\sqrt{2}}{2}(2\pi) = \pi\sqrt{2} \text{ unidades ao quadrado}$$

EXEMPLO 5 Encontrando a área da superfície (esfera)

Encontre a área da superfície de uma esfera de raio a.

SOLUÇÃO Usamos a parametrização do Exemplo (2):

$$\mathbf{r}(\phi, \theta) = (a \text{ sen } \phi \cos \theta)\mathbf{i} + (a \text{ sen } \phi \text{ sen } \theta)\mathbf{j} + (a \cos \phi)\mathbf{k}$$

$$0 \leq \phi \leq \pi, \qquad 0 \leq \theta \leq 2\pi$$

Para $\mathbf{r}_\phi \times \mathbf{r}_\theta$, obtemos

$$\begin{aligned} \mathbf{r}_\phi \times \mathbf{r}_\theta &= \begin{vmatrix} \mathbf{i} & \mathbf{j} & \mathbf{k} \\ a \cos \phi \cos \theta & a \cos \phi \text{ sen} \theta & -a \text{ sen } \phi \\ -a \text{ sen}\phi \text{ sen} \theta & a \text{ sen } \phi \cos \theta & 0 \end{vmatrix} \\ &= (a^2 \text{ sen}^2 \phi \cos \theta)\mathbf{i} + (a^2 \text{ sen}^2 \phi \text{ sen} \theta)\mathbf{j} + (a^2 \text{ sen} \phi \cos \phi)\mathbf{k} \end{aligned}$$

Assim,

$$\begin{aligned} |\mathbf{r}_\phi \times \mathbf{r}_\theta| &= \sqrt{a^4 \text{ sen}^4 \phi \cos^2 \theta + a^4 \text{ sen}^4 \phi \text{ sen}^2 \theta + a^4 \text{ sen}^2 \phi \cos^2 \phi} \\ &= \sqrt{a^4 \text{ sen}^4 \phi + a^4 \text{ sen}^2 \phi \cos^2 \phi} = \sqrt{a^4 \text{ sen}^2 \phi (\text{sen}^2 \phi + \cos^2 \phi)} \\ &= a^2 \sqrt{\text{sen}^2 \phi} = a^2 \text{ sen} \phi \end{aligned}$$

uma vez que $\text{sen } \phi \geq 0$ para $0 \leq \phi \leq \pi$. Portanto, a área da esfera é

$$\begin{aligned} A &= \int_0^{2\pi} \int_0^{\pi} a^2 \text{ sen } \phi \, d\phi \, d\theta \\ &= \int_0^{2\pi} \left[-a^2 \cos \phi \right]_0^{\pi} d\theta = \int_0^{2\pi} 2a^2 \, d\theta = 4\pi a^2 \text{ unidades ao quadrado} \end{aligned}$$

Essa definição concorda com a conhecida fórmula para a área da superfície da esfera.

Integrais de superfície

Tendo encontrado uma fórmula para calcular a área de uma superfície parametrizada, agora podemos integrar uma função sobre a superfície usando a forma parametrizada.

Definição **Integral de superfície parametrizada**

Se S for uma superfície lisa definida parametricamente como $\mathbf{r}(u, v) = f(u, v)\mathbf{i} + g(u, v)\mathbf{j} + h(u, v)\mathbf{k}$, $a \leq u \leq b$, $c \leq v \leq d$, e $G(x, y, z)$ for uma função contínua definida sobre S, então a **integral de G sobre S** será

$$\iint_S G(x, y, z) \, d\sigma = \int_c^d \int_a^b G(f(u, v), g(u, v), h(u, v)) |\mathbf{r}_u \times \mathbf{r}_v| \, du \, dv$$

EXEMPLO 6 Integrando sobre uma superfície definida parametricamente

Integre $G(x, y, z) = x^2$ sobre o cone $z = \sqrt{x^2 + y^2}$, $0 \leq z \leq 1$.

SOLUÇÃO Continuando o trabalho feito nos exemplos 1 e 4, temos

$$\iint_S x^2\, d\sigma = \int_0^{2\pi}\int_0^1 \left(r^2\cos^2\theta\right)\left(\sqrt{2}r\right) dr\, d\theta \qquad x = r\cos\theta$$

$$= \sqrt{2}\int_0^{2\pi}\int_0^1 r^3\cos^2\theta\, dr\, d\theta$$

$$= \frac{\sqrt{2}}{4}\int_0^{2\pi}\cos^2\theta\, d\theta = \frac{\sqrt{2}}{4}\left[\frac{\theta}{2} + \frac{1}{4}\,\text{sen}\,2\theta\right]_0^{2\pi} = \frac{\pi\sqrt{2}}{4}$$

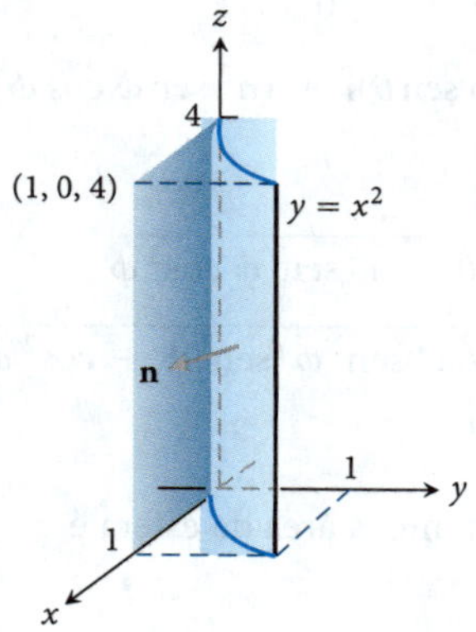

FIGURA 16.57 Encontrando o fluxo através da superfície do cilindro parabólico (Exemplo 7).

EXEMPLO 7 Encontrando o fluxo

Encontre o fluxo de $\mathbf{F} = yz\mathbf{i} + x\mathbf{j} - z^2\mathbf{k}$ para fora através do cilindro parabólico $y = x^2$, $0 \le x \le 1$, $0 \le z \le 4$ (Figura 16.57).

SOLUÇÃO Sobre a superfície temos $x = x$, $y = x^2$ e $z = z$, assim temos automaticamente a parametrização $\mathbf{r}(x, z) = x\mathbf{i} + x^2\mathbf{j} + z\mathbf{k}$, $0 \le x \le 1$, $0 \le z \le 4$. O produto vetorial dos vetores tangentes é

$$\mathbf{r}_x \times \mathbf{r}_z = \begin{vmatrix} \mathbf{i} & \mathbf{j} & \mathbf{k} \\ 1 & 2x & 0 \\ 0 & 0 & 1 \end{vmatrix} = 2x\mathbf{i} - \mathbf{j}$$

O vetor unitário normal que aponta da superfície para fora é

$$\mathbf{n} = \frac{\mathbf{r}_x \times \mathbf{r}_z}{|\mathbf{r}_x \times \mathbf{r}_z|} = \frac{2x\mathbf{i} - \mathbf{j}}{\sqrt{4x^2 + 1}}$$

Sobre a superfície, $y = x^2$, assim o campo vetorial aí é

$$\mathbf{F} = yz\mathbf{i} + x\mathbf{j} - z^2\mathbf{k} = x^2z\mathbf{i} + x\mathbf{j} - z^2\mathbf{k}$$

Portanto,

$$\mathbf{F}\cdot\mathbf{n} = \frac{1}{\sqrt{4x^2 + 1}}\left((x^2z)(2x) + (x)(-1) + (-z^2)(0)\right)$$

$$= \frac{2x^3z - x}{\sqrt{4x^2 + 1}}$$

O fluxo de $\mathbf{F}$ para fora através da superfície é

$$\iint_S \mathbf{F}\cdot\mathbf{n}\, d\sigma = \int_0^4\int_0^1 \frac{2x^3z - x}{\sqrt{4x^2 + 1}}\,|\mathbf{r}_x \times \mathbf{r}_z|\, dx\, dz$$

$$= \int_0^4\int_0^1 \frac{2x^3z - x}{\sqrt{4x^2 + 1}}\sqrt{4x^2 + 1}\, dx\, dz$$

$$= \int_0^4\int_0^1 (2x^3z - x)\, dx\, dz = \int_0^4 \left[\frac{1}{2}x^4z - \frac{1}{2}x^2\right]_{x=0}^{x=1} dz$$

$$= \int_0^4 \frac{1}{2}(z - 1)\, dz = \frac{1}{4}(z - 1)^2\Big]_0^4$$

$$= \frac{1}{4}(9) - \frac{1}{4}(1) = 2$$

EXEMPLO 8 Encontrando um centro de massa

Encontre o centro de massa de uma casca fina de densidade constante δ cortada do cone $z = \sqrt{x^2 + y^2}$ pelos planos $z = 1$ e $z = 2$ (Figura 16.58).

SOLUÇÃO A simetria da superfície em relação ao eixo z nos diz que $\bar{x} = \bar{y} = 0$. Encontramos $\bar{z} = M_{xy}/M$. Trabalhando como nos exemplos 1 e 4, temos

$$\mathbf{r}(r, \theta) = r\cos\theta\mathbf{i} + r\,\text{sen}\,\theta\mathbf{j} + r\mathbf{k}, \qquad 1 \le r \le 2, \qquad 0 \le \theta \le 2\pi$$

e

$$|\mathbf{r}_r \times \mathbf{r}_\theta| = \sqrt{2}r$$

Portanto,

$$M = \iint_S \delta\, d\sigma = \int_0^{2\pi}\int_1^2 \delta\sqrt{2}r\, dr\, d\theta$$

$$= \delta\sqrt{2}\int_0^{2\pi}\left[\frac{r^2}{2}\right]_1^2 d\theta = \delta\sqrt{2}\int_0^{2\pi}\left(2 - \frac{1}{2}\right)d\theta$$

$$= \delta\sqrt{2}\left[\frac{3\theta}{2}\right]_0^{2\pi} = 3\pi\delta\sqrt{2}$$

$$M_{xy} = \iint_S \delta z\, d\sigma = \int_0^{2\pi}\int_1^2 \delta r\sqrt{2}r\, dr\, d\theta$$

$$= \delta\sqrt{2}\int_0^{2\pi}\int_1^2 r^2\, dr\, d\theta = \delta\sqrt{2}\int_0^{2\pi}\left[\frac{r^3}{3}\right]_1^2 d\theta$$

$$= \delta\sqrt{2}\int_0^{2\pi}\frac{7}{3}\, d\theta = \frac{14}{3}\pi\delta\sqrt{2}$$

$$\bar{z} = \frac{M_{xy}}{M} = \frac{14\pi\delta\sqrt{2}}{3\left(3\pi\delta\sqrt{2}\right)} = \frac{14}{9}$$

O centro de massa da casca é o ponto (0, 0, 14/9).

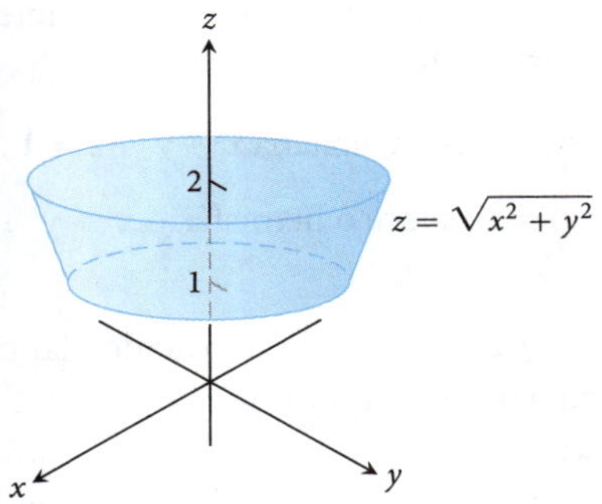

FIGURA 16.58 O tronco cônico formado quando o cone $z = \sqrt{x^2 + y^2}$ é cortado pelos planos $z = 1$ e $z = 2$ (Exemplo 8).

Exercícios 16.6

Encontrando parametrizações para superfícies

Nos exercícios 1–16, encontre uma parametrização da superfície. (Existem várias maneiras corretas de fazer isso, assim suas respostas podem não ser as mesmas das que constam do final do livro.)

1. O parabolóide $z = x^2 + y^2, z \le 4$
2. O parabolóide $z = 9 - x^2 - y^2, z \ge 0$
3. **Tronco de cone** A porção no primeiro octante do cone $\sqrt{x^2 + y^2}/2$ entre os planos $z = 0$ e $z = 3$.
4. **Tronco de cone** A porção do cone $z = 2\sqrt{x^2 + y^2}$ entre os planos $z = 2$ e $z = 4$.
5. **Calota esférica** A calota cortada da esfera $x^2 + y^2 + z^2 = 9$ pelo cone $z = \sqrt{x^2 + y^2}$.
6. **Calota esférica** A porção da esfera $x^2 + y^2 + z^2 = 4$ no primeiro octante entre o plano xy e o cone $z = \sqrt{x^2 + y^2}$.
7. **Faixa esférica** A porção da esfera $x^2 + y^2 + z^2 = 3$ entre os planos $z = \sqrt{3}/2$ e $z = -\sqrt{3}/2$.

8. Calota esférica A porção superior cortada da esfera $x^2 + y^2 + z^2 = 8$ pelo plano $z = -2$.

9. Cilindro parabólico entre planos A superfície cortada do cilindro parabólico $z = 4 - y^2$ pelos planos $x = 0$, $x = 2$ e $z = 0$.

10. Cilindro parabólico entre planos A superfície cortada do cilindro parabólico $y = x^2$ pelos planos $z = 0$, $z = 3$ e $y = 2$.

11. Faixa cilíndrica circular A porção do cilindro $y^2 + z^2 = 9$ entre os planos $x = 0$ e $x = 3$.

12. Faixa cilíndrica circular A porção do cilindro $x^2 + z^2 = 4$ acima do plano xy entre os planos $y = -2$ e $y = 2$.

13. Plano inclinado dentro de um cilindro A porção do plano $x + y + z = 1$

(a) Dentro do cilindro $x^2 + y^2 = 9$

(b) Dentro do cilindro $y^2 + z^2 = 9$

14. Plano inclinado dentro de um cilindro A porção do plano $x - y + 2z = 2$

(a) Dentro do cilindro $x^2 + z^2 = 3$

(b) Dentro do cilindro $y^2 + z^2 = 2$

15. Faixa cilíndrica circular A porção do cilindro $(x - 2)^2 + z^2 = 4$ entre os planos $y = 0$ e $y = 3$.

16. Faixa cilíndrica circular A porção do cilindro $y^2 + (z - 5)^2 = 25$ entre os planos $x = 0$ e $x = 10$.

Áreas de superfícies parametrizadas

Nos exercícios 17–26, use uma parametrização para expressar a área da superfície como uma integral dupla. Então calcule a integral. (Existem muitas maneiras corretas de montar as integrais, assim suas integrais podem não ser as mesmas das que constam no final do livro. Contudo, elas devem ter os mesmos valores.)

17. Plano inclinado dentro de um cilindro A porção do plano $y + 2z = 2$ dentro do cilindro $x^2 + y^2 = 1$.

18. Plano dentro de um cilindro A porção do plano $z = -x$ dentro do cilindro $x^2 + y^2 = 4$.

19. Tronco de cone A porção do cone $z = \sqrt{x^2 + y^2}$ entre os planos $z = 2$ e $z = 6$.

20. Tronco de cone A porção do cone $z = \sqrt{x^2 + y^2}/3$ entre os planos $z = 1$ e $z = 4/3$.

21. Faixa cilíndrica circular A porção do cilindro $x^2 + y^2 = 1$ entre os planos $z = 1$ e $z = 4$.

22. Faixa cilíndrica circular A porção do cilindro $x^2 + z^2 = 10$ entre os planos $y = -1$ e $y = 1$.

23. Calota parabólica A calota cortada do parabolóide $z = 2 - x^2 - y^2$ pelo cone $z = \sqrt{x^2 + y^2}$.

24. Faixa parabólica A porção do parabolóide $z = x^2 + y^2$ entre os planos $z = 1$ e $z = 4$.

25. Esfera serrada A parte de baixo cortada da esfera $x^2 + y^2 + z^2 = 2$ pelo cone $z = \sqrt{x^2 + y^2}$.

26. Faixa esférica A porção da esfera $x^2 + y^2 + z^2 = 4$ entre os planos $z = -1$ e $z = \sqrt{3}$.

Integrais sobre superfícies parametrizadas

Nos exercícios 27–34, integre a função dada sobre a superfície.

27. Cilindro parabólico $G(x, y, z) = x$, sobre o cilindro parabólico $y = x^2$, $0 \le x \le 2$, $0 \le z \le 3$.

28. Cilindro circular $G(x, y, z) = z$, sobre a superfície cilíndrica $y^2 + z^2 = 4$, $z \le 0$, $1 \le x \le 4$.

29. Esfera $G(x, y, z) = x^2$, sobre a esfera unitária $x^2 + y^2 + z^2 = 1$.

30. Hemisfério $G(x, y, z) = z^2$, sobre o hemisfério $x^2 + y^2 + z^2 = a^2$, $z \ge 0$.

31. Porção do plano $F(x, y, z) = z$, sobre a porção do plano $x + y + z = 4$ que está acima do quadrado $0 \le x \le 1$, $0 \le y \le 1$, no plano xy.

32. Cone $F(x, y, z) = z - x$, sobre o cone $z = \sqrt{x^2 + y^2}$, $0 \le z \le 1$.

33. Cúpula parabólica $H(x, y, z) = x^2\sqrt{5 - 4z}$ sobre a cúpula parabólica $z = 1 - x^2 - y^2$, $z \ge 0$.

34. Calota esférica $H(x, y, z) = yz$, sobre a parte da esfera $x^2 + y^2 + z^2 = 4$ que está acima do cone $z = \sqrt{x^2 + y^2}$.

Fluxo através de superfícies parametrizadas

Nos exercícios 35–44, use uma parametrização para encontrar o fluxo $\iint_S \mathbf{F} \cdot \mathbf{n}\, d\sigma$ através da superfície no sentido dado.

35. Cilindro parabólico $\mathbf{F} = z^2\mathbf{i} + x\mathbf{j} \pm 3z\mathbf{k}$ para fora (normal para longe do eixo x) através da superfície cortada do cilindro parabólico $z = 4 - y^2$ pelos planos $x = 0$, $x = 1$ e $z = 0$.

36. Cilindro parabólico $\mathbf{F} = x^2\mathbf{j} - xz\mathbf{k}$ para fora (normal para longe do plano yz) através da superfície cortada do cilindro parabólico $y = x^2$, $-1 \le x \le 1$, pelos planos $z = 0$ e $z = 2$.

37. Esfera $\mathbf{F} = z\mathbf{k}$ através da porção da esfera $x^2 + y^2 + z^2 = a^2$ no primeiro octante no sentido oposto à origem.

38. Esfera $\mathbf{F} = x\mathbf{i} + x\mathbf{j} + z\mathbf{k}$ através da porção da esfera $x^2 + y^2 + z^2 = a^2$ no sentido oposto à origem.

39. Plano $\mathbf{F} = 2xy\mathbf{i} + 2yz\mathbf{j} + 2xz\mathbf{k}$ para cima através da porção do plano $x + y + z = 2a$ que está acima do quadrado $0 \leq x \leq a$, $0 \leq y \leq a$, no plano xy.

40. Cilindro $\mathbf{F} = x\mathbf{i} + x\mathbf{j} + z\mathbf{k}$ para fora através da porção do cilindro $x^2 + y^2 = 1$ cortado pelos planos $z = 0$ e $z = a$.

41. Cone $\mathbf{F} = xy\mathbf{i} - z\mathbf{k}$ para fora (normal apontando para longe do eixo z) através do cone $z = \sqrt{x^2 + y^2}$, $0 \leq z \leq 1$.

42. Cone $\mathbf{F} = y^2\mathbf{i} + xz\mathbf{j} - \mathbf{k}$ para fora (normal para longe do eixo z) através do cone $z = \sqrt{x^2 + y^2}$, $0 \leq z \leq 2$.

43. Tronco de cone $\mathbf{F} = -x\mathbf{i} - y\mathbf{j} + z^2\mathbf{k}$ para longe (normal para longe do eixo z) através da porção do cone $z = \sqrt{x^2 + y^2}$ entre os planos $z = 1$ e $z = 2$.

44. Parabolóide $\mathbf{F} = 4x\mathbf{i} + 4y\mathbf{j} + 2\mathbf{k}$ para fora (normal para longe do eixo z) através da superfície cortada do fundo do parabolóide $z = x^2 + y^2$ pelo plano $z = 1$.

Momentos e massas

45. Encontre o centróide da porção da esfera $x^2 + y^2 + z^2 = a^2$ que está no primeiro octante.

46. Encontre o centro de massa, o momento de inércia e o raio de rotação em relação ao eixo z de uma casca fina de densidade constante δ cortada do cone $x^2 + y^2 - z^2 = 0$ pelos planos $z = 1$ e $z = 2$.

47. Encontre o momento de inércia em relação ao eixo z de uma casca esférica fina $x^2 + y^2 + z^2 = a^2$, de densidade constante δ.

48. Encontre o momento de inércia em relação ao eixo z de uma casca cônica fina $z = \sqrt{x^2 + y^2}$, $0 \leq z \leq 1$, de densidade constante δ.

Planos tangentes a superfícies parametrizadas

O plano tangente em um ponto $P_0(f(u_0, v_0), g(u_0, v_0), h(u_0, v_0))$ sobre uma superfície parametrizada $\mathbf{r}(u, v) = f(u, v)\mathbf{i} + g(u, v)\mathbf{j} + h(u, v)\mathbf{k}$ é o plano que passa por P_0 e é normal ao vetor $\mathbf{r}_u(u_0, v_0) \times \mathbf{r}_v(u_0, v_0)$, o produto vetorial dos vetores tangentes $\mathbf{r}_u(u_0, v_0)$ e $\mathbf{r}_v(u_0, v_0)$ em P_0. Nos exercícios 49–52, encontre uma equação para o plano tangente à superfície em P_0. Depois encontre uma equação cartesiana para a superfície e esboce-a juntamente com o plano tangente.

49. Cone O cone $\mathbf{r}(r, \theta) = (r \cos \theta)\mathbf{i} + (r \operatorname{sen} \theta)\mathbf{j} + r\mathbf{k}$, $r \geq 0$, $0 \leq \theta \leq 2\pi$ no ponto $P_0(\sqrt{2}, \sqrt{2}, 2)$ que corresponde a $(r, \theta) = (2, \pi/4)$.

50. Hemisfério A superfície hemisférica $\mathbf{r}(\phi, \theta) = (4 \operatorname{sen} \phi \cos \theta\, \mathbf{i} + (4 \operatorname{sen} \phi \operatorname{sen} \theta)\mathbf{j} + (4 \cos \phi)\mathbf{k}$, $0 \leq \phi \leq \pi/2$, $0 \leq \theta \leq 2\pi$ no ponto $P_0(\sqrt{2}, \sqrt{2}, 2\sqrt{3})$ que corresponde a $(\phi, \theta) = (\pi/6, \pi/4)$.

51. Cilindro circular O cilindro circular $\mathbf{r}(\theta, z) = (3 \operatorname{sen} 2\theta)\mathbf{i} + (6 \operatorname{sen}^2 \theta)\mathbf{j} + z\mathbf{k}$, $0 \leq \theta \leq \pi$, no ponto $P_0(3\sqrt{3}/2, 9/2, 0)$ correspondendo a $(\theta, z) = (\pi/3, 0)$ (veja o Exemplo 3).

52. Cilindro parabólico A superfície cilíndrica parabólica $\mathbf{r}(x, y) = x\mathbf{i} + y\mathbf{j} + x^2\mathbf{k}$, $-\infty < x < \infty$, $-\infty < y < \infty$, no ponto $P_0(1, 2, -1)$ que corresponde a $(x, y) = (1, 2)$.

Mais exemplos de parametrizações

53. (a) Um *toro de revolução* (rosquinha) é obtido por meio da rotação de uma circunferência C no plano xz em torno do eixo z no espaço. (Veja a figura a seguir.) Se C tiver raio $r > 0$ e centro $(R, 0, 0)$, mostre que uma parametrização do toro é

$$\mathbf{r}(u, v) = ((R + r \cos u) \cos v)\mathbf{i} + ((R + r \cos u)\operatorname{sen} v)\mathbf{j} + (r \operatorname{sen} u)\mathbf{k},$$

onde $0 \leq u \leq 2\pi$ e $0 \leq v \leq 2\pi$ são os ângulos na figura.

(b) Mostre que a área da superfície do toro é $A = 4\pi^2 Rr$.

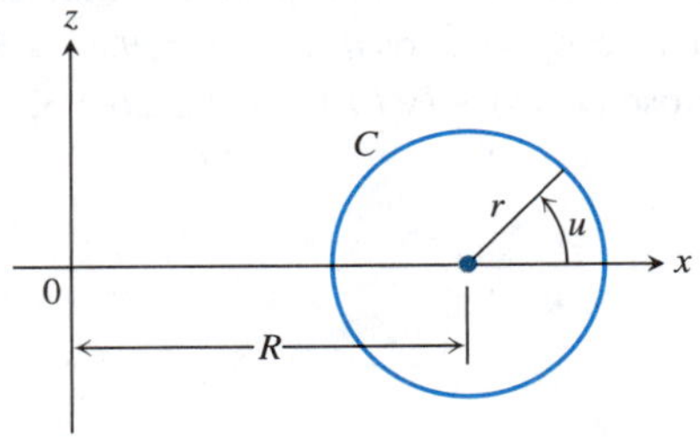

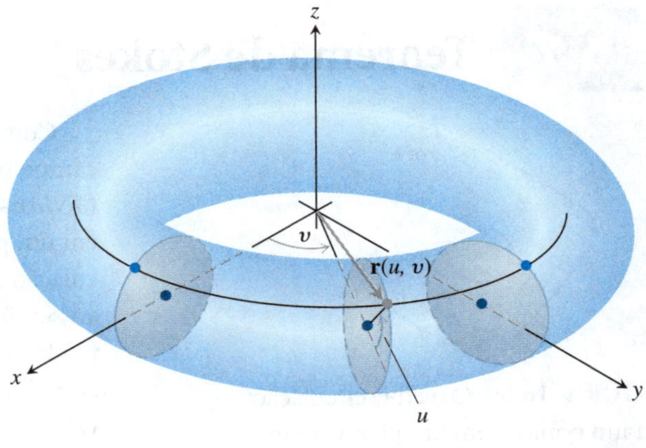

54. Parametrização de uma superfície de revolução Suponha que a curva parametrizada C: $(f(u), g(u))$ é girada em torno do eixo x, onde $g(u) > 0$ para $a \leq 0 \leq b$.

(a) Mostre que

$$\mathbf{r}(u, v) = f(u)\mathbf{i} + (g(u)\cos v)\mathbf{j} + (g(u) \operatorname{sen} v)\mathbf{k}$$

é uma parametrização da superfície de revolução resultante, onde $0 \leq v \leq 2\pi$ é o ângulo entre o plano xy e o ponto $\mathbf{r}(u, v)$ na superfície. (Veja a figura a seguir.)

Observe que $f(u)$ mede a distância *ao longo* do eixo de revolução e $g(u)$ mede a distância *a partir* do eixo de revolução.

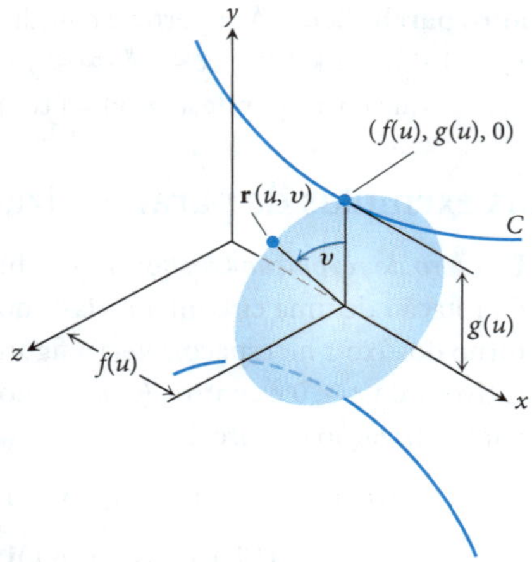

(b) Encontre uma parametrização para a superfície obtida por meio da revolução da curva $x = y^2$, $y \geq 0$, em torno do eixo x.

55. **(a)** **Parametrização de um elipsóide** Lembrando da parametrização $x = a \cos \theta$, $y = b \operatorname{sen} \theta$, $0 \leq \theta \leq 2\pi$ para a elipse $(x^2/a^2) + (y^2/b^2) = 1$ (Seção 3.5, Exemplo 13, Volume I) e usando os ângulos θ e ϕ em coordenadas esféricas, mostre que

$$\mathbf{r}(\theta, \phi) = (a \cos \theta \cos \phi)\mathbf{i} + (b \operatorname{sen} \theta \cos \phi)\mathbf{j} + (c \operatorname{sen} \phi)\mathbf{k}$$

é uma parametrização do elipsóide $(x^2/a^2) + (y^2/b^2) + (z^2/c^2) = 1$.

(b) Escreva uma integral para a área da superfície do elipsóide, mas não calcule a integral.

56. **Hiperbolóide de uma folha**

(a) Encontre a parametrização para o hiperbolóide de uma folha $x^2 + y^2 - z^2 = 1$ em relação ao ângulo θ associado à circunferência $x^2 + y^2 = r^2$ e o parâmetro hiperbólico u associado à função hiperbólica $r^2 - z^2 = 1$. (Veja a Seção 7.4, Volume I, Exercício 84.)

(b) Generalize o resultado da parte (a) para o hiperbolóide $(x^2/a^2) + (y^2/b^2) - (z^2/c^2) = 1$.

57. (*Continuação do Exercício 56.*) Encontre uma equação cartesiana para o plano tangente ao hiperbolóide $x^2 + y^2 - z^2 = 25$ no ponto $(x_0, y_0, 0)$, onde $x_0^2 + y_0^2 = 25$.

58. **Hiperbolóide de duas folhas** Encontre uma parametrização do hiperbolóide de duas folhas $(z^2/c^2) - (x^2/a^2) - (y^2/b^2) = 1$.

16.7 Teorema de Stokes

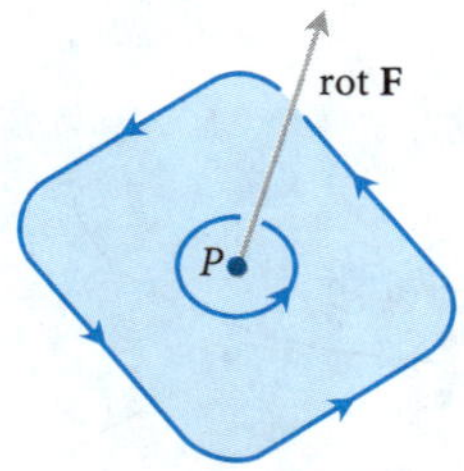

FIGURA 16.59 O vetor circulação em um ponto P em um plano em um escoamento fluido tridimensional. Observe a regra da mão direita entre o vetor e a linha de circulação.

Como vimos na Seção 16.4, a densidade de circulação ou rotacional de um campo bidimensional $\mathbf{F} = M\mathbf{i} + N\mathbf{j}$ em um ponto (x, y) é a quantidade escalar $(\partial N/\partial x - \partial M/\partial y)$. Em três dimensões, a circulação em torno de um ponto P em um plano é descrita como um vetor. Esse vetor é normal ao plano de circulação (Figura 16.59) e aponta no sentido da regra da mão direita em relação ao sentido de circulação. O comprimento do vetor dá a taxa de rotação do fluido, a qual geralmente varia à medida que o plano de circulação é inclinado ao redor de P. O vetor de maior circulação em um escoamento com campo de velocidades $\mathbf{F} = M\mathbf{i} + N\mathbf{j} + P\mathbf{k}$ é **vetor rotacional.**

$$\text{rot } \mathbf{F} = \left(\frac{\partial P}{\partial y} - \frac{\partial N}{\partial z}\right)\mathbf{i} + \left(\frac{\partial M}{\partial z} - \frac{\partial P}{\partial x}\right)\mathbf{j} + \left(\frac{\partial N}{\partial x} - \frac{\partial M}{\partial y}\right)\mathbf{k} \qquad (1)$$

Obtemos essa informação do teorema de Stokes, que é a generalização da forma circulação-rotacional do teorema de Green para o espaço.

Observe que $(\text{rot } \mathbf{F}) \cdot \mathbf{k} = (\partial N/\partial x - \partial M/\partial y)$ é condizente com a definição que demos na Seção 16.4 para $\mathbf{F} = M(x, y)\mathbf{i} + N(x, y)\mathbf{i}$. A fórmula para o rot $\mathbf{F}$ na Equação (1) é geralmente escrita usando-se o operador simbólico

$$\nabla = \mathbf{i}\frac{\partial}{\partial x} + \mathbf{j}\frac{\partial}{\partial y} + \mathbf{k}\frac{\partial}{\partial z} \qquad (2)$$

(O símbolo ∇ é pronunciado como "nabla".) O rotacional de **F** é $\nabla \times \mathbf{F}$:

$$\nabla \times \mathbf{F} = \begin{vmatrix} \mathbf{i} & \mathbf{j} & \mathbf{k} \\ \dfrac{\partial}{\partial x} & \dfrac{\partial}{\partial y} & \dfrac{\partial}{\partial z} \\ M & N & P \end{vmatrix}$$

$$= \left(\frac{\partial P}{\partial y} - \frac{\partial N}{\partial z}\right)\mathbf{i} + \left(\frac{\partial M}{\partial z} - \frac{\partial P}{\partial x}\right)\mathbf{j} + \left(\frac{\partial N}{\partial x} - \frac{\partial M}{\partial y}\right)\mathbf{k}$$

$$= \text{rot}\,\mathbf{F}$$

$$\text{rot}\,\mathbf{F} = \nabla \times \mathbf{F} \qquad (3)$$

EXEMPLO 1 Encontrando rot F

Encontre o rotacional de $\mathbf{F} = (x^2 - y)\mathbf{i} + 4z\mathbf{j} + x^2\mathbf{k}$.

SOLUÇÃO

$$\text{rot}\,\mathbf{F} = \nabla \times \mathbf{F} \qquad \text{Equação (3)}$$

$$= \begin{vmatrix} \mathbf{i} & \mathbf{j} & \mathbf{k} \\ \dfrac{\partial}{\partial x} & \dfrac{\partial}{\partial y} & \dfrac{\partial}{\partial z} \\ x^2 - y & 4z & x^2 \end{vmatrix}$$

$$= \left(\frac{\partial}{\partial y}(x^2) - \frac{\partial}{\partial z}(4z)\right)\mathbf{i} - \left(\frac{\partial}{\partial x}(x^2) - \frac{\partial}{\partial z}(x^2 - y)\right)\mathbf{j}$$

$$+ \left(\frac{\partial}{\partial x}(4z) - \frac{\partial}{\partial y}(x^2 - y)\right)\mathbf{k}$$

$$= (0 - 4)\mathbf{i} - (2x - 0)\mathbf{j} + (0 + 1)\mathbf{k}$$

$$= -4\mathbf{i} - 2x\mathbf{j} + \mathbf{k}$$

Como veremos, o operador ∇ tem várias aplicações; por exemplo, quando aplicado a uma função escalar $f(x, y, z)$, ele dá o gradiente de f:

$$\nabla f = \frac{\partial f}{\partial x}\mathbf{i} + \frac{\partial f}{\partial y}\mathbf{j} + \frac{\partial f}{\partial z}\mathbf{k}$$

Este pode ser lido como "nabla f" assim como "grad f".

Teorema de Stokes

O teorema de Stokes diz que, sob condições normalmente encontradas na prática, a circulação de um campo vetorial ao longo da borda de uma superfície orientada no espaço, no sentido anti-horário em relação ao campo **n** de vetores normais à superfície (Figura 16.60), é igual à integral da componente normal do rotacional do campo sobre a superfície.

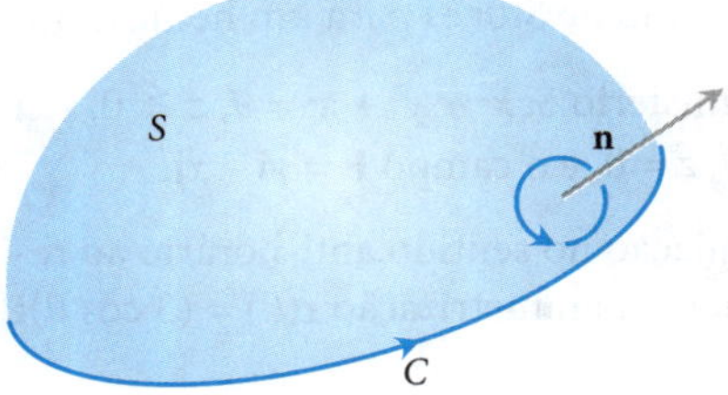

FIGURA 16.60 A orientação da curva da borda C é compatível, em relação à regra da mão direita, com o campo normal **n**.

Teorema 5 Teorema de Stokes
A circulação de um campo vetorial $\mathbf{F} = M\mathbf{i} + N\mathbf{j} + P\mathbf{k}$ ao longo da borda C de uma superfície orientada S, no sentido anti-horário em relação ao vetor unitário normal $\mathbf{n}$ da superfície, é igual à integral de $\nabla \times \mathbf{F} \cdot \mathbf{n}$ sobre S.

$$\oint_C \mathbf{F} \cdot d\mathbf{r} = \iint_S \nabla \times \mathbf{F} \cdot \mathbf{n}\, d\sigma \qquad (4)$$

Circulação anti-horária — Integral do rotacional

Observe, pela Equação (4), que se duas superfícies orientadas diferentes S_1 e S_2 têm a mesma borda C, as integrais de seu rotacional são iguais:

$$\iint_{S_1} \nabla \times \mathbf{F} \cdot \mathbf{n}_1\, d\sigma = \iint_{S_2} \nabla \times \mathbf{F} \cdot \mathbf{n}_2\, d\sigma$$

Ambas as integrais do rotacional são iguais à integral de circulação anti-horária à esquerda da Equação (4) desde que os versores normais $\mathbf{n}_1$ e $\mathbf{n}_2$ orientem as superfícies corretamente.

Naturalmente, precisamos de algumas restrições matemáticas sobre $\mathbf{F}$, C e S para garantir a existência das integrais na equação de Stokes. As restrições usuais são que todas as funções, campos vetoriais e suas derivadas sejam contínuas.

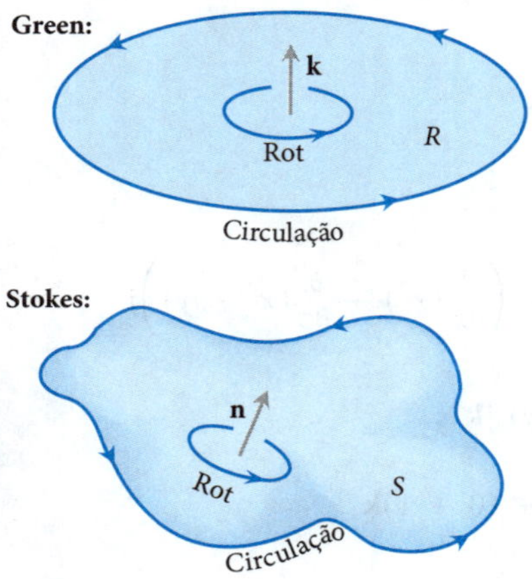

FIGURA 16.61 Teorema de Green contra teorema de Stokes.

Se C for uma curva no plano xy, orientada no sentido anti-horário, e R for a região no plano limitada por C, então $d\sigma = dx\,dy$ e

$$(\nabla \times \mathbf{F}) \cdot \mathbf{n} = (\nabla \times \mathbf{F}) \cdot \mathbf{k} = \left(\frac{\partial N}{\partial x} - \frac{\partial M}{\partial y}\right)$$

Sob essas condições, a equação de Stokes se torna

$$\oint_C \mathbf{F} \cdot d\mathbf{r} = \iint_R \left(\frac{\partial N}{\partial x} - \frac{\partial M}{\partial y}\right) dx\,dy$$

que é a equação na forma circulação-rotacional do teorema de Green. Reciprocamente, invertendo esses passos podemos escrever a forma circulação-rotacional do teorema de Green para campos bidimensionais na rotação "nabla" como

$$\oint_C \mathbf{F} \cdot d\mathbf{r} = \iint_R \nabla \times \mathbf{F} \cdot \mathbf{k}\, dA \qquad (5)$$

Veja a Figura 16.61.

EXEMPLO 2 Verificando a equação de Stokes para um hemisfério

Resolva a Equação (4) para o hemisfério S: $x^2 + y^2 + z^2 = 9$, $z \geq 0$, sua circunferência de borda C: $x^2 + y^2 = 9$, $z = 0$, e o campo $\mathbf{F} = y\mathbf{i} - x\mathbf{j}$.

SOLUÇÃO Calculamos a circulação no sentido anti-horário ao redor de C (quando visto de cima) usando a parametrização $\mathbf{r}(\theta) = (3\cos\theta)\mathbf{i} + (3\,\text{sen}\,\theta)\mathbf{j}$, $0 \leq \theta \leq 2\pi$:

$$d\mathbf{r} = (-3\,\text{sen}\,\theta\, d\theta)\mathbf{i} + (3\cos\theta\, d\theta)\mathbf{j}$$

$$\mathbf{F} = y\mathbf{i} - x\mathbf{j} = (3\,\text{sen}\,\theta)\mathbf{i} - (3\cos\theta)\mathbf{j}$$

$$\mathbf{F} \cdot d\mathbf{r} = -9\,\text{sen}^2\theta\, d\theta - 9\cos^2\theta\, d\theta = -9\, d\theta$$

$$\oint_C \mathbf{F} \cdot d\mathbf{r} = \int_0^{2\pi} -9\, d\theta = -18\pi$$

Para a integral do rotacional de **F**, temos

$$\nabla \times \mathbf{F} = \left(\frac{\partial P}{\partial y} - \frac{\partial N}{\partial z}\right)\mathbf{i} + \left(\frac{\partial M}{\partial z} - \frac{\partial P}{\partial x}\right)\mathbf{j} + \left(\frac{\partial N}{\partial x} - \frac{\partial M}{\partial y}\right)\mathbf{k}$$

$$= (0 - 0)\mathbf{i} + (0 - 0)\mathbf{j} + (-1 - 1)\mathbf{k} = -2\mathbf{k}$$

$$\mathbf{n} = \frac{x\mathbf{i} + y\mathbf{j} + z\mathbf{k}}{\sqrt{x^2 + y^2 + z^2}} = \frac{x\mathbf{i} + y\mathbf{j} + z\mathbf{k}}{3}$$ Versor normal exterior

$$d\sigma = \frac{3}{z}\, dA$$ Exemplo 5, Seção 16.5, com $a = 3$.

$$\nabla \times \mathbf{F} \cdot \mathbf{n}\, d\sigma = -\frac{2z}{3}\frac{3}{z}\, dA = -2\, dA$$

e

$$\iint_S \nabla \times \mathbf{F} \cdot \mathbf{n}\, d\sigma = \iint_{x^2+y^2\leq 9} -2\, dA = -18\pi$$

A circulação ao redor da circunferência é igual à integral do rotacional sobre o hemisfério, como deveria ser.

EXEMPLO 3 Encontrando a circulação

Encontre a circulação do campo $\mathbf{F} = (x^2 - y)\mathbf{i} + 4z\mathbf{j} + x^2\mathbf{k}$ ao redor da curva C na qual o plano $z = 2$ encontra o cone $z = \sqrt{x^2 + y^2}$ no sentido anti-horário quando visto de cima (Figura 16.62).

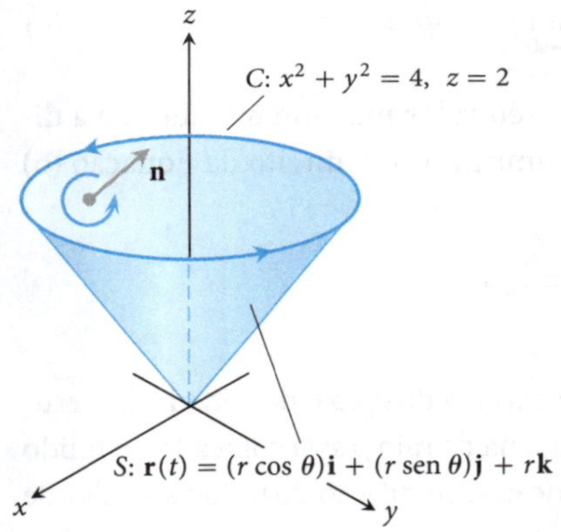

FIGURA 16.62 A curva C e o cone S no Exemplo 3.

SOLUÇÃO O teorema de Stokes nos permite encontrar a circulação integrando sobre a superfície do cone. Percorrer C no sentido anti-horário, visto de cima, corresponde a tomar a normal *interior* **n** ao cone, a normal com uma coordenada z positiva.

Parametrizamos o cone como

$$\mathbf{r}(r, \theta) = (r\cos\theta)\mathbf{i} + (r \operatorname{sen}\theta)\mathbf{j} + r\mathbf{k}, \qquad 0 \leq r \leq 2, \qquad 0 \leq \theta \leq 2\pi$$

Então, temos

$$\mathbf{n} = \frac{\mathbf{r}_r \times \mathbf{r}_\theta}{|\mathbf{r}_r \times \mathbf{r}_\theta|} = \frac{-(r\cos\theta)\mathbf{i} - (r \operatorname{sen}\theta)\mathbf{j} + r\mathbf{k}}{r\sqrt{2}}$$ Exemplo 4, Seção 16.6

$$= \frac{1}{\sqrt{2}}\left(-(\cos\theta)\mathbf{i} - (\operatorname{sen}\theta)\mathbf{j} + \mathbf{k}\right)$$

$$d\sigma = r\sqrt{2}\, dr\, d\theta$$ Exemplo 4, Seção 16.6

$$\nabla \times \mathbf{F} = -4\mathbf{i} - 2x\mathbf{j} + \mathbf{k}$$ Exemplo 1

$$= -4\mathbf{i} - 2r\cos\theta\mathbf{j} + \mathbf{k}.$$ $x = r\cos\theta$

Assim,

$$\nabla \times \mathbf{F} \cdot \mathbf{n} = \frac{1}{\sqrt{2}}\left(4\cos\theta + 2r\cos\theta \operatorname{sen}\theta + 1\right)$$

$$= \frac{1}{\sqrt{2}}\left(4\cos\theta + r \operatorname{sen} 2\theta + 1\right)$$

e a circulação é

$$\oint_C \mathbf{F} \cdot d\mathbf{r} = \iint_S \nabla \times \mathbf{F} \cdot \mathbf{n}\, d\sigma$$ Teorema de Stoke, Equação (4)

$$= \int_0^{2\pi}\int_0^2 \frac{1}{\sqrt{2}}\left(4\cos\theta + r \operatorname{sen} 2\theta + 1\right)\left(r\sqrt{2}\, dr\, d\theta\right) = 4\pi$$

Interpretação de $\nabla \times \mathbf{F}$ com rodas de pás

Suponha que $\mathbf{v}(x, y, z)$ seja a velocidade de um fluido em movimento cuja densidade em (x, y, z) é $\delta(x, y, z)$ e seja $\mathbf{F} = \delta\mathbf{v}$. Então

$$\oint_C \mathbf{F} \cdot d\mathbf{r}$$

é a circulação do fluido ao redor da curva fechada C. Pelo teorema de Stokes, a circulação é igual ao fluxo de $\nabla \times \mathbf{F}$ através de uma superfície S cuja borda é C:

$$\oint_C \mathbf{F} \cdot d\mathbf{r} = \iint_S \nabla \times \mathbf{F} \cdot \mathbf{n}\, d\sigma$$

Suponha que fixemos um ponto Q no domínio de $\mathbf{F}$ e uma direção $\mathbf{u}$ em Q. Seja C uma circunferência de raio ρ, com centro em Q cujo plano é normal a $\mathbf{u}$. Se $\nabla \times \mathbf{F}$ é contínua em Q, o valor médio da componente $\mathbf{u}$ de $\nabla \times \mathbf{F}$ sobre o disco circular S limitado por C aproxima a componente $\mathbf{u}$ de $\nabla \times \mathbf{F}$ em Q quando $\rho \to 0$:

$$(\nabla \times \mathbf{F} \cdot \mathbf{u})_Q = \lim_{\rho \to 0} \frac{1}{\pi\rho^2} \iint_S \nabla \times \mathbf{F} \cdot \mathbf{u}\, d\sigma$$

Se substituirmos a integral dupla nessa última equação pela circulação, obtemos

$$(\nabla \times \mathbf{F} \cdot \mathbf{u})_Q = \lim_{\rho \to 0} \frac{1}{\pi\rho^2} \oint_C \mathbf{F} \cdot d\mathbf{r} \qquad (6)$$

O lado esquerdo da Equação (6) tem seu valor máximo quando $\mathbf{u}$ é a direção de $\nabla \times \mathbf{F}$. Quando ρ é pequeno, o limite do lado direito da Equação (6) é aproximadamente

$$\frac{1}{\pi\rho^2} \oint_C \mathbf{F} \cdot d\mathbf{r}$$

que é a circulação ao redor de C dividida pela área do disco (densidade de circulação). Suponha que uma roda de pás pequena de raio ρ seja colocada no fluido em Q, com seu eixo direcionado ao longo de $\mathbf{u}$. A circulação do fluido ao redor de C afetará a taxa de rotação da roda de pás. A roda girará mais depressa quando a integral de circulação for maximizada; portanto ela girará mais depressa quando o eixo da roda de pás apontar na direção de $\nabla \times \mathbf{F}$ (Figura 16.63).

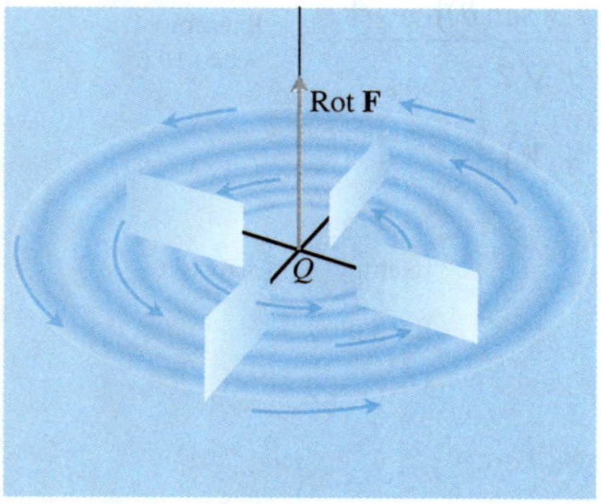

FIGURA 16.63 A interpretação do rotacional de $\mathbf{F}$ por uma roda de pás.

EXEMPLO 4 Relacionando $\nabla \times \mathbf{F}$ à densidade de circulação

Um fluido de densidade constante gira ao redor do eixo z com velocidade $\mathbf{v} = \omega(-y\mathbf{i} + x\mathbf{j})$, onde ω é uma constante positiva chamada *velocidade angular* da rotação (Figura 16.64). Se $\mathbf{F} = \mathbf{v}$, encontre $\nabla \times \mathbf{F}$ e o relacione à densidade de circulação.

SOLUÇÃO Com $\mathbf{F} = \mathbf{v} = -\omega y\mathbf{i} + \omega x\mathbf{j}$

$$\begin{aligned}\nabla \times \mathbf{F} &= \left(\frac{\partial P}{\partial y} - \frac{\partial N}{\partial z}\right)\mathbf{i} + \left(\frac{\partial M}{\partial z} - \frac{\partial P}{\partial x}\right)\mathbf{j} + \left(\frac{\partial N}{\partial x} - \frac{\partial M}{\partial y}\right)\mathbf{k} \\ &= (0 - 0)\mathbf{i} + (0 - 0)\mathbf{j} + (\omega - (-\omega))\mathbf{k} = 2\omega\mathbf{k}\end{aligned}$$

Pelo teorema de Stokes, a circulação de $\mathbf{F}$ ao redor de uma circunferência C de raio ρ limitando um disco S em um plano normal a $\nabla \times \mathbf{F}$, o plano xy, por exemplo, é

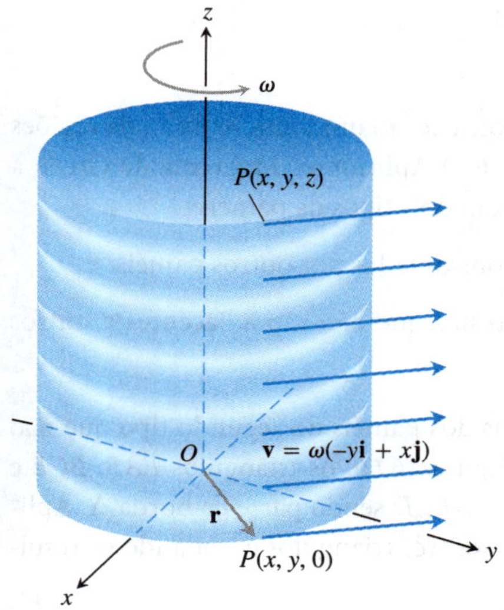

FIGURA 16.64 Um escoamento circular constante paralelo ao plano *xy*, com velocidade angular constante ω no sentido positivo (anti-horário) (Exemplo 4).

$$\oint_C \mathbf{F}\cdot d\mathbf{r} = \iint_S \nabla\times\mathbf{F}\cdot\mathbf{n}\,d\sigma = \iint_S 2\omega\mathbf{k}\cdot\mathbf{k}\,dx\,dy = (2\omega)(\pi\rho^2)$$

Assim,

$$(\nabla\times\mathbf{F})\cdot\mathbf{k} = 2\omega = \frac{1}{\pi\rho^2}\oint_C \mathbf{F}\cdot d\mathbf{r}$$

de acordo com a Equação (6) com $\mathbf{u} = \mathbf{k}$.

EXEMPLO 5 **Aplicando o teorema de Stokes**

Use o teorema de Stokes para calcular $\int_C \mathbf{F}\cdot d\mathbf{r}$, se $\mathbf{F} = xz\mathbf{i} + xy\mathbf{j} + 3xz\mathbf{k}$ e C for a borda da porção do plano $2x + y + z = 2$ no primeiro octante, percorrida no sentido anti-horário quando vista de cima (Figura 16.65).

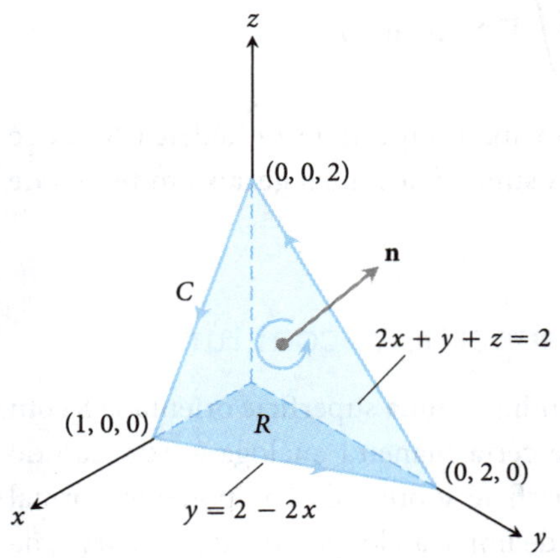

FIGURA 16.65 A superfície plana no Exemplo 5.

SOLUÇÃO O plano é a superfície de nível $f(x, y, z) = 2$ da função $f(x, y, z) = 2x + y + z$. O vetor unitário normal

$$\mathbf{n} = \frac{\nabla f}{|\nabla f|} = \frac{(2\mathbf{i}+\mathbf{j}+\mathbf{k})}{|2\mathbf{i}+\mathbf{j}+\mathbf{k}|} = \frac{1}{\sqrt{6}}\left(2\mathbf{i}+\mathbf{j}+\mathbf{k}\right)$$

é condizente com o movimento anti-horário ao redor de *C*. Para aplicarmos o teorema de Stokes, encontramos

$$\text{rot }\mathbf{F} = \nabla\times\mathbf{F} = \begin{vmatrix} \mathbf{i} & \mathbf{j} & \mathbf{k} \\ \dfrac{\partial}{\partial x} & \dfrac{\partial}{\partial y} & \dfrac{\partial}{\partial z} \\ xz & xy & 3xz \end{vmatrix} = (x - 3z)\mathbf{j} + y\mathbf{k}$$

No plano, *z* é igual a $2 - 2x - y$, assim

$$\nabla\times\mathbf{F} = (x - 3(2 - 2x - y))\mathbf{j} + y\mathbf{k} = (7x + 3y - 6)\mathbf{j} + y\mathbf{k}$$

e

$$\nabla\times\mathbf{F}\cdot\mathbf{n} = \frac{1}{\sqrt{6}}\left(7x + 3y - 6 + y\right) = \frac{1}{\sqrt{6}}\left(7x + 4y - 6\right)$$

O elemento de área da superfície é

$$d\sigma = \frac{|\nabla f|}{|\nabla f\cdot\mathbf{k}|}\,dA = \frac{\sqrt{6}}{1}\,dx\,dy$$

A circulação é

$$\oint_C \mathbf{F}\cdot d\mathbf{r} = \iint_S \nabla\times\mathbf{F}\cdot\mathbf{n}\,d\sigma \qquad \text{Teorema de Stokes, Equação (4)}$$

$$= \int_0^1\int_0^{2-2x} \frac{1}{\sqrt{6}}\left(7x + 4y - 6\right)\sqrt{6}\,dy\,dx$$

$$= \int_0^1\int_0^{2-2x} (7x + 4y - 6)\,dy\,dx = -1$$

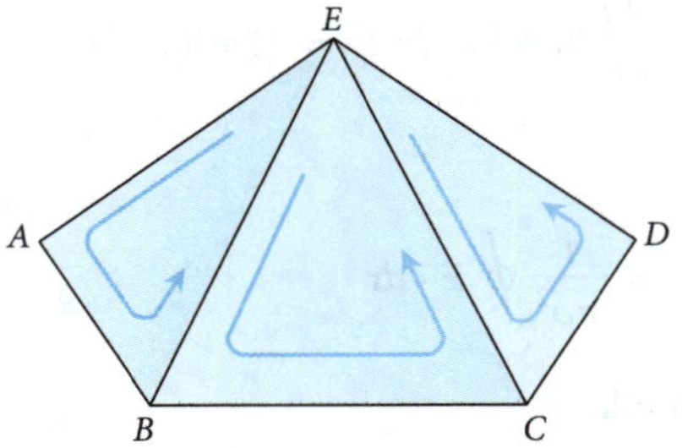

FIGURA 16.66 Parte de uma superfície poliédrica.

Prova do teorema de Stokes para superfícies poliédricas

Seja S a superfície poliédrica que consiste em um número finito de regiões planas. (Veja o exemplo na Figura 16.66.) Aplicamos o teorema de Green a cada painel de S separadamente. Existem dois tipos de painéis:

1. Aqueles que estão cercados por todos os lados por outros painéis;
2. Aqueles que têm uma ou mais arestas que não são adjacentes a outros painéis.

A borda Δ de S consiste nas arestas dos painéis do segundo tipo que não são adjacentes a outros painéis. Na Figura 16.66, os triângulos EAB, BCE e CDE representam uma parte de S, com $ABCD$ sendo parte da borda Δ. Aplicando o teorema de Green a cada um dos três triângulos e somando os resultados, obtemos

$$\left(\oint_{EAB} + \oint_{BCE} + \oint_{CDE}\right)\mathbf{F}\cdot d\mathbf{r} = \left(\iint_{EAB} + \iint_{BCE} + \iint_{CDE}\right)\nabla\times\mathbf{F}\cdot\mathbf{n}\,d\sigma \quad (7)$$

As três integrais de linha no lado esquerdo da Equação (7) se combinam em uma única integral calculada ao longo da periferia $ABCDE$ porque as integrais ao longo de segmentos interiores se cancelam em pares. Por exemplo, a integral ao longo do segmento BE no triângulo ABE tem sinal oposto ao da integral ao longo do mesmo segmento no triângulo EBC. Isso vale também para o segmento CE. Assim, a Equação (7) se reduz a

$$\oint_{ABCDE} \mathbf{F}\cdot d\mathbf{r} = \iint_{ABCDE} \nabla\times\mathbf{F}\cdot\mathbf{n}\,d\sigma$$

Quando aplicamos o teorema de Green a todos os painéis e somamos os resultados, obtemos

$$\oint_{\Delta}\mathbf{F}\cdot d\mathbf{r} = \iint_{S}\nabla\times\mathbf{F}\cdot\mathbf{n}\,d\sigma$$

Esse é o teorema de Stokes para uma superfície poliédrica S. Você pode encontrar demonstrações para superfícies mais gerais em textos de cálculo avançado.

Teorema de Stokes para superfícies com furos

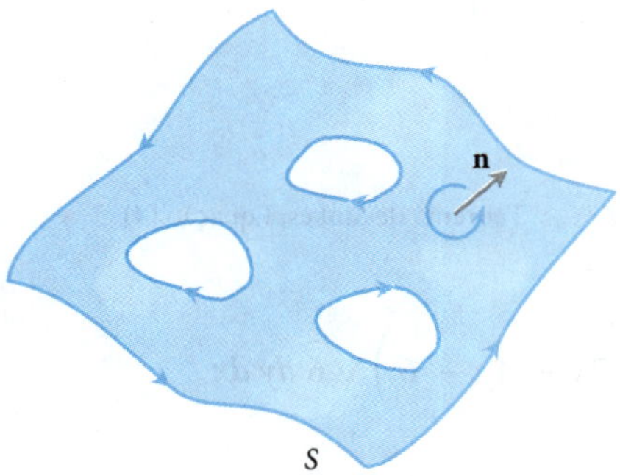

FIGURA 16.67 O teorema de Stokes também é válido para superfícies orientadas com furos.

O teorema de Stokes pode ser estendido a uma superfície orientada S com um ou mais furos (Figura 16.67), de certa maneira análoga à extensão do teorema de Green: A integral de superfície sobre S da componente normal de $\nabla\times\mathbf{F}$ é igual à soma das integrais de linha, ao longo de todas as curvas da borda, da componente tangencial de $\mathbf{F}$, onde as curvas devem ter a orientação induzida de S.

Uma identidade importante

A identidade a seguir aparece freqüentemente em matemática e física.

$$\text{rot grad } f = \mathbf{0} \qquad \text{ou} \qquad \nabla\times\nabla f = \mathbf{0} \quad (8)$$

Essa identidade é válida para qualquer função $f(x, y, z)$ cujas derivadas parciais de segunda ordem sejam contínuas. A prova é assim:

$$\nabla \times \nabla f = \begin{vmatrix} \mathbf{i} & \mathbf{j} & \mathbf{k} \\ \dfrac{\partial}{\partial x} & \dfrac{\partial}{\partial y} & \dfrac{\partial}{\partial z} \\ \dfrac{\partial f}{\partial x} & \dfrac{\partial f}{\partial y} & \dfrac{\partial f}{\partial z} \end{vmatrix} = (f_{zy} - f_{yz})\mathbf{i} - (f_{zx} - f_{xz})\mathbf{j} + (f_{yx} - f_{xy})\mathbf{k}$$

Se as derivadas parciais de segunda ordem são contínuas, as derivadas mistas de segunda ordem em parênteses são iguais (Teorema 4, Seção 14.3) e o vetor é zero.

Campos conservativos e o teorema de Stokes

Na Seção 16.3, descobrimos que dizer que um campo **F** é conservativo em uma região aberta D no espaço é equivalente a dizer que a integral de **F** ao longo de qualquer laço fechado em D é zero. Isso, por sua vez, é equivalente a dizer, em regiões abertas *simplesmente conexas*, que $\nabla \times \mathbf{F} = \mathbf{0}$.

Teorema 6 Relação de rot = 0 com a propriedade do laço fechado
Se $\nabla \times \mathbf{F} = \mathbf{0}$ em todo ponto de uma região simplesmente conexa D no espaço, então em qualquer curva fechada lisa por partes C em D,

$$\oint_C \mathbf{F} \cdot d\mathbf{r} = 0$$

ESBOÇO DE UMA PROVA O Teorema 6 é geralmente provado em duas etapas. A primeira etapa é para curvas fechadas simples. Um teorema de topologia, um ramo de matemática avançada, estabelece que toda curva derivável fechada e simples C em uma região aberta simplesmente conexa D é a borda de uma superfície lisa S orientável que também está em D. Assim, pelo teorema de Stokes,

$$\oint_C \mathbf{F} \cdot d\mathbf{r} = \iint_S \nabla \times \mathbf{F} \cdot \mathbf{n}\, d\sigma = 0$$

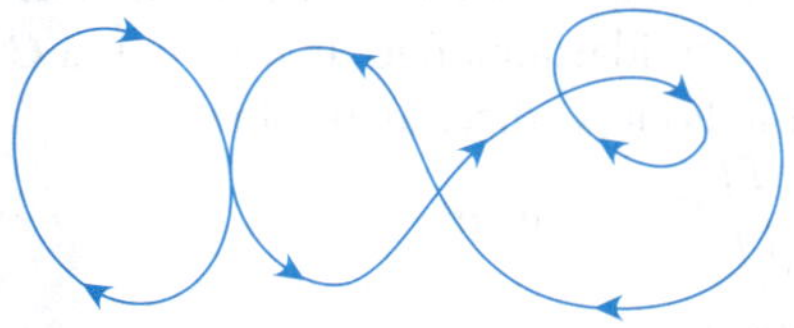

FIGURA 16.68 Em uma região aberta simplesmente conexa no espaço, curvas deriváveis que apresentam interseção consigo mesmas podem ser divididas em laços aos quais o teorema de Stokes se aplica.

A segunda é para curvas que apresentam interseção consigo mesmas, como aquela na Figura 16.68. A idéia é quebrar essas curvas em laços simples gerados por superfícies orientáveis, aplicar o teorema de Stokes a um laço de cada vez e somar os resultados.

O diagrama a seguir resume os resultados para campos conservativos definidos sobre regiões abertas conexas e simplesmente conexas.

F conservativo em D $\Longleftrightarrow$ $\mathbf{F} = \nabla f$ em D (Teorema 1, Seção 16.3)

F conservativo em D $\Longleftrightarrow$ $\oint_C \mathbf{F} \cdot d\mathbf{r} = 0$ sobre qualquer caminho fechado em D (Teorema 2, Seção 16.3)

$\mathbf{F} = \nabla f$ em D $\Longleftrightarrow$ $\nabla \times \mathbf{F} = \mathbf{0}$ ao longo de D (Vetor identidade (Equação 8) (derivada parcial de segunda ordem contínua))

$\oint_C \mathbf{F} \cdot d\mathbf{r} = 0$ sobre qualquer caminho fechado em D $\Longleftarrow$ $\nabla \times \mathbf{F} = \mathbf{0}$ ao longo de D (Teorema 6 Domínio simplesmente conexo e o Teorema de Stokes)

Exercícios 16.7

Usando o teorema de Stokes para calcular a circulação

Nos exercícios 1–6, use a integral de superfície no teorema de Stokes para calcular a circulação do campo **F** ao redor da curva C no sentido indicado.

1. $\mathbf{F} = x^2\mathbf{i} + 2x\mathbf{j} + z^2\mathbf{k}$

C: A elipse $4x^2 + y^2 = 4$ no plano xy, no sentido anti-horário quando vista de cima.

2. $\mathbf{F} = 2y\mathbf{i} + 3x\mathbf{j} - z^2\mathbf{k}$

C: O círculo $x^2 + y^2 = 9$ no plano xy, no sentido anti-horário quando vista de cima.

3. $\mathbf{F} = y\mathbf{i} + xz\mathbf{j} + x^2\mathbf{k}$

C: A fronteira do triângulo cortado a partir do plano $x + y + z = 1$ pelo primeiro octante, no sentido anti-horário quando vista de cima.

4. $\mathbf{F} = (y^2 + z^2)\mathbf{i} + (x^2 + z^2)\mathbf{j} + (x^2 + y^2)\mathbf{k}$

C: A fronteira do triângulo cortado a partir do plano $x + y + z = 1$ pelo primeiro octante, no sentido anti-horário quando vista de cima.

5. $\mathbf{F} = (y^2 + z^2)\mathbf{i} + (x^2 + z^2)\mathbf{j} + (x^2 + y^2)\mathbf{k}$

C: O quadrado limitado pelas retas $x = \pm 1$ e $y = \pm 1$ no plano xy, no sentido anti-horário quando vista de cima.

6. $\mathbf{F} = x^2y^3\mathbf{i} + \mathbf{j} + z\mathbf{k}$

C: A interseção entre o cilindro $x^2 + y^2 = 4$ e o hemisfério $x^2 + y^2 + z^2 = 16$, $z \geq 0$, no sentido anti-horário quando vista de cima.

Fluxo do rotacional

7. Seja **n** o vetor unitário exterior à casca elíptica

$$S: 4x^2 + 9y^2 + 36z^2 = 36, \qquad z \geq 0$$

e seja

$$\mathbf{F} = y\mathbf{i} + x^2\mathbf{j} + (x^2 + y^4)^{3/2} \operatorname{sen} e^{\sqrt{xyz}}\mathbf{k}$$

Encontre o valor de

$$\iint_S \nabla \times \mathbf{F} \cdot \mathbf{n}\, d\sigma$$

(*Sugestão*: Uma parametrização da elipse na base da casca é $x = 3\cos t$, $y = 2\operatorname{sen} t$, $0 \leq t \leq 2\pi$.)

8. Seja **n** o vetor unitário exterior (normal no sentido oposto da origem) à casca parabólica

$$S: 4x^2 + y + z^2 = 4, \qquad y \geq 0$$

e seja

$$\mathbf{F} = \left(-z + \frac{1}{2+x}\right)\mathbf{i} + (\operatorname{tg}^{-1} y)\mathbf{j} + \left(x + \frac{1}{4+z}\right)\mathbf{k}$$

Encontre o valor de

$$\iint_S \nabla \times \mathbf{F} \cdot \mathbf{n}\, d\sigma$$

9. Seja S o cilindro $x^2 + y^2 = a^2$, $0 \leq z \leq h$, juntamente com seu topo, $x^2 + y^2 \leq a^2$, $z = h$. Seja $\mathbf{F} = -y\mathbf{i} + x\mathbf{j} + x^2\mathbf{k}$. Use o teorema de Stokes para encontrar o fluxo exterior de $\nabla \times \mathbf{F}$ através de S.

10. Calcule

$$\iint_S \nabla \times (y\mathbf{i}) \cdot \mathbf{n}\, d\sigma$$

onde S é o hemisfério $x^2 + y^2 + z^2 = 1$, $z \geq 0$.

11. Fluxo do rotacional F Mostre que

$$\iint_S \nabla \times \mathbf{F} \cdot \mathbf{n}\, d\sigma$$

tem o mesmo valor para todas as superfícies orientadas S que tem borda C e que induzem o mesmo sentido positivo sobre C.

12. Seja **F** um campo vetorial diferenciável definido sobre uma região que contenha uma superfície S lisa, fechada e orientada em seu interior. Seja **n** o campo de vetores unitários normais em S. Suponha que S seja a união de duas superfícies S_1 e S_2 unidas ao longo de uma curva C fechada, simples e lisa. Pode-se dizer algo sobre

$$\iint_S \nabla \times \mathbf{F} \cdot \mathbf{n}\, d\sigma?$$

Justifique a sua resposta.

Teorema de Stokes para superfícies parametrizadas

Nos exercícios 13–18, use a integral de superfície do teorema de Stokes para calcular o fluxo do rotacional do campo **F** através da superfície S na direção da normal **n** exterior.

13. $\mathbf{F} = 2z\mathbf{i} + 3x\mathbf{j} + 5y\mathbf{k}$

S: $\mathbf{r}(r, \theta) = (r\cos\theta)\mathbf{i} + (r\operatorname{sen}\theta)\mathbf{j} + (4 - r^2)\mathbf{k}$, $0 \leq r \leq 2$, $0 \leq \theta \leq 2\pi$

14. $\mathbf{F} = (y - z)\mathbf{i} + (z - x)\mathbf{j} + (x + z)\mathbf{k}$

S: $\mathbf{r}(r, \theta) = (r\cos\theta)\mathbf{i} + (r\operatorname{sen}\theta)\mathbf{j} + (9 - r^2)\mathbf{k}$, $0 \leq r \leq 3$, $0 \leq \theta \leq 2\pi$

15. $\mathbf{F} = x^2y\mathbf{i} + 2y^3z\mathbf{j} + 3z\mathbf{k}$

S: $\mathbf{r}(r, \theta) = (r\cos\theta)\mathbf{i} + (r\operatorname{sen}\theta)\mathbf{j} + r\mathbf{k}$, $0 \leq r \leq 1$, $0 \leq \theta \leq 2\pi$

16. $\mathbf{F} = (x - y)\mathbf{i} + (y - z)\mathbf{j} + (z - x)\mathbf{k}$
S: $\mathbf{r}(r, \theta) = (r\cos\theta)\mathbf{i} + (r\,\text{sen}\,\theta)\mathbf{j} + (5 - r)\mathbf{k}$, $0 \le r \le 5$, $0 \le \theta \le 2\pi$

17. $\mathbf{F} = 3y\mathbf{i} + (5 - 2x)\mathbf{j} + (z^2 - 2)\mathbf{k}$
S: $\mathbf{r}(\phi, \theta) = (\sqrt{3}\,\text{sen}\,\phi\cos\theta)\mathbf{i} + (\sqrt{3}\,\text{sen}\,\phi\,\text{sen}\,\theta)\mathbf{j} + (\sqrt{3}\cos\phi)\mathbf{k}$, $0 \le \phi \le \pi/2$, $0 \le \theta \le 2\pi$

18. $\mathbf{F} = y^2\mathbf{i} + z^2\mathbf{j} + x\mathbf{k}$
S: $\mathbf{r}(\phi, \theta) = (2\,\text{sen}\,\phi\cos\theta)\mathbf{i} + (2\,\text{sen}\,\phi\,\text{sen}\,\theta)\mathbf{j} + (2\cos\phi)\mathbf{k}$, $0 \le \phi \le \pi/2$, $0 \le \theta \le 2\pi$

Teoria e exemplos

19. Circulação zero Use a identidade $\nabla \times \nabla f = 0$ (Equação (8) no texto) e o teorema de Stokes para mostrar que as circulações dos campos a seguir ao redor da borda de qualquer superfície orientável lisa no espaço são zero.

(a) $\mathbf{F} = 2x\mathbf{i} + 2y\mathbf{j} + 2z\mathbf{k}$

(b) $\mathbf{F} = \nabla(xy^2z^3)$

(c) $\mathbf{F} = \nabla \times (x\mathbf{i} + y\mathbf{j} + z\mathbf{k})$

(d) $\mathbf{F} = \nabla f$

20. Circulação zero Seja $f(x, y, z) = (x^2 + y^2 + z^2)^{-1/2}$. Mostre que a circulação no sentido horário do campo $\mathbf{F} = \nabla f$ ao redor da circunferência $x^2 + y^2 = a^2$ no plano xy é zero

(a) Tomando $\mathbf{r} = (a\cos t)\mathbf{i} + (a\,\text{sen}\,t)\mathbf{j}$, $0 \le t \le 2\pi$, e integrando $\mathbf{F} \cdot d\mathbf{r}$ sobre a circunferência.

(b) Aplicando o teorema de Stokes.

21. Seja C uma curva simples, fechada e lisa no plano $2x + 2y + z = 2$, orientada como mostrado aqui. Demonstre que

$$\oint_C 2y\,dx + 3z\,dy - x\,dz$$

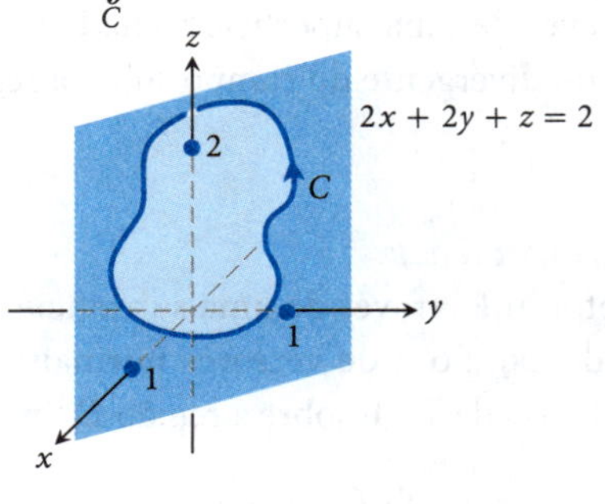

depende apenas da área da região limitada por C, e não da posição ou forma de C.

22. Mostre que se $\mathbf{F} = x\mathbf{i} + y\mathbf{j} + z\mathbf{k}$, então $\nabla \times \mathbf{F} = \mathbf{0}$.

23. Encontre um campo vetorial com componentes duas vezes deriváveis cujo rotacional é $x\mathbf{i} + y\mathbf{j} + z\mathbf{k}$ ou prove que tal campo não existe.

24. O teorema de Stokes diz algo especial sobre a circulação em um campo cujo rotacional é zero? Justifique a sua resposta.

25. Seja R uma região no plano xy que é limitada por uma curva C fechada, simples e lisa por partes e suponha que os momentos de inércia de R em relação aos eixos x e y sejam I_x e I_y. Calcule a integral

$$\oint_C \nabla(r^4) \cdot \mathbf{n}\,ds$$

onde $r = \sqrt{x^2 + y^2}$, em termos de I_x e I_y.

26. Rotacional zero, mas não conservativo Mostre que o rotacional de

$$\mathbf{F} = \frac{-y}{x^2 + y^2}\mathbf{i} + \frac{x}{x^2 + y^2}\mathbf{j} + z\mathbf{k}$$

é zero, mas que

$$\oint_C \mathbf{F} \cdot d\mathbf{r}$$

não é zero se C é a circunferência $x^2 + y^2 = 1$ no plano xy. (O Teorema 6 não se aplica aqui porque o domínio de $\mathbf{F}$ não é simplesmente conexo. O campo $\mathbf{F}$ não é definido ao longo do eixo z, assim não há maneira de contrair C a um ponto sem deixar o domínio de $\mathbf{F}$.)

16.8 Teorema da divergência e uma teoria unificada

A forma da divergência do teorema de Green no plano afirma que o fluxo exterior líquido de um campo vetorial através de uma curva fechada simples pode ser calculado integrando-se a divergência do campo sobre a região limitada pela curva. O teorema correspondente em três dimensões, chamado teorema da divergência, afirma que o fluxo líquido de um campo vetorial para fora através de uma superfície fechada no espaço pode ser calculado integrando-se a divergência do campo sobre a região limitada pela superfície. Nesta seção, provaremos o teorema da divergência e mostraremos como ele simplifica o cálculo de fluxo. Também deduziremos a lei de Gauss para fluxo em um campo elétrico e a equação de continuidade da hidrodinâmica. Por fim, unificaremos os teoremas de integrais vetoriais do capítulo em um único teorema fundamental.

Divergente em três dimensões

O **divergente** de um campo vetorial $\mathbf{F} = M(x, y, z)\mathbf{i} + N(x, y, z)\mathbf{j} + P(x, y, z)\mathbf{k}$ é a função escalar

$$\operatorname{div} \mathbf{F} = \nabla \cdot \mathbf{F} = \frac{\partial M}{\partial x} + \frac{\partial N}{\partial y} + \frac{\partial P}{\partial z} \qquad (1)$$

O símbolo "div **F**" é lido como "divergente de **F**" ou "div **F**". A notação $\nabla \cdot \mathbf{F}$ é lida como "nabla escalar **F**".

Div **F** tem em três dimensões a mesma interpretação física que tem em duas. Se **F** é o campo de velocidade de um escoamento fluido, o valor de div **F** em um ponto (x, y, z) é a taxa à qual o fluido está sendo injetado ou drenado em (x, y, z). O divergente é o fluxo por unidade de volume ou densidade de fluxo no ponto.

EXEMPLO 1 Encontrando o divergente

Encontre o divergente de $\mathbf{F} = 2xz\mathbf{i} + xy\mathbf{j} - z\mathbf{k}$.

SOLUÇÃO O divergente de **F** é

$$\nabla \cdot \mathbf{F} = \frac{\partial}{\partial x}(2xz) + \frac{\partial}{\partial y}(-xy) + \frac{\partial}{\partial z}(-z) = 2z - x - 1$$

Teorema da divergência

O teorema da divergência diz que, sob condições favoráveis, o fluxo de um campo vetorial para fora através de uma superfície fechada (orientada para fora) é igual à integral tripla do divergente do campo sobre a região limitada pela superfície.

Teorema 7 Teorema da divergência

O fluxo de um campo vetorial **F** através de uma superfície S fechada e orientada, no sentido do campo **n** de versores normais exteriores da superfície, é igual à integral de $\nabla \cdot \mathbf{F}$ sobre a região D limitada pela superfície:

$$\underbrace{\iint_S \mathbf{F} \cdot \mathbf{n}\, d\sigma}_{\text{Fluxo exterior}} = \underbrace{\iiint_D \nabla \cdot \mathbf{F}\, dV}_{\text{Integral do divergente}} \qquad (2)$$

EXEMPLO 2 Fundamentando o teorema da divergência

Calcule ambos os lados da Equação (2) para o campo $\mathbf{F} = x\mathbf{i} + y\mathbf{j} + z\mathbf{k}$ sobre a esfera $x^2 + y^2 + z^2 = a^2$.

SOLUÇÃO A normal exterior unitária a S, calculada a partir do gradiente de $f(x, y, z) = x^2 + y^2 + z^2 - a^2$, é

$$\mathbf{n} = \frac{2(x\mathbf{i} + y\mathbf{j} + z\mathbf{k})}{\sqrt{4(x^2 + y^2 + z^2)}} = \frac{x\mathbf{i} + y\mathbf{j} + z\mathbf{k}}{a}$$

Assim,

$$\mathbf{F} \cdot \mathbf{n}\, d\sigma = \frac{x^2 + y^2 + z^2}{a}\, d\sigma = \frac{a^2}{a}\, d\sigma = a\, d\sigma$$

porque $x^2 + y^2 + z^2 = a^2$ sobre a superfície. Portanto,

$$\iint_S \mathbf{F} \cdot \mathbf{n}\, d\sigma = \iint_S a\, d\sigma = a \iint_S d\sigma = a(4\pi a^2) = 4\pi a^3$$

O divergente de **F** é

$$\nabla \cdot \mathbf{F} = \frac{\partial}{\partial x}(x) + \frac{\partial}{\partial y}(y) + \frac{\partial}{\partial z}(z) = 3$$

assim,

$$\iiint_D \nabla \cdot \mathbf{F}\, dV = \iiint_D 3\, dV = 3\left(\frac{4}{3}\pi a^3\right) = 4\pi a^3$$

EXEMPLO 3 Encontrando o fluxo

Encontre o fluxo de $\mathbf{F} = xy\mathbf{i} + yz\mathbf{j} + xz\mathbf{k}$ para fora através da superfície do cubo cortado do primeiro octante pelos planos $x = 1$, $y = 1$, $z = 1$.

SOLUÇÃO Em vez de calcularmos o fluxo como uma soma de seis integrais separadas, uma para cada face do cubo, podemos calculá-lo pela integração do divergente

$$\nabla \cdot \mathbf{F} = \frac{\partial}{\partial x}(xy) + \frac{\partial}{\partial y}(yz) + \frac{\partial}{\partial z}(xz) = y + z + x$$

sobre o interior do cubo:

$$\text{Fluxo} = \iint_{\substack{\text{Superfície do} \\ \text{cubo}}} \mathbf{F} \cdot \mathbf{n}\, d\sigma = \iiint_{\substack{\text{Interior do} \\ \text{cubo}}} \nabla \cdot \mathbf{F}\, dV \qquad \text{Teorema da divergência}$$

$$= \int_0^1 \int_0^1 \int_0^1 (x + y + z)\, dx\, dy\, dz = \frac{3}{2} \qquad \text{Integração de rotina}$$

Prova do teorema da divergência para regiões especiais

Para provarmos o teorema da divergência, consideramos que as componentes de **F** têm derivadas parciais de primeira ordem contínuas. Consideramos também que D é uma região convexa sem furos ou bolhas, tal como uma esfera, um cubo ou um elipsóide sólidos, e que S é uma superfície lisa por partes. Além disso, consideramos que qualquer reta perpendicular ao plano xy em um ponto interior da região R_{xy} (a projeção de D sobre o plano xy) apresenta interseção com a superfície S em exatamente dois pontos, produzindo superfícies

$$S_1:\quad z = f_1(x, y), \qquad (x, y) \text{ em } R_{xy}$$

$$S_2:\quad z = f_2(x, y), \qquad (x, y) \text{ em } R_{xy}$$

com $f_1 \leq f_2$. Fazemos suposições parecidas sobre a projeção de D sobre os outros planos coordenados. Veja a Figura 16.69.

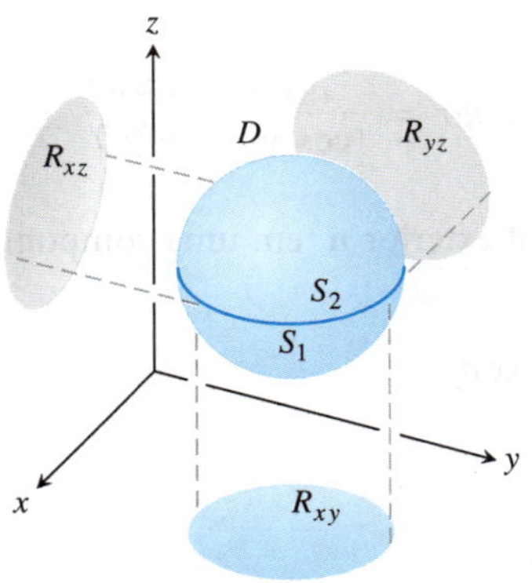

FIGURA 16.69 Primeiro provamos o teorema da divergência para o tipo de região tridimensional mostrada aqui. Depois, estendemos o teorema para outras regiões.

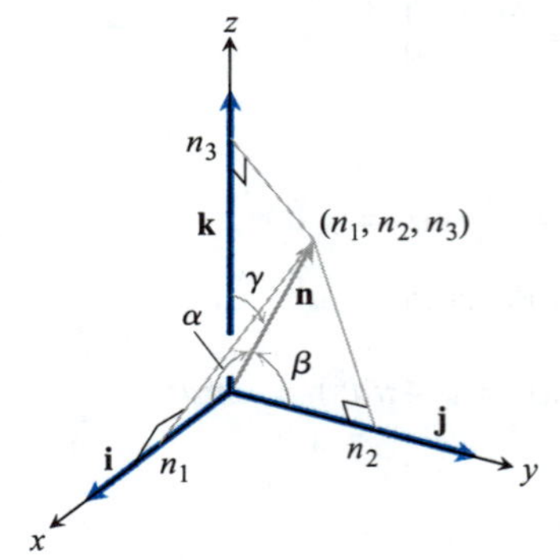

FIGURA 16.70 As componentes escalares do versor normal **n** são os cossenos dos ângulos α, β e γ que ele forma com **i**, **j** e **k**.

As componentes do versor normal $\mathbf{n} = n_1\mathbf{i} + n_2\mathbf{j} + n_3\mathbf{k}$ são os cossenos dos ângulos α, β, γ que **n** forma com os vetores **i**, **j** e **k** (Figura 16.70). Isso é verdade porque todos os vetores envolvidos são unitários. Temos

$$n_1 = \mathbf{n}\cdot\mathbf{i} = |\mathbf{n}||\mathbf{i}|\cos\alpha = \cos\alpha$$
$$n_2 = \mathbf{n}\cdot\mathbf{j} = |\mathbf{n}||\mathbf{j}|\cos\beta = \cos\beta$$
$$n_3 = \mathbf{n}\cdot\mathbf{k} = |\mathbf{n}||\mathbf{k}|\cos\gamma = \cos\gamma$$

Assim,

$$\mathbf{n} = (\cos\alpha)\mathbf{i} + (\cos\beta)\mathbf{j} + (\cos\gamma)\mathbf{k}$$

e

$$\mathbf{F}\cdot\mathbf{n} = M\cos\alpha + N\cos\beta + P\cos\gamma.$$

Na forma em componentes, o teorema da divergência afirma que

$$\iint_S (M\cos\alpha + N\cos\beta + P\cos\gamma)\,d\sigma = \iiint_D \left(\frac{\partial M}{\partial x} + \frac{\partial N}{\partial y} + \frac{\partial P}{\partial z}\right) dx\,dy\,dz$$

Provamos o teorema mostrando as três igualdades a seguir:

$$\iint_S M\cos\alpha\,d\sigma = \iiint_D \frac{\partial M}{\partial x}\,dx\,dy\,dz \tag{3}$$

$$\iint_S N\cos\beta\,d\sigma = \iiint_D \frac{\partial N}{\partial y}\,dx\,dy\,dz \tag{4}$$

$$\iint_S P\cos\gamma\,d\sigma = \iiint_D \frac{\partial P}{\partial z}\,dx\,dy\,dz \tag{5}$$

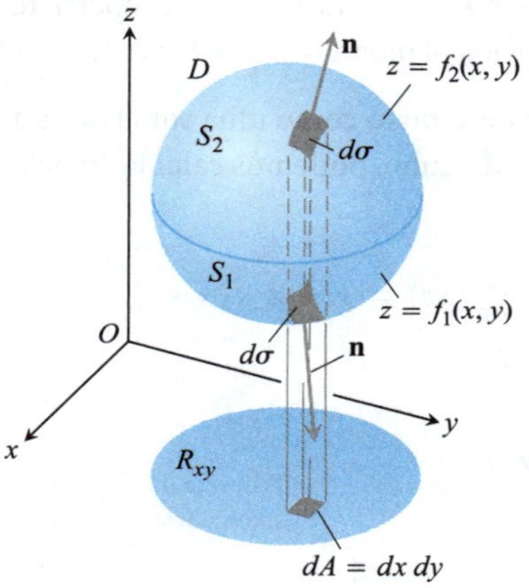

FIGURA 16.71 A região tridimensional D limitada pelas superfícies S_1 e S_2 mostradas aqui projeta-se verticalmente em uma região bidimensional R_{xy} no plano xy.

PROVA DA EQUAÇÃO (5) Provamos a Equação (5) convertendo a integral de superfície do lado esquerdo em uma integral dupla sobre a projeção R_{xy} de D no plano xy (Figura 16.71). A superfície S consiste em uma parte superior S_2 cuja equação é $z = f_2(x, y)$ e uma parte inferior S_1 cuja equação é $z = f_1(x, y)$. Sobre S_2, a normal exterior **n** tem uma componente **k** positiva e

$$\cos\gamma\,d\sigma = dx\,dy \qquad \text{já que} \qquad d\sigma = \frac{dA}{|\cos\gamma|} = \frac{dx\,dy}{\cos\gamma}$$

Veja a Figura 16.72. Sobre S_1, a normal exterior **n** tem uma componente **k** negativa e

$$\cos\gamma\,d\sigma = -dx\,dy.$$

Portanto,

$$\iint_S P\cos\gamma\,d\sigma = \iint_{S_2} P\cos\gamma\,d\sigma + \iint_{S_1} P\cos\gamma\,d\sigma$$
$$= \iint_{R_{xy}} P(x, y, f_2(x, y))\,dx\,dy - \iint_{R_{xy}} P(x, y, f_1(x, y))\,dx\,dy$$

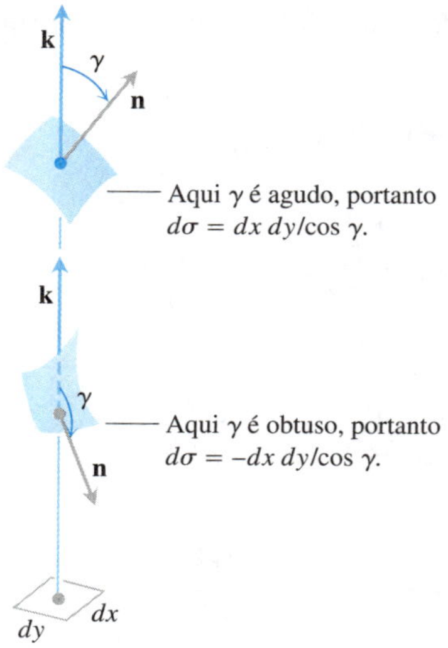

FIGURA 16.72 Uma visão ampliada dos pedaços de área da Figura 16.71. As relações $d\sigma = \pm dx\, dy/\cos\gamma$ foram deduzidas na Seção 16.5.

$$= \iint_{R_{xy}} [P(x, y, f_2(x, y)) - P(x, y, f_1(x, y))]\, dx\, dy$$

$$= \iint_{R_{xy}} \left[\int_{f_1(x,y)}^{f_2(x,y)} \frac{\partial P}{\partial z}\, dz\right] dx\, dy = \iiint_D \frac{\partial P}{\partial z}\, dz\, dx\, dy$$

Isso prova a Equação (5).

As provas para as equações (3) e (4) seguem o mesmo padrão; ou apenas permute x, y e z; M, N e P; α, β, γ, em ordem, e obtenha esses resultados a partir da Equação (5).

Teorema da divergência para outras regiões

Pode-se estender o teorema da divergência para regiões que podem ser divididas em um número finito de regiões simples do tipo que acabamos de discutir e para regiões que podem ser definidas como limites de regiões mais simples de certas maneiras. Por exemplo, suponha que D seja a região entre duas esferas concêntricas e que **F** tenha componentes continuamente diferenciáveis em D e sobre as superfícies limitantes. Divida D por um plano equatorial e aplique o teorema da divergência a cada metade separadamente. A metade inferior, D_1, é mostrada na Figura 16.73. A superfície S_1 que limita D consiste em um hemisfério exterior, uma base plana com formato de arruela e um hemisfério interior. O teorema da divergência diz que

$$\iint_{S_1} \mathbf{F} \cdot \mathbf{n}_1\, d\sigma_1 = \iiint_{D_1} \nabla \cdot \mathbf{F}\, dV_1 \tag{6}$$

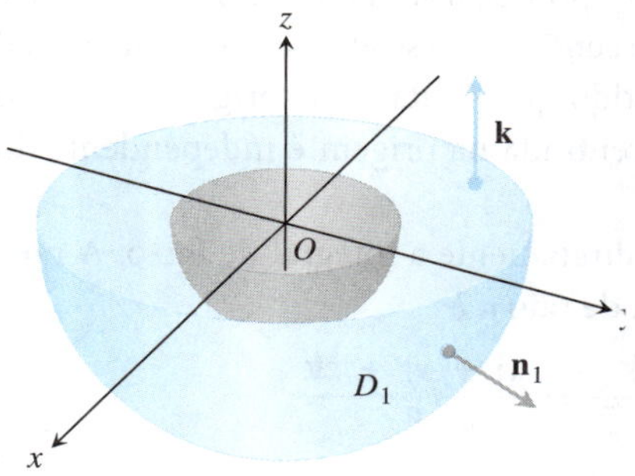

FIGURA 16.73 A metade inferior da região sólida entre duas esferas concêntricas.

A normal unitária $\mathbf{n}_1$ que aponta para fora de D_1 aponta em direção contrária à origem ao longo da superfície exterior, é igual a **k** ao longo da base plana e aponta em direção à origem ao longo da superfície interna. Em seguida, aplique o teorema da divergência a D_2 e sua superfície S_2 (Figura 16.74):

$$\iint_{S_2} \mathbf{F} \cdot \mathbf{n}_2\, d\sigma_2 = \iiint_{D_2} \nabla \cdot \mathbf{F}\, dV_2 \tag{7}$$

À medida que seguimos $\mathbf{n}_2$ sobre S_2, apontando para fora de D_2, vemos que $\mathbf{n}_2$ é igual a $-\mathbf{k}$ ao longo da base em forma de arruela no plano xy, aponta para longe da origem sobre a esfera exterior e aponta para a origem sobre a esfera interior. Quando adicionamos ambos os lados das equações (6) e (7), as integrais sobre a base plana se cancelam por causa dos sinais opostos de $\mathbf{n}_1$ e $\mathbf{n}_2$. Assim chegamos ao resultado

$$\iint_S \mathbf{F} \cdot \mathbf{n}\, d\sigma = \iiint_D \nabla \cdot \mathbf{F}\, dV$$

sendo D a região entre as esferas, S a fronteira de D que consiste em duas esferas e **n** a normal unitária a S no sentido exterior de D.

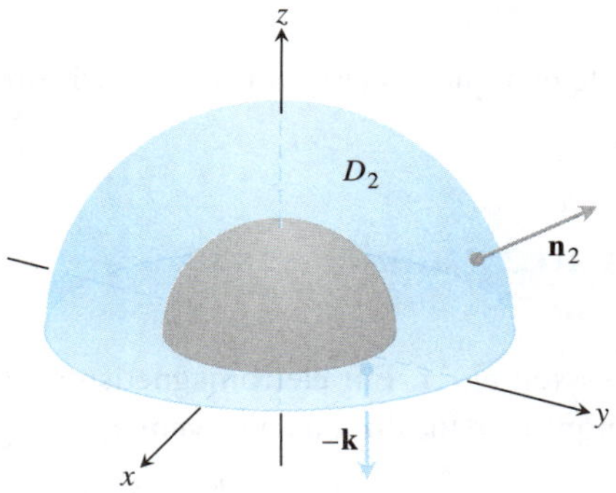

FIGURA 16.74 A metade superior da região sólida entre duas esferas concêntricas.

EXEMPLO 4 Encontrando o fluxo exterior

Encontre o fluxo exterior líquido do campo

$$\mathbf{F} = \frac{x\mathbf{i} + y\mathbf{j} + z\mathbf{k}}{\rho^3}, \qquad \rho = \sqrt{x^2 + y^2 + z^2}$$

através da fronteira da região D: $0 < a^2 \le x^2 + y^2 + z^2 \le b^2$.

SOLUÇÃO O fluxo pode ser calculado integrando-se $\nabla \cdot \mathbf{F}$ sobre D. Temos

$$\frac{\partial \rho}{\partial x} = \frac{1}{2}(x^2 + y^2 + z^2)^{-1/2}(2x) = \frac{x}{\rho}$$

e

$$\frac{\partial M}{\partial x} = \frac{\partial}{\partial x}(x\rho^{-3}) = \rho^{-3} - 3x\rho^{-4}\frac{\partial \rho}{\partial x} = \frac{1}{\rho^3} - \frac{3x^2}{\rho^5}$$

Analogamente,

$$\frac{\partial N}{\partial y} = \frac{1}{\rho^3} - \frac{3y^2}{\rho^5} \quad \text{e} \quad \frac{\partial P}{\partial z} = \frac{1}{\rho^3} - \frac{3z^2}{\rho^5}$$

Portanto,

$$\text{div } \mathbf{F} = \frac{3}{\rho^3} - \frac{3}{\rho^5}(x^2 + y^2 + z^2) = \frac{3}{\rho^3} - \frac{3\mathrm{r}^2}{\rho^5} = 0$$

e

$$\iiint\limits_D \nabla \cdot \mathbf{F}\, dV = 0$$

Dessa forma, a integral de $\nabla \cdot \mathbf{F}$ sobre D é zero e o fluxo exterior líquido através da fronteira de D é zero. Há mais a aprender com esse exemplo. O fluxo que deixa D através da esfera interior S_a é o oposto do fluxo que deixa D através da esfera exterior S_b (porque a soma desses fluxos é zero). Assim, o fluxo de **F** através de S_a no sentido que se afasta da origem é igual ao fluxo de **F** através de S_b no sentido que se afasta da origem. Assim, o fluxo de **F** através de uma esfera centrada na origem é independente do raio da esfera. Qual é esse fluxo?

Para encontrá-lo, calculamos diretamente a integral de fluxo. A normal unitária exterior sobre a esfera de raio a é

$$\mathbf{n} = \frac{x\mathbf{i} + y\mathbf{j} + z\mathbf{k}}{\sqrt{x^2 + y^2 + z^2}} = \frac{x\mathbf{i} + y\mathbf{j} + z\mathbf{k}}{a}$$

Portanto, sobre a esfera,

$$\mathbf{F} \cdot \mathbf{n} = \frac{x\mathbf{i} + y\mathbf{j} + z\mathbf{k}}{a^3} \cdot \frac{x\mathbf{i} + y\mathbf{j} + z\mathbf{k}}{a} = \frac{x^2 + y^2 + z^2}{a^4} = \frac{a^2}{a^4} = \frac{1}{a^2}$$

e

$$\iint\limits_{S_a} \mathbf{F} \cdot \mathbf{n}\, d\sigma = \frac{1}{a^2}\iint\limits_{S_a} d\sigma = \frac{1}{a^2}(4\pi a^2) = 4\pi$$

O fluxo exterior de **F** através de qualquer esfera centrada na origem é 4π.

Lei de Gauss: uma das quatro grandes leis do eletromagnetismo

Há ainda mais a aprender com o Exemplo 4. Em eletromagnetismo, o campo elétrico criado por uma carga pontual q localizada na origem é

$$\mathbf{E}(x, y, z) = \frac{1}{4\pi\epsilon_0}\frac{q}{|\mathbf{r}|^2}\left(\frac{\mathbf{r}}{|\mathbf{r}|}\right) = \frac{q}{4\pi\epsilon_0}\frac{\mathbf{r}}{|\mathbf{r}|^3} = \frac{q}{4\pi\epsilon_0}\frac{x\mathbf{i} + y\mathbf{j} + z\mathbf{k}}{\rho^3}$$

onde ϵ_0 é uma constante física, $\mathbf{r}$ é o vetor posição do ponto (x, y, z) e $\rho = |\mathbf{r}| = \sqrt{x^2 + y^2 + z^2}$. Na notação do Exemplo 4,

$$\mathbf{E} = \frac{q}{4\pi\epsilon_0}\mathbf{F}$$

Os cálculos no Exemplo 4 mostram que o fluxo exterior de **E** através de qualquer esfera centrada na origem é q/ϵ_0, mas esse resultado não está restrito a esferas. O fluxo exterior de **E** através de qualquer superfície fechada S que engloba a origem (e à qual o teorema da divergência se aplica) é também q/ϵ_0. Para sabermos por que, temos apenas de imaginar uma esfera grande S_a centrada na origem e englobando a superfície S. Como

$$\nabla\cdot\mathbf{E} = \nabla\cdot\frac{q}{4\pi\epsilon_0}\mathbf{F} = \frac{q}{4\pi\epsilon_0}\nabla\cdot\mathbf{F} = 0$$

quando $\rho > 0$, a integral de $\nabla \cdot \mathbf{E}$ sobre a região D entre S e S_a é zero. Assim, pelo teorema da divergência,

$$\iint_{\substack{\text{Fronteira}\\ \text{de } D}} \mathbf{E}\cdot\mathbf{n}\,d\sigma = 0$$

e o fluxo de **E** através de S no sentido que se afasta da origem deve ser o mesmo que o fluxo de **E** através de S_a no sentido que se afasta da origem, o qual é q/ϵ_0. Essa afirmação, chamada *Lei de Gauss*, também se aplica a distribuições de carga mais gerais que aquelas consideradas aqui, como você pode ver em quase todos os textos de física.

$$\text{Lei de Gauss:} \quad \iint_S \mathbf{E}\cdot\mathbf{n}\,d\sigma = \frac{q}{\epsilon_0}$$

Equação da continuidade de hidrodinâmica

Seja D uma região no espaço limitada por uma superfície fechada e orientada S. Se $\mathbf{v}(x, y, z)$ é o campo de velocidade de um fluido que escoa através de D, $\delta = \delta(t, x, y, z)$ é a densidade do fluido em (x, y, z) no tempo t, e $\mathbf{F} = \delta\mathbf{v}$, então a **equação da continuidade** da hidrodinâmica afirma que

$$\nabla\cdot\mathbf{F} + \frac{\partial\delta}{\partial t} = 0$$

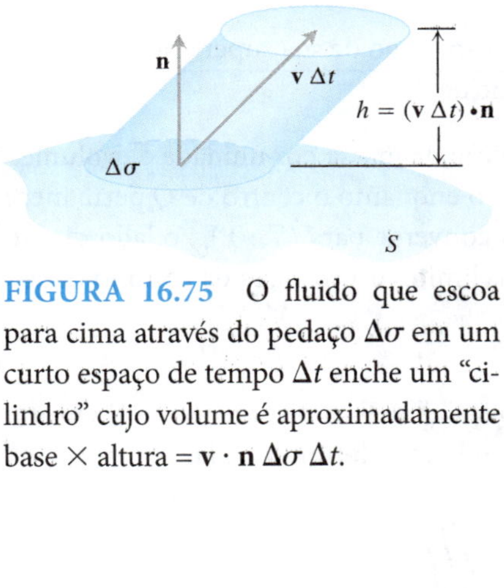

FIGURA 16.75 O fluido que escoa para cima através do pedaço $\Delta\sigma$ em um curto espaço de tempo Δt enche um "cilindro" cujo volume é aproximadamente base $\times$ altura $= \mathbf{v}\cdot\mathbf{n}\,\Delta\sigma\,\Delta t$.

Se as funções envolvidas têm derivadas parciais de primeira ordem contínuas, a equação evolui naturalmente a partir do teorema da divergência, como veremos a seguir.

Primeiro, a integral

$$\iint_S \mathbf{F}\cdot\mathbf{n}\,d\sigma$$

é a taxa na qual a massa deixa D através de S (deixa porque **n** é a normal exterior). Para saber por que, considere um pedaço de área sobre a superfície (Figura 16.75). Em um curto intervalo de tempo Δt, o volume ΔV do fluido que escoa através do pedaço é aproximadamente igual ao volume de um cilindro com área da base Δv e altura $(\mathbf{v}\Delta t)\cdot\mathbf{n}$, onde **v** é um vetor velocidade com origem em um ponto do pedaço:

$$\Delta V \approx \mathbf{v}\cdot\mathbf{n}\,\Delta\sigma\,\Delta t$$

A massa desse volume de fluido é de cerca de

$$\Delta m \approx \delta\mathbf{v}\cdot\mathbf{n}\,\Delta\sigma\,\Delta t$$

assim a taxa à qual a massa escoa para fora de D através do pedaço é de cerca de

$$\frac{\Delta m}{\Delta t} \approx \delta \mathbf{v} \cdot \mathbf{n} \, \Delta\sigma$$

Isso leva à aproximação

$$\frac{\sum \Delta m}{\Delta t} \approx \sum \delta \mathbf{v} \cdot \mathbf{n} \, \Delta\sigma$$

como uma estimativa da taxa média à qual a massa escoa através de S. Por fim, fazendo $\Delta\sigma \to 0$ e $\Delta t \to 0$, temos a taxa instantânea à qual a massa deixa D através de S como

$$\frac{dm}{dt} = \iint_S \delta \mathbf{v} \cdot \mathbf{n} \, d\sigma$$

a qual para nosso escoamento específico é

$$\frac{dm}{dt} = \iint_S \mathbf{F} \cdot \mathbf{n} \, d\sigma$$

Agora, seja B uma esfera sólida centrada em um ponto Q no escoamento. O valor médio de $\nabla \cdot \mathbf{F}$ sobre B é

$$\frac{1}{\text{volume de } B} \iiint_B \nabla \cdot \mathbf{F} \, dV$$

É uma conseqüência da continuidade do divergente que $\nabla \cdot \mathbf{F}$ realmente assuma esse valor em algum ponto P em B. Assim,

$$(\nabla \cdot \mathbf{F})_P = \frac{1}{\text{volume de } B} \iiint_B \nabla \cdot \mathbf{F} \, dV = \frac{\iint_S \mathbf{F} \cdot \mathbf{n} \, d\sigma}{\text{volume de } B}$$

$$= \frac{\text{taxa à qual a massa deixa } B \text{ ao longo de sua superfície } S}{\text{volume de } B} \qquad (8)$$

A fração à direita descreve diminuição de massa por unidade de volume.

Agora, faça o raio de B tender a zero enquanto o centro de Q permanece fixo. O lado esquerdo da Equação (8) converge para $(\nabla \cdot \mathbf{F})_Q$, o lado direito para $(-\partial\delta/\partial t)_Q$. A igualdade desses dois limites é a equação da continuidade

$$\nabla \cdot \mathbf{F} = -\frac{\partial \delta}{\partial t}$$

A equação da continuidade "explica" $\nabla \cdot \mathbf{F}$: o divergente de $\mathbf{F}$ em um ponto é a taxa à qual a densidade do fluido está diminuindo lá.

O teorema da divergência

$$\iint_S \mathbf{F} \cdot \mathbf{n} \, d\sigma = \iiint_D \nabla \cdot \mathbf{F} \, dV$$

agora diz que a diminuição líquida na densidade do fluido na região D se deve à massa transportada através da superfície S. Assim, o teorema é uma afirmação sobre a conservação de massa (Exercício 31).

Unificando os teoremas que envolvem integrais

Se pensarmos em um campo bidimensional $\mathbf{F} = M(x, y)\mathbf{i} + N(x, y)\mathbf{j}$ como um campo tridimensional cuja componente $\mathbf{k}$ é zero, então $\nabla \cdot \mathbf{F} = (\partial M/\partial x) + (\partial N/\partial y)$ e a forma normal do teorema de Green podem ser escritas como

$$\oint_C \mathbf{F}\cdot\mathbf{n}\,ds = \iint_R \left(\frac{\partial M}{\partial x} + \frac{\partial N}{\partial y}\right) dx\,dy = \iint_R \nabla\cdot\mathbf{F}\,dA$$

De maneira similar, $\nabla \times \mathbf{F}\cdot\mathbf{k} = (\partial N/\partial x) - (\partial M/\partial y)$, assim a forma tangencial do teorema de Green pode ser escrita como

$$\oint_C \mathbf{F}\cdot d\mathbf{r} = \iint_R \left(\frac{\partial N}{\partial x} - \frac{\partial M}{\partial y}\right) dx\,dy = \iint_R \nabla\times\mathbf{F}\cdot\mathbf{k}\,dA$$

Com as equações do teorema de Green agora na notação "nabla", podemos ver sua relação com as equações do teorema de Stokes e do teorema da divergência.

Teorema de Green e sua generalização para três dimensões

Forma normal do teorema de Green:	$\oint_C \mathbf{F}\cdot\mathbf{n}\,ds = \iint_R \nabla\cdot\mathbf{F}\,dA$
Teorema da divergência:	$\iint_S \mathbf{F}\cdot\mathbf{n}\,d\sigma = \iiint_D \nabla\cdot\mathbf{F}\,dV$
Forma tangencial do teorema de Green:	$\oint_C \mathbf{F}\cdot d\mathbf{r} = \iint_R \nabla\times\mathbf{F}\cdot\mathbf{k}\,dA$
Teorema de Stokes:	$\oint_C \mathbf{F}\cdot d\mathbf{r} = \iint_S \nabla\times\mathbf{F}\cdot\mathbf{n}\,d\sigma$

Observe como o teorema de Stokes generaliza a forma tangencial (rotacional) do teorema de Green de uma região no plano para uma superfície tridimensional no espaço. Em cada caso, a integral da componente normal de rot **F** sobre o interior da superfície é igual à circulação de **F** ao redor da fronteira.

Da mesma maneira, o teorema da divergência generaliza a forma normal (fluxo) do teorema de Green de uma região bidimensional no plano para uma região tridimensional no espaço. Em cada caso, a integral de $\nabla\cdot\mathbf{F}$ sobre o interior da região é igual ao fluxo total do campo através da fronteira.

Há ainda mais a aprender aqui. Todos esses resultados podem ser pensados como formas de *um único teorema fundamental*. Lembre-se do teorema fundamental do cálculo exposto na Seção 5.4, Volume I. Ele diz que se $f(x)$ for derivável sobre (a, b) e contínua sobre $[a, b]$, então

$$\int_a^b \frac{df}{dx}\,dx = f(b) - f(a)$$

FIGURA 16.76 As normais unitárias exteriores na fronteira de [a, b] no espaço unidimensional.

Se fizermos $\mathbf{F} = f(x)\mathbf{i}$ em $[a, b]$, então $(df/dx) = \nabla\cdot\mathbf{F}$. Se definirmos o campo de vetores unitários **n** normais à fronteira de [a, b] como **i** em b e $-\mathbf{i}$ em a (Figura 16.76), então

$$\begin{aligned} f(b) - f(a) &= f(b)\mathbf{i}\cdot(\mathbf{i}) + f(a)\mathbf{i}\cdot(-\mathbf{i}) \\ &= \mathbf{F}(b)\cdot\mathbf{n} + \mathbf{F}(a)\cdot\mathbf{n} \\ &= \text{fluxo total de saída de } \mathbf{F} \text{ ao longo da fronteira } [a, b] \end{aligned}$$

O teorema fundamental agora diz que

$$\mathbf{F}(b)\cdot\mathbf{n} + \mathbf{F}(a)\cdot\mathbf{n} = \int_{[a,b]} \nabla\cdot\mathbf{F}\,dx$$

O teorema fundamental do cálculo, a forma normal do teorema de Green e o teorema da divergência dizem que a integral do operador diferencial $\nabla\,\cdot$

operando sobre um campo **F** em uma região é igual à soma das componentes normais sobre a borda da região. (Estamos interpretando aqui a integral de linha no teorema de Green e a integral de superfície no teorema da divergência como "somas" sobre a borda.)

O teorema de Stokes e a forma da circulação do teorema de Green dizem que, quando tudo estiver adequadamente orientado, a integral da componente normal do operador rotacional sobre um campo será igual à soma das componentes tangenciais sobre a borda da superfície.

A beleza dessas interpretações está na observação de um único princípio, que podemos definir como:

> A integral de um operador diferencial que atua em um campo sobre uma região é igual à soma das componentes do campo apropriado ao operador sobre a fronteira da região.

Exercícios 16.8

Calculando o divergente

Nos exercícios 1–4, encontre a divergência do campo.

1. O campo de rotação da Figura 16.14.
2. O campo radial da Figura 16.13.
3. O campo gravitacional da Figura 16.9.
4. O campo de velocidade da Figura 16.12.

Usando o teorema da divergência para calcular o fluxo exterior

Nos exercícios 5–16, use o teorema da divergência para encontrar o fluxo exterior de **F** através da fronteira da região *D*.

5. **Cubo** $\mathbf{F} = (y - x)\mathbf{i} + (z - y)\mathbf{j} + (y - x)\mathbf{k}$

   D: O cubo limitado pelos planos $x = \pm 1$, $y = \pm 1$ e $z = \pm 1$.

6. $\mathbf{F} = x^2\mathbf{i} + y^2\mathbf{j} + z^2\mathbf{k}$

   (a) **Cubo** *D*: O cubo cortado do primeiro octante pelos planos $x = 1$, $y = 1$ e $z = 1$.

   (b) **Cubo** *D*: O cubo limitado pelos planos $x = \pm 1$, $y = \pm 1$ e $z = \pm 1$.

   (c) **Lata cilíndrica** *D*: A região cortada do cilindro sólido $x^2 + y^2 \leq 4$ pelos planos $z = 0$ e $z = 1$.

7. **Cilindro e parabolóide** $\mathbf{F} = y\mathbf{i} + xy\mathbf{j} - z\mathbf{k}$

   D: A região dentro do cilindro sólido $x^2 + y^2 \leq 4$ entre o plano $z = 0$ e o parabolóide $z = x^2 + y^2$.

8. **Esfera** $\mathbf{F} = x^2\mathbf{i} + xz\mathbf{j} + 3z\mathbf{k}$

   D: A esfera sólida $x^2 + y^2 + z^2 \leq 4$

9. **Parte da esfera** $\mathbf{F} = x^2\mathbf{i} - 2xy\mathbf{j} + 3xz\mathbf{k}$

   D: A região cortada do primeiro octante pela esfera $x^2 + y^2 + z^2 = 4$

10. **Lata cilíndrica** $\mathbf{F} = (6x^2 + 2xy)\mathbf{i} + (2y + x^2z)\mathbf{j} + 4x^2y^3\mathbf{k}$

    D: A região cortada do primeiro octante pelo cilindro $x^2 + y^2 = 4$ e o plano $z = 3$.

11. **Cunha** $\mathbf{F} = 2xz\mathbf{i} - xy\mathbf{j} - z^2\mathbf{k}$

    D: A cunha cortada do primeiro octante pelo plano $y + z = 4$ e pelo cilindro elíptico $4x^2 + y^2 = 16$.

12. **Esfera** $\mathbf{F} = x^3\mathbf{i} + y^3\mathbf{j} + z^3\mathbf{k}$

    D: A esfera sólida $x^2 + y^2 + z^2 \leq a^2$.

13. **Esfera espessa** $\mathbf{F} = \sqrt{x^2 + y^2 + z^2}\,(x\mathbf{i} + y\mathbf{j} + z\mathbf{k})$

    D: A região $1 \leq x^2 + y^2 + z^2 \leq 2$.

14. **Esfera espessa** $\mathbf{F} = (x\mathbf{i} + y\mathbf{j} + z\mathbf{k})/\sqrt{x^2 + y^2 + z^2}$

    D: A região $1 \leq x^2 + y^2 + z^2 \leq 4$.

15. **Esfera espessa** $\mathbf{F} = (5x^3 + 12xy^2)\mathbf{i} + (y^3 + e^y \operatorname{sen} z)\mathbf{j} + (5z^3 + e^y \cos z)\mathbf{k}$

    D: A região do sólido entre as esferas $x^2 + y^2 + z^2 = 1$ e $x^2 + y^2 + z^2 = 2$.

16. **Cilindro espesso** $\mathbf{F} = \ln(x^2 + y^2)\mathbf{i} - \left(\frac{2z}{x}\operatorname{tg}^{-1}\frac{y}{x}\right)\mathbf{j} + z\sqrt{x^2 + y^2}\,\mathbf{k}$

    D: O cilindro de paredes espessas $1 \leq x^2 + y^2 \leq 2$, $-1 \leq z \leq 2$

Propriedade de rot e divergente

17. **div (rot G) = 0**

(a) Mostre que se as derivadas parciais necessárias das componentes do campo $\mathbf{G} = M\mathbf{i} + N\mathbf{j} + P\mathbf{k}$ forem contínuas, então $\nabla \cdot \nabla \times \mathbf{G} = 0$.

(b) Pode-se concluir algo sobre o fluxo do campo $\nabla \times \mathbf{G}$ através de uma superfície fechada? Justifique sua resposta.

18. Sejam $\mathbf{F}_1$ e $\mathbf{F}_2$ campos vetoriais diferenciáveis e sejam a e b constantes reais arbitrárias. Verifique as identidades a seguir.

(a) $\nabla \cdot (a\mathbf{F}_1 + b\mathbf{F}_2) = a\nabla \cdot \mathbf{F}_1 + b\nabla \cdot \mathbf{F}_2$

(b) $\nabla \times (a\mathbf{F}_1 + b\mathbf{F}_2) = a\nabla \times \mathbf{F}_1 + b\nabla \times \mathbf{F}_2$

(c) $\nabla \cdot (\mathbf{F}_1 \times \mathbf{F}_2) = \mathbf{F}_2 \cdot \nabla \times \mathbf{F}_1 - \mathbf{F}_1 \cdot \nabla \times \mathbf{F}_2$

19. Seja $\mathbf{F}$ um campo vetorial diferenciável e seja $g(x, y, z)$ uma função escalar diferenciável. Verifique as identidades a seguir.

(a) $\nabla \cdot (g\mathbf{F}) = g\nabla \cdot \mathbf{F} + \nabla g \cdot \mathbf{F}$

(b) $\nabla \times (g\mathbf{F}) = g\nabla \times \mathbf{F} + \nabla g \times \mathbf{F}$

20. Se $\mathbf{F} = M\mathbf{i} + N\mathbf{j} + P\mathbf{k}$ for um campo vetorial diferenciável, definimos a notação $\mathbf{F} \cdot \nabla$ para significar

$$M\frac{\partial}{\partial x} + N\frac{\partial}{\partial y} + P\frac{\partial}{\partial z}$$

Para campos vetoriais diferenciáveis $\mathbf{F}_1$ e $\mathbf{F}_2$, verifique as identidades a seguir.

(a) $\nabla \times (\mathbf{F}_1 \times \mathbf{F}_2) = (\mathbf{F}_2 \cdot \nabla)\mathbf{F}_1 - (\mathbf{F}_1 \cdot \nabla)\mathbf{F}_2 + (\nabla \cdot \mathbf{F}_2)\,\mathbf{F}_1 - (\nabla \cdot \mathbf{F}_1)\,\mathbf{F}_2$

(b) $\nabla (\mathbf{F}_1 \cdot \mathbf{F}_2) = (\mathbf{F}_1 \cdot \nabla)\mathbf{F}_2 + (\mathbf{F}_2 \cdot \nabla)\mathbf{F}_1 + \mathbf{F}_1 \times (\nabla \times \mathbf{F}_2) + \mathbf{F}_2 \times (\nabla \times \mathbf{F}_1)$

Teoria e exemplos

21. Seja $\mathbf{F}$ um campo cujas componentes têm derivadas parciais de primeira ordem contínuas em uma parte do espaço que contém uma região D limitada por uma superfície fechada e lisa S. Se $|\mathbf{F}| \leq 1$, pode ser colocada alguma limitação sobre o tamanho de

$$\iiint_D \nabla \cdot \mathbf{F}\, dV?$$

Justifique sua resposta.

22. A base da superfície fechada de tipo cúbico mostrada aqui é um quadrado unitário no plano xy. Os quatro lados estão nos planos $x = 0$, $x = 1$, $y = 0$ e $y = 1$. O topo é uma superfície lisa arbitrária cuja identidade é desconhecida. Seja $\mathbf{F} = x\mathbf{i} - 2y\mathbf{j} + (z + 3)\mathbf{k}$ e suponha que o fluxo exterior de $\mathbf{F}$ através do lado A seja 1 e através do lado B seja -3. Pode-se concluir algo sobre o fluxo exterior através do topo? Justifique a sua resposta.

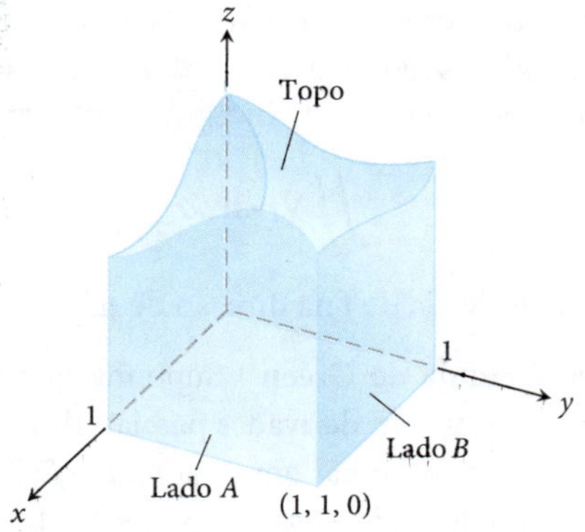

23. (a) Mostre que o fluxo exterior do campo vetorial de posições $\mathbf{F} = x\mathbf{i} + y\mathbf{j} + z\mathbf{k}$ através de uma superfície S fechada e lisa é três vezes o volume da região limitada pela superfície.

(b) Seja $\mathbf{n}$ o campo de vetores unitários normal exterior em S. Mostre que não é possível que $\mathbf{F}$ seja ortogonal a $\mathbf{n}$ em todo ponto de S.

24. **Fluxo máximo** Dentre todos os sólidos retangulares definidos pelas desigualdades $0 \leq x \leq a$, $0 \leq y \leq b$, $0 \leq z \leq 1$, encontre aquele para o qual o fluxo exterior total de $\mathbf{F} = (-x^2 - 4xy)\mathbf{i} - 6yz\mathbf{j} + 12z\mathbf{k}$ através dos seis lados seja maior. Qual *é* o maior fluxo?

25. **Volume de uma região sólida** Seja $\mathbf{F} = x\mathbf{i} + y\mathbf{j} + z\mathbf{k}$ e suponha que a superfície S e a região D satisfaçam as hipóteses do teorema da divergência. Mostre que o volume de D é dado pela fórmula

$$\text{Volume de } D = \frac{1}{3}\iint_S \mathbf{F} \cdot \mathbf{n}\, d\sigma$$

26. **Fluxo de um campo constante** Mostre que o fluxo exterior de um campo vetorial constante $\mathbf{F} = \mathbf{C}$ através de qualquer superfície fechada para a qual o teorema da divergência se aplica é zero.

27. **Funções harmônicas** Uma função $f(x, y, z)$ é considerada *harmônica* em uma região D do espaço se ela satisfaz a equação de Laplace

$$\nabla^2 f = \nabla \cdot \nabla f = \frac{\partial^2 f}{\partial x^2} + \frac{\partial^2 f}{\partial y^2} + \frac{\partial^2 f}{\partial z^2} = 0$$

em D.

(a) Suponha que f seja harmônica em uma região limitada D com fronteira S lisa e que $\mathbf{n}$ seja o versor normal escolhido sobre S. Mostre que a integral sobre S de $\nabla f \cdot \mathbf{n}$, a derivada de f na direção de $\mathbf{n}$, é zero.

(b) Mostre que, se f é harmônica em D, então

$$\iint_S f\, \nabla f \cdot \mathbf{n}\, d\sigma = \iiint_D |\nabla f|^2\, dV$$

28. **Fluxo de um campo gradiente** Seja S a superfície da porção da esfera sólida $x^2 + y^2 + z^2 \leq a^2$ que está no primeiro octante e seja $f(x, y, z) = \ln\sqrt{x^2 + y^2 + z^2}$. Calcule

$$\iint_S \nabla f \cdot \mathbf{n}\, d\sigma$$

($\nabla f \cdot \mathbf{n}$ é a derivada de f na direção de $\mathbf{n}$.)

29. **Primeira fórmula de Green** Suponha que f e g sejam funções escalares com derivadas parciais de primeira e de segunda ordem contínuas em uma região D limitada por uma superfície fechada e lisa por partes S. Mostre que

$$\iint_S f\,\nabla g \cdot \mathbf{n}\, d\sigma = \iiint_D (f\,\nabla^2 g + \nabla f \cdot \nabla g)\, dV \qquad (9)$$

A Equação (9) é a **primeira fórmula de Green**. (*Sugestão*: Aplique o teorema da divergência para o campo $\mathbf{F} = f\nabla g$.)

30. **Segunda fórmula de Green** (*Continuação do Exercício 29.*) Troque f por g e vice-versa na Equação (9) para obter uma fórmula similar. Depois subtraia essa fórmula da Equação (9) para mostrar que

$$\iint_S (f\,\nabla g - g\nabla f)\cdot \mathbf{n}\, d\sigma = \iiint_D (f\,\nabla^2 g - g\nabla^2 f)\, dV \qquad (10)$$

Esta equação é a segunda fórmula de Green.

31. **Conservação de massa** Seja $\mathbf{v}(t, x, y, z)$ um campo vetorial continuamente diferenciável sobre a região D no espaço e seja $p(t, x, y, z)$ uma função escalar continuamente diferenciável. A variável t representa o domínio do tempo. A lei de conservação de massa afirma que

$$\frac{d}{dt}\iiint_D p(t, x, y, z)\, dV = -\iint_S p\mathbf{v}\cdot\mathbf{n}\, d\sigma$$

onde S é a superfície que engloba D.

(a) Dê uma interpretação física da lei da conservação de massa se $\mathbf{v}$ for um campo de velocidade do escoamento e p representar a densidade do fluido no ponto (x, y, z) no instante t.

(b) Use o teorema da divergência e a regra de Leibniz,

$$\frac{d}{dt}\iiint_D p(t, x, y, z)\, dV = \iiint_D \frac{\partial p}{\partial t}\, dV$$

para mostrar que a lei da conservação de massa é equivalente à equação de continuidade,

$$\nabla\cdot p\mathbf{v} + \frac{\partial p}{\partial t} = 0$$

(No primeiro termo $\nabla \cdot p\mathbf{v}$, a variável t é mantida fixa, e, no segundo termo $\partial p/\partial t$, é considerado que o ponto (x, y, z) em D seja mantido fixo.)

32. **Equação de difusão do calor** Seja $T(t, x, y, z)$ uma função com derivadas de segunda ordem contínuas que dá a temperatura no instante t no ponto (x, y, z) de um sólido que ocupa uma região D no espaço. Se a capacidade calorífica do sólido e a densidade de massa forem denotadas pelas constantes c e ρ, respectivamente, a quantidade $c\rho T$ é chamada **energia calorífica por unidade de volume** do sólido.

(a) Explique por que $-\nabla T$ aponta no sentido do fluxo de calor.

(b) Seja denotado o **vetor de fluxo de energia** por $-k\nabla T$. (Aqui, a constante k é chamada **condutividade.**) Considerando a lei de conservação de massa $-k\nabla T = \mathbf{v}$ e $c\rho T = p$ no Exercício 31, deduza a equação de difusão (calor)

$$\frac{\partial T}{\partial t} = K\nabla^2 T$$

onde $K = k/(c\rho) > 0$ é a constante de *difusão*. (Note que se $T(t, x)$ representa a temperatura no instante t e na posição x em uma barra uniformemente condutora com lados perfeitamente isolados, então $\nabla^2 T = \partial^2 T/\partial x^2$ e a equação de difusão se reduz à equação do calor unidimensional nos Exercícios adicionais do Capítulo 14.)

Questões de revisão

1. O que são integrais de linha? Como são calculadas? Dê exemplos.
2. Como se podem usar integrais de linha para encontrar o centro de massa de molas? Explique.
3. O que é um campo vetorial? E um campo gradiente? Dê exemplos.
4. Como se calcula o trabalho realizado por uma força para mover uma partícula ao longo de uma curva? Dê um exemplo.
5. O que são escoamento, circulação e fluxo?
6. O que há de especial nos campos independentes do caminho?

7. Como se pode saber quando um campo é conservativo?
8. O que é uma função potencial? Mostre com um exemplo como encontrar uma função potencial para um campo conservativo.
9. O que é uma forma diferencial? O que significa tal forma ser exata? Como se testa a exatidão? Dê exemplos.
10. O que é o divergente de um campo vetorial? Como se pode interpretá-lo?
11. O que é o rotacional de um campo vetorial? Como se pode interpretá-lo?
12. O que é o teorema de Green? Como se pode interpretá-lo?
13. Como se calcula a área de uma superfície curva no espaço? Dê um exemplo.
14. O que é uma superfície orientada? Como se calcula o fluxo de um campo vetorial tridimensional através de uma superfície orientada? Dê um exemplo.
15. O que são integrais de superfície? O que se pode calcular com elas? Dê um exemplo.
16. O que é uma superfície parametrizada? Como se encontra sua área? Dê exemplos.
17. Como se integra uma função sobre uma superfície parametrizada? Dê um exemplo.
18. O que é o teorema de Stokes? Como se pode interpretá-lo?
19. Resuma os resultados do capítulo sobre campos conservativos.
20. O que é o teorema da divergência? Como se pode interpretá-lo?
21. Como o teorema da divergência generaliza o teorema de Green?
22. Como o teorema de Stokes generaliza o teorema de Green?
23. Como o teorema de Green, o teorema de Stokes e o teorema da divergência podem ser considerados formas particulares de um único teorema fundamental?

Exercícios práticos

Calculando integrais de linha

1. A figura a seguir mostra dois caminhos poligonais no espaço que ligam a origem ao ponto (1, 1, 1). Integre $f(x, y, z) = 2x - 3y^2 - 2z + 3$ sobre cada caminho.

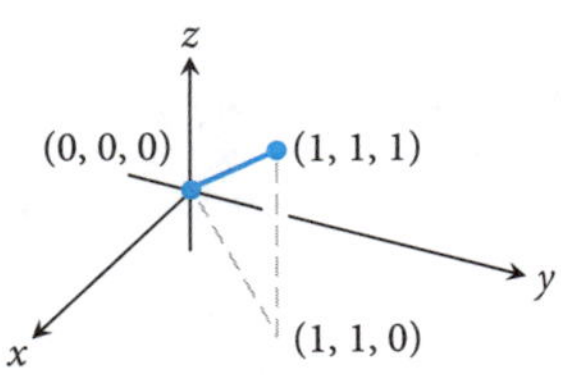

Caminho 1

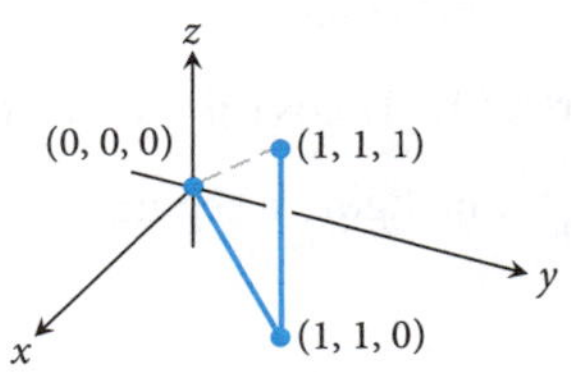

Caminho 2

2. A figura a seguir mostra três caminhos poligonais que ligam a origem ao ponto (1, 1, 1). Integre $f(x, y, z) = x^2 + y - z$ sobre cada caminho.

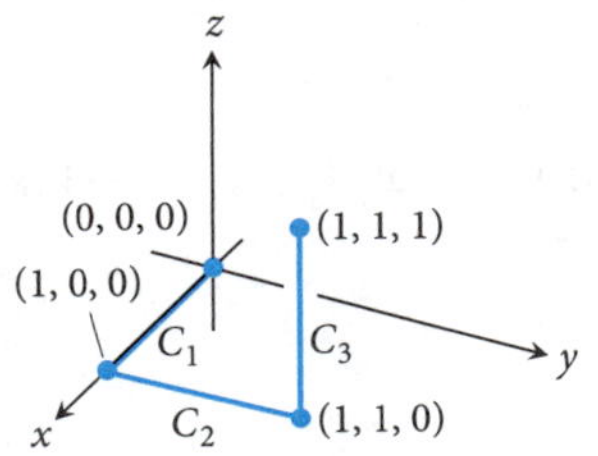

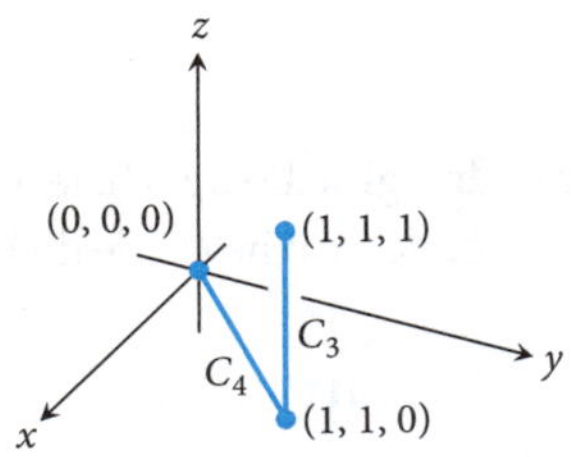

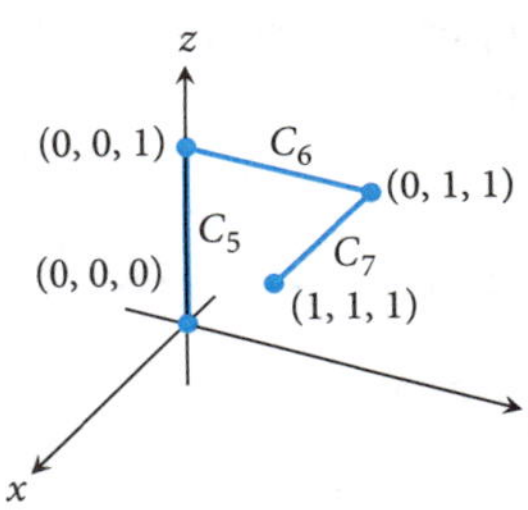

3. Integre $f(x, y, z) = \sqrt{x^2 + z^2}$ sobre a circunferência

$$\mathbf{r}(t) = (a \cos t)\mathbf{j} + (a \operatorname{sen} t)\mathbf{k}, \quad 0 \leq t \leq 2\pi$$

4. Integre $f(x, y, z) = \sqrt{x^2 + y^2}$ sobre a curva involuta

$$\mathbf{r}(t) = (\cos t + t \operatorname{sen} t)\mathbf{i} + (\operatorname{sen} t - t \cos t)\mathbf{j}, \quad 0 \leq t \leq \sqrt{3}$$

Calcule as integrais nos exercícios 5 e 6.

5. $$\int_{(-1,1,1)}^{(4,-3,0)} \frac{dx + dy + dz}{\sqrt{x + y + z}}$$

6. $$\int_{(1,1,1)}^{(10,3,3)} dx - \sqrt{\frac{z}{y}}\,dy - \sqrt{\frac{y}{z}}\,dz$$

7. Integre $\mathbf{F} = -(y \operatorname{sen} z)\mathbf{i} + (x \operatorname{sen} z)\mathbf{j} + (xy \cos z)\mathbf{k}$ ao redor da circunferência cortada da esfera $x^2 + y^2 + z^2 = 5$ pelo plano $z = -1$, no sentido horário quando visto de cima.

8. Integre $\mathbf{F} = 3x^2y\mathbf{i} + (x^3 + 1)\mathbf{j} + 9z^2\mathbf{k}$ ao redor da circunferência cortada da esfera $x^2 + y^2 + z^2 = 9$ pelo plano $x = 2$.

Calcule as integrais nos exercícios 9 e 10.

9. $$\int_C 8x \operatorname{sen} y\, dx - 8y \cos x\, dy$$

C é o quadrado cortado do primeiro quadrante pelas retas $x = \pi/2$ e $y = \pi/2$.

10. $$\int_C y^2\, dx + x^2\, dy$$

C é a circunferência $x^2 + y^2 = 4$.

Calculando integrais de superfície

11. **Área de uma região elíptica** Encontre a área da região elíptica cortada do plano $x + y + z = 1$ pelo cilindro $x^2 + y^2 = 1$.

12. **Área de uma calota parabólica** Encontre a área da calota cortada do parabolóide $y^2 + z^2 = 3x$ pelo plano $x = 1$.

13. **Área de uma calota esférica** Encontre a área da calota cortada do topo da esfera $x^2 + y^2 + z^2 = 1$ pelo plano $z = \sqrt{2}/2$.

14. (a) **Hemisfério cortado por cilindro** Encontre a área da superfície cortada do hemisfério $x^2 + y^2 + z^2 = 4$, $z \geq 0$, pelo cilindro $x^2 + y^2 = 2x$.

 (b) Encontre a área da porção do cilindro que está dentro do hemisfério. (*Sugestão*: Projete sobre o plano xz ou calcule a integral $\int h\, ds$, onde h é a altura do cilindro e ds é o elemento de comprimento de arco sobre a circunferência $x^2 + y^2 = 2x$ no plano xy.)

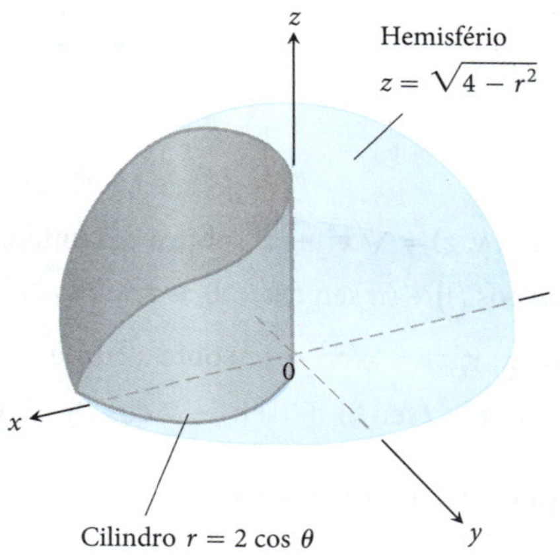

15. **Área de um triângulo** Encontre a área do triângulo no qual há interseção do plano $(x/a) + (y/b) + (z/c) = 1$ $(a, b, c > 0)$ com o primeiro octante. Verifique sua resposta com um cálculo vetorial apropriado.

16. **Cilindro parabólico cortado por planos** Integre

 (a) $g(x, y, z) = \dfrac{yz}{\sqrt{4y^2 + 1}}$ (b) $g(x, y, z) = \dfrac{z}{\sqrt{4y^2 + 1}}$

 sobre a superfície cortada do cilindro parabólico $y^2 - z = 1$ pelos planos $x = 0$, $x = 3$ e $z = 0$.

17. **Cilindro circular cortado por planos** Integre $g(x, y, z) = x^4y(y^2 + z^2)$ sobre a porção do cilindro $y^2 + z^2 = 25$ que está no primeiro octante entre os planos $x = 0$ e $x = 1$ e acima do plano $z = 3$.

18. **Área de Wyoming** O Estado de Wyoming é limitado pelos meridianos 111°3' e 104°3' de longitude oeste e pelos paralelos 41° e 45° de latitude norte. Considerando que a Terra seja uma esfera de raio $R = 3.959$ milhas, encontre a área de Wyoming.

Superfícies parametrizadas

Encontre as parametrizações para as superfícies nos exercícios 19–24. (Existem várias maneiras de fazer isso, assim suas respostas podem não ser as mesmas que aquelas encontradas no final do livro.)

19. **Faixa esférica** A porção da esfera $x^2 + y^2 + z^2 = 36$ entre os planos $z = -3$ e $z = 3\sqrt{3}$.

20. **Calota parabólica** A porção do parabolóide $z = -(x^2 + y^2)/2$ acima do plano $z = -2$.

21. **Cone** O cone $z = 1 + \sqrt{x^2 + y^2}$, $z \leq 3$.

22. **Plano acima do quadrado** A porção do plano $4x + 2y + 4z = 12$ que está acima do quadrado $0 \leq x \leq 2$, $0 \leq y \leq 2$ no primeiro quadrante.

23. **Porção do parabolóide** A porção do parabolóide $y = 2(x^2 + z^2)$, $y \leq 2$, que está acima do plano xy.

24. **Porção do hemisfério** A porção do hemisfério $x^2 + y^2 + z^2 = 10$, $y \geq 0$, no primeiro octante.

25. **Área de superfície** Encontre a área da superfície

$$\mathbf{r}(u, v) = (u + v)\mathbf{i} + (u - v)\mathbf{j} + v\mathbf{k},$$
$$0 \leq u \leq 1, 0 \leq v \leq 1$$

26. **Integral de superfície** Integre $f(x, y, z) = xy - z^2$ sobre a superfície do Exercício 25.

27. **Área de um helicóide** Encontre a área da superfície do helicóide

$$\mathbf{r}(r, \theta) = (r \cos \theta)\mathbf{i} + (r \operatorname{sen} \theta)\mathbf{j} + \theta\mathbf{k}, \quad 0 \leq \theta \leq 2\pi, 0 \leq r \leq 1,$$

na figura a seguir.

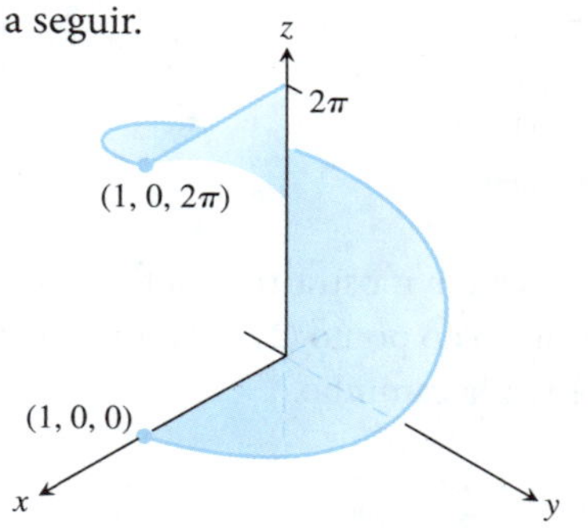

28. **Integral de superfície** Calcule a integral $\iint_S \sqrt{x^2+y^2+1}\, d\sigma$, onde S é o helicóide do Exercício 27.

Campos conservativos

Quais dos campos nos exercícios 29–32 são conservativos e quais não são?

29. $\mathbf{F} = x\mathbf{i} + y\mathbf{j} + z\mathbf{k}$

30. $\mathbf{F} = (x\mathbf{i} + y\mathbf{j} + z\mathbf{k})/(x^2 + y^2 + z^2)^{3/2}$

31. $\mathbf{F} = xe^y\mathbf{i} + ye^z\mathbf{j} + ze^x\mathbf{k}$

32. $\mathbf{F} = (\mathbf{i} + z\mathbf{j} + y\mathbf{k})/(x + yz)$

Encontre funções potenciais para os campos nos exercícios 33 e 34.

33. $\mathbf{F} = 2\mathbf{i} + (2y + z)\mathbf{j} + (y + 1)\mathbf{k}$

34. $\mathbf{F} = (z \cos xz)\mathbf{i} + e^y\mathbf{j} + (x \cos xz)\mathbf{k}$

Trabalho e circulação

Nos exercícios 35 e 36, encontre o trabalho realizado pelos campos ao longo dos caminhos (0, 0, 0) e (1, 1, 1) no Exercício 1.

35. $\mathbf{F} = 2xy\mathbf{i} + \mathbf{j} + x^2\mathbf{k}$

36. $\mathbf{F} = 2xy\mathbf{i} + x^2\mathbf{j} + \mathbf{k}$

37. **Encontrando o trabalho de duas maneiras** Encontre o trabalho realizado por

$$\mathbf{F} = \frac{x\mathbf{i} + y\mathbf{j}}{(x^2 + y^2)^{3/2}}$$

sobre a curva plana $\mathbf{r}(t) = (e^t \cos t)\mathbf{i} + (e^t \operatorname{sen} t)\mathbf{j}$ do ponto (1, 0) ao ponto $(e^{2\pi}, 0)$ de duas maneiras:

(a) Usando a parametrização da curva para calcular a integral de trabalho.

(b) Calculando uma função potencial para **F**.

38. **Escoamento ao longo de caminhos diferentes** Encontre o escoamento do campo $\mathbf{F} = \nabla(x^2ze^y)$

(a) Uma vez ao redor da elipse C na qual há interseção do plano $x + y + z = 1$ com o cilindro $x^2 + z^2 = 25$, no sentido horário quando visto de cima do eixo positivo y.

(b) Ao longo da borda da curva do helicóide no Exercício 27 de (1, 0, 0) a $(1, 0, 2\pi)$.

Nos exercícios 39 e 40, use a integral de superfície do teorema de Stokes para encontrar a circulação do campo **F** ao redor da curva C no sentido indicado.

39. **Circulação ao redor de uma elipse** $\mathbf{F} = y^2\mathbf{i} - y\mathbf{j} + 3z^2\mathbf{k}$

C: A elipse na qual o plano $2x + 6y - 3z = 6$ encontra o cilindro $x^2 + y^2 = 1$, no sentido anti-horário quando visto do eixo y positivo.

40. **Circulação ao longo de uma circunferência** $\mathbf{F} = (x^2 + y)\mathbf{i} + (x + y)\mathbf{j} + (4y^2 - z)\mathbf{k}$

C: A circunferência na qual o plano $z = -y$ encontra a esfera $x^2 + y^2 + z^2 = 4$, no sentido anti-horário quando vista de cima.

Massas e momentos

41. **Fio com densidades diferentes** Encontre a massa de um fio fino ao longo da curva $\mathbf{r}(t) = \sqrt{2}t\mathbf{i} + \sqrt{2}t\mathbf{j} + (4 - t^2)\mathbf{k}$, $0 \le t \le 1$, se a densidade em t for (a) $\delta = 3t$ e (b) $\delta = 1$.

42. **Fio com densidade variável** Encontre o centro de massa de um fio fino ao longo da curva $\mathbf{r}(t) = t\mathbf{i} + 2t\mathbf{j} + (2/3)t^{3/2}\mathbf{k}$, $0 \le t \le 2$, se a densidade em t é $\delta = 3\sqrt{5 + t}$.

43. **Fio com densidade variável** Encontre o centro de massa, os momentos de inércia e os raios de rotação em relação aos eixos coordenados de um fio fino ao longo da curva

$$\mathbf{r}(t) = t\mathbf{i} + \frac{2\sqrt{2}}{3}t^{3/2}\mathbf{j} + \frac{t^2}{2}\mathbf{k}, \qquad 0 \le t \le 2$$

se a densidade em t for $\delta = 1/(t + 1)$.

44. **Centro de massa de um arco** Um arco de metal delgado está ao longo de uma semicircunferência $y = \sqrt{a^2 - x^2}$ no plano xy. A densidade no ponto (x, y) sobre o arco é $\delta(x, y) = 2a - y$. Encontre o centro de massa.

45. **Fio com densidade constante** Um fio de densidade constante $\delta = 1$ está ao longo da curva $\mathbf{r}(t) = (e^t \cos t)\mathbf{i} + (e^t \operatorname{sen} t)\mathbf{j} + e^t\mathbf{k}$, $0 \le t \le \ln 2$. Encontre $\bar{z}$, I_z e R_z.

46. **Fio helicoidal com densidade constante** Encontre a massa e o centro de massa de um fio de densidade constante δ que está ao longo da hélice $\mathbf{r}(t) = (2 \operatorname{sen} t)\mathbf{i} + (2 \cos t)\mathbf{j} + 3t\mathbf{k}$, $0 \le t \le 2\pi$.

47. **Inércia, raio de rotação e centro de massa de uma casca** Encontre I_z, R_z e o centro de massa de uma casca fina de densidade $\delta(x, y, z) = z$ cortada da porção superior da esfera $x^2 + y^2 + z^2 = 25$ pelo plano $z = 3$.

48. **Momento de inércia de um cubo** Encontre o momento de inércia em relação ao eixo z da superfície do cubo cortada do primeiro octante pelos planos $x = 1$, $y = 1$ e $z = 1$ se a densidade for $\delta = 1$.

Fluxo através de uma curva no plano ou superfície

Use o teorema de Green para encontrar a circulação no sentido anti-horário e o fluxo exterior para os campos e curvas nos exercícios 49 e 50.

49. **Quadrado** $\mathbf{F} = (2xy + x)\mathbf{i} + (xy - y)\mathbf{j}$

C: O quadrado limitado por $x = 0$, $x = 1$, $y = 0$ e $y = 1$.

50. **Triângulo** $\mathbf{F} = (y - 6x^2)\mathbf{i} + (x + y^2)\mathbf{j}$

C: O triângulo formado pelas retas $y = 0$, $y = x$ e $x = 1$.

51. **Integral de linha nula** Mostre que

$$\oint_C \ln x \operatorname{sen} y \, dy - \frac{\cos y}{x} dx = 0$$

para qualquer curva fechada C à qual o teorema de Green se aplica.

52. (a) **Fluxo exterior e área** Mostre que o fluxo exterior do campo vetorial de posições $\mathbf{F} = x\mathbf{i} + y\mathbf{j}$ através de qual-

quer curva fechada à qual o teorema de Green se aplica é duas vezes a área da região limitada pela curva.

(b) Seja **n** o vetor unitário normal exterior a uma curva fechada à qual o teorema de Green se aplica. Mostre que não é possível para $\mathbf{F} = x\mathbf{i} + y\mathbf{j}$ ser ortogonal a **n** em todo ponto de C.

Nos exercícios 53–56, encontre o fluxo exterior de **F** através da fronteira de D.

53. **Cubo** $\mathbf{F} = 2xy\mathbf{i} + 2yz\mathbf{j} + 2xz\mathbf{k}$

D: O cubo cortado do primeiro octante pelos planos $x = 1$, $y = 1$ e $z = 1$.

54. **Calota esférica** $\mathbf{F} = xz\mathbf{i} + yz\mathbf{j} + \mathbf{k}$

D: A superfície inteira da calota superior cortada da esfera sólida $x^2 + y^2 + z^2 \leq 25$ pelo plano $z = 3$.

55. **Calota esférica** $\mathbf{F} = -2x\mathbf{i} - 3y\mathbf{j} + z\mathbf{k}$

D: A região superior cortada da esfera sólida $x^2 + y^2 + z^2 \leq 2$ pelo parabolóide $z = x^2 + y^2$.

56. **Cone e cilindro** $\mathbf{F} = (6x + y)\mathbf{i} - (x + z)\mathbf{j} + 4yz\mathbf{k}$

D: A região no primeiro octante limitada pelo cone $z = \sqrt{x^2 + y^2}$, pelo cilindro $x^2 + y^2 = 1$ e pelos planos coordenados.

57. **Hemisfério, cilindro e plano** Seja S a superfície que é limitada à esquerda pelo hemisfério $x^2 + y^2 + z^2 = a^2$, $y \leq 0$, no meio pelo cilindro $x^2 + z^2 = a^2$, $0 \leq y \leq a$, e à direita pelo plano $y = a$. Encontre o fluxo exterior de $\mathbf{F} = y\mathbf{i} + z\mathbf{j} + x\mathbf{k}$ através de S.

58. **Cilindro e planos** Encontre o fluxo exterior do campo $\mathbf{F} = 3xz^2\mathbf{i} + y\mathbf{j} - z^3\mathbf{k}$ através da superfície do sólido no primeiro octante que é limitado pelo cilindro $x^2 + 4y^2 = 16$ e pelos planos $y = 2z$, $x = 0$ e $z = 0$.

59. **Lata cilíndrica** Use o teorema da divergência para encontrar o fluxo exterior de $\mathbf{F} = xy^2\mathbf{i} + x^2y\mathbf{j} + y\mathbf{k}$ através da superfície da região limitada pelo cilindro $x^2 + y^2 = 1$ e pelos planos $z = 1$ e $z = -1$.

60. **Hemisfério** Encontre o fluxo para cima de $\mathbf{F} = (3z + 1)\mathbf{k}$ através do hemisfério $x^2 + y^2 + z^2 = a^2$, $z \geq 0$, **(a)** com o teorema da divergência e **(b)** calculando a integral de fluxo diretamente.

Exercícios adicionais

Encontrando áreas com o teorema de Green

Use a fórmula da área do teorema de Green, a Equação (13) nos Exercícios 16.4, para encontrar as áreas das regiões limitadas pelas curvas nos exercícios 1–4.

1. A limaçon $x = 2\cos t - \cos 2t$, $y = 2\operatorname{sen} t - \operatorname{sen} 2t$, $0 \leq t \leq 2\pi$.

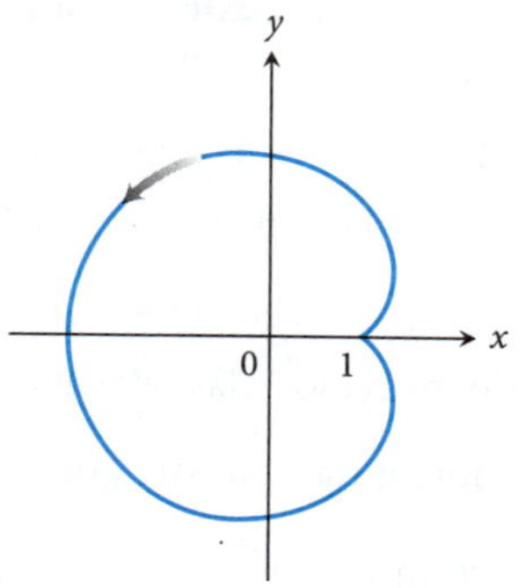

2. A deltóide $x = 2\cos t + \cos 2t$, $y = 2\operatorname{sen} t - \operatorname{sen} 2t$, $0 \leq t \leq 2\pi$.

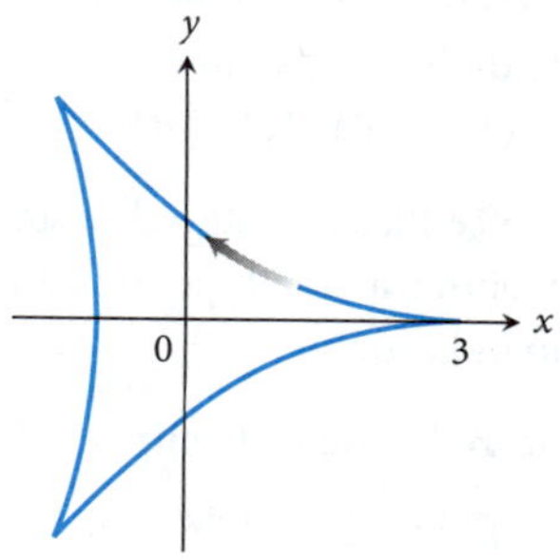

3. A curva em oito $x = (1/2)\operatorname{sen} 2t$, $y = \operatorname{sen} t$, $0 \leq t \leq \pi$ (um laço).

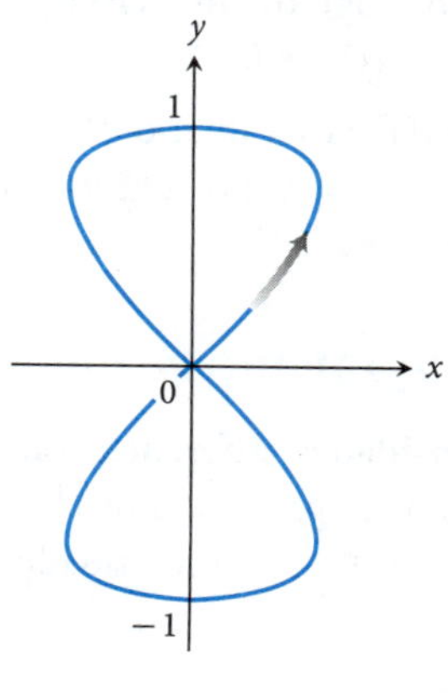

4. A "lágrima" $x = 2a \cos t - a \operatorname{sen} 2t$, $y = b \operatorname{sen} t$, $0 \leq t \leq 2\pi$.

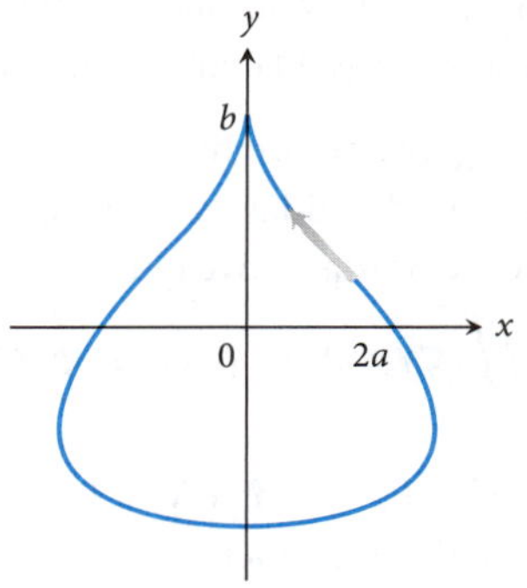

Teoria e aplicações

5. **(a)** Dê um exemplo de campo vetorial $\mathbf{F}(x, y, z)$ que tenha valor $\mathbf{0}$ em apenas um ponto e tal que rot $\mathbf{F}$ seja não-nulo em todos os pontos. Identifique o ponto e calcule o rotacional.

(b) Dê um exemplo de campo vetorial $\mathbf{F}(x, y, z)$ que tenha valor $\mathbf{0}$ sobre somente uma reta e tal que rot $\mathbf{F}$ seja não-nulo em todos os pontos. Identifique a reta e calcule o rotacional.

(c) Dê um exemplo de campo vetorial $\mathbf{F}(x, y, z)$ que tenha valor $\mathbf{0}$ sobre uma superfície e tal que rot $\mathbf{F}$ seja não-nulo em todos os pontos. Identifique a superfície e calcule o rotacional.

6. Encontre todos os pontos (a, b, c) sobre a esfera $x^2 + y^2 + z^2 = R^2$ onde o campo vetorial $\mathbf{F} = yz^2\mathbf{i} + xz^2\mathbf{j} + 2xyz\mathbf{k}$ é normal à superfície e $\mathbf{F}(a, b, c) \neq \mathbf{0}$.

7. Encontre a massa da casca esférica de raio R tal que em cada ponto (x, y, z) na superfície a densidade de massa $\delta(x, y, z)$ seja sua distância até um ponto fixo (a, b, c) na superfície.

8. Encontre a massa de um helicóide

$$\mathbf{r}(r, \theta) = (r \cos \theta)\mathbf{i} + (r \operatorname{sen} \theta)\mathbf{j} + \theta\mathbf{k},$$

$0 \leq r \leq 1$, $0 \leq \theta \leq 2\pi$, se a função densidade for $\delta(x, y, z) = 2\sqrt{x^2 + y^2}$. Consulte a figura no exercício de fixação 27.

9. Dentre todas as regiões retangulares $0 \leq x \leq a$, $0 \leq y \leq b$, encontre aquela para a qual o fluxo exterior total de $\mathbf{F} = (x^2 + 4xy)\mathbf{i} - 6y\mathbf{j}$ através dos quatro lados é mínimo. Qual é o fluxo mínimo?

10. Encontre uma equação para o plano que passa pela origem tal que a circulação do campo de escoamento $\mathbf{F} = z\mathbf{i} + x\mathbf{j} + y\mathbf{k}$ ao redor da circunferência de interseção do plano com a esfera $x^2 + y^2 + z^2 = 4$ tenha um máximo.

11. Uma corda está ao longo da circunferência $x^2 + y^2 = 4$ de $(2, 0)$ a $(0, 2)$ no primeiro quadrante. A densidade da corda é $\rho(x, y) = xy$.

(a) Divida a corda em um número finito de subarcos para mostrar que o trabalho realizado pela gravidade para mover a corda diretamente para baixo, para o eixo x, é dado por

$$\text{Trabalho} = \lim_{n\to\infty} \sum_{k=1}^{n} g\, x_k y_k^2 \Delta s_k = \int_C g\, xy^2\, ds$$

onde g é a constante gravitacional.

(b) Encontre o trabalho total realizado calculando a integral de linha no item **(a)**.

(c) Mostre que o trabalho total realizado é igual ao trabalho necessário para mover o centro de massa da corda $(\bar{x}, \bar{y})$ diretamente para baixo, para o eixo x.

12. Uma folha fina está ao longo da porção do plano $x + y + z = 1$ no primeiro octante. A densidade da folha é $\delta(x, y, z) = xy$.

(a) Divida a folha em um número finito de pedaços para mostrar que o trabalho realizado pela gravidade para mover a folha diretamente para baixo, para o plano xy, é dado por

$$\text{Trabalho} = \lim_{n\to\infty} \sum_{k=1}^{n} g\, x_k y_k z_k\, \Delta\sigma_k = \iint_S g\, xyz\, d\sigma$$

onde g é a constante gravitacional.

(b) Encontre o trabalho total realizado calculando a integral de superfície no item **(a)**.

(c) Mostre que o trabalho total realizado é igual ao trabalho necessário para mover o centro de massa da folha $(\bar{x}, \bar{y}, \bar{z})$ diretamente para baixo, para o plano xy.

13. **Princípio de Arquimedes** Se um objeto, tal como uma bola, for colocado em um líquido, ele vai afundar completamente, boiar ou afundar parcialmente, permanecendo suspenso no líquido. Suponha que um fluido tenha peso específico constante w e que a superfície do fluido coincida com o plano $z = 4$. Uma bola esférica permanece suspensa no fluido e ocupa a região $x^2 + y^2 + (z - 2)^2 \leq 1$.

(a) Mostre que a integral de superfície para a magnitude total da força sobre a bola devido à pressão do fluido é

$$\text{Força} = \lim_{n\to\infty} \sum_{k=1}^{n} w(4 - z_k)\, \Delta\sigma_k = \iint_S w(4 - z)\, d\sigma$$

(b) Como a bola não está se movendo, ela está sendo mantida pela força do empuxo do líquido. Mostre que a magnitude do empuxo sobre a esfera é

$$\text{Empuxo} = \iint_S w(z - 4)\mathbf{k} \cdot \mathbf{n}\, d\sigma$$

onde $\mathbf{n}$ é a normal unitária exterior em (x, y, z). Isso ilustra o princípio de Arquimedes de que a magnitude do empuxo sobre um sólido submerso é igual ao peso do fluido deslocado.

(c) Use o teorema da divergência para encontrar a magnitude do empuxo no item (b).

14. **Força do fluido sobre uma superfície curva** Um cone na forma da superfície $z = \sqrt{x^2 + y^2}$, $0 \leq z \leq 2$, é preenchido com um líquido de densidade w constante. Presumindo que o plano xy está no "nível do solo", mostre que, devido à pressão do líquido, a força total na porção do cone de $z = 1$ a $z = 2$ é a integral de superfície

$$F = \iint_S w(2 - z)\, d\sigma$$

Calcule a integral.

15. **Lei de Faraday** Se $\mathbf{E}(t, x, y, z)$ e $\mathbf{B}(t, x, y, z)$ representam os campos elétrico e magnético no ponto (x, y, z) no instante t, um princípio básico da teoria eletromagnética diz que $\nabla \times \mathbf{E} = -\partial\mathbf{B}/\partial t$. Nessa expressão, $\nabla \times \mathbf{E}$ é calculada com t fixo e $\partial\mathbf{B}/\partial t$ é calculada com (x, y, z) fixo. Use o teorema de Stokes para deduzir a lei de Faraday

$$\oint_C \mathbf{E}\cdot d\mathbf{r} = -\frac{\partial}{\partial t}\iint_S \mathbf{B}\cdot\mathbf{n}\, d\sigma$$

onde C representa um laço de fio através do qual flui corrente no sentido anti-horário com relação à normal unitária de superfície $\mathbf{n}$, fazendo aparecer a voltagem

$$\oint_C \mathbf{E}\cdot d\mathbf{r}$$

em torno de C. A integral de superfície do lado direito da equação é chamada *fluxo magnético*, e S é qualquer superfície orientada com borda C.

16. Seja

$$\mathbf{F} = -\frac{GmM}{|\mathbf{r}|^3}\mathbf{r}$$

o campo gravitacional definido para $\mathbf{r} \neq \mathbf{0}$. Use a lei de Gauss na Seção 16.8 para mostrar que não existe campo vetorial continuamente derivável $\mathbf{H}$ que satisfaça $\mathbf{F} = \nabla \times \mathbf{H}$.

17. Se $f(x, y, z)$ e $g(x, y, z)$ forem funções escalares continuamente deriváveis definidas sobre a superfície orientada S com curva C de borda, prove que

$$\iint_S (\nabla f \times \nabla g)\cdot\mathbf{n}\, d\sigma = \oint_C f\, \nabla g\cdot d\mathbf{r}$$

18. Suponha que $\nabla\cdot\mathbf{F}_1 = \nabla\cdot\mathbf{F}_2$ e $\nabla\times\mathbf{F}_1 = \nabla\times\mathbf{F}_2$ sobre uma região D limitada pela superfície orientada S com normal unitária exterior $\mathbf{n}$ e que $\mathbf{F}_1\cdot\mathbf{n} = \mathbf{F}_2\cdot\mathbf{n}$ sobre S. Prove que $\mathbf{F}_1 = \mathbf{F}_2$ em D.

19. Prove que é verdadeiro ou falso que, se $\nabla\cdot\mathbf{F} = 0$ e $\nabla\times\mathbf{F} = \mathbf{0}$, então $\mathbf{F} = \mathbf{0}$.

20. Seja S uma superfície orientada parametrizada por $\mathbf{r}(u, v)$. Defina a notação $d\boldsymbol{\sigma} = \mathbf{r}_u\, du \times \mathbf{r}_v\, dv$ de forma que $d\boldsymbol{\sigma}$ seja um vetor normal à superfície. A magnitude $d\sigma = |d\boldsymbol{\sigma}|$ é o elemento da área da superfície (conforme Equação (5), Seção 16.6). Deduza a identidade

$$d\sigma = (EG - F^2)^{1/2}\, du\, dv$$

onde

$$E = |\mathbf{r}_u|^2, \qquad F = \mathbf{r}_u\cdot\mathbf{r}_v, \qquad \text{e} \qquad G = |\mathbf{r}_v|^2$$

21. Mostre que o volume V de uma região D no espaço limitada pela superfície orientada S com normal exterior $\mathbf{n}$ satisfaz a identidade

$$V = \frac{1}{3}\iint_S \mathbf{r}\cdot\mathbf{n}\, d\sigma$$

onde $\mathbf{r}$ é o vetor posição do ponto (x, y, z) em D.

Exercícios avançados

1. Encontre a massa de um arame que tem a forma da curva de interseção da esfera $x^2 + y^2 + z^2 = 1$ e do plano $x + y + z = 0$, se a densidade do arame em (x, y, z) for $x^2 + y^2$.

2. Um arame uniforme tem a forma da parte da curva de interseção das superfícies $x^2 + y^2 = z^2$ e $y^2 = x$ que liga os pontos $(0, 0, 0)$ e $(1, 1, \sqrt{2})$. Encontre a coordenada z de seu centro de massa.

3. Mostre que todo campo de força central é conservativo, isto é, mostre que se $F(x, y, z) = g(r)\mathbf{r}$, onde $r = \sqrt{x^2 + y^2 + z^2}$, $\mathbf{r} = x\mathbf{i} + y\mathbf{j} + z\mathbf{k}$ e g é uma função contínua definida em $0 \leq a \leq r \leq b$, então $F = \nabla\phi$ em $a \leq r \leq b$, para alguma função ϕ.

4. Calcule $\int_C F\cdot d\alpha$, onde α é a poligonal que começa no ponto $(0, 0, 0)$, passa pelos pontos $(0, 1, 0)$, $(0, 0, 1)$, $(1, 0, 0)$, $(0, 1, 1)$ e termina no ponto $(1, 1, 1)$ e $F(x, y, z) = (x^2 + y^2 + z^2)\cosh\sqrt{x^2 + y^2 + z^2}\,(x\mathbf{i} + y\mathbf{j} + z\mathbf{k})$.

5. Considere a superfície espiralada $\mathbf{S}$ em R^3 parametrizada por $\phi(t, s) = (e^{-t}\cos t, e^{-t}\,\text{sen}\, t, s)$, $(t, s) \in [0, \infty[\times [0, 1]$. Calcule a área $a(k)$ da porção dessa superfície determinada por $t \in \boldsymbol{I}(k) = [2(k-1)\pi, 2k\pi]$, $k = 1, 2, \ldots$. Mostre que a superfície $\mathbf{S}$ tem área finita.

6. Determine uma expressão para todos os campos vetoriais G definidos em $\mathbf{R}^3$ tais que $\nabla\times G = 2\mathbf{i} + 3\mathbf{j} - \mathbf{k}$.

7. Qual é a área da superfície do sólido determinado pela interseção dos cilindros $x^2 + y^2 \leq 1$, $x^2 + z^2 \leq 1$ e $y^2 + z^2 \leq 1$?

8. São dados dois campos escalares u e v definidos em um aberto contendo $R = \{(x, y) \mid x^2 + y^2 \leq 1\}$, que têm derivadas parciais contínuas. Defina dois campos vetorias $\mathbf{F}$ e $\mathbf{G}$ por $\mathbf{F}(x, y) = v(x, y)\mathbf{i} + u(x, y)\mathbf{j}$ e $\mathbf{G}(x, y) = \left(\frac{\partial u}{\partial x} - \frac{\partial u}{\partial y}\right)\mathbf{i} + \left(\frac{\partial v}{\partial x} - \frac{\partial v}{\partial y}\right)\mathbf{j}$. Encontre o valor de $\iint_R \mathbf{F} \cdot \mathbf{G}\, dxdy$ se soubermos que, na fronteira de R, $u(x, y) = 1$ e $v(x, y) = y$.

9. Se $\mathbf{S}_t$ é a esfera de centro na origem e raio $t > 0$, como podemos reescrever a integral $\iint_{S_t} f(x, y, z)\, d\sigma$ como uma integral sobre a esfera unitária $\mathbf{S}_1$?

10. Uma esfera está inscrita em um cilindro circular reto. A esfera é cortada por dois planos perpendiculares ao eixo do cilindro. Mostre que a parte da esfera e a do cilindro entre os dois planos têm a mesma área.

11. Verifique explicitamente que o teorema do divergente é válido para $F(x, y, z) = (xz, yz, 1)$ e V o sólido que é a parte com $z \geq 0$ do toro sólido obtido girando-se o círculo $(x - 2)^2 + z^2 \leq 1$ em torno do eixo z.

12. Calcule $\iint_S \nabla f \times \nabla g \cdot \mathbf{n} d\sigma$, onde $f(x, y, z) = x^2 - y^2 + z^2$, $g(x, y, z) = x^2 + y + z^2$ e S é a semi-esfera $x^2 + y^2 + z^2 = 1$, $z \geq 0$, usando:
   (a) o teorema de Stokes. (*Sugestão*: $\nabla f \times \nabla g = \nabla \times (g\nabla f)$).
   (b) o teorema do divergente.
   (c) diretamente a parametrização da superfície.

Projetos de aplicação de tecnologia

MÓDULO/MATHEMATICA/MAPLE

Trabalho em campos conservativos e não-conservativos

Explore a integração sobre campos vetoriais e faça experiências com funções de força conservativas e não-conservativas ao longo de diferentes caminhos no campo.

MÓDULO/MATHEMATICA/MAPLE

Como é possível visualizar o teorema de Green?

Explore a integração sobre campos vetoriais e use a parametrização para calcular integrais de linha. Ambas as formas do teorema de Green são exploradas.

MÓDULO/MATHEMATICA/MAPLE

Visualizando e interpretando o teorema da divergência

Verifique o teorema da divergência formulando e calculando integrais de divergência e de superfície.

Apêndice A

A.1 Indução matemática

Pode-se provar que muitas fórmulas, como

$$1 + 2 + \cdots + n = \frac{n(n+1)}{2}$$

são válidas para qualquer n número positivo ao se aplicar um axioma chamado *princípio da indução matemática*. Uma demonstração que empregue esse axioma denomina-se *demonstração por indução matemática ou demonstração por indução.*

Os passos envolvidos na demonstração de uma fórmula por indução são os seguintes:

1. Verifique que a fórmula é verdadeira para $n = 1$.
2. Mostre que, se a fórmula é verdadeira para qualquer número inteiro positivo $n = k$, então ela é verdadeira para o próximo inteiro, $n = k + 1$.

Segundo o axioma da indução, quando esses passos estiverem concluídos, a fórmula será válida para todos os n números inteiros positivos. De acordo com o Passo 1, ela é válida para $n = 1$. De acordo com o Passo 2, ela é válida para $n = 2$, para $n = 3$, para $n = 4$ e assim por diante. Se a primeira peça de dominó cair e a k-ésima peça de dominó sempre tocar a $(k + 1)$-ésima quando cair, todas as peças de dominó cairão.

De outro ponto de vista, suponha que tenhamos uma seqüência de sentenças $S_1, S_2, \ldots, S_n, \ldots$, uma para cada inteiro positivo. Suponha também que possamos demonstrar que a pressuposição de que uma sentença seja verdadeira implica que a sentença seguinte também seja. Por fim, suponha que possamos demonstrar que S_1 seja verdadeira. Com isso, podemos concluir que as sentenças de S_1 em diante são verdadeiras.

EXEMPLO 1 Use a indução matemática para demonstrar que, para cada n número positivo,

$$1 + 2 + \cdots + n = \frac{n(n+1)}{2}$$

SOLUÇÃO Obtemos a resposta seguindo os dois passos descritos anteriormente.

1. A fórmula é verdadeira para $n = 1$, pois

$$1 = \frac{1(1+1)}{2}$$

2. Se a fórmula é verdadeira para $n = k$, ela também o é para $n = k + 1$? A resposta é sim. Eis o porquê:

se
$$1 + 2 + \cdots + k = \frac{k(k+1)}{2}$$

então

$$1 + 2 + \cdots + k + (k+1) = \frac{k(k+1)}{2} + (k+1) = \frac{k^2 + k + 2k + 2}{2}$$
$$= \frac{(k+1)(k+2)}{2} = \frac{(k+1)((k+1)+1)}{2}$$

A última expressão na seqüência de igualdades é $n(n + 1)/2$ para $n = (k + 1)$.

O princípio da indução matemática nos garante agora que a fórmula original é válida para todos os n inteiros positivos.

No Exemplo 4 da Seção 5.2, Volume I damos outra prova de que essa fórmula resulta na soma dos primeiros n inteiros. No entanto, a prova por indução matemática é mais geral. Ela pode ser usada para determinar as somas dos quadrados e cubos dos primeiros n inteiros (exercícios 9 e 10). Acompanhe outro exemplo.

EXEMPLO 2 Demonstre por indução matemática que, para todos os n números positivos inteiros

$$\frac{1}{2^1} + \frac{1}{2^2} + \cdots + \frac{1}{2^n} = 1 - \frac{1}{2^n}$$

SOLUÇÃO Chegamos à demonstração executando os dois passos da indução matemática.

1. A fórmula é verdadeira para $n = 1$, pois

$$\frac{1}{2^1} = 1 - \frac{1}{2^1}$$

2. Se

$$\frac{1}{2^1} + \frac{1}{2^2} + \cdots + \frac{1}{2^k} = 1 - \frac{1}{2^k}$$

então

$$\frac{1}{2^1} + \frac{1}{2^2} + \cdots + \frac{1}{2^k} + \frac{1}{2^{k+1}} = 1 - \frac{1}{2^k} + \frac{1}{2^{k+1}} = 1 - \frac{1 \cdot 2}{2^k \cdot 2} + \frac{1}{2^{k+1}}$$
$$= 1 - \frac{2}{2^{k+1}} + \frac{1}{2^{k+1}} = 1 - \frac{1}{2^{k+1}}$$

Logo, a fórmula original é válida para $n = (k + 1)$ toda vez que for válida para $n = k$.

Com esses passos verificados, o princípio da indução matemática garante que a fórmula seja válida para todos os n números inteiros positivos.

Outros números inteiros iniciais

Em vez de começar com $n = 1$, alguns argumentos de indução começam com outros números inteiros. Os passos para esses argumentos são os seguintes:

1. Verifique se a fórmula é verdadeira para $n = n_1$ (o primeiro inteiro apropriado).
2. Demonstre que, se a fórmula é válida para qualquer inteiro $n = k \geq n_1$, então será verdadeira também para $n = (k + 1)$.

Se esses passos forem seguidos, o princípio da indução matemática garantirá a fórmula para todo $n \geq n_1$.

EXEMPLO 3 Demonstre que $n! > 3^n$ se n for grande o suficiente.

SOLUÇÃO Quanto é "grande o suficiente"? Experimentemos:

n	1	2	3	4	5	6	7
$n!$	1	2	6	24	120	720	5.040
3^n	3	9	27	81	243	729	2.187

Parece que $n! > 3^n$ para $n \geq 7$. Para termos certeza, aplicaremos a indução matemática. Tomamos $n_1 = 7$ no Passo 1 e tentemos o Passo 2.

Suponha que $k! > 3^k$ para algum $k \geq 7$. Então

$$(k + 1)! = (k + 1)(k!) > (k + 1)3^k > 7 \cdot 3^k > 3^{k+1}$$

Logo, para $k \geq 7$,

$$k! > 3^k \quad \text{implica} \quad (k + 1)! > 3^{k+1}$$

O princípio da indução matemática garante que $n! \geq 3^n$ para todo $n \geq 7$.

Exercícios A.1

1. Assumindo que a desigualdade triangular $|a + b| \leq |a| + |b|$ seja válida para dois números quaisquer a e b, demonstre que
$$|x_1 + x_2 + \cdots + x_n| \leq |x_1| + |x_2| + \cdots + |x_n|$$
para quaisquer n números.

2. Demonstre que, se $r \neq 1$, então
$$1 + r + r^2 + \cdots + r^n = \frac{1 - r^{n+1}}{1 - r}$$
para qualquer n inteiro positivo.

3. Utilizando a regra do produto, $\frac{d}{dx}(uv) = u\frac{dv}{dx} + v\frac{du}{dx}$, e o fato de que $\frac{d}{dx}(x) = 1$, demonstre que $\frac{d}{dx}(x^n) = nx^{n-1}$ para qualquer n inteiro positivo.

4. Suponha que uma função $f(x)$ possua a propriedade de que $f(x_1x_2) = f(x_1) + f(x_2)$ para quaisquer números positivos x_1 e x_2. Demonstre que
$$f(x_1x_2\cdots x_n) = f(x_1) + f(x_2) + \cdots + f(x_n)$$
para o produto de quaisquer n números positivos $x_1, x_2, \ldots, x_n$.

5. Demonstre que
$$\frac{2}{3^1} + \frac{2}{3^2} + \cdots + \frac{2}{3^n} = 1 - \frac{1}{3^n}$$
para qualquer n inteiro positivo.

6. Demonstre que $n! > n^3$ se n for grande o bastante.

7. Demonstre que $2^n > n^2$ se n for grande o bastante.

8. Demonstre que $2^n \geq 18$ para $n \geq -3$.

9. **Soma de quadrados** Demonstre que a soma dos quadrados dos primeiros n inteiros positivos é
$$\frac{n\left(n + \frac{1}{2}\right)(n + 1)}{3}$$

10. **Soma de cubos** Demonstre que a soma dos cubos dos primeiros n inteiros positivos é $(n(n + 1)/2)^2$.

11. **Regras para somas finitas** Demonstre que as seguintes regras para somas finitas são verdadeiras para todo inteiro positivo n.

(a) $\sum_{k=1}^{n}(a_k + b_k) = \sum_{k=1}^{n} a_k + \sum_{k=1}^{n} b_k$

(b) $\sum_{k=1}^{n}(a_k - b_k) = \sum_{k=1}^{n} a_k - \sum_{k=1}^{n} b_k$

(c) $\sum_{k=1}^{n} ca_k = c \cdot \sum_{k=1}^{n} a_k$ (Qualquer número c)

(d) $\sum_{k=1}^{n} a_k = n \cdot c$ (Se a_k tiver o valor constante c)

12. Demonstre que $|x^n| = |x|^n$ para todo n número positivo inteiro e para todo número real x.

A.2 Provas dos teoremas dos limites

Este apêndice demonstra as partes 2 a 5 do Teorema 1 e o Teorema 4 da Seção 2.2, Volume I.

Teorema 1 **Leis dos limites**

Se L, M, c e k são números reais e

$\lim_{x \to c} f(x) = L$ e $\lim_{x \to c} g(x) = M$, então

1. *Regra da soma:* $\lim_{x \to c} \left(f(x) + g(x)\right) = L + M$
2. *Regra da diferença:* $\lim_{x \to c} \left(f(x) - g(x)\right) = L - M$
3. *Regra do produto:* $\lim_{x \to c} \left(f(x) \cdot g(x)\right) = L \cdot M$
4. *Regra da multiplicação por constante:* $\lim_{x \to c} \left(kf(x)\right) = kL$ (qualquer número k)
5. *Regra do quociente:* $\lim_{x \to c} \dfrac{f(x)}{g(x)} = \dfrac{L}{M}$, se $M \neq 0$
6. *Regra da potenciação:* Se r e s são inteiros e não têm um fator comum, e se $s \neq 0$, então
$$\lim_{x \to c} \left(f(x)\right)^{r/s} = L^{r/s}$$
desde que $L^{r/s}$ seja um número real.
(Se s for par, presumimos que $L > 0$.)

Provamos a regra da soma na Seção 2.5, Volume I; a regra da potenciação, por sua vez, é provada em livros mais avançados. Obtemos a regra da diferença substituindo $g(x)$ por $-g(x)$ e M por $-M$ na regra da soma. A regra da multiplicação por constante é o caso especial $g(x) = k$ da regra do produto. Assim, sobram apenas as regras do produto e do quociente.

PROVA DA REGRA DO PRODUTO DE LIMITES Demonstraremos que, para qualquer $\epsilon > 0$, existe um $\delta > 0$ tal que para todo x na interseção D dos domínios de f e g,

$$0 < |x - c| < \delta \quad \Rightarrow \quad |f(x)g(x) - LM| < \epsilon$$

Suponha então que ϵ seja um número positivo e escreva $f(x)$ e $g(x)$ como

$$f(x) = L + (f(x) - L), \qquad g(x) = M + (g(x) - M)$$

Multiplique essas expressões e subtraia LM:

$$\begin{aligned} f(x) \cdot g(x) - LM &= (L + (f(x) - L))(M + (g(x) - M)) - LM \\ &= LM + L(g(x) - M) + M(f(x) - L) \\ &\quad + (f(x) - L)(g(x) - M) - LM \\ &= L(g(x) - M) + M(f(x) - L) + (f(x) - L)(g(x) - M) \qquad (1) \end{aligned}$$

Uma vez que f e g possuem limites L e M conforme $x \to c$, existem números positivos δ_1, δ_2, δ_3 e δ_4 tais que para qualquer x em D

$$\begin{aligned}
0 < |x - c| < \delta_1 \quad &\Rightarrow \quad |f(x) - L| < \sqrt{\epsilon/3} \\
0 < |x - c| < \delta_2 \quad &\Rightarrow \quad |g(x) - M| < \sqrt{\epsilon/3} \\
0 < |x - c| < \delta_3 \quad &\Rightarrow \quad |f(x) - L| < \epsilon/(3(1 + |M|)) \\
0 < |x - c| < \delta_4 \quad &\Rightarrow \quad |g(x) - M| < \epsilon/(3(1 + |L|))
\end{aligned} \tag{2}$$

Caso tomemos δ como o menor dos números de δ_1 a δ_4, as desigualdades do lado direito de **(2)** valerão simultaneamente para $0 < |x - c| < \delta$. Portanto, para qualquer x em D, $0 < |x - c| < \delta$ implica

$$|f(x) \cdot g(x) - LM| \qquad \text{Desigualdade triangular aplicada à Equação (1).}$$

$$\leq |L||g(x) - M| + |M||f(x) - L| + |f(x) - L||g(x) - M|$$

$$\leq (1 + |L|)|g(x) - M| + (1 + |M|)|f(x) - L| + |f(x) - L||g(x) - M|$$

$$< \frac{\epsilon}{3} + \frac{\epsilon}{3} + \sqrt{\frac{\epsilon}{3}}\sqrt{\frac{\epsilon}{3}} = \epsilon. \qquad \text{Valores da Equação (2).}$$

Isso conclui a prova da regra do produto de limites.

PROVA DA REGRA DO QUOCIENTE DE LIMITES Demonstraremos que $\lim_{x \to c} (1/g(x)) = 1/M$. Podemos concluir a partir da regra do produto de limites que

$$\lim_{x \to c} \frac{f(x)}{g(x)} = \lim_{x \to c} \left(f(x) \cdot \frac{1}{g(x)} \right) = \lim_{x \to c} f(x) \cdot \lim_{x \to c} \frac{1}{g(x)} = L \cdot \frac{1}{M} = \frac{L}{M}$$

Seja $\epsilon > 0$. Para demonstrar que $\lim_{x \to c} (1/g(x)) = 1/M$, precisaremos mostrar que existe um $\delta > 0$ tal que para todo x

$$0 < |x - c| < \delta \quad \Rightarrow \quad \left| \frac{1}{g(x)} - \frac{1}{M} \right| < \epsilon$$

Uma vez que $|M| > 0$, existe um número positivo δ_1 tal que para todo x

$$0 < |x - c| < \delta_1 \quad \Rightarrow \quad |g(x) - M| < \frac{M}{2} \tag{3}$$

Para quaisquer números A e B, pode-se mostrar que $|A| - |B| \leq |A - B|$ e $|B| - |A| \leq |A - B|$, a partir do que se segue que $||A| - |B|| \leq |A - B|$. Sendo $A = g(x)$ e $B = M$, temos

$$||g(x)| - |M|| \leq |g(x) - M|$$

que pode ser combinada com a desigualdade à direita da Equação (3) para obtermos:

$$||g(x)| - |M|| < \frac{|M|}{2}$$

$$-\frac{|M|}{2} < |g(x)| - |M| < \frac{|M|}{2}$$

$$\frac{|M|}{2} < |g(x)| < \frac{3|M|}{2}$$

$$|M| < 2|g(x)| < 3|M|$$

$$\frac{1}{|g(x)|} < \frac{2}{|M|} < \frac{3}{|g(x)|} \tag{4}$$

Portanto, $0 < |x - c| < \delta_1$ implica que

$$\left|\frac{1}{g(x)} - \frac{1}{M}\right| = \left|\frac{M - g(x)}{Mg(x)}\right| \leq \frac{1}{|M|} \cdot \frac{1}{|g(x)|} \cdot |M - g(x)|$$

$$< \frac{1}{|M|} \cdot \frac{2}{|M|} \cdot |M - g(x)| \quad \text{Desigualdade (4)} \qquad (5)$$

Uma vez que $(1/2)|M|^2 \epsilon > 0$, existe um número $\delta_2 > 0$ tal que para todo x

$$0 < |x - c| < \delta_2 \quad \Rightarrow \quad |M - g(x)| < \frac{\epsilon}{2}|M|^2 \qquad (6)$$

Caso tomemos δ como o menor de δ_1 e δ_2, tanto a conclusão da Equação (5) como a da (6) são verdadeiras para qualquer x tal que $0 < |x - c| < \delta$. Ao combinarmos essas conclusões, temos:

$$0 < |x - c| < \delta \quad \Rightarrow \quad \left|\frac{1}{g(x)} - \frac{1}{M}\right| < \epsilon$$

Isso conclui a prova da regra do quociente de limites.

Teorema 4 Teorema do confronto
Suponha que $g(x) \leq f(x) \leq h(x)$ para qualquer x em dado intervalo aberto I contendo c, exceto possivelmente quando $x = c$. Suponha também que $\lim_{x\to c} g(x) = \lim_{x\to c} h(x) = L$. Então, $\lim_{x\to c} f(x) = L$.

PROVA PARA LIMITES À DIREITA Suponha que $\lim_{x\to c^+} g(x) = \lim_{x\to c^+} h(x) = L$. Então, para qualquer $\epsilon > 0$, existe um $\delta > 0$ tal que, para qualquer x, o intervalo $c < x < c + \delta$ está contido em I e a desigualdade implica que

$$L - \epsilon < g(x) < L + \epsilon \qquad \text{e} \qquad L - \epsilon < h(x) < L + \epsilon$$

Essas desigualdades, combinadas com $g(x) \leq f(x) \leq h(x)$, fornecem

$$L - \epsilon < g(x) \leq f(x) \leq h(x) < L + \epsilon$$
$$L - \epsilon < f(x) < L + \epsilon$$
$$-\epsilon < f(x) - L < \epsilon$$

Portanto, para qualquer x, a desigualdade $c < x < c + \delta$ implica $|f(x) - L| < \epsilon$.

PROVA PARA LIMITES À ESQUERDA Suponha que

$$\lim_{x\to c^-} g(x) = \lim_{x\to c^-} h(x) = L$$

Então, para qualquer $\epsilon > 0$ existe um $\delta > 0$ tal que, para qualquer x o intervalo $c - \delta < x < c$ está contido em I e a desigualdade implica que

$$L - \epsilon < g(x) < L + \epsilon \qquad \text{e} \qquad L - \epsilon < h(x) < L + \epsilon$$

Concluímos, como antes, que, para qualquer x, $c - \delta < x < c$ implica $|f(x) - L| < \epsilon$.

PROVA PARA LIMITES BILATERAIS Se $\lim_{x\to c} g(x) = \lim_{x\to c} h(x) = L$, então tanto $g(x)$ como $h(x)$ tendem a L quando $x \to c^+$ e $x \to c^-$; portanto $\lim_{x\to c^+} f(x) = L$ e $\lim_{x\to c^-} f(x) = L$. Dessa maneira, $\lim_{x\to c} f(x)$ existe e é igual a L.

Exercícios A.2

1. Suponha que as funções $f_1(x)$, $f_2(x)$ e $f_3(x)$ possuam limites L_1, L_2 e L_3, respectivamente, quando $x \to c$. Mostre que sua soma possui limite $L_1 + L_2 + L_3$. Utilize indução matemática (Apêndice A.1) para generalizar esse resultado para a soma de qualquer número finito de funções.

2. Utilize indução matemática e a regra do produto de limites do Teorema 1 para mostrar que, caso as funções $f_1(x), f_2(x), \ldots, f_n(x)$ possuam limites $L_1, L_2, \ldots, L_n$ quando $x \to c$, então
$$\lim_{x\to c} f_1(x)f_2(x)\cdot\cdots\cdot f_n(x) = L_1\cdot L_2\cdot\cdots\cdot L_n$$

3. Use o fato de que $\lim_{x\to c} x = c$ e o resultado do Exercício 2 pa mostrar que $\lim_{x\to c} x^n = c^n$ para qualquer inteiro $n > 1$.

4. **Limites de polinômios** Use o fato de que $\lim_{x\to c} (k) = k$ para qualquer k número juntamente com os resultados dos exercícios 1 e 3 para mostrar que $\lim_{x\to c} f(x) = f(c)$ para qualquer função polinomial
$$f(x) = a_n x^n + a_{n-1}x^{n-1} + \cdots + a_1 x + a_0.$$

5. **Limites de funções racionais** Use o Teorema 1 e o resultado do Exercício 4 para provar que, se $f(x)$ e $g(x)$ são funções polinomiais e $g(c) \neq 0$, então
$$\lim_{x\to c} \frac{f(x)}{g(x)} = \frac{f(c)}{g(c)}$$

6. **Compostas de funções contínuas** A Figura A.1 apresenta o diagrama para a demonstração de que a composta de duas funções contínuas é contínua. Reconstrua a demonstração a partir do diagrama. A afirmação a ser demonstrada é: se f é contínua em $x = c$ e g é contínua em $f(c)$, então $g \circ f$ é contínua em c.
Suponha que c seja um ponto interior do domínio de f e que $f(c)$ seja um ponto interior do domínio de g. Isso fará que os limites envolvidos sejam bilaterais. (Os argumentos para os casos que envolvem limites laterais são análogos.)

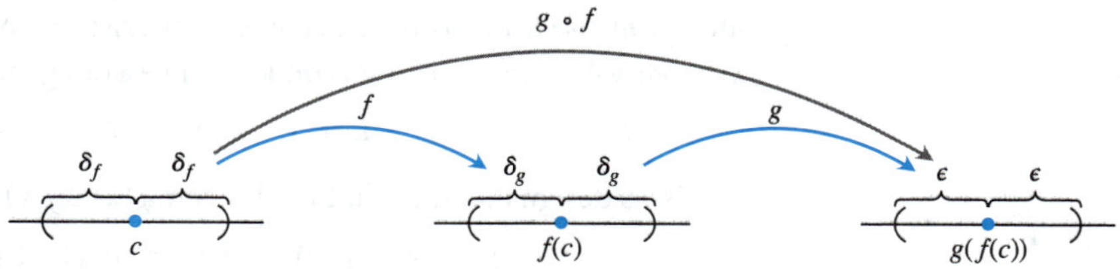

FIGURA A.1 O diagrama para a demonstração de que a composta de duas funções contínuas é contínua.

A.3 Limites que aparecem freqüentemente

Neste apêndice são verificados os limites (4) a (6) do Teorema 5 da Seção 11.1.

Limite 4: Se $|x| < 1$, $\lim_{n\to\infty} x^n = 0$ Precisamos mostrar que a cada $\epsilon > 0$ corresponde um inteiro N tão grande que $|x^n| < \epsilon$ para todo n maior que N. Uma vez que $\epsilon^{1/n} \to 1$, enquanto $|x| < 1$, existe um inteiro N para cada $\epsilon^{1/n} > |x|$. Em outras palavras,
$$|x^N| = < |x|^N < \epsilon. \quad (1)$$
Esse inteiro é o que procuramos porque, se $|x| < 1$, então
$$|x^n| < |x^N| \quad \text{para qualquer } n > N. \quad (2)$$
A combinação das equações (1) e (2) produz $|x^n| < \epsilon$ para qualquer $n > N$, concluindo a prova.

Limite 5: Para qualquer número x, $\lim_{n\to\infty}\left(1+\frac{x}{n}\right)^n = e^x$ Seja
$$a_n = \left(1+\frac{x}{n}\right)^n$$

Então

$$\ln a_n = \ln\left(1 + \frac{x}{n}\right)^n = n \ln\left(1 + \frac{x}{n}\right) \rightarrow x$$

como podemos verificar pela aplicação da regra de L'Hôpital a seguir, na qual diferenciamos em relação a n:

$$\lim_{n\to\infty} n \ln\left(1 + \frac{x}{n}\right) = \lim_{n\to\infty} \frac{\ln(1 + x/n)}{1/n}$$

$$= \lim_{n\to\infty} \frac{\left(\dfrac{1}{1 + x/n}\right)\cdot\left(-\dfrac{x}{n^2}\right)}{-1/n^2} = \lim_{n\to\infty} \frac{x}{1 + x/n} = x$$

Aplique o Teorema 3, Seção 11.1, com $f(x) = e^x$ para concluir que

$$\left(1 + \frac{x}{n}\right)^n = a_n = e^{\ln a_n} \rightarrow e^x$$

Limite 6: Para qualquer número x, $\lim\limits_{n\to\infty} \dfrac{x^n}{n!} = 0$ Uma vez que

$$-\frac{|x|^n}{n!} \leq \frac{x^n}{n!} \leq \frac{|x|^n}{n!}$$

tudo o que precisamos mostrar é que $|x|^n/n! \rightarrow 0$. Então podemos aplicar o teorema do confronto para seqüências (Seção 11.1, Teorema 2) e concluir que $x^n/n! \rightarrow 0$.

O primeiro passo para mostrar que $|x|^n/n! \rightarrow 0$ é escolher um inteiro $M > |x|$, de maneira que $(|x|/M) < 1$. Pelo limite 4, que acabamos de demonstrar, temos então $(|x|/M)^n \rightarrow 0$. Atemo-nos, então, aos valores de $n > M$. Para esses valores de n, podemos escrever

$$\frac{|x|^n}{n!} = \frac{|x|^n}{1\cdot 2\cdot \cdots \cdot M\cdot \underbrace{(M + 1)(M + 2)\cdot \cdots \cdot n}_{(n\,-\,M)\text{ fatores}}}$$

$$\leq \frac{|x|^n}{M!M^{n-M}} = \frac{|x|^n M^M}{M!M^n} = \frac{M^M}{M!}\left(\frac{|x|}{M}\right)^n$$

Logo,

$$0 \leq \frac{|x|^n}{n!} \leq \frac{M^M}{M!}\left(\frac{|x|}{M}\right)^n$$

Agora, a constante $M^M/M!$ não muda quando n aumenta. Então, o teorema do confronto nos diz que $|x|^n/n! \rightarrow 0$ porque $(|x|/M)^n \rightarrow 0$.

A.4 Teoria dos números reais

Uma apresentação rigorosa do cálculo apóia-se nas propriedades dos números reais. Muitos resultados sobre funções, derivadas e integrais seriam falsos se estabelecidos para funções definidas somente nos números racionais. Neste apêndice, examinaremos brevemente alguns conceitos básicos da teoria dos números reais; isso nos dará uma idéia do que pode ser aprendido em um estudo mais profundo e teórico de cálculo.

O que define os números reais são três categorias de propriedades: **algébricas**, de **ordem** e de **completude**. As propriedades algébricas envolvem adição e de multiplicação, subtração e divisão. Aplicam-se a números racionais ou complexos, bem como aos reais.

A estrutura dos números é construída em torno de um conjunto por meio de operações de adição e de multiplicação. As propriedades a seguir são exigidas da adição e da multiplicação.

A1 $a + (b + c) = (a + b) + c$ para quaisquer a, b, c.
A2 $a + b = b + a$ para quaisquer a, b, c.
A3 Existe um número chamado "0" tal que $a + 0 = a$ para qualquer a.
A4 Para qualquer número a, existe um b tal que $a + b = 0$.
M1 $a(bc) = (ab)c$ para quaisquer a, b, c.
M2 $ab = ba$ para quaisquer a, b.
M3 Existe um número chamado "1" tal que $a \cdot 1 = a$ para qualquer a.
M4 Para cada a diferente de zero, existe um b tal que $ab = 1$.
D $a(b + c) = ab + bc$ para quaisquer a, b, c.

A1 e M1 são *leis associativas*, A2 e M2 são *leis cumutativas*, A3 e M3 são *leis de identidade*, e D é a *lei distributiva*. Conjuntos que apresentam essas propriedades algébricas são exemplos de **corpos**, tópico estudado com profundidade na área de teoria matemática denominada álgebra abstrata.

As propriedades de **ordem**, por sua vez, permitem que comparemos o tamanho de dois números quaisquer. As propriedades de ordem são

O1 Para quaisquer a e b, ou $a \leq b$, ou $b \leq a$, ou ainda ambas as coisas.
O2 Se $a \leq b$ e $b \leq a$, então $a = b$.
O3 Se $a \leq b$ e $b \leq c$, então $a \leq c$.
O4 Se $a \leq b$, então $a + c \leq b + c$.
O5 Se $\leq b$ e $0 \leq c$, então $ac \leq bc$.

O3 é a *lei da transitividade*, enquanto O4 e O5 relacionam ordem a adição e multiplicação.

Podemos ordenar os números reais, os inteiros e os racionais, mas não podemos ordenar os números complexos (veja o Apêndice A.5). Não há maneira razoável de definir se um número como $i = \sqrt{-1}$ é maior ou menor que zero. Um corpo em que o tamanho de dois elementos quaisquer possa ser comparado da maneira que acabamos de ver é chamado **corpo ordenado**. Tanto os números racionais quanto os reais são corpos ordenados, e além deles há muitos outros.

Podemos pensar nos números reais geometricamente, imaginando-os como pontos em uma reta. A **propriedade de completude** diz que os números reais correspondem a todos os pontos da reta, sem "buraco" ou "lacuna". Os racionais, por outro lado, pulam pontos como $\sqrt{2}$ e π, e os inteiros deixam de fora até mesmo frações como 1/2. Os reais, tendo a propriedade da completude, não omitem pontos.

O que queremos dizer exatamente com essa idéia vaga de "buracos" na reta? Para responder, precisamos dar uma descrição mais exata de completude. Um número M será um **limitante superior** para um conjunto de números se todos os números no conjunto forem menores ou iguais a esse limitante. M será o **menor limitante superior** se for o limitante superior mais baixo. Por exemplo, $M = 2$ é um limitante superior para os números negativos. $M = 1$ também o é, o que demonstra que 2 não é o menor limitante superior. O menor limitante superior para o conjunto de números negativos é $M = 0$. Denominamos, então, corpo ordenado **completo** aquele em que qualquer conjunto não vazio limitado superiormente possui um menor limitante superior.

Se trabalharmos apenas com os números racionais, o conjunto de números menores que $\sqrt{2}$ será limitado superiormente, mas não terá um menor limitante superior racional, uma vez que qualquer limitante superior racional M pode ser substituído por um número racional ligeiramente menor que, ainda assim, será maior do que $\sqrt{2}$. Logo, os racionais não são completos. Entre os números reais, porém, um conjunto limitado superiormente sempre terá um menor limitante superior. Os reais são, portanto, um corpo ordenado completo.

A propriedade da completude está no âmago de muitos resultados em cálculo. Exemplo disso ocorre quando estamos procurando um valor máximo de uma função em um intervalo fechado $[a, b]$, como fizemos na Seção 4.1, Volume I. A função $y = x - x^3$ possui um valor máximo em $[0, 1]$ no ponto x que satisfaz $1 - 3x^2 = 0$, ou $x = \sqrt{1/3}$. Se estivéssemos considerando apenas funções definidas em números racionais, teríamos de concluir que a função não tem máximo, uma vez que $\sqrt{1/3}$ é irracional (Figura A.2). Logo, o teorema do valor extremo (Seção 4.1), que implica que funções contínuas em intervalos fechados $[a, b]$ têm um valor máximo, não é verdadeiro para funções definidas somente no universo dos números racionais.

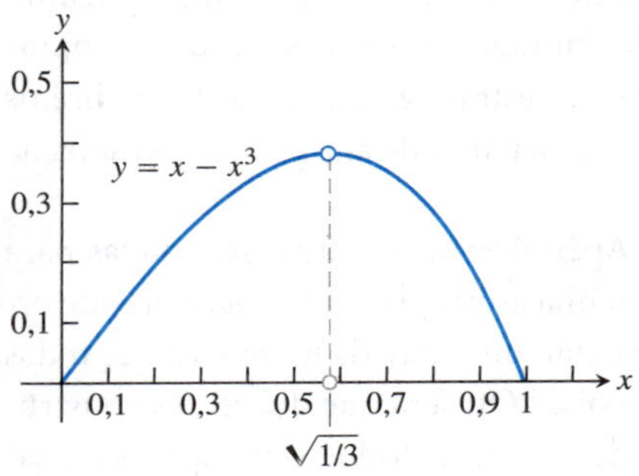

FIGURA A.2 O valor máximo de $y = x - x^3$ em $[0, 1]$ ocorre no número irracional $x = \sqrt{1/3}$.

Segundo o teorema do valor intermediário, uma função contínua f em um intervalo $[a, b]$ com $f(a) < 0$ e $f(b) > 0$ precisa ser nula em algum ponto em $[a, b]$. Os valores da função não podem saltar do negativo para o positivo sem haver algum ponto x em $[a, b]$ onde $f(x) = 0$. O teorema do valor intermediário também se apóia na completude dos números reais e é falso para funções contínuas definidas somente nos números racionais. A função $f(x) = 3x^2 - 1$ tem $f(0) = -1$ e $f(1) = 2$, mas, se considerarmos f somente nos números racionais, ela nunca será igual a zero. O único valor de x para o qual $f(x) = 0$ é $x = \sqrt{1/3}$, um número irracional.

Já captamos as propriedades desejadas dos números reais dizendo que eles são um corpo ordenado completo. Mas isso não é tudo. Os matemáticos gregos da escola de Pitágoras tentaram imputar outra propriedade aos números da reta real: a condição de que todos os números são razões de inteiros. Eles perceberam que seu esforço havia sido em vão quando descobriram números irracionais tais como $\sqrt{2}$. Como sabemos que nossa tentativa de especificar os números reais também não está incorreta, por algum motivo ainda não percebido? O artista gráfico Escher desenhou ilusões óticas de escadas em espiral que subiam mais e mais até se reencontrarem embaixo. Um engenheiro que tentasse construir uma escada desse tipo descobriria que nenhuma estrutura é capaz de concretizar o projeto do arquiteto. Será que nosso projeto para os números reais também contém alguma contradição sutil e não é possível construir um sistema de números como este?

Resolvemos esse problema dando uma descrição específica dos números reais e verificando se as propriedades algébrica, de ordem e de completude são satisfeitas nesse modelo. Esse processo chama-se **construção** dos números reais, e, assim como escadas podem ser construídas com madeira, pedra ou aço, existem várias maneiras de construir os números reais. Uma delas os trata como o conjunto de todos os decimais infinitos,

$$a,d_1d_2d_3d_4\ldots$$

Nessa abordagem, um número real é um inteiro a seguido de uma seqüência de dígitos decimais d_1, d_2, d_3,..., cada um deles entre 0 e 9. Essa seqüência pode parar, ou repetir-se em um padrão periódico, ou seguir indefinidamente sem padrão. Dessa forma, 2,00, 0,3333333 ... e 3,1415926535898 ... representam três números reais que nos são familiares. Para entender o verdadeiro significado das reticências ("...") após esses dígitos, precisamos estudar a teoria de seqüências e séries, o que será feito no Capítulo 11. Cada número real é construído como o limite de uma seqüência de números racionais dada por suas aproximações decimais finitas. Um decimal infinito é, portanto, o mesmo que uma série

$$a + \frac{d_1}{10} + \frac{d_2}{100} + \cdots$$

Essa construção decimal dos números reais não é inteiramente direta. É fácil verificar que ela dá números que satisfazem as propriedades de completude e ordem, mas verificar as propriedades algébricas é bastante complicado. Até mesmo a soma ou a multiplicação de apenas dois números exige um número infinito de operações. Para fazer sentido, a divisão requer um cuidadoso argumento envolvendo limites de aproximações racionais para decimais infinitos.

Uma abordagem diferente ao assunto foi dada pelo matemático alemão Richard Dedekind (1831-1916), que, em 1872, estabeleceu a primeira construção rigorosa dos números reais. Dado qualquer x número real, podemos dividir os números racionais em dois conjuntos: os menores ou iguais a x e os maiores. Engenhosamente, Dedekind inverteu esse raciocínio e definiu um número real como uma divisão dos números racionais em dois conjuntos como esses. A abordagem pode parecer estranha, mas métodos indiretos como esse, que constroem novas estruturas a partir de antigas, são comuns na teoria matemática.

Essas e outras abordagens (veja o Apêndice A.5) podem ser usadas para construir um sistema de números que tenha as propriedades algébrica, de ordem e de completude desejadas. Surge então uma dúvida final: será que todas essas construções resultam na mesma coisa? Ou será que diferentes construções resultam em diferentes sistemas de números, todos eles capazes de satisfazer as propriedades exigidas? Em caso positivo, qual desses sistemas será o dos números reais? Felizmente, a resposta é não, as diferentes abordagens não levam a resultados distintos. Os reais são o único sistema numérico que satisfaz as propriedades algébricas, de ordem e de completude.

A confusão em torno da natureza dos números reais e dos limites causou considerável controvérsia nos primórdios do cálculo. Pioneiros do cálculo, como Newton, Leibniz e seus sucessores, ao observar o que acontecia com a razão incremental

$$\frac{\Delta y}{\Delta x} = \frac{f(x + \Delta x) - f(x)}{\Delta x}$$

quando Δy e Δx tendiam a zero, diziam que a derivada resultante seria um quociente de duas quantidades infinitamente pequenas. Acreditava-se que esses "infinitésimos", indicados por dx e dy, seriam algum novo tipo de número, menor que qualquer número já conhecido, porém diferente de zero. De modo análogo, acreditava-se que uma integral definida era uma soma de um número infinito de infinitésimos.

$$f(x) \cdot dx$$

quando x variava em um intervalo fechado. Embora as razões incrementais $\Delta y/\Delta x$ usadas para aproximação fossem tão bem compreendidas quanto hoje, achava-se que era o quociente de quantidades infinitesimais, e não um limite, que concentrava o significado da derivada. Esse modo de pensar levava a dificuldades lógicas, à medida que as tentativas de definição e manipulação dos infinitésimos incorriam em contradições e inconsistências. Razões incrementais mais concretas e fáceis de calcular não causam esse tipo de problema, mas elas eram vistas apenas como ferramentas de cálculo. Eram usadas para se trabalhar com o valor numérico da derivada e para derivar fórmulas gerais de cálculo, mas ninguém achava que elas ajudariam a responder o que era exatamente uma derivada. Hoje, percebemos que os problemas lógicos associados aos infinitésimos podem ser evitados quando *definimos* a derivada como o limite das razões incrementais que servem para aproximá-la. As ambigüidades da antiga abordagem não estão mais presentes e, na teoria do cálculo padrão, infinitésimos já não são necessários nem utilizados.

A.5 Números complexos

Este apêndice pode ser encontrado no Companion Website do livro (**www.aw.com/thomas_br**).

A.6 A propriedade distributiva para produtos vetoriais

Neste apêndice, provaremos a propriedade distributiva

$$\mathbf{u} \times (\mathbf{v} + \mathbf{w}) = \mathbf{u} \times \mathbf{v} + \mathbf{u} \times \mathbf{w}$$

identificada como propriedade 2 na Seção 12.4.

PROVA Para deduzir a propriedade distributiva, construímos $\mathbf{u} \times \mathbf{v}$ de um novo modo. Desenhamos $\mathbf{u}$ e $\mathbf{v}$ a partir de um ponto comum O e construímos um plano M perpendicular a $\mathbf{u}$ em O (Figura A.10). Então projetamos $\mathbf{v}$ ortogonalmente em M, gerando um vetor $\mathbf{v}'$ de comprimento $|\mathbf{v}|$ sen θ. Rodamos $\mathbf{v}'$ 90° em torno de $\mathbf{u}$ no sentido positivo para produzir um vetor $\mathbf{v}''$. Por fim, multiplicamos $\mathbf{v}''$ pelo comprimento de $\mathbf{u}$. O vetor resultante $|\mathbf{u}|\mathbf{v}''$ é igual a $\mathbf{u} \times \mathbf{v}$, já que $\mathbf{v}''$ tem a mesma direção que $\mathbf{u} \times \mathbf{v}$ por sua construção (Figura A.10) e

$$|\mathbf{u}||\mathbf{v}''| = |\mathbf{u}||\mathbf{v}'| = |\mathbf{u}||\mathbf{v}| \text{ sen } \theta = |\mathbf{u} \times \mathbf{v}|$$

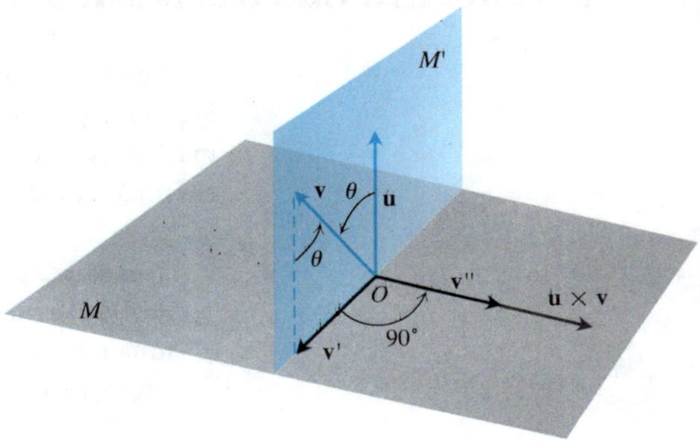

FIGURA A.10 Como explicado no texto, $\mathbf{u} \times \mathbf{v} = |\mathbf{u}|\mathbf{v}''$.

Agora, cada uma das três operações, que são:

1. projeção em M,
2. rotação em torno de **u** em 90°,
3. multiplicação pela grandeza escalar $|\mathbf{u}|$,

quando aplicadas a um triângulo cujo plano não é paralelo a **u**, produzirão outro triângulo. Se começarmos com o triângulo cujos lados são **v**, **w** e **v** + **w** (Figura A.11) e aplicarmos esses três passos, obteremos sucessivamente:

1. Um triângulo cujos lados são $\mathbf{v}'$, $\mathbf{w}'$ e $(\mathbf{v}+\mathbf{w})'$, satisfazendo a equação vetorial
$$\mathbf{v}' + \mathbf{w}' = (\mathbf{v}+\mathbf{w})'$$
2. Um triângulo cujos lados são $\mathbf{v}''$, $\mathbf{w}''$ e $(\mathbf{v}+\mathbf{w})''$, satisfazendo a equação vetorial
$$\mathbf{v}'' + \mathbf{w}'' = (\mathbf{v}+\mathbf{w})''$$
(a linha dupla em cada vetor tem o mesmo significado da Figura A.10)

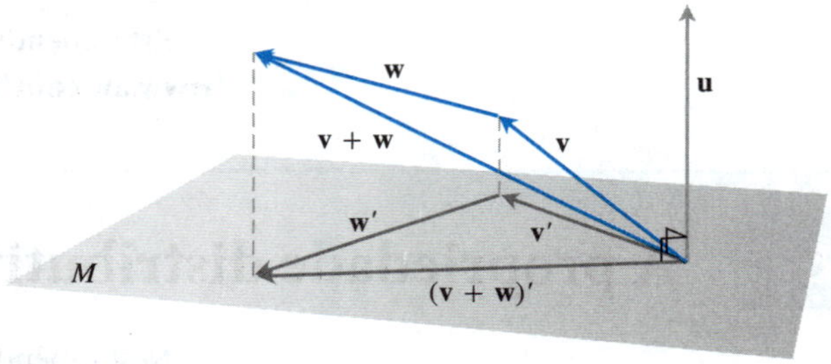

FIGURA A.11 Os vetores **v**, **w**, **v** + **w** e suas projeções em um plano perpendicular a **u**.

3. Um triângulo cujos lados são, $|\mathbf{u}|\,\mathbf{v}''$, $|\mathbf{u}|\,\mathbf{w}''$ e $|\mathbf{u}|\,(\mathbf{v}+\mathbf{w})''$, satisfazendo a equação vetorial
$$|\mathbf{u}|\,\mathbf{v}'' + |\mathbf{u}|\,\mathbf{w}'' = |\mathbf{u}|\,(\mathbf{v}+\mathbf{w})''$$
Substituindo nessa última equação $|\mathbf{u}|\,\mathbf{v}'' = \mathbf{u}\times\mathbf{v}$, $|\mathbf{u}|\,\mathbf{w}'' = \mathbf{u}\times\mathbf{w}$ e $|\mathbf{u}|\,(\mathbf{v}+\mathbf{w})'' = \mathbf{u}\times(\mathbf{v}+\mathbf{w})$ da discussão anterior, temos
$$\mathbf{u}\times\mathbf{v} + \mathbf{u}\times\mathbf{w} = \mathbf{u}\times(\mathbf{v}+\mathbf{w})$$
que é a lei que queríamos estabelecer.

A.7 O teorema das derivadas mistas e o teorema do incremento

Neste apêndice, deduzimos o teorema das derivadas mistas (Teorema 2, Seção 14.3) e o teorema do incremento para funções de duas variáveis (Teorema 3, Seção 14.3). Euler publicou seu teorema das derivadas mistas em 1734, em uma série de trabalhos que ele escreveu sobre hidrodinâmica.

Teorema 2 O teorema das derivadas mistas
Se $f(x, y)$ e suas derivadas parciais f_x, f_y, f_{xy} e f_{yx} são definidas ao longo de uma região aberta que contém um ponto (a, b) e são todas contínuas em (a, b), então $f_{xy}(a, b) = f_{yx}(a, b)$.

PROVA A igualdade de $f_{xy}(a, b)$ e $f_{yx}(a, b)$ pode ser estabelecida por quatro aplicações do teorema do valor médio (Teorema 4, Seção 4.2, Volume I). Por hipótese, o ponto (a, b) situa-se no interior de um retângulo R no plano xy no qual f, f_x, f_y, f_{xy} e f_{yx} são todas definidas. Fazemos h e k serem os números necessários para que o ponto $(a + h, b + k)$ também se situe em R e consideramos a diferença

$$\Delta = F(a+h) - F(a) \tag{1}$$

onde

$$F(x) = f(x, b + k) - f(x, b) \tag{2}$$

Aplicamos o teorema do valor médio a F, que é contínua porque é diferenciável, e a Equação (1) torna-se

$$\Delta = hF'(c_1) \tag{3}$$

onde c_1 situa-se entre a e $a + h$. Da Equação (2),

$$F'(x) = f_x(x, b + k) - f_x(x, b)$$

então a Equação (3) torna-se

$$\Delta = h[f_x(c_1, b + k) - f_x(c_1, b)] \tag{4}$$

Agora, aplicamos o teorema do valor médio à função $g(y) = f_x(c_1, y)$ e temos

$$g(b + k) - g(b) = kg'(d_1)$$

ou

$$f_x(c_1, b + k) - f_x(c_1, b) = k\, f_{xy}(c_1, d_1)$$

para algum d_1 entre b e $b + k$. Substituindo isso na Equação (4), obtemos

$$\Delta = hkf_{xy}(c_1, d_1) \tag{5}$$

para algum ponto (c_1, d_1) no retângulo R' cujos vértices são os quatro pontos (a, b), $(a + h, b)$, $(a + h, b + k)$ e $(a, b + k)$. (Veja a Figura A.12.)

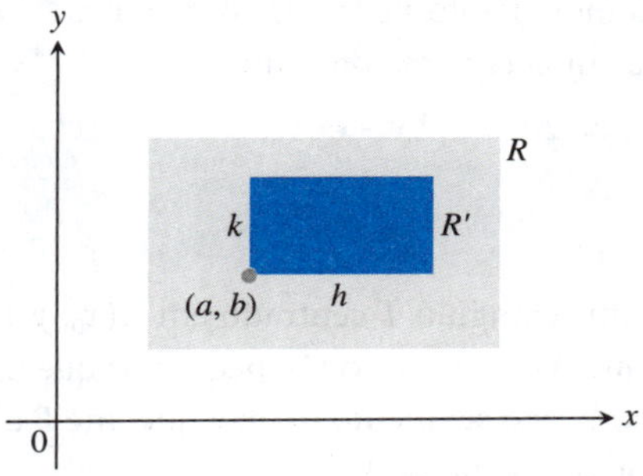

FIGURA A.12 A chave para provar $f_{xy}(a, b) = f_{yx}(a, b)$ é que não importa quão pequeno seja R', f_{xy} e f_{yx} assumem valores iguais em algum lugar dentro de R' (embora não necessariamente no mesmo ponto).

Substituindo da Equação (2) na Equação (1), podemos escrever também

$$\begin{aligned}\Delta &= f(a + h, b + k) - f(a + h, b) - f(a, b + k) + f(a, b)\\ &= [f(a + h, b + k) - f(a, b + k)] - [f(a + h, b) - f(a, b)]\\ &= \phi(b + k) - \phi(b)\end{aligned} \tag{6}$$

onde

$$\phi = (y) = f(a + h, y) - f(a, y) \tag{7}$$

O teorema do valor médio aplicado à Equação (6) agora dá

$$\Delta = k\phi'(d_2) \tag{8}$$

para algum d_2 entre b e $b + k$. Pela Equação (7),

$$\phi' = (y) = f_y(a + h, y) - f(a, y) \tag{9}$$

Substituindo a Equação (9) na Equação (8), temos

$$\Delta = k[f_y(a + h, d_2) - f_y(a, d_2)]$$

Por fim, aplicamos o teorema do valor médio à expressão em colchetes e obtemos

$$\Delta = khf_{yx}(c_2, d_2) \tag{10}$$

para algum c_2 entre a e $a + h$.

Juntas, as equações (5) e (10) mostram que

$$f_{xy}(c_1, d_1) = f_{yx}(c_2, d_2) \tag{11}$$

onde tanto (c_1, d_1) como (c_2, d_2) situam-se no retângulo R' (Figura A.12). A Equação (11) não é bem o resultado que queremos, já que ela diz somente que f_{xy} tem o mesmo valor em (c_1, d_1) que tem em (c_2, d_2). Os números h e k em nossa discussão, entretanto, podem ser tão pequenos quanto desejamos. A hipótese de que f_{xy} e f_{yx} são ambas contínuas em (a, b) significa que $f_{xy}(c_1, d_1) = f_{xy}(a, b) + \epsilon_1$ e $f_{yx}(c_2, d_2) = f_{yx}(a, b)\ \epsilon_2$, onde $\epsilon_1, \epsilon_2 \to 0$ quando $h, k \to 0$. Portanto, se fazemos h e $k \to 0$, temos $f_{xy}(a, b) = f_{yx}(a, b)$.

A igualdade de $f_{xy}(a, b)$ e $f_{yx}(a, b)$ pode ser provada com hipóteses mais fracas que as consideradas aqui. Por exemplo, basta que f, f_x e f_y existam em R e que f_{xy} seja contínua em (a, b). Então, f_{yx} existirá em (a, b) e será igual a f_{xy} nesse ponto.

Teorema 3 **O teorema do incremento para funções de duas variáveis**

Suponha que as derivadas parciais de primeira ordem de $z = f(x, y)$ estejam definidas em uma região aberta R que contém o ponto (x_0, y_0) e que f_x e f_y sejam contínuas em (x_0, y_0). Então, a variação $\Delta z = f(x_0 + \Delta x, y_0 - \Delta y) - f(x_0, y_0)$ no valor de f que resulta do movimento de (x_0, y_0) para outro ponto $(x_0 + \Delta x, y_0 + \Delta y)$ em R satisfaz uma equação da forma

$$\Delta z = f_x(x_0, y_0)\ \Delta x + f_y(x_0, y_0)\ \Delta y + \epsilon_1 \Delta x + \epsilon_2 \Delta y,$$

onde $\epsilon_1, \epsilon_2 \to 0$ quando $\Delta x, \Delta y \to 0$.

PROVA Trabalhamos dentro de um retângulo T centrado em $A(x_0, y_0)$ e situado dentro de R e consideramos que Δx e Δy já são tão pequenos que o segmento de reta que une A a $B(x_0 + \Delta x, y_0)$ e o segmento de reta que une B a $C(x_0 + \Delta x, y_0 + \Delta y)$ situam-se no interior de T (Figura A.13).

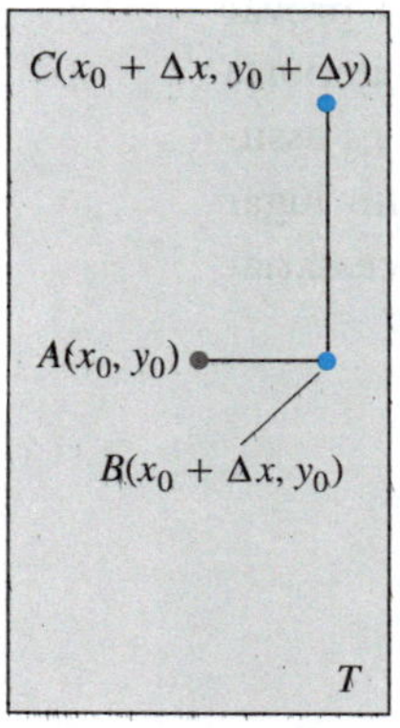

FIGURA A.13 A região retangular T na prova do teorema do incremento. A figura está desenhada para Δx e Δy positivos, mas o incremento pode ser zero ou negativo.

Podemos pensar em Δz como a soma $\Delta z = \Delta z_1 + \Delta z_2$ de dois incrementos, onde

$$\Delta z_1 = f(x_0 + \Delta x, y_0) - f(x_0, y_0)$$

é a variação do valor de f de A a B e

$$\Delta z_2 = f(x_0 + \Delta x, y_0 + \Delta y) - f(x_0 + \Delta x\ y_0)$$

é a variação do valor de f de B a C (Figura A.14).

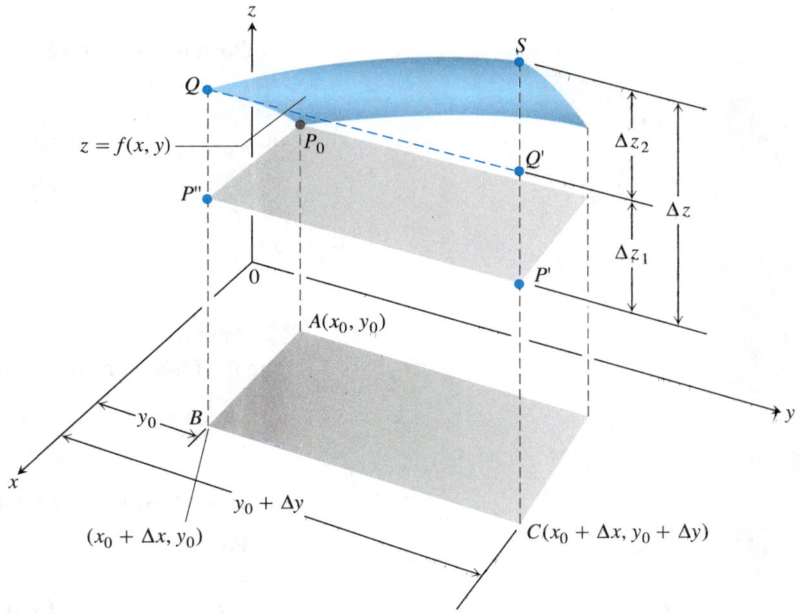

FIGURA A.14 Parte da superfície $z = f(x, y)$ próximo de $P_0(x_0, y_0, f(x_0, y_0))$. Os pontos P_0, P' e P'' têm a mesma altura $z_0 = f(x_0, y_0)$ acima do plano xy. A variação de z é $\Delta z = P'S$. A variação

$$\Delta z_1 = f(x_0 + \Delta x, y_0) - f(x_0, y_0)$$

mostrada quando $P''Q = P'Q'$, é causada pela variação de x de x_0 para $x_0 + \Delta x$ enquanto se mantém y igual a y_0. Então, com x mantido igual a $x_0 + \Delta x$,

$$\Delta z_2 = f(x_0 + \Delta x, y_0 + \Delta y) - f(x_0 + \Delta x, y_0)$$

é a variação de z causada ao se variar y_0 de y_0 para $y_0 + \Delta y$, que é representada por $Q'S$? A variação total de z é a soma de Δz_1 e Δz_2.

No intervalo fechado de valores x que une x_0 a $x_0 + \Delta x$, a função $F(x) = f(x, y_0)$ é uma função de x diferenciável (e, portanto, contínua), com derivada

$$F'(x) = f_x(x, y_0)$$

Pelo teorema do valor médio (Teorema 4, Seção 4.2, Volume I), há um valor c em x entre x_0 e $x_0 + \Delta x$ no qual

$$F(x_0 + \Delta x) - F(x_0) = F'(c)\Delta x$$

ou

$$f(x_0 + \Delta x, y_0) - f(x_0, y_0) = f_x(c, y_0)\Delta x$$

ou

$$\Delta z_1 = f_x(c, y_0)\,\Delta x \tag{12}$$

Similarmente, $G'(y) = f_y(x_0 + \Delta x, y)$ é uma função de y diferenciável (e, portanto, contínua) no intervalo fechado y que une y_0 e $y_0 + \Delta y$, com derivada

$$G'(y) = f_y(x_0 + \Delta x, y)$$

Portanto, há um valor d em y entre y_0 e $y_0 + \Delta y$ no qual

$$G(y_0 + \Delta y) - G(y_0) = G'(d)\Delta y$$

ou

$$f(x_0 + \Delta x, y_0 + \Delta y) - f(x_0, \Delta x, y) = f_y(x_0 + \Delta x, d)\,\Delta y$$

ou

$$\Delta z_2 = f_y(x_0 + \Delta x, d)\Delta y. \tag{13}$$

Agora, quando Δx e $\Delta y \to 0$, sabemos que $c \to x_0$ e $d \to y_0$. Assim, uma vez que f_x e f_y são contínuas em (x_0, y_0), as quantidades

$$\begin{aligned} \epsilon_1 &= f_x(c, y_0) - f_x(x_0, y_0) \\ \epsilon_2 &= f_y(x_0 + \Delta x, d) - f_y(x_0, y_0) \end{aligned} \tag{14}$$

aproximam-se de zero quando Δx e $\Delta y \to 0$.

Por fim,

$$\begin{aligned} \Delta z &= \Delta z_1 + \Delta z_2 \\ &= f_x(c, y_0)\Delta x + f_y(x_0 + \Delta x, d)\Delta y && \text{Das equações (12) e (13)} \\ &= [f_x(x_0, y_0) + \epsilon_1]\Delta x + [f_y(x_0 + y_0) + \epsilon_2]\Delta y && \text{Da equação (14).} \\ &= f_x(x_0, y_0)\Delta x + f_y(x_0, y_0)\Delta y + \epsilon_1\,\Delta x + \epsilon_2\,\Delta y \end{aligned}$$

onde ϵ_1 e $\epsilon_2 \to 0$ quando Δx e $\Delta y \to 0$, que é o que queríamos provar.

Resultados análogos são verdadeiros para funções de qualquer número finito de variáveis independentes. Suponha que as derivadas parciais de primeira ordem de $w = f(x, y, z)$ sejam definidas ao longo de uma região aberta que contém o ponto (x_0, y_0, z_0) e que f_x, f_y e f_z sejam contínuas em (x_0, y_0, z_0). Então

$$\begin{aligned} \Delta w &= f(x_0 + \Delta x, y_0 + \Delta y, z_0 + \Delta z) - f(x_0, y_0, z_0) \\ &= f_x\Delta x, f_y\Delta y, f_z\Delta z + \epsilon_1\,\Delta x + \epsilon_2\,\Delta y + \epsilon_3\,\Delta z \end{aligned} \tag{15}$$

onde $\epsilon_1, \epsilon_2, \epsilon_3 \to 0$ quando $\Delta x, \Delta y, \Delta z \to 0$

As derivadas parciais f_x, f_y, f_z na equação (15) são calculadas no ponto (x_0, y_0, z_0).

A Equação (15) pode ser provada tratando-se Δw como a soma dos três incrementos,

$$\Delta w_1 = f(x_0 + \Delta x, y_0, z_0) - f(x_0, y_0, z_0) \tag{16}$$

$$\Delta w_2 = f(x_0 + \Delta x, y_0 + \Delta y, z_0) - f(x_0 + \Delta x, y_0, z_0) \tag{17}$$

$$\Delta w_3 = f(x_0 + \Delta x, y_0 + \Delta y, z_0 + \Delta z) - f(x_0 + \Delta x, y_0 + \Delta y, z_0) \tag{18}$$

e aplicando-se o teorema do valor médio a cada um deles separadamente. Duas coordenadas permanecem constantes e somente uma varia em cada um desses incrementos parciais $\Delta w_1, \Delta w_2, \Delta w_3$. Na Equação (17), por exemplo, somente y varia, desde que x seja mantido igual a $x_0 + \Delta x$ e z seja mantido igual a z_0. Como $f(x_0 + \Delta x, y, z_0)$ é uma função contínua de y com uma derivada f_y, ela está nas hipóteses do teorema do valor médio, e temos

$$\Delta w_2 = f_y(x_0 + \Delta x, y_1, z_0)\Delta y$$

para algum y_1 entre y_0 e $y_0 + \Delta y$

A.8 A área da projeção de um paralelogramo em um plano

Neste apêndice, provamos o resultado necessário na Seção 16.5 de que $|(\mathbf{u} \times \mathbf{v}) \cdot \mathbf{p}|$ é a área da projeção do paralelogramo com lados determinados por **u** e **v** sobre qualquer plano cuja normal é **p**. (Veja a Figura A.15.)

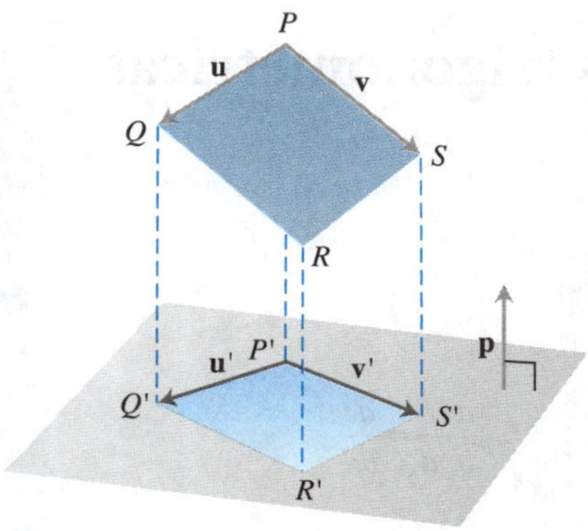

FIGURA A.15 O paralelogramo determinado por dois vetores **u** e **v** no espaço e a projeção ortogonal do paralelogramo em um plano. As retas de projeção, ortogonais ao plano, estão paralelas ao vetor unitário normal **p**.

Teorema

A área da projeção ortogonal do paralelogramo determinado pelos vetores **u** e **v** no espaço sobre um plano com vetor unitário normal **p** é

$$\text{Área} = |(\mathbf{u} \times \mathbf{v}) \cdot \mathbf{p}|$$

PROVA Na notação da Figura A.15, que mostra um paralelogramo típico determinado por vetores **u** e **v** e sua projeção ortogonal em um plano com vetor unitário **p**,

$$\begin{aligned} \mathbf{u} &= \overrightarrow{PP'} + \mathbf{u}' + \overrightarrow{Q'Q} \\ &= \mathbf{u}' + \overrightarrow{PP'} - \overrightarrow{QQ'} \qquad (\overrightarrow{Q'Q} = -\overrightarrow{QQ'}) \\ &= \mathbf{u}' + s\mathbf{p}. \qquad \text{(para algum escalar } s\text{; já } (\overrightarrow{PP'} - \overrightarrow{QQ'}) \text{ é paralelo a } \mathbf{p}) \end{aligned}$$

Similarmente,

$$\mathbf{v} = \mathbf{v}' + t\mathbf{p}$$

para algum escalar t. Portanto,

$$\begin{aligned} \mathbf{u} \times \mathbf{v} &= (\mathbf{u}' + s\mathbf{p}) \times (\mathbf{v}' + t\mathbf{p}) \\ &= (\mathbf{u}' \times \mathbf{v}') + s(\mathbf{p} \times \mathbf{v}') + t(\mathbf{u}' \times \mathbf{p}) + st\underbrace{(\mathbf{p} \times \mathbf{p})}_{0} \end{aligned} \qquad (1)$$

Os vetores $\mathbf{p} \times \mathbf{v}'$ e $\mathbf{u}' \times \mathbf{p}$ são ambos ortogonais a **p**. Assim, quando fazemos o produto escalar de ambos os lados da equação (1) com **p**, o único termo restante à direita é $-(\mathbf{u}' \times \mathbf{v}') \cdot \mathbf{p}$. Ficamos com

$$(\mathbf{u}' \times \mathbf{v}) \cdot \mathbf{p} = (\mathbf{u}' \times \mathbf{v}') \cdot \mathbf{p}$$

Em particular,

$$|(\mathbf{u} \times \mathbf{v}) \cdot \mathbf{p}| = |(\mathbf{u}' \times \mathbf{v}') \cdot \mathbf{p}|. \qquad (2)$$

O valor absoluto à direita é o volume da caixa determinado por $\mathbf{u}'$, $\mathbf{v}'$ e **p**. A altura dessa caixa específica é $|\mathbf{p}| = 1$, portanto o volume da caixa é numericamente o mesmo que a área de sua base, a área do paralelogramo $P'Q'R'S'$. Combinando essa observação com a equação (2), obtemos

$$\text{Área de } P'Q'R'S' = |(\mathbf{u}' \times \mathbf{v}') \cdot \mathbf{p}| = |(\mathbf{u} \times \mathbf{v}) \cdot \mathbf{p}|$$

que diz que a área da projeção ortogonal do paralelogramo determinado por **u** e **v** em um plano com vetor unitário normal **p** é $|(\mathbf{u} \times \mathbf{v}) \cdot \mathbf{p}|$, que é o que queríamos provar.

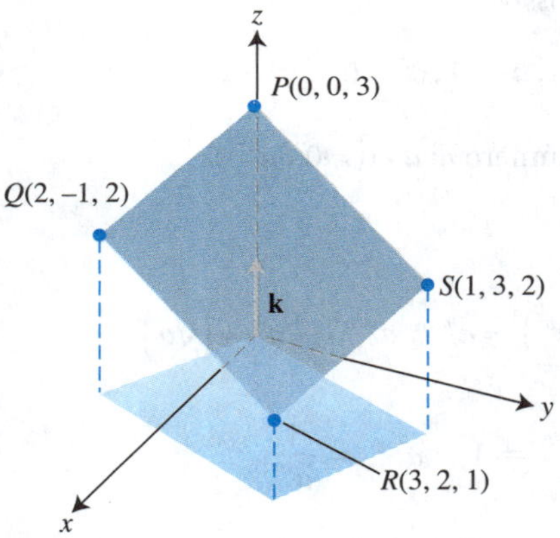

FIGURA A.16 O Exemplo 1 calcula a área da projeção ortogonal do paralelogramo $PQRS$ no plano xy.

EXEMPLO 1 Determinando a área de uma projeção

Determine a área da projeção ortogonal no plano xy do paralelogramo determinado pelos pontos $P(0, 0, 3)$, $Q(2, -1, 2)$, $R(3, 2, 1)$ e $S(1, 3, 2)$ (Figura A.16).

SOLUÇÃO Com

$$\mathbf{u} = \overrightarrow{PQ} = 2\mathbf{i} - \mathbf{j} - \mathbf{k}, \qquad \mathbf{v} = \overrightarrow{PS} = \mathbf{i} + 3\mathbf{j} - \mathbf{k}, \quad \text{e} \quad \mathbf{p} = \mathbf{k}$$

temos

$$(\mathbf{u} \times \mathbf{v}) \cdot \mathbf{p} = \begin{vmatrix} 2 & -1 & -1 \\ 1 & 3 & -1 \\ 0 & 0 & 1 \end{vmatrix} = \begin{vmatrix} 2 & -1 \\ 1 & 3 \end{vmatrix} = 7$$

portanto, a área é

$$|(\mathbf{u} \times \mathbf{v}) \cdot \mathbf{p}| = |7| = 7$$

A.9 Álgebra básica, geometria e fórmulas trigonométricas

Álgebra

Operações aritméticas

$$a(b + c) = ab + ac \qquad \frac{a}{b} \cdot \frac{c}{d} = \frac{ac}{bd}$$

$$\frac{a}{b} + \frac{c}{d} = \frac{ad + bc}{bd} \qquad \frac{a/b}{c/d} = \frac{a}{b} \cdot \frac{d}{c}$$

Lei dos sinais

$$-(-a) = a \qquad \frac{-a}{b} = -\frac{a}{b} = \frac{a}{-b}$$

Zero A divisão por zero não é possível.

Se $a \neq 0 : \frac{0}{a} = 0, a^0 = 1, 0^a = 0$

Para qualquer número a: $a \cdot 0 = 0 \cdot a = 0$

Lei dos expoentes

$$a^m a^n = a^{m+n},\ (ab)^m = a^m b^m,\ (a^m)^n = a^{mn},\ a^{m/n} = \sqrt[n]{a^m} = \left(\sqrt[n]{a}\right)^m$$

Se $a \neq 0$,

$$\frac{a^m}{a^n} = a^{m-n}, \quad a^0 = 1, \quad a^{-m} = \frac{1}{a^m}$$

O teorema binominal Para um n número positivo inteiro

$$(a + b)^n = a^n + na^{n-1}b + \frac{n(n-1)}{1 \cdot 2} a^{n-2}b^2$$

$$+ \frac{n(n-1)(n-2)}{1 \cdot 2 \cdot 3} a^{n-3}b^3 + \cdots + nab^{n-1} + b^n$$

Por exemplo,

$$(a + b)^2 = a^2 + 2ab + b^2, \qquad (a - b)^2 = a^2 - 2ab + b^2$$

$$(a + b)^3 = a^3 + 3a^2b + 3ab^2 + b^3, \qquad (a - b)^3 = a^2 - 3a^2b + 3ab^2 - b^3.$$

Fatorando a diferença entre potências inteiras similares, *n* > *1*

$$a^n - b^n = (a - b)\left(a^{n-1} + a^{n-2}b + a^{n-3}b^2 + \ldots + ab^{n-2} + b^{n-1}\right)$$

Por exemplo,

$$a^2 - b^2 = (a-b)(a+b)$$
$$a^3 - b^3 = (a-b)(a^2 + ab + b^2)$$
$$a^4 - b^4 = (a-b)(a^3 + a^2b + ab^2 + b^3)$$

Completando o quadrado Se $a \neq 0$,

$$\begin{aligned}
ax^2 + bx + c &= a\left(x^2 + \frac{b}{a}x\right) + c \\
&= a\left(x^2 + \frac{b}{a}x + \frac{b^2}{4a^2} - \frac{b^2}{4a^2}\right) + c \\
&= a\left(x^2 + \frac{b}{a}x + \frac{b^2}{4a^2}\right) + a\left(-\frac{b^2}{4a^2}\right) + c \\
&= a\underbrace{\left(x^2 + \frac{b}{a}x + \frac{b^2}{4a^2}\right)}_{\text{Isto é } \left(x + \frac{b}{2a}\right)^2} + \underbrace{c - \frac{b^2}{4a}}_{\text{Chamaremos esta parte de C.}} \\
&= au^2 + C \qquad (u = x + (b/2a))
\end{aligned}$$

A fórmula quadrática Se $a \neq 0$ e $ax^2 + bx + c = 0$, então

$$x = \frac{-b \pm \sqrt{b^2 - 4ac}}{2a}$$

Geometria

Fórmulas para área, circunferência e volume: (A= área, B = área da base, C = circunferência, S = área lateral ou área da superfície, V = volume)

Triângulo

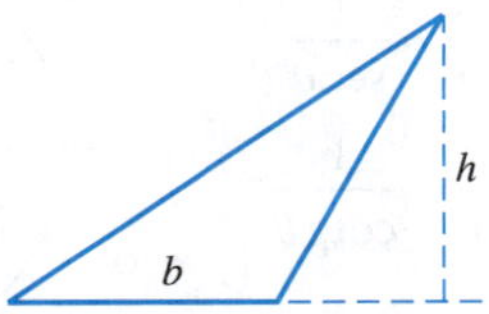

$$A = \frac{1}{2}bh$$

Triângulos semelhantes

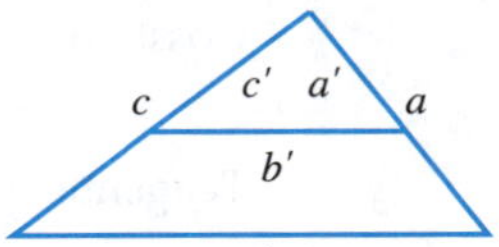

$$\frac{a'}{a} = \frac{b'}{b} = \frac{c'}{c}$$

Teorema de Pitágoras

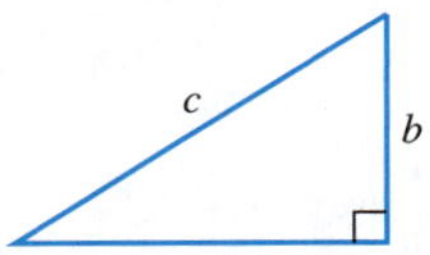

$$a^2 + b^2 = c^2$$

Paralelogramo

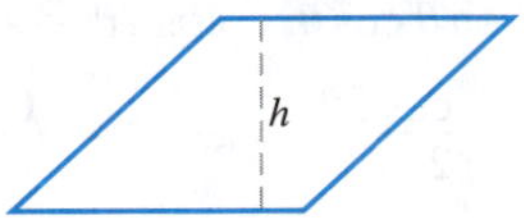

$$A = bh$$

Trapézio

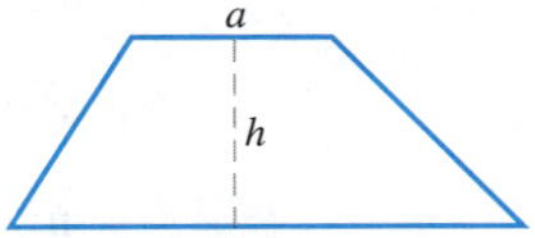

$$A = \frac{1}{2}(a + b)h$$

Círculo

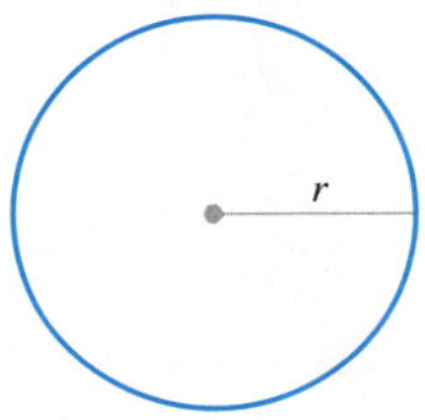

$A = \pi r^2$,
$C = 2\pi r$

Qualquer cilindro ou prisma com bases paralelas

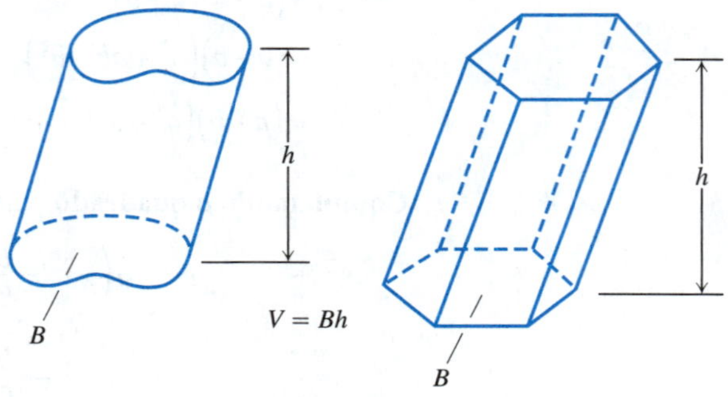

$V = Bh$

Cilindro circular reto

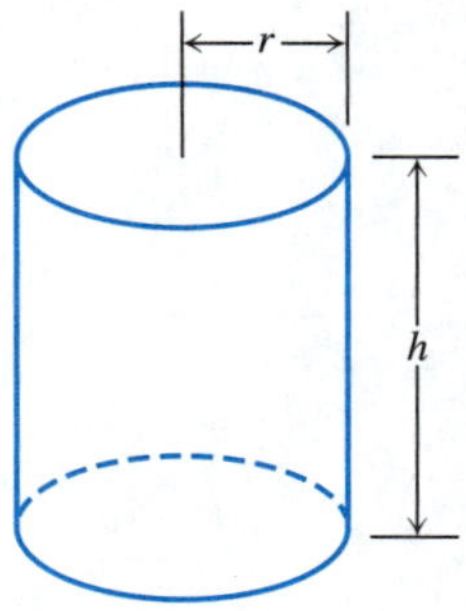

$V = \pi r^2 h$

$S = 2\pi h$=Área do lado

Qualquer cone ou pirâmide

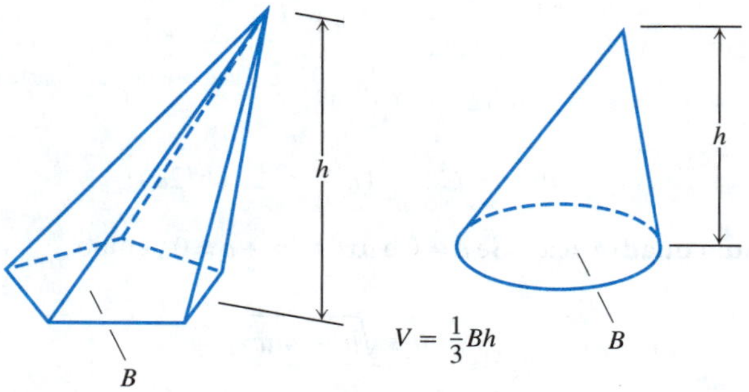

$V = \frac{1}{3}Bh$

Cone circular reto

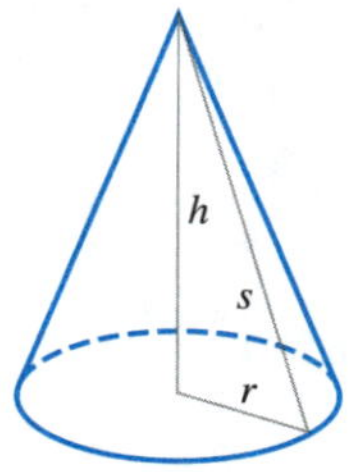

$V = \frac{1}{3}\pi r^2 h$

$S = \pi r s$ = Área do lado

Esfera

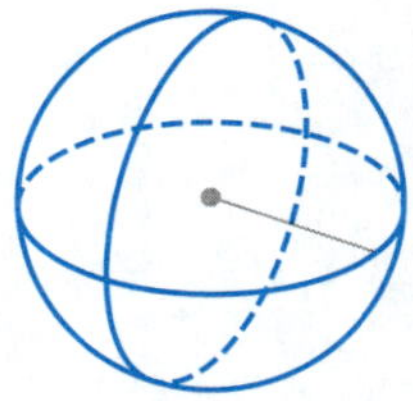

$V = \frac{4}{3}\pi r^3, S = 4\pi r^2$

Fórmulas trigonométricas

Definições e identidades fundamentais

Seno: $\text{sen}\,\theta = \frac{y}{r} = \frac{1}{\text{cosec}\,\theta}$

Cosseno: $\cos\theta = \frac{x}{r} = \frac{1}{\sec\theta}$

Tangente: $\text{tg}\,\theta = \frac{y}{x} = \frac{1}{\text{cotg}\,\theta}$

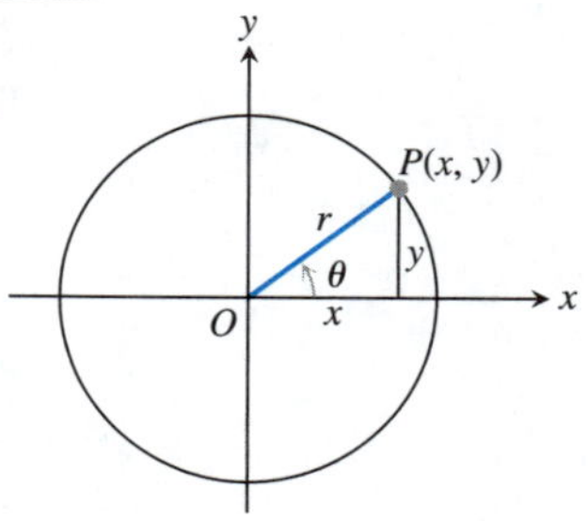

Identidades

$\text{sen}(-\theta) = -\text{sen}\,\theta, \quad \cos(-\theta) = \cos\theta$

$\text{sen}^2\theta + \cos^2\theta = 1, \quad \sec^2\theta = 1 + \text{tg}^2\theta, \quad \text{cosec}^2\theta = 1 + \text{cotg}^2\theta$

$\text{sen}\,2\theta = 2\,\text{sen}\,\theta\cos\theta, \quad \cos 2\theta = \cos^2\theta - \text{sen}^2\theta$

$\cos^2\theta = \frac{1 + \cos 2\theta}{2}, \quad \text{sen}^2\theta = \frac{1 - \cos 2\theta}{2}$

$\text{sen}(A + B) = \text{sen}\,A\cos B + \cos A\,\text{sen}\,B$

$\text{sen}(A - B) = \text{sen}\,A\cos B - \cos A\,\text{sen}\,B$

$\cos(A + B) = \cos A\cos B - \text{sen}\,A\,\text{sen}\,B$

$\cos(A - B) = \cos A\cos B + \text{sen}\,A\,\text{sen}\,B$

$\text{tg}(A + B) = \frac{\text{tg}\,A + \text{tg}\,B}{1 - \text{tg}\,A\,\text{tg}\,B} \qquad \text{tg}(A - B) = \frac{\text{tg}\,A - \text{tg}\,B}{1 + \text{tg}\,A\,\text{tg}\,B}$

$$\operatorname{sen}\left(A - \frac{\pi}{2}\right) = -\cos A, \qquad \cos\left(A - \frac{\pi}{2}\right) = \operatorname{sen} A$$

$$\operatorname{sen}\left(A + \frac{\pi}{2}\right) = \cos A, \qquad \cos\left(A + \frac{\pi}{2}\right) = -\operatorname{sen} A$$

$$\operatorname{sen} A \operatorname{sen} B = \frac{1}{2}\cos(A - B) - \frac{1}{2}\cos(A + B)$$

$$\cos A \cos B = \frac{1}{2}\cos(A - B) + \frac{1}{2}\cos(A + B)$$

$$\operatorname{sen} A \cos B = \frac{1}{2}\operatorname{sen}(A - B) + \frac{1}{2}\operatorname{sen}(A + B)$$

$$\operatorname{sen} A + \operatorname{sen} B = 2\operatorname{sen}\frac{1}{2}(A + B)\cos\frac{1}{2}(A - B)$$

$$\operatorname{sen} A - \operatorname{sen} B = 2\cos\frac{1}{2}(A + B)\operatorname{sen}\frac{1}{2}(A - B)$$

$$\cos A + \cos B = 2\cos\frac{1}{2}(A + B)\cos\frac{1}{2}(A - B)$$

$$\cos A - \cos B = -2\operatorname{sen}\frac{1}{2}(A + B)\operatorname{sen}\frac{1}{2}(A - B)$$

Funções trigonométricas

Medida do Radiano

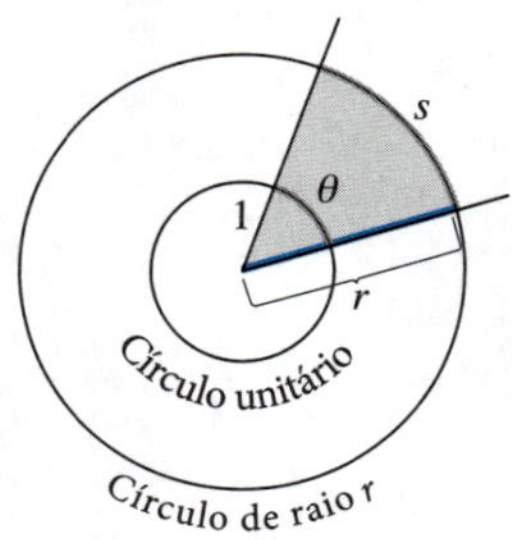

$\frac{s}{r} = \frac{\square}{1} = 1$ ou $\theta = \frac{s}{r'}$

$180^\circ = \pi$ radianos.

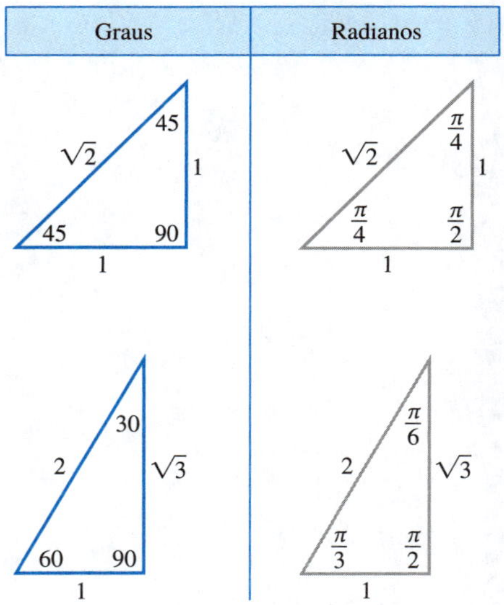

Os ângulos de dois triângulos comuns, em graus e radianos.

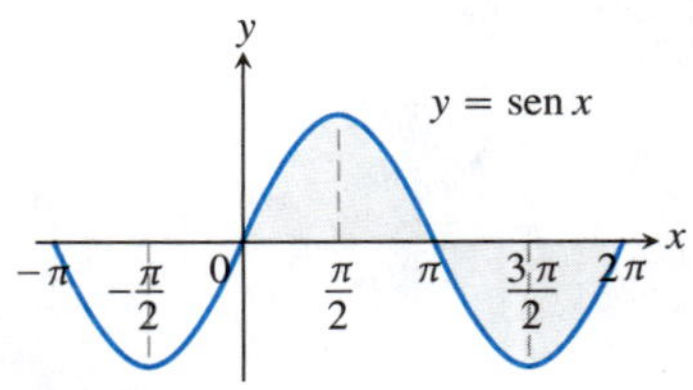

Domínio: $(-\infty, \infty)$
Imagem: $[-1, 1]$

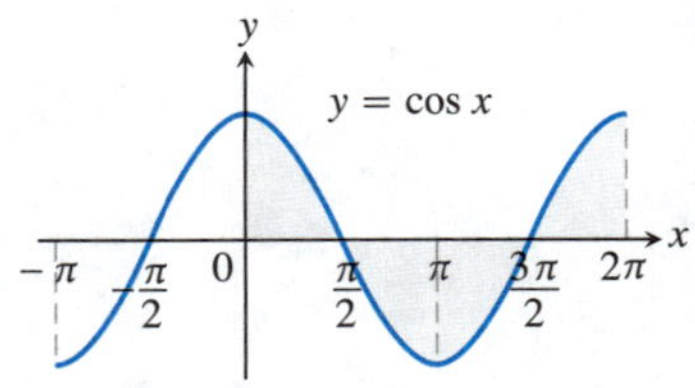

Domínio: $(-\infty, \infty)$
Imagem: $[-1, 1]$

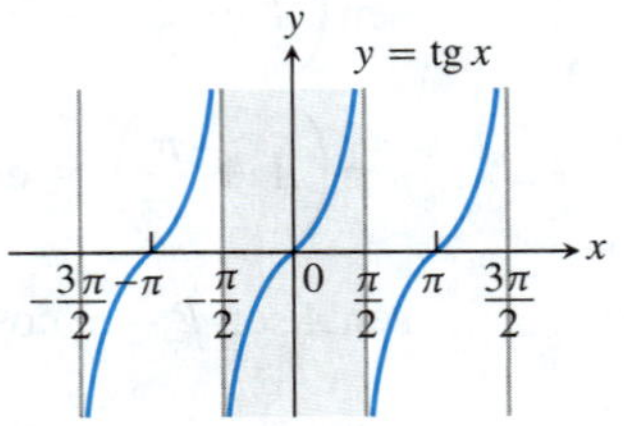

Domínio: Todos os números reais, exceto inteiros ímpares múltiplos de $\pi/2$

Imagem: $(-\infty, \infty)$

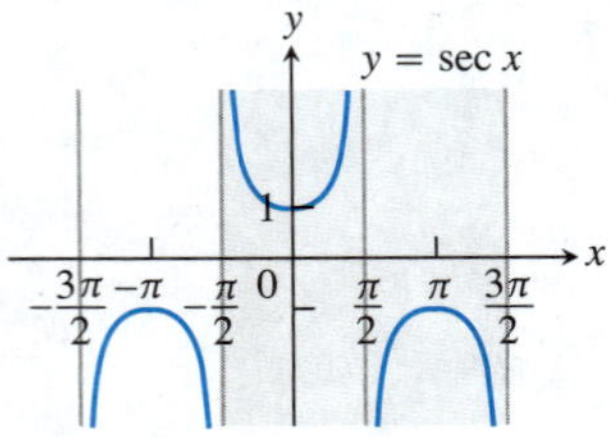

Domínio: $x \neq \pm\frac{\pi}{2}, \pm\frac{3\pi}{2}, \ldots$

Imagem: $(-\infty, -1] \cup [1, \infty)$

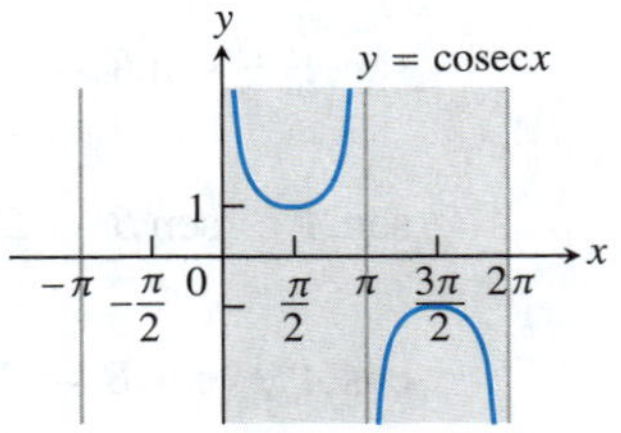

Domínio: $x \neq 0, \pm\pi, \pm 2\pi, \ldots$

Imagem: $(-\infty, -1] \cup [1, \infty)$

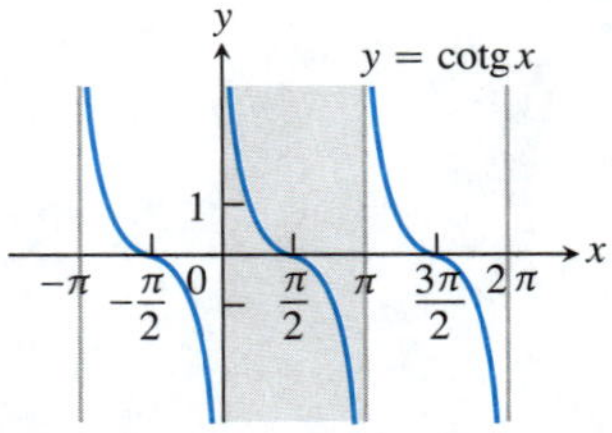

Domínio: $x \neq 0, \pm\pi, \pm 2\pi, \ldots$

Imagem: $(-\infty, \infty)$

Apêndice B

B.1 Números reais e a reta real

Esta seção aborda números reais, desigualdades, intervalos e valores absolutos.

Números reais

Uma grande parte da disciplina de cálculo baseia-se nas propriedades do sistema de números reais. **Números reais** são aqueles que podem ser expressos como decimais, por exemplo:

$$-\frac{3}{4} = -0{,}75000\ldots$$

$$\frac{1}{3} = 0{,}33333\ldots$$

$$\sqrt{2} = 1{,}4142\ldots$$

Nos três casos, os pontos (...) indicam que a seqüência de dígitos decimais prossegue infinitamente. Qualquer expansão decimal concebível representa um número real, embora certos números tenham duas representações. Por exemplo, os decimais infinitos 0,999... e 1,000... representam o mesmo número real 1. Uma afirmação análoga aplica-se a qualquer número com uma seqüência decimal infinita de noves.

Os números reais podem ser representados geometricamente como pontos em uma reta numerada denominada **reta real**.

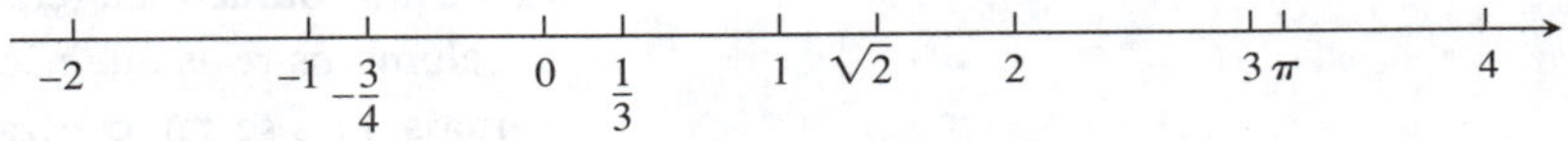

O símbolo **R** indica o sistema de números reais ou — o que é a mesma coisa — a reta real.

As propriedades do sistema de números reais pertencem a três categorias: propriedades algébricas, propriedades de ordem e de completude. As **propriedades algébricas** dizem que os números reais podem ser somados, subtraídos, multiplicados e divididos (exceto por 0), resultando em outros números reais sob as regras usuais da aritmética. *Você nunca pode dividir por 0.*

Regras para desigualdades

Se a, b e c são números reais, então:

1. $a < b \Rightarrow a + c < b + c$
2. $a < b \Rightarrow a - c < b - c$
3. $a < b$ e $c > 0 \Rightarrow ac < bc$
4. $a < b$ e $c < 0 \Rightarrow bc < ac$

Caso especial: $a < b \Rightarrow -b < -a$

5. $a > 0 \Rightarrow \dfrac{1}{a} > 0$
6. Se a e b são ambos positivos ou ambos negativos, então $a < b \Rightarrow \dfrac{1}{b} < \dfrac{1}{a}$.

As **propriedades de ordem** dos números reais foram dadas no Apêndice A.4. A partir dessas propriedades, podemos inferir as regras ao lado, nas quais o símbolo $\Rightarrow$ significa "implica".

Observe as regras de multiplicação de uma desigualdade por um número. Se multiplicarmos por um número positivo, a desigualdade permanecerá a mesma; se multiplicarmos por um número negativo, ela se inverterá. Do mesmo modo, recíprocos invertem a desigualdade para números que tenham o mesmo sinal. Por exemplo, $2 < 5$, mas $-2 > -5$ e $1/2 > 1/5$.

A **propriedade de completude** do sistema de números reais é mais profunda e difícil de definir. Contudo, essa propriedade é fundamental para entendermos o conceito de limite (Capítulo 2, Volume I). *Grosso modo*, ela diz que existem números reais suficientes para "completar" a reta de números reais, de maneira que não fiquem "buracos" ou "lacunas" nessa reta. Muitos teoremas de cálculo não funcionariam se o sistema de números reais não fosse completo. É melhor deixar esse assunto para um curso mais avançado; de qualquer modo, o Apêndice A.4 dá alguma idéia do que está em jogo e de como os números reais são construídos.

Distinguimos três subconjuntos especiais dos números reais.

1. Os **números naturais**, isto é: 1, 2, 3, 4,...
2. Os **inteiros**, isto é: 0, ±1, ±2, ±3,...
3. Os **números racionais**, isto é, aqueles que podem ser expressos na forma de uma fração m/n, onde m e n são inteiros e $n \neq 0$. São exemplos desses números:

$$\frac{1}{3},\quad -\frac{4}{9} = \frac{-4}{9} = \frac{4}{-9},\quad \frac{200}{13}\quad \text{e}\quad 57 = \frac{57}{1}$$

Os números racionais são, justamente, os números reais com expansões decimais que

(a) são finitas (terminam em uma seqüência infinita de zeros), por exemplo,

$$\frac{3}{4} = 0{,}75000\ldots = 0{,}75$$

(b) ou repetem de tempos em tempos (terminando com um grupo de dígitos que se repete indefinidamente), por exemplo

$$\frac{23}{11} = 2{,}090909\ldots = 2{,}\overline{09}$$

A barra indica o grupo de dígitos que se repete (o período).

Uma expansão decimal finita é um tipo especial da expansão que se repete (dízima periódica), uma vez que os zeros do final se repetem.

O conjunto de números racionais possui as mesmas propriedades algébricas e de ordem dos números reais, mas não apresenta a propriedade da completude. Por exemplo, não há um número racional cujo quadrado seja 2; existe um "buraco" na reta racional onde $\sqrt{2}$ deveria estar.

Números reais que não são racionais recebem o nome de **números irracionais**. Eles se caracterizam por ter expansões decimais que não são finitas nem se repetem. São exemplos π, $\sqrt{2}$, $\sqrt[3]{5}$ e $\log_{10} 3$. Como toda expansão decimal representa um número real, obviamente existe uma quantidade infinita de números irracionais. Tanto os racionais quanto os irracionais podem ser encontrados arbitrariamente próximos a qualquer ponto da reta real.

A notação de conjunto é muito útil para especificar um subconjunto particular de números reais. Um **conjunto** é um agrupamento de objetos, e estes objetos são os **elementos** do conjunto. Se S é um conjunto, a notação $a \in S$

significa que a é um elemento de S, e $a \notin S$ significa que a não é um elemento de S. Se S e T são conjuntos, então $S \cup T$ é a sua **união** e consiste em todos os elementos que pertencem ou a S ou a T (ou, ainda, a S e a T). A **interseção** $S \cap T$ consiste em todos os elementos que pertencem tanto a S quanto a T. O **conjunto vazio** $\varnothing$ é aquele que não contém qualquer elemento. Por exemplo, a interseção entre os números racionais e os irracionais é o conjunto vazio.

É possível descrever certos conjuntos *listando* seus elementos entre chaves. Por exemplo, o conjunto A, formado pelos números naturais (ou inteiros positivos) menores que 6, pode ser expresso assim:

$$A = \{1, 2, 3, 4, 5\}$$

O conjunto de todos os inteiros é escrito assim:

$$\{0, \pm 1, \pm 2, \pm 3, \ldots\}$$

Outra maneira de descrever um conjunto é colocar dentro dos colchetes uma regra que gera todos os seus elementos. Por exemplo, o conjunto

$$A = \{x | x \text{ é um inteiro e } 0 < x < 6\}$$

é o conjunto de inteiros positivos menores que 6.

Intervalos

Um subconjunto da reta real é denominado um **intervalo** quando contém pelo menos dois números e todos os números reais que ficam entre qualquer par desses elementos. Por exemplo, o conjunto de todos os números reais x tais que $x > 6$ é um intervalo, assim como o conjunto de todos os x, tais que $-2 \leq x \leq 5$. O conjunto de todos os números reais diferentes de zero não é um intervalo; como 0 não está presente, o conjunto deixa de conter todo número real entre -1 e 1 (por exemplo).

TABELA B.1 Tipos de intervalo

Notação	Desrição do conjunto	Tipo	Desenho
(a, b)	$\{x \mid a < x < b\}$	Aberto	
$[a, b]$	$\{x \mid a \leq x \leq b\}$	Fechado	
$[a, b)$	$\{x \mid a \leq x < b\}$	Semi-aberto	
$(a, b]$	$\{x \mid a < x \leq b\}$	Semi-aberto	
(a, ∞)	$\{x \mid x > a\}$	Aberto	
$[a, \infty)$	$\{x \mid x \geq a\}$	Fechado	
$(-\infty, b)$	$\{x \mid x < b\}$	Aberto	
$(-\infty, b]$	$\{x \mid x \leq b\}$	Fechado	
$(-\infty, \infty)$	$\mathbb{R}$ (conjunto de todos os números reais)	Tanto aberto como fechado	

Geometricamente, intervalos correspondem a semi-retas e segmentos de reta na reta real, assim como à reta real em si. Intervalos de números correspondentes a segmentos de reta são **intervalos finitos**; intervalos correspondentes a semi-retas e à reta real são **intervalos infinitos**.

Dizemos que um intervalo finito é **fechado** quando contém seus dois extremos; **semi-aberto** quando contém um extremo, mas não o outro; e **aberto** se não contém seus extremos. Os extremos também são chamados **pontos de fronteira**; eles formam a **fronteira** do intervalo. Os demais pontos do intervalo são os **pontos interiores** e, juntos, formam o **interior** do intervalo. Intervalos infinitos são fechados quando contêm um extremo finito; caso contrário, são abertos. Como um todo, a reta real □ é um intervalo infinito aberto e fechado ao mesmo tempo.

Resolvendo desigualdades

Determinar o intervalo ou os intervalos de números que satisfazem uma desigualdade em x é o mesmo que **resolver** essa desigualdade.

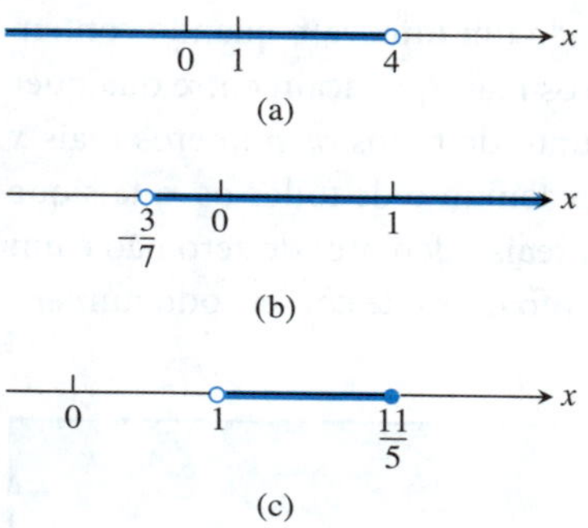

FIGURA B.1 Conjuntos solução para as desigualdades do Exemplo 1.

EXEMPLO 1

Resolva as seguintes desigualdades e mostre sua solução (os conjuntos que a solucionam) na reta real.

(a) $2x - 1 < x + 3$ **(b)** $-\frac{x}{3} < 2x + 1$ **(c)** $\frac{6}{x-1} \geq 5$

SOLUÇÃO

(a)

$$\begin{aligned} 2x - 1 &< x + 3 \\ 2x &< x + 4 && \text{Some 1 a ambos os lados.} \\ x &< 4 && \text{Subtraia } x \text{ de ambos os lados.} \end{aligned}$$

O conjunto solução é o intervalo aberto $(-\infty, 4)$ (Figura B.1a).

(b)

$$\begin{aligned} -\frac{x}{3} &< 2x + 1 \\ -x &< 6x + 3 && \text{Multiplique ambos os lados por 3.} \\ 0 &< 7x + 3 && \text{Some } x \text{ a ambos os lados.} \\ -3 &< 7x && \text{Subtraia 3 de ambos os lados.} \\ -\frac{3}{7} &< x && \text{Divida por 7.} \end{aligned}$$

O conjunto solução é o intervalo aberto $(-3/7, \infty)$ (Figura B.1b).

(c) A desigualdade $6/(x - 1) \geq 5$ é válida somente se $x > 1$, caso contrário $6/(x - 1)$ é indefinido ou negativo. Assim, $(x - 1)$ é positivo e a desigualdade será preservada se multiplicarmos ambos os lados por $(x - 1)$; temos, então

$$\begin{aligned} \frac{6}{x-1} &\geq 5 \\ 6 &\geq 5x - 5 && \text{Multiplique ambos os lados por } (x-1). \\ 11 &\geq 5x && \text{Some 5 a ambos os lados.} \\ \frac{11}{5} &\geq x. && \text{Ou } x \leq \frac{11}{5} \end{aligned}$$

O conjunto solução é o intervalo semi-aberto $(1, 11/5]$ (Figura B.1c).

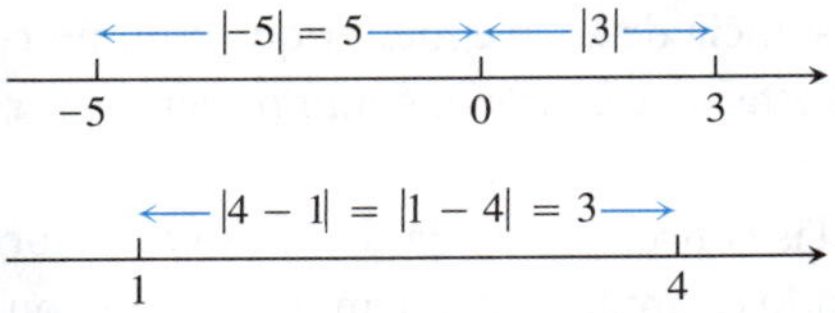

FIGURA B.2 Valores absolutos fornecem a distância entre pontos na reta numérica.

Valor absoluto

O **valor absoluto** de um número x, denotado por $|x|$, é definido pela fórmula

$$|x| = \begin{cases} x, & x \geq 0 \\ -x, & x < 0 \end{cases}$$

EXEMPLO 2 Calculando valores absolutos

$$|3| = 3, \quad |0| = 0, \quad |-5| = -(-5) = 5, \quad |-|a|| = |a|$$

Geometricamente, o valor absoluto de x é a distância de x a 0 na reta real. Como distâncias são sempre positivas ou iguais a 0, vemos que $|x| \geq 0$ para qualquer x número real, e $|x| = 0$ se e somente se $x = 0$. Do mesmo modo,

$$|x - y| = \text{a distância entre } x \text{ e } y$$

na reta real (Figura B.2).

Uma vez que o símbolo $\sqrt{a}$ denota a raiz quadrada *não negativa* de a, uma definição alternativa de $|x|$ é

$$|x| = \sqrt{x^2}$$

É importante lembrar que $\sqrt{a^2} = |a|$. Não escreva $\sqrt{a^2} = a$, a menos que você já saiba que $a \geq 0$.

O valor absoluto tem as propriedades que se seguem. (Nos exercícios, você terá de provar tais propriedades.)

Propriedades dos valores absolutos

1.	$\lvert -a\rvert = \lvert a\rvert$	Um número e seu oposto, ou inverso aditivo, tem o mesmo valor absoluto.
2.	$\lvert ab\rvert = \lvert a\rvert\,\lvert b\rvert$	O valor absoluto de um produto é o produto dos valores absolutos.
3.	$\left\lvert \frac{a}{b}\right\rvert = \frac{\lvert a\rvert}{\lvert b\rvert}$	O valor absoluto de um quociente é o quociente os valores absolutos.
4.	$\lvert a+b\rvert \leq \lvert a\rvert + \lvert b\rvert$	A **desigualdade do triângulo**. O valor absoluto da soma de dois números é menor ou igual à soma de seus valores absolutos.

Observe que $|-a| \neq -|a|$. Por exemplo, $|-3| = 3$, enquanto $-|3| = -3$. Se a e b têm sinais diferentes, então $|a + b|$ é menor do que $|a| + |b|$. Em todos os demais casos, $|a + b|$ é igual a $|a| + |b|$. As barras de valor absoluto em expressões como $|-3 + 5|$ funcionam como parênteses. Fazemos os cálculos aritméticos *dentro* delas para depois tomar o valor absoluto.

EXEMPLO 3 Ilustrando a desigualdade do triângulo

$$|-3 + 5| = |2| = 2 < |-3| + |5| = 8$$

$$|3 + 5| = |8| = |3| + |5|$$

$$|-3 - 5| = |-8| = 8 = |-3| + |-5|$$

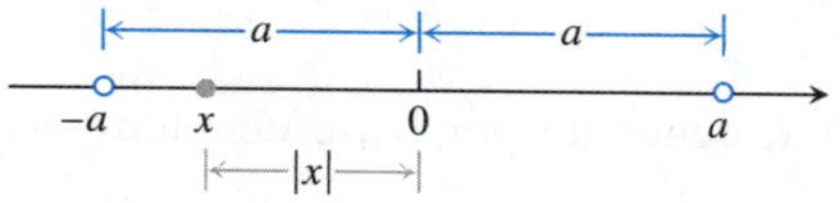

FIGURA B.3 $|x| < a$ significa que x está entre $-a$ e a.

Valores absolutos e intervalos

Se a é qualquer número positivo, então

5. $|x| = a \iff x = \pm a$

6. $|x| < a \iff -a < x < a$

7. $|x| > a \iff x > a$ ou $x < -a$

8. $|x| \leq a \iff -a \leq x \leq a$

9. $|x| \geq a \iff x \geq a$ ou $x \leq -a$

A desigualdade $|x| < a$ diz que a distância de x a 0 é menor que o número positivo a. Isso significa que x precisa estar entre $-a$ e a, como podemos ver na Figura B.3.

As regras da tabela ao lado são todas conseqüência da definição de valor absoluto e, muitas vezes, são úteis quando estamos solucionando equações ou desigualdades que envolvam valores absolutos.

Em geral, o símbolo $\Leftrightarrow$ é usado por matemáticos para indicar a relação lógica "se e somente se". Ele também significa "implica e é implicado por".

EXEMPLO 4 Resolvendo uma equação com valores absolutos

Resolva a equação $|2x - 3| = 7$

SOLUÇÃO De acordo com a Propriedade 5, $2x - 3 = \pm 7$, logo existem duas possibilidades.

$$\begin{aligned} 2x - 3 &= 7 & \qquad 2x - 3 &= -7 \\ 2x &= 10 & 2x &= -4 \\ x &= 5 & x &= -2 \end{aligned}$$

Equações equivalentes sem valores absolutos.

Resolva como de costume.

As soluções de $|2x - 3| = 7$ são $x = 5$ e $x = -2$.

EXEMPLO 5 Resolvendo uma desigualdade que contém valores absolutos

Resolva a desigualdade $\left|5 - \frac{2}{x}\right| < 1$

SOLUÇÃO Temos

$$\left|5 - \frac{2}{x}\right| < 1 \Leftrightarrow -1 < 5 - \frac{2}{x} < 1$$

Propriedade 6.

$$\Leftrightarrow -6 < -\frac{2}{x} < -4$$

Subtraia 5.

$$\Leftrightarrow 3 > \frac{1}{x} > 2$$

Multiplique por $-\frac{1}{2}$.

$$\Leftrightarrow \frac{1}{3} < x < \frac{1}{2}$$

Pegue os recíprocos de cada parte.

Observe como as diversas regras de desigualdades foram usadas aqui. A multiplicação por um número negativo inverte a desigualdade. O mesmo acontece quando se tomam os recíprocos em uma desigualdade na qual os dois lados sejam positivos. A desigualdade original aplica-se se e somente se $(1/3) < x < (1/2)$. Assim, o conjunto solução é o intervalo aberto $(1/3, 1/2)$.

Exercícios B.1

Representações decimais

1. Expresse 1/9 como uma dízima periódica, usando uma barra para indicar o período (os dígitos que se repetem). Quais são as representações decimais de 2/9? 3/9? 8/9? 9/9?

Desigualdades

2. Se $2 < x < 6$, quais das seguintes afirmações sobre x são necessariamente verdadeiras e quais não são necessariamente verdadeiras?

(a) $0 < x < 4$ (b) $0 < x - 2 < 4$

(c) $1 < \frac{x}{2} < 3$ (d) $\frac{1}{6} < \frac{1}{x} < \frac{1}{2}$

(e) $1 < \frac{6}{x} < 3$ (f) $|x - 4| < 2$

(g) $-6 < -x < 2$ (h) $-6 < -x < -2$

Nos exercícios 3–6, resolva as desigualdades e mostre os conjuntos solução na reta real.

3. $-2x > 4$

4. $5x - 3 \le 7 - 3x$

5. $2x - \frac{1}{2} \ge 7x + \frac{7}{6}$

6. $\frac{4}{5}(x - 2) < \frac{1}{3}(x - 6)$

Valor absoluto

Resolva as equações dos exercícios 7–9.

7. $|y| = 3$

8. $|2t + 5| = 4$

9. $|8 - 3s| = \frac{9}{2}$

Resolva as desigualdades dos exercícios 10–17, expressando os conjuntos solução como intervalos ou uniões de intervalos. Além disso, mostre cada conjunto solução na reta real.

10. $|x| < 2$

11. $|t - 1| \le 3$

12. $|3y - 7| < 4$

13. $\left|\frac{z}{5} - 1\right| \le 1$

14. $\left|3 - \frac{1}{x}\right| < \frac{1}{2}$

15. $|2s| \ge 4$

16. $|1 - x| > 1$

17. $\left|\frac{r + 1}{2}\right| \ge 1$

Desigualdades quadráticas

Resolva as desigualdades dos exercícios 18–21. Expresse os conjuntos solução como intervalos ou uniões de intervalos; depois, mostre-os na reta real. Use o resultado $\sqrt{a^2} = |a|$ conforme necessário.

18. $x^2 < 2$

19. $4 < x^2 < 9$

20. $(x - 1)^2 < 4$

21. $x^2 - x < 0$

Teoria e exemplos

22. Não caia na armadilha $|-a| = a$. Para quais números reais a essa equação é realmente verdadeira? Para quais números reais ela é falsa?

23. Resolva a equação $|x - 1| = 1 - x$.

24. **Uma prova da desigualdade do triângulo** Justifique cada um dos passos enumerados na prova da desigualdade do triângulo, a seguir.

$$\begin{aligned} |a + b|^2 &= (a + b)^2 && (1) \\ &= a^2 + 2ab + b^2 \\ &\le a^2 + 2|a||b| + b^2 && (2) \\ &= |a|^2 + 2|a||b| + |b|^2 && (3) \\ &= (|a| + |b|)^2 \\ |a + b| &\le |a| + |b| && (4) \end{aligned}$$

25. Prove que $|ab| = |a|\,|b|$ para quaisquer números a e b.

26. Se $|x| \le 3$ e $x > -1/2$, o que você pode dizer a respeito de x?

27. Represente graficamente a desigualdade $|x| + |y| \le 1$.

28. Para qualquer número a, prove que $|-a| = |a|$.

29. Seja a qualquer número positivo. Prove que $|x| > a$ se e somente se $x > a$ ou $x < -a$.

30. (a) Se b é qualquer número real diferente de zero, prove que $|1/b| = 1/|b|$.

(b) Prove que $\left|\frac{a}{b}\right| = \frac{|a|}{|b|}$ para quaisquer números a e $b \neq 0$.

B.2 Retas, círculos e parábolas

Esta seção aborda coordenadas, retas, distância, círculos e parábolas no plano. A noção de incremento também é discutida.

Coordenadas cartesianas no plano

Na seção anterior, identificamos os pontos da reta de números reais atribuindo-lhes coordenadas. Pontos no plano podem ser identificados com pares ordenados de números reais. Para começar, traçamos duas retas coordenadas perpendiculares que se cruzam no ponto 0 de cada uma. Essas retas recebem o nome de **eixos coordenados** no plano. No eixo x, o horizontal, os números

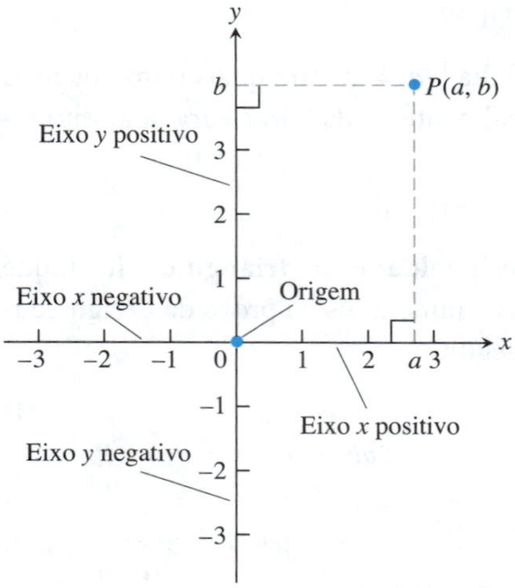

FIGURA B.4 As coordenadas cartesianas no plano baseiam-se em dois eixos perpendiculares que se cruzam na origem.

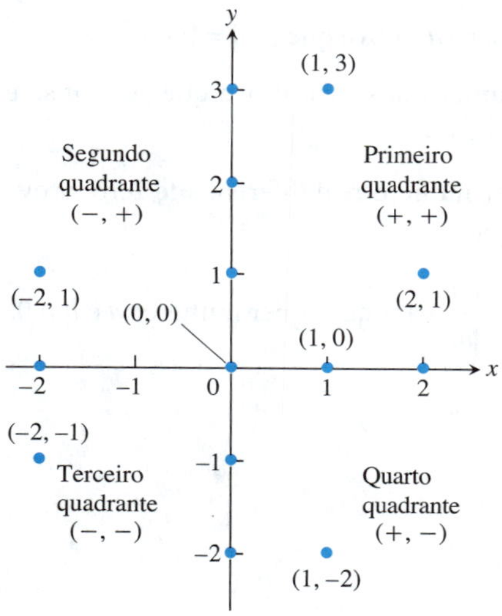

FIGURA B.5 Pontos identificados no sistema xy ou plano cartesiano. Todos os pontos dos eixos têm pares coordenados, mas geralmente são identificados com um número real apenas (assim, (1, 0) no eixo x é identificado como 1). Observe os padrões de sinal das coordenadas em cada quadrante.

Companion Website
Biografia histórica
René Descartes
(1596-1650)

são indicados por x e aumentam para a direita. No eixo y, o vertical, os números são indicados por y e aumentam para cima (Figura B.4). Esses sentidos "para cima" e "para a direita" são positivos, enquanto os sentidos "para baixo" e "para a esquerda" são negativos. A **origem** O, também denominada 0, do sistema de coordenadas é o ponto no plano onde x e y são ambos zero.

Se P é qualquer ponto no plano, ele pode ser localizado por exatamente um par ordenado de números reais da seguinte maneira. Trace duas retas que cruzam P e são perpendiculares aos eixos coordenados. Essas retas cruzarão os eixos em pontos com coordenadas a e b (Figura B.4). O par ordenado (a, b) é atribuído ao ponto P e recebe o nome de **par coordenado.** O primeiro número, a, é a **coordenada x** (ou **abscissa**) de P; o segundo número, b, é a **coordenada y** (ou **ordenada**) de P. A abscissa de qualquer ponto no eixo y é 0. A ordenada de qualquer ponto no eixo x é 0. A origem é o ponto (0, 0).

Começando com um par ordenado (a, b), podemos reverter o processo e chegar a um ponto P correspondente no plano. Em geral, identificamos P com o par ordenado e escrevemos $P(a, b)$. Às vezes também nos referimos ao "ponto (a, b)" e fica claro, pelo contexto, quando (a, b) se refere a um ponto no plano e não a um intervalo aberto na reta real. A Figura B.5 mostra vários pontos identificados por suas coordenadas.

O sistema de coordenadas é chamado **sistema de coordenadas retangular** ou **sistema de coordenadas cartesiano** (em homenagem ao matemático francês do século XVI René Descartes). Os eixos coordenados desse plano coordenado ou cartesiano dividem o plano em quatro regiões denominadas **quadrantes**, numeradas em sentido anti-horário conforme mostrado na Figura B.5.

O **gráfico** de uma equação ou desigualdade nas variáveis x e y é o conjunto de todos os pontos $P(x, y)$ no plano cujas coordenadas satisfazem essa equação ou desigualdade. Quando traçamos dados no plano de coordenadas ou representamos graficamente fórmulas cujas variáveis possuem diferentes unidades de medida, não precisamos usar a mesma escala nos dois eixos. Se traçamos tempo contra empuxo de um motor de foguete, por exemplo, não há motivo para colocar a marca que mostra 1 s no eixo do tempo à mesma distância da origem que a marca que mostra 1 lb no eixo do empuxo.

Em geral, porém, quando representamos graficamente funções cujas variáveis não representam grandezas físicas, e quando desenhamos figuras no plano de coordenadas para estudar sua geometria e trigonometria, tentamos fazer que as escalas dos eixos sejam idênticas. Uma unidade vertical de distância parecerá, nesse caso, igual a uma unidade horizontal. Como em um mapa ou um desenho em escala, os segmentos de reta que supostamente têm o mesmo comprimento vão de fato parecer iguais, e os ângulos supostamente congruentes vão parecer congruentes.

Já as telas de computadores e calculadoras são outra história. Normalmente, as escalas vertical e horizontal dos gráficos gerados digitalmente são diferentes, e existem distorções correspondentes em distâncias, coeficientes angulares e ângulos. Círculos podem parecer elipses, retângulos podem parecer quadrados, ângulos retos podem parecer agudos ou obtusos e assim por diante. Discutiremos essas telas e suas distorções com mais detalhes na Seção 1.4, Volume I.

Incrementos e retas

Quando uma partícula se desloca de um ponto para outro em um plano, as variações líquidas de suas coordenadas são chamadas *incrementos*. Eles são

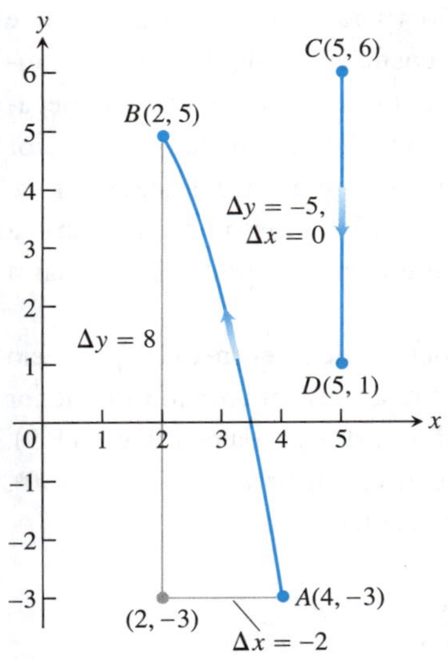

FIGURA B.6 Os incrementos podem ser positivos, negativos ou nulos (Exemplo 1).

obtidos subtraindo-se as coordenadas do ponto inicial daquelas do ponto final. Se x muda de x_1 para x_2, o **incremento** em x é

$$\Delta x = x_2 - x_1$$

EXEMPLO 1 Indo do ponto $A(4, -3)$ para o ponto $B(2, 5)$, os incrementos das coordenadas x e y são

$$\Delta x = 2 - 4 = -2, \quad \Delta y = 5 - (-3) = 8$$

De C (5, 6) para D (5, 1), os incrementos são

$$\Delta x = 5 - 5 = 0, \quad \Delta y = 1 - 6 = -5$$

Veja a Figura B.6.

Dados dois pontos $P_1(x_1, y_1)$ e $P_2(x_2, y_2)$ no plano, chamamos os incrementos $\Delta x = x_2 - x_1$ e $\Delta y = y_2 - y_1$, respectivamente, de **variação horizontal** e **variação vertical** de P_1 a P_2. Esses dois pontos sempre determinam uma única linha reta (em geral chamada simplesmente reta) que passa por ambos. Ela é denominada reta P_1P_2.

Toda reta não vertical no plano tem a propriedade de que a razão

$$m = \frac{\text{variação vertical}}{\text{variação horizontal}} = \frac{\Delta y}{\Delta x} = \frac{y_2 - y_1}{x_2 - x_1}$$

tem o mesmo valor para qualquer escolha de dois pontos $P_1(x_1, y_1)$ e $P_2(x_2, y_2)$ na reta (Figura B.7). Isso porque, no caso de triângulos semelhantes, as razões dos lados correspondentes são iguais.

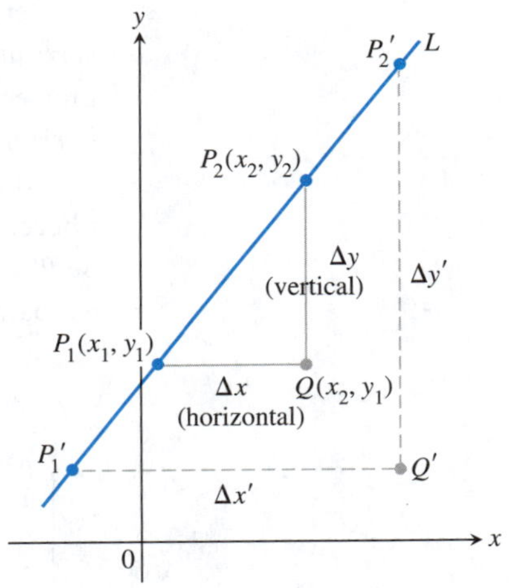

FIGURA B.7 Os triângulos P_1QP_2 e $P_1'Q'P_2'$ são semelhante, por isso a razão de seus lados tem o mesmo valor para quaisquer dois pontos da reta. Esse valor comum é o coeficiente angular da reta.

Definição **Coeficiente angular**
A constante

$$m = \frac{\text{variação vertical}}{\text{variação horizontal}} = \frac{\Delta y}{\Delta x} = \frac{y_2 - y_1}{x_2 - x_1}$$

é o **coeficiente angular** (ou inclinação) da reta não vertical P_1P_2.

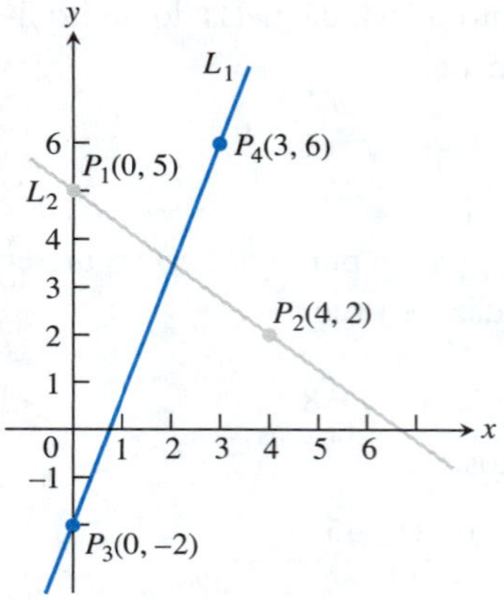

FIGURA B.8 O coeficiente angular de L_1 é

$$m = \frac{\Delta y}{\Delta x} = \frac{6 - (-2)}{3 - 0} = \frac{8}{3}$$

Ou seja, y aumenta 8 unidades cada vez que x aumenta 3 unidades. O coeficiente angular de L_2 é

$$m = \frac{\Delta y}{\Delta x} = \frac{2 - 5}{4 - 0} = \frac{-3}{4}$$

Ou seja, y diminui 3 unidades cada vez que x aumenta 4 unidades.

O coeficiente angular nos diz a direção (para cima ou para baixo) e a inclinação de uma reta. Uma reta com coeficiente angular positivo dirige-se para cima e para a direita; uma reta com coeficiente angular negativo dirige-se para baixo e para a direita (Figura B.8). Quanto maior for o valor absoluto do coeficiente angular, mais rápida será a subida ou a descida da reta. O coeficiente angular de uma reta vertical é *indefinido*. Isso porque, como a variação horizontal Δx em uma reta vertical é zero, não podemos formar a razão do coeficiente angular m.

A direção e a inclinação de uma reta também podem ser medidas por meio de um ângulo. O **ângulo de inclinação** de uma reta que cruza o eixo x é o menor ângulo no sentido anti-horário a partir do eixo x na direção da reta (Figura B.9). A inclinação de uma reta horizontal é 0°. A inclinação de uma reta vertical é 90°. Se ϕ (a letra grega fi) é a inclinação de uma reta, então $0 \le \phi < 180°$.

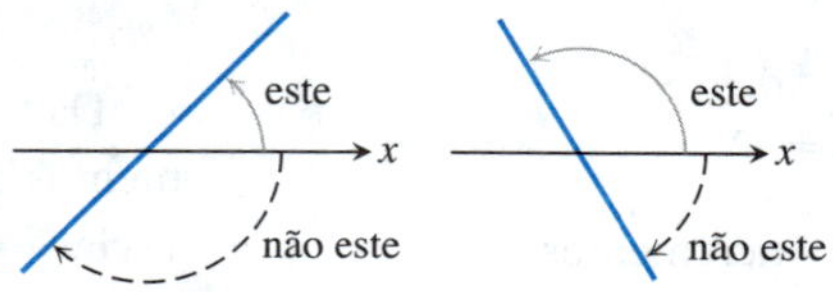

FIGURA B.9 Ângulos de inclinação são medidos no sentido anti-horário a partir do eixo x.

A Figura B.10 mostra a relação entre o coeficiente angular m de uma reta não vertical e o ângulo de inclinação ϕ dessa reta:

$$m = \text{tg}\,\phi$$

$$y - y_1 = m(x - x_1) \quad \text{ou} \quad y = y_1 + m(x - x_1).$$

Retas têm equações relativamente simples. Todos os pontos em uma *reta vertical* que passa pelo ponto a no eixo x têm abscissas iguais a a. Logo, $x = a$ é uma equação da reta vertical. De modo análogo, $y = b$ é uma equação da *reta horizontal* que cruza o eixo y em b. (Veja a Figura B.11.)

Podemos escrever uma equação para qualquer reta não vertical L se conhecemos seu coeficiente angular m e suas coordenadas no ponto $P_1(x_1, y_1)$. Se $P(x, y)$ é *qualquer* outro ponto de L, então podemos usar os dois pontos P_1 e P para calcular o coeficiente angular,

$$m = \frac{\Delta y}{\Delta x} = \frac{2 - 5}{4 - 0} = \frac{-3}{4}$$

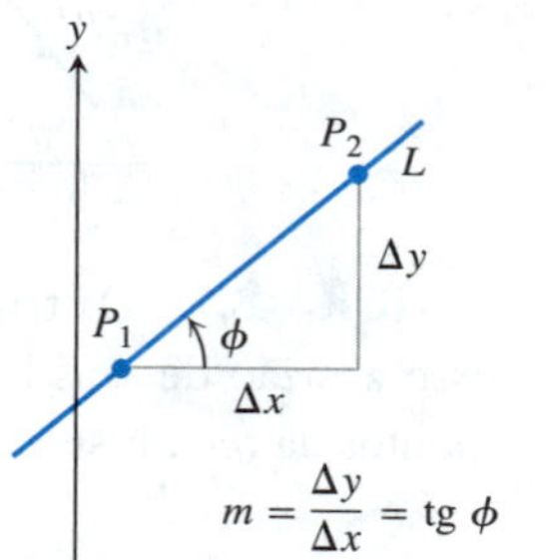

FIGURA B.10 O coeficiente angular de uma reta não vertical é a tangente de seu ângulo de inclinação.

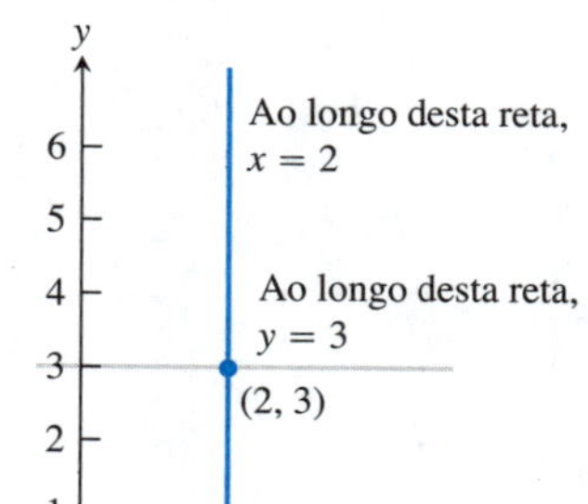

FIGURA B.11 As equações-padrão para retas verticais e horizontais através do ponto (2, 3) são $x = 2$ e $y = 3$.

de maneira que

$$y - y_1 = m(x - x_1) \qquad \text{ou} \qquad y = y_1 + m(x - x_1).$$

A equação

$$y = y_1 + m(x - x_1)$$

é a **equação ponto/coeficiente angular** da reta que passa pelo ponto (x_1, y_1) e tem coeficiente angular m.

EXEMPLO 2 Escreva uma equação para a reta que passa pelo ponto (2, 3) com coeficiente angular –3/2.

SOLUÇÃO Substituímos $x_1 = 2$, $y_1 = 3$ e $m = -3/2$ na equação ponto/coeficiente angular e obtemos

$$y = 3 - \frac{3}{2}(x - 2), \qquad \text{ou} \qquad y = -\frac{3}{2}x + 6$$

Quando $x = 0$, $y = 6$, de modo que a reta cruza o eixo y em $y = 6$.

EXEMPLO 3 Uma reta que passa por dois pontos

Escreva uma equação para a reta que passa pelos pontos (–2, –1) e (3, 4).

SOLUÇÃO O coeficiente angular da reta é

$$m = \frac{-1 - 4}{-2 - 3} = \frac{-5}{-5} = 1$$

Podemos usar esse coeficiente angular com qualquer um dos pontos dados na equação ponto/coeficiente angular:

Com $(x_1, y_1) = (-2, -1)$	**Com $(x_1, y_1) = (3, 4)$**
$y = -1 + 1 \cdot (x - (-2))$	$y = 4 + 1 \cdot (x - 3)$
$y = -1 + x + 2$	$y = 4 + x - 3$
$y = x + 1$	$y = x + 1$

Mesmo resultado

De qualquer modo, $y = x + 1$ é uma equação da reta (Figura B.12).

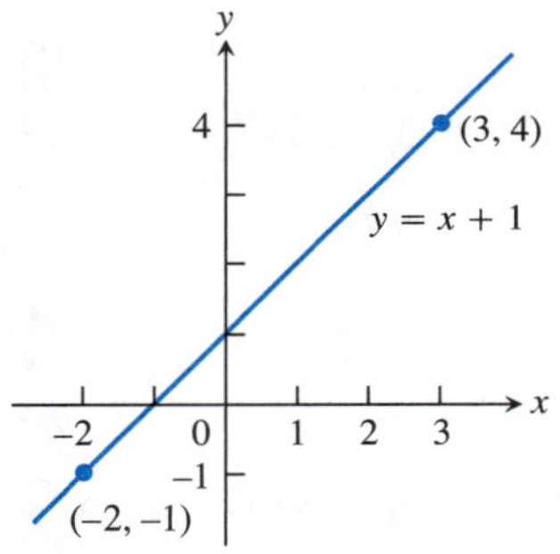

FIGURA B.12 A reta do Exemplo 3.

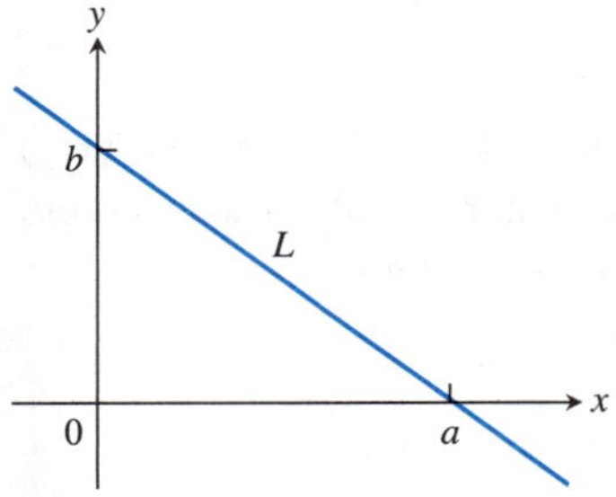

FIGURA B.13 A reta L tem o intercepto do eixo x em a e o intercepto do eixo y em b.

A ordenada do ponto onde uma reta não vertical corta o eixo y é chamada reta ou **intercepto do eixo y**. Similarmente, o **intercepto do eixo x** de uma reta não horizontal é a coordenada x do ponto onde ela cruza o eixo x (Figura B.13). Uma reta com coeficiente angular m e coeficiente linear b passa por $(0, b)$, tendo portanto a equação

$$y = b + m(x - 0) \qquad \text{ou, simplificando,} \qquad y = mx + b$$

A equação

$$y = mx + b$$

é a **equação reduzida da reta** com coeficiente angular m e coeficiente linear b.

Retas com equação na forma $y = mx$ têm coeficiente linear 0, portanto atravessam a origem. Equações de retas são chamadas equações **lineares**.

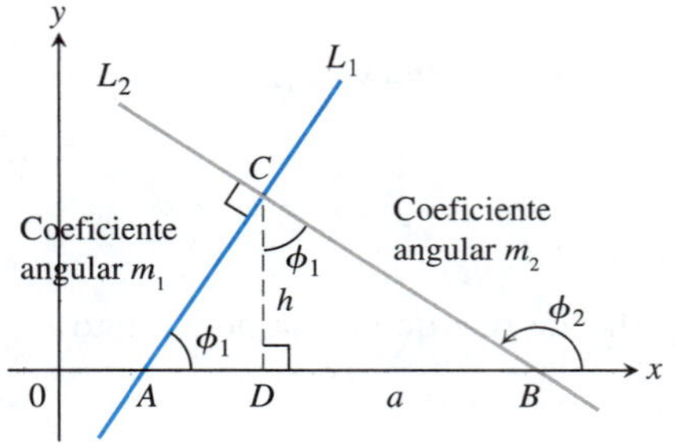

FIGURA B-14 ΔADC é semelhante a ΔCDB. Conseqüentemente, ϕ_1 também é o ângulo superior em ΔCDB. A partir dos lados de ΔCDB, temos tg $\phi_1 = a/h$.

A equação

$$Ax + By = C \quad \text{(com } A \text{ e } B \text{ não simultaneamente nulos)}$$

é chamada **equação geral da reta** em x e y, pois seu gráfico sempre representa uma reta, e todas as retas têm uma equação nessa forma (mesmo aquelas que apresentam coeficientes angulares indefinidos).

Retas paralelas e perpendiculares

Retas que são paralelas têm ângulos de inclinação iguais; logo, possuem o mesmo coeficiente angular (se não forem verticais). De maneira inversa, retas com o mesmo coeficiente angular têm ângulos de inclinação iguais e, portanto, são paralelas.

Se duas retas não verticais L_1 e L_2 são perpendiculares, seus coeficientes angulares m_1 e m_2 satisfazem $m_1 m_2 = -1$, portanto cada coeficiente angular é o *recíproco negativo* do outro:

$$m_1 = -\frac{1}{m_2}, \qquad m_2 = -\frac{1}{m_1}$$

Para perceber isso, observe os triângulos semelhantes na Figura B.14 e note que $m_1 = a/h$ e $m_2 = -h/a$. Conseqüentemente, $m_1 m_2 = (a/h)(-h/a) = -1$.

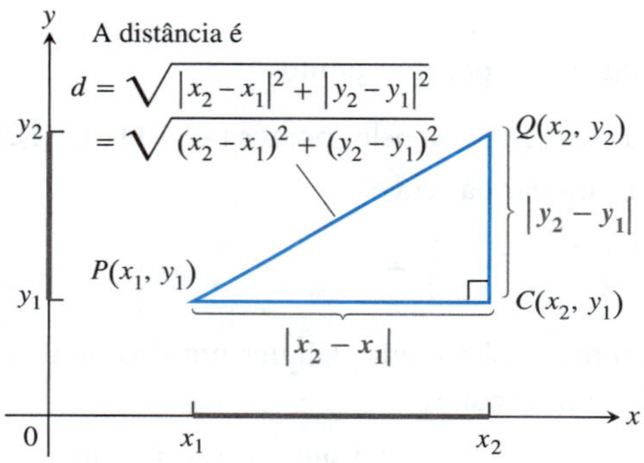

FIGURA B.15 Para calcular a distância entre $P(x_1, y_1)$ e $Q(x_2, y_2)$, aplique o teorema de Pitágoras ao triângulo PCQ.

Distância e círculos no plano

A distância entre pontos no plano é calculada com uma fórmula que vem do teorema de Pitágoras (Figura B.15).

> **Fórmula da distância para pontos no plano**
> A distância entre $P(x_1, y_1)$ e $Q(x_2, y_2)$ é
> $$d = \sqrt{(\Delta x)^2 + (\Delta y)^2} = \sqrt{(x_2 - x_1)^2 + (y_2 - y_1)^2}$$

EXEMPLO 4 Calculando a distância

(a) A distância entre $P(-1, 2)$ e $Q(3, 4)$ é

$$\sqrt{(3 - (-1))^2 + (4 - 2)^2} = \sqrt{(4)^2 + (2)^2} = \sqrt{20} = \sqrt{4 \cdot 5} = 2\sqrt{5}$$

(b) A distância da origem até $P(x, y)$ é

$$\sqrt{(x - 0)^2 + (y - 0)^2} = \sqrt{x^2 + y^2}$$

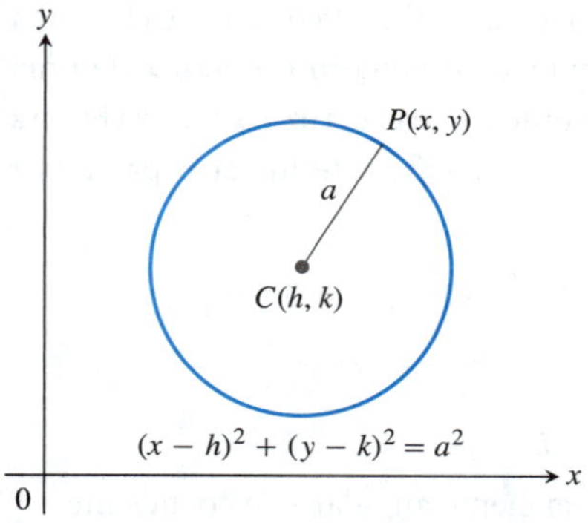

FIGURA B.16 Um círculo de raio a no plano xy, com centro em (h, k).

Por definição, um **círculo** de raio a é o conjunto de todos os pontos $P(x, y)$ cuja distância de certo centro $C(h, k)$ é igual a a (Figura B.16). De acordo com a fórmula da distância, P está sobre o círculo se e somente se

$$\sqrt{(x - h)^2 + (y - k)^2} = a$$

portanto

$$(x - h)^2 + (y - k)^2 = a^2 \qquad (1)$$

A Equação (1) é a **equação-padrão** de um círculo com centro (h, k) e raio a. O círculo de raio $a = 1$ e centro na origem recebe o nome de **círculo unitário**. Sua equação é

$$x^2 + y^2 = 1$$

EXEMPLO 5

(a) A equação-padrão para o círculo de raio 2 centrado em (3, 4) é

$$(x - 3)^2 + (y - 4)^2 = 2^2 = 4$$

(b) O círculo

$$(x - 1)^2 + (y + 5)^2 = 3$$

tem $h = 1$, $k = -5$ e $a = \sqrt{3}$. O centro é o ponto $(h, k) = (1, -5)$ e o raio é $a = \sqrt{3}$.

Se a equação de um círculo não está na forma-padrão, podemos determinar o centro e o raio do círculo convertendo-a para a forma-padrão. A técnica algébrica que nos permite fazer isso é chamada *completar o quadrado.*

EXEMPLO 6 Determinando o centro e o raio de um círculo

Determine o centro e o raio do círculo

$$x^2 + y^2 + 4x - 6y - 3 = 0$$

SOLUÇÃO Convertemos a equação para a forma-padrão completando os quadrados em x e y:

$$x^2 + y^2 + 4x - 6y - 3 = 0$$

Comece com a equação dada.

$$(x^2 + 4x) + (y^2 - 6y) = 3$$

Agrupe os termos. Passe a constante para o lado direito.

$$\left(x^2 + 4x + \left(\frac{4}{2}\right)^2\right) + \left(y^2 - 6y + \left(\frac{-6}{2}\right)^2\right) = 3 + \left(\frac{4}{2}\right)^2 + \left(\frac{-6}{2}\right)^2$$

Adicione o quadrado de metade do coeficiente de x a cada lado da equação. Faça o mesmo em relação a y. As expressões entre parênteses do lado esquerdo agora são quadrados perfeitos.

$$(x^2 + 4x + 4) + (y^2 - 6y + 9) = 3 + 4 + 9$$
$$(x + 2)^2 + (y - 3)^2 = 16$$

Escreva cada termo quadrático como uma expressão linear ao quadrado.

O centro é $(-2, 3)$ e o raio é $a = 4$.

Os pontos (x, y) que satisfazem a desigualdade

$$(x - h)^2 + (y - k)^2 < a^2$$

formam a região **interior** do círculo com centro (h, k) e raio a (Figura B.17). O **exterior** do círculo consiste nos pontos (x, y) que satisfazem

$$(x - h)^2 + (y - k)^2 > a^2$$

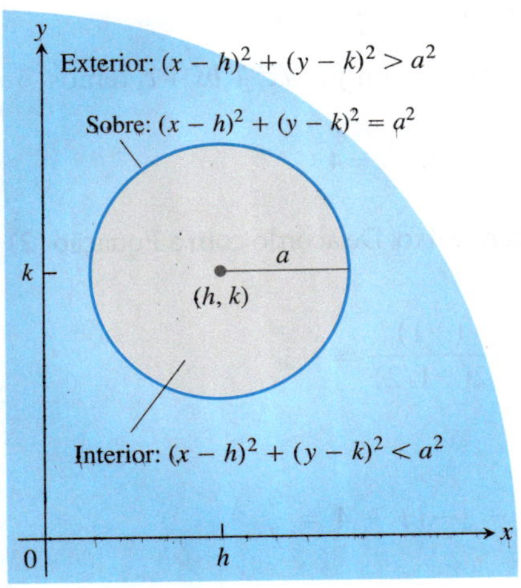

FIGURA B.17 O interior e o exterior do círculo $(x - h)^2 + (y - k)^2 = a^2$

Parábolas

A definição e as propriedades geométricas das parábolas gerais são abordadas na Seção 10.1. Aqui, vamos nos concentrar nas parábolas que surgem como gráficos de equações da forma $y = ax^2 + bx + c$.

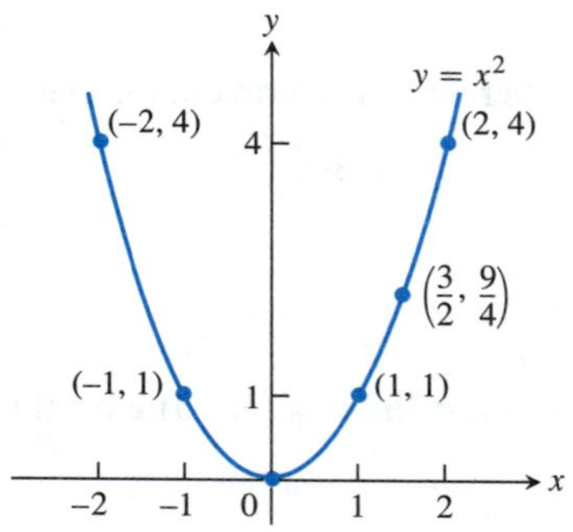

FIGURA B.18 A parábola $y = x^2$ (Exemplo 7).

EXEMPLO 7 A parábola $y = x^2$

Considere a equação $y = x^2$. Alguns dos pontos cujas coordenadas satisfazem essa equação são (0, 0), (1, 1), $\left(\frac{3}{2}, \frac{9}{4}\right)$, (−1, 1), (2, 4) e (−2, 4). Esses pontos (e todos os outros que satisfazem a equação) formam uma curva suave denominada parábola (Figura B.18).

O gráfico de uma equação que tenha a forma

$$y = ax^2$$

é uma **parábola** cujo **eixo** (eixo de simetria) é o eixo y. O **vértice** (ponto em que a parábola e o eixo se cruzam) fica na origem. A parábola abre-se para cima se $a > 0$ e para baixo se $a < 0$. Quanto maior o valor de $|a|$, mais estreita a parábola (Figura B.19).

Em geral, o gráfico de $y = ax^2 + bx + c$ é uma versão transladada e reescalada da parábola $y = x^2$. Na Seção 1.3, Volume I, discutimos com mais detalhes a translação e o reescalamento de gráficos.

O gráfico de $y = ax^2 + bx + c$, $a \neq 0$

O gráfico da equação $y = ax^2 + bx + c$, $a \neq 0$, é uma parábola. A parábola se abre para cima se $a > 0$ e para baixo se $a < 0$. O **eixo** é a reta

$$x = -\frac{b}{2a} \tag{2}$$

O **vértice** da parábola é o ponto onde o eixo e a parábola se cruzam. Sua abscissa é $x = -b/2a$; encontramos sua ordenada substituindo $x = -b/2a$ na equação da parábola.

Observe que, se $a = 0$, então temos $y = bx + c$, que é a equação de uma reta. O eixo, dado pela Equação (2), pode ser determinado completando-se o quadrado ou usando-se uma técnica estudada na Seção 4.1, Volume I.

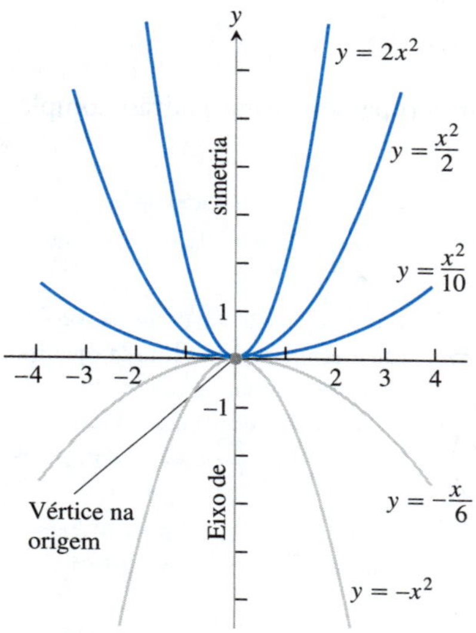

FIGURA B.19 Além de determinar a direção em que a parábola $y = ax^2$ se abre, o número a é um fator de escala. A parábola se alarga conforme a tende a zero e se estreita conforme $|a|$ aumenta.

EXEMPLO 8 Representando graficamente uma parábola

Represente graficamente a equação $y = -\frac{1}{2}x^2 - x + 4$

SOLUÇÃO Comparando a equação com $y = ax^2 + bx + c$, temos

$$a = -\frac{1}{2}, \quad b = -1, \quad c = 4$$

Como $a < 0$, a parábola abre-se para baixo. De acordo com a Equação (2), o eixo é a reta vertical

$$x = -\frac{b}{2a} = -\frac{(-1)}{2(-1/2)} = -1$$

Quando $x = -1$, temos

$$y = -\frac{1}{2}(-1)^2 - (-1) + 4 = \frac{9}{2}$$

O vértice é $(-1, 9/2)$.

Os interceptos do eixo x estão onde $y = 0$:

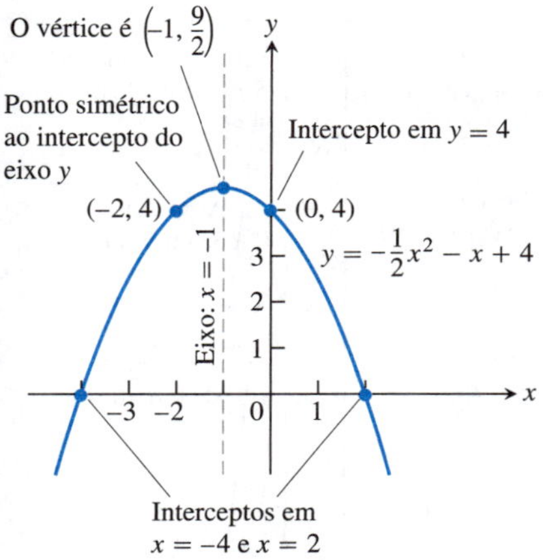

FIGURA B.20 A parábola do Exemplo 8.

$$-\frac{1}{2}x^2 - x + 4 = 0$$
$$x^2 + 2x - 8 = 0$$
$$(x - 2)(x + 4) = 0$$
$$x = 2, \qquad x = -4$$

Na Figura B.20, traçamos alguns pontos no gráfico, esboçamos o eixo e usamos a direção de abertura para completar o gráfico.

Exercícios B.2

Incrementos e distância

Nos exercícios 1 e 2, uma partícula se desloca de A até B no plano de coordenadas. Determine os incrementos Δx e Δy nas coordenadas da partícula. Determine também a distância entre A e B.

1. $A(-3, 2)$, $B(-1, -2)$ **2.** $A(-3{,}2; -2)$, $B(-8{,}1; -2)$

Nos exercícios 3 e 4, descreva os gráficos das equações.

3. $x^2 + y^2 = 1$ **4.** $x^2 + y^2 \leq 3$

Coeficientes angulares, retas e interceptos

Trace no plano de coordenadas os pontos dados nos exercícios 5 e 6; em seguida, encontre o coeficiente angular (caso haja) da reta que eles determinam. Além disso, encontre o coeficiente angular comum (caso haja) das retas perpendiculares à reta AB.

5. $A(-1, 2)$, $B(-2, -1)$ **6.** $A(2, 3)$, $B(-1, 3)$

Nos exercícios 7 e 8, encontre uma equação para **(a)** a reta vertical e **(b)** a reta horizontal que passa pelo ponto dado.

7. $(-1, 4/3)$ **8.** $\left(0, -\sqrt{2}\right)$

Nos exercícios 9–15, escreva uma equação para cada reta descrita.

9. Passa por $(-1, 1)$ e tem coeficiente angular -1.

10. Passa por $(3, 4)$ e $(-2, 5)$.

11. Tem coeficiente angular $-5/4$ e coeficiente linear 6.

12. Passa por $(-12, -9)$ e tem coeficiente angular 0.

13. Tem coeficiente linear 4 e intercepto do eixo x igual a -1.

14. Passa por $(5, -1)$ e é paralela à reta $2x + 5y = 15$.

15. Passa por $(4, 10)$ e é perpendicular à reta $6x - 3y = 5$.

Nos exercícios 16 e 17, determine os interceptos dos eixos x e y da reta e use essa informação para representar a reta graficamente.

16. $3x + 4y = 12$ **17.** $\sqrt{2}x - \sqrt{3}y = \sqrt{6}$

18. Existe algo de especial na relação entre as retas $Ax + By = C_1$ e $Bx - Ay = C_2$ ($A \neq 0$, $B \neq 0$)? Justifique sua resposta.

Incrementos e movimento

19. Uma partícula começa em $A(-2, 3)$ e suas coordenadas variam pelos incrementos $\Delta x = 5$, $\Delta y = -6$. Determine sua nova posição.

20. As coordenadas de uma partícula variam por $\Delta x = 5$ e $\Delta y = 6$ quando ela se move de $A(x, y)$ para $B(3, -3)$. Determine x e y.

Círculos

Nos exercícios 21–23, ache uma equação para o círculo com centro $C(h, k)$ e raio a dados. Em seguida, esboce o círculo no plano xy. Inclua o centro do círculo em seu esboço. Além disso, identifique os interceptos dos eixos x e y do círculo, se houver algum, com seus pares coordenados.

21. $C(0, 2), \quad a = 2$ 22. $C(-1, 5), \quad a = \sqrt{10}$

23. $C\left(-\sqrt{3}, -2\right), \quad a = 2$

Represente graficamente os círculos cujas equações são dadas nos exercícios 24–26. Identifique o centro e os interceptos (se houver) de cada círculo com seus pares coordenados.

24. $x^2 + y^2 + 4x - 4y + 4 = 0$

25. $x^2 + y^2 - 3y - 4 = 0$ 26. $x^2 + y^2 - 4x + 4y = 0$

Parábolas

Represente graficamente as parábolas dos exercícios 27–30. Identifique o vértice, o eixo e os interceptos em cada caso.

27. $y = x^2 - 2x - 3$ 28. $y = -x^2 + 4x$

29. $y = -x^2 - 6x - 5$ 30. $y = \dfrac{1}{2}x^2 + x + 4$

Desigualdades

Nos exercícios 31–36, descreva as regiões definidas pelas desigualdades e pares de desigualdades.

31. $x^2 + y^2 > 7$ 32. $(x - 1)^2 + y^2 \le 4$

33. $x^2 + y^2 > 1, \quad x^2 + y^2 < 4$

34. $x^2 + y^2 + 6y < 0, \quad y > -3$

35. Escreva uma desigualdade que descreva os pontos que estão dentro do círculo com centro (–2, 1) e raio $\sqrt{6}$.

36. Escreva um par de desigualdades que descrevam os pontos que estão dentro ou sobre o círculo com centro (0, 0) e raio $\sqrt{2}$ e sobre ou à direita da reta vertical que passa por (1, 0), ou à direita dela.

Retas, círculos e parábolas que se cruzam

Nos exercícios 37–40, faça o gráfico das duas equações e estime os pontos em que os gráficos se cruzam.

37. $y = 2x, \quad x^2 + y^2 = 1$ 38. $y - x = 1, \quad y = x^2$

39. $y = -x^2, \quad y = 2x^2 - 1$

40. $x^2 + y^2 = 1, \quad (x - 1)^2 + y^2 = 1$

Aplicações

41. **Isolamento** Medindo os coeficientes angulares na figura, estime a variação de temperatura, em graus por polegada, para: (a) o revestimento de gesso; (b) o isolamento de fibra de vidro; (c) o revestimento de madeira.

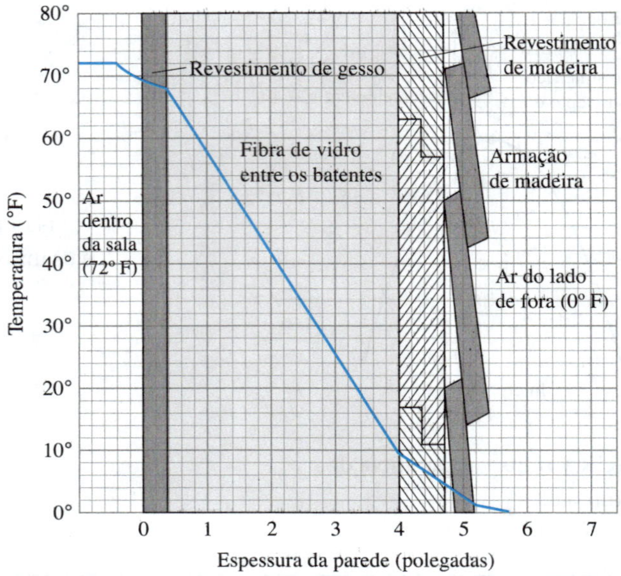

Nos exercícios 41 e 42, a temperatura da parede varia.

42. **Isolamento** De acordo com a figura do Exercício 41, qual desses materiais é o melhor isolante? E o pior? Explique.

43. **Pressão debaixo d'água** A pressão p experimentada por um mergulhador debaixo d'água está relacionada com sua profundidade d por meio da fórmula $p = kd + 1$ (k é uma constante). Quando $d = 0$ metro, a pressão é 1 atmosfera. A 100 metros a pressão é 10,94 atmosferas. Determine a pressão a 50 metros.

44. **Luz refletida** Um raio de luz sai do segundo quadrante, passando ao longo da reta $x + y = 1$, sendo refletido no eixo x. O ângulo de incidência é igual ao ângulo de reflexão quando medidos em relação à perpendicular ao eixo x. Escreva uma equação para a reta ao longo da qual a luz refletida se propaga.

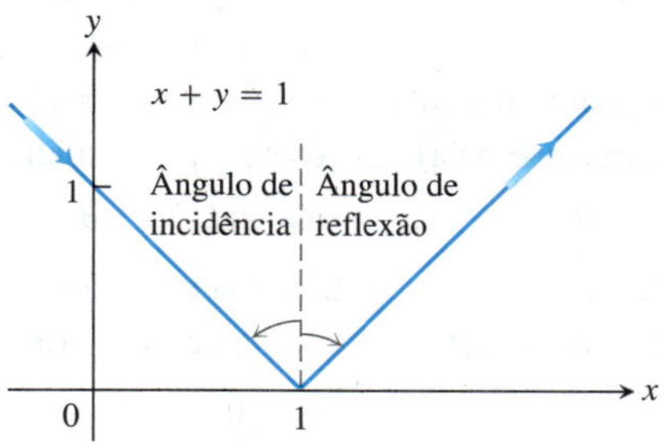

O caminho do raio de luz no Exercício 44. Os ângulos de incidência e reflexão são medidos a partir da perpendicular.

45. **Fahrenheit contra Celsius** No plano *FC*, esboce o gráfico da equação

$$C = \frac{5}{9}(F - 32)$$

que relaciona as temperaturas expressas em Fahrenheit e Celsius. No mesmo gráfico, trace a reta $C = F$. Há alguma temperatura que apresente a mesma leitura nos termômetros Fahrenheit e Celsius? Se existe, qual é?

46. **Uma ferrovia com cremalheira** Os engenheiros civis calculam o coeficiente angular do leito das estradas como a razão entre a distância que ela sobe ou desce verticalmente e a distância que ela cobre na horizontal. Eles chamam essa razão **grau** do leito da estrada, em geral expresso como porcentagem. Ao longo da costa, os graus das estradas de ferro comerciais geralmente são menores que 2%. Nas montanhas, podem chegar a 4%. Os graus de rodovias normalmente são menores que 5%.

    A parte mais íngreme de uma ferrovia com cremalheira apresenta um grau excepcional de 37,1%. Ao longo dessa parte do percurso, os assentos da parte anterior do vagão estão 14 pés acima daqueles que estão no fundo. Qual é a distância aproximada que separa a primeira e a última fileira do vagão?

Teoria e exemplos

47. Calculando o comprimento dos lados, mostre que o triângulo com vértices nos pontos $A(1, 2)$, $B(5, 5)$ e $C(4, -2)$ é isósceles, e não eqüilátero.

48. Mostre que o triângulo com vértices $A(0, 0)$, $B(1, \sqrt{3})$ e $C(2, 0)$ é eqüilátero.

49. Mostre que os pontos $A(2, -1)$, $B(1, 3)$ e $C(-3, 2)$ são vértices de um quadrado e determine o quarto vértice.

50. Três paralelogramos diferentes têm vértices em $(-1, 1)$, $(2, 0)$ e $(2, 3)$. Esboce-os e encontre as coordenadas do quarto vértice de cada um.

51. Para qual valor de k a reta $2x + ky = 3$ é perpendicular à reta $4x + y = 1$? Para qual valor de k as retas são paralelas?

52. **Ponto médio de um segmento de reta** Mostre que o ponto com coordenadas

$$\left(\frac{x_1 + x_2}{2}, \frac{y_1 + y_2}{2}\right)$$

é o ponto médio do segmento de reta que une $P(x_1, y_1)$ e $Q(x_2, y_2)$.

B.3 Funções trigonométricas

Nesta seção, vamos rever as funções trigonométricas básicas. As funções trigonométricas são importantes devido à periodicidade, ou repetição. Assim, elas podem representar vários processos naturais periódicos.

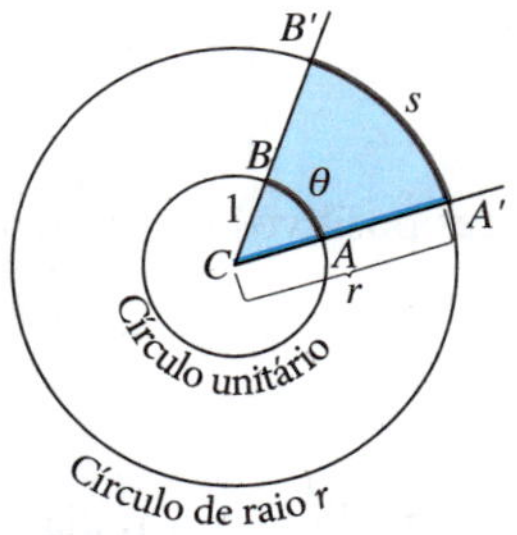

FIGURA B.21 A medida, em radianos, do ângulo ACB é o comprimento θ do arco AB no círculo unitário de centro C. O valor de θ pode ser obtido a partir de qualquer outra circunferência, entretanto sua medida será a razão s/r. Assim sendo, $s = r\theta$ é o comprimento do arco em uma circunferência de raio r quando θ é medido em radianos.

A unidade radiano

Em navegação e astronomia, os ângulos são medidos em graus. Em cálculo, entretanto, é melhor fazer uso de unidades denominadas *radianos*, já que elas simplificam alguns cálculos.

A medida, em unidade **"radiano"**, do ângulo ACB no centro de um círculo unitário (Figura B.21) equivale ao comprimento do arco que ACB forma no círculo unitário. A Figura B.21 mostra que $s = r\theta$ é o **comprimento do arco** que se forma em um círculo de raio r quando o ângulo subscrito θ é medido em radianos.

Como a circunferência do círculo é igual a 2π e uma volta inteira equivale a 360°, a relação entre radianos e graus é dada por

$$\pi \text{ radianos} = 180°$$

Por exemplo, 45° em radianos equivale a

$$45 \cdot \frac{\pi}{180} = \frac{\pi}{4} \text{rad}$$

e $\pi/6$ radianos é igual a

$$\frac{\pi}{6} \cdot \frac{180}{\pi} = 30°$$

Fórmulas para conversão

$1 \text{ grau} = \frac{\pi}{180} (\approx 0{,}02)$ radianos

De graus para radianos: multiplicar por $\frac{\pi}{180}$

$1 \text{ radiano} = \frac{\pi}{180} (\approx 57)$ graus

De radianos para graus: multiplicar por $\frac{\pi}{180}$

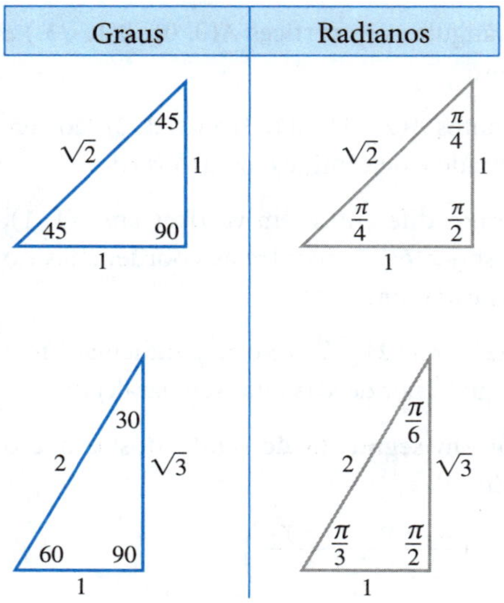

FIGURA B.22 Os ângulos de dois triângulos simples em graus e radianos.

A Figura B.22 mostra os ângulos de dois triângulos comuns em ambas as medidas (graus e radianos).

Um ângulo no plano xy está na **posição-padrão** se o seu vértice está posicionado na origem e sua semi-reta inicial percorre o eixo x positivo (Figura B.23). São atribuídas medidas positivas aos ângulos medidos no sentido anti-horário a partir do eixo x positivo. Os ângulos medidos no sentido horário recebem medidas negativas.

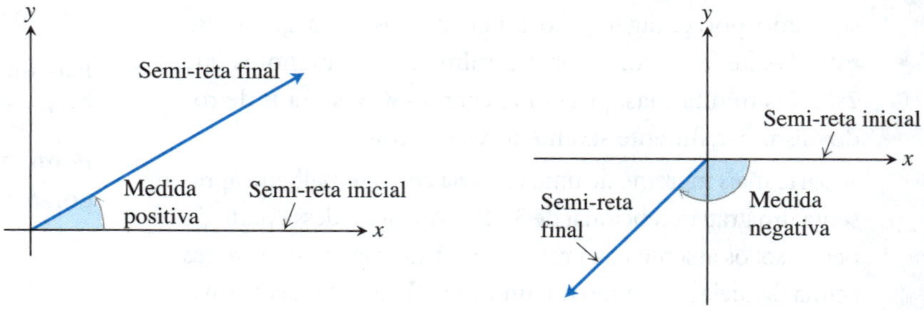

FIGURA B.23 Ângulos na posição-padrão no eixo xy.

Quando utilizamos ângulos para descrever rotações no sentido anti-horário, as medidas podem variar arbitrariamente entre 2π radianos e 360º. Analogamente, ângulos que descrevam rotações no sentido horário podem ter medidas negativas de todos os tamanhos (Figura B.24).

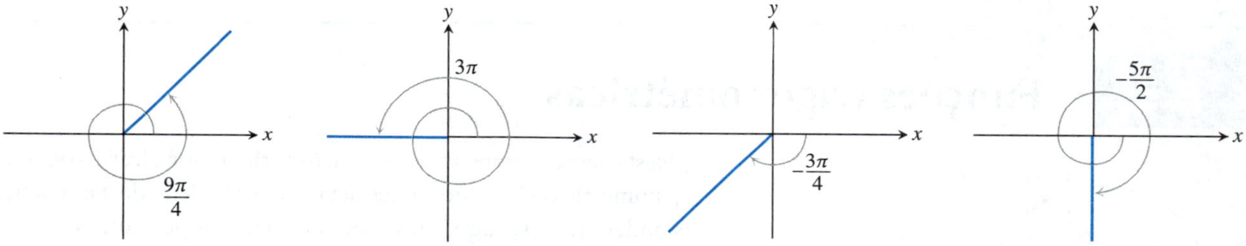

FIGURA B.24 Quando diferentes de zero, as medidas em radianos podem assumir valores positivos e negativos e ultrapassar 2π.

Convenção para ângulos: use radianos

Neste livro, assumimos que todos os ângulos são medidos em radianos; a menos que se diga explicitamente que a medida está sendo expressa em graus ou outra unidade. Quando mencionamos a medida $\pi/3$, estamos nos referindo a $\pi/3$ radianos (que equivalem a 60º), e não a $\pi/3$ graus. Portanto, mantenha a sua calculadora no modo radiano.

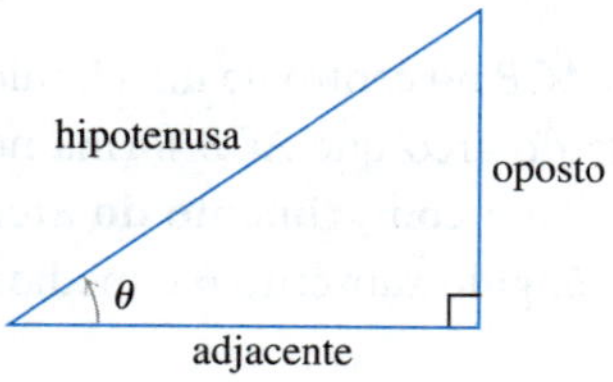

$$\operatorname{sen}\theta = \frac{\text{op}}{\text{hip}} \qquad \operatorname{cosec}\theta = \frac{\text{hip}}{\text{op}}$$

$$\cos\theta = \frac{\text{adj}}{\text{hip}} \qquad \sec\theta = \frac{\text{hip}}{\text{adj}}$$

$$\operatorname{tg}\theta = \frac{\text{op}}{\text{adj}} \qquad \operatorname{cotg}\theta = \frac{\text{adj}}{\text{op}}$$

FIGURA B.25 Relações trigonométricas do ângulo agudo.

As seis funções trigonométricas básicas

Você provavelmente já está familiarizado com a definição das funções trigonométricas para um ângulo agudo em função dos lados de um triângulo retângulo (Figura B.25). Essa definição passa a valer também para os ângulos obtusos e negativos quando, primeiro, os colocamos na posição-padrão em uma circunferência de raio r. Em seguida, definimos a função trigonométrica segundo as coordenadas do ponto $P(x,y)$ onde a semi-reta final do ângulo cruza a circunferência (Figura B.26).

$$\textbf{seno: } \text{sen}\,\theta = \frac{y}{r} \qquad \textbf{cossecante: } \text{cosec}\,\theta = \frac{r}{y}$$

$$\textbf{cosseno: } \cos\theta = \frac{x}{r} \qquad \textbf{secante: } \sec\theta = \frac{r}{x}$$

$$\textbf{tangente: } \text{tg}\,\theta = \frac{y}{x} \qquad \textbf{cotangente: } \text{cotg}\,\theta = \frac{x}{y}$$

A ampliação do escopo dessas definições está em conformidade com as definições do triângulo retângulo quando o ângulo é agudo (Figura B.27).

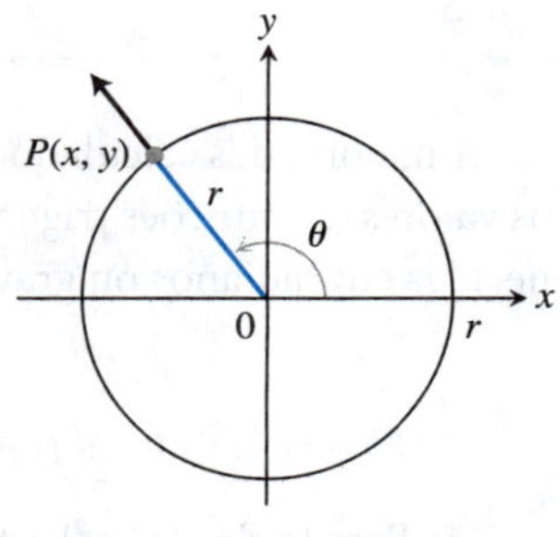

FIGURA B.26 As funções trigonométricas de dado ângulo θ são definidas em termos de *x*, *y* e *r*.

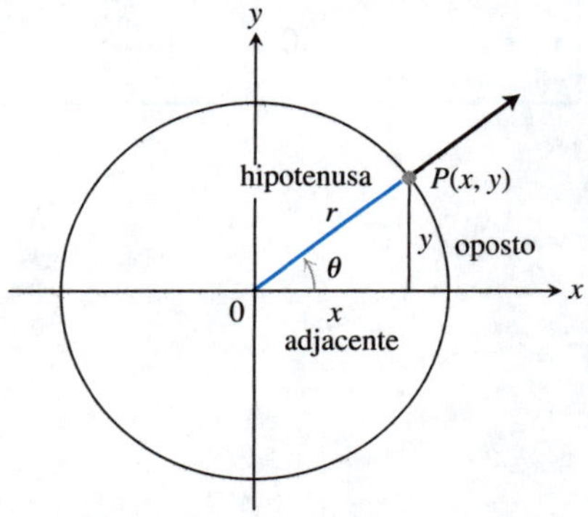

FIGURA B.27 As duas definições para ângulos agudos concordam.

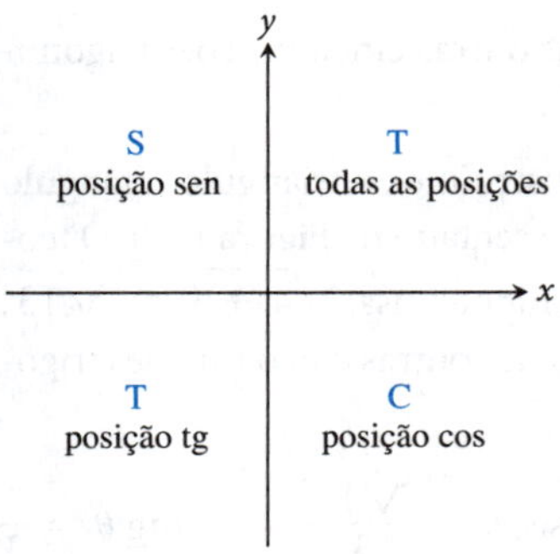

FIGURA B.28 A regra CTST nos diz quais funções trigonométricas são positivas e negativas em cada quadrante.

Observe também as seguintes definições sempre que os quocientes estiverem definidos.

$$\text{tg}\,\theta = \frac{\text{sen}\,\theta}{\cos\theta} \qquad \text{cotg}\,\theta = \frac{1}{\text{tg}\,\theta}$$

$$\sec\theta = \frac{1}{\cos\theta} \qquad \text{cosec}\,\theta = \frac{1}{\text{sen}\,\theta}$$

Conforme você pode ver, tg θ e sec θ não são definidas quando $x = 0$. Isso significa que esses valores também não são definidos quando θ é $\pm\pi/2$, $\pm 3\pi/2$ etc. Assim sendo, cotg θ e cosec θ não são definidas para valores de θ nos quais $y = 0$, ou seja, $\theta = 0, \pm\pi, \pm 2\pi$ etc.

Os valores exatos dessas relações trigonométricas para alguns ângulos podem ser lidos a partir dos triângulos da Figura B.22. Por exemplo,

$$\text{sen}\frac{\pi}{4} = \frac{1}{\sqrt{2}} \qquad \text{sen}\frac{\pi}{6} = \frac{1}{2} \qquad \text{sen}\frac{\pi}{3} = \frac{\sqrt{3}}{2}$$

$$\cos\frac{\pi}{4} = \frac{1}{\sqrt{2}} \qquad \cos\frac{\pi}{6} = \frac{\sqrt{3}}{2} \qquad \cos\frac{\pi}{3} = \frac{1}{2}$$

$$\text{tg}\frac{\pi}{4} = 1 \qquad \text{tg}\frac{\pi}{6} = \frac{1}{\sqrt{3}} \qquad \text{tg}\frac{\pi}{3} = \sqrt{3}$$

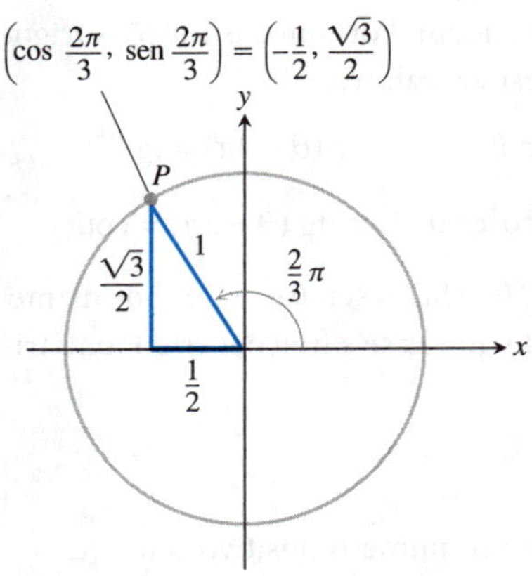

FIGURA B.29 O triângulo para cálculo do seno e do cosseno de $2\pi/3$ radianos. Os comprimentos dos lados vêm da geometria dos triângulos retângulos.

A regra CTST (Figura B.28) ajuda a lembrar quando as funções trigonométricas básicas são positivas ou negativas. A partir do triângulo da Figura B.29, por exemplo, vemos que

$$\text{sen}\frac{2\pi}{3} = \frac{\sqrt{3}}{2}, \qquad \cos\frac{2\pi}{3} = -\frac{1}{2}, \qquad \text{tg}\frac{2\pi}{3} = -\sqrt{3}$$

Utilizando um método semelhante, determinamos os valores de sen θ, cos θ e tg θ demonstrados na Tabela B.2.

TABELA B.2 Os valores de sen θ, cos θ e tg θ para valores selecionados de θ

Graus	**−180**	**−135**	**−90**	**−45**	**0**	**30**	**45**	**60**	**90**	**120**	**135**	**150**	**180**	**270**	**360**
θ (radianos)	$-\pi$	$\frac{-3\pi}{4}$	$\frac{-\pi}{2}$	$\frac{-\pi}{4}$	0	$\frac{\pi}{6}$	$\frac{\pi}{4}$	$\frac{\pi}{3}$	$\frac{\pi}{2}$	$\frac{2\pi}{3}$	$\frac{3\pi}{4}$	$\frac{5\pi}{6}$	π	$\frac{3\pi}{2}$	2π
sen θ	0	$\frac{-\sqrt{2}}{2}$	-1	$\frac{-\sqrt{2}}{2}$	0	$\frac{1}{2}$	$\frac{\sqrt{2}}{2}$	$\frac{\sqrt{3}}{2}$	1	$\frac{\sqrt{3}}{2}$	$\frac{\sqrt{2}}{2}$	$\frac{1}{2}$	0	-1	0
cos θ	-1	$\frac{-\sqrt{2}}{2}$	0	$\frac{\sqrt{2}}{2}$	1	$\frac{\sqrt{3}}{2}$	$\frac{\sqrt{2}}{2}$	$\frac{1}{2}$	0	$-\frac{1}{2}$	$\frac{-\sqrt{2}}{2}$	$\frac{-\sqrt{3}}{2}$	-1	0	1
tg θ	0	1		-1	0	$\frac{\sqrt{3}}{3}$	1	$\sqrt{3}$		$-\sqrt{3}$	-1	$\frac{-\sqrt{3}}{3}$	0		0

A maioria das calculadoras e dos computadores fornece automaticamente os valores das funções trigonométricas para ângulos cujas medidas sejam fornecidas em radianos ou graus.

EXEMPLO 1 Determinando os valores das funções trigonométricas

Para tg $\theta = 3/2$ e $0 < \theta < \pi/2$, encontre as outras cinco funções trigonométricas de θ.

SOLUÇÃO A partir de tg $\theta = 3/2$, construímos o triângulo retângulo de altura 3 (oposto) e base 2 (adjacente) representado na Figura B.30. O teorema de Pitágoras nos dá o comprimento da hipotenusa, $\sqrt{4+9} = \sqrt{13}$. A partir do triângulo, escrevemos os valores das outras cinco funções trigonométricas:

$$\cos\theta = \frac{2}{\sqrt{13}}, \quad \operatorname{sen}\theta = \frac{3}{\sqrt{13}}, \quad \sec\theta = \frac{\sqrt{13}}{2}, \quad \operatorname{cosec}\theta = \frac{\sqrt{13}}{3}, \quad \operatorname{cotg}\theta = \frac{2}{3}$$

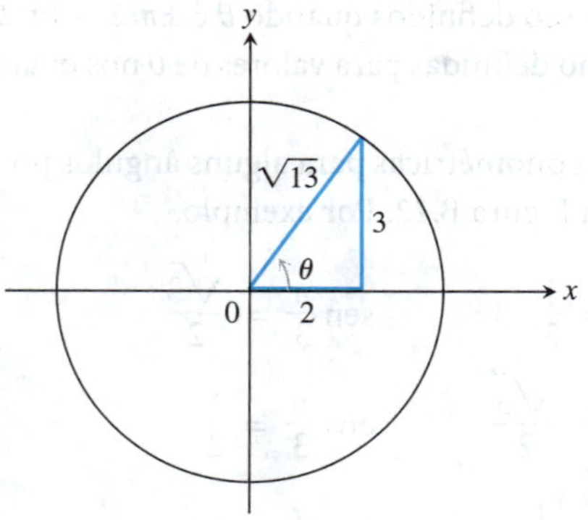

FIGURA B.30 O triângulo para calcular as funções trigonométricas do Exemplo 1.

Periodicidade e gráficos das funções trigonométricas

Quando um ângulo de medida θ e um ângulo de medida $\theta + 2\pi$ estão na posição-padrão, suas semi-retas finais coincidem. Portanto, as funções trigonométricas desses dois ângulos têm os mesmos valores:

$$\cos(\theta + 2\pi) = \cos\theta \quad \operatorname{sen}(\theta + 2\pi) = \operatorname{sen}\theta \quad \operatorname{tg}(\theta + 2\pi) = \operatorname{tg}\theta$$

$$\sec(\theta + 2\pi) = \sec\theta \quad \operatorname{cosec}(\theta + 2\pi) = \operatorname{cosec}\theta \quad \operatorname{cotg}(\theta + 2\pi) = \operatorname{cotg}\theta$$

Similarmente, $\cos(\theta - 2\pi) = \cos\theta$, $\operatorname{sen}(\theta - 2\pi) = \operatorname{sen}\theta$ e assim por diante. Descrevemos esse comportamento dizendo que as seis funções trigonométricas básicas são *periódicas*.

Definição Função periódica

Uma função $f(x)$ é **periódica** se existe um número positivo p tal que $f(x + p) = f(x)$ para qualquer valor de x. O menor valor possível de p é o **período** de f.

Quando traçamos gráficos de funções trigonométricas no plano cartesiano, geralmente denotamos a variável independente (radianos) por x em vez de θ (Figura B.31).

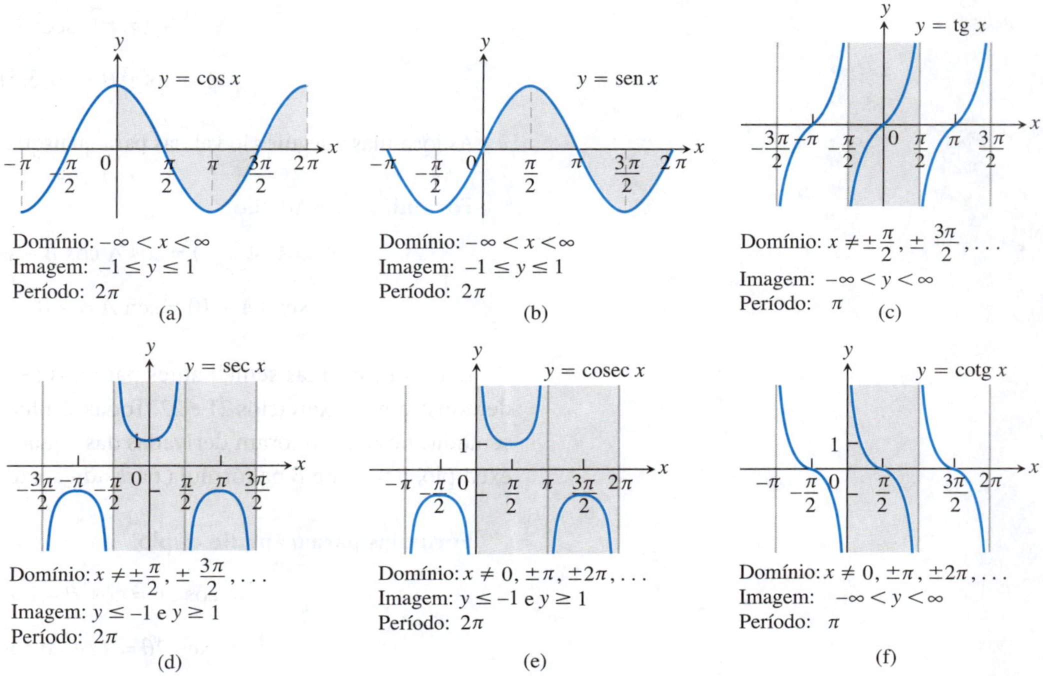

FIGURA B.31 Gráficos das funções (a) cosseno, (b) seno, (c) tangente, (d) secante, (e) cossecante e (f) cotangente utilizando a medida em radianos. O sombreado em cada uma das funções trigonométricas indica a sua periodicidade.

Períodos das funções trigonométricas

Período π: $\operatorname{tg}(x+\pi) = \operatorname{tg} x$
$\operatorname{cotg}(x+\pi) = \operatorname{cotg} x$

Período 2π: $\operatorname{sen}(x+2\pi) = \operatorname{sen} x$
$\cos(x+2\pi) = \cos x$
$\sec(x+2\pi) = \sec x$
$\operatorname{cosec}(x+2\pi) = \operatorname{cosec} x$

Par	**Ímpar**
$\cos(-x) = \cos x$	$\operatorname{sen}(-x) = -\operatorname{sen} x$
$\sec(-x) = \sec x$	$\operatorname{tg}(-x) = -\operatorname{tg} x$
	$\operatorname{cosec}(-x) = -\operatorname{cosec} x$
	$\operatorname{cotg}(-x) = -\operatorname{cotg} x$

Como podemos ver na Figura B.31, as funções tangente e cotangente têm período $p = \pi$. As outras quatro funções apresentam período 2π. As funções periódicas são importantes porque muitos dos comportamentos estudados em ciência são periódicos. Um teorema do cálculo avançado diz que toda função periódica utilizada na modelagem matemática pode ser escrita como uma combinação algébrica de senos e cossenos. Demonstramos como isso é possível na Seção 11.11.

As simetrias nos gráficos da Figura B.31 revelam que as funções cosseno e secante são pares, enquanto as outras quatro funções são ímpares.

Identidades

As coordenadas de qualquer ponto $P(x, y)$ no plano podem ser expressas considerando-se a distância entre o ponto e sua origem e o ângulo que a semireta OP forma com o eixo positivo x (Figura B.27). Como $x/r = \cos\theta$ e $y/r = \operatorname{sen}\theta$, temos:

$$x = r\cos\theta, \qquad y = r\operatorname{sen}\theta$$

Quando $r = 1$, podemos aplicar o teorema de Pitágoras ao triângulo retângulo de referência da Figura B.32 e obter a equação

$$\cos^2\theta + \operatorname{sen}^2\theta = 1 \tag{1}$$

Essa equação, verdadeira para qualquer valor de θ, é a identidade mais freqüentemente utilizada na trigonometria. Dividindo-se essa identidade por $\cos^2\theta$ e depois por $\operatorname{sen}^2\theta$, temos

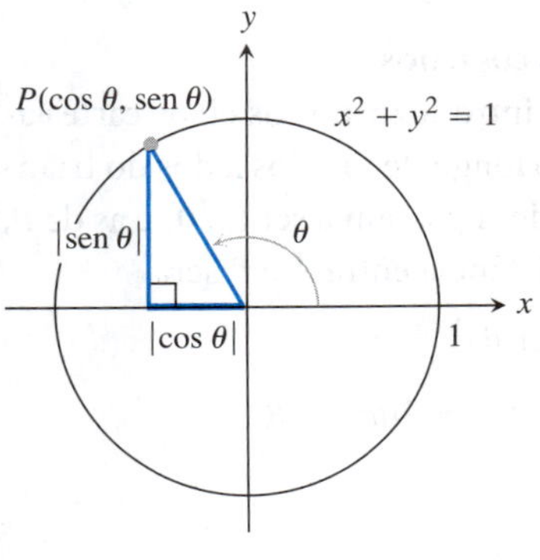

FIGURA B.32 O triângulo de referência para o ângulo θ.

$$1 + \text{tg}^2\,\theta = \sec^2\theta$$

$$1 + \text{cotg}^2\,\theta = \text{cosec}^2\,\theta$$

As fórmulas a seguir são válidas para quaisquer ângulos A e B (Exercício 32).

Fórmulas para adição

$$\cos(A + B) = \cos A \cos B - \text{sen}\, A\, \text{sen}\, B$$

$$\text{sen}\,(A + B) = \text{sen}\, A \cos B - \cos A\, \text{sen}\, B \qquad (2)$$

Existem fórmulas semelhantes para cos $(A - B)$ e sen $(A - B)$, conforme demonstram os exercícios 21 e 22. Todas as identidades trigonométricas apresentadas neste livro foram derivadas das equações (1) e (2). Substituindo, por exemplo, θ por A e B na fórmula para adição, temos

Fórmulas para o ângulo duplo

$$\cos 2\theta = \cos^2\theta - \text{sen}^2\,\theta$$

$$\text{sen}\, 2\theta = 2\, \text{sen}\, \theta \cos\theta \qquad (3)$$

Outras fórmulas podem ser obtidas pela combinação das equações

$$\cos^2\theta + \text{sen}^2\,\theta = 1, \qquad \cos^2\theta - \text{sen}^2\,\theta = \cos 2\theta$$

Somamos as duas equações para chegar a $2\cos^2\theta = 1 + \cos 2\theta$ e subtraímos a segunda da primeira para obter $2\,\text{sen}^2\,\theta = 1 - \cos 2\theta$. Esse procedimento nos permite chegar às identidades demonstradas a seguir, úteis no cálculo de integrais.

Fórmulas para o ângulo metade

$$\cos^2\theta = \frac{1 + \cos 2\theta}{2} \qquad (4)$$

$$\text{sen}^2\,\theta = \frac{1 - \cos 2\theta}{2} \qquad (5)$$

Lei dos cossenos

Sendo a, b e c os lados de um triângulo ABC e θ o ângulo oposto a c, temos

$$c^2 = a^2 + b^2 - 2ab\cos\theta \qquad (6)$$

Essa equação é conhecida como a **lei dos cossenos**.

Podemos ver por que essa lei é válida ao introduzirmos os eixos cartesianos com a origem em C e o eixo x positivo ao longo de um dos lados do triângulo, como na Figura B.33. As coordenadas de A passam a ser $(b, 0)$ e as de B, $(a\cos\theta, a\,\text{sen}\,\theta)$. Portanto, o quadrado da distância entre A e B será

$$\begin{aligned} c^2 &= (a\cos\theta - b)^2 + (a\,\text{sen}\,\theta)^2 \\ &= a^2\underbrace{(\cos^2\theta + \text{sen}^2\,\theta)}_{1} + b^2 - 2ab\cos\theta \\ &= a^2 + b^2 - 2ab\cos\theta. \end{aligned}$$

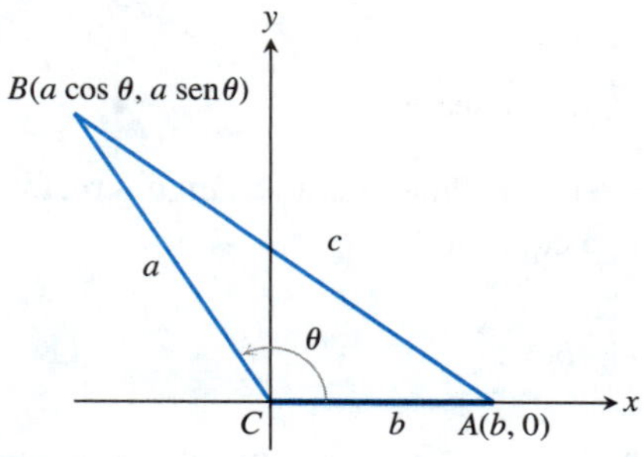

FIGURA B.33 O quadrado da distância entre A e B fornece a lei dos cossenos.

A lei dos cossenos generaliza o teorema de Pitágoras. Se $\theta = \pi/2$, então $\cos\theta = 0$ e $c^2 = a^2 + b^2$.

Exercícios B.3

Radianos, graus e arcos de circunferência

1. Em uma circunferência de raio 10 m, qual o comprimento do arco que subentende um ângulo central de **(a)** $4\pi/5$ radianos e **(b)** 110°?

2. Um ângulo central em uma circunferência de raio 8 corresponde a um arco de comprimento 10π. Calcule a medida desse ângulo em radianos e graus.

3. Você deseja fazer um ângulo de 80° marcando o perímetro de uma circunferência de 12 polegadas de diâmetro e traçando retas das extremidades do arco até o centro do diâmetro. Quanto deve medir o arco? Aproxime para o décimo de polegada mais próximo.

4. Se você girar para a frente uma roda de 1 metro de diâmetro por um percurso de 30 centímetros em uma superfície plana, com qual ângulo a roda girará? Responda em radianos (com a precisão de um décimo) e em graus (com a precisão de um grau).

Calculando funções trigonométricas

5. Copie e complete a seguinte tabela com valores de funções. Se a função não for definida para dado ângulo, preencha com "ND". Não use calculadora ou tabelas.

θ	$-\pi$	$-2\pi/3$	0	$\pi/2$	$3\pi/4$
sen θ					
cos θ					
tg θ					
cotg θ					
sec θ					
cosec θ					

Nos exercícios 6–8, um dos valores de sen x, cos x ou tg x é dado. Determine os valores dos outros dois no intervalo dado.

6. $\operatorname{sen} x = \frac{3}{5}, \quad x \in \left[\frac{\pi}{2}, \pi\right]$

7. $\cos x = \frac{1}{3}, \quad x \in \left[-\frac{\pi}{2}, 0\right]$

8. $\operatorname{tg} x = \frac{1}{2}, \quad x \in \left[\pi, \frac{3\pi}{2}\right]$

Esboçando gráficos de funções trigonométricas

Esboce os gráficos das funções dos exercícios 9–13. Qual é o período de cada uma?

9. $\operatorname{sen} 2x$

10. $\cos \pi x$

11. $-\operatorname{sen} \frac{\pi x}{3}$

12. $\cos\left(x - \frac{\pi}{2}\right)$

13. $\operatorname{sen}\left(x - \frac{\pi}{4}\right) + 1$

Esboce os gráficos das funções apresentadas nos exercícios 14–17 no plano ts (eixo t horizontal, eixo s vertical). Qual é o período de cada função? Quais são as simetrias apresentadas pelos gráficos?

14. $s = \operatorname{cotg} 2t$

15. $s = -\operatorname{tg} \pi t$

16. $s = \sec\left(\frac{\pi t}{2}\right)$

17. $s = \operatorname{cosec}\left(\frac{t}{2}\right)$

18. Esboce o gráfico de $y = \operatorname{sen} x$ e $y = \lfloor \operatorname{sen} x \rfloor$ juntos. Quais são o domínio e a imagem de $\lfloor \operatorname{sen} x \rfloor$?

Outras identidades trigonométricas

Utilize as fórmulas de adição para deduzir as identidades dos exercícios 19 e 20.

19. $\cos\left(x - \frac{\pi}{2}\right) = \operatorname{sen} x$

20. $\operatorname{sen}\left(x + \frac{\pi}{2}\right) = \cos x$

21. $\cos(A - B) = \cos A \cos B + \operatorname{sen} A \operatorname{sen} B$ (O Exercício 32 apresenta uma dedução diferente.)

22. $\operatorname{sen}(A - B) = \operatorname{sen} A \cos B - \cos A \operatorname{sen} B$

23. O que acontece quando $B = A$ na identidade $\cos(A - B) = \cos A \cos B + \operatorname{sen} A \operatorname{sen} B$? O resultado se parece com algo que você já viu?

24. O que acontece quando $B = 2\pi$ nas fórmulas de adição? O resultado se parece com algo que você já viu?

Usando as fórmulas de adição

Nos exercícios 25 e 26, reescreva a expressão em termos de sen x e cos x.

25. $\cos(\pi + x)$

26. $\operatorname{sen}\left(\frac{3\pi}{2} - x\right)$

27. Deduza $\operatorname{sen} \frac{7\pi}{12}$ como $\operatorname{sen}\left(\frac{\pi}{4} + \frac{\pi}{3}\right)$

28. Calcule $\cos \frac{\pi}{12}$

Usando as fórmulas de ângulo duplo

Nos exercícios 29 e 30, encontre o valor das funções.

29. $\cos^2 \frac{\pi}{8}$

30. $\operatorname{sen}^2 \frac{\pi}{12}$

Teoria e exemplos

31. **A fórmula para a soma das tangentes** A fórmula-padrão para a tangente da soma de dois ângulos é

$$\operatorname{tg}(A + B) = \frac{\operatorname{tg} A + \operatorname{tg} B}{1 - \operatorname{tg} A \operatorname{tg} B}$$

Deduza a fórmula.

32. Aplique a lei dos cossenos ao triângulo da figura a seguir para deduzir a fórmula para cos $(A - B)$.

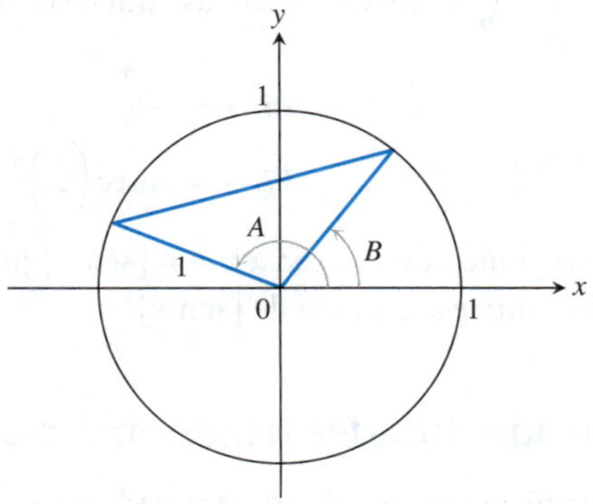

33. Um triângulo tem lados $a = 2$ e $b = 3$ e ângulo $C = 60°$. Determine o comprimento do lado c.

34. **A lei dos senos** A *lei dos senos* diz que, se a, b e c são os lados opostos aos ângulos A, B e C de um triângulo, então:

$$\frac{\operatorname{sen} A}{a} = \frac{\operatorname{sen} B}{b} = \frac{\operatorname{sen} C}{c}$$

Use as figuras a seguir e a identidade sen $(\pi - \theta) =$ sen θ, conforme a necessidade, para deduzir a lei.

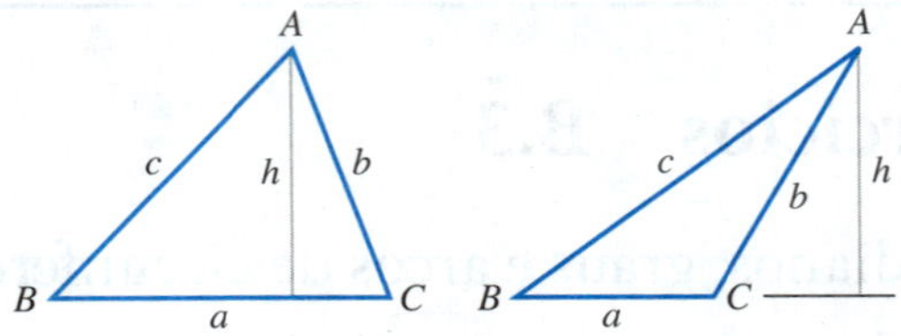

35. Um triângulo tem lados $a = 2$ e $b = 3$ e ângulo $C = 60°$ (conforme visto no Exercício 33). Utilizando a lei dos senos, encontre o seno do ângulo B.

36. Um triângulo tem lado $c = 2$ e ângulos $A = \pi/4$ e $B = \pi/3$. Determine o comprimento do lado a, oposto ao ângulo A.

37. **A aproximação sen $x \approx x$** É bom saber que, quando x é
T medido em radianos, e para valores pequenos de x, sen $x \approx x$. Na Seção 3.10, Volume I, veremos por que essa aproximação é verdadeira. O erro de aproximação é menor que 1 em 5.000 se $|x| < 0{,}1$.

(a) Com sua ferramenta gráfica ajustada em radianos, trace $y =$ sen x junto com $y = x$ para visualizá-los perto da origem. O que acontece quando x se aproxima da origem?

(b) Com sua ferramenta gráfica ajustada em graus, trace $y =$ sen x junto com $y = x$ novamente próximo à origem. Qual(is) a(s) diferença(s) em relação às curvas traçadas no modo radiano?

(c) **Uma verificação rápida do modo radiano** Sua ferramenta gráfica está no modo radiano? Então, calcule sen x para um valor de x próximo à origem, por exemplo $x = 0{,}1$. Se sen $x \approx x$, então a ferramenta está ajustada em radianos; caso contrário, não. Faça o teste.

Respostas selecionadas

CAPÍTULO 10

Seção 10.1

1. $y^2 = 8x$, $F(2, 0)$, diretriz: $x = -2$
3. $x^2 = -6y$, $F(0, -3/2)$, diretriz: $y = 3/2$
5. $\dfrac{x^2}{4} - \dfrac{y^2}{9} = 1$, $F\left(\pm\sqrt{13}, 0\right)$, $V(\pm 2, 0)$, assíntotas: $y = \pm\dfrac{3}{2}x$
7. $\dfrac{x^2}{2} + y^2 = 1$, $F(\pm 1, 0)$, $V\left(\pm\sqrt{2}, 0\right)$

9.

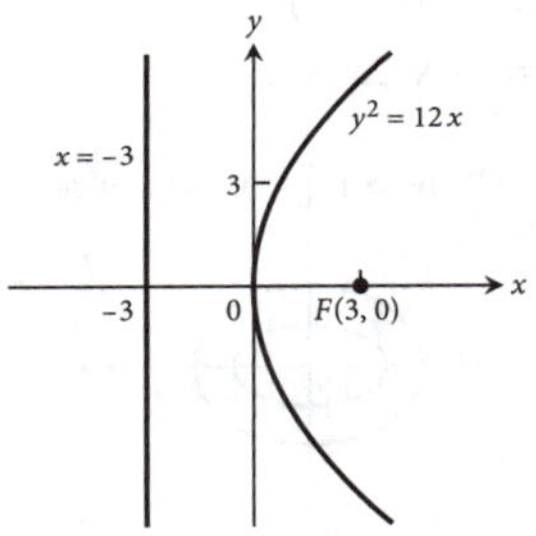

11.

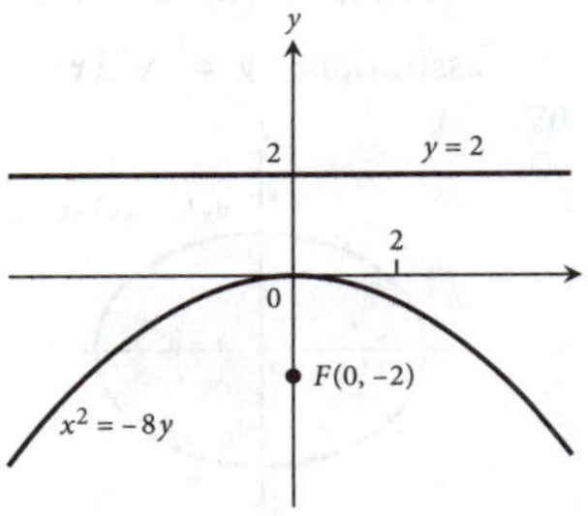

13.

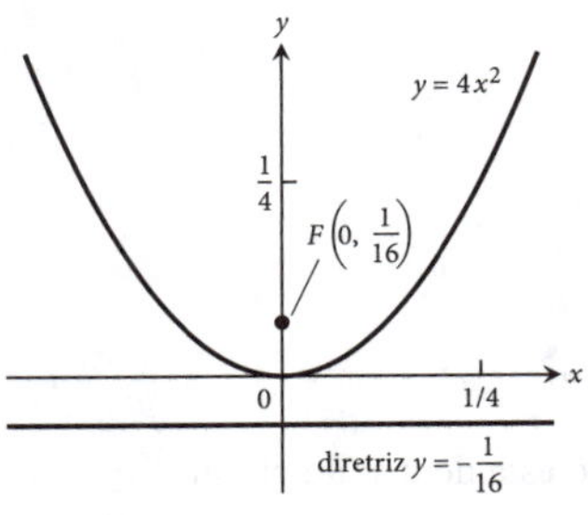

15.

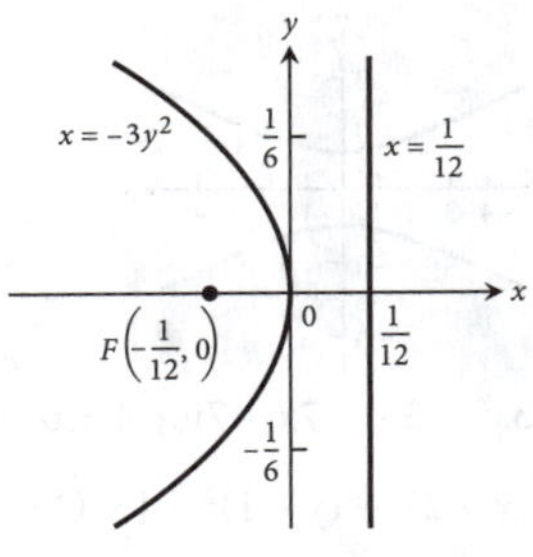

17.

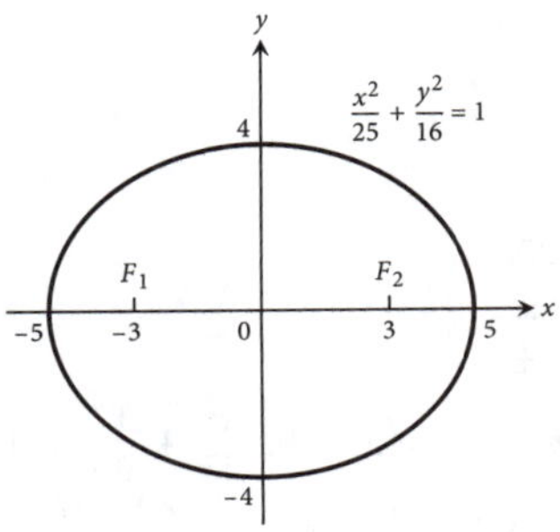

19.

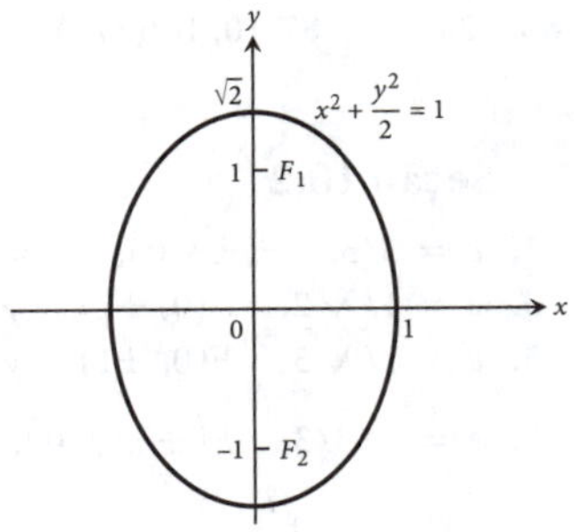

21.

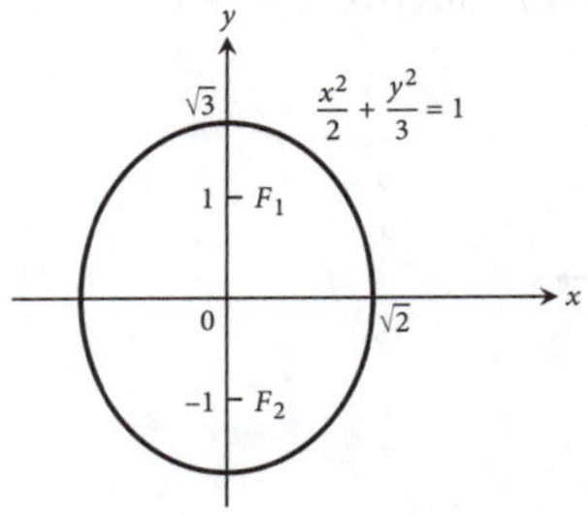

23.

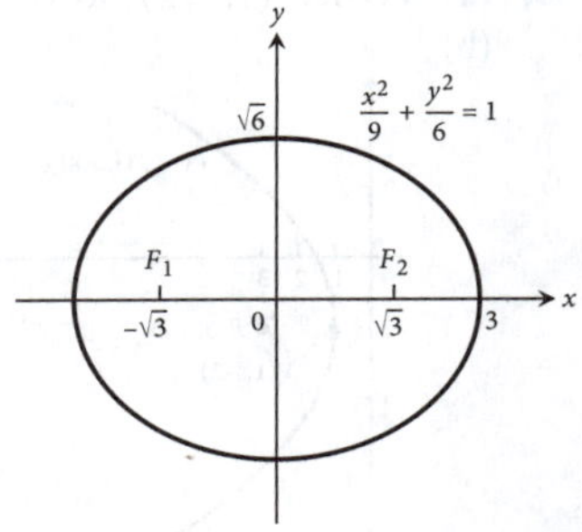

25. $\dfrac{x^2}{4} + \dfrac{y^2}{2} = 1$

27. Assíntotas: $y = \pm x$

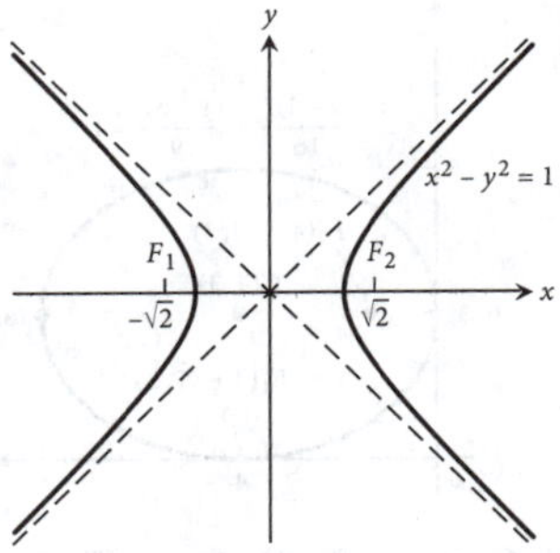

29. Assíntotas: $y = \pm x$

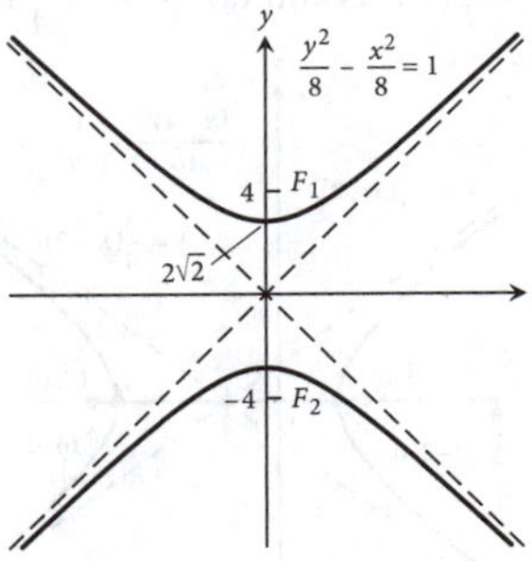

31. Assíntotas: $y = \pm 2x$

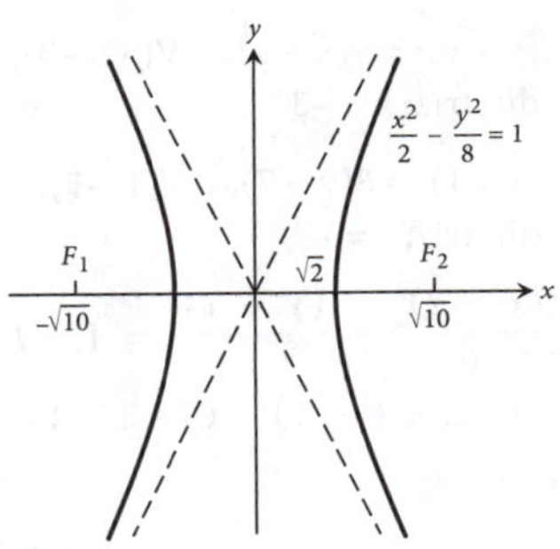

33. Assíntotas: $y = \pm\dfrac{x}{2}$

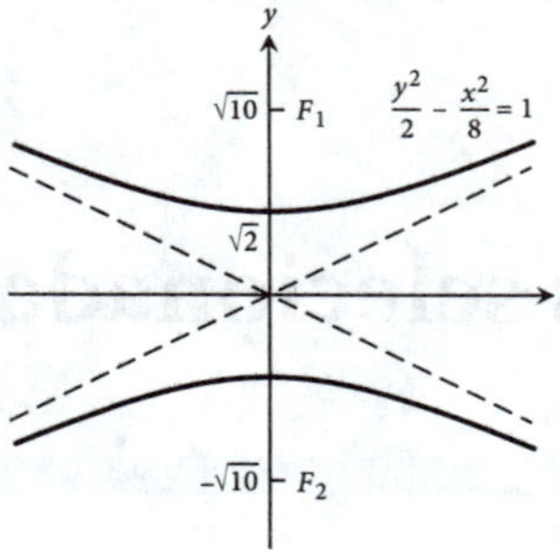

35. $y^2 - x^2 = 1$ **37.** $\dfrac{x^2}{9} - \dfrac{y^2}{16} = 1$

39. **(a)** Vértice: $(1, -2)$; foco: $(3, -2)$; diretriz: $x = -1$
(b)

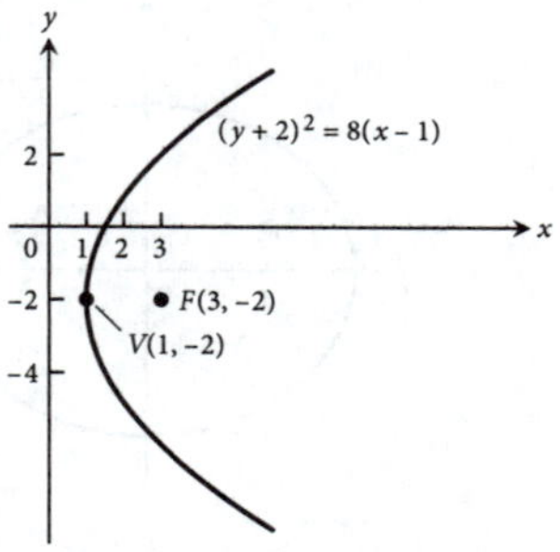

41. **(a)** Foco: $(4 \pm \sqrt{7}, 3)$; vértices: (8, 3) e (0, 3); centro: (4, 3)
(b)

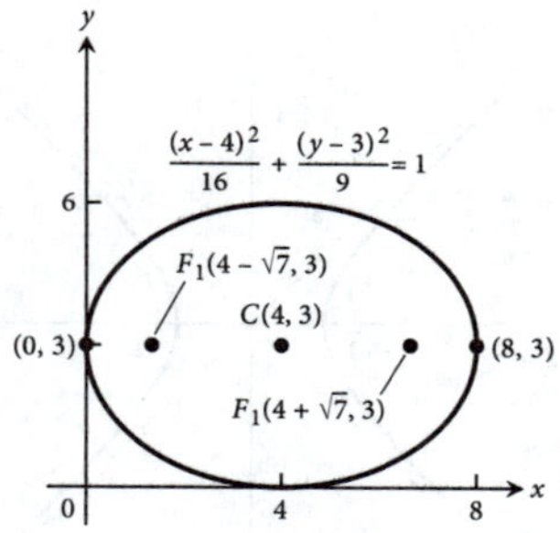

43. **(a)** Centro: (2, 0); foco: (7, 0) e (−3, 0); vértices: (6, 0) e (−2, 0); assíntotas: $y = \pm\dfrac{3}{4}(x - 2)$
(b)

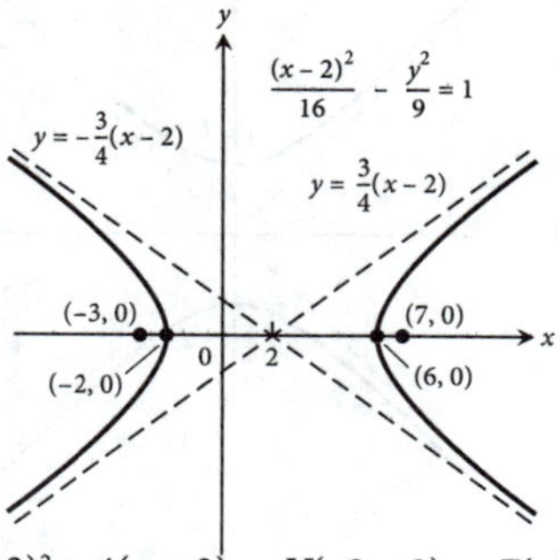

45. $(y + 3)^2 = 4(x + 2)$, $V(-2, -3)$, $F(-1, -3)$, diretriz: $x = -3$

47. $(x - 1)^2 = 8(y + 7)$, $V(1, -7)$, $F(1, -5)$, diretriz: $y = -9$

49. $\dfrac{(x + 2)^2}{6} + \dfrac{(y + 1)^2}{9} = 1$, $F(-2, \pm\sqrt{3} - 1)$, $V(-2, \pm 3 - 1)$, $C(-2, -1)$

51. $\dfrac{(x - 2)^2}{3} + \dfrac{(y - 3)^2}{2} = 1$, $F(3, 3)$ e $F(1, 3)$, $V(\pm\sqrt{3} + 2, 3)$, $C(2, 3)$

53. $\dfrac{(x - 2)^2}{4} - \dfrac{(y - 2)^2}{5} = 1$, $C(2, 2)$, $F(5, 2)$ e $F(-1, 2)$, $V(4, 2)$ e $V(0, 2)$; assíntotas: $(y - 2) = \pm\dfrac{\sqrt{5}}{2}(x - 2)$

55. $(y + 1)^2 - (x + 1)^2 = 1$, $C(-1, -1)$, $F(-1, \sqrt{2} - 1)$ e $F(-1, -\sqrt{2} - 1)$, $V(-1, 0)$ e $V(-1, -2)$; assíntotas $(y + 1) = \pm(x + 1)$

57. $C(-2, 0)$, $a = 4$ **59.** $V(-1, 1)$, $F(-1, 0)$

61. Elipse: $\dfrac{(x + 2)^2}{5} + y^2 = 1$, $C(-2, 0)$, $F(0, 0)$ e $F(-4, 0)$, $V(\sqrt{5} - 2, 0)$ e $V(-\sqrt{5} - 2, 0)$

63. Elipse: $\dfrac{(x - 1)^2}{2} + (y - 1)^2 = 1$, $C(1, 1)$, $F(2, 1)$ e $F(0, 1)$, $V(\sqrt{2} + 1, 1)$ e $V(-\sqrt{2} + 1, 1)$

65. Hipérbole: $(x - 1)^2 - (y - 2)^2 = 1$, $C(1, 2)$, $F(1 + \sqrt{2}, 2)$ e $F(1 - \sqrt{2}, 2)$, $V(2, 2)$ e $V(0, 2)$; assíntotas: $(y - 2) = \pm(x - 1)$

67. Hipérbole: $\dfrac{(y - 3)^2}{6} - \dfrac{x^2}{3} = 1$, $C(0, 3)$, $F(0, 6)$ e $F(0, 0)$, $V(0, \sqrt{6} + 3)$ e $V(0, -\sqrt{6} + 3)$; assíntotas: $y = \sqrt{2}x + 3$ ou $y = -\sqrt{2}x + 3$

69.

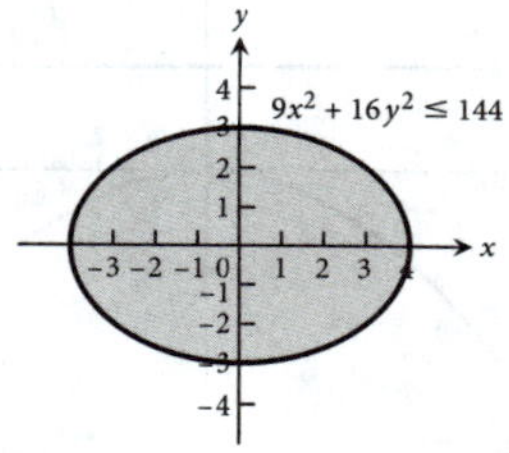

71.

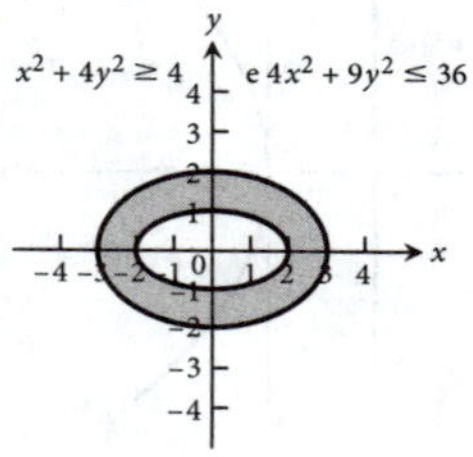

73.

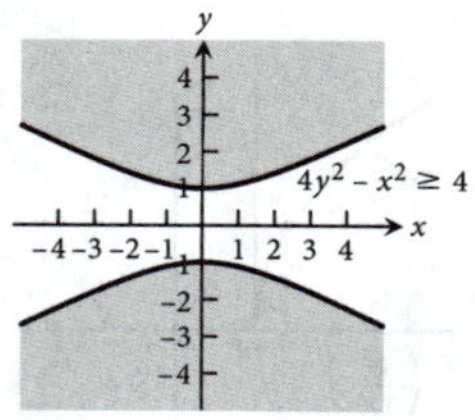

77. $3x^2 + 3y^2 - 7x - 7y + 4 = 0$

79. $(x + 2)^2 + (y - 1)^2 = 13$. O ponto está dentro do círculo.

81. **(b)** 1 : 1 **83.** Comprimento = $2\sqrt{2}$; largura = $\sqrt{2}$; área = 4

85. 24π **87.** $(0, 16/(3\pi))$

Seção 10.2

1. $e = 3/5$, $F(\pm 3, 0)$, $x = \pm 25/3$

3. $e = 1/\sqrt{2}$, $F(0, \pm 1)$, $y = \pm 2$

5. $e = 1/\sqrt{3}$, $F(0, \pm 1)$, $y = \pm 3$

7. $e = \sqrt{3}/3$, $F(\pm\sqrt{3}, 0)$, $x = \pm 3\sqrt{3}$ **9.** $\dfrac{x^2}{27} + \dfrac{y^2}{36} = 1$

11. $\dfrac{x^2}{4.851} + \dfrac{y^2}{4.900} = 1$ **13.** $e = \dfrac{\sqrt{5}}{3}$, $\dfrac{x^2}{9} + \dfrac{y^2}{4} = 1$

15. $e = 1/2, \dfrac{x^2}{64} + \dfrac{y^2}{48} = 1$

19. $\dfrac{(x-1)^2}{4} + \dfrac{(y-4)^2}{9} = 1, \quad F\left(1, 4 \pm \sqrt{5}\right), \quad e = \sqrt{5}/3,$
$y = 4 \pm \left(9\sqrt{5}/5\right)$

21. $a = 0, \quad b = -4, \quad c = 0, \quad e = \sqrt{3}/2$

23. $e = \sqrt{2}, \quad F\left(\pm\sqrt{2}, 0\right), \quad x = \pm 1/\sqrt{2}$

25. $e = \sqrt{2}, \quad F(0, \pm 4), \quad y = \pm 2$

27. $e = \sqrt{5}, \quad F\left(\pm\sqrt{10}, 0\right), \quad x = \pm 2/\sqrt{10}$

29. $e = \sqrt{5}, \quad F\left(0, \pm\sqrt{10}\right), \quad y = \pm 2/\sqrt{10}$

31. $y^2 - \dfrac{x^2}{8} = 1$ **33.** $x^2 - \dfrac{y^2}{8} = 1$

35. $e = \sqrt{2}, \dfrac{x^2}{8} - \dfrac{y^2}{8} = 1$ **37.** $e = 2, x^2 - \dfrac{y^2}{3} = 1$

39. $\dfrac{(y-6)^2}{36} - \dfrac{(x-1)^2}{45} = 1$

Seção 10.3

1. Hipérbole **3.** Elipse **5.** Parábola **7.** Parábola

9. Hipérbole **11.** Hipérbole **13.** Elipse **15.** Elipse

17. $x'^2 - y'^2 = 4$, hipérbole **19.** $4x'^2 + 16y' = 0$, parábola

21. $y'^2 = 1$, retas paralelas **23.** $2\sqrt{2}x'^2 + 8\sqrt{2}y' = 0$, parábola

25. $4x'^2 + 2y'^2 = 19$, elipse

27. $\operatorname{sen}\alpha = 1/\sqrt{5}, \cos\alpha = 2/\sqrt{5}$

29. $A' = 0{,}88, B' = 0{,}00, C' = 3{,}10, D' = 0{,}74, E' = -1{,}20$

$F' = -3, 0{,}88x'^2 + 3{,}10y'^2 + 0{,}74x' - 1{,}20y' - 3 = 0$, elipse

31. $A' = 0{,}00, B' = 0{,}00, C' = 5{,}00, D' = 0, E' = 0$

$F' = -5; 5{,}00y'^2 - 5 = 0$ ou $y' = \pm 1{,}00$, retas paralelas

33. $A' = 5{,}05, B' = 0{,}00, C' = -0{,}05, D' = -5{,}07, E' = -6{,}18$

$F' = -1; 5{,}05x'^2 - 0{,}05y'^2 - 5{,}07x' - 6{,}18y' - 1 = 0$, hipérbole

35. **(a)** $\dfrac{x'^2}{b^2} + \dfrac{y'^2}{a^2} = 1$ **(b)** $\dfrac{y'^2}{a^2} - \dfrac{x'^2}{b^2} = 1$

(c) $x'^2 + y'^2 = a^2$ **(d)** $y' = -\dfrac{1}{m}x'$

(e) $y' = -\dfrac{1}{m}x' + \dfrac{b}{m}$

37. **(a)** $x'^2 - y'^2 = 2$ **(b)** $x'^2 - y'^2 = 2a$ **43.** **(a)** Parábola

45. **(a)** Hipérbole

(b)

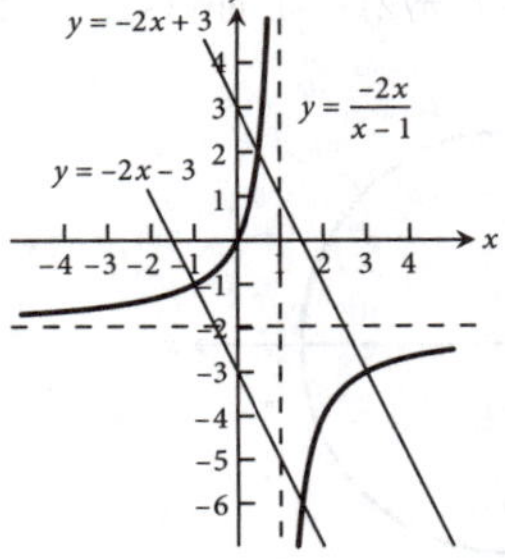

(c) $y = -2x - 3, \; y = -2x + 3$

Seção 10.4

1.

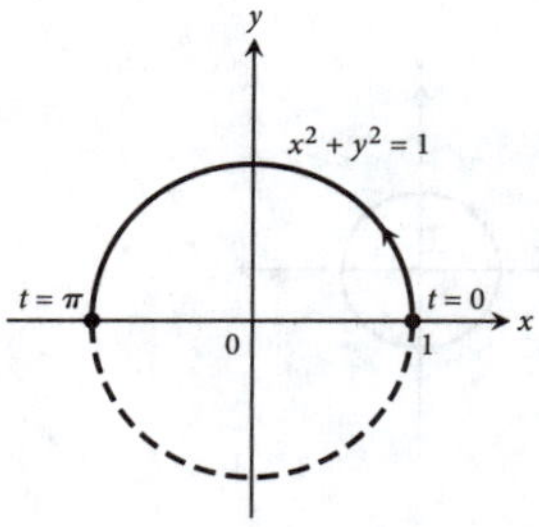

3.

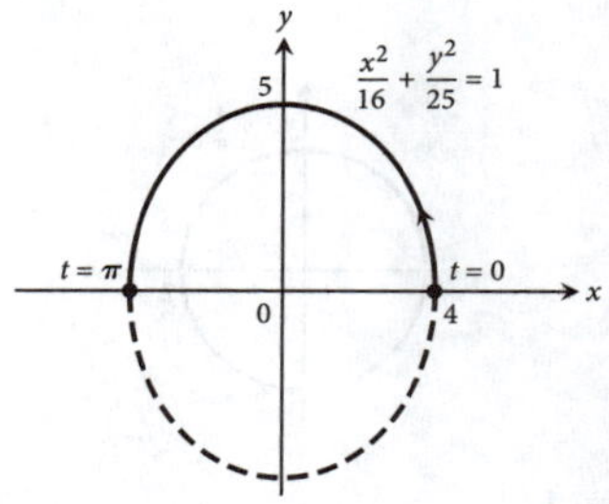

5.

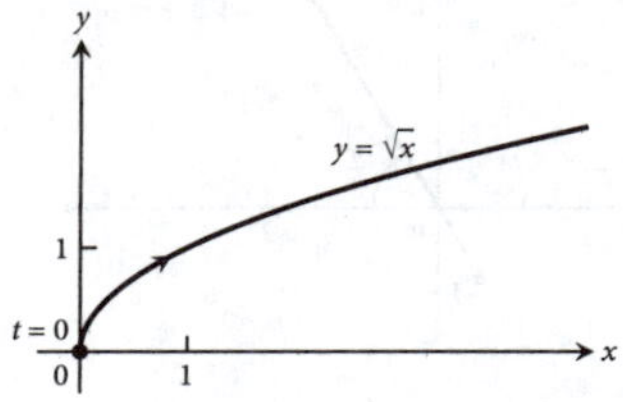

7.

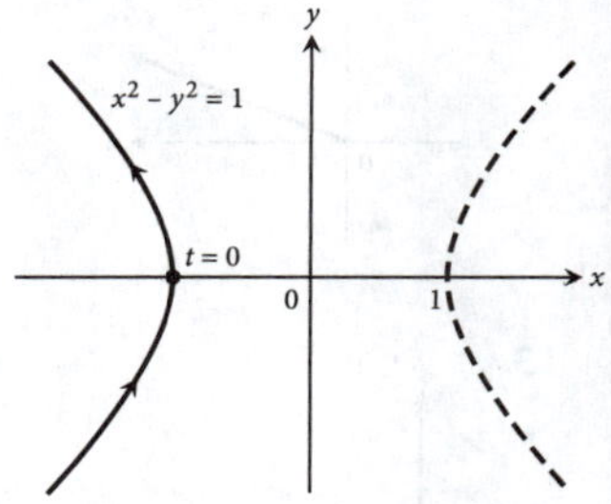

9.

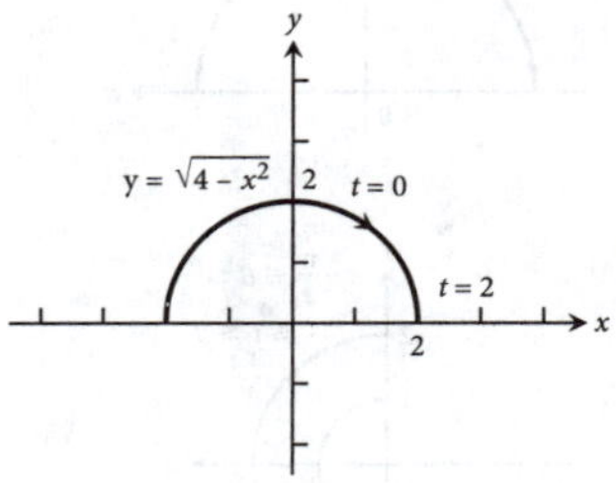

11.

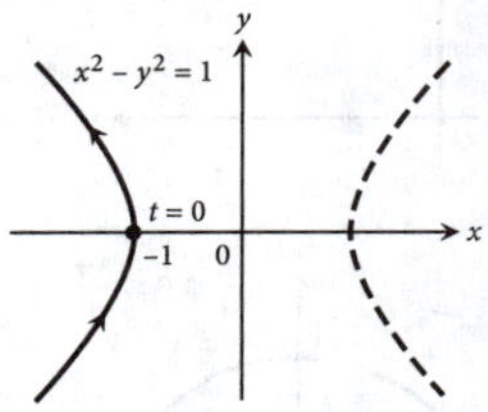

13. $x = (a-b)\cos\theta + b\cos\left(\dfrac{a-b}{b}\theta\right)$

$y = (a-b)\operatorname{sen}\theta - b\operatorname{sen}\left(\dfrac{a-b}{b}\theta\right)$

15. $x = a\operatorname{sen}^2 t \operatorname{tg} t, y = a\operatorname{sen}^2 t$ **17.** $(1, 1)$

Seção 10.5

1. a, e; b, g; c, h; d, f

3.

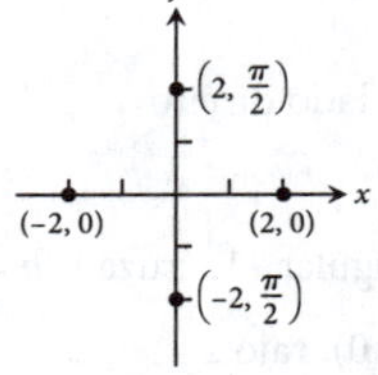

(a) $\left(2, \dfrac{\pi}{2} + 2n\pi\right)$ e $\left(-2, \dfrac{\pi}{2} + (2n+1)\pi\right)$, n inteiro

(b) $(2, 2n\pi)$ e $(-2, (2n+1)\pi)$, n inteiro

(c) $\left(2, \dfrac{3\pi}{2} + 2n\pi\right)$ e $\left(-2, \dfrac{3\pi}{2} + (2n+1)\pi\right)$,
n inteiro

(d) $(2, (2n+1)\pi)$ e $(-2, 2n\pi)$, n inteiro

5. (a) $(3, 0)$ (b) $(-3, 0)$ (c) $\left(-1, \sqrt{3}\right)$ (d) $\left(1, \sqrt{3}\right)$
(e) $(3, 0)$ (f) $\left(1, \sqrt{3}\right)$ (g) $(-3, 0)$ (h) $\left(-1, \sqrt{3}\right)$

7.

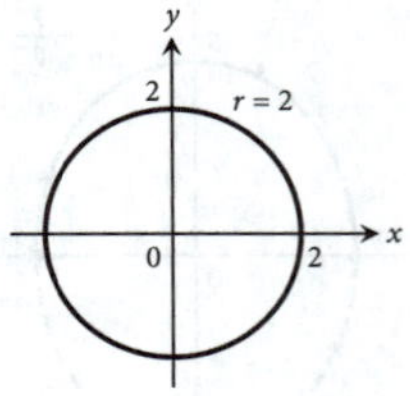

9.

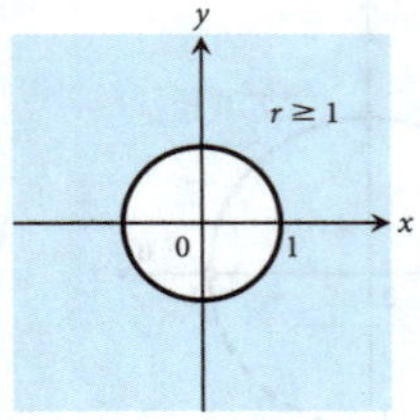

11.

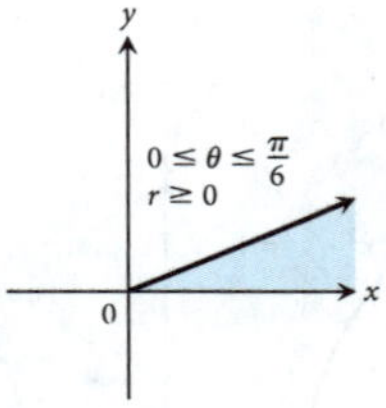

13.

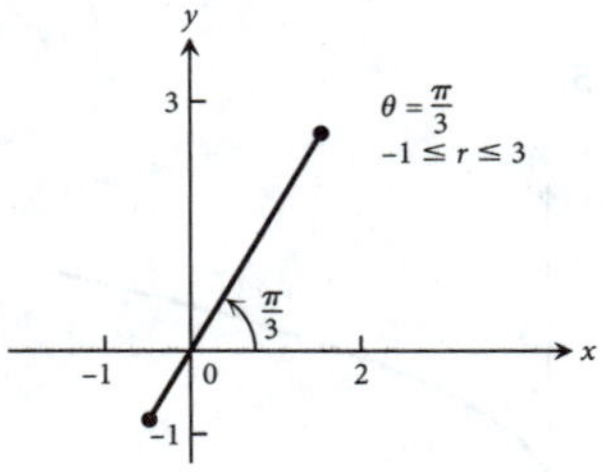

15.

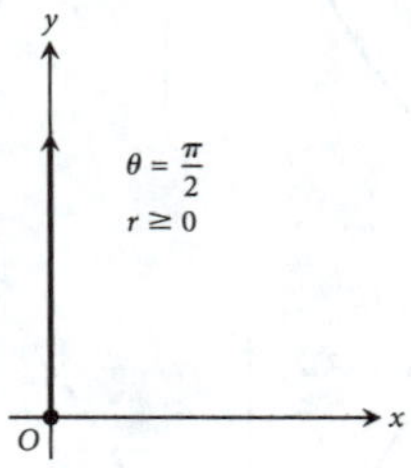

17.

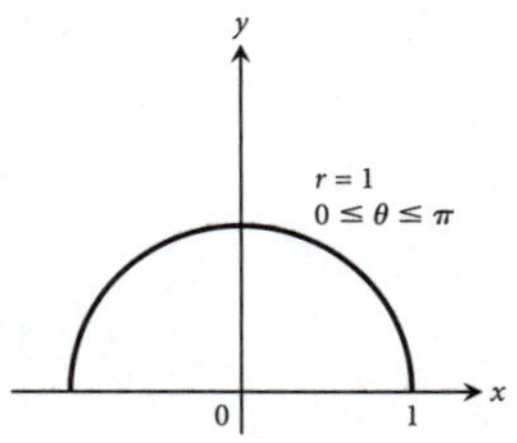

19.

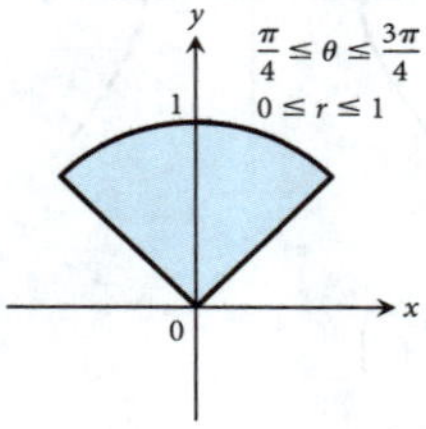

21.

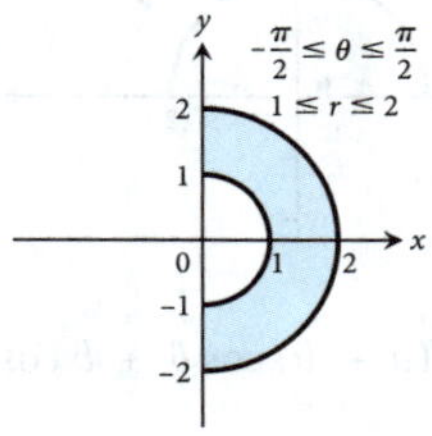

23. $x = 2$, reta vertical no ponto $(2, 0)$

25. $y = 0$, eixo x

27. $y = 4$, reta horizontal no ponto $(0, 4)$

29. $x + y = 1$, reta, $m = -1$, $b = 1$

31. $x^2 + y^2 = 1$, circunferência, $C(0, 0)$, raio 1

33. $y - 2x = 5$, reta, $m = 2$, $b = 5$

35. $y^2 = x$, parábola, vértice $(0, 0)$, abre no lado direito

37. $y = e^x$, gráfico da função exponencial

39. $x + y = \pm 1$, duas retas de coeficiente angular -1, cruza y, $b = \pm 1$

41. $(x + 2)^2 + y^2 = 4$, circunferência, $C(-2, 0)$, raio 2

43. $x^2 + (y - 4)^2 = 16$, circunferência, $C(0, 4)$, raio 4

45. $(x - 1)^2 + (y - 1)^2 = 2$, circunferência, $C(1, 1)$, raio $\sqrt{2}$

47. $\sqrt{3}y + x = 4$ 49. $r\cos\theta = 7$ 51. $\theta = \pi/4$

53. $r = 2$ ou $r = -2$ 55. $4r^2\cos^2\theta + 9r^2\operatorname{sen}^2\theta = 36$

57. $r\operatorname{sen}^2\theta = 4\cos\theta$ 59. $r = 4\operatorname{sen}\theta$

61. $r^2 = 6r\cos\theta - 2r\operatorname{sen}\theta - 6$

63. $(0, \theta)$, onde θ pode ser qualquer ângulo

Seção 10.6

1. Eixo x

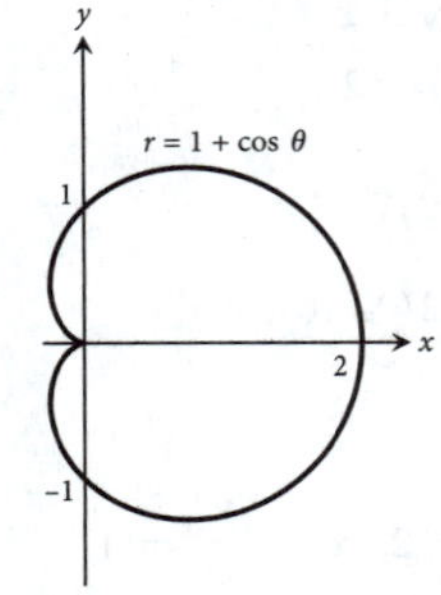

3. Eixo y

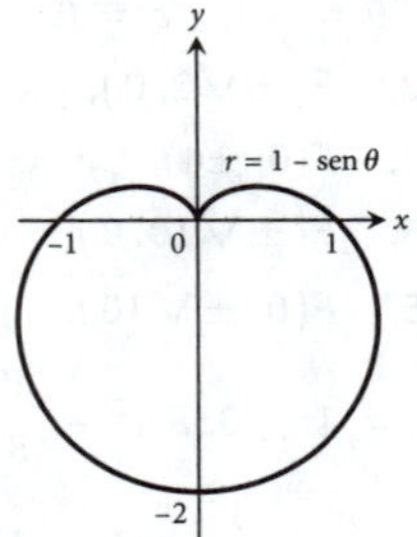

5. Eixo y

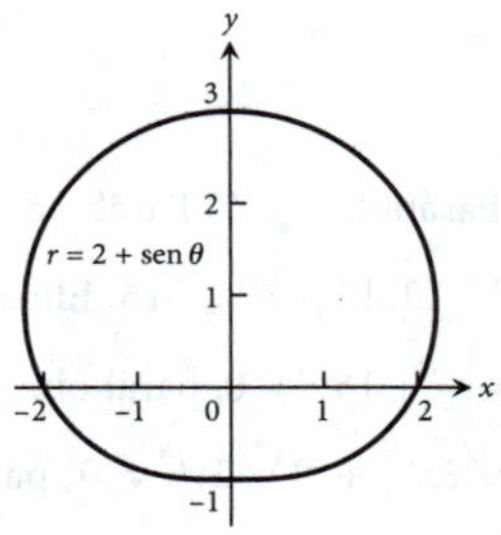

7. Eixo x

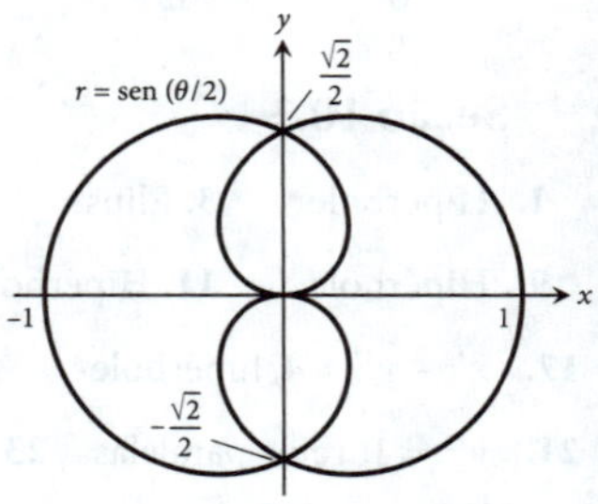

9. Eixo x, eixo y, origem

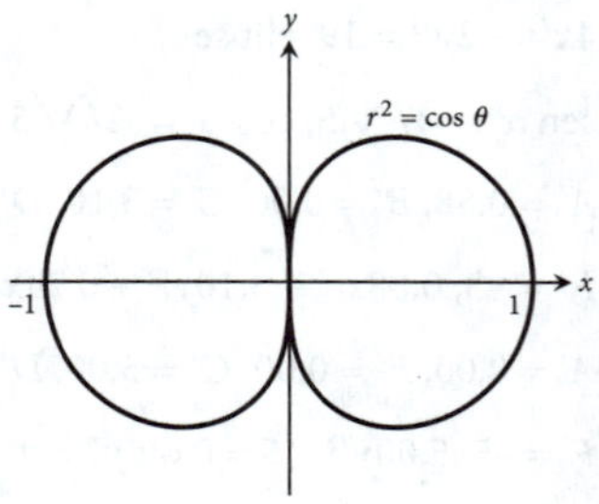

11. Eixo y, eixo x, origem

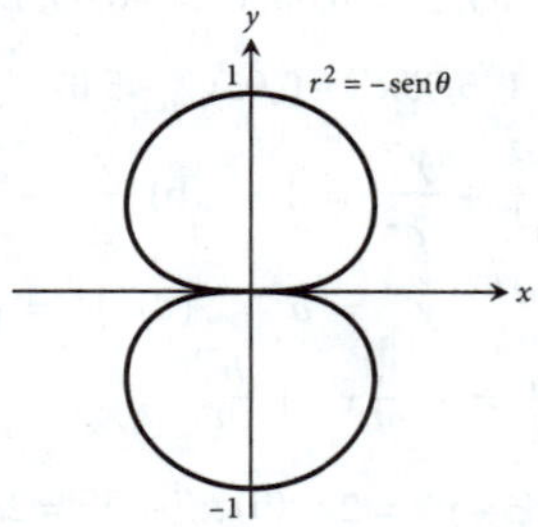

13. Eixo x, eixo y, origem 15. Origem

17. O coeficiente angular em $(-1, \pi/2)$ é -1, em $(-1, -\pi/2)$ é 1.

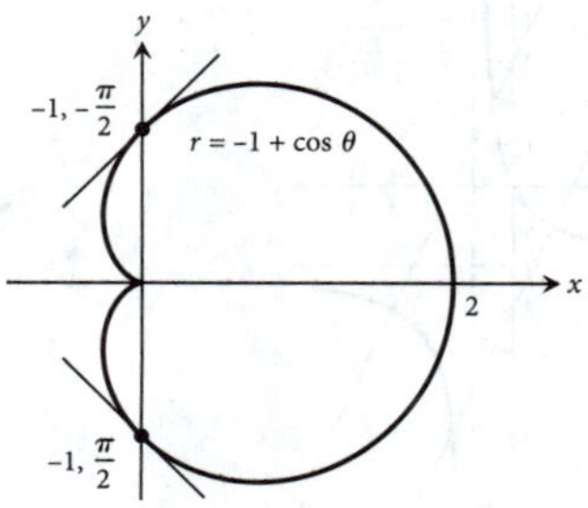

19. O coeficiente angular em $(1, \pi/4)$ é -1, em $(-1, -\pi/4)$ é 1, em $(-1, 3\pi/4)$ é 1, em $(1, -3\pi/4)$ é -1.

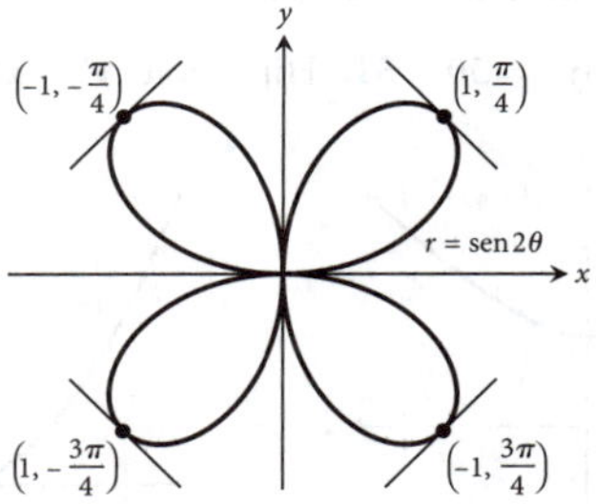

21. (a)

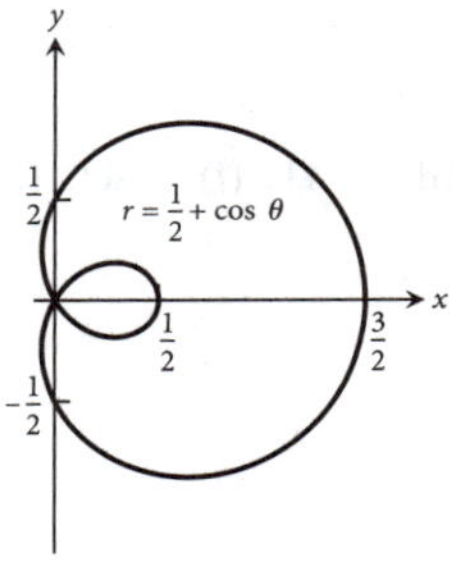

(b)

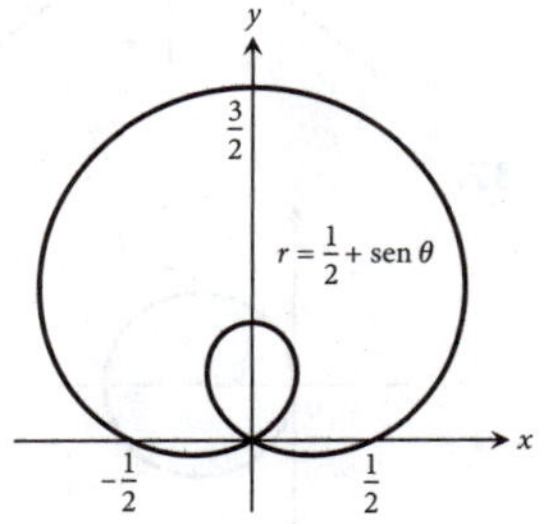

23. (a)

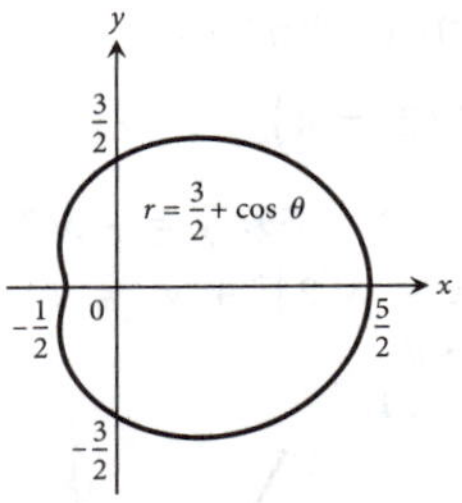

(b)

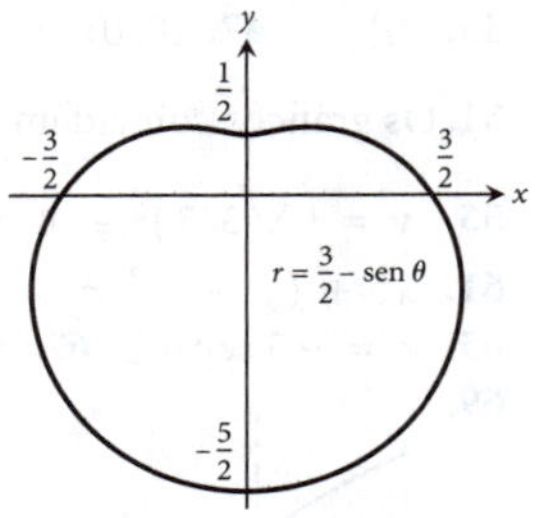

25.

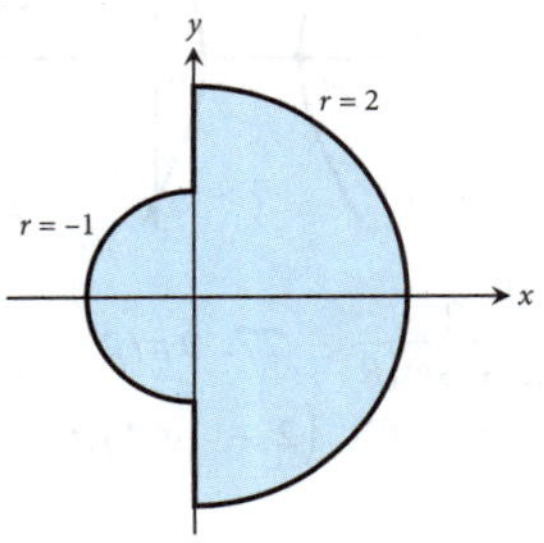

27.

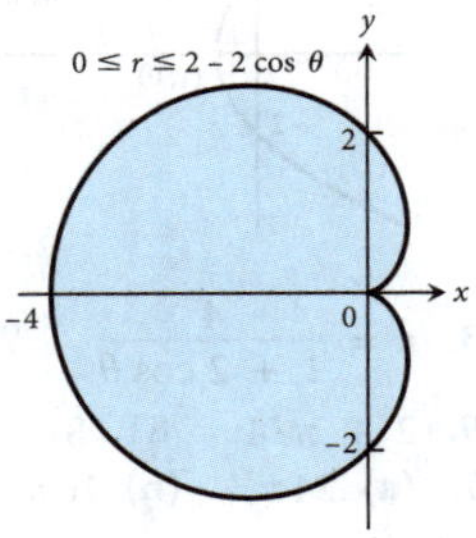

31. $(0, 0), (1, \pi/2), (1, 3\pi/2)$

33. $(0, 0), \left(\sqrt{3}, \pi/3\right), \left(-\sqrt{3}, -\pi/3\right)$

35. $\left(\sqrt{2}, \pm\pi/6\right), \left(\sqrt{2}, \pm 5\pi/6\right)$

37. $(1, \pi/12), (1, 5\pi/12), (1, 13\pi/12), (1, 17\pi/12)$

43. (a) **51.** $2y = \dfrac{2\sqrt{6}}{9}$

Seção 10.7

1. 18π **3.** $\pi/8$ **5.** 2 **7.** $\dfrac{\pi}{2} - 1$ **9.** $5\pi - 8$

11. $3\sqrt{3} - \pi$ **13.** $\dfrac{\pi}{3} + \dfrac{\sqrt{3}}{2}$ **15.** $12\pi - 9\sqrt{3}$

17. (a) $\dfrac{3}{2} - \dfrac{\pi}{4}$ **19.** $19/3$ **21.** 8

23. $3\left(\sqrt{2} + \ln\left(1 + \sqrt{2}\right)\right)$ **25.** $\dfrac{\pi}{8} + \dfrac{3}{8}$ **27.** 2π

29. $\pi\sqrt{2}$ **31.** $2\pi\left(2 - \sqrt{2}\right)$ **37.** $\left(\dfrac{5}{6}a, 0\right)$

Seção 10.8

1. $r\cos(\theta - \pi/6) = 5,\ y = -\sqrt{3}x + 10$

3. $r\cos(\theta - 4\pi/3) = 3,\ y = -\left(\sqrt{3}/3\right)x - 2\sqrt{3}$

5. $y = 2 - x$ **7.** $y = \left(\sqrt{3}/3\right)x + 2\sqrt{3}$

9. $r\cos\left(\theta - \dfrac{\pi}{4}\right) = 3$ **11.** $r\cos\left(\theta + \dfrac{\pi}{2}\right) = 5$

13. $r = 8\cos\theta$ **15.** $r = 2\sqrt{2}\,\text{sen}\,\theta$ **17.** $C(2, 0)$, raio = 2

19. $C(1, \pi)$, raio = 1 **21.** $(x - 6)^2 + y^2 = 36,\ r = 12\cos\theta$

23. $x^2 + (y - 5)^2 = 25,\ r = 10\,\text{sen}\,\theta$

25. $(x + 1)^2 + y^2 = 1,\ r = -2\cos\theta$

27. $x^2 + (y + 1/2)^2 = 1/4,\ r = -\text{sen}\,\theta$ **29.** $r = 2/(1 + \cos\theta)$

31. $r = 30/(1 - 5\,\text{sen}\,\theta)$ **33.** $r = 1/(2 + \cos\theta)$

35. $r = 10/(5 - \text{sen}\,\theta)$

37.

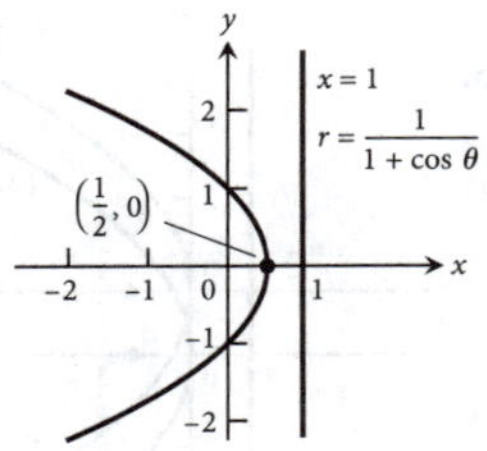

39.

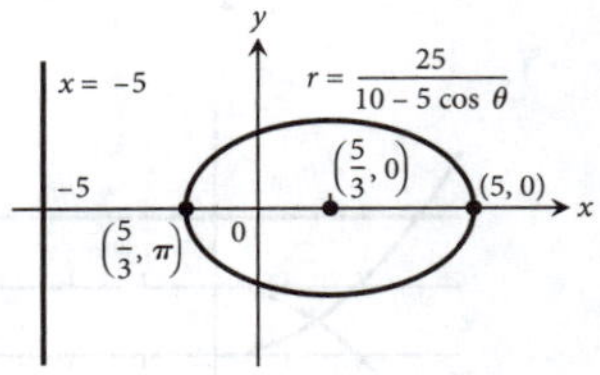

41.

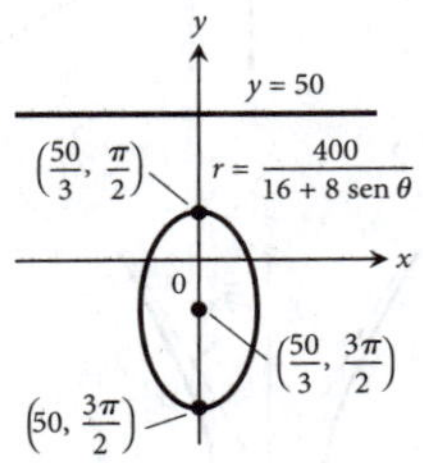

43.

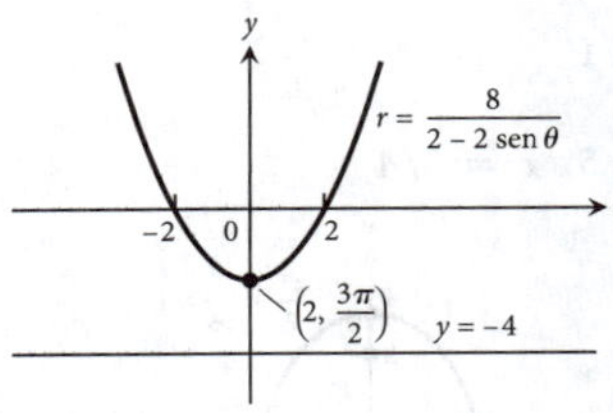

45.

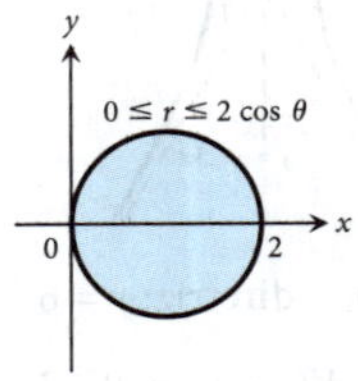

57. (b)

Planeta	Periélio	Afélio
Mercúrio	0.3075 AU	0.4667 AU
Vênus	0.7184 AU	0.7282 AU
Terra	0.9833 AU	1.0167 AU
Marte	1.3817 AU	1.6663 AU
Júpiter	4.9512 AU	5.4548 AU
Saturno	9.0210 AU	10.0570 AU
Urano	18.2977 AU	20.0623 AU
Netuno	29.8135 AU	30.3065 AU
Plutão	29.6549 AU	49.2251 AU

59. **(a)** $x^2 + (y - 2)^2 = 4$, $x = \sqrt{3}$

(b)

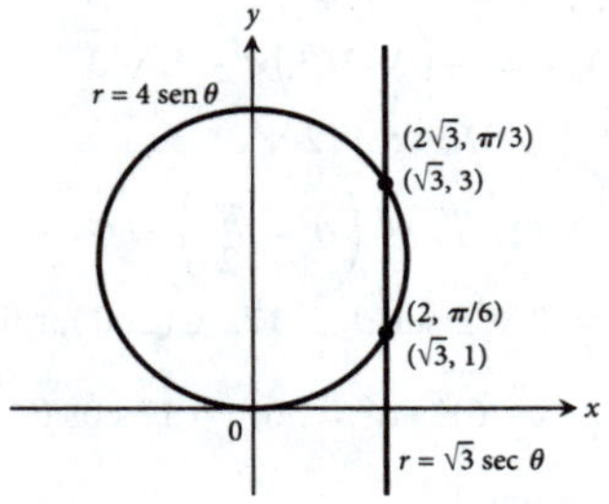

61. $r = 4/(1 + \cos\theta)$

63. **(b)** Os pinos devem estar a 2 polegadas de distância.

65. $r = 2a \operatorname{sen}\theta$ (uma circunferência) **67.** $r\cos(\theta - \alpha) = p$ (uma reta)

21. Circunferência: $(x - 1)^2 + (y - 1)^2 = 2$, $C(1, 1)$, raio $= \sqrt{2}$

23. Elipse **25.** Hipérbole **27.** Reta

29. Elipse, $5x'^2 + 3y'^2 = 30$ **31.** Hipérbole, $y'^2 - x'^2 = 2$

33.

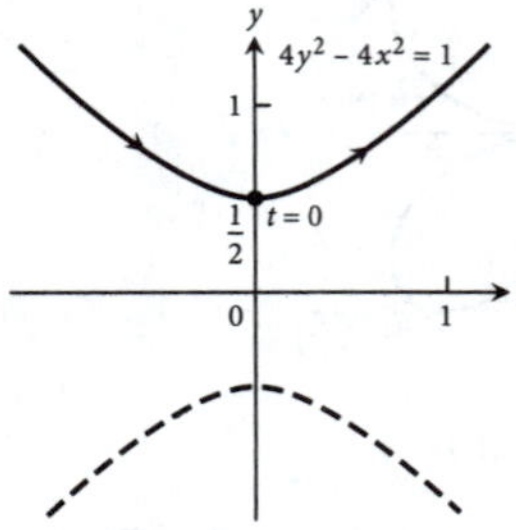

35.

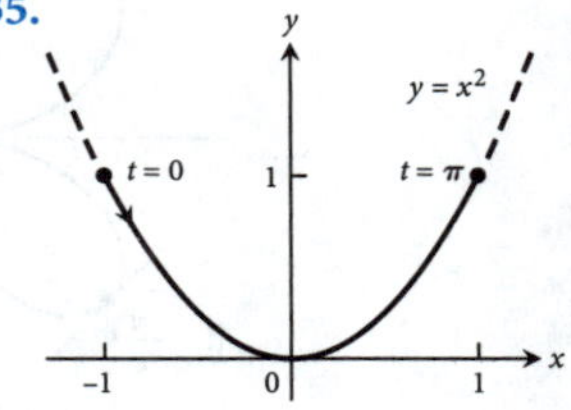

37.

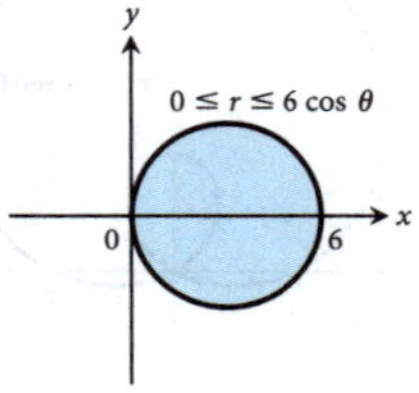

39. (d) **41.** (l) **43.** (k)

45. (i) **47.** (0, 0) **49.** $(0, 0), (1, \pm\pi/2)$

51. Os gráficos coincidem **53.** $\left(\sqrt{2}, \pi/4\right)$

55. $y = \left(\sqrt{3}/3\right)x - 4$ **57.** $x = 2$ **59.** $y = -3/2$

61. $x^2 + (y + 2)^2 = 4$ **63.** $\left(x - \sqrt{2}\right)^2 + y^2 = 2$

65. $r = -5 \operatorname{sen}\theta$ **67.** $r = 3\cos\theta$

69.

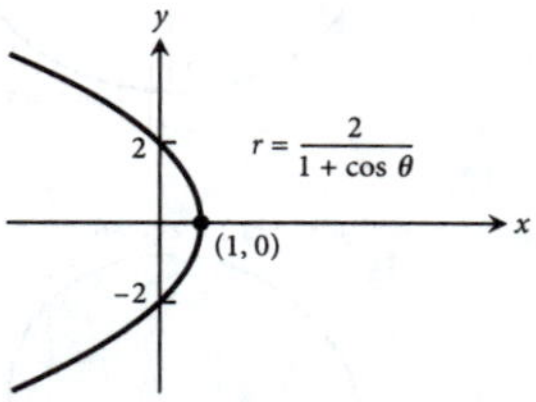

71.

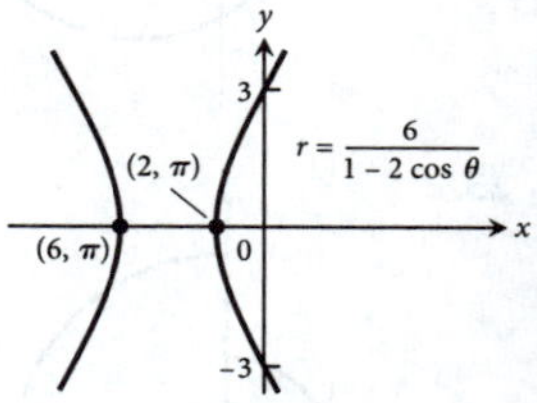

73. $r = \dfrac{4}{1 + 2\cos\theta}$ **75.** $r = \dfrac{2}{2 + \operatorname{sen}\theta}$ **77.** $9\pi/2$

79. $2 + \pi/4$ **81.** 8 **83.** $\pi - 3$ **85.** $\left(2 - \sqrt{2}\right)\pi$

87. **(a)** 24π **(b)** 16π

Exercícios práticos

1.

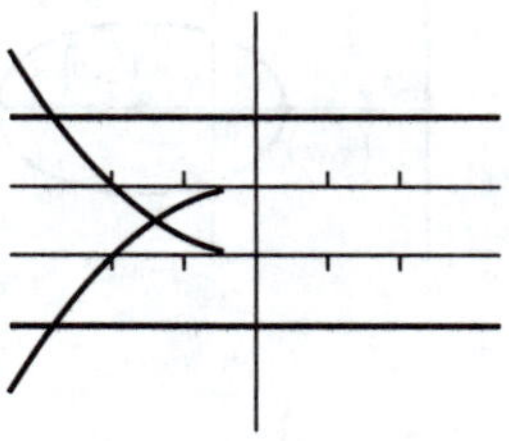

3.

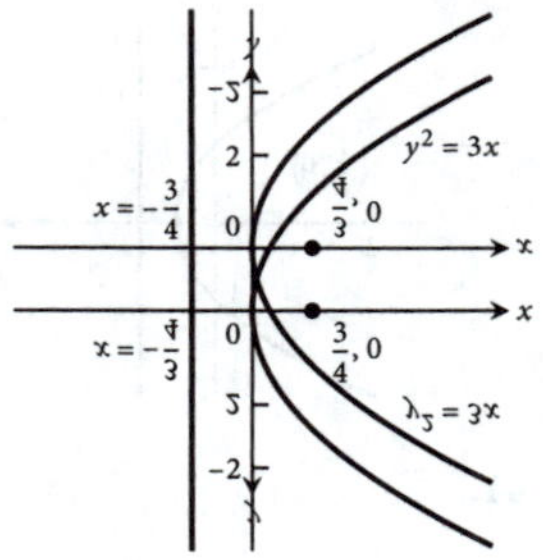

5. $e = 3/4$

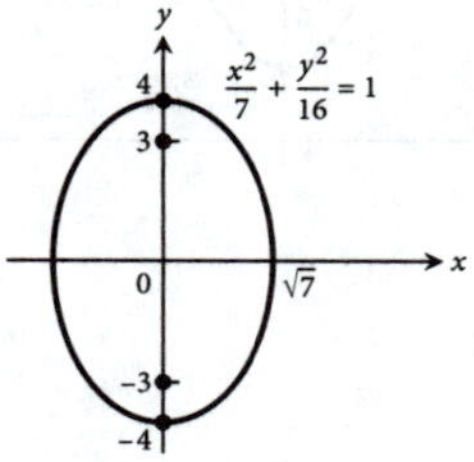

7. $e = 2$

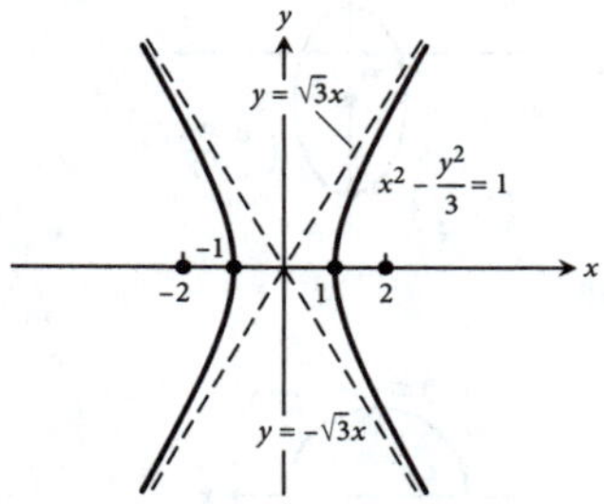

9. $(x - 2)^2 = -12(y - 3)$, $V(2, 3)$, $F(2, 0)$; diretriz: $y = 6$

11. $\dfrac{(x + 3)^2}{9} + \dfrac{(y + 5)^2}{25} = 1$, $C(-3, -5)$, $V(-3, 0)$ e $V(-3, -10)$, $F(-3, -1)$ e $F(-3, -9)$

13. $\dfrac{\left(y - 2\sqrt{2}\right)^2}{8} - \dfrac{(x - 2)^2}{2} = 1$, $C\left(2, 2\sqrt{2}\right)$, $V\left(2, 4\sqrt{2}\right)$ e $V(2, 0)$, $F\left(2, \sqrt{10} + 2\sqrt{2}\right)$ e $F\left(2, -\sqrt{10} + 2\sqrt{2}\right)$; assíntotas: $y = 2x - 4 + 2\sqrt{2}$ e $y = -2x + 4 + 2\sqrt{2}$

15. Hipérbole: $\dfrac{(x - 2)^2}{4} - y^2 = 1$, $F\left(2 \pm \sqrt{5}, 0\right)$, $V(2 \pm 2, 0)$, $C(2, 0)$; assíntotas: $y = \pm\dfrac{1}{2}(x - 2)$

17. Parábola: $(y - 1)^2 = -16(x + 3)$, $V(-3, 1)$, $F(-7, 1)$; diretriz: $x = 1$

19. Elipse: $\dfrac{(x + 3)^2}{16} + \dfrac{(y - 2)^2}{9} = 1$, $F\left(\pm\sqrt{7} - 3, 2\right)$, $V(\pm 4 - 3, 2)$, $C(-3, 2)$

Exercícios adicionais

1.

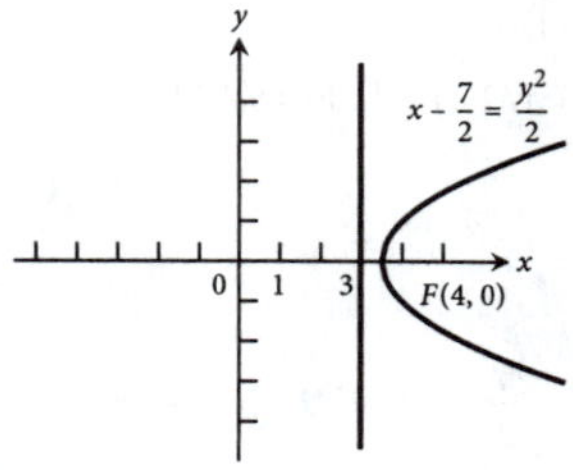

3. $3x^2 + 3y^2 - 8y + 4 = 0$

5. $(0, \pm 1)$

7. **(a)** $\dfrac{(y - 1)^2}{16} - \dfrac{x^2}{48} = 1$ **(b)** $\dfrac{16\left(y + \frac{3}{4}\right)^2}{25} - \dfrac{2x^2}{75} = 1$

11.

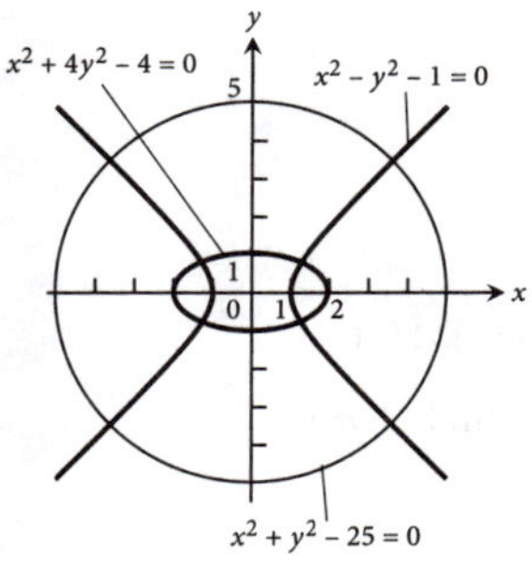

13.

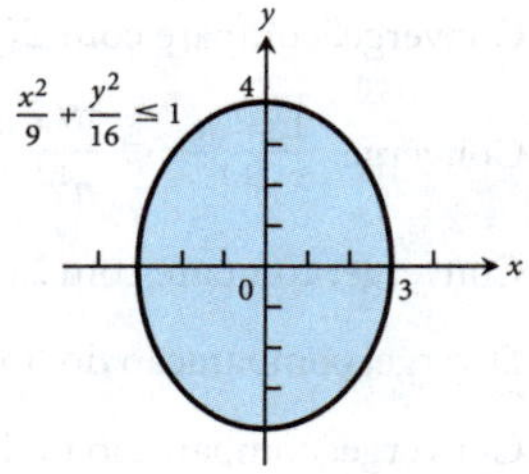

15.

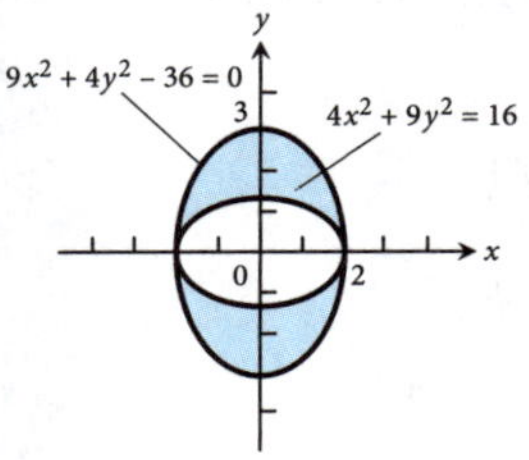

17.

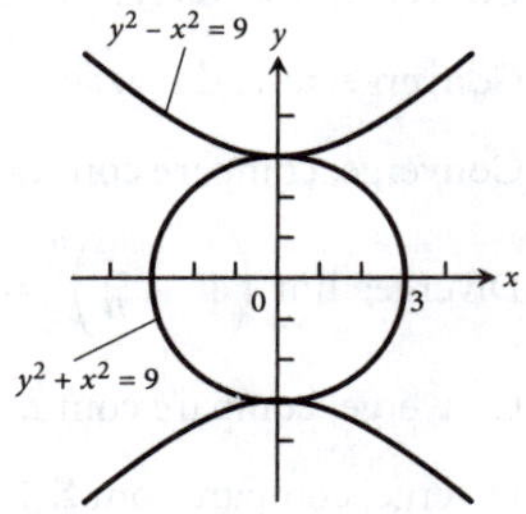

19. $x = (a + b)\cos\theta - b\cos\left(\frac{a + b}{b}\theta\right)$

$y = (a + b)\,\text{sen}\,\theta - b\,\text{sen}\left(\frac{a + b}{b}\theta\right)$

21. **(a)** $r = e^{2\theta}$ **(b)** $\frac{\sqrt{5}}{2}(e^{4\pi} - 1)$ **23.** $\frac{32\pi - 4\pi\sqrt{2}}{5}$

25. $r = \frac{4}{1 + 2\cos\theta}$ **27.** $r = \frac{2}{2 + \text{sen}\theta}$ **29.** **(a)** 120°

31. 1×10^7milhas **33.** $e = \sqrt{2/3}$ **35.** Sim, uma parábola

37. **(a)** $r = \frac{2a}{1 + \cos\left(\theta - \frac{\pi}{4}\right)}$ **(b)** $r = \frac{8}{3 - \cos\theta}$

(c) $r = \frac{3}{1 + 2\,\text{sen}\,\theta}$

43. $\pi/2$ **47.** $\left(2, \pm\frac{\pi}{3}\right), \frac{\pi}{2}$ **51.** $\pi/2$ **53.** $\pi/4$

CAPÍTULO 11

Seção 11.1

1. $a_1 = 0, a_2 = -1/4, a_3 = -2/9, a_4 = -3/16$

3. $a_1 = 1, a_2 = -1/3, a_3 = 1/5, a_4 = -1/7$

5. $a_1 = 1/2, a_2 = 1/2, a_3 = 1/2, a_4 = 1/2$

7. $1, \frac{3}{2}, \frac{7}{4}, \frac{15}{8}, \frac{31}{16}, \frac{63}{32}, \frac{127}{64}, \frac{255}{128}, \frac{511}{256}, \frac{1.023}{512}$

9. $2, 1, -\frac{1}{2}, -\frac{1}{4}, \frac{1}{8}, \frac{1}{16}, -\frac{1}{32}, -\frac{1}{64}, \frac{1}{128}, \frac{1}{256}$

11. 1, 1, 2, 3, 5, 8, 13, 21, 34, 55 **13.** $a_n = (-1)^{n+1}, n \geq 1$

15. $a_n = (-1)^{n+1}(n)^2, n \geq 1$ **17.** $a_n = n^2 - 1, n \geq 1$

19. $a_n = 4n - 3, n \geq 1$ **21.** $a_n = \frac{1 + (-1)^{n+1}}{2}, n \geq 1$

23. Converge, 2 **25.** Converge, –1 **27.** Converge, –5

29. Diverge **31.** Diverge **33.** Converge, 1/2

35. Converge, 0 **37.** Converge, $\sqrt{2}$ **39.** Converge, 1

41. Converge, 0 **43.** Converge, 0 **45.** Converge, 0

47. Converge, 1 **49.** Converge, e^7 **51.** Converge, 1

53. Converge, 1 **55.** Diverge **57.** Converge, 4

59. Converge, 0 **61.** Diverge **63.** Converge, e^{-1}

65. Converge, $e^{2/3}$ **67.** Converge, $x (x > 0)$

69. Converge, 0 **71.** Converge, 1 **73.** Converge, 1/2

75. Converge, $\pi/2$ **77.** Converge, 0 **79.** Converge, 0

81. Converge, 1/2 **83.** Converge, 0 **85.** $x_n = 2^{n-2}$

87. **(a)** $f(x) = x^2 - 2$, 1,414213562 $\approx \sqrt{2}$

(b) $f(x) = \text{tg}(x) - 1$, 0,7853981635 $\approx \pi/4$

(c) $f(x) = e^x$, diverge

89. **(b)** 1 **97.** Crescente, limitada

99. Decrescente, limitada

101. Converge, teorema da seqüência crescente

103. Converge, teorema da seqüência crescente

105. Diverge, definição de divergência **109.** Converge

111. Converge **121.** $N = 692, a_n = \sqrt[n]{0{,}5}, L = 1$

123. $N = 65, a_n = (0{,}9)^n, L = 0$ **125.** **(b)** $\sqrt{3}$

Seção 11.2

1. $s_n = \frac{2(1 - (1/3)^n)}{1 - (1/3)}, 3$ **3.** $s_n = \frac{1 - (-1/2)^n}{1 - (-1/2)}, 2/3$

5. $s_n = \frac{1}{2} - \frac{1}{n + 2}, \frac{1}{2}$ **7.** $1 - \frac{1}{4} + \frac{1}{16} - \frac{1}{64} + \cdots, \frac{4}{5}$

9. $\frac{7}{4} + \frac{7}{16} + \frac{7}{64} + \cdots, \frac{7}{3}$

11. $(5 + 1) + \left(\frac{5}{2} + \frac{1}{3}\right) + \left(\frac{5}{4} + \frac{1}{9}\right) + \left(\frac{5}{8} + \frac{1}{27}\right) + \cdots, \frac{23}{2}$

13. $(1 + 1) + \left(\frac{1}{2} - \frac{1}{5}\right) + \left(\frac{1}{4} + \frac{1}{25}\right) + \left(\frac{1}{8} - \frac{1}{125}\right) + \cdots, \frac{17}{6}$

15. 1 **17.** 5 **19.** 1 **21.** $-\frac{1}{\ln 2}$ **23.** Converge, $2 + \sqrt{2}$

25. Converge, 1 **27.** Diverge **29.** Converge, $\frac{e^2}{e^2 - 1}$

31. Converge, 2/9 **33.** Converge, 3/2 **35.** Diverge

37. Diverge **39.** Converge, $\frac{\pi}{\pi - e}$

41. $a = 1, r = -x$, converge para $1/(1 + x)$ quando $|x| < 1$

43. $a = 3, r = (x - 1)/2$, converge para $6/(3 - x)$ quando x em $(-1, 3)$

45. $|x| < \frac{1}{2}, \frac{1}{1 - 2x}$ **47.** $-2 < x < 0, \frac{1}{2 + x}$

49. $x \neq (2k + 1)\frac{\pi}{2}$, k inteiro; $\frac{1}{1 - \text{sen}\,x}$

51. 23/99 53. 7/9 55. 1/15 57. 41333/33300

59. (a) $\sum_{n=-2}^{\infty} \frac{1}{(n+4)(n+5)}$ (b) $\sum_{n=0}^{\infty} \frac{1}{(n+2)(n+3)}$

(c) $\sum_{n=5}^{\infty} \frac{1}{(n-3)(n-2)}$

69. (a) $r = 3/5$ (b) $r = -3/10$

71. $|r| < 1, \frac{1+2r}{1-r^2}$ 73. 28 m 75. 8 m²

77. (a) $3\left(\frac{4}{3}\right)^{n-1}$

(b) $A_n = A + \frac{1}{3}A + \frac{1}{3}\left(\frac{4}{9}\right)A + \cdots + \frac{1}{3}\left(\frac{4}{9}\right)^{n-2} A$

$A = \frac{\sqrt{3}}{4}, \lim_{n\to\infty} A_n = 2\sqrt{3}/5$

Seção 11.3

1. Converge; série geométrica, $r = \frac{1}{10} < 1$

3. Diverge; $\lim_{n\to\infty} \frac{n}{n+1} = 1 \neq 0$ 5. Diverge; p-série, $p < 1$

7. Converge; série geométrica, $r = \frac{1}{8} < 1$

9. Diverge; teste da integral

11. Converge; série geométrica, $r = 2/3 < 1$

13. Diverge; teste da integral 15. Diverge; $\lim_{n\to\infty} \frac{2^n}{n+1} \neq 0$

17. Diverge; $\lim_{n\to\infty} \left(\sqrt{n}/\ln n\right) \neq 0$

19. Diverge; série geométrica, $r = \frac{1}{\ln 2} > 1$

21. Converge; teste da integral 23. Diverge; teste do n-ésimo termo

25. Converge; teste da integral 27. Converge; teste da integral

29. Converge; teste da integral 31. $a = 1$ 33. (b) Cerca de 41,55

35. Verdadeiro

Seção 11.4

1. Diverge; comparação do limite com $\sum\left(1/\sqrt{n}\right)$

3. Converge; compare com $\Sigma(1/2^n)$

5. Diverge; teste do n-ésimo termo

7. Converge; $\left(\frac{n}{3n+1}\right)^n < \left(\frac{n}{3n}\right)^n = \left(\frac{1}{3}\right)^n$

9. Diverge; comparação direta com $\Sigma(1/n)$

11. Converge; comparação do limite com $\Sigma(1/n^2)$

13. Diverge; comparação do limite com $\Sigma(1/n)$

15. Diverge; comparação do limite com $\Sigma(1/n)$

17. Diverge; teste da integral

19. Converge; compare com $\Sigma(1/n^{3/2})$

21. Converge; $\frac{1}{n2^n} \leq \frac{1}{2^n}$ 23. Converge; $\frac{1}{3^{n-1}+1} < \frac{1}{3^{n-1}}$

25. Diverge; comparação direta com $\Sigma(1/n)$

27. Converge; compare com $\Sigma(1/n^2)$

29. Converge; $\frac{\text{tg}^{-1} n}{n^{1,1}} < \frac{\pi/2}{n^{1,1}}$

31. Converge; compare com $\Sigma(1/n^2)$

33. Diverge; comparação do limite com $\Sigma(1/n)$

35. Converge; comparação do limite com $\Sigma(1/n^2)$

Seção 11.5

1. Converge; teste da razão 3. Diverge; teste da razão

5. Converge; teste da razão

7. Converge; compare com $\Sigma(3/(1{,}25)^n)$

9. Diverge; $\lim_{n\to\infty}\left(1 - \frac{3}{n}\right)^n = e^{-3} \neq 0$

11. Converge; compare com $\Sigma(1/n^2)$

13. Diverge; compare com $\Sigma(1/(2n))$

15. Diverge; compare com $\Sigma(1/n)$ 17. Converge; teste da razão

19. Converge; teste da razão 21. Converge; teste da razão

23. Converge; teste da raiz

25. Converge; compare com $\Sigma(1/n^2)$

27. Converge; teste da razão 29. Diverge; teste da razão

31. Converge; teste da razão 33. Converge; teste da razão

35. Diverge; $a_n = \left(\frac{1}{3}\right)^{(1/n!)} \to 1$ 37. Converge; teste da razão

39. Diverge; teste da raiz 41. Converge; teste da raiz

43. Converge; teste da razão 47. Sim

Seção 11.6

1. Converge pelo Teorema 16 3. Diverge; $a_n \not\to 0$

5. Converge pelo Teorema 16 7. Diverge; $a_n \to 1/2$

9. Converge pelo Teorema 16

11. Converge absolutamente. As séries de valores absolutos são séries geométricas.

13. Converge condicionalmente. $1/\sqrt{n} \to 0$, mas $\sum_{n=1}^{\infty} \frac{1}{\sqrt{n}}$ diverge.

15. Converge absolutamente. Compare com $\sum_{n=1}^{\infty} (1/n^2)$.

17. Converge condicionalmente. $1/(n+3) \to 0$, mas $\sum_{n=1}^{\infty} \frac{1}{n+3}$ diverge (compare com $\sum_{n=1}^{\infty} (1/n)$).

19. Diverge; $\frac{3+n}{5+n} \to 1$

21. Converge condicionalmente; $\left(\frac{1}{n^2} + \frac{1}{n}\right) \to 0$, mas $(1+n)/n^2 > 1/n$

23. Converge absolutamente. Teste da razão.

25. Converge absolutamente pelo teste da integral.

27. Diverge; $a_n \nrightarrow 0$

29. Converge absolutamente pelo teste da razão.

31. Converge absolutamente; $\dfrac{1}{n^2 + 2n + 1} < \dfrac{1}{n^2}$

33. Converge absolutamente, já que $\left|\dfrac{\cos n\pi}{n\sqrt{n}}\right| = \left|\dfrac{(-1)^{n+1}}{n^{3/2}}\right| = \dfrac{1}{n^{3/2}}$ (p-série convergente)

35. Converge absolutamente pelo teste da raiz. 37. Diverge; $a_n \to \infty$

39. Converge condicionalmente; $\sqrt{n+1} - \sqrt{n} = 1/\left(\sqrt{n} + \sqrt{n+1}\right) \to 0$, mas as séries de valores absolutos divergem $\left(\text{compare com } \sum\left(1/\sqrt{n}\right)\right)$

41. Diverge; $a_n \to 1/2 \neq 0$

43. Converge absolutamente; $\operatorname{sech} n = \dfrac{2}{e^n + e^{-n}} = \dfrac{2e^n}{e^{2n} + 1} < \dfrac{2e^n}{e^{2n}} = \dfrac{2}{e^n}$, um termo de uma série convergente.

45. $|\text{Erro}| < 0{,}2$ 47. $|\text{Erro}| < 2 \times 10^{-11}$ 49. 0,54030

51. (a) $a_n \geq a_{n+1}$ (b) $-1/2$

Seção 11.7

1. (a) 1, $-1 < x < 1$ (b) $-1 < x < 1$ (c) nenhum

3. (a) 1/4, $-1/2 < x < 0$ (b) $-1/2 < x < 0$ (c) nenhum

5. (a) 10, $-8 < x < 12$ (b) $-8 < x < 12$ (c) nenhum

7. (a) 1, $-1 < x < 1$ (b) $-1 < x < 1$ (c) nenhum

9. (a) 3, $-3 \leq x \leq 3$ (b) $-3 \leq x \leq 3$ (c) nenhum

11. (a) ∞, para qualquer valor de x (b) para qualquer valor de x (c) nenhum

13. (a) ∞, para qualquer valor de x (b) para qualquer valor de x (c) nenhum

15. (a) 1, $-1 \leq x < 1$ (b) $-1 < x < 1$ (c) $x = -1$

17. (a) 5, $-8 < x < 2$ (b) $-8 < x < 2$ (c) nenhum

19. (a) 3, $-3 < x < 3$ (b) $-3 < x < 3$ (c) nenhum

21. (a) 1, $-1 < x < 1$ (b) $-1 < x < 1$ (c) nenhum

23. (a) 0, $x = 0$ (b) $x = 0$ (c) nenhum

25. (a) 2, $-4 < x \leq 0$ (b) $-4 < x < 0$ (c) $x = 0$

27. (a) 1, $-1 \leq x \leq 1$ (b) $-1 \leq x \leq 1$ (c) nenhum

29. (a) 1/4, $1 \leq x \leq 3/2$ (b) $1 \leq x \leq 3/2$ (c) nenhum

31. (a) 1, $(-1-\pi) \leq x < (1-\pi)$ (b) $(-1-\pi) < x < (1-\pi)$ (c) $x = -1-\pi$

33. $-1 < x < 3$, $4/(3 + 2x - x^2)$

35. $0 < x < 16$, $2/\left(4 - \sqrt{x}\right)$

37. $-\sqrt{2} < x < \sqrt{2}$, $3/(2 - x^2)$

39. $1 < x < 5$, $2/(x-1)$, $1 < x < 5$, $-2/(x-1)^2$

41. (a) $\cos x = 1 - \dfrac{x^2}{2!} + \dfrac{x^4}{4!} - \dfrac{x^6}{6!} + \dfrac{x^8}{8!} - \dfrac{x^{10}}{10!} + \cdots$; converge para qualquer valor de x
(b) e
(c) $2x - \dfrac{2^3x^3}{3!} + \dfrac{2^5x^5}{5!} - \dfrac{2^7x^7}{7!} + \dfrac{2^9x^9}{9!} - \dfrac{2^{11}x^{11}}{11!} + \cdots$

43. (a) $\dfrac{x^2}{2} + \dfrac{x^4}{12} + \dfrac{x^6}{45} + \dfrac{17x^8}{2.520} + \dfrac{31x^{10}}{14.175}$, $-\dfrac{\pi}{2} < x < \dfrac{\pi}{2}$
(b) $1 + x^2 + \dfrac{2x^4}{3} + \dfrac{17x^6}{45} + \dfrac{62x^8}{315} + \cdots$, $-\dfrac{\pi}{2} < x < \dfrac{\pi}{2}$

Seção 11.8

1. $P_0(x) = 0$, $P_1(x) = x - 1$, $P_2(x) = (x-1) - \dfrac{1}{2}(x-1)^2$
$P_3(x) = (x-1) - \dfrac{1}{2}(x-1)^2 + \dfrac{1}{3}(x-1)^3$

3. $P_0(x) = \dfrac{1}{2}$, $P_1(x) = \dfrac{1}{2} - \dfrac{1}{4}(x-2)$
$P_2(x) = \dfrac{1}{2} - \dfrac{1}{4}(x-2) + \dfrac{1}{8}(x-2)^2$
$P_3(x) = \dfrac{1}{2} - \dfrac{1}{4}(x-2) + \dfrac{1}{8}(x-2)^2 - \dfrac{1}{16}(x-2)^3$

5. $P_0(x) = \dfrac{\sqrt{2}}{2}$, $P_1(x) = \dfrac{\sqrt{2}}{2} + \dfrac{\sqrt{2}}{2}\left(x - \dfrac{\pi}{4}\right)$
$P_2(x) = \dfrac{\sqrt{2}}{2} + \dfrac{\sqrt{2}}{2}\left(x - \dfrac{\pi}{4}\right) - \dfrac{\sqrt{2}}{4}\left(x - \dfrac{\pi}{4}\right)^2$
$P_3(x) = \dfrac{\sqrt{2}}{2} + \dfrac{\sqrt{2}}{2}\left(x - \dfrac{\pi}{4}\right) - \dfrac{\sqrt{2}}{4}\left(x - \dfrac{\pi}{4}\right)^2 - \dfrac{\sqrt{2}}{12}\left(x - \dfrac{\pi}{4}\right)^3$

7. $P_0(x) = 2$, $P_1(x) = 2 + \dfrac{1}{4}(x-4)$
$P_2(x) = 2 + \dfrac{1}{4}(x-4) - \dfrac{1}{64}(x-4)^2$
$P_3(x) = 2 + \dfrac{1}{4}(x-4) - \dfrac{1}{64}(x-4)^2 + \dfrac{1}{512}(x-4)^3$

9. $\displaystyle\sum_{n=0}^{\infty} \frac{(-x)^n}{n!} = 1 - x + \frac{x^2}{2!} - \frac{x^3}{3!} + \frac{x^4}{4!} - \cdots$

11. $\displaystyle\sum_{n=0}^{\infty} (-1)^n x^n = 1 - x + x^2 - x^3 + \cdots$

13. $\displaystyle\sum_{n=0}^{\infty} \frac{(-1)^n 3^{2n+1} x^{2n+1}}{(2n+1)!}$ 15. $\displaystyle 7\sum_{n=0}^{\infty} \frac{(-1)^n x^{2n}}{(2n)!}$ 17. $\displaystyle\sum_{n=0}^{\infty} \frac{x^{2n}}{(2n)!}$

19. $x^4 - 2x^3 - 5x + 4$

21. $8 + 10(x-2) + 6(x-2)^2 + (x-2)^3$

23. $21 - 36(x+2) + 25(x+2)^2 - 8(x+2)^3 + (x+2)^4$

25. $\displaystyle\sum_{n=0}^{\infty} (-1)^n (n+1)(x-1)^n$ 27. $\displaystyle\sum_{n=0}^{\infty} \frac{e^2}{n!}(x-2)^n$

33. $L(x) = 0$, $Q(x) = -x^2/2$ 35. $L(x) = 1$, $Q(x) = 1 + x^2/2$

37. $L(x) = x$, $Q(x) = x$

Seção 11.9

1. $\sum_{n=0}^{\infty} \frac{(-5x)^n}{n!} = 1 - 5x + \frac{5^2x^2}{2!} - \frac{5^3x^3}{3!} + \cdots$

3. $\sum_{n=0}^{\infty} \frac{5(-1)^n(-x)^{2n+1}}{(2n+1)!} = \sum_{n=0}^{\infty} \frac{5(-1)^{n+1}x^{2n+1}}{(2n+1)!}$
$= -5x + \frac{5x^3}{3!} - \frac{5x^5}{5!} + \frac{5x^7}{7!} + \cdots$

5. $\sum_{n=0}^{\infty} \frac{(-1)^n(x+1)^n}{(2n)!}$

7. $\sum_{n=0}^{\infty} \frac{x^{n+1}}{n!} = x + x^2 + \frac{x^3}{2!} + \frac{x^4}{3!} + \frac{x^5}{4!} + \cdots$

9. $\sum_{n=2}^{\infty} \frac{(-1)^n x^{2n}}{(2n)!} = \frac{x^4}{4!} - \frac{x^6}{6!} + \frac{x^8}{8!} - \frac{x^{10}}{10!} + \cdots$

11. $x - \frac{\pi^2x^3}{2!} + \frac{\pi^4x^5}{4!} - \frac{\pi^6x^7}{6!} + \cdots = \sum_{n=0}^{\infty} \frac{(-1)^n\pi^{2n}x^{2n+1}}{(2n)!}$

13. $1 + \sum_{n=1}^{\infty} \frac{(-1)^n(2x)^{2n}}{2\cdot(2n)!} =$
$1 - \frac{(2x)^2}{2\cdot 2!} + \frac{(2x)^4}{2\cdot 4!} - \frac{(2x)^6}{2\cdot 6!} + \frac{(2x)^8}{2\cdot 8!} - \cdots$

15. $x^2\sum_{n=0}^{\infty}(2x)^n = x^2 + 2x^3 + 4x^4 + \cdots$

17. $\sum_{n=1}^{\infty} nx^{n-1} = 1 + 2x + 3x^2 + 4x^3 + \cdots$

19. $|x| < (0{,}06)^{1/5} < 0{,}56968$

21. $|\text{Erro}| < (10^{-3})^3/6 < 1{,}67 \times 10^{-10}$, $-10^{-3} < x < 0$

23. $|\text{Erro}| < (3^{0,1})(0{,}1)^3/6 < 1{,}87 \times 10^{-4}$ **25.** 0,000293653

27. $|x| < 0{,}002$ **31.** sen x, $x = 0{,}1$; sen $(0{,}1)$

33. $\text{tg}^{-1}\, x$, $x = \pi/3$

35. $e^x \operatorname{sen} x = x + x^2 + \frac{x^3}{3} - \frac{x^5}{30} - \frac{x^6}{90} \cdots$

43. **(a)** $Q(x) = 1 + kx + \frac{k(k-1)}{2}x^2$ **(b)** para $0 \le x < 100^{-1/3}$

49. **(a)** -1 **(b)** $(1/\sqrt{2})(1+i)$ **(c)** $-i$

53. $x + x^2 + \frac{1}{3}x^3 - \frac{1}{30}x^5 \cdots$; convergirá para qualquer valor de x

Seção 11.10

1. $1 + \frac{x}{2} - \frac{x^2}{8} + \frac{x^3}{16}$ **3.** $1 + \frac{1}{2}x + \frac{3}{8}x^2 + \frac{5}{16}x^3 + \cdots$

5. $1 - x + \frac{3x^2}{4} - \frac{x^3}{2}$ **7.** $1 - \frac{x^3}{2} + \frac{3x^6}{8} - \frac{5x^9}{16}$

9. $1 + \frac{1}{2x} - \frac{1}{8x^2} + \frac{1}{16x^3}$

11. $(1+x)^4 = 1 + 4x + 6x^2 + 4x^3 + x^4$

13. $(1-2x)^3 = 1 - 6x + 12x^2 - 8x^3$

15. $y = \sum_{n=0}^{\infty} \frac{(-1)^n}{n!}x^n = e^{-x}$ **17.** $y = \sum_{n=1}^{\infty}(x^n/n!) = e^x - 1$

19. $y = \sum_{n=2}^{\infty}(x^n/n!) = e^x - x - 1$ **21.** $y = \sum_{n=0}^{\infty} \frac{x^{2n}}{2^n n!} = e^{x^2/2}$

23. $y = \sum_{n=0}^{\infty} 2x^n = \frac{2}{1-x}$ **25.** $y = \sum_{n=0}^{\infty} \frac{x^{2n+1}}{(2n+1)!} = \operatorname{senh} x$

27. $y = 2 + x - 2\sum_{n=1}^{\infty} \frac{(-1)^{n+1}x^{2n}}{(2n)!}$

29. $y = x - 2\sum_{n=0}^{\infty} \frac{x^{2n}}{(2n)!} - 3\sum_{n=0}^{\infty} \frac{x^{2n+1}}{(2n+1)!}$

31. $y = a + bx + \frac{1}{6}x^3 - \frac{ax^4}{3\cdot 4} - \frac{bx^5}{4\cdot 5} - \frac{x^7}{6\cdot 6\cdot 7} + \frac{ax^8}{3\cdot 4\cdot 7\cdot 8} + \frac{bx^9}{4\cdot 5\cdot 8\cdot 9}\cdots$

33. 0,00267 **35.** 0,1 **37.** 0,0999444611 **39.** 0,100001

41. $1/(13\cdot 6!) \approx 0{,}00011$ **43.** $\frac{x^3}{3} - \frac{x^7}{7\cdot 3!} + \frac{x^{11}}{11\cdot 5!}$

45. **(a)** $\frac{x^2}{2} - \frac{x^4}{12}$

(b) $\frac{x^2}{2} - \frac{x^4}{3\cdot 4} + \frac{x^6}{5\cdot 6} - \frac{x^8}{7\cdot 8} + \cdots + (-1)^{15}\frac{x^{32}}{31\cdot 32}$

47. 1/2 **49.** $-1/24$ **51.** 1/3 **53.** -1 **55.** 2

59. 500 termos **61.** 4 termos

63. **(a)** $x + \frac{x^3}{6} + \frac{3x^5}{40} + \frac{5x^7}{112}$, raio de convergência = 1

(b) $\frac{\pi}{2} - x - \frac{x^3}{6} - \frac{3x^5}{40} - \frac{5x^7}{112}$

65. $1 - 2x + 3x^2 - 4x^3 + \cdots$ **71.** **(c)** $3\pi/4$

Seção 11.11

1. $f(x) = 1$

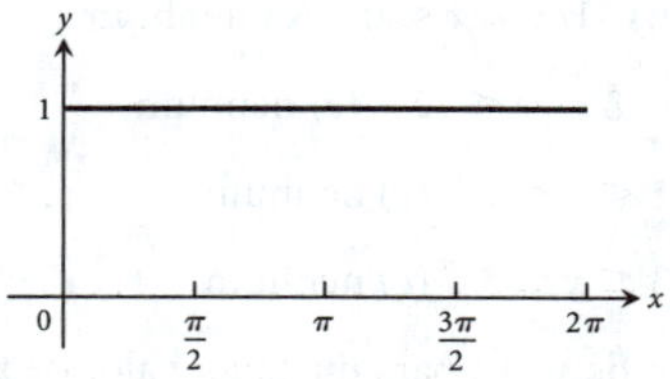

3. $f(x) = \sum_{n=1}^{\infty} \frac{2(-1)^{n+1}}{n} \operatorname{sen}(nx)$

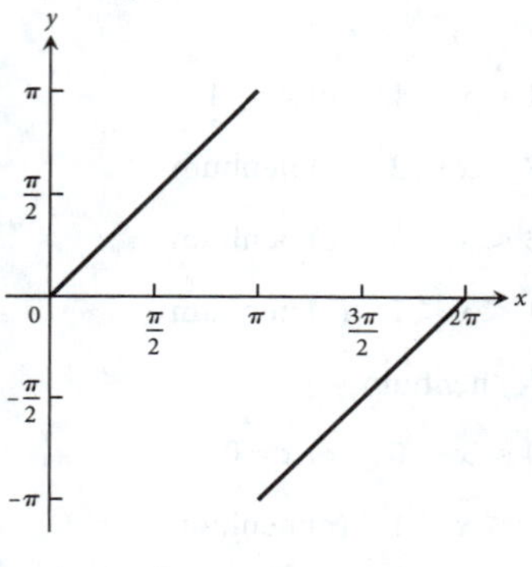

5. $\frac{e^{2\pi}-1}{\pi}\left(\frac{1}{2} + \sum_{n=1}^{\infty} \frac{\cos(nx)}{n^2+1} - \sum_{n=1}^{\infty} \frac{n \operatorname{sen}(nx)}{n^2+1}\right)$

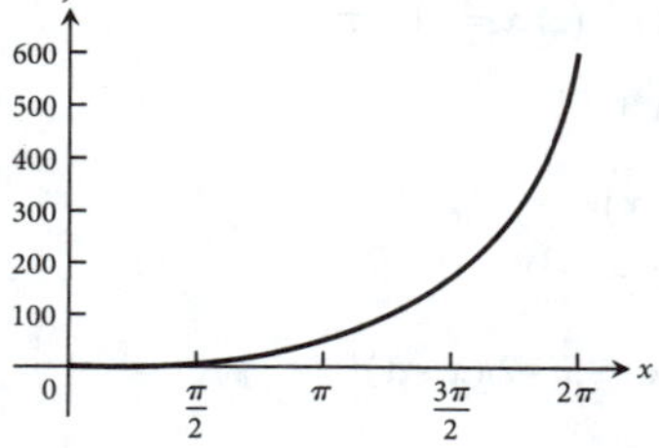

7. $f(x) = \frac{1}{2}\cos x + \frac{1}{\pi}\sum_{n=2}^{\infty} \frac{n(1 + (-1)^n)}{n^2 - 1} \operatorname{sen} nx$

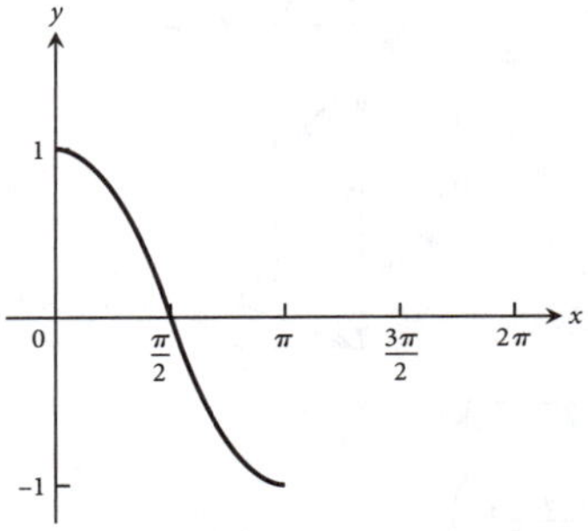

Exercícios práticos

1. Converge para 1 3. Converge para −1 5. Diverge

7. Converge para 0 9. Converge para 1 11. Converge para e^{-5}

13. Converge para 3 15. Converge para ln 2 17. Diverge

19. 1/6 21. 3/2 23. $e/(e - 1)$ 25. Diverge

27. Converge condicionalmente 29. Converge condicionalmente

31. Converge absolutamente 33. Converge absolutamente

35. Converge absolutamente 37. Converge absolutamente

39. Converge absolutamente

41. (a) $3, -7 \le x < -1$ (b) $-7 < x < -1$ (c) $x = -7$

43. (a) $1/3, 0 \le x \le 2/3$ (b) $0 \le x \le 2/3$ (c) nenhum

45. (a) ∞, para qualquer valor de x (b) para qualquer valor de x (c) nenhum

47. (a) $\sqrt{3}, -\sqrt{3} < x < \sqrt{3}$ (b) $-\sqrt{3} < x < \sqrt{3}$ (c) nenhum

49. (a) $e, -e < x < e$ (b) $-e < x < e$ (c) conjunto vazio

51. $\frac{1}{1 + x}, \frac{1}{4}, \frac{4}{5}$ 53. sen x, π, 0 55. e^x, ln 2, 2 57. $\sum_{n=0}^{\infty} 2^n x^n$

59. $\sum_{n=0}^{\infty} \frac{(-1)^n \pi^{2n+1} x^{2n+1}}{(2n + 1)!}$ 61. $\sum_{n=0}^{\infty} \frac{(-1)^n x^{5n}}{(2n)!}$

63. $\sum_{n=0}^{\infty} \frac{((\pi x)/2)^n}{n!}$

65. $2 - \frac{(x + 1)}{2 \cdot 1!} + \frac{3(x + 1)^2}{2^3 \cdot 2!} + \frac{9(x + 1)^3}{2^5 \cdot 3!} + \cdots$

67. $\frac{1}{4} - \frac{1}{4^2}(x - 3) + \frac{1}{4^3}(x - 3)^2 - \frac{1}{4^4}(x - 3)^3$

69. $y = \sum_{n=0}^{\infty} \frac{(-1)^{n+1}}{n!} x^n = -e^{-x}$

71. $y = 3\sum_{n=0}^{\infty} \frac{(-1)^n 2^n}{n!} x^n = 3e^{-2x}$

73. $y = -1 - x + 2\sum_{n=2}^{\infty} (x^n/n!) = 2e^x - 3x - 3$

75. $y = 1 + x + 2\sum_{n=0}^{\infty} (x^n/n!) = 2e^x - 1 - x$

77. 0,4849171431 79. ≈ 0,4872223583 81. 7/2

83. 1/12 85. −2 87. $r = -3, s = 9/2$

89. (b) |erro| < |sen (1/42)| < 0,02381; uma subestimação, já que o resto é positivo

91. 2/3 93. $\ln\left(\frac{n + 1}{2n}\right)$; a série converge para $\ln\left(\frac{1}{2}\right)$

95. (a) ∞ (b) $a = 1, \quad b = 0$

97. Converge

105. $\frac{1}{2} - \sum_{n=1}^{\infty} \frac{2 \operatorname{sen}((2n - 1)x)}{(2n - 1)\pi}$

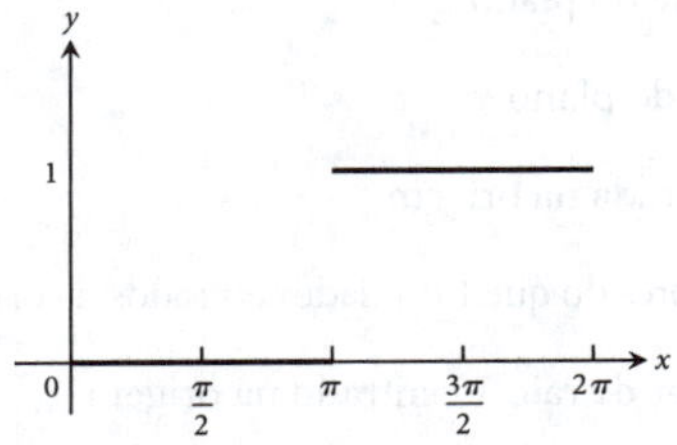

107. $\sum_{n=1}^{\infty} \frac{4 \cos((2n - 1)x)}{\pi(2n - 1)^2} + \sum_{n=1}^{\infty} \frac{2 \operatorname{sen}((2n - 1)x)}{2n - 1}$

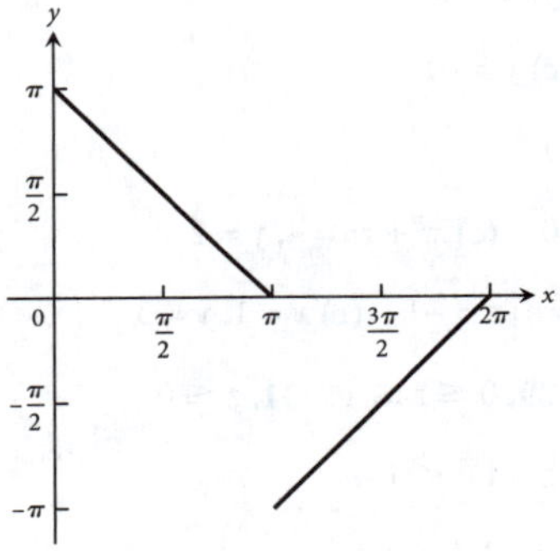

Exercícios adicionais

1. Converge; teste da comparação

3. Diverge; teste do n-ésimo termo

5. Converge; teste da comparação 7. Diverge; teste do n-ésimo termo

9. Com $a = \pi/3$, $\cos x = \frac{1}{2} - \frac{\sqrt{3}}{2}(x - \pi/3) - \frac{1}{4}(x - \pi/3)^2 + \frac{\sqrt{3}}{12}(x - \pi/3)^3 + \cdots$

11. Com $a = 0$, $e^x = 1 + x + \frac{x^2}{2!} + \frac{x^3}{3!} + \cdots$

13. Com $a = 22\pi$, $\cos x = 1 - \frac{1}{2}(x - 22\pi)^2 + \frac{1}{4!}(x - 22\pi)^4 - \frac{1}{6!}(x - 22\pi)^6 + \cdots$

15. Converge, limite = b 17. $\pi/2$ 23. $b = \pm\frac{1}{5}$

25. $a = 2, L = -7/6$ 29. (b) Sim

35. (a) $\sum_{n=1}^{\infty} nx^{n-1}$ (b) 6 (c) $1/q$

37. (a) $R_n = C_0 e^{-kt_0}(1 - e^{-nkt_0})/(1 - e^{-kt_0})$, $R = C_0(e^{-kt_0})/(1 - e^{-kt_0}) = C_0/(e^{kt_0} - 1)$
(b) $R_1 = 1/e \approx 0{,}368$, $R_{10} = R(1 - e^{-10}) \approx R(0{,}9999546) \approx 0{,}58195$; $R \approx 0{,}58198$; $0 < (R - R_{10})/R < 0{,}0001$
(c) 7

Seção 12.1

1. A reta que passa pelo ponto (2, 3, 0) paralela ao eixo z.

3. O eixo x **5.** O círculo $x^2 + y^2 = 4$ no plano xy

7. O círculo $x^2 + z^2 = 4$ no plano xz

9. O círculo $y^2 + z^2 = 1$ no plano yz

11. O círculo $x^2 + z^2 = 16$ no plano xy

13. **(a)** O primeiro quadrante do plano xy

(b) O quarto quadrante do plano xy

15. **(a)** A bola de raio 1 centrada na origem

(b) Todos os pontos maiores do que 1 unidade centrados na origem

17. **(a)** O hemisfério superior de raio 1 centrado na origem

(b) O hemisfério superior sólido de raio 1 centrado na origem

19. **(a)** $x = 3$ **(b)** $y = -1$ **(c)** $z = -2$

21. **(a)** $z = 1$ **(b)** $x = 3$ **(c)** $y = -1$

23. **(a)** $x^2 + (y-2)^2 = 4, z = 0$

(b) $(y-2)^2 + z^2 = 4, x = 0$ **(c)** $x^2 + z^2 = 4, y = 2$

25. **(a)** $y = 3, z = -1$ **(b)** $x = 1, z = -1$ **(c)** $x = 1, y = 3$

27. $x^2 + y^2 + z^2 = 25, z = 3$ **29.** $0 \le z \le 1$ **31.** $z \le 0$

33. **(a)** $(x-1)^2 + (y-1)^2 + (z-1)^2 < 1$

(b) $(x-1)^2 + (y-1)^2 + (z-1)^2 > 1$

35. 3 **37.** 7 **39.** $2\sqrt{3}$ **41.** $C(-2, 0, 2), a = 2\sqrt{2}$

43. $C(\sqrt{2}, \sqrt{2}, -\sqrt{2}), a = \sqrt{2}$

45. $(x-1)^2 + (y-2)^2 + (z-3)^2 = 14$

47. $(x+2)^2 + y^2 + z^2 = 3$ **49.** $C(-2, 0, 2), a = \sqrt{8}$

51. $C\left(-\frac{1}{4}, -\frac{1}{4}, -\frac{1}{4}\right), a = \frac{5\sqrt{3}}{4}$

53. **(a)** $\sqrt{y^2 + z^2}$ **(b)** $\sqrt{x^2 + z^2}$ **(c)** $\sqrt{x^2 + y^2}$

55. $\sqrt{17} + \sqrt{33} + 6$

Seção 12.2

1. **(a)** $\langle 9, -6 \rangle$ **(b)** $3\sqrt{13}$ **3.** **(a)** $\langle 1, 3 \rangle$ **(b)** $\sqrt{10}$

5. **(a)** $\langle 12, -19 \rangle$ **(b)** $\sqrt{505}$ **7.** **(a)** $\left\langle \frac{1}{5}, \frac{14}{5} \right\rangle$ **(b)** $\frac{\sqrt{197}}{5}$

9. $\langle 1, -4 \rangle$ **11.** $\langle -2, -3 \rangle$ **13.** $\left\langle -\frac{1}{2}, \frac{\sqrt{3}}{2} \right\rangle$

15. $\left\langle -\frac{\sqrt{3}}{2}, -\frac{1}{2} \right\rangle$ **17.** $\langle -3\mathbf{i} + 2\mathbf{j} - \mathbf{k} \rangle$ **19.** $\langle -3\mathbf{i} + 16\mathbf{j} \rangle$

21. $\langle 3\mathbf{i} + 5\mathbf{j} - 8\mathbf{k} \rangle$

23. O vetor **v** é horizontal e mede 1 polegada. Os vetores **u** e **w** medem $\frac{11}{16}$ polegadas, **w** é vertical e **u** forma um ângulo de 45° com a horizontal. Todos os vetores devem ser desenhados em escala.

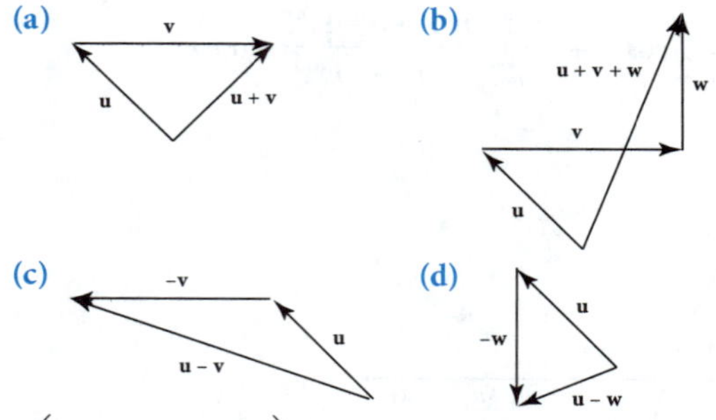

25. $3\left(\frac{2}{3}\mathbf{i} + \frac{1}{3}\mathbf{j} - \frac{2}{3}\mathbf{k}\right)$ **27.** $5(\mathbf{k})$

29. $\sqrt{\frac{1}{2}}\left(\frac{1}{\sqrt{3}}\mathbf{i} - \frac{1}{\sqrt{3}}\mathbf{j} - \frac{1}{\sqrt{3}}\mathbf{k}\right)$

31. **(a)** $2\mathbf{i}$ **(b)** $-\sqrt{3}\mathbf{k}$ **(c)** $\frac{3}{10}\mathbf{j} + \frac{2}{5}\mathbf{k}$ **(d)** $6\mathbf{i} - 2\mathbf{j} + 3\mathbf{k}$

33. $\frac{7}{13}(12\mathbf{i} - 5\mathbf{k})$

35. **(a)** $\frac{3}{5\sqrt{2}}\mathbf{i} + \frac{4}{5\sqrt{2}}\mathbf{j} - \frac{1}{\sqrt{2}}\mathbf{k}$ **(b)** $(1/2, 3, 5/2)$

37. **(a)** $-\frac{1}{\sqrt{3}}\mathbf{i} - \frac{1}{\sqrt{3}}\mathbf{j} - \frac{1}{\sqrt{3}}\mathbf{k}$ **(b)** $\left(\frac{5}{2}, \frac{7}{2}, \frac{9}{2}\right)$

39. $A(4, -3, 5)$ **41.** $a = \frac{3}{2}, b = \frac{1}{2}$ **43.** $5\sqrt{3}\mathbf{i}, 5\mathbf{j}$

45. $\approx \langle -338{,}095; 725{,}046 \rangle$

47. **(a)** $(5\cos 60°, 5\,\text{sen}\,60°) = \left(\frac{5}{2}, \frac{5\sqrt{3}}{2}\right)$

(b) $(5\cos 60° + 10\cos 315°, 5\,\text{sen}\,60° + 10\,\text{sen}\,315°) = \left(\frac{5 + 10\sqrt{2}}{2}, \frac{5\sqrt{3} - 10\sqrt{2}}{2}\right)$

49. **(a)** $\frac{3}{2}\mathbf{i} + \frac{3}{2}\mathbf{j} - 3\mathbf{k}$ **(b)** $\mathbf{i} + \mathbf{j} - 2\mathbf{k}$ **(c)** $(2, 2, 1)$

Seção 12.3

1. **(a)** $-25, 5, 5$ **(b)** -1 **(c)** -5 **(d)** $-2\mathbf{i} + 4\mathbf{j} - \sqrt{5}\mathbf{k}$

3. **(a)** $25, 15, 5$ **(b)** $\frac{1}{3}$ **(c)** $\frac{5}{3}$ **(d)** $\frac{1}{9}(10\mathbf{i} + 11\mathbf{j} - 2\mathbf{k})$

5. **(a)** $2, \sqrt{34}, \sqrt{3}$ **(b)** $\frac{2}{\sqrt{3}\sqrt{34}}$ **(c)** $\frac{2}{\sqrt{34}}$

(d) $\frac{1}{17}(5\mathbf{j} - 3\mathbf{k})$

7. **(a)** $10 + \sqrt{17}, \sqrt{26}, \sqrt{21}$ **(b)** $\frac{10 + \sqrt{17}}{\sqrt{546}}$

(c) $\frac{10 + \sqrt{17}}{\sqrt{26}}$ **(d)** $\frac{10 + \sqrt{17}}{26}(5\mathbf{i} + \mathbf{j})$

9. 0,75 radiano **11.** 1,77 radiano

13. Ângulo em $A = \cos^{-1}\left(\frac{1}{\sqrt{5}}\right) \approx 63{,}435$ radianos, ângulo em $B = \cos^{-1}\left(\frac{3}{5}\right) \approx 53{,}130$ radianos, ângulo em $C = \cos^{-1}\left(\frac{1}{\sqrt{5}}\right) \approx 63{,}435$ radianos.

17. $\left(\frac{3}{2}\mathbf{i} + \frac{3}{2}\mathbf{j}\right) + \left(-\frac{3}{2}\mathbf{i} + \frac{3}{2}\mathbf{j} + 4\mathbf{k}\right)$

19. $\left(\frac{14}{3}\mathbf{i} + \frac{28}{3}\mathbf{j} - \frac{14}{3}\mathbf{k}\right) + \left(\frac{10}{3}\mathbf{i} - \frac{16}{3}\mathbf{j} - \frac{22}{3}\mathbf{k}\right)$

21. A soma de dois vetores de mesmo comprimento é *sempre* ortogonal à diferença entre eles; conforme nos mostra a equação $(\mathbf{v}_1 + \mathbf{v}_2) \cdot (\mathbf{v}_1 - \mathbf{v}_2) = \mathbf{v}_1 \cdot \mathbf{v}_1 + \mathbf{v}_2 \cdot \mathbf{v}_1 - \mathbf{v}_1 \cdot \mathbf{v}_2 - \mathbf{v}_2 \cdot \mathbf{v}_2 = |\mathbf{v}_1|^2 - |\mathbf{v}_2|^2 = 0$.

27. Componente horizontal: ≈ 1.188 pés/segundo, componente vertical: ≈ 167 pés/segundo.

29. (a) Como $|\cos\theta| \le 1$, temos que $|\mathbf{u} \cdot \mathbf{v}| = |\mathbf{u}|\,|\mathbf{v}|\,|\cos\theta| \le |\mathbf{u}|\,|\mathbf{v}|(1) = |\mathbf{u}|\,|\mathbf{v}|$.
(b) Temos igualdade precisamente quando $|\cos\theta| = 1$ ou quando **v** ou **u** ou ambos são iguais a **0**. No caso de vetores não-nulos, temos igualdade quando $\theta = 0$ ou π, ou seja, quando os vetores estão paralelos.

31. *a*

35. $x + 2y = 4$

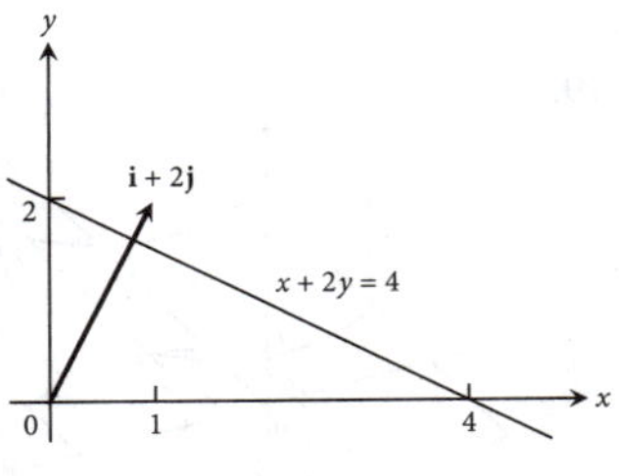

37. $-2x + y = -3$

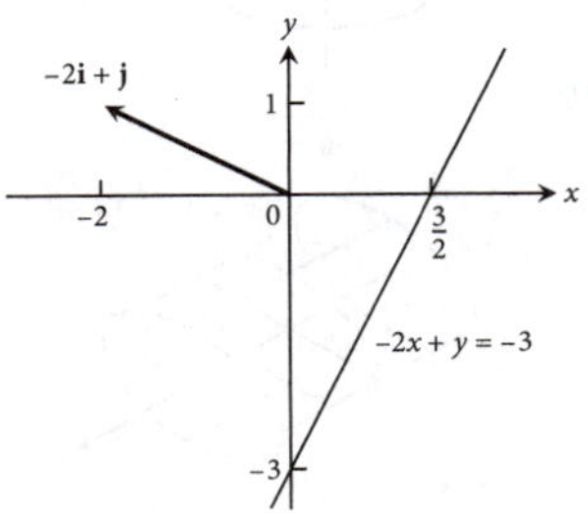

39. $x + y = -1$

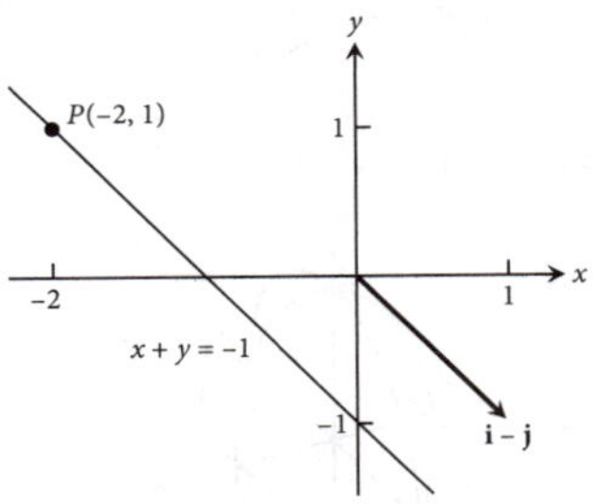

41. $2x - y = 0$

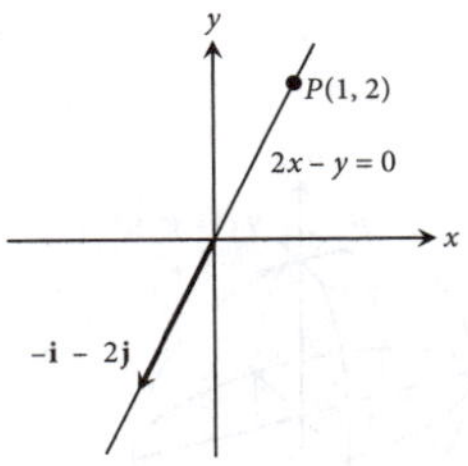

43. 5 J **45.** 3.464 J **47.** $\frac{\pi}{4}$ **49.** $\frac{\pi}{6}$ **51.** 0,14

53. $\frac{\pi}{3}$ e $\frac{2\pi}{3}$ em cada ponto. **55.** Em (0, 0): $\frac{\pi}{2}$; em (1, 1): $\frac{\pi}{4}$ e $\frac{3\pi}{4}$

Seção 12.4

1. $|\mathbf{u} \times \mathbf{v}| = 3$, a direção é $\frac{2}{3}\mathbf{i} + \frac{1}{3}\mathbf{j} + \frac{2}{3}\mathbf{k}$; $|\mathbf{v} \times \mathbf{u}| = 3$, a direção é $-\frac{2}{3}\mathbf{i} - \frac{1}{3}\mathbf{j} - \frac{2}{3}\mathbf{k}$

3. $|\mathbf{u} \times \mathbf{v}| = 0$, sem direção; $|\mathbf{v} \times \mathbf{u}| = 0$, sem direção

5. $|\mathbf{u} \times \mathbf{v}| = 6$, a direção é $-\mathbf{k}$; $|\mathbf{v} \times \mathbf{u}| = 6$, a direção é **k**

7. $|\mathbf{u} \times \mathbf{v}| = 6\sqrt{5}$, a direção é $\frac{1}{\sqrt{5}}\mathbf{i} - \frac{2}{\sqrt{5}}\mathbf{k}$; $|\mathbf{v} \times \mathbf{u}| = 6\sqrt{5}$, a direção é $-\frac{1}{\sqrt{5}}\mathbf{i} + \frac{2}{\sqrt{5}}\mathbf{k}$

9.

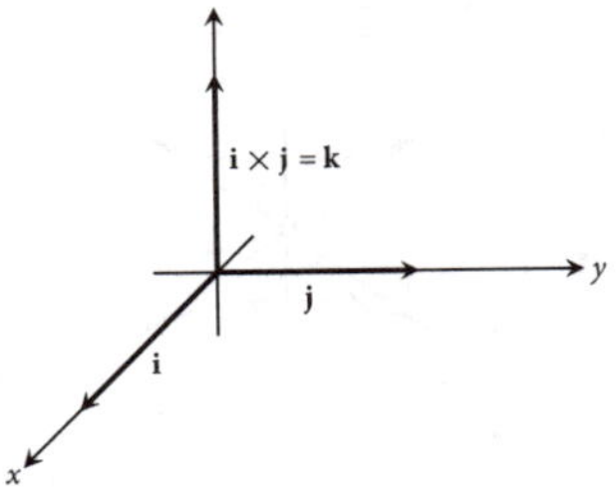

11.

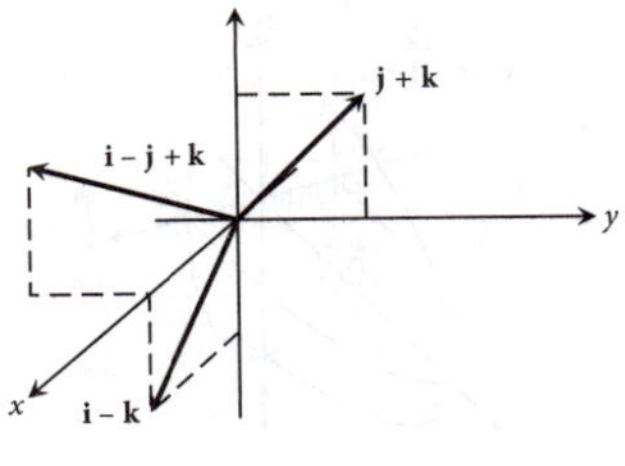

13.

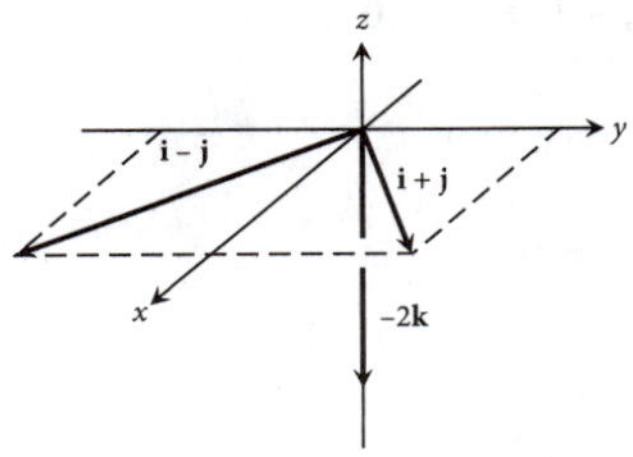

15. (a) $2\sqrt{6}$ (b) $\pm\frac{1}{\sqrt{6}}(2\mathbf{i} + \mathbf{j} + \mathbf{k})$

17. (a) $\frac{\sqrt{2}}{2}$ (b) $\pm\frac{1}{\sqrt{2}}(\mathbf{i} - \mathbf{j})$

19. 8 **21.** 7 **23.** (a) Nenhum (b) **u** e **w** **25.** $10\sqrt{3}$ pés-libra

27. (a) Verdadeiro (b) Nem sempre é verdadeiro (c) Verdadeiro (d) Verdadeiro (e) Nem sempre é verdadeiro (f) Verdadeiro (g) Verdadeiro (h) Verdadeiro

29. (a) $\text{proj}_{\mathbf{v}}\,\mathbf{u} = \frac{\mathbf{u} \cdot \mathbf{v}}{\mathbf{v} \cdot \mathbf{v}}\mathbf{v}$ (b) $\pm\,\mathbf{u} \times \mathbf{v}$ (c) $\pm\,(\mathbf{u} \times \mathbf{v}) \times \mathbf{w}$ (d) $|(\mathbf{u} \times \mathbf{v}) \cdot \mathbf{w}|$

31. (a) Sim (b) Não (c) Sim (d) Não

33. Não, **v** não precisa ser igual a **w**. Por exemplo, $\mathbf{i} + \mathbf{j} \ne -\mathbf{i} + \mathbf{j}$, mas
$\mathbf{i} \times (\mathbf{i} + \mathbf{j}) = \mathbf{i} \times \mathbf{i} + \mathbf{i} \times \mathbf{j} = \mathbf{0} + \mathbf{k} = \mathbf{k}$ e
$\mathbf{i} \times (-\mathbf{i} + \mathbf{j}) = -\mathbf{i} \times \mathbf{i} + \mathbf{i} \times \mathbf{j} = \mathbf{0} + \mathbf{k} = \mathbf{k}$

35. 2 **37.** 13 **39.** 11/2 **41.** 25/2

43. Se $\mathbf{A} = a_1\mathbf{i} + a_2\mathbf{j}$ e $\mathbf{B} = b_1\mathbf{i} + b_2\mathbf{j}$, então

$$\mathbf{A} \times \mathbf{B} = \begin{vmatrix} \mathbf{i} & \mathbf{j} & \mathbf{k} \\ a_1 & a_2 & 0 \\ b_1 & b_2 & 0 \end{vmatrix} = \begin{vmatrix} a_1 & a_2 \\ b_1 & b_2 \end{vmatrix}\mathbf{k}$$

e a área do triângulo é

$$\frac{1}{2}\left|\mathbf{A} \times \mathbf{B}\right| = \pm\frac{1}{2}\begin{vmatrix} a_1 & a_2 \\ b_1 & b_2 \end{vmatrix}$$

O sinal adequado é (+) se o ângulo de **A** a **B** for no sentido anti-horário no plano *xy*, e (−) se o ângulo for no sentido horário.

Seção 12.5

1. $x = 3 + t,\ y = -4 + t,\ z = -1 + t$

3. $x = -2 + 5t,\ y = 5t,\ z = 3 - 5t$ **5.** $x = 0,\ y = 2t,\ z = t$

7. $x = 1,\ y = 1,\ z = 1$ **9.** $x = t,\ y = -7 + 2t,\ z = 2t$

11. $x = t,\ y = 0,\ z = 0$

13. $x = t,\ y = t,\ z = \frac{3}{2}t,\ 0 \le t \le 1$

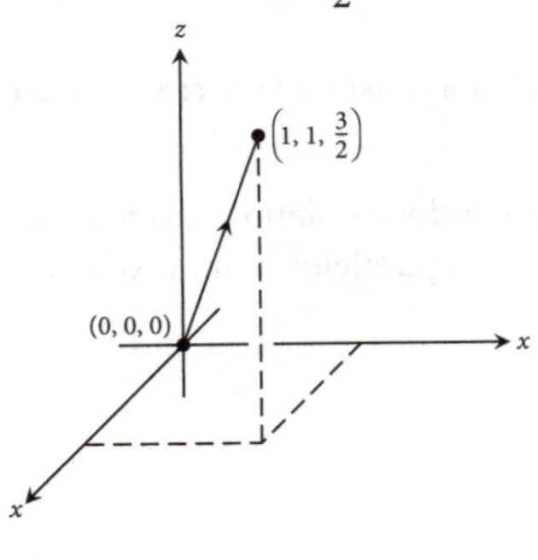

15. $x = 1, y = 1 + t, z = 0, -1 \le t \le 0$

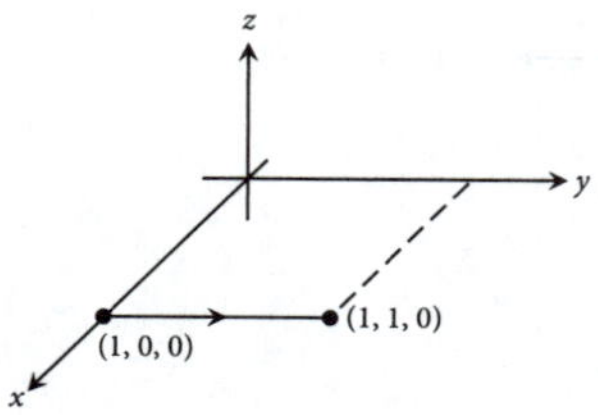

17. $x = 0, y = 1 - 2t, z = 1, 0 \le t \le 1$

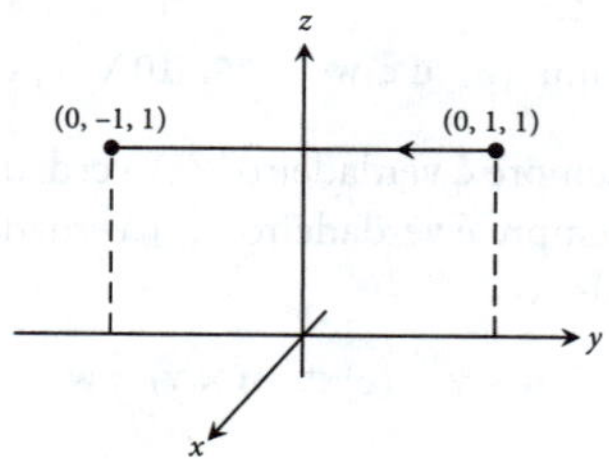

19. $x = 2 - 2t, y = 2t, z = 2 - 2t, 0 \le t \le 1$

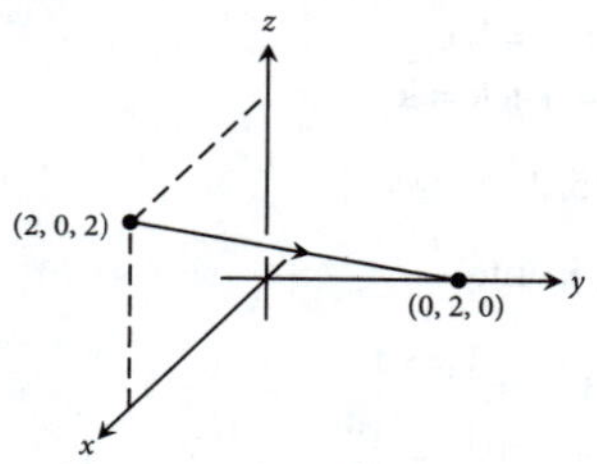

21. $3x - 2y - z = -3$ **23.** $7x - 5y - 4z = 6$

25. $x + 3y + 4z = 34$ **27.** $(1, 2, 3), -20x + 12y + z = 7$

29. $y + z = 3$ **31.** $x - y + z = 0$ **33.** $2\sqrt{30}$ **35.** 0

37. $\dfrac{9\sqrt{42}}{7}$ **39.** 3 **41.** 19/5 **43.** 5/3 **45.** $9/\sqrt{41}$

47. $\pi/4$ **49.** 1,76 radiano **51.** 0,81 radiano **53.** $\left(\frac{3}{2}, -\frac{3}{2}, \frac{1}{2}\right)$

55. (1, 1, 0) **57.** $x = 1 - t, y = 1 + t, z = -1$

59. $x = 4, y = 3 + 6t, z = 1 + 3t$

61. $L1$ apresenta interseção com $L2$; $L2$ é paralela a $L3$; $L1$ e $L3$ são reversas.

63. $x = 2 + 2t, y = -4 - t, z = 7 + 3t; x = -2 - t, y = -2 + (1/2)t, z = 1 - (3/2)t$

65. $\left(0, -\frac{1}{2}, -\frac{3}{2}\right), (-1, 0, -3), (1, -1, 0)$

69. Muitas respostas são possíveis. Uma possibilidade é: $x + y = 3$ e $2y + z = 7$.

71. $(x/a) + (y/b) + (z/c) = 1$ descreve todos os planos, *exceto* aqueles que passam pela origem ou são paralelos a um eixo coordenado.

Seção 12.6

1. **(d)**, elipsóide **3.** **(a)**, cilindro **5.** **(l)**, parabolóide hiperbólico

7. **(b)**, cilindro **9.** **(k)**, parabolóide hiperbólico **11.** **(h)**, cone

13.

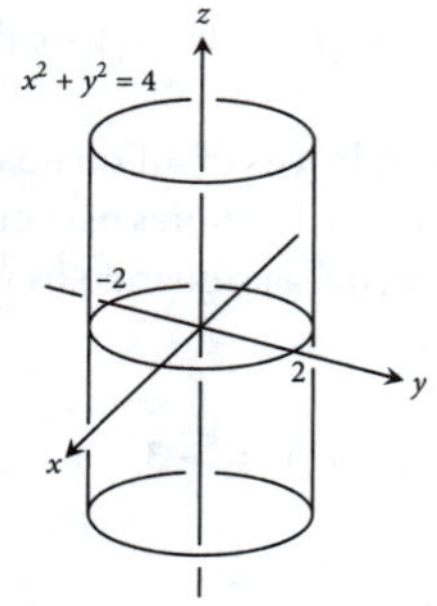

15.

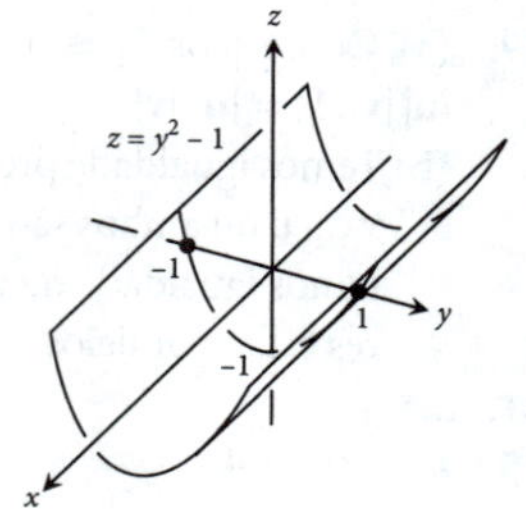

17.

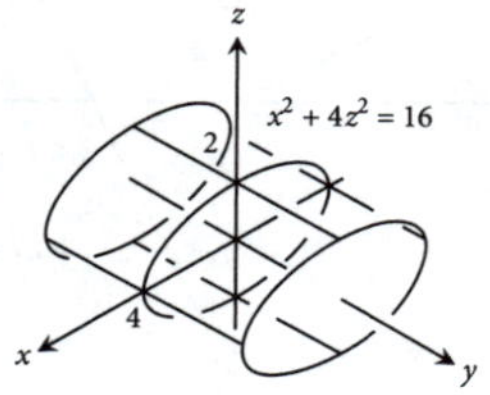

19.

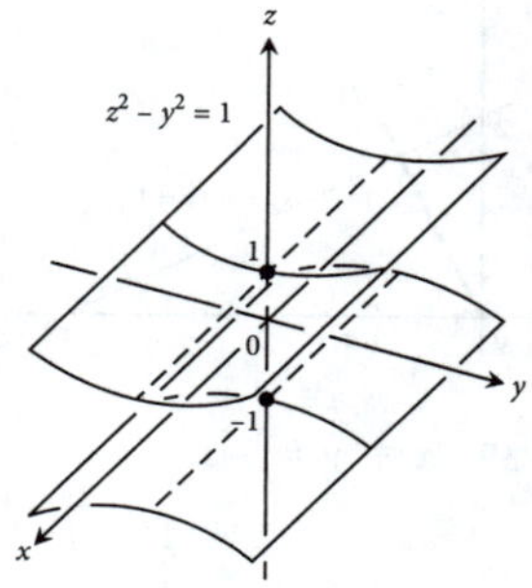

21.

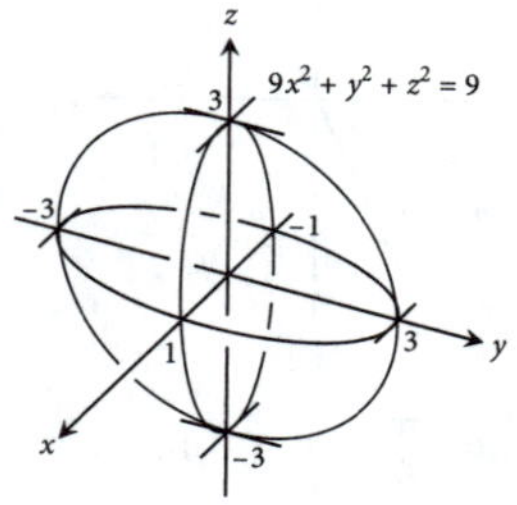

23.

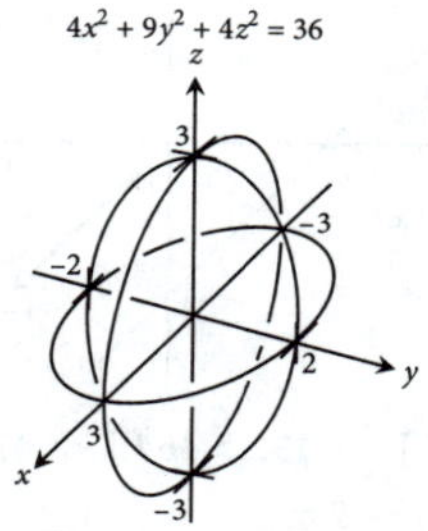

25.

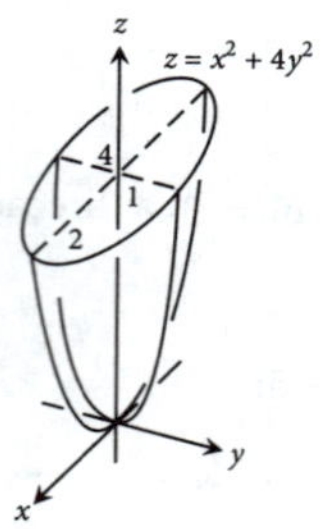

27.

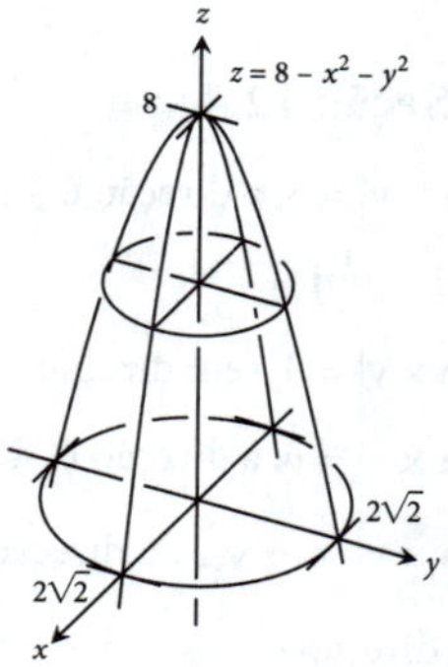

29.

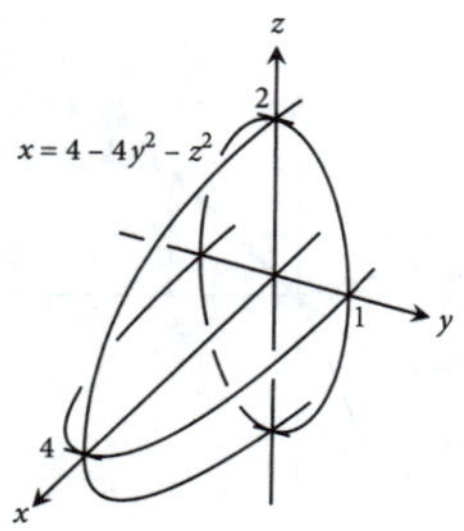

31.

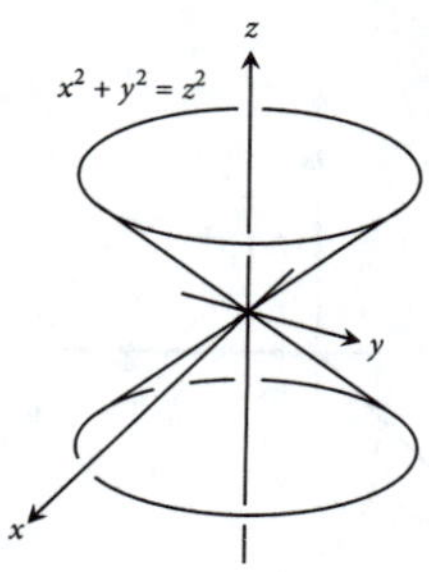

33.

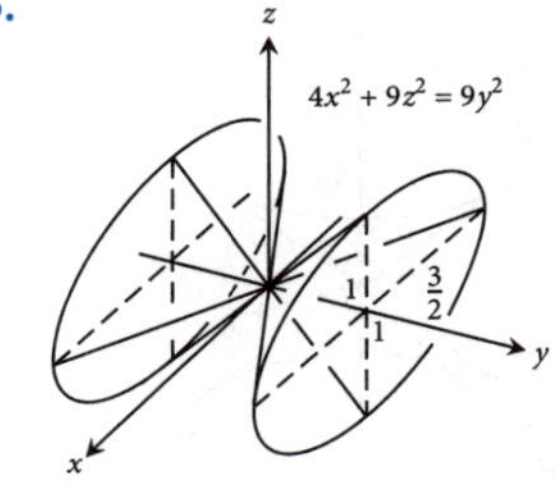

35.

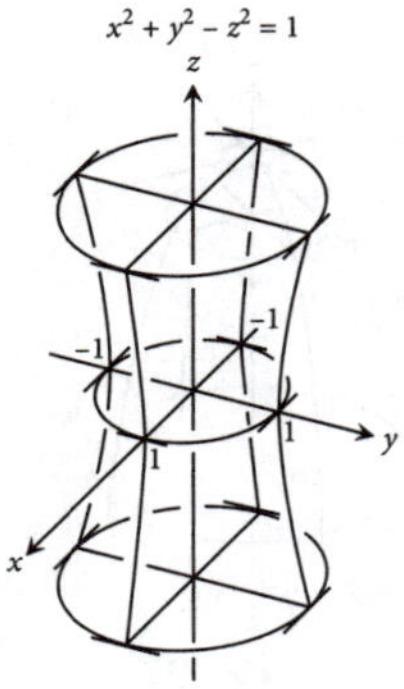

37.

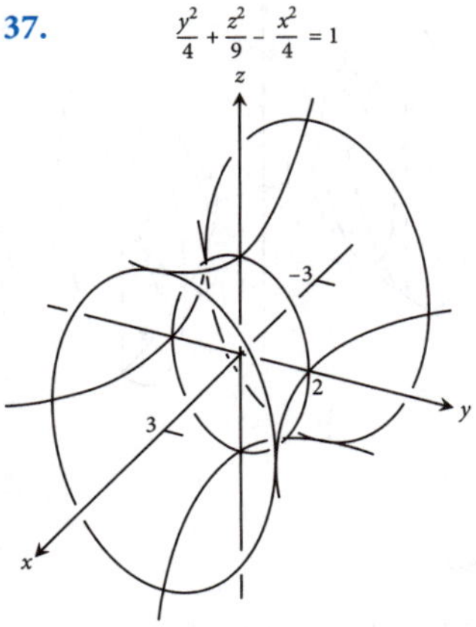

39.

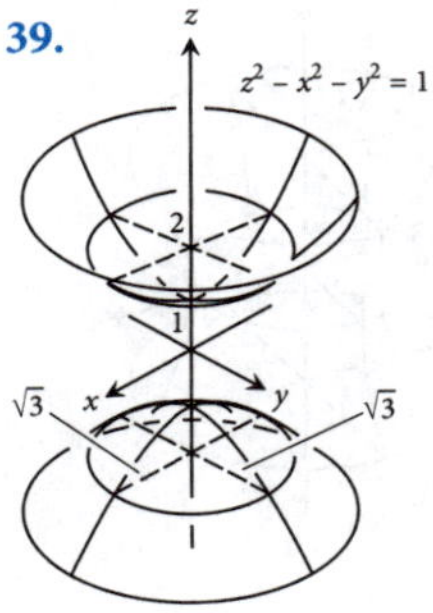

41.

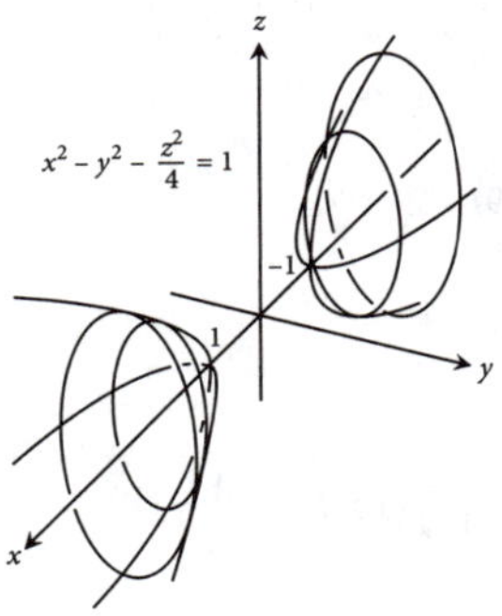

43.

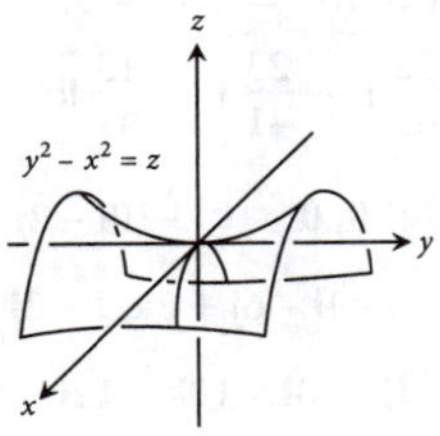

45.

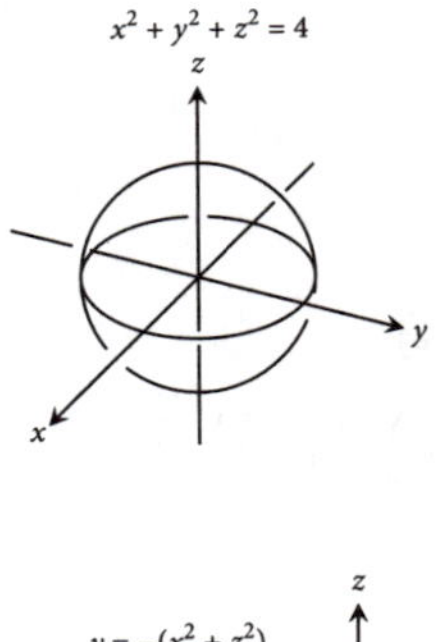

47.

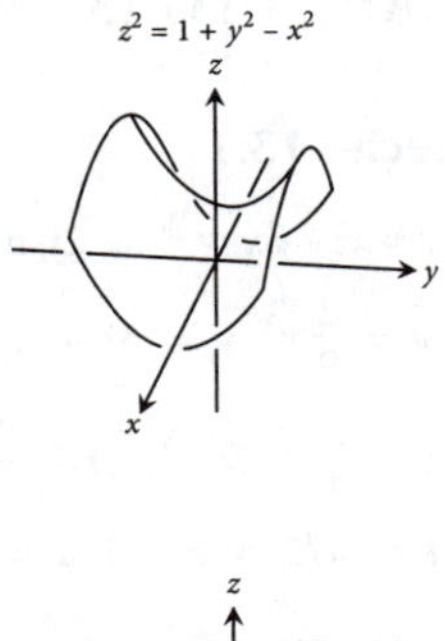

49.

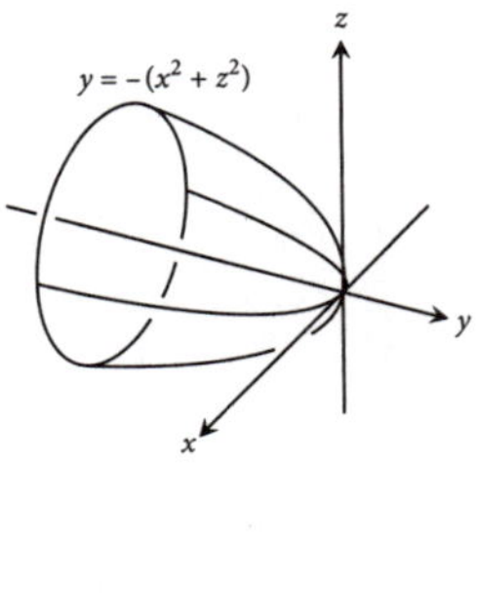

51.

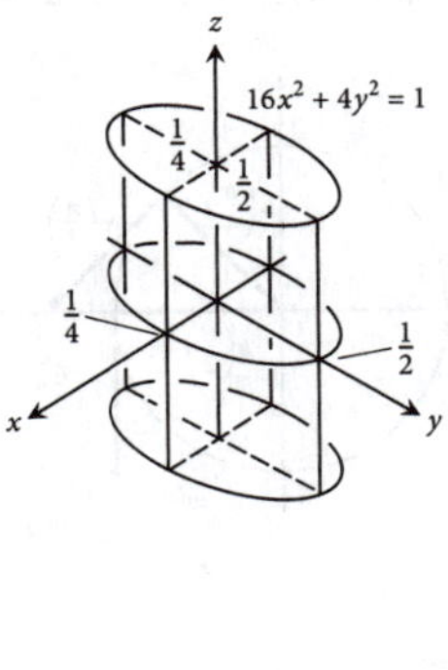

53.

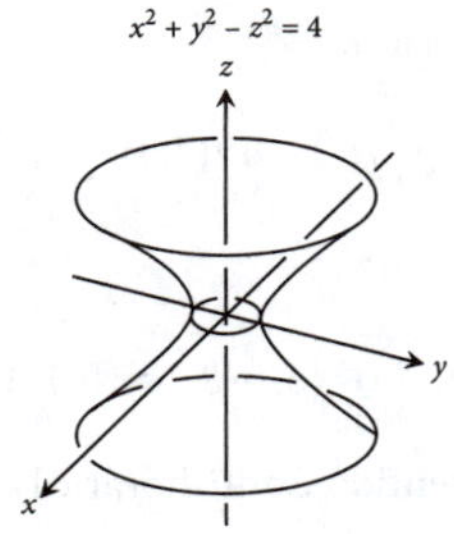

55.

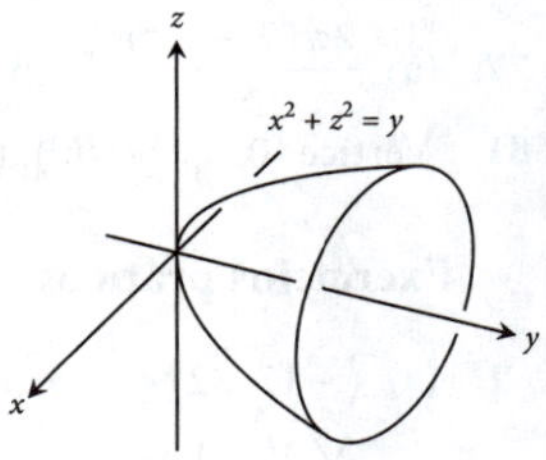

57.

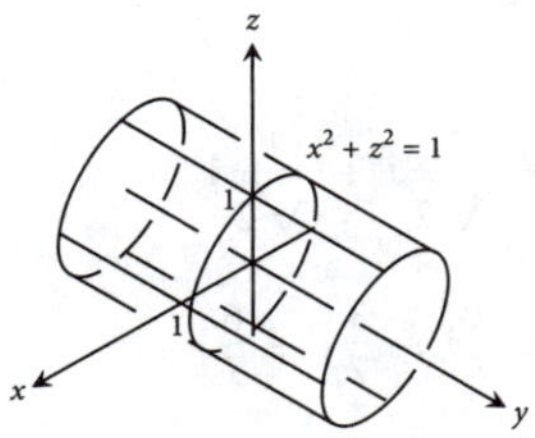

59.

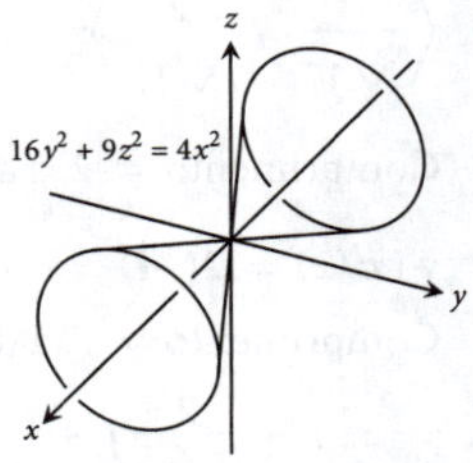

61.

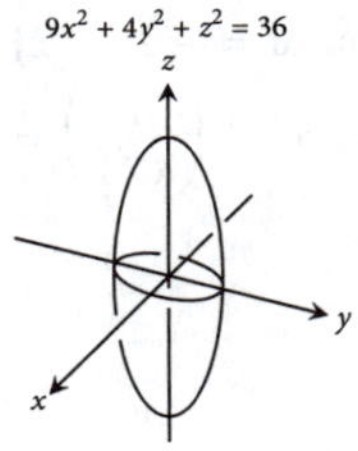

63.

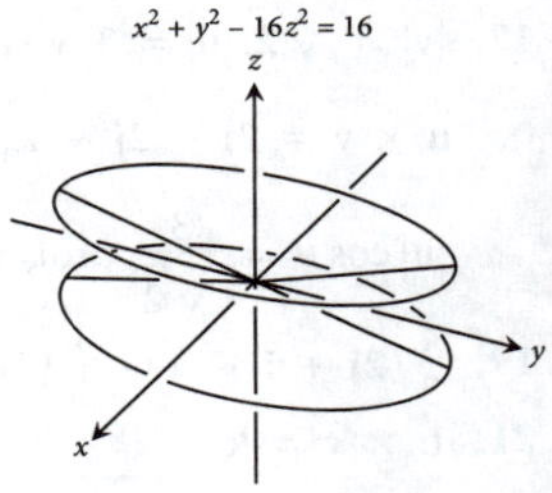

65.

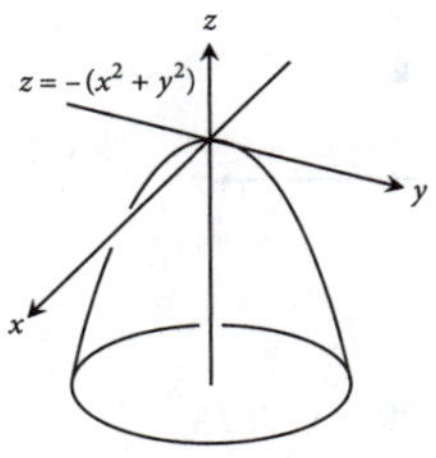

67.

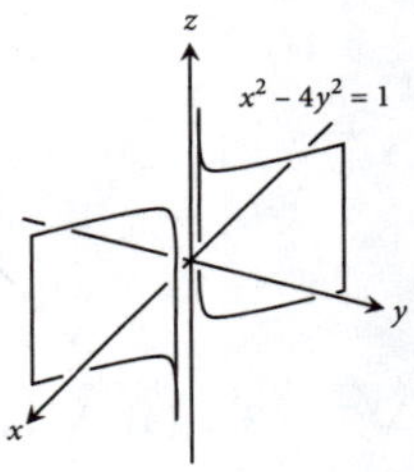

69.

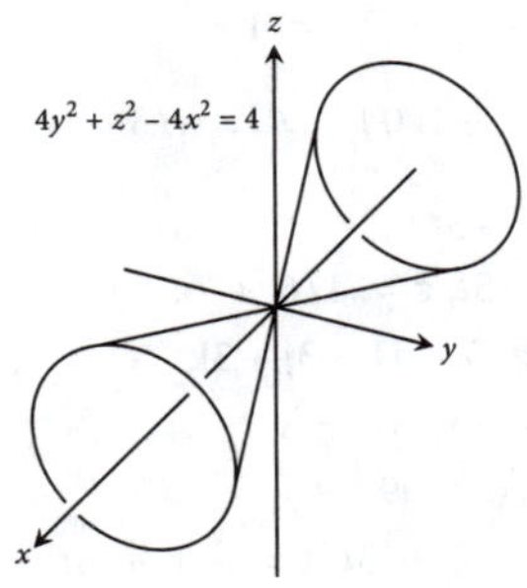

71.

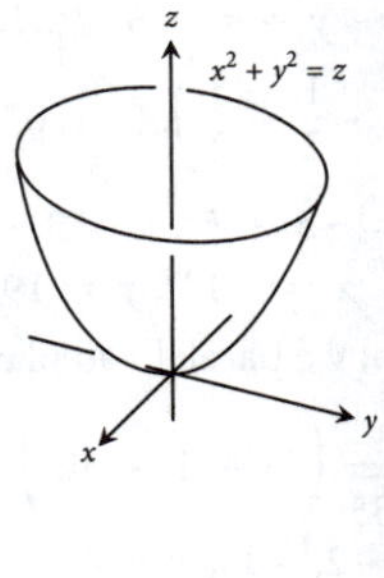

73.

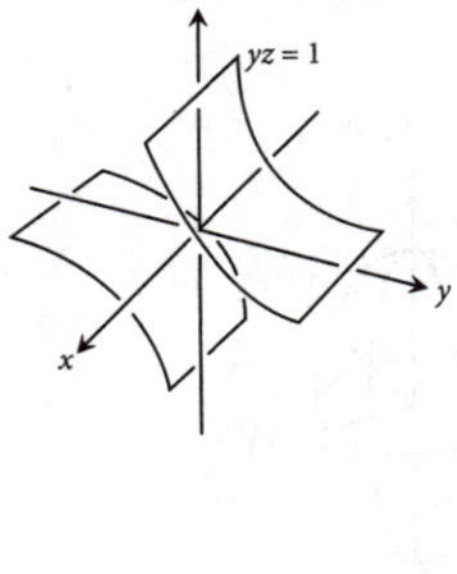

75.

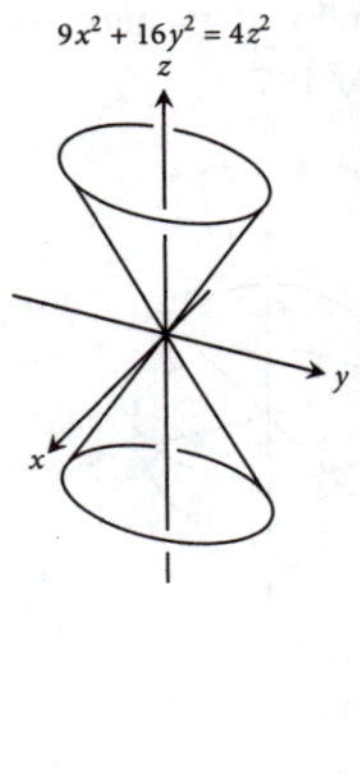

77. (a) $\dfrac{2\pi(9 - c^2)}{9}$ (b) 8π (c) $\dfrac{4\pi abc}{3}$

81. Vértice $(0, y_1, cy_1^2/b^2)$; Foco $(0, y_1, c(y_1^2/b^2) - a^2/(4c))$

Exercícios práticos

1. (a) $\langle -17, 32\rangle$ (b) $\sqrt{1.313}$ 3. (a) $\langle 6, -8\rangle$ (b) 10

5. $\left\langle -\dfrac{\sqrt{3}}{2}, -\dfrac{1}{2}\right\rangle$ [assumindo que o sentido é anti-horário]

7. $\left\langle \dfrac{8}{\sqrt{17}}, -\dfrac{2}{\sqrt{17}}\right\rangle$

9. Comprimento $= 2$, a direção é $\dfrac{1}{\sqrt{2}}\mathbf{i} + \dfrac{1}{\sqrt{2}}\mathbf{j}$

11. $\mathbf{v}(\pi/2) = 2(-\mathbf{i})$

13. Comprimento $= 7$, a direção é $\dfrac{2}{7}\mathbf{i} - \dfrac{3}{7}\mathbf{j} + \dfrac{6}{7}\mathbf{k}$

15. $\dfrac{8}{\sqrt{33}}\mathbf{i} - \dfrac{2}{\sqrt{33}}\mathbf{j} + \dfrac{8}{\sqrt{33}}\mathbf{k}$

17. $|\mathbf{v}| = \sqrt{2}, |\mathbf{u}| = 3, \mathbf{v}\cdot\mathbf{u} = \mathbf{u}\cdot\mathbf{v} = 3, \mathbf{v}\times\mathbf{u} = -2\mathbf{i} + 2\mathbf{j} - \mathbf{k}$
$\mathbf{u}\times\mathbf{v} = 2\mathbf{i} - 2\mathbf{j} + \mathbf{k}, |\mathbf{v}\times\mathbf{u}| = 3, \theta = \cos^{-1}\left(\dfrac{1}{\sqrt{2}}\right) = \dfrac{\pi}{4}$
$|\mathbf{u}|\cos\theta = \dfrac{3}{\sqrt{2}}, \text{proj}_{\mathbf{v}}\,\mathbf{u} = \dfrac{3}{2}(\mathbf{i} + \mathbf{j})$

19. $\dfrac{4}{3}(2\mathbf{i} + \mathbf{j} - \mathbf{k}) - \dfrac{1}{3}(5\mathbf{i} + \mathbf{j} + 11\mathbf{k})$

21. $\mathbf{u}\times\mathbf{v} = \mathbf{k}$

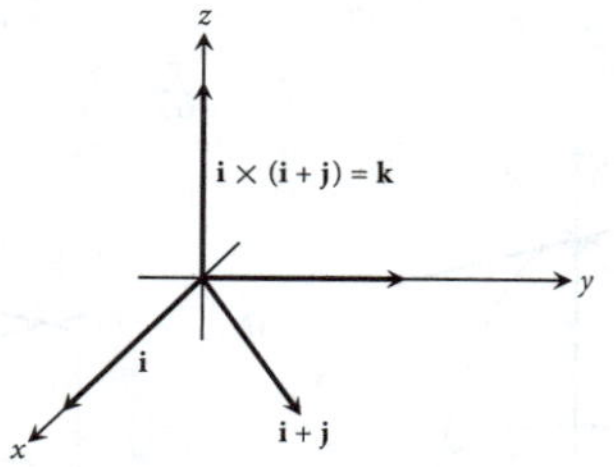

23. $2\sqrt{7}$ 25. (a) $\sqrt{14}$ (b) 1 29. $\sqrt{78}/3$

31. $x = 1 - 3t, y = 2, z = 3 + 7t$ 33. $\sqrt{2}$

35. $2x + y + z = 5$ 37. $-9x + y + 7z = 4$

39. $\left(0, -\dfrac{1}{2}, -\dfrac{3}{2}\right), (-1, 0, -3), (1, -1, 0)$ 41. $\pi/3$

43. $x = -5 + 5t, y = 3 - t, z = -3t$

45. (b) $x = -12t, y = 19/12 + 15t, z = 1/6 + 6t$

47. Sim; **v** é paralelo ao plano. 49. 3 51. $-3\mathbf{j} + 3\mathbf{k}$

53. $\dfrac{2}{\sqrt{35}}(5\mathbf{i} - \mathbf{j} - 3\mathbf{k})$ 55. $\left(\dfrac{11}{9}, \dfrac{26}{9}, \dfrac{7}{9}\right)$

57. $(1, -2, -1); x = 1 - 5t, y = -2 + 3t, z = -1 + 4t$

59. $2x + 7y + 2z + 10 = 0$

61. (a) não (b) não (c) não (d) não (e) sim

63. $11/\sqrt{107}$

65.

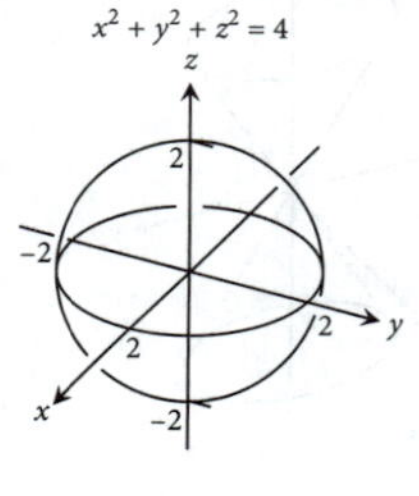

67.

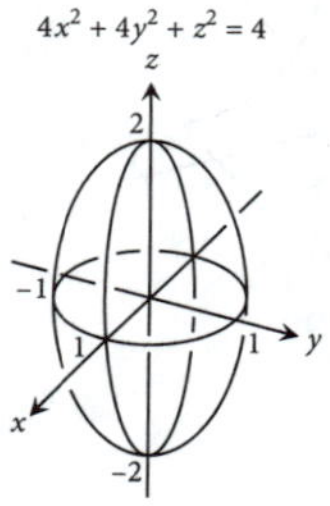

69.

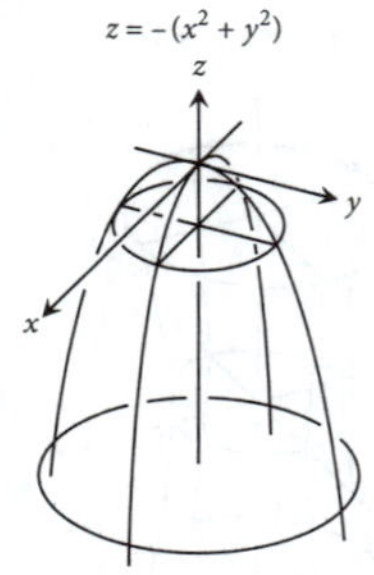

71.

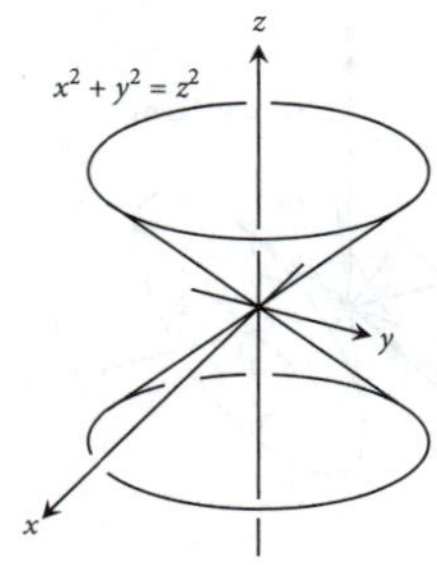

73.

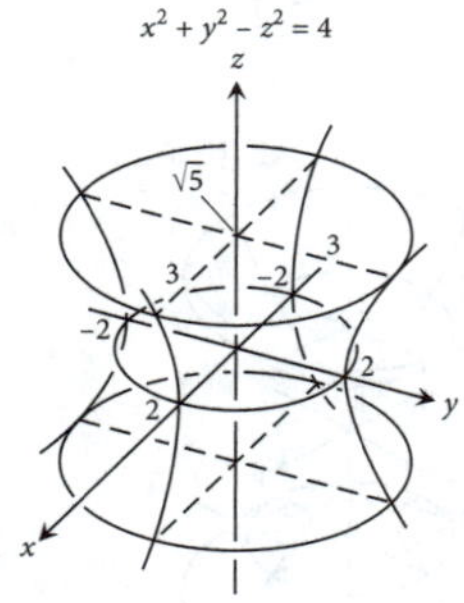

75.

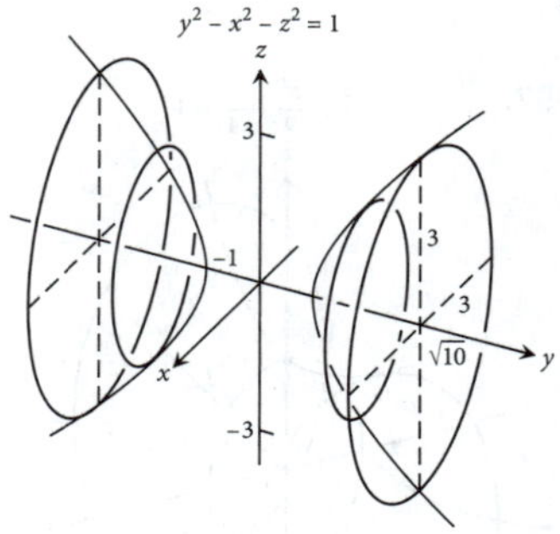

Exercícios adicionais

1. $(26, 23, -1/3)$ 3. $|\mathbf{F}| = 20$ libras

7. (a) $\overrightarrow{BD} = \overrightarrow{AD} - \overrightarrow{AB}$ (b) $\overrightarrow{AP} = \dfrac{1}{2}\overrightarrow{AB} + \dfrac{1}{2}\overrightarrow{AD}$

13. $\dfrac{32}{41}\mathbf{i} + \dfrac{23}{41}\mathbf{j} - \dfrac{13}{41}\mathbf{k}$

15. (a) **0, 0** (b) $-10\mathbf{i} - 2\mathbf{j} + 6\mathbf{k}, -9\mathbf{i} - 2\mathbf{j} + 7\mathbf{k}$
(c) $-4\mathbf{i} - 6\mathbf{j} + 2\mathbf{k}, \mathbf{I} - 2\mathbf{j} - 4\mathbf{k}$
(d) $-10\mathbf{i} - 10\mathbf{k}, -12\mathbf{i} - 4\mathbf{j} - 8\mathbf{k}$

25. (a) $|\mathbf{F}| = \dfrac{GMm}{d^2}\left(1 + \displaystyle\sum_{i=1}^{n}\dfrac{2}{(i^2 + 1)^{3/2}}\right)$ (b) sim

CAPÍTULO 13

Seção 13.1

1. $y = x^2 - 2x, \mathbf{v} = \mathbf{i} + 2\mathbf{j}, \mathbf{a} = 2\mathbf{j}$

3. $y = \dfrac{2}{9}x^2, \mathbf{v} = 3\mathbf{i} + 4\mathbf{j}, \mathbf{a} = 3\mathbf{i} + 8\mathbf{j}$

5. $t = \dfrac{\pi}{4}$: $\mathbf{v} = \dfrac{\sqrt{2}}{2}\mathbf{i} - \dfrac{\sqrt{2}}{2}\mathbf{j}, \mathbf{a} = \dfrac{-\sqrt{2}}{2}\mathbf{i} - \dfrac{\sqrt{2}}{2}\mathbf{j}$
$t = \pi/2$: $\mathbf{v} = -\mathbf{j}, \mathbf{a} = -\mathbf{i}$

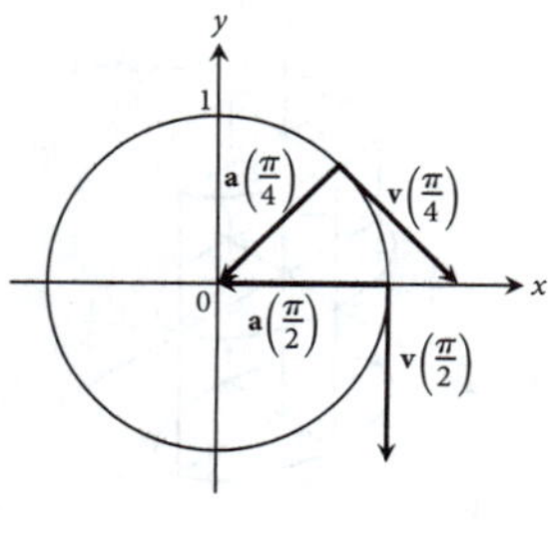

7. $t = \pi$: $\mathbf{v} = 2\mathbf{i}$, $\mathbf{a} = -\mathbf{j}$; $t = \dfrac{3\pi}{2}$: $\mathbf{v} = \mathbf{i} - \mathbf{j}$, $\mathbf{a} = -\mathbf{i}$

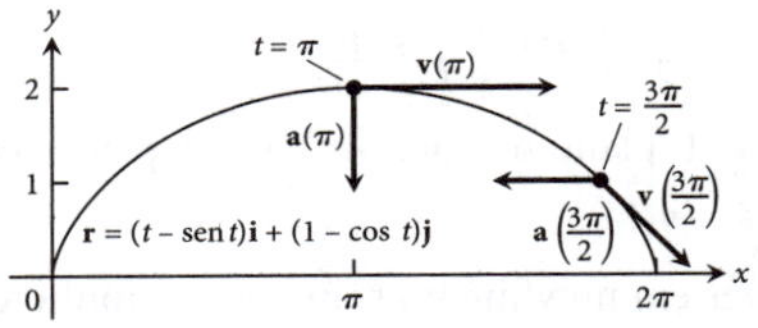

9. $\mathbf{v} = \mathbf{i} + 2t\mathbf{j} + 2\mathbf{k}$; $\mathbf{a} = 2\mathbf{j}$; velocidade: 3; direção: $\frac{1}{3}\mathbf{i} + \frac{2}{3}\mathbf{j} + \frac{2}{3}\mathbf{k}$; $\mathbf{v}(1) = 3\left(\frac{1}{3}\mathbf{i} + \frac{2}{3}\mathbf{j} + \frac{2}{3}\mathbf{k}\right)$

11. $\mathbf{v} = (-2\operatorname{sen} t)\mathbf{i} + (3\cos t)\mathbf{j} + 4\mathbf{k}$;
$\mathbf{a} = (-2\cos t)\mathbf{i} - (3\operatorname{sen} t)\mathbf{j}$; velocidade: $2\sqrt{5}$;
direção: $\left(-1/\sqrt{5}\right)\mathbf{i} + \left(2/\sqrt{5}\right)\mathbf{k}$;
$\mathbf{v}(\pi/2) = 2\sqrt{5}\left[\left(-1/\sqrt{5}\right)\mathbf{i} + \left(2/\sqrt{5}\right)\mathbf{k}\right]$

13. $\mathbf{v} = \left(\dfrac{2}{t+1}\right)\mathbf{i} + 2t\mathbf{j} + t\mathbf{k}$; $\mathbf{a} = \left(\dfrac{-2}{(t+1)^2}\right)\mathbf{i} + 2\mathbf{j} + \mathbf{k}$;
velocidade: $\sqrt{6}$; direção: $\dfrac{1}{\sqrt{6}}\mathbf{i} + \dfrac{2}{\sqrt{6}}\mathbf{j} + \dfrac{1}{\sqrt{6}}\mathbf{k}$;
$\mathbf{v}(1) = \sqrt{6}\left(\dfrac{1}{\sqrt{6}}\mathbf{i} + \dfrac{2}{\sqrt{6}}\mathbf{j} + \dfrac{1}{\sqrt{6}}\mathbf{k}\right)$

15. $\pi/2$ 17. $\pi/2$ 19. $t = 0, \pi, 2\pi$

21. $(1/4)\mathbf{i} + 7\mathbf{j} + (3/2)\mathbf{k}$ 23. $\left(\dfrac{\pi + 2\sqrt{2}}{2}\right)\mathbf{j} + 2\mathbf{k}$

25. $(\ln 4)\mathbf{i} + (\ln 4)\mathbf{j} + (\ln 2)\mathbf{k}$

27. $\mathbf{r}(t) = \left(\dfrac{-t^2}{2} + 1\right)\mathbf{i} + \left(\dfrac{-t^2}{2} + 2\right)\mathbf{j} + \left(\dfrac{-t^2}{2} + 3\right)\mathbf{k}$

29. $\mathbf{r}(t) = ((t+1)^{3/2} - 1)\mathbf{i} + (-e^{-t} + 1)\mathbf{j} + (\ln(t+1) + 1)\mathbf{k}$

31. $\mathbf{r}(t) = 8t\mathbf{i} + 8t\mathbf{j} + (-16t^2 + 100)\mathbf{k}$

33. $x = t, y = -1, z = 1 + t$ 35. $x = at, y = a, z = 2\pi b + bt$

37. (a) i.: Possui velocidade constante 1 ii.: Sim
iii.: Sentido anti-horário iv.: Sim
(b) i.: Possui velocidade constante 2 ii.: Sim
iii.: Sentido anti-horário iv.: Sim
(c) i.: Possui velocidade constante 1 ii.: Sim
iii.: Sentido anti-horário iv.: Inicia em $(0, -1)$ em vez de $(1, 0)$
(d) i.: Possui velocidade constante 1 ii.: Sim
iii.: Sentido horário iv.: Sim
(e) i.: Possui velocidade variável ii.: Não
iii.: Sentido anti-horário iv.: Sim

39. $\mathbf{r}(t) = \left(\dfrac{3}{2}t^2 + \dfrac{6}{\sqrt{11}}t + 1\right)\mathbf{i} - \left(\dfrac{1}{2}t^2 + \dfrac{2}{\sqrt{11}}t - 2\right)\mathbf{j} + \left(\dfrac{1}{2}t^2 + \dfrac{2}{\sqrt{11}}t + 3\right)\mathbf{k} = \left(\dfrac{1}{2}t^2 + \dfrac{2t}{\sqrt{11}}\right)(3\mathbf{i} - \mathbf{j} + \mathbf{k}) + (\mathbf{i} + 2\mathbf{j} + 3\mathbf{k})$

41. $\mathbf{v} = 2\sqrt{5}\mathbf{i} + \sqrt{5}\mathbf{j}$

43. $\max|\mathbf{v}| = 3$, $\min|\mathbf{v}| = 2$, $\max|\mathbf{a}| = 3$, $\min|\mathbf{a}| = 2$

Seção 13.2

1. 50 s

3. (a) 72,2 s; 25,510 m (b) 4.020 m (c) 6.378 m

5. $t \approx 2{,}135$ s, $x \approx 66{,}43$ pés

7. (a) $v_0 \approx 9{,}9$ m/s (b) $\alpha \approx 18{,}4°$ ou $71{,}6°$

9. 190 mph 11. A bola de golfe passará pelo topo da árvore.

13. (a) 149 pés/s (b) 2,25 s 15. 39,3° ou 50,7°

17. 46,6 pés/s 21. 1,92 s, 73,7 pés (aproximadamente)

23. 4,00 pés, 7,80 pés/s 25. (b) $\mathbf{v}_0$ atravessaria $\angle AOR$

27. (a) (Considerando que "x" é zero no ponto de impacto.) $\mathbf{r}(t) = (x(t))\mathbf{i} + (y(t))\mathbf{j}$, onde $x(t) = (35\cos 27°)t$ e $y(t) = 4 + (35\operatorname{sen} 27°)t + 16t^2$.
(b) Em $t \approx 0{,}497$ s, ela alcança sua altura máxima de cerca de 7,945 pés.
(c) Alcance $\approx 37{,}45$ pés; tempo de vôo $\approx 1{,}201$ s
(d) Em $t \approx 0{,}254$ s e $t \approx 0{,}740$ s, quando ela está a $\approx 29{,}532$ e $\approx 14{,}376$ pés de distância do local onde vai cair.
(e) Sim. As coisas mudam porque a bola não passará da rede.

31. (a) $\mathbf{r}(t) = (x(t))\mathbf{i} + (y(t))\mathbf{j}$, onde $x(t) = \left(\dfrac{1}{0{,}08}\right)(1 - e^{-0{,}08t}) \cdot (152\cos 20° - 17{,}6)$ e $y(t) = 3 + \left(\dfrac{152}{0{,}08}\right)(1 - e^{-0{,}08t}) \cdot (\operatorname{sen} 20°) + \left(\dfrac{32}{0{,}08^2}\right)(1 - 0{,}08t - e^{-0{,}08t})$
(b) Em $t \approx 1{,}527$ s, ela alcança sua altura máxima de cerca de 41,893 pés.
(c) Alcance $\approx 351{,}734$ pés, tempo de vôo $\approx 3{,}181$ s.
(d) Em $t \approx 0{,}877$ e $t \approx 2{,}190$ s, quando ela está a cerca de 106,028 e 251,530 pés do rebatedor.
(e) Não. A rajada de vento teria de ser mais forte que 12,846 pés/s na direção da rebatida para que a bola passasse pela cerca e fizesse um *home run*.

Seção 13.3

1. $\mathbf{T} = \left(-\dfrac{2}{3}\operatorname{sen} t\right)\mathbf{i} + \left(\dfrac{2}{3}\cos t\right)\mathbf{j} + \dfrac{\sqrt{5}}{3}\mathbf{k}$, 3π

3. $\mathbf{T} = \dfrac{1}{\sqrt{1+t}}\mathbf{i} + \dfrac{\sqrt{t}}{\sqrt{1+t}}\mathbf{k}$, $\dfrac{52}{3}$

5. $\mathbf{T} = -\cos t\mathbf{j} + \operatorname{sen} t\mathbf{k}$, $\dfrac{3}{2}$

7. $\mathbf{T} = \left(\dfrac{\cos t - t\operatorname{sen} t}{t+1}\right)\mathbf{i} + \left(\dfrac{\operatorname{sen} t + t\cos t}{t+1}\right)\mathbf{j} + \left(\dfrac{\sqrt{2}t^{1/2}}{t+1}\right)\mathbf{k}$, $\dfrac{\pi^2}{2} + \pi$

9. $(0, 5, 24\pi)$ 11. $s(t) = 5t$, $L = \dfrac{5\pi}{2}$

13. $s(t) = \sqrt{3}e^t - \sqrt{3}$, $L = \dfrac{3\sqrt{3}}{4}$ 15. $\sqrt{2} + \ln\left(1 + \sqrt{2}\right)$

17. (a) O cilindro é $x^2 + y^2 = 1$, o plano é $x + z = 1$.

(b) e (c)

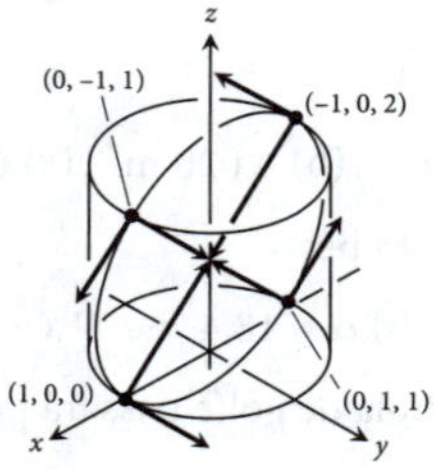

(d) $L = \int_0^{2\pi} \sqrt{1 + \text{sen}^2\, t}\, dt$ (e) $L \approx 7{,}64$

Seção 13.4

1. $\mathbf{T} = (\cos t)\mathbf{i} - (\text{sen}\, t)\mathbf{j}$, $\mathbf{N} = (-\,\text{sen}\, t)\mathbf{i} - (\cos t)\mathbf{j}$, $\kappa = \cos t$

3. $\mathbf{T} = \dfrac{1}{\sqrt{1+t^2}}\mathbf{i} - \dfrac{t}{\sqrt{1+t^2}}\mathbf{j}$, $\mathbf{N} = \dfrac{-t}{\sqrt{1+t^2}}\mathbf{i} - \dfrac{1}{\sqrt{1+t^2}}\mathbf{j}$

$\kappa = \dfrac{1}{2\left(\sqrt{1+t^2}\right)^3}$

5. (b) $\cos x$

7. (b) $\mathbf{N} = \dfrac{-2e^{2t}}{\sqrt{1+4e^{4t}}}\mathbf{i} + \dfrac{1}{\sqrt{1+4e^{4t}}}\mathbf{j}$

(c) $\mathbf{N} = -\dfrac{1}{2}\left(\sqrt{4-t^2}\,\mathbf{i} + t\mathbf{j}\right)$

9. $\mathbf{T} = \dfrac{3\cos t}{5}\mathbf{i} - \dfrac{3\,\text{sen}\, t}{5}\mathbf{j} + \dfrac{4}{5}\kappa$, $\mathbf{N} = (-\,\text{sen}\, t)\mathbf{i} - (\cos t)\mathbf{j}$,

$\kappa = \dfrac{3}{25}$

11. $\mathbf{T} = \left(\dfrac{\cos t - \text{sen}\, t}{\sqrt{2}}\right)\mathbf{i} + \left(\dfrac{\cos t + \text{sen}\, t}{\sqrt{2}}\right)\mathbf{j}$

$\mathbf{N} = \left(\dfrac{-\cos t - \text{sen}\, t}{\sqrt{2}}\right)\mathbf{i} + \left(\dfrac{-\,\text{sen}\, t + \cos t}{\sqrt{2}}\right)\mathbf{j}$

$\kappa = \dfrac{1}{e^t\sqrt{2}}$

13. $\mathbf{T} = \dfrac{t}{\sqrt{t^2+1}}\mathbf{i} + \dfrac{1}{\sqrt{t^2+1}}\mathbf{j}$, $\mathbf{N} = \dfrac{\mathbf{i}}{\sqrt{t^2+1}} - \dfrac{t\mathbf{j}}{\sqrt{t^2+1}}$

$\kappa = \dfrac{1}{t(t^2+1)^{3/2}}$

15. $\mathbf{T} = \left(\text{sech}\, \dfrac{t}{a}\right)\mathbf{i} + \left(\text{tgh}\, \dfrac{t}{a}\right)\mathbf{j}$

$\mathbf{N} = \left(-\,\text{tgh}\, \dfrac{t}{a}\right)\mathbf{i} + \left(\text{sech}\, \dfrac{t}{a}\right)\mathbf{j}$

$\kappa = \dfrac{1}{a}\,\text{sech}^2\, \dfrac{t}{a}$

19. $1/(2b)$ **21.** $\left(x - \dfrac{\pi}{2}\right)^2 + y^2 = 1$

23. $\kappa(x) = 2/(1+4x^2)^{3/2}$ **25.** $\kappa(x) = |\text{sen}\, x|/(1+\cos^2 x)^{3/2}$

Seção 13.5

1. $\mathbf{B} = \left(\dfrac{4}{5}\cos t\right)\mathbf{i} - \left(\dfrac{4}{5}\text{sen}\, t\right)\mathbf{j} - \dfrac{3}{5}\mathbf{k}$, $\tau = -\dfrac{4}{25}$

3. $\mathbf{B} = \mathbf{k}$, $\tau = 0$ **5.** $\mathbf{B} = -\mathbf{k}$, $\tau = 0$ **7.** $\mathbf{B} = \mathbf{k}$, $\tau = 0$

9. $\mathbf{a} = |a|\mathbf{N}$ **11.** $\mathbf{a}(1) = \dfrac{4}{3}\mathbf{T} + \dfrac{2\sqrt{5}}{3}\mathbf{N}$ **13.** $\mathbf{a}(0) = 2\mathbf{N}$

15. $\mathbf{r}\left(\dfrac{\pi}{4}\right) = \dfrac{\sqrt{2}}{2}\mathbf{i} + \dfrac{\sqrt{2}}{2}\mathbf{j} - \mathbf{k}$, $\mathbf{T}\left(\dfrac{\pi}{4}\right) = -\dfrac{\sqrt{2}}{2}\mathbf{i} + \dfrac{\sqrt{2}}{2}\mathbf{j}$

$\mathbf{N}\left(\dfrac{\pi}{4}\right) = -\dfrac{\sqrt{2}}{2}\mathbf{i} - \dfrac{\sqrt{2}}{2}\mathbf{j}$, $\mathbf{B}\left(\dfrac{\pi}{4}\right) = \mathbf{k}$

plano osculador: $z = -1$; plano normal: $-x + y = 0$; plano retificador: $x + y = \sqrt{2}$

17. Sim. Se o carro estiver em movimento sobre um caminho curvo, $(\kappa \neq 0)$, então $a_N = \kappa|\mathbf{v}|^2 \neq 0$ e $\mathbf{a} \neq \mathbf{0}$.

21. $|\mathbf{F}| = \kappa\left(m\left(\dfrac{ds}{dt}\right)^2\right)$ **23.** $\kappa = \dfrac{1}{t}$, $\rho = t$

29. Componentes de **v**: −1,8701; 0,7089; 1,0000

Componentes de **a**: −1,6960; −2,0307; 0

Velocidade: 2,2361; componentes de **T**: −0,8364; 0,3170; 0,4472

Componentes de **N**: −0,4143; −0,8998; −0,1369

Componentes de **B**: 0,3590; −0,2998; 0,8839; curvatura: 0,5060

Torção: 0,2813; componente tangencial de aceleração: 0,7746

Componente normal de aceleração: 2,5298

31. Componentes de **v**: 2,0000; 0; 0,1629

Componentes de **a**: 0, −1,0000; 0,0086; velocidade: 2,0066

Componentes de **T**: 0,9967; 0; 0,0812

Componentes de **N**: −0,0007; −1,0000; −0,0086

Componentes de **B**: 0,0812; −0,0086; −0,9967;

Curvatura: 0,2484

Torção: −0,0411; componente tangencial de aceleração: 0,0007

Componente normal de aceleração: 1,0000

Seção 13.6

1. $T = 93{,}2$ minutos **3.** $a = 6.764$ km **5.** $D = 6.501$ km

7. (a) 42.168 km (b) 35.789 km

(c) Syncom 3, GOES 4 e Intelsat 5

9. $a = 383.200$ km do centro da Terra, ou aproximadamente 376.821 km da superfície

11. $2{,}97 \times 10^{-19}$ s²/m³; $9{,}902 \times 10^{-14}$ s²/m³;

$8{,}045 \times 10^{-12}$ s²/m³

Exercícios práticos

1. $\dfrac{x^2}{16} + \dfrac{y^2}{2} = 1$

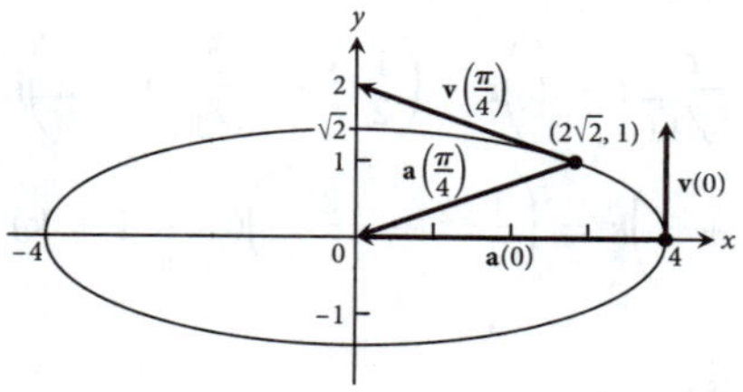

Em $t = 0$: $a_T = 0$, $a_N = 4$, $\kappa = 2$

Em $t = \dfrac{\pi}{4}$: $a_T = \dfrac{7}{3}$, $a_N = \dfrac{4\sqrt{2}}{3}$, $\kappa = \dfrac{4\sqrt{2}}{27}$

3. $|\mathbf{v}|_{\max} = 1$ **5.** $\kappa = 1/5$ **7.** $dy/dt = -x$; sentido horário

11. O peso estará no chão, a cerca de 66 pés, a 3 polegadas do *stop-board.*

15. **(a)** 59,19 pés/s **(b)** 74,58 pés/s **19.** $\kappa = \pi s$

21. Comprimento $= \dfrac{\pi}{4}\sqrt{1 + \dfrac{\pi^2}{16}} + \ln\left(\dfrac{\pi}{4} + \sqrt{1 + \dfrac{\pi^2}{16}}\right)$

23. $\mathbf{T}(0) = \dfrac{2}{3}\mathbf{i} - \dfrac{2}{3}\mathbf{j} + \dfrac{1}{3}\mathbf{k}$; $\mathbf{N}(0) = \dfrac{1}{\sqrt{2}}\mathbf{i} + \dfrac{1}{\sqrt{2}}\mathbf{j}$;

$\mathbf{B}(0) = -\dfrac{1}{3\sqrt{2}}\mathbf{i} + \dfrac{1}{3\sqrt{2}}\mathbf{j} + \dfrac{4}{3\sqrt{2}}\mathbf{k}$; $\kappa = \dfrac{\sqrt{2}}{3}$; $\tau = \dfrac{1}{6}$

25. $\mathbf{T}(\ln 2) = \dfrac{1}{\sqrt{17}}\mathbf{i} + \dfrac{4}{\sqrt{17}}\mathbf{j}$; $\mathbf{N}(\ln 2) = -\dfrac{4}{\sqrt{17}}\mathbf{i} + \dfrac{1}{\sqrt{17}}\mathbf{j}$

$\mathbf{B}(\ln 2) = \mathbf{k}$; $\kappa = \dfrac{8}{17\sqrt{17}}$; $\tau = 0$

27. $\mathbf{a}(0) = 10\mathbf{T} + 6\mathbf{N}$

29. $\mathbf{T} = \left(\dfrac{1}{\sqrt{2}}\cos t\right)\mathbf{i} - (\operatorname{sen} t)\mathbf{j} + \left(\dfrac{1}{\sqrt{2}}\cos t\right)\mathbf{k}$

$\mathbf{N} = \left(-\dfrac{1}{\sqrt{2}}\operatorname{sen} t\right)\mathbf{i} - (\cos t)\mathbf{j} - \left(\dfrac{1}{\sqrt{2}}\operatorname{sen} t\right)\mathbf{k}$

$\mathbf{B} = \dfrac{1}{\sqrt{2}}\mathbf{i} - \dfrac{1}{\sqrt{2}}\mathbf{k}$; $\kappa = \dfrac{1}{\sqrt{2}}$; $\tau = 0$

31. $\pi/3$ **33.** $x = 1 + t, y = t, z = -t$

35. 5.971 km, $1{,}639 \times 10^7$ km^2, 3,21% visível

Exercícios adicionais

1. **(a)** $\mathbf{r}(t) = \left(-\dfrac{8}{15}t^3 + 4t^2\right)\mathbf{i} + (-20t + 100)\mathbf{j}$; **(b)** $\dfrac{100}{3}$ m

3. **(a)** $\left.\dfrac{d\theta}{dt}\right|_{\theta=2\pi} = 2\sqrt{\dfrac{\pi g b}{a^2 + b^2}}$

(b) $\theta = \dfrac{gbt^2}{2(a^2 + b^2)}$, $z = \dfrac{gb^2t^2}{2(a^2 + b^2)}$

(c) $\mathbf{v}(t) = \dfrac{gbt}{\sqrt{a^2 + b^2}}\mathbf{T}$; $\dfrac{d^2\mathbf{r}}{dt^2} = \dfrac{bg}{\sqrt{a^2 + b^2}}\mathbf{T} +$

$a\left(\dfrac{bgt}{a^2 + b^2}\right)^2\mathbf{N}$

Não existe componente na direção de **B**.

7. **(a)** $\dfrac{dx}{dt} = \dot{r}\cos\theta - r\dot{\theta}\operatorname{sen}\theta$, $\dfrac{dy}{dt} = \dot{r}\operatorname{sen}\theta + r\dot{\theta}\cos\theta$

(b) $\dfrac{dr}{dt} = \dot{x}\cos\theta + \dot{y}\operatorname{sen}\theta$, $r\dfrac{d\theta}{dt} = -\dot{x}\operatorname{sen}\theta + \dot{y}\cos\theta$

9. **(a)** $\mathbf{a}(1) = -9\mathbf{u}_r - 6\mathbf{u}_\theta$, $\mathbf{v}(1) = -\mathbf{u}_r + 3\mathbf{u}_\theta$
(b) 6,5 polegadas

11. **(c)** $\mathbf{v} = \dot{r}\mathbf{u}_r + r\dot{\theta}\mathbf{u}_\theta + \dot{z}\mathbf{k}$, $\mathbf{a} = (\ddot{r} - r\dot{\theta}^2)\mathbf{u}_r + (r\ddot{\theta} + 2\dot{r}\dot{\theta})\mathbf{u}_\theta + \ddot{z}\mathbf{k}$

CAPÍTULO 14

Seção 14.1

1. **(a)** Todos os pontos no plano *xy* **(b)** Todos os reais
(c) As retas $y - x = c$ **(d)** Nenhum ponto de fronteira
(e) Tanto aberto quanto fechado **(f)** Não-limitado

3. **(a)** Todos os pontos no plano *xy* **(b)** $z \geq 0$
(c) Para $f(x, y) = 0$, a origem; para $f(x, y) \neq 0$, elipses com o centro (0, 0), maior e menor eixos, ao longo dos eixos *x* e *y*, respectivamente
(d) Nenhum ponto de fronteira **(e)** Tanto aberto quanto fechado
(f) Não-limitada

5. **(a)** Todos os pontos no plano *xy* **(b)** Todos os reais
(c) Para $f(x, y) = 0$, os eixos *x* e *y*; para $f(x, y) \neq 0$, hipérboles com os eixos *x* e *y* como assíntotas
(d) Nenhum ponto de fronteira **(e)** Tanto aberto quanto fechado
(f) Não-limitado

7. **(a)** Qualquer (xy) que satisfaça $x^2 + y^2 < 16$ **(b)** $z \geq 1/4$
(c) Circunferências centradas na origem com raios $r < 4$
(d) A fronteira é a circunferência $x^2 + y^2 = 16$
(e) Aberto **(f)** Não-limitado

9. **(a)** $(x, y) \neq (0, 0)$ **(b)** Todos os reais
(c) Os círculos com centro (0, 0) e raio $r > 0$
(d) A fronteira é o ponto (0,0)
(e) Aberto **(f)** Não–limitado

11. **(a)** Qualquer (xy) que satisfaça $-1 \leq y - x \leq 1$
(b) $-\pi/2 \leq z \leq \pi/2$
(c) Linhas retas na forma $y - x = c$, onde $-1 \leq c \leq 1$
(d) A fronteira é formada por duas linhas retas $y = 1 + x$ e $y = -1 + x$
(e) Fechado **(f)** Não-limitado

13. **(f)** **15.** **(a)** **17.** **(d)**

19. **(a)**

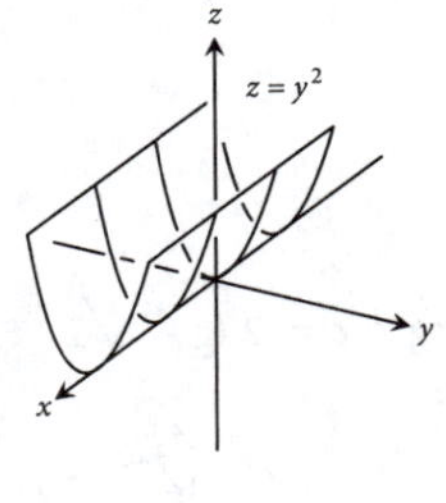

(b)

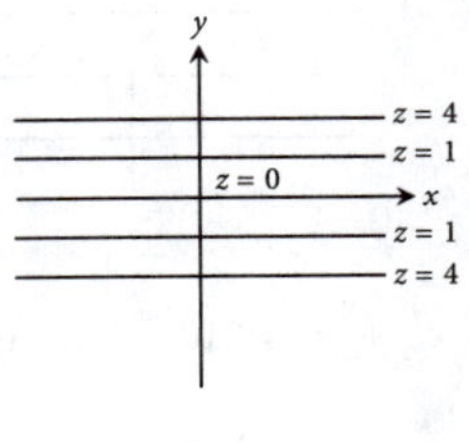

21. **(a)**

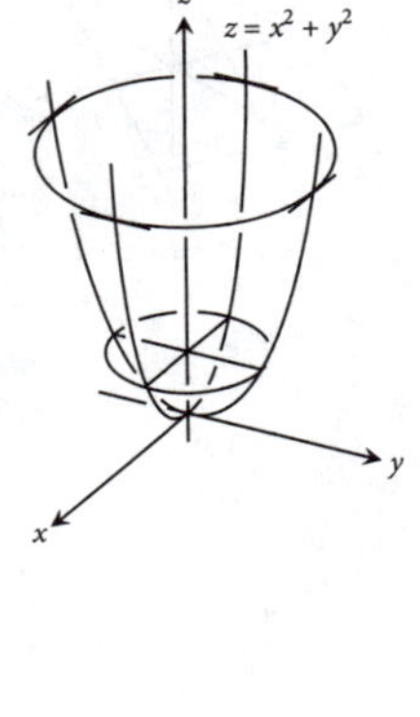

(b)

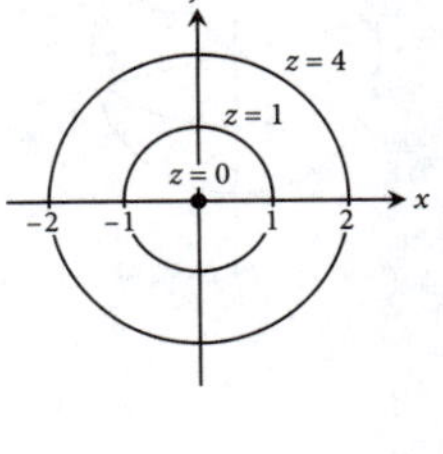

23. (a)

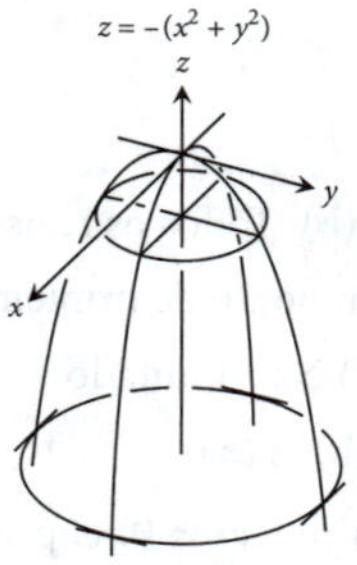

(b)

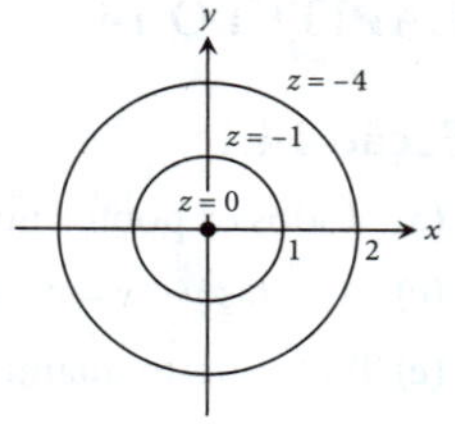

25. (a)

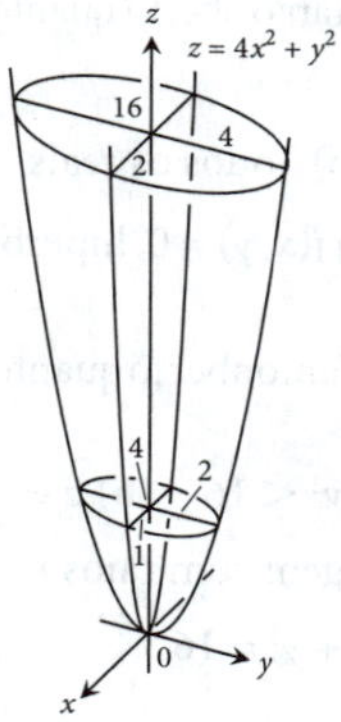

(b)

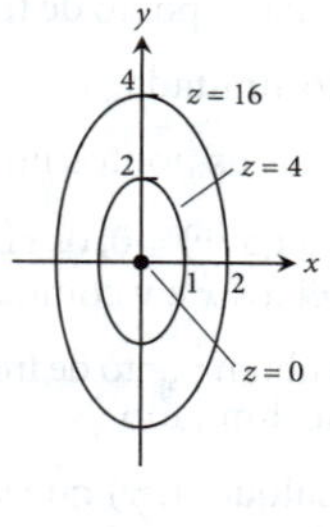

27. (a)

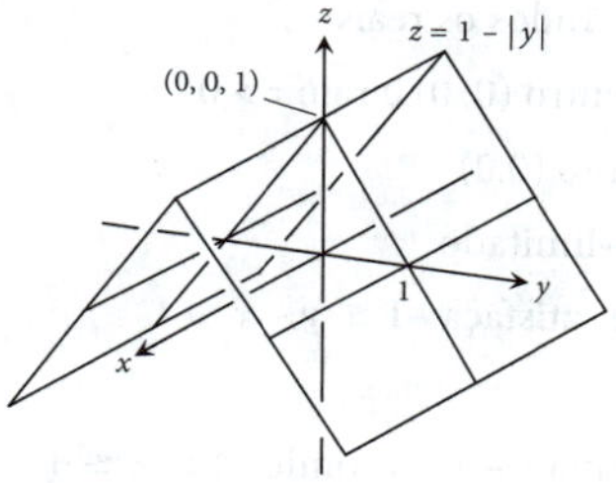

(b)

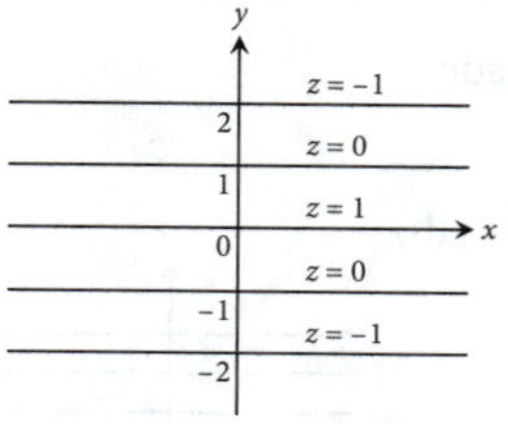

29. $x^2 + y^2 = 10$ **31.** $\operatorname{tg}^{-1} y - \operatorname{tg}^{-1} x = 2 \operatorname{tg}^{-1} \sqrt{2}$

33.

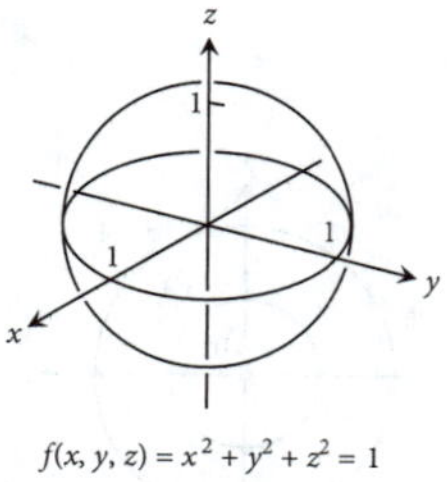

35.

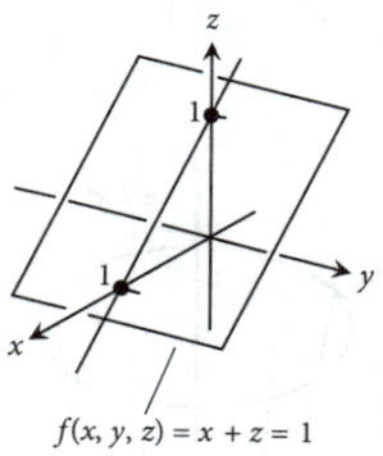

37.

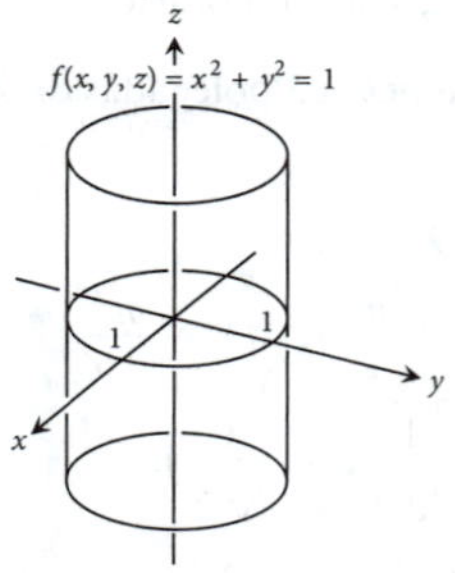

39.

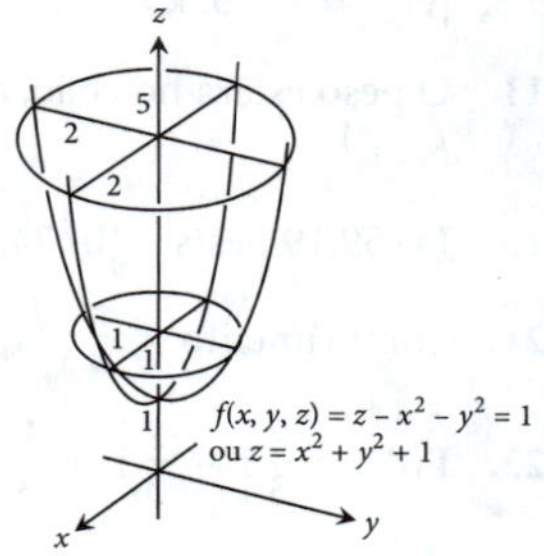

41. $\sqrt{x - y} - \ln z = 2$ **43.** $\dfrac{x + y}{z} = \ln 2$ **45.** Sim, 2000
47. 63 km

Seção 14.2

1. 5/2 **3.** $2\sqrt{6}$ **5.** 1 **7.** 1/2 **9.** 1 **11.** 0 **13.** 0
15. −1 **17.** 2 **19.** 1/4 **21.** 19/12 **23.** 2 **25.** 3

27. (a) Qualquer (x, y) (b) Qualquer (x, y), exceto $(0, 0)$
29. (a) Qualquer (x, y), exceto onde $x = 0$ ou $y = 0$ (b) Qualquer (x, y)
31. (a) Qualquer (x, y, z) (b) Qualquer (x, y, z), exceto o interior do cilindro $x^2 + y^2 = 1$
33. (a) Qualquer (x, y, z) com $z \neq 0$ (b) Qualquer (x, y, z), exceto o interior do cilindro $x^2 + z^2 \neq 1$
35. Considere caminhos ao longo de $y = x$, $x > 0$, e ao longo de $y = x$, $x < 0$
37. Considere os caminhos $y = kx^2$, com k constante
39. Considere os caminhos $y = mx$, com m constante, $m \neq -1$
41. Considere os caminhos $y = kx^2$, com k constante, $k \neq 0$
43. Não **45.** O limite é 1 **47.** O limite é 0
49. (a) $f(x, y)|_{y=mx} = \operatorname{sen} 2\theta$, onde $\operatorname{tg} \theta = m$ **51.** 0
53. Não existe **55.** $\pi/2$ **57.** $f(0, 0) = \ln 3$
59. $\delta = 0{,}1$ **61.** $\delta = 0{,}005$ **63.** $\delta = \sqrt{0{,}015}$
65. $\delta = 0{,}005$

Seção 14.3

1. $\dfrac{\partial f}{\partial x} = 4x, \dfrac{\partial f}{\partial y} = -3$ **3.** $\dfrac{\partial f}{\partial x} = 2x(y + 2), \dfrac{\partial f}{\partial y} = x^2 - 1$

5. $\dfrac{\partial f}{\partial x} = 2y(xy - 1), \dfrac{\partial f}{\partial y} = 2x(xy - 1)$

7. $\dfrac{\partial f}{\partial x} = \dfrac{x}{\sqrt{x^2 + y^2}}, \dfrac{\partial f}{\partial y} = \dfrac{y}{\sqrt{x^2 + y^2}}$

9. $\dfrac{\partial f}{\partial x} = \dfrac{-1}{(x + y)^2}, \dfrac{\partial f}{\partial y} = \dfrac{-1}{(x + y)^2}$

11. $\dfrac{\partial f}{\partial x} = \dfrac{-y^2 - 1}{(xy - 1)^2}, \dfrac{\partial f}{\partial y} = \dfrac{-x^2 - 1}{(xy - 1)^2}$

13. $\dfrac{\partial f}{\partial x} = e^{x+y+1}, \dfrac{\partial f}{\partial y} = e^{x+y+1}$ **15.** $\dfrac{\partial f}{\partial x} = \dfrac{1}{x + y}, \dfrac{\partial f}{\partial y} = \dfrac{1}{x + y}$

17. $\dfrac{\partial f}{\partial x} = 2 \operatorname{sen}(x - 3y) \cos(x - 3y)$

$\dfrac{\partial f}{\partial y} = -6 \operatorname{sen}(x - 3y) \cos(x - 3y)$

19. $\dfrac{\partial f}{\partial x} = yx^{y-1}, \dfrac{\partial f}{\partial y} = x^y \ln x$

21. $\dfrac{\partial f}{\partial x} = -g(x), \dfrac{\partial f}{\partial y} = g(y)$

23. $f_x = y^2, f_y = 2xy, f_z = -4z$

25. $f_x = 1, f_y = -y(y^2 + z^2)^{-1/2}, f_z = -z(y^2 + z^2)^{-1/2}$

27. $f_x = \dfrac{yz}{\sqrt{1 - x^2y^2z^2}}, f_y = \dfrac{xz}{\sqrt{1 - x^2y^2z^2}}, f_z = \dfrac{xy}{\sqrt{1 - x^2y^2z^2}}$

29. $f_x = \dfrac{1}{x + 2y + 3z}, f_y = \dfrac{2}{x + 2y + 3z}, f_z = \dfrac{3}{x + 2y + 3z}$

31. $f_x = -2xe^{-(x^2+y^2+z^2)}, f_y = -2ye^{-(x^2+y^2+z^2)}, f_z = -2ze^{-(x^2+y^2+z^2)}$

33. $f_x = \operatorname{sech}^2(x + 2y + 3z), f_y = 2\operatorname{sech}^2(x + 2y + 3z),$
$f_z = 3\operatorname{sech}^2(x + 2y + 3z)$

35. $\dfrac{\partial f}{\partial t} = -2\pi \operatorname{sen}(2\pi t - \alpha), \dfrac{\partial f}{\partial \alpha} = \operatorname{sen}(2\pi t - \alpha)$

37. $\dfrac{\partial h}{\partial \rho} = \operatorname{sen}\phi \cos\theta, \dfrac{\partial h}{\partial \phi} = \rho \cos\phi \cos\theta, \dfrac{\partial h}{\partial \theta} = -\rho \operatorname{sen}\phi \operatorname{sen}\theta$

39. $W_P(P, V, \delta, v, g) = V, W_V(P, V, \delta, v, g) = P + \dfrac{\delta v^2}{2g},$

$W_\delta(P, V, \delta, v, g) = \dfrac{Vv^2}{2g}, W_v(P, V, \delta, v, g) = \dfrac{V\delta v}{g},$

$W_g(P, V, \delta, v, g) = -\dfrac{V\delta v^2}{2g^2}$

41. $\dfrac{\partial f}{\partial x} = 1 + y, \dfrac{\partial f}{\partial y} = 1 + x, \dfrac{\partial^2 f}{\partial x^2} = 0, \dfrac{\partial^2 f}{\partial y^2} = 0,$
$\dfrac{\partial^2 f}{\partial y\,\partial x} = \dfrac{\partial^2 f}{\partial x\,\partial y} = 1$

43. $\dfrac{\partial g}{\partial x} = 2xy + y\cos x, \dfrac{\partial g}{\partial y} = x^2 - \operatorname{sen} y + \operatorname{sen} x,$
$\dfrac{\partial^2 g}{\partial x^2} = 2y - y\operatorname{sen} x, \dfrac{\partial^2 g}{\partial y^2} = -\cos y,$
$\dfrac{\partial^2 g}{\partial y\,\partial x} = \dfrac{\partial^2 g}{\partial x\,\partial y} = 2x + \cos x$

45. $\dfrac{\partial r}{\partial x} = \dfrac{1}{x + y}, \dfrac{\partial r}{\partial y} = \dfrac{1}{x + y}, \dfrac{\partial^2 r}{\partial x^2} = \dfrac{-1}{(x + y)^2}, \dfrac{\partial^2 r}{\partial y^2} = \dfrac{-1}{(x + y)^2},$
$\dfrac{\partial^2 r}{\partial y\,\partial x} = \dfrac{\partial^2 r}{\partial x\,\partial y} = \dfrac{-1}{(x + y)^2}$

47. $\dfrac{\partial w}{\partial x} = \dfrac{2}{2x + 3y}, \dfrac{\partial w}{\partial y} = \dfrac{3}{2x + 3y}, \dfrac{\partial^2 w}{\partial y\,\partial x} = \dfrac{\partial^2 w}{\partial x\,\partial y} = \dfrac{-6}{(2x + 3y)^2}$

49. $\dfrac{\partial w}{\partial x} = y^2 + 2xy^3 + 3x^2y^4, \dfrac{\partial w}{\partial y} = 2xy + 3x^2y^2 + 4x^3y^3,$
$\dfrac{\partial^2 w}{\partial y\,\partial x} = \dfrac{\partial^2 w}{\partial x\,\partial y} = 2y + 6xy^2 + 12x^2y^3$

51. (a) primeiro x (b) primeiro y (c) primeiro x
(d) primeiro x (e) primeiro y (f) primeiro y

53. $f_x(1, 2) = -13, f_y(1, 2) = -2$ 55. 12 57. -2

59. $\dfrac{\partial A}{\partial a} = \dfrac{a}{bc\operatorname{sen} A}, \dfrac{\partial A}{\partial b} = \dfrac{c\cos A - b}{bc\operatorname{sen} A}$

61. $v_x = \dfrac{\ln v}{(\ln u)(\ln v) - 1}$

77. Sim

Seção 14.4

1. (a) $\dfrac{dw}{dt} = 0,$ (b) $\dfrac{dw}{dt}(\pi) = 0$

3. (a) $\dfrac{dw}{dt} = 1,$ (b) $\dfrac{dw}{dt}(3) = 1$

5. (a) $\dfrac{dw}{dt} = 4t\operatorname{tg}^{-1} t + 1,$ (b) $\dfrac{dw}{dt}(1) = \pi + 1$

7. (a) $\dfrac{\partial z}{\partial u} = 4\cos v \ln(u \operatorname{sen} v) + 4\cos v,$
$\dfrac{\partial z}{\partial v} = -4u\operatorname{sen} v \ln(u\operatorname{sen} v) + \dfrac{4u\cos^2 v}{\operatorname{sen} v}$
(b) $\dfrac{\partial z}{\partial u} = \sqrt{2}(\ln 2 + 2), \dfrac{\partial z}{\partial v} = -2\sqrt{2}(\ln 2 - 2)$

9. (a) $\dfrac{\partial w}{\partial u} = 2u + 4uv, \dfrac{\partial w}{\partial v} = -2v + 2u^2$
(b) $\dfrac{\partial w}{\partial u} = 3, \dfrac{\partial w}{\partial v} = -\dfrac{3}{2}$

11. (a) $\dfrac{\partial u}{\partial x} = 0, \dfrac{\partial u}{\partial y} = \dfrac{z}{(z - y)^2}, \dfrac{\partial u}{\partial z} = \dfrac{-y}{(z - y)^2}$
(b) $\dfrac{\partial u}{\partial x} = 0, \dfrac{\partial u}{\partial y} = 1, \dfrac{\partial u}{\partial z} = -2$

13. $\dfrac{dz}{dt} = \dfrac{\partial z}{\partial x}\dfrac{dx}{dt} + \dfrac{\partial z}{\partial y}\dfrac{dy}{dt}$

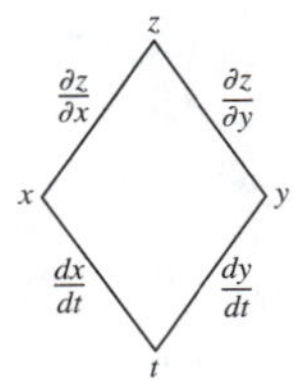

15. $\dfrac{\partial w}{\partial u} = \dfrac{\partial w}{\partial x}\dfrac{\partial x}{\partial u} + \dfrac{\partial w}{\partial y}\dfrac{\partial y}{\partial u} + \dfrac{\partial w}{\partial z}\dfrac{\partial z}{\partial u},$
$\dfrac{\partial w}{\partial v} = \dfrac{\partial w}{\partial x}\dfrac{\partial x}{\partial v} + \dfrac{\partial w}{\partial y}\dfrac{\partial y}{\partial v} + \dfrac{\partial w}{\partial z}\dfrac{\partial z}{\partial v}$

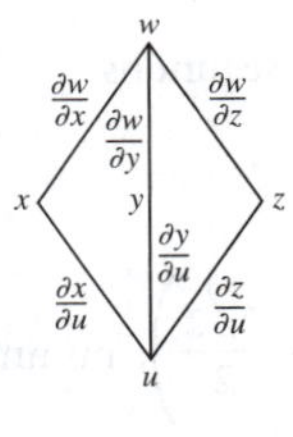

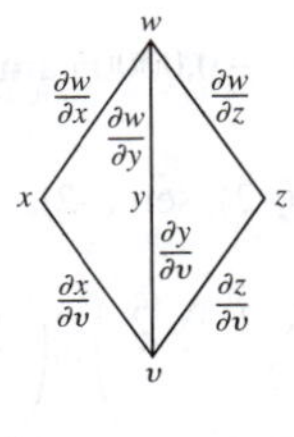

17. $\dfrac{\partial w}{\partial u} = \dfrac{\partial w}{\partial x}\dfrac{\partial x}{\partial u} + \dfrac{\partial w}{\partial y}\dfrac{\partial y}{\partial u}, \dfrac{\partial w}{\partial v} = \dfrac{\partial w}{\partial x}\dfrac{\partial x}{\partial v} + \dfrac{\partial w}{\partial y}\dfrac{\partial y}{\partial v}$

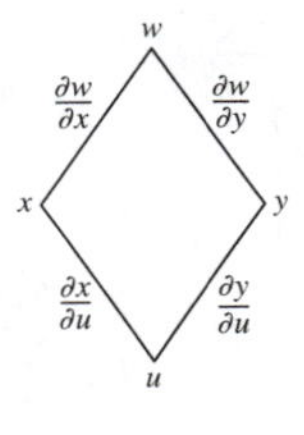

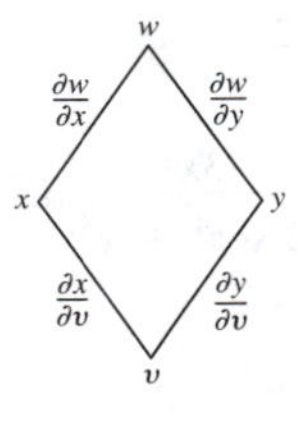

19. $\dfrac{\partial z}{\partial t} = \dfrac{\partial z}{\partial x}\dfrac{\partial x}{\partial t} + \dfrac{\partial z}{\partial y}\dfrac{\partial y}{\partial t}, \dfrac{\partial z}{\partial s} = \dfrac{\partial z}{\partial x}\dfrac{\partial x}{\partial s} + \dfrac{\partial z}{\partial y}\dfrac{\partial y}{\partial s}$

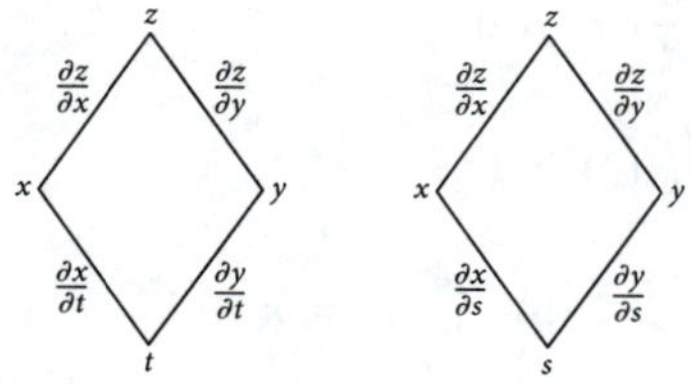

21. $\dfrac{\partial w}{\partial s} = \dfrac{dw}{du}\dfrac{\partial u}{\partial s}, \dfrac{\partial w}{\partial t} = \dfrac{dw}{du}\dfrac{\partial u}{\partial t}$

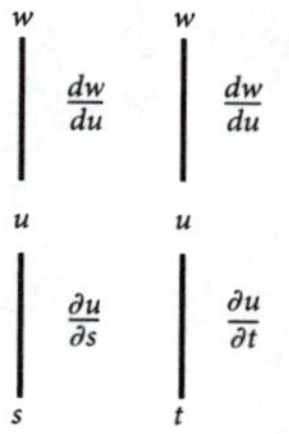

23. $\dfrac{\partial w}{\partial r} = \dfrac{\partial w}{\partial x}\dfrac{dx}{dr} + \dfrac{\partial w}{\partial y}\dfrac{dy}{dr} = \dfrac{\partial w}{\partial x}\dfrac{dx}{dr}$ desde $\dfrac{dy}{dr} = 0$,

$\dfrac{\partial w}{\partial s} = \dfrac{\partial w}{\partial x}\dfrac{dx}{ds} + \dfrac{\partial w}{\partial y}\dfrac{dy}{ds} = \dfrac{\partial w}{\partial y}\dfrac{dy}{ds}$ desde $\dfrac{dx}{ds} = 0$

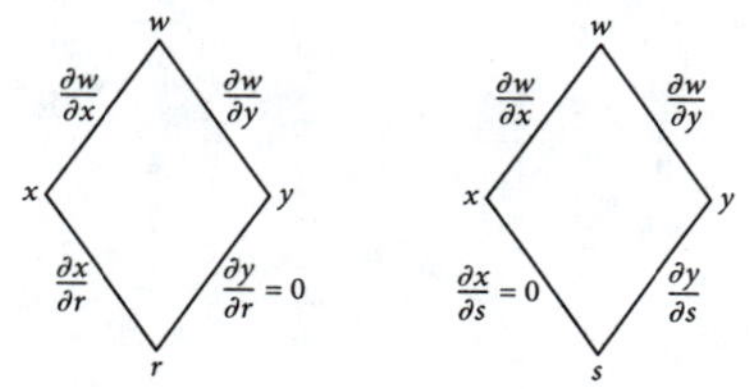

25. $4/3$ 27. $-4/5$ 29. $\dfrac{\partial z}{\partial x} = \dfrac{1}{4}, \dfrac{\partial z}{\partial y} = -\dfrac{3}{4}$

31. $\dfrac{\partial z}{\partial x} = -1, \dfrac{\partial z}{\partial y} = -1$ 33. 12 35. -7

37. $\dfrac{\partial z}{\partial u} = 2, \dfrac{\partial z}{\partial v} = 1$ 39. $-0{,}00005$ amperes/segundos

45. $(\cos 1, \text{sen } 1, 1)$ e $(\cos(-2), \text{sen}(-2), -2)$

47. **(a)** Máximo em $\left(-\dfrac{\sqrt{2}}{2}, \dfrac{\sqrt{2}}{2}\right)$ e $\left(\dfrac{\sqrt{2}}{2}, -\dfrac{\sqrt{2}}{2}\right)$; mínimo em $\left(\dfrac{\sqrt{2}}{2}, \dfrac{\sqrt{2}}{2}\right)$ e $\left(-\dfrac{\sqrt{2}}{2}, -\dfrac{\sqrt{2}}{2}\right)$

(b) Max $= 6$, min $= 2$

49. $2x\sqrt{x^8 + x^3} + \displaystyle\int_0^{x^2} \frac{3x^2}{2\sqrt{t^4 + x^3}}\,dt$

Seção 14.5

1. 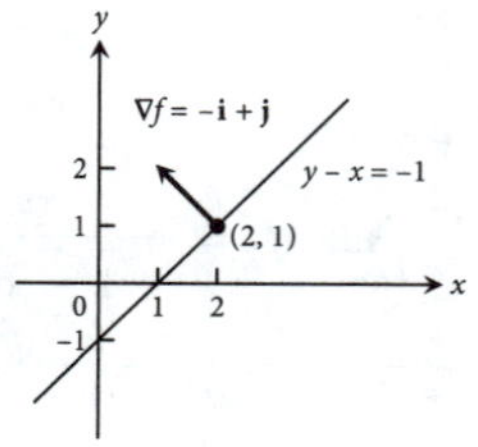

3. 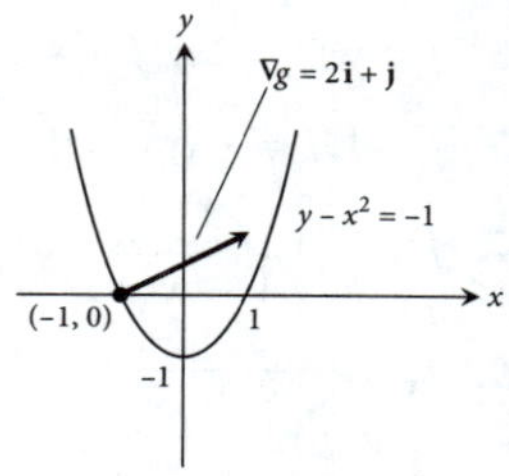

5. $\nabla f = 3\mathbf{i} + 2\mathbf{j} - 4\mathbf{k}$ 7. $\nabla f = -\dfrac{26}{27}\mathbf{i} + \dfrac{23}{54}\mathbf{j} - \dfrac{23}{54}\mathbf{k}$

9. -4 11. $31/13$ 13. 3 15. 2

17. $\mathbf{u} = -\dfrac{1}{\sqrt{2}}\mathbf{i} + \dfrac{1}{\sqrt{2}}\mathbf{j}, (D_{\mathbf{u}}f)_{P_0} = \sqrt{2}; -\mathbf{u} = \dfrac{1}{\sqrt{2}}\mathbf{i} - \dfrac{1}{\sqrt{2}}\mathbf{j},$
$(D_{-\mathbf{u}}f)_{P_0} = -\sqrt{2}$

19. $\mathbf{u} = \dfrac{1}{3\sqrt{3}}\mathbf{i} - \dfrac{5}{3\sqrt{3}}\mathbf{j} - \dfrac{1}{3\sqrt{3}}\mathbf{k}, (D_{\mathbf{u}}f)_{P_0} = 3\sqrt{3};$
$-\mathbf{u} = -\dfrac{1}{3\sqrt{3}}\mathbf{i} + \dfrac{5}{3\sqrt{3}}\mathbf{j} + \dfrac{1}{3\sqrt{3}}\mathbf{k}, (D_{-\mathbf{u}}f)_{P_0} = -3\sqrt{3}$

21. $\mathbf{u} = \dfrac{1}{\sqrt{3}}(\mathbf{i} + \mathbf{j} + \mathbf{k}), (D_{\mathbf{u}}f)_{P_0} = 2\sqrt{3};$
$-\mathbf{u} = -\dfrac{1}{\sqrt{3}}(\mathbf{i} + \mathbf{j} + \mathbf{k}), (D_{-\mathbf{u}}f)_{P_0} = -2\sqrt{3}$

23. 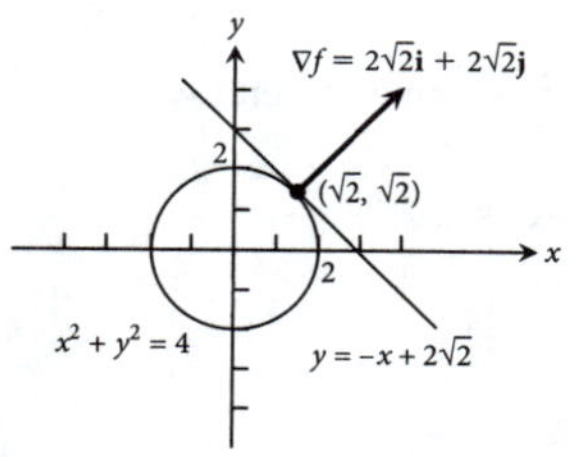

25. 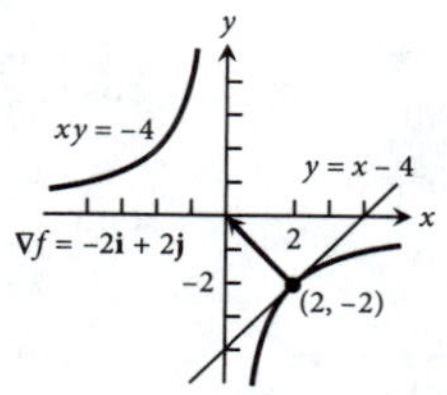

27. $\mathbf{u} = \dfrac{7}{\sqrt{53}}\mathbf{i} - \dfrac{2}{\sqrt{53}}\mathbf{j}, -\mathbf{u} = -\dfrac{7}{\sqrt{53}}\mathbf{i} + \dfrac{2}{\sqrt{53}}\mathbf{j}$

29. Não, a taxa de mudança máxima é $\sqrt{185} < 14$

31. $-\dfrac{7}{\sqrt{5}}$

Seção 14.6

1. **(a)** $x + y + z = 3$
(b) $x = 1 + 2t, y = 1 + 2t, z = 1 + 2t$

3. **(a)** $2x - z - 2 = 0$ **(b)** $x = 2 - 4t, y = 0, z = 2 + 2t$

5. **(a)** $2x + 2y + z - 4 = 0$
(b) $x = 2t, y = 1 + 2t, z = 2 + t$

7. **(a)** $x + y + z - 1 = 0$ **(b)** $x = t, y = 1 + t, z = t$

9. $2x - z - 2 = 0$ 11. $x - y + 2z - 1 = 0$

13. $x = 1, y = 1 + 2t, z = 1 - 2t$

15. $x = 1 - 2t,\ y = 1,\ z = \frac{1}{2} + 2t$

17. $x = 1 + 90t,\ y = 1 - 90t,\ z = 3$

19. $df = \frac{9}{11{,}830} \approx 0{,}0008$ **21.** $dg = 0$

23. **(a)** $\frac{\sqrt{3}}{2} \operatorname{sen} \sqrt{3} - \frac{1}{2} \cos \sqrt{3} \approx 0{,}935$ °C/pés

(b) $\sqrt{3} \operatorname{sen} \sqrt{3} - \cos \sqrt{3} \approx 1{,}87$ °C/s

25. **(a)** $L(x, y) = 1$ **(b)** $L(x, y) = 2x + 2y - 1$

27. **(a)** $L(x, y) = 3x - 4y + 5$ **(b)** $L(x, y) = 3x - 4y + 5$

29. **(a)** $L(x, y) = 1 + x$ **(b)** $L(x, y) = -y + \frac{\pi}{2}$

31. $L(x, y) = 7 + x - 6y$; 0,06 **33.** $L(x, y) = x + y + 1$; 0,08

35. $L(x, y) = 1 + x$; 0,0222

37. **(a)** $L(x, y, z) = 2x + 2y + 2z - 3$ **(b)** $L(x, y, z) = y + z$

(c) $L(x, y, z) = 0$

39. **(a)** $L(x, y, z) = x$ **(b)** $L(x, y, z) = \frac{1}{\sqrt{2}}x + \frac{1}{\sqrt{2}}y$

(c) $L(x, y, z) = \frac{1}{3}x + \frac{2}{3}y + \frac{2}{3}z$

41. **(a)** $L(x, y, z) = 2 + x$

(b) $L(x, y, z) = x - y - z + \frac{\pi}{2} + 1$

(c) $L(x, y, z) = x - y - z + \frac{\pi}{2} + 1$

43. $L(x, y, z) = 2x - 6y - 2z + 6$; 0,0024

45. $L(x, y, z) = x + y - z - 1$; 0,00135

47. Magnitude do erro máximo (estimado) $\leq 0{,}31$

49. Erro máximo de percentagem = $\pm 4{,}83\%$

51. Preste mais atenção na menor das duas dimensões. Ela gerará a maior derivada parcial.

53. **(a)** 0,30% **55.** f é mais sensível à mudança em d.

57. Q é mais sensível à mudança em h.

61. Em $-\frac{\pi}{4}, -\frac{\pi}{2\sqrt{2}}$; em 0, 0; em $\frac{\pi}{4}, \frac{\pi}{2\sqrt{2}}$

Seção 14.7

1. $f(-3, 3) = -5$, mínimo local

3. $f\left(\frac{2}{3}, \frac{4}{3}\right) = 0$, máximo local **5.** $f(-2, 1)$, ponto de sela

7. $f\left(\frac{6}{5}, \frac{69}{25}\right)$, ponto de sela **9.** $f(2, 1)$, ponto de sela

11. $f(2, -1) = -6$, mínimo local **13.** $f(1, 2)$, ponto de sela

15. $f(0, 0)$, ponto de sela

17. $f(0, 0)$, ponto de sela; $f\left(-\frac{2}{3}, \frac{2}{3}\right) = \frac{170}{27}$, máximo local

19. $f(0, 0) = 0$, mínimo local; $f(1, -1)$, ponto de sela

21. $f(0, 0)$, ponto de sela; $f\left(\frac{4}{9}, \frac{4}{3}\right) = -\frac{64}{81}$, mínimo local

23. $f(0, 0)$, ponto de sela; $f(0, 2) = -12$, mínimo local; $f(-2, 0) = -4$, máximo local; $f(-2, 2)$, ponto de sela

25. $f(0, 0)$, ponto de sela; $f(1, 1) = 2$, $f(-1, -1) = 2$, máximas locais

27. $f(0, 0) = -1$, máxima local

29. $f(n\pi, 0)$, ponto de sela; $f(n\pi, 0) = 0$ para qualquer valor de n

31. Máximo absoluto: 1 em (0, 0); mínimo absoluto: −5 em (1, 2)

33. Máximo absoluto: 4 em (0, 2); mínimo absoluto: 0 em (0, 0)

35. Máximo absoluto: 11 em (0, −3); mínimo absoluto: −10 em (4, −2)

37. Máximo absoluto: 4 em (2, 0); mínimo absoluto: $\frac{3\sqrt{2}}{2}$ em $\left(3, -\frac{\pi}{4}\right), \left(3, \frac{\pi}{4}\right), \left(1, -\frac{\pi}{4}\right)$ e $\left(1, \frac{\pi}{4}\right)$

39. $a = -3,\ b = 2$

41. Mais quente: $2\frac{1}{4}$° em $\left(-\frac{1}{2}, \frac{\sqrt{3}}{2}\right)$ e $\left(-\frac{1}{2}, -\frac{\sqrt{3}}{2}\right)$; mais frio $-\frac{1}{4}$° em $\left(\frac{1}{2}, 0\right)$

43. **(a)** $f(0, 0)$, ponto de sela **(b)** $f(1, 2)$, mínimo local

(c) $f(1, -2)$, mínimo local; $f(-1, -2)$, ponto de sela

49. $\left(\frac{1}{6}, \frac{1}{3}, \frac{355}{36}\right)$

53. **(a)** Na semicircunferência, max $f = 2\sqrt{2}$ em $t = \pi/4$, min $f = -2$ em $t = \pi$. No quarto de circunferência, max $f = 2\sqrt{2}$ em $t = \pi/4$, min $f = 2$ em $t = 0, \pi/2$.

(b) Na semicircunferência, max $g = 2$ em $t = \pi/4$, min $g = -2$ em $t = 3\pi/4$. No quarto de circunferência, max $g = 2$ em $t = \pi/4$, min $g = 0$ em $t = 0, \pi/2$.

(c) Na semicircunferência, max $h = 8$ em $t = 0, \pi$; min $h = 4$ em $t = \pi/2$. No quarto de circunferência, max $h = 8$ em $t = 0$, min $h = 4$ em $t = \pi/2$.

55. i. min $f = -1/2$ em $t = -1/2$; não há valor máximo ii. max $f = 0$ em $t = -1, 0$; min $f = -1/2$ em $t = -1/2$ iii. max $f = 4$ em $t = 1$; min $f = 0$ em $t = 0$

57. $y = -\frac{20}{13}x + \frac{9}{13},\ y|_{x=4} = -\frac{71}{13}$

59. $y = \frac{3}{2}x + \frac{1}{6},\ y|_{x=4} = \frac{37}{6}$

61. $y = 0{,}122x + 3{,}59$

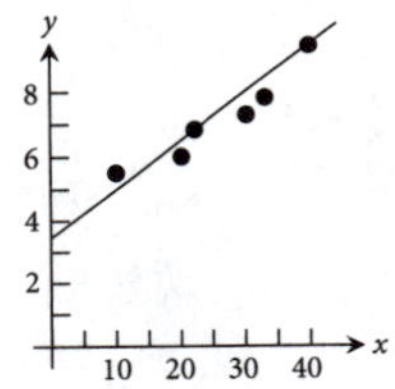

63. (a)

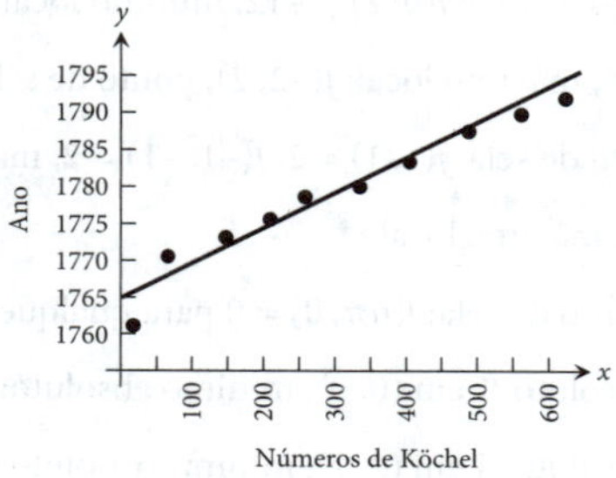

(b) $y = 0{,}0427K + 1764{,}8$ (c) 1780

Seção 14.8

1. $\left(\pm\frac{1}{\sqrt{2}}, \frac{1}{2}\right), \left(\pm\frac{1}{\sqrt{2}}, -\frac{1}{2}\right)$ 3. 39 5. $(3, \pm 3\sqrt{2})$

7. (a) 8 (b) 64

9. $r = 2$ cm, $h = 4$ cm 11. Comprimento $= 4\sqrt{2}$, largura $= 3\sqrt{2}$

13. $f(0, 0) = 0$ é o mínimo, $f(2, 4) = 20$ é o máximo.

15. Mais baixa = 0°, mais alta = 125°

17. $\left(\frac{3}{2}, 2, \frac{5}{2}\right)$ 19. 1 21. $(0, 0, 2), (0, 0, -2)$

23. $f(1, -2, 5) = 30$ é o máximo, $f(-1, 2, -5) = -30$ é o mínimo.

25. 3, 3, 3 27. $\frac{2}{\sqrt{3}}$ por $\frac{2}{\sqrt{3}}$ por $\frac{2}{\sqrt{3}}$ unidades

29. $(\pm 4/3, -4/3, -4/3)$ 31. $U(8, 14) = \$\,128$

33. $f(2/3, 4/3, -4/3) = \frac{4}{3}$ 35. $(2, 4, 4)$

37. O máximo é $1 + 6\sqrt{3}$ em $(\pm\sqrt{6}, \sqrt{3}, 1)$, o mínimo é $1 - 6\sqrt{3}$ em $(\pm\sqrt{6}, -\sqrt{3}, 1)$

39. O máximo é 4 em $(0, 0, \pm 2)$, o mínimo é 2 em $(\pm\sqrt{2}, \pm\sqrt{2}, 0)$

Seção 14.9

1. (a) 0 (b) $1 + 2z$ (c) $1 + 2z$

3. (a) $\frac{\partial U}{\partial P} + \frac{\partial U}{\partial T}\left(\frac{V}{nR}\right)$ (b) $\frac{\partial U}{\partial P}\left(\frac{nR}{V}\right) + \frac{\partial U}{\partial T}$

5. (a) 5 (b) 5

7. $\left(\frac{\partial x}{\partial r}\right)_\theta = \cos\theta$

$\left(\frac{\partial r}{\partial x}\right)_y = \frac{x}{\sqrt{x^2 + y^2}}$

Seção 14.10

1. Quadrática: $x + xy$; cúbica: $x + xy + \frac{1}{2}xy^2$

3. Quadrática: xy; cúbica: xy

5. Quadrática: $y + \frac{1}{2}(2xy - y^2)$;
cúbica: $y + \frac{1}{2}(2xy - y^2) + \frac{1}{6}(3x^2y - 3xy^2 + 2y^3)$

7. Quadrática: $\frac{1}{2}(2x^2 + 2y^2) = x^2 + y^2$, cúbica: $x^2 + y^2$

9. Quadrática: $1 + (x + y) + (x + y)^2$; cúbica: $1 + (x + y) + (x + y)^2 + (x + y)^3$

11. Quadrática: $1 - \frac{1}{2}x^2 - \frac{1}{2}y^2$; $E(x, y) \leq 0{,}00134$

Exercícios práticos

1. Domínio: todos os pontos no plano xy; imagem: $z \geq 0$. Curvas de nível são elipses com o eixo principal ao longo do eixo y e eixo secundário ao longo do eixo x.

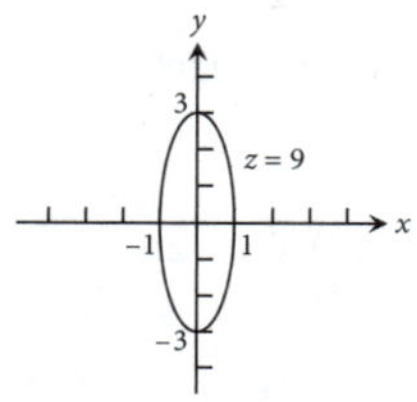

3. Domínio: todos (x, y), tal que $x \neq 0$ e $y \neq 0$; imagem: $z \neq 0$. Curvas de nível são hipérboles com os eixos x e y como assíntotas.

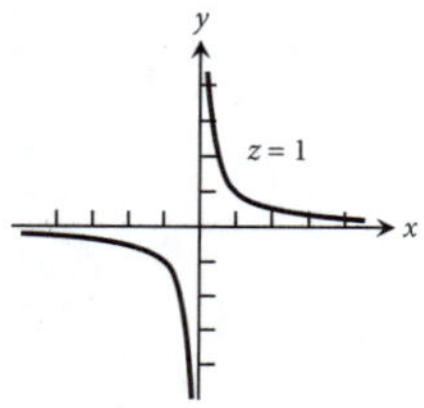

5. Domínio: todos os pontos no espaço xyz; imagem: todos os números reais. Superfícies de nível são parabolóides de revolução com o eixo z como eixo.

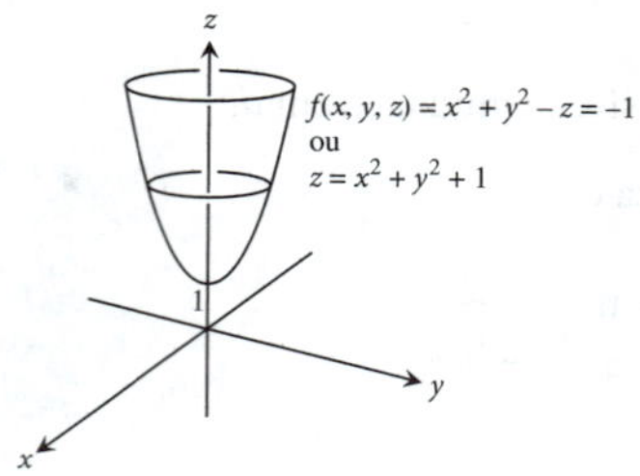

7. Domínio: todos os (x, y, z), tal que $(x, y, z) \neq (0, 0, 0)$; imagem: números reais positivos. Superfícies de nível são esferas com centro $(0, 0, 0)$ e raio $r > 0$.

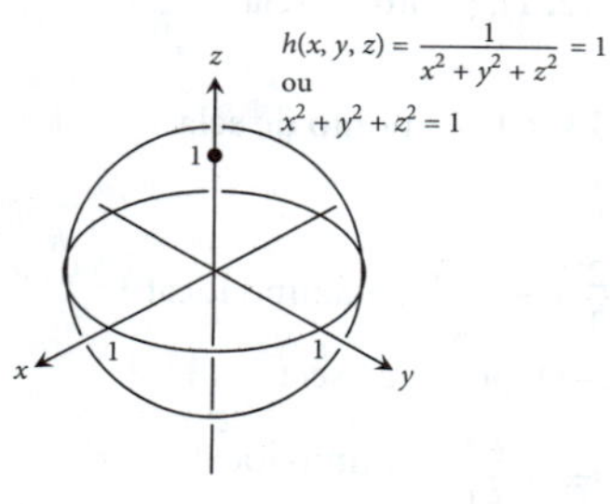

9. -2 **11.** $1/2$ **13.** 1 **15.** Seja $y = kx^2$, $k \neq 1$

17. Não; $\lim_{(x,y)\to(0,0)} f(x, y)$ não existe

19. $\dfrac{\partial g}{\partial r} = \cos\theta + \operatorname{sen}\theta,\ \dfrac{\partial g}{\partial \theta} = -r\operatorname{sen}\theta + r\cos\theta$

21. $\dfrac{\partial f}{\partial R_1} = -\dfrac{1}{R_1{}^2},\ \dfrac{\partial f}{\partial R_2} = -\dfrac{1}{R_2{}^2},\ \dfrac{\partial f}{\partial R_3} = -\dfrac{1}{R_3{}^2}$

23. $\dfrac{\partial P}{\partial n} = \dfrac{RT}{V},\ \dfrac{\partial P}{\partial R} = \dfrac{nT}{V},\ \dfrac{\partial P}{\partial T} = \dfrac{nR}{V},\ \dfrac{\partial P}{\partial V} = -\dfrac{nRT}{V^2}$

25. $\dfrac{\partial^2 g}{\partial x^2} = 0,\ \dfrac{\partial^2 g}{\partial y^2} = \dfrac{2x}{y^3},\ \dfrac{\partial^2 g}{\partial y\,\partial x} = \dfrac{\partial^2 g}{\partial x\,\partial y} = -\dfrac{1}{y^2}$

27. $\dfrac{\partial^2 f}{\partial x^2} = -30x + \dfrac{2 - 2x^2}{(x^2+1)^2},\ \dfrac{\partial^2 f}{\partial y^2} = 0,\ \dfrac{\partial^2 f}{\partial y\,\partial x} = \dfrac{\partial^2 f}{\partial x\,\partial y} = 1$

29. $\left.\dfrac{dw}{dt}\right|_{t=0} = -1$

31. $\left.\dfrac{\partial w}{\partial r}\right|_{(r,s)=(\pi,0)} = 2,\ \left.\dfrac{\partial w}{\partial s}\right|_{(r,s)=(\pi,0)} = 2 - \pi$

33. $\left.\dfrac{df}{dt}\right|_{t=1} = -(\operatorname{sen}1 + \cos 2)(\operatorname{sen}1) + (\cos 1 + \cos 2)(\cos 1) - 2(\operatorname{sen}1 + \cos 1)(\operatorname{sen}2)$

35. $\left.\dfrac{dy}{dx}\right|_{(x,y)=(0,1)} = -1$

37. Aumenta mais rapidamente na direção $\mathbf{u} = -\dfrac{\sqrt{2}}{2}\mathbf{i} - \dfrac{\sqrt{2}}{2}\mathbf{j}$; diminui mais rapidamente na direção $-\mathbf{u} = \dfrac{\sqrt{2}}{2}\mathbf{i} + \dfrac{\sqrt{2}}{2}\mathbf{j}$; $D_{\mathbf{u}}f = \dfrac{\sqrt{2}}{2}$; $D_{-\mathbf{u}}f = -\dfrac{\sqrt{2}}{2}$; $D_{\mathbf{u}_1}f = -\dfrac{7}{10}$ onde $\mathbf{u}_1 = \dfrac{\mathbf{v}}{|\mathbf{v}|}$

39. Aumenta mais rapidamente na direção $\mathbf{u} = \dfrac{2}{7}\mathbf{i} + \dfrac{3}{7}\mathbf{j} + \dfrac{6}{7}\mathbf{k}$; diminui mais rapidamente na direção $-\mathbf{u} = -\dfrac{2}{7}\mathbf{i} - \dfrac{3}{7}\mathbf{j} - \dfrac{6}{7}\mathbf{k}$; $D_{\mathbf{u}}f = 7$; $D_{-\mathbf{u}}f = -7$; $D_{\mathbf{u}_1}f = 7$ onde $\mathbf{u}_1 = \dfrac{\mathbf{v}}{|\mathbf{v}|}$

41. $\pi/\sqrt{2}$

43. **(a)** $f_x(1, 2) = f_y(1, 2) = 2$ **(b)** $14/5$

45.

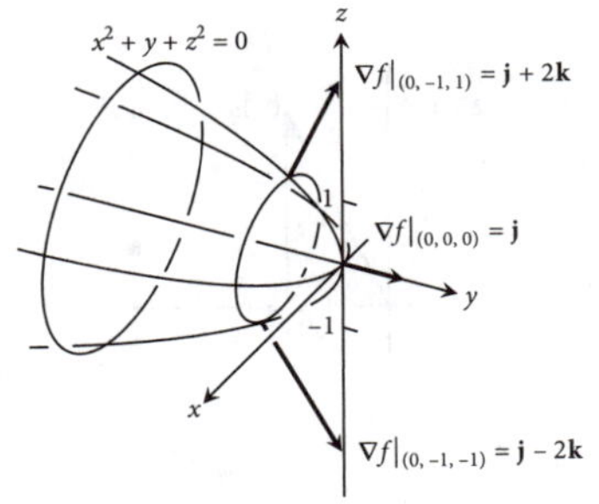

47. Tangente: $4x - y - 5z = 4$; reta normal: $x = 2 + 4t$, $y = -1 - t$, $z = 1 - 5t$

49. $2y - z - 2 = 0$

51. Tangente: $x + y = \pi + 1$; reta normal: $y = x - \pi + 1$

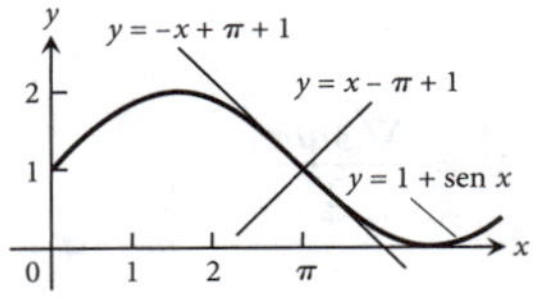

53. $x = 1 - 2t$, $y = 1$, $z = 1/2 + 2t$

55. As respostas dependerão do limite superior usado para $|f_{xx}|$, $|f_{xy}|$, $|f_{yy}|$. Com $M = \sqrt{2}/2$, $|E| \leq 0{,}0142$. Com $M = 1$, $|E| \leq 0{,}02$.

57. $L(x, y, z) = y - 3z$, $L(x, y, z) = x + y - z - 1$

59. Tome mais cuidado com o diâmetro.

61. $dI = 0{,}038$, variação percentual em $I = 15{,}83\%$, mais sensível à variação de voltagem.

63. **(a)** 5%

65. Mínimo local de -8 em $(-2, -2)$

67. Ponto de sela em $(0, 0)$, $f(0, 0) = 0$; máximo local de $1/4$ em $(-1/2, -1/2)$

69. Ponto de sela em $(0, 0)$, $f(0, 0) = 0$; mínimo local de -4 em $(0, 2)$; máximo local de 4 em $(-2, 0)$; ponto de sela em $(-2, 2)$, $f(-2, 2) = 0$

71. Máximo absoluto: 28 em $(0, 4)$; mínimo absoluto: $-9/4$ em $(3/2, 0)$

73. Máximo absoluto: 18 em $(2, -2)$; mínimo absoluto: $-17/4$ em $(-2, 1/2)$

75. Máximo absoluto: 8 em $(-2, 0)$; mínimo absoluto: -1 em $(1, 0)$

77. Máximo absoluto: 4 em $(1, 0)$; mínimo absoluto: -4 em $(0, -1)$

79. Máximo absoluto: 1 em $(0, \pm 1)$ e $(1, 0)$; mínimo absoluto: -1 em $(-1, 0)$

81. Máximo absoluto: 5 em $(0, 1)$; mínimo absoluto: $-1/3$ em $(0, -1/3)$

83. Máximo: $\sqrt{3}$ em $\left(\dfrac{1}{\sqrt{3}}, -\dfrac{1}{\sqrt{3}}, \dfrac{1}{\sqrt{3}}\right)$; mínimo: $-\sqrt{3}$ em $\left(-\dfrac{1}{\sqrt{3}}, \dfrac{1}{\sqrt{3}}, -\dfrac{1}{\sqrt{3}}\right)$

85. Comprimento $= \left(\dfrac{c^2V}{ab}\right)^{1/3}$, profundidade $= \left(\dfrac{b^2V}{ac}\right)^{1/3}$, altura $= \left(\dfrac{a^2V}{bc}\right)^{1/3}$

87. Máximo: $\dfrac{3}{2}$ em $\left(\dfrac{1}{\sqrt{2}}, \dfrac{1}{\sqrt{2}}, \sqrt{2}\right)$ e $\left(-\dfrac{1}{\sqrt{2}}, -\dfrac{1}{\sqrt{2}}, -\sqrt{2}\right)$ mínimo: $\dfrac{1}{2}$ em $\left(-\dfrac{1}{\sqrt{2}}, \dfrac{1}{\sqrt{2}}, -\sqrt{2}\right)$ e $\left(\dfrac{1}{\sqrt{2}}, -\dfrac{1}{\sqrt{2}}, \sqrt{2}\right)$

89. **(a)** $(2y + x^2z)e^{yz}$ **(b)** $x^2e^{yz}\left(y - \dfrac{z}{2y}\right)$ **(c)** $(1 + x^2y)e^{yz}$

91. $\dfrac{\partial w}{\partial x} = \cos\theta\dfrac{\partial w}{\partial r} - \dfrac{\operatorname{sen}\theta}{r}\dfrac{\partial w}{\partial \theta},\ \dfrac{\partial w}{\partial y} = \operatorname{sen}\theta\dfrac{\partial w}{\partial r} + \dfrac{\cos\theta}{r}\dfrac{\partial w}{\partial \theta}$

97. $(t, -t, \pm 4, t)$, t sendo um número real

Exercícios adicionais

1. $f_{xy}(0,0) = -1, f_{yx}(0,0) = 1$

7. **(c)** $\frac{r^2}{2} = \frac{1}{2}(x^2 + y^2 + z^2)$ **13.** $V = \frac{\sqrt{3}abc}{2}$

17. $f(x, y) = \frac{y}{2} + 4, g(x, y) = \frac{x}{2} + \frac{9}{2}$

19. $y = 2\ln|\operatorname{sen} x| + \ln 2$

21. **(a)** $\frac{1}{\sqrt{53}}(2\mathbf{i} + 7\mathbf{j})$ **(b)** $\frac{-1}{\sqrt{29{,}097}}(98\mathbf{i} - 127\mathbf{j} + 58\mathbf{k})$

23. $w = e^{-c^2\pi^2 t} \operatorname{sen} \pi x$

CAPÍTULO 15

Seção 15.1

1. 16

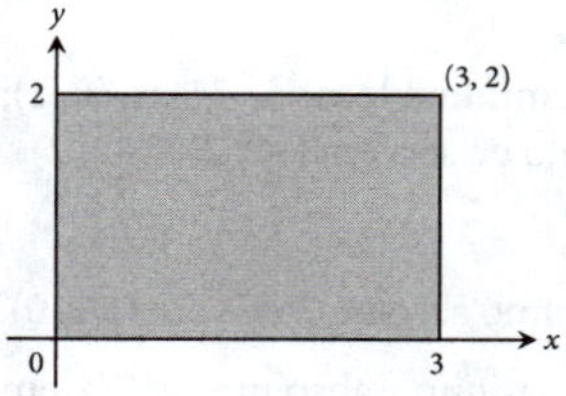

3. 1

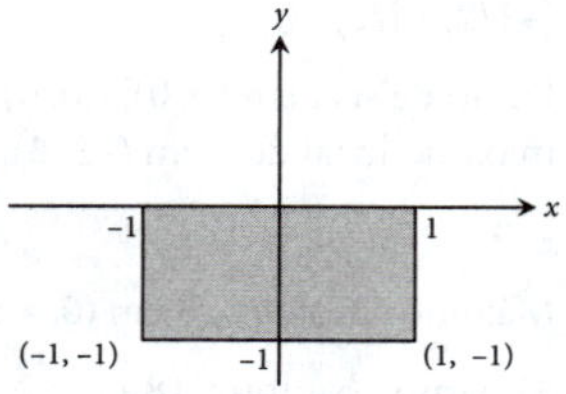

5. $\frac{\pi^2}{2} + 2$

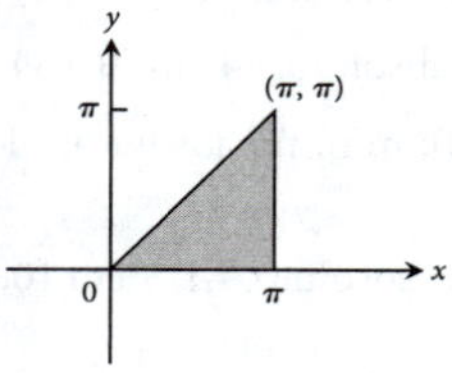

7. $8\ln 8 - 16 + e$

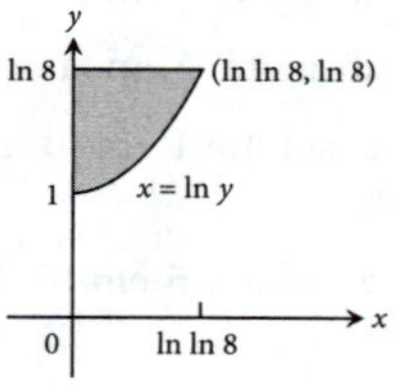

9. $e - 2$

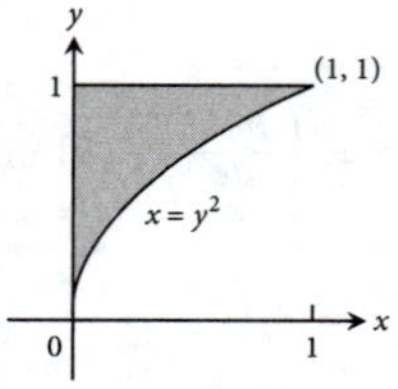

11. $\frac{3}{2}\ln 2$ **13.** 1/6 **15.** −1/10

17. 8

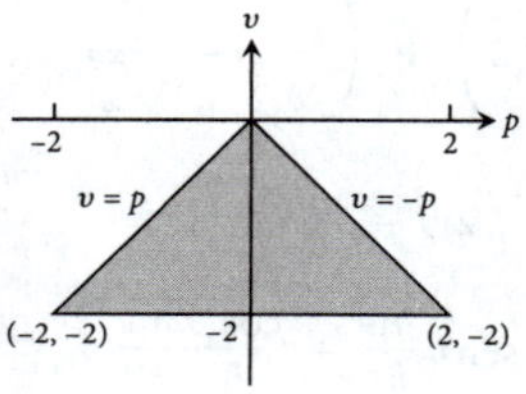

19. 2π

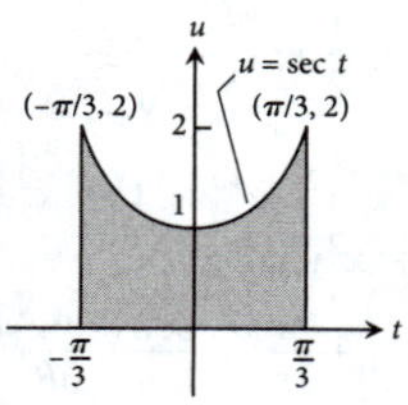

21. $\int_2^4 \int_0^{(4-y)/2} dx\, dy$

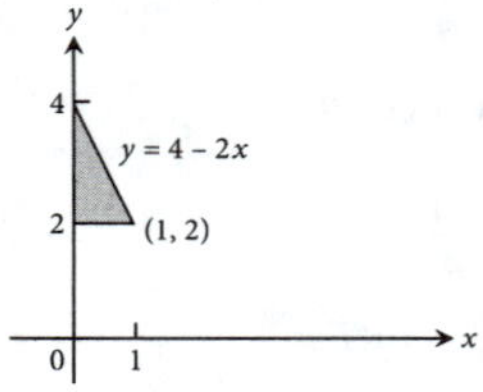

23. $\int_0^1 \int_{x^2}^{x} dy\, dx$

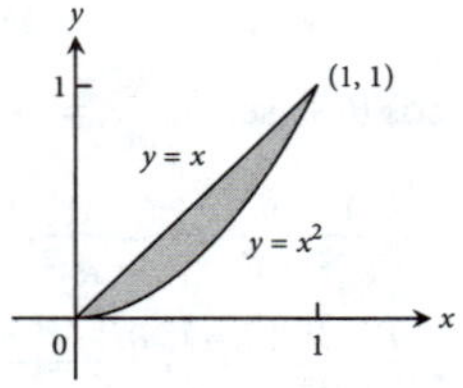

25. $\int_1^e \int_{\ln y}^{1} dx\, dy$

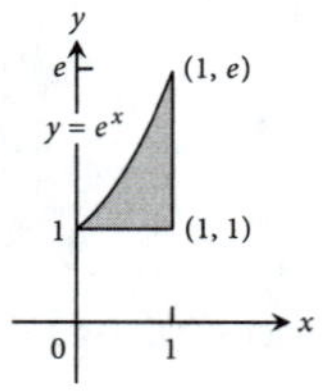

27. $\int_0^9 \int_0^{(\sqrt{9-y})/2} 16x\, dx\, dy$

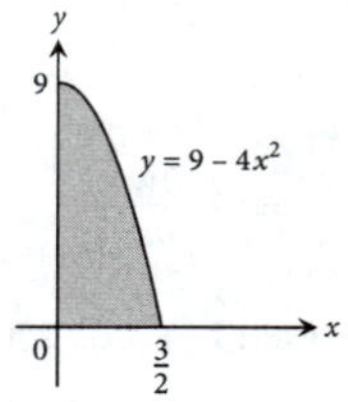

29. $\int_{-1}^{1} \int_0^{\sqrt{1-x^2}} 3y\, dy\, dx$

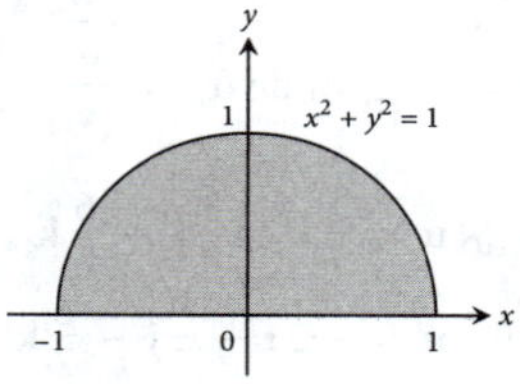

31. 2

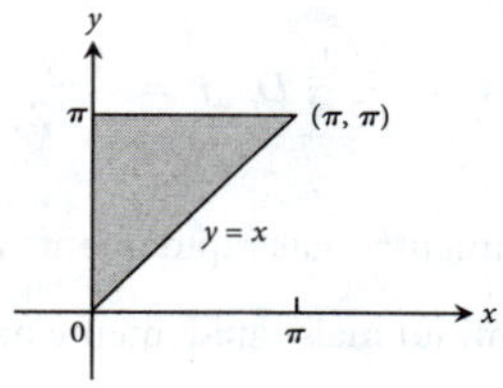

33. $\frac{e - 2}{2}$

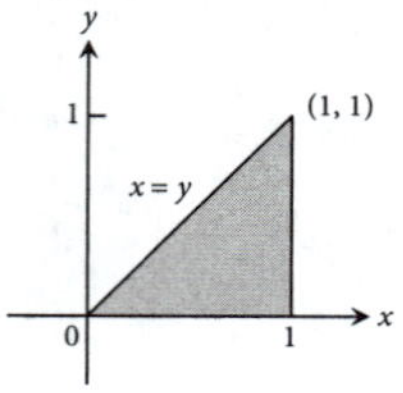

35. 2

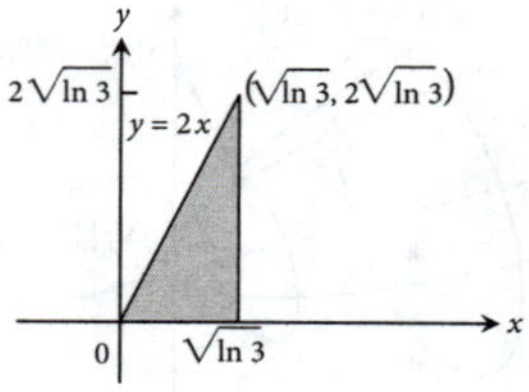

37. $1/(80\pi)$

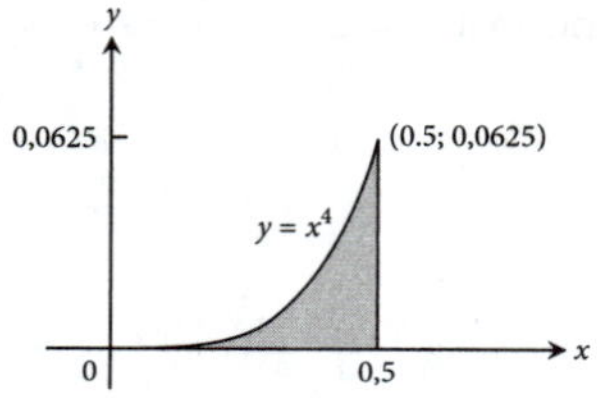

39. $-2/3$

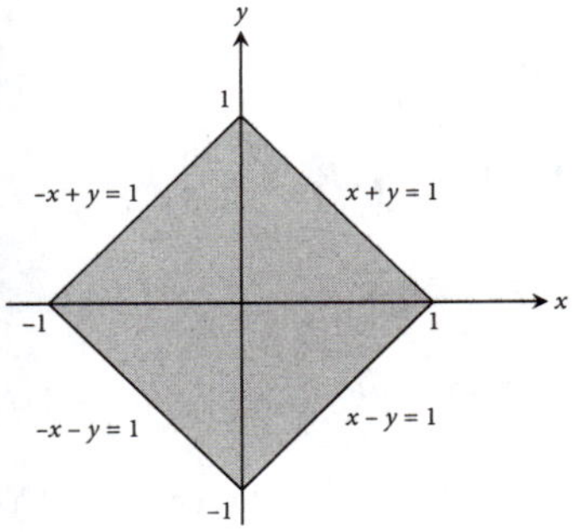

41. $4/3$ **43.** $625/12$ **45.** 16 **47.** 20 **49.** $2(1 + \ln 2)$

51. 1 **53.** π^2 **55.** $-\dfrac{3}{32}$ **57.** $\dfrac{20\sqrt{3}}{9}$

59. $\displaystyle\int_0^1 \int_x^{2-x} (x^2 + y^2)\, dy\, dx = \frac{4}{3}$

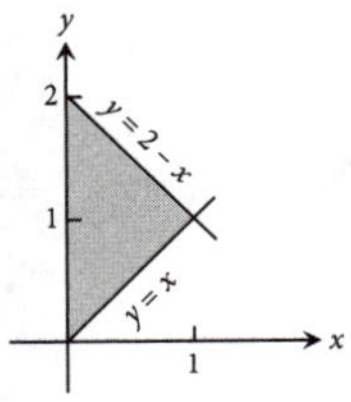

61. R é o conjunto de pontos (x, y), tal que $x^2 + 2y^2 < 4$

63. Não, pelo teorema de Fubini, as duas ordens de integração devem dar o mesmo resultado.

67. 0,603 **69.** 0,233

Seção 15.2

1. $\displaystyle\int_0^2 \int_0^{2-x} dy\, dx = 2$ ou $\displaystyle\int_0^2 \int_0^{2-y} dx\, dy = 2$

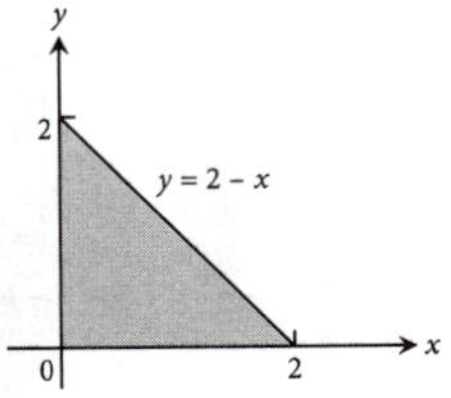

3. $\displaystyle\int_{-2}^{1} \int_{y-2}^{-y^2} dx\, dy = \frac{9}{2}$

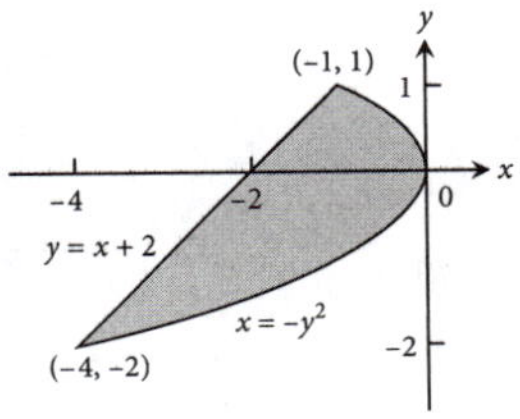

5. $\displaystyle\int_0^{\ln 2} \int_0^{e^x} dy\, dx = 1$

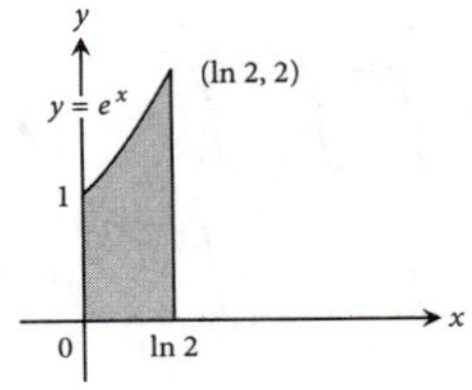

7. $\displaystyle\int_0^1 \int_{y^2}^{2y-y^2} dx\, dy = \frac{1}{3}$

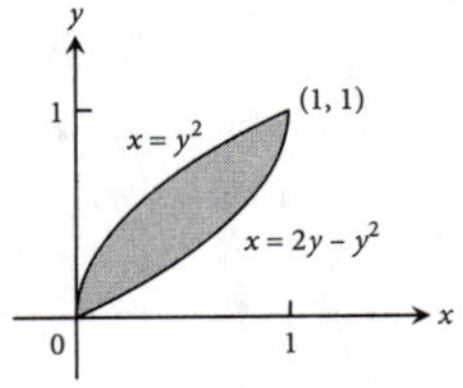

9. 12

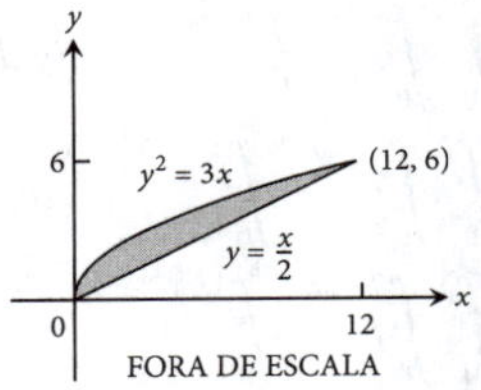

11. $\sqrt{2} - 1$

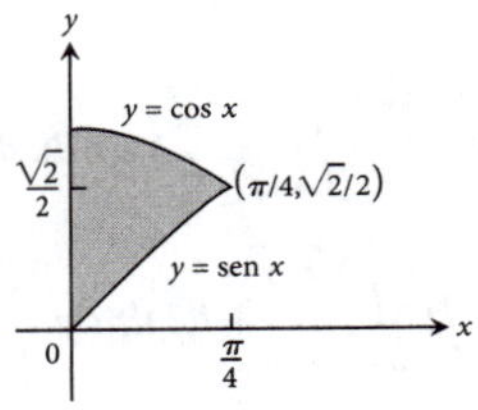

13. $\dfrac{3}{2}$

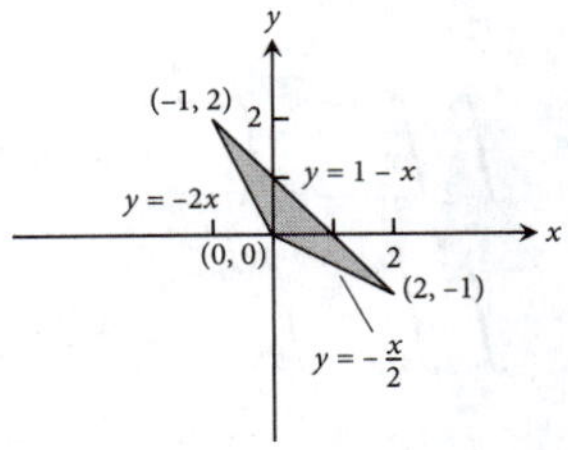

15. **(a)** 0 **(b)** $4/\pi^2$ **17.** $8/3$ **19.** $\bar{x} = 5/14, \bar{y} = 38/35$

21. $\bar{x} = 64/35, \bar{y} = 5/7$ **23.** $\bar{x} = 0, \bar{y} = 4/(3\pi)$

25. $\bar{x} = \bar{y} = 4a/(3\pi)$ **27.** $I_x = I_y = 4\pi, I_0 = 8\pi$

29. $\bar{x} = -1, \bar{y} = 1/4$ **31.** $I_x = 64/105, R_x = 2\sqrt{2/7}$

33. $\bar{x} = 3/8, \bar{y} = 17/16$

35. $\bar{x} = 11/3, \bar{y} = 14/27, I_y = 432, R_y = 4$

37. $\bar{x} = 0, \bar{y} = 13/31, I_y = 7/5, R_y = \sqrt{21/31}$

39. $\bar{x} = 0, \bar{y} = 7/10; I_x = 9/10, I_y = 3/10, I_0 = 6/5;$ $R_x = 3\sqrt{6}/10, R_y = 3\sqrt{2}/10, R_0 = 3\sqrt{2}/5$

41. $40{,}000(1 - e^{-2})\ln(7/2) \approx 43{,}329$

43. Se $0 < a \leq 5/2$, então o aparelho precisará ser inclinado mais que 45° para tombar.

45. $(\bar{x}, \bar{y}) = (2/\pi, 0)$ **47.** **(a)** 3/2 **(b)** Os valores são os mesmos.

53. **(a)** (7/5, 31/10) **(b)** (19/7, 18/7) **(c)** (9/2, 19/8) **(d)** (11/4, 43/16)

55. Para o centro de massa fique na fronteira comum, $h = a\sqrt{2}$. Para que o centro de massa fique dentro de T, $h > a\sqrt{2}$.

Seção 15.3

1. $\pi/2$ **3.** $\pi/8$ **5.** πa^2 **7.** 36 **9.** $(1 - \ln 2)\pi$

11. $(2\ln 2 - 1)(\pi/2)$ **13.** $(\pi/2) + 1$ **15.** $\pi(\ln 4 - 1)$

17. $2(\pi - 1)$ **19.** 12π **21.** $(3\pi/8) + 1$ **23.** 4

25. $6\sqrt{3} - 2\pi$ **27.** $\bar{x} = 5/6, \bar{y} = 0$ **29.** $\dfrac{2a}{3}$ **31.** $\dfrac{2a}{3}$

33. $2\pi\left(2 - \sqrt{e}\right)$ **35.** $\dfrac{4}{3} + \dfrac{5\pi}{8}$ **37.** **(a)** $\dfrac{\sqrt{\pi}}{2}$ **(b)** 1

39. $\pi \ln 4$ **41.** $\dfrac{1}{2}(a^2 + 2h^2)$

Seção 15.4

1. 1/6

3. $\int_0^1\int_0^{2-2x}\int_0^{3-3x-3y/2} dz\,dy\,dx$, $\int_0^2\int_0^{1-y/2}\int_0^{3-3x-3y/2} dz\,dx\,dy$,
$\int_0^1\int_0^{3-3x}\int_0^{2-2x-2z/3} dy\,dz\,dx$, $\int_0^3\int_0^{1-z/3}\int_0^{2-2x-2z/3} dy\,dx\,dz$,
$\int_0^2\int_0^{3-3y/2}\int_0^{1-y/2-z/3} dx\,dz\,dy$,
$\int_0^3\int_0^{2-2z/3}\int_0^{1-y/2-z/3} dx\,dy\,dz$

O valor das seis integrais é 1.

5. $\int_{-2}^{2}\int_{-\sqrt{4-x^2}}^{\sqrt{4-x^2}}\int_{x^2+y^2}^{8-x^2-y^2} 1\,dz\,dx\,dy$, $\int_{-2}^{2}\int_{-\sqrt{4-y^2}}^{\sqrt{4-y^2}}\int_{x^2+y^2}^{8-x^2-y^2} 1\,dz\,dx\,dy$,
$\int_{-2}^{2}\int_{4}^{8-y^2}\int_{-\sqrt{8-z-y^2}}^{\sqrt{8-z-y^2}} 1\,dx\,dz\,dy + \int_{-2}^{2}\int_{y^2}^{4}\int_{-\sqrt{z-y^2}}^{\sqrt{z-y^2}} 1\,dx\,dz\,dy$,
$\int_{4}^{8}\int_{-\sqrt{8-z}}^{\sqrt{8-z}}\int_{-\sqrt{8-z-y^2}}^{\sqrt{8-z-y^2}} 1\,dx\,dy\,dz + \int_{0}^{4}\int_{-\sqrt{z}}^{\sqrt{z}}\int_{-\sqrt{z-y^2}}^{\sqrt{z-y^2}} 1\,dx\,dy\,dz$,
$\int_{-2}^{2}\int_{4}^{8-x^2}\int_{-\sqrt{8-z-x^2}}^{\sqrt{8-z-x^2}} 1\,dy\,dz\,dx + \int_{-2}^{2}\int_{x^2}^{4}\int_{-\sqrt{z-x^2}}^{\sqrt{z-x^2}} 1\,dy\,dz\,dx$,
$\int_{4}^{8}\int_{-\sqrt{8-z}}^{\sqrt{8-z}}\int_{-\sqrt{8-z-x^2}}^{\sqrt{8-z-x^2}} 1\,dy\,dx\,dz + \int_{0}^{4}\int_{-\sqrt{z}}^{\sqrt{z}}\int_{-\sqrt{z-x^2}}^{\sqrt{z-x^2}} 1\,dy\,dx\,dz$

O valor das seis integrais é 16π.

7. 1 9. 1 11. $\frac{\pi^3}{2}(1 - \cos 1)$ 13. 18 15. 7/6
17. 0 19. $\frac{1}{2} - \frac{\pi}{8}$

21. (a) $\int_{-1}^{1}\int_0^{1-x^2}\int_{x^2}^{1-z} dy\,dz\,dx$ (b) $\int_0^1\int_{-\sqrt{1-z}}^{\sqrt{1-z}}\int_{x^2}^{1-z} dy\,dx\,dz$
(c) $\int_0^1\int_0^{1-z}\int_{-\sqrt{y}}^{\sqrt{y}} dx\,dy\,dz$ (d) $\int_0^1\int_0^{1-y}\int_{-\sqrt{y}}^{\sqrt{y}} dx\,dz\,dy$
(e) $\int_0^1\int_{-\sqrt{y}}^{\sqrt{y}}\int_0^{1-y} dz\,dx\,dy$

23 2/3 25. 20/3 27. 1 29. 16/3 31. $8\pi - \frac{32}{3}$
33. 2 35. 4π 37. 31/3 39. 1 41. 2 sen 4 43. 4
45. $a = 3$ ou $a = 13/3$
47. O domínio é o conjunto de todos os pontos (x, y, z), tal que $4x^2 + 4y^2 + z^2 \le 4$.

Seção 15.5

1. $R_x = \sqrt{\frac{b^2 + c^2}{12}}$, $R_y = \sqrt{\frac{a^2 + c^2}{12}}$, $R_z = \sqrt{\frac{a^2 + b^2}{12}}$
3. $I_x = \frac{M}{3}(b^2 + c^2)$, $I_y = \frac{M}{3}(a^2 + c^2)$, $I_z = \frac{M}{3}(a^2 + b^2)$

5. $\bar{x} = \bar{y} = 0$, $\bar{z} = 12/5$, $I_x = 7.904/105 \approx 75{,}28$
$I_y = 4.832/63 \approx 76{,}70$, $I_z = 256/45 \approx 5{,}69$
7. (a) $\bar{x} = \bar{y} = 0$, $\bar{z} = 8/3$ (b) $c = 2\sqrt{2}$
9. $I_L = 1386$, $R_L = \sqrt{\frac{77}{2}}$ 11. $I_L = \frac{40}{3}$, $R_L = \sqrt{\frac{5}{3}}$
13. (a) 4/3 (b) $\bar{x} = 4/5$, $\bar{y} = \bar{z} = 2/5$
15. (a) 5/2 (b) $\bar{x} = \bar{y} = \bar{z} = 8/15$ (c) $I_x = I_y = I_z = 11/6$
(d) $R_x = R_y = R_z = \sqrt{\frac{11}{15}}$ 17. 3 19. (a) $\frac{4}{3}g$ (b) $\frac{4}{3}g$
23. (a) $I_{c.m.} = \frac{abc(a^2 + b^2)}{12}$, $R_{c.m.} = \sqrt{\frac{a^2 + b^2}{12}}$
(b) $I_L = \frac{abc(a^2 + 7b^2)}{3}$, $R_L = \sqrt{\frac{a^2 + 7b^2}{3}}$
27. (a) $h = a\sqrt{3}$ (b) $h = a\sqrt{2}$

Seção 15.6

1. $\frac{4\pi(\sqrt{2} - 1)}{3}$ 3. $\frac{17\pi}{5}$ 5. $\pi(6\sqrt{2} - 8)$ 7. $\frac{3\pi}{10}$

9. $\pi/3$

11. (a) $\int_0^{2\pi}\int_0^1\int_0^{\sqrt{4-r^2}} r\,dz\,dr\,d\theta$
(b) $\int_0^{2\pi}\int_0^{\sqrt{3}}\int_0^1 r\,dr\,dz\,d\theta + \int_0^{2\pi}\int_{\sqrt{3}}^{2}\int_0^{\sqrt{4-z^2}} r\,dr\,dz\,d\theta$
(c) $\int_0^1\int_0^{\sqrt{4-r^2}}\int_0^{2\pi} r\,d\theta\,dz\,dr$

13. $\int_{-\pi/2}^{\pi/2}\int_0^{\cos\theta}\int_0^{3r^2} f(r, \theta, z)\,dz\,r\,dr\,d\theta$

15. $\int_0^{\pi}\int_0^{2\,\mathrm{sen}\,\theta}\int_0^{4-r\,\mathrm{sen}\,\theta} f(r, \theta, z)\,dz\,r\,dr\,d\theta$

17. $\int_{-\pi/2}^{\pi/2}\int_1^{1+\cos\theta}\int_0^{4} f(r, \theta, z)\,dz\,r\,dr\,d\theta$

19. $\int_0^{\pi/4}\int_0^{\sec\theta}\int_0^{2-r\,\mathrm{sen}\,\theta} f(r, \theta, z)\,dz\,r\,dr\,d\theta$ 21. π^2 23. $\pi/3$

25. 5π 27. 2π 29. $\left(\frac{8 - 5\sqrt{2}}{2}\right)\pi$

31. (a) $\int_0^{2\pi}\int_0^{\pi/6}\int_0^{2} \rho^2\,\mathrm{sen}\,\phi\,d\rho\,d\phi\,d\theta +$
$\int_0^{2\pi}\int_{\pi/6}^{\pi/2}\int_0^{\mathrm{cossec}\,\phi} \rho^2\,\mathrm{sen}\,\phi\,d\rho\,d\phi\,d\theta$

(b) $\displaystyle\int_0^{2\pi}\int_1^2\int_{\pi/6}^{\text{sen}^{-1}(1/\rho)} \rho^2 \text{ sen}\,\phi\, d\phi\, d\rho\, d\theta\ +$

$\displaystyle\int_0^{2\pi}\int_0^2\int_0^{\pi/6} \rho^2 \text{ sen}\,\phi\, d\phi\, d\rho\, d\theta$

33. $\displaystyle\int_0^{2\pi}\int_0^{\pi/2}\int_{\cos\phi}^{2} \rho^2 \text{ sen}\,\phi\, d\rho\, d\phi\, d\theta = \frac{31\pi}{6}$

35. $\displaystyle\int_0^{2\pi}\int_0^{\pi}\int_0^{1-\cos\phi} \rho^2 \text{ sen}\,\phi\, d\rho\, d\phi\, d\theta = \frac{8\pi}{3}$

37. $\displaystyle\int_0^{2\pi}\int_{\pi/4}^{\pi/2}\int_0^{2\cos\phi} \rho^2 \text{ sen}\,\phi\, d\rho\, d\phi\, d\theta = \frac{\pi}{3}$

39. **(a)** $\displaystyle 8\int_0^{\pi/2}\int_0^{\pi/2}\int_0^{2} \rho^2 \text{ sen}\,\phi\, d\rho\, d\phi\, d\theta$

(b) $\displaystyle 8\int_0^{\pi/2}\int_0^{2}\int_0^{\sqrt{4-r^2}} r\, dz\, dr\, d\theta$

(c) $\displaystyle 8\int_0^{2}\int_0^{\sqrt{4-x^2}}\int_0^{\sqrt{4-x^2-y^2}} dz\, dy\, dx$

41. **(a)** $\displaystyle\int_0^{2\pi}\int_0^{\pi/3}\int_{\sec\phi}^{2} \rho^2 \text{ sen}\,\phi\, d\rho\, d\phi\, d\theta$

(b) $\displaystyle\int_0^{2\pi}\int_0^{\sqrt{3}}\int_1^{\sqrt{4-r^2}} r\, dz\, dr\, d\theta$

(c) $\displaystyle\int_{-\sqrt{3}}^{\sqrt{3}}\int_{-\sqrt{3-x^2}}^{\sqrt{3-x^2}}\int_1^{\sqrt{4-x^2-y^2}} dz\, dy\, dx$ **(d)** $5\pi/3$

43. $8\pi/3$ **45.** $9/4$ **47.** $\dfrac{3\pi - 4}{18}$ **49.** $\dfrac{2\pi a^3}{3}$ **51.** $5\pi/3$

53. $\pi/2$ **55.** $\dfrac{4(2\sqrt{2} - 1)\pi}{3}$ **57.** 16π **59.** $5\pi/2$

61. $\dfrac{4\pi(8 - 3\sqrt{3})}{3}$ **63.** $2/3$ **65.** $3/4$

67. $\bar{x} = \bar{y} = 0, \bar{z} = 3/8$ **69.** $(\bar{x}, \bar{y}, \bar{z}) = (0, 0, 3/8)$

71. $\bar{x} = \bar{y} = 0, \bar{z} = 5/6$ **73.** $I_z = 30\pi, R_z = \sqrt{\dfrac{5}{2}}$

75. $I_x = \pi/4$ **77.** $\dfrac{a^4 h\pi}{10}$

79. **(a)** $(\bar{x}, \bar{y}, \bar{z}) = \left(0, 0, \dfrac{4}{5}\right), I_z = \dfrac{\pi}{12}, R_z = \sqrt{\dfrac{1}{3}}$

(b) $(\bar{x}, \bar{y}, \bar{z}) = \left(0, 0, \dfrac{5}{6}\right), I_z = \dfrac{\pi}{14}, R_z = \sqrt{\dfrac{5}{14}}$

83. $(\bar{x}, \bar{y}, \bar{z}) = \left(0, 0, \dfrac{2h^2 + 3h}{3h + 6}\right), I_z = \dfrac{\pi a^4(h^2 + 2h)}{4}, R_z = \dfrac{a}{\sqrt{2}}$

85. $\dfrac{3M}{\pi R^3}$

89. A equação da superfície $r = f(z)$ nos diz que o ponto $(r, \theta, z) = (f(z), \theta, z)$ estará sobre a superfície para todo θ. Em particular, $(f(z), \theta + \pi, z)$ está sobre a superfície sempre que $(f(z), \theta, z)$ também está. Assim, a superfície é simétrica em relação ao eixo z.

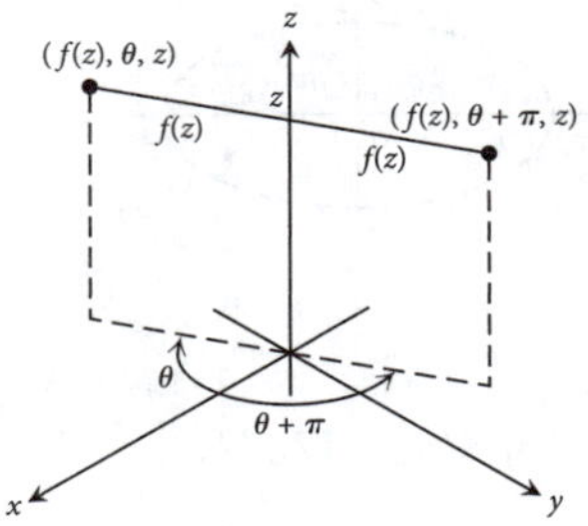

Seção 15.7

1. **(a)** $x = \dfrac{u + v}{3}, y = \dfrac{v - 2u}{3}; \dfrac{1}{3}$

(b) Região triangular com fronteiras $u = 0$, $v = 0$ e $u + v = 3$

3. **(a)** $x = \dfrac{1}{5}(2u - v), y = \dfrac{1}{10}(3v - u); \dfrac{1}{10}$

(b) Região triangular com fronteiras $3v = u$, $v = 2u$ e $3u + v = 10$

7. $64/5$ **9.** $\displaystyle\int_1^2\int_1^3 (u + v)\frac{2u}{v}\, du\, dv = 8 + \frac{52}{3}\ln 2$

11. $\dfrac{\pi ab(a^2 + b^2)}{4}$ **13.** $\dfrac{1}{3}\left(1 + \dfrac{3}{e^2}\right) \approx 0{,}4687$

15. **(a)** $\begin{vmatrix} \cos v & -u\,\text{sen}\,v \\ \text{sen}\,v & u\cos v \end{vmatrix} = u\cos^2 v + u\,\text{sen}^2 v = u$

(b) $\begin{vmatrix} \text{sen}\,v & u\cos v \\ \cos v & -u\,\text{sen}\,v \end{vmatrix} = -u\,\text{sen}^2 v - u\cos^2 v = -u$

19. 12 **21.** $\dfrac{a^2b^2c^2}{6}$

Exercícios práticos

1. $9e - 9$

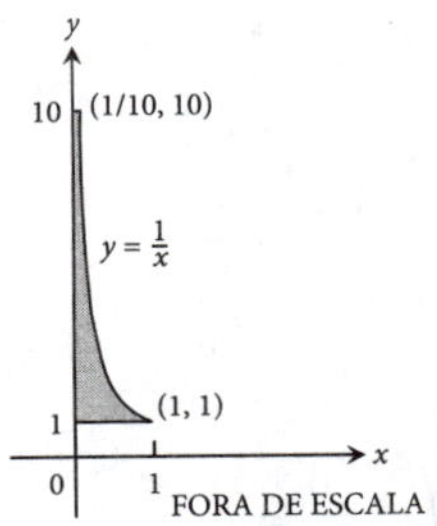

3. $9/2$

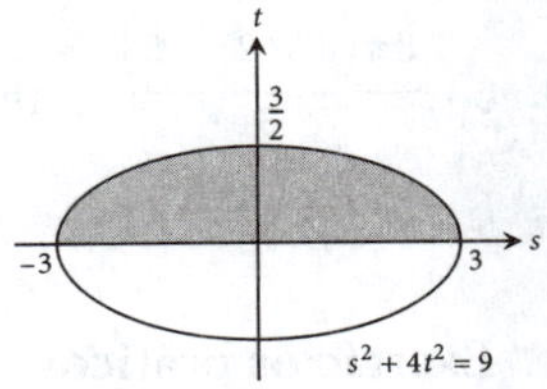

5. $\displaystyle\int_{-2}^{0}\int_{2x+4}^{4-x^2} dy\,dx = \frac{4}{3}$

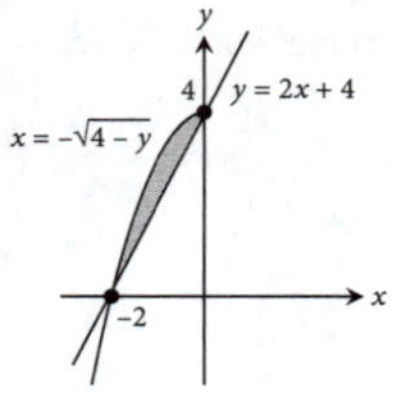

7. $\displaystyle\int_{-3}^{3}\int_{0}^{(1/2)\sqrt{9-x^2}} y\,dy\,dx = \frac{9}{2}$

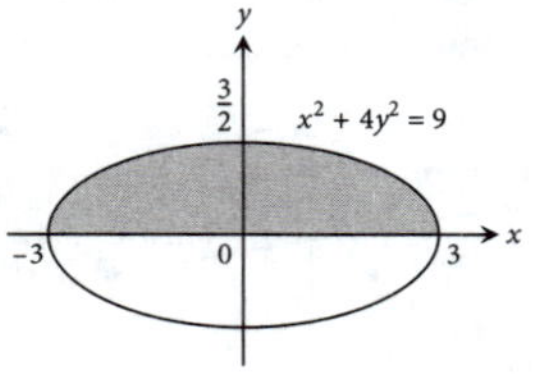

9. sen 4   11. $\dfrac{\ln 17}{4}$ 13. $4/3$ 15. $4/3$ 17. $1/4$

19. $\bar{x} = \bar{y} = \dfrac{1}{2 - \ln 4}$ 21. $I_0 = 104$ 23. $I_x = 2\delta,\ R_x = \sqrt{\dfrac{2}{3}}$

25. $M = 4,\ M_x = 0,\ M_y = 0$ 27. π 29. $\bar{x} = \dfrac{3\sqrt{3}}{\pi},\ \bar{y} = 0$

31. (a) $\bar{x} = \dfrac{15\pi + 32}{6\pi + 48},\ \bar{y} = 0$

(b)

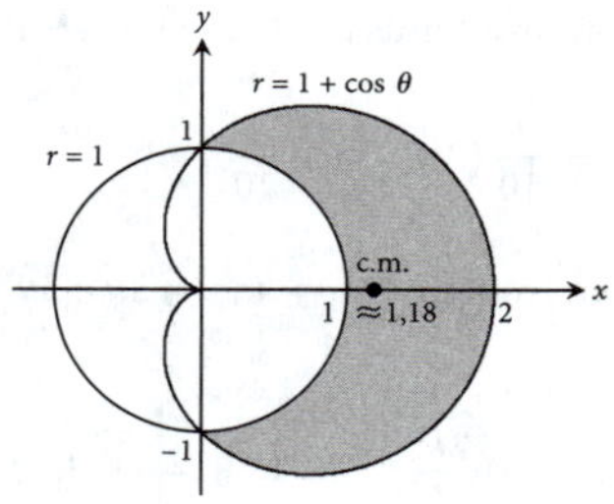

33. $\dfrac{\pi - 2}{4}$ 35. 0   37. $8/35$ 39. $\pi/2$ 41. $\dfrac{2(31 - 3^{5/2})}{3}$

43. (a) $\displaystyle\int_{-\sqrt{2}}^{\sqrt{2}}\int_{-\sqrt{2-y^2}}^{\sqrt{2-y^2}}\int_{\sqrt{x^2+y^2}}^{\sqrt{4-x^2-y^2}} 3\,dz\,dx\,dy$

(b) $\displaystyle\int_{0}^{2\pi}\int_{0}^{\pi/4}\int_{0}^{2} 3\,\rho^2 \operatorname{sen}\phi\,d\rho\,d\phi\,d\theta$ (c) $2\pi(8 - 4\sqrt{2})$

45. $\displaystyle\int_{0}^{2\pi}\int_{0}^{\pi/4}\int_{0}^{\sec\phi} \rho^2 \operatorname{sen}\phi\,d\rho\,d\phi\,d\theta = \frac{\pi}{3}$

47. $\displaystyle\int_{0}^{1}\int_{\sqrt{1-x^2}}^{\sqrt{3-x^2}}\int_{1}^{\sqrt{4-x^2-y^2}} z^2 xy\,dz\,dy\,dx + \int_{1}^{\sqrt{3}}\int_{0}^{\sqrt{3-x^2}}\int_{1}^{\sqrt{4-x^2-y^2}} z^2 xy\,dz\,dy\,dx$

49. (a) $\dfrac{8\pi(4\sqrt{2} - 5)}{3}$ (b) $\dfrac{8\pi(4\sqrt{2} - 5)}{3}$

51. $I_z = \dfrac{8\pi\delta(b^5 - a^5)}{15}$

Exercícios práticos

1. (a) $\displaystyle\int_{-3}^{2}\int_{x}^{6-x^2} x^2\,dy\,dx$ (b) $\displaystyle\int_{-3}^{2}\int_{x}^{6-x^2}\int_{0}^{x^2} dz\,dy\,dx$

(c) $125/4$

3. 2π 5. $3\pi/2$ 7. (a) Raio do furo = 1, raio da esfera = 2

(b) $4\sqrt{3}\pi$ 9. $\pi/4$ 11. $\ln\left(\dfrac{b}{a}\right)$ 15. $1/\sqrt[4]{3}$

17. Massa $= a^2\cos^{-1}\left(\dfrac{b}{a}\right) - b\sqrt{a^2 - b^2}$,

$I_0 = \dfrac{a^4}{2}\cos^{-1}\left(\dfrac{b}{a}\right) - \dfrac{b^3}{2}\sqrt{a^2 - b^2} - \dfrac{b^3}{6}(a^2 - b^2)^{3/2}$

19. $\dfrac{1}{ab}(e^{a^2b^2} - 1)$ 21. (b) 1   (c) 0

25. $h = \sqrt{20}$ pol, $h = \sqrt{60}$ pol   27. $2\pi\left[\dfrac{1}{3} - \left(\dfrac{1}{3}\right)\dfrac{\sqrt{2}}{2}\right]$

CAPÍTULO 16

Seção 16.1

1. Gráfico (c)   3. Gráfico (g)   5. Gráfico (d)   7. Gráfico (f)

9. $\sqrt{2}$ 11. $\dfrac{13}{2}$ 13. $3\sqrt{14}$ 15. $\dfrac{1}{6}(5\sqrt{5} + 9)$

17. $\sqrt{3}\ln\left(\dfrac{b}{a}\right)$ 19. $\dfrac{10\sqrt{5} - 2}{3}$ 21. 8   23. $2\sqrt{2} - 1$

25. (a) $4\sqrt{2} - 2$ (b) $\sqrt{2} + \ln(1 + \sqrt{2})$

27. $I_z = 2\pi\delta a^3,\ R_z = a$

29. (a) $I_z = 2\pi\sqrt{2}\delta,\ R_z = 1$ (b) $I_z = 4\pi\sqrt{2}\delta,\ R_z = 1$

31. $I_x = 2\pi - 2,\ R_x = 1$

Seção 16.2

1. $\nabla f = -(x\mathbf{i} + y\mathbf{j} + z\mathbf{k})(x^2 + y^2 + z^2)^{-3/2}$

3. $\nabla g = -\left(\dfrac{2x}{x^2 + y^2}\right)\mathbf{i} - \left(\dfrac{2y}{x^2 + y^2}\right)\mathbf{j} + e^z\mathbf{k}$

5. $\mathbf{F} = -\dfrac{kx}{(x^2 + y^2)^{3/2}}\mathbf{i} - \dfrac{ky}{(x^2 + y^2)^{3/2}}\mathbf{j}$, qualquer $k > 0$

7. (a) $9/2$ (b) $13/3$ (c) $9/2$

9. (a) $1/3$ (b) $-1/5$ (c) 0

11. (a) 2   (b) $3/2$ (c) $1/2$

13. $1/2$ 15. $-\pi$ 17. $69/4$ 19. $-39/2$ 21. $25/6$

23. (a) $\text{Circ}_1 = 0$, $\text{circ}_2 = 2\pi$, $\text{fluxo}_1 = 2\pi$, $\text{fluxo}_2 = 0$

(b) $\text{Circ}_1 = 0$, $\text{circ}_2 = 8\pi$, $\text{fluxo}_1 = 8\pi$, $\text{fluxo}_2 = 0$

25. Circ = 0, fluxo = $a^2\pi$ 27. Circ = $a^2\pi$, fluxo = 0

29. (a) $\dfrac{-\pi}{2}$ (b) 0   (c) 1

31.

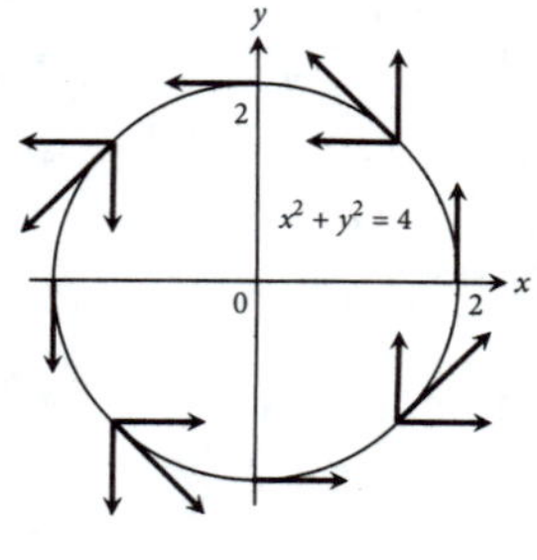

33. (a) $\mathbf{G} = -y\mathbf{i} + x\mathbf{j}$ (b) $\mathbf{G} = \sqrt{x^2 + y^2}\,\mathbf{F}$

35. $\mathbf{F} = -\dfrac{x\mathbf{i} + y\mathbf{j}}{\sqrt{x^2 + y^2}}$ **37.** 48 **39.** π **41.** 0 **43.** $\dfrac{1}{2}$

Seção 16.3

1. Conservativo **3.** Não conservativo **5.** Não conservativo

7. $f(x, y, z) = x^2 + \dfrac{3y^2}{2} + 2z^2 + C$

9. $f(x, y, z) = xe^{y+2z} + C$

11. $f(x, y, z) = x\ln x - x + \text{tg}\,(x + y) + \dfrac{1}{2}\ln(y^2 + z^2) + C$

13. 49 **15.** −16 **17.** 1 **19.** 9 ln 2 **21.** 0 **23.** −3

27. $\mathbf{F} = \nabla\left(\dfrac{x^2 - 1}{y}\right)$ **29.** (a) 1 (b) 1 (c) 1

31. (a) 2 (b) 2

33. (a) $c = b = 2a$ (b) $c = b = 2$

35. Não importa qual caminho você use. O trabalho será o mesmo sobre qualquer caminho porque o campo é conservativo.

37. A força **F** é conservativa porque todas as derivadas parciais de M, N e P são zero. $f(x, y, z) = ax + by + cz + C$; $A = (xa, ya, za)$ e $B = (xb, yb, zb)$. Portanto, $\int \mathbf{F}\cdot d\mathbf{r} = f(B) - f(A) = a(xb - xa) + b(yb - ya) + c(zb - za) = \mathbf{F}\cdot\overrightarrow{AB}$.

Seção 16.4

1. Fluxo = 0, círculo = $2\pi a^2$ **3.** Fluxo = $-\pi a^2$, círculo = 0

3. Fluxo = 2, círculo = 0 **7.** Fluxo = −9, círculo = 9

9. Fluxo = 1/2, círculo = 1/2 **11.** Fluxo = 1/5, círculo = −1/12

13. 0 **15.** 2/33 **17.** 0 **19.** -16π **21.** πa^2 **23.** $\dfrac{3}{8}\pi$

25. (a) 4π se C estiver atravessado no sentido anti-horário

(b) $(h - k)$ (área da região) **35.** (a) 0

Seção 16.5

1. $\dfrac{13}{3}\pi$ **3.** 4 **5.** $6\sqrt{6} - 2\sqrt{2}$ **7.** $\pi\sqrt{c^2 + 1}$

9. $\dfrac{\pi}{6}\left(17\sqrt{17} - 5\sqrt{5}\right)$ **11.** $3 + 2\ln 2$ **13.** $9a^3$

15. $\dfrac{abc}{4}(ab + ac + bc)$ **17.** 2 **19.** 18 **21.** $\dfrac{\pi a^3}{6}$

23. $\dfrac{\pi a^2}{4}$ **25.** $\dfrac{\pi a^3}{2}$ **27.** −32 **29.** −4 **31.** $3a^4$

33. $\left(\dfrac{a}{2}, \dfrac{a}{2}, \dfrac{a}{2}\right)$

35. $(\bar{x}, \bar{y}, \bar{z}) = \left(0, 0, \dfrac{14}{9}\right)$, $I_z = \dfrac{15\pi\sqrt{2}}{2}\delta$, $R_z = \dfrac{\sqrt{10}}{2}$

37. (a) $\dfrac{8\pi}{3}a^4\delta$ (b) $\dfrac{20\pi}{3}a^4\delta$ **39.** $\dfrac{\pi}{6}\left(13\sqrt{13} - 1\right)$

41. $5\pi\sqrt{2}$ **43.** $\dfrac{2}{3}\left(5\sqrt{5} - 1\right)$

Seção 16.6

1. $\mathbf{r}(r, \theta) = (r\cos\theta)\mathbf{i} + (r\,\text{sen}\,\theta)\mathbf{j} + r^2\mathbf{k}$, $0 \le r \le 2$, $0 \le \theta \le 2\pi$

3. $\mathbf{r}(r, \theta) = (r\cos\theta)\mathbf{i} + (r\,\text{sen}\,\theta)\mathbf{j} + (r/2)\,\mathbf{k}$, $0 \le r \le 6$, $0 \le \theta \le \pi/2$

5. $\mathbf{r}(r, \theta) = (r\cos\theta)\mathbf{i} + (r\,\text{sen}\,\theta)\mathbf{j} + \sqrt{9 - r^2}\,\mathbf{k}$, $0 \le r \le 3\sqrt{2}/2$, $0 \le \theta \le 2\pi$; também: $\mathbf{r}(\phi, \theta) = (3\,\text{sen}\,\phi\cos\theta)\mathbf{i} + (3\,\text{sen}\,\phi\,\text{sen}\,\theta)\mathbf{j} + (3\cos\phi)\mathbf{k}$, $0 \le \phi \le \pi/4$, $0 \le \theta \le 2\pi$

7. $\mathbf{r}(\phi, \theta) = \left(\sqrt{3}\,\text{sen}\,\phi\cos\theta\right)\mathbf{i} + \left(\sqrt{3}\,\text{sen}\,\phi\,\text{sen}\,\theta\right)\mathbf{j} + \left(\sqrt{3}\cos\phi\right)\mathbf{k}$, $\pi/3 \le \phi \le 2\pi/3$, $0 \le \theta \le 2\pi$

9. $\mathbf{r}(x, y) = x\mathbf{i} + y\mathbf{j} + (4 - y^2)\mathbf{k}$, $0 \le x \le 2$, $-2 \le y \le 2$

11. $\mathbf{r}(u, v) = u\mathbf{i} + (3\cos v)\mathbf{j} + (3\,\text{sen}\,v)\mathbf{k}$, $0 \le u \le 3$, $0 \le v \le 2\pi$

13. (a) $\mathbf{r}(r, \theta) = (r\cos\theta)\mathbf{i} + (r\,\text{sen}\,\theta)\mathbf{j} + (1 - r\cos\theta - r\,\text{sen}\,\theta)\mathbf{k}$, $0 \le r \le 3$, $0 \le \theta \le 2\pi$

(b) $\mathbf{r}(u, v) = (1 - u\cos v - u\,\text{sen}\,v)\mathbf{i} + (u\cos v)\mathbf{j} + (u\,\text{sen}\,v)\mathbf{k}$, $0 \le u \le 3$, $0 \le v \le 2\pi$

15. $\mathbf{r}(u, v) = (4\cos^2 v)\mathbf{i} + u\mathbf{j} + (4\cos v\,\text{sen}\,v)\mathbf{k}$, $0 \le u \le 3$, $-(\pi/2) \le v \le (\pi/2)$; outra maneira: $\mathbf{r}(u, v) = (2 + 2\cos v)\mathbf{i} + u\mathbf{j} + (2\,\text{sen}\,v)\mathbf{k}$, $0 \le u \le 3$, $0 \le v \le 2\pi$

17. $\displaystyle\int_0^{2\pi}\int_0^1 \frac{\sqrt{5}}{2}\,r\,dr\,d\theta = \frac{\pi\sqrt{5}}{2}$

19. $\displaystyle\int_0^{2\pi}\int_1^3 r\sqrt{5}\,dr\,d\theta = 8\pi\sqrt{5}$ **21.** $\displaystyle\int_0^{2\pi}\int_1^4 1\,du\,dv = 6\pi$

23. $\displaystyle\int_0^{2\pi}\int_0^1 u\sqrt{4u^2 + 1}\,du\,dv = \frac{\left(5\sqrt{5} - 1\right)}{6}\pi$

25. $\displaystyle\int_0^{2\pi}\int_{\pi/4}^{\pi} 2\,\text{sen}\,\phi\,d\phi\,d\theta = \left(4 + 2\sqrt{2}\right)\pi$

27. $\displaystyle\iint_S x\,d\sigma = \int_0^3\int_0^2 u\sqrt{4u^2 + 1}\,du\,dv = \frac{17\sqrt{17} - 1}{4}$

29. $\displaystyle\iint_S x^2\,d\sigma = \int_0^{2\pi}\int_0^{\pi} \text{sen}^3\,\phi\cos^2\theta\,d\phi\,d\theta = \frac{4\pi}{3}$

31. $\displaystyle\iint_S z\,d\sigma = \int_0^1\int_0^1 (4 - u - v)\sqrt{3}\,dv\,du = 3\sqrt{3}$

(para $x = u, y = v$)

33. $\displaystyle\iint_S x^2\sqrt{5 - 4z}\,d\sigma = \int_0^1\int_0^{2\pi} u^2\cos^2 v\cdot\sqrt{4u^2 + 1}\cdot u\sqrt{4u^2 + 1}\,dv\,du = \int_0^1\int_0^{2\pi} u^3(4u^2 + 1)\cos^2 v\,dv\,du = \frac{11\pi}{12}$

35. −32 **37.** $\pi a^3/6$ **39.** $13a^4/6$ **41.** $2\pi/3$ **43.** $-73\pi/6$

45. $(a/2, a/2, a/2)$ **47.** $8\delta\pi a^4/3$

49.

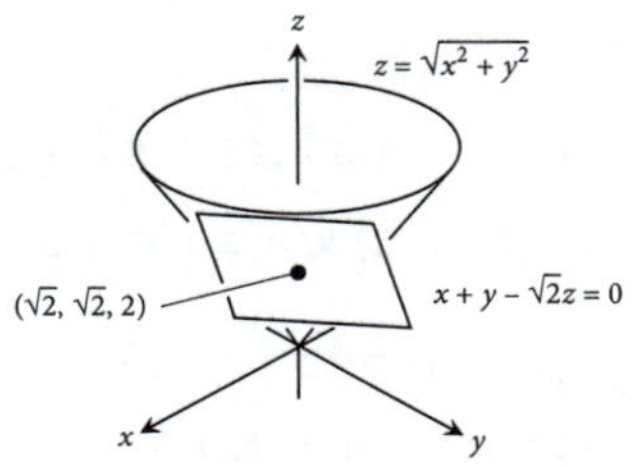

51.

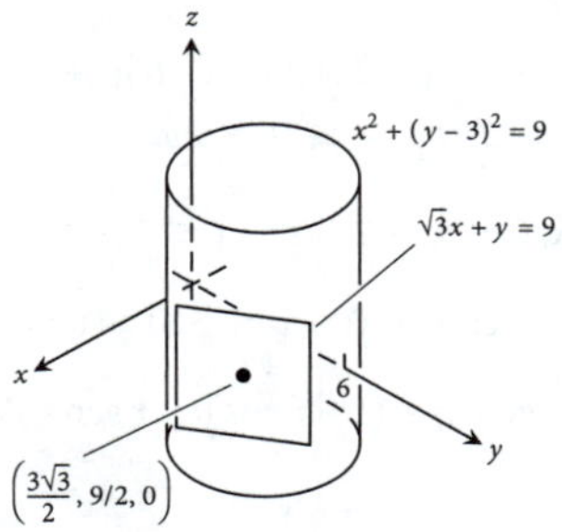

55. (b) $A = \int_0^{2\pi}\int_0^{\pi} [a^2b^2 \operatorname{sen}^2 \phi \cos^2 \phi + b^2c^2 \cos^4 \phi \cos^2 \theta + a^2c^2 \cos^4 \phi \operatorname{sen}^2 \theta]^{1/2}\, d\phi\, d\theta$

57. $x_0x + y_0y = 25$

Seção 16.7

1. 4π 3. $-5/6$ 5. 0 7. -6π 9. $2\pi a^2$ 13. 12π

15. $-\pi/4$ 17. -15π 25. $16I_y + 16I_x$

Seção 16.8

1. 0 3. 0 5. -16 7. -8π 9. 3π 11. $-40/3$

13. 12π 15. $12\pi(4\sqrt{2} - 1)$

21. O valor da integral nunca ultrapassa a área da superfície de S.

Exercícios práticos

1. Caminho1: $2\sqrt{3}$; caminho 2: $1 + 3\sqrt{2}$ 3. $4a^2$ 5. 0

7. $8\pi \operatorname{sen}(1)$ 9. 0 11. $\pi\sqrt{3}$ 13. $2\pi\left(1 - \frac{1}{\sqrt{2}}\right)$

15. $\frac{abc}{2}\sqrt{\frac{1}{a^2} + \frac{1}{b^2} + \frac{1}{c^2}}$ 17. 50

19. $\mathbf{r}(\phi, \theta) = (6 \operatorname{sen} \phi \cos \theta)\mathbf{i} + (6 \operatorname{sen} \phi \operatorname{sen} \theta)\mathbf{j} + (6 \cos \phi)\mathbf{k}$, $\frac{\pi}{6} \le \phi \le \frac{2\pi}{3}$, $0 \le \theta \le 2\pi$

21. $\mathbf{r}(r, \theta) = (r \cos \theta)\mathbf{i} + (r \operatorname{sen} \theta)\mathbf{j} + (1 + r)\mathbf{k}$, $0 \le r \le 2$, $0 \le \theta \le 2\pi$

23. $\mathbf{r}(u, v) = (u \cos v)\mathbf{i} + 2u^2\mathbf{j} + (u \operatorname{sen} v)\mathbf{k}$, $0 \le u \le 1$, $0 \le v \le \pi$

25. $\sqrt{6}$ 27. $\pi[\sqrt{2} + \ln(1 + \sqrt{2})]$ 29. Conservativo

31. Não conservativo 33. $f(x, y, z) = y^2 + yz + 2x + z$

35. Caminho1: 2; caminho 2: 8/3

37. (a) $1 - e^{-2\pi}$ (b) $1 - e^{-2\pi}$

39. 0 41. (a) $4\sqrt{2} - 2$ (b) $\sqrt{2} + \ln(1 + \sqrt{2})$

43. $(\bar{x}, \bar{y}, \bar{z}) = \left(1, \frac{16}{15}, \frac{2}{3}\right)$; $I_x = \frac{232}{45}$, $I_y = \frac{64}{15}$, $I_z = \frac{56}{9}$; $R_x = \frac{2\sqrt{29}}{3\sqrt{5}}$, $R_y = \frac{4\sqrt{2}}{\sqrt{15}}$, $R_z = \frac{2\sqrt{7}}{3}$

45. $\bar{z} = \frac{3}{2}$, $I_z = \frac{7\sqrt{3}}{3}$, $R_z = \sqrt{\frac{7}{3}}$

47. $(\bar{x}, \bar{y}, \bar{z}) = (0, 0, 49/12)$, $I_z = 640\pi$, $R_z = 2\sqrt{2}$

49. Fluxo: 3/2; circ: $-1/2$ 53. 3 55. $\frac{2\pi}{3}\left(7 - 8\sqrt{2}\right)$

57. 0 59. π

Exercícios adicionais

1. 6π 3. 2/3

5. (a) $\mathbf{F}(x, y, z) = z\mathbf{i} + x\mathbf{j} + y\mathbf{k}$ (b) $\mathbf{F}(x, y, z) = z\mathbf{i} + y\mathbf{k}$ (c) $\mathbf{F}(x, y, z) = z\mathbf{i}$

7. $\frac{16\pi R^3}{3}$ 9. $a = 2$, $b = 1$. O fluxo mínimo é -4.

11. (b) $\frac{16}{3}g$

(c) Trabalho $= \left(\int_C gxy\, ds\right)\bar{y} = g\int_C xy^2\, ds = \frac{16}{3}g$

13. (c) $\frac{4}{3}\pi w$ 19. Falso se $\mathbf{F} = y\mathbf{i} + x\mathbf{j}$

Índice remissivo

A

B

C

D

E

F

G

H

I

J

L

M

N

O

P

R

S

T

U

V

Breve tabela de integrais

1. $\int u\,dv = uv - \int v\,du$

2. $\int a^u\,du = \dfrac{a^u}{\ln a} + C, \quad a \neq 1, \quad a > 0$

3. $\int \cos u\,du = \operatorname{sen} u + C$

4. $\int \operatorname{sen} u\,du = -\cos u + C$

5. $\int (ax+b)^n\,dx = \dfrac{(ax+b)^{n+1}}{a(n+1)} + C, \quad n \neq -1$

6. $\int (ax+b)^{-1}\,dx = \dfrac{1}{a}\ln|ax+b| + C$

7. $\int x(ax+b)^n\,dx = \dfrac{(ax+b)^{n+1}}{a^2}\left[\dfrac{ax+b}{n+2} - \dfrac{b}{n+1}\right] + C, \quad n \neq -1, -2$

8. $\int x(ax+b)^{-1}\,dx = \dfrac{x}{a} - \dfrac{b}{a^2}\ln|ax+b| + C$

9. $\int x(ax+b)^{-2}\,dx = \dfrac{1}{a^2}\left[\ln|ax+b| + \dfrac{b}{ax+b}\right] + C$

10. $\int \dfrac{dx}{x(ax+b)} = \dfrac{1}{b}\ln\left|\dfrac{x}{ax+b}\right| + C$

11. $\int \left(\sqrt{ax+b}\right)^n dx = \dfrac{2}{a}\dfrac{\left(\sqrt{ax+b}\right)^{n+2}}{n+2} + C, \quad n \neq -2$

12. $\int \dfrac{\sqrt{ax+b}}{x}\,dx = 2\sqrt{ax+b} + b\int \dfrac{dx}{x\sqrt{ax+b}}$

13. (a) $\int \dfrac{dx}{x\sqrt{ax-b}} = \dfrac{2}{\sqrt{b}}\operatorname{tg}^{-1}\sqrt{\dfrac{ax-b}{b}} + C$ (b) $\int \dfrac{dx}{x\sqrt{ax+b}} = \dfrac{1}{\sqrt{b}}\ln\left|\dfrac{\sqrt{ax+b}-\sqrt{b}}{\sqrt{ax+b}+\sqrt{b}}\right| + C$

14. $\int \dfrac{\sqrt{ax+b}}{x^2}\,dx = -\dfrac{\sqrt{ax+b}}{x} + \dfrac{a}{2}\int \dfrac{dx}{x\sqrt{ax+b}} + C$

15. $\int \dfrac{dx}{x^2\sqrt{ax+b}} = -\dfrac{\sqrt{ax+b}}{bx} - \dfrac{a}{2b}\int \dfrac{dx}{x\sqrt{ax+b}} + C$

16. $\int \dfrac{dx}{a^2+x^2} = \dfrac{1}{a}\operatorname{tg}^{-1}\dfrac{x}{a} + C$

17. $\int \dfrac{dx}{(a^2+x^2)^2} = \dfrac{x}{2a^2(a^2+x^2)} + \dfrac{1}{2a^3}\operatorname{tg}^{-1}\dfrac{x}{a} + C$

18. $\int \dfrac{dx}{a^2-x^2} = \dfrac{1}{2a}\ln\left|\dfrac{x+a}{x-a}\right| + C$

19. $\int \dfrac{dx}{(a^2-x^2)^2} = \dfrac{x}{2a^2(a^2-x^2)} + \dfrac{1}{4a^3}\ln\left|\dfrac{x+a}{x-a}\right| + C$

20. $\int \dfrac{dx}{\sqrt{a^2+x^2}} = \operatorname{senh}^{-1}\dfrac{x}{a} + C = \ln\left(x + \sqrt{a^2+x^2}\right) + C$

21. $\int \sqrt{a^2+x^2}\,dx = \dfrac{x}{2}\sqrt{a^2+x^2} + \dfrac{a^2}{2}\ln\left(x + \sqrt{a^2+x^2}\right) + C$

22. $\int x^2\sqrt{a^2+x^2}\,dx = \dfrac{x}{8}(a^2+2x^2)\sqrt{a^2+x^2} - \dfrac{a^4}{8}\ln\left(x + \sqrt{a^2+x^2}\right) + C$

23. $\int \frac{\sqrt{a^2+x^2}}{x}\,dx = \sqrt{a^2+x^2} - a\ln\left|\frac{a+\sqrt{a^2+x^2}}{x}\right| + C$

24. $\int \frac{\sqrt{a^2+x^2}}{x^2}\,dx = \ln\left(x+\sqrt{a^2+x^2}\right) - \frac{\sqrt{a^2+x^2}}{x} + C$

25. $\int \frac{x^2}{\sqrt{a^2+x^2}}\,dx = -\frac{a^2}{2}\ln\left(x+\sqrt{a^2+x^2}\right) + \frac{x\sqrt{a^2+x^2}}{2} + C$

26. $\int \frac{dx}{x\sqrt{a^2+x^2}} = -\frac{1}{a}\ln\left|\frac{a+\sqrt{a^2+x^2}}{x}\right| + C$

27. $\int \frac{dx}{x^2\sqrt{a^2+x^2}} = -\frac{\sqrt{a^2+x^2}}{a^2x} + C$

28. $\int \frac{dx}{\sqrt{a^2-x^2}} = \operatorname{sen}^{-1}\frac{x}{a} + C$

29. $\int \sqrt{a^2-x^2}\,dx = \frac{x}{2}\sqrt{a^2-x^2} + \frac{a^2}{2}\operatorname{sen}^{-1}\frac{x}{a} + C$

30. $\int x^2\sqrt{a^2-x^2}\,dx = \frac{a^4}{8}\operatorname{sen}^{-1}\frac{x}{a} - \frac{1}{8}x\sqrt{a^2-x^2}\,(a^2-2x^2) + C$

31. $\int \frac{\sqrt{a^2-x^2}}{x}\,dx = \sqrt{a^2-x^2} - a\ln\left|\frac{a+\sqrt{a^2-x^2}}{x}\right| + C$

32. $\int \frac{\sqrt{a^2-x^2}}{x^2}\,dx = -\operatorname{sen}^{-1}\frac{x}{a} - \frac{\sqrt{a^2-x^2}}{x} + C$

33. $\int \frac{x^2}{\sqrt{a^2-x^2}}\,dx = \frac{a^2}{2}\operatorname{sen}^{-1}\frac{x}{a} - \frac{1}{2}x\sqrt{a^2-x^2} + C$

34. $\int \frac{dx}{x\sqrt{a^2-x^2}} = -\frac{1}{a}\ln\left|\frac{a+\sqrt{a^2-x^2}}{x}\right| + C$

35. $\int \frac{dx}{x^2\sqrt{a^2-x^2}} = -\frac{\sqrt{a^2-x^2}}{a^2x} + C$

36. $\int \frac{dx}{\sqrt{x^2-a^2}} = \cosh^{-1}\frac{x}{a} + C = \ln\left|x+\sqrt{x^2-a^2}\right| + C$

37. $\int \sqrt{x^2-a^2}\,dx = \frac{x}{2}\sqrt{x^2-a^2} - \frac{a^2}{2}\ln\left|x+\sqrt{x^2-a^2}\right| + C$

38. $\int \left(\sqrt{x^2-a^2}\right)^n dx = \frac{x\left(\sqrt{x^2-a^2}\right)^n}{n+1} - \frac{na^2}{n+1}\int\left(\sqrt{x^2-a^2}\right)^{n-2} dx,\quad n \neq -1$

39. $\int \frac{dx}{\left(\sqrt{x^2-a^2}\right)^n} = \frac{x\left(\sqrt{x^2-a^2}\right)^{2-n}}{(2-n)a^2} - \frac{n-3}{(n-2)a^2}\int\frac{dx}{\left(\sqrt{x^2-a^2}\right)^{n-2}},\quad n \neq 2$

40. $\int x\left(\sqrt{x^2-a^2}\right)^n dx = \frac{\left(\sqrt{x^2-a^2}\right)^{n+2}}{n+2} + C,\quad n \neq -2$

41. $\int x^2\sqrt{x^2-a^2}\,dx = \frac{x}{8}(2x^2-a^2)\sqrt{x^2-a^2} - \frac{a^4}{8}\ln\left|x+\sqrt{x^2-a^2}\right| + C$

42. $\int \frac{\sqrt{x^2-a^2}}{x}\,dx = \sqrt{x^2-a^2} - a\sec^{-1}\left|\frac{x}{a}\right| + C$

43. $\int \frac{\sqrt{x^2-a^2}}{x^2}\,dx = \ln\left|x+\sqrt{x^2-a^2}\right| - \frac{\sqrt{x^2-a^2}}{x} + C$

44. $\int \frac{x^2}{\sqrt{x^2-a^2}}\,dx = \frac{a^2}{2}\ln\left|x+\sqrt{x^2-a^2}\right| + \frac{x}{2}\sqrt{x^2-a^2} + C$

45. $\int \frac{dx}{x\sqrt{x^2-a^2}} = \frac{1}{a}\sec^{-1}\left|\frac{x}{a}\right| + C = \frac{1}{a}\cos^{-1}\left|\frac{a}{x}\right| + C$

46. $\int \frac{dx}{x^2\sqrt{x^2-a^2}} = \frac{\sqrt{x^2-a^2}}{a^2x} + C$

47. $\displaystyle\int \frac{dx}{\sqrt{2ax - x^2}} = \operatorname{sen}^{-1}\left(\frac{x-a}{a}\right) + C$

48. $\displaystyle\int \sqrt{2ax - x^2}\, dx = \frac{x-a}{2}\sqrt{2ax - x^2} + \frac{a^2}{2}\operatorname{sen}^{-1}\left(\frac{x-a}{a}\right) + C$

49. $\displaystyle\int \left(\sqrt{2ax - x^2}\right)^n dx = \frac{(x-a)\left(\sqrt{2ax - x^2}\right)^n}{n+1} + \frac{na^2}{n+1}\int \left(\sqrt{2ax - x^2}\right)^{n-2} dx$

50. $\displaystyle\int \frac{dx}{\left(\sqrt{2ax - x^2}\right)^n} = \frac{(x-a)\left(\sqrt{2ax - x^2}\right)^{2-n}}{(n-2)a^2} + \frac{n-3}{(n-2)a^2}\int \frac{dx}{\left(\sqrt{2ax - x^2}\right)^{n-2}}$

51. $\displaystyle\int x\sqrt{2ax - x^2}\, dx = \frac{(x+a)(2x-3a)\sqrt{2ax - x^2}}{6} + \frac{a^3}{2}\operatorname{sen}^{-1}\left(\frac{x-a}{a}\right) + C$

52. $\displaystyle\int \frac{\sqrt{2ax - x^2}}{x}\, dx = \sqrt{2ax - x^2} + a\operatorname{sen}^{-1}\left(\frac{x-a}{a}\right) + C$

53. $\displaystyle\int \frac{\sqrt{2ax - x^2}}{x^2}\, dx = -2\sqrt{\frac{2a-x}{x}} - \operatorname{sen}^{-1}\left(\frac{x-a}{a}\right) + C$

54. $\displaystyle\int \frac{x\, dx}{\sqrt{2ax - x^2}} = a\operatorname{sen}^{-1}\left(\frac{x-a}{a}\right) - \sqrt{2ax - x^2} + C$

55. $\displaystyle\int \frac{dx}{x\sqrt{2ax - x^2}} = -\frac{1}{a}\sqrt{\frac{2a-x}{x}} + C$

56. $\displaystyle\int \operatorname{sen} ax\, dx = -\frac{1}{a}\cos ax + C$

57. $\displaystyle\int \cos ax\, dx = \frac{1}{a}\operatorname{sen} ax + C$

58. $\displaystyle\int \operatorname{sen}^2 ax\, dx = \frac{x}{2} - \frac{\operatorname{sen} 2ax}{4a} + C$

59. $\displaystyle\int \cos^2 ax\, dx = \frac{x}{2} + \frac{\operatorname{sen} 2ax}{4a} + C$

60. $\displaystyle\int \operatorname{sen}^n ax\, dx = -\frac{\operatorname{sen}^{n-1} ax \cos ax}{na} + \frac{n-1}{n}\int \operatorname{sen}^{n-2} ax\, dx$

61. $\displaystyle\int \cos^n ax\, dx = \frac{\cos^{n-1} ax \operatorname{sen} ax}{na} + \frac{n-1}{n}\int \cos^{n-2} ax\, dx$

62. (a) $\displaystyle\int \operatorname{sen} ax \cos bx\, dx = -\frac{\cos(a+b)x}{2(a+b)} - \frac{\cos(a-b)x}{2(a-b)} + C, \quad a^2 \neq b^2$

(b) $\displaystyle\int \operatorname{sen} ax \operatorname{sen} bx\, dx = \frac{\operatorname{sen}(a-b)x}{2(a-b)} - \frac{\operatorname{sen}(a+b)x}{2(a+b)} + C, \quad a^2 \neq b^2$

(c) $\displaystyle\int \cos ax \cos bx\, dx = \frac{\operatorname{sen}(a-b)x}{2(a-b)} + \frac{\operatorname{sen}(a+b)x}{2(a+b)} + C, \quad a^2 \neq b^2$

63. $\displaystyle\int \operatorname{sen} ax \cos ax\, dx = -\frac{\cos 2ax}{4a} + C$

64. $\displaystyle\int \operatorname{sen}^n ax \cos ax\, dx = \frac{\operatorname{sen}^{n+1} ax}{(n+1)a} + C, \quad n \neq -1$

65. $\displaystyle\int \frac{\cos ax}{\operatorname{sen} ax}\, dx = \frac{1}{a}\ln|\operatorname{sen} ax| + C$

66. $\displaystyle\int \cos^n ax \operatorname{sen} ax\, dx = -\frac{\cos^{n+1} ax}{(n+1)a} + C, \quad n \neq -1$

67. $\displaystyle\int \frac{\operatorname{sen} ax}{\cos ax}\, dx = -\frac{1}{a}\ln|\cos ax| + C$

68. $\displaystyle\int \operatorname{sen}^n ax \cos^m ax\, dx = -\frac{\operatorname{sen}^{n-1} ax \cos^{m+1} ax}{a(m+n)} + \frac{n-1}{m+n}\int \operatorname{sen}^{n-2} ax \cos^m ax\, dx, \quad n \neq -m \quad (\text{reduz } \operatorname{sen}^n ax)$

69. $\displaystyle\int \operatorname{sen}^n ax \cos^m ax\, dx = \frac{\operatorname{sen}^{n+1} ax \cos^{m-1} ax}{a(m+n)} + \frac{m-1}{m+n}\int \operatorname{sen}^{n} ax \cos^{m-2} ax\, dx, \quad m \neq -n \quad (\text{reduz } \cos^m ax)$

70. $\displaystyle\int \frac{dx}{b + c \operatorname{sen} ax} = \frac{-2}{a\sqrt{b^2 - c^2}} \operatorname{tg}^{-1}\left[\sqrt{\frac{b-c}{b+c}} \operatorname{tg}\left(\frac{\pi}{4} - \frac{ax}{2}\right)\right] + C, \quad b^2 > c^2$

71. $\displaystyle\int \frac{dx}{b + c \operatorname{sen} ax} = \frac{-1}{a\sqrt{c^2 - b^2}} \ln\left|\frac{c + b \operatorname{sen} ax + \sqrt{c^2 - b^2}\cos ax}{b + c \operatorname{sen} ax}\right| + C, \quad b^2 < c^2$

72. $\displaystyle\int \frac{dx}{1 + \operatorname{sen} ax} = -\frac{1}{a}\operatorname{tg}\left(\frac{\pi}{4} - \frac{ax}{2}\right) + C$

73. $\displaystyle\int \frac{dx}{1 - \operatorname{sen} ax} = \frac{1}{a}\operatorname{tg}\left(\frac{\pi}{4} + \frac{ax}{2}\right) + C$

74. $\displaystyle\int \frac{dx}{b + c \cos ax} = \frac{2}{a\sqrt{b^2 - c^2}} \operatorname{tg}^{-1}\left[\sqrt{\frac{b-c}{b+c}} \operatorname{tg}\frac{ax}{2}\right] + C, \quad b^2 > c^2$

75. $\displaystyle\int \frac{dx}{b + c \cos ax} = \frac{1}{a\sqrt{c^2 - b^2}} \ln\left|\frac{c + b \cos ax + \sqrt{c^2 - b^2}\operatorname{sen} ax}{b + c \cos ax}\right| + C, \quad b^2 < c^2$

76. $\displaystyle\int \frac{dx}{1 + \cos ax} = \frac{1}{a}\operatorname{tg}\frac{ax}{2} + C$

77. $\displaystyle\int \frac{dx}{1 - \cos ax} = -\frac{1}{a}\operatorname{cotg}\frac{ax}{2} + C$

78. $\displaystyle\int x \operatorname{sen} ax\, dx = \frac{1}{a^2}\operatorname{sen} ax - \frac{x}{a}\cos ax + C$

79. $\displaystyle\int x \cos ax\, dx = \frac{1}{a^2}\cos ax + \frac{x}{a}\operatorname{sen} ax + C$

80. $\displaystyle\int x^n \operatorname{sen} ax\, dx = -\frac{x^n}{a}\cos ax + \frac{n}{a}\int x^{n-1}\cos ax\, dx$

81. $\displaystyle\int x^n \cos ax\, dx = \frac{x^n}{a}\operatorname{sen} ax - \frac{n}{a}\int x^{n-1}\operatorname{sen} ax\, dx$

82. $\displaystyle\int \operatorname{tg} ax\, dx = \frac{1}{a}\ln|\sec ax| + C$

83. $\displaystyle\int \operatorname{cotg} ax\, dx = \frac{1}{a}\ln|\operatorname{sen} ax| + C$

84. $\displaystyle\int \operatorname{tg}^2 ax\, dx = \frac{1}{a}\operatorname{tg} ax - x + C$

85. $\displaystyle\int \operatorname{cotg}^2 ax\, dx = -\frac{1}{a}\operatorname{cotg} ax - x + C$

86. $\displaystyle\int \operatorname{tg}^n ax\, dx = \frac{\operatorname{tg}^{n-1} ax}{a(n-1)} - \int \operatorname{tg}^{n-2} ax\, dx, \quad n \neq 1$

87. $\displaystyle\int \operatorname{cotg}^n ax\, dx = -\frac{\operatorname{cotg}^{n-1} ax}{a(n-1)} - \int \operatorname{cotg}^{n-2} ax\, dx, \; n \neq 1$

88. $\displaystyle\int \sec ax\, dx = \frac{1}{a}\ln|\sec ax + \operatorname{tg} ax| + C$

89. $\displaystyle\int \operatorname{cosec} ax\, dx = -\frac{1}{a}\ln|\operatorname{cosec} ax + \operatorname{cotg} ax| + C$

90. $\displaystyle\int \sec^2 ax\, dx = \frac{1}{a}\operatorname{tg} ax + C$

91. $\displaystyle\int \operatorname{cosec}^2 ax\, dx = -\frac{1}{a}\operatorname{cotg} ax + C$

92. $\displaystyle\int \sec^n ax\, dx = \frac{\sec^{n-2} ax \operatorname{tg} ax}{a(n-1)} + \frac{n-2}{n-1}\int \sec^{n-2} ax\, dx, \quad n \neq 1$

93. $\displaystyle\int \operatorname{cosec}^n ax\, dx = -\frac{\operatorname{cosec}^{n-2} ax \operatorname{cotg} ax}{a(n-1)} + \frac{n-2}{n-1}\int \operatorname{cosec}^{n-2} ax\, dx, \quad n \neq 1$

94. $\displaystyle\int \sec^n ax \operatorname{tg} ax\, dx = \frac{\sec^n ax}{na} + C, \quad n \neq 0$

95. $\displaystyle\int \operatorname{cosec}^n ax \operatorname{cotg} ax\, dx = -\frac{\operatorname{cosec}^n ax}{na} + C, \; n \neq 0$

96. $\int \operatorname{sen}^{-1} ax\,dx = x \operatorname{sen}^{-1} ax + \frac{1}{a}\sqrt{1 - a^2x^2} + C$

97. $\int \cos^{-1} ax\,dx = x \cos^{-1} ax - \frac{1}{a}\sqrt{1 - a^2x^2} + C$

98. $\int \operatorname{tg}^{-1} ax\,dx = x \operatorname{tg}^{-1} ax - \frac{1}{2a}\ln(1 + a^2x^2) + C$

99. $\int x^n \operatorname{sen}^{-1} ax\,dx = \frac{x^{n+1}}{n+1}\operatorname{sen}^{-1} ax - \frac{a}{n+1}\int \frac{x^{n+1}\,dx}{\sqrt{1 - a^2x^2}}, \quad n \neq -1$

100. $\int x^n \cos^{-1} ax\,dx = \frac{x^{n+1}}{n+1}\cos^{-1} ax + \frac{a}{n+1}\int \frac{x^{n+1}\,dx}{\sqrt{1 - a^2x^2}}, \quad n \neq -1$

101. $\int x^n \operatorname{tg}^{-1} ax\,dx = \frac{x^{n+1}}{n+1}\operatorname{tg}^{-1} ax - \frac{a}{n+1}\int \frac{x^{n+1}\,dx}{1 + a^2x^2}, \quad n \neq -1$

102. $\int e^{ax}\,dx = \frac{1}{a}e^{ax} + C$

103. $\int b^{ax}\,dx = \frac{1}{a}\frac{b^{ax}}{\ln b} + C, \quad b > 0, b \neq 1$

104. $\int xe^{ax}\,dx = \frac{e^{ax}}{a^2}(ax - 1) + C$

105. $\int x^n e^{ax}\,dx = \frac{1}{a}x^n e^{ax} - \frac{n}{a}\int x^{n-1}e^{ax}\,dx$

106. $\int x^n b^{ax}\,dx = \frac{x^n b^{ax}}{a \ln b} - \frac{n}{a \ln b}\int x^{n-1}b^{ax}\,dx, \quad b > 0, b \neq 1$

107. $\int e^{ax} \operatorname{sen} bx\,dx = \frac{e^{ax}}{a^2 + b^2}(a \operatorname{sen} bx - b \cos bx) + C$

108. $\int e^{ax} \cos bx\,dx = \frac{e^{ax}}{a^2 + b^2}(a \cos bx + b \operatorname{sen} bx) + C$

109. $\int \ln ax\,dx = x \ln ax - x + C$

110. $\int x^n(\ln ax)^m\,dx = \frac{x^{n+1}(\ln ax)^m}{n+1} - \frac{m}{n+1}\int x^n(\ln ax)^{m-1}\,dx, \quad n \neq -1$

111. $\int x^{-1}(\ln ax)^m\,dx = \frac{(\ln ax)^{m+1}}{m+1} + C, \quad m \neq -1$

112. $\int \frac{dx}{x \ln ax} = \ln|\ln ax| + C$

113. $\int \operatorname{senh} ax\,dx = \frac{1}{a}\cosh ax + C$

114. $\int \cosh ax\,dx = \frac{1}{a}\operatorname{senh} ax + C$

115. $\int \operatorname{senh}^2 ax\,dx = \frac{\operatorname{senh} 2ax}{4a} - \frac{x}{2} + C$

116. $\int \cosh^2 ax\,dx = \frac{\operatorname{senh} 2ax}{4a} + \frac{x}{2} + C$

117. $\int \operatorname{senh}^n ax\,dx = \frac{\operatorname{senh}^{n-1} ax \cosh ax}{na} - \frac{n-1}{n}\int \operatorname{senh}^{n-2} ax\,dx, \quad n \neq 0$

118. $\int \cosh^n ax\,dx = \frac{\cosh^{n-1} ax \operatorname{senh} ax}{na} + \frac{n-1}{n}\int \cosh^{n-2} ax\,dx, \quad n \neq 0$

119. $\int x \operatorname{senh} ax\,dx = \frac{x}{a}\cosh ax - \frac{1}{a^2}\operatorname{senh} ax + C$

120. $\int x \cosh ax\,dx = \frac{x}{a}\operatorname{senh} ax - \frac{1}{a^2}\cosh ax + C$

121. $\int x^n \operatorname{senh} ax\,dx = \frac{x^n}{a}\cosh ax - \frac{n}{a}\int x^{n-1}\cosh ax\,dx$

122. $\int x^n \cosh ax\,dx = \frac{x^n}{a}\operatorname{senh} ax - \frac{n}{a}\int x^{n-1}\operatorname{senh} ax\,dx$

123. $\int \operatorname{tgh} ax\,dx = \frac{1}{a}\ln(\cosh ax) + C$

124. $\int \operatorname{cotgh} ax\,dx = \frac{1}{a}\ln|\operatorname{senh} ax| + C$

125. $\int \text{tgh}^2 ax\,dx = x - \frac{1}{a}\text{tgh}\,ax + C$

126. $\int \text{cotgh}^2 ax\,dx = x - \frac{1}{a}\text{cotgh}\,ax + C$

127. $\int \text{tgh}^n ax\,dx = -\frac{\text{tgh}^{n-1} ax}{(n-1)a} + \int \text{tgh}^{n-2} ax\,dx, \quad n \neq 1$

128. $\int \text{cotgh}^n ax\,dx = -\frac{\text{cotgh}^{n-1} ax}{(n-1)a} + \int \text{cotgh}^{n-2} ax\,dx, \quad n \neq 1$

129. $\int \text{sech}\,ax\,dx = \frac{1}{a}\text{sen}^{-1}(\text{tgh}\,ax) + C$

130. $\int \text{cosech}\,ax\,dx = \frac{1}{a}\ln\left|\text{tgh}\,\frac{ax}{2}\right| + C$

131. $\int \text{sech}^2 ax\,dx = \frac{1}{a}\text{tgh}\,ax + C$

132. $\int \text{cosech}^2 ax\,dx = -\frac{1}{a}\text{cotgh}\,ax + C$

133. $\int \text{sech}^n ax\,dx = \frac{\text{sech}^{n-2} ax\,\text{tgh}\,ax}{(n-1)a} + \frac{n-2}{n-1}\int \text{sech}^{n-2} ax\,dx, \quad n \neq 1$

134. $\int \text{cosech}^n ax\,dx = -\frac{\text{cosech}^{n-2} ax\,\text{cotgh}\,ax}{(n-1)a} - \frac{n-2}{n-1}\int \text{cosech}^{n-2} ax\,dx, \quad n \neq 1$

135. $\int \text{sech}^n ax\,\text{tgh}\,ax\,dx = -\frac{\text{sech}^n ax}{na} + C, \quad n \neq 0$

136. $\int \text{cosech}^n ax\,\text{cotgh}\,ax\,dx = -\frac{\text{cosech}^n ax}{na} + C, \quad n \neq 0$

137. $\int e^{ax}\,\text{senh}\,bx\,dx = \frac{e^{ax}}{2}\left[\frac{e^{bx}}{a+b} - \frac{e^{-bx}}{a-b}\right] + C, \quad a^2 \neq b^2$

138. $\int e^{ax}\cosh bx\,dx = \frac{e^{ax}}{2}\left[\frac{e^{bx}}{a+b} + \frac{e^{-bx}}{a-b}\right] + C, \quad a^2 \neq b^2$

139. $\int_0^\infty x^{n-1}e^{-x}\,dx = \Gamma(n) = (n-1)!, \quad n > 0$

140. $\int_0^\infty e^{-ax^2}\,dx = \frac{1}{2}\sqrt{\frac{\pi}{a}}, \quad a > 0$

141. $$\int_0^{\pi/2} \text{sen}^n x\,dx = \int_0^{\pi/2} \cos^n x\,dx = \begin{cases} \dfrac{1\cdot 3\cdot 5\cdots(n-1)}{2\cdot 4\cdot 6\cdots n}\cdot\dfrac{\pi}{2}, & \text{se } n \text{ for um inteiro par} \geq 2 \\ \dfrac{2\cdot 4\cdot 6\cdots(n-1)}{3\cdot 5\cdot 7\cdots n}, & \text{se } n \text{ for um inteiro ímpar} \geq 3 \end{cases}$$

Créditos

Seção 10.1, fotografia para exercício 89, PSSC. *Physics*, 2. ed., DC Heath & Co. with Education Development Center, Inc.; **Figura 11.6,** PSSC. *Physics*, 2. ed., DC Heath & Co. with Education Development Center, Inc.; **Figura 13.12,** Corbis; **Secão 13.2, fotografia para exercício 23,** *PSSC Physics*, 2. ed., DC Heath & Co. with Education Development Center, Inc.; **Figura 14.6,** Reproduzida com a permissão de Appalachian Mountain Club; **Figura 14.23,** Departamento de história, U.S. Military Academy, West Point, Nova York; **Figura 16.7 e 16.8,** NCFMF *Book of film notes*, MIT Press with Education Development Center, Inc., 1974; **Figura 16.15,** InterNetwork Media, Inc. e NASA/JPL.

CADASTRO PARA MALA DIRETA

Favor preencher todos os campos

Nome completo (não abreviar):

Número de seu cadastro em nosso mailing: **C.P.F.:** **R.G.:**

Endereço para correspondência:

Bairro: **Cidade:** **UF:** **Cep:** –

Telefone: **Celular:** **E-mail:** **Sexo:** F M

1. Escolaridade:

- ☐ Ensino Fundamental
- ☐ Ensino Médio
- ☐ Ensino Superior
- ☐ Pós-Graduação
- ☐ MBA
- ☐ Mestrado
- ☐ Doutorado
- ☐ Outros (especificar): ______

Quantos livros técnicos compra por mês?:______ por ano? ______

2. Área de Interesse:

- ☐ 1. Informática
- ☐ 2. Marketing
- ☐ 3. Vendas
- ☐ 4. Administração
- ☐ 5. Economia
- ☐ 6. Recursos Humanos
- ☐ 7. Qualidade/Produtividade
- ☐ 8. Psicologia
- ☐ 9. Eng. Elétrica/Eletrônica
- ☐ 10. Engenharia Civil
- ☐ 11. Engenharia Mecânica
- ☐ 12. Comércio Exterior
- ☐ 13. Engenharia Química
- ☐ 14. Ecologia
- ☐ 15. Telecomunicações
- ☐ 16. Publicidade/Propaganda
- ☐ 17. Turismo
- ☐ 18. Ensino/Educação
- ☐ 19. Contabilidade
- ☐ 20. Finanças
- ☐ 21. Matemática
- ☐ 22. Outros (especificar): ______

3. Profissão/Ocupação:

- ☐ 1. Presidente
- ☐ 2. Supervisor
- ☐ 3. Diretor
- ☐ 4. Gerente
- ☐ 5. Analista
- ☐ 6. Programador
- ☐ 7. Empresário
- ☐ 8. Consultor
- ☐ 9. Digitador
- ☐ 10. Estudante
- ☐ 11. Professor
- ☐ 12. Aposentado
- ☐ 13. Outros (especificar): ______

Obra: Cálculo
Autoria: Hass, Weir e Giordano

PEARSON Addison Wesley
Av. Ermano Marchetti, 1435
05038-001 - São Paulo - SP - Brasil
Fone: (11) 2178-8686
e-mail: vendas@pearsoned.com

DOBRE AQUI E COLE

ISR - 40 - 1248/89
UP - AC - ITAIM BIBI
DR/São Paulo

CARTA RESPOSTA

NÃO É NECESSÁRIO SELAR.

O selo será pago por

Pearson Education do Brasil Ltda.

DOBRE AQUI